AF550879

Meister

Vademecum des Schleifens

Markus Meister

Vademecum des Schleifens

HANSER

Der Autor:
Markus Meister, Wissen der Schleiftechnik, Altweg 27, 8450 Andelfingen Schweiz

Bibliografische Information Der Deutschen Bibliothek:
Die Deutsche Bibliothek verzeichnet diese Publikation in der Deutschen Nationalbibliografie; detaillierte bibliografische Daten sind im Internet über <http://dnb.d-nb.de> abrufbar.

ISBN: 978-3-446-42618-4

Kolbergerstraße 22 | 81679 München | info@hanser.de
Herstellung: Steffen Jörg
Satz: Manuela Treindl, Fürth
Coverconcept: Marc Müller-Bremer, www.rebranding.de, München
Coverrealisierung: Stephan Rönigk
Druck und Bindung: CPI Books GmbH, Leck
Printed in Germany

Inhalt

Vorwort ... XIII

Einleitung ... XV

Leseleitfaden ... XXV

1 Schleifmaschinen und Standard-Schleifverfahren ... 1
1.1 Allgemeines zu den Schleifverfahren ... 1
1.2 Gemeinsamkeiten der verschiedenen Schleifmaschinenarten ... 3
1.3 Standard-Schleifverfahren ... 4
1.4 Anfunksteuerungen ... 5
1.5 Aussenrund-Umfangs-Längsschleifen AUL ... 6
1.6 Aussenrund-Umfangs-Schälschleifen AUL(S) ... 6
1.7 Aussenrund-Umfangs-Querschleifen AUQ ... 7
1.8 Aussenrund-Schrägeinstechschleifen ... 8
1.9 Innenrund-Umfangs-Längsschleifen IUL ... 8
1.10 Innenrund-Umfangs-Schälschleifen IUL(S) ... 9
1.11 Innenrund-Umfangs-Querschleifen IUQ ... 9
1.12 Plan-Seiten-Längsschleifen PSL ... 9
1.13 Plan-Umfangs-Längsschleifen PUL ... 10
1.14 Plan-Umfangs-Querschleifen PUQ ... 11
1.15 Dreh-Umfangs-Längsschleifen DUL ... 12
1.16 Dreh-Umfangs-Querschleifen DUQ ... 12
1.17 Tauchschleifen ... 13
1.18 Spitzenlos-Schleifen (Centerless-Schleifen) ... 13
1.19 Bandschleifen (Durchlaufschleifen) ... 14
1.20 Schleifen der Nocken von Nockenwellen ... 15
1.21 Zusammenfassung von Kapitel 1 ... 16

2 Kinematik, Dynamik und Zerspanungslehre 19
2.1 Kinematik, Dynamik und Zerspanungslehre 19
2.2 Schneidengeometrie 21
2.3 Spanbildungskinematik 26
2.3.1 Umfangsschleifen (Fall 1) 26
2.3.2 Stirnschleifen (Fall 2) 26
2.3.3 Gegenlaufschleifen (GGL) 27
2.3.3.1 Wirkbahnen beim Gegenlaufschleifen (GGL) 28
2.3.4 Gleichlaufschleifen (GLL) 29
2.3.4.1 Wirkbahnen beim Gleichlaufschleifen (GLL) 29
2.3.5 Druckkraftaufbau beim Gegenlauf- und beim Gleichlaufschleifen 30
2.3.6 Wärmeverlauf beim Gegenlauf- und beim Gleichlaufschleifen 31
2.4 Spanwinkel, Scherwinkel und der Stauchfaktor 32
2.4.1 Spanwinkel γ 32
2.4.2 Scherwinkel ϕ 32
2.4.3 Stauchfaktor λ 33
2.4.4 Freiwinkel α 33
2.5 Schergeschwindigkeit v_{c2} 34
2.5.1 Schergeschwindigkeit v_{c2} (konventionell bis ca. v_c = 80 m/s) 34
2.5.2 Schergeschwindigkeit v_{c2} (Hochgeschwindigkeitsschleifen) 36
2.6 Spanbildung, Spanformen und Spanquerschnitte 39
2.6.1 Spanbildung 39
2.6.2 Spanformen und Spanquerschnitte 40
2.7 Wärmeverteilung in der Kontaktzone 47
2.8 Wärmeentstehung und Wärmeableitung 51
2.9 Wirkende Kräfte am Schleifkorn (zweidimensional) 57
2.10 Verhalten der Schleifkräfte in Abhängigkeit der Schmierwirkung 59
2.11 Zerspan- bzw. Schnittgeschwindigkeiten 60
2.12 Zug- und Druckspannungen in der Werkstücksrandzone 62
2.12.1 Allgemeines (Zug- und Druckspannungen) 62
2.12.2 Zug- oder Druckspannungen – und was bewirken sie? 63
2.12.3 Durch Schleifen erzeugte Eigenspannungen 64
2.12.4 Prinzipielle Darstellung von Zug- und Druckspannungen 66
2.13 Zusammenfassung von Kapitel 2 68

3 Schleifstoffe und Schleifscheiben 69
3.1 Entwicklung der Schleifscheiben 69
3.2 Schleifstoffe allgemein 70
3.3 Schleifstoffe – Kornarten und deren Herstellung 71
3.4 Siliziumkarbidarten (grün und dunkel) 74
3.5 Kubisches Bornitrid (CBN) 76
3.6 Diamant – der härteste und edelste Stoff 80
3.7 Kornhärten der wichtigsten Schleifstoffe 83

3.8 Brechen, Sieben und Korngrössen ... 83
3.9 Korngrössen nach FEPA-Normung ... 85
3.10 Bindungen, Scheibenhärte, Strukturen (Porosität) ... 87
3.11 Konzentration von CBN und Diamant im Schleifbelag ... 92
3.12 Anwendungen, Abtragsleistungen und G-Werte ... 93
3.13 Schleifstoffe und deren Anwendungsschwerpunkte ... 97
3.14 Mikro- und Makroausbruch der Schleifkörner ... 100
3.15 Arbeitsdruckkraft F_d nach OTT ... 102
3.16 Anpassung der Wirkrautiefe R_{ts} an die Scheibenbelastung ... 105
3.17 Brennen von Schleifscheiben mit keramischen Bindungen ... 108
3.18 Härtemessung von keramisch gebundenen Schleifscheiben ... 110
3.19 Statische und dynamische Härtewirkung der Schleifscheiben ... 111
3.20 Auswuchten von Schleifscheiben ... 113
3.21 Zusammenfassung von Kapitel 3 ... 116
3.22 Scheibenbilder ... 117

4 Einflussgrössen und ihre Zusammenhänge ... 123

4.1 Allgemeines ... 123
4.2 Primäre Einflussgrössen ... 124
4.3 Sekundäre Einflussgrössen ... 125
4.4 Zusammenhänge unter den Einflussgrössen ... 126
4.5 Schnitt- oder Umfangsgeschwindigkeit v_c ... 126
4.6 Werkstück- oder Vorschubgeschwindigkeit v_{fw} ... 129
4.7 Werkstoff-, Bearbeitungs- oder Schleifzugabe z_w ... 131
4.8 Geschwindigkeitsverhältnis q_s ... 132
4.9 Zustellung a_e ... 134
4.10 Zustell- oder Einstechgeschwindigkeit v_{fr} ... 134
4.11 Seitenvorschub f_a pro Werkstückumdrehung ... 135
4.12 Seitenvorschubgeschwindigkeit v_{fa} ... 136
4.13 Überdeckungsgrad U_c beim Aussen- und Innenrundschleifen ... 137
4.14 Zeitspanvolumen Q_w ... 138
4.15 Bezogenes Zeitspanvolumen Q'_w (allgemein) ... 139
4.16 Bezogenes Zeitspanvolumen Q'_w – „Tauchschleifen“ ... 142
4.17 Bezogenes Zeitspanvolumen Q'_w – „Seiten-Längsschleifen“ ... 149
4.18 Bezogenes Zeitspanvolumen Q'_w – „Aussen- und Innenrund-Schälschleifen“ ... 151
4.19 Bezogenes Grenzzeitspanvolumen $Q'_{w\,grenz.}$ ... 152
4.20 Theoretische mittlere Spandicke h_m ... 154
4.21 Abtragsvolumen V_w und bezogenes Abtragsvolumen V'_w ... 158
4.22 Kontaktlänge l_k ... 160
4.23 Kontaktwinkel α_k ... 162
4.24 MNIR – The Maximum Normal Infeed Rate $v_{fw\,in}$ ... 164
4.25 Schleifweg l'_s pro Scheibenumdrehung ... 167
4.26 Rattermarken ... 168

4.27 Kontaktbreite b_k 171
4.28 Kontaktfläche A_k 171
4.29 Eintrittssehnenlänge s_e 172
4.30 Zerspanbarkeitsklassen MA (nach OTT) 179
4.31 Spezifische Schnittkraft k_s 181
4.32 Schleifkräfte F_t und F_n sowie die bezogenen Werte F'_t und F'_n 185
4.33 Schleiffaktor S_c (nach OTT) 192
4.34 Schmierfähigkeit (Schmierindex) CL (nach OTT) 194
4.35 Schleifleistung P_s 196
4.36 Bezogene Schleifleistung P'_s 201
4.37 Die Kontaktleistung P''_s 204
4.38 Spezifische Schleifenergie U_s 207
4.39 Bezogene Wärmemenge Q'_{wn} (auch als E''_c bekannt) 211
4.40 Schleifzeitberechnungen 211
4.41 Relativer Leistungsbedarf in Abhängigkeit des verwendeten KSS 213
4.42 Spezifische Spanmenge Q'_m (nach OTT) 214
4.43 Prozess-Berechnungsbeispiele von PUQ, AUQ und IUQ 215
4.42.1 Allgemeine Vorgaben für die folgenden Einstechprozesse 215
4.43.2 Plan-Umfangs-Querschleifen PUQ (Einstechschleifen) 217
4.43.3 Aussenrund-Umfangs-Querschleifen AUQ (Einstechschleifen) 223
4.43.4 Innenrund-Umfangs-Querschleifen IUQ (Einstechschleifen) 229
4.43.5 Wichtige Bemerkung zu den Berechnungsbeispielen 236
4.44 Was man aus Formeln erkennen und ableiten kann 238
4.45 Zusammenfassung von Kapitel 4 243

5 Konditionieren von Schleifscheiben (Abrichten, Profilieren) 245
5.1 Allgemeines zum Konditionieren 245
5.2 Konditionierwerkzeuge (Übersicht) 247
5.3 Wirkrautiefe R_{ts} 248
5.4 Rautiefenwerte (unterschiedliche Messmethoden) 249
5.5 Wirkbreite b_d von stehenden Abrichtwerkzeugen 251
5.6 Überdeckungsgrad U_d 255
5.7 Stehende Konditionierverfahren – Auswirkung auf die Scheibe 256
5.8 Abrichtzustellung a_d 257
5.9 Abricht-Zeitspanvolumen Q_d 259
5.10 Einkornabrichtwerkzeuge 260
5.11 Geschliffene Formdiamantwerkzeuge 263
5.12 Mehrkorndiamantwerkzeuge 263
5.13 Abrichtplatten (Diamant-Fliesen®) 264
5.14 Anordnung und Arbeitsrichtung stehender Abrichtwerkzeuge 266
5.15 Diamant-Igel 267
5.16 PKD-Abrichtwerkzeuge 268
5.17 MKD-Platten mit monokristallinen Diamantprismen 268

5.18 Diamant-Abrichtleiste mit galvanischer Bindung 270
5.19 Diamant-Block handgesetzt oder galvanisch belegt 271
5.20 Drehende Konditionierverfahren 272
5.21 Rollenzustellung, Zustellgeschwindigkeit und Zeitspanvolumen 273
5.22 Diamant-Topfscheiben mit Druckluftantrieb 275
5.23 Prinzipdarstellung Crushieren und Rolldiamantieren 276
5.24 Stahl- oder Hartmetallprofilrollen (Crushierrollen) 277
5.25 Kleine Crushierscheiben (Stahl und CVD-Verfahren) 279
5.26 Diamant-Abricht- bzw. –Profilrollen 282
5.27 Profilieren mit Diamantspitzscheiben (Diamantformrollen) 288
5.28 Continuous Dressing (CD-Konditionieren mit Diamantrollen) 290
5.29 Zusammenfassung von Kapitel 5 292

6 Kühlschmierstoffe, Additive, Filter und Anlagen 295

6.1 Stand der Technik - Kühlschmierstoffe, Additive, Filter und Anlagen 295
6.2 Trockenbearbeitung (Hartdrehen versus Schleifen) 299
6.3 Kühlschmierstoffe (KSS) für die Schleiftechnik 302
6.4 Ungeschmierte und geschmierte vollsynthetische Lösungen 304
6.5 Halbsynthetische und echte Emulsionen 306
6.6 Wasserqualität, Ansetzkonzentrationen und Messmethoden 309
6.6.1 Bestimmung und Überprüfung der KSS-Konzentrierung 314
6.6.2 Nachfüllmischungen 318
6.7 Schneid- und Schleiföle 322
6.8 Additive für Kühlschmierstoffe 325
6.9 Reibpartner - die prinzipiellen Reibungsarten 331
6.10 Schleifölviskositäten für das Schleifen 332
6.11 Einfluss der KSS-Art und -Schmierwirkung auf die Scheibe 332
6.12 Resümee über die KSS-Schmierfähigkeit und die Auswirkungen 335
6.13 Wo eignen sich die verschiedenen Kühlschmierstoffe? 336
6.14 Zu welchen Schleifkornarten welche Kühlschmierstoffe? 338
6.15 Schleifstoffe und Empfehlungen für die KSS-Schmierfähigkeit 339
6.16 Werkstoffe und die dazu geeigneten Kühlschmierstoffarten 339
6.17 Wie erhöht man die KSS-Standzeit 340
6.18 Hinweise auf dem KSS-Sicherheitsdatenblatt 341
6.19 Resümee über die Kühlschmierstoffe 343
6.20 Filter und Kühlschmierstoffversorgungsanlagen 344
6.21 Grössenabstufungen von Kühlmittel-Versorgungsanlagen 354
6.22 Zentrale Kühlmittel-Versorgungsanlagen 355
6.23 Rückkühlung der Kühlschmierstoffe 356
6.24 Minimalmengen- und Mindermengenkühlung 359
6.25 Zusammenfassung von Kapitel 6 361

7 Kühlschmierstoffzuführung (Düsen) 363

7.1 Stand der Technik (KSS-Zuführung) 363
7.2 Strömungslehre 366
7.2.1 Reynold'sche Zahl Re 368
7.3 KSS-Strahlgeschwindigkeit v_k 370
7.4 Berechnung vom notwendigen Pumpendruck p_k 371
7.5 Pumpendimensionierung 374
7.6 Pumpenantriebsleistung P_k 376
7.7 Dimensionierung der notwendigen KSS-Menge 377
7.8 Leistungsbedarf und Anstieg der Normalkraft F_n 381
7.9 Berechnung der Düsenaustrittsquerschnittfläche A_{kn} 383
7.10 Kühlschmierstoffzuführung zur Schleifscheibe 384
7.11 Übersicht der wichtigsten Arten von Kühlschmierstoffdüsen 389
7.12 Wichtige Hinweise zur Kühlschmierstoffzuleitung 400
7.12.1 Leitungsgrösse in Abhängigkeit der Durchflussmenge 401
7.12.2 Schlauchleitungen in der Kühlschmierstoffzuführung 401
7.12.3 Pulsieren von Zentrifugalpumpen 402
7.12.4 Druck- und Pumpenleistungsberechnungen 403
7.12.5 Steigleitungen, Fittings, Verschraubungen, Ventile, usw. 405
7.13 Praktische Anlagen- und Düsendimensionierung 406
7.14 Beispiele von verschiedenen Düsenbauarten 409
7.15 Zusammenfassung von Kapitel 7 412

8 Vollschnittschleifen (Tiefschleifen) 415

8.1 Allgemeines und Historisches über das Vollschnittschleifen 415
8.2 Vollschnittschleifmaschinen 417
8.3 Die ideale Schleifrichtung beim Vollschnittschleifen 418
8.4 Einige Einflussgrössen und ihre Zusammenhänge 420
8.5 Einfluss der Schnittgeschwindigkeit v_c 425
8.6 Besonderheiten beim Vollschnittschleifen 427
8.7 Tücken des Vollschnittschleifens 428
8.8 Schleifscheiben für das Vollschnittschleifen 430
8.9 Oberflächenqualität beim Vollschnittschleifen 433
8.10 Profilierverfahren für Vollschnittschleifscheiben 434
8.11 Kühlschmierstoffe (KSS) für das Vollschnittschleifen 435
8.12 Ist-Zustand des Vollschnittschleifens und Zukunftsaussichten 436
8.13 Zusammenfassung von Kapitel 8 438

9 Aussenrund- und Innenrund-Schälschleifen 439

9.1 Allgemeines zum Aussen- und Innenrundschälschleifen 439
9.2 Aussen- und Innenrund-Längsschleifen 439
9.3 Schälschleifen – eine Alternative zum Hartdrehen 441
9.4 Aussenrund-Umfangs-Schälschleifen AUL(S) 442

9.5 Planungs- und Praxishinweise für das Aussenrund-Schälschleifen 445
9.5.1 Wichtige Grössen und Zusammenhänge AUL(S) 446
9.6 Anwendungshinweise und Beispiele (Schälschleifen) 446
9.7 Innenrund-Umfangs-Schälschleifen IUL(S) 447
9.8 Praxishinweise für das Innenrund-Schälschleifen 451
9.8.1 Wichtige Grössen und Zusammenhänge IUL(S) 452
9.9 Schnittgeschwindigkeiten für das Schälschleifen 453
9.10 Schleifscheiben für das Schälschleifen 454
9.11 Kühlschmierstoffe für das Schälschleifen 456
9.12 Anwendungsbeispiel AUL(S) 457
9.13 Zusammenfassung von Kapitel 9 461

10 Hochgeschwindigkeitsschleifen (HSG und HEDG) 463
10.1 Allgemeines zum Hochgeschwindigkeitsschleifen 463
10.2 Hochgeschwindigkeits- und konventionelles Schleifen 464
10.3 Hochgeschwindigkeits- und Hochleistungsschleifen 469
10.4 Wärme in der Kontaktzone (Hochgeschwindigkeitsschleifen) 470
10.5 Typische Merkmale der Hochgeschwindigkeitstechnologie 470
10.6 Anforderungen an Hochgeschwindigkeits-Schleifmaschinen 471
10.7 Kühlschmierstoffe für das Hochgeschwindigkeitsschleifen 472
10.8 Schleifscheiben für das Hochgeschwindigkeitsschleifen 474
10.9 Schleifverfahren und Anwendungsmöglichkeiten 475
10.10 Vorteile und Zukunft des Hochgeschwindigkeitsschleifens 476
10.11 Darstellung der wichtigsten Hochgeschwindigkeits-Merkmale 476
10.12 Hochgeschwindigkeitsschleifen wirtschaftlich relativ definiert 478
10.13 Vorteile des Hochgeschwindigkeitsschleifens 479
10.14 Planung und Vorbereitung eines HSG-Prozesses 480
10.15 Anwendungen der verschiedenen Leistungsverfahren 481
10.16 Zusammenfassung von Kapitel 10 482

11 Wichtige Merkpunkte der Schleiftechnik 483
11.1 Allgemeines zu den Merkpunkten 483
11.2 Übersicht „Wichtige Merkpunkte der Schleiftechnik“ 484
11.3 Zerspanung allgemein und schleiftechnisch 484
11.4 Einflussgrössen und ihre Zusammenhänge 486
11.5 Wichtige Hinweise zu Schleifscheiben und deren Einsatz 490
11.6 Konditionieren (Abrichten und Profilieren) 493
11.7 Kühlschmierstoffe (Lösungen, Emulsionen, Schleiföle, Additive) 498
11.8 Wartung von Kühlschmierstoffen 501
11.9 Filtersysteme und Kühlschmierstoff-Versorgungsanlagen 502
11.10 Kühlschmierstoffbemessung und -zuführung (Düsen) 504
11.11 Schwingungen, Vibrationen und der Ruck 506
11.12 Anfunk-Steuerungen - durch Kraft, Leistung oder AE 510

11.13 Oberflächenrauheitsmessungen 511
11.14 Aufbauschneiden (Kaltschweissungen) 512
11.15 Schleifkommas - eine schlechte Oberflächenqualität 513
11.16 Schleifbrand oder thermische Randzonenschädigung 516
11.17 Eigenspannungen in der geschliffenen Randzone 519
11.18 Verschiedenes (Merkpunkte) 520
11.19 Zusammenfassung von Kapitel 11 522

12 Schlusswort des Autors 525

Anhang A Begriffe, Abkürzungen und Einheiten 529
A1 Begriffe, Abkürzungen und Einheiten 529
A2 Abkürzungen, Begriffe und Einheiten 536

Anhang B Mathematikformeln (Repetitorium) 543
B1 Mathematikformeln (Repetitorium) 543
B2 Wichtige Vereinbarungen in der Mathematik 544
B3 Mathematische Grundbegriffe - die sieben Grundrechnungsarten 546
B4.0 Umstellung von einfachen Formeln (Gleichungen) 546
B4.1 Formelumstellung von Summen 547
B4.2 Formelumstellung von Subtraktionen 547
B4.3 Formelumstellung von Multiplikationen 547
B4.4 Formelumstellung von Divisionen 547
B4.5 Formelumstellung von einer Potenz und eines Produkts 548
B4.6 Formelumstellung einer Potenz und eines Quotienten 548
B4.7 Formeln mit Produkten, Quotienten, Summen und Differenzen 549
B5 Griechisches Alphabet 551
B6 Zusammenfassung des Mathe-Repetitoriums 553

Anhang C Quellenverzeichnis 555

Index 559

Vorwort

Irgendwann war der Gedanke da, ein Buch über das Schleifen zu schreiben. Ein Buch, welches dem fortgeschrittenen Fachmann genauso dienen kann, wie dem Operateur an der Schleifmaschine. Es muss die wichtigsten Hinweise zum Verfahren selbst beinhalten, darf aber nicht so anspruchsvoll sein, dass man nur einmal reinschaut und es dann für immer zur Seite legt.

Wenn ich mit praktischen Anwendungen konfrontiert werde, steht für mich nicht nur die Schleifscheibe im Vordergrund, sondern die gesamte Schleifaufgabe, die damit zu erledigen ist. Mich interessieren auch die Vorgaben und Einstellwerte, der eingesetzte Kühlschmierstoff und selbstverständlich das erzielte Ergebnis. Da kann es durchaus vorkommen, dass ich zum Taschenrechner greife und mir einige wenige Prozessgrössen – das sind insbesondere Werte, die man nicht direkt einstellt – etwas genauer ansehe. Was dabei herauskommt, zeigt oftmals, dass viele Schleifpraktiker die Einflussgrössen und ihre Zusammenhänge untereinander nur in ungenügendem Mass kennen.

Vor einigen Monaten entschloss ich mich, als Vorläufer von diesem Buch, ein gut verständliches kleineres Büchlein mit dem Titel „Grindy" zu verfassen. Darin sind die Schleifstoffe, ihre Herkunft, die Herstellungsverfahren, Wichtiges zu den Korngrössen und zu den Strukturen und vieles mehr zu finden. Es ist ansprechend illustriert und kann beispielsweise Lernenden genauso wie erfahrenen Schleifern einiges an Wissenswertem bieten. Besonders Schulen könnten davon profitieren, weil überhaupt keine Kenntnisse über Schleifstoffe vorausgesetzt werden. Im Gegenteil, diese Kenntnisse werden in „Grindy" vermittelt.

Bedauernswert ist vor allem, dass nicht nur an den Fachschulen das Schleifen recht stiefmütterlich behandelt wird, sondern auch in speziellen Zerspanungsbüchern. Unlängst suchte ich in einem solchen Buch nach Angaben und Hinweisen zum Hartdrehen, zweifellos ein ernstzunehmendes Verfahren, welches in gewissen Bereichen das Schleifen durchaus konkurrieren kann. Ungewollt stiess ich dabei auf das Kapitel „Schleifen". Es bestand gerademal aus einer halben Buchseite mit absolut nichts sagendem Text. Weder die verschiedenen Schleifverfahren noch sonst etwas Nützliches war zu lesen. Warum gibt es, abgesehen von Dissertationen und wenigen Vortragsauszügen, kaum brauchbare Literatur über das Schleifen?

Vielleicht ist das der Grund, der mich veranlasst hat, dieses Buch zu schreiben. Die massgebenden Erkenntnisse in Bezug auf die Einflussgrössen und ihre Zusammenhänge sind nämlich etwa seit dem Ende der Achtzigerjahre bekannt. Sie hätten somit längst in Buchform veröffentlicht werden können. Wendet man diese Kenntnisse in der Praxis richtig an, würde zweifellos in vielen Fällen die Änderung eines oder zweier Parameter genügen, um einen gegebenen Schleifprozess schneller, problemloser oder optimaler durchzuführen. Man muss nicht gleich andere Schleifscheiben besorgen oder den Kühlschmierstoff auswechseln, auch wenn das möglicherweise die bessere Lösung wäre. Nein, es gilt in erster Linie, die Gegebenheiten zu analysieren um mit Parameterkorrekturen das Ergebnis zu verbessern. Aber eben, wie macht man das?

Mit diesem Buch wird der Leser in die Grundlagen der Schleiftechnologie eingeführt. Es beansprucht aber keineswegs die absolute Vollkommenheit, denn diese zu erlangen – gerade in Sachen Schleifen – würde mehrere Jahre in Anspruch nehmen und sowohl die praktische Anwendung als auch die theoretische Vertiefung auf der gesamten Breite voraussetzen. Ich sehe darin viel eher ein Handbuch, welches sowohl der Aneignung von guten schleiftechnischen Kenntnissen dient wie auch als Nachschlagewerk bei der täglichen Arbeit Verwendung finden kann.

Mich würde es jedenfalls freuen, wenn ich mit dem „Vademekum des Schleifens“ auch meine über 33 Jahre hinweg ausgeübten Tätigkeiten für die Schleiftechnologie und die damit verbundene Erfahrung den folgenden Generationen weiter vermitteln und gleichzeitig die seit Jahren bestehende Literaturlücke schliessen könnte.

Ich wünsche Ihnen viel Vergnügen beim Lesen.

Andelfingen, im Frühjahr 2011 *Ihr Markus Meister*

Einleitung

Es hat sich mittlerweile herumgesprochen – das Schleifen ist und bleibt die älteste, spanabhebende Bearbeitungsmethode der Menschheit. Dazu braucht es kaum Beweise, denn schon die ersten Werkzeuge aus Holz, tierischen Knochen, Gesteinsbrocken und erst viel später auch aus Metallen, wurden mit rauen Steinen bearbeitet, umgeformt oder geschärft.

Aber weil der Mensch von Natur aus immer nach Möglichkeiten sucht, sich die Arbeit leichter zu gestalten, kam er irgend wann auf die kuriose Idee, einen rundgehauenen Sandstein mit einer Holzachse zu versehen und diesen dann mittels einer Kurbel zu drehen. Damit war die erste „Schleifmaschine" erfunden!

Jetzt brauchte es nur noch etwas Phantasie. Die Sandsteinschleifscheibe wurde immer genauer hergestellt und „maschinell" angetrieben. Als die grosse technische Revolution die Welt auf den Kopf zu stellen versuchte, hielt auch beim Antrieb von Schleifscheiben zuerst die Wasserkraft und danach die Dampfmaschine Einzug. Sogar kleine Betriebe verfügten über einen für alle Maschinen über Transmissionswellen arbeitenden Dampfantrieb. Auf alten Bildern und den ersten Fotografien kann man noch solche Antriebe bestaunen. Oben an der Decke waren die über die gesamte Hallenlänge reichenden Hauptwellen angeordnet. Von dort aus trieben unterschiedlich grosse, hölzerne Scheibenräder via Lederbänder die Dreh-, Fräs-, Bohr- und Schleifmaschinen an. Weil jedes Bearbeitungsverfahren individuelle Antriebsdrehzahlen erforderte, wurde das Gegenrad an der Maschine entsprechend angepasst. Die Sicherheit fand damals noch kaum Beachtung, es gab mit den Riementrieben oftmals sehr schwere Unfälle. Eine echte Alternative zum Transmissionsantrieb brachte erst die Entdeckung der Elektrizität und später die Erfindung des Elektromotors.

Die Frage, wann die Elektrizität entdeckt worden ist, kann gar nicht genau beantwortet werden. Schon in der Frühzeit betrachteten Hochkulturen den Blitz als Waffe der Götter. Aus der griechischen Antike stammt das so genannte Elmsfeuer, bei welchem elektrische Entladungen an der Spitze von Schiffsmasten herumzuckten. Und schliesslich kannte die Menschheit seit dem 4. Jahrhundert v. Chr. die anziehende Kraft von Bernstein. Im 18. Jahrhundert hielt die Elektrizität Einzug in die Wissenschaft. *Benjamin Franklin* wurde 1752 bekannt durch seinen „Blitzableiter". 1786 fand *Luigi Galvani* heraus, dass Froschschenkel beim Kontakt mit geringer elektrischer Ladung zusammenzuckten. Aber erst *Alessandro Volta*, ein erfahrener Chemiker und Physiker, erkannte etwa 1795 das „galvanische Element", die Batterie. Beim Hintereinanderschalten stieg die Spannung proportional zu der Anzahl der Elemente, was die Welt sofort begeisterte, weil man jetzt – so schien es – die elektrische Wirkung endlos steigern konnte. *Volta* führte seine Experimente 1801 in Paris vor und erhielt dafür eine fürstliche Belohnung. Doch es dauerte noch weit ins 19. Jahrhundert hinein, bis alltagstaugliche Batterien hergestellt werden konnten.

Der Däne *Hans Christian Ørsted* kam 1820 auf die Idee, eine Magnetnadel unter einen Batteriestrom führenden Draht zu halten und beobachtete dabei eine Ablenkung der Nadel. Das war eine epochale Entdeckung und die Voraussetzung für die elektromagnetische Messtechnik und für Elektromotoren. Der Brite *Michael Faraday* erkannte 1831 den umgekehrten Effekt, nämlich dass mittels elektrischer Ströme und mit Hilfe von Magnetismus sich auch andere elektrische Ströme erzeugen liessen. Die elektromagnetische Induktion war damit erfunden!

Jetzt erst stand dem Bau elektrischer Generatoren zur Stromerzeugung eigentlich nichts mehr im Wege. Doch es sollte noch Jahrzehnte dauern, bis sich daraus die Starkstromtechnik entwickelte. Schon bald gab es Generatoren und auch Elektromotoren, aber nur für wissenschaftliche Versuche und für eine äusserst bescheidene Strassenbeleuchtung.

Das änderte sich mit der Entdeckung des dynamoelektrischen Prinzips durch *Werner von Siemens* 1866. Der Restmagnetismus in normalem Eisen reichte aus, um durch Selbstverstärkung genügend starke Magnetfelder zur Stromerzeugung aufzubauen. Solche „Dynamomaschinen" nutzte man aber fast nur für Bogenlichtlampen oder für die Galvanotechnik. Erst nach 1880 waren Dynamomaschinen, Elektromotoren und die Fernübertragung von Strom so weit entwickelt, dass die in Kraftwerken produzierte Elektrizität über weite Strecken geleitet werden konnte und damit die Versorgung von Elektroantrieben, etwa für Kräne, Fahrstühle und Werkzeugmaschinen, möglich wurde. Ein ganz wesentlicher Anteil daran hatte die Entwicklung der Glühlampe. Bereits 1854 präsentierte *Heinrich Goebel*, ein in Amerika lebender Deutscher, die ersten Glühlampen mit Kohlefäden und evakuiertem Glaskolben. Der Universalerfinder und Geschäftsmann *Thomas Alva Edison* produzierte dann ab 1878 solche Glühlampen. Von da an trat diese ihren Weg um die ganze Welt an, zusammen mit Elektrizitätswerken und Dynamomaschinen (Generatoren).

Was soll dieser Exkurs in die Vergangenheit? Ganz einfach, kaum eine Spanungstechnologie weist einen dermassen grossen Energiebedarf auf, wie das Schleifen. Es beginnt schon mit der Herstellung der konventionellen Schleifstoffe im Elektrohochofen und der hochharten Schleifstoffe in der Retorte und zieht sich wie ein roter Faden durch das gesamte Verfahren in unterschiedlichster Weise weiter. Es gibt jedoch Wege, um zumindest mit dem geringst möglichen Energiebedarf einen Schleifprozess zu bewältigen und dennoch erstaunlich hohe Abtragsleistungen dabei zu erreichen. Und hier beginnt jetzt eigentlich mein Buch. Ich möchte zeigen, was machbar sein kann, wenn man die moderne Schleiftechnik mit ihren vielen Einflussgrössen und deren Zusammenhänge untereinander kennt und begriffen hat.

In den einzelnen Kapiteln wird ausführlicher auf viele wichtige Dinge eingegangen. Deshalb nur ein Beispiel, welches die durchaus realisierbare Reduktion von Leistungsbedarf eines Schleifprozesses manifestiert. Eine Schleifaufgabe mit nicht allzu grossen Anforderungen an die Abtragsleistung steht an. Die Maschine verfügt über eine ausreichende Antriebsleistung an der Schleifspindel, ist steuerungsmässig gut und variabel ausgelegt, verfügt über die für das gegebene Werkstück notwendige Konditioniereinrichtung und ist an eine Kühlmittelversorgung mit genügend Pumpenfördermenge und -druck angeschlossen. Als Kühlschmierstoff steht eine organische Lösung zur Verfügung. Man hat sich zu deren Wahl seinerzeit entschlossen, weil Lösungen unkritisch in der Wartung sind, lange Standzeiten erreichen können und - was viele „Schleifer" immer wieder betonen - die Beobachtung des Prozessablaufes ermöglichen würden. Sofern eine entsprechende Anzeige vorhanden ist, kann beispielsweise für diese Arbeit und den dafür gewählten Vorgabeparametern ein Leistungsbedarf der Schleifscheibe von 12.5 kW abgelesen werden. Würde dieser Prozess unter absolut gleichen Vorgaben, aber mit einer mittel geschmierten Emulsion gefahren, könnte man den Leistungsbedarf um etwa 20 % auf 10.0 kW reduzieren. Die Scheibe wirkt so allerdings ein bisschen härter; dafür steigt ihre Standzeit in etwa um den gleichen Prozentbetrag. Aber nicht genug: Stünde ein hoch additiviertes Schleiföl als Kühlschmierstoff zur Verfügung, könnte man beobachten, dass der Leistungsbedarf für die Schleifscheibe - immer noch mit gleichen Vorgaben - auf 50-60 %, d. h. auf 6.25-7.5 kW, abgefallen ist. Logisch, jetzt müsste die Scheibe mehr gefordert werden, zumal ihre Härtewirkung nochmals angestiegen ist. Wie macht man das? Reduktion der Schnittgeschwindigkeit um ca. 3-5 m/s. Jetzt sinkt der Leistungsbedarf nochmals geringfügig. Oberflächenqualität und Standzeit der Schleifscheibe verbessern sich massgeblich.

Resümee: Über den Damen gepeilt, nur noch rund die Hälfte des ursprünglichen Leistungsbedarfs. Dazu kommt die um den gleichen Prozentsatz geringere Leistungsaufnahme zur Werkstückbewegung - Tisch- oder Drehantrieb - und eine reduzierte Menge an Kühlschmierstoff, also weniger Pumpenleistung. Ferner erhöht sich die Scheibenstandzeit spürbar und die Geometrie sowie die Oberflächenqualität sind angestiegen. Auch die Abricht- bzw. Konditionierabstände haben sich vergrössert. Gespart wird somit nicht nur am Leistungsbedarf, sondern gleichzeitig auch an der Schleifscheibe sowie an der Schleif- und Konditionierzeit. Das nennt der Fachmann „Schleifprozessoptimierung".

Zwei Punkte dürfen allerdings nicht unerwähnt bleiben:

- Noch kein Mensch hat bis zum heutigen Tag einen Schleifprozess, bzw. die Spanbildung beim Schleifen beobachten können. Der Einsatz einer organischen Lösung ist, zumindest aus diesem Grund, in keiner Weise gerechtfertigt.
- Um Schleiföl einsetzen zu dürfen, muss die Schleifmaschine mit allen vorgeschriebenen Sicherheitseinrichtungen (öldunstdichte Abdeckung, Ölnebelabsaugung und -rückführung, Explosionsklappe und automatische CO_2-Löscheinrichtung) ausgerüstet sein. Das kostet zwar etwas mehr, zahlt sich aber in kurzer Zeit durch die eingesparten Energiekosten und die höhere Produktion wieder aus.

Sicher denken jetzt einige, welche Rolle denn bloss die in der Schule irgendwann einmal diskutierte Wärmeleitfähigkeit von Wasser und Öl hier spielt. Die von Öl ist doch rund 2.5mal schlechter, als jene von Wasser. Stimmt, nur die mittels eines guten Schleiföls reduzierte Reibleistung zwischen der Schleifscheibe und dem Werkstück ist eben grösser. Es ist deshalb kein Schleifbrand zu befürchten.

Korrekterweise müsste ich nun auch noch den deutlich verminderten Leistungsbedarf durch die Anwendung hoher Schnittgeschwindigkeit an der Schleifscheibe erörtern, aber das ist etwas zu früh. Wir kommen später auf diesen Punkt bestimmt zurück.

Den Grund für den hohen Leistungsbedarf beim Schleifen habe ich bis jetzt gar nicht angesprochen. Die investierte Leistung wird zu etwa 92–95 % durch Reibung in Wärme umgewandelt. Der Rest dient der Spanumformung, dem Furchen und der übrigen mechanischen Arbeit. Die Schleifkörner bilden bekanntlich negative Schneiden, die so aussehen, als könnten damit keine Späne gebildet werden. Man spricht in diesem Zusammenhang auch von der nicht definierten Schneide beim Schleifen im Gegensatz zur definierten beim Drehen, Fräsen, Räumen und Bohren. Um einen Span zu erzeugen, muss der abzutragende Werkstoff in einer dünnen Schicht zur Kornschneide hin zuerst einmal plastifiziert werden. Das geschieht in Bruchteilen von Sekunden durch Reibung jeder einzelnen Kornschneide im Kontaktbereich. Hat man die Vorgaben richtig gewählt, dann müsste die Abspangeschwindigkeit gleich oder besser etwas schneller sein, als die Wärmeeindringgeschwindigkeit. Mit anderen Worten, die enorm grosse Wärmemenge wird in den Spänen abtransportiert, bevor sie einen thermischen Schaden an der Werkstücksoberfläche anrichten kann. Das ist die hohe Kunst des Schleifens.

Es bedarf wenig Vorstellungsvermögen, um sich darüber im Klaren zu sein, dass ein wirtschaftlich und ökonomisch effizientes Schleifen nur dann erreicht werden kann, wenn man die gesamten Grundlagen des Schleifens kennt. Da gehört die Kinematik der Spanbildung genauso dazu, wie die Scheiben- und Kühlschmierstoffwahl, die Konditionierbedingungen sowie das Zusammenspiel der Stellgrössen (Vorgaben) und die daraus resultierenden Ergebnisse. In diesem Buch wird der Leser keine Beispiele aus der Praxis finden, es sei denn, irgendein Zusammenhang lässt sich nur mit einem solchen entsprechend erklären. Beispiele weisen nämlich den grossen Nachteil auf, dass sie so gut wie nie mit eigenen Gegebenheiten voll und ganz übereinstimmen. Und, wie nun bekannt sein sollte, wenn es „nur" der verwendete Kühlschmierstoff ist. Da können Welten dazwischen liegen.

Fundiertes schleiftechnisches Wissen ist umso wichtiger, als es gilt, hohe und höchste Abtragsleistungen zu erzielen, welche sich beispielsweise mit dem Fräsen messen können. Dabei soll man mit dem geringsten möglichen Leistungsbedarf auskommen. Weil das keinesfalls einfach ist, müssen die Einflüsse und ihre Zusammenhänge untereinander bekannt sein. Das genügt aber noch nicht ganz. Der Schleiffachmann muss auch in der Lage sein, das erhaltene Resultat beurteilen zu können, um – sofern notwendig und sinnvoll –, die richtigen Gegenmassnahmen einzuleiten. Auf der einen Seite steht da ganz bestimmt die eigene Erfahrung im Vordergrund, möglicherweise sogar verbunden mit angelernten Kenntnissen. Auf der andern Seite ist jeder bestimmt daran interessiert, sich neueres, aktuelles Wissen anzueignen. Und genau hier stösst man auf eine sonderbare Tatsache: Es gibt nur ganz wenig einschlägige Bücher zu kaufen, deren Inhalt wirklich nutzbringend angewandt werden kann. Obwohl das Schleifen das älteste spanabhebende Bearbeitungsverfahren ist, hat man sich bis heute nur wenig Mühe gemacht, die speziellen Eigenheiten des Schleifens so wiederzugeben, dass der Fachmann damit etwas anfangen kann. Was in den allgemeinen Zerspanungsbüchern über das Schleifen zu finden ist, lässt sich bestenfalls als äusserst dürftig bezeichnen. Daran hat sich so gut wie nichts geändert. Mit Ausnahme einschlägiger Dissertationen sowie weniger Publikationen von Schleifexperten und/oder Schleifmaschinenherstellern, ist in den Buchhandlungen kaum etwas zu finden. Die Zerspaner mit den definierten Schneiden kommen dagegen in jeder Weise auf ihre Rechnung. Sogar über den neuesten Stand von Schneidenbeschichtungen und dergleichen wird laufend orientiert. Abhandlungen zum Hartdrehen und Hochgeschwindigkeitsfräsen dominieren in Fachzeitschriften und in den aktuellen Unterlagen von Werkzeugherstellern. Schleifer, welche es mit der undefinierten Schneide zu tun haben, können dagegen lange nach nützlichen Informationen suchen. Allerdings sind in den letzten Jahren einige wenige Schleifscheibenhersteller zum Teil in die Bresche gesprungen und haben in ihren Katalogen und Unterlagen einiges für den Fachmann getan. Sie publizieren ihre Neuentwicklungen und/oder bieten eigene Schulungen an. Bezüglich schriftlicher Unterlagen und Schulungen darf ein Pionier auf diesem Gebiet nicht unerwähnt bleiben, *Helmut W. Ott* [8]. Er kann mit Fug und Recht als „Erfinder" der schleiftechnischen Schulung schlechthin bezeichnet werden - ja, die Nachahmer können diese Tatsache nur bestätigen.

Einer der das herrschende Manko in Sachen Schleifen recht früh erkannte, war *Professor Dr.-Ing. Ernst Saljé*. Ende der 50er-Jahre publizierte er von Versuchsarbeiten abgeleitete, anspruchsvollere Formeln zum Schleifen. Im Jahre 1976 führte er ein zwei Tage dauerndes schleiftechnisches Kolloquium am IWF der Hochschule Braunschweig durch. Zu diesem Zeitpunkt erschien das vom Vulkan Verlag in Essen herausgegebene Jahrbuch „Schleif-, Hon-, Läpp- und Poliertechnik" in der 47. Ausgabe [siehe auch 5]. Es handelt sich hier wohl um das zweifellos am meisten gekaufte Buch, dessen Inhalt über alle Techniken, die mit dem Schleifen irgendwie in Verbindung stehen, fundiertes Wissen liefert. Die einzelnen Themen stammen sowohl aus der Wissenschaft als auch aus der Praxis. Das Jahrbuch - es erhielt zwischenzeitlich den neuen Titel „Schleifen, Honen, Läppen und Polieren" - gibt es mittlerweile in der 63. Ausgabe [5].

Aber auch die beiden ehemaligen Lehrstuhlinhaber des IWF der ETH Zürich, die Professoren *Dr.-Ing. Eugen Matthias* und *Dr.-Ing. Fritz Rehsteiner* hielten ihr Augenmerk in gebührender Weise auf die Schleiftechnik. Seither ist es relativ still geworden am IWF, soweit dies das Schleifen betrifft. Anlässlich seiner Antrittsvorlesung im Jahre 2003 versprach zwar *Prof. Dr.-Ing. K. Wegener*, der neue Lehrstuhlinhaber des IWF, die von seinem Vorgänger ins Leben gerufenen internationalen „IWF-Feinbearbeitungs-Kolloquien" weiterzuführen. Das hat sich bis heute leider nicht bewahrheitet.

In Deutschland entwickelte sich an den verschiedenen IWF's dagegen ein wahres „Ringen" um Teilnehmer für schleiftechnische Seminare. Praktisch alle Institute für Werkzeugmaschinen und Fertigungstechnik (IWF) bieten seit Jahren schleiftechnische Seminare an. Da wird allerdings im Allgemeinen beim Teilnehmer ein gewisser Wissensstand vorausgesetzt, weil er andernfalls vielen Referaten gar nicht folgen könnte. Besonders dann gilt dies, wenn komplexe mathematische Herleitungen gezeigt werden, die ihm als Anwender weder einen Nutzen bringen könnten, noch von ihm in den wenigsten Fällen nachvollziehbar wären.

Dieses Buch soll ganz gezielt die Lücke zwischen theoretischem Wissen und der praktischen Anwendung zu schliessen versuchen. Nach einer Einführung in die Kinematik des Schleifens, folgt das Kapitel „Einflussgrössen und Zusammenhänge". Zumal das Schleifen, genau wie alle anderen Zerspanungverfahren, der physikalischen Zerspanungslehre folgen muss, ist es logisch, dass man sich ab und zu auch mit Formel befassen sollte. Formeln sind keine mathematischen Schikanen, sondern sie zeigen in sofort verständlicher Form, was wie und mit wem zusammenhängt. Ich habe es bereits weiter vorne schon angedeutet: Noch kein Mensch konnte jemals die Spanbildung beim Schleifen beobachten. Aber wie lässt sich dieses Problem lösen? Genau gleich, wie die Chemiker dies tun würden. Man beginnt zu experimentieren und zu beobachten, sucht dann nach Erklärungen und sinnvollen Rückschlüssen, muss aber bereit sein, Annahmen oder Vermutungen immer kritisch zu überprüfen und gegebenenfalls einem neueren Erkenntnisstand anzupassen, bis das Ziel erreicht ist. Das nennt man ein „empirisches Vorgehen". Beim Schleifen ist es genau gleich. Weil keine Möglichkeit besteht, die Spanbildung zu beobachten, hilft nur ein gutes Vorstellungsvermögen weiter. Aufgrund der Ergebnisse aus mehreren Versuchen mit gezielt veränderten Eingangsgrössen, zieht man einen bestimmten Schluss darüber, was da wohl zwischen der Scheibe und dem Werkstück geschehen ist. Stimmt die Annahme, so muss sie reproduzierbar sein. Man wird die nächsten Versuche – wie der Zerspanungstechnologe zu sagen pflegt – auf mindestens einer höheren und einer tieferen Ebene, aber ganz gezielt mit festen Vorgaben durchführen. Die Ergebnisse müssten, sofern keine Fehler begangen wurden, mindestens angenähert voraussehbar sein. Waren dagegen die Annahmen falsch, dann beginnt man eben nochmals von vorn, nicht mit den gesamten Versuchen, sondern mit der notwendigen „Hirnarbeit" und sucht nach der Ursache der falschen Annahmen. Schon bei einer mehr oder weniger sicheren Vermutung, immer basierend auf der für uns alle geltenden Physik, werden einem plötzlich Dinge klar, die vorher noch im Verborgenen lagen. Und was besonders wichtig ist: Die Freude am zunehmend besseren Verständnis für die Einflussgrössen und ihren Zusammenhängen führt schon in kurzer Zeit zum Beherrschen von schwierigsten Schleifaufgaben.

Die geschilderte Problematik soll hier abgeschlossen werden, aber nicht ohne an die Arbeiten bzw. an die Aussagen von zwei Koryphäen zu erinnern:

Professor Dr.-techn. Max Kurrein
1913–1933
Professor an der TU-Berlin
1927: Die Messung der Schleifkraft, Werkstatttechnik 21 (1927) S. 585–594
und
Professor Dr.-Ing. E. h. Dr.-Ing. Gothold Palitzsch
1938
„Forschung in der Schleiftechnik tut Not!"

Bedauerlicherweise hat das Interesse an der Schleiftechnik erst Jahre nach dem Zweiten Weltkrieg so richtig angefangen, obwohl doch immer geschliffen wurde. In den Sechziger- und frühen Siebzigerjahren erschienen in Deutschland mehrere Dissertationen über schleiftechnische Untersuchungen.

Zwei Arbeiten können als besonders interessant und wichtig bezeichnen: Einerseits beschrieb *Dr.-Ing. Wilhelm Ernst* [1] 1965 das Aussenrundschleifen mit erhöhten Schnittgeschwindigkeiten und andererseits definierte *Dr.-Ing. Helmut Fuchs* [2] 1967 die Abhängigkeit der Schleifkornbelastung von der Momentanspandicke. Erstaunlich war, dass man sich in der Praxis, Maschinenhersteller als auch Anwender, kaum oder gar nicht für die hier gewonnen Erkenntnisse interessierte. Das Hochgeschwindigkeitsschleifen wurde nicht einmal nach dem Erscheinen der Dissertation von *Dr.-Ing. Konrad Gühring* [13] 1967 umgesetzt und angewandt. Er selbst hat schon wenige Jahre danach gezeigt, wie man beispielsweise HSS-Bohrernuten in wenigen Sekunden in einem Durchgang und in voller Tiefe mit hohen Schnittgeschwindigkeiten schleifen kann – auf seinen eigenen Maschinen. Trotzdem war die grosse Mehrheit immer noch der Meinung, dass das Hochgeschwindigkeitsschleifen keine oder nur in Sonderfällen eine Zukunft hätte. Erst Ende der Achtzigerjahre änderte man dann diese falsche Einschätzung. Aber nicht ganz ohne Grund, denn plötzlich machten zwei neue Zerspanungsverfahren dem Schleifen das Feld streitig, das Hochgeschwindigkeitsfräsen und etwas später das Hartdrehen. Allein mit Schnittgeschwindigkeiten von 120 bis 185 m/s konnten zeitbezogene Abtragsmengen auf Flachprofil- und Rundschleifmaschinen erreicht werden, die sich durchaus mit den anderen Verfahren vergleichen liessen oder, weil beim Schleifen die Werkstoffhärte nur eine untergeordnete Rolle spielt, sogar höher lagen.

An dieser Stelle sollte unbedingt auf die 1971 in Amerika gestartete, internationale Dephi-Umfrage kurz eingegangen werden. Die Delphi-Vergleiche mit Schülern – in modernem Deutsch „PISA-Studien" – haben in den letzten Jahren im In- und Ausland von sich Reden gemacht. Aber die wenigsten wissen, was da genau dahinter steckt. Die RAND-Corporation in Kalifornien entwickelte in den Sechzigerjahren die Delphi-Methode. Nach ihr werden Expertengruppen mit gezielt zusammengestellten Fragen betreffend ihrem Tätigkeitsbereich konfrontiert und zwar nicht nur einmal, sondern in bestimmten zeitlichen Abständen mehrmals. Stellt man immer wieder dieselben Fragen, ändern sich interessanterweise oftmals die Antworten, weil Erfahrungswerte und besseres Wissen bei jedem Befragten neu mit einfliessen. Somit nähern sich die Antworten statistisch und führen gesamthaft gesehen zu einer höheren Wahrscheinlichkeit, bezüglich des Zutreffens, als dies Einzelmeinungen tun würden. In dieser Delphi-Umfrage (1971) wurden 73 Experten zur allgemeinen Entwicklung des Schleifens befragt. Was dabei heraus kam war äusserst interessant [3, 5]:

Nachfolgen ein Auszug über die allgemeine Entwicklung der Schleiftechnik:

- 25 % der gesamten Zerspanung wird ab 1985 durch das Schleifen erfolgen.
- Ab 1990 erfolgen 50 % aller Endbearbeitungen im Anschluss an die Formgebung durch Schleifen.
- Schon 1985 wird es exakte Methoden geben, um ein Schleifergebnis für alle Werkstücke, Schleifscheiben und Schleifmaschinenkombinationen vorauszusagen.
- Auch nach 2000 verdrängen keine neuartigen bzw. verbesserten Bearbeitungsverfahren das Schleifen.

Entwicklung der Technologie des Schleifens:

- In der Praxis wird ab 1990 mit Scheibenumfangsgeschwindigkeiten von 300 m/s gearbeitet.
- Andere Schleifmittel als Al_2O_3, SiC, ZrO_2 und Diamant werden ab 1980 eingesetzt.
- Ab 1985 gibt es Schleifscheiben mit konstanten Eigenschaften, deren Korngeometrie und Spanraumvolumen definiert sind.
- Schon ab 1980 gelangen neuartige Scheiben zum Einsatz, welche 3-fach höher als bisher belastet werden können.
- Völlig neue Scheibenstrukturen mit eingelagerten Whiskern oder anderen künstlichen Kristallen kommen ab 1990 zum Einsatz.

Es bleibt dem Leser überlassen, was er von diesen auszugsweise wiedergegebenen Meinungen der befragten Experten hält. Nicht vergessen darf man dabei, dass zu diesem Zeitpunkt lediglich die konventionellen Schleifkornarten bekannt waren, noch niemand mit 300 m/s schleifen konnte und CBN erst gerade auf den Markt gekommen, aber noch keineswegs als Schleifmittel eingeführt war.

Was festgehalten werden sollte sind folgende Tatsachen: Das Schleifen als Präzisions- und Qualitäts-Bearbeitungsverfahren hat sich bis heute gehalten und wird es auch weiterhin tun. Dazu gekommen ist das Leistungs- und Hochleistungsschleifen, beide Verfahren verbunden mit hohen Schnittgeschwindigkeiten und mehrheitlich mit CBN-Schleifscheiben. Da sich praktisch jeder Werkstoff, unabhängig von seiner Härte, schleiftechnisch bearbeiten lässt und das bis zu extremsten Genauigkeiten und Oberflächenqualitäten, wird man auch in der nahen Zukunft kaum auf das Schleifen verzichten können.

Logisch, die maschinenseitigen Ansprüche sind drastisch gestiegen. Nicht nur die verfügbare Leistung an der Schleifspindel oder die hochdynamischen Antriebe von Schlitten, Tischen und Wellen sind damit gemeint. Auch die statische Steifigkeit (Verformungen) und die dynamische Starrheit (Schwingungsverhalten) gehören dazu. Und letztendlich müssen Schleifmaschinen, auf welchen Hochgeschwindigkeitsprozess realisierbar sein sollen, hohe Sicherheitsbedingungen uneingeschränkt erfüllen.

Daneben wurde selbstverständlich auch die Entwicklung der Schleifscheiben enorm forciert. Die konventionellen und die hochharten Schleifstoffe sind gleich geblieben, aber bezüglich der Bindungen haben einige Scheibenhersteller grossartige Rezepturen zusammengestellt, welche nur noch am Rande mit den ehemaligen Glasbindungen etwas zu tun haben. Weil hochharte Schleifstoffe (Diamant und CBN) in keramischer Bindung die üblichen Ofentemperaturen von 1100–1250 °C nicht ertragen würden, mussten so genannte „Niederbrandbindungen“ kreiert werden, welche ab etwa 500 °C im Ofen die volle, ausgehärtete Festigkeit erreichen. Die Kunstharzbindungen werden in zunehmendem Masse von diesen keramischen Spezialbindungen verdrängt, weil letztere nicht nur anders im Prozess reagieren, sondern nach dem Konditionieren geöffnet werden müssen. Dagegen haben nach wie vor die spröden Bronzebindungen und die galvanischen Bindungen ihren festen Platz in der modernen Präzisionsschleiftechnik.

Man spricht übrigens nicht mehr vom Abrichten oder Profilieren, sondern generell vom Konditionieren. Unter diesen Begriff fallen alle Scheibenbearbeitungsverfahren, sei es mit stehenden oder mit bewegten bzw. drehenden Werkzeugen. Zumal Schleifscheiben die einzigen Werkzeuge sind, welche sich verkleinern während ihrer Einsatzdauer, sofern sie aus konventionellen oder aus keramisch gebundenen hochharten Schleifstoffen bestehen, ist es verständlich, dass das Konditionieren – schon der dafür benötigten Zeit wegen – auch immer mit den prädestiniertesten Werkzeugen durchgeführt werden sollte. Schleifscheiben werden kleiner, o. k. aber es sind gleichzeitig die einzigen Werkzeuge, welche sich über den gesamten Nutzungsbereich immer wieder neu „in Form" bringen lassen.

Kombiniert man die heute gebotenen Möglichkeiten mit einem ausreichend guten schleiftechnischen Grundwissen, so stehen der Lösung von schwierigsten Schleifaufgaben kaum noch Hindernisse im Weg.

In dieser Einleitung wurden viele Dinge angesprochen, welche dem Neuling noch unbekannt sein dürften, dem Praktiker und Technologen aber durchaus ein Kopfnicken oder gar ein Lächeln entlocken könnten. Die folgenden Kapitel führen in gut verständlicher Weise durch die Grundlagen der Schleiftechnologie. Grundlagen, die wie das Einmaleins oder das Alphabet zum täglichen Leben des Schleifpraktikers gehören und eine breite Anwendungsmöglichkeit bieten.

Interessant sind drei Tatsachen, welche das Schleifen in der Anwendung immer wieder „bremsten": Erstens haben nach wie vor zu viele Anwender Berührungsängste mit dem Kenntnisstand über die moderne Schleiftechnik und dessen Umsetzung in der Praxis. Zweitens hätte man wissenschaftliche Erkenntnisse bereits in den Sechzigerjahren anwenden können und drittens sind die grundlegenden physikalischen Zusammenhänge über die Schleiftechnologie schon Ende der Achtzigerjahre so weitreichend erarbeitet und bekannt gewesen, dass beim Schleifen keineswegs mehr von einem Verfahren gesprochen werden konnte, welches von Fall zu Fall nur durch Versuche lösbar sei. Ganz im Gegenteil, längstens könnten die meisten Anwendungen schon im Voraus berechnet und mit grosser Sicherheit bereits auf hohem Niveau gefahren werden. Setzt man ferner beispielsweise die von *H. W. Ott* [12] schon 1985 entwickelten Schleifprogramme dazu ein, dann lassen sich alle Standardschleifprozesse am Schreibtisch planen und – mit denselben Programmen – an der Maschine noch optimieren. Die dabei erstellten Ausdrucke enthalten gleichzeitig alle relevanten Prozessdaten, wodurch jederzeit die problemlose Reproduzierung möglich ist. Und hier noch eine Schlussbemerkung: Nichts ist schwieriger, zeitaufwändiger und auch teurer, als eine nicht genügend protokollierte Schleifaufgabe nach einer gewissen Zeitspanne rekonstruieren zu wollen. Besonders bei fehlenden schriftlichen Unterlagen und/oder wenn ein tüchtiger Operateur seinen Arbeitgeber verlässt und das vielleicht über Jahre sich selbst angeeignete Wissen mitnimmt, schlagen die auftretenden Probleme gewaltig zu Buche.

Sollten Sie Fragen zum Schleifen ganz allgemein oder im Zusammenhang mit Schleifscheiben haben, können Sie mich unter meiner E-Mail-Adresse erreichen.

Markus Meister
meister-markus@bluewin.ch

Beschreiben Sie kurz Ihr Problem und ich werde versuchen, Ihnen in nützlicher Frist eine Antwort zu übermitteln. Vergessen Sie bitte deshalb nicht, auch Ihre E-Mail-Adresse anzugeben.

Danksagung: An dieser Stelle möchte ich Herrn Helmut W. Ott für seine fachlich kompetente Unterstützung danken. Immer wenn es darum ging, bestimmte Zusammenhänge zwischen den Einflussgrössen etwas genauer zu erklären, konnte ich auf seine Hilfe in jeder Weise zählen.

Leseleitfaden

Ein Leseleitfaden kann dann nützlich sein, wenn sich ein Buch nicht wie ein Roman ganz einfach von vorne nach hinten lesen lässt. Dieses Buch ist ein reines Fachbuch, welches für Schulungen, zum Selbststudium und als Nachschlagewerk bei der täglichen Arbeit gleichermassen verwendet werden kann. Auf keinen Fall soll sich beim Leser jenes Gefühl einstellen, das zuweilen nach der Lektüre eines Schulbuches zu verspüren ist.

Das Ganze ist als Wissensvermittlung gedacht, wobei kein Anspruch auf eine absolute Vollständigkeit in Sachen Schleiftechnologie beansprucht wird. Wer die Einleitung zu Ende gelesen hat, musste doch feststellen, dass bereits auf den ersten Seiten statt über Schleifprobleme zu reden, ein wenig Wissen über die Erfindung der Elektrizität vermittelt wurde. Ehrlich, gehörten diese Anmerkungen und Jahreszahlen schon zum vorhandenen Allgemeinwissen? Vermutlich nicht! Umso interessanter dürfte es doch sein, zu erkennen, wo die eigentliche „Leistung" für das Schleifen her kommt? Oder anders ausgedrückt: Wenn schon bis zur Bildung des ersten Spanes so viel Energie für die Herstellung der Schleifscheiben und für die Konditionierwerkzeuge aufgewendet werden muss und dazu der Schleifprozess in dieser Hinsicht auch noch „konsumfreudig" ist, muss zweifellos Energie gespart werden, wo immer das bei einem Schleifprozess möglich erscheint.

Beim Schleifen ist Energie zu sparen. Das in der Einleitung demonstrierte Beispiel zeigt nur allzu deutlich, was allein durch die Änderung des verwendeten Kühlschmierstoffs an Leistungskonsum realisierbar wäre. Das ist aber längst nicht alles. Mit höheren Schnittgeschwindigkeiten lässt sich die Effizienz eines Schleifprozesses drastisch verbessern, vorausgesetzt, die gewählten Parameter, die Schleifscheibe und der Kühlschmierstoff sind aufeinander optimal abgestimmt. Ernst [3] hat bereits 1965 in seinen Versuchen festgestellt, dass beim Einsatz von Schleiföl die wirkende Umfangskraft F_t an der Schleifscheibe um 50 % geringer ist, als bei Verwendung einer (damaligen) Emulsion. Die Normalkraft F_n steigt dabei allerdings etwas an. Nur, diese kommt in der Formel für die von der Schleifscheibe benötigte Leistung P_s gar nicht vor! Allein F_t und die Schnittgeschwindigkeit v_c sind von Bedeutung nach der Formel:

$$P_s = F_t \cdot v_c \quad [\mathrm{W}] \tag{IV.1}$$

Und schon sind wir mitten drin! Das gesamte Buch basiert auf der bewährten Philosophie, ein Thema oder eine Grösse zuerst zu beschreiben und möglicherweise auch bildlich darzustellen, dann – sofern es solche gibt – die Formeln aufzuführen und zu erklären, sowie letztendlich das Ganze in Form einer Tabelle oder eines Diagramms zu verdeutlichen.

Angenommen, Sie suchen gezielt einen schleiftechnischen Begriff, beispielsweise das bezogene Zeitspanvolumen Q'_w. Im Index finden Sie eine oder mehrere Seitenzahlen dazu. Wählen Sie die erste Seitenzahl. In der Regel ist dort der Einstieg ins gesuchte Thema oder die Erklärung des Begriffs zu finden. Lesen Sie zuerst den Textteil und schauen Sie sich dann – so vorhanden – die Formel(n) an. Aus der Schulzeit haben viele Leute ein etwas gestörtes Verhältnis zu mathematischen Formeln. Doch keine Angst!

Formeln sind etwas ganz Fantastisches. Denn sie sind nicht nur zum Rechnen da, sondern zeigen die Zusammenhänge der darin vorkommenden Grössen. Formeln sind ja algebraische Gebilde, d. h. sie bestehen aus Buchstaben anstelle von Zahlen. Sollten dennoch Zahlen darin enthalten sein, so dienen diese meistens der Einheitenumrechnung. Die Zahlen 60 (Umrechnung von Sekunden in Minuten oder umgekehrt) sowie die Zahl 1000 (Umrechnung von Meter in Millimeter oder umgekehrt) kommen in vielen Formeln vor. Man nennt sie Konstanten. In einigen Fällen, so beispielsweise im Kapitel Kühlung, sind auch Konstanten, wie etwa die Zahl 13.586 in Formeln zu finden. Diese sind nicht wegen der Umrechnung nötig, sondern haben sich als Zusammenfassung verschiedenster Werte ergeben. Das vereinfacht die Formeln und macht sie wesentlich überschaubarer.

Nochmals zurück zu den Buchstaben. Die Algebra, das Rechnen mit Buchstaben, wird immer dann eingesetzt, wenn an deren Stelle im Prinzip jede Zahl stehen könnte. Beispiel:

$$a = b \cdot c \tag{IV.2}$$

Man könnte diese Formel nun gebrauchen für die Berechnung der aufgetankten Liter Treibstoff b multipliziert mit dem momentanen Literpreis c und erhält die Kosten für eine Tankfüllung a. Setzt man anstelle von b die soeben in der Zeitung gelesene Distanz in Lichtjahren einer neu entdeckten Supernova ein und für c die Lichtgeschwindigkeit (299'792.4562 km/s), so erhält man für a die Entfernung der Supernova von der Erde in Kilometern, sofern der Formel noch die Konstante 31'536'000, nämlich die Anzahl Sekunden von einem Jahr, hinten als Multiplikator angehängt worden ist. Die Formel würde jetzt so aussehen:

$$a = b \cdot c \cdot 31'536'000 \quad [\text{Lichtjahre}] \tag{IV.3}$$

Beträgt die Distanz 30'000'000 Lichtjahre, wird jetzt alles in die Formel eingesetzt:

$$a = 30'000'000 \cdot 299'792.4562 \cdot 31'536'000 = 283'627'646'961'696'000'000 \text{ km}$$

Das ist also die effektive Entfernung a in Kilometern der Supernova von der Erde. Eine Zahl mit 21 (!) Stellen. Etwas weit für einen Sonntagsspaziergang! Ausgeschrieben liest sich diese Zahl so: 283 Trillionen, 627 Billiarden, 646 Billionen, 961 Milliarden und 696 Millionen Kilometer! Etwas mehr, als die Banken weltweit 2008 in den Sand gesetzt haben.

Zu bedenken ist noch, dass in der unvorstellbar langen Zeit, welche der bei der Explosion der Supernova entstandene Lichtblitz braucht, bis er sichtbar bei uns eintrifft, die Supernova längst wieder erloschen sein könnte.

Einfach super, was sich mit einer solch einfachen Formel alles anstellen lässt. Aber noch weit wichtiger ist die Tatsache, dass man Formeln umstellen kann. In der Mathematik heisst das „nach einer Grösse auflösen". Bleiben wir bei unserer einfachen Formel. Wir haben für die Tankfüllung den Betrag a bezahlt und möchten nun wissen, wie viele Liter Treibstoff b das waren bei einem Literpreis c.

Die Formel wird jetzt nach b aufgelöst und sieht dann so aus:

$$b = \frac{a}{c} \tag{IV.4}$$

Weil beide Seiten „gleichgewichtig" sind, darf man in der Schreibweise die Seiten auch tauschen, ohne dass dabei ein Fehler entstehen würde. Sieht auch besser aus, wenn die gesuchte Grösse links vom Gleichheitszeichen steht. Im Anhang **B** werden einige Grundformeln – oder so genannte Gleichungen – gezeigt und ihre verschiedenen Auflösungen dazu. Nur so zur Repetition. Wenn Sie sich sicher fühlen in Sachen Mathematik, ist der Anhang **B** für Sie unwichtig.

Wir bleiben beim Beispiel von der ersten Seite – Sie erinnern sich, es ging um die Suche nach dem bezogenen Zeitspanvolumens Q'_w – und betrachten die gefundene Formel:

$$Q'_w = \frac{a_e \cdot v_{fw}}{60} \quad \left[\frac{mm^3}{mm \cdot s}\right] \tag{IV.5}$$

Es fällt auf, dass die Formel aus zwei Grössen und einer Konstanten besteht. Bei jeder Formel ist deren Einheit in eckigen Klammern aufgeführt und darunter oder daneben stehen die anderen Grössen, ebenfalls mit der (den) in der Formel einzusetzenden Einheit(en). Klar, die Einheit schreibt man nicht in die Formel. Mich stört immer wieder, wenn in einem interessanten Artikel über irgendeine schleiftechnische Untersuchung Formeln stehen, von denen kein Mensch weiss, welche Einheiten hier einzusetzen wären. Die folgende Formel zeigt dieses Dilemma:

$$q_s = \frac{v_c}{v_{fw}} \tag{IV.6}$$

So berechnet man das Geschwindigkeitsverhältnis q_s zwischen der Schleifscheibenumfangsgeschwindigkeit v_c und der Werkstückgeschwindigkeit v_{fw}. Es fehlen nicht nur der Hinweis darauf, dass es eine „Verhältniszahl" ohne Einheit ist, also [-], sondern auch die Umrechnungskonstanten. Die Scheibenumfangsgeschwindigkeit v_c wird in m/s und die Werkstückgeschwindigkeit v_{fw} in mm/min eingesetzt. Das entspricht deren weltweit gebräuchlichen Einheiten. Machen wir nun die Probe aufs Exempel und berechnen – eben, weil wir keine Umrechnungskonstanten in der Formel finden – folgende Rechnung.

Die Schnittgeschwindigkeit v_c sei 35 m/s und das Werkstück bewegt sich mit 30'000 mm/min:

$$q_s = \frac{35}{30000} = 0.0011667 \quad [-] \tag{IV.7}$$

Ist das so richtig? Keineswegs, die Formel muss wie folgt ergänzt werden:

$$q_s = \frac{v_c \cdot 1000 \cdot 60}{v_{fw}} = \frac{35 \cdot 1000 \cdot 60}{30000} = \frac{2100000}{30000} = 70 \quad [-] \tag{IV.8}$$

Oben haben wir die m/s in mm/min umgewandelt und unten musste man nichts tun, da v_{fw} bereits in dieser Einheit eingesetzt wurde. Keine Formel sollte ohne vorherige Einheitenprobe übernommen werden. Die Einheitenprobe ist einfach. Man schaut die Formel an und setzt nicht etwa Zahlen, sondern lediglich die Einheiten der verschiedenen Formelgrössen ein. In unserem Beispiel bedeutet das:

$$q_s = \frac{\text{m}}{\text{s} \cdot \frac{\text{mm}}{\text{min}}} = \frac{\text{m} \cdot \text{min}}{\text{s} \cdot \text{mm}} = \frac{\text{m} \cdot 1000 \cdot 60}{\text{s} \cdot \text{mm}} = \frac{\text{mm} \cdot \text{min}}{\text{min} \cdot \text{mm}} = \frac{\text{mm}}{\text{mm}} = [-] \tag{IV.9}$$

Zuerst steht unter dem ersten Bruchstrich ein weitere Bruch. Dessen Nenner, die Minuten (min), kommen auf den Hauptbruchstrich. Man multipliziert oben die Meter (m) mit 1000 und mit 60, wodurch Millimeter pro Minute entstehen!

In den verschiedenen Kapiteln werden Schwerpunkte gesetzt, d. h. die zum Verständnis des Schleifens notwendigen Grössen sind immer ausführlich beschrieben. Im Kapitel „Einflussgrössen und ihre Zusammenhänge" erfahren Sie alles über jene Prozesseinflüsse, die einerseits als so genannte Stellgrössen vorgegeben werden oder aber erst im laufenden Prozess, entsprechend den gewählten Vorgaben, entstehen. Achten Sie deshalb genau darauf, was zu den Vorgaben (Stellgrössen, Eingangsgrössen) gehört und was Ausgangsgrössen sind. Es gibt somit direkte und indirekte Einflussgrössen. Zu den direkten zählt man beispielsweise die Schnittgeschwindigkeit der Schleifscheibe, die Zustellung pro Tischhub (Flachschleifen) oder pro Umdrehung (Rundschleifen), um nur einige zu nennen. Selbstverständlich gehören aber auch das eingesetzte Konditionierwerkzeug und dessen Einstellvorgaben genauso dazu, wie der verwendete Kühlschmierstoff.

Genau diese wichtige Unterscheidung zeigen die Formeln. Auch hierzu ein kleines Beispiel. Das bezogene Zeitspanvolumen Q'_w (zeitbezogenes Abtragsvolumen), **die Leistungsgrösse** des Schleifens schlechthin, ist definiert mit:

$$Q'_w = \frac{a_e \cdot v_{fw}}{60} \quad \left[\frac{\text{mm}^3}{\text{mm} \cdot \text{s}}\right] \tag{IV.10}$$

Beide Werte, die Zustellung a_e und die Werkstückgeschwindigkeit v_{fw} werden eingestellt, also vorgegeben. Zusammen mit der Schnittgeschwindigkeit v_c der Schleifscheibe ergibt sich eine der bedeutungsvollsten Grössen in der Schleiftechnik, die theoretische mittlere Spandicke h_m. Die Belastung der einzelnen Kornschneiden verhält sich proportional zu h_m. Das heisst, wird h_m grösser, steigt die Kornbelastung im gleichen Verhältnis, wie h_m angestiegen ist und umgekehrt sinkt die Kornbelastung, wenn h_m kleiner wird. Die theoretische mittlere Spandicke kann man aber nirgends einstellen. Es ist eine indirekte Einflussgrösse:

$$h_m = \frac{Q'_w}{v_c \cdot 1000} \quad [\text{mm}] \qquad \text{(IV.11)}$$

Q'_w wird durch Vorgabe von der Zustellung a_e und der Vorschub- oder Werkstückgeschwindigkeit v_{fw} als Einstellung gewählt. Das gilt auch für die Schnittgeschwindigkeit v_c. Die theoretische mittlere Spandicke h_m ergibt sich aus dem Quotienten beider Grössen. Man kann h_m nicht direkt vorgeben, sondern nur über Variationen von Q'_w und/oder von v_c steuern.

Übrigens, das obige Beispiel habe ich nicht ganz ohne Hintergedanken gewählt. Sie werden noch wesentlich mehr darüber im Kapitel 10 „Hochgeschwindigkeitsschleifen“ erfahren. Vor allem, weshalb hohe Schnittgeschwindigkeiten, richtig angewendet, zu weniger Erwärmung, höheren Abtragsleistungen, besseren Oberflächen, geringerem Scheibenverschleiss (längere Scheibenstandzeit) und gesamthaft zu höherer Wirtschaftlichkeit eines Schleifprozesses führen.

Ob Sie ein wissenschaftliches Studium geschafft haben oder – wie viele Operateure heute – nur einen Hauptschulabschluss, spielt im Grunde genommen eine zweitrangige Rolle. Dieses Buch soll jeder lesen und verstehen können. Man nimmt eben nur das heraus, was für einen neu oder interessant ist. Auch wenn einer sich bereits „Schleiftechnologe“ nennen kann, dürfte da und dort irgend etwas auch ihn neugierig machen. Besonders im Kapitel „Kühlung“ sind Hinweise, Formeln und Diagramme zu finden, die so sonst nirgendwo in dieser Art und Weise aufgeführt und erklärt werden.

Genug, es geht jetzt los!

1 Schleifmaschinen und Standard-Schleifverfahren

Aussenrund-Umfangs-Längsschleifen
Aussenrund-Umfangs-Schälschleifen
Aussenrund-Umfangs-Querschleifen
Innenrund-Umfangs Längsschleifen
Innenrund-Umfangs-Schälschleifen
Innenrund-Umfangs-Querschleifen
Plan-Seiten-Längsschleifen
Plan-Umfangs-Längsschleifen
Plan-Umfangs-Querschleifen
Dreh-Umfangs-Längsschleifen
Dreh-Umfangs-Querschleifen
Tauchschleifen
Spitzenlos-Schleifen (Centerless)
Bandschleifen (Durchlaufschleifen)

1.1 Allgemeines zu den Schleifverfahren

Es ist nicht vorgesehen, in diesem Buch alle Arten von Schleifverfahren, insbesondere von Präzisions-Schleifverfahren, detailliert zu beschreiben. Das würde einen grossen Aufwand bedeuten und dem Leser „schleiftechnisch" wenig nützen. Hier sollen deshalb nur die in Bild 1.1 dargestellten Verfahren kurz beschrieben und ihre speziellen Eigenheiten erklärt werden.

In der Präzisionsschleiftechnik kommen prinzipiell nur Maschinen für das Flach-, das Aussen- und das Innenrundschleifen zum Einsatz. Selbstverständlich gehört auch das Spitzenlosschleifen (Einstech- und Durchlaufschleifen) dazu. Letzteres setzt grosse Kenntnisse der Maschineneinstellungen voraus, wozu sich wiederum ein ganzes Buch füllen liesse. Das Spitzenlosschleifen (Centerless-Schleifen) wird darum hier nicht behandelt. Die Hersteller solcher Schleifmaschinen sind aber gerne bereit, auf Anfrage hin Auskünfte zur Verfahrenstechnik und zur Maschineneinstellung zu erteilen. Auch das Zahnradschleifen gehört zu den Präzisionsverfahren. Es tat sich in den vergangenen Jahren von einem „Präzisions-Fertigschleifverfahren" hinsichtlich der möglichen Abtragsleistungen, der erreichbaren Genauigkeiten und der Oberflächenqualitäten hervor und lässt auch in Bezug auf Zahnformkorrekturen kaum noch Wünsche offen. Da hierzu äusserst umfangreiche Darstellungen und Erklärungen, speziell zur Scheibeneingriffskinematik notwendig wären, wird das Zahnradschleifen in diesem Buch auch nicht behandelt.

Die Bauweisen, die Antriebsleistungen und die Steuerungstechnologien haben sich bei allen Standard-Schleifverfahren in den vergangenen 50 Jahren vollständig verändert. Man findet kaum noch Schleifmaschinen, egal welcher Art und Grösse, mit beispielsweise einem in der Drehzahl nicht regulierbaren Spindel- bzw. Scheibenantriebsmotor. Wo früher noch 3.5 bis 5.0 kW an der Hauptspindel üblich waren, sind jetzt Motoren mit Leistungen bis 70 kW und mehr installiert. Logisch, nicht an kleinen Schleifmaschinen, wie sie etwa beim Werkzeugschleifen zum Einsatz gelangen, sondern dort, wo zeitbezogene Abtragsleistungen realisiert werden konnten, die sich ohne weiteres mit jenen des Hartdrehens oder des Hochgeschwindigkeitsfräsens vergleichen lassen. Es hat sich etwas getan! Auch hinsichtlich der Verschalungen und Kühlmittelversorgungen sind enorme Fortschritte zu verzeichnen. Das alles waren zu erfüllende Voraussetzungen für die heutige Leistungsfähigkeit der unterschiedlichen Schleifverfahren ganz allgemein.

Maschinenseitig ist aber besonders hervorzuheben, wie sich die Schnittgeschwindigkeiten in den letzten Jahren nach oben verschoben haben. Waren in den 60er-Jahren noch Scheibenumfangsgeschwindigkeiten von 25–35 m/s als Standard zu betrachten, wendet man heute Schnittgeschwindigkeiten bis etwa 185 m/s im Bereiche des Hochgeschwindigkeits- und Hochleistungsschleifen an. Zweifellos müssen die Maschinen für die sich ergebenden Belastungen anders gebaut sein.

Das Hochgeschwindigkeitsschleifen kann als eine der grössten Errungenschaften im Schleifen bezeichnet werden. Auch wenn schon 1936 in Frankreich beispielsweise mit 60 m/s auf Aussenrundschleifmaschinen gearbeitet und diese Geschwindigkeit als „enorm" bestaunt wurde, ist sie nicht vergleichbar mit der heutigen Hochgeschwindigkeitstechnologie. Aber nicht nur die Schleifmaschinen und ihre Achsantriebe mussten anders gestaltet werden. Auch die Schleifscheiben (Schleifstoffe, Bindungsrezepturen, Strukturen, usw.), die Konditionierverfahren und -werkzeuge sowie die Kühlschmierstoffe erfuhren gleichermassen einen ungeheuren Entwicklungsschub. Unter dieser Prämisse muss man das Schleifen heute betrachten und verstehen.

1.2 Gemeinsamkeiten der verschiedenen Schleifmaschinenarten

Allen Schleifmaschinen sind ganz bestimmte, konstruktiv zu berücksichtigende Gemeinsamkeiten eigen, ohne die weder hohe Abtragsleistungen noch beste Geometrie- und Oberflächenqualitäten erreichbar wären. Es sind dies:

- grosse Stabilität (massive, verwindungsarme Bauweise)
- hohe Steifigkeit (geringste Auslenkungen in allen wichtigen Achsen)
- hohe Starrheit (weitmöglichste Schwingungsfreiheit)
- geringe Wärmeausdehnung in allen Achsen
- Steuerungen auf Industrie-PC-Basis (schnelle Prozessoren)
- hoch auflösende Messsysteme (in den Hauptachsen auf 0.25–0.5 μm)
- moderne Software mit integrierter schleiftechnischer „Intelligenz“
- gut verständliche Programmierung, Bedienung und Überwachung
- eingerichtet für den Einsatz moderner Konditionierwerkzeuge
- eventuell auch für bahngesteuerte Konditionierung
- gute Verschalungen (Schutz für den Operateur und die Umgebung)
- bei Schleiföleinsatz die notwendigen Sicherheitseinrichtungen
- auf die maximale Leistung abgestimmte Kühlschmierstoffversorgung
- Möglichkeit für automatische Be- und Entladung.

Einige Punkte mögen zwar noch ganz oder teilweise „Wunschdenken“ sein, aber was nicht ist, kann ja noch werden. Ein auf diesen Punkten aufgestelltes Pflichtenheft würde kaum zum Kauf einer im Endeffekt enttäuschenden Schleifmaschine führen. Leider vergessen aber viele Anwender immer wieder, wenn es um die Neubeschaffung einer Schleifmaschine geht, dass ein gut durchdachtes und alle wichtigen Zielgrössen enthaltendes Pflichtenheft eine absolute Voraussetzung ist.

1.3 Standard-Schleifverfahren

Die folgende Tabelle enthält die wichtigsten Präzisions-Schleifverfahren.

TABELLE 1.1 Die wichtigsten Schleifverfahren (nach DIN 8589) – Abkürzungen nach OTT

Die wichtigsten Schleifverfahren (nach DIN 8589) Hinweis: Die Kurzbezeichnungen, z. B. AUL, wurden von OTT festgelegt!		
→ AUL	=	Aussenrund-Umfangs-Längsschleifen
→ AUQ	=	Aussenrund-Umfangs-Querschleifen
→ IUL	=	Innenrund-Umfangs-Längsschleifen
→ IUQ	=	Innenrund-Querschleifen
→ PSL	=	Plan-Seiten-Längsschleifen
→ PUL	=	Plan-Umfangs-Längsschleifen
→ PUQ	=	Plan-Umfangs-Querschleifen
→ DUL	=	Dreh-Umfangs-Längsschleifen
→ DUQ	=	Dreh-Umfangs-Querschleifen

Dazu die bildlichen Prinzipdarstellungen nach DIN mit üblichen Bezeichnungen der festen und der Stellgrössen.

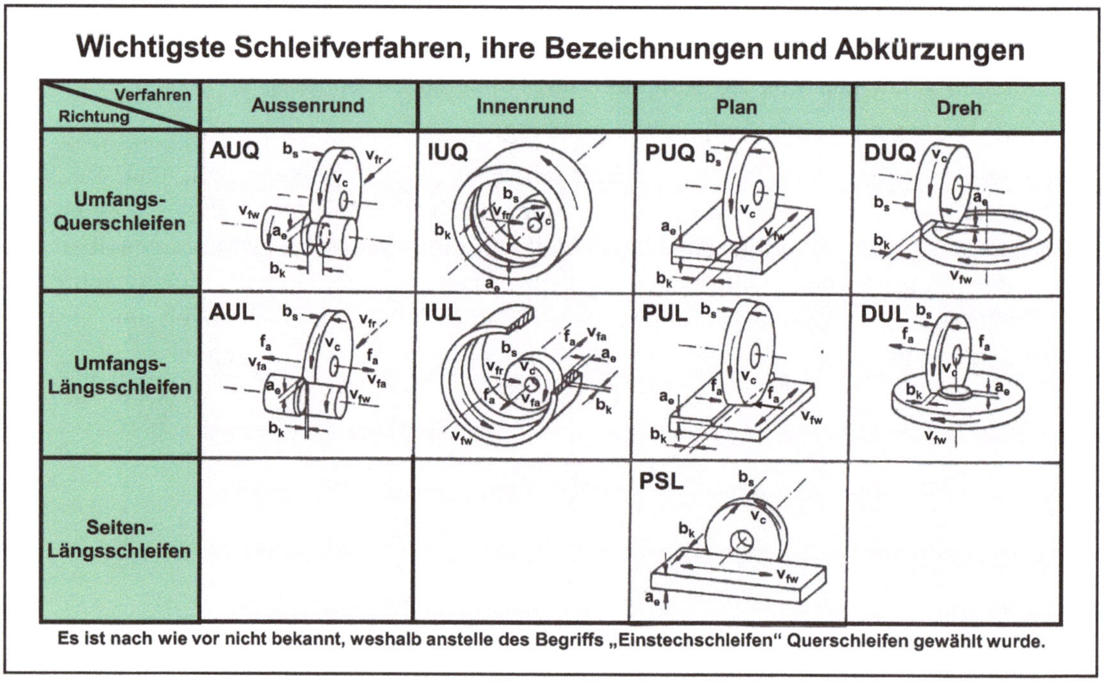

Wichtigste Schleifverfahren, ihre Bezeichnungen und Abkürzungen

Verfahren / Richtung	Aussenrund	Innenrund	Plan	Dreh
Umfangs-Querschleifen	AUQ	IUQ	PUQ	DUQ
Umfangs-Längsschleifen	AUL	IUL	PUL	DUL
Seiten-Längsschleifen			PSL	

Es ist nach wie vor nicht bekannt, weshalb anstelle des Begriffs „Einstechschleifen" Querschleifen gewählt wurde.

BILD 1.1 Wichtigste Schleifverfahren, ihre Bezeichnungen und Abkürzungen (nach OTT)

Hier soll noch darauf aufmerksam gemacht werden, dass die von DIN gewählten Bezeichnungen „Längs“ und „Quer“ zu Missverständnissen führen können. Es ist nämlich nicht unbedingt nachvollziehbar, dass das Verfahren zum Schleifen einer Nute auf einer Flachschleifmaschine als „Flach-Umfangs-Querschleifen“ bezeichnet wird. Ebenso unverständlich mag es einem vorkommen, weshalb das Verfahren zum Überschleifen einer Fläche (breiter als die Scheibenbreite) auf einer Flachschleifmaschine „Flach-Umfangs-Längsschleifen“ heissen soll. Aber auch im Zusammenhang mit den anderen Schleifverfahren, wie Aussen- und Innenrundschleifen, würde man zumindest anstelle des Wortes „Quer“ den Begriff „Einstechen“ erwarten. Das ergäbe somit ein „Aussen- oder Innenrund-Einstechschleifen“, abgekürzt AUE bzw. IUE. Aber der Leser sollte sich mit den vorgegebenen Bezeichnungen einfach abfinden, diese sich so merken und allenfalls den Kopf schütteln. Ändern lässt sich daran ohnehin nichts.

1.4 Anfunksteuerungen

Bevor die Schleifverfahren, im Besonderen die Rundschleifverfahren, angesprochen werden, ist es sicher sinnvoll, über die Anfunksteuerungen, deren Funktion und über die möglichen Auswirkungen im Prozess einige Gedanken zu äussern.

Immer wieder lässt sich beobachten, dass Schleifmaschinenhersteller ihre Maschinen mit so genannten „Anfunksteuerungen“ ausrüsten und ihrem Kunden dann, – auch bei im Rohdurchmesser abweichenden Wellen (Toleranzbereiche) –, massiv verkürzte Schleifzeiten versprechen. Klar, das „Luftschleifen“ fällt weg, weil die Scheibe im Schnellgang bis zum Kontakt mit der Welle fährt. Der entstehende Stromanstieg oder der Körperschall (Berührungsgeräusch) wird von der Steuerung dedektiert und schaltet auf den vorgegebenen Zustellwert um.

Zum Körperschall ist noch zu erwähnen, dass beispielsweise ein zum Zeitpunkt der Berührung von Scheibe und Werkstück bereits fliessender Kühlmittelstrahl das Signal stören kann. Und in Bezug auf die Reaktionsgeschwindigkeit ist die Anfunksteuerung bedeutend schneller als die Maschinensteuerung. Daraus resultiert in vielen Fällen ein extrem unsanfter Kontakt der Scheibe mit dem Werkstück. Obwohl die Scheibe und das Werkstück zum Zeitpunkt des Kontakts bereits drehen, kann in der kurzen Zeit der Werkstoff nicht weggeschliffen werden. Das führt zu einer örtlich begrenzten Macke am Werkstück und auch zu einer partiellen Beschädigung an der Schleifscheibe. Abhängig von der Steifigkeit des Systems Maschine/Scheibe/Werkstück kann es vorkommen, dass die Macke am Werkstück (Welle) und/oder an der Scheibe, nicht mehr ausgeglichen wird während dem Schleifen. Zudem hinterlässt jedes nachfolgende Werkstück an der Scheibe an einer anderen „Zufallsstelle“ eine solche „Kontaktmacke“. Wie bei einer Restunwucht, aber mit unregelmässigen Anregungsfrequenzen, beginnt die Scheibe immer mehr Rattermarken am Werkstück zu hinterlassen. Unerklärlicherweise erkennen die Operateure diesen Zusammenhang nicht oder zu spät.

1.5 Aussenrund-Umfangs-Längsschleifen AUL

Mit diesem Verfahren werden Wellen oder Konen in beliebiger Länge geschliffen, die letztlich nur von der möglichen Einspannlänge abhängt. Die Schleifscheibe sollte ausserhalb des Werkstücks auf die Abspantiefe pro Durchgang (Zustellung a_e) eingefahren werden und überschleift dann mit der vorauseilenden Scheibenkante den Rundkörper. Am Ende ist eine weitere Zustellung, ebenfalls ausserhalb des Werkstücks, vorzunehmen. Sofern das nicht möglich ist, wird an den Anfang (ausserhalb) schnell zurückgefahren, zugestellt und wieder in Längsrichtung weiter geschliffen. Bei diesem Längsschleifen, welches übrigens – nicht ganz zutreffend – auch als „Schälschleifen" bezeichnet wird, verrundet die in Schleifrichtung arbeitende Scheibenkante parabolisch. Das ist ungünstig, weil dadurch die Normalkraft F_n ansteigt und das Werkstück zusehends auf Durchbiegung belastet. Wenn vor und zurück geschliffen wird, verrunden beide Kanten. Durch den sich aufbauenden Normaldruck kommt es bei längeren und/oder nicht durch eine Lunette abgestützten Wellen zwangsläufig zu Durchmesserabweichungen, wobei die Welle aussen dann dünner ist als im mittleren Bereich. Neben den geometrischen Problemen, welche sich nur durch ein in kurzen Abständen durchgeführtes Neukonditionieren minimieren lassen, kann es auch zu sich laufend verschlechternden Oberflächen kommen. Die meisten Operateure versuchen, mit kleinsten Zustellungen pro Überschliff das Problem einigermassen in den Griff zu bekommen. Das ist eine Lösung, aber keine gute, denn die benötigte Schleifzeit steigt auf diese Weise relativ stark an.

1.6 Aussenrund-Umfangs-Schälschleifen AUL(S)

Einige werden sich fragen, weshalb dieses moderne Schleifverfahren nicht im Bild gezeigt wird. Einfache Antwort: Allein die mit einem bestimmten Schälwinkel an einer oder beiden Arbeitskanten abgerichtete Schleifscheibe und einige Stellgrössenunterschiede kennzeichnen das Schälschleifen. Das Schälschleifen wird, seiner Dominanz wegen, im Kapitel 9 separat behandelt.

Das korrekte Schälschleifen ermöglicht, beispielsweise an einer Welle, die Schleifzugabe in einem einzigen Durchgang wegzuschleifen. Dabei übernimmt die „Schälkante" den Leistungsabtrag und die dahinter folgende Scheibenpartie den Fein- bzw. Egalisierschliff. Es sind damit sehr grosse bezogenen Zeitspanvolumina zu erzielen, ohne jeden Nachteil hinsichtlich Geometrie- oder Oberflächenqualität. Zudem lassen sich auch Absätze, Schultern, konische und sogar unrunde Partien durch das Schälschleifen bearbeiten. Ein modernes Schleifverfahren mit grossem Zukunftspotential.

Die dazu verwendete Schleifmaschine muss mit einem einstellbaren Konditioniergerät, meist eine bahngesteuerte Diamantspitzscheibe, ausgerüstet sein und die Kühlung sollte unbedingt den aktuellsten Erkenntnissen entsprechen. Als Schleifstoffe kommen Sinterkorund (gemischt) oder CBN mit grossem Erfolg zum Einsatz. Zum Kühlen eignen sich additivierte Schleiföle besonders gut.

1.7 Aussenrund-Umfangs-Querschleifen AUQ

Es ist sicher zweckmässig, sich unter AUQ – wie schon erwähnt – das Einstechschleifen an Rundteilen (Wellen und dergleichen) vorzustellen. An und für sich geniesst dieses Verfahren, zusammen mit dem konventionellen Flachschleifen, einen hohen Bekanntheitsgrad. Eine ausführliche Beschreibung dürfte deshalb überflüssig sein. Zwei Punkte sollen aber trotzdem erwähnt werden:

- Geringe Einstechtiefen von bis zu wenigen Zehntelmillimetern ändern an den Prozessausgangsgrössen kaum etwas. Selbstverständlich ist dies auch vom zu bearbeitende Durchmesser abhängig, aber grundsätzlich bewegen sich die Unterschiede von wichtigen Prozessgrössen, wie etwa der Kontaktlänge l_k oder des Geschwindigkeitsverhältnisses q_s, in dermassen kleinen Grössenordnungen, dass sie unberücksichtigt bleiben können. Werden dagegen tiefere Nuten eingestochen, ist es zweckmässig, anstelle des ursprünglichen Aussendurchmessers den mittleren Durchmesser der Nute auszurechnen und alle Werte, die etwas mit der Einstechtiefe zu tun haben, auf diesen zu beziehen. Bei sehr grossen Nutentiefen könnte sich sogar eine Berechnung der Anfangs- und eine der Endbedingungen durchaus lohnen.
- Beim Rundschleifen wird im Allgemeinen nicht die Zustellung a_e pro Werkstückumdrehung vorgegeben, sondern die so genannte Zustellgeschwindigkeit v_{fr}. Will man das vorgesehene oder erreichte bezogene Zeitspanvolumen Q'_w berechnen, muss man dazu die entsprechende Formel (siehe Kapitel 4) anwenden. Dabei ist zu beachten, dass eine Änderung der Werkstückdrehzahl das bezogene Zeitspanvolumen nicht beeinflusst. Lediglich die mittlere Spandicke verändert sich dadurch. Wird diese kleiner, steigt die spezifische Schnittkraft k_s und damit der Leistungsbedarf, was unter Umständen zu thermischen Problemen führen kann.

Im Übrigen gilt immer: Erfolg ist nur mit optimierten Kühlbedingungen möglich!

1.8 Aussenrund-Schrägeinstechschleifen

Mit einem um üblicherweise 30° schräggestelltem Schleifsupport werden mittels einer an der Arbeitsumfläche zu einem 90°-Winkel abgerichteten Schleifscheibe, beispielsweise an einer Welle, gleichzeitig ein Lagersitz und die Anlageschulter (kontinuierlicher Schrägeinstich) geschliffen. Ist der zu schleifende zylindrische Teil an der Welle länger als jener an der Scheibe, wird in zwei Operationen - zuerst der Lagersitz im AUL-Verfahren und dann die Anlageschulter (Bund) durch antouchieren mit der anderen Partie der Scheibe - geschliffen. An der Schulter entsteht eine Art „Kreuzschliff". Die Schleifzugabe sollte an der Schulter nicht zu gross sein, weil beim Schleifen in zwei Operationen einerseits der seitliche Schleifdruck beträchtlich sein kann und andererseits diese Werkstoffabtragsweise eine erhebliche Reibung und damit auch Wärme verursacht. Auf gute Kühlung beider Scheibenpartien (für Sitz und Schulter) ist besonders zu achten.

1.9 Innenrund-Umfangs-Längsschleifen IUL

Das Innenrundschleifen wird für die genaue Bearbeitung von Bohrungen an Hülsen, Lagerringen, Lagersitzen usw. eingesetzt. Es muss zwischen zwei grundsätzlichen Vorbedingungen unterschieden werden: Im einen Fall ist die zu schleifende Bohrung durchgehend, d. h. es ist möglich, die Scheibe (Schleifstift) auch hinten auszufahren, dort wieder zuzustellen und in der umgekehrten Richtung zum Bohrungseingang hin ebenfalls Werkstoff abzutragen. Beim zweiten Fall ist die Bohrung hinten abgeschlossen. Die Scheibe kann nicht ausgefahren werden. Trotzdem versuchen viele Operateure, auch hinten einen Zustellhub vorzugeben, obwohl dort praktisch die gesamte Scheibenkörperlänge im Eingriff ist. Ein solches Innenrundschleifen führt meistens zu Geometriefehlern der Bohrungen, und zwar sowohl im Durchmesser als auch in Längsrichtung. Man sollte den Rückhub der Schleifscheibe eher zum Egalisieren mit vielleicht etwas vergrösserter Hubgeschwindigkeit nutzen und erst ausserhalb der Bohrung erneut eine Zustellung vornehmen. Die Bohrungen werden eindeutig masslich und geometrisch genauer.

Die allgemein bekannte Krux des Innenrundschleifens ist die oft grosse Spindel- und Scheibenausladung mit geringen Schaftdurchmessern. Schon der geringste Schleifdruck ergibt zwangsläufig unerwünschte Auslenkungen des Systems Schleifaufnahmen/Schleifstift. Auch dadurch ergeben sich Geometriefehler, die sich - auch wieder wegen mangelnder Steifigkeit - oftmals bis zum Erreichen des 0-Masses nicht mehr eliminieren lassen Man setzt heute vermehrt und mit Erfolg Schäfte aus Hartmetall oder neuerdings auch aus Ingenieurkeramik ein.

Im Kapitel 9 kann man noch mehr über dieses Verfahren nachlesen und vor allem erfahren, was das Schälschleifen an Vorteilen zu bieten hat.

1.10 Innenrund-Umfangs-Schälschleifen IUL(S)

Wie unter Punkt 1.5 bereits erwähnt, bestehen auch bei diesem Schleifverfahren die Unterschiede zum normale Längsschleifen in der speziellen Kantenprofilierung der Scheibe und in den etwas von den üblichen Stellgrössen abweichenden Werten. Das Schälschleifen wird, seiner Dominanz wegen, im Kapitel 9 separat behandelt.

1.11 Innenrund-Umfangs-Querschleifen IUQ

Die möglichen Durchbiegungsauswirkungen sind hier nicht so bedeutungsvoll wie beim Innenrund-Längsschleifen. Im Allgemeinen wird die Schleifscheibe innerhalb der Bohrung in Position gebracht und dann durch kontinuierliche Zustellgeschwindigkeit v_{fr} in die zu schleifende Nute eingefahren bis zur gewünschten vollen Tiefe. Ist die Nute breiter als die Scheibe oder der Schleifstift, muss eine zusätzliche Oszillation erfolgen. Das ergibt dann ein „Mischverfahren“ zwischen Einstech- und Längsschleifen. Sind die Bohrungen gross und können deshalb auch verhältnismässig grosse Scheiben zum Einsatz gelangen, bestehen keine besonderen Probleme. Ist aber der Scheibendurchmesser klein und die Ausladungen erst noch gross, ist ein hohes Mass an schleiftechnischem Können erforderlich.

Bei allen Innenrundschleif-Verfahren ist auf optimale Kühlmittelzuführung zu achten. Am besten hat sich hier die Überflutungskühlung bewährt. Eine mögliche Kühlschmierstoffzuführung durch die Werkstückaufnahmespindel bei offenen Bohrungen ergibt nur in wenigen Fällen eine ausreichende Kühlwirkung. Die Stirnseite der Scheibe verschleudert das Kühlmittel fächerförmig und verhindert so den erforderlichen Zufluss zur Kontaktzone.

1.12 Plan-Seiten-Längsschleifen PSL

Besser bekannt als „Topfscheibenschleifen“, wird es auf speziellen Flachschleifmaschinen mit senkrecht stehender Spindel angewandt. Es können die in der Form bekannten Topfscheiben bis zu einer Grösse von etwa 500 mm zum Einsatz kommen. Müssen grössere Teile, beispielsweise Platten, plangeschliffen werden, verwendet man als Scheibengrundkörper grosse Stahlscheiben mit einem Aussenrand. An diesen angelegt werden so genannte Scheibensegmente in regelmässigen Abständen montiert. Weil unabhängig vom Scheibendurchmesser nur die Scheibenkante effektiv schleift, bieten die meisten PSL-Schleifmaschinen ein „Schiften“ der Scheibenachse um wenige Grade. Typischerweise sind es 2° bis 3° Schrägstellung und in dieser Lage werden die Scheibe bzw. die Scheibensegmente trotzdem parallel zum Maschinentisch abgerichtet. Die sichtbaren Schleifspuren auf der Werkstücksoberfläche sind sichelförmig. Folgedessen steht die Scheibe nur an einer Frontseite im Kontakt mit dem Werkstück ganz im Gegensatz zur vertikalen Scheibenachsstellung. Dort wird nämlich ein gut sichtbarer Kreuzschliff erzeugt.

Topfschleifmaschinen verfügen normalerweise über eine Kühlschmierstoffzufuhr durch die Antriebsachse der Scheibe. Innerhalb des Scheibenkranzes ergibt sich so ein Kühlschmierstofffächer, welcher am gesamten Innenrand kühlend und reinigend wirkt. Sind Schleifsegmente im Einsatz, ergeben die Zwischenräume zwischen den Klötzen einen durchaus erwünschten Durchgang für das Kühlmittel. Auf diese Weise wird die gesamte auf dem Werkstück reibende Scheibenfläche optimal mit Kühlschmierstoff versorgt. Bei sehr grossen Scheibendurchmessern von 900 mm und mehr hat sich gezeigt, dass eine zusätzliche Kühlschmierstoffzuführung von aussen wesentliche Vorteile bringt. Diese manifestieren sich in der möglichen Abtragsleistung bei deutlich reduzierter Wärmeentwicklung. Letzteres ist beim Schleifen dünner Teile und/oder grosser Platten von ganz besonderer Bedeutung. Denn die Schleifwärme führt dazu, dass sich die Werkstücke (Platten) langsam aber sicher „werfen“. Der entstehende Buckel wird bei jedem folgenden Überschliff abgetragen, wodurch sich nach dem Abkühlen eine ausgesprochen negative (konkave) Wölbung zeigt. Ist das Nullmass erreicht, dürfte in vielen Fällen das Teil unbrauchbar sein (Ausschuss).

Dieses Schleifverfahren ist übrigens im Kapitel 4, bezüglich der schleiftechnischen Grössen und den unterschiedlichen Werkstückpositionen ausführlich beschrieben.

1.13 Plan-Umfangs-Längsschleifen PUL

Dieses Schleifverfahren ist so bekannt, dass sich ein Kommentar dazu wirklich erübrigt. Man könnte höchstenfalls, um Missverständnisse zu vermeiden, auf den zweifellos unglücklich gewählten Namen „Längsschleifen“ hinweisen. Ferner gibt es eine Sonderart des Flach-Längsschleifens, welche als „Kreuzschliff“ bezeichnet wird. Während beim üblichen Längsschleifen ein Seitenvorschub jeweils immer dann erfolgt wenn die Scheibe das Teil überfahren hat, bewegt sich der Schleiftisch beim Kreuzschliff kontinuierlich hin und her. In Fällen, bei denen eine grosse Planparallelität verlangt wird, überschleift man erst einmal das Werkstück im normalen PUL-Verfahren (Seitenvorschub kleiner als Scheibenbreite). Danach wird die Scheibe neu konditioniert (flach abgerichtet) und das Werkstück im Kreuzschliff fertig bearbeitet. Auf diese Weise überschleift man z. B. die Flachschleifmaschinentische und/oder die grossen Magnetplatten darauf. Auch hier ist eine optimierte Kühlschmierstoffversorgung unbedingt erforderlich.

1.14 Plan-Umfangs-Querschleifen PUQ

Also, „Querschleifen" bedeutet Einstechschleifen! Vom wenig anspruchsvollen Schleifen der Flanken von Nuten aller Art hat sich dieses Schleifverfahren seit den 60er-Jahren zu einem der leistungsfähigsten überhaupt entwickelt. Wie es funktioniert, muss wohl auch nicht erklärt werden. Aber was es alles kann, ist schon erwähnenswert.

Angefangen hat es damit, dass zwischen 1960 und 1965 einerseits das Crushieren und andererseits das Kriechgangschleifen erfunden wurde. Man hat schon vorher Schleifscheiben mittels Schablonenabrichtgeräten (z. B. DIAFORM u. a. m.) mit Profilen versehen und damit sehr anspruchsvolle, offene Profilformen in höchster Genauigkeit schleifen können. Das Crushieren brachte aber den Durchbruch! Dabei wird eine gehärtete und mit dem am Werkstück einzubringenden Profil versehene, hochharte Stahlrolle in langsamen Umdrehungen in die durch Friktion mitdrehende Scheibe richtiggehend eingedrückt. Daher stammt der englische Begriff „crushieren" abgeleitet von „crushing". Jetzt liessen sich ganze Serien von Teilen in gleicher Genauigkeit schleifen, wodurch die rationelle Serienfertigung auch auf Flachschleifmaschinen, die nun Profilschleifmaschinen genannt wurden, plötzlich möglich wurde.

Ein Problem gab es allerdings mit den Tischantrieben. Diese bestanden zu jener Zeit noch alle aus hydraulischen Zylindern und konnten, wenn Profile von einigen Millimeter Tiefe mit stark herabgesetzter Tischgeschwindigkeit in einem Durchgang zu schleifen waren, kaum ruckfrei betrieben werden. Mit neu entwickelten, schnell reagierenden Mengenreglern und verbesserten, gut gleitenden Kolbendichtungen waren dann aber Tischgeschwindigkeiten bis auf 60–120 mm/min stotterfrei erreichbar. Dadurch wuchsen auch die Forderungen an grössere Profiltiefen und schon bald war es kein Problem mehr, Tannenbaumprofile an Turbinenschaufeln in einem einzigen Durchgang auf Fertigmass in extremer Genauigkeit zu fertigen. Abgerundet wurde damals dieser gewaltige Sprung nach vorne durch die von OTT entwickelte „Gleichlaufkühlung" (siehe Kapitel 7).

Hat man anfänglich vom „Schleichgangschleifen" gesprochen, wurde daraus das „Kriechgangschleifen" und heute wird nur noch vom Tief- oder Vollschnittschleifen gesprochen. Was auf solchen hochgerüsteten Flach-Profilschleifmaschinen mit exklusiven Steuerungen und in Kombination mit entsprechenden Konditioniergeräten und Aufnahmevorrichtungen alles „schleifbar" gemacht wird, kann einen staunen lassen.

1.15 Dreh-Umfangs-Längsschleifen DUL

Man betrachtet hierzu am besten das DUL-Bild in Bild 1.1. Soll auf einer Rundtischschleifmaschine ein scheibenförmiges Werkstück oder ein Ring, der breiter als die Schleifscheibe ist, plangeschliffen werden, setzt man dazu dieses Verfahren ein. Es kann, ähnlich dem normalen Flachschleifen, berechnet werden, wobei aber zu beachten ist, dass abhängig von der Scheibenbreite an der Innenkante andere Bedingungen herrschen, als am Aussenrand. Das ändert sich noch drastischer, wenn man die gesamte Werkstückbreite betrachtet. Will man Berechnungen durchführen, empfiehlt sich eine Rechnung bezogen auf den grössten und eine auf den kleinsten Werkstückdurchmesser. Um eine bessere Übersicht über den Prozessverlauf mit weniger Rechnungsaufwand zu erhalten, bietet sich aber auch eine Berechnung, bezogen auf den mittleren Durchmesser des Werkstücks, an.

Auf modernen Maschinen kann heute die Drehgeschwindigkeit des Werkstücks auf ein konstant bleibendes Geschwindigkeitsverhältnis q_s zur Schleifscheibe eingestellt werden. Das führt logischerweise zu gleichbleibenden Prozessbedingungen über die gesamte, zu überschleifende Ringfläche, sieht man von den ungleichen, aber kaum ins Gewicht fallende Bedingungen im Bereiche der Scheibenbreite einmal ab. Die Zustellung erfolgt normalerweise ausserhalb des Werkstückdurchmessers und der Rücklauf wird für den Egalisierschliff und den Druckabbau genutzt.

Dass auch hier eine optimale Kühlung Voraussetzung ist, sei nur nebenbei erwähnt.

1.16 Dreh-Umfangs-Querschleifen DUQ

Auch dieses Verfahren sollte man zum besseren Verständnis in Bild 1.1 ansehen. Dann ist sofort klar, was man damit tun kann, nämlich Ringe, die weniger breit als die Scheibe sind, überschleifen. Ein Verfahren, welches in der Praxis immer zum Einsatz kommt, wenn der Ringdurchmesser eine bestimmte Grösse überschreitet. Kleine Ringe schleift man auf Rundschleifmaschinen, meist mit automatischer Zuführung, Spannung und Entladung (beispielsweise das Schleifen von Kugellagerringen). Werden keine allzu hohen Toleranzansprüche gestellt, lassen sich kleinere Ringe auch auf Durchlaufschleifmaschinen bearbeiten. Für grosse Ringe muss aber eine Rundtischschleifmaschine zum Einsatz gelangen.

Die schleiftechnischen Bedingungen sind vergleichbar mit dem normalen Plan-Umfangs-Querschleifen (PUQ) sowie mit dem Dreh-Umfangs-Längsschleifen (DUL), wobei bei letzterem einfach die Längsbewegung (Bewegung der Schleifscheibe von aussen nach innen und zurück) wegzudenken ist.

Die Zustellung a_e erfolgt hier zumeist kontinuierlich, zuerst mit grösserer und zum Schluss mit reduzierter Zustellgeschwindigkeit v_{fr}, bis das Nullmass erreicht worden ist. Danach folgen noch einige Ausfeuerumdrehungen (3 - max. 12). Auf gute und ausreichende Kühlung (Menge, Druck, Zuführung) ist zu achten.

1.17 Tauchschleifen

Ein Schleifverfahren, das erstaunlicherweise recht stiefmütterlich behandelt wird, obwohl es nicht selten angewandt wird und oftmals hochgenaue Arbeiten damit durchzuführen sind. Verwendet werden dazu entweder Flachschleifmaschinen oder Aussenrundschleifmaschinen. In beiden Fällen bewegt sich nur der Schleifsupport vertikal, eben „eintauchend". Aussenrundschleifmaschinen wählt man dann, wenn das Werkstück am Umfang mehrere eingeschliffene Nuten erhalten soll, wogegen Flachschleifmaschinen zum Einsatz gelangen, wenn nur eine Nute oder mehrere in Reihe folgend im Tauchschleifverfahren zu schleifen sind.

Dieses Schleifverfahren ist mit vielen Tücken behaftet, weshalb es zweifellos von Vorteil ist, sich die schleiftechnischen Aspekte (Prinzip und Berechnungsgrundlagen) im Kapitel 4 anzusehen.

Am Rande sei erwähnt, dass dazu moderne Steuerung mit schnell reagierenden Rechnern notwendig sind, zumal sich die Schleifbedingungen mit zunehmender Tauchtiefe konstant und erst noch markant verändern. Das setzt ferner auch gute schleiftechnische Kenntnisse voraus, weil die gesamte thermische Problematik hier äusserst dominant ist. Das Kühlen ist aber nicht unbedingt einfach unter den gegebenen Bedingungen, weshalb nur mit speziell angepassten Düsen, im Allgemeinen beidseitig der Scheibe angeordnet (Gleich- und Gegenlaufkühlung), befriedigende Ergebnisse zu erwarten sind. Ein typisches Beispiel für das Tauchschleifen dürfte das Einschleifen der Steuernuten in die Hydraulikschieber von Servosteuerungen für Pkw's sein.

1.18 Spitzenlos-Schleifen (Centerless-Schleifen)

Wie bereits ganz am Anfang erwähnt, wird das Spitzenlos-Schleifen in diesem Buch nicht behandelt. Einige Erklärungen dazu sollen aber trotzdem nicht fehlen. Es gehört zu den ältesten Schleifverfahren. Sein Einsatzschwerpunkt lag ursprünglich beim Rundschleifen langer Rundteile (Wellen mit gleichmässigem Durchmesser). Das Abstützen der Rundteile durch die Regelscheibe und auf dem präzise eingestellten Lineal macht es möglich, auch extrem dünne Rundteile durchbiegungsfrei in höchster Genauigkeit zu schleifen.

War anfänglich nur das Durchlaufschleifen praktiziert worden, so änderte sich dies im Laufe der Zeit. Verhindert man nämlich mit einem Anschlag das durch die Regelscheibe gegebene Vorschubverhalten, so kann mit einer in geeigneter Weise profilierten Schleif- und Regelscheibe auch ein komplettes Konturprofil in das durch die Regelscheibe weiterhin angetriebene Werkstück eingeschliffen werden. Typische Beispiele sind Pleuel-Dehnschrauben oder Dosierkolben für Dieseleinspritzpumpen. Centerless-Schleifmaschinen für solche Aufgaben weisen nicht mehr unbedingt parallel zueinander stehende Schleif- und Regelscheiben auf. Das kann von Fall zu Fall und abhängig von der jeweiligen Profilform notwendig sein. Werden Grossserien gleicher Teile geschliffen, ist meist eine automatisierte Beschickung und Entnahme angebaut. Ferner müssen die Kühlschmierstoffdüsen der Profilform so weit angepasst sein, dass auch kritische Stellen, wie beispielsweise Schultern, beim Einstechen des Profils ausreichend mit Kühlschmierstoff versorgt werden.

Das Spitzenlos-Schleifen hat sich, wie eben kurz erläutert, zu einem hoch spezialisierten und anspruchsvollen Verfahren entwickelt. Will man mehr darüber erfahren, so empfiehlt sich ein Kontakt mit den entsprechenden Maschinenherstellern. Sie haben über moderne Steuerungssysteme dazu beigetragen, dass die ursprünglich äusserst schwierigen Einstellungen der Schleif- und Regelscheibe sowie des Lineals an modernen Maschinen der Vergangenheit angehören. Damit ist die Reproduzierbarkeit der Einstellungen von verschiedenen Werkstücksgrössen und -formen endlich Realität geworden. Darin eingeschlossen ist selbstverständlich auch das Abrichten und Profilieren der Schleif- und der Regelscheibe.

Und wer es noch nicht weiss: Die Regelscheibe weist, der besseren und möglichst schlupffreien Antriebshaftung am Werkstück wegen, eine Gummibindung auf. Die Schleifscheiben andererseits zeichnen sich aus durch ihre enorm grosse Breite, ganz besonders beim Durchlaufschleifen. Es sind normalerweise konventionelle Schleifscheiben und sie werden, was die Kornart, Korngrösse, Härte und Struktur betrifft, ähnlich wie die Scheiben für das Aussenrundschleifen gewählt. Die Formgebung erfolgt mit einem Diamantwerkzeug, welches entweder einer Schablone entlang läuft oder sich – modernerweise – bahngesteuert bewegt.

1.19 Bandschleifen (Durchlaufschleifen)

Man könnte sich darüber streiten, ob das Bandschleifen zu den Präzisionsverfahren gezählt werden darf. Wer beispielsweise das Planschleifen von Spanplatten mit extrembreiten Schleifbändern einmal beobachten konnte, hat vom Aufwand und vom Verfahren her den Eindruck erhalten, dass auch hier die Anforderungen an die Toleranz der Plattendicke und -ebenheit recht hoch sind. Vor allem ist eine grosse Steifigkeit der Maschine erforderlich und das Schleifband sollte, der Standzeit wegen, höchste Qualität in Bezug auf die Gleichmässigkeit der Korngrössen und der Kornverteilung (Anordnung) aufweisen. Meistens wird das Band vor dem Einsatz im eingespannten Zustand auf der Maschine sogar abgerichtet. Logisch, man trägt nicht die notwendige Kornschicht gleich hundertstelweise ab, sondern nur die überstehenden Kornspitzen. Dadurch wird der Traganteil vergrössert und die Standzeit steigt an. Kühlschmierstoffe kommen aus logischen Gründen nicht zum Einsatz.

Das Bandschleifen wird selbstverständlich auch für metallische Teile im Durchlaufverfahren angewandt. Es sind oftmals gestanzte Teile, die auf eine bestimmte Dicke und mit einer Toleranz von einigen Hundertstellmillimeter ein- oder beidseitig ebengeschliffen werden müssen. Das Bandschleifen zeichnet sich durch eine schier unglaubliche Effizienz aus. Aber nicht immer werden grosse Maschinen, wie für das Durchlaufschleifen, benötigt. Man trifft häufig auch kleinere Ständerschleifmaschinen mit auskragenden Armen und Umlenkrollen an, über welche lange Bänder laufen. Da sitzen die Bediener und halten Werkstücke so an die Bänder, dass Rundungen, Überstände, Gussgrate, usw. ihren Grundformen entlang absolut sauber weggeschliffen werden. Sogar der zurückbleibende Übergang am Schaufelfuss an fertig gefrästen Gas- und Dampfturbinenschaufeln wird auf diese Weise weg geschliffen. Das ist keine Sensation, allenfalls beeindruckt die Werkstoffmenge, welche in unglaublich kurzer Zeit mit dem Band abgetragen wird. Was aber bewundert werden kann, ist die Handfertigkeit, mit der die „Bandschleifer" die geforderte Form- und Massgenauigkeit erreichen. Auch diese Art der Präzision verdient ihren Stellenwert im Gesamtbild des Schleifens.

1.20 Schleifen der Nocken von Nockenwellen

Auf speziell ausgerüsteten Aussenrundschleifmaschinen wurden früher Nockenwellen unterschiedlichster Grösse, Länge und Nockenzahl geschliffen. Die Lagerstellen waren dabei nicht das Problem, sondern die Schleifsupport- oder die Wellensteuerung zur genauen Formgebung und Lage der Nocken. Diese erfolgte mittels Kurvenscheiben. Schwierig war dabei vor allem das Folgen der Nockenform durch die Schleifscheibe. Da mussten gewaltige Massen bewegt werden und jede Verzögerung führte zu einem Formfehler an der jeweiligen Nocke. Einerseits musste dazu die Drehzahl der Nockenwelle gering sein und andererseits bestand bei einem ungünstigen Geschwindigkeitsverhältnis Scheibe/Werkstück eine relativ grosse Gefahr von thermischen Randzonenschäden. Aber in Bezug auf den Schleifprozess problematisch war die an jedem Punkt der Nockenkontur unterschiedliche Bearbeitungsgeschwindigkeit, denn die Nockenwelle drehte mit der eingestellten, aber konstanten Drehzahl.

Die modernen Steuerungsgenerationen brachten zusammen mit den schnellen Stellantrieben (zuerst Schrittmotoren, danach Hochleistungs-AC- und DC-Servos) Licht in dieses Dunkel. Auf den neuen Maschinen lässt man nun die Nockenwelle so gesteuert drehen, dass an jedem Berührungspunkt von Scheibe und Nocke eine konstante Abspangeschwindigkeit herrscht. Mit anderen Worten, das Geschwindigkeitsverhältnis q_s ist konstant. Möglich geworden ist das nur dank den modernen Achsantrieben, weil sie bei geringer eigener Masse ungeheure Beschleunigungen und Drehmomente entwickeln können. Somit kann jetzt auch mit einer höheren Wellendrehzahl gearbeitet werden, was zu einer drastischen Reduktion der Schleifzeiten geführt hat. Mit gezielt angepasster Kühlung, meist Schleiföl, ist die Produktion von Nockenwellen direkt einfach geworden. Was gewissermassen als „Nebenprodukt" dabei noch anfiel, ist die Möglichkeit, dank schnelleren Prozessoren in der Steuerung, Nockenformkorrekturen und konkave Partien schleifen zu können.

1.21 Zusammenfassung von Kapitel 1

Die Schleifverfahren und die Schleifmaschinen kann man nicht getrennt betrachten. Denn nur was eine Maschine möglich macht, kann durch ein entsprechendes Schleifverfahren umgesetzt und angewandt werden. In den letzten Jahrzehnten war ein gewaltiger Wandel zu beobachtet. Sowohl bei den Schleifmaschinenkonstruktionen als auch bei den einzusetzenden Werkzeugen, nämlich bei Schleifscheiben und bei den Konditioniereinrichtungen, hat sich viel getan. Hinzu gekommen sind die enorm verbesserten Kenntnisse über den Schleifvorgang, so dass schliesslich der Prozess als solcher nahezu so selbstverständlich geplant, vorgegeben und zielsicher durchgeführt werden kann, wie man es sich beispielsweise beim Drehen oder Fräsen schon länger gewohnt ist. Man kann mit Fug und Recht behaupten, dass heute schleiftechnische Fehler längst nicht mehr auf mangelnde Versuche, Forschungen und deren Publikation zurückzuführen sind. Für das Wissen über den aktuellen Stand der Technik ist ganz allein der Anwender selbst verantwortlich. Er muss sich darum bemühen zu erfahren, was auf dem Gebiet der Schleifmaschinen- und Steuerungsentwicklung läuft. Und verbunden damit hat er auch darauf zu achten, welche Erkenntnisse und Neuheiten im Bereiche seiner eingesetzten Schleifverfahren für ihn von Nutzen sein können. Wichtig ist in diesem Zusammenhang zudem, dass die mit dem Schleifen beschäftigten Mitarbeiter immer wieder an Seminaren, Kolloquien und sonstigen Schulungen ihre schleiftechnischen Kenntnisse auf den neuesten Stand bringen können. Es besteht keinerlei Zweifel daran, dass die Schleiftechnologie diesbezüglich hohe Anforderungen stellt, aber sie können durchaus erfüllt werden. Das Schleifen gilt längst als erforscht und wenn man sich für die Unmengen von Forschungsergebnissen in der Vergangenheit auch nur zum Teil interessiert hat, dürften schwierigste Schleifaufgaben problemlos zu lösen sein. Aber gerade in wirtschaftlich ungünstigen Zeiten, wo sich eigentlich die beste Gelegenheit bietet, um die Mitarbeiter zu schulen, wird genau an dieser Stelle gespart.

Die einzelnen Schleifverfahren haben vom derzeitigen Kenntnisstand der Schleiftechnologie, von den optimierten Werkzeugen (Schleifscheiben, Konditionierwerkzeuge) sowie von den modernen Kühlschmierstoffen in unterschiedlicher Weise profitieren können. Aber auf der gesamten Breite ist feststellbar, dass sich einerseits Schleifprozesse heute gezielter planen lassen und andererseits die Leistungsmöglichkeiten und die Ergebnisse schon im vornherein grösstenteils berechenbar und damit auch erkennbar sind. Die vielen verfügbaren Berechnungsformeln, Diagramme und Tabellen, welche in einschlägigen Schulungsunterlagen angeboten werden, helfen Schleifprozesse bereits am Schreibtisch gewissermassen zu simulieren. Bevor man also schmutzige Hände kriegt, lässt sich schon voraussagen, was machbar sein wird und was nicht. Dabei ist einigen schleiftechnischen Berechnungen bzw. den erhaltenen Ergebnissen eine Toleranz von etwa 15 % zuzugestehen. Nicht etwa, weil die Formeln falsch oder unzulänglich wären, nein, es gibt zu viele Einflussgrössen und Zusammenhänge zwischen ihnen, wodurch eine absolut exakte Berechnung oder Vorhersage zwangsläufig erschwert wird. So kann eine alterungsbedingte Veränderung im Kühlschmierstoff eine geringfügig verschlechterte Kühlwirkung ergeben. Oder der bereits bis zur Hälfte genutzte Bereich einer vorhandenen Schleifscheibe weist in diesem Zustand - herstellungsbedingt - eine etwas andere Härte wegen ihrer Inhomogenität auf. Auch die Konditionierwerkzeuge reagieren in ihrer Wirkung empfindlich auf Abnützungen, wodurch Vorgaben, die mit dem neuen Werkzeug zusammen anfänglich eine bestimmte Wirkrautiefe erzeugten, plötzlich die Scheibe stumpfer wirken lassen.

Es gäbe vieles aufzuführen, um zu zeigen, weshalb ein Schleifprozess hoch interessant, aber auch mit Schwierigkeiten verbunden ist. In der Praxis kaum jemals Realität werden dürfte die Umsetzung aller wissenschaftlichen Erkenntnisse, einen Schleifprozess komplett auszumessen. Theoretisch könnte ein Schleifprozess (Schleif- und Abrichtkräfte, Verhalten der Maschine, Ergebnisse, usw.), so umfassend ausgemessen werden, dass über die Messwerte die beste Schleifscheibenspezifikation gefunden werden kann. So beispielsweise von [43] publiziert als „Kurzprüfverfahren". Doch da gibt es zwei Probleme: Zum einen müsste dazu ein Ingenieur zur Verfügung stehen, der sich in der modernen und äusserst aufwändigen Messtechnik auskennt. Und zum zweiten ist kaum ein Anwender bereit, das Geld für die benötigten Messgeräte auszugeben. Manchmal kann man schon staunen, was von Hochschulinstituten an „Wissenswertem" geboten wird.

Dem Leser wird deshalb vom Autor empfohlen, eigene Schleifprozesse gut zu beobachten, Ergebnisse zusammen mit den Stellgrössen, der Scheibenspezifikation, den Abrichtbedingungen und des eingesetzten Kühlschmierstoffs schriftlich festzuhalten, um dank dieser Aufzeichnungen später neue, möglicherweise ähnliche Schleifaufgaben schneller und besser planen und vorgeben zu können.

2 Kinematik, Dynamik und Zerspanungslehre

Kinematische Zusammenhänge
Physikalische Zerspanungslehre
Zerspanung mit definierten Schneiden
Zerspanung mit undefinierten Schneiden
Spanwinkel, Scherwinkel und Stauchfaktor
Spanbildung, Spanformen und Spanquerschnitte
Wärmeverteilung in der Kontaktzone
Schleifkräfte am Korn
Zerspangeschwindigkeiten
Schleiffaktor
usw.

2.1 Kinematik, Dynamik und Zerspanungslehre

Wird von der Ursache der Bewegung abgesehen, bezeichnet man die Bewegungslehre in der Physik als „Kinematik“. Spricht man im Zusammenhang mit dem Schleifprozess von der Kinematik, bedeutet das die Beschreibung der Bewegungsabläufe, welche zu einer Spanbildung führen. Gleichzeitig wird dabei auch der dynamische Einfluss wichtiger Grössen auf das Prozessergebnis erklärt.

Im Gegensatz zur Kinematik werden mit der Dynamik die Bewegungsursachen, also die Kräfte und die Geschwindigkeiten, untersucht und erklärt. Zumal die Kinematik als auch die Dynamik in jedem Schleifprozess von grösster Bedeutung sind und sich nicht von einander differenziert betrachten lassen, wird in der Folge keine namentliche Unterscheidung gemacht. Klar, in einigen Fällen muss man Geschwindigkeiten und Kräfte gesondert betrachten, um ihre Auswirkungen auf das Prozessgeschehen zu verstehen. Aber Kräfte haben ihren Ursprung normalerweise in der Wirkung von Geschwindigkeiten.

Ohne Geschwindigkeit gibt es keine Bewegung und jede Bewegung kann wiederum in die von ihr erzeugten Kräfte bzw. Kraftkomponenten (Kräfteparallelogramm) zerlegt werden. Deshalb wäre der Versuch, beides gemeinsam zu erläutern genauso wenig hilfreich, wie eine völlige Trennung. Das Ziel ist es, dem Schleifpraktiker die kinematischen und dynamischen Einflussgrössen und deren Zusammenhänge so zu erläutern, dass er auch jene Vorgänge begreifen und verstehen kann, welche nicht direkt sichtbar sind, z. B. die Spanbildung.

MERKPUNKT Noch kein Mensch hat die Spanbildung beim Schleifen jemals beobachten können. Es waren und es sind bis heute alle in dieser Richtung angestellten Versuche kläglich gescheitert. Somit bleibt nach wie vor nur die Möglichkeit, sich aufgrund der erhaltenen Ergebnisse (Prozessausgangsgrössen) ein Bild über die Vorgänge zwischen der Schleifscheibe und dem Werkstück in der Kontaktzone zu machen. Ist dieses Bild falsch, kann es weder reproduziert noch auf andere Prozesse übertragen werden.

Die Zerspanungslehre beinhaltet die Kinematik und die Dynamik, erklärt aber diejenigen Voraussetzungen und Bedingungen, welche zu einer Spanbildung führen. Da man die Kornschneiden beim Schleifen nur ungenau beschreiben kann, wird generell von der „undefinierten" Schneide gesprochen. Das hängt damit zusammen, dass es einerseits keine metallischen Schneiden mit vorgegebenen Winkeln sind und andererseits das notwendige Konditionieren (Abrichten, Profilieren) weder Schneiden hinterlässt, die alle auf gleicher Höhe liegen, noch Spanwinkel in gleicher Grösse und Lage an den zahllosen Körnern erzeugen kann. Diese Tatsache erschwert selbstverständlich das Verständnis für die Spanbildungsvorgänge beim Schleifen ganz wesentlich. Ein weiterer Punkt ist die Wärme, welche erst einen Spanabtrag mit den hoch negativen Kornschneiden ermöglicht. Und damit ist schon wieder der Nachweis eines Zusammenhangs mit der Schnittgeschwindigkeit - oder eben - mit der Kinematik hergestellt. Aber das ist nicht alles, denn die Spanbildung verursacht Kräfte und kann im Grunde genommen nur mit diesen erklärt werden. Also hat die Dynamik ebenfalls etwas damit zu tun.

Damit die ganze Sache nicht zu komplex wird, wurde die Schneidengeometrie an den Anfang dieses Kapitels gestellt. Ist erst einmal das Aussehen einer Schneidengeometrie bekannt, kann man sich alles Folgende besser vorstellen. Dazu gehört auch der Umstand, dass die negative Schneidenbildung nach dem Brennen einer Schleifscheibe noch nicht vorhanden ist. Die konventionellen Schleifstoffe werden bekanntlich zusammen mit einer Bindungsmasse erst einmal verpresst, dann im Ofen gebrannt und letztendlich auf mehr oder weniger genaues Fertigmass „überdreht". Und genau hier kommt die Schneidengeometrie ins Spiel. Da wird jedes Korn, das im Bereiche der zukünftigen Arbeitsumfläche der Schleifscheibe liegt, erstmals einer Kraft ausgesetzt, die in etwa so gerichtet ist, wie sie in jedem Schleifprozess auch auftreten wird. Die Schleifscheibe weist also dort, wo sie in Zukunft eine Berührung mit dem Werkstück haben kann, jetzt erstmals ihrer Kornsplittercharakteristik entsprechende negative Schneiden auf. Die einzelnen Körner werden von vorne „geköpft“!

Es wäre aber „zu kurz gedacht“, würde man annehmen, unter diesen Konditionen könnte nun bereits geschliffen werden. Was, wenn die Schleifscheibe in umgekehrter Richtung auf der Schleifmaschine montiert wird? Das ist absolut zulässig, denn auf keiner Schleifscheibe findet man einen Hinweis auf eine bestimmte Drehrichtung. Dann stimmen doch die negativen Schneidenwinkel in keiner Weise. Also muss dem Einsatz einer neuen Schleifscheibe eine Konditionierung unbedingt vorausgehen. Das ist schon allein deshalb notwendig, weil ein optimaler Rundlauf beim Schleifen eine unabdingbare Voraussetzung für eine gute Oberflächenqualität (ohne Rattermarken) am Werkstück ist. Gleichzeitig erhält die Schleifscheibe durch das Konditionieren aber auch jene Arbeitswirkrautiefe, welche zur vorgesehenen Schleifaufgabe passt.

MEINUNG DES AUTORS Hätte man von Anfang an das Spanen mit der so genannten „undefinierten“ Schneide (Schleifen) genauso ernst genommen, wie das Zerspanen mit „definierter“ Schneide (Fräsen, Drehen, Räumen, Bohren, usw.), wären viele Zusammenhänge wesentlich früher erkannt worden und zu erklären gewesen. Vom Prinzip her läuft nämlich alles genau gleich ab, d. h. der physikalischen Zerspanungslehre folgend. Die Hauptunterschiede sind bei der mittleren Spandicke - sie liegt beim Schleifen zwischen 0.00001 und 0.005 mm - und dem stark negativen Schneidenwinkel zu finden. Letzterer kann bis zu -80° betragen, was klar macht, dass die Spanbildungsbedingungen anders sein müssen, als bei Verfahren mit definierter Schneide mit mehrheitlich positiven Spanwinkeln. Welche Auswirkungen die extrem negativen Spanwinkel an den Kornschneiden auf die Spanbildung haben, wird in diesem Kapitel näher erläutert.

2.2 Schneidengeometrie

Im Gegensatz zu den Spanungsverfahren mit der definierten Schneide (Fräsen, Drehen, Räumen, Bohren, usw.) wird beim Schleifen, wie bereits oben angedeutet, von der undefinierten Schneide gesprochen. Das ist schon deshalb verständlich, weil man den effektiven Schneidenwinkel γ nicht gezielt vorgeben kann. Jede Schleifscheibe, mit Ausnahme der galvanisch gebundenen CBN- (Kubisches Bornitrid) und Diamantscheiben, müssen vor dem Ersteinsatz, allein schon wegen des geforderten Rundlaufes, konditioniert (abgerichtet) werden. Dabei erfolgt die Belastung des Schleifkorns, wie erwähnt, von vorne. Folgedessen wird jedes vom Konditionierwerkzeug „getroffene“ Korn auch von vorne gebrochen. Auf Grund dieser Tatsache kann man sich gut vorstellen, dass der Sprödheit aller Kornarten wegen, der Kornabbruch in Drehrichtung der Scheibe von vorne nach hinten erfolgen muss. Ferner bricht ein Korn im Allgemeinen dann den jeweiligen

Kristallitgrenzen entlang, wenn die üblichen Abrichtzustellungen a_d und/oder Zustellungen a_e zur Anwendung gelangen. Abhängig davon, ob es sich um eine Kornart mit grossen oder um eine mit kleinen Kristalliten handelt, sind nicht nur die abgebrochenen Kornbrocken – trotz gleicher Abrichtzustellung – ungleich gross, sondern auch die Bruchrichtung, bzw. deren geometrische Lage in Dreh- oder Arbeitsrichtung der Schleifscheibe. Aus diesem Grund spricht man eben von der „undefinierten" Schneide beim Schleifen.

Um einen Zusammenhang zwischen den am Korn wirkenden Kräften und der Kornbruchrichtung aufzuzeigen, dient das Bild 2.1, welches unmissverständlich zeigt, dass es in erster Linie auf zwei Kräfte ankommt, über die kaum jemals etwas zu lesen oder hören ist. Trotzdem sind gerade die Zerspannormalkraft F_{sn} und die Reibkraft F_{sr} in ihrer Grösse und Richtung zuständig für die Schneidenbildung am Korn. Einer der grössten Zerspanungstechnologen – wenn nicht der grösste überhaupt – Max Kronenberg [31] hat in seinem 1954 veröffentlichten Buch „Grundzüge der Zerspanungslehre" alles Wissenswerte über die Zerspanung mit definierter Schneide publiziert. Damals kamen die ersten Hartmetall-Sinterplatten für Drehstähle und Fräswerkzeuge aus den USA auf den Markt. Wegen ihrer noch geringen Druckfestigkeit (Bruchgefahr), mussten sie mit leicht negativen Schneidenwinkeln zum Einsatz gelangen. Diese Winkel wurden mit etwa –6° bis –8° gewählt, also weit entfernt von den negativen Winkeln der Kornschneiden, welche zwischen ca. –45° und –80° (!) liegen. OTT hat die Aussagen (Formeln und Diagramme) von Kronenberg in aufwändiger Arbeit gegen den stark negativen Bereich des Schleifens extrapo-

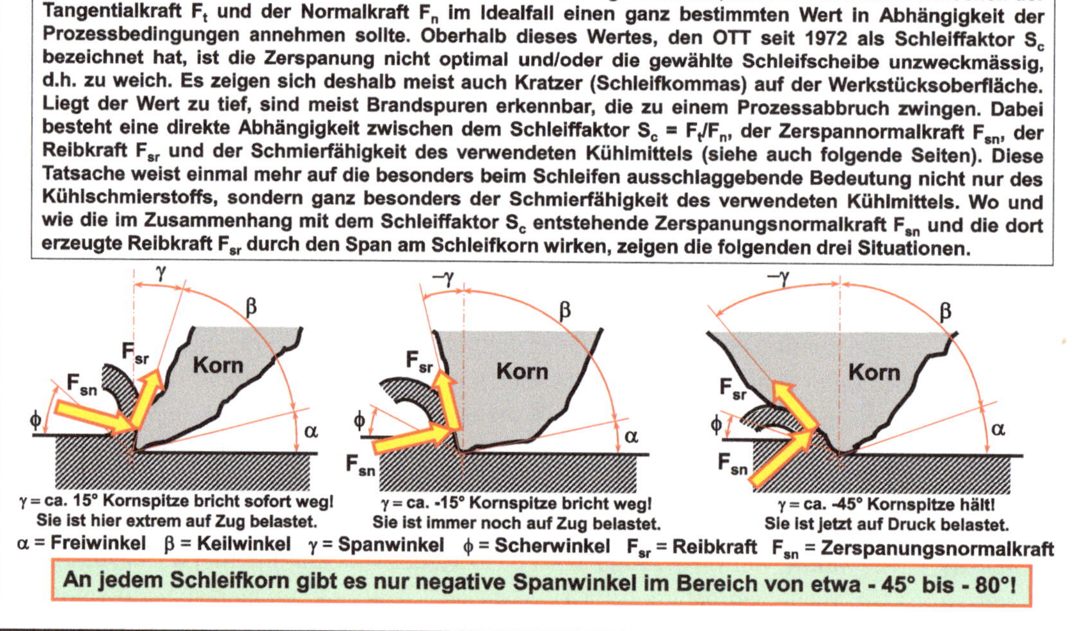

BILD 2.1 Zerspannormalkraft F_{sn} und Reibkraft F_{sr} an der Kornschneide

liert und daraus seinen Schleiffaktor S_c, von welchem in diesem Buch noch mehr zu lesen sein wird, definiert [32].

FESTSTELLUNGEN VON KRONENBERG (Zitat – Kurzfassung) Aus den vorangegangenen Ableitungen wäre zu folgern, dass der Reibungskoeffizient mit zunehmendem Spanwinkel steigt! Ich kann mich daher der herrschenden Ansicht über den Reibungskoeffizienten nicht anschliessen und werde ihn – bis weiteres Material vorliegt – den „anscheinenden Reibungskoeffizienten" nennen. Es widerspricht dem „Fingerspitzengefühl", anzunehmen, dass die Reibung an der Spanfläche zunimmt, wenn der Spanwinkel zunimmt. Es müsste eher umgekehrt sein! ... der so genannte Reibungskoeffizient steigt oft nur deshalb, weil die Normalkraft P_N schneller fällt als die Reibungskraft P_T obgleich beide fallen. Durch den Anstieg des so genannten Reibungskoeffizienten ergibt sich also der irreführende Anschein, als ob sich die Reibungsverhältnisse verschlechtert hätten, während sie sich tatsächlich verbessert haben! (Ende der Zitats-Auszüge)

Kronenberg spricht hier selbstverständlich von positiven Spanwinkeln definierter Schneiden. Versucht man, seine Feststellung etwas zu vereinfachen, bedeutet diese doch, dass er in seinen Versuchen einen Abfall des Reibungskoeffizienten mit grösser werdendem positivem Spanwinkel konstatierte. Beim Schleifen, muss somit die Reibung mit steigendem Negativwinkel immer grösser werden. Und damit ist die hohe Wärmeentwicklung beim Schleifen zu erklären!

An dieser Stelle ist es sicherlich nicht falsch, ein Wort über die so genannte Selbstschärfung einer Schleifscheibe zu verlieren. Selbstschärfung wird oftmals mit Scheibenverschleiss und/oder mit Kornverlust (Kornausbruch) verwechselt. Wird eine Schleifscheibe in Bezug auf ihre Spezifikation (Kornart, Korngrösse, Bindungshärte, Struktur und Bindungsart) zu gering belastet, so werden die Kornschneiden in kleinsten Partikeln „abgerieben", wodurch die Körner abstumpfen und die Scheibe irgendwann nicht mehr schleiffähig sein wird. Da hilft nur noch eine Neukonditionierung, weil auch der Druck von aussen nicht für einen gesamten Kornausbruch reichen würde. Ist dagegen die Scheibenbelastung zu gross, werden die Körner durch die Schleifkräfte zu stark gesplittert und/oder direkt aus dem Bindungsverband herausgedrückt. Resultat: Schlechte, grobe Oberfläche am Werkstück, keine Masshaltigkeit (schneller Profilverlust) und zwangsläufiger Prozessabbruch.

Die Selbstschärfung einer Schleifscheibe im Einsatz könnte man auch als „goldenen Mittelweg" bezeichnen. Die Schleifscheibe wird dabei durch die Prozessvorgaben sehr gut abgestimmt belastet, so dass eine feinste Kornsplitterung stattfindet, die nur langsam fortschreitet und nicht als eigentlicher Verschleiss mit geometrischer Formänderung zu betrachten ist. Auch die Bindungsbrücken erfahren erst dann die Druckkraft, die zum Ausbruch eines abgenützten Korns führt, wenn das Korn durch Feinsplitterung eine entsprechende Anflächung aufweist.

Nur, so undefiniert, wie man ab und zu in schleiftechnischen Abhandlungen lesen kann, ist die Kornschneide nicht. Ganz einfach deshalb, weil sie beim Konditionieren wie auch beim

Die Grösse der Zerspannormalkraft F_{sn} hängt von der momentanen Belastung der Kornschneide ab und wird einerseits durch den Widerstand des zu schleifenden Werkstoffs bestimmt und andererseits durch die gewählten Prozessvorgaben. Die Grösse der Reibkraft F_{sr} hängt von F_{sn} und von den Reibbedingungen am Korn ab, wobei die Schmierfähigkeit des verwendeten Kühlmittels den grössten Einfluss ausübt.
Bei jeder Schneide, sei sie definiert (Drehen, Fräsen, Räumen, Bohren, usw.) oder undefiniert (Schleifen) gibt es in Abhängigkeit der Schneidenwinkel (siehe unten) eine Grenzlinie, deren Lage berechnet werden kann. Verläuft die sich aus dem Verhältnis der Zerspannormalkraft F_{sn} und der Reibkraft F_{sr} ergebende resultierende Kraft F_{res} innerhalb des Winkels ω, d.h. oberhalb der Grenzlinie, herrscht Druckspannung im Schleifkorn. Es wird somit — weil brüchig bzw. nicht zugfest — günstig belastet und verschleisst bei korrekten Prozessvorgaben selbstschärfend. Die Kornspitze (Kornschneide) stumpft langsam ab, wodurch die resultierende Kraft F_{res} sich immer mehr gegen die Senkrechte dreht. Erreicht die nun ansteigende Druckkraft den von der Kornart abhängigen „Splitterdruck", gibt das Korn neue Schneiden frei. Ergibt sich dabei eine positive oder nur gering negative Schneide, bei welcher F_{res} unterhalb der Grenzlinie verläuft, wird sie solange weg gebrochen, bis sich wieder eine ausreichend negative Schneide gebildet hat, bei welcher F_{res} oberhalb der Grenzlinie zu liegen kommt. Der weitere Druckanstieg führt dann schlussendlich zum Vollausbruch des verbliebenen Kornrests aus dem Bindungsverband.

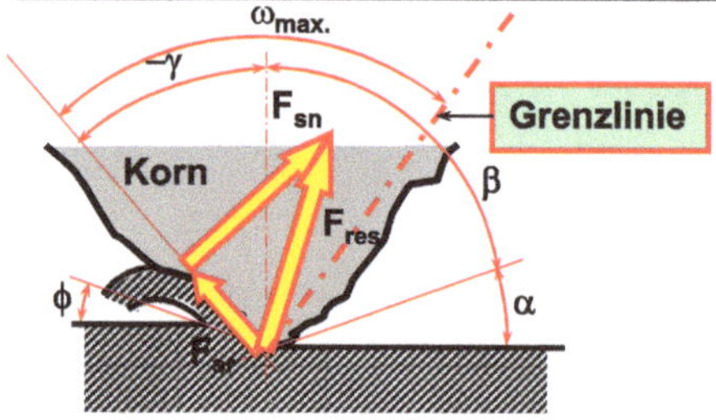

scheinbarer Reibungskoeffizient $\mu_a = \frac{F_{sr}}{F_{sn}} = \frac{1}{\tan\omega}$

Grenzlinie $l_g = \frac{F_{sn}}{F_{sr}} = \tan\omega$

Schleiffaktor $S_c = \frac{F_t}{F_n} = \tan(\omega - \gamma)$

BILD 2.2 Der scheinbare Reibungskoeffizient μ_a und der Schleiffaktor S_c (nach OTT)

Arbeitseinsatz immer von vorne beansprucht wird. Die so gebildete hoch negative Schneide ist zwar nicht genau in Drehrichtung ausgerichtet. Man darf aber davon ausgehen, dass die Abweichung wesentlich kleiner ist, als oftmals angenommen. Wäre das nicht so, würden nicht schöne Fliessspäne bei praktisch allen, auch spröden Werkstoffen anfallen. Es ist noch ein weiterer Schluss zulässig. Mit den stark negativen Kornschneiden könnten keine Späne abgetragen werden, würde nicht eine hohe Temperatur im Moment der Spanbildung auftreten. Und Wärme entsteht in Spanungsprozessen bekanntlich durch Reibung. Also muss zumindest ein Teil der Kornschneiden nur reiben, quetschen und pflügen, damit diese zur Spanbildung notwendige Wärme gewährleistet ist. Noch eine Feststellung: Betrachtet man unter dem Werkstattmikroskop die angefallenen Schleifspäne, fällt auf, dass diese allesamt dicker sind, als die Nachrechnung der rein geometrischen Spandicke ergeben würde. Somit sind jene Schneiden, welche nur Werkstoff aufwerfen (quetschen und pflügen), als absolute Notwendigkeit vorhanden. Die Spanbildung beim Schleifen ist also etwa vergleichbar mit einem Pflug und den auf dem Acker aufgeworfenen seitlichen Erdwällen. Wenn das nicht so wäre, könnten sich gar keine dickeren Späne bilden!

Durch die zweifellos ungleiche Splitterung der einzelnen Körner ergibt sich eine so genannte mittlere Schneidenraumtiefe z_{cm} (Bild 2.3). Sie entspricht prinzipiell der Zustellung a_e, garantiert aber keineswegs eine Spanbildung durch jede in diesem Raum wirkende Kornschneide. Man darf mit recht grosser Sicherheit davon ausgehen, dass etwa 1/3 der Schneiden nur reiben, 1/3 nur quetscht und pflügt (aufwirft) und ein 1/3 letztendlich spant.

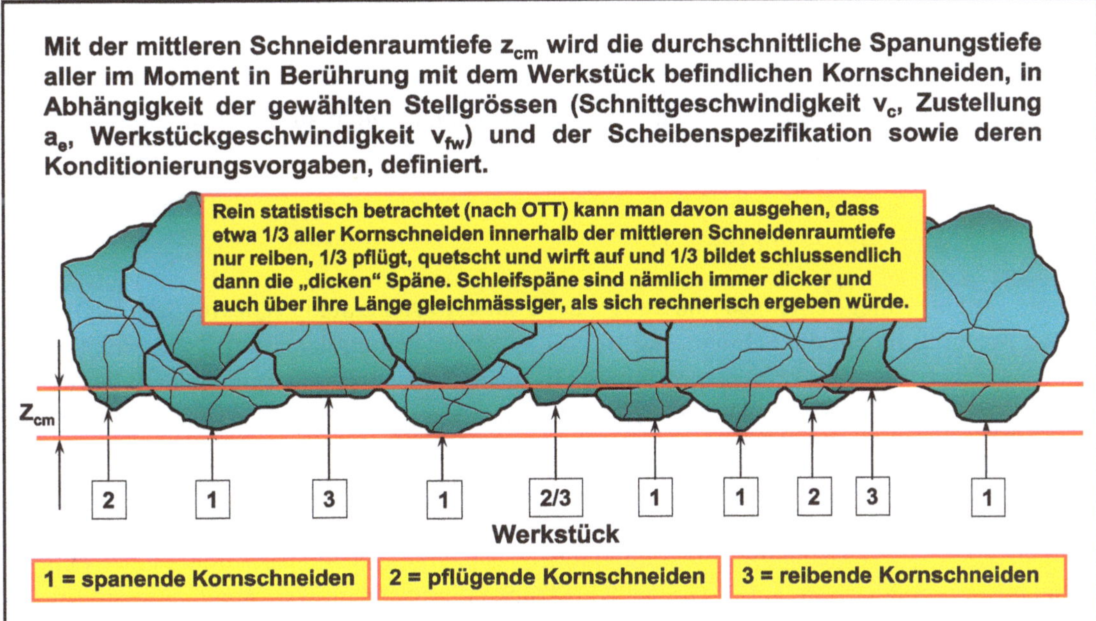

BILD 2.3 Die mittlere Schneidenraumtiefe z_{cm}

ZUR ERINNERUNG Noch kein Mensch konnte bis heute die Spanbildung beim Schleifen direkt beobachten. Jeder Erklärungsversuch, basiert auf einer empirischen Annahme, deren Richtigkeit auf Umwegen überprüft und durch Beweise belegt werden muss. Allerdings, eines gibt es nicht, nämlich positive Kornschneiden. Und würde trotzdem, was nicht auszuschliessen ist, ein Korn einmal durch die Belastung von aussen „positiv" splittern, hätte es bei der nächsten Berührung mit dem Konditionierwerkzeug oder mit dem Werkstoff sofort eine negative Schneide, weil es der wirkenden Kraft auf die Spanfläche gar nicht standhalten könnte. ■

2.3 Spanbildungskinematik

Man unterscheidet beim Präzisionsschleifen die zwei nachfolgend aufgeführten Möglichkeiten der Spanbildungskinematik im Gleich- und im Gegenlauf.

2.3.1 Umfangsschleifen (Fall 1)

Die am Umfang einer Schleifscheibe im Kreis geführte Kornschneide schürft einen kommaförmigen Span ab, indem die Schneide während einer begrenzten, der Eingriffsbogenlänge und der Umfangsgeschwindigkeit entsprechenden Eingriffsdauer in Berührung mit dem Werkstück steht. Die Grösse des Eingriffsbogens (Kontaktlänge l_k) ist abhängig von den geometrischen Abmessungen der Schleifscheibe und des Werkstücks (rund oder flach) sowie zu der in meist lotrechter Richtung zum Werkstück erfolgenden Zustellung a_e. Durch eine Vorschubbewegung der Schleifscheibe und/oder des Werkstücks in der gewünschten Zerspanungsrichtung ergibt sich eine fortschreitende Abspanung (Werkstoffabtrag). Theoretisch hinterlässt jede Kornschneide dabei eine kommaförmige Furche in der Werkstücksoberfläche, deren Länge, Tiefe und Breite von den Einstellbedingungen (Prozessvorgaben) und der Schneidengrösse und -form abhängt.

SCHLEIFVERFAHREN Flach-, Aussenrund-, Innenrund-, Cenerless-Schleifen mit Peripheriescheiben sowie Bandschleifen an Umlenkrollen oder -walzen.

2.3.2 Stirnschleifen (Fall 2)

Die an der Stirnseite der Schleifscheibe kreisförmig geführte Kornschneide schürft während der gesamten Berührungsdauer und -länge mit dem Werkstück einen Span, der in der Dicke von der Zustelltiefe und in der Länge von der Überdeckung Schleifscheibe/Werkstück abhängig ist. Dieser Span weist theoretisch auf seiner ganzen Länge denselben, sich durch Korngrösse und Eindringtiefe ergebenden Querschnitt auf. Jede Schneide hinterlässt eine Furche, die sich über die gesamte Werkstücksoberfläche (Berührungslinie Korn/Werkstück) hinzieht. Durch eine Vorschubbewegung der Schleifscheibe und/oder des Werkstücks in der gewünschten Zerspanungsrichtung ergibt sich eine fortschreitende Abspanung.

SCHLEIFVERFAHREN Stirnschleifen mit Peripherie- und Topfscheiben sowie Bandschleifen mit kreisförmig oder gerade geführten Schleifbändern.

Praktisch alle Schleifverfahren lassen sich auf die beiden oben erwähnten Fälle zurückführen oder stellen eine Kombination beider Möglichkeiten dar. So unterscheidet sich beispielsweise das Band-Flach-Längsschleifen lediglich dadurch, vom Fall 2, dass die Kornschneide gerade und nicht kreisförmig geführt wird. Beim Profilschleifen ergibt sich eine Kombination vom Umfangs- und Stirnschleifen. Im Bereiche von Flankenschrägen an Profilen zwischen etwa 13° und 0° zeigt sich praktisch nur noch ein Drücken, Reiben und Quetschen an den Flanken. Eine richtige Spanbildung ist kaum noch möglich. Solchen Situationen kann man ausweichen, indem das Werkstück oder die Schleifscheibe, sofern überhaupt machbar, schräg gestellt werden, damit der Flankenwinkel künstlich vergrössert und die Eingriffsstellung dadurch flacher wird (Winkel > 13°).

2.3.3 Gegenlaufschleifen (GGL)

Beim Gegenlaufschleifen (Abkürzung: GGL) erfolgt der Werkstoffabtrag durch gegenläufige Bewegungsrichtung der Schleifscheibe zum Werkstück. Nahezu in allen Fällen, wo Aussen- oder Innenrundschleifoperationen auszuführen sind, wird im Gegenlauf geschliffen. Allerdings muss hier der Werkstückantrieb, bezüglich des Drehmoments, ausreichend stark gegenüber der Schleifscheibe ausgelegt sein, um der Gefahr des Abbremsens entgegenzuwirken. Eine Instabilität hätte unkontrollierbare Drehschwingungen zur Folge, die nicht nur eine schlechte Oberflächenqualität verursachen, sondern auch geometrische Probleme (Wellenbildung, Unrundheit) hervorrufen können. Ferner wäre auch so genanntes regeneratives Rattern (Aufschaukeln anderer Maschinenteilen oder ganzer Baugruppen mit derselben Eigenfrequenz) möglich. Das würde den Operateur unweigerlich zu einem sofortigen Prozessabbruch zwingen.

Nachteilig ist beim Gegenlaufschleifen, dass sich die einzelnen Kornschneiden zuerst über einen Teil der Kontaktbogenlänge durch Reibung, Quetschung und Druckaufbau die Möglichkeit schaffen müssen, in den Werkstoff überhaupt eindringen zu können. Man kann davon ausgehen, dass dies etwa im ersten Drittel des Kontaktbogens geschieht und die eigentliche Spanbildung erst danach beginnt. Die Länge der Quetsch-, Reib- und Druckzone ist in starkem Masse von der Werkstoffzusammensetzung und Vorbehandlung (Härte) sowie von der eingesetzten Schleifscheibe und dem verwendeten Kühlschmierstoff (KSS) abhängig.

MERKPUNKT Bevor beim Gegenlaufschleifen die Spanbildung beginnen kann, muss über Reibung und Quetschung Druck aufgebaut werden, damit die Kornschneide überhaupt zum Eingriff gelangt. Probleme treten vor allem bei schwer zerspanbaren Werkstoffen und kleinen Zustellwerten auf, wie sie beispielsweise beim Fein- und Fertigschliff zwangsläufig notwendig sind. Mit fortschreitender Abstumpfung der Schneiden und/oder zunehmender Schmierwirkung des Kühlmittels, beispielsweise durch Verdunsten des Wassers bei Emulsionen in den warmen Jahreszeiten, wird die Reib- und Quetschzone immer länger. Sie kann im ungünstigsten Fall nahezu identisch mit der gesamten Kontaktbogenlänge sein, so dass wegen mangelnder Gesamtsteifigkeit keine Abspanung mehr möglich ist. Der Praktiker sagt dann: „Die Schleifscheibe klettert auf das Werkstück“! Aus diesem Grund sind beim Gegenlaufschleifen unbedingt die Prozessvorgaben äusserst sorgfältig festzulegen, damit sich eine vernünftige mittlere Spandicke ergibt. ■

2.3.3.1 Wirkbahnen beim Gegenlaufschleifen (GGL)

Es ist zweifellos äusserst interessant zu beobachten, was die einzelne Kornschneide effektiv tut. Man ist sich gewohnt, die Schleifscheibe als rundes Werkzeug anzusehen und folgert daraus, die einzelnen Kornschneiden würden sich ebenfalls einfach im Kreise drehen. Frage: Könnten Kornschneiden Späne bilden, wenn sie nur im Kreise drehen würden? Wohl kaum, denn es bedarf gewissermassen einer „Schürfbewegung“, damit eine Spanbildung erfolgen kann.

Diese „Schürfbewegung“ läuft aber beim Gegenlauf- und Gleichlaufschleifen, geometrisch betrachtet, keineswegs gleich ab. Die erzeugten Wirkbahnen der einzelnen Kornschneiden unterscheiden sich ganz wesentlich (Bild 2.4 und 2.5).

Wie bereits erwähnt, erfolgt das Aussenrund- und Innenrundschleifen, der gesamten Systemlabilität wegen, praktisch ausschliesslich im Gegenlauf. Im Gleichlauf würde die Gefahr des Hereinreissens des Werkstücks bestehen. Sofern das gesamte System ausreichend starr und steif ist und keine Gefahr von Schwingungen durch Aufschaukeln auftreten, können grosse, steife Rundteile (z. B. Walzen) auch im Gleichlauf geschliffen werden. Das einzige Rundschleifverfahren, welches allein im Gleichlauf funktioniert, ist das Spitzenlos-Schleifen (Centerless-Schleifen). Hier dreht – und bremst nötigenfalls – die Regelscheibe das Werkstück und stützt dieses zusammen mit der Auflageschiene so ab, dass bei richtigen Einstellungen die Anregung zu Schwingungen unwahrscheinlich ist. Das gilt für das Spitzenlos-Einstech- als auch für das Spitzenlos-Durchlaufschleifen.

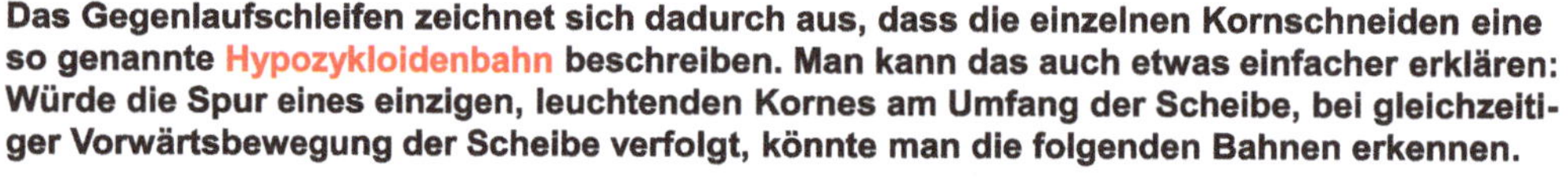

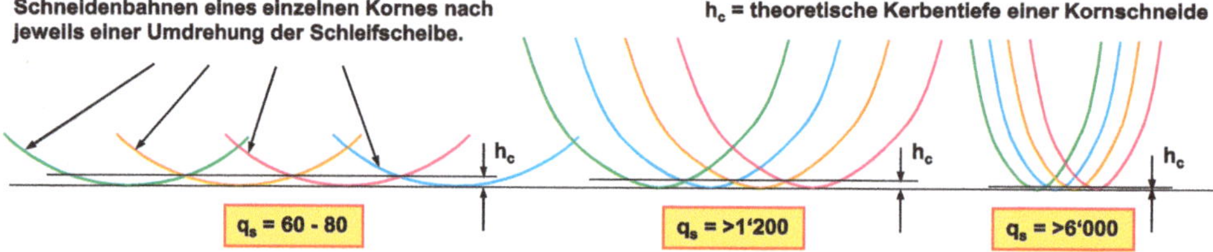

Abhängig vom Geschwindigkeitsverhältnis q_s ergeben sich unterschiedlich grosse Spankerben in der Werkstücksoberfläche. Das führt dazu, dass die geschliffene Oberfläche mit zunehmendem Geschwindigkeitsverhältnis q_s zwangsläufig feiner werden. Dazu kommt noch ein Nebeneffekt: Die Sichtbarkeit bzw. das Vorhandensein von Rattermarken (Restunwuchten, Schwingungen, Vibrationen, usw.) sind immer weniger gut sichtbar, weil durch die „kurzwellige“ Kornschneidenüberdeckung (siehe auch Kapitel 4) mit grossem q_s praktisch eine Egalisierung erfolgt. Beim Flach-Vollschnittschleifen ist dies besonders deutlich feststellbar.

BILD 2.4 Wirkbahnen beim Gegenlaufschleifen (GGL)

Von Bedeutung sind die beiden Relativbewegungen (Gegen- und Gleichlauf) vor allem beim Flach- und speziell beim Vollschnittschleifen (Kriechgang- oder auch Tiefschleifen genannt). Weil beides möglich ist und auch angewandt wird, spielt die Bewegungsrichtung der Schleifscheibe zum Werkstück schon eine Rolle.

2.3.4 Gleichlaufschleifen (GLL)

Die nachfolgenden Darstellungen verdeutlichen die Unterschiede zwischen dem Gegenlauf- (GGL) und dem Gleichlaufschleifen (GLL). Dabei ist die Beobachtung der völlig unterschiedlichen Wirkbahnen der einzelnen Kornschneiden ganz besonders interessant. Während im Gegenlauf das Korn bei „Null" beginnt, greift es, ähnlich einer umgekehrt montierten Baggerschaufel, die von oben nach unten arbeitet, nahezu sofort ins volle Material. Die Reib-, Quetsch- und Druckzone ist hier bedeutend kürzer als im Gegenlauf.

2.3.4.1 Wirkbahnen beim Gleichlaufschleifen (GLL)

Wenn es die Umstände (Werkstückform, Aufnahme, Konzept, usw.) erlauben, sollte man einen Vollschnittprozess immer im Gleichlauf durchführen. Die Kornschneiden greifen nicht nur auf einer wesentlich kürzeren Strecke, sondern es wird auch weniger Druck aufgebaut, was durchaus wünschenswert ist.

Das Gleichlaufschleifen zeichnet sich dadurch aus, dass die einzelnen Kornschneiden eine so genannte Epizykloidenbahn beschreiben. Man kann das auch einfacher erklären: Würde die Spur eines einzelnen, leuchtenden Korns am Umfang der Scheibe, bei gleichzeitiger Vorwärtsbewegung der Scheibe verfolgt, könnte man die folgenden Bahnen erkennen.

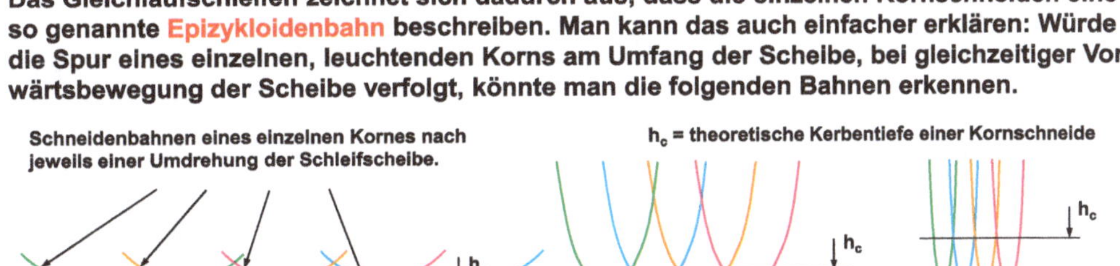

Abhängig vom Geschwindigkeitsverhältnis q_s ergeben sich unterschiedlich grosse Spankerben in der Werkstücksoberfläche. Das führt dazu, dass die geschliffene Oberfläche mit zunehmendem Geschwindigkeitsverhältnis q_s zwangsläufig feiner werden. Weil sich hier das Werkstück — im Gegensatz zum Gegenlaufschleifen — in der Drehrichtung der Schleifscheibe bewegt, ist die erzeugte Kerbentiefe h_c bei vergleichbarem Geschwindigkeitsverhältnis q_s tiefer. In Bezug auf die Sichtbarkeit von Rattermarken hat das nur geringe Bedeutung. Dagegen ist der wesentlich bessere Kornschneideneingriff und die dadurch kürzere Reib- und Quetschzone kürzer, als im Gegenlauf (siehe Abbildungen 3.)

BILD 2.5 Wirkbahnen beim Gleichlaufschleifen (GLL)

Das wird allerdings nicht von allen so genannten „Schleiftechnologen“ für richtig befunden. Sie begreifen ganz offensichtlich nicht, dass das flache Einfahren einer im Gegenlauf arbeitenden Kornschneide zuerst Druckaufbau erfordert, um in den Werkstoff eindringen und einen Span bilden zu können. Im Gleichlauf ist der Druck geringer, weil die Schneide nahezu sofort in den Werkstoff eindringen kann. Logisch, das Werkstück kommt ja der Schleifscheibe entgegen!

Mit der Beobachtung des Leistungsbedarfs beim Flach-Pendelschleifen (PUQ und PUL) lässt sich dieser Zweifel ausräumen. Man muss dazu lediglich die Schwankungen der Leistungsanzeige zur Kenntnis nehmen. Im Gegenlauf kann der Leistungsbedarf bis zu 15 % höher sein, als im Gleichlauf. Vor allem gilt das für schwerzerspanbare, nickelbasierte und/oder duktile Werkstoffe sowie für Titan.

2.3.5 Druckkraftaufbau beim Gegenlauf- und beim Gleichlaufschleifen

Das Bild 2.6 zeigt recht deutlich den Kraftaufbau zwischen der Scheibe und dem Werkstück im Kontaktbereich. Im Gegenlauf (GGL) dürfte etwa im ersten Drittel noch keine Spanbildung erfolgen, weil es ja nicht möglich ist, bei „Null“ damit zu beginnen. Somit wird erst einmal gerieben und gequetscht, bis endlich der Schneidendruck ausreicht, um in den Werkstoff einzudringen und Späne zu bilden. Sobald die Spanung beginnt, geht die Druckkraft auf ein tieferes Niveau zurück und verringert sich im restlichen Kontaktbereich mit dicker werdendem Span.

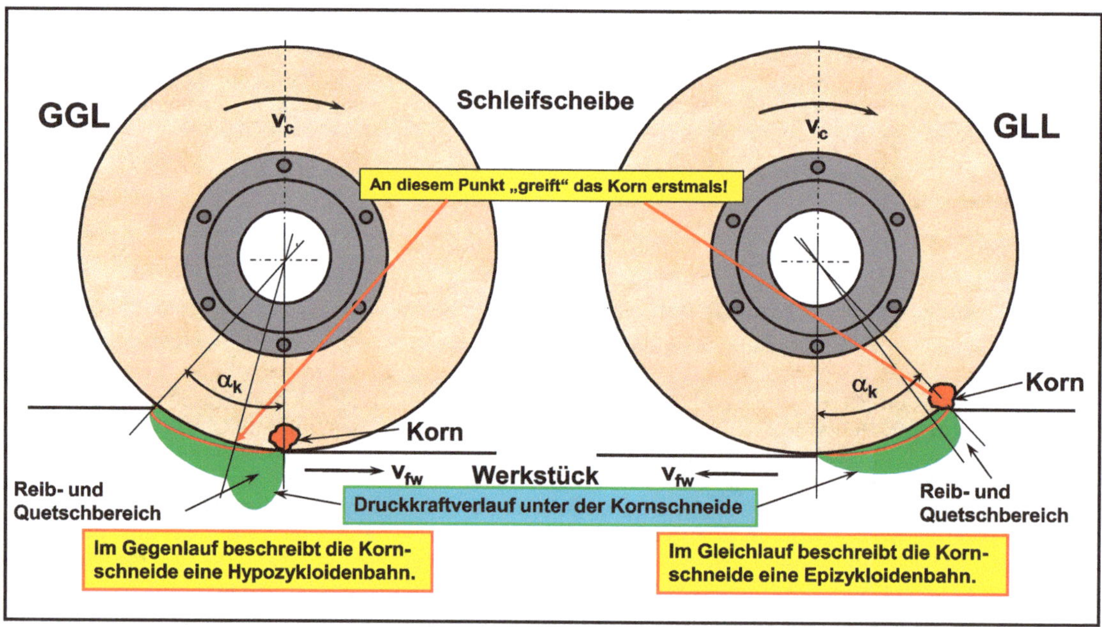

BILD 2.6 Druckaufbau beim Gegenlaufschleifen (GGL) und beim Gleichlaufschleifen (GLL)

Betrachtet man die Gleichlaufverhältnisse, fällt auf, dass sich unterhalb der Kornschneide keine „Druckbeule“ zeigt, sondern sofort ganz offensichtlich die Spanbildung beginnt. Dies ist logisch, denn das Werkstück fährt - im Gegensatz zum Gegenlaufschleifen - in die Scheibe ein. Der anfängliche Druck nimmt mehr oder weniger kontinuierlich ab und läuft schliesslich nahezu gegen „Null“ aus. Ist die Spanbildung einmal im Gange, läuft sie problemlos weiter mit theoretisch dünner werdender Spandicke. Mehr darüber etwas später ...

2.3.6 Wärmeverlauf beim Gegenlauf- und beim Gleichlaufschleifen

Es liegt auf der Hand, was eine Kornschneide hinsichtlich der Wärmeentwicklung hinterlässt, je nachdem, ob sie im Gegenlauf oder im Gleichlauf den Werkstoffabtrag vornehmen muss. Das Bild 2.7 zeigt beide Situationen. Im Gegenlauf wird, bedingt durch das anfängliche Reiben und Quetschen, viel Reibung und damit Wärme generiert. Diese dringt schnell in jene Tiefen ein, welche weit unterhalb des Spanungsbereiches liegen. Sie kann deshalb unter ungünstigen Bedingungen (falsche Prozessvorgaben, mangelhafte Kühlung) zu einer thermischen Schädigung der Werkstücksrandzone führen.

Sind grosse Abtragstiefen (bis zu mehreren Millimetern) zu bewältigen, etwa so, wie sie beim Vollschnittschleifen üblich sind, dreht sich gewissermassen das Wärmefeld in Richtung jenes

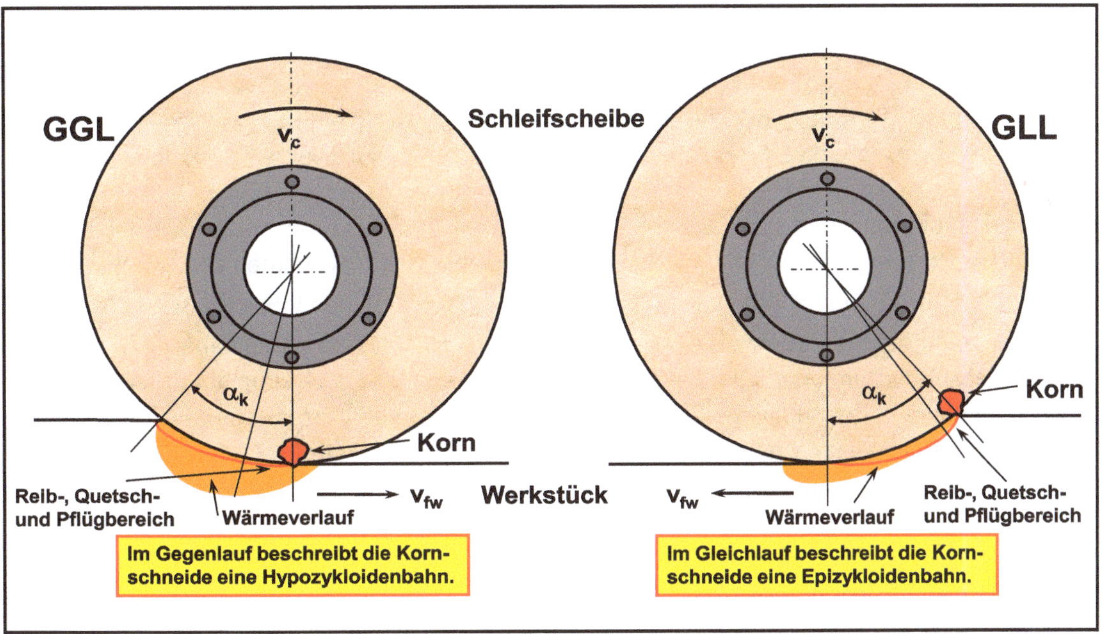

BILD 2.7 Wärmeverlauf beim Gegenlaufschleifen(GGL) und beim Gleichlaufschleifen (GLL) - Eingriffsbedingungen, Reib-, Quetsch-, Pflüg- und Scherbereiche

Bereiches, welcher unmittelbar von den nachfolgenden Kornschneiden abgespant wird. Dadurch minimiert sich das Wärmeproblem.

Das gilt sowohl im Gegenlauf als auch im Gleichlauf, wobei aber die Grundbedingungen im Gleichlauf von vornherein diesbezüglich eindeutig günstiger sind.

Beim Hochgeschwindigkeitsschleifen mit grossen Abtragstiefen und auch hohen Werkstückgeschwindigkeiten nützt man mit optimierten Vorgaben diese Tatsache aus. Der Prozess wird dabei so eingestellt, dass die Abspangeschwindigkeit die Wärmeeindringgeschwindigkeit einholt oder sogar überholt. Auf diese Weise wird nahezu die gesamte Wärme in den Spänen abtransportiert. Die Restwärme in der Werkstücksoberfläche bleibt dann weit unterhalb jener Grenze, die im Allgemeinen zu thermischen Randzonenschäden führen könnte.

2.4 Spanwinkel, Scherwinkel und der Stauchfaktor

Bevor die nächsten beiden Punkte diskutiert werden können, ist es notwendig, auf drei Grössen der allgemeinen Zerspanungslehre kurz einzugehen. Die folgenden Ausführungen gelten sowohl für positive als auch für negative Schneiden.

2.4.1 Spanwinkel γ

Der Spanwinkel γ ist wohl der wichtigste und auch bekannteste Winkel an einer Werkzeugschneide. Für die Zerspanungsverfahren mit definierter Schneide, d. h. bei welchen der Spanwinkel exakt vorgegeben wird und abgestimmt ist auf den jeweiligen Prozess (Fräsen, Drehen, Räumen, usw.), kommen mehrheitlich positive Spanwinkel zum Einsatz. Eine Ausnahme bilden heute vielfach Werkzeuge, die mit einem CBN- oder Diamantbelag beschichtet sind. Hier muss die Schneide vorne gut abgestützt sein, weshalb der Spanwinkel 0° bis etwa -3° beträgt.

Beim Schleifen liegt der Spanwinkel γ zwischen etwa -45° bis -80°. Das haben viele Untersuchungen absolut sicher ergeben. Eigentlich sollte es gar nicht möglich sein, mit derart negativen Winkeln einen Span zu bilden. Da es aber ganz offensichtlich funktioniert, müssen zwangsläufig andere Einflussgrössen dazu führen. Am wichtigsten scheint die Schnittgeschwindigkeit zu sein, welche - wie gleich erklärt wird - einen grossen Einfluss auf die Schergeschwindigkeit v_{c2} hat.

2.4.2 Scherwinkel ϕ

Der Scherwinkel ϕ (Phi) hängt vom Spanwinkel γ (Gamma) und vom Stauchfaktor λ (Lambda) ab. Er lässt sich mit folgender Formel berechnen:

$$\tan\varphi = \frac{\cos\gamma}{\lambda - \sin\gamma} \quad [-]$$

Negative Spanwinkel γ ergeben bei einem bestimmten Scherwinkel ϕ kleinere Stauchfaktoren λ. Mit steigendem Stauchfaktor reduziert sich ferner der Einfluss des Spanwinkels γ.

2.4.3 Stauchfaktor λ

Der Stauchfaktor λ definiert das Verhältnis zwischen der Spandicke t_2 des abgetragenen Spanes gegenüber der eingestellten Schnitttiefe t_1.

$$\lambda = \frac{t_2}{t_1} \quad [-]$$

Der Stauchfaktor λ lässt sich durch geeignete Werkzeugwahl sowie durch die Schnitt- und Vorschubgeschwindigkeiten günstig beeinflussen. Dabei ist zu beachten, dass höhere Schnittgeschwindigkeiten und höhere Vorschübe zu kleineren Stauchfaktoren λ führen, also eine bessere Zerspanbarkeit bewirken.

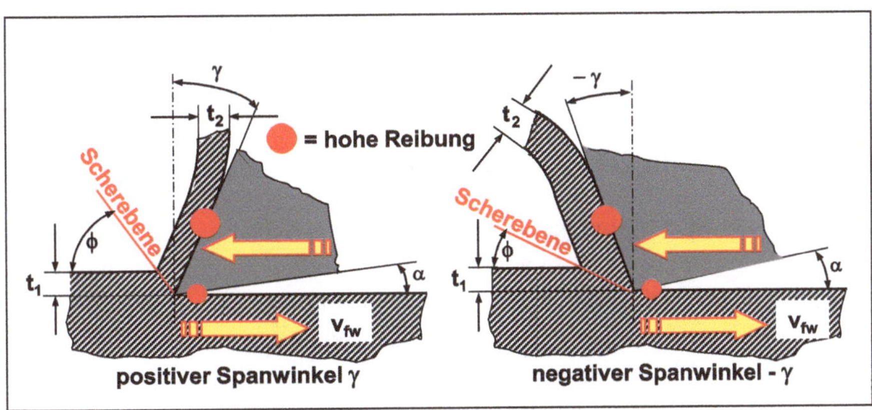

BILD 2.8 Stauchfaktor λ bei positivem und negativem Spanwinkel γ in der zweidimensionalen Standard-Darstellung der Schneidenwinkel α, β, γ und ϕ

2.4.4 Freiwinkel α

Der Freiwinkel α (Alpha) unter der Werkzeugschneide ist dazu da, die Reibung zwischen der Schneide und dem Werkstoff zu verringern. Er beträgt im Allgemeinen nur wenige Grad und wird in Anbängigkeit des zu zerspanenden Werkstoffs gewählt. Man kann sich ja gut vorstellen, dass der Werkstoff unter der Schneide in geringem Masse zurückfedert. Das ist auch beim Schleifen der Fall, nur lässt sich da keine konkrete Vorgabe bestimmen. Jedes aktive Korn bzw. dessen Schneide weist entweder bereits durch das Splittern einen mehr oder weniger grossen Freiwinkel auf oder dieser bildet sich schon nach kurzer Einsatzzeit durch Druck und Reibung (Abrieb).

Es gibt viele Modellvorstellungen über das, was unterhalb und vor einer Kornschneide abläuft. Gesehen hat es aber bis heute niemand. Deshalb lassen sich die Verhältnisse in diesen Bereichen lediglich empirisch definieren. Aufgrund der investierten Leistung wird dann versucht, diese Vorstellungen in die Realität umzusetzen und den verschiedenen Zonen entsprechende Anteile zuzuordnen.

2.5 Schergeschwindigkeit v_{c2}

Alles, was unter Punkt 2.4 angesprochen wurde, ist als Voraussetzung für die nachfolgenden Erklärungen und Darstellungen zu betrachten.

Wenn schon von der Kinematik die Rede ist, dann darf die Schergeschwindigkeit v_{c2}, welche den Ablauf eines jeden Schleifprozesses massgeblich beeinflusst, für den Operateur aber nicht direkt in Erscheinung tritt, auf keinen Fall fehlen. Sie wirkt in der Scherebene, wo die Spanbildung und -abtrennung erfolgt. Es entsteht, abhängig von der gewählten Schnittgeschwindigkeit v_c, viel Reibung (Wärme), aber der Kühlschmierstoff erreicht diese Zone nicht und bleibt wirkungslos.

2.5.1 Schergeschwindigkeit v_{c2} (konventionell bis ca. v_c = 80 m/s)

Es lohnt sich, das in der Spanbildungszone herrschende Geschwindigkeitsvektogramm (Bild 2.9) etwas genauer zu betrachten. Es kann vorerst Mühe bereiten, zu glauben, dass in der eigentlichen Scherzone, also dort, wo der Span abgetrennt wird und kein Kühlschmierstoff hinkommt, eine wesentlich grössere Geschwindigkeit – eben die Schergeschwindigkeit v_{c2} – entsteht. Für eine „Momentaufnahme“ ist es zulässig, die Schnittgeschwindigkeit v_c der Schleifscheibe als Geschwindigkeitsvektor horizontal aufzuzeichnen. Die Geschwindigkeit, mit welcher der entstehende Span der Kornschneide entlang abgleitet, heisst logischerweise Spangeschwindigkeit v_{c1}. Sie weist die Richtung der negativen Schneide auf und ist um den Stauchfaktor λ kleiner als die Schnittgeschwindigkeit. Zeichnet man nun aus v_c und v_{c1} ein Vektogramm und darin die resultierende Schergeschwindigkeit v_{c2} in der Scherebene, ergibt sich der Scherwinkel ϕ.

NEBENBEI Wie in Bild 2.9 ersichtlich ist, beträgt die Schergeschwindigkeit v_{c2} rund 62 m/s. Wenn man diese Geschwindigkeit mit 3.6 multipliziert, ergibt sich die Geschwindigkeit von 223.2 km/h. Schön schnell!

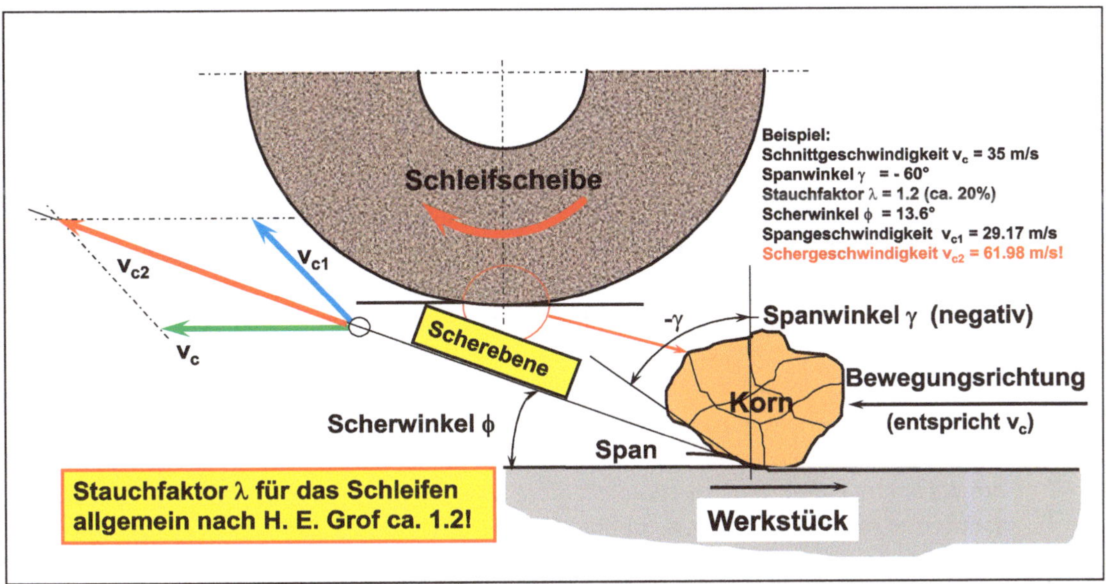

BILD 2.9 Schergeschwindigkeit vc2 (konventionelles Schleifen). Die Schergeschwindigkeit vc2, hier für das konventionelle Schleifen, ist die resultierende Grösse aus Schnittgeschwindigkeit vc und Spangeschwindigkeit vc1.

Auch wenn bei diesen Betrachtungen die verschiedenen möglichen Spanformen und -längen unberücksichtigt bleiben, ist erkennbar, weshalb eine Spanbildung mit derart negativen Schneiden (γ = ca. -45° bis -80°) überhaupt erfolgen kann. Die entstehende Wärme in der Scherzone kann die Schmelztemperatur von Stahl erreichen oder sogar noch höher steigen. Auf dieser schmelzenden Schicht ist eine Spanabtrennung durchaus vorstellbar. Das heisst aber nicht, dass diese hohe Temperatur in jedem Fall auch in die Randzone des Werkstücks eindringen muss. Vielmehr kommt es jetzt darauf an, wie schnell die nächste Kornschneide folgt und wie dick der abgetragene Span werden kann, um selbst einen grossen Anteil der Wärmemenge aufnehmen zu können. Die Spandicke hängt ja vom Schneidenabstand, von der Schnittgeschwindigkeit und – ganz wichtig – auch von der Werkstückgeschwindigkeit ab. Der Zusammenhang zwischen der Schnitt- und der Werkstückgeschwindigkeit lässt sich am besten mit dem Geschwindigkeitsverhältnis q_s ausdrücken. Im Bereich des konventionellen Schleifens (ca. 25–63 m/s) wird mit einem Geschwindigkeitsverhältnis q_s von 60–80 (max. 45–150) geschliffen. So ergeben sich theoretische mittlere Spandicken h_m (siehe Kapitel 4) von etwa 0.0001–0.0004 mm. Ganz offensichtlich reichen die so anfallenden theoretischen Spandicken aus, um die erzeugte Wärme ohne thermische Schäden in der Werkstücksrandzone anzurichten. Die Kühlung hat diesbezüglich nur eine Sekundärfunktion, denn in die Scherzone kann kein Kühlschmierstoff eindringen! Somit sind folgende Wirkmechanismen denkbar:

- Die Schleifscheibe tritt gut benetzt mit KSS (KSS = Kühlschmierstoff) in die Kontaktzone ein. Dadurch wird ein Anhaften von Spänen zwischen den Kornschneiden (Aufbauschneiden) stark reduziert.

- Die wegfliegenden, hell glühenden Späne werden durch den KSS-Strahl abgekühlt und gleichzeitig abtransportiert.
- Das Werkstück wird ebenfalls im Umfeld der Kontaktzone und hinter der Schleifscheibe gekühlt (Nachkühlung).

MERKPUNKT Additive, welche dem Kühlschmierstoff zugesetzt werden, um Metallseifenschichten – am Werkzeug – zu bilden (EP-Additive), sind wirkungslos. Es gibt eben keinen metallischen Schleifstoff, der an seinen Kornschneiden eine „leicht abscherbare Metallseifenschicht" bilden könnte! Dagegen und gerade deshalb sind alle jene Additive von grösster Bedeutung, welche in der Lage sind, durch ihre polaren Eigenschaften (gute Haftung auch in kleinsten Grenzschichten) an Kornschneiden „zu kleben" und die Reibung zu vermindern. Diese Additive sind ausnahmslos „Reibungsverminderer", weil sie extrem gute Schmiereigenschaften aufweisen. Allerdings ist ihre Wärmeresistenz (bis etwa 360 °C) nicht besonders hoch, aber dieser scheinbare Nachteil ist nicht wirklich massgebend. Einerseits werden diese Additive ja durch den KSS-Strahl laufend ersetzt und andererseits sind meist auch noch andere Additive (Phosphorverbindungen) dabei, welche ebenfalls polare Eigenschaften haben, jedoch erst bei ca. 720 °C oxidieren (verbrennen). Und solche Temperaturen dürften beim konventionellen Schleifen das absolute Maximum darstellen. Man bedenke, dass die Umwandlungstemperatur von Stahl in der Gegend von 620 °C liegt. Die Spantemperatur und die Temperatur am Umfang der Schleifscheibe als auch am geschliffenen Werkstück sind – physikalisch betrachtet – verschiedene Dinge. Dieser Tatsache sollte man sich beim Schleifen stets bewusst sein.

2.5.2 Schergeschwindigkeit v_{c2} (Hochgeschwindigkeitsschleifen)

Eigentlich besteht, oberflächlich betrachtet, der einzige Unterschied zwischen den konventionellen Schnittgeschwindigkeiten und dem Hochgeschwindigkeitsschleifen in der sich ergebenden höheren Schergeschwindigkeit v_{c2}. In der Realität spielt sich hier aber in der Scherzone etwas anderes ab, als dies bei tieferen Schnittgeschwindigkeiten der Fall ist. Die Kornschneide gleitet auf einer verflüssigten Metallschicht, denn einerseits ist die Spangeschwindigkeit v_{c1} schon enorm hoch (Reibung an der Kornschneide) und andererseits ergeben sich in der Scherebene Geschwindigkeiten, die zu einer völlig anderen Spanbildung führen.

Die heute angewandten Hochgeschwindigkeiten liegen etwa zwischen 120 und 180 m/s. Nimmt man letztere und rechnet bei unveränderter Spanstauchung die Geschwindigkeit in der Scherebene aus, gibt das 321 m/s oder 1'155.6 km/h! Für die Hobby-Flieger: Ein Mach (Schallgeschwindigkeit) beträgt bei 20 °C Lufttemperatur 1'200 km/h. Man bewegt sich also bei dieser Art des Werkstoffabtrages in Bereichen, die noch längst nicht vollständig erforscht sind.

Ausreichend bekannt ist allerdings, dass beim Hochgeschwindigkeitsschleifen auch mit möglichst hohen Werkstückgeschwindigkeiten gearbeitet werden soll. Optimal wäre, rein theoretisch, das

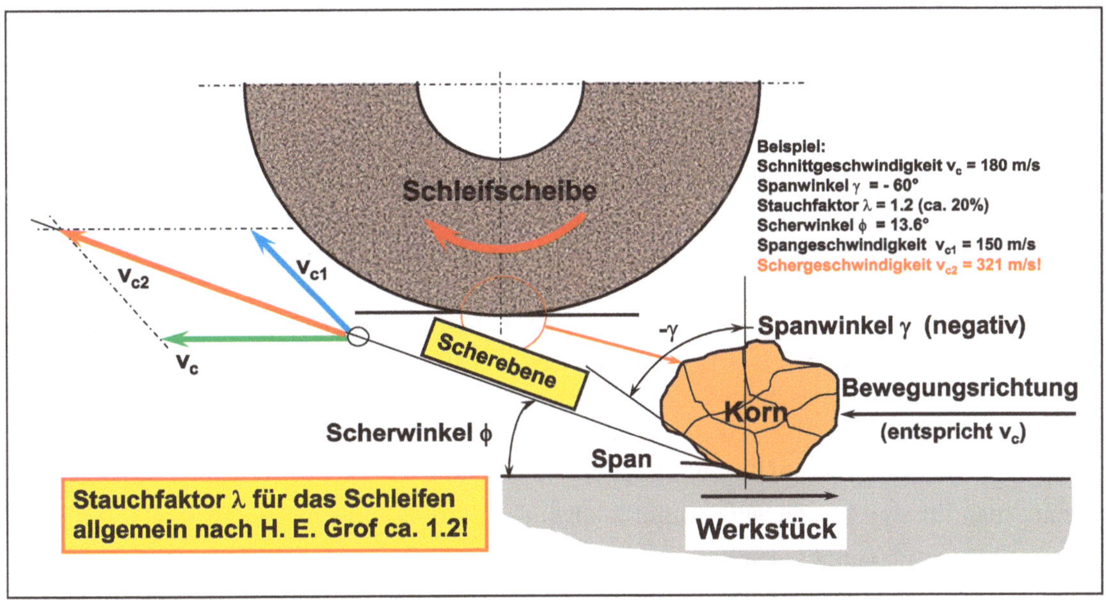

BILD 2.10 Schergeschwindigkeit v_{c2} (Hochgeschwindigkeitsschleifen HSG – High Speed Grinding). Die Schergeschwindigkeit v_{c2}, hier für das Hochgeschwindigkeitsschleifen, ist die resultierende Grösse aus Schnittgeschwindigkeit v_c und Spangeschwindigkeit v_{c1}

Einhalten eines Geschwindigkeitsverhältnisses q_s von 60–80. Das dürfte aber nur in wenigen Fällen machbar sein, zumal die Werkstückgeschwindigkeit v_{fw} nach der umgestellten q_s-Formel hoch ist:

$$v_{fw} = \frac{v_c \cdot 1'000 \cdot 60}{q_s} \quad [\text{mm/min}] \tag{2.1}$$

Bei $q_s = 60$ und $v_c = 120$ m/s wäre

$$v_{fw} = \frac{120 \cdot 1'000 \cdot 60}{60} = 120'000 \text{ mm/min}$$

bei $q_s = 60$ und $v_c = 180$ m/s wäre

$$v_{fw} = \frac{180 \cdot 1'000 \cdot 60}{60} = 180'000 \text{ mm/min}$$

bei $q_s = 150$ und $v_c = 120$ m/s wäre

$$v_{fw} = \frac{120 \cdot 1'000 \cdot 60}{150} = 48'000 \text{ mm/min}$$

bei q_s = 150 und v_c = 180 m/s wäre

$$v_{fw} = \frac{180 \cdot 1'000 \cdot 60}{150} = 72'000 \text{ mm/min}$$

Wie die Beispiele zeigen, würde ein Geschwindigkeitsverhältnis q_s = 150 sowohl mit einer Schnittgeschwindigkeit v_c von 120 m/s als auch einer solchen von 180 m/s noch zu Werkstückgeschwindigkeiten v_{fw} führen, die heute auf modern angetriebenen Schleifmaschinen durchaus realisierbar wären. Das Problem liegt nun aber an einer anderen Stelle. Geringe Zustelltiefen a_e unterhalb von 0.5 mm sollten tunlichst niemals mit hohen Schnittgeschwindigkeiten abgetragen werden. Die enorme Wärme würde sich in die Tiefe des Werkstücks „flüchten", wo sie kaum von einer nachfolgenden Kornschneide mit dem Span zusammen abgetragen werden könnte. Folge: Schleifbrand! Also müssen es grössere Zustelltiefen sein, so um die 2–5 mm mindestens. Ja, und nun was kommt in Bezug auf das bezogene Zeitspanvolumen Q'_w (siehe Kapitel 4) dabei heraus?

Nimmt man für eine Beispielsberechnung folgende Prozessparameter an:

Zustellung a_e = 3.0 mm, Werkstückgeschwindigkeit v_{fw} = 48'000 mm/min und Schnittgeschwindigkeit v_c = 120 m/s, ergibt sich:

$$Q'_w = \frac{a_e \cdot v_{fw}}{60} = \frac{3.0 \cdot 48'000}{60} = 2'400 \text{ mm}^3/(\text{mm} \cdot \text{s})$$

und eine mittlere Spandicke h_m (siehe Kapitel 4) von

$$h_m = \frac{Q'_w}{v_c \cdot 1000} = \frac{2'400}{120 \cdot 1000} = 0.02 \text{ mm (!)}$$

Ein „Wahnsinnsspan"! Aber das geht tatsächlich, sofern die Bedingungen dazu (Maschine, Leistung, Schleifscheibe, Kühlung, usw.) gegeben sind. Es bleibt dem Leser überlassen, mit anderen Werkstückgeschwindigkeiten v_{fw} und/oder grösseren Zustellungen a_e eigene Berechnungen durchzuführen, um sich selbst von der Behauptung zu überzeugen, dass beim Hochleistungsschleifen (HEDG) – und darunter müssten diese Beispiele eingeordnet werden – Spanmengen abgetragen werden können, die mit dem Hochgeschwindigkeitsfräsen Schritt halten können oder – abhängig von der Werkstoffhärte – sogar darüber liegen.

HINWEIS Mit steigender Schnittgeschwindigkeit v_c (v_c > 90 m/s) verliert das Geschwindigkeitsverhältnis an Dominanz, hinsichtlich thermisch kritischer Bereiche (siehe Kapitel 4). Die obigen Beispiele könnten somit auch mit q_s = 200–250 oder höher realisiert werden. Nur, je tiefer q_s liegt, desto unproblematischer wird jeder Hochgeschwindigkeitsprozess ablaufen.

2.6 Spanbildung, Spanformen und Spanquerschnitte

Über die Spanbildung, die Spanformen und die Spanquerschnitte ist in den vergangenen 60 Jahren viel geschrieben und debattiert worden. Die Meinungen darüber gehen teilweise weit auseinander. Die einen untersuchten Späne aus durchgeführten Schleifarbeiten, bei welchen auch die Stellgrössen variiert worden waren. Die andere Seite wählte - und wählt immer wieder aufs Neue - unterschiedliche Modellvorstellungen. Das Modell mit der „Kugel“ sowie „Einkorn-Ritzversuche“ werden nach wie vor bevorzugt. Beim Kugelmodell nimmt man an, die Kornschneide sei eine Kugel und erzeuge den Span durch Materialverdrängung.

Werden „Originalspäne“ unter dem Werkstattmikroskop betrachtet (siehe die Bilder 2.12, 2.13 und 2.14), fällt es schwer, sich mit dem „Kugelmodell“ anzufreunden. Es dürfte kaum möglich sein, dass derart viele verschiedene Arten und Formen von Spänen von einer Kugel gebildet worden sein könnten.

Nachfolgend werden die Spanbildung, die unterschiedlichen Spanformen und auch die Spanquerschnitte noch vertieft behandelt.

2.6.1 Spanbildung

Interessant ist, was H. E. Grof [33] aufgrund seiner Versuche bereits 1975 im Zusammenhang mit der Spanbildung, den Spanformen und den daraus folgenden Temperaturverhältnissen im Bereiche der Kornschneide, publizierte. Er hat versucht, die Spanbildung aufgrund der entstandenen Spanformen zu definieren, allerdings mit einer verhältnismässig tiefen Schnittgeschwindigkeit v_c von 60 m/s - 1975 galt diese noch als hoch - und einem bezogenen Zeitspanvolumen Q'_w von 12 $mm^3/(mm \cdot s)$. Die Bedingungen waren somit absolut identisch mit jenen eines ganz normalen Flach-, Aussenrund- oder sogar Innenrundschleifprozesses, so wie heute immer noch geschliffen wird. Lediglich die Schnittgeschwindigkeit v_c lag geringfügig über dem Durchschnitt. Aber trotzdem konnte H. E. Grof Beobachtungen in Bezug auf die Spanbildung anstellen und Spanformen nachweisen, die zur damaligen Zeit noch wenig bekannt waren.

Drei typische Spanformen hat Grof [33] gefunden und beschrieben:

- Fadenspäne (Fliessspäne)
- kaulquappenförmige Späne und
- kugelförmige Späne (Kugelspäne).

Die Fadenspäne weisen darauf hin, dass sie keinen allzu grossen Temperaturen ausgesetzt waren. Ihre Oberfläche ist mehrheitlich blank und die gemessene Länge ist im Durchschnitt 20 % kürzer als die theoretische Kontaktlänge. Das ergibt einen Stauchfaktor von 1.2. Dieser ändert sich scheinbar höchstens nur geringfügig, wenn andere Stellgrössen verwendet werden. Wie in der Folge gezeigt wird, hat auch OTT [11] vergleichbare Spanformen und Stauchfaktoren entdeckt.

Kaulquappenförmige Späne zeigen einen dünnen Mittelteil und an einem oder beiden Enden eine angeschmolzene, kugelige Keule. H. E. Grof [33] erklärt seine Theorie zu deren Entstehung ausführlich. Diese hier zu zitieren, wäre kaum sinnvoll, da seine Ausführungen mehrheitlich wissenschaftlichen Charakter haben.

Kugelspäne entstehen dann, wenn sie einerseits extrem heiss waren (Schmelztemperatur von Stahl oder sogar höher), im umgebenden Sauerstoff noch weiter an Temperatur gewinnen können (zusätzliche Oxidation) und letztendlich dann im kalten Kühlmittelstrahl abgeschreckt werden. Die kurzzeitig auftretende Oberflächenspannung reicht aus, um den Span in eine Kugel zu verwandeln. Aber nicht alle Späne vom gleichen Schleifprozess sind etwa kugelförmig. Der grössere Teil sind faden- und kaulquappenförmige Späne. Die Grösse der Kugelspäne ist unterschiedlich, weil ja auch die Kornschneiden nicht alle gleichmässige Spanquerschnitte abtragen können (siehe Bild 2.11).

2.6.2 Spanformen und Spanquerschnitte

Das Bild 2.3 lässt erahnen, dass die Spanformen (Querschnitte) recht unterschiedlich sein müssen, zumal innerhalb der Schneidenraumtiefe z_{cm} die Kornschneiden nicht nur ungleich tief liegen, sondern auch abweichende Konturen aufweisen. Eine weitere Beobachtung ist bedeutungsvoll: Man nimmt immer wieder an, die Späne müssten – der Kontaktlänge l_k entlang – von 0 bis zur maximalen Dicke gebildet werden und deshalb von der Seite betrachtet kommaförmig sein. Das stimmt beim Fräsen zweifellos, weil jede einzelne, definierte Schneide in den Werkstoff eintaucht und diesen, dem Werkstückvorschub pro Schneideneingriff entsprechend, in gleichmässig aussehenden Spänen abträgt. Beim Schleifen läuft dieser Abspanvorgang völlig anders ab. Man sollte hier nochmals daran denken, was eigentlich zwischen der Kornschneide und dem Werkstoff tatsächlich geschieht. Weiter hinten in diesem Kapitel zeigt das Bild 2.27, dass eben nicht einfach „gespant" wird, sondern eine Vorbereitung auf die Spanbildung erfolgen muss. Ein Teil der Kornschneiden reibt nur und dient so der mehr oder weniger starken Plastifizierung des abzutragenden Werkstoffs. Weiter vorstehende Schneiden innerhalb der mittleren Schneidenraumtiefe können deshalb den Werkstoff seitlich aufwerfen bzw. wegpflügen. Darauf spanen die höchsten Kornschneiden die aufgeworfenen Spanwulste ab. Die unter dem Lichtmikroskop aufgenommenen Späne (Bild 2.12–2.14) zeigen aber alles andere, als ungleiche Dicken. Die Wendelspäne bilden hier eine Ausnahme. Sie haben ein dickes und ein dünnes Ende. Dagegen sind die Faden- und die Bandspäne überraschend gleichmässig in ihrer Form. Die Ursache dafür ist auch für den versierte Schleiftechnologen noch ein Rätsel, weil man die Entstehung ja nicht sehen kann.

Die roten Bereiche in Bild 2.11 zeigen unterschiedliche Spanquerschnitte, welche durch die ungleiche Splitterung der einzelnen Körner während dem Konditioniervorgang entstehen können. Ganz links hat der Querschnitt nahezu eine perfekte Parallelogrammform, so wie dies H. E. Grof [33, 34] auch beschreibt. Das würde etwa einem Drehspanquerschnitt entsprechen. Das mittlere Korn im Vordergrund trägt einen Bandspan ab und aussen rechts könnte man sich die Entste-

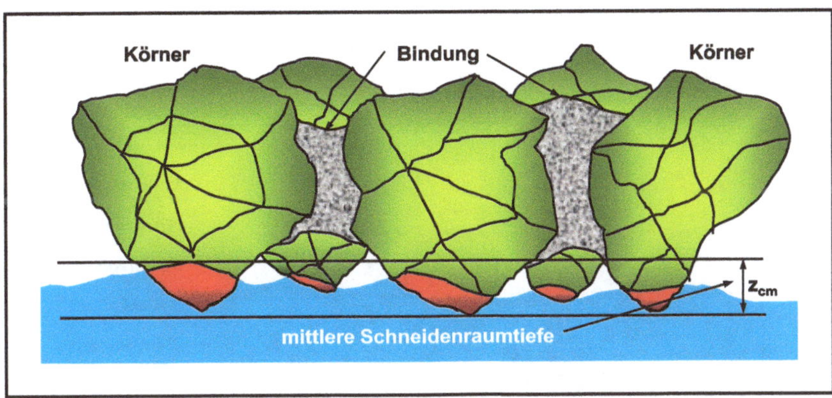

BILD 2.11 Unterschiedliche Spanquerschnitte („Momentaufnahme")

hung eines Fadenspanes vorstellen. Ob dagegen die beiden im Hintergrund liegenden Körner überhaupt Späne bilden oder nur reiben und den Werkstoff seitlich wegdrängen (aufwerfen, pflügen), kann nicht mit Sicherheit gesagt werden.

Wie in Bild 2.3 angedeutet, spanen nicht alle Körner. Die einen reiben nur und erzeugen die notwendige Wärme, damit der Werkstoff nicht flüssig, aber zumindest stark duktil (dehnbar, plastisch verformbar) wird. Andere Kornschneiden pflügen und werfen seitlich Werkstoff auf, welcher dann von jenen Schneiden abgespant wird, die tatsächlich dazu im Stande sind. Ihre Schneidenform muss entsprechend günstig ausgerichtet sein und die Lage genügend tief innerhalb der mittleren Schneidenraumtiefe z_{cm} liegen. Das ist auch die Erklärung für die messbare Spandicke, die nahezu bei jedem Span aus derselben Schleifaufgabe immer dicker ist, als sie rechnerisch sein dürfte. OTT hat hierzu eine wohl gar nicht so falsche Behauptung aufgestellt, dass rein statistisch betrachtet, in etwa 1/3 der Kornschneiden nur reiben, ein 1/3 nur quetschen und pflügen und 1/3 wirklich spanungsfähig sein müssen (siehe Bild 2.3). Das würde auch mit den Ergebnissen vieler Untersuchungen ziemlich gut übereinstimmen.

HINWEIS Der Begriff „Schleifschlamm" hat sich in der Praxis seit Jahren stark verbreitet, weil die graue, schlickige Masse, welche der Filter ausscheidet, tatsächlich auch so aussieht. In Wirklichkeit sind das aber alles richtige, schöne Fliessspäne. Nur sind sie, abhängig von der jeweiligen geringen Zustelltiefe und der kurzen Kontaktlänge, in den meisten Fällen eben sehr klein.

Die in der Folge gezeigten Späne stammen von einem Profil-Vollschnittprozess (Flachprofilschleifen) und wurden dem Bandfilter entnommen. Nach dem Trocknen erfolgte das äusserst aufwändige Auseinandernehmen. Die Millimeterskala links verdeutlicht einigermassen die Grössen bzw. die Längen der einzelnen Späne.

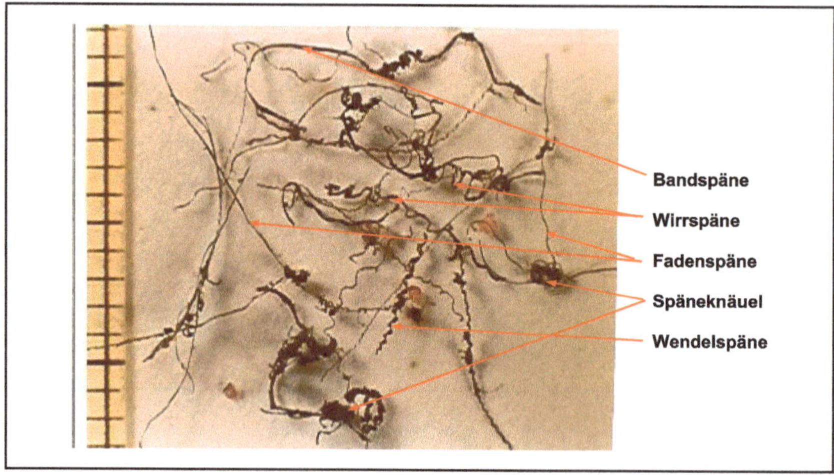

BILD 2.12 Spanformen von einem einzigen Vollschnitt-Schleifprozess

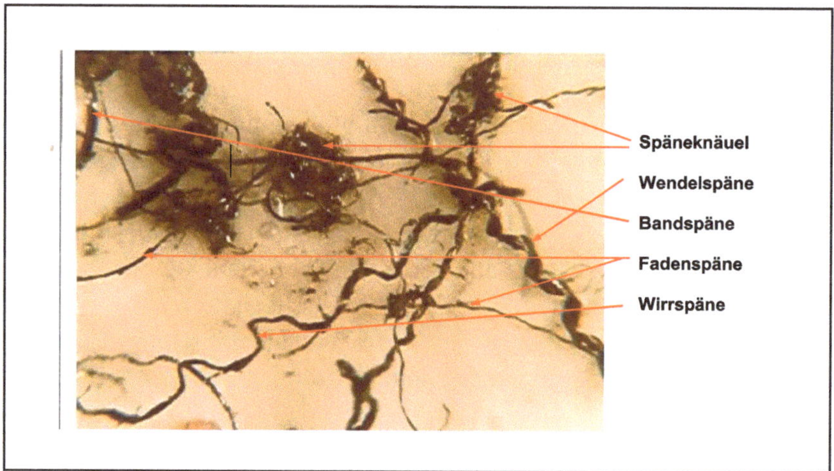

BILD 2.13 Vergrösserungsausschnitt von Bild 2.12

Es sind alles Lichtmikroskopaufnahmen in unterschiedlicher Vergrösserung. Trotz mangelhafter Tiefenschärfe ist erstaunlich, dass man praktisch nur Fliesspäne, unabhängig von ihrer Form, erkennen kann. Fliessspäne deuten in allen Spanungsverfahren, also nicht nur beim Schleifen, auf günstige Bedingungen hin. Wer hätte das gedacht? Fliessspäne weisen keine Schuppen oder Schichtungen auf. Sie entstehen durch eine Verschmelzung der Schuppen, so dass beide Seiten relativ glatt sind. Einige sind völlig blank (keine Verfärbung), andere zeigen die bekannten Verfärbungen, die einen Hinweis auf die Temperatur bei deren Entstehung geben können. Die Farben liegen bei der hier geschliffenen Stahlsorte zwischen hellblau, dunkelblau, hellbräunlich

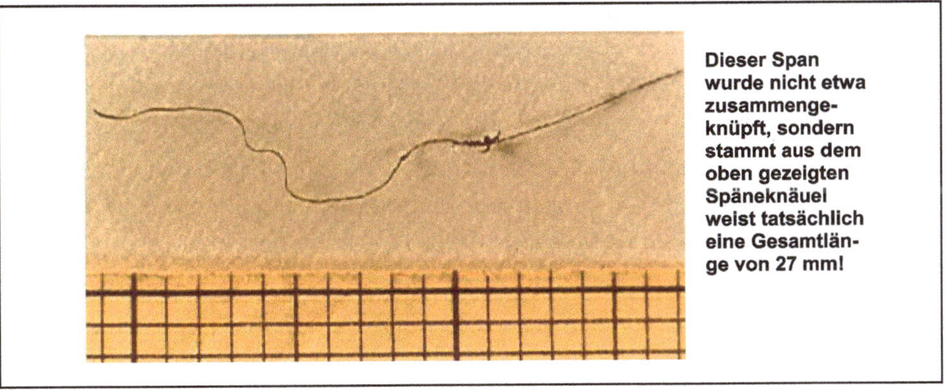

BILD 2.14 Einzelner Fadenspan – aus den gezeigten Spänen entnommen. Dieser Span wurde nicht etwa zusammengeknüpft, sondern stammt aus dem oben gezeigten Späneknäuel. Er weist tatsächlich eine gestreckte Gesamtlänge von 27 mm bei einer Kontaktlänge von 34.2 mm auf!

bis mittel-dunkelbraun. Es herrscht somit keine einheitliche Temperatur bei der Spanentstehung. Das kann man gut nachvollziehen, denn schliesslich hängt der Leistungsbedarf pro Span sowohl von der momentanen Kornschneidenform und -stellung sowie von dessen Querschnitt ab. Ferner spielt selbstverständlich auch die Kühlung eine Rolle, je nachdem, wie viel KSS an und im Bereiche der Schneide (Scheibenporen) verfügbar war. Auch die Schmierfähigkeit des KSS hat eine grosse Bedeutung.

Das Bild 2.14 verdient besondere Beachtung. Dieser Fadenspan wurde von OTT aus den oben gezeigten Spänen entnommen und nicht etwa zusammengeknüpft. Der Millimeterraster zeigt 19 mm. Der noch verkrümmte Span hat aber eine gestreckte Länge von etwa 27 mm! Die Schleiftiefe a_e betrug bei diesem Vollschnittversuch 3.0 mm und der Scheibendurchmesser d_s 390 mm. Die theoretische Kontaktlänge l_k war somit:

$$l_k = \sqrt{a_e \cdot d_s} = \sqrt{3.0 \cdot 390} = 34.2 \text{ mm}$$

Nimmt man nun eine Spanstauchung von 20 % an, ergibt sich eine Spanlänge von 27.4 mm. Das würde mit den von H. E. Grof [33, 34] gemachten Angaben recht gut übereinstimmen. Weshalb aber dieser lange Span einen scheinbar konstanten Querschnitt aufweist, ist unerklärlich. Es müsste ja ein Kommaspan sein!

Es bedarf schon einiger Phantasie, um sich einen zusammenhängenden Fadenspan dieser Länge vorstellen zu können. Aber nicht allein die Länge erstaunt, sondern ebenso, wie dieser Span durch die extrem kleinen Lücken zwischen den Körnern, der Bindung und der Werkstücksoberfläche mit einer Geschwindigkeit von etwa 28 m/s „ohne Verletzung" durchgekommen ist. Es gibt eben noch viele Unklarheiten, die auch durch die Vielzahl von Versuchen und Spanbildungsmodellvarianten noch nicht erklärt werden konnten. Auch der in den Bildern 2.12 und 2.13 gezeigte grosse Wendelspan birgt ein Geheimnis. Er wurde zweifellos von einer schräg liegenden, bohrerartigen grösseren Kornschneide erzeugt. Aber warum kann man bei ihm deutlich sehen, dass der Wendel am einen Ende grösser ist und bei gleichbleibender Steigung kontinuierlich kleiner wird? Als Antwort würde kaum genügen, das Korn habe sich auf der Kontaktlänge l_k von 34 mm in diesem Masse abgenützt. Aber was ging da wirklich vor?

Die Bilder 2.15 und 2.16 geben hierzu vielleicht eine Erklärung. Die nebeneinander liegenden Furchen können keinesfalls die „Negative" von Fadenspänen sein. Das sind sie auch nicht, sondern Kratzspuren der einzelnen Körner über deren partiellen Berührungsbereich.

Beide Bilder stammen vom gleichen Flach-Vollschnittprozess, bei welchem erschwerend hinzu kam, dass sich in der Mitte der Fläche eine scharfkantige Bohrung (Bild 2.15) befand, in die eine zu weich gewählte Schleifscheibe eingetaucht und dabei richtiggehend crushiert wurde (Profilverlust und Flächenfehler).

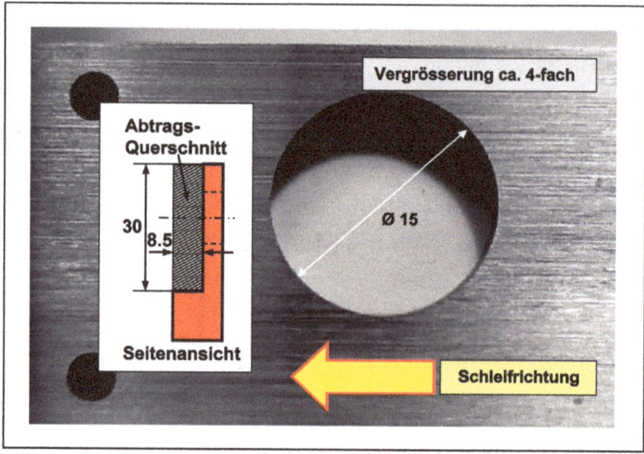

BILD 2.15 Platte mit einem Absatz von 8.5 mm und einem scharfkantigen Loch

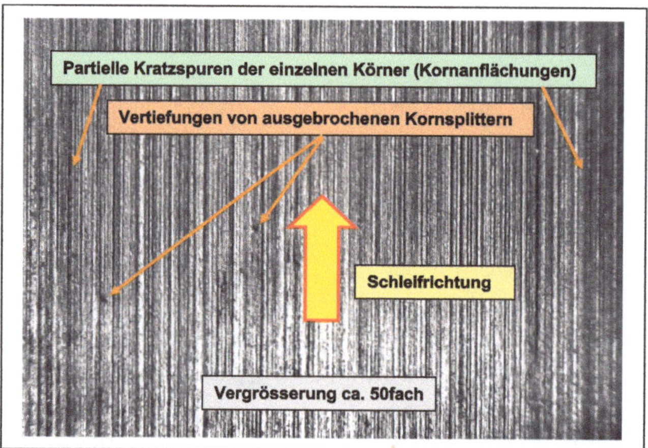

BILD 2.16 Im Vollschnitt geschliffenes Werkstück aus durchgehärtetem 100Cr6 (1.2067)

Die Prozessdaten wurden wie nachstehend aufgeführt gewählt:

- Schleifscheibe Einkristallkorund mit 25 % Sinterkorund in Korngrösse 60/80
- Scheibenhärte G, Struktur 14 in keramischer Spezialbindung
- Scheibendurchmesser d_s (neu) = 400 mm
- Schnittgeschwindigkeit v_c = 35 m/s
- Zustellung a_e im Vollschnitt = 8.5 mm
- Werkstückgeschwindigkeit v_{fw} = 240 mm/min
- Schleiflänge l_s (ohne Überlaufwege) = 48 mm pro Teil
- Kontaktbreite b_k = 30 mm
- Abrichtwerkzeug MKD-Diamanten (3 Prismen über Eck in Reihe)
- Abrichtbetrag a_d = 0.02 mm (1 Durchgang) pro Konditionierung
- Kühlschmierstoff Emulsion mit 60 % Mineralöl im Konzentrat, 4%ig konzentriert
- Verfügbare Kühlmittelmenge Q_k = 160 l/min
- Kühlmitteldruck p_k = 6.0 bar (in der Flachstrahldüse gemessen)

Das bezogene Zeitspanvolumen Q'_w betrug somit ...

$$Q'_w = \frac{a_e \cdot v_{fw}}{60} = \frac{8.5 \cdot 240}{60} = 34 \text{ mm}^3/(\text{mm} \cdot \text{s})$$

und die theoretische mittlere Spandicke h_m

$$h_m = \frac{Q'_w}{v_c \cdot 1000} = \frac{34}{35 \cdot 1000} = 0.001 \text{ mm}$$

Es wurden jeweils 12 Teile hintereinander in Reihe ausgerichtet geschliffen. Nach einer gesamten Schleiflänge l_s von 12 · 48 mm = 576 mm musste die Schleifscheibe jeweils neu konditioniert werden, weil eine Höhentoleranz von 0.02 mm einzuhalten war. Die relativ grosse mittlere Spandicke h_m von 0.001 mm führte zu einer durchaus erwünschten Reduktion der spezifischen Schnittkraft und damit zu einem äusserst günstigen spezifischen Leistungsbedarf. Für diesen anspruchsvollen Schleifprozess stand eine grosse, stabile Flachschleifmaschine zur Verfügung mit einer nominellen Antriebsleistung von 24 kW an der Schleifspindel und einem hochstabilen Längstischantrieb über AC-Servomotoren und Kugelgewindetrieb. Also optimale Voraussetzungen für einen solchen „konventionellen" Vollschnittschliff. Das bezogene Zeitspanvolumen Q'_w darf sich deshalb sehen lassen, obwohl die Schnittgeschwindigkeit v_c nur 35 m/s betrug. Hätte man mit beispielsweise 120 m/s und einem hoch additivierten Schleiföl arbeiten können, wäre ohne jeden Zweifel eine noch höhere zeitbezogene Abtragsleistung erreichbar gewesen. Erwähnen muss man allerdings noch, dass die Schleifscheibe mit ihrer Spezifikation sehr genau auf die gesamten Prozessbedingungen abgestimmt worden war. Dabei waren sowohl die Zusammen-

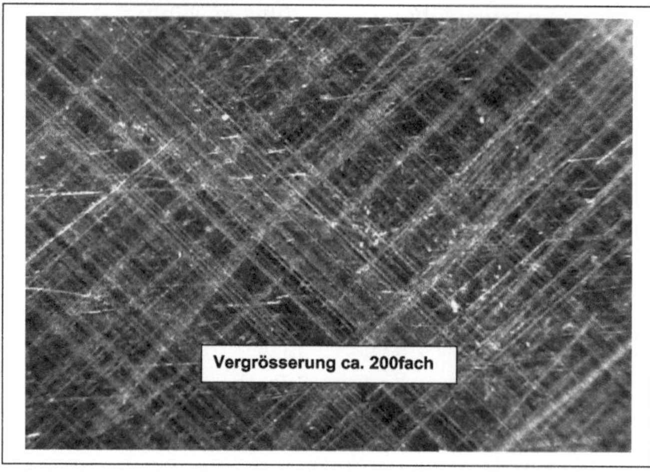

BILD 2.17 Kreuzschliffspuren von einer Topfscheibe auf der Werkstücksfläche

setzung zweier Kornarten als auch die Härte und die Struktur (Porosität) von ausschlaggebender Bedeutung. Selbstverständlich wären mit einer keramisch gebundenen CBN-Schleifscheibe eine höhere Standzeit und weiter auseinander liegende Abrichtintervalle zu erwarten gewesen. Zum Abrichten hätte man dann allerdings z. B. eine Diamantrolle zusammen mit einer entsprechenden Aufnahmevorrichtung benötigt.

Im Gegensatz zu den geradlinigen Schleifspuren (Bild 2.16) sind auf dem Bild 2.17 so genannte Kreuzschliffspuren zu sehen. Werden zum Beispiel Platten mittels segmentierten Topfscheiben geschliffen, entstehen auf der Fläche typische Kreuzschliffspuren, obwohl eine Schleifscheibe im Prinzip mit der Stirnseite nicht spanen kann. Was da sichtbar wird, sind in Wirklichkeit auch Druckspuren. Eine Topfscheibe spant mit der Kante! Wird eine Topfscheibe um etwa 0.5–2° gekippt, schleift bzw. drückt sie nicht mehr auf der gesamten Stirnfläche. Sie hinterlässt dann nur sichelförmige Spuren, weil – rein theoretisch – eben nur die Aussenkante spant. In Wirklichkeit ergibt sich eine ringförmige Anflächung (unten) im Aussenbereich der Scheibe mit äusserst effizientem Spanungscharakter. Die möglichen zeitbezogenen Abtragsleistungen sind entsprechend hoch. Übrigens, durch das seitliche Touchieren der Scheibe weisen auch Schultern an Rundteilen und an steilen Wänden von Nuten ein Kreuzschliffmuster auf.

2.7 Wärmeverteilung in der Kontaktzone

Vorhin war mehrfach die Rede vom Reiben, Pflügen und von der Spanbildung. Dazu wird Leistung benötigt und diese geht mit etwa 92–95 % in Wärme über (Bild 2.18). Die dem Spanungsprozess zugeführte Wärmemenge reicht aus, um den Werkstoff in der Kontaktzone partiell zu plastifizieren. In Extremfällen, wie beispielsweise beim Hochgeschwindigkeits- und Hochleistungsschleifen wird der abgetragene Span sogar verflüssigt. Das heisst nun aber nicht, dass die geschliffene Werkstücksoberfläche dadurch zwangsläufig auch thermisch geschädigt wird (Schleifbrand, Risse, Zugspannungen, usw.).

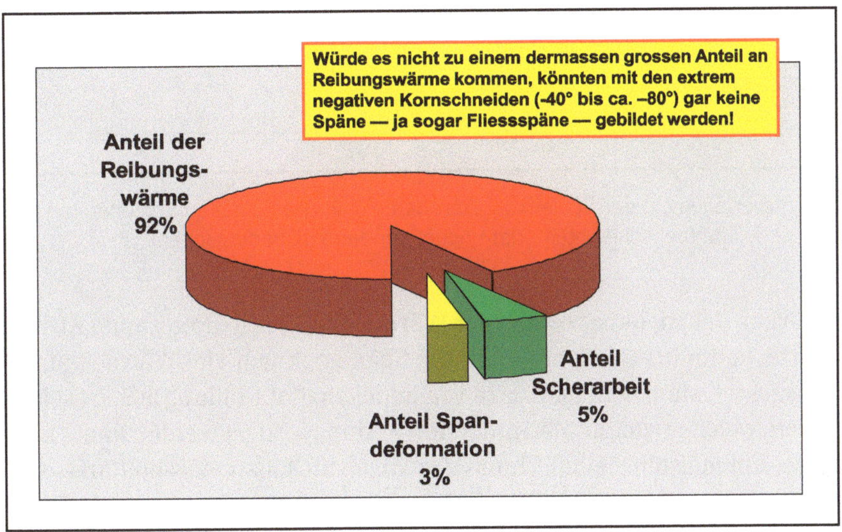

BILD 2.18 Leistungsbedarfsanteile beim konventionellen Schleifen mit Umfangs- und Topfscheiben

Die Plastifizierung des Werkstoffs in der Kontaktzone ist die Voraussetzung, um mit den extrem negativen Kornschneiden überhaupt eine Spanbildung zu bewirken. Allerdings kommt es darauf an, wie und wo sich die Wärme ausbreitet. Lässt man ihr genügend Zeit, dringt sie in jene Tiefe der Werkstückrandzone ein, welche nicht von den unmittelbar nachfolgenden Schneiden abgetragen wird. In solchen Fällen sind thermische Schäden durchaus möglich. Stellt man dagegen den Schleifprozess über die Vorgabeparameter so ein, dass die Späne den Hauptanteil der erzeugten Wärme aufnehmen und abtransportieren, bevor sich diese im Werkstück ausbreiten kann, gibt es kaum Schleifbrandprobleme.

Bei ungünstigen Prozessbedingungen und/oder schlechter Kühlung kann man sich die Wärmeverteilung etwa so vorstellen, wie in Bild 2.19 dargestellt. Der Anteil, den die Schleifscheibe aufnehmen kann, ist denkbar gering, denn sie ist – mit Ausnahme metallisch- oder galvanisch-

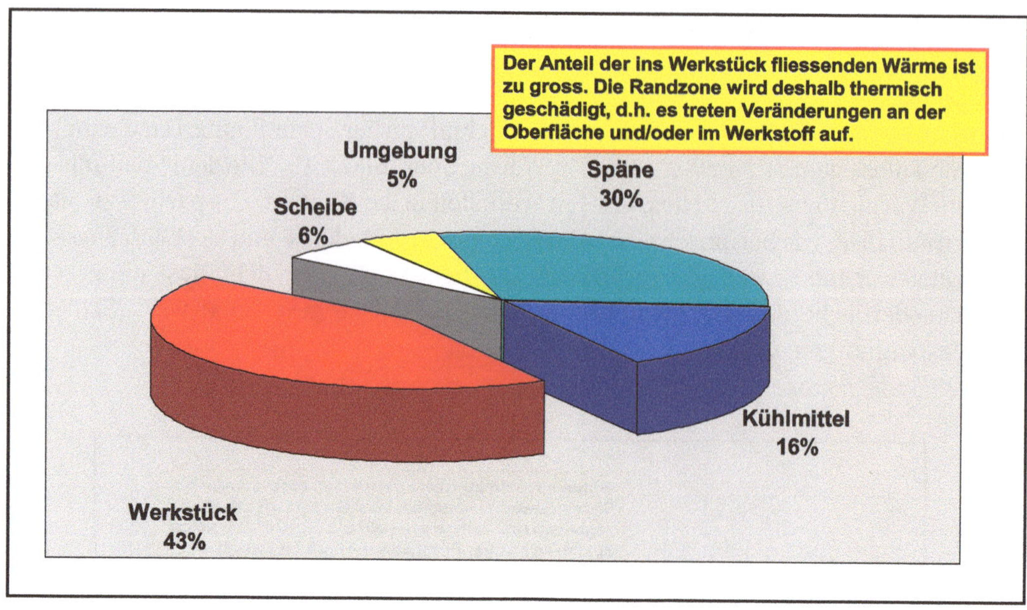

BILD 2.19 Wärmeverteilung in der Schleifkontaktzone beim konventionellen Schleifen mit Umfangs- oder Topfscheiben (bei schlechten oder ungenügenden Kühlbedingungen)

gebundener Körner – ein denkbar schlechter Wärmeleiter. Auch die gesamte Abstrahlung an die Umgebung dürfte kaum ins Gewicht fallen. Die Späne nehmen viel Wärme auf, weil sie dieser unmittelbar ausgesetzt sind. Geht man dazu von mangelhafter Kühlung aus, ist selbstverständlich der Wärmeanteil, welcher vom Kühlschmierstoff abtransportiert werden kann, auch nicht überwältigend gross. Am meisten „leiden" muss das Werkstück, bzw. dessen Randzone. Hier hinein fliesst mit Abstand am meisten Wärme. Das könnten gute Voraussetzungen für Schleifbrand sein.

Ferner sollte man keinesfalls vergessen, dass eine hohe thermische Belastung der Oberfläche des Werkstücks bewiesenermassen Zugspannungen in dessen Randzone hervorrufen kann (ausführlichere Angaben dazu siehe Punkt 2.12 (Bild 2.31) in diesem Kapitel). Zugspannungen lassen sich mit einer Vorbelastung eines Teils bereits im Ruhezustand vergleichen. Sie sind deshalb grundsätzlich unerwünscht, vor allem dann, wenn hoch belastete Teile für den Automobil- und Flugzeugbau nach der schleiftechnischen Bearbeitung davon betroffen sind.

Anspruchsvolle Schleifprozesse müssen schon aus Gründen der Vermeidung von Randzonenzugspannungen ganz besonders sorgfältig geplant werden. Dabei spielen die Vorgabeparameter als auch der Kühlschmierstoff eine wichtige Rolle.

Werden die einfachsten physikalischen Zusammenhänge zwischen der Wärmeerzeugung, dem Wärmefluss und der notwendigen Kühlung beachtet, sieht die Wärmeverteilung in der Kontaktzone schon wesentlich besser aus. Das Bild 2.20 zeigt im Vergleich zur schlechten Kühlung einen auf etwa 1/3 reduzierten Anteil an Wärme, der ins Werkstück fliesst. Schon die Späne nehmen einen ansehnlichen Teil der Wärme auf und transportieren ihn ab. Das ist auch richtig

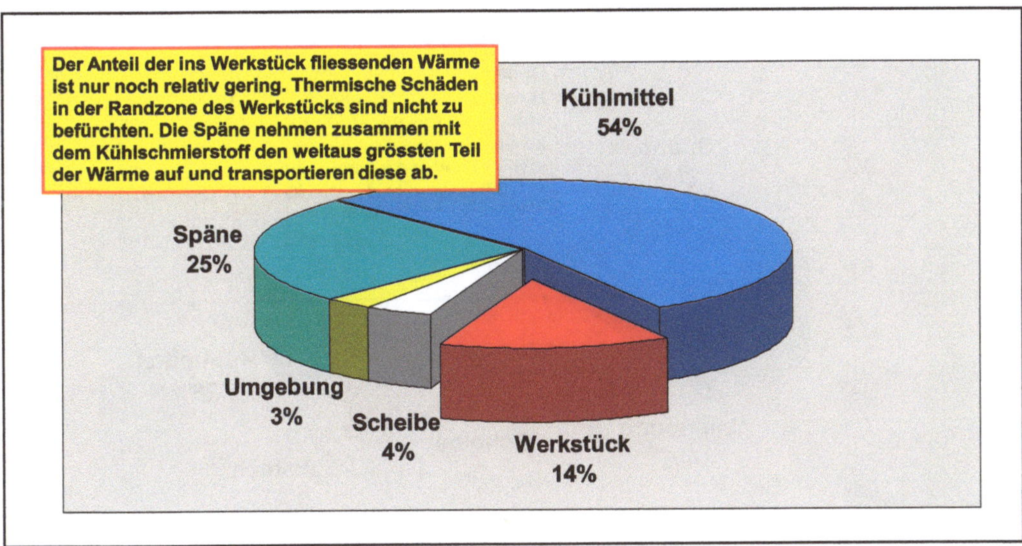

BILD 2.20 Wärmeverteilung in der Schleifkontaktzone beim konventionellen Schleifen mit Umfangs- oder Topfscheiben (auf den Prozess gut abgestimmte Kühlbedingungen)

so und erwünscht. Der Kühlschmierstoff kann nun ebenfalls seine Wirkung entfalten, da er in ausreichender Menge zur Verfügung steht. Er nimmt, prozentual betrachtet, den Hauptanteil der erzeugten Wärme auf. Richtigerweise müsste man im Prinzip die Kuchenstücke „Späne" und „Kühlmittel" zusammenrechnen, denn eine genaue Trennung ist gar nicht möglich. Der Kühlschmierstoff kühlt ja letztendlich auch die Späne und transportiert diese weg. Zudem ist die Überspülwirkung dafür verantwortlich, dass der vom Werkstück noch aufzunehmende Anteil an Wärme deutlich geringer geworden ist.

Es könnten – optimale Vorgaben und ausreichende Kühlung vorausgesetzt – etwa 75 % oder sogar mehr der erzeugten Wärme über die Späne und den Kühlschmierstoff abgeführt werden. Betrachtet man den verbleibenden Rest im Werkstück, unterscheidet sich dieser in massgeblicher Weise von jenem, welcher bei ungenügender Kühlung zurückbleibt. Somit dürfte auch klar sein, weshalb eine gut abgestimmte Kühlung (Kühlschmierstoff, Menge, Druck und Düsenauslegung) so wichtig ist.

HINWEIS Die angegebenen Prozentwerte sind als Richtgrössen zu verstehen. In Abhängigkeit der Gegebenheiten ist eine Abweichung sowohl nach oben wie auch nach unten und/oder eine Verlagerung vom einen Bereich in einen andern durchaus möglich. Gross dürften die Toleranzen aber kaum sein, denn die hier wiedergegebenen Werte beruhen auf langjährigen Beobachtungen, Versuchsaufzeichnungen und Messungen.

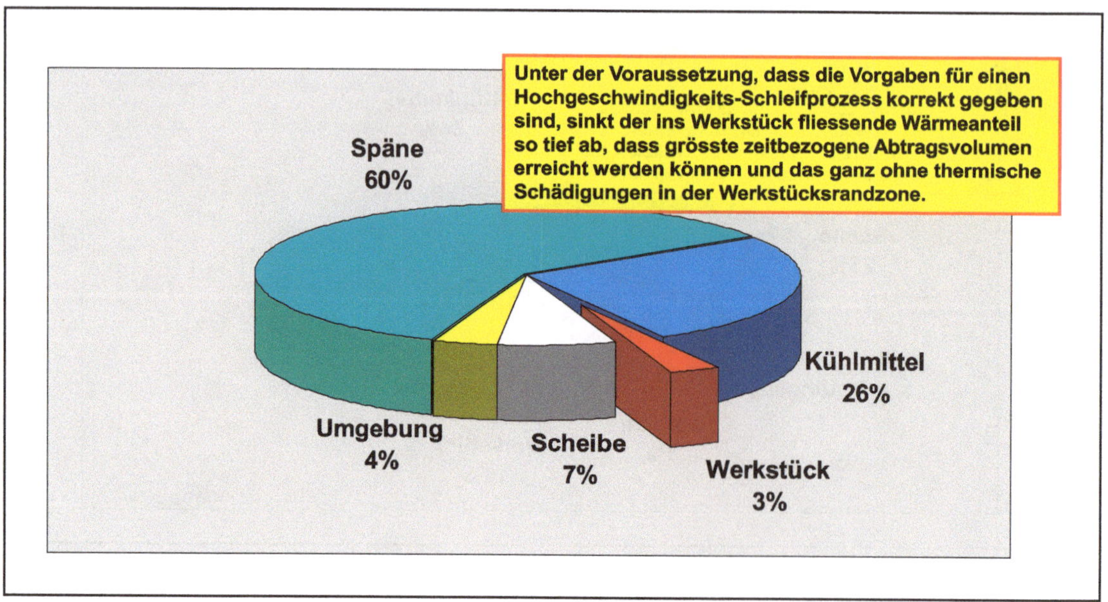

BILD 2.21 Wärmeverteilung in der Schleifkontaktzone beim Hochgeschwindigkeitsschleifen (HSG) mit Umfangsscheiben ($v_c \geq 80$ m/s). Optimierte Kühlbedingungen sind hier eine absolute Voraussetzung!

Besonders interessant ist ein Vergleich mit Hochgeschwindigkeitsbedingungen (Bild 2.21). Auch wieder optimierte Prozessvorgaben vorausgesetzt, verbleibt in jenen Teilen, welche mit Schnittgeschwindigkeiten > 100 m/s geschliffen worden sind, die mit Abstand geringste Wärme in der Randzone des Werkstücks zurück. Das gilt beispielsweise für CBN-Schleifscheiben (keramisch oder galvanisch gebunden), die zusammen mit einem hoch additivierten Schleiföl gekühlt und gereinigt werden. Ein typisches Beispiel ist das Schleifen der Schlitze in Rotoren von Flügelzellenpumpen. Der gesamte Rotor ist durchgehärtet. Die Schlitze müssen dabei nicht nur über die volle Tiefe toleranzhaltig sein, sondern dürfen auch keinen geometrischen Verzug aufweisen. Geschliffen werden die Schlitze mit bis zu 280 m/s und einer Tiefe von 10–12 mm und mehr in einem einzigen Durchgang! Das bezogene Zeitspanvolumen Q'_w (siehe Kapitel 4) kann ohne weiteres Grössenordnungen von 120–160 $mm^3/(mm \cdot s)$ erreichen, was eine Schleifkontaktzeit pro Nute von etwa 1.5–2.0 s ergibt. Unter solchen Konditionen fallen die Teile gerademal „handwarm“ an, zeigen keinerlei Verzug der einzelnen Schlitze und halten die Scheibentoleranz absolut genau über mehrere hundert Rotoren.

Die „Kuchen-Grafik“ zeigt auch einen erstaunlich kleinen Wärmeanteil, der noch ins Werkstück fliesst. Das hängt allein damit zusammen, dass die Bedingung des Überholens der Wärmeeindringgeschwindigkeit durch die Abspangeschwindigkeit erfüllt sein muss. Der Kühlschmierstoff und die Späne transportieren gemeinsam etwa 80–86 % der Gesamtwärme ab.

WICHTIG Was hier gesagt und gezeigt wird in Bezug auf die Wärmeverteilung in der Kontaktzone hat nur dann Gültigkeit, wenn die pro Durchgang oder pro Umdrehung vor der Schleifscheibe liegende Werkstoffmenge ausreichend gross (tief) ist. Das bedeutet mit anderen Worten, dass die Wärme nicht unter der Schleifscheibe ins Werkstück ausweichen darf, sondern zum grössten Teil in jenen Bereich fliessen muss, der von den nachfolgenden Kornschneiden abgetragen wird. Es wäre also unsinnig, einen Hochgeschwindigkeitsprozess für eine Zustelltiefe von wenigen Hundertstel- oder Zehntelmillimeter vorzusehen, zumal bei hohen Schnittgeschwindigkeiten der Leistungsbedarf ansteigt und damit auch die erzeugte Wärmemenge. Dies deshalb, weil mehr Schneiden pro Zeiteinheit die Kontaktzone durchlaufen. Das lässt sich auch nicht mit einer Steigerung der Werkstückgeschwindigkeit verändern, denn dadurch würden lediglich die Späne dicker, die Kontaktzone bleibt gleich gross. Und über letztere fliesst ja die ganze Wärme ins Werkstück. Also nochmals: Tritt Schleifbrand beim konventionellen Schleifen auf, ist „Flucht nach vorn" hinsichtlich der Werkstückgeschwindigkeit angesagt. Wird dagegen mit hohen Schnittgeschwindigkeiten gearbeitet und ist die Zustelltiefe gering, gilt diese „Weisheit" nicht. ■

2.8 Wärmeentstehung und Wärmeableitung

Die Kinematik des Schleifprozesses ist, wie gezeigt, auch verantwortlich für den so genannten „Wärmehaushalt". Unter diesem Begriff versteht man einerseits die Ursachen der Wärmeentstehung zwischen der Scheibe und dem Werkstück und andererseits die Art und Weise, wie die erzeugte Wärme abgeleitet wird.

Die Schleifscheibe ist grundsätzlich als Wärmeerzeuger zu betrachten und die Späne, zusammen mit dem Werkstück und dem Kühlschmierstoff, sind die Wärme ableitenden Elemente. Bei dieser Betrachtung muss einem auffallen, dass es bestimmt von Bedeutung sein muss, welches dieser Elemente wie viel an Wärme ableiten kann und vor allen unter welchen Bedingungen das erfolgt. In der Randzone des Werkstücks sollte ja logischerweise wegen der Gefahr von thermischen Schäden (Schleifbrand, Risse, Spannungen, usw.) möglichst wenig Wärme zurückbleiben. Somit müssen in einem gut abgestimmten Schleifprozess zwangsläufig die Späne und die Kühlung den grössten Teil der erzeugten Wärme aufnehmen und abtransportieren. Nur bleibt die Frage offen, welche Voraussetzungen dafür vorhanden und erfüllt sein müssen?

Am besten lässt sich fast alles, was mit der Wärme zu tun hat, an zwei Extremen erklären, am konventionellen Schleifen und am Hochleistungsschleifen. Bei ersterem wird eine geringe Spanungstiefe bei kurzer Kontaktlänge abgetragen im Gegensatz zum Hochleistungsschleifen, – meist noch verbunden mit hoher Schnittgeschwindigkeit –, wo es sich genau umgekehrt verhält.

In seiner Dissertation und dem Buch „Hochleistungs-Flachschleifen" [36] hat T. Tawakoli seine „Sicht der Dinge" sehr gut dargelegt und mit der von ihm entwickelten „Kontaktschichttheorie" auch nachvollziehbar erläutert.

Im Grunde genommen fängt alles mit der Tatsache an, dass beim Hochleistungsschleifen der spezifische Leistungsbedarf, das ist die für ein bestimmtes Abtragsvolumen benötigte Leistung, wesentlich kleiner ist als beim Pendel- oder Vollschnittschleifen. Dabei interessieren die Ursachen und Zusammenhänge, welche dazu führen ganz besonders. Man würde doch eher vermuten, dass beim Hochgeschwindigkeits- und Hochleistungsschleifen der Leistungsbedarf stark ansteigt, wenn die erreichbaren bezogenen Zeitspanvolumina betrachtet und miteinander verglichen werden. Nach [36] kann der spezifische Leistungsbedarf zurückgehen bis auf 10 % (!) des spezifischen Leistungsbedarfs beim konventionellen Schleifen. Das stimmt allerdings nur dann, wenn die Vorgaben optimal gewählt worden sind und auch die Kühlung dem Leistungsbedarf angepasst wurde. Die Kontaktschichttheorie von T. Tawakoli beschreibt die Zusammenhänge und Ursachen ganz klar und ist durch Versuche und Messungen bestätigt worden. Darum soll die Kontaktschichttheorie hier in Teilen als Grundlage für Erklärungen dienen. Gleichzeitig wird auch die Arbeit von H. E. Grof [33] mit einbezogen, zumal er die Spanbildung untersucht und mit seinen Erkenntnissen ebenfalls einen massgebenden Beitrag zur Lehre der Wärmeentstehung und -ableitung geleistet hat.

Beim Schleifen wird die Wärme durch Reibung der Kornschneiden erzeugt. Je mehr Schneiden gleichzeitig innerhalb der Kontaktzone im Einsatz sind, desto höher ist das von ihnen verursachte Wärmepotential. Da die spezifische Schnittkraft k_s (siehe Kapitel 4) mit abnehmender Spandicke h_m progressiv ansteigt und für den Leistungsbedarf vorrangig massgebend ist, sind es in erster Linie die Kontaktlänge l_k und die Spandicke h_m, welche die Wärmeentwicklung beeinflussen. Die so genannte „dynamische Schneidenzahl" wäre wohl auch von Bedeutung, aber diese ist ja nicht bekannt, es sei denn, man zählt die hintereinander folgenden Schneiden unter einem Mikroskop. Das mag für wissenschaftliche Zwecke sinnvoll sein, aber kaum für den Praktiker. Er wird immer über die Korngrösse und die Struktur sowie abhängig von den Konditioniervorgaben eine unbekannte Kornschneidenzahl für den jeweiligen Schleifprozess erhalten.

BEMERKUNG Was nun folgt kann im Prinzip auch auf das Aussen- und Innenrundschleifen angewandt werden. Weil aber das Flachschleifen bei vergleichbaren Vorgaben mit der resultierenden Kontaktlänge in der Mitte beider Verfahren liegt, scheint es schon richtig zu sein, die Wärmeentstehung und -ableitung beim Flachschleifen zu betrachten. ■

Voraus geht die Spanbildung, welche nach [33, 34] in sechs unterschiedlichen Stufen abläuft. Dabei sind die Stufen A–F sowohl dem konventionellen Schleifen als auch speziell dem Hochgeschwindigkeitsschleifen zuzuordnen.

- Stufe A: Im ersten Drittel der Kontaktlänge l_k Beginn des Eingriffs mit Furchung, Oberflächenverdichtung und Übergang zum Abtragen eines Spanes.
- Stufe B: Entstehung eines festen Faden- bzw. Fliessspans mit grosser Oberfläche und damit guter Kühlung (gute Wärmeaufnahme und -abfuhr). Den Spanquerschnitt kann man sich vorstellen als ein auf der Spitze stehendes Dreieck oder näherungsweise als Parallelogramm, abhängig von der momentanen Kornschneidenform. Auch Wendel- und Wirrspäne können sich bilden.
- Stufe C: Bildung einer ausgeprägten Scherzone zwischen dem Span und dem Werkstück etwa ab Anfang des zweiten Drittels der Kontaktlänge. Die Wärmeabfuhr über den Span ist meist bis zu diesem Punkt noch ausreichend.
- Stufe D: Ansteigender Druck und starke Verformung, verbunden mit steigender Temperatur in der Scherzone. Hier beginnt in Abhängigkeit der kinematischen Bedingungen der teilweise oder gesamte Schmelzprozess des Spanes.
- Stufe E: Der Fadenspan fällt und/oder schmilzt ab. Vor der Kornschneide befindet sich in dieser Phase plastisch verformbarer, möglicherweise schmelzender Werkstoff. Der plastifizierte Werkstoff erlaubt eine leichte Spanbildung.
- Stufe F: Auswurf des an- oder geschmolzenen Spanrests. Dieser kann, der hohen Wärmeaufladung wegen, im Luftsauerstoff noch mehr aufglühen und sich dann im Kühlmittelstrom abkühlen. Dabei nimmt der Span zum Spannungsausgleich die Kugelform an (Kugelspäne siehe Bild 2.28).

Beim konventionellen Schleifen und teilweise auch beim Vollschnittschleifen würde sich die Stufe B bis zum vollständigen Austritt der Kornschneide aus dem Kontaktbereich fortsetzen. Der Span fällt, abzüglich der Spanstauchung, praktisch unverformt an. Das zeigen Spanbilder dieser Verfahren deutlich. Beim Hochgeschwindigkeitsschleifen dagegen steigt die Wärmeintensität dermassen an, dass eine plastische Verformung oder sogar eine vollständige Verflüssigung bis zur Kugelspanbildung feststellbar ist (Stufen C–F). Das muss aber keineswegs zu thermischen Randzonenschäden führen. Ein geschmolzener Span beweist ja, wie viel Wärme er aufgenommen hat und transportieren kann. Entscheidend für den Wärmeflusses ins Werkstück ist einerseits die schnelle Folge der nächsten Schneiden und andererseits die Spanungstiefe (Zustellung a_e). Solange genügend Werkstoff vor den Kornschneiden liegt, kann sich die Restwärme dorthin ausdehnen. Das ist aber nur beim Vollschnitt- und Leistungsschleifen der Fall. Für das konventionelle Schleifen, wo nur mit geringen Zustellwerten gearbeitet wird, gilt das nicht. Dafür sind pro Zeiteinheit weniger Schneiden gleichzeitig im Kontakt mit dem Werkstück, was wiederum günstige thermische Bedingungen ergibt.

Die Bilder 2.22 und 2.23 stammen vom Hobeln. Die Aussenseite ist nicht glatt, trotzdem kann aber deren Aussehen verdeutlichen, wie hoch die Temperatur zwischen dem Hobelmesser und dem Werkstück gewesen sein muss, damit eine beinahe perfekte Spanaussenseite entstehen konnte. Auf der Innenseite sind die bekannten Schichtschuppen sichtbar. Sie zeigen, dass die Abspanung nicht etwa in einheitlicher Dicke erfolgt, sondern in mehr oder weniger dicken, verschweissten Schuppen, vergleichbar mit einer frisch behauenen Flachfeile.

BILD 2.22 Wendel-Hobelspan mit deutlicher Innenschuppung und glatter Aussenseite

BILD 2.23 Aussen- und Innenseite des vorher gezeigten Wendel-Hobelspans

BILD 2.24 Drehspan mit glatter Aussen- und geschuppter Innenseite

An Schleifspänen könnte man diese Schuppung gar nicht zeigen, denn es bilden sich ausschliesslich Fliesspäne, mit glatten Oberflächen innen als auch aussen.

Der breite Drehspan in Bild 2.24 weist aussen (Drehstahlseite) eine leicht bläuliche und hochglänzende Oberfläche auf. Die Innenseite dagegen zeigt eine feine, feilenartige Schuppung. Die bei verschiedenen Spänen beobachteten unterschiedlich dicken Schuppen weisen darauf hin,

BILD 2.25 Band-, Faden- und Wirrspäne von einem Leistungs-Vollschnittprozess

dass diese vom Spanungsverfahren, von den Prozessbedingungen und vom Werkstoff selbst abhängig sind. Es muss offensichtlich immer wieder ausreichend Druck aufgebaut werden vor der Schneide, bis sich wieder eine Schuppe abtrennen lässt. Alle Schuppen sind untereinander verschweisst (ganzer Span), was auf die grosse Wärme hin deutet.

Schleifspäne sind oft einseitig blank und weisen auf der anderen Seite eine von der aufgenommenen Wärme abhängige Färbung auf. Diese kann von leicht bläulich bis schwarz reichen. Offensichtlich ist der jeweilige Querschnitt bzw. die Masse des einzelnen Spans ebenfalls massgebend für die Färbung. Dicke Späne sind somit in der Lage, grössere Wärmemengen aufzunehmen und diese auch schneller wieder abzugeben, ohne eine Verfärbungsspur. Die dünnen Fadenspäne sind nahezu immer dunkel verfärbt und zwar ringsum. Ihre Masse wie auch der Querschnitt reichen nicht aus, um die Spanbildungswärme „schadlos“ aufzunehmen. Scheinbar glühen sie nach und oxidieren in der Umgebungsatmosphäre. Das ist auch logisch und absolut nachvollziehbar.

Bandspäne glänzen, Faden- und Wirrspäne dagegen sind mehrheitlich dunkelgrau bis schwarz gefärbt. Aber interessanterweise sehen beide Spanseiten bei allen Arten von Spanformen etwa gleich aus (Bild 2.25). Es müssen somit zweifelsohne Fliessspäne sein. Und dazu meint der Fachmann: Fliessspäne deuten immer auf eine ideale Spanbildung hin! Somit hat das mit hoch negativen Schneiden spanende Schleifen zwei wesentliche Pluspunkte, nämlich der geringe Stauchfaktor von nur etwa 1.2 und die Fliessspanbildung. Als negativer Punkt bleibt eigentlich nur der verhältnismässig grosse Energiebedarf.

Der Begriff „Schleifschlamm“ wird sogar von Fachleuten benützt, die es eigentlich besser wissen sollten. Bild 2.26 zeigt deutlich, dass unabhängig von der Zustelltiefe und der Kontaktlänge immer richtige Späne (Fliessspäne) anfallen. Offenbar kommt es nicht so sehr darauf an, wie die Kornschneide ausgerichtet ist. Stark negativ in Drehrichtung (Arbeitsrichtung) der Schleifscheibe wird sie ja zwangsläufig immer sein und zwar mehr oder weniger genau ausgerichtet.

BILD 2.26 Schleifspäne von zwei verschiedenen Schleifprozessen

Da soll noch einer behaupten, es würden keine richtigen Späne beim Schleifen „produziert"! Man kann die unzähligen blanken Seiten der Späne (weisse kleine Flecken) gut erkennen. Es sind somit nicht alle Späne, wegen der hohen thermischen Belastung, verfärbt (Anlassfarben) oder sogar dunkelgrau bis schwarz.

In einem getrockneten Schleifspanknäuel findet man fast nur Späne, die um ein Mehrfaches dicker sind als die mittlere Spandicke h_m. Es handelt sich so gut wie ausschliesslich um die von den Kornschneiden seitlich pflügend aufgeworfenen Späne. Sogar Späne, die direkt in Drehrichtung der Schleifscheibe entstanden sind, müssen wegen der Spanstauchung, ebenfalls dicker als h_m sein (Bild 2.27).

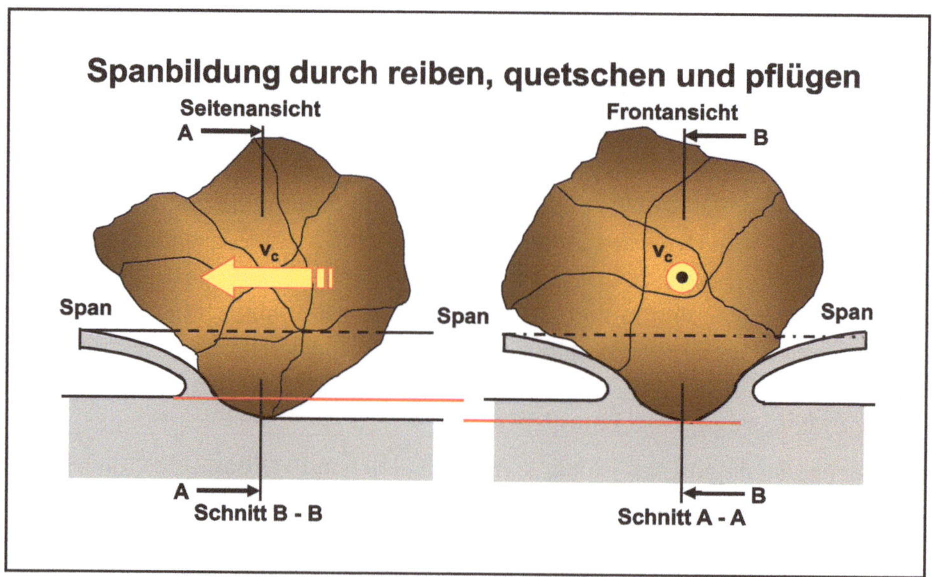

BILD 2.27 Seitlich aufgeworfene und in Scheibendrehrichtig entstandene Schleifspäne

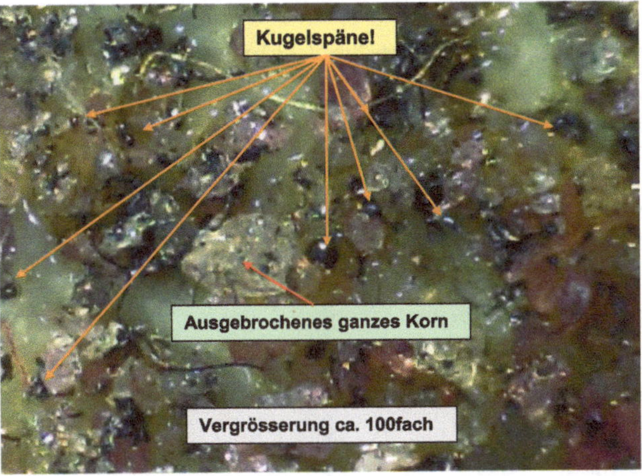

BILD 2.28 Kugelspäne von einem „konventionellen“ Flach-Vollschnittprozess

H. E. Grof [33, 34] hat sich besonders intensiv mit den in untersuchten Späneknäueln gefundenen Kugelspänen und deren mutmasslicher Entstehung befasst. Auch OTT hat sich schon sehr früh darüber Gedanken gemacht und die gesamten Prozessparameter und -bedingungen immer dann genauer miteinander verglichen, wenn er Kugelspäne finden konnte, die Werkstücksoberflächen aber keine thermische Schädigungen aufwiesen (siehe Bild 2.28).

Kugelspäne können nur dann entstehen, wenn sie unmittelbar kurz zuvor völlig flüssig waren. Für übliche Stähle sind dazu etwa 1'700 °C notwendig! Kommt dieser flüssige Spritzer mit der Raumatmosphäre zusammen, wird er noch stärker erhitzt. Schliesslich transportiert er eine wesentlich grössere Wärmemenge, als sein Massevolumen theoretisch aufnehmen kann. Beim Kontakt mit dem Kühlmittel erfolgt dann genau das, was in unserem Weltall tagtäglich geschieht, wenn neue Sterne „geboren“ werden. Bekanntlich weist eine Kugel zwei Besonderheiten auf: Erstens hat sie gegenüber anderen geometrischen Körpern die grösste Oberfläche im Verhältnis zu ihrem Volumen und zweitens ergibt sich die Kugelform, wenn über die gesamte Oberfläche ein völliger Spannungsausgleich vorhanden ist. Es kommt nicht darauf an, ob dies weit draussen im Weltall oder während eines Schleifprozesses geschieht. Vom Prinzip her ist - rein physikalisch betrachtet - kein Unterschied vorhanden.

2.9 Wirkende Kräfte am Schleifkorn (zweidimensional)

Über die Schleifkräfte wurde bereits weiter vorne gesprochen. Hier soll in zweidimensionaler Darstellungsweise nur noch einmal verdeutlicht werden, wie die Hauptschleifkraft F_{res} (Reaktions-

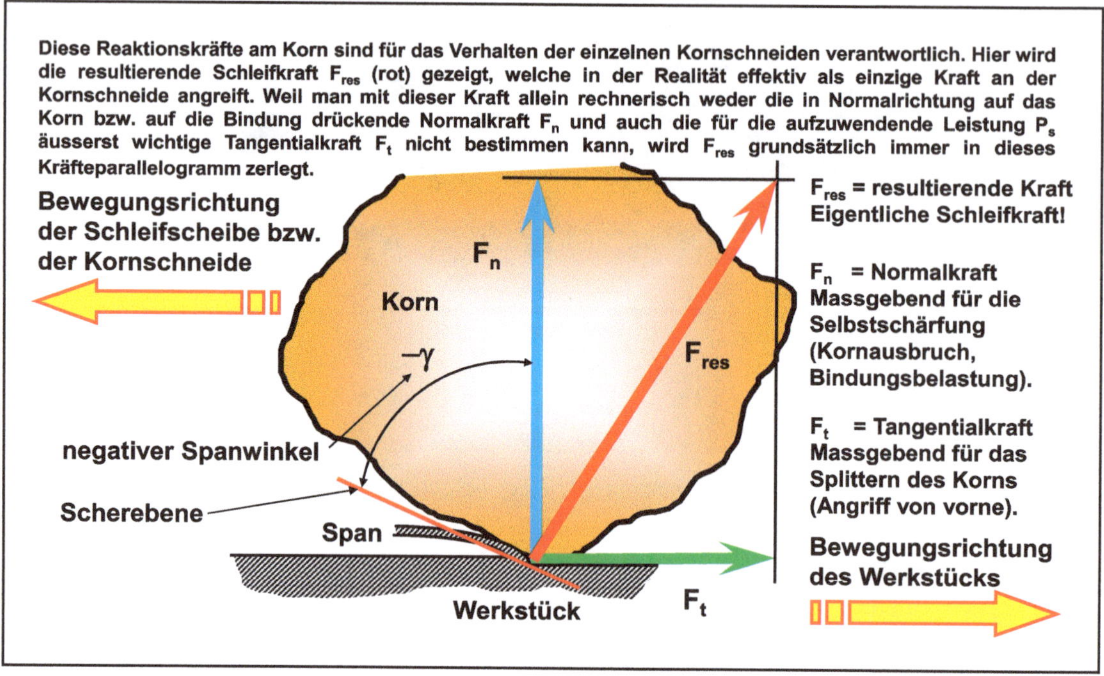

BILD 2.29 Schleifkraftkomponenten (Reaktionskräfte) am Korn

kraft) auf das Schleifkorn wirkt. Für die Bildung von spanenden Kornschneiden an einem unter Belastung stehenden Schleifkorn sind nicht nur der kristalline Aufbau, die Druckfestigkeit und das Splitterverhalten massgebend, sondern auch die Richtung der eigentlichen Hauptschleifkraft F_{res} (in Bild 2.29 rot eingezeichnet).

Damit man aber die beim Schleifen interessierenden Kräfte rechnerisch verwerten kann, wird die Resultierende F_{res} mittels einem Kräfteparallelogramm in ihre horizontalen und vertikalen Komponenten F_t und F_n zerlegt. Abhängig von der Richtung und Grösse der Resultierenden ändern sich auch die Werte der Tangentialkraft F_t und der Normalkraft F_n.

Was hierbei besonders wichtig ist: Die Tangentialkraft F_t ergibt multipliziert mit der Schnittgeschwindigkeit v_c die erforderliche Schleifleistung P_s. Die Normalkraft F_n, welche in der Formel für die Berechnung der Schleifleistung nicht vorkommt, bestimmt die Belastung der Schleifscheibe bzw. des Werkstücks, seiner Aufnahme und letztendlich alles, was im gesamten Kraftschluss steht.

Auch wenn hier die Darstellungsweise eines einzelnen Kornes, welches spant gewählt wurde, muss man sich stets vor Augen halten, dass an jedem Schleifkorn eine unbekannte Anzahl von Kleinstschneiden, bedingt durch die Konditioniervorgaben, vorhanden und wirksam sind.

2.10 Verhalten der Schleifkräfte in Abhängigkeit der Schmierwirkung

Weil die Schleifkräfte nicht nur von der momentanen äusseren Belastung durch den jeweiligen Schleifprozess abhängig sind, sondern in starkem Masse auch vom verwendeten Kühlmittel und dessen Schmierfähigkeit, wird dieser Zusammenhang hier nochmals verdeutlicht.

Die linke Darstellung zeigt das zu erwartende Kräfteverhältnis (Schleiffaktor S_c nach OTT) bei Verwendung einer ungeschmierten Lösung mit Benetzungsmitteln. Der Schleiffaktor S_c beträgt hier etwa 0.50–0.55, d. h. die am Umfang der Schleifscheibe angreifende Kraft F_t ist nur halb so gross wie die in Normalrichtung wirkende Kraft F_n. Wird dagegen ein gut schmierendes, additiviertes Schleiföl eingesetzt, ändern sich nicht nur die Kräfte F_t und F_n drastisch in ihrer Grösse, sondern auch die Kraftrichtung der Resultierenden F_c. Der Schleiffaktor S_c beträgt jetzt nur noch um 0.30 und die Resultierende weist steiler in die Schleifscheibe hinein. Weil F_t eindeutig kleiner wird, – für beide Seiten sind gleiche zeitbezogene Abtragsmengen vorausgesetzt –, sinkt auch der dazu notwendige Leistungsbedarf. Zudem wird das System Maschine/Werkstück geringer belastet, denn trotz verändertem Verhältnis zwischen F_t und F_n ist auch die Normalkraft kleiner geworden. Was kann man daraus schliessen? Je höher die Schmierwirkung des Kühlmittels ist,

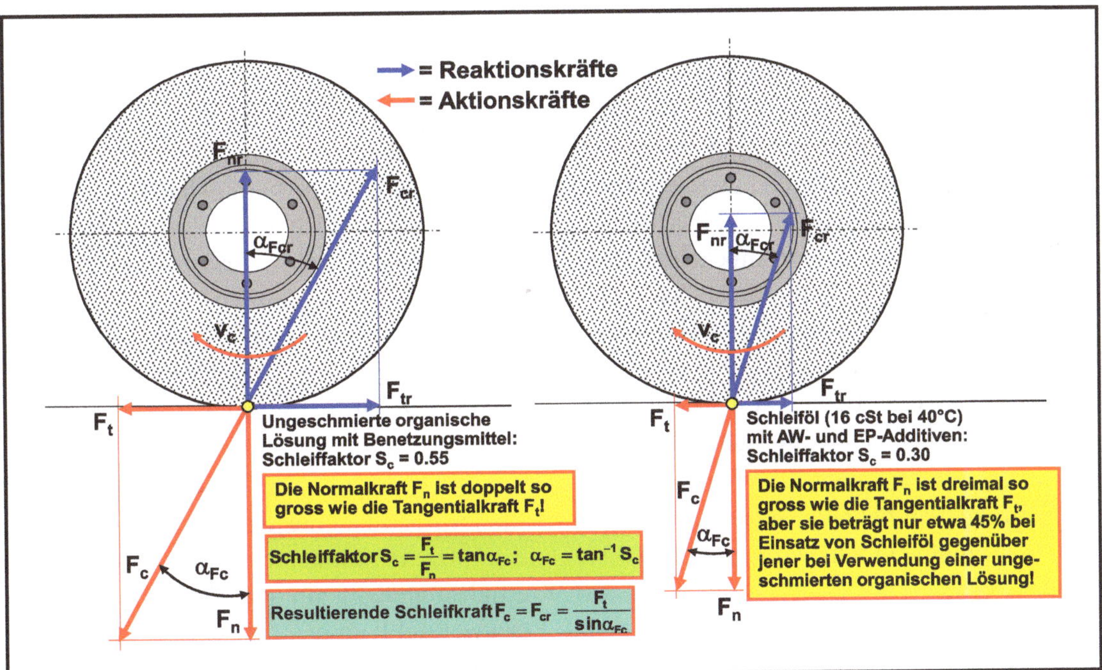

BILD 2.30 Verhalten der Schleifkräfte F_t und F_n in Abhängigkeit der Schmierwirkung des KSS (Annahme: Gleiche CL-Bedingungen)

desto günstiger verhalten sich die Schleifkraftkomponenten. Weil die resultierende Schleifkraft F_c oder F_{res} bei Schleiföleinsatz im Vergleich zu einer ungeschmierten Lösung kleiner wird, stumpfen die Kornschneiden stärker und verbleiben länger im Bindungsverband, bis sie teilweise oder ganz ausbrechen.

Ein gutes Schleiföl oder alternativ eine hoch geschmierte und ausreichend additivierte Emulsion sind immer dann die bessere Lösung, besonders bezüglich der spezifischen Schleifleistung P'_s, wenn diese für die vorgesehene Schleifaufgabe einsetzbar sind.

2.11 Zerspan- bzw. Schnittgeschwindigkeiten

Die Zerspangeschwindigkeiten haben sich beim Schleifen in den vergangenen 60 Jahren massgeblich geändert. Waren ursprünglich auf normalen Flach- und Aussenrund-Schleifmaschinen noch 25 m/s durchaus üblich, so wurde wenige Jahre später bereits mit 35 m/s beim Flachschleifen und mit bis zu 45 m/s auf Rundschleifmaschinen geschliffen. Beim Innenrundschleifen, ganz speziell mit kleinen Schleifstiften, waren höhere Schnittgeschwindigkeiten erst möglich, als Spindelantriebe (Hochfrequenzmotoren) mit einem oberen Drehzahlbereich von 100'000–120'000 min^{-1} verfügbar waren.

Das Aussenrundschleifen dominierte lange Zeit mit höheren Schnittgeschwindigkeiten gegenüber dem Flachschleifen. Mit der Publikation seiner Dissertation 1967 läutete K. Gühring [37] ein neues Zeitalter bezüglich der Schnittgeschwindigkeiten ein. Seine Versuche auf einer Aussenrundschleifmaschine führte er mit bis zu 90 m/s durch und erkannte damals schon die Vorteile des Hochgeschwindigkeitsschleifens (HSG). Unverständlicherweise blieb aber seine Arbeit noch über Jahrzehnte unbeachtet. Obwohl auch G. Werner in seiner Dissertation 1971 [38] „Die Kinematik und Mechanik des Schleifprozesses“ auf die besonderen Zusammenhänge mit höheren Schnittgeschwindigkeiten hinwies, konnten die Maschinenhersteller noch keineswegs für das Hochgeschwindigkeitsschleifen begeistert werden. Erst als T. Tawakoli seine Dissertation 1990 [35] und unmittelbar darauf das auf seiner Dissertation basierende gleich benannte Buch [36] veröffentlichte, kam Bewegung in die Sache.

Etwas Verständnis muss man für die enorm verzögerte Einführung und Anwendung erhöhter Schnittgeschwindigkeiten aufbringen. Die Maschinen waren in keiner Weise dafür ausgerüstet und die Schleifspindeln wurden noch grösstenteils mit Drehstrommotoren und fester Drehzahl angetrieben. Ferner hätten die verfügbaren Kühlmittelmengen für massiv gesteigerte Abtragsleistungen bei Weitem nicht ausgereicht. Erschwerend kam dazu, dass auch nur wenige Scheibenhersteller in der Lage waren, ihre „Werkzeuge“ für hohe Schnittgeschwindigkeiten anzubieten. Aber der grösste Fehler war damals – und ist es gelegentlich auch heute noch – die ungenügende Information über dieses Verfahren. Allzu oft versuchten Anwender ihr Glück mit erhöhten Schnittgeschwindigkeiten, wobei sie aber nur die Scheibendrehzahl heraufsetzten, soweit dies zulässig war. Gleichstromantriebe gab es ja zwischenzeitlich und die eingestellte Drehzahl konnte mittels einer so genannten Kompensation über den gesamten Nutzungsbereich der Scheibe konstant gehalten werden. Allerdings bestand in vielen Fällen eine grosse Gefahr bezüglich ungenügender Sicherheitsvorkehrungen.

Man hätte sich daran erinnern sollen, dass die Schnittgeschwindigkeit in der Formel für das bezogene Zeitspanvolumen Q'_w nicht enthalten ist. Eine Formel ist ja keinesfalls bloss eine mathematische Schikane. Sie dient auch dazu, nachzuprüfen, was geschieht, wenn lediglich die Schnittgeschwindigkeit erhöht wird. Einerseits steigt die Anzahl der aktiven Kornschneiden pro Zeiteinheit in der Kontaktzone. Es reiben, pflügen und spanen somit mehr Schneiden und hinterlassen damit mehr Wärme. Gleichzeitig wird im gleichen Verhältnis die mittlere Spandicke h_m reduziert, was zu einer exponentiellen Erhöhung der spezifischen Schnittkraft k_s führt. Diese wiederum ist massgebend für den momentanen Leistungsbedarf. Zusammenfassung: Mit Ausnahme einer bedeutend grösseren Erwärmung des Werkstücks in der Kontaktzone geschieht in Bezug auf die Abtragsleistung gar nichts! Also brachten Versuche mit erhöhter Schnittgeschwindigkeit bei den Anwendern, nebst starkem Schleifbrand, nur eine grosse Enttäuschung ...

K. Gühring [37] hat mit bis zu 90 m/s bewiesen, was hohe Schnittgeschwindigkeiten bringen können, sofern auch die übrigen Parameter korrekt nachgeführt werden. An erster Stelle steht das Geschwindigkeitsverhältnis q_s, welches in etwa im gleichen Rahmen bleiben sollte, wie beim konventionellen Schleifen. Auch wenn eine steigende Schnittgeschwindigkeit, via q_s, nicht mehr so dominant den thermischen Haushalt in der Kontaktzone bestimmt - die Schleifbrandtendenz sinkt -, ist es wichtig, die Werkstückgeschwindigkeit trotzdem so weit wie nur möglich heraufzusetzen. Ferner muss die Kühlung sowohl mengenmässig als auch hinsichtlich des Druckes und der Zuführung (Düsen) optimal ausgelegt sein. Da das Hochgeschwindigkeitsschleifen eigentlich nur bei entsprechend grosser Abtragstiefe (Zustellung) Sinn macht, ist eine den Erfordernissen angepasste Antriebsleistung an der Schleifspindel eine unabdingbare Voraussetzung. Im Labor hat T. Tawakoli [36] mit Schnittgeschwindigkeiten bis über 180 m/s gearbeitet und dabei festgestellt, dass der spezifische Leistungsbedarf mit zunehmender Schnittgeschwindigkeit drastisch sinkt.

Diese Erfahrungswerte weisen darauf hin, dass mit richtig gewählten Vorgaben das Hochgeschwindigkeitsschleifen ein optimales Zerspanungsverfahren sein kann. Die Schleifscheiben dafür stellen ohnehin längst keine Probleme mehr dar, denn mit konventionellen Scheiben sind Schnittgeschwindigkeiten bis etwa 120 m/s schon seit geraumer Zeit möglich. Werden CBN-Scheiben mit galvanischer Bindung eingesetzt, lassen sich Schnittgeschwindigkeiten bis etwa 300 m/s erzielen. Dazu muss man aber bemerken, dass die obere Grenze in der Praxis heute eher bei 180–185 m/s liegt und nur in ganz seltenen Fällen höhere Werte zur Anwendung gelangen. Der Sicherheitsaufwand steht irgendwann eben in keinem wirtschaftlichen Verhältnis mehr zu dem, was damit noch an Abtragssteigerung möglich wäre. Zudem gibt es auch gewisse Probleme bei der dazu passenden Werkstückgeschwindigkeit (siehe obige Bemerkung bezüglich des Geschwindigkeitsverhältnisses). Und letztendlich stösst man ebenso an Grenzen mit der Kühlschmierstoffzuführung bzw. mit der notwendigen Strahlgeschwindigkeit. Pumpen mit entsprechenden Drücken wären extrem teuer und wenn die Schleifscheibe den KSS (KSS = Kühlschmierstoff) beschleunigen muss, stehen relativ grosse Anteile der verfügbaren Scheibenantriebsleistung dem Prozess selbst nicht mehr zur Verfügung.

Als Standardschnittgeschwindigkeiten gelten heute 18–25 m/s, wenn Diamantscheiben zum Einsatz gelangen sowie 30–35 m/s für das Flach-, Aussenrund- und Innenrundschleifen mit allen Arten von konventionellen Schleifscheiben. Auf Aussenrundschleifmaschinen sind inzwischen 45–63 m/s durchaus üblich. Da gibt es auch keine Schleifscheibenprobleme. Die Hersteller bringen normierte farbliche Kennzeichnungen direkt an den Scheiben an. Somit ist der Anwender gehalten, darauf zu achten, dass nicht zugelassene Scheiben keinesfalls zum Einsatz gelangen. Selten wird mit 80 m/s geschliffen, weil die Vorteile des Hochgeschwindigkeitsschleifens damit noch nicht in ausreichendem Masse zur Geltung kommen. Ab 90 m/s darf man vom Hochgeschwindigkeitsschleifen reden, wobei sich mittlerweile 120–125 m/s mehr oder weniger als Standard etabliert haben.

Nicht zu vergessen sind die vom Gesetzgeber erlassenen Sicherheitsvorschriften. Wird mit hohen Schnittgeschwindigkeiten gearbeitet und kommt Schleiföl zum Einsatz, müssen die Schleifmaschinen abgenommen sein, über eine sichere Schutzabdeckung mit einer Explosionsklappe verfügen und mit einer automatischen CO_2-Löscheinrichtung ausgerüstet sein. Der Grund für diese Vorschriften ist einerseits der sichere Schutz des Operateurs im Falle eines Scheibenbruchs und andererseits die Gefahr einer Verpuffung oder Explosion mit Brandfolgen. An dieser Stelle sei darauf hingewiesen, dass die Verantwortung für die Sicherheit nach erfolgter Abnahme beim Hersteller meistens vollumfänglich auf den Käufer und Betreiber übergeht. Die vor vielen Jahren eingeführte Produktehaftung, welche sich auf Personenschäden beschränkt, kann nur dann auf den Hersteller abgewälzt werden, wenn ein grobes Verschulden von seiner Seite vorliegt. Andernfalls haftet immer jener, der für die jeweilige Maschine und deren Betrieb verantwortlich ist.

2.12 Zug- und Druckspannungen in der Werkstücksrandzone

2.12.1 Allgemeines (Zug- und Druckspannungen)

Seit einigen Jahren werden immer häufiger geschliffene Teile – abhängig von ihrem Verwendungszweck – auf die in ihren Randzonen nach der Bearbeitung zurückgebliebenen Spannungen untersucht. Der Grund ist, dass in kritischen Fällen auftretende Risse die Teile unbrauchbar machen können und/oder deren berechnete Festigkeit beeinträchtigt (reduziert) werden kann.

Mittels einem aufwändigen Röntgenverfahren kann man seit anfangs der 80er-Jahre Zug- und/oder Druckspannungen zweifelsfrei nachweisen. Über deren Herkunft haben auch wissenschaftliche Untersuchungen bis heute noch keine absolute Klarheit geschaffen. Was subjektiv beobachtet und beurteilt werden kann, ist ein möglicher Zusammenhang mit der Wärmeeinbringung und einer hohen mechanischen Belastung beim Spanungsvorgang.

Beide Ursachen treten meist in unterschiedlichen Grössenordnungen gemeinsam auf, aber nicht unbedingt zeitgleich. In einem Bearbeitungsprozess können beispielsweise dicke Späne während der Vorbearbeitung die erzeugte Wärme gut aufnehmen und gleichzeitig wird dazu noch ein hoher Druck auf die zu bearbeitende Fläche ausgeübt. Es sollten im Nachhinein somit kaum Spannungen in der Randzone des Werkstücks nachweisbar sein, weil die möglichen Ursachen sich gegenseitig mehr oder weniger aufheben. Restspannungen könnten allerdings auch von einer thermischen Vorbehandlung (Härten, Vergüten, usw.) herrühren. Während der Fertigbearbeitung (Feinbearbeitung) ist es aber durchaus möglich, dass sich die Vorzeichen umkehren, d. h. die entstehende Wärme kann nicht mehr über die dünnen und kleinen Späne abgeführt werden. Und weil dabei gleichzeitig die spezifische Schnittkraft ansteigt, stellen sich partiell, ungeachtet der momentanen Abtragsmenge, grosse Schnittdrücke zusammen mit starker Erwärmung ein. Es könnten deshalb thermisch erzeugte Zug- oder auch Druckspannungen in der Werkstückrandzone zurückbleiben.

Da Eigenspannungen im Allgemeinen nur bis in eine Tiefe von 200–300 µm gemessen werden und Einsatzhärtungen ebenfalls in etwa in diesem Bereich nach der Bearbeitung als Härteschicht zurückbleiben, dürfte es äusserst schwierig sein, jeweils mit absoluter Sicherheit zu bestimmen, woher die verbleibenden Restspannungen – vornehmlich Zugspannungen – tatsächlich herrühren. Das gilt übrigens auch für durchgehärtete Teile.

Es ist deshalb wichtig, die Prozessparameter sorgfältig zu wählen. Das bezieht sich besonders auf jene Einstellungen, welche in der Kontaktzone zwischen der Schleifscheibe und dem Werkstück wirksam sind. Hierzu zählen die Zerspangeschwindigkeit, die aktuelle mittlere Spandicke und der eingesetzte Kühlschmierstoff.

2.12.2 Zug- oder Druckspannungen – und was bewirken sie?

Aus dem vorherigen Abschnitt geht deutlich hervor, dass der Spanungsprozess, bzw. die dazu gewählten Parameter für die Entstehung und das Verbleiben von Zug- und Druckspannungen in der Randzone eines bearbeiteten Werkstücks verantwortlich sein können. Die thermische Vorbehandlung des Teils (Härteprozedur) spielt ebenfalls eine massgebliche Rolle, sofern kein oder ein zu geringes Anlassen der Bearbeitung voraus gegangen ist. Vergessen wird aber in vielen Fällen der Urzustand des angelieferten Materials. So kann gezogenes, gewalztes oder geschmiedetes Rohmaterial bereits so stark mit Spannungen behaftet sein, dass diese auch noch nach erfolgter Bearbeitung nachweisbar sind. Hier kann nur ein Entspannungsvorgang (spannungsfreies Glühen) vor dem Bearbeiten für Abhilfe sorgen.

TABELLE 2.1 Ursachen und Art der Eigenspannungen

Ursache	Zugspannungen	Druckspannungen
Materialherstellung und/oder Vorbearbeitung	möglich	möglich
spannungsfreies Glühen	keine	keine
Härteprozedur	sehr wahrscheinlich	keine
thermische Belastung bei der Bearbeitung	sehr wahrscheinlich	meist keine
mechanische Belastung bei der Bearbeitung	meist keine	sehr wahrscheinlich

Zugspannungen können als Vorbelastung des Teils bereits im Ruhezustand betrachtet werden. Sie sind deshalb, insbesondere bei kritischen Teilen, absolut unerwünscht oder bestenfalls nur in ganz geringer Grössenordnung überhaupt zulässig. Deshalb strebt man normalerweise entweder einen spannungslosen Zustand oder aber Druckspannungen an. Letztere unterstützen in positiver Weise den Zusammenhalt (die Festigkeit) des bearbeiteten Teils. Die Tabelle 2.1 zeigt zusammenfassend die Ursachen und deren Auswirkungen hinsichtlich der möglichen Spannungszustände.

2.12.3 Durch Schleifen erzeugte Eigenspannungen

Weil das Schleifen als besonders leistungsintensives Spanungsverfahren bekannt ist, kann man sich gut vorstellen, dass auch grosse Wärme in der Kontaktzone erzeugt wird und deshalb die Tendenz zu Zugspannungen in der Randzone besteht. Zudem werden wahrscheinlich in der Mehrzahl gehärtete Teile geschliffen, welche durch die Härteprozedur bereits mit Zugspannungen „aufgeladen" sein können. Letztere lassen sich selbstverständlich nur dann eliminieren, wenn der grösste Teil der Aussenschicht abgetragen wird, was durchaus nicht immer möglich ist. Ferner weisen durch- oder einsatzgehärtete Teile eher Zugspannungen auf als beispielsweise vergütete.

Was die beim Schleifen möglicherweise entstandenen Zugspannungen in der Praxis bewirken können, sei zur besseren Verständlichkeit nachfolgend beispielhaft erläutert. Bekanntlich werden Pass- und Dehnschrauben, so wie sie in Automobilmotoren zur Befestigung verschiedenster Teile, unter anderem der Pleuelhalbschale, des Zylinderkopfs und anderer starken Kraft- und/oder Wärmebelastungen ausgesetzten Komponenten Verwendung finden, schleiftechnisch entweder ganz oder zumindest fertig bearbeitet. Erfährt eine solche Schraube eine zu hohe thermische Belastung während dem Schleifen, so dass Zugspannungen zurückbleiben, ist sie bereits im Ruhezustand – also noch nicht eingesetzt und angezogen – mit einer bestimmten Zugspannung vorbelastet. Sofern die Schraube festigkeitsmässig gut oder sogar überdimensioniert ist, dürfte dieser Zustand in den meisten Fällen unkritisch sein. Betrachtet man aber Festigkeitsberechnungen im Automobil- und Flugzeugbau, wo nicht nur modernste hochfeste Werkstoffe zur Anwendung gelangen, sondern aus Gewichtsgründen die Sicherheit auf Bruch – das ist die wichtigste Festigkeitsgrösse überhaupt – bei 1.3 im Flugzeugbau bzw. bei 1.6–1.8 im Automobilbau liegt, sieht die Sache schon etwas anders aus. Logisch, die Bauform dieser Teile ist hoch optimiert, aber was man lediglich mit einem Spezialverfahren sichtbar machen kann, sind die im Teil hinterlassenen Bearbeitungsspannungen (Zug- und/oder Druckspannungen). Angenommen, einige Dehnschrauben, die zur Befestigung der hinteren Kabinenabschlusswand in einem Passagierflugzeug eingesetzt sind, weisen bearbeitungsbedingte Zugspannungen von 30 % der zulässigen Belastung im angezogenen Zustand auf. Bei 1.3-facher Sicherheit auf Bruch bedeutet dies, dass diese Schrauben jetzt nur noch die einfache Festigkeit auf Bruch aufweisen und somit keine Sicherheitsreserve mehr vorhanden ist. Die ständigen Lastwechsel durch den Aufbau des notwendigen Kabinendrucks während dem Steigflug - er entspricht etwa einer Normalhöhe von 2000–2500 m. ü. M. - und seiner Absenkung in der Landeanflugphase, bedeuten eine extrem hohe Belastung für die Schrauben. Würden einige dieser Dehnschrauben nach einer Anzahl Lastwechseln reissen, käme es mit grosser Wahrscheinlichkeit zu einer Katastrophe, die in einem Absturz enden würde. So geschehen 1981 mit einem Jumbo Boeing 747 der Japan Airlines über dem Japanischen Meer. Erst gab es keine Erklärung für diesen Flugunfall. Dann brachten aber genauere Untersuchungen zu Tage, dass ein Zusammenhang mit der hinteren Kabinenwand bestanden haben muss. Bald zeigten Festigkeitskontrollen an aufgefundenen Dehnschrauben deren vorerst unerklärliche reduzierte Zugfestigkeit. Es dauerte noch eine ganze Weile, bis ein Verfahren - das Röntgen der Werkstücke - entwickelt war, mit welchem das jeweilige Spannungsbild sichtbar gemacht und aufgezeichnet werden konnte. Seit dieser Zeit werden wichtige Bauteile für die Raumfahrt und den Flugzeug- und Automobilbau einzeln oder stichprobenweise röntgenologisch geprüft und beim Vorhandensein von Zugspannungen in den Randzonen auf ihre Festigkeit getestet.

Parallel dazu müssen aber auch alle an der Formgebung des Teils beteiligten Bearbeitungsverfahren untersucht bzw. genauestens hinsichtlich der Ursache für die Zugspannungen überprüft werden. Diejenigen Bearbeitungsprozesse, welche dafür verantwortlich sind, müssen zwangsläufig geändert werden. Das könnten beispielsweise Vorbearbeitungen der entsprechenden Teile durch Hartdrehen sein. Aus veröffentlichten Untersuchungsberichten geht hervor, dass nach dem Hartdrehen ein nicht zu vernachlässigendes Gefahrenpotential möglich ist.

Risse in einer geschliffenen Oberfläche - so genannte „Schleifrisse“ - sind die extremsten Anzeichen für eine viel zu hohe thermische Randzonenbelastung durch den Schleifprozess. Sie werden oft nicht sogleich erkannt, weil ihre Entstehung „zeitabhängig“ ist bzw. sein kann. Da ihre Ursache auf extremen Zugspannungen in der Werkstückrandzone beruht, können Schleifrisse tückischerweise auch erst während der Lagerung der Teile auftreten und bleiben deshalb später weitgehend unerkannt. Erst beim Eintreten eines Schadenfalls stösst man möglicherweise auf die Schleifrisse. Dann ist es aber im Allgemeinen bereits zu spät! Was kann beim Schleifen zu einer thermischen Schädigung als Folge von Zugspannungen in der Randzone des geschliffenen Werkstücks führen? Tabelle 2.2 gibt Aufschluss darüber.

Seit einigen Jahren kommt noch ein neues Phänomen dazu, die Taktzeitvorgabe bei einer Teilefertigung im Maschinenverbund. Ist diese für einen darin enthaltenen Schleifprozess zu kurz, kann man auch bei Eliminierung von einer oder mehreren der in Tabelle 2 aufgeführten Ursachen meist keine Verbesserung erzielen. Zuwenig Zeit bleibt eben zuwenig Zeit! Ganz besonders in

TABELLE 2.2 Ursachen für die Entstehung von Zugspannungen beim Schleifen

1	ungünstig gewählte Prozessparameter (Prozessvorgaben, Stellgrössen)
2	eine falsche Scheibenspezifikation und/oder falsche Scheibenbelastung
3	ungünstige Konditionierbedingungen (Werkzeug, Einstellungen, usw.)
4	ungeeigneter Kühlschmierstoff (z. B. zu wenig Schmierfähigkeit, fehlende Additive)
5	zu wenig verfügbare Kühlschmierstoffmenge (Pumpenleistung ungenügend)
6	zu geringer Kühlschmierstoffdruck an der Düse (schlechte Luftmantelableitung)
7	ungeeignete oder nicht angepasste Kühlschmierstoffdüsen (schlechte Kühlwirkung)
8	schlechte KSS-Strahlausrichtung (schlechte Kühl- und Reinigungswirkung)
9	unsorgfältige Düsennachführung bei abnehmendem Scheibendurchmesser
10	es wird zuviel Wärme erzeugt und die Oberfläche mit Kühlmittel „abgeschreckt“
11	maschinenseitige Mängel (z. B. das Fehlen von ausreichenden Abdeckungen)

der Automobilzulieferindustrie gewinnt diese Ursache in zunehmendem Masse an Bedeutung. Erfahrungsgemäss liegt es meist an mangelhaften schleiftechnischen Kenntnissen derjenigen Fachleute, die für die Taktzeitvorgaben und/oder für die einzelnen Bearbeitungsverfahren zuständig sind. Aber auch Schleifprozesse kann man berechnen und damit sogar noch optimieren. Die längste sich dabei ergebende notwendige Schleifzeit (inkl. Handling und Konditionierung) für eine thermisch schadenlose Bearbeitung muss akzeptiert werden. Üblicherweise darf sie nicht höher als 80 % der festgelegten Taktzeit betragen, damit eine ausreichende Prozesssicherheit garantiert ist. Die Lösung dieser Problematik bedingt ein Umdenken und meist auch die Änderung des Bearbeitungsprozesses. So könnte beispielsweise das Schleifen durch Hartdrehen substituiert werden. In einem solchen Fall ist aber nicht zu vergessen, dass gerade dieses moderne Spanungsverfahren tendenziell oftmals für die Entstehung von Zugspannungen verantwortlich ist. Gerade hierbei wird vermehrt die „Trockenbearbeitung“ angewandt, d. h. man arbeitet ohne eine direkte, die Wärme ableitende Kühlung.

Um Schleifprozesse kontrolliert und in einem für das Werkstück nicht schädigenden thermischen Bereich erfolgreich bewältigen zu können, bedarf es schleiftechnischer Kenntnisse. Die gesamten Zusammenhänge zwischen den vielen möglichen Einflussgrössen und ihren Auswirkungen auf das Ergebnis müssen bekannt sein. Das ist eine unabdingbare Voraussetzung, für die sichere und problemlose Fertigung. Bedauerlicherweise ist hier immer wieder ein ziemlich grosses Manko festzustellen.

2.12.4 Prinzipielle Darstellung von Zug- und Druckspannungen

Zug- und Druckspannungen werden in N/mm^2 angegeben. Im Allgemeinen stellt man diese in einem Diagramm dar: Auf der Ordinate (y-Achse) in einem Bereich von üblicherweise 0–800 N/mm^2 die Zugspannungen- und in gleicher Grösse, aber negativ von 0 bis –800 N/mm^2

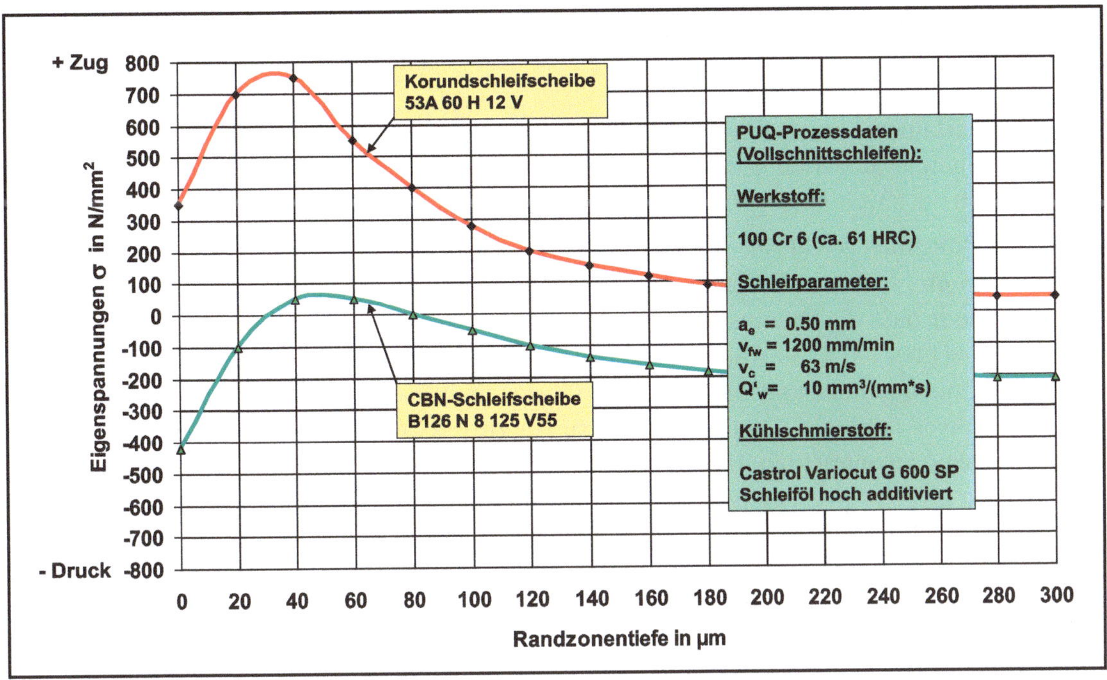

BILD 2.31 Zug- und Druckspannungen beim Schleifen (Beispiel)

die Druckspannungen. Auf der Abszisse (x-Achse) wird die interessierende Randzonentiefe der Zug-/Druckspannungen aufgetragen. In den meisten Fällen begnügt man sich mit einem Bereich von 0–250 oder 300 µm (0.25–0.30 mm). Diese Tiefe entspricht in etwa der Härtezone, die nach einer Einsatzhärtung und deren Nachbearbeitung verbleiben.

Im Bild 2.31 oben wird gezeigt, wie ein solches Zug-/Druckspannungs-Diagramm aussehen kann, wenn die Prozessvorgaben gleich bleiben, jedoch der eingesetzte Schleifstoff geändert wird. Teile des gezeigten Beispiels wurden aufgrund eines publizierten Artikels (Autor unbekannt) übernommen bzw. nachgezeichnet. Für zwei verschiedene Scheiben ist der Spannungsverlauf über einer Randzonentiefe von 0–300 µm dargestellt (Prozessdaten siehe Diagramm).

NOCHMALS Zugspannungen ergeben sich durch zu hohe thermische Belastung der Randzone. Sie sind – logischerweise – unerwünscht.

2.13 Zusammenfassung von Kapitel 2

Zweifellos erläutert dieses Kapitel zusammen mit dem Kapitel 4 „Einflussgrössen und ihre Zusammenhänge“ die wichtigsten Grundlagen der gesamten Schleiftechnologie. Man könnte sich deshalb noch weiter darin vertiefen, was aber den Umfang dieses Buchen sprengen würde.

Jeder Schleiftechnologe hat sich schon Gedanken darüber gemacht, wie die Schleifspäne gebildet werden und ob es überhaupt Späne im herkömmlichen Sinne sind. Da ist es ab und zu schon vorgekommen, dass die Phantasie die Realität verdrängt hat, weil man die Spanbildung ja nicht direkt beobachten kann. So waren die verschiedenen Modelle, bei welchen die Kornschneide als Kugel angenommen und daraus Spanbildungstheorien abgeleitet werden, bis jetzt nur schwer nachvollziehbar. Es genügt, Schleifspäne zu trocknen und danach unter dem Werkstattmikroskop zu betrachten. Die faszinierenden, stark unterschiedlichen Spanarten, -formen und -längen können ganz offensichtlich kaum von kugelförmigen Schneiden gebildet worden sein. Eine Kugel verdrängt und/oder verdichtet, aber sie wird niemals Band-, Faden-, Wirr- und Wendelspäne erzeugen.

Die hier aufgezeigten Modelle [17, 33, 34] stimmen alle recht gut mit dem überein, was man im Resultat feststellen kann. Auch wenn sie da und dort leicht voneinander abweichen, sind sie sowohl für das konventionelle Schleifen als auch für das Hochgeschwindigkeits- und Hochleistungsschleifen anwendbar. Das demonstriert im Endeffekt der Zusammenhang zwischen der Zustelltiefe, der Werkstückgeschwindigkeit und der Schnittgeschwindigkeit bezüglich des Wärmehaushalts in der Kontaktzone. Diese Modelle müssen einen ausreichenden Wahrheitsgehalt enthalten, denn sie sagen beispielsweise voraus, dass die Oberfläche eines mit höchster Schnittgeschwindigkeit geschliffenen Werkstücks sich nur wenig erwärmt und die zum hohen zeitbezogenen Abtrag zu investierende Leistung an der Schleifscheibe degressiv dazu ansteigen wird. Und genau das ist in der Praxis zu beobachten, auch wenn es scheinbar ein Widerspruch ist. Aber auch diese Tatsache lässt sich an den Leistungsanzeigen der Maschine genau verfolgen. Der spezifische Leistungsbedarf – das ist die zeitbezogene Abtragsmenge im Verhältnis zur dazu benötigten Leistung – ist beim Hochleistungsschleifen wesentlich geringer, als beim konventionellen Schleifen. Die Folge davon manifestiert sich darin, dass thermische Randzonenschäden am Werkstück eher beim konventionellen Schleifen zu erwarten sind, als beim Hochleistungsschleifen. Zugegeben, schwer vorstellbar, aber es ist wirklich so.

Der letzte in diesem Kapitel angesprochene Punkt dürfte heute in zunehmendem Masse an Bedeutung beim Präzisionsschleifen gewinnen. Besonders unter der Prämisse hoher Schnittgeschwindigkeiten und den damit verbundenen Wärmemengen, dürfte das Thema „Zug- und Druckspannungen“ interessant sein – wenn nicht alle Vorgaben absolut korrekt gewählt worden sind, um den grössten Teil der erzeugten Wärme mit den Spänen und dem Kühlschmierstoff sicher abführen zu können, bevor ein thermischer Randzonenschaden eingetreten ist.

3 Schleifstoffe und Schleifscheiben

Entwicklung der Schleifscheiben
Schleifstoffe und ihre Herstellung
Brechen, Sieben und die Korngrössen
Bindungen, Scheibenhärte, Strukturen (Porosität)
E-Modul von Schleifscheiben
Konzentration der hochharten Schleifstoffe
Abtragsleistungen und der G-Werte
Schleifstoffe und Anwendungsschwerpunkte

3.1 Entwicklung der Schleifscheiben

In den vergangenen Jahren hat sich sehr viel getan im Bereiche der Schleifstoffe und Scheibenbindungen. Bisher kaufte ein Schleifscheibenhersteller die von ihm verwendeten Kornarten und Grössen beim entsprechenden Anbieter ein, mischte diese vornehmlich mit konventionellen keramischen Bindungen und, wenn es poröse Scheiben sein sollten, auch mit Porenfüllern. Diese Masse wurde in grossen Pressen auf ein vorgegebenes Volumen verdichtet und danach im Elektroofen zu fertigen Schleifscheiben bei Temperaturen von etwa 1100–1250 °C gebrannt. Die Endüberarbeitung diente dann noch der Masshaltigkeit.

Qualitätsbestimmend für jede Scheibe ist die gelieferte Korngüte, die Korngrössen-Siebtoleranz, eine homogene Mischung der Körner und Bindungsmasse und letztendlich das möglichst genaue Einhalten der vorgegebenen Brenntemperatur.

Eigentlich läuft auch heute alles noch genau gleich ab, allerdings mit den folgenden, nicht unwesentlichen Unterschieden:

- Die Scheibenhersteller sind praktisch ausnahmslos in der Lage, die angelieferten Kornqualitäten sehr genau zu analysieren. Dadurch können sie ihre Produkte auf ein kaum noch zu steigerndes Qualitätsniveau bringen.
- Das gleiche gilt auch für die Korngrössentoleranz. Je geringer diese ist, desto eher lassen sich sehr genau reproduzierbare Scheiben fertigen.
- Die Bindungen, ganz speziell die keramischen Bindungen, haben heute einen völlig anderen Stellenwert. Sie dienen längst nicht mehr allein dem Zusammenhalt der Schleifscheibe, sondern erfüllen in verschiedenster Hinsicht ganz gezielt auch Prozessforderungen.
- Die Brandtemperaturen reichen von ca. 500 °C bis 1250 °C, abhängig von der zulässigen Temperaturresistenz der Kornarten und der Bindungen.

Kann man unter diesen Aspekten überhaupt noch von „gleich“ reden, oder wäre es nicht eher angebracht, von neuen „Schleifscheiben-Generationen“ zu sprechen? Darin enthalten sind die modernen Schleifstoffe, die Korngrössenmischungen, die speziellen Bindungsvarianten und ihr Verhalten beim Brennen sowie – und das hat in anspruchsvollen Anwendungsfällen höchste Priorität – auch das schleiftechnische Wissen der Kundenberater.

3.2 Schleifstoffe allgemein

Für die Präzisions-Schleifverfahren kommen alle nachfolgend aufgeführten Kornarten in Betracht. Abhängig von der jeweiligen Anwendung als einzige Kornart oder gemischt mit andern (Mischkornscheiben mit unterschiedlichen Korngrössen und/oder Kornarten):

- Normalkorund
- Halbedelkorund
- Edel- und Einkristallkorund
- Sinterkorund
- Siliziumkarbid
- CBN (kubisches Bornitrid)
- Diamant.

Durch Beimischung von Zusatzstoffen im Elektrohochofen ergeben sich bei den Standardkornarten einige Varianten, auf die später noch eingegangen wird. Nimmt man auch die Mischungsmöglichkeiten verschiedener Kornarten und Korngrössen dazu, so ergibt sich eine kaum überschaubare Vielfalt an Variationen. In anspruchsvollen Anwendungen wird selbstverständlich davon auch Gebrauch gemacht. Nur legt nicht der Anwender eine solche Mischung fest, sondern der Schleifscheibenhersteller tut dies mit seiner grossen Erfahrung.

Um die statistische Korngrössenverteilung zu verbessern, wählt der Scheibenhersteller eine zur Schleifaufgabe passende Korngrösse und mischt je eine kleinere und eine grössere in unterschiedlichen Anteilen dazu. Eine solche Scheibe könnte demzufolge aus 60 % Hauptkorn, 20 % kleinerem und 20 % grösserem Korn bestehen. Das ist noch nicht alles. Niemand schreibt vor, dass beispielsweise die beiden prozentual kleineren Anteile unbedingt derselben Kornart wie das Hauptkorn entsprechen müssen. Und was damit alles in Bezug auf spezifische Prozessanpassung möglich ist, kann nur noch einigermassen beurteilen, wer sich in der Schleiftechnologie und im Verhalten der verschiedenen Kornarten unter gegebenen Bedingungen sehr gut auskennt. Ist das der Fall, lassen sich nicht nur Feinanpassungen, sondern auch Leistungs- und Standzeitwerte erreichen, die sich sehen lassen können. Übrigens die Bindungsvarianten gehören selbstverständlich ebenso dazu. Diese werden etwas weiter hinten diskutiert.

3.3 Schleifstoffe – Kornarten und deren Herstellung

Ganz vorne steht Edelkorund (chemische Bezeichnung Al_2O_3). Das soll keineswegs heissen, Normal- und Halbedelkorund würden nur noch ein Schattendasein führen. Damit man die Herkunft der verschiedenen Kornarten versteht, muss wohl beim Normalkorund angefangen werden.

Normalkorund besteht aus 94–96 % Aluminiumoxyd. Das ist reine Tonerde, die auch als Bauxit, des ersten grossen Fund- und Abbauortes in der Nähe der Kleinstadt „Les Baux-de-Provence“ in Südfrankreich wegen, so bezeichnet wird. Der kommerzielle Einsatz als Schleifmittel war aber erst möglich, nachdem Tonerde (Bauxit) im Elektroofen durch reduzierendes Schmelzen und Beimischung von etwa 1.5–3 % Titanoxyd verfügbar war.

Je höher der Titangehalt ist, desto zäher und widerstandsfähiger wird Normalkorund. Durch stärkeres reduzierendes Schmelzen von Bauxit und durch Zugabe von Koks und Anthrazit erhält man Halbedelkorund in einer Reinheit von ca. 96–98 %. Es ist ebenfalls sehr widerstandsfähig gegen Abrieb, aber seine Splitter bzw. Kornschneiden sind scharfkantiger, als jene von Normalkorund.

Nachdem der Normalkorund im Elektroofen geschmolzen ist, lässt man ihn abkühlen und bricht dann das Schmelzgut heraus. Mit hydraulischen Meisseln wird der grosse Klotz zerkleinert. Die anfallenden Brocken in Faustgrösse werden in die Brechmühle geschüttet und weiter zerkleinert. Dieser Vorgang erfolgt in Stufen, bis die Korngrössen so klein sind, dass sie ausgesiebt werden können.

Edelkorund entsteht aus erschmolzenem Bauxit d. h. aus reinem Tonerdepulver.

Das ist dasselbe Ausgangsmaterial, wie es zur Herstellung von Reinaluminium benötigt wird. Es zeichnet sich nicht nur durch seine weisse Farbe, sondern ganz besonders durch seine Härte und Splitterfreudigkeit aus. Der Reinheitsgrad liegt zwischen 98.5 und 99.5 %, denn es enthält kein Titanoxyd. Um auch die Zähigkeit von Edelkorund zu erhöhen, wird der Schmelze Chromoxyd

BILD 3.1 Normalkorundbrocken vor dem Zerkleinern

BILD 3.2 Edelkorundbrocken vor dem Zerkleinern

in unterschiedlichen Mengen beigemischt. Mit 0.2 % erhält man Edelkorund rosa und mit 2.0 % das so genannte Edelkorund rubin.

Die Schleifkornarten Edelkorund rosa und rubin sind ganz gut geeignet für die schleiftechnische Bearbeitung von Werkzeugstählen sowie von exotischen Werkstoffen, wie sie besonders in der Flugzeugindustrie Verwendungen finden.

Edelkorund rosa hat prinzipiell den gleichen Anwendungsbereich wie weisser Edelkorund. Er ist sehr hart, spröd sowie kanten- und stossfest. Zudem weisen die gesplitterten Körner meist scharfe und spitze Kanten auf. Diese Korundart wird bevorzugt rein oder auch gemischt mit weissem Edelkorund speziell für hochlegierte Stähle und für exotische Werkstoffe (Nickelbasislegierungen, Nickel- und Chromstähle, Titan, usw.) eingesetzt.

In einem speziellen Verfahren kann das etwas zähere und anders als Edelkorund splitternde Einkristallkorund hergestellt werden. Schleifscheiben aus Einkristallkorund können in entsprechenden Anwendungen sehr hohe Standzeiten erreichen. Aber ganz besonders als Stütz- und Füllkorn in CBN-Schleifscheiben hat Einkristallkorund einen festen Platz gefunden.

Anfangs der Neunzigerjahre erfanden Spezialisten von GE General Electric Corp. und Norton Corp., beide in den USA, ein Verfahren, um kleinste reine Korundkörner mit einem mittleren Durchmesser von 0.0002 bis 0.0025 mm herzustellen und diese in Blöcken zusammenzusintern. Auf diese Weise ergab sich der logische Name „Sinterkorund“. Es weist Eigenschaften auf, die man kaum erwarten würde.

Bedingt durch den genau gesteuerten Sinterprozess werden nur die Ecken und Kanten der Minikörner zusammengeschmolzen. Das kleine Einzelkorn bleibt dabei als solches erhalten. Wird beispielsweise ein 60er-Edelkorundkorn mit einem mittleren Durchmesser von ca. 0.275 mm und einer Kristallitengrösse von 0.01-0.02 mm mit einem eben so grossen Sinterkorundkorn verglichen, ergeben sich erstaunliche Unterschiede: Ein übliches 60er-Korn würde etwa 6'162 Kristalliten enthalten, entlang deren Kanten und Flächen die Bruchlinien verlaufen. Abhängig von der äusseren Belastung können es einzelne Kristalliten oder Brocken sein. Vergleicht man

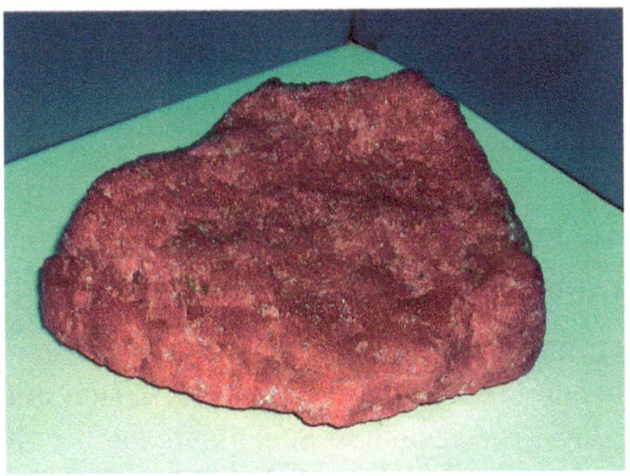

BILD 3.3 Edelkorundbrocken vor dem Zerkleinern

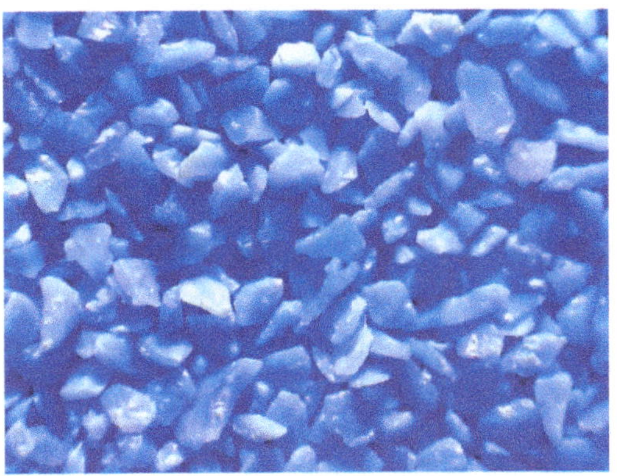

BILD 3.4 Sinterkorund mit typischer Oberfläche

ein Sinterkorundkorn in derselben Korngrösse, aber mit seinen Minikristalliten, ergeben sich theoretisch 2'599'609'375 Einzelkörner bei einer Kristallitengrösse von 0.0002 mm und immer noch 1'331'000 bei 0.0025 mm.

Jedes Schleifkorn stumpft durch Abrieb ab und nimmt dabei einen immer negativeren Spanwinkel an (bis etwa -80°). Die stumpfen Kornschneiden spanen nicht mehr, sondern furchen und reiben. Das dauert so lange, bis die Normalkraft F_n jene Grössenordnung angenommen hat, die für ein Kornsplittern und/oder für einen Kornausbruch notwendig ist. Und hier zeigt Sinterkorund mit den extrem kleinen Kristalliten seine wahren Stärken: Es kann niemals stumpf werden! Egal wie gross die ausbrechenden Kornbrocken sind, was dahinter zum Vorschein kommt und aktiv wird, sind immer wieder scharfe, spitze Minikörner mit einer unbekannten Anzahl von Kornschneiden. Als einziger Nachteil ist die zum Splittern und Ausbrechen höhere Normalkraft zu erwähnen. Die vielen kleinen Kristalliten setzen dem Verschieben an einer Bruchkante eben mehr Widerstand entgegen, als dies an den Verbindungsflächen der Kristalliten von Standardkornarten der Fall ist. Wegen der höheren Druckfestigkeit ist Sinterkorund auch bezüglich der Standzeit dem Edelkorund deutlich überlegen. Dabei spielt es keine Rolle, ob fein oder grob geschliffen wird. Durch seine Griffigkeit können zeitbezogene Abtragsvolumen Q'_w weit über 50 $mm^3/(mm \cdot s)$ erreicht werden.

Schleifscheiben aus reinem Sinterkorund werden aber praktisch nur beim Innenrundschleifen in Sonderfällen eingesetzt. Normalerweise beträgt der Anteil an Sinterkorund in einer Schleifscheibe zum Aussenrund- oder Flach- und Flachprofilschleifen maximal 50–60 %. Das hat zwei Gründe: Erstens würde Sinterkorund sich zu schnell abnützen und zweitens wäre die Oberflächenqualität nicht unbedingt als fein zu bezeichnen. Als eingemischtes Korn wird sehr oft Edelkorund weiss und/oder Einkristallkorund gewählt. Den Sinterkorundscheiben kann man nicht nur mehrere, sondern auch unterschiedliche Kornarten beimischen. Dadurch lassen sich diese Scheiben in einer bisher nicht gekannten Weise ganz gezielt für eine Schleifaufgabe optimieren. Übliche Mischungsverhältnisse sind:

- 50 % Sinterkorund - 50 % andere Kornarten und -grössen
- 30 % Sinterkorund - 70 % andere Kornarten und -grössen
- 25 % Sinterkorund - 75 % andere Kornarten und -grössen (Standard)
- 20 % Sinterkorund - 80 % andere Kornarten und -grössen
- 15 % Sinterkorund - 85 % andere Kornarten und -grössen
- 10 % Sinterkorund - 90 % andere Kornarten und -grössen (selten).

Die zweckmässigste Mischung kann nur zusammen mit dem Spezialisten des Scheibenherstellers ausgewählt werden. Er allein kennt die eigenen Mischungsvarianten (Kornarten und Bindungsvarianten) und ist meistens in der Lage, diese der gestellten Schleifaufgabe für optimalste Leistungs- und Standzeitwerte zuzuordnen. Voraussetzung sind allerdings auch hier ausreichende schleiftechnische Kenntnisse seitens der Scheibenhersteller.

3.4 Siliziumkarbidarten (grün und dunkel)

Siliziumkarbid (SiC), der Standard-Schleifstoff für Guss, Glas, Gestein sowie Hart- und Buntmetalle, ist eine reine Zufallsentdeckung durch den Amerikaner Acheson. Früher wurde Siliziumkarbid auch als Carborundum bezeichnet.

Hergestellt wird SiC im Elektroofen aus Quarz mit hoher Reinheit unter Zugabe von Kokssorten mit geringem Aschegehalt. Es ist deutlich härter als Korund und kommt in einer grünen, relativ spröden sowie gut und scharf splitternden Form auf den Markt. Das dunkle, fast schwarze Siliziumkarbid ist weniger spröd als das grüne SiC. Der Hauptunterschied zu Korund besteht in der wesentlich geringeren Zähigkeit und besseren Wärmeleitung.

BILD 3.5 Siliziumkarbid (SiC)

Beide Siliziumkarbidarten (grün und dunkel) werden für Werkstoffe geringer Festigkeit verwendet, beispielsweise für Grauguss und nicht eisenhaltige Materialien (Buntmetalle, Aluminium, Bronze, austenitische Stähle, usw.) und/oder für sehr harte Stoffe, welche eigentlich mit Diamantkorn zu bearbeiten bzw. zu schleifen wären (Hartmetalle, Glas, Keramik, Ingenieurkeramik, usw.). Auch für verschiedene Kunststoffarten, ganz besonders für jene mit Glas- oder Kohlefaserverstärkung, ist SiC eine sehr gute Wahl. Ferner wird Siliziumkarbid selbstverständlich zum Schleifen unterschiedlicher Gummimischungen und -härten verwendet, und zudem ist es bestens zur Bearbeitung von Titan geeignet.

Siliziumkarbid grün eignet sich ganz speziell für sehr harte Werkstoffe (Alternative zu Diamant und bedingt zu CBN, aber mit deutlich weniger Standverhalten). **Silizium dunkel** (schwarz) ist weniger spröd und eignet sich für harte als auch für weiche, besonders scheibenverschleissende Werkstoffe.

HINWEIS Siliziumkarbid grün eignet sich gut für sehr harte Werkstoffe, weil es besonders hart und spröd ist und dazu äusserst spitz und scharf splittert. Es ist somit unter den konventionellen Schleifstoffen als bester Ersatz für Diamant zu betrachten. Ab und zu findet man aber auch SiC bei Anwendungsfällen, welche am optimalsten mit CBN geschliffen würden. Eine Rücksprache mit dem Scheibenhersteller ist überaus sinnvoll, denn für kohlearme, harte Werkstoffe gibt es sehr gute konventionelle Alternativen.

Schwarzes (dunkles) Siliziumkarbid ist sehr hart, aber weniger spröd, als das grüne und eignet sich für harte, mineralische und keramische Werkstoffe. Prinzipiell ist schwarzes SiC für Grauguss, Hartguss, Temperguss sowie für Buntmetalle und organische, mineralische und keramische Materialien geeignet. Besonders für scheibenverschleissende Werkstoffe, wie Kunststoffe mit Glas- oder Kohlefaserverstärkung sind gute Ergebnisse und Standzeiten erzielbar.

Für den Anwender sind die Empfehlungen der verschiedenen Scheibenherstellern zur Verwendung von SiC grün oder schwarz oft verwirrend, weil sie widersprüchlich sind. Aber das ist nicht neu, sondern eher unter der Bemerkung „... da streiten sich die Geister!“ zu verstehen. Im Zweifelsfalle sind Schleifversuche sinnvoll und manchmal sogar zweckmässig. ■

3.5 Kubisches Bornitrid (CBN)

Die folgende Kornart hat wie Sinterkorund eine eigene Geschichte. Um 1972 kam ein schon 1962 entdecktes „Zufallsprodukt" als neuer Schleifstoff auf den Markt. In kürzester Zeit genoss es grosse Aufmerksamkeit, weil man überrascht festgestellt hatte, dass seine Härte weit über jener der bisher eingesetzten Kornarten lag. Dieser Retorten-Schleifstoff (künstlich) wurde vom Hersteller, General Electric (USA), als BORAZON bezeichnet. Die Herstellung erfolgt, wie nachstehend beschrieben, unter extrem hohen Drücken und Temperaturen. Künstlich hergestellt werden Korngrössen von nur wenigen Tausendstelmillimeter bis zu einigen Zehntelmillimeter. Grössere Körner wären zwar möglich, aber kaum noch bezahlbar (Energiekosten bei der Herstellung). Das kubische Bornitrid, abgekürzt CBN, weist eine Temperaturresistenz bis 1'300 °C auf. Diese liegt höher, als die üblichen Kontaktzonentemperaturen in konventionellen und in Hochleistungs-Schleifprozessen. Die Härte von CBN erreicht im Mittel etwa 63 % derjenigen von Diamant und dieser ist ja der härteste Stoff, den die Menschheit kennt.

Das kubische Bornitrid wird, wie künstlicher (synthetischer) Diamant auch, in einer Hochtemperatur- und Hochdruckanlage „gezüchtet". Das Kristallgitter von CBN gleicht jenem von Zinkblende (ZnS). Die zum Schleifen benötigte harte Form entsteht, wenn „weiches" Bornitrid Drücken von 50'000 bar und Temperaturen von etwa 1'700 °C ausgesetzt wird. Weil dieser Retortenprozess sehr genau gesteuert und auch beobachtet werden kann, lässt man die gewünschte Korngrösse – das sind Kristalle mit Oktaeder-, Tetraeder- oder Mischformen davon (siehe auch Bild 3.8 und 3.9) – gezielt „wachsen". Trotzdem folgt auch hier ein Aussieben, weil die Kristallform die Dimension des Korns mit beeinflusst. Im Unterschied zu den anderen Kornarten wird die Korngrösse mehrheitlich in der metrischen Masseinheit µm (Mikrometer) angegeben. Es halten sich aber nicht alle CBN- und/oder Scheibenhersteller an diese Masseinheit und verwenden, wie bei konventionellem Korn, die Einheit mesh (Siebmaschen pro Zoll).

CBN ist im Übrigen auch unter den Bezeichnungen ABN (ABRASIVE BORON NITRIDE), ELBOR, KUBONIT und anderer Markennamen im Handel. Dabei unterscheiden sich die verschiedenen Marken nicht etwa im Herstellungsverfahren, sondern eher in ihrer Bruch- bzw. Splittercharakteristik, welche durch besondere Zugaben (chemische Stoffe) erzielbar ist. Es ergeben sich dadurch spezielle Korneigenschaften, die abhängig vom Einsatzfall sinnvoll genutzt werden können.

CBN mit einer Härte von 47'000 N/mm^3 wird etwa seit 1973 als Schleifstoff verwendet. Anfänglich nur in Kunstharzbindungen angeboten, war es einerseits der Preis und andererseits das fehlende Verständnis, um die Anwendungsmöglichkeiten dieser neuen Super-Kornart zu erkennen. Die ersten Schleifversuche, durchgehärtete Werkzeugstähle damit zu profilieren (z. B. Gewindeschneidbacken und andere Teile) führten schlussendlich zum Erfolg.

Einige Zeit später gab es die ersten CBN-Schleifscheiben mit metallischer Bronzebindung und solche mit galvanischer Bindung (einschichtig). Letztere waren deutlich günstiger und die Standzeit gegenüber allen anderen einsetzbaren konventionellen Schleifstoffen, war unvergleichlich höher. Der so genannte G-Wert stieg auf Werte um 120–150. Konventionelle Schleifstoffe dage-

BILD 3.6 Kubisches Bornitrid (CBN) - B251

gen erreichten lediglich 3–30, und das ist auch so geblieben. Mit CBN sind heute G-Werte um 1'200–1'500 üblich und in besonders optimierten Anwendungen solche von 12'000 bis 15'000.

Entgegen weit verbreiteter Publikationen, wonach CBN-Körner der kubisch holoedrischen oder der kubisch hemiedrischen Kristallklasse angehören, weisen die effektiven Körner geometrische Mischformen auf (siehe Bild). Es können Oktaeder, Tetraeder und Kombinationen davon sein. Aber auch unförmige, keiner geometrischen Form eindeutig zuzuordnende Körner kommen vor.

Was aber immer auffällt ist die Tatsache, dass die Oberflächen der CBN-Körner im Vergleich zu anderen, konventionellen Kornarten und ungeachtet der geometrischen Form, glatt sind. Das erklärt unter anderem den wesentlich tieferen Leistungskonsum von CBN-Schleifscheiben gegenüber anderen Schleifstoffen (Korund, Siliziumkarbid) bei völlig identischen Prozessvorgaben. Die Reibung zwischen der CBN-Kornschneide und dem Werkstoff ist dadurch geringer und es entsteht auch weniger Wärme. Voraussetzung dazu sind selbstverständlich optimale Vorgaben, Maschinen- und Kühlbedingungen.

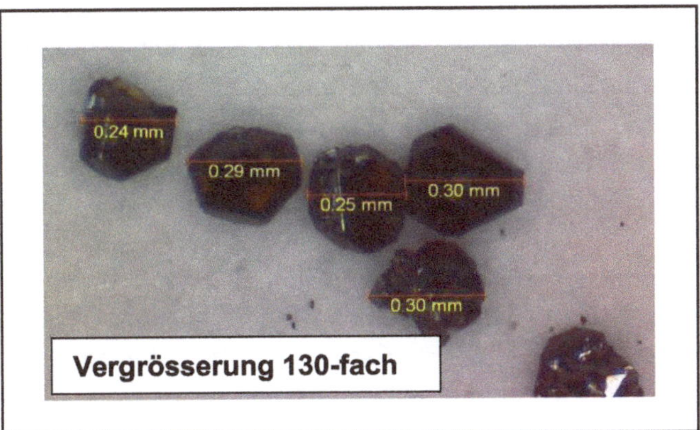

BILD 3.7 Kubisches Bornitrid (CBN) - Korn B251

BILD 3.8 Typische Kornformen von CBN

BILD 3.9 Geometrische Kornformen von CBN und Diamant. Vom Tetraeder über Hexaeder bis zum Oktaeder und Rhombendodekaeder sind praktisch alle denkbaren Zwischenarten von geometrischen Körperkombinationen bei beiden Kornarten in mehr oder weniger grosser Häufigkeit zu finden bzw. möglich.

Im Bild 3.8 erkennt man einerseits die für CBN typischen Kornformen und andererseits aber auch die mehrheitlich glatten Flächen. Man könnte also sagen, dass es eigentlich egal ist, wie das CBN-Korn in der Bindung zu liegen kommt. Theoretisch sind immer genügend negative Kornflächen in der Drehrichtung der Schleifscheibe wirksam. Dies ist ganz besonders dann von Bedeutung, wenn CBN in galvanischer Bindung einschichtig belegt zum Einsatz gelangt und normalerweise nicht abgerichtet wird. Ferner optimiert die ideale Kornschneidenlage die Standzeit. Wird CBN in einer Kunstharzbindung verwendet, dann setzt man mit einem rauen Nickelbelag überzogene CBN-Körner, der besseren Verankerung wegen, ein. Das hat aber mit der Schneid- oder Splitterfähigkeit vom CBN-Korn selbst nichts zu tun.

CBN gibt es bereits seit vielen Jahren in zwei unterschiedlichen Ausführungen: In monokristalliner und in mikrokristalliner Form. Das monokristalline CBN zeichnet sich durch grössere Kristallite aus und wird am häufigsten eingesetzt. Die grösseren Kristalle können gewisse Probleme bei der damit zu erzeugenden Oberflächenqualität bereiten. Dafür ist der zum Splittern notwendige Schleifdruck (Normalkraft F_n) deutlich geringer, denn die Bruchkanten am Einzelkorn verlaufen normalerweise entlang der so genannten Spaltebenen. Die immer wieder frisch gesplitterten Schneiden am einzelnen Korn sind äusserst schneidfreudig aber auch entsprechend gross. Das mikrokristalline CBN besteht aus einer schwachen Verbindung kleiner Kristallite (durchschnittliche Grösse etwa 0.005–0.01 mm). Die Standzeit (Profilhaltigkeit) ist deshalb sehr gut und die „Schleiffreudigkeit“ lässt auch nichts zu wünschen übrig. Nachteilig ist allein der höhere Schleifdruck, weil dieser Korntyp einen grösseren Widerstand gegen das Splittern bietet. Auf Schleifmaschinen mit geringer Systemsteifigkeit (z. B. Innenrundschleifmaschinen) und/oder wenn das Werkstück druckempfindlich reagiert, ist monokristallines CBN die bessere Wahl. Immerhin kann man ja mit der Korngrösse sowie mit der Konzentration (Karat/cm^3) beide Korntypen bzw. die jeweiligen Schleifscheiben äusserst subtil an die Erfordernisse anpassen. Welcher Typ geeigneter ist, hängt also sowohl von den allgemeinen Randbedingungen wie von der Schleifaufgabe ab.

HINWEIS Normalkorund und Siliziumkarbid dunkel haben in Bezug auf ihre Kornform, Splittercharakteristik und Splitterart grosse Ähnlichkeit mit monokristallinem CBN. Selbstverständlich können damit die von CBN bekannten Standzeiten nicht erreicht werden, aber als Mischkorn in CBN-Scheiben führen diese Kornarten, zusammen mit z. B. Einkristallkorund, zu ganz spezieller Leistungsfähigkeit. ■

Moderne CBN-Bindungen sind:

- Kunstharzbindungen mit unterschiedlicher, minimaler Struktur
- Nickelbindungen, galvanisch ein- und zweischichtig
- Bronzebindungen in spröder Ausführung und unterschiedlicher Struktur
- Keramikbindungen mit Brandtemperaturen zwischen etwa 500 °C und 900 °C

Die Bindungen und ihre Eigenschaften werden ausführlich weiter hinten in diesem Kapitel behandelt.

GRUNDSÄTZLICHES CBN gilt heute schlechthin als das bevorzugte Schleifmittel im Hochgeschwindigkeitsbereich, vorausgesetzt, der zu schleifende Werkstoff, die Maschine und die Kühlmittelversorgung sind entsprechend ausgelegt und geeignet dazu. Hier spielt besonders die Systemsteifigkeit und -tarrheit (Schwingungsfreiheit) maschinenseitig eine dominante Rolle. ■

Ein wichtiger Hinweis darf hier keinesfalls fehlen: Das kubische Bornitrid CBN zeigt keinerlei Affinität zu irgendwelchen Werkstoffen. Es ist zudem äusserst beständig gegenüber praktisch allen anorganischen Salzen und Säuren. Lediglich von Alkalihydroxyden und von Wasserdampf kann CBN bei höheren Temperaturen angegriffen werden. Dabei entsteht eine so genannte Hydrolyse, bei welcher das CBN in Borsäure und Ammoniak gespalten wird. Dieser äusserst schnell ablaufende chemische Vorgang ist wenig bekannt und wird öfters von „Kennern der Materie" sogar in Abrede gestellt. Interessant ist aber die Tatsache, dass beim Nassschleifen, ganz besonders mit völlig ungeschmierten organischen Lösungen, sehr oft unregelmässig auftretende Kornanflächungen beobachtet werden können, welche nicht nur zu Schwingungen, sonders als Folge davon, auch zu Rattermarken führen. In den meisten Fällen ist ein Prozessabbruch und – sofern möglich – eine völlige Neukonditionierung unumgänglich. Von einem wirtschaftlichen CBN-Schleifen kann dann nicht mehr gesprochen werden.

3.6 Diamant – der härteste und edelste Stoff

Der härteste Schleifstoff ist Diamant. Es gibt bisher keinen anderen bekannten Stoff, der härter ist als Diamant. Seine Härte wird in Knoop oder in Vickers angegeben, wobei unbedingt zu beachten ist, dass beide Härtebezeichnungen früher und oft noch heute in kp/mm^2 angegeben werden. Seit der Einführung der SI-Normen ist dies eigentlich nicht mehr zulässig. Die Einheit muss nämlich N/mm^2 heissen! Weil aber lediglich das Wissen um die Härte der verschiedenen Kornarten für den Anwender von Bedeutung sein kann, sei hier folgender Hinweis zulässig: Steht bei der Härteangabe von Diamant 7'000 nach Knoop, so ist dies in der Einheit kp/mm^2 zu lesen. Steht dagegen 70'000 nach Knoop (oder Vickers), dann sind N/mm^2 damit gemeint. Auf eine exakte Umrechnung von kp in N (Newton) wird im Allgemeinen bei der Härteangabe verzichtet, zumal die Messung ohnehin mit Streuungen behaftet ist.

Bei Diamantscheiben – und übrigens auch bei Abrichtwerkzeugen – wird in erster Linie unterschieden zwischen synthetischen und Naturdiamanten. Beide Diamantarten bestehen aus reinem Kohlenstoff C und weisen bezüglich Härte und thermischer Resistenz etwa die gleichen Eigenschaften auf. Der Naturdiamant zerfällt bei ca. 800 °C in sein Kohlenstoffgitter und hat dann noch die Härte einer Bleistiftmine. Man sagt, der synthetische Diamant halte knapp 50 °C mehr aus, was aber in der Praxis kaum von Bedeutung ist. Wird Diamant einer andauernden Wärmebelastung von über 500 °C ausgesetzt, beginnt bereits in der Kornrandschicht ein unter dem Elektronenmikroskop deutlich sichtbarer Zerfall. Das ist ein Hinweis auf grosse Abnützung und unwirtschaftlichen Einsatz einer meist sehr teuren Diamantschleifscheibe.

Die Sache hat zwei Seiten: Diamant ist einerseits der beste Wärmeleiter den man kennt. Andererseits wird Diamant in unterschiedlichen Bindungen angeboten und eingesetzt. Alle metallische Bindungen (Bronze- und galvanische Bindungen) sind in der Lage, die Wärme vom Diamantkorn schnell zu übernehmen und abzuleiten. Eine Diamantschädigung ist daher mit solchen Bindungen weit weniger wahrscheinlich, es sei denn, der Anwender habe Fehler bei der Wahl der Prozessparameter begangen. Heute werden aber auch für viele Schleifaufgaben Diamantscheiben in keramischer Niederbrandbindung verwendet. Die keramische Bindung ist ein schlechter Wärmeleiter, was bedeutet, dass im Diamant ein Wärmestau entstehen kann und dadurch die Standzeit reduziert wird. Die Lösung dieses Problems liegt beim Kühlschmierstoff. Dieser muss sorgfältig ausgewählt werden. Er sollte zum einen eine sehr gute Wärmeleitfähigkeit aufweisen und zum andern aber auch ausreichende Schmierkomponenten enthalten. Letztere vermögen die Reibung zwischen dem Diamantkorn und dem Werkstoff in der Kontaktzone zu reduzieren, so dass im Endeffekt die Bedingungen sogar noch günstiger sein können, als mit metallischen Bindungen und schlechter oder gar keiner Kühlung.

Es war von synthetischem und von Naturdiamant die Rede. Zwei Fragen drängen sich auf: Weshalb findet Diamant in natürlicher Form überhaupt noch Verwendung, wenn er synthetisch herstellbar ist? Und müsste synthetischer Diamant nicht billiger sein als Naturdiamant? Diese Fragen sind schnell beantwortet: Die Herstellung synthetischer Diamanten ist eine äusserst aufwändige Angelegenheit, also sehr kostspielig. Deshalb gibt es eine Grenze in der Korngrösse - sie liegt bei einigen Zehntelmillimeter -, welche noch mit vertretbaren Kosten in der Retorte wachsen kann. Darüber werden nur ausgesiebte Naturdiamanten verwendet. Und was den Preis betrifft, so besteht angeblich - böse Zungen behaupten dies wenigstens - eine Vereinbarung zwischen den Diamantminenbesitzern und den Retortediamantherstellern, die Preise einander anzugleichen. Kommt noch dazu, dass Diamantminenbesitzer meist auch Hersteller von synthetischem Diamantkorn sind oder zumindest Beteiligungen an den Herstellerfirmen halten.

Vor etwa 20 Jahren wurde bei den Naturdiamanten noch streng unterschieden zwischen so genannten Industriediamanten und Schmucksteinen. Da bestand auch ein deutlicher Preisunterschied. Ist ja logisch, ein lupenreiner Schmuckdiamant darf teurer sein, als ein leicht verunreinigter Industriediamant. Irgendwann wurde diese Trennung (Preisunterschied) aufgehoben und auch jene Diamanten, die nicht als Schmucksteine verwertbar waren, zu ähnlichen Preisen an den Diamantbörsen gehandelt. Die Diamantpreise werden übrigens an diesen Börsen praktisch täglich der Nachfrage entsprechend festgelegt.

Die Naturdiamanten sind eher etwas „verrundet" an ihren Aussenkanten und -flächen. Die spitzen und scharfen Schneiden entstehen erst nach dem Konditionieren und im Einsatz. Dagegen weisen die in der Retorte hergestellten Diamanten, wie in Bild 3.9 gezeigt, ganz ähnliche Kornformen wie CBN auf. Das Bild 3.10 verdeutlicht dies gut. Auch bezüglich der glatten Flächen an den einzelnen Körnern sind kaum grössere Unterschiede zu CBN erkennbar.

Zur besseren Verankerung in Kunstharzbindungen überzieht man auch Diamantkörner mit einem rauen Nickelbelag, genauso, wie dies bei den CBN-Körnern gemacht werden muss. Der Verständlichkeit halber sei erwähnt, dass ein Korn in den Kunstharzbindungen sich anders verhält, als in Metall- oder Keramikbindungen. In letzteren wird ein abgenütztes Schleifkorn durch den zwangsläufig stark ansteigenden Schleifdruck (Normalkraft F_n) aus dem Bindungsverband (Bindungsmatrix) herausgedrückt. Kunstharzbindungen geben, weil sie nicht splitterfähig sind, ein Schleifkorn nicht auf dieselbe Weise frei. Das Korn muss sich gewissermassen aus der

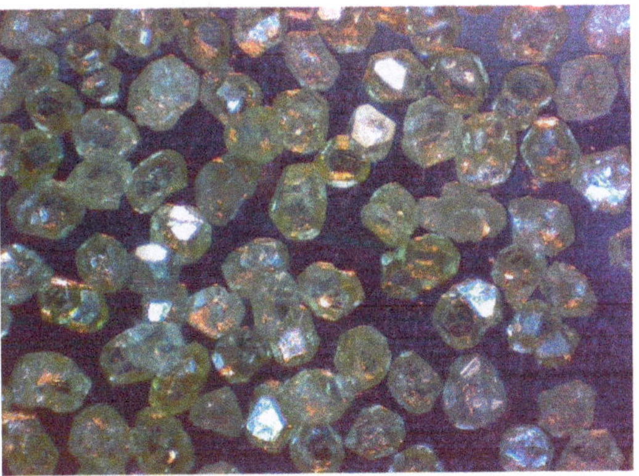

BILD 3.10 Diamantkornformen (synthetisch)

Bindung „frei brennen". Anders ausgedrückt: Der Bindungsbereich muss um das abgenützte Korn verzundern, damit es sich aus der Bindung lösen kann. Der bestehende Schleifdruck spielt dabei nicht unbedingt eine wichtige Rolle. Was weiter oben über die Temperaturresistenz von Diamanten gesagt wurde, mag oberflächlich betrachtet hier ein Problem sein. Ist es aber nicht, denn Kunstharzbindungen verzundern zwischen etwa 400 bis 450 °C, also noch unterhalb des für Diamanten kritischen Temperaturbereiches.

Diamant wird zur Hauptsache zum Schleifen von Gläsern aller Arten, von Hartmetallen und von Ingenieurkeramiken, inklusive Wafers, verwendet. Auch für Gestein, Marmor, Kacheln und dergleichen setzt man Diamantscheiben ein. Zur Kühlung – sofern überhaupt gekühlt wird – eignet sich im technischen Bereich (erstgenannte Gruppe) eine leicht bis mittelgeschmierte Emulsion oder auch ein dünnflüssiges, additiviertes Schleiföl. Wafer (Siliziumscheiben zur Herstellung von hochintegrierten Prozessorschaltungen) sowie alle Gesteinsarten werden dagegen mit reinem Wasser gekühlt. Das hängt mit der Wärme- und der Späneabfuhr zusammen, wobei man allerdings weder bei einem Wafer noch bei den Gesteinsarten von „Spänen" reden kann. Was dabei anfällt, sind kleinste Brocken und Partikel des Grundmaterials, welche eben auch ausgespült werden müssen.

Werden Diamantschleifscheiben eingesetzt, darf man nicht vergessen, dass – vergleichbar mit der Hydrolysegefahr bei CBN – bei der schleiftechnischen Bearbeitung von kohlenstoffarmen Werkstoffen, wie beispielsweise unterschiedlichster Stähle, unter Einfluss der Wärme eine C-Wanderung erfolgt. Der reine Kohlenstoff aus den Diamanten wandert in die Randzone des Werkstücks und erzeugt dort eine Karbidbildung (sehr harte Kristalle in der Randschicht). Die Diamantscheibe verliert bei diesem Vorgang sehr schnell ihre ursprüngliche Form und arbeitet unwirtschaftlich. Es sei deshalb hier nochmals mit Nachdruck darauf hingewiesen, dass Diamant der typische Schleifstoff für Gläser, Hartmetalle, Industriekeramiken und Wafer ist. C-aufnahmefähige Werkstoffe dürfen nicht mit Diamantscheiben geschliffen werden! Das gilt für beide Arten von Diamanten, also sowohl für die synthetischen als auch für die Naturdiamanten.

Bei den physikalischen Eigenschaften beider Diamantarten bestehen Unterschiede nur in der Dichte (natürlich 3.52 g/cm^3, synthetisch 3.50 g/cm^3) und in der Färbung. Naturdiamanten können durchsichtig, farblos, grau bis graublau, gelblich, grün, braun, rot oder schwarz sein. Die synthetischen Diamanten sind dagegen hellgelb bis gelbgrün. Ansonsten gibt es keine wesentlichen Unterschiede.

3.7 Kornhärten der wichtigsten Schleifstoffe

Die Reihenfolge der ansteigenden Kornhärten lässt sich sehr gut mit dem nachfolgenden Diagramm demonstrieren.

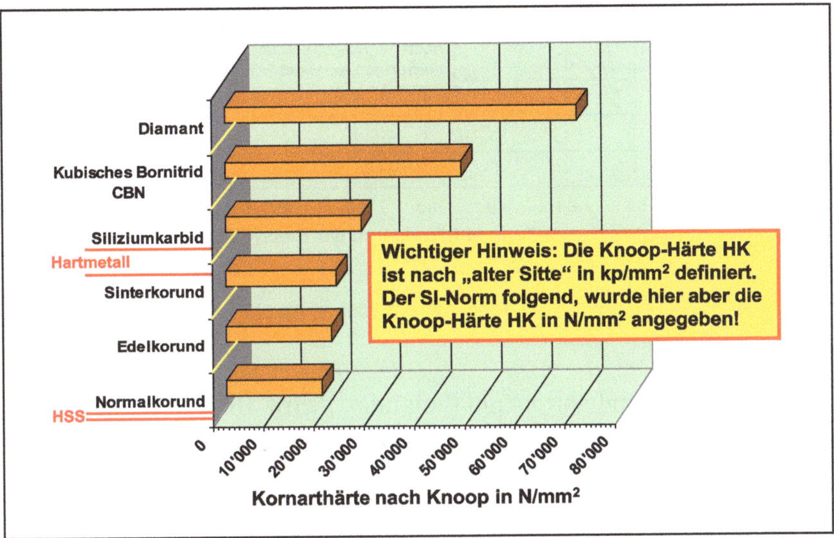

BILD 3.11 Die Kornhärte der verschiedenen Schleifstoffe nach Knoop

Bitte beachten: Hier sind die Kornhärten sowohl nach Knoop als auch nach Vickers in der „modernen“ SI-Einheit N/mm^2 aufgeführt. Wer die alten Härteangaben vorzieht, muss die obigen Werte lediglich durch 10 dividieren. Interessant sind ferner die beiden – nur zum Vergleich – rechts markierten Härtebereiche für Schnellstahl (HSS) und für Hartmetalle.

3.8 Brechen, Sieben und Korngrössen

Alle erwähnten Standard-Schleifstoffe werden im Elektroofen erschmolzen. Sie fallen als grosse Brocken an, werden maschinell zerkleinert, kommen in eine Brechmühle und werden schliesslich über mehrere Etagen ausgesiebt. Die Korngrössen sind genormt und werden bezogen auf die Siebmaschenweite pro Inch in der Einheit mesh (Englisch: Masche) angegeben (siehe Bild 3.13).

Sinterkorund besteht zwar auch aus Aluminiumoxyd Al_2O_3, wird aber anders hergestellt. Das Ausgangsmaterial ist Aluminiummonohydrat (Böhmit), welches zu einer kolloiden Al_2O_3-Dispersion

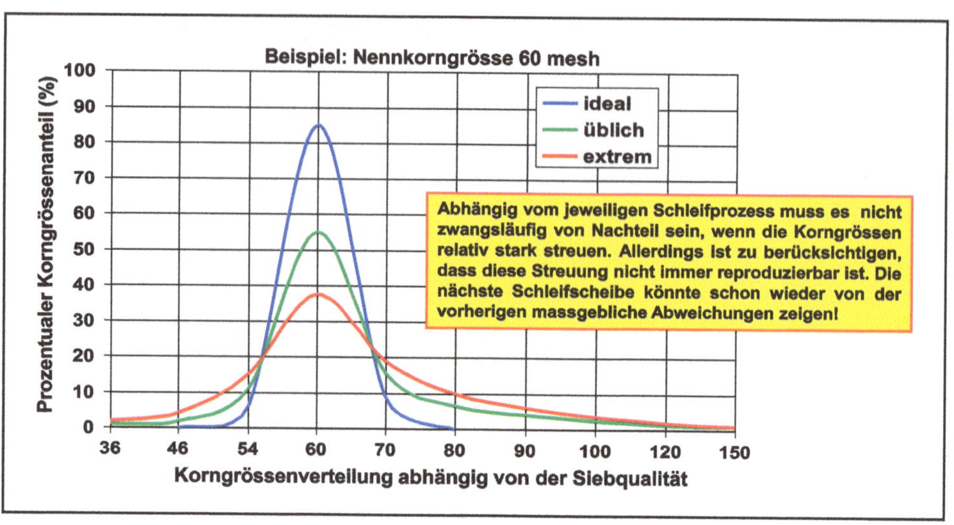

BILD 3.12 Drei relative Korngrössenstreuungen am Beispiel eines 60er-Kornes

(halbfestes Gel) aufbereitet und getrocknet (kalziniert) wird. Die getrockneten Brocken werden zerkleinert und danach ebenfalls ausgesiebt. Die Korngrössen beginnen etwa bei 46 mesh und reichen bis 1'000 mesh.

Noch ein Wort zur Siebqualität, d. h. zur Gleichmässigkeit der unter einer Bezeichnung erhältlichen Korngrösse. Es steht ausser Zweifel, dass nicht jedes Korn einer exakten, gleichmässigen geometrischen Form zugeordnet werden kann. Das kann man sich gut vorstellen, denn aus der Brechmühle fallen auch Bruchstücke (Körner) an, die länglich sind. Fallen sie mit ihrer Schmalseite durch das Sieb, zählen sie zu einer kleineren Korngrösse. Bleiben sie mit ihrer Breitseite im Sieb hängen, findet man diese „unförmigen“ Körner bei einer wesentlich grösseren Korngrösse. Aus diesem Grund bieten die Kornhersteller im Allgemeinen drei Genauigkeitsklassen an, welche sich auch im Preis unterscheiden (siehe Bild 3.12). Wird die Aussiebung mehrmals wiederholt, steigt die statistische Wahrscheinlichkeit am Schluss, in etwa gleich grosse Körner in den einzelnen Sieben zu erhalten. Scheiben, welche mit Körnern der höchsten Gleichmässigkeit hergestellt werden, arbeiten auch entsprechend gleichmässig gut.

Die relativen Verteilungskurven zeigen den deutlichen Trend zu immer höheren Anteilen von grösseren und kleineren Körnern, wenn die Aussiebung ungenau ist. Logische Folge: Probleme mit der Reproduzierbarkeit gleicher Schleifscheiben in verschiedenen Fertigungschargen.

Weil es auch für die Scheibenhersteller eine Kostenfrage ist, haben viele schon seit geraumer Zeit damit angefangen, keine „echten“ Korngrössen mehr zu verwenden, sondern geschickt ausgeglichene Mischungen. So kann beispielsweise eine 60er-Scheibe 80 % 60er-Korn und je 10 % 54er- und 70er-Korn enthalten. Das ist keineswegs „Betrug“, sondern liegt im Interesse des Anwenders, denn solche Scheiben lassen sich ohne jeden Zweifel über mehrere Produktionschargen besser reproduzieren.

3.9 Korngrössen nach FEPA-Normung

Die gebräuchlichen Korngrössen nach FEPA-Norm

Korngrössen in mesh (mesh = Siebmaschen pro Zoll) und mittlerer Korndurchmesser in µm

Korngrösse	Durchmesser (µm)	Korngrösse	Durchmesser (µm)	Korngrösse	Durchmesser (µm)	Korngrösse	Durchmesser (µm)
24	710 – 810	46	350 – 420	200	62 – 74 (B76)	1000	8 - 10
36	500 – 590	54	310 – 370	220	53 – 62 (B64)	1200	7 - 8
		60	250 – 300 (B301)	240	45 – 53 (B54)	2000	5 - 7
		70	210 – 250 (B251)	280	37 – 45 (B46)	3000	2 - 5
		80	180 – 210 (B213)	320	31 – 37		
		90	150 – 180 (B181)	360	29 – 34		
		100	125 – 150 (B151)	400	27 – 31		
		120	105 – 125 (B126)	600	18 – 22		
		150	88 – 105 (B107)	800	11 - 15		
		180	74 – 88 (B91)				
grob		mittel		fein		sehr fein	

Hinweis: Die in Klammern aufgeführten Bezeichnungen gelten für die CBN-Korngrössen (siehe hierzu auch Herstellerkataloge). Für Diamantkörnungen gilt dies in gleicher Weise, allerdings wird ein D vorangestellt und es gibt mehr (sehr) feine Körnungen.

Die verschiedenen Korngrössen werden nach dem Brechen in der „Brechmühle" gesiebt. Die Siebe sind übereinander angeordnet, wobei das gröbste zuoberst und das feinste zuunterst ist. Diejenigen Körner, welche in einem bestimmten Sieb aufgefangen werden, erhalten die Bezeichnung des Siebes. Weil es sich dabei um Siebe mit einer Maschenweite in Zoll handelt, entstand die Einheit „mesh", was nichts anderes als „Masche" heisst. Es ist eben eine englische Masseinheit!

BILD 3.13 Kornnenngrössen nach FEPA und ihre mittleren Durchmesser in µm

ZUR ERINNERUNG Nicht alle Kornarten sind in der gesamten Korngrössenpalette erhältlich. Bevor man sich zu einer Korngrösse im unteren oder oberen Bereich entschliesst, sollte sicherheitshalber unbedingt der Katalog des Scheibenherstellers oder aber einer seiner Berater konsultiert werden. Jeder Hersteller verfügt über Silos mit unterschiedlichen Kornarten und -grössen, aber nicht unbedingt über alle. Zudem gibt es Korngrössen, die nicht oft Verwendung finden. Am Jahresende sollten aber auch diese mehr oder weniger aufgebraucht sein. Da kommt dem Scheibenhersteller das „Mischen" zweifellos sehr gelegen.

Die Hauptkorngrösse bestimmt nicht zwangsläufig die erreichbare Endoberflächenqualität, zumal das gewählte Konditionierverfahren und dessen Parametervorgaben schlussendlich die Wirkrautiefe R_{ts} an der Scheibenarbeitsumfläche und damit die Oberflächengüte, zusammen mit den Stellgrössen für das Fertigschleifen, massgeblich definieren. Mit anderen Worten

– rein theoretisch – könnte man allein durch die geeignete Wahl des Abricht- bzw. Konditionierverfahrens mit einem 36er-Korn einen Ra-Wert von 0.28–0.17 (N4) erzeugen. Mit einem PKD-Abrichter liesse sich dies ohne weiteres realisieren. Nur, es macht in der Praxis keinen Sinn, ein 36er-Korn für eine angestrebte Rauheit von Rz = 0.45 – 1.15 µm einzusetzen. An einem Korn entstehen bekanntlich mehrere Schneiden, abhängig von der Kristallitengrösse und von den gewählten bzw. eingestellten Parametern beim Konditionieren. Es ist somit völlig egal, ob an einem einzigen Korn viele Schneiden wirksam sind oder viele kleine Körner nur mit einer oder zwei Schneiden spanen. Das Ergebnis bleibt im Endeffekt dasselbe, weil die Abtragsmenge ohnehin sehr klein sein wird für einen derartigen Fein- oder Fertigschliff und deshalb eine Überlastung der verfügbaren Spanaufnahmeräume kaum zu befürchten wäre. Auch der mögliche oder notwendige Kühlschmierstofftransport durch die Kontaktzone ist immer noch gewährleistet und ausreichend.

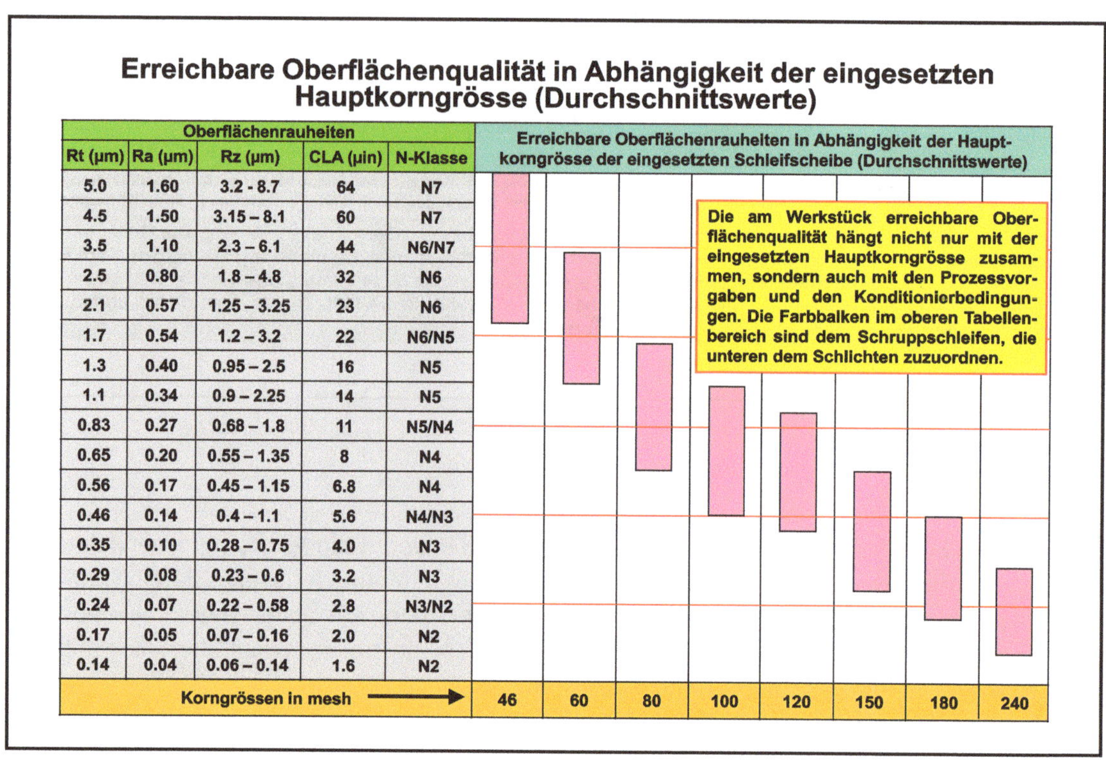

Erreichbare Oberflächenqualität in Abhängigkeit der eingesetzten Hauptkorngrösse (Durchschnittswerte)

Oberflächenrauheiten				
Rt (µm)	Ra (µm)	Rz (µm)	CLA (µin)	N-Klasse
5.0	1.60	3.2 - 8.7	64	N7
4.5	1.50	3.15 – 8.1	60	N7
3.5	1.10	2.3 – 6.1	44	N6/N7
2.5	0.80	1.8 – 4.8	32	N6
2.1	0.57	1.25 – 3.25	23	N6
1.7	0.54	1.2 – 3.2	22	N6/N5
1.3	0.40	0.95 – 2.5	16	N5
1.1	0.34	0.9 – 2.25	14	N5
0.83	0.27	0.68 – 1.8	11	N5/N4
0.65	0.20	0.55 – 1.35	8	N4
0.56	0.17	0.45 – 1.15	6.8	N4
0.46	0.14	0.4 – 1.1	5.6	N4/N3
0.35	0.10	0.28 – 0.75	4.0	N3
0.29	0.08	0.23 – 0.6	3.2	N3
0.24	0.07	0.22 – 0.58	2.8	N3/N2
0.17	0.05	0.07 – 0.16	2.0	N2
0.14	0.04	0.06 – 0.14	1.6	N2

BILD 3.14 Korngrössenwahl in Abhängigkeit der vorgegebenen Endoberflächenqualität

3.10 Bindungen, Scheibenhärte, Strukturen (Porosität)

Die Bindungen (Bindungsart) und die Struktur (Porosität) hängen direkt mit der Scheibenhärte zusammen. Der Begriff „Scheibenhärte" hat aber nichts mit der Kornart und deren Härte zu tun, sondern allein mit der jeweiligen Bindungsmatrix. Auf die Struktur wird etwas später noch ausführlicher eingegangen. Jetzt geht es erst einmal um die Bindungsarten. Ihre Druck- und Bruchfestigkeit wird mit besonderen Prüfverfahren ermittelt und in Abhängigkeit der Bindungsart meist als Buchstabe zwischen A und Z in die Spezifikationsbezeichnung vom Scheibenhersteller eingefügt. Die beiden Härtebereiche A–D (extrem weich) und V–Z (extrem hart) haben beim maschinellen Präzisions- und Leistungsschleifen so gut wie keine Bedeutung (Härtebezeichnungen siehe Bild 3.16).

Grundsätzlich sind acht Bindungsarten zu unterscheiden:

- keramische Bindungen V (Glasbindungen)
- Kunstharzbindungen B
- Kunstharzbindungen faserverstärkt BF
- Gummibindungen R
- Gummibindungen RF faserverstärkt
- Magnesitbindungen Mg
- Sintermetallbindungen M
- galvanische Bindungen G.

Auch wenn die Kunstharz-, die Sintermetall- und die galvanischen Bindungen für CBN und Diamant von Bedeutung sind, wird hier schwerpunktmässig nur auf die keramischen Bindungen eingegangen.

Wie bereits angedeutet, wurde in jüngster Zeit viel Entwicklung im Bereich der Scheiben und ihren Bindungen, speziell bei den keramischen Bindungen, betrieben. Einige Hersteller bieten sensationelle „Neukompositionen" an. Man könnte annehmen, die konventionelle „Glasbindung" sei nur noch ein Relikt aus der Vergangenheit. Ganz so extrem ist es wohl nicht, aber ein Blick in einen aktuellen Scheibenkatalog lohnt sich. Da ist die Rede von rekristallisierten Glasbindungen, von Niederbrandbindungen unterschiedlichster Temperaturbereiche (werden für Sinterkorund-, CBN- und Diamantscheiben aus thermischen Gründen benötigt), von Nano Win®-Schleifscheiben [55], die eine besondere Oberflächenstruktur im Kornbindungsverband aufweisen, sowie von keramischen Bindungen mit eingemischtem Hohlkugelkorund und von anderen höchst interessanten Bindungsrezepturen.

Die Kunstharzbindung hat heute nicht mehr jene Bedeutung, die sie einmal hatte. Trotz der Möglichkeit, auch leicht- bis mittelstrukturierte Schleifscheiben herzustellen, scheint das typische

Verhalten dieser Bindungsart (ganzer Kornausbruch erfolgt durch Ausbrand), im Vergleich mit modernen keramischen Bindungen, ins Hintertreffen gelangt zu sein. Das soll nicht heissen, es würden keine kunstharzgebundenen Scheiben mehr angeboten bzw. eingesetzt. Das CBN-Korn muss aber mit einem Nickelüberzug versehen sein, damit ein sicheres Halten in dieser Bindung gewährleistet ist.

Mit diesen Bindungsvarianten versucht der Scheibenhersteller, den immer höheren Anforderungen an sein Werkzeug gerecht zu werden, etwa vergleichbar mit der Vielzahl von Beschichtungsvarianten an Spanungswerkzeugen mit definierter Schneide. Dabei spielen möglichst gleichmässig verteilte Poren, eine höhere Bindungsbrückenfestigkeit, besserer Spänetransport (Vermeidung von Kaltschweissungstendenz) und eine höhere Standzeit (geringere Abnützung) eine äusserst dominante Rolle.

Die Struktur oder Porosität einer Schleifscheibe wird normalerweise mit einer Zahl gekennzeichnet. Weil die Zuordnung dieser Strukturzahlen von Hersteller zu Hersteller verschieden sind, besteht keine unmittelbare Vergleichsmöglichkeit mit Konkurrenzprodukten. Schuld an diesem Desaster ist allein die fehlende Normung. Wie die kleine Tabelle nachfolgend zeigt, sind weder die Zahlenbereiche noch deren Zuordnung zu den Porenbereichen, welche allein durch Pressdruck oder mittels ausbrennbarer Porenfüllern erzeugt werden, einheitlich gekennzeichnet bzw. definiert:

1–10, 1–12, 1–14, 1–16, 1–18, 1–20, 1–24

Im Allgemeinen ist davon auszugehen, dass die untere Hälfte des vom Scheibenhersteller verwendeten Zahlenbereichs durch Variation des Pressdrucks (Herstellung des „Scheibengrünlings“) und die obere durch die Beimischung von ausbrennbaren Füllstoffen (Porenbildner) erzeugt wird. Mit anderen Worten heisst das, dass die gepressten Strukturen den Standardschleifverfahren und die porösen und hochporösen den Leistungs- und Tiefschleifverfahren zuzuordnen sind.

Bezüglich der Scheiben- bzw. Bindungshärte ist eine Unterscheidung zwischen statischer und dynamischer Härte zu machen. Die statische Härte – gemessen im Ruhezustand – ist definiert durch die Bindungsart und deren Struktur. Dafür gibt es verschiedene Messmethoden, die aber nur der Hersteller anwendet. Wie er die Messergebnisse den Härtebuchstaben zuordnet, ist ihm überlassen. Das ist auch der Grund, weshalb man äusserst vorsichtig sein sollte, beim Vergleich von Scheibenspezifikationen verschiedener Hersteller. Ein Vergleich ist heute kaum noch möglich!

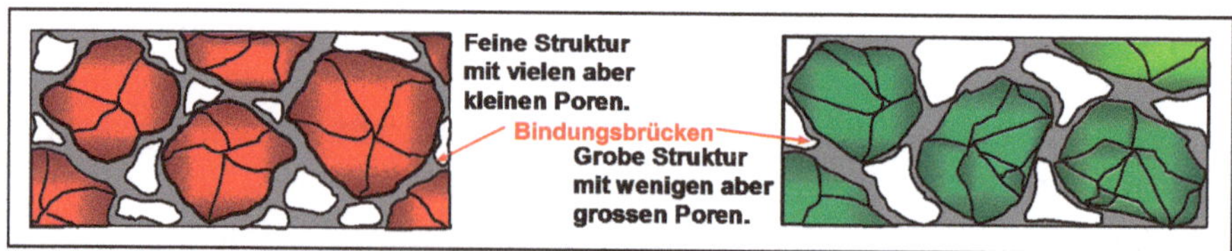

BILD 3.15 Feine und grobe Strukturen mit Bindungsbrücken einer keramischen Scheibe

Die Härte einer Schleifscheibe hängt von der Bindungsart, vom Bindungsanteil im Verhältnis zum Kornanteil, von der Struktur (Porengrösse und –Verteilung) sowie von der Korngrösse ab. Für keramische und für Kunstharzbindungen können die Buchstabenbezeichnungen reproduzierbar zugeordnet werden. Für alle metallischen Bindungen ist dies nicht in gleichem Sinne möglich und für galvanische Bindungen werden gar keine Härtebezeichnungen verwendet.

Nachfolgend sind die Härtebezeichnungen (A – Z), die grundsätzlichen Anwendungsbereiche sowie die nominelle Zuordnung aufgeführt.

A B C D	E F	G H I	J K L M	N O P Q	R S T U	V W X Y Z
extrem weich	sehr weich	weich	mittelhart	hart	sehr hart	extrem hart
Diese Härten werden nur ganz selten hergestellt und eingesetzt (Sonderanwendungen).	Vollschnitt-/Tiefschleifen Einstechschleifen grosser Durchmesser.	Geeignet für allgemeine Präzisionsschleifarbeiten — Flach-/Profilschleifen — Aussenrund-Schleifen	Geeignet für allgemeine Präzisionsschleifarbeiten mit mittlerer Abtragsleistung — Flach-/Profilschleifen — Aussen-Rund-Schleifen — Innen-Rundschleifen	Geeignet für allgemeine Präzisionsschleifarbeiten mit kleiner Abtragsleistung — Aussen-Rund-Schleifen — Innen-Rundschleifen — Spitzenlos-Schleifen — HSG-Schleifen	Geeignet für allgemeine Präzisionsschleifarbeiten mit kleiner Abtragsleistung — Aussen-Rund-Schleifen — Innen-Rundschleifen — Spitzenlos-Schleifen — HSG-Schleifen	Diese Härten werden nur ganz selten hergestellt und eingesetzt (Sonderanwendungen).

Wichtiger Hinweis: Die Härten A – D und V – Z werden höchst selten und dann nur für ganz spezielle Zwecke hergestellt und eingesetzt.

BILD 3.16 Härtebezeichnungen und nominelle Zuordnungen

Allerdings ist es für viele Scheibenhersteller kein Problem, mit den heute zur Verfügung stehenden Messmethoden, eine Fremdspezifikation „rückwärts" auseinander zu nehmen.

Die dynamische Härte ergibt sich erst durch die Einsatzbedingungen einer Schleifscheibe. Der Härtebuchstabe ist somit zusammen mit der Strukturzahl nur massgebend für die Scheibenwahl in Abhängigkeit des geplanten Verfahrens und/oder der Schleifaufgabe. Aber mindestens so wichtig sind jene Einflüsse auf die Härtewirkung – man spricht ganz gezielt bei der dynamischen Härte von „Härtewirkung" – durch die nachfolgend gezeigten Prozessparameter und durch die Schmierfähigkeit des verwendeten Kühlmittels (siehe Bild 3.17).

Den für die Praktiker sicher bedeutendsten Einfluss auf die dynamische Wirkhärte einer Schleifscheibe hat zweifellos die Schnittgeschwindigkeit. Im Bereiche von etwa 18–63 m/s kann man davon ausgehen, dass eine Änderung um 3–4 m/s nach oben oder nach unten einer Wirkhärteänderung von einem „Buchstaben" entsprechen würde. Deshalb sollte beispielsweise eine Schleifscheibe, welche auf einer älteren Standard-Schleifmaschine mit einer maximal einstellbaren Schnittgeschwindigkeit von 35 m/s zum Einsatz gelangt, beim Scheibenlieferanten bezüglich der Härte für den Einsatz mit 32 m/s geordert werden. Das hat zwei entscheidende Vorteile: Einerseits lässt sich diese Scheibe dann um einen Härtegrad „härter" machen, wenn sie mit 35 m/s gefahren wird. Oder sie lässt sich um 2 bis 3 Härtegrade weicher machen, sollte sich dies als notwendig erweisen. Gleichzeitig lassen sich aber auch Chargenstreuungen, bei

Anpassung der dynamischen Wirkhärte der Schleifscheibe (Zusammenfassung)

Wirkung unter dem Einfluss veränderbarer Zustellung a_e.

Wirkhärte der Scheibe wird kleiner, wenn man die Zustellung a_e erhöht.
Wirkhärte der Scheibe wird grösser, wenn man die Zustellung a_e reduziert.

Wirkung unter dem Einfluss veränderbarer Werkstückgeschwindigkeit v_{fw}

Wirkhärte der Scheibe wird kleiner, wenn man die Werkstückgeschwindigkeit v_{fw} erhöht.
Wirkhärte der Scheibe wird grösser, wenn man die Werkstückgeschwindigkeit v_{fw} reduziert.

Wirkung unter dem Einfluss veränderbarer Schnittgeschwindigkeit v_c

Wirkhärte der Scheibe wird kleiner, wenn man die Schnittgeschwindigkeit v_c reduziert.
Wirkhärte der Scheibe wird grösser, wenn man die Schnittgeschwindigkeit v_c erhöht.

Wirkung unter dem Einfluss veränderbarer Schmierfähigkeit CL des Kühlmittels.

Wirkhärte der Scheibe wird kleiner, wenn man die Schmierfähigkeit CL des KSS reduziert.
Wirkhärte der Scheibe wird grösser, wenn man die Schmierfähigkeit CL des KSS erhöht.

BILD 3.17 Einflussgrössen auf die dynamische Härtewirkung einer Schleifscheibe

wiederkehrenden gleichen Scheibenlieferungen, gewissermassen „ausbalancieren". Schleifscheiben unterliegen nun einmal ihrer komplexen Fertigung wegen einer gewissen Streuung, ganz besonders in der Härte. Das hat nichts mit guter oder schlechter Qualität zu tun, sondern ist eine Tatsache, mit welcher jeder Scheibenhersteller zu kämpfen hat. Deshalb wird ein grosser Aufwand betrieben, um diese Toleranzen so klein wie nur möglich zu halten.

Der Begriff „E-Modul" wird vielen Lesern aus der Festigkeitslehre noch in Erinnerung sein. Das ist die Proportionalitätskonstante E in N/mm^2 eines Werkstoffs, definiert nach dem Hookeschen Gesetzt. E ist eine die Starrheit der Werkstoffe kennzeichnende Grösse und eine werkstoffbedingte Konstante. Für praktisch alle Stahlsorten kann ein Wert von 210'000 N/mm^2 gesetzt werden. Dabei gilt: **Je schwerer ein Werkstoff elastisch verformbar ist, umso grösser ist der E-Modul.** Das sollte man sich merken, um die folgenden Ausführungen besser zu verstehen.

Bereits im Jahre 1965 publizierte R. Snoeys [26] ein an der Universität von Leuven (Belgien) entwickeltes Messverfahren mit dem Namen „Grindosonic", um die „Gleichheit" von Schleifscheiben innerhalb einer Produktionscharge und unter mehreren Chargen zu überprüfen bzw. zu vergleichen. Dazu wurde das Ausklingverhalten, d. h. das Ausschwingen nach dem Anschlagen mittels einem gedämpften Hammer gemessen und daraus auf komplizierte rechnerische Weise der E-Modul dieser und genau dieser Schleifscheibe festgelegt. Euphorisch, wie man damals noch war, wenn es um positive Entdeckungen im Zusammenhang mit der Schleiftechnik ging, wurden dem E-Modul in der Folge „Aussagefähigkeiten" unterstellt, die so keineswegs richtig waren [27].

Zuerst die falschen Behauptungen, über welche sogar Dissertationen (!) geschrieben worden sind: Mit dem E-Modul könne man das Verhalten von Schleifscheiben unter verschiedenen Einsatzbedingungen voraussagen und somit eine zu den Prozessparametern optimal passende Scheibe auswählen. Ferner würden Scheiben mit dem gleichen E-Modul auch gleiche schleiftechnische Eigenschaften aufweisen. Alles Annahmen die allein schon deshalb falsch sein müssen, weil es nicht möglich ist, rückwärts aus einer einzigen bekannten Grösse die anderen herauszufinden, aus denen sie sich ursprünglich ergeben hat.

Und nun wozu der E-Modul Verwendung finden kann: Werden die Messbedingungen immer absolut gleich gehalten, so kann man den erhaltenen E-Wert durchaus als Mass für die Konstanz innerhalb einer Scheibencharge nutzen. Allerdings müssen die Scheibenspezifikation und die Scheibendimension völlig identisch sein. Jeder Körper hat eine so genannte Eigenfrequenz. Bringt man den Körper durch einen Hammerschlag in Schwindung, wird er genau mit seiner Eigenfrequenz antworten und mit dieser ausklingen. Mit dem E-Modul ist besonders dann, wenn für die Grossserienfertigung immer wieder die gleichen Scheibenspezifikationen innerhalb kleiner Fertigungstoleranzen angeliefert werden müssen, eine sichere Kontrolle möglich. In der Automobil- und Flugzeugindustrie hat man sich längst mit entsprechenden Messgeräten ausgerüstet, um stichprobenweise Nachlieferungen von Schleifscheiben zu prüfen. Hier lohnen sich ohne Zweifel die hohen Geräteanschaffungskosten.

Die weiter vorne fett gedruckte Zeile soll nun auch noch angesprochen werden. Schleifscheiben in den Grössenordnungen und Zusammensetzungen, in welchen überhaupt ein sicherer E-Modulwert messbar ist, weisen Werte von etwa 24'000 bis 37'000 N/mm^2 und geringfügig höher auf. Das heiss also, dass eine Schleifscheibe im Verhältnis zu einer Stahlscheibe, ungefähr 8.75–5.25-mal elastischer sein muss. Kann man fast nicht glauben, aber es ist wahr! Der Nachweis ist einfach: Man touchiert beispielsweise mit einer frisch abgerichteten Scheibe auf einer Flachschleifmaschine, ohne die Scheibe drehen zu lassen eine glatt geschliffene Platte, so dass sie diese gerade wirklich nur berührt. Wurde die Platte mit blauer Touchierfarbe eingerieben, zeigen sich die ersten Kratzspuren sofort. Ohne die Schleifscheibe nun zurückzustellen, lässt man sie in dieser Position auf Nenndrehzahl hochlaufen. In Abhängigkeit ihrer Härte und Struktur zeigt sich bei einem Scheibendurchmesser von beispielsweise 400 mm eine mindestens etwa 0.02–0.03 mm tiefe Schleifspur in der Platte. Durch die auf die Scheibe wirkende Zentrifugalkraft hat sich ihr Durchmesser um diesen Betrag vergrössert und zwar des geringen E-Moduls wegen. Der Praktiker muss deshalb wissen, dass eine Schleifscheibe im Stillstand kleiner ist als im drehenden Zustand. Würde man wie beschrieben im Stillstand antouchieren und dies als effektive Ausgangsposition annehmen, ergäbe dies beim Erreichen des 0-Masses einen der Scheibenvergrösserung entsprechenden Fehler, selbstverständlich abzüglich der Scheibenabnützung.

3.11 Konzentration von CBN und Diamant im Schleifbelag

Der Begriff „Konzentration“ wird nur für hochharte Schleifstoffe (Diamant und CBN) angewandt. Damit wird das pro cm^3 Belagsvolumen enthaltene Korngewicht in Karat (1 Karat = 0.2 Gramm) angegeben. Schleifscheiben, welche aggressiv arbeiten (grobe Körnungen) und/oder grosse bezogene Zeitspanvolumina Q'_w abtragen sollen, weisen meistens Konzentrationen von C125 bis C200 auf. Stehen Schleifaufgaben an mit hohen Ansprüchen an die Oberflächenqualität und Genauigkeit (feinere Körnungen), wird man eher Konzentrationen von C50 bis C100 einsetzten. Wie die Konzentrationen bezeichnet werden, zeigt Bild 3.18. Dabei fällt auf, dass die Bezeichnungen für CBN (kubisches Bornitrid) und für Diamant keineswegs gleich sind. Das hängt einerseits mit dem unterschiedlichen Karat-Gewicht zusammen und andererseits mit dem Volumen-Prozentanteil.

Für den Praktiker ist es nicht leicht, die Konzentration von Schleifscheiben aus hochharten Schleifstoffen selbst vorzugeben. Ohne Konsultation des Scheibenherstellers oder -lieferanten wird es wohl nicht gehen. Kompetente Auskünfte bedingen aber uneingeschränkte Offenheit, bezüglich der Schleifaufgabe sowie der dazu vorgesehenen Maschine, ihren Einstellbereichen

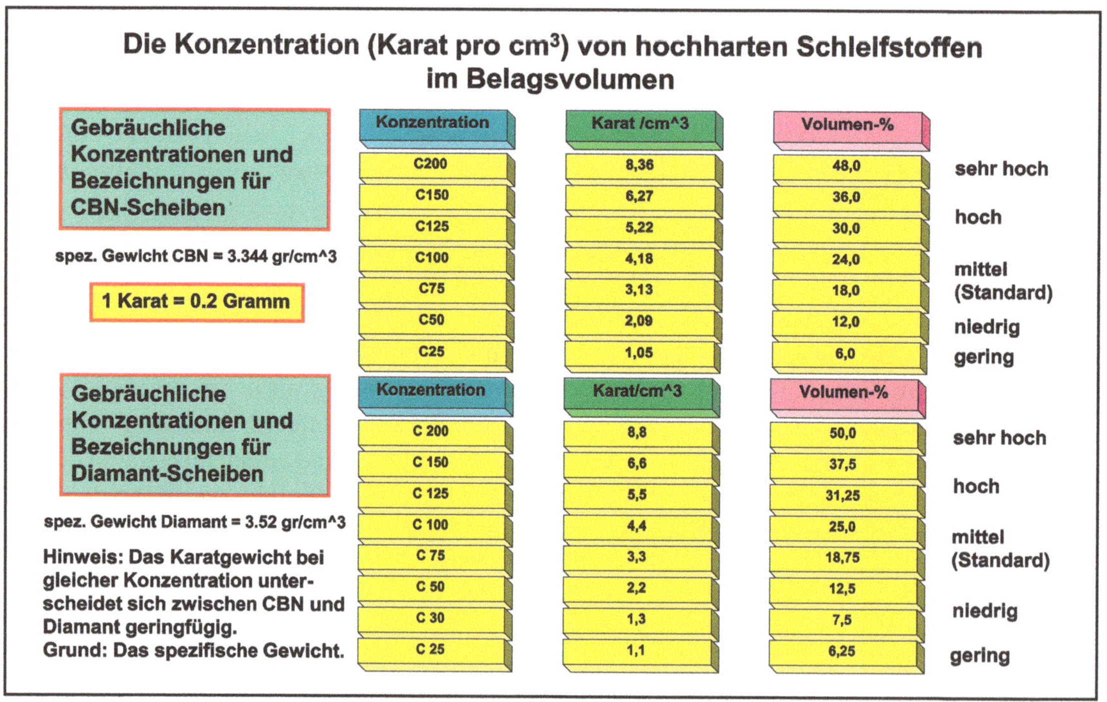

Die Konzentration (Karat pro cm³) von hochharten Schleifstoffen im Belagsvolumen

Gebräuchliche Konzentrationen und Bezeichnungen für CBN-Scheiben

spez. Gewicht CBN = 3.344 gr/cm^3

1 Karat = 0.2 Gramm

Konzentration	Karat /cm^3	Volumen-%	
C200	8,36	48,0	sehr hoch
C150	6,27	36,0	hoch
C125	5,22	30,0	
C100	4,18	24,0	mittel (Standard)
C75	3,13	18,0	
C50	2,09	12,0	niedrig
C25	1,05	6,0	gering

Gebräuchliche Konzentrationen und Bezeichnungen für Diamant-Scheiben

spez. Gewicht Diamant = 3.52 gr/cm^3

Konzentration	Karat/cm^3	Volumen-%	
C 200	8,8	50,0	sehr hoch
C 150	6,6	37,5	hoch
C 125	5,5	31,25	
C 100	4,4	25,0	mittel (Standard)
C 75	3,3	18,75	
C 50	2,2	12,5	
C 30	1,3	7,5	niedrig
C 25	1,1	6,25	gering

Hinweis: Das Karatgewicht bei gleicher Konzentration unterscheidet sich zwischen CBN und Diamant geringfügig. Grund: Das spezifische Gewicht.

BILD 3.18 Übliche CBN-Konzentrationen für keramische und für Kunstharzbindungen

und den Prozessparametern. Nur allzu oft sind Anwender nicht bereit, diese Angaben gegenüber dem Scheibenlieferanten offen zu legen, obwohl es im Endeffekt kontraproduktiv ist. Allerdings muss man den Anwendern etwas Verständnis entgegenbringen, denn es gibt durchaus auch „schwarze Schafe“ unter den Anwendungstechnikern von Scheibenherstellern, die mit solchen Daten wenig vertraulich umgehen. Und das hat selbstverständlich das uneingeschränkte Vertrauen beschädigt.

Diese geringen Korngewichtsanteile im Scheibenbelag, besonders bei niedrigen Konzentrationen, dürfen nicht darüber hinweg täuschen, dass der Rest eines cm^3 meist noch mit anderen Kornarten und -grössen gefüllt ist und die Struktur der jeweiligen Scheibe (keramische Bindungen) auch Raum für sich beansprucht.

3.12 Anwendungen, Abtragsleistungen und G-Werte

Erst seit Anfang der Sechzigerjahre beurteilt man das Schleifen auch in Bezug auf die Wirtschaftlichkeit. Davor wurden Schleifprozesse mehr oder weniger als „notwendiges Übel“ betrachtet. Es gab sogar Unternehmen, in denen ein Konstrukteur die Erlaubnis für eine Schleifbearbeitung an einem Teil beim höchsten Vorgesetzten einholen musste, bevor er den Vermerk „geschliffen“ in seine Zeichnung eintragen durfte. Schleifen war eben ein höchst unrationelles, zeitaufwändiges und zudem teures Bearbeitungsverfahren. Was sich in dieser Hinsicht im Laufe eines halben Jahrhunderts geändert hat, lässt sich kaum mit Worten beschreiben. Das Schleifen avancierte in allen Standardschleifverfahren zu einer höchst effizienten und in vielen Fällen nicht mehr zu umgehenden Bearbeitungsmethode. Gründe sind die höheren Ansprüche an die Oberflächenqualitäten, Geometriegenauigkeiten und Toleranzen. Dazu kommen die immer anspruchsvolleren Teileformen und hochlegierte, harte Materialien

Das Kapitel 4 „Einflussgrössen und Zusammenhänge“ verdeutlicht in ausreichenden Masse, was man - ehrlich gesagt schon seit Jahren - berechnen kann. Und nach der vollständigen Lektüre dieses Buches werden kaum noch irgend welche Zusammenhänge im Dunkeln liegen. Lediglich neue Schleifstoffe und/oder neue Werkstoffe erfordern ab und zu Versuche, um die günstigsten Parameter zu finden. Aber im Grossen und Ganzen gilt die Schleiftechnologie spätestens seit Ende der Achtzigerjahre als bekannt und auch physikalisch begründet und bewiesen. Heute ist es nicht mehr möglich, das Schleifen als spanabhebendes Bearbeitungsverfahren zu ignorieren. Ganz im Gegenteil, es hat sich fest etabliert und kann sogar mit dem Drehen und Fräsen ganz gut mithalten. Dazu weist es den Vorteil auf, dass weiche, harte und spröde Werkstoffe damit bearbeitbar sind, was beim Drehen und Fräsen keinesfalls immer der Fall ist.

Es war von der Wirtschaftlichkeit die Rede. Wirtschaftlichkeit muss immer einen Verhältniswert darstellen, oder anders ausgedrückt, es müssen Grössen mit einander verglichen werden. Das ist auch beim Schleifen so. Hier ist die Wirtschaftlichkeit durch den so genannten G-Wert definiert. Und da der G-Wert das Verhältnis von abgetragenem Spanvolumen V_w zum verschlissenen Scheibenvolumen V_{sC} als reine Zahl darstellt, muss es möglich sein, ihn in Grössenordnungen auch anzugeben. Die Formel dazu lautet:

$$G = \frac{V_w}{V_{sC}} \left[\frac{mm^3}{mm^3}\right] \tag{3.1}$$

V_w = gesamtes abgespantes Werkstoffvolumen zwischen zwei Konditionierungen

V_{sC} = gesamtes abgetragenes Scheiben- bzw. Belagsvolumen zwischen zwei Konditionierungen (beide Grössen werden in mm^3 eingesetzt).

Bevor die Grössenordnungen des G-Wertes präsentiert werden, ist ein kurzer Exkurs in die Entwicklung des früher möglichen und des heute realisierbaren Abtragsvolumen sinnvoll. Man muss sich darüber im Klaren sein, dass das Schleifen früher grundsätzlich immer nur eine Endbearbeitung zur Verbesserung der Oberfläche und/oder der Genauigkeit war. Da hat es sich kaum gelohnt, das bezogene Zeitspanvolumen Q'_w (siehe Kapitel 4) auszurechnen. Nur das Resultat zählte. Es war oft völlig egal, welche Scheibe sich gerade auf der Maschine befand. Zudem wurde meist trocken geschliffen, weil man ja den Prozess beobachten wollte!

Aber die Zeiten haben sich geändert. Mitte der Sechzigerjahre begann das Vollschnittschleifen (siehe Kapitel 8) und damit auch das Nachrechnen des erzielten bezogenen Zeitspanvolumens Q'_w. Anfangs galten 10–12 $mm^3/(mm \cdot s)$ noch als „Leistungsschliff". Das war insofern nicht so falsch, als früher die Werte von Q'_w nur etwa zwischen 0.5 und vielleicht 3.5 $mm^3/(mm \cdot s)$ lagen.

So einfach, wie das jetzt klingen mag, war es aber durchaus nicht. Die höchste Schnittgeschwindigkeit v_c auf Flachschleifmaschinen war durchwegs mit 35 m/s und bei einigen Aussenrundschleifmaschinen bereits bei 45 m/s festgelegt. Zumal die Schnittgeschwindigkeit v_c in der Formel der Abtragsleistung gar nicht vorkommt, hat sie auf Q'_w auch keinen Einfluss. Was war es denn? Man begann, in einem oder zwei Durchgängen ein ganzes Profil aus dem Vollen zu schleifen. Das hat aber andere Tischantriebe notwendig gemacht, mit welchen anstelle der bisher üblichen 30'000 mm/min (höchste Pendelgeschwindigkeit) Werkstückgeschwindigkeit eine solche bis etwa 120 mm/min absolut ruckfrei möglich sein musste. Jetzt kam noch das „Schleifbrandproblem" dazu. Erst als klar war, dass dies auch wesentlich grössere Kühlschmierstoffmengen erforderte, begann die Sache Spass zu machen. Und jetzt geschah etwas, was man vorher gar nicht für möglich hielt. Je tiefer das Profil war, desto geringer war die Schleifbrandtendenz und – die grosse Überraschung – der Leistungsbedarf an der Schleifspindel stieg nicht proportional zur höheren Abtragsleistung an.

Der grosse Durchbruch in Richtung hohe Abtragsleistungen kam mit den von den Schleifscheibenherstellern dazu entwickelten hochporösen Scheiben. Die grossen Kontaktflächen bei tiefen Profilen erforderten Scheibenhärten im Bereiche von F–H. Solche Scheibenhärten wurden früher beim Präzisionsschleifen nicht benötigt. Bedingung bei den hochporösen Scheiben war eine möglichst homogene Verteilung der grossen Poren. Das beherrschten allerdings nicht alle Scheibenhersteller auf Anhieb.

Nun ging es erst richtig los. Zustell- bzw. Profiltiefen von 10 mm waren schon bald eine Selbstverständlichkeit, und 1975 wurden erstmals kurze Zahnstangen mit einem Modul 12, das sind über 24 mm Gesamttiefe, in einem einzigen Durchgang aus dem Vollen geschliffen. Eine absolute Sensation!

Heute sind zeitbezogene Abtragsvolumina weit über 1000 $mm^3/(mm \cdot s)$ mittels dem Hochgeschwindigkeits-Vollschnittschleifen (HEDG) ohne thermische Randzonenschäden realisierbar. Verglichen mit dem Fräsen und hochgerechnet auf 10 mm Kontaktbreite, somit 600 $cm^3/(cm \cdot min)$. Das sind Werte, die sich sehen lassen dürfen. Dabei stellen im Gegensatz zum Fräsen der Werkstoff und seine Härte kaum ein Problem dar. Logisch, solche Leistungsgrössen sind den hoch optimierten Schleifprozessen zuzuordnen. Extrem steife und starre Schleifmaschinen, leistungsfähige, schnelle Antriebe, hohe Beschleunigung an allen Achsen, Schnittgeschwindigkeiten von 120–185 m/s und eine angepasste Kühlmittelversorgung sind die Voraussetzungen dazu. Als Kühlschmierstoff muss ein hoch additiviertes Schleiföl (Viskosität 12–18 mm^2/s bei 40 °C) zum Einsatz gelangen. In einzelnen Fällen werden sogar Viskositäten bis 24 mm^2/s bei 40 °C verwendet. Selbstverständlich muss die Maschine für das Schleifen mit Öl zugelassen sein (Abdeckung, Explosionsklappe, Absaugung, Löscheinrichtung, usw.). Der Anwender hat vom Maschinenlieferanten die schriftliche Bestätigung zu verlangen, dass dieser die gesetzlich vorgeschriebenen Sicherheitsvorschriften, sowohl was das Schleifen mit Ölen als auch die Verwendung hoher Schnittgeschwindigkeiten betrifft, vollumfänglich eingehalten hat. Das ist allein schon deshalb von grösster Bedeutung, weil im Falle eines Personenschadens die Produktehaftung zum Tragen kommt. Hier steht der Maschinenbeschaffer an vorderster Front in der Pflicht. Das kann äusserst unangenehm werden! Hat er jedoch eine Bescheinigung des Maschinenherstellers in schriftlicher Form zur Hand, liegt die Verantwortlichkeit normalerweise bei diesem. Und noch ein Hinweis an die direkt Verantwortlichen und an die Operateure selbst: Arbeiten Sie niemals an einer Schleifmaschine, welche mit Schutzeinrichtungen versehen ist, ohne dass diese geschlossen und/oder in voller Funktion sind. Und an die Vorgesetzten: Machen Sie die Operateure auf die hohe Unfallgefahr aufmerksam, es lohnt sich!

Zurück zum bezogenen Zeitspanvolumen Q'_w. Zeitbezogene Abtragsvolumina über 50 $mm^3/(mm \cdot s)$ und bis über 1000 $mm^3/(mm \cdot s)$ werden beispielsweise beim Zahnradschleifen, bei zugeschnittenen Lösungen für die Automobil- und die Flugzeugindustrie, in einigen Bereichen der Werkzeugfertigung (z. B. Spiralbohrernutenschleifen), bei der Bearbeitung von Zahnstangen und für viele andere Anwendungen erreicht. Die bezogenen Zeitspanvolumina Q'_w, welche im Allgemeinen mit gut abgestimmten Schleifscheiben, Kühlschmierstoffen und Stellgrössen erzielbar sind, liegen um den Faktor 2–5 höher, als dies noch vor wenigen Jahren denkbar gewesen wäre. Und was jetzt erstaunen mag ist die Tatsache, dass die heute möglichen hohen Schnittgeschwindigkeiten (120–185 m/s) massgeblich an der Steigerung der Abtragsleistung beteiligt sind. Dies, obwohl wie oben bereits erwähnt, die Schnittgeschwindigkeit in der Leistungsformel nicht vorkommt. Der Grund muss deshalb ein indirekt wirkender sein (siehe hierzu Kapitel 10).

Der G-Wert wird interessant bei anspruchsvollen Leistungsschliffen. Hier bewegt sich im unteren Bereich das bezogene Zeitspanvolumen Q'_w zwischen etwa 12–25 $mm^3/(mm \cdot s)$, kann aber bei Einsatz einer Mischkorn-Sinterkorund- oder CBN-Scheibe durchaus auf deutlich über 50 $mm^3/(mm \cdot s)$ ansteigen. Beim Hochleistungsschleifen können mit CBN-Schleifscheiben zeitbezogene Abtragsmengen von weit über 100 $mm^3/(mm \cdot s)$ erzielt werden. Und lediglich der Vollständigkeit halber: Im Labor liessen sich sogar bezogene Zeitspanvolumina Q'_w von bis zu 3000 $mm^3/(mm \cdot s)$ erreichen [13]. Und das ohne thermische Probleme in der Randzone des Werkstücks, was auch durch röntgentechnologische Untersuchungen der Randschicht, hinsichtlich vorhandener Zugspannungen, nachweisbar war. Da soll einer mal sagen, das Schleifen könne leistungsmässig nicht mithalten. Das einzige Handicap ist und bleibt der grössere Energiebedarf.

Jetzt bleibt noch die Frage zu beantworten, wann sich die Berechnung des G-Wertes als Wirtschaftlichkeitskontrolle eines Schleifprozesses als sinnvoll erweist. Die Antwort ist kurz: Je teurer die Schleifscheibe (Sinterkorund, CBN und Diamant), desto wichtiger wird deren Amortisation. Sie muss sich ja bezahlt machen. Eine CBN-Scheibe ist je nach Grösse etwa 12 bis 16 mal teurer, als eine konventionelle Schleifscheibe gleicher Grösse. Ihre Standzeit muss demzufolge mindestens um diesen Faktor auch länger sein. Das gilt genauso für alle anderen teureren Schleifscheiben. Wie die nachfolgende Auflistung verdeutlicht, hat sich im Bereiche der konventionellen Schleifstoffe und Anwendungen prinzipiell nichts geändert. Dagegen ist schon beim Einsatz von Sinterkorund eine Steigerung festzustellen und beim Einsatz von CBN-Scheiben und erhöhten Schnittgeschwindigkeiten erfahren die erreichbaren G-Werte direkt drastische Steigerungen. Das ist besonders von Interesse, wenn man Wirtschaftlichkeitsberechnungen anstellt.

Zur Veranschaulichung seien hier einige G-Werte festgehalten:

- konventionelle Scheiben (konventionelles Schleifen) G = 3 - ca. 30
- Sinterkorundscheiben (allgemeiner Einsatz) G = 25 - ca. 60
- Sinterkorundscheiben (optimierte Schleifprozesse) G = 50 - ca. 100
- CBN im allgemeinen Einsatz G = 450 - ca. 850
- CBN in optimiertem Schleifprozess G = 1'200–1'500
- CBN in HSG- oder HEDG-Prozessen, optimiert G = 12'000–15'000

Diese Werte können abhängig von den gegebenen Bedingungen nach unten und auch nach oben abweichen. Zu beachten ist ferner, dass man grundsätzlich bei allen Schleifscheibenarten, welche aus nachprofilierbaren Bindungen bestehen, immer scheibenseitig das Verlustvolumen zwischen zwei Konditionierungen als V_{sC} in der Formel 3.1 einsetzen muss. Allein nur die Abnützung durch den Schleifprozess zu berücksichtigen, wäre kaum richtig, denn der G-Wert würde so gar nicht stimmen.

3.13 Schleifstoffe und deren Anwendungsschwerpunkte

Die Frage, wo welcher Schleifstoff idealerweise zum Einsatz gelangen sollte, dürfte zu den ältesten Fragen der Menschheit zählen. Ein einfaches Beispiel: Ein Anwender schleift Grauguss-Führungsbahnen an Maschinenbetten mit einer Halbedelkorundscheibe und ist mit dem Resultat vollends zufrieden. Ein anderer nimmt für eine absolut vergleichbare Arbeit eine hellgrüne Siliziumkarbid-Scheibe und der Nächste behauptet, mit schwarzem Siliziumkarbid die besten Erfolge erzielt zu haben. Was ist nun richtig bzw. optimal? Ist es nur Ansichtssache oder gibt es tatsächlich überzeugende Argumente für die Schleifstoff/Werkstoff-Kombinationen. Nachfolgend eine Übersicht über die verschiedenen Kornarten und den zu ihnen passenden Werkstoffen. Logischerweise ist es nicht möglich, alle denkbaren Anwendungs- und Einsatzmöglichkeiten hier aufzuführen.

Die folgenden Tabellen 3.1 und 3.2 enthalten die verschiedenen Schleifstoffe und die damit typischerweise zu bearbeitenden Werkstoffe. Es ist zu beachten, dass die Handzeichen links der vertikalen Kolonnen auf die Verwendbarkeit hinweisen. Kornartkombinationen bleiben hier unberücksichtigt (Sondermischungen).

Es macht wenig Sinn, jetzt noch über die Bezeichnungen der verschiedenen Kornarten zu reden, den auch diese sind nicht genormt und somit der Willkür der Scheibenhersteller überlassen. Der Bezeichnungsbuchstabe aber wird mehrheitlich wie folgt verwendet:

- A = Normal-, Halbedel-, Edel-, Einkristall- sowie Sinterkorund
- A oder ZA = Zirkonkorund
- C = Siliziumkarbid
- B = kubisches Bornitrid CBN
- D = Diamant (synthetisch und natürlich).

Das kann es ja nicht sein. Die Unterschiede der einzelnen Kornstoffe müssten doch logischerweise auch gekennzeichnet sein. Und genau hier beginnen die Probleme für die Anwender. Die Schleifscheibenhersteller setzen vor den Buchstaben eine ein- oder zweistellige, selten auch dreistellige Zahl. Ein Vergleich von Scheibenspezifikationen verschiedener Hersteller ist somit gar nicht möglich, es sei denn, diese seien zufälligerweise bereits bekannt.

Beispiel: 56A kann beim einen Hersteller Halbedelkorund bedeuten. Ein anderer verwendet die gleiche Zahl für Edelkorund rubin mit 2.0 % Chromoxid und ein Dritter nennt so das von ihm verarbeitete Sinterkorund. Eine verwirrende Angelegenheit, aber eben, eine längst überfällige Normierung fehlt nach wie vor.

Zum Schluss soll noch erklärt werden, wie sich eine „normale“ Scheibenspezifikation, d. h. die Gesamtbezeichnung einer bestimmten Schleifscheibe, zusammensetzt. Die Spezifikation muss folgende Angaben enthalten:

TABELLE 3.1 Schleifstoffe und ihre Eignung bei verschiedenen Werkstoffen

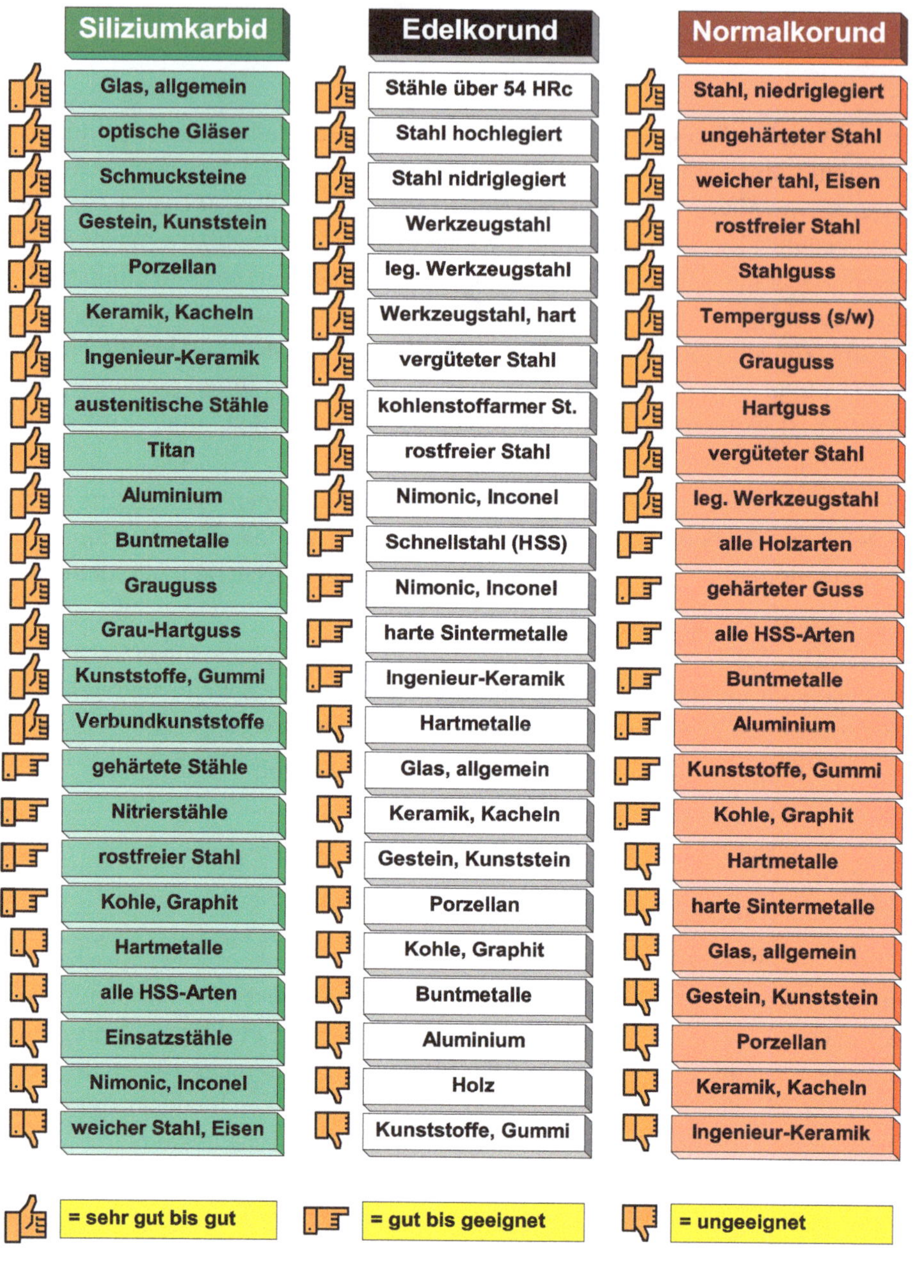

Eignung	Siliziumkarbid	Eignung	Edelkorund	Eignung	Normalkorund
sehr gut bis gut	Glas, allgemein	sehr gut bis gut	Stähle über 54 HRc	sehr gut bis gut	Stahl, niedriglegiert
sehr gut bis gut	optische Gläser	sehr gut bis gut	Stahl hochlegiert	sehr gut bis gut	ungehärteter Stahl
sehr gut bis gut	Schmucksteine	sehr gut bis gut	Stahl nidriglegiert	sehr gut bis gut	weicher tahl, Eisen
sehr gut bis gut	Gestein, Kunststein	sehr gut bis gut	Werkzeugstahl	sehr gut bis gut	rostfreier Stahl
sehr gut bis gut	Porzellan	sehr gut bis gut	leg. Werkzeugstahl	sehr gut bis gut	Stahlguss
sehr gut bis gut	Keramik, Kacheln	sehr gut bis gut	Werkzeugstahl, hart	sehr gut bis gut	Temperguss (s/w)
sehr gut bis gut	Ingenieur-Keramik	sehr gut bis gut	vergüteter Stahl	sehr gut bis gut	Grauguss
sehr gut bis gut	austenitische Stähle	sehr gut bis gut	kohlenstoffarmer St.	sehr gut bis gut	Hartguss
sehr gut bis gut	Titan	sehr gut bis gut	rostfreier Stahl	sehr gut bis gut	vergüteter Stahl
sehr gut bis gut	Aluminium	sehr gut bis gut	Nimonic, Inconel	sehr gut bis gut	leg. Werkzeugstahl
sehr gut bis gut	Buntmetalle	gut bis geeignet	Schnellstahl (HSS)	gut bis geeignet	alle Holzarten
sehr gut bis gut	Grauguss	gut bis geeignet	Nimonic, Inconel	gut bis geeignet	gehärteter Guss
sehr gut bis gut	Grau-Hartguss	gut bis geeignet	harte Sintermetalle	gut bis geeignet	alle HSS-Arten
sehr gut bis gut	Kunststoffe, Gummi	gut bis geeignet	Ingenieur-Keramik	gut bis geeignet	Buntmetalle
sehr gut bis gut	Verbundkunststoffe	ungeeignet	Hartmetalle	gut bis geeignet	Aluminium
gut bis geeignet	gehärtete Stähle	ungeeignet	Glas, allgemein	gut bis geeignet	Kunststoffe, Gummi
gut bis geeignet	Nitrierstähle	ungeeignet	Keramik, Kacheln	gut bis geeignet	Kohle, Graphit
gut bis geeignet	rostfreier Stahl	ungeeignet	Gestein, Kunststein	ungeeignet	Hartmetalle
gut bis geeignet	Kohle, Graphit	ungeeignet	Porzellan	ungeeignet	harte Sintermetalle
ungeeignet	Hartmetalle	ungeeignet	Kohle, Graphit	ungeeignet	Glas, allgemein
ungeeignet	alle HSS-Arten	ungeeignet	Buntmetalle	ungeeignet	Gestein, Kunststein
ungeeignet	Einsatzstähle	ungeeignet	Aluminium	ungeeignet	Porzellan
ungeeignet	Nimonic, Inconel	ungeeignet	Holz	ungeeignet	Keramik, Kacheln
ungeeignet	weicher Stahl, Eisen	ungeeignet	Kunststoffe, Gummi	ungeeignet	Ingenieur-Keramik

= sehr gut bis gut = gut bis geeignet = ungeeignet

TABELLE 3.2 Schleifstoffe und ihre Eignung bei verschiedenen Werkstoffen

Eignung	Diamant	Eignung	CBN	Eignung	Sinterkorund
sehr gut bis gut	Glas, allgemein	sehr gut bis gut	alle HSS-Arten	sehr gut bis gut	Werkzeugstahl, hart
sehr gut bis gut	optische Gläser	sehr gut bis gut	Werkzeugstahl, hart	sehr gut bis gut	leg. Werkzeugstahl
sehr gut bis gut	Schmucksteine	sehr gut bis gut	leg. Werkzeugstahl	sehr gut bis gut	gehärteter Stahl
sehr gut bis gut	Gestein, Kunststein	sehr gut bis gut	gehärteter Stahl	sehr gut bis gut	vergüteter Stahl
sehr gut bis gut	Porzellan	sehr gut bis gut	Hartguss	sehr gut bis gut	rostfreier Stahl
sehr gut bis gut	Keramik, Kacheln	sehr gut bis gut	gehärteter Guss	sehr gut bis gut	weicher Stahl, Eisen
sehr gut bis gut	Ingenieur-Keramik	sehr gut bis gut	Stähle über 54 HRc	sehr gut bis gut	Nimonic, Inconel
sehr gut bis gut	Hartmetalle	gut bis geeignet	vergüteter Stahl	sehr gut bis gut	Stahlguss
sehr gut bis gut	harte Sintermetalle	gut bis geeignet	rostfreier Stahl	sehr gut bis gut	Temperguss
sehr gut bis gut	Verbundkunststoffe	gut bis geeignet	Nimonic, Inconel	sehr gut bis gut	Grauguss
sehr gut bis gut	Kunststoffe	gut bis geeignet	kohlenstoffarmer St.	gut bis geeignet	alle HSS-Arten
gut bis geeignet	alle HSS-Arten	ungeeignet	weicher Stahl, Eisen	gut bis geeignet	Hartguss
gut bis geeignet	Werkzeugstahl	ungeeignet	Kohle, Graphit	gut bis geeignet	gehärteter Guss
gut bis geeignet	gehärteter Stahl	ungeeignet	Glas, allgemein	gut bis geeignet	Buntmetalle
gut bis geeignet	Hartguss, Ferrite	ungeeignet	Gestein, Porzellan	gut bis geeignet	Aluminium
gut bis geeignet	Kohle, Graphit	ungeeignet	Keramik, Kacheln	gut bis geeignet	Kunststoffe, Gummi
ungeeignet	kohlenstoffarmer St.	ungeeignet	Ingenieur-Keramik	gut bis geeignet	alle Holzarten
ungeeignet	weicher Stahl, Eisen	ungeeignet	Kohle, Graphit	ungeeignet	Kohle, Graphit
ungeeignet	rostfreier Stahl	ungeeignet	Hartmetalle	ungeeignet	Hartmetalle
ungeeignet	Nimonic, Inconel	ungeeignet	harte Sintermetalle	ungeeignet	harte Sintermetalle
ungeeignet	Buntmetalle	ungeeignet	Buntmetalle	ungeeignet	Glas, allgemein
ungeeignet	Aluminium	ungeeignet	Aluminium	ungeeignet	Gestein, Porzellan
ungeeignet	Holz	ungeeignet	Holz	ungeeignet	Keramik, Kacheln
ungeeignet	Gummi	ungeeignet	Kunststoffe, Gummi	ungeeignet	Ingenieur-Keramik

= sehr gut bis gut | = gut bis geeignet | = ungeeignet

- Kornart, z. B. 64A – könnte Einkristallkorund sein (reine Annahme)
- Korngrösse, z. B. 60 – dieses Korn wurde vom Sieb mit 60 Maschen pro Zoll zurückgehalten
- Bindungshärte, z. B. K – die Härtebuchstaben sind als einzige Bezeichnung durch die FEPA international genormt (A–Z). Nicht definiert ist aber, wie die Härte gemessen werden muss und welcher Buchstabe welcher Härte zuzuordnen ist ... Wenig hilfreich für die Anwender!
- Struktur oder Porosität, z. B. Zahl 8 – wäre bei einer Skala von 1–20 gerade noch eine Struktur, die durch Pressdruck erzeugt wird und bereits grössere Poren aufweist
- Bindungsart, z. B. V – wird im Allgemeinen für keramische Bindungen benützt (das V kommt vom englischen vitrified).

Auf der Schleifscheibe mit dieser Spezifikation müsste nun mindestens stehen:

64A 60 K 8 V

Diese Bezeichnung gilt aber – damit es noch einmal festgehalten ist – nur für einen Hersteller! Ein anderer könnte diese Scheibe ohne weiteres etwa 37A 60 L 5 V600 nennen, abhängig von seinen hauseigenen Zahlen- und/oder Buchstabenzuordnungen. Ganz besonders tückisch sind die Zusatzbezeichnungen zur Bindung. Das V würde man ja noch verstehen, aber der „Geheimcode" dahinter kennt nur der Hersteller selbst. Er bezieht sich in vielen Fällen nicht nur auf die Bindungsrezeptur, sondern schliesst auch die so genannte Porenverteilung und -grösse (fein, mittel fein, gross, sehr gross, usw.) ein. Manchmal hilft hier ein Blick in den Scheibenkatalog.

WICHTIG Der Gesetzgeber schreibt zwingend vor, dass die maximal zulässige Schnittgeschwindigkeit und die entsprechende Drehzahl in min^{-1} gut lesbar auf dem Etikett stehen müssen. Der Anwender ist seinerseits verpflichtet, dafür zu sorgen, dass diese Werte niemals überschritten werden (Produktehaftung).

3.14 Mikro- und Makroausbruch der Schleifkörner

In dieses Kapitel gehört auch noch eine Zusammenfassung über das Verhalten der Kornschneiden sowie der ganzen Körner während dem Einsatz. Man macht sich oft ein völlig falsches Bild darüber, was eigentlich im Prozess durch die wirkenden Kräfte an der Schleifscheibe vor sich geht.

In Abhängigkeit der Belastung der einzelnen Kornschneiden bzw. der ganzen Körner ergeben sich differenzierte Zustände bezüglich der Splitterung bis zum Vollausbruch von Körnern. Das Bild 3.19 zeigt die wichtigen Unterscheidungssituationen, wobei das relative bezogene Zeit-

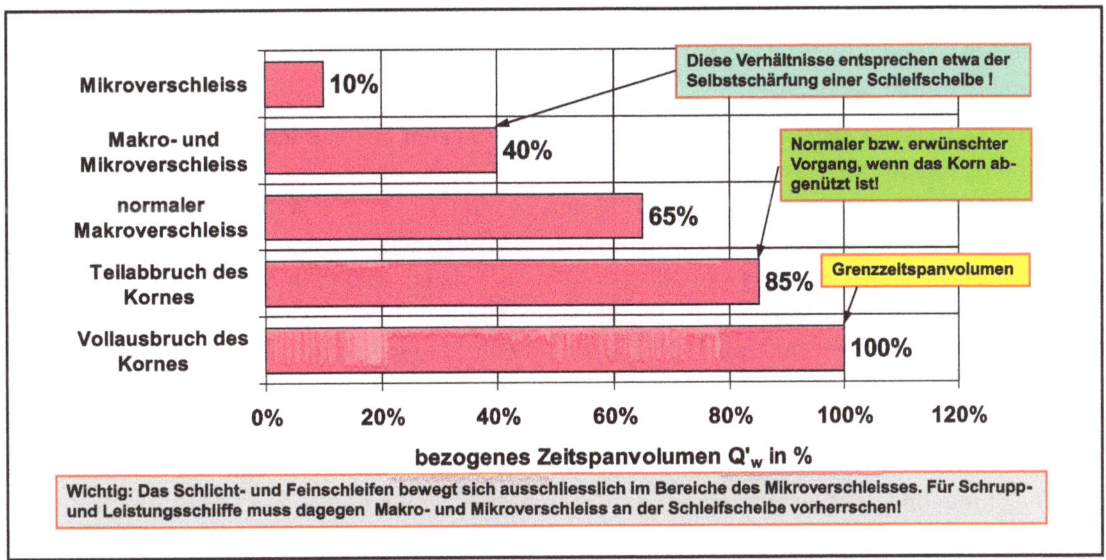

BILD 3.19 Mikro- und Makro-Kornausbruch. Art des Aus- und Abbruchverhaltens des Schleifscheibenkornes in Abhängigkeit von Q'_w (bis zum vollständigen Kornausbruch). Das zeitbezogene Abtragsvolumen in der Phase des Scheibenzusammenbruchs nennt man Grenzzeitspanvolumen $Q'_{w\ grenz}$.

spanvolumen Q'_w als Abszisse dient. Ist die Kornbelastung gering (Fein- und Feinstschleifen), werden die Körner lediglich abgerieben, was zu einem Mikroverschleiss führt, welcher masslich (geometrische Formgenauigkeit) kaum wahrgenommen werden kann. Die vorausgehende Konditionierung ist allein massgebend für die Wirkrautiefe an der Scheibe, weil sich diese mangels äusserer Belastung gar nicht selbst schärfen kann. Deshalb steigt allmählich die Normalkraft an und führt im ungünstigsten Fall zu einer zunehmend schlechteren Oberflächenqualität am Werkstück. Man muss deshalb in regelmässigen Abständen die Scheibe immer wieder neu konditionieren.

Die günstigsten Voraussetzungen ergeben sich dann, wenn die äussere Belastung der Schleifscheibe im Gleichgewicht mit der Belastbarkeit des Schleifkörpers steht. Dabei erfolgt eine Kombination von Mikro- und Makroausbruch, d. h. kleinste Kornpartikel brechen jetzt weg. Das ist der günstigste Zustand, weil sich die Scheibe nun selbst nachschärft, ohne dass dabei weder ein zu grosser Korn- und/oder zu grosser Formverlust entsteht. Ein dermassen eingestellter Schleifprozess kann so lange fortgesetzt werden, bis die Schleifscheibe – auch aus Gründen der ihr eigenen Inhomogenität – die geforderte Toleranz und/oder Formgenauigkeit verliert. Das ist das Signal für die nächste Konditionierung!

Für die meisten Schleifaufgaben wird der normale Makroverschleiss massgebend sein. Es wird beispielsweise zuerst geschruppt und dann geschlichtet. Nach einer gewissen Anzahl von Werkstücken erfolgt eine Neukonditionierung. Hier muss man also durch Beobachtung und Nachmessung das Standverhalten der Scheibe kontrollieren. Beim Vollschnitt- und Einstechschleifen ist der normale Makroverschleiss an der Schleifscheibe eine gute Voraussetzung, weil die Abtragsleistung und die Form- und Oberflächenqualität in einem günstigen Verhältnis zueinander stehen.

Der Teilausbruch der abgenützten und verschlissenen Körner ist ein meist erwünschter Vorgang. Sobald nämlich ein Korn so stark abgenützt ist, dass es nur noch drückt und nicht mehr spant, sollte es durch die ansteigende Normalkraft aus der Bindungsmatrix gedrückt werden. Dahinter und daneben stehen wieder neue, unverbrauchte Körner zur Verfügung. Dieses Kornausbruchverhalten wird normalerweise bei sehr hohen Abtragsleistungen beobachtet. Ein typisches Beispiel dafür wäre das Hochgeschwindigkeitsschleifen mit bezogenen Zeitspanvolumina Q'_w im Bereiche von > 500–1'000 $mm^3/(mm \cdot s)$ und mehr. Man geht hier eben ganz bewusst an die obere Zulässigkeitsgrenze der Scheibenbelastbarkeit.

Der Kornvollausbruch während einem laufenden Prozess deutet auf falsche Vorgaben (Parameter) und/oder auf eine ungünstig gewählte Scheibenspezifikation hin. Wird eine Schleifscheibe auf ihre Leistungsfähigkeit getestet, geht man normalerweise bis zu diesem Punkt und reduziert die effektiven Prozessvorgaben danach auf etwa 80 %. Das ist das Maximum, was eine Scheibe hergeben kann!

3.15 Arbeitsdruckkraft F_d nach OTT

Die Zusammenhänge zwischen der äusseren und der inneren Belastbarkeit einer Schleifscheibe gehören zweifellos zu den am schwersten beschreibbaren Vorgängen in der Schleiftechnologie. Die Scheiben tragen wohl Spezifikationskennzeichnungen,– wie bereits ausgeführt wurde – sind diese aber weder einheitlich genormt noch sind sie für rechnerische Zwecke verwendbar. Aber ohne irgend ein brauchbares Verbindungsglied, könnte ein Schleifprozess niemals vollumfänglich berechnet werden und Scheiben schon gar nicht.

Alle früher an Hochschulen entwickelten Prozessberechnungsverfahren nahmen nicht nur keinen Bezug auf den Kühlschmierstoff und seine Schmierfähigkeit, sondern auch nicht auf die Schleifscheibe, hinsichtlich ihrer Spezifikation für eine gegebene Schleifaufgabe. Zudem basierten alle Berechnungsversuche auf gemessenen Daten aus noch aufzubauenden Datenbanken. Was dabei vergessen wurde, ist die Tatsache, dass bereits kleinste Unterschiede, allein in den Randbedingungen, zu völlig voneinander abweichenden Ergebnissen führen können. Die Übertragung von hinterlegten Daten auf einen nur geringfügig davon abweichenden Schleifprozess konnte somit keine brauchbaren Ergebnisse erbringen. Zudem würde eine solche Datenbank unvorstellbare Dimensionen annehmen und müsste über einen extrem schnellen Prozessor verfügen. An die benötigten Messgeräte und deren Beschaffungskosten darf man schon gar nicht denken.

Hier hat OTT [11, 12] in den frühen 80er-Jahren echte Pionierarbeit geleistet. Seine Prozessoptimierungsprogramme sind nicht auf einer unendlich grossen Datenbank aufgebaut, sondern rein rechnerisch auf zum Teil äusserst komplexen Formeln. Damit dies aber überhaupt möglich war, musste ein Verbindungsglied zwischen den Prozessvorgaben – so wie man diese an der Maschine einstellen muss – und der Scheibenspezifikation gefunden werden. Dabei kam die von ihm „erfundene" Arbeitsdruckkraft F_d heraus.

Man kann die Arbeitsdruckkraft F_d als „Fingerabdruck" einer jeden Schleifscheibe bezeichnen, zumal sich jeder Scheibe eine ganz bestimmte Arbeitsdruckkraft F_d zuordnen lässt. Es ist die auf einen Quadratmillimeter der Kontaktfläche A_k zwischen der Scheibe und dem Werkstück bezogene Normalkraft F_n. Sie beschreibt nicht nur die optimale Druckkraft auf die jeweilige Scheibe, sondern stellt auch das Bindeglied zum Prozess dar. OTT hat über viele Jahre Schleifprozesse und die dazu verwendeten Scheiben auf ihr Verhalten untersucht und die Ergebnisse ausgewertet. Dabei hat sich gezeigt, dass jede Schleifscheibe – auch solche aus hochharten Schleifstoffen (CBN und Diamant) –, abhängig von ihrer Spezifikation, immer beim Auftreten einer bestimmten Normalkraft pro Flächeneinheit (siehe nachfolgende Formel) optimale Selbstschärfeigenschaften aufweist. Aber auch der Zusammenbruch der Bindung erfolgt bei jeder Scheibenspezifikation immer in etwa bei der Einwirkung einer gleichen Arbeitsdruckkraft. Kennt man die Nenn-Arbeitsdruckkraft einer Scheibe, lässt sich der Prozess sehr genau über die Vorgabeparameter auf die optimalsten Bedingungen und Ergebnisse einstellen.

Das Bild 3.20 enthält die Kurve für die so genannte „standardisierte Arbeitsdruckkraft F_{ds}". Abhängig von den Härtebezeichnungen eines Scheibenherstellers wurde unter konkreten Vorgaben die jeweilige Arbeitsdruckkraft F_d berechnet. Mit Korrekturkoeffizienten erfolgt eine Anpassung an die Härteskalen. In den Programmen ist dies möglich. Gleichzeitig werden die im Voraus ermittelten Prozessausgangswerte berücksichtigt. Auf diese Weise ergibt sich schliesslich eine für die verwendete Schleifscheibe typische Arbeitsdruckkraft F_d unter den gegebenen Bedingungen. Neben den verallgemeinerten F_d-Formeln (siehe Bild 3.20) lässt sich die Arbeitsdruckkraft F_d auch etwas expliziter berechnen:

$$F_d = \frac{F_n}{A_k} = \frac{F'_n}{l_k} = \frac{h_m \cdot k_s}{l_k \cdot \left[(0.614 - (0.0631 \cdot \mathrm{CL})\right]} \quad [\mathrm{N/mm^2}] \tag{3.2}$$

Es bedeuten:

A_k = Kontaktfläche der Scheibe mit dem Werkstück in $\mathrm{mm^2}$

CL = Kühlschmierstoffklasse 0.1–6.0 (nach OTT)

F_n = Normalkraft auf die Kontaktfläche in N

F'_n = bezogene Normalkraft in N/mm

h_m = theoretische mittlere Spandicke in mm

k_s = spezifische Schnittkraft in $\mathrm{N/mm^2}$

l_k = Kontaktlänge in mm

Die beiden Diagramme sind sehr ähnlich. Man sollte aber unbedingt die unterschiedlichen Skalierungen der Ordinaten (Y-Achsen) beachten.

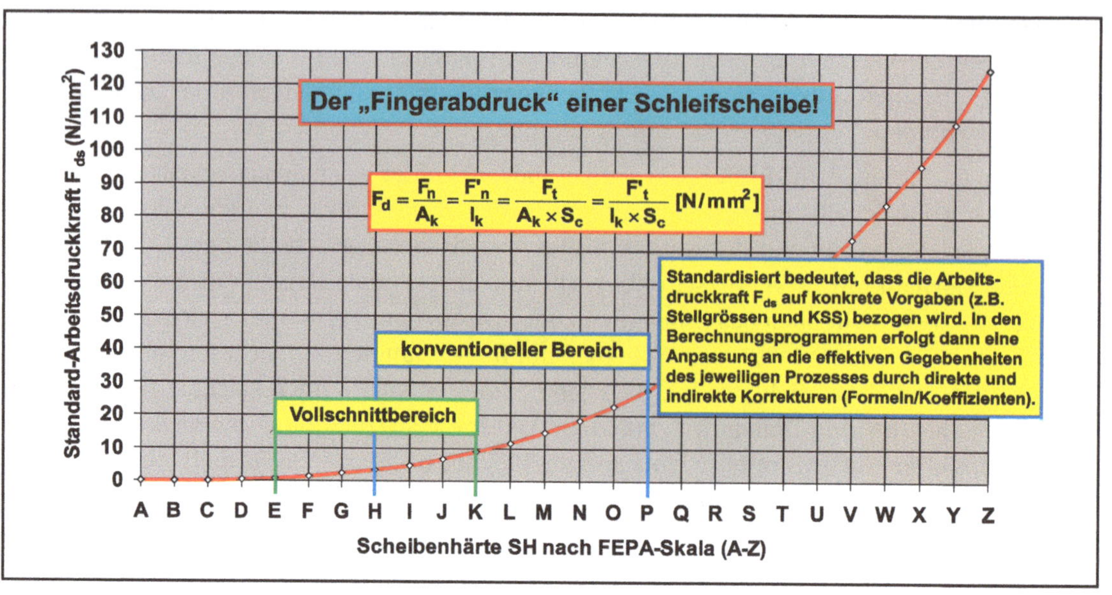

BILD 3.20 Zuordnung der Srandard-Arbeitsdruckkraft F_{ds} (nach OTT) zur gebräuchlichen NORTON-Härteskala A-Z

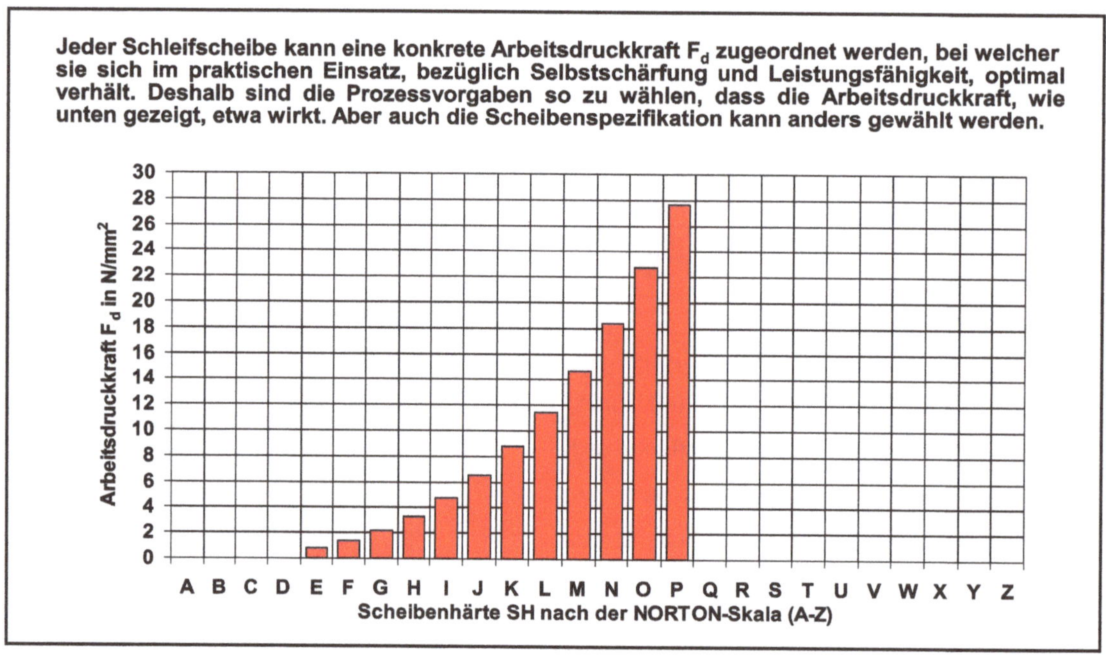

BILD 3.21 Zuordnung der Standard-Arbeitsdruckkraft F_d (nach OTT) für die Härten E–P von keramisch gebundenen Schleifscheiben

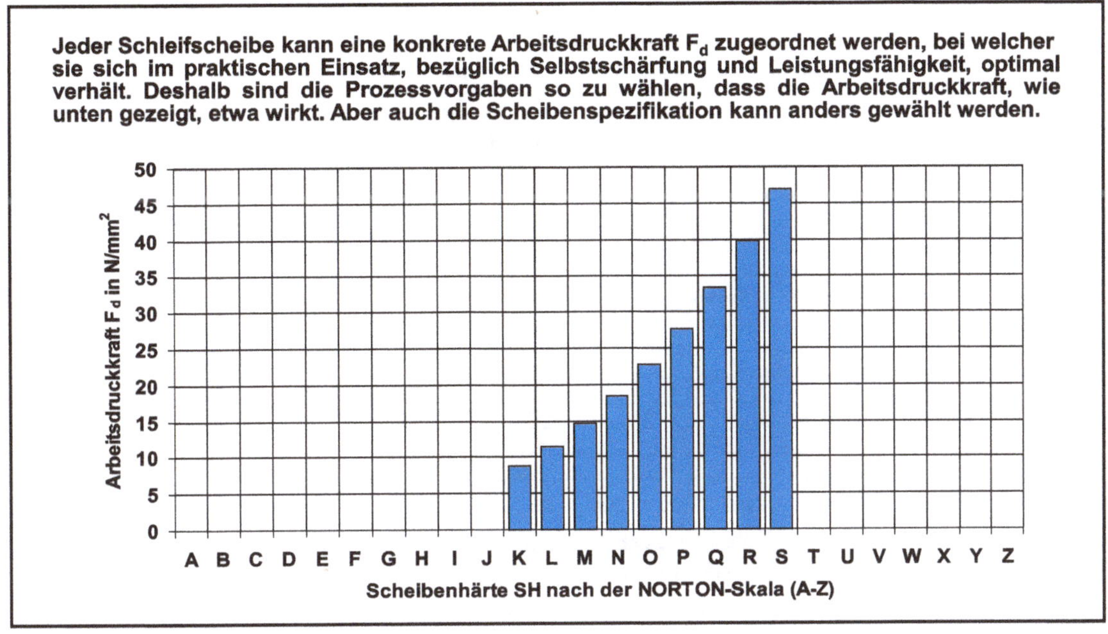

BILD 3.22 Zuordnung der Standard-Arbeitsdruckkraft F_d (nach OTT) für die Härten K-S von keramisch gebundenen Schleifscheiben

3.16 Anpassung der Wirkrautiefe R_{ts} an die Scheibenbelastung

In seiner Dissertation beschreibt K. Weinert [25] seine Untersuchungen und die Ergebnisse betreffend „Die zeitliche Änderung des Scheibenzustandes beim Aussenrundschleifen". Geht man von einer bestimmten, durch das Konditionieren erzeugten Wirkrautiefe R_{ts} an der Schleifscheibe aus, kann man feststellen, dass sich abhängig von der äusseren Belastung die Wirkrautiefe vergrössert, verkleinert oder nahezu konstant bleibt. Mit anderen Worten heisst das, die Schleifscheibe reagiert in einem gewissen Bereich mit ihrer „Schnittfreudigkeit" völlig selbständig auf das, was man von ihr durch die Prozessvorgaben fordert. Allerdings erfolgt diese Anpassung nicht plötzlich, sondern – und das ist nun das Spezielle an diesem Vorgang – immer etwa nach einer gleich grossen Abtragsmenge V'_w (auf einen Millimeter bezogen). Nur wenn die Scheibenspezifikation wirklich ungünstig gewählt ist, kann mit einer derartigen Anpassung nicht unbedingt gerechnet werden. Das Bild 3.23 verdeutlicht den Zusammenhang zwischen verschiedenen Abrichtzustellungen a_d bei konstantem bez. Zeitspanvolumen Q'_w.

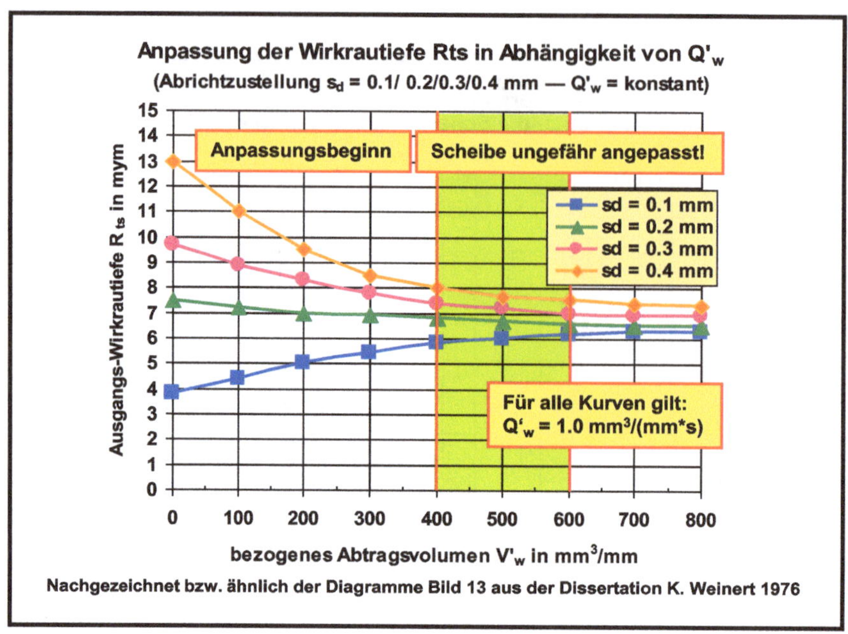

BILD 3.23 Versuchsergebnisse von einem Aussenrund-Einstechprozess AUQ; Schleifscheibe EK 60 L7 ke abgerichtet mit Fliese FB/P 180 ND, Schnittgeschwindigkeit v_c = 29 m/s und q_s = 90

Ist die Scheibe zu fein im Verhältnis zum geforderten bez. Zeitspanvolumen Q'_w abgerichtet, wird sie sich nach einem Materialabtrag von ca. 400–600 mm^3/mm in ihrer Wirkrautiefe R_{ts} den gegebenen äusseren Bedingungen angepasst haben. Sie wird rauer! Bleibt das bez. Zeitspanvolumen Q'_w gleich, die Scheibe ist aber zu rau konditioniert, erfolgt ebenfalls eine Rauheitsanpassung innerhalb dem bereits erwähnten Abtragsbereich. In beiden Fällen führt diese Anpassung zwangsläufig zu einem zusätzlichen Scheibenverschleiss, welcher unter Umständen vor dem Erreichen der passenden Wirkrautiefe R_{ts} grösser als die zulässige Geometrietoleranz sein kann. Da muss man sich also etwas einfallen lassen!

Wurde beim Konditionieren der Scheibe gezielt ziemlich genau jene Wirkrautiefe R_{ts} erzeugt, welche den Prozessanforderungen entspricht, muss sich die Scheibe nicht anpassen. Erstens weisen dann alle geschliffenen Werkstücke die gleiche Geometrie und Oberflächengüte auf und die Standzeit der Scheibe wird die bestmögliche sein. Diese Tatsache sollte unbedingt immer beachtet werden.

Es ist nun nicht mehr schwer zu erraten, was im umgekehrte Fall eintritt, nämlich unter immer gleichen Konditionierbedingungen, d. h. immer die gleiche Wirkrautiefe R_{ts} an der Scheibe, aber unterschiedliche bezogene Zeitspanvolumina Q'_w (Bild 3.24). Auch unter solchen Voraussetzungen erfolgt eine Rauhigkeitsanpassung. Sofern die Scheibe zu rau ist, wird sie bis zum gleichen Abtragsbereich, wie oben aufgeführt, feiner an ihrer Arbeitsumfläche. Ist ihre Rautiefe R_{ts} zu fein, wird sie rauer. Nur im Falle einer korrekten Vorgabe durch das Konditionieren ist eine Anpassung nicht nötig.

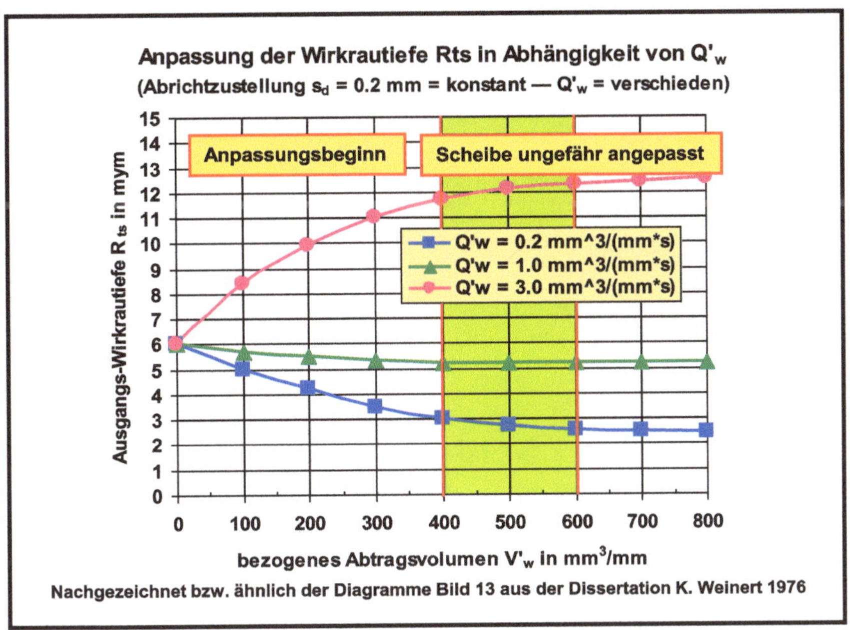

BILD 3.24 Versuchsergebnisse von einem Aussenrund-Einstechprozess AUQ; Schleifscheibe EK 60 L7 ke abgerichtet mit Fliese FB/P 180 ND, Schnittgeschwindigkeit v_c = 29 m/s und q_s = 90

Man muss aber beachten, dass bei einem zu grossen Abstand der Vorgaberautiefe im Verhältnis zu dem, was man tun will, eine schlechte oder unerwünschte Oberflächenqualität, Geometriefehler und/oder im schlimmsten Fall auch Schleifbrand entstehen können. Das Verhalten der Schleifscheibe und die Konditioniervorgaben hängen also in engem Masse zusammen.

Noch zwei Bemerkungen zu den beiden Diagrammen: Was hier gezeigt wird, sind gemessene Werte von einem Aussenrund-Einstechprozess AUQ. Sie dürfen nicht so verallgemeinert werden, dass angenommen wird, bei jedem vergleichbaren Schleifprozess (Flach-, Innenrund- und Aussenrundschleifen) würden absolut gleiche Verhältnisse auftreten. Abhängig von der Art der eingesetzten Schleifscheibe, vom zu schleifenden Werkstoff und seinem Zustand, von der Schnittgeschwindigkeit v_c, vom Geschwindigkeitsverhältnis q_s, vom Kühlschmierstoff, vom Abrichtwerkzeug und letztendlich auch noch von den Abrichtbedingungen, werden sich die Anpassungsbereiche verschieben. Wichtig ist lediglich, dass es eine solche Anpassung der Wirkrautiefe R_{ts} tatsächlich gibt. Kennt der Operateur dieses höchst interessante Verhalten der Schleifscheiben, wird er in Zukunft bemüht sein, seine Abrichtvorgaben so zu bestimmen, dass sie möglichst nahe bei derjenigen Wirkrautiefe R_{ts} liegen, die für die vorgesehene Abtragsleistung Q'_w, unter den gegebenen Bedingungen, optimal wäre. Das ist die „hohe Schule des Schleifens“!

HINWEIS Geht es um keramisch gebundene Schleifscheiben mit hochharten Schleifstoffen (CBN und Diamant), erfolgt eine Wirkrautiefenanpassung etwa im Verhältnis zum erreichbaren G-Wert. Das kann also 40–400mal länger dauern! Allerdings sollte in diesen Fällen die Scheibe schon von vornherein sehr gut zur Schleifaufgabe und zu den eingestellten Prozessparametern passen. Ist nämlich auch hier die Distanz zu gross, kann ein nicht tolerierbarer Scheibenverschleiss die Folge sein. Und das kann bekanntlich sehr viel Geld kosten.

3.17 Brennen von Schleifscheiben mit keramischen Bindungen

Keramisch gebundene Schleifscheiben, – das sind die weltweit am meisten gebräuchlichen Scheiben –, müssen nach dem Pressvorgang mit einem von der Scheibengrösse abhängigen Pressdruck im Bereich von etwa 0.5 bis 2.5 Tonnen noch gebrannt werden. Beim Pressen erhält die Scheibe in Abhängigkeit der eingefüllten Pressmassenmenge ihre Form (Durchmesser, Breite/Höhe, usw.). Gleichzeitig wird über den einstellbaren Pressdruck im unteren Bereich die Struktur (Porosität) der Scheiben vorgegeben. Die gepresste Scheibe nennt der Fachmann „Grünling".

Dieser Grünling hat noch keine grosse Festigkeit. Spezialisten können ihn bedingt etwas nacharbeiten, sofern dies nötig sein sollte. Im Allgemeinen geht man aber mit den Grünlingen so sorgsam um, wie mit rohen Eiern. Sie werden auf feuerfesten Steinplatten so platziert, dass unterschiedlich grosse Scheiben in derselben Zeit, trotz ihres Massenunterschiedes, fertig gebrannt sind. Diese Platzierungsarbeit erfordert naturgemäss grosses Können und viel Kenntnis der Materie.

Die Brandtemperatur muss sehr genau stimmen, d. h. auf wenige Grad genau über eine bestimmte Zeit gehalten werden, bevor die Abkühlung erfolgen kann. Für die „normalen" keramischen Bindungen wird eine Brandtemperatur um etwa 1'170 °C angewandt. Die genaue Temperatur bestimmt der Hersteller in Abhängigkeit seiner individuellen Bindungsrezepturen. Alle keramischen Niederbrandbindungen, wie sie für Sinterkorund- oder für CBN-Scheiben Verwendung finden, benötigen Temperaturen von 500–900 °C.

Der Scheibenbrand im Elektroofen wird nicht nur visuell beobachtet, sondern auch über spezielle Temperaturanzeigen. Zudem muss der Temperaturverlauf vom Anfang an bis zum Schluss auch aufgezeichnet (mitgeschrieben) werden. Interessant sind aber ganz besonders die durch eine feuerfeste Scheibe beobachtbaren Seeger-Kegel (siehe Bild 3.25). Rechts im Bild sieht man die noch unbenützten Kegel aus Spezialkeramik stehen. Sie sind nicht etwa gleich, sondern weisen bezüglich ihres Schmelzpunktes Unterschiede von wenigen Grad Celsius auf. Leicht schräg ein-

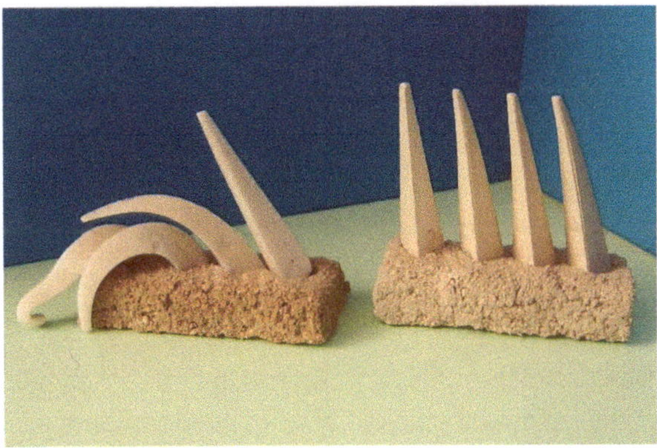

BILD 3.25 Seeger-Kegel zur Beobachtung der Brenntemperatur (Links geschmolzene Kegel – rechts ungeschmolzene Kegel)

gesteckt im Schamottsteinhalter, erfolgt eine gezielte Neigung, wenn sie der Brandtemperatur ausgesetzt sind. So, wie links im Bild gezeigt, sieht der Ofenfachmann das allmähliche Biegen der Seeger-Kegel. Ist die exakte Brandtemperatur erreicht, müssen die vier Kegel genau diese stufenweise gebogene Form aufweisen. Man glaubt es kaum, aber diese Temperaturkontrolle ist sehr genau!

Ein Ofenbrand dauert normalerweise einige Tage. Denn zuerst muss der Ofen geladen, dann aufgeheizt und auf Brandtemperatur gehalten werden. Die anschliessende Abkühlphase dauert etwa gleich lang, wie das Aufheizen.

Es gibt aber immer wieder Anwender, welche entweder vergessen haben, ihre Scheiben rechtzeitig nachzubestellen oder eine solche mit einer anderen Spezifikation sofort einsetzen möchten. Ist eine Schleifscheibe nicht am Lager beim Lieferanten (Zwischenhändler oder Hersteller), glauben viele, das wäre nur eine Sache von einigen Tagen. Eben nicht – der Scheibenbrand kann nicht beschleunigt werden. Es handelt sich hier um einen physikalischen Vorgang, der einfach seine Zeit benötigt. Grundsätzlich muss man bei Neuanfertigung einer keramisch gebundenen Schleifscheibe eine Zeitspanne (Lieferfrist) von 3 bis 6 Wochen in Kauf nehmen.

Sollen mehrere Scheibenchargen möglichst geringe Toleranzen untereinander aufweisen, muss man sogar darauf achten, dass sie immer an derselben Stelle im Ofen liegen. Es könnten andernfalls spürbare Härte- und/oder Strukturabweichungen auftreten. Zusammen mit den fertigungsbedingten Streuungen in der Homogenität, mit welchen jeder Scheibenhersteller zu kämpfen hat, sind manchmal leichte Parameterkorrekturen im Schleifprozess unausweichlich. Die Homogenitätsunterschiede entstehen beim Pressvorgang und zwar mehr oder weniger stark in Abhängigkeit von der Scheibengrösse und Dicke bzw. Breite. Das ist verständlich, denn wird eine Scheibe von beispielsweise 20 mm Breite mit 1.5 Tonnen gepresst um eine bestimmte Struktur zu erhalten, wird diese so ziemlich gleichmässig sein im gesamten Nutzungsbereich der Schleifscheibe. Die Reibung der Körner „bremst“ den Pressdruck gegen die Dickenmitte nicht wesentlich ab. Anders sieht das aus bei einer Scheibe mit einem Durchmesser von z. B. 400 mm und einer Breite (Dicke) von 60 oder 80 mm. Die innere Reibung von Korn an Korn führt hier dazu, dass die Strukturgrösse zu- und die Scheibenhärte zur Breitenmitte hin abnimmt. Scheiben mit solchen Dimensionen verlangen hohes Können bei der Herstellung. Verhindern lässt sich aber eine Homogenitätsveränderung von aussen zur Mitte hin im Bereiche der möglichen Abnützung nicht. Wenn in extremen Fällen Parameteranpassungen nicht mehr ausreichen, muss gezwungenermassen der Nutzungsbereich verkleinert werden.

NOCHMALS Das hat nichts mit guter oder schlechter Scheibenqualität oder gar mit mangelhafter Herstellungsfertigkeit zu tun, sondern lässt sich am besten als „Tücke des Objekts“ bezeichnen.

3.18 Härtemessung von keramisch gebundenen Schleifscheiben

Schon weiter vorne wurde die Scheibenhärte und die jeweilige Bezeichnung mit grossen Buchstaben nach FEPA-Norm angesprochen. Hier geht es nun nur noch kurz um die beiden am häufigsten verwendeten Härteprüfverfahren. Da sich Härteunterschiede nachteilig auf das Schleifergebnis auswirken, sind die Härteprüfungen ganz besonders sorgfältig durchzuführen. Grundsätzlich wird jede Scheibe nach dem Brennen geprüft. Nur bei grösseren Scheibenchargen begnügt man sich mit wenigen Einzelprüfungen, zumal die Ergebnisse statistisch für alle gleichen Scheiben ausreichen.

Zerstörungsfreie Härteprüfverfahren zur Feststellung des Toleranzbereiches der zulässigen Härteschwankungen fallen nicht immer zufriedenstellend aus. Bedingt durch den Scheibenaufbau (Struktur bzw. Porosität) ist es nicht ganz einfach, das erhaltene Ergebnis richtig dem Härtebuchstaben zuzuordnen. Angewandt wird das Zeiss-Mackensen-Verfahren, bei welchem Korund mit Druckluft so auf eine Scheibenfläche gestrahlt wird, bis eine Kalottentiefe entstanden ist. Der Durchmesser und die Tiefe dieser Kalotte werden dann nach einer hausinternen Skala einem Härtebuchstaben zugeordnet. Beim Rockwell-Härteprüfverfahren benützt man einen Diamantspitz, der unter einer definierten Kraft in die Scheibe gedrückt wird. Die abgelesene Eindrucktiefe ergibt dann den Härtebuchstaben.

Zumal es keine diesbezügliche Normung gibt, mit Ausnahme der Zuordnung eines grossen Buchstabens zur Kennzeichnung der Härte, bleibt es bei beiden Messverfahren dem Scheibenhersteller überlassen, wie er die gemessenen Werte den Buchstaben zuordnet. Die Folge davon ist die schiere Unmöglichkeit, Scheiben verschiedener Hersteller miteinander zu vergleichen.

Auch die Strukturbezeichnung ist – wenn man so will – rein willkürlich. Echte Vergleiche mit ausreichender Aussagekraft sind möglich entweder durch eigene Versuche und Datenaufzeichnung oder durch die Übergabe einer Fremdscheibe an den favorisierten Scheibenlieferanten. Dieser ist heute mit den verfügbaren Messmitteln durchaus in der Lage, eine Schleifscheibe, wie der Fachmann oft sagt, „rückwärts auseinander zu nehmen". Er kann sogar sehr viel über die Bindung, deren Zusammensetzung und die Brenntemperatur herausfinden. Die Geheimnistuerei durch verschlüsselte Spezifikationsbezeichnungen, wie sie von wenigen Scheibenherstellern gelegentlich immer noch betrieben wird, dürfte in weiten Teilen längst illusorisch geworden sein. Die Konkurrenz kennt die Zusammensetzung wahrscheinlich, sofern sie von grösserem Interesse ist.

Übrigens, mit der E-Modul-Messung kann man bestenfalls die Regelmässigkeit bzw. die Abweichungen von gleichen Scheiben einer Charge feststellen. Für eine Aussage über die gesamte Spezifikation (Härte, Struktur, Bindung, usw.) ist die E-Modul-Messung völlig ungeeignet, obwohl dies ursprünglich angenommen und sogar behauptet wurde.

HINWEIS Die Härtemessung einer Schleifscheibe bezieht sich nicht auf den Schleifstoff, sondern auf den Kraftwiderstand gegen das Ausbrechen des Schleifstoffs aus dessen Bindung. Die Bindungsfestigkeit (Bindungsart, Bindungsmenge und Struktur) ist also die massgebende Grösse. Trotzdem übt der Kornstoff durch seine Splitterfähigkeit und, was oft vergessen wird, auch durch seine Korngrösse einen massgeblichen Einfluss auf die Härtemessung und deren Zuordnung zur „hausinternen" Buchstabenskala aus.

3.19 Statische und dynamische Härtewirkung der Schleifscheiben

Die Härtemessung einer Schleifscheibe, mit welchem Verfahren auch immer sie erfolgt, gibt nur Auskunft über die so genannte statische Härte. Statisch bedeutet „im Ruhezustand". Schleifscheiben kommen aber nicht „in Ruhe" zum Einsatz, wie zum Beispiel Drehstähle, sondern dynamisch. Bekannt ist, dass zur Beschleunigung eines Körpers eine Kraft in Bewegungsrichtung wirken muss und sobald die vorgesehene Geschwindigkeit erreicht ist, nur noch jene Kraft weiterhin benötigt wird, die alle Widerstände überwindet (Aufrechterhaltung der Bewegung, Reibung, Luftwiderstand, usw.). Hört die Kraftwirkung auf, weist der bewegte Körper noch eine von der Masse und der Geschwindigkeit abhängige kinetische Energie auf.

Was hat das mit der Schleifscheibe zu tun? Hat die Schleifscheibe ihre eingestellte Schnittgeschwindigkeit erreicht, hat jedes einzelne Korn eine eigene kinetische Energie, abhängig von seinem Gewicht und seiner Geschwindigkeit. Diese physikalische Tatsache führt zu einer veränderten Härtewirkung gegenüber der im statischen Zustand gemessenen. Mit anderen Worten heisst das, dass die auf dem Etikett aufgedruckte Härte (Härtebuchstabe) eine Sache ist, die sich ergebende dynamische Härte, nämlich statische Härte plus dynamische Härtewirkung, aber eine ganz andere sein kann. Bekanntlich wird die Geschwindigkeit (Schnittgeschwindigkeit) in der Energieformel im Quadrat eingesetzt. Jede Veränderung der Schnittgeschwindigkeit wirkt sich somit ebenfalls „im Quadrat" auf die in den Schleifkörnern gespeicherte Energie bzw. auf die dynamische Wirkhärte der Scheibe aus.

$$E = m \cdot v_c^2 \quad [\mathrm{kg} \cdot \mathrm{m/s}^2] \tag{3.3}$$

Es bedeuten:

E = kinetische Energie in $\mathrm{kgm/s^2}$ bzw. N

m = Masse in kg

v_c = Schnittgeschwindigkeit in v_c

Die Einheit der Energie ist letztendlich eine Kraft, da sie in Newton (N) ausgedrückt wird. Jetzt ist es an der Zeit, den Zusammenhang zwischen der energetischen Wirkung und der Härteänderung einer Schleifscheibe im Einsatz herzustellen. Operateure wissen längst, dass eine Reduktion der Schnittgeschwindigkeit zu einer „weicher" und eine Erhöhung zu einer „härter" wirkenden Scheibe führt. Aber weshalb ist das so?

Konventionelle, keramisch gebundene Schleifscheiben reagieren in etwa mit einer Schnittgeschwindigkeitsveränderung von 3–4 m/s mit einem Härtegrad nach oben oder nach unten. Das gilt für den am meisten angewandten Geschwindigkeitsbereich von ca. 18 m/s bis etwa 63 m/s. Wirkt somit eine eingesetzte Schleifscheibe zu weich, was sichtbar wird durch deutliche Kratzer in der Werkstücksoberfläche und/oder einem schnellen Verschleiss, kann sie dynamisch härter gemacht werden, indem die Schnittgeschwindigkeit um 3–5 m/s erhöht wird. Umgekehrt gilt selbstverständlich das Gleiche.

Was aber ist zu tun, wenn der Scheibenantrieb nicht verstellt werden kann? Gar nichts! Jetzt ändert sich sogar noch die dynamische Härtewirkung der Scheibe mit abnehmendem Durchmesser, weil ihre Umfangsgeschwindigkeit im selben Verhältnis kleiner wird. Die Scheibe wirkt somit in zunehmendem Masse weicher.

Was soll man tun, wenn die höchste Schnittgeschwindigkeit bei einem verstellbaren Antrieb erreicht ist, die Scheibe aber immer noch zu weich wirkt? Eine deutlich härtere Scheibe einsetzen! Damit ist die Möglichkeit geboten, zur exakten Anpassung die maximale Schnittgeschwindigkeit sogar ein klein wenig zu reduzieren.

Grundsätzlich sollten Schleifscheiben immer hinsichtlich ihrer statischen Härte so bestellt werden, dass sie sich im Einsatz um mindestens 3–4 m/s nach oben oder nach unten verändern lassen. Weist die Schleifmaschine eine maximale Schnittgeschwindigkeit von beispielsweise 35 m/s auf, müsste man somit die für eine vorgesehene Schleifaufgabe zweckmässige Schleifscheibe für eine Einsatzgeschwindigkeit von maximal 32 m/s bestellen bzw. einkaufen. So könnte man sie um etwa einen Härtebuchstaben dynamisch härter oder aber auch weicher – bei 28 m/s – wirken lassen. Das ist doch super!

Mit hochharten Schleifstoffen, wie CBN und Diamant, funktioniert das nicht bzw. nur in geringem Masse und nur unter bestimmten Bedingungen. Beide Schleifstoffe reagieren wohl auf die Bindungsfestigkeit mit ihrer Splitterfähigkeit. Hochharte Schleifstoffe können aber mit einer Erhöhung der Schnittgeschwindigkeit nicht mehr dynamisch wesentlich härter gemacht werden, auch wenn die gleichen physikalischen Gesetze Gültigkeit haben. Die dynamische Härteänderung fällt dermassen minimal aus, dass sie kaum spürbar ist. Bei Diamant schon gar nicht! Aus diesem Grund hat die auf den Scheiben vermerkte statische Härte nicht unbedingt dieselbe Aussagekraft, wie dies bei konventionellen, keramisch gebundenen Scheiben der Fall ist. Man ist deshalb immer wieder erstaunt, welche Härtebuchstaben die Hersteller ihren hochharten Scheiben zuordnen.

3.20 Auswuchten von Schleifscheiben

Schleifscheiben dürfen grundsätzlich nicht unausgewuchtet zum Einsatz gelangen. Das gilt auch für Scheiben mit einem festen Grundkörper, deren Belag darauf einschichtig oder mehrschichtig aufgebracht wurde. Wegen Ihrer Inhomogenität ist es fertigungstechnisch nicht möglich, eine Schleifscheibe absolut frei von einer Unwucht herzustellen. Ferner wirken auch das zum Aufziehen auf den Scheibenflansch notwendige Spiel – sei es noch so gering – und die Flanschzentrierung auf der Spindelnase negativ in Bezug auf exzentrischen Lauf und damit auf eine Unwucht aus.

Man unterscheidet zwischen dem statischen und dem dynamischen Auswuchten. Das statische Auswuchten erfolgt ausserhalb der Schleifmaschine auf so genannten Abrollböcken (mit Linealen oder leicht rollenden Stahlscheiben) oder Auswuchtwaagen. Die aufgeflanschte Schleifscheibe wird auf einer absolut rundlaufenden und mit einer zur Flanschbohrung passenden Konuspartie aufgesteckt. Auf den Abrollböcken dreht sie sich dann so, dass die Unwucht bzw. die zur Unwucht führende Gewichtsungleichheit zum tiefsten Punkt dreht. Da Scheibenflansche meist noch mit einer Nute versehen sind, in welcher sich drei verschiebbare Auswuchtsteine befinden, werden diese nun mit dem notwendigen Feingefühl solange verschoben, bis die Schleifscheibe nach einer leichten Drehung immer in beliebiger Lage stillsteht. Man nennt dies die „Drei-Stein-Methode“. Als Ungenauigkeit bleibt bei diesem statischen Verfahren die Reibung des Aufnahmedornes auf den Linealen oder Stahlscheiben. Eine hohe Auswuchtgenauigkeit kann man so kaum erzielen, weshalb auch vom „Vorwuchten“ gesprochen wird. Kleine oder sehr dünne Scheiben können auch mit nur zwei Steinen (Auswuchtgewichten) in gleicher Weise ausgewuchtet werden.

WICHTIG Keine Schleifscheibe sollte auf der Schleifmaschine zum Einsatz kommen, ohne dass sie zuvor ausgewuchtet oder zumindest auf mögliche Unwucht kontrolliert worden ist. Bereits verhältnismässig geringe Unwuchtschwingungen erzeugen eine mit Rattermarken durchsetzte Oberfläche am Werkstück und können auch auf die Dauer sogar Lagerschäden bewirken.

Die dynamischen Auswuchtverfahren erfolgen normalerweise mit aufgeflanschter Scheibe direkt auf der Maschine. Es gibt allerdings eine Ausnahme, das sind Auswuchtmaschinen, die aber nur in Grossbetrieben zu finden sind und bei notwendigerweise kurzen Scheibenwechselzeiten zum Einsatz gelangen. Der Vorteil liegt hier in der Möglichkeit, eine Zweiebenen-Auswuchtung durchzuführen, was eine hohe Genauigkeit garantiert. Damit diese dann auch nutzbringend bestehen bleibt, muss die Aufnahme auf der Maschine extrem genau sein und eine sichere Reproduzierbarkeit garantieren.

Beim dynamischen Auswuchten auf der Schleifmaschine dedektieren elektromagnetische oder piezoelektrische Beschleunigungsaufnehmer die Unwuchtschwingungen. Über einen Verstärker wird dieses Signal einem Anzeigegerät zugeführt. Erfolgt das Auswuchten von Hand, werden wiederum die Ausgleichgewichte so lange verschoben, bis die untere Unwuchtgrenze erreicht ist. Als Hilfsmittel können Stroboskope das Auswuchten massgeblich erleichtern, zumal sie die Stelle mit der grössten Unwucht durch Lichtblitze anzeigen.

Achtung: Wird mit einem Stroboskop gearbeitet und dieses genau auf die Scheibendrehzahl eingestellt, so steht die Scheibe für das menschliche Auge still! Das ist äusserst gefährlich und hat schon zu schwersten Unfällen geführt. Eine Handverletzung durch eine schnell drehende Schleifscheibe ist keine Bagatelle! Der Operateur, der eine solche Auswuchtung vornimmt, muss darauf bedacht sein, dass weder ein anderer Mitarbeiter noch sonst ein dabei stehender Beobachter versucht, die vermeintlich plötzlich stillstehende Scheibe zu berühren.

Eine andere Auswuchtmethode setzt die Vorwuchtung voraus, arbeitet aber nach dem „Nagerprinzip“. Auch hier erzeugt ein Beschleunigungsaufnehmer das Unwuchtsignal. Ein piezoelektrisch betriebener Diamantstichel wird nun vorsichtig in einem ungenutzten Bereich an die Seite der Scheibe gedrückt. Dort trägt er genau soviel Scheibenstoff ab, bis die Restunwucht am Anzeigegerät im grünen Bereich steht. Allzu grosse Unwuchtbeträge können allerdings so nicht ausgeglichen werden, was erfordert, dass die Schleifscheiben schon relativ gut vorgewuchtet eingesetzt werden. Ferner sind Unwuchten an sehr grossen und breiten Scheiben so kaum zu eliminieren. Der notwendige Abtrag wäre meist zu gross. Und last but not least kann sich nicht jeder Anwender mit den gut sichtbaren „Exkavierungen“ anfreunden, besonders dann, wenn sie sich im Bereich der üblichen Scheibenabnützung befinden. Auch dieses Verfahren ist nicht ungefährlich und sollte nur von geübten Fachleuten (mit Schutzbrille) und entsprechend vorsichtig angewandt werden. Das ist vielleicht der Grund, weshalb man diese Auswuchtgeräte nicht mehr häufig antrifft.

Auf modernen Maschinen findet man heute meistens automatisch arbeitende Auswuchtsysteme. Sie arbeiten recht unterschiedlich, weisen aber den eindeutigen Vorteil auf, dass der Maschinenbediener nichts mit dem Auswuchten zu tun hat. Vom Prinzip her arbeiten die einen Geräte durch automatische Verschiebung von Gewichten in einem vorne an der Spindel aufgesetzten Wuchtkopf. Eine Verschiebung der Gewichte erfolgt in vorgegebenen Führungsbahnen, oder durch Kugeln, welche sich immer beim Anlaufen der Scheibe selbständig in jene Position begeben, die der Unwucht entgegenwirkt. Das heute möglicherweise am häufigsten eingesetzte Auswuchtverfahren spritzt immer beim Anlaufen der Schleifscheibe in am Flansch vorgegebene Kammern soviel Kühlschmierstoff ein, dass eine einwandfreie Auswuchtung zu Stande kommt.

Generell gilt bei allen automatischen Auswuchtverfahren folgendes: Auch hier sollten die Schleifscheiben vorgewuchtet sein, was aber – wie Praxisbeobachtungen deutlich zeigen – ignoriert wird. Heute muss ja alles schnell gehen, weshalb man beim Aufflanschen von neuen Schleifscheiben gar nicht mehr auf Sitz und Lage und noch weniger auf eine zu grosse Unwucht achtet. Es kann einen erschrecken, wie oft Schleifmaschinen beim Anlauf mit neuen Scheiben richtiggehend rütteln und schütteln. Das hat mit Schwingungen im herkömmlichen Sinne nichts mehr zu tun. Bis die Wasserkammern gefüllt sind und sie die Unwucht ausgeglichen haben, werden die Spindellager mit unvorstellbar grossen Kraftspitzen be- und überlastet. Ihre Lebensdauer ist dann auch entsprechend kurz. Ein Vorwuchten würde aber weniger Zeit in Anspruch nehmen, als ein Lageraustausch. Und zudem sind die Kosten für das Vorwuchten bedeutend geringer, zumal die Operateure diese Arbeit ausführen können, während der Schleifprozess in vollem Gange ist.

WICHTIG Hochharte Scheiben sind im Vergleich zu den konventionellen sehr teuer. Zudem weisen sie oft einen metallischen, einen aus konventionellem feinen Korn gepressten oder einen Kunststoff-Grundkörper auf. Sofern sie nur ein- oder zweischichtig belegt sind (galvanisch gebundene CBN- und Diamantscheiben), ist praktisch keine Möglichkeit für das Rundrichten und damit auch nicht für eine Reduktion der eventuell vorhandenen Unwucht gegeben. Man würde dabei schon vor dem Ersteinsatz zuviel vom teuren Korn und selbstverständlich auch an Standzeit der Scheibe verlieren. Deshalb gilt die Empfehlung: Werden hochharte Scheiben bestellt, egal welcher Art, muss man dem Hersteller/Lieferanten den Scheibenflansch zum genauen An- und Aufpassen sowie zum Auswuchten immer zur Verfügung stellen.

3.21 Zusammenfassung von Kapitel 3

Man müsste einen „Dreibänder" voll schreiben, wenn alles, was die Schleifstoffe und die daraus hergestellten Schleifscheiben betrifft, erläutert und erklärt werden sollte. Hier ist davon nur so viel nachzulesen, wie ein Schleiftechnologe, ein Operateur oder jemand, der sich neu in das Schleifen einarbeiten will oder muss, an Kenntnissen unbedingt benötigt.

Die Schleifscheibe ist mit ihren „undefinierten" Schneiden wohl das interessanteste spanabhebende Werkzeug. Und weil noch kein Mensch den Spanungsvorgang beobachten konnte, musste das, was die Scheibe tut, im Laufe der Zeit durch Logik und Erkenntnisanwendung – auf Englisch nennt man dieses Vorgehen „Trial and Error" – optimiert werden.

Auch wenn die Prozessparameter im Endeffekt das erreichbare Resultat massgeblich bestimmen, ist und bleibt die Schleifscheibe das wichtigste Glied in der gesamten Kette. Es lohnt sich deshalb, der Schleifscheibe die ihr gebührende Aufmerksamkeit zu schenken. Ohne entsprechende Kenntnisse wäre das Planen und Durchführen von immer anspruchsvoller werdenden Schleifaufgaben kaum denkbar.

Ganz grundsätzlich fand im Bereiche der Schleifscheiben in den letzten Jahren eine richtige Revolution statt. Der neue Schleifstoff „Sinterkorund", welcher praktisch nur in keramischer Bindung zum Einsatz gelangen kann, hat die Scheibenhersteller gezwungen, Niederbrandbindungen zu entwickeln (zwischen 500 und ca. 900 °C Brenntemperatur). Mit solchen Scheiben und ihrer nahezu unvorstellbaren Leistungsfähigkeit, war eine Annäherung an das Fräsen und Drehen möglich. Die so genannte „Einmaschinenbearbeitung" lässt sich damit wesentlich besser realisieren. Sinterkorund wird nur selten, beispielsweise beim Innenrundschleifen, ungemischt mit anderen Kornarten eingesetzt. Aber erst Versuche mit verschiedenen Kornarten und Korngrössen in einer Sinterkorundscheibe zeigten schliesslich, was von diesem Schleifstoff erwartet werden darf. Scheiben mit keramischen Spezialbindungen lassen sich mit Schnittgeschwindigkeiten bis etwa 120 m/s herstellen und einsetzen.

Sinterkorund steht aber nicht alleine. CBN-Scheiben (kubisches Bornitrid) haben beim Schleifen zu völlig neuen Leistungsfähigkeiten geführt. Zusammen mit hohen Schnittgeschwindigkeiten (120–185 m/s) muss sich das Schleifen nun nicht mehr gegenüber dem Drehen oder Fräsen geschlagen geben. Weil es einer Schleifscheibe so ziemlich egal ist, wie hart der zu zerspanende Werkstoff ist, liegt das Schleifen heute in vielen Sparten ohnehin ganz vorne. Das gilt beispielsweise für das Schälschleifen (Aussenrund- und Innenrundschleifen) sowie für die Bearbeitung schwer zerspanbarer Werkstoffe.

Um solche Leistungen realisieren zu können, müssen einerseits die richtigen Konditionierverfahren angewandt werden, andererseits sind praktisch nur noch höchst additivierte Kühlschmierstoffe, in richtiger Menge und mit angepasstem Druck zugeführt, zulässig. Aber auch die Schleifmaschinen selbst sollten unbedingt den hohen Anforderungen standhalten können. Das beginnt bei der Systemsteifigkeit und -starrheit und reicht über die Leistung an der Schleifspindel bis zu den Achsantrieben. Ferner wird dort, wo Schleiföle zum Einsatz gelangen, vom Gesetzgeber ein absolut sicherer Schutz für den Bediener beim Bersten von Schleifscheiben und/oder gegen die Verpuffungs- und Brandgefahr gefordert.

Verfügt man über gute schleiftechnische Kenntnisse und sind alle Randbedingungen erfüllt, dürfte jeder durchgeführte Schleifprozess von Erfolg gekrönt sein.

3.22 Scheibenbilder

Dieses Kapitel wird mit einigen Bildern, welche einen Bezug zu Schleifstoffen oder Schleifscheiben haben, abgeschlossen.

BILD 3.26 In einer Brechmühle zerkleinerte Kalksteine für einen Waldstrassenbelag

Es sind zwar keine Schleifstoffe, aber als der Verfasser diese zufällig auf einem Spaziergang fand, erkannte er darin das brockenartige Aussehen von beispielsweise Normalkorundkörnern oder, wenn man den Stein ganz rechts betrachtet, jenes von einem CBN-Korn (Kantenverlauf, Geometrie).

Man macht sich kaum Vorstellungen darüber, welche Vielfalt von Arten, Grössen und Formen bei den Schleifscheiben zu finden sind. Jedes selbst angewandte Verfahren liegt einem logischerweise am nächsten, weshalb leicht vergessen wird, was in anderen Sparten und Anwendungen, bezüglich Formen und Grössen benötigt wird. Die nachfolgenden Aufnahmen versuchen lediglich auszugsweise eine kleine Palette von Schleifkörpern zu zeigen, so wie man sie beispielsweise beim Werkzeugschleifen oder bei der Bearbeitung von Implantaten einsetzt.

Der Reihe nach von links nach rechts Schleifscheiben in Edelkorund rosa mit 0.2 % Chromoxyd, Edelkorund weiss 99.9 % reines Korund und Normalkorund. Für kleine Präzisionsdrehbänke gibt es Schleifzusatzgeräte mit solchen Scheiben.

Diese Scheiben - die grösste hat einen Durchmesser von ganzen 50 mm - kommen in unterschiedlichsten Bereichen zum Einsatz. Die zylindrischen Formen können dem Innenrundschleifen und die Topf- und Tellerscheiben dem Werkzeugschleifen zugeordnet werden.

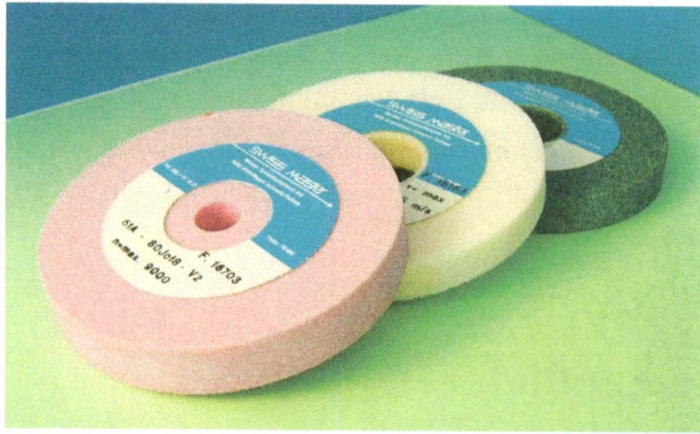

BILD 3.27 Eine Auswahl von Scheiben für Schleifzusätze an kleinen Drehmaschinen

BILD 3.28 Eine Auswahl kleiner Schleifscheiben aus unterschiedlichen Schleifstoffen

BILD 3.29 Eine Auswahl von unterschiedlichen Sinterkorundscheiben

Sinterkorund hat sich in vielen Bereichen schon sehr gut etabliert. Allerdings ist immer wieder feststellbar, dass die Anwender diesen „Superschleifstoff" noch gar nicht oder höchstenfalls vom „Hörensagen" kennen. Sinterkorund wird, wie weiter vorne erklärt wurde, wegen seiner exzellenten Schnittfreudigkeit nur beim Innenrundschleifen in einigen Anwendungen rein eingesetzt. Im Allgemeinen bestehen die Scheiben aus maximal 50 % Sinterkorund. Der verbleibende Rest bestand früher meist aus weissem Edelkorund in gleicher Korngrösse. Dieser weisse Edelkorund wurde auch „Bremskorn" genannt, weil es den zu schnellen Verschleiss des Sinterkorunds eben „bremsen" sollte. Die Scheibenhersteller haben diese Anfangsphase hinter sich gelassen. Heute sind die Sinterkorundanteile, je nach Anwendungsfall, 15 %, 20 %, 25 %, 30 %, selten 35 % und 50 %. Die aufzufüllende Kornmenge besteht meistens aus Einkristallkorund (ausserordentlich hart, zäher als weisser Edelkorund, splittert leicht blockig bis spitz). Das ist aber längst noch nicht alles. Das Einkristallkorund hat ja wegen seinem dominanten Anteil in der Schleifscheibe eigentlich die grössere Schleifarbeit zu übernehmen. Man hat deshalb angefangen, auch Korngrössenvariationen zu verwenden und in einigen Fällen enthalten die Sinterkorundscheiben nicht nur Einkristallkorund, sondern auch noch andere Schleifstoffe in ebenfalls oft abweichenden Korngrössen. Das reicht von Normal- oder Halbedelkorund über Edelkorund rubin bis zu geringen Anteilen von Siliziumkarbid grün. Derartige Mischkornscheiben sind so abgestimmt, dass jeder der enthaltenen Schleifstoffe mit seinen Eigenschaften eine ganz bestimmte Funktion, seiner Eigenschaften wegen, übernehmen kann. In der Praxis sind damit Abtragsleistungen und Standzeiten erzielbar, die alles Bisherige in den Schatten stellen. Das ist moderne Schleiftechnologie!

Zusammen mit der Entwicklung neuer Bindungen hat die Schleifscheibe einen ganz anderen Stellenwert erhalten und darf deshalb zu den modernsten Spanungswerkzeugen gezählt werden.

Diese Scheibe hat einen Durchmesser von 175 mm und eine Breite von 35 mm. Sie wird für das Schleifen der beiden Seiten einer Nute eingesetzt. Man hat dazu eine Korngrösse D71 mit einer

BILD 3.30 Metallisch gebundene Diamantscheibe

Konzentration von 50 gewählt. Die spröde Bronzebindung ist durchaus gebräuchlich zusammen mit Diamant. Die konkreten Einsatzparameter sind leider nicht bekannt, aber man kann von einer Schnittgeschwindigkeit von 23–25 m/s und einer von der Korngrösse abhängigen relativ kleinen Zustellung von wenigen Tausendstelmillimeter ausgehen. Die Konzentration ist klein, was andererseits darauf schliessen lässt, dass die Kontaktfläche gross sein muss und man durch die Konzentration die gleichzeitig im Eingriff stehende Anzahl Schneiden, der Wärme wegen, reduzierte.

Wie die Oberfläche dieser Diamantschleifscheibe unter dem Mikroskop aussieht, zeigt das nächste Bild. Die kleinen Diamantkörner (D71) sowie deren Abstand in der Bronzebindung (Konzentration 50) sind gut erkennbar. Weil bei solchen Schleifscheiben keine Füllkörner aus anderen Schleifstoffen eingemischt werden, kommt es einerseits auf die gewählten Parameter (Vorgaben) an und andrerseits auch auf den verwendeten Kühlschmierstoff.

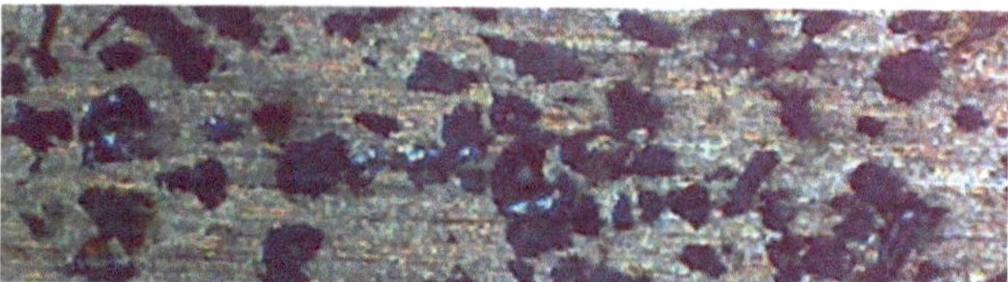

BILD 3.31 200fach vergrösserte Oberfläche der in Bild 3.30 gezeigten Diamantscheibe

Solche Scheiben finden z. B. Verwendung beim Werkzeugschleifen oder werden für das bahngesteuerte Profilieren eingesetzt (Profilschleifen, Aussen- oder Innenrund-Schälschleifen, usw.).

Diese metallisch gebundene Scheibe (spröde Bronzebindung) ist mit Diamanten D151 in der Konzentration 75 besetzt. Sie wird zum Schärfen von Fräserschneiden verwendet. Als Kühlschmierstoff kommt additiviertes Schleiföl in der Viskosität 8.5 mm^2/s (entspricht 8.5 cSt.) in

BILD 3.32 Diamantspitzscheibe

BILD 3.33 Oberfläche der Diamantspitzscheibe ca. 200fach vergrössert

BILD 3.34 Diamanttopfscheibe

reichlicher Menge zum Einsatz. Der Zuführdruck beträgt ca. 3.0 bar, so dass die Strahlgeschwindigkeit v_k etwa der Schnittgeschwindigkeit v_c von 25 m/s entspricht.

Schleifstoffe und Schleifscheiben gehören zum „spannendsten“ Teil der Schleiftechnologie. Einfach deshalb, weil sie die komplexesten Werkzeuge sind.

4 Einflussgrössen und ihre Zusammenhänge

Allgemeines
Einflussgrössen
Zusammenhänge
Schnittgeschwindigkeit
Werkstückgeschwindigkeit
Zustellung
Geschwindigkeitsverhältnis
Bezogenes Zeitspanvolumen
theoretische mittlere Spandicke
Spezifische Schnittkraft
Schleifkräfte
Spezifische Wärmemenge
Schleifleistung
Berechnungsbeispiele
und vieles mehr ...

4.1 Allgemeines

Wie bei jedem anderen spanabhebenden Bearbeitungsverfahren existieren auch in der Schleiftechnik eine Vielzahl von Einflussgrössen, die in einem ganz bestimmten Zusammenhang zueinander stehen. Will man die gegenseitigen Beziehungen selbst erfassen, ist ein erheblicher Versuchsaufwand notwendig. Dies schon allein deshalb, weil das Schleifen einerseits die meisten Einflussgrössen aufweist und andererseits deren Gewichtung im Prozess, gegenüber anderen Spanungsverfahren, zum Teil erheblich abweicht.

Die durch Versuche gewonnenen Erkenntnisse lassen sich dann beim Planen und bei der Durchführung von zukünftigen Schleifprozessen wieder anwenden. Soll eine Schleifaufgabe wirtschaftlich optimiert werden, müssen die grundsätzlichen Zusammenhänge der verschiedenen Einflussgrössen bekannt sein.

Gleich zu Beginn der Vertiefung in die Einflussgrössen muss eines festgehalten werden:

- Die einen Einflussgrössen gibt man über die Einstellungen an der Maschine, die Wahl der Schleifscheibe sowie des Kühlschmierstoffs vor. Weitere wichtige Vorgaben beziehen sich auf die Art des Konditionierens (Abrichten, Profilieren). Alle Einflussgrössen, die irgendwie steuerbar sind, werden deshalb auch als „Eingangsgrössen" bezeichnet.
- Aber die andern Einflussgrössen, welche erst durch die Vorgabenkombinationen wirksam werden, sind oft bedeutungsvoller. Sie entstehen erst als Folge des Zusammenwirkens von eingestellten Werten während des Schleifprozesses. Das ist der Grund, weshalb man beim Schleifen immer von den „Einflussgrössen und ihren Zusammenhängen" spricht.

4.2 Primäre Einflussgrössen

Praktisch bei allen Schleifaufgaben bestehen bestimmte Vorgaben in Bezug auf das Ergebnis. Diese können sich auf die Zerspanleistung, auf die Oberflächenqualität, auf die geometrische Genauigkeit oder auf alle Kriterien gleichzeitig beziehen. Das angestrebte Resultat wird positiv oder negativ durch die nachfolgen aufgeführten primären Einflussgrössen (Eingangsgrössen) beeinflusst:

- Schnittgeschwindigkeit v_c (Umfangsgeschwindigkeit der Schleifscheibe)
- Werkstückgeschwindigkeit v_{fw} (Vorschub- oder Umfangsgeschwindigkeit)
- Geschwindigkeitsverhältnis $q_s = v_c/v_{fw}$
- Zustellung a_e oder Zustellgeschwindigkeit v_{fr}
- Zeitspanvolumen Q_w und das bez. Zeitspanvolumen Q'_w
- Abtragsvolumen V_w und das bez. Abtragsvolumen V'_w
- theoretische mittlere Spandicke h_m
- Kontaktlänge l_k bzw. der Kontaktbogen (Kontaktwinkel) α_k
- Kontaktbreite b_k (Breite der Scheibe, mit welcher sie effektiv arbeitet)
- Kontaktfläche A_k
- Abricht- oder Profilierwerkzeug (Art, Zustand, Abmessungen)
- Abricht- oder Profilierbedingungen (Einstellungen)

- Schleifscheibe (Kornart, Spezifikation, Grösse, Form, Verhalten, usw.)
- Kühlschmiermittel (Art, Kühl-, Schmier- und Reinigungswirkung)
- Kühlbedingungen (Menge, Druck, Zuführung, Temperatur)
- Werkstückstoff (Art, Zusammensetzung, Härte, Dehnung).

Schwer einzuordnen sind:

- Systemsteifigkeit und -tarrheit (Nachgiebigkeit und Schwingungen)
- Maschinenbedingungen (Einstellbereiche und Steuerungsmöglichkeiten)
- Umweltbedingungen (parasitäre Schwingungen, Raumtemperatur, usw.).

4.3 Sekundäre Einflussgrössen

Als Folge der erwähnten Eingangseinflussgrössen ergeben sich sekundäre Einflussgrössen, die aber in der Praxis auch als Ausgangsgrössen bezeichnet werden:

- Benötigte Schleifleistung P_s und die bez. Schleifleistung P'_s
- Schleifkräfte F_{res}, F_t und F_n sowie ihre bezogenen Grössen F'_t und F'_n
- Schleiffaktor S_c (nach OTT)
- Arbeitsdruckkraft F_d (nach OTT)
- spezifische Schnittkraft k_s
- Kontaktleistung P''_s
- bezogene Schleifenergie P'''_s (auch Volumenleistung genannt)
- Temperatur in der Kontaktzone (Randzonentemperatur)
- thermische Belastung der Werkstückrandzone (Schleifbrand)
- Zug- und/oder Druckspannungen in der Werkstückrandzone
- Abricht- bzw. Profilierkräfte
- Wirkrautiefe R_{ts} an der Scheibenarbeitsumfläche
- Scheibenstandzeit zwischen zwei Konditionierungen
- Oberflächenqualität N-Klasse, Ra, Rz Rt
- geometrische Genauigkeit am Werkstück.

Es sind also eine ganze Menge an primären und sekundären Einflussgrössen, welche einen Schleifprozess, ungeachtet des Verfahrens, begleiten und die zu berücksichtigen sind. Die verschiedenen Grössen werden in der Folge näher erläutert.

4.4 Zusammenhänge unter den Einflussgrössen

Schwierig bzw. anspruchsvoll wird die Sache, wenn man sich die Zusammenhänge unter den Einflussgrössen genauer ansieht. Die Problematik dabei ist, dass nicht nur die Eingangsgrössen untereinander Zusammenhänge aufweisen, sondern auch die sekundären Einflussgrössen.

Schon bei der Planung eines Schleifprozesses müssen bestimmte Zusammenhänge in die Überlegungen einbezogen werden. Je besser die möglichen Zusammenhänge bekannt sind, desto näher dürften die gewählten Vorgaben (Einstellungen, Scheibe, Kühlschmierstoff, usw.) zu optimalen Ergebniswerten führen. Ohne Kenntnisse der Zusammenhänge wird man kaum einen zufriedenstellenden Schleifprozess durchführen können. Und heutzutage das „Glück" durch Versuche finden zu wollen, ist kaum mehr zu verantworten. Man denke nur an den zeitlichen Aufwand, sowie an die Kosten für die Maschinenstunden, für die Schleifscheiben, für den Operateur und auch für die verschliffenen Werkstücke.

Ein recht sicherer Weg führt über das Studium der gesamten Schleiftechnologie. Dieses Buch nimmt zwar nicht in Anspruch, ein solches Studium zu ermöglichen, aber wenn man die einzelnen Einflussgrössen und deren Zusammenhänge, so wie sie in der Folge erklärt werden, aufmerksam „studiert", stellen sich ganz bestimmt in kurzer Zeit Erfolge ein. Die Freude am Schleifen wächst mit immer besseren Kenntnissen und Erfahrungen, über die man verfügt und mit den dadurch erzielten Ergebnissen.

4.5 Schnitt- oder Umfangsgeschwindigkeit v_c

Die einsetzbare Schnitt- oder Umfangsgeschwindigkeit v_c der Schleifscheibe wird begrenzt durch den maschinenseitigen Einstellbereich, durch die höchste zulässige Geschwindigkeit (maschinen- und scheibenseitig) und/oder durch die gewählte Spezifikation in Abhängigkeit der vorliegenden Schleifaufgabe.

Zumal die Schnittgeschwindigkeit in der Formel zur Berechnung der zeitbezogenen Abtragsleistung nicht enthalten ist, hat sie offensichtlich auch keinen Einfluss auf diese. Trotzdem hat die Schnittgeschwindigkeit v_c in verschiedenster Hinsicht grosse Bedeutung in jedem Schleifprozess. Dies ist am einfachsten zu verstehen, wenn man die nachstehend aufgeführten Punkte kennt und beachtet. Von der Schnittgeschwindigkeit hängen ab oder werden beeinflusst:

- die Anzahl der gleichzeitig im Eingriff (Kontaktfläche) befindlichen, spanenden und/oder reibenden und quetschenden Kornschneiden
- die dynamische Wirkhärte von Scheiben mit konventionellen Schleifstoffen
- die erzielbare Oberflächenqualität

- die Scheibenstandzeit
- die in der Kontaktzone zwischen der Schleifscheibe und dem Werkstück erzeugte Wärme durch Reibung, Quetschung und Spanung
- die theoretische mittlere Spandicke h_m, welche einerseits die Belastung der Einzelschneide an der Scheibe bestimmt und andererseits als Folge davon, die Grösse der spezifischen Schnittkraft k_s
- die vom Prozess benötigte Leistung P_s an der Schleifspindel.

Beim letzten Punkt ist zu berücksichtigen, dass der Leistungsbedarf keineswegs proportional mit der Erhöhung der Schnittgeschwindigkeit ansteigt (siehe Kapitel 10: „Hochgeschwindigkeitsschleifen").

Standardwerte für die Schnittgeschwindigkeit sind:

- 18–25 m/s bei Einsatz von Diamantscheiben
- 28–35 m/s auf älteren Aussenrund-, Innenrund- und Flachschleifmaschinen
- 28–45 (63) m/s moderne Aussenrund- und Flachschleifmaschinen
- > 90 m/s auf Hochgeschwindigkeits- und Hochleistungsschleifmaschinen (Aussenrund-Einstechschleifen, Flachprofilschleifen)
- 120–185 m/s für das typische Hochgeschwindigkeitsschleifen.

In ganz wenigen Sonderfällen kommen Schnittgeschwindigkeiten bis 300 m/s zur Anwendung und im Labor – als Einzelversuch – wurden sogar etwa 611 m/s erreicht. Es ist aber eher unwahrscheinlich, dass Schnittgeschwindigkeiten über 200–240 m/s in naher Zukunft „Standard" werden. Noch höhere Bereiche, eben wie oben erwähnt die 611 m/s schon gar nicht, denn da treten vorläufig nicht lösbare Festigkeitsprobleme mit dem Scheibengrundkörper und der Befestigung des Scheibenbelages (wirkende Zentrifugalkraft) auf. Zudem ist das Ganze letztlich auch eine Frage der Sicherheit. Schutzeinrichtungen (Verschalungen) für derart hohe Geschwindigkeiten sind kaum noch realisierbar, weil die in einem wegfliegenden Scheibenbruchstück enthaltene kinetische Energie im Quadrat mit der Geschwindigkeitszunahme ansteigt. Schon bei wesentlich tieferen Schnittgeschwindigkeiten haben solche Bruchstücke die Wucht eines Geschosses. Der Gesetzgeber schreibt deshalb keineswegs grundlos vor, wie eine Hochgeschwindigkeits-Schleifmaschine, mit Schutzeinrichtungen, gesichert sein muss.

Obwohl die in Bild 4.1 gezeigte Leistungszunahme über der Schnittgeschwindigkeit allein für einen bestimmte Aussenrund-Schleifprozess gilt, bleibt die Tendenz auch für andere Vorgaben und Verfahren im Prinzip gleich. Der Leistungsbedarfsanteil für die Leerlaufleistung und für die Kühlschmierstoffbeschleunigung steigt kontinuierlich und praktisch linear an. Dagegen ändert sich die Steigung der Kurve vom Prozessleistungsbedarf im Bereiche von ca. 70–90 m/s deutlich. Das wird ja beim Hochgeschwindigkeitsschleifen erst so richtig deutlich.

Die verschiedenen Einflüsse, welche die Schnittgeschwindigkeit ausübt, sind bis auf einen Punkt nachvollziehbar. Es geht um die dynamische Wirkhärte der Schleifscheibe. Zu wenig bekannt

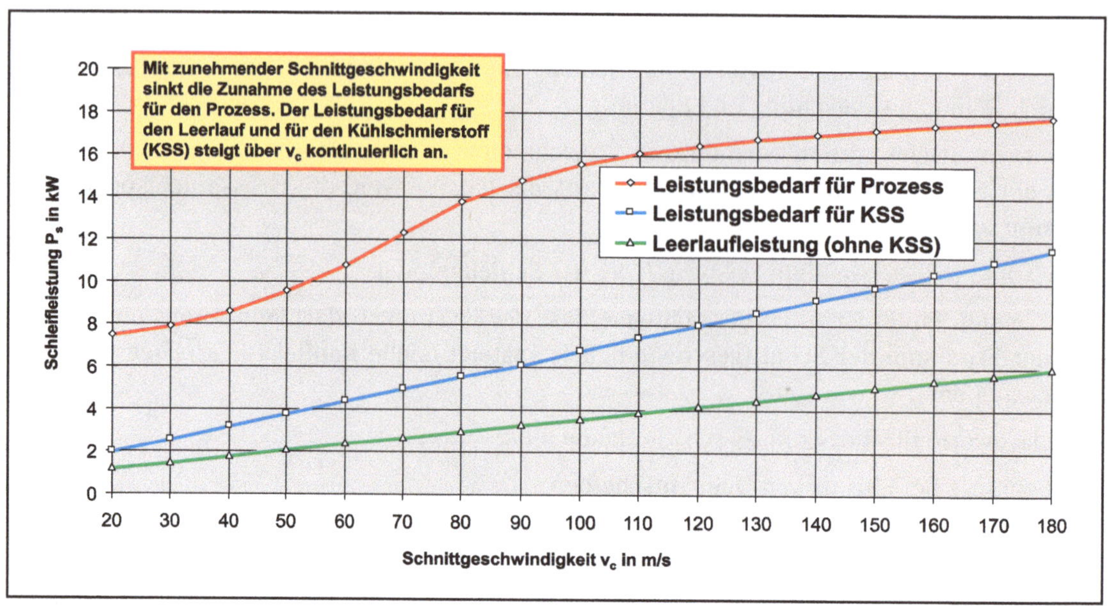

BILD 4.1 Leistungszunahme P_s in Abhängigkeit der Schnittgeschwindigkeit v_c = 20–180 m/s. Aufgezeichnete und interpolierte Daten eines AUQ-Schleifprozesses (Q'_w = 12,0 mm^3/(mm · s)).

ist immer noch, dass über die Schnittgeschwindigkeit die für den Verlauf des Schleifprozesses massgebende dynamische Wirkhärte gesteuert werden kann. Damit lässt sich eine Scheibe in ihrem Verhalten in einem begrenzten Bereich an den Prozess anpassen. Im Kapitel 3 wurde dieser Punkt bereits angesprochen

Jede Schleifscheibe weist aufgrund ihrer Zusammensetzung und Bindung eine statische Härte auf, die bekanntlich nach FEPA mit den Buchstaben des Alphabets gekennzeichnet wird und sich allein auf die Bindung bezieht. Statisch heisst, die Härtemessung erfolgt mit unterschiedlichen Verfahren im ruhenden Zustand der Scheibe. Sobald diese aber zum Einsatz gelangt, gilt die dynamische Wirkhärte. Sie setzt sich aus der statischen Grundhärte und der durch die Drehgeschwindigkeit dazu gekommenen dynamischen Härte zusammen. Die Bindung wird selbstverständlich nicht härter, sondern der Widerstand des einzelnen Korns gegen Ab- und Ausbruch wächst an. Um sich etwas unter der Zu- oder Abnahme der dynamischen Wirkhärte vorstellen zu können, hier einige Richtwerte:

- Im Schnittgeschwindigkeitsbereich von 18–45 m/s entspricht die Änderung der Schnittgeschwindigkeit um 3–4 m/s in etwa einem Härtegrad.
- Im Schnittgeschwindigkeitsbereich von 45–80 m/s entspricht die Änderung der Schnittgeschwindigkeit um 4–5 m/s in etwa einem Härtegrad.

Bei höheren Schnittgeschwindigkeiten verliert sich allmählich die Wirkung einer Änderung. Das gilt im Übrigen auch für die hochharten Schleifstoffe, wie CBN (kubisches Bornitrid) und Diamant. Sie weisen auch bei tieferen Geschwindigkeiten schon eine sehr hohe Eigenhärte auf.

Soll eine Schleifscheibe mit der Härte H beispielsweise mit 35 m/s zum Einsatz gelangen, bestellt man diese beim Hersteller für den Einsatz mit 32 m/s. Jetzt kann sie im Einsatz um 3 m/s nach oben und 3 m/s nach unten variiert werden. Das bedeutet, ihre dynamische Wirkhärte lässt sich um jeweils einen Härtebuchstaben nach oben oder nach unten verändern. Anders ausgedrückt heisst das, es stehen mit ein und derselben Scheibe die Härte H (geordert) sowie die Härten G und I zur Verfügung. Wird diese Möglichkeit ausgenützt, lassen sich Schleifprozesse ohne grossen Aufwand optimieren.

Jetzt sollte der Leser verstanden haben, weshalb an jeder Schleifmaschine die Schnittgeschwindigkeit v_c variabel einstellbar und während der sich im Durchmesser verkleinernden Scheibe automatisch nachführbar sein muss.

4.6 Werkstück- oder Vorschubgeschwindigkeit v_{fw}

Für die Werkstückgeschwindigkeit v_{fw} gelten etwas andere Massstäbe. Abgesehen von der Antriebsleistung, die benötigt wird, um die jeweilige Masse zu bewegen (linear oder rotierend), stellt die Werkstückgeschwindigkeit v_{fw} eine wichtige Grösse bezüglich der erreichbaren, zeitbezogenen Abtragsleistung dar. Wie später gezeigt wird, sollte sie immer so hoch wie nur möglich vorgegeben werden, weil der Leistungsbedarf nahezu linear und proportional mit ihrer Erhöhung ansteigt.

Für die verschiedenen Anwendungen gelten etwa die nachfolgenden Bereiche der Werkstückgeschwindigkeit, welche immer stufenlos einstellbar sein muss:

- Für das konventionelle Aussenrund-, Innenrund- und Flachschleifen sind es etwa 10'000 bis 60'000 mm/min.
- Wird auf konventionellen Aussenrund- oder Innenrundschleifmaschinen eingestochen, arbeitet man mit 60–1200 mm/min, abhängig von der Scheibenzustellung pro Werkstückumdrehung. Bei diesen Verfahren wird aber meistens die Zustellgeschwindigkeit v_{fr} vorgegeben bzw. eingestellt. Damit ergibt sich ein v_{fr}-Bereich von 0.10–8.0 mm/min.
- Für das Vollschnittschleifen auf Flach-/Profilschleifmaschinen kommen im Normalfall auch Werkstückgeschwindigkeiten von 60–1'200 mm/min in Betracht.
- Beim Hochleistungs- und Hochgeschwindigkeitsschleifen auf Flach-/Profilschleifmaschinen liegen die v_{fw}-Werte aber deutlich höher, nämlich etwa zwischen 3'000 und 30'000 mm/min, zum Teil noch höher.

Es muss hier mit Nachdruck festgehalten werden, dass die aufgeführten Grössenordnungen der Werkstückgeschwindigkeit v_{fw} als Orientierungswerte zu verstehen sind. Massgebend ist letztlich immer, was wie geschliffen werden soll, wobei die Zustellung a_e der Schleifscheibe pro Hub oder pro Umdrehung selbstverständlich mitbestimmend ist.

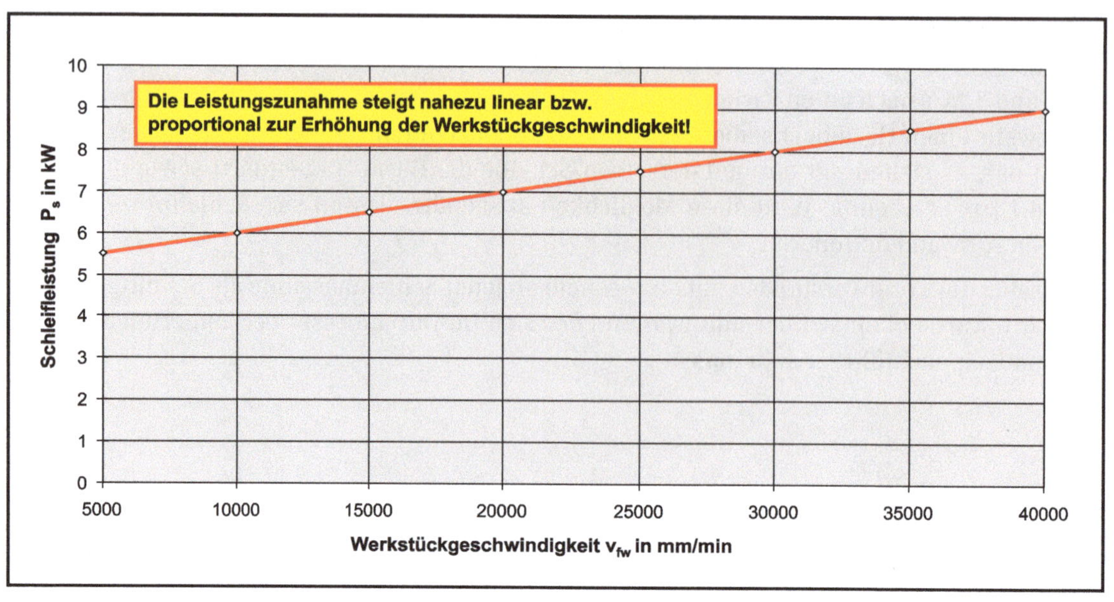

BILD 4.2 Leistungszunahme P_s in Abhängigkeit der Werkstückgeschwindigkeit v_{fw}.
Ohne Veränderung anderer Stellgrössen und bei entsprechend steigender Abtragsleistung Q'_w zeigt dieses Diagramm für durchaus realistische Prozesswerte den ansteigenden Leistungsbedarf.

Eine Verdoppelung der Werkstückgeschwindigkeit bewirkt maximal 50 % Steigerung des Leistungsbedarfs im Gegensatz zu einer Verdoppelung der Zustellung!

Bei allen Arten von Flachschleifverfahren stellt die Werkstückgeschwindigkeit v_{fw} eine Stellgrösse dar, welche vom Operateur eingegeben werden muss. Bei den Rundschleifverfahren (Aussen- und Innenrundschleifen) ist dagegen die Werkstückdrehzahl n_w eine wichtige Stellgrösse. Will man wissen, welcher Werkstückgeschwindigkeit v_{fw} diese Drehzahl bei einem gegebenen Werkstückdurchmesser d_w entspricht, muss v_{fw} berechnet werden.

Hier also die Berechnungsformeln für die Werkstückgeschwindigkeit v_{fw} für das Aussen- und Innenrundschleifen:

$$v_{fw} = d_w \cdot \pi \cdot n_w \quad [\text{mm/min}] \tag{4.1}$$

Der Werkstückdurchmesser d_w steht dabei sowohl für den Aussendurchmesser beim Aussenrundschleifen als auch für den zu bearbeitende Innendurchmesser beim Innenrundschleifen.

4.7 Werkstoff-, Bearbeitungs- oder Schleifzugabe z_w

An dieser Stelle ist über die Werkstoffzugabe z_w zu sprechen. Denn bei den Rundschleifverfahren muss die Grösse von z_w, im Zusammenhang mit der Berechnung der Werkstückgeschwindigkeit v_{fw}, beachtet werden.

Wird ein Werkstück mit wenig Werkstoffzugabe z_w lediglich fertig geschliffen, haben der abnehmende Durchmesser d_w beim Aussenrundschleifen und der zunehmende Werkstückdurchmesser d_w beim Innenrundschleifen, so gut wie keinen Einfluss auf die sich geringfügig verändernde Werkstückgeschwindigkeit v_{fw}. Das ist beispielsweise beim Aussen- und Innenrund-Längsschleifen meistens der Fall.

Geht es aber um einen Einstechprozess, bei welchem die Werkstoffzugabe z_w in Grössenordnungen auftritt, die der zu schleifenden Tiefe eines Einstichs oder einer Nute entspricht, können das ohne weiteres mehrere Millimeter sein. Die sich so ergebende Werkstückgeschwindigkeit v_{fw} ist bei gleich bleibender Drehzahl n_w des Werkstücks am Anfang anders als am Schluss.

Für solche Fälle wird zur genaueren Berechnung der Werkstückgeschwindigkeit v_{fw} der mittlere Durchmesser d_{wm} an Stelle von d_w eingesetzt.

Aussenrundschleifen: $$d_{wma} = d_w - z_w \quad [\text{mm}] \tag{4.2}$$

Innenrundschleifen: $$d_{wmi} = d_w + z_w \quad [\text{mm}] \tag{4.3}$$

Formel für die Werkstückgeschwindigkeit v_{fw} beim Aussenrundschleifen:

$$v_{fw} = (d_w - z_w) \cdot \pi \cdot n_w \quad [\text{mm/min}] \tag{4.4}$$

oder $$v_{fw} = d_{wma} \cdot \pi \cdot n_w \quad [\text{mm/min}] \tag{4.5}$$

... und für das Innenrundschleifen:

$$v_{fw} = (d_w + z_w) \cdot \pi \cdot n_w \quad [\text{mm/min}] \tag{4.6}$$

oder $$v_{fw} = d_{wmi} \cdot \pi \cdot n_w \quad [\text{mm/min}] \tag{4.7}$$

4.8 Geschwindigkeitsverhältnis q_s

Mit dem Geschwindigkeitsverhältnis q_s wird angegeben, um wie viel die Werkstückgeschwindigkeit v_{fw} langsamer ist als die Schnittgeschwindigkeit v_c.

Man muss sich die Formel von q_s einmal ansehen:

$$q_s = \frac{v_c \cdot 1000 \cdot 60}{v_{fw}} \quad [-] \tag{4.8}$$

In den 60er-Jahren wurden Flachschleifmaschinen gebaut, die hydraulisch betriebene Längsschlitten aufwiesen und bis 30'000 mm/min erreichten. Die Schleifscheiben mit einem Durchmesser zwischen 250 und 400 mm hatten meist noch nicht variable Antriebe, welche bei neuen Scheibe eine Schnittgeschwindigkeit von 35 m/s ergaben. Setzt man diese Werte in die obige Formel ein, folgt:

$$q_s = \frac{35 \cdot 1000 \cdot 60}{30'000} = 70$$

Seit Jahren weiss man, dass ein Geschwindigkeitsverhältnis q_s von 60–80 für konventionelle Schleifverfahren zu wählen ist.

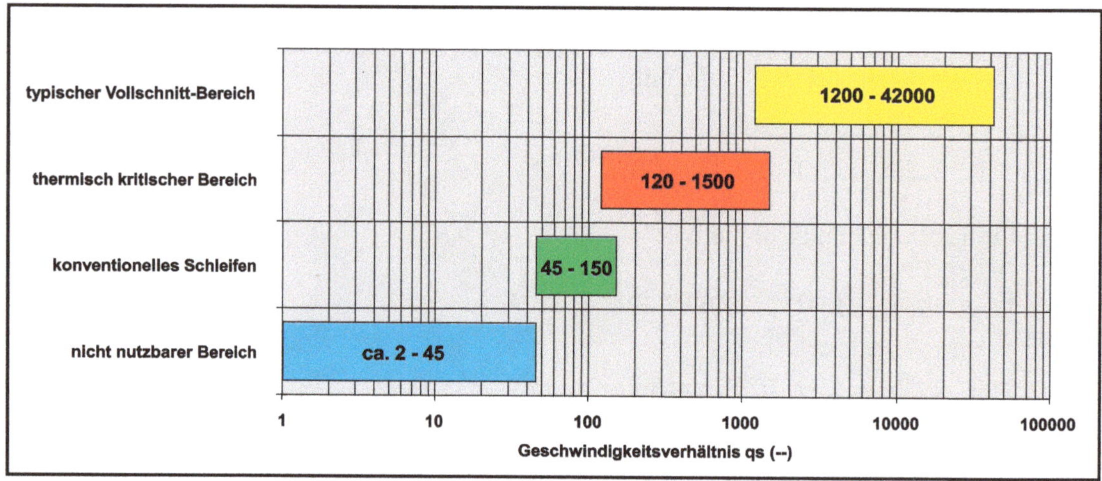

BILD 4.3 Bereichszuordnung des Geschwindigkeitsverhältnisses q_s für das konventionelle und für das Vollschnittschleifen. Beim Geschwindigkeitsverhältnis q_s sind bestimmte Verhältnisbereiche unbedingt zu berücksichtigen, damit thermische Randzonenschäden vermieden werden können. Mit zunehmender Schnittgeschwindigkeit v_c verliert der thermisch kritische Bereich allerdings an Bedeutung.

In Bild 4.3 ist der Bereich von 45–150 grün markiert, was bedeutet, dass bei der Wahl der Schnittgeschwindigkeit v_c und der Werkstückgeschwindigkeit v_{fw} ein Wert in diesem Bereich anzustreben ist. Gleichzeitig gibt es einen unteren blau markierten q_s-Bereich von 2 bis ca. 45, welcher als „nicht nutzbar" gekennzeichnet ist. Nicht nutzbar ist vielleicht etwas übertrieben, aber die Begründung dafür ist nicht von der Hand zu weisen. Alle drehenden Teile erzeugen Schwingungen. Werkzeugmaschinen reagieren besonders gut auf Anregungsfrequenzen zwischen etwa 4–40 Hz, d. h. sie „antworten" mit regenerativen Resonanzen, sofern Teile oder Baugruppen dazu fähig sind. Geschwindigkeitsverhältnisse unterhalb von 45 gehören zu den kritischen Erregern und sollten deshalb möglichst nicht benützt werden.

Der rot markierte Bereich von q_s deutet mit seiner Farbe schon nichts Gutes an. Ab einem Geschwindigkeitsverhältnis von ca. 120–150 ist die im Werkstück verbleibende Wärme am grössten. Damit ist die Gefahr von thermischen Randzonenschäden (Schleifbrand) gegeben. Tritt Schleifbrand auf, sollte man als erstes das Geschwindigkeitsverhältnis überprüfen. Liegt es im thermisch kritischen Bereich, muss es durch eine Einstellungsänderung der Schnittgeschwindigkeit oder aber – was zwar weniger sinnvoll ist – durch die Werkstückgeschwindigkeit auf 60–80 zurückgefahren werden.

Im gelben Feld findet man die q_s-Werte für das Vollschnittschleifen. Es mag erstaunen, dass hier Grössenordnungen von 1'200–42'000 als zulässig aufgeführt sind. Die Begründung ist bei den typischen Eigenheiten dieses Schleifverfahrens zu suchen. Auch wenn die Schnittgeschwindigkeit v_c nicht geändert wird, also z. B. 35 m/s beträgt, muss mit der Werkstückgeschwindigkeit v_{fw} stark zurück gefahren werden. Gleichzeitig ist aber die Zustellung a_e (siehe nächster Punkt) bedeutend grösser, als bei konventionellen Schleifprozessen. Dadurch weicht die von der Schleifscheibe erzeugte Wärme zum grössten Teil in jene Zone des Werkstücks aus, die von den unmittelbar nachfolgenden Kornschneiden abgespant wird. Mit den Spänen wird also auch die „Wärme" abtransportiert und gelangt nur zu einem geringen Teil in den Bereich unterhalb der Scheibe.

Beispiel für einen typischen Vollschnittprozess mit v_{fw} = 250 mm/min:

$$q_s = \frac{35 \cdot 1000 \cdot 60}{250} = 8400 \quad [-]$$

Das Vollschnittschleifen wird im Kapitel 8 gesondert behandelt und erklärt. Hier sei nur darauf verwiesen, dass bei diesem sehr leistungsfähigen und zeiteinsparenden Verfahren die Zustellwerte a_e (Spanungstiefe) normalerweise > 0.5 mm und die Werkstückgeschwindigkeiten v_{fw} < 1'200 mm/min betragen. Versucht man, geringe Zustelltiefen a_e im Vollschnitt abtragen zu wollen, treten mit grösster Wahrscheinlichkeit thermische Randzonenschäden auf, weil trotz kleiner Kontaktfläche A_k sehr viele Kornschneiden pro Zeiteinheit im Eingriff sind und Reibwärme produzieren können. Die Wärme hat keine andere Möglichkeit, als in die Randzone des Werkstücks unter der Scheibe auszuweichen, wo sie – weil ja keine weiteren, tiefer liegenden Kornschneiden vorhanden bzw. aktiv sind –, nicht „abgespant" wird. Nur eine wirkungsvolle Kühlung kann helfen, eine thermische Schädigung der Werkstücksrandzone zu vermeiden.

4.9 Zustellung a_e

Die Zustellung a_e hängt davon ab, was wie geschliffen werden soll. Für einen Fein- oder Fertigschliff wählt man Werte zwischen 0.001 und 0.003 mm. Soll geschruppt werden, dürften Werte von 0.01 bis 0.05 mm richtig sein. Beim Vollschnittschleifen sind a_e-Grössenordnungen deutlich über 0.5 bis etwa 30 mm üblich. Logischerweise lassen sich heute mittels moderner CNC-Steuerungen Zustellungsfolgen vorgeben, die beispielsweise zuerst einen grossen Materialabtrag in einem Durchgang bis kurz vor das so genannte 0-Mass im Vollschnitt ermöglichen und dann einen Feinschliff mit nur noch wenigen Hundertstelmillimeter zulassen. Selbstverständlich wird die Werkstückgeschwindigkeit v_{fw} ebenfalls mit geändert.

Weil das Produkt der Zustellung a_e und der Werkstückgeschwindigkeit v_{fw} den wohl wichtigsten Beurteilungswert beim Schleifen ergibt, nämlich das bezogene Zeitspanvolumen Q'_w (siehe Punkt 4.15), zählt die Zustellung a_e zu den dominantesten Grössen (siehe auch 4.43 ff.).

Bedeutungsvoll ist die Tatsache, dass jede Veränderung der Zustellung a_e bei gegebenem Schleifscheibendurchmesser d_s eine Vergrösserung oder Reduktion der Kontaktfläche A_k zwischen der Scheibe und dem Werkstück bewirkt, d. h. es sind bei gleichbleibender Schnittgeschwindigkeit v_c, je nachdem, mehr oder weniger Kornschneiden gleichzeitig im Eingriff. Deshalb steigt bei einer Verdoppelung der Zustellung a_e der Leistungsbedarf P_s, im Gegensatz zu einer Verdoppelung der Werkstückgeschwindigkeit v_{fw}, auch etwa doppelt so stark an. Eine Steigerung der zeitbezogenen Abtragsleistung Q'_w sollte wenn immer möglich über die Werkstückgeschwindigkeit v_{fw} und nicht über die Zustellung a_e erfolgen.

4.10 Zustell- oder Einstechgeschwindigkeit v_{fr}

Beim Flachschleifen wird verfahrensbedingt nur von der Zustellung a_e gesprochen, welche entweder in kleinen Einzelschritten (konventionelles Flachschleifen 0.001–0.030 mm pro Hub) oder – siehe Vollschnittschleifen Kapitel 8 – in einem bis maximal etwa drei Schritten das 0-Mass erreichen lässt. Abhängig von der Grösse der Schleifmaschine und der Antriebsleistung sind heute Profile bis etwa 30 mm Tiefe in einem Durchgang schleifbar.

Die Rundschleifverfahren können in dieser Beziehung nicht gleich behandelt werden. Man schleift ja nicht jeweils eine Werkstückumdrehung und stellt dann, mit einem Ruck verbunden, einen bestimmten Betrag wieder zu. Hier muss die Zustellung unbedingt kontinuierlich erfolgen, um Schleifbrand am Anfang zu vermeiden. Deshalb wird von der Zustell- oder Einstechgeschwindigkeit v_{fr} gesprochen.

Der Zusammenhang zwischen der Zustellung a_e pro Werkstückumdrehung n_w und der Zustellgeschwindigkeit v_{fr} kann wie folgt dargestellt werden:

$$v_{fr} = a_e \cdot n_w \quad [\text{mm/min}] \tag{4.9}$$

Dabei wird die Werkstückdrehzahl n_w bestimmt mit der Formel:

$$n_w = \frac{v_{fw}}{d_w \cdot \pi} \quad [\text{min}^{-1}] \tag{4.10}$$

Jetzt bekommt die ganze Sache Sinn. Das Geschwindigkeitsverhältnis q_s ist abhängig von der Schnittgeschwindigkeit v_c und der Werkstückgeschwindigkeit v_{fw}. Das gilt auch bei allen Rundschleifverfahren. Wird beispielsweise $q_s = 80$ vorgegeben (optimaler Wert) bei einer Schnittgeschwindigkeit v_c von 45 m/s ergibt sich eine Werkstückgeschwindigkeit v_{fw} von:

$$v_{fw} = \frac{v_c \cdot 1000 \cdot 60}{q_s} = \frac{45 \cdot 1000 \cdot 60}{80} = 33'750 \quad [\text{mm/min}]$$

Die Formel für q_s wurde umgestellt bzw. - wie der Mathematiker sagt - aufgelöst nach v_{fw}. Angenommen, der Werkstückdurchmesser d_w betrage 50 mm, dann erhält man die Werkstückdrehzahl n_w mit Formel 4.10:

$$n_w = \frac{33'750}{50 \cdot 3.14} = 215 \quad [\text{min}^{-1}]$$

Zumal das ein Aussenrund-Einstechprozess ist, bei welchem erst einmal geschruppt werden soll, wird folgende Zustellgeschwindigkeit v_{fr} gewählt:

$$v_{fr} = 0.02 \cdot 215 = 4.30 \quad [\text{mm/min}]$$

Zusammengefasst heisst das: Beim Aussen- und Innenrundschleifen sind gegenüber dem Flachschleifen rechnerische „Umwege“ notwendig, um die einzustellende Zustellgeschwindigkeit v_{fr} zu erhalten. Der sicherste Weg führt - wie oben gezeigt - über das Geschwindigkeitsverhältnis q_s.

4.11 Seitenvorschub f_a pro Werkstückumdrehung

Der Seitenvorschub f_a ergibt die effektiv spanende Kontaktbreite b_k der Schleifscheibe sowohl beim Flach- als auch beim Aussen- und Innenrund-Längsschleifen. Für Standardanwendungen sollte der Seitenvorschub f_a pro Werkstücksumdrehung nicht grösser als 2/3 der Scheibenbreite b_s betragen. Sehr kleine Werte führen zu langen Schleifzeiten, unter Umständen auch zu einer höheren örtlichen Erwärmung des Werkstücks, tragen aber nicht unbedingt zu einer wesentlichen Verbesserung Oberflächenqualität bei. Wird andererseits der Seitenvorschub f_a gleich gross oder grösser als die Scheibenbreite b_s eingestellt, zeigt sich unweigerlich auf der Werkstücksoberfläche eine zweifellos unerwünschte, spiralförmige „Schleifspur". Das lässt sich auch mit einer noch so genau gerade abgerichteten Schleifscheibe nicht vermeiden. Beim Flachschleifen d. h. beim so genannten Plan-Umfangs-Längsschleifen (PUL) einer grösseren Fläche wird der Seitenvorschub nach der oben erwähnten max. 2/3 Vorgabe gewählt.

Für das Aussen- und Innenrundschleifen wird der Seitenvorschub f_a pro Werkstückumdrehung wie folgt berechnet:

$$f_a = \frac{v_{fa}}{n_w} \quad [\text{mm/U}] \tag{4.11}$$

Hier steht die Seitenvorschubgeschwindigkeit v_{fa} im Nenner. Diese wird unter Punkt 4.12 behandelt und erklärt.

4.12 Seitenvorschubgeschwindigkeit v_{fa}

Wie die vorhergehende Formel für den Seitenvorschub f_a verdeutlicht, hängt dieser direkt von der Seitenvorschubgeschwindigkeit v_{fa} ab. Diese muss so abgestimmt bzw. gewählt werden, dass einerseits f_a nicht zu klein oder zu gross wird und sich andererseits ein der gewünschten Oberflächenqualität entsprechender Ra- oder Rz-Wert erreichen lässt. Man verwendet hierzu den so genannten Überdeckungsgrad U_c (siehe nächster Punkt), welcher aussagt, wie viele Umdrehungen n_w das Werkstück beim Aussen- oder Innenrundschleifen macht, bezogen auf die ganze Scheibenbreite b_s bzw. auf die tatsächliche Kontaktbreite b_k. Hier noch die Formel für v_{fa}:

$$v_{fa} = f_a \cdot n_w \quad [\text{mm/min}] \tag{4.12}$$

Die Seitenvorschubgeschwindigkeit v_{fa} stellt eine wichtige Vorgabegrösse dar. Ganz besonders beim Innenrund-Längsschleifen ist sie mit grösster Sorgfalt zu bestimmen, weil in den meisten Anwendungen das System Schleifspindel/Schleifstift/Werkstück keine allzu grosse Steifigkeit aufweist. Werden grosse v_{fa}-Werte eingestellt, könnten neben Formfehlern auch Rattermarken die Folge sein.

4.13 Überdeckungsgrad U_c beim Aussen- und Innenrundschleifen

Der Überdeckungsgrad U_c muss immer > 1 sein! U_c wird mit der nachstehenden Formel berechnet:

$$U_c = \frac{b_s}{f_a} = \frac{b_s \cdot n_w}{v_{fa}} \quad [-] \tag{4.13}$$

U_c wird im Allgemeinen in Abhängigkeit des momentanen Spanungsverfahrens etwa wie folgt festgelegt:

- Schruppschleifen $U_c = 2-3$
- Schlichtschleifen $U_c = 4-6$
- Feinschleifen $U_c = 5-8$
- Feinstschleifen $U_c = 7-10$

Jetzt ist ein Beispiel zu diesen Punkten fällig. Der Werkstückdurchmesser d_w soll wieder 50 mm und das Geschwindigkeitsverhältnis q_s 80 betragen (siehe hierzu das Berechnungsbeispiel unter Punkt 4.10). Das ergibt eine Werkstückgeschwindigkeit v_{fw} (am äusseren Durchmesser) von 33'750 min/min sowie eine Werkstückdrehzahl n_w von 215 min^{-1}. Pro Werkstückumdrehung soll eine Schruppzustellung a_e von 0.02 mm erfolgen (siehe hierzu das Berechnungsbeispiel unter Punkt 4.10). Weil es sich um ein Aussenrund-Längsschleifen (Schruppschleifen) handelt, muss zuerst die Seitenvorschubgeschwindigkeit v_{fa} berechnet werden. Die Scheibenbreite b_s wird dazu mit 30 mm angenommen.

Als Überdeckungsgrad wird $U_c = 3$ für das Schruppen 3 festgelegt. Um aber v_{fa} bestimmen zu können, müsste auch der Seitenvorschub pro Werkstückumdrehung f_a bekannt sein. Somit ist eine Umstellung der Formel 4.13 notwendig:

$$f_a = \frac{b_s}{U_c} = \frac{30}{3} = 10 \text{ mm/U}$$

Und jetzt noch die Seitenvorschubgeschwindigkeit v_{fa}:

$$v_{fa} = f_a \cdot n_w = 10 \cdot 215 = 2'150 \text{ mm/U}$$

Eine Kontrolle des Überdeckungsgrades U_c soll die Richtigkeit der beiden Resultate bestätigen:

$$U_c = \frac{b_s \cdot n_w}{v_{fa}} = \frac{30 \cdot 215}{2'150} = 3$$

Offenbar alles richtig!

HINWEIS Die Werkstückgeschwindigkeit v_{fw} wurde im obigen Beispiel auf den Nenndurchmesser des noch ungeschliffenen Werkstücks bezogen. Das ist nicht ganz korrekt, es sei denn, die Bearbeitungszugabe z_w betrage gerade mal 0.2–0.3 mm. Sind die z_w-Werte grösser, sollte der mittlere Werkstückdurchmesser d_{wm} zur Bestimmung der Werkstückgeschwindigkeit v_{fw} Verwendung finden.

$$d_{wm} = d_w - / + z_w \quad [\text{mm}] \tag{4.14}$$

Gilt ganz speziell für das Aussen- (-) und Innenrund-Einstechschleifen (+) mit Tiefen von mehreren Millimetern.

4.14 Zeitspanvolumen Q_w

Wie dieser Ausdruck schon andeutet, handelt es sich um einen Leistungswert, da er zeitbezogen ist. Beim Schleifen wird das Zeitspanvolumen Q_w eher selten benützt, im Gegensatz zu anderen Spanungsverfahren mit definierter Schneide. Der Grund ist naheliegend: Vergleiche zwischen verschiedenen Schleifaufgaben und den dabei erreichten Abtragsleistungen sind nicht möglich, wenn die Schleifbreite (Kontaktbreite b_k) nicht in jedem Fall gleich ist. Mit einer Schleifbreite von 10 mm wäre ein Q_w von 200 mm³/s keineswegs identisch bzw. vergleichbar mit einem Q_w von 200 mm³/s bei einer Schleifbreite von 20 mm, weil die resultierende ungleiche Scheibenbelastung z. B. auch abweichende Spezifikationen voraussetzen würde.

Berechnet wird das Zeitspanvolumen Q_w wie folgt:

$$Q_w = \frac{a_e \cdot v_{fw} \cdot b_k}{60} \quad \left[\frac{\text{mm}^3}{\text{s}}\right] \tag{4.15}$$

Beispiel: a_e = 0.02 mm v_{fw} = 30'000 mm/min b_k = 20 mm

$$Q_w = \frac{0.02 \cdot 30'000 \cdot 20}{60} = 200 \text{ mm}^3/\text{s}$$

4.15 Bezogenes Zeitspanvolumen Q'_w (allgemein)

Beim Schleifen dominiert eine Grösse, und zwar das bezogene Zeitspanvolumen Q'_w (Schreibweise: bez. Zeitspanvolumen). Weil immer wieder von „bezogenen Grössen" die Rede ist, die Erklärung dazu: Schleifscheiben weisen, meist abhängig von der momentanen Schleifaufgabe, recht unterschiedliche Breiten (Kontaktbreite b_k) auf. Will man Schleifaufgaben miteinander vergleichen, muss immer auf ein Bezugsmass zurückgegriffen werden, denn Ergebnisse mit abweichenden Schleif- bzw. Kontaktbreiten b_k würden ein trügerisches Bild ergeben. Aus diesem leicht verständlichen Grund hat man festgelegt, dass diejenigen Grössen, welche in einem Vergleich von Bedeutung sind, nicht nur als Absolutwert, sondern grundsätzlich auf einen Millimeter Kontaktbreite b_k bezogen sein sollen. Es gibt aber auch Werte, die sich auf einen mm^2 oder einen mm^3, also auf eine Flächen- oder Körpereinheit beziehen. Man merke: Ist von einer „bezogenen" Grösse die Rede, muss darauf geachtet werden, auf welche Einheit sie sich bezieht!

Das bezogene Zeitspanvolumen Q'_w hat eine äusserst interessante Einheit, nämlich $mm^3/(mm \cdot s)$. Die Ausgangsgrösse selbst heisst Zeitspanvolumen Q_w und hat die Einheit mm^3/s. Beide ergeben einen Leistungswert, da ein Bezug auf eine Zeiteinheit besteht. Hierzu noch eine Erklärung: Bezogene Grössen erhalten so gut wie immer ein „Hochkomma" direkt hinter dem Hauptbuchstaben. Sie sind also auch an dieser Zusatzbezeichnung zu erkennen. Und bei der Einheit von Q'_w ist zu beachten, dass unter dem Bruchstrich $mm \cdot s$ in eine Klammer gesetzt werden müssen. Rechnerisch käme ein falsches Ergebnis heraus, würde man die mm^3 durch die mm der Kontaktbreite b_k dividieren und dann das Resultat mit Sekunden (s) multiplizieren. Das gilt allerdings nur dann, wenn man die Formel in einer Zeile schreibt (siehe dazu die Schreibweise unten bei der Q'_w-Formel).

Oft wird auch vom „zeitbezogenen Abtragsvolumen" gesprochen, welches genau das Gleiche bedeutet, wie das bezogene Zeitspanvolumen Q'_w. Alle für Q'_w notwendigen schleiftechnischen Grössen sind nun bereits beschrieben worden. Das ist die Zustellung a_e und die Werkstückgeschwindigkeit v_{fw}. Die allgemeine Formel für Q'_w sieht so aus (für die meisten Schleifverfahren gültig):

$$Q'_w = \frac{a_e \cdot v_{fw}}{60} \quad \left[\frac{mm^3}{mm \cdot s}\right] \tag{4.16}$$

In Worten bedeutet Q'_w das pro Zeiteinheit – hier eine Sekunde – und pro Millimeter Kontaktbreite abgetragene Werkstoffvolumen. Damit man auch ein Gefühl für dessen Grössenordnungen bekommt, nachfolgend einige Werte:

- Fein- und Feinstschleifen $Q'_w = 0.1–1.5\ mm^3/(mm \cdot s)$
- Schlichtschleifen $Q'_w = 0.5–3.0\ mm^3/(mm \cdot s)$
- Schruppschleifen, konventionell $Q'_w = 3.0–15\ mm^3/(mm \cdot s)$

- Vollschnittschleifen, allgemein $Q'_w = 8.5\text{–}50\ \text{mm}^3/(\text{mm}\cdot\text{s})$
- Aussenrund-Einstechschleifen $Q'_w = 3.5\text{–}15\ \text{mm}^3/(\text{mm}\cdot\text{s})$
- Innenrund-Einstechschleifen $Q'_w = 2.5\text{–}6.0\ \text{mm}^3/(\text{mm}\cdot\text{s})$
- Leistungs-Vollschnittschleifen $Q'_w = 15\text{–}100\ \text{mm}^3/(\text{mm}\cdot\text{s})$
- Hochgeschwindigkeitsschleifen $Q'_w = 50\text{–}500\ \text{mm}^3/(\text{mm}\cdot\text{s})$
- Hochleistungsschleifen $Q'_w = > 150\ \text{mm}^3/(\text{mm}\cdot\text{s})$

Die höchsten bis heute bekannt gewordenen bezogenen Zeitspanvolumina liegen etwa zwischen 2'500 und 3'000 $\text{mm}^3/(\text{mm}\cdot\text{s})$! Allerdings wurden diese „Super-Abtragsleistungen" erst im Labor einer Hochschule erreicht. Dass solche Werte aber auch schon bald in der Praxis auf entsprechend starken und leistungsfähigen Schleifmaschinen in Sonderfällen erreichbar sein werden, ist keineswegs unmöglich. Man denke nur daran, dass noch vor gar nicht allzu langer Zeit ein Q'_w-Wert von 10–15 $\text{mm}^3/(\text{mm}\cdot\text{s})$ als „Leistungsschliff" galt. Heute sind Werte zwischen 50 und 150 $\text{mm}^3/(\text{mm}\cdot\text{s})$ keine Seltenheit mehr und beim Hochgeschwindigkeitsschleifen wird von 600–800 $\text{mm}^3/(\text{mm}\cdot\text{s})$ und mehr gesprochen.

Unter Punkt 4.10 war die Rede von der Zustellgeschwindigkeit v_{fr}. Es ist logisch, dass es beim Aussen- und Innenrundschleifen für das bezogene Zeitspanvolumen Q'_w auch entsprechende Formeln geben muss:

$$Q'_w = \frac{a_e \cdot n_w \cdot d_w \cdot \pi}{60} \left[\frac{\text{mm}^3}{\text{mm}\cdot\text{s}}\right] \tag{4.17}$$

... und mit v_{fr} direkt:

$$Q'_w = \frac{v_{fr} \cdot d_w \cdot \pi}{60} \left[\frac{\text{mm}^3}{\text{mm}\cdot\text{s}}\right] \tag{4.18}$$

Hier nun noch Beispiele zum bez. Zeitspanvolumen Q'_w. Die nachfolgend aufgeführten Vorgabewerte für die Zustellung a_e und die Werkstückgeschwindigkeit v_{fw} sollen beim Flach- als auch beim Aussenrundschleifen verwendet werden.

Vorgaben:

Zustellung	$a_e = 0.02$ mm[1]
Werkstückgeschwindigkeit	$v_{fw} = 30'000$ mm/min
Werkstückdurchmesser	$d_w = 50$ mm
Werkstoffzugabe	$z_w = 0.2$ mm

[1] Flachschleifen pro Tischhub
Aussenrundschleifen pro Umdrehung des Werkstücks

Für das Flachschleifen ergibt sich:

$$Q'_w = \frac{0.02 \cdot 30'000}{60} = 10 \text{ mm}^3/(\text{mm} \cdot \text{s})$$

Für das Aussenrundschleifen ergibt sich, nachdem n_w berechnet worden ist:

$$n_w = \frac{v_{fw}}{d_w \cdot \pi} = \frac{30'000}{50 \cdot \pi} = 191 \text{ min}^{-1}$$

$$Q'_w = \frac{0.02 \cdot 191 \cdot 50 \cdot \pi}{60} = 10 \text{ mm}^3/(\text{mm} \cdot \text{s})$$

Jetzt wird noch eine Q'_w-Berechnung für das Aussenrundschleifen durchgeführt, bei welcher die Zustellgeschwindigkeit v_{fr} verwendet wird, denn diese Stellgrösse wird üblicherweise beim Rundschleifen als Vorgabe eingestellt. Sie muss aber zuerst bestimmt werden:

$$v_{fr} = a_e \cdot n_w = 0.02 \cdot 191 = 3.82 \text{ mm/min}$$

$$Q'_w = \frac{v_{fr} \cdot d_w \cdot \pi}{60} = \frac{3.82 \cdot 50 \cdot \pi}{60} = 10 \text{ mm}^3/(\text{mm} \cdot \text{s})$$

Da beim Aussenrundschleifen der Werkstückdurchmesser d_w ja laufend abnimmt, müsste man korrekterweise anstelle des Werkstückdurchmessers, den mittleren Durchmesser d_{wm} einsetzen. Um diesen zu erhalten, wird vom Nenndurchmesser d_w zuerst die gesamte, abzutragende Werkstoffzugabe z_w subtrahiert. So ergibt sich ein Mittelwert des bez. Zeitspanvolumens Q'_w:

$$d_{wm} = d_w - z_w = 50 - 0.2 = 49.8 \text{ mm}$$

$$Q'_w = \frac{v_{fr} \cdot d_{wm} \cdot \pi}{60} = \frac{3.82 \cdot 49.8 \cdot \pi}{60} = 9.96 \text{ mm}^3/(\text{mm} \cdot \text{s})$$

Es zeigt sich, dass die Berechnung von Q'_w bei geringen Schleifaufmassen z_w (siehe Formel 4.14) auch mit dem Nenndurchmesser d_w zulässig wäre. Ferner ist zu beachten, dass beim Rund-Einstechschleifen eine Veränderung der Werkstückgeschwindigkeit v_{fw} zu keiner Erhöhung oder Reduzierung des bezogenen Zeitspanvolumens Q'_w führt. Es ändert sich lediglich die Spandicke bzw. die theoretische Spandicke h_m und somit die Einzelkornbelastung (siehe Punkt 4.20).

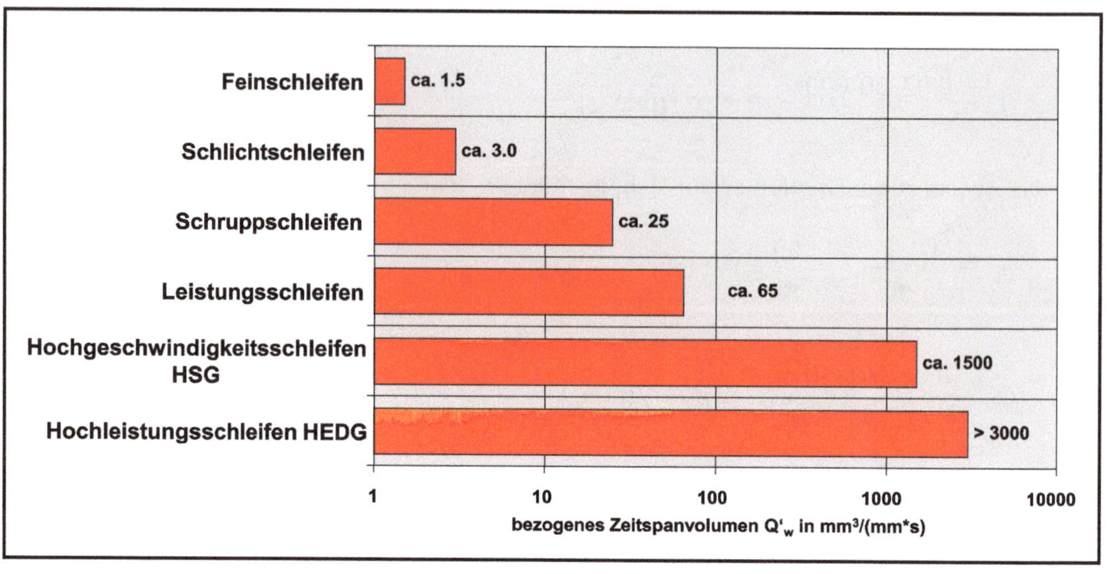

BILD 4.4 Das bezogene Zeitspanvolumen Q'_w. Praxisbezogene Grössenordnungen für Q'_w bei verschiedenen Schleiftechniken. Der Absolutwert vom bezogenen Zeitspanvolumen Q_w wird im Allgemeinen nur für Vergleiche beispielsweise mit dem Fräsen benützt. Man bezieht dann aber den erhaltenen Wert nicht auf eine Sekunde, sondern meist auf eine Minute. Zudem verwenden die Zerspaner mit der definierten Schneide (Drehen, Fräsen, Räumen, usw.) als Mengenbezug anstelle der Kubikmillimeter Kubikzentimeter (cm^3).

4.16 Bezogenes Zeitspanvolumen Q'_w – „Tauchschleifen"

Es gibt zwei Sonderfälle (siehe auch nächster Punkt 4.17) beim Berechnen des bezogenen Zeitspanvolumens Q'_w. Einer dieser Sonderfälle bezieht sich auf das Tauchschleifen, so wie es etwa zur Herstellung der Steuernuten in Drehschieber von Servosteuerungen für Automobillenkungen eingesetzt wird. Die Schleifscheibenachse beschreibt dabei einen rechten Winkel zur Werkstückachse. Ihr Durchmesser d_s hängt von den konstruktiven Vorgaben des Teils ab, liegt aber meistens im Bereich von etwa 40–60 mm. Jetzt muss man sich nur noch vorstellen, dass die Schleifscheibe genau mittig über der Längsachse des Schiebers platziert wird und in diesen eintaucht, um die Steuernute herauszuschleifen.

Die Zustellung a_e entspricht hier der momentanen Nutenlänge (Sehnenlänge s_e) und die Eintauchgeschwindigkeit v_{ft} dem Vorschub der Scheibe in die Nute hinein. Eine Werkstückgeschwindigkeit v_{fw} fehlt bei diesem Verfahren.

Das bezogene Zeitspanvolumen Q'_w wird wie folgt berechnet:

$$Q'_w = \frac{l_k \cdot v_{ft}}{60} = \frac{2 \cdot v_{ft} \cdot \sqrt{h_k \cdot d_s}}{60} \quad \left[\frac{mm^3}{mm \cdot s}\right] \tag{4.19}$$

... und folglich das Zeitspanvolumen:

$$Q_w = \frac{l_k \cdot v_{ft} \cdot b_k}{60} \quad \left[\frac{mm^3}{s}\right] \tag{4.20}$$

Die Kontaktbreite b_k entspricht selbstverständlich bei den meisten Eintaucharbeiten der Schleifscheibenbreite b_s.

Beispiele: Nutentiefe t_n wird mit 6 mm, der Scheibendurchmesser d_s mit 50 mm, die Scheibenbreite $b_s = b_k = 3.0$ mm und schliesslich die Eintauchgeschwindigkeit v_{ft} mit 5.0 mm/min angenommen. Damit man a_e bzw. s_e an der jeweiligen Tiefe h_k in die Formel einsetzen kann, muss die Sehnenlänge s_e zuerst bestimmt werden:

$$s_e = 2 \cdot \sqrt{h_k \cdot (d_s - h_k)} \quad [mm] \tag{4.21}$$

In der Nutentiefe $h_k = 1.0$ mm ist ...

$$s_{e1} = a_{e1} = 2 \cdot \sqrt{1 \cdot (50 - 1)} = 14.00 \text{ mm}$$

... und bei $h_k = 2.0$ mm $\quad s_{e2} = a_{e2} = 2 \cdot \sqrt{2 \cdot (50 - 2)} = 19.60 \text{ mm}$

... bei $h_k = 3.0$ mm $\quad s_{e3} = a_{e3} = 2 \cdot \sqrt{3 \cdot (50 - 3)} = 23.75 \text{ mm}$

... bei $h_k = 4.0$ mm $\quad s_{e4} = a_{e4} = 2 \cdot \sqrt{4 \cdot (50 - 4)} = 27.13 \text{ mm}$

... bei $h_k = 5.0$ mm $\quad s_{e5} = a_{e5} = 2 \cdot \sqrt{5 \cdot (50 - 5)} = 30.00 \text{ mm}$

... und bei $h_k = 6.0$ mm $\quad s_{e6} = a_{e6} = 2 \cdot \sqrt{6 \cdot (50 - 6)} = 32.50 \text{ mm}$

Das bezogenes Zeitspanvolumen Q'_w beträgt bei der ersten Berührung der Scheibe mit dem Werkstück = 0! Werden jetzt für a_e die vorgängig berechneten s_e-Werte in die Q'_w-Formel eingesetzt, ergeben sich die von der momentanen Nutentiefe h_k abhängigen, unterschiedlichen Beträge für das bezogene Zeitspanvolumen Q'_w:

Für h_k = 1.0: $$Q'_w = \frac{14.14 \cdot 5.0}{60} = 1.178\ \text{mm}^3/(\text{mm} \cdot \text{s})$$

Für h_k = 2.0: $$Q'_w = \frac{20.00 \cdot 5.0}{60} = 1.667\ \text{mm}^3/(\text{mm} \cdot \text{s})$$

Für h_k = 3.0: $$Q'_w = \frac{24.50 \cdot 5.0}{60} = 2.042\ \text{mm}^3/(\text{mm} \cdot \text{s})$$

Für h_k = 4.0: $$Q'_w = \frac{28.28 \cdot 5.0}{60} = 2.356\ \text{mm}^3/(\text{mm} \cdot \text{s})$$

Für h_k = 5.0: $$Q'_w = \frac{31.62 \cdot 5.0}{60} = 2.635\ \text{mm}^3/(\text{mm} \cdot \text{s})$$

Für h_k = 6.0: $$Q'_w = \frac{34.64 \cdot 5.0}{60} = 2.887\ \text{mm}^3/(\text{mm} \cdot \text{s})$$

Wie deutlich wird, verdreifacht sich das bezogene Zeitspanvolumen Q'_w bis die volle Nutentiefe erreicht ist. Da dies aus Sicht der ungleichen Scheibenbelastung sowie der damit verbundenen Wärmezunahme nicht unbedingt erwünscht ist, gibt es nur die Möglichkeit, die Eintauchgeschwindigkeit v_{ft} zu variieren. Die Schleifscheibe treibt ja die Reibungs- und Spanungswärme direkt vor sich her in die Tiefe des Werkstücks. Dort ist nicht nur die Kühlung äusserst kritisch, sondern auch die Tatsache, dass es kaum möglich ist, durch die Eintauchgeschwindigkeit die Wärmeeindringgeschwindigkeit zu überholen. Es besteht deshalb die hohe Wahrscheinlichkeit einer Wärmekumulation in der Zone unter der Scheibe bis zum Schleifbrand.

Die erzeugte Nutenlänge entspricht ja der Zustellung a_e und weil sie ständig grösser wird, muss zwangsläufig Q'_w ebenfalls grösser werden, es sei denn, man fährt mit der Eintauchgeschwindigkeit v_{ft} kontinuierlich zurück, so dass das bezogene Zeitspanvolumen Q'_w über den gesamten Tiefenbereich konstant bleibt. Moderne Schleifmaschinen verfügen über diese kontinuierliche Änderung der Eintauchgeschwindigkeit v_{ft} mit der „intelligenten" Software der Steuerung. Das Vorgehen dazu ist unkompliziert: Man gibt vorerst einen Schätzwert für Q'_w ein, welcher allerdings nicht zu hoch gewählt sein darf (siehe Berechnungen oben). Die Steuerung (Bahnsteuerung) ermittelt nun für jeden Tiefenbereich die zum vorgegebenen bezogenen Zeitspanvolumen Q'_w passende Eintauchgeschwindigkeit v_{ft}. Diese ist am Anfang am grössten und nimmt mit zunehmender Tiefe ab, aber keineswegs etwa linear.

Sollten thermische Probleme auftreten, reduziert man die Q'_w-Vorgabe. Andererseits kann Q'_w selbstverständlich erhöht werden, sofern der Tauchschliff keine Schwierigkeiten macht. Übrigens: Treten thermische Probleme auf, ist eine Variation der Schnittgeschwindigkeit v_c selbstverständlich zulässig bzw. sogar sinnvoll.

HINWEIS Die beiden beim Tauchschleifen äusseren Längskanten sind extrem „brandgefährdet“. Die Scheibe reibt an diesen Kanten bis zur vollen Tiefe, ohne dabei noch Werkstoff abzutragen. Deshalb muss die Kühlung, d. h. die Kühlschmierstoffversorgung an diesen beiden Stellen ganz besonders gut sein. ■

Die Berechnung der mittlere Spandicke h_m erfolgt selbstverständlich auch auf eine andere Weise, als bei den Standardschleifverfahren:

$$h_m = \frac{l_k \cdot v_{ft}}{v_c \cdot 1000 \cdot 60} \quad [\text{mm}] \tag{4.22}$$

... und mit der Kontaktlänge:

$$l_k = 2 \cdot \sqrt{h_k \cdot d_s} \quad [\text{mm}] \tag{4.23}$$

ergibt sich die Kontakttiefe:

$$h_k = \frac{d_s}{2} - \sqrt{\left(\frac{d_s}{2}\right) - \frac{s_e^2}{4}} \quad [\text{mm}] \tag{4.24}$$

Steht kein entsprechendes Computerprogramm zur Verfügung, wird empfohlen, h_k nach Formel 4.24 separat zu berechnen und den erhaltenen Wert in die folgende Formel für die mittlere Spandicke h_m einzusetzen, die dann so aussieht:

$$h_m = \frac{2 \cdot v_{ft} \cdot \sqrt{h_k \cdot d_s}}{v_c \cdot 1000 \cdot 60} \quad [\text{mm}] \tag{4.25}$$

Auch für den Kontaktwinkel α_k benötigt man die Kontakttiefe h_k (Formel 4.24):

$$\alpha_k = 2 \cdot \cos^{-1} \cdot \left(1 - \frac{2 \cdot h_k}{d_s}\right) \quad [\text{Grad°}] \tag{4.26}$$

Und last but not least, wird das Geschwindigkeitsverhältnis q_s über v_{ft} berechnet:

$$q_s = \frac{v_c \cdot 1000 \cdot 60}{v_{ft}} \quad [-] \tag{4.27}$$

ZUR ERINNERUNG Das bez. Zeitspanvolumen Q'_w beim Tauchschleifen entsteht aus dem Produkt von momentaner Sehnenlänge, welche hier der Zustellung a_e entspricht, und der Eintauchgeschwindigkeit v_{ft} des geschliffenen Schlitzes. Die Kontaktlänge l_k wird nicht wie üblich mit der Wurzel aus a_e multipliziert mit dem Scheibendurchmesser d_s berechnet, sondern man setzt - siehe oben - anstelle von a_e die Eintauchgeschwindigkeit v_{ft} multipliziert mit dem Scheibendurchmesser d_s unter das Wurzelzeichen. Also, aufgepasst! Zusätzlich ist die Tatsache zu berücksichtigen, dass sich mit der Eintauchtiefe h_k sukzessive auch a_e ändert und damit auch Q'_w. Durch konstante, stufenlose Anpassung von v_{ft} kann das verhindert werden.

Das Tauchschleifen ist ein komplexes Verfahren. Vieles ist irgendwie anders als bei den bekannten Schleifverfahren, und man hat etwas Mühe, alles zu verstehen. Aus diesem Grund wurden die verschiedenen Formeln hier ins Kapitel 4 „Einflussgrössen und ihre Zusammenhänge" aufgenommen und gemeinsam dargestellt und erklärt. Der Autor hofft, damit die „Verwirrung" in Grenzen halten zu können. In der Literatur wird diesem speziellen, aber äusserst interessanten Verfahren, relativ wenig Beachtung geschenkt. Das soll hier anders sein.

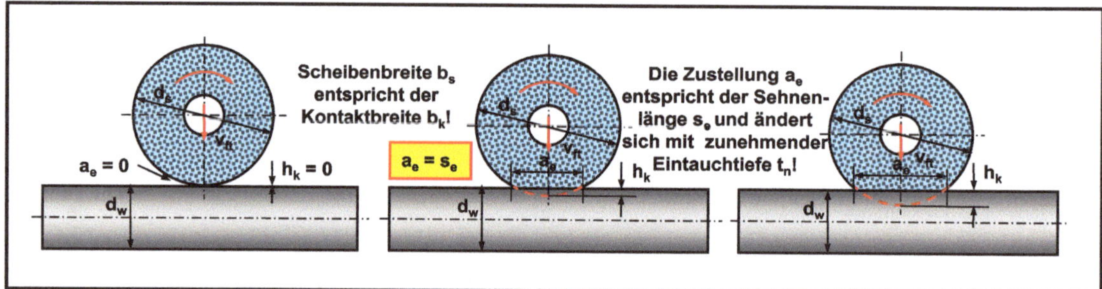

BILD 4.5 Tauchschleifen am Beispiel von Schiebern

Mit den folgenden Beispiel-Berechnungen nach Bild 4.6 wird versucht, dieses Schleifverfahren etwas verständlicher zu machen. Um zu zeigen wo die Unterschiede liegen, werden jene zwei typischen Situationen (Fall 1 und Fall 2) berechnet, die in der praktischen Anwendung am häufigsten auftreten.

Fall 1: Einschleifen eines Steuerschlitzes in einen Lenkungsdrehschieber

Bei dieser Schleifaufgabe ändert sich die Zustellung a_e, welche identisch ist mit der Sehnenlänge s_e des Schlitzes, von 0 bis zum Maximum, wenn die Eintauchtiefe h_k erreicht ist. Die Formel (4.21) für a_e wurde bereits am Anfang dieses Verfahrens aufgeführt, dort bezogen auf die Sehnenlänge s_e, jetzt nur noch auf a_e:

$$s_e = a_e = 2 \cdot \sqrt{h_k \cdot (d_s - h_k)} \quad [\text{mm}] \tag{4.28}$$

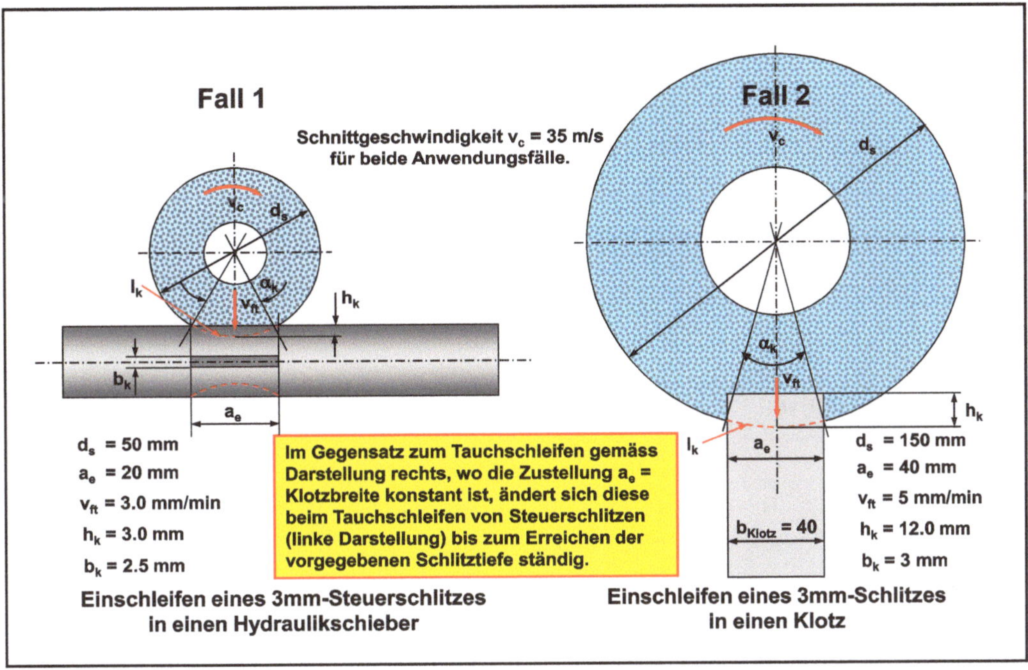

BILD 4.6 Typische Situationen beim Tauchschleifen

Die Gesamttiefe t_n beträgt 3.0 mm und der Scheibendurchmesser d_s 50 mm:

... nach h_k = 1.0 mm ist $a_e = 2 \cdot \sqrt{1 \cdot (50-1)} = 14.00 \text{ mm}$

... nach h_k = 2.0 mm ist $a_e = 2 \cdot \sqrt{2 \cdot (50.2)} = 19.60 \text{ mm}$

... nach h_k = 3.0 mm ist $a_e = 2 \cdot \sqrt{3 \cdot (50-3)} = 23.75 \text{ mm}$

Jetzt soll das bez. Zeitspanvolumen Q'_w für die drei Tiefen h_k berechnet werden. Dazu wird die Formel 4.19 verwendet:

$$Q'_{w1} = \frac{14.142 \cdot 3.0}{60} = 0.707 \text{ mm}^3/(\text{mm} \cdot \text{s})$$

$$Q'_{w2} = \frac{20.000 \cdot 3.0}{60} = 1.00 \text{ mm}^3/(\text{mm} \cdot \text{s})$$

$$Q'_{w3} = \frac{24.495 \cdot 3.0}{60} = 1.225 \text{ mm}^3/(\text{mm} \cdot \text{s})$$

Wegen der Belastung der Einzelkornschneiden muss die mittlere Spandicke h_m (siehe Punkt 4.20) bekannt sein. Mit der Formel 4.25 ist das möglich:

$$h_{m1} = \frac{2 \cdot 3.0 \cdot \sqrt{1 \cdot 50}}{35 \cdot 1000 \cdot 60} = 0.0000202 \text{ mm}$$

$$h_{m2} = \frac{2 \cdot 3.0 \cdot \sqrt{2 \cdot 50}}{35 \cdot 1000 \cdot 60} = 0.0000285 \text{ mm}$$

$$h_{m3} = \frac{2 \cdot 3.0 \cdot \sqrt{3 \cdot 50}}{35 \cdot 1000 \cdot 60} = 0.0000349 \text{ mm}$$

BEMERKUNG Die mittlere theoretische Spandicke h_m (Punkt 4.20) ist in diesem Fall zu klein! Besser wären etwa 0.0002–0.0004 mm durch eine Erhöhung von v_{ft}.

Fall 2: Einschleifen eines 3-mm-Schlitzes in einen Klotz

Hier ändert sich die Zustellung a_e nur solange, bis die Klotzbreite b_{Klotz} = 40 mm erreicht ist. Deshalb wird zuerst festgestellt, bei welcher Eintauchtiefe h_k diese Situation erreicht ist. Dazu muss die Formel 4.24 verwendet werden:

$$h_k = \frac{d_s}{2} - \sqrt{\left(\frac{d_s}{2}\right)^2 - \frac{s_e^2}{4}} \quad [\text{mm}] \tag{4.24}$$

... und nun ergibt sich $h_k = \frac{150}{2} - \sqrt{\left(\frac{150}{2}\right)^2 - \frac{40^2}{4}} = 2.716 \text{ mm}$

die Tiefe, bis die Klotzbreite b_{Klotz} = 40 mm mit a_e identisch ist und von nun an auch so bleibt.

Kontrolle: $s_e = a_e = 2 \cdot \sqrt{2.716 \cdot (150 - 2.716)} = 40.00 \text{ mm}$ (stimmt).

Jetzt ist für diese Verhältnisse das bez. Zeitspanvolumen Q'_w zu berechnen:

$$Q'_w = \frac{2 \cdot 5 \cdot \sqrt{2.716 \cdot 150}}{60} = 3.36 \text{ mm}^3/(\text{mm} \cdot \text{s})$$

Auch dazu die mittlere Spandicke h_m (Punkt 4.18), welche sich bis zur vollen Nutentiefe h_k nicht mehr verändern wird (nach Formel 4.25):

$$h_m = \frac{2 \cdot 5 \cdot \sqrt{2.716 \cdot 150}}{35 \cdot 1000 \cdot 60} = 0.0000961\,\text{mm}$$

BEMERKUNG Die mittlere Spandicke h_m ist in diesem Fall an der unteren Grenze. Anzustreben wären ebenfalls etwa 0.0002–0.0004 mm (siehe Punkt 4.18).

Für die beiden gezeigten Fälle könnte man jetzt auch noch den Kontaktwinkel α_k ausrechnen. Das würde die rechnerische Routine fördern, hat aber in der Praxis meist nur wenig Bedeutung.

Das Tauchschleifen ist kein einfaches Verfahren. Es setzt voraus, dass sehr gute schleiftechnische Kenntnisse vorhanden sind und man die Gesetzmässigkeiten bezüglich Wärmeentwicklung und Schleifbrandverhinderung vollumfänglich beachtet. Es erübrigt sich eigentlich, hier speziell auf die Kühlung hinzuweisen (Kühlschmierstoff, Menge, Druck und Düsenausführung). In der Praxis haben sich beidseitige Düsenanordnungen (Gleich- und Gegenlauf) sehr gut bewährt.

4.17 Bezogenes Zeitspanvolumen Q'_w – „Seiten-Längsschleifen"

Dieses Schleifverfahren wird eigentlich als Plan-Seiten-Längsschleifen (PSL) bezeichnet und ist in der Praxis als „Topfscheibenschleifen" bekannt. So werden beispielsweise ganze Platten oder nur Partien von diesen mit Topfscheiben bearbeitet. Das können kleine bis mittelgrosse - wie der Name des Verfahrens schon andeutet - topfförmige Schleifkörper sein. Aber auch ringförmige Scheiben werden verwendet. Und wenn es um grosse Durchmesser geht, kommen mit Schleifklötzen bestückte Schleifscheibenträger zum Einsatz. Bei der Bearbeitung von grossen Platten findet man Scheiben mit einem Durchmesser bis ca. 1200 mm.

Dieses Verfahren fällt besonders auf, weil genauso, wie beim Tauchschleifen die Eingriffsbreite der Zustellung entspricht. Auf diese Weise resultieren oftmals Q'_w-Werte, die man als unmöglich bezeichnen möchte. Es hat aber alles seine Richtigkeit, denn auch bei einer Abspan- bzw. Schleiftiefe von beispielsweise 0.02 mm wird das bezogene Zeitspanvolumen Q'_w auf einen Millimeter hochgerechnet. Mit andern Worten: Der sich ergebende hohe Wert von Q'_w stimmt und entspricht, was die Scheibenbelastung betrifft, jedem anderen Schleifprozess. Angenommen, die Schleifbreite - das entspricht der Zustellung a_e - beträgt 200 mm und die Werkstückgeschwindigkeit v_{fw} 30'000 mm/min, dann ergibt sich zwangsläufig ein sehr grosses bezogenes Zeitspanvolumen Q'_w von:

$$Q'_w = \frac{a_e \cdot v_{fw}}{60} = \frac{200 \cdot 30'000}{60} = 100'000\,\text{mm}^3/(\text{mm} \cdot \text{s})$$

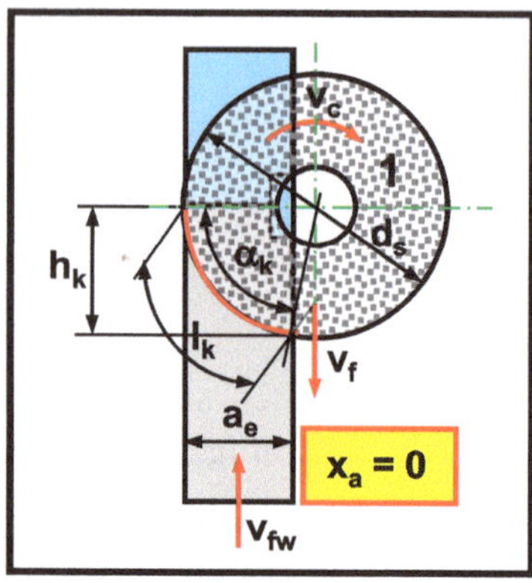

BILD 4.7 Variante 1

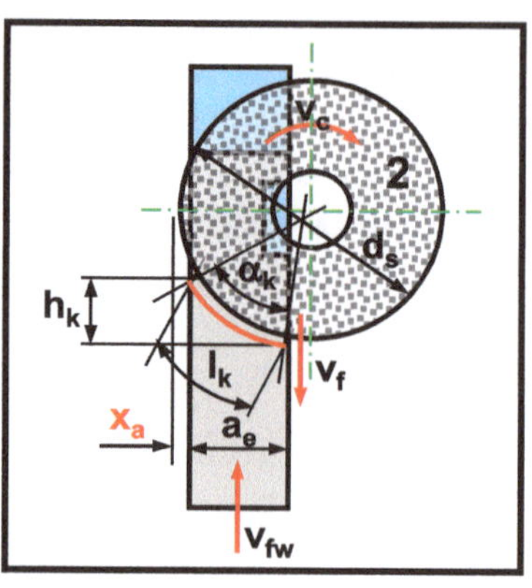

BILD 4.8 Variante 2

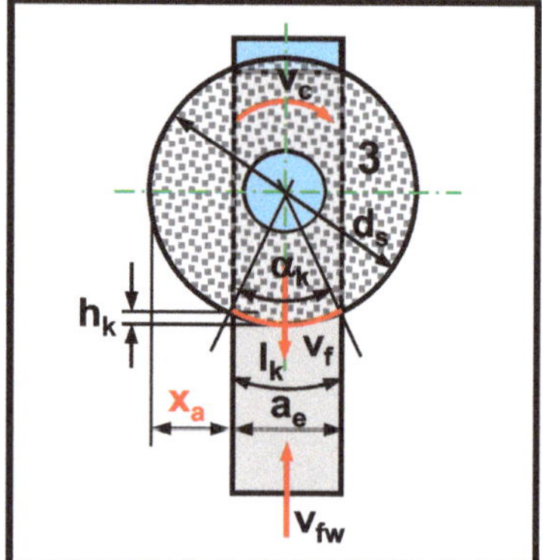

BILD 4.9 Variante 3

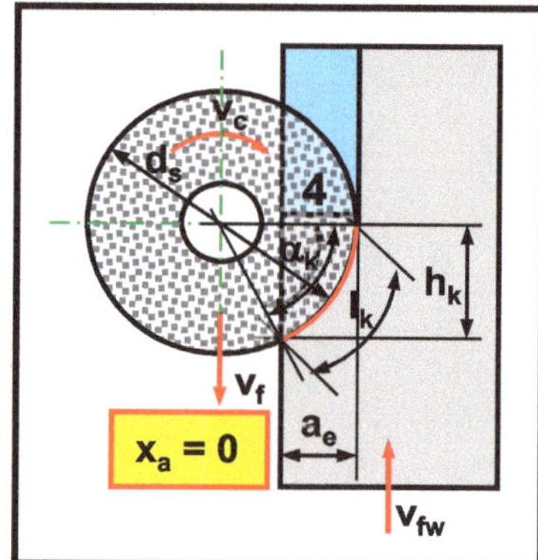

BILD 4.10 Variante 4

Beachtet werden sollte, dass es rein rechnerisch vier prinzipielle Varianten des Plan-Seiten-Längsschleifens gibt. Sie unterscheiden sich in Bezug auf die Kontaktlänge l_k und auf die Position, welche die Schleifscheibe zum Werkstück hat. In Berechnungsprogrammen wird deshalb das Mass x_a verlangt und eingesetzt.

Variante 1: Sie beschreibt die Situation, wenn das Werkstück so unter der Schleifscheibe durchgeführt wird, dass die eine Werkstückskante mit dem äusseren Scheibenrand zusammenfällt und dessen Breite (Achtung: a_e!) kleiner ist, als der halbe Scheibendurchmesser d_s. Diese Variante verdeutlicht am ehesten das Plan-Seiten-Längsschleifen und seine etwas schwer zu verstehenden rechnerischen Belange. Stellt man sich nämlich vor, es wäre keine Ansicht von oben, sondern ein von der Seite betrachteter Vollschnitt-Flachschleifprozess, lässt sich die Richtigkeit von a_e als Schleiftiefe bzw. als Zustellung problemlos erkennen.

Variante 2: Die Schleifscheibe überdeckt das zu bearbeitende Werkstück vollständig. Dieses liegt links- oder rechtsseitig neben der Scheibenmitte und ist weniger breit, als der halbe Scheibendurchmesser d_s.

Variante 3: Sie beschreibt die Situation, wenn das Werkstück weniger breit als der Scheibendurchmesser d_s ist und genau symmetrisch mit beidseitig gleichem Abstand von der äusseren Scheibenkante unter der Scheibe durchläuft.

Variante 4: Die Schleifscheibe überdeckt, nicht wie bei den anderen drei Varianten, das ganze Werkstück. Es wird nur eine Teilfläche des Werkstücks bearbeitet. Kippt man, wie bereits unter der Variante 1 erwähnt, die Darstellung um 90° nach rechts, lässt sich ebenfalls die Äquivalenz zum Flach-Vollschnittschleifen gut erkennen.

Man muss beim Plan-Seiten-Längsschleifen nicht nur die hohen Q'_w-Werte zu verstehen versuchen, sondern auch berücksichtigen, dass deshalb eine auf die herkömmliche Art berechnete mittlere Spandicke h_m keinesfalls der effektiven Grösse entspricht. Hier könnte man sich helfen, indem das erhaltene bezogene Zeitspanvolumen Q'_w mit der Schleiftiefe, – das ist die eigentliche Kontaktbreite b_k –, multipliziert und dann erst durch die Schnittgeschwindigkeit v_c dividiert wird. Auf diese Weise ergibt sich eine relativ gut angenäherte, proportional zur mittleren Spandicke h_m (siehe Punkt 4.20) verlaufende und abzuschätzende Belastung der Einzelkornschneiden.

4.18 Bezogenes Zeitspanvolumen Q'_w – „Aussen- und Innenrund-Schälschleifen“

Das Schälschleifen unterscheidet sich vom bekannten und bisher in der Praxis angewandten Aussen- oder Innerrund-Längsschleifen in einigen Punkten. So wird die Schleifscheibe beispielsweise ganz gezielt mit einer „Schälschleifkante“ ein- oder beidseitig versehen und im Allgemeinen wird ein Werkstück gerade mal in einem einzigen Durchgang fertiggeschliffen. Dabei ist die Schälkante oder Schälpartie an der Scheibe für den Hauptabtrag (Schruppen) und die restliche zylindrische Partie für die „gute“ Oberfläche zuständig. Trotz hohen bezogenen Zeitspanvolumina und nur einem einzigen Durchgang, wird eine sehr gute geometrische Genauigkeit und dazu eine erstaunlich feine Oberflächenqualität erreicht. Da kann es nicht verwundern, wenn das bez. Zeitspanvolumen Q'_w anders ausgerechnet wird, als bei den üblichen Schleifverfahren. Das Aussen- und Innenrund-Schälschleifen wird deshalb gesondert im Kapitel 9 ausführlich behandelt.

4.19 Bezogenes Grenzzeitspanvolumen $Q'_{w\ grenz.}$

Das bezogene Grenzzeitspanvolumen $Q'_{w\ grenz.}$ stellt die maximale, zeitbezogene Abtragsleistung dar, welche unter den gegebenen Bedingungen erreicht werden kann. Sie ist einerseits von der Schleifmaschine selbst abhängig und andererseits von der statischen und dynamischen Härte der Schleifscheibe, vom zu schleifenden Werkstoff, von den Stellgrössen (Prozessvorgaben) und natürlich auch vom eingesetzten Kühlschmierstoff und dessen Zuführung zur Kontaktstelle.

Bei jeder Schleifaufgabe gibt es Grenzen hinsichtlich des bezogenen Zeitspanvolumens Q'_w. Hat die verwendete Schleifmaschine genügend Antriebsleistung und reicht die Kühlmittelversorgung aus, um diese Leistung, - würde sie denn einmal voll beansprucht -, auch „abzudecken", liegen die Gründe für das Erreichen und/oder Überschreiten des bezogenen Grenzzeitspanvolumens $Q'_{w\ grenz.}$ anderswo.

Jedem Operateur ist es freigestellt, bis an diese Grenze zu gehen. Das kann sogar sinnvoll sein, wenn er wissen möchte, was mit der gegebenen Konstellation letztendlich möglich ist. Es könnte aber auch um einen Testlauf der vorhandenen Schleifscheibe gehen oder darum, die Prozessvorgaben zu überprüfen. Werden grosse Serien geschliffen, ist es sogar ratsam, das bezogene Grenzzeitspanvolumen in kleinen Schritten, entweder über die Änderung der Zustellwerte oder der Vorschubgeschwindigkeit, zu ermitteln. Schliesslich kommt es ja öfters auf „eingesparte" Sekunden an und da bleibt einem kaum etwas anderes übrig, als die Maschine, bzw. diesen Prozess, mit allen verfügbaren schleiftechnischen Kenntnissen auszureizen.

Es gibt folgende typische Anzeichen, dass man in der Nähe von $Q'_{w\ grenz.}$ angelangt ist:

- Schleifbrand (Verfärbung, Risse, usw.) auf der geschliffenen Oberfläche, trotz vermeintlich genügendem Kühlschmierstoff-Volumen.
- Die Schleifscheibe bricht zusammen oder stumpft nur ab, ohne eine notwendige Selbstschärfung zu zeigen.
- Die erwünschte Geometriegenauigkeit wird nicht mehr erreicht.
- Die Werkstücksoberfläche ist aufgeraut durch ungesteuerten Kornausbruch.
- Die Scheibe weist Metallpartikel vor den Kornschneiden und in den Porenräumen auf (Kaltschweissungen).

Und nun der Reihe nach, was in solchen Fällen zu tun ist:

- Schleifbrand: Scheibenspezifikation auf Eignung überprüfen. Eventuell mit leicht nach oben und leicht nach unten veränderter Schnittgeschwindigkeit Versuche durchführen. KSS-Zuführung (Düsen) überprüfen.
- Scheibe bricht zusammen: Sie ist eindeutig zu weich gewählt.
- Scheibe stumpft nur: Sie ist eindeutig zu hart gewählt.

- Aufgeraute Oberfläche: Kornausbruch wegen zu weicher Scheibe.
- Kaltschweissungen: Zu hohe Schleiftemperaturen und/oder zu wenig aktive Schmieradditive im Kühlmittel.

Neben der Scheibenspezifikation, welche sehr oft die „Hauptrolle" spielt, sind aber auch die gesamten Stellgrössen (Vorgabeparameter) genau zu kontrollieren. Hier ist ganz besonders zu bedenken, dass eine Steigerung der Zustellung den Leistungsbedarf an der Schleifscheibe wesentlich steiler ansteigen lässt, als wenn man ein grösseres bezogenes Zeitspanvolumen mit einer Erhöhung der Werkstückgeschwindigkeit zu erzielen versucht. In der Literatur findet man Hinweise, in welchen von einer Verdoppelung des Leistungsbedarfs gesprochen wird, wenn dies über die Zustellung statt über die Werkstückgeschwindigkeit geschieht. Das ist gar nicht so unlogisch, denn beispielsweise würde eine Verdoppelung von Q'_w über die Zustellung a_e von 0.1 mm auf 0.2 mm bei einem Scheibendurchmesser d_s von 400 mm erst eine Kontaktlänge l_k von 6.32 mm und dann von 8.94 mm ergeben. Dadurch entsteht eine um 41.5 % vergrösserte Kontaktfläche A_k, auf welcher entsprechend mehr aktive Kornschneiden reiben, Wärme erzeugen und dafür Leistung benötigen. Versucht man es mit einer Verdoppelung der Werkstückgeschwindigkeit v_{fw}, bleibt die Kontaktlänge l_k gleich und - das ist jetzt äusserst wichtig - die Durchlaufzeit einer Kornschneide durch die Kontaktfläche wird halbiert, wodurch die Wärmeeinwirkzeit ebenfalls halbiert wird und so wesentlich günstigere Bedingungen im „Wärmehaushalt" vorliegen. Der relativ geringe Leistungszuwachs an der Schleifspindel resultiert nur vom Reiben, Pflügen und Quetschen in der Kontaktzone. Logisch, es wird zwar auch etwas mehr Wärme erzeugt, aber diese wird auch schneller „abgespant", so dass sogar mehr Wärme in den jetzt doppelt so dicken Spänen abgeführt werden kann. Die Schleifscheibenspezifikation muss etwas härter und offener in der Struktur gewählt werden. Eine Gefahr für Schleifbrand wird dadurch minimiert.

Vergessen darf man keineswegs die folgenden Punkte, welche das höchste erreichbare bezogene Grenzzeitspanvolumen $Q'_{w\ grenz.}$ beeinflussen können:

- Fehler beim Konditionieren der Scheibe, entweder durch ein falsches Werkzeug und/oder durch unpassende Konditionierparameter.
- Ungeeigneter Kühlschmierstoff, meistens mit zu wenig aktiven Schmieradditiven.
- Grundsätzlich falsch vorgegebene Stellgrössen (Zustellung, Vorschub, usw.).
- Schnittgeschwindigkeit nicht den übrigen Gegebenheiten und Bedingungen angepasst. Ursache sind oft völlig falsch verstandene Vorstellungen über Hochgeschwindigkeitsprozesse.

Und zum Abschluss dieses Themas: Hat man einmal durch Steigerung der Stellgrössen und/oder einer anderen Massnahme das bezogene Grenzzeitspanvolumen $Q'_{w\ grenz.}$ erreicht, sollte unbedingt auf etwa 80 % davon zurückgefahren werden. Die fabrikationsbedingten Streuungen von Schleifscheibenchargen und die zeitliche Veränderung von Kühlschmierstoffen (Austrag der an den Spänen haftenden Fettstoffe) sind beispielsweise Gründe dafür.

4.20 Theoretische mittlere Spandicke h_m

Die theoretische mittlere Spandicke h_m muss man sich – wie die Bezeichnung bereits deutlich macht – als theoretischen Wert vorstellen, der so effektiv nicht existiert. Auf diesen Wert und seinen Einfluss in der Schleiftechnik hat in seiner Dissertation 1967 Dr.-Ing. Helmut Fuchs erstmals hingewiesen. Er nannte ihn „Momentanspandicke h_{mom}“. Was ist das? In der Mitte des Kontaktwinkels α_k zwischen Scheibe und Werkstück berechnet man die sich ergebende Spandicke, als würde nur eine einzige Kornschneide spanen. Die theoretische mittlere Spandicke liegt somit genau zwischen 0 und ihrem Maximum am Ende des Spans. Richtig, das gibt's doch so nicht! Es sind immer mehrere Kornschneiden am Werk. Es lässt sich auch eine andere Definition verwenden. Man zählt an der bewussten Stelle die Einzelspandicken zusammen und erhält damit denselben Wert h_m. Nur, wer weiss schon, wie viele Kornschneiden jeweils im Eingriff sind bzw. spanen und in welcher Dicke die Einzelspäne anfallen?

Mit Recht steht jetzt die Frage im Raum, was denn diese Grösse überhaupt bedeuten soll. Übrigens, man kürzt den Begriff seit vielen Jahren etwas ab, indem das Wort „theoretisch“ weggelassen wird. Im Folgenden wird also nur noch von der mittleren Spandicke h_m die Rede sein. Aber um auf die vorherige Frage zurückzukommen, die Belastung der Einzelkornschneide verhält

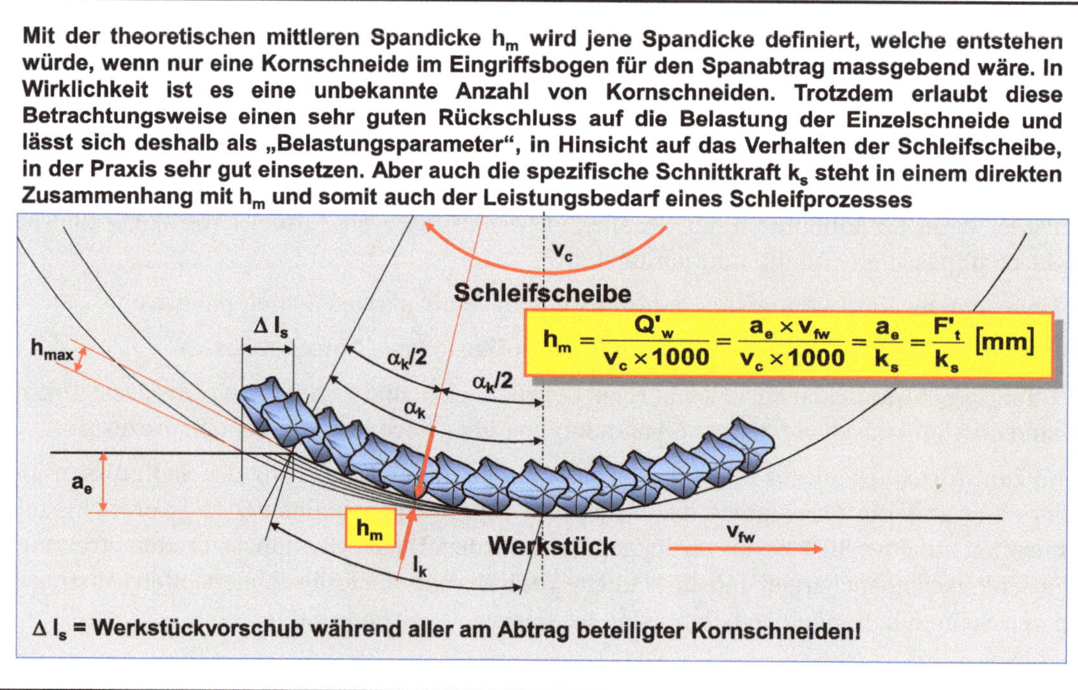

BILD 4.11 Die theoretische mittlere Spandicke h_m

sich etwa proportional zur mittleren Spandicke h_m, d. h. steigt h_m an, wird die einzelne Schneide höher belastet, fällt h_m dagegen, sinkt auch die Belastung an der Scheibe. Das bedeutet, dass die Härtewirkung einer Schleifscheibe nicht nur über eine Variation der Schnittgeschwindigkeit v_c, sondern auch über h_m indirekt gesteuert werden kann.

Diejenigen, die damit bereits Erfahrungen gesammelt haben, möchten bestimmt diese Möglichkeit, eine nicht optimal passende Schleifscheibe über h_m an die momentanen Gegebenheiten anzugleichen, nicht mehr missen. Man kann auf diese Weise tatsächlich eine Scheibe dynamisch härter oder weicher wirken lassen, etwa vergleichbar mit den Möglichkeiten, welche eine Veränderung der Schnittgeschwindigkeit v_c bietet (siehe Punkt 4.5). Würde diese Möglichkeit in der Praxis mehr angewendet, liessen sich viele Schleifprobleme ohne eine Änderung der Scheibenspezifikation lösen.

Jetzt muss noch bekannt sein, in welchen Bereichen die theoretische mittlere Spandicke h_m anfällt. Dazu erst einmal die drei wichtigsten Berechnungsformeln; zuerst in Abhängigkeit vom bezogenen Zeitspanvolumen Q'_w und der Schnittgeschwindigkeit v_c und danach von der Zustellung a_e und dem Geschwindigkeitsverhältnis q_s:

$$h_m = \frac{Q'_w}{v_c \cdot 1000} \quad [\text{mm}] \tag{4.30}$$

$$h_m = \frac{F'_t}{k_s} \quad [\text{mm}] \tag{4.31}$$

$$h_m = \frac{a_e}{q_s} \quad [\text{mm}] \tag{4.32}$$

Die Grössen auf der rechten Seite der Gleichheitszeichen sind, mit Ausnahme der bezogenen Tangentialkraft F'_t (Umfangskraft pro Millimeter Schleifbreite) und der spezifischen Schnittkraft k_s – beide werden weiter hinten erklärt –, bereits bekannt. Mit der zweiten Formel wird gezeigt, dass h_m auch in einem direkten Zusammenhang von Kraft- und Zerspanungsgrössen steht und die dritte Formel ist besonders interessant, weil sie die Abhängigkeit von h_m auch von der Zustellung a_e und dem Geschwindigkeitsverhältnis q_s demonstriert. Mit grösser werdendem q_s sinkt h_m und umgekehrt. Bleibt q_s konstant und a_e wird gesteigert, z. B. beim Vollschnitt- und Einstechschleifen, erhöht sich die theoretische mittlere Spandicke. Stellt man diese Formeln um (auflösen nach einer Grösse auf der rechten Seite des Gleichheitszeichens), werden wichtige Zusammenhänge deutlich.

Nun werden die unter Punkt 4.15 aufgeführten Werte des bezogenen Zeitspanvolumens Q'_w (immer etwa die Mittelwerte) bei einer Schnittgeschwindigkeit v_c von 35 m/s herangezogen und als Richtwertbeispiele mit der ersten Formel demonstriert:

- Fein- und Feinstschleifen $h_m = \frac{1.0}{35 \cdot 1000} = 0.000029$ mm
- Schlichtschleifen $h_m = \frac{2.0}{35 \cdot 1000} = 0.000057$ mm
- Schruppschleifen, konventionell $h_m = \frac{9.0}{35 \cdot 1000} = 0.000257$ mm
- Vollschnittschleifen, allgemein $h_m = \frac{30.0}{35 \cdot 1000} = 0.000857$ mm
- Aussenrund-Einstechschleifen $h_m = \frac{9.5}{35 \cdot 1000} = 0.000270$ mm
- Innenrund-Einstechschleifen $h_m = \frac{4.2}{35 \cdot 1000} = 0.000120$ mm
- Leistungs-Vollschnittschleifen $h_m = \frac{42.5}{35 \cdot 1000} = 0.001214$ mm

Mit einer Schnittgeschwindigkeit v_c von 35 m/s wären die nächsten Beispiele kaum realistisch. Hier muss v_c beispielsweise mit 120 m/s angenommen werden, also eine typische hohe Schnittgeschwindigkeit (HSG = High Speed Grinding bzw. Hochgeschwindigkeitsschleifen und HEDG = High Efficiency Deep Grinding bzw. Hochleistungstiefschleifen). Es fällt auf, dass die mittleren Spandicken, gegenüber Standardwerten, bis zu einer Zehnerpotenz und mehr höher liegen:

- Hochgeschwindigkeitsschleifen $h_m = \frac{275.0}{120 \cdot 1000} = 0.00229$ mm
- Hochleistungstiefschleifen $h_m = \frac{500.0}{120 \cdot 1000} = 0.00458$ mm

Es dürfte jetzt nicht schwierig sein, die mittlere Spandicke h_m der eigenen Schleifprozesse auszurechnen. Trotzdem nachfolgend noch einige Hinweise zu bewährten Grössenordnungen von h_m, die man durchaus bei der Planung von neuen Schleifaufgaben berücksichtigen sollte:

- Schlichtschleifen h_m = 0.00005–0.00010 mm
- Schruppschleifen h_m = 0.00010–0.00050 mm
- Leistungsschleifen h_m = 0.00050–0.00100 mm
- Hochgeschwindigkeitsschleifen h_m = 0.00100–0.01000 mm
- Hochleistungsschleifen h_m = 0.00200–0.02000 mm

Mit der nach Q'_w aufgelösten Formel lässt sich der Bereich des zu erwartenden bezogenen Zeitspanvolumens Q'_w bestimmen:

$$Q'_w = h_m \cdot v_c \cdot 1000 \quad \left[\frac{mm^3}{mm \cdot s}\right] \tag{4.33}$$

Beispiel: $Q'_w = 0.0003 \cdot 35 \cdot 1000 = 10.5\ mm^3/(mm \cdot s)$

Desgleichen kann man nach der günstigsten Schnittgeschwindigkeit v_c suchen. Die Formel für Q'_w wird einfach danach aufgelöst:

$$v_c = \frac{Q'_w}{h_m \cdot 1000} \quad [m/s] \tag{4.34}$$

Beispiel: $v_c = \frac{10.5}{0.0003 \cdot 1000} = 35\ m/s$

Weil Q'_w nicht einstellbar ist, sondern sich erst über die gewählte Zustellung a_e und über die Werkstückgeschwindigkeit v_{fw} ergibt, die Formel und ein Beispiel:

$$h_m = \frac{a_e \cdot v_{fw}}{v_c \cdot 1000 \cdot 60} \quad \left[\frac{mm^3}{mm \cdot s}\right] \tag{4.35}$$

$$h_m = \frac{0.02 \cdot 30'000}{35 \cdot 1000 \cdot 60} = 0.000286\ mm$$

Wie die Formel 4.35 umgestellt wird, damit man entweder die zu einer mittleren Spandicke h_m gesuchte Zustellung a_e oder die Werkstückgeschwindigkeit v_{fw} berechnen kann, muss wohl nicht mehr erklärt werden. Mit welchen Wertanpassungen – Zustellung a_e oder Werkstückgeschwindigkeit v_{fw} oder mit beiden ein „bisschen" – nun eine zum Prozess passende mittlere Spandicke h_m erzielt werden kann, hängt weitgehend von der Schleifaufgabe selbst und von den maschinenseitigen Einstellmöglichkeiten ab.

Es steht immer wieder die Frage im Raum, wie gross h_m eigentlich sein soll? Angaben dazu wurden schon weiter vorne gemacht, aber ein Blick zurück in die Anfangszeiten lohnt sich. In der ersten Hälfte des vergangenen Jahrhunderts wurde mit Schnittgeschwindigkeiten von 25 m/s und mit Werkstückgeschwindigkeiten von maximal etwa 20'000 mm/min geschliffen. Die Zustellwerte a_e lagen dabei im Bereiche von 0.005–0.010 mm. Das ergab bezogene Zeitspanvolumina Q'_w von 1.67–3.34 $mm^3/(mm \cdot s)$ und mittlere Spandicken zwischen 0.000083 und 0.000167 mm.

Das waren Werte, wie sie heute für das Schlicht- und Fertigschleifen zur Anwendung gelangen, nur mit dem Unterschied, dass noch niemand die Grösse „theoretische mittlere Spandicke h_m" als massgebenden Faktor für die Belastung der Einzelkornschneide kannte. Und das Geschwindigkeitsverhältnis q_s lag bei 75! Da soll einer sagen, die jüngeren Generationen hätten die heute als ideale Vorgabewerte proklamierten Grössen entdeckt. Nein, unsere Schleifer-Vorfahren haben sich, ohne grosse Kenntnisse der Zusammenhänge, intuitiv und durch Versuche an die besten Bedingungen mit den damals verfügbaren Schleifscheiben herangetastet.

4.21 Abtragsvolumen V_w und bezogenes Abtragsvolumen V'_w

Als Abtragsvolumen V_w bezeichnet man das Werkstoffvolumen, welches an einem Werkstück gesamthaft weggeschliffen wird. Das gilt grundsätzlich für alle Arten von Schleifverfahren und ist rein rechnerisch eine Geometrieaufgabe. Diese wird allerdings dann etwas schwieriger, wenn es sich um ein komplexeres Profil handelt. V_w wird, wie im Kapitel 3 beschrieben, vor allem zur Berechnung des Standverhaltens einer Schleifscheibe (siehe G-Wert) benötigt.

Würde beispielsweise eine Nute mit 10 mm Tiefe und 20 mm Breite in ein flaches Werkstück mit der Länge 120 mm geschliffen, müsste folgende Formel angewandt werden:

$$V_w = z_w \cdot b_k \cdot l_s \quad [\text{mm}^3] \tag{4.36}$$

$$V_w = 10 \cdot 20 \cdot 120 = 24'000 \text{ mm}^3$$

Es ist also völlig egal, in wie vielen Hüben diese Nute herausgeschliffen worden ist. Das Abtragsvolumen V_w für einen vergleichbaren Aussenrundschleifprozess ergäbe, wenn als Werkstückdurchmesser d_w 50 mm und ebenfalls eine Einstichtiefe von 10 mm und eine Breite von 20 mm angenommen würde:

$$V_w = (d_w - z_w) \cdot \pi \cdot z_w \cdot b_k \quad [\text{mm}^3] \tag{4.37}$$

$$V_w = (50 - 10) \cdot 3.14 \cdot 10 \cdot 20 = 25'133 \text{ mm}^3$$

In den Formeln bedeuten:

b_k = Schleif- bzw. Kontaktbreite in mm

l_s = Schleiflänge in mm

z_w = gesamte Werkstoffzugabe (volle Schleiftiefe) in mm

Das Abtragsvolumen V_w ist von Bedeutung, wenn man wissen will, zu welcher gesamten Zerspanungsmenge eine Schleifscheibe fähig war, bis sie wieder neu konditioniert (abgerichtet) werden musste. Man kann aber auf diese Weise auch ausrechnen, wie wirtschaftlich eine ganze Schleifscheibe war (Scheiben-Standmenge), bis sie gegen eine neue ausgetauscht wurde.

Und nun zum bezogenen Abtragsvolumen V'_w. Dieser Wert bezieht sich auf einen Millimeter Schleifbreite, d. h. dadurch ist ein Vergleich mit anderen interessierenden Schleifaufgaben und/oder Schleifscheiben, unabhängig von der gesamten Schleifbreite, möglich. Deshalb weisen viele Diagramme als Abszisse (x-Achse, unabhängige Achse) die bezogene Abtragsmenge V'_w auf und als Ordinate (y-Achse, abhängige Achse) unterschiedlichste schleiftechnische Grössen.

Die oben gezeigten Formeln und Beispiele sollen nun hier am bezogenen Abtragsvolumen demonstriert werden:

$$V'_w = z_w \cdot l_s \quad [\text{mm}^3/\text{mm}] \tag{4.38}$$

$$V'_w = 10 \cdot 120 = 1'200 \text{ mm}^3/\text{mm}$$

Es spielt auch beim bezogenen Abtragsvolumen V'_w keine Rolle, in wie vielen Hüben diese Nute herausgeschliffen worden ist. Für einen vergleichbaren Aussenrundschleifprozess ergäbe V'_w, wenn als Werkstückdurchmesser d_w 60 mm und wie in den vorherigen Beispielen ein Einstich von 10 mm Tiefe und 20 mm Breite angenommen würde:

$$V'_w = (d_w - z_w) \cdot \pi \cdot z_w \quad [\text{mm}^3/\text{mm}] \tag{4.39}$$

$$V'_w = (60 - 10) \cdot 3.14 \cdot 10 = 1'570 \text{ mm}^3/\text{mm}$$

Das bezogene Abtragsvolumen V'_w wird ebenfalls für die Beurteilung der Standzeit von Schleifscheiben (z. B. Profilhaltigkeit) verwendet. Von grösster Bedeutung sind die wirtschaftlichen Aspekte beim Einsatz von hochharten Schleifstoffen (CBN und Diamant). CBN (kubisches Bornitrid) ist, abhängig von der Scheiben- und Bindungsart, beispielsweise etwa 6–10mal teurer, als eine für die Schleifaufgabe verwendbare Schleifscheibe mit einer konventionellen Kornart in keramischer Bindung. Was liegt da näher, als V'_w für die Rentabilität heranzuziehen, um die Rechtfertigung des Einsatzes von CBN gegenüber konventionellen Kornarten zu überprüfen. Denn mit CBN - richtig eingesetzt und gekühlt -, wäre eine 40–400mal höhere Standzeit zu erreichen. Bei grösseren Serien lohnt sich eine solche Kosten-/Nutzenrechnung allemal.

4.22 Kontaktlänge l_k

Schon der Name allein sagt viel aus über diese Grösse. Zusammen mit den folgenden beiden Punkten, Kontaktbreite b_k und Kontaktfläche A_k, erhält die Kontaktlänge l_k einen massgebenden Stellenwert beim Schleifen. Man denke nur daran, dass die Kontaktlänge l_k, zusammen mit der eingesetzten und den Erfordernissen entsprechenden Schleifscheibe, hinsichtlich der sich gleichzeitig im Eingriff befindlichen Kornschneiden, mitbestimmend ist. Mit andern Worten heisst das, es muss auch ein Zusammenhang mit der Wärmeerzeugung und dem Wärmeübergang bestehen. Denn je länger die Kontaktlänge ist, desto mehr Kornschneiden können gleichzeitig im Eingriff sein. Das bedeutet doch, dass mehr Kornschneiden reiben, quetschen und pflügen, also mehr Wärme erzeugen. Nur mit einer sehr gut angepassten Kühlung (Kühlschmierstoff, Menge, Druck und Düsenbauweise) sind grosse Kontaktlängen brandfrei zu beherrschen.

Die im Allgemeinen verwendete, vereinfachte Formel zur Berechnung der Kontaktlänge l_k lautet für das Flachschleifen:

$$l_k = \sqrt{a_e \cdot d_s} \quad [\text{mm}] \tag{4.40}$$

Und für das Aussenrund- und Innenrundschleifen:

$$l_k = \sqrt{a_e \cdot d_{se}} \quad [\text{mm}] \tag{4.41}$$

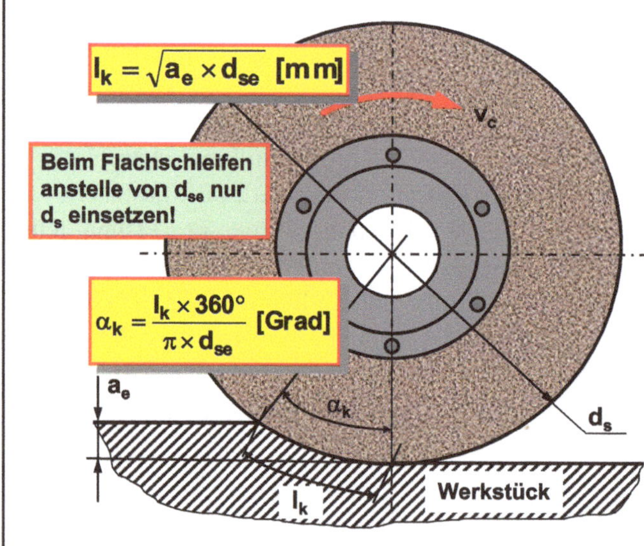

In vielen Fällen spielt die Kontaktlänge l_k und/oder der Kontaktwinkel α_k eine wichtige Rolle. Bei allen Schleifverfahren wird die Kontakt- oder Berührungslänge l_k zwischen der Scheibe und dem Werkstück als auch der dabei eingeschlossene Winkel α_k damit definiert.
Betrachtet man vergleichbare Bearbeitungsverhältnisse hinsichtlich des Scheibendurchmessers d_s und der Zustellung a_e, so zeigt sich, dass die sich ergebende Kontaktlänge beim Aussenrundschleifen am kürzesten wäre, beim Innenrundschleifen am längsten und beim Flachschleifen dazwischen liegen würde. Damit sich aber die wichtigsten Schleifverfahren untereinander reell vergleichen lassen, setzt man in allen Formeln für das Aussenrund- und das Innenrundschleifen, die den Scheibendurchmesser d_s enthalten, an dessen Stelle den aequivalenten Scheibendurchmesser d_{se} ein (siehe auch aequivalenter Scheibendurchmesser d_{se}).

BILD 4.12 Kontaktlänge l_k und Kontaktwinkel α_k. Formeldefinition für das Aussen-, Innenrund- und Flachschleifen.

Der aufmerksame Leser hat bestimmt sofort festgestellt, dass in der letzten Formel unter dem Wurzelzeichen nicht d_s für den Scheibendurchmesser steht, sondern jetzt plötzlich d_{se}. Das muss unbedingt erklärt werden!

Geht man davon aus, dass immer die gleiche Zustellung a_e eingestellt wird und, um die Sache besser verständlich zu machen, der Scheibendurchmesser d_s unverändert bleibt, so zeigt sich schnell ein drastischer Unterschied in der Kontaktlänge l_k zwischen dem Flach-, dem Aussenrund- und dem Innenrundschleifen. Um diesen Unterschied zu berücksichtigen, wenn schleiftechnische Werte dieser unterschiedlichen Schleifverfahren miteinander verglichen werden sollen, wurde der äquivalente Scheibendurchmesser d_{se} - der äquivalente Scheibendurchmesser - „erfunden".

Für das Aussenrundschleifen gilt:

$$d_{se} = \frac{d_w \cdot d_s}{(d_w + d_s)} \quad [\text{mm}] \tag{4.42}$$

Und für das Innenrundschleifen gilt:

$$d_{se} = \frac{d_w \cdot d_s}{(d_w - d_s)} \quad [\text{mm}] \tag{4.43}$$

Auf diese Weise kann ein „Vergleichsdurchmesser" - eben d_{se} - berechnet werden. Dabei bezieht sich in beiden Fällen der errechnete äquivalente Scheibendurchmesser d_{es} auf die Verhältnisse, wie wenn es ein entsprechender Flachschleifprozess wäre. Zu beachten ist in den obigen Formeln unter dem Bruchstrich das Pluszeichen beim Aussenrundschleifen und das Minuszeichen beim Innenrundschleifen.

In allen Formeln, in welchen der Schleifscheibendurchmesser d_s steht, ist im Falle des Flachschleifens der tatsächliche Durchmesser d_s einzusetzen. Handelt es sich dagegen um einen Aussenrund- oder einen Innenrundschleifprozess, dann muss anstelle von d_s unbedingt der äquivalente Wert d_{se} eingesetzt werden. Die meisten Formeln die davon betroffen sind, weisen heute aber schon von vornherein d_{se} auf. Aber eben, wird flach geschliffen, setzt man auch in diesen Fällen anstelle von d_{se} direkt d_s ein.

Beispiele: Angenommen, es wird eine Schleifscheibe von 300 mm Durchmesser eingesetzt, ergibt sich mit einer Zustellung a_e von 0.02 mm folgende Kontaktlänge l_k:

Für das Flachschleifen:

$$l_k = \sqrt{0.02 \cdot 300} = 2.45 \text{ mm}$$

Um den Unterschied zwischen der Kontaktlänge l_k beim Flachschleifen und beim Aussen- und Innenrundschleifen mit gleichem Scheibendurchmesser d_s und gleicher Zustellung a_e zu zeigen, wird für beide Rundschleifverfahren ein Werkstückdurchmesser d_s von 400 mm angenommen. Damit aber eine solche Vergleichsrechnung überhaupt möglich ist, muss zuerst noch der äquivalente Durchmesser d_{se} bestimmt werden. Er erlaubt die drei Hauptschleifverfahren Flach-, Aussenrund- und Innenrundschleifen geometrisch miteinander zu vergleichen:

Für das Aussenrundschleifen ergibt sich:

$$d_{se} = \frac{400 \cdot 300}{(400 + 300)} = 171.43 \text{ mm}$$

$$l_k = \sqrt{0.02 \cdot 171.43} = 1.85 \text{ mm}$$

... und für das Innenrundschleifen:

$$d_{se} = \frac{400 \cdot 300}{(400 - 300)} = 1'200 \text{ mm}$$

$$l_k = \sqrt{0.02 \cdot 1'200} = 4.9 \text{ mm}$$

Die Kontaktlängen l_k weichen also, ungeachtet der absolut gleichen Vorgaben, für alle drei Hauptschleifverfahren stark voneinander ab. Dabei fällt zweifellos auf, dass die Schleifscheibe beim Aussenrundschleifen zusammen mit dem Werkstück im Vergleich zum Flachschleifen eine deutlich kürzere Kontaktlänge l_k bildet. Beim Innenrundschleifen ist genau das Gegenteil der Fall. Hier ergibt sich trotz gleicher Zustellung a_e eine wesentlich grössere Kontaktlänge l_k. Damit ist eines klar: Die günstigsten bzw. kürzesten Reibflächen (Kontaktfläche A_k) erzeugt das Aussenrundschleifen. Das Innenrundschleifen erweist sich diesbezüglich als am ungünstigsten und das Flachschleifen liegt etwa in der Mitte. Aus dieser Tatsache kann man schliessen, dass - relativ betrachtet und immer auf die gleichen Abtragsbedingungen bezogen - beim Innenrundschleifen am meisten Wärme erzeugt wird. Beim Flachschleifen ist diese Tendenz schon bedeutend geringer und beim Aussenrundschleifen ergeben sich durch die noch kürzere Kontaktlänge l_k die günstigsten Bedingungen. Bei der Schleifleistung P_s und den Schleifkräften F_t (Tangential- oder Umfangskraft an der Scheibe) sowie F_n (Normalkraft auf das Werkstück wirkend) wird dies nochmals angesprochen.

4.23 Kontaktwinkel α_k

Als Kontaktwinkel α_k bezeichnet man den auf das Schleifscheibenzentrum bezogenen Winkelbereich, welcher die Schleifscheibe - wie der Name sagt - mit dem Werkstück bildet. Für übliche Schleifaufgaben hat der Kontaktwinkel α_k keine besondere Bedeutung. Handelt es sich dagegen um anspruchsvollere Arbeiten, beispielsweise mit schwer zu schleifenden und/oder schmierenden Werkstoffen, sieht das etwas anders aus. Gefragt ist dann allerdings nicht unbedingt der Winkel in Grad, sondern – abhängig davon, was ausgerechnet werden soll – der sich ergebende Sinus- oder Tangenswert, also die Winkelfunktion des Winkels. Um zu dieser zu gelangen, muss gar nicht erst der Winkel in Grad° berechnet werden.

Im Prinzip geht es darum, rechnerisch feststellen zu können, in welchem Winkel die Einzelschneide in den Werkstoff eindringt. Dazu gibt es zwei unterschiedliche Möglichkeiten, welche von Fall zu Fall zur Anwendung gelangen können. Das Bild 4.13 veranschaulicht mit dem Eindringwinkel α_{ec} die eine Berechnungsart. Hier wird der Tangens des Winkels direkt als Wert der „Steilheit" benützt. Man spricht also nicht etwa vom Winkel im Gradmass, sondern verwendet als Beurteilungswert dessen Tangens. Letzterer ist wertmässig – es handelt sich ja um äusserst flache Winkel – ein bisschen grösser, als es der Winkel, dezimal ausgedrückt, wäre.

Interessant bei der gezeigten Formelpalette in Bild 4.13 ist vor allem, welche Werte über und welche unter dem Bruchstrich stehen. Daraus kann nicht nur der Zusammenhang unter den verschiedenen Grössen erkannt werden, sondern auch was man ändern müsste und in welcher Richtung (grösser oder kleiner), um einen steileren Eingriff der einzelnen Schneiden innerhalb der wirkenden Schneidenraumtiefe zu erhalten. Diese sinnvolle Möglichkeit, einen Schleifprozess zu optimieren, wird in der Praxis noch viel zuwenig angewandt, obwohl die Bearbeitung von nickelbasierten Werkstoffen oder von Titan durchaus aktuell ist.

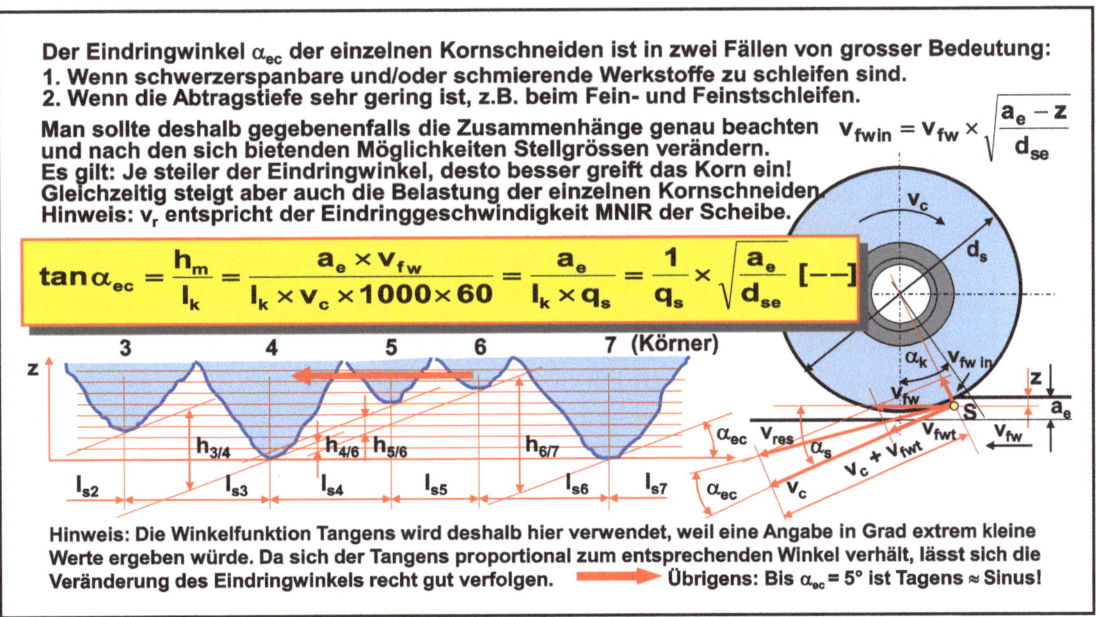

BILD 4.13 Eindringwinkel α_{ec} an der Kornschneide. Der Eindringwinkel wird nicht in Grad, sondern mit dem Tangens seines Winkels angegeben (üblicherweise als tan α_{ec})!

Gut nachvollziehbar dürfte die Tatsache sein, dass mit kleiner werdendem Eindringwinkel α_{ec} die Tendenz zum Spanen ab- und dafür jene zum Gleiten zunimmt. Das heisst, ganz besonders duktile und/oder schmierende Werkstoffe sollten mit einem möglichst grossen Eindringwinkel α_{ec} geschliffen werden. Die in Bild 4.13 zur Auswahl stehenden Formeln muss man keineswegs auswendig lernen. Es genügt, die mathematische Regel, hinsichtlich der zu erwartenden Resultatsänderung, wenn Werte auf oder unter dem Bruchstrich grösser oder kleiner werden, anzuwenden.

4.24 MNIR – The Maximum Normal Infeed Rate $v_{fw\ in}$

Eine andere Möglichkeit, das Eingreifen von Einzelkornschneiden in den Werkstoff zu beurteilen, ist die „Maximum Normal Infeed Rate", welche von englischen Wissenschaftlern [14] bereits 1985 publiziert worden ist. Sie verwenden die an der tiefsten Profilstelle am Werkstück (effektive Zustelltiefe a_e) auftretende radiale Korneindringgeschwindigkeit v_{fr}, auf das Scheibenzentrum gerichtet, als wichtige Beurteilungsgrösse. Benannt wurde sie mit MNIR, die Abkürzung des englischen „Maximum Normal Infeed Rate". Vom Prinzip her ist diese Art der Betrachtung äusserst interessant, denn es lässt sich hier die Verbindung zwischen der Eindringgeschwindigkeit $v_{fw\ in}$ und der spezifischen Schleifenergie U_s (siehe Punkt 4.38) herleiten. Allerdings bezieht sich, die MNIR wie erwähnt auf den höchsten Punkt der Kontaktstelle zwischen der Schleifscheibe und dem Werkstück (sie Bild 4.14). Gut erkennbar ist, dass man zur Bestimmung der MNIR den Sinus des ganzen Kontaktwinkels α_k benötigt. Die englischen Wissenschaftler haben es in ihrer Formel nicht dem Fachmann überlassen, an welcher Stelle der Profiltiefe er die Eindringgeschwindigkeit kennen möchte. Logisch, man kann kleinere Profiltiefen anstelle der gesamten Zustellung a_e einsetzen und erhält dann den gewünschten MNIR-Wert an der entsprechende Stelle – immer von oben nach unten von der Zustellung a_e abgezählt.

In der aufgeführten Formel ergibt die Wurzel des Quotienten a_e/d_s den halben Sinus des Kontaktwinkels α_k (siehe Punkt 4.23) und mit der Zahl 2 multipliziert den Sinus des gesamten Winkels. Wird der erhaltene Sinuswert nun auch noch mit der Werkstückgeschwindigkeit v_{fw} multipliziert, ergibt sich die Eindringgeschwindigkeit $v_{fw\ in}$ bzw. die MNIR an der höchsten Stelle des Profils. Es ist aber nicht immer wichtig, welche Eindringgeschwindigkeit $v_{fw\ in}$ an der höchsten Stelle herrscht.

Weil die Einzelkornschneide einen „Kommaspan" abträgt (siehe Punkt 4.20), welcher – wie der Name sagt – beim Gegenlaufschleifen (GGL) am Anfang theoretisch 0 (Null) ist – beim Gleichlaufschleifen wenig grösser als 0 – und am Ende die maximale Dicke erreicht, ist es sinnvoll, die Eindringgeschwindigkeit $v_{fw\ in}$ an der h_m-Stelle, also genau in der Mitte der gesamten Kontaktlänge l_k, quasi als Mittelwert zu berechnen. Das ist nicht schwierig, weil die Wurzel aus a_e dividiert durch d_s genau diese Stelle definiert:

$$v_{fw\ in} = v_{fw} \cdot \sqrt{\frac{a_e}{d_s}} \quad [mm/min] \tag{4.44}$$

Für den Wert von $v_{fw\ in}$ an der höchsten Stelle, d. h. dort, wo die Schleifscheibe mit voller Profiltiefe im Eingriff ist (siehe Bild 4.14), sieht die Formel so aus:

$$v_{fw\ in} = 2 \cdot v_{fw} \cdot \sqrt{\frac{a_e}{d_s}} \quad [mm/min] \tag{4.45}$$

Möchte man eine solche Berechnung für das Aussen- oder Innenrundschleifen durchführen, so müsste anstelle von d_s selbstverständlich der äquivalente Schleifscheibendurchmesser d_{se} (siehe Punkt 4.22) unter dem Wurzelzeichen der Formeln 4.44 und 4.45 eingesetzt werden.

Es soll ja Schleiftechnologen geben, die mehr oder sogar alles wissen möchten. Mit anderen Worten, sie wünschen eine Formel, mit welcher an jeder beliebigen Stelle innerhalb der Profiltiefe (Zustellung a_e) $v_{fw\ in}$ bestimmt werden kann.

In ihrem Buch „CREEP FEED GRINDING“ (Holt, Rinehart and Winston Verlag London) weisen die drei Wissenschaftler Colin Andrew MA, PhD, CEng, Trevor D. Howes BSc, PhD, CEng und Tom R. A. Pearce BSc, PhD auf einen von ihnen untersuchten aber wenig bekannten Zusammenhang zwischen der MNIR, d.h. zwischen der maximalen Eindringgeschwindigkeit $v_{fw\,in}$ und der spez. Schleifenergie U_s hin. Danach sinkt U_s degressiv mit zunehmender Eindringgeschwindigkeit. Mit anderen Worten, je höher die Eindringgeschwindigkeit ist, desto geringer ist die thermische Belastung pro mm³ (J/mm³). Das bedeutet, dass bei Berücksichtigung dieses Zusammenhangs die Gefahr einer thermischen Werkstückschädigung sich drastisch reduzieren lässt. Von grosser Bedeutung ist die MNIR besonders beim Vollschnittschleifen.

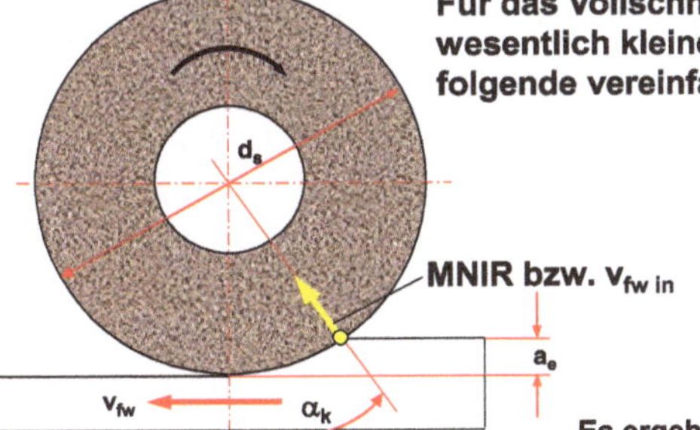

Für das Vollschnittschleifen, bei welchem die Zustelltiefe a_e immer wesentlich kleiner ist, als der Scheibendurchmesser, kann die nachfolgende vereinfachte Formel verwendet werden.

$$v_{fw\,in} = 2 \times v_{fw} \times \sqrt{\frac{a_e}{d_s}} \; [mm/min]$$

v_{fw} = Werkstückgeschwindigkeit in mm/min
a_e = Zustellung in mm
d = Scheibendurchmesser in mm

Es ergeben sich Werte für $v_{fw\,in}$ von etwa 2 bis weit über 25 mm/min. Dabei gilt ein Wert von 2 alsschlecht und einer >> 25 als sehr gut!

BILD 4.14 MNIR – The Maximum Normal Infeed Rate (die maximale Eindringgeschwindigkeit $v_{fw\,in}$ für flache Profile)

Diese Formel sieht so aus:

$$v_{\text{fw in}} = v_{\text{fw}} \cdot \sqrt{\frac{a_e - z}{d_s}} \quad [\text{mm/min}] \qquad (4.46)$$

Darin bedeutet z die Tiefe, um welche man die Zustellung a_e reduzieren möchte, um dort die Eindringgeschwindigkeit $v_{\text{fw in}}$ zu berechnen.

Die folgenden Beispiele beziehen sich auf beide Eindring-Berechnungsmöglichkeiten. Weil $v_{\text{fw in}}$ beim Flach- und Profil-Vollschnittscheifen zweifellos die grösste Bedeutung hat, besonders dann, wenn es um schwerzerspanbare Werkstoffe geht (z. B. nickelbasierte oder hochduktile Werkstoffe), werden folgende Vorgaben für einen Leistungsprozess angenommen:

- Werkstückgeschwindigkeit v_{fw} 1'200 mm/min
- Schleifscheibendurchmesser d_s 400 mm
- Zustellung a_e (Profiltiefe) 8.5 mm
- Tiefe z für eine beliebige Stelle 6.0 mm

An der höchsten Stelle: $$v_{\text{fw in}} = 2 \cdot 1'200 \cdot \sqrt{\frac{8.5}{400}} = 350 \text{ mm/min}$$

An der h_m-Stelle: $$v_{\text{fw in}} = 1'200 \cdot \sqrt{\frac{8.5}{400}} = 175 \text{ mm/min}$$

An beliebiger Stelle: $$v_{\text{fw in}} = 2 \cdot 1'200 \cdot \sqrt{\frac{8.5 - 6.0}{400}} = 189.7 \text{ mm/min}$$

Diese Berechnungen lassen keinen Zweifel daran, dass die Eindringgeschwindigkeit $v_{\text{fw in}}$ an keiner Stelle innerhalb des Kontaktbogens gleich gross ist.

Es zeigt sich, dass die Schnittgeschwindigkeit v_c keinen Einfluss auf die Eindringgeschwindigkeit $v_{\text{fw in}}$ hat, sondern nur die Zustell- oder Profiltiefe, die in einem Durchgang abgetragen werden soll, und die Werkstückgeschwindigkeit v_{fw}. Auch hierzu gibt es noch mehr Informationen unter dem folgenden Punkt 4.25.

4.25 Schleifweg l'_s pro Scheibenumdrehung

Es ist nicht uninteressant, sich einmal zu überlegen, welchen Weg die Schleifscheibe während einer Umdrehung zurücklegt. Von diesem Weg hängt unter anderem die erreichbare Oberflächenqualität auf dem geschliffenen Werkstück ab. Das steht einerseits im Zusammenhang mit der eingesetzten Scheibe (Korngrösse, Struktur, Konditionierung), die auf dem Werkstück Spuren hinterlässt. Andererseits aber überdecken sich diese Spuren mehr oder weniger stark, je nach der Geschwindigkeit, mit welcher sie gebildet werden (Bild 4.15).

Jede einzelne Kornschneide hinterlässt eine Kerbe (Vertiefung) in der Oberfläche des Werkstücks. Würde die Oberfläche gerade nur in einem Durchgang überschliffen, so wie dies z. B. beim Vollschnittschleifen oft geschieht, könnten mit der Oberflächenmessung (Rauheitsmessung) die Kerbentiefe und ihre Grösse praktisch auch nachgewiesen werden.

Nun besteht ein äusserst wichtiger Zusammenhang zwischen der Werkstück- und der Schnittgeschwindigkeit. Weil diese beiden Grössen über die Formel 4.8 das Geschwindigkeitsverhältnis q_s ergeben, muss auch eine Abhängigkeit dazu vorhanden sein. Wie das Bild 4.15 veranschaulicht, ändert sich die Kerbentiefe mit steigendem Geschwindigkeitsverhältnis q_s. Warum? Weil bei gleichbleibender Schnittgeschwindigkeit v_c, aber abnehmender Werkstückgeschwindigkeit v_{fw}, die einzelnen Kornschneiden so schnell wieder an der fast genau gleichen Stelle die Oberfläche

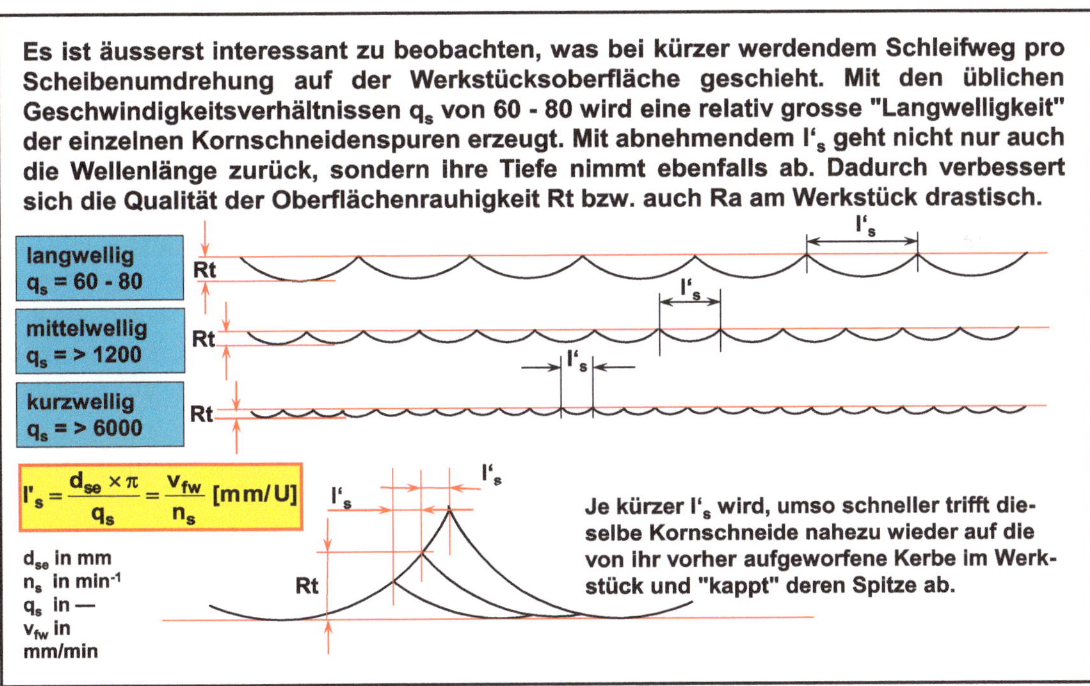

BILD 4.15 Schleifweg l'_s pro Scheibenumdrehung

treffen. Das führt dazu, dass die Kerbenspitzen „gekappt" werden und deshalb die Oberfläche wesentlich verfeinert wird. Beim Vollschnittschleifen kann man deshalb trotz einer Unwucht an der Scheibe und/oder trotz grober Körnung, extrem gute (feine) Oberflächenqualitäten erreichen, eben wegen der schnell folgenden Mehrfachüberdeckung einer Kerbe durch ein und dieselbe Kornschneide.

4.26 Rattermarken

Rattermarken lassen ein unschönes Schliffbild zurück und – obwohl sie meistens nicht mehr als wenige 10'000stel Millimeter tief sind – auch einen schlechten Eindruck. Die Ursachen, welche zu Rattermarken führen, können Unwuchten, Schwingungen (Motoren, Lüfter, usw.), instabile Vorschubantriebe, Zentrifugalpumpen (Pulsationen), Lagerschäden an der Schleifspindel und schlussendlich auch parasitäre Schwingungen (von ausserhalb der Maschine) sein.

Auf die verschiedenen Ursachen wird noch ausführlicher eingegangen. Zuerst soll aber die „einfachste" Ursache, nämlich die Scheibenunwucht, diskutiert werden. Eine Schleifscheibe muss so ausgewuchtet sein, dass die verbleibende Schwinggeschwindigkeit s_{peak} nicht grösser als 0.12 mm/s beträgt. Um dies festzustellen, braucht man nicht einmal ein Schwingungsmessgerät. Der Wert der Schwinggeschwindigkeit s_{peak} entspricht nämlich sehr genau der Spürbarkeitsschwelle der menschlichen Hand. Diese liegt zwischen etwa 0.11–0.13 mm/s. Man lässt die Schleifscheibe auf Nenndrehzahl der gewählten Schnittgeschwindigkeit (Schutzhaube geschlossen) drehen. Jetzt werden die fünf Fingerbeeren der rechten oder linken Hand (Finger etwas gespreizt) ohne grossen Druck, auf die Schutzhaube (Schutzhaubendeckel) gelegt. Sind Schwingungen spürbar, ist eine Auswuchtkontrolle angebracht. Die Art der Auswuchtung spielt dabei keine Rolle. Neuere Maschinen weisen im Allgemeinen eine automatisch arbeitende Auswuchtung auf. Die Scheibe wird nur bei Nenndrehzahl ausgewuchtet. Sei es durch Einspritzen von Kühlschmierstoff bei jedem Hochfahren der Schleifscheibe in Kammern, die im Scheibenflansch regelmässig verteilt eingebracht sind. Sei es durch die automatische Gewichtsverschiebung von Stahlkugeln in einem nahe dem vorderen Spindellager – meist zwischen Lager und Scheibenflansch – angebrachten becherartigen Hohlkörper.

Das dauert nur kurze Zeit, während der auch ein mehr oder weniger starkes Rütteln auftritt. Hier gibt es ein Problem: Früher hat ein Operateur jede neue Scheibe zuerst ausserhalb der Maschine grob vorgewuchtet (Abrollbock, Abrollleisten). Heute kann man beobachten, dass die Scheibe ausserhalb aufgeflanscht und danach gleich montiert wird, ungeachtet der bestehenden Unwucht. Umso mehr rüttelt die Maschine beim Hochfahren. Das extrem starke Rütteln stammt von den äusserst schädlichen Schwingungsspitzen und dauert so lange, bis das Auswuchten abgeschlossen ist. Dass die empfindlichen Spindellager dadurch Schaden erleiden können, wird erstaunlicherweise ignoriert.

Manchmal macht man es sich zu einfach. Sichtbare Rattermarken stammen nicht immer und in jedem Fall von einer Unwucht oder nicht exakt zentrierten Schleifscheibe. Nicht selten sind regenerative Effekte die Ursache. So kann beispielsweise eine Kühlmittel-Zentrifugalpumpe Pulsationen erzeugen und diese über die Zuleitungen und die Schutzhaube sogar bis an den Schleifsupport weiterleiten. Abhängig, wo dessen Resonanzfrequenzen liegen, können Rattermarken auftreten und das Schleifbild nachhaltig schädigen. Aber auch Motorschwingungen sind durchaus in der Lage, Maschinenteile und/oder ganze Baugruppen so anzuregen, dass die Auswirkungen via Scheibe auf die Oberfläche des Werkstücks letztendlich weit grösser als die Erregerimpulse sein können.

Wie man Unwuchtmarken, die von der Schleifscheibe stammen, eindeutig erkennen kann, zeigen die folgenden Formeln:

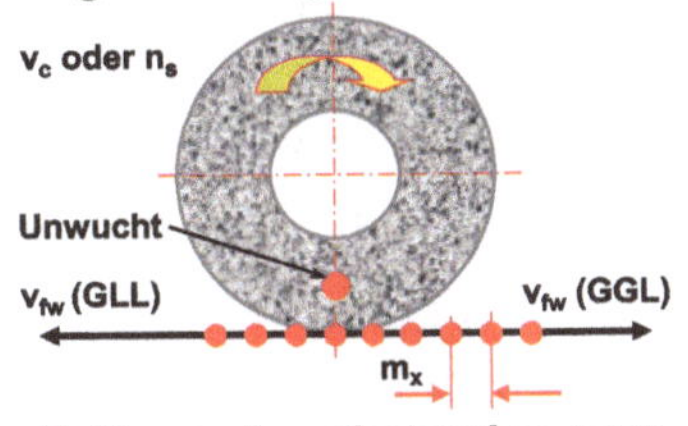

Rattermarkenabstand m_x von einer Scheibenunwucht

d_s = Scheibendurchmesser in mm
n_s = Scheibendrehzahl in min⁻¹
q_s = Geschwindigkeitsverhältnis
v_{fw} = Werkstückgeschwindigkeit in mm/min
v_c = Schnittgeschwindigkeit in m/s

Hinweis: Die Differenz zwischen GLL und GGL ist so klein, dass sie in der Praxis bedeutungslos bezüglich des messbaren m_x ist!

$$m_x = \frac{v_{fw}}{n_s} \ [mm]$$

$$m_x = \frac{d_s \times \pi}{q_s} \ [mm]$$

$$m_x = \frac{v_{fw} \times d_s \times \pi}{v_c \times 1000 \times 60} \ [mm]$$

BILD 4.16 Rattermarken auf der Werkstücksoberfläche

Das Bild 4.16 verdeutlicht die Auswirkung einer Scheibenrestunwucht auf die Oberfläche des Werkstücks. Beim Flachschleifen kann eine direkte Beziehung zwischen der Vorschubgeschwindigkeit v_{fw} und der Scheibendrehzahl n_s nachgewiesen werden (siehe Formeln in Bild 4.16). Umgekehrt lässt sich aber auch feststellen, ob die Marken tatsächlich von einer Scheibenunwucht – Abstand entspricht dem Vorschubweg während einer Scheibenumdrehung – oder von einer anderen Quelle stammen. Durch eine Änderung der Scheibendrehzahl n_s oder der Werkstückgeschwindigkeit v_{fw} muss, sofern es sich um eine Scheibenunwucht handelt, ebenfalls eine Abstandsänderung erfolgen. Andernfalls geht es ans Suchen einer anderen Störquelle, welche die Rattermarken erzeugt! Das können Antriebsmotoren und/oder deren Fremdbelüftungen sein. Auch Vorschubantriebe verursachen ab und zu Schwingungen, die auf der Oberfläche sichtbar sein können. Werden Schleifmaschinen nicht auf festem Grund, sondern in einer Etage des Gebäudes aufgestellt, sind durchaus auch parasitäre Schwingungen denkbar, also solche, die nicht von der Maschine selbst, sondern beispielsweise von Stanzen im unteren Geschoss oder auch von Gebäudeschwingungen herrühren.

Beispiel für das Flachschleifen mit einer Schnittgeschwindigkeit v_c von 35 m/s, einem Scheibendurchmesser d_s von 392 mm, einer Werkstückgeschwindigkeit v_{fw} von 30'000 mm/min und einer angenommenen Unwucht der Scheibe:

$$m_x = \frac{v_{fw} \cdot d_s \cdot \pi}{v_c \cdot 1000 \cdot 60} \quad [mm] \qquad (4.47)$$

$$\text{Rattermarkenabstand} \quad m_x = \frac{30'000 \cdot 392 \cdot 3.1415}{35 \cdot 1000 \cdot 60} = 17.95 \text{ mm}$$

Beim Aussen- und Innenrundschleifen ist das Erkennen des Rattermarkenabstandes wesentlich schwieriger, als beim Flachschleifen. Überfährt man bei letzterem die Oberfläche mit nur ganz geringer Zustellung $a_e < 0.005$ mm einmal, sind die Rattermarken deutlich zu erkennen, sofern es solche überhaupt gibt. Das Glätten mit einem sauber flachgeschliffenen Stahlblock, eingerieben mit Touchierfarbe, ergibt ein noch besseres Oberflächenbild. Beim Aussen- und Innenrundschleifen wäre es ein absoluter Zufall, wenn sich die Rattermarken synchron zur Werkstück- und Schnittgeschwindigkeit (Scheibendrehzahl) zeigen würden. Die zwangsläufige Mehrfachüberdeckung kann logischerweise zu unterschiedlichsten Abständen führen. Man sollte deshalb bei diesen Verfahren unbedingt eine korrekte Schwingungsanalyse durchführen, sofern Rattermarken am geschliffenen Umfang erkennbar sind. Sie können nämlich von unterschiedlichsten Quellen stammen (unrundes Werkstück, mangelnde Systemsteifigkeit, Antriebe, usw.).

Es lohnt sich, noch auf einer ganz besonderen Art von Schwingungserzeugung und Übertragung auf die Schleifmaschine, einzugehen. Auf die Pulsation von Zentrifugalpumpen. Schätzungsweise etwa 80 % aller Kühlschmierstoff-Versorgungsanlagen zur Förderung des Kühlmittels sind mit einer oder mehreren Zentrifugalpumpen bestückt. Nahezu unabhängig von der Laufradausführung, offen oder geschlossen, neigen diese Pumpen konstruktionsbedingt zum Pulsieren. Aufzeichnungen haben gezeigt, dass diese „Pulse“ Spitzen von 2–5 bar und mehr haben können. Stellt man sich nun einen inneren Leitungsquerschnitt von z. B. 4.0 mm^2 vor, so könnten Pulsationsspitzen von ca. 80–200 N wirken. Aber das ist noch nicht alles. Sofern die Kühlschmierstoffzuführung zur Düse über eine Schlauchleitung erfolgt, beginnt dies mitzupulsieren, wodurch der unerwünschte Effekt noch beträchtlich verstärkt wird. Für die Pumpe sind bei den Pumpenherstellern abgestimmte Pulsationsdämpfer erhältlich. Und was die Schlauchleitungen betrifft, so sollten möglichst starke, armierte Schlauchtypen zum Einsatz gelangen. Ja, und noch etwas: Man sollte eine direkte Befestigung der KSS-Zuführung (Schlauch, Leitung) an der Schutzhaube, wenn immer möglich, vermeiden. Der Erfolg kann frappant sein.

HINWEIS Um einen Schwingungsverursacher ausfindig machen zu können, sollte jeder Antrieb (Motoren, Achsen, Pumpen) einzeln getestet werden. Das ist zwar unter Last nicht möglich, kann aber dennoch zu wichtigen Erkenntnissen führen. Ist beispielsweise eine Fremdbelüftung auf einem Spindelantrieb fest montiert, sollte diese elektrisch abgekoppelt und separat geprüft werden. Denn sie kann Luftpulsationen erzeugen, die sich unmittelbar auf den Schleifsupport übertragen.

Der Leser hat bestimmt festgestellt, dass diesem Punkt viel Platz eingeräumt worden ist. Das hat seinen Grund, denn letztendlich gehört ja eine hohe Oberflächenqualität zu den typischen Merkmalen einer geschliffenen Fläche oder Welle. Sichtbare Rattermarken sind nicht nur unerwünscht, sondern sie machen – wie erwähnt – auch einen schlechten Eindruck.

4.27 Kontaktbreite b_k

Als Kontaktbreite b_k wird diejenige Breite der Schleifscheibe bezeichnet, welche unmittelbar mit dem Werkstück in Kontakt kommt. Handelt es sich um eine flache Scheibenkontur, ist die Definition der Kontaktbreite b_k kein Problem. Beispielsweise kann die Scheibe 30 mm breit aber nur mit 10 mm in Kontakt mit dem Werkstück sein. So setzt man als Kontaktbreite b_k eben diese 10 mm ein.

Etwas anders sieht es aus, wenn es sich um ein Profil handelt. Stellt man sich das Tannenbaumprofil der Schaufel eines Flugzeugtriebwerks vor, dürften bei der Bestimmung der effektiven Kontaktbreite b_k Probleme auftreten. Nun, ganz so kritisch ist die Sache nicht, denn nahezu alle Kornschneiden arbeiten in Umfangsrichtung, bedingt durch die Belastung beim Konditionieren. Deshalb gilt mit nur wenigen Ausnahmen (z. B. steile Flanken unter ca. 10°) für b_k die Projektionsbreite. Und damit lassen sich auch Profilformen unterschiedlichster Art ganz einfach mit der entsprechenden Breite mit völlig ausreichend genauem Ergebnis als Kontaktbreite b_k einsetzen. Man muss also nicht auf komplizierte Art die Profilformlänge berechnen. Würde man dies nämlich tun und die Kontaktbreite b_k entsprechend in die Formel für die Kontaktfläche A_k einsetzen, käme bei allen damit verbundenen Folgerechnungen ein falsches Resultat heraus.

4.28 Kontaktfläche A_k

Es ist leicht, sich diese Grösse vorzustellen. Die Kontaktfläche A_k ist quasi die „Resultierende" aus der Kontaktbreite b_k und der Kontaktlänge l_k. Die Formel dazu ist einfach:

$$A_k = b_k \cdot l_k \quad [\text{mm}^2] \tag{4.48}$$

Weil aber meistens die Kontaktlänge l_k gar nicht bekannt ist, wird in die obige Formel für das Flachschleifen die Formel 4.40 eingesetzt:

$$A_k = b_k \cdot \sqrt{a_e \cdot d_s} \quad [\text{mm}^2] \tag{4.49}$$

... und für das Aussen- und Innenrundschleifen die Formel 4.27:

$$A_k = b_k \cdot \sqrt{a_e \cdot d_{se}} \quad [\text{mm}^2] \tag{4.50}$$

Nimmt man beispielsweise für das Flachschleifen eine Zustellung a_e von 0.02 mm und einen Scheibendurchmesser d_s von 392 mm sowie eine Kontaktbreite b_k von 20 mm an, ergibt sich:

$$A_k = 20 \cdot \sqrt{0.02 \cdot 392} = 56 \text{ mm}^2$$

Für einen Aussenrund-Schleifprozess mit gleichem Scheibendurchmesser d_s und einem Werkstückdurchmesser d_w von 60 mm, sieht die Rechnung so aus:

$$d_{se} = \frac{60 \cdot 392}{(60 + 392)} = 52.04 \text{ mm}$$

Und nun mit eingesetztem äquivalentem Scheibendurchmesser d_{se}:

$$A_k = 20 \cdot \sqrt{0.02 \cdot 52.04} = 20.4 \text{ mm}^2$$

Hier wird wieder deutlich, dass das Aussenrundschleifen ganz offensichtlich zu kurzen Kontaktlängen l_k bzw. zu kleinen Kontaktflächen A_k führt, auch wenn der Scheibendurchmesser und die Zustellung – wie im Beispiel – gleich wie für das Flachschleifen angenommen worden sind.

Über die Kontaktfläche A_k fliesst die durch Reibung erzeugte Wärme ins Werkstück. Logisch, je geringer die Grösse der Kontaktfläche A_k ist, desto weniger Wärme wird durch die in dieser Zone gleichzeitig wirkenden Kornschneiden generiert. Auftretender Schleifbrand kann somit durch eine Reduktion der Kontaktfläche A_k und/oder durch eine offenere Struktur (grössere Porosität) der Schleifscheibe verhindert werden. Letzteres führt noch zu einem durchaus erwünschten Effekt: Die Schleifscheibe kann gleichzeitig auch mehr Kühlschmierstoff aufnehmen und, zwecks besserer Kühlung, in die Kontaktzone transportieren.

ZUR ERINNERUNG Der Wärmeübergang von einem Gegenstand in einen andern hängt einerseits von der Grösse der momentanen Kontaktfläche und andererseits von der Einwirkdauer (Zeit) ab. Beispiel: Ein „Piecks“ mit einer glühende Stecknadel auf die Handfläche wird höchstens als unangenehm empfunden, hinterlässt aber kaum eine Brandwunde. Dieses Experiment mit einem glühenden 60er-Nagelkopf durchgeführt, auf der Handfläche eine schmerzhafte Verbrennung und lässt danach eine Narbe zurück.

4.29 Eintrittssehnenlänge s_e

Die Eintrittssehnenlänge s_e ist eine von OTT gewählte Bezeichnung und bezieht sich auf die halbe Sehne der Schleifscheibe, auf der Höhe der Zustellung a_e. Sie kann für alle Standardschleifverfahren von Bedeutung sein, weil sie, – genauso wie die Kontaktlänge l_k und die Kontaktfläche A_k –, für die thermischen Verhältnisse zu Beginn einer Schleifarbeit mit verantwortlich ist. Das Bild 4.17 macht dies für das Flach-, das Aussenrund- und das Innenrundschleifen deutlich.

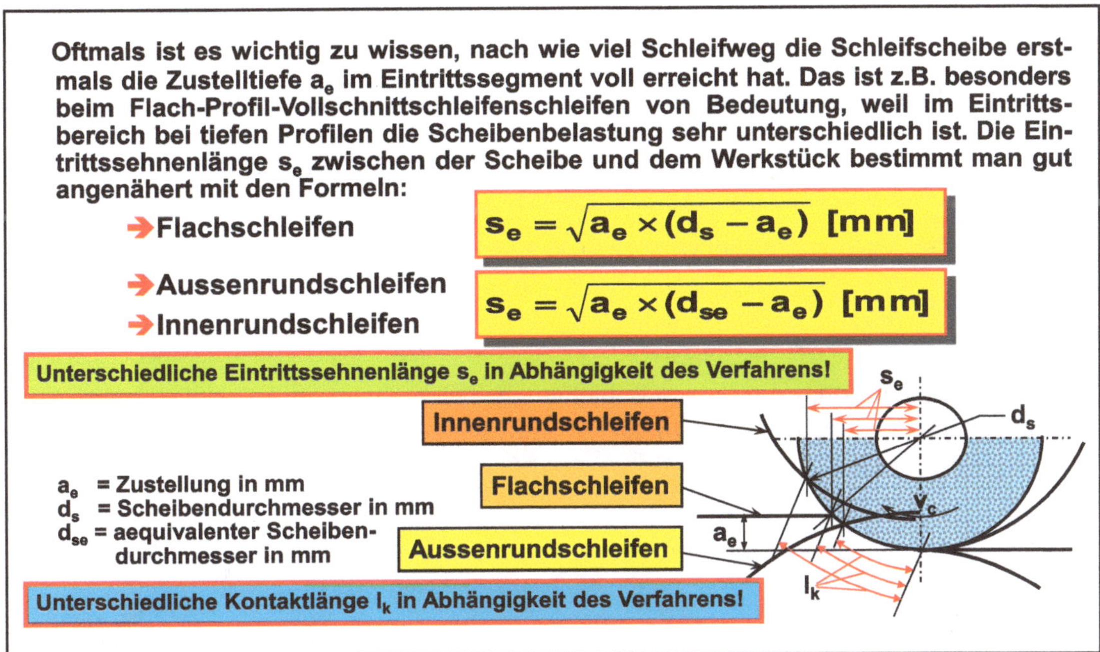

BILD 4.17 Eintrittssehnenlänge s_e für die verschiedenen Standard-Schleifverfahren

Grundsätzlich hat die Eintrittssehnenlänge s_e für alle Standardschleifverfahren eine grosse Bedeutung. Denn mit ihr definiert man, welchen Weg die Schleifscheibe von der ersten Berührung des Werkstücks im Eintrittsbereich (Eintrittssegment) zurücklegen muss, bis die volle Zustelltiefe a_e erreicht wird. Beim Flachschleifen ist von vorn herein klar, dass das Werkstück sich bewegt. Dagegen kann immer wieder beobachtet werden, wie beim Aussen- oder Innenrundschleifen „an Ort“, ohne Drehung des Werkstücks, bis auf die Zustelltiefe eingetaucht wird und erst dann die Drehbewegung beginnt. Das ist absolut falsch! Die dabei erzeugte Wärme kann im Stillstand über die sich bildende Kontaktfläche A_k unter der Scheibe direkt ins Werkstück fliessen und dort einen thermischen Schaden anrichten (Schleifbrand). Bei sehr kleinen Zustellungen in der Grössenordnung von wenigen Tausendstelmillimeter dürften die Auswirkungen nicht unbedingt gravierend sein. Beträgt die Zustellung a_e aber mehrere Hundertstel- oder sogar Zehntelmillimeter, so muss davon ausgegangen werden, dass das Werkstück an dieser Stelle thermisch geschädigt wird, und das auch bei ausreichender Kühlung. Um dies zu verhindern, muss sich das Werkstück unbedingt beim Eintauchen schon drehen. Die Schleifscheibe fährt dann bogenförmig mit ihrem Profil am Anfang in das Werkstück ein, bis die volle Tiefe erreicht ist.

Für das Flach- und Flachprofilschleifen gilt:

$$s_e = \sqrt{a_e \cdot (d_s - a_e)} \quad [\text{mm}] \tag{4.51}$$

Für das Aussen- und Innenrundschleifen gilt:

$$s_e = \sqrt{a_e \cdot (d_{se} - a_e)} \quad [\text{mm}] \tag{4.52}$$

Als Beispiel sollen ein Scheibendurchmesser d_s von 350 mm und eine Zustellung a_e von 10 mm angenommen werden (Vollschnittprozess).

Beim Flach- und Flachprofilschleifen ergibt das nun:

$$s_e = \sqrt{10 \cdot (350 - 10)} = 58.30 \text{ mm}$$

Damit ein Beispiel für das Aussenrundschleifen möglich ist, wird ein Werkstückdurchmesser d_w von 200 mm gewählt. Jetzt muss zuerst der äquivalente Scheibendurchmesser d_{se} berechnet werden (siehe Formeln 4.42 und 4.43):

$$d_{se} = \frac{200 \cdot 350}{(200 + 350)} = 127.27 \text{ mm}$$

Und nun die Eintrittssehnenlänge s_e für diesen Fall, wenn ebenfalls eine Einstechtiefe (Zustellung a_e) von 10 mm zu bewältigen wäre (Leistungs-Einstechprozess):

$$s_e = \sqrt{10 \cdot (127.27 - 10)} = 34.24 \text{ mm}$$

Beachten sollte man hier, wie gross der Unterschied zwischen dem Flach- und dem Aussenrundschleifen für s_e ist. Bei letzterem wird auf einer wesentlich kürzeren Wegstrecke die volle Schleiftiefe erreicht!

Wird mit geringen Zustellwerten im Bereiche von einigen Tausendstel- bis wenigen Hundertstelmillimeter geschliffen, spielt die Eintrittssehnenlänge s_e eine untergeordnete Rolle. Sobald aber die Zustellung a_e Grössenordnungen annimmt, wie beispielsweise beim Flach-Vollschnittschleifen, muss s_e unbedingt beachtet werden. Es ist nämlich durchaus möglich, dass bereits im Eintrittssegment, d. h. bis die Scheibe erstmals die volle Profiltiefe erreicht hat, jene Werkstoffmenge abgetragen wird, welche die Selbstschärfung (siehe Kapitel 3.0) bewirkt.

Das Bild 4.18 zeigt diese Situation beim Flach-Vollschnittschleifen. Hier wird in vielen Fällen die Schleifscheibe von 0 bis zum Maximum (volle Profiltiefe) extrem unterschiedlich beansprucht. Auswählen muss man sie aber unbedingt für die Verhältnisse (Schleifbedingungen) bei voller Profiltiefe. Beträgt diese mehrere Millimeter, kommt eine weiche Scheibe (Härte F–G) zum Einsatz. Muss sie mit einem Profil versehen werden, kann sich die Scheibe bereits im Eintrittssegment, wegen der anfänglich hohen Konturbelastung ganz am Anfang, schon so stark abnützen (Geometrieverlust), dass das Resultat unbefriedigend ausfällt. Handelt es sich nicht um eine Nute mit parallelen Seiten, wird man die Scheibe vor dem Fertigschliff nochmals konditionieren müssen.

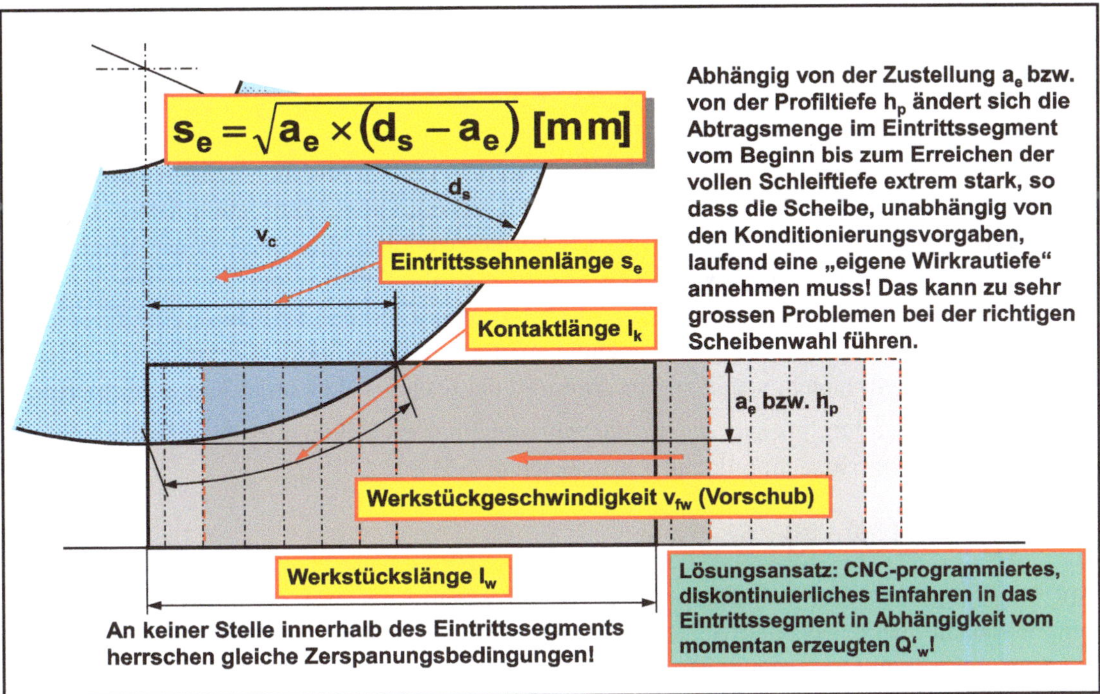

BILD 4.18 Eintrittssegment der Scheibe beim Vollschnittschleifen

Dieses Problem lässt sich auf verschiedene Weise lösen. Am einfachsten ist eine Schnittaufteilung, d. h. die Zustellung a_e wird massiv reduziert und der Abtrag erfolgt in mehreren Durchgängen. Handelt es sich um einen Nutenschliff aus dem Vollen oder auch als Fertigbearbeitung nach dem Härten, würden die Seitenwände mit grosser Wahrscheinlichkeit thermisch geschädigt und vermutlich zudem unschöne Absätze und/oder Massfehler aufweisen. Ferner erhöht sich die Kantenbelastung und damit die Kantenverrundung, was bei konventionellen Schleifstoffen eine zusätzliche Schwierigkeit darstellt. Bekanntlich kann eine Schleifscheibe nur mit ihren Kanten und mit der Frontpartie (Umfangspartie) spanen. Verrundete Kanten erzeugen durch Reibung viel Wärme. Sie verrunden übrigens nicht etwa zu einem gleichmässigen Radius, sondern parabolisch, d. h. die flach auslaufende Partie zieht sich seitlich hoch. Die Scheibe neigt dann sogar zum Einklemmen, wodurch besonders bei schmalen Scheiben die Gefahr besteht, dass ganze Stücke herausgerissen werden. Diese Problematik ist allen bestens bekannt, die sich mit dem Schleifen der Nuten von Rotoren für Flügelzellenpumpen schon beschäftigt haben.

Eine Lösungsmöglichkeit gegen das Verrunden und Einklemmen der Scheibenkanten besteht darin, dass eine CBN-Schleifscheibe zum Einsatz gelangt. Das CBN (kubisches Bornitrid) kann, abhängig von der Nutenbreite und der vorgesehenen Schnittgeschwindigkeit, galvanisch oder keramisch gebunden sein. Ist die Nute bzw. ein beliebiges Profil mit einer senkrechten Kante nicht übermässig tief, könnte selbstverständlich auch eine etwa 30%ige Sinterkorundscheibe, gemischt mit unterschiedlich grossem Einkristall- und Halbedel- oder sogar Normalkorund verwendet werden. Solche Kornkombinationen können exzellente Eigenschaften aufweisen.

Weil eben nicht immer mehrere Durchgänge realisierbar sind, greift man bei Maschinen mit modernen Steuerungen zu einer anderen Lösung. Vorausgesetzt, die Steuerung der Tischbewegung lässt es zu, wird die Werkstückgeschwindigkeit v_{fw} im Eintrittssegment entsprechend dem sukzessiven „Eintauchen" von einem höheren Wert auf den eigentlichen Arbeitsvorschub (Werkstückgeschwindigkeit v_{fw}) verändert. Das ist zweifellos eine akzeptable Möglichkeit. Bei unveränderter Schnittgeschwindigkeit v_c errechnet die Software der Steuerung die Tischgeschwindigkeit v_{fw} für die Einhaltung einer konstanten mittleren Spandicke h_m, bis die gesamte Profiltiefe erreicht ist. Das ist die beste Möglichkeit, die Schleifscheibe bzw. deren Kornschneiden im Eintrittssegment gleichmässig zu belasten und dadurch den Verschleiss zu minimieren.

Bei einem Scheibendurchmesser d_s von 400 mm und einer Profiltiefe (Zustellung a_e) von 10 mm ergibt sich eine Eintrittssehnenlänge s_e von (Formel 4.51):

$$s_e = \sqrt{10 \cdot (400 - 10)} = 62.45 \text{ mm}$$

Mit dem folgenden Bild 4.19 soll beispielhaft gezeigt werden, was im Eintrittssegment von einem Vollschnittprozess effektiv „abläuft", und zwar vom ersten Kontakt der Scheibe mit dem Werkstück bis zum Erreichen der vollen Schleiftiefe.

Für diese rechnerische Demonstration eines Flach-Vollschnitt-Schleifprozesses und den sich dabei ergebenden Resultaten wurden die folgenden Voraussetzungen bzw. Vorgaben gewählt:

Werkstoffindex MA (nach OTT)	**= 5.0 (—)**
Kühlschmierstoffindex CL (nach OTT)	**= 3.5 (—)**
Schnittgeschwindigkeit v_c	**= 35 (m/s)**
Schleifscheibendurchmesser d_s	**= 390 (mm)**
Kontaktbreite b_k	**= 20 (mm)**
Profiltiefe (Zustellung max.) a_e	**= 5.0 (mm)**
Werkstückgeschwindigkeit v_{fw}	**= 300 (mm/min)**
Werkstückslänge l_w	**= 200 (mm)**

Es werden lediglich die sich bis zum Erreichen der vorgesehenen maximalen Profiltiefe verändernden Grössen betrachtet (Diagramme dazu siehe nächste Seite):

a_e	s_e	V'_w	Q'_w	h_m	F'_t	F'_n	F_d	P'_s	U_s
0.50	13.96	9.3	2.50	0.000071	3.78	9.60	0.69	0.132	52.8
1.00	19.72	26.3	5.00	0.000143	6.49	16.48	0.83	0.227	45.4
1.50	24.14	48.3	7.50	0.000214	8.90	22.61	0.93	0.311	41.5
2.00	27.86	74.4	10.00	0.000286	11.14	28.30	1.01	0.390	39.0
2.50	31.12	103.9	12.50	0.000357	13.25	33.68	1.08	0.464	37.1
3.00	34.07	136.5	15.00	0.000429	15.28	38.83	1.13	0.535	35.7
3.50	36.78	171.9	17.50	0.000500	17.23	43.79	1.18	0.603	34.4
4.00	39.29	210.0	20.00	0.000571	19.12	48.60	1.23	0.669	33.4
4.50	41.65	250.4	22.50	0.000643	20.96	53.27	1.27	0.734	32.6
5.00	43.87	293.2	25.00	0.000714	22.76	57.84	1.31	0.797	31.9

BILD 4.19 Eingriffsbedingungen im Eintrittssegment der Schleifscheibe beim Vollschnittschleifen

Hier muss unbedingt noch auf einen Sonderfall aufmerksam gemacht werden. Nicht selten berichten Anwender von einem bezogenen Zeitspanvolumen Q'_w in einer Grössenordnung, die sich nicht nachvollziehen lässt. Geht man der Sache nach, ist schon bald klar: Es handelt sich wieder einmal um den typischen „Sonderfall" beim Flach-Profilschleifen. Sogar in wissenschaftlichen Arbeiten sind solche Fehlangaben anzutreffen. Worum geht es? Ganz einfach: Das Werkstück oder dessen Profil ist kürzer als die Eintrittssehnenlänge s_e. Dadurch tritt die Scheibe wieder aus dem Werkstück bzw. dessen Profil aus, lange bevor die volle Profiltiefe erreicht wurde.

Man darf deshalb in solchen Fällen nicht mit der Zustellung a_e das bezogene Zeitspanvolumen Q'_w berechnen, sondern muss auf die sich ergebende effektive Zustellung $a_{e\,eff.}$ vorher zurückrechnen. Andernfalls besteht die Gefahr von zum Teil extrem grossen Fehlern bezüglich Q'_w. Je kürzer das Werkstück ist und je grösser der eingesetzte Schleifscheibendurchmesser, desto grösser ist der Berechnungsfehler bei nicht korrigierter Zustellung. Typische Beispiele sind das Schleifen der Nuten in Flügelzellenrotoren, das Tannenbaumprofil in Turbinenschaufeln und ganz allgemein Schlitze, Nuten oder Absätze in kurzen Teilen. Die Formel zur Berechnung der effektiven Zustellung $a_{e\,eff.}$ lautet:

$$a_{e\,eff.} = a_e - \frac{(s_e - l_w)^2}{d_s} \text{ [mm]} \tag{4.53}$$

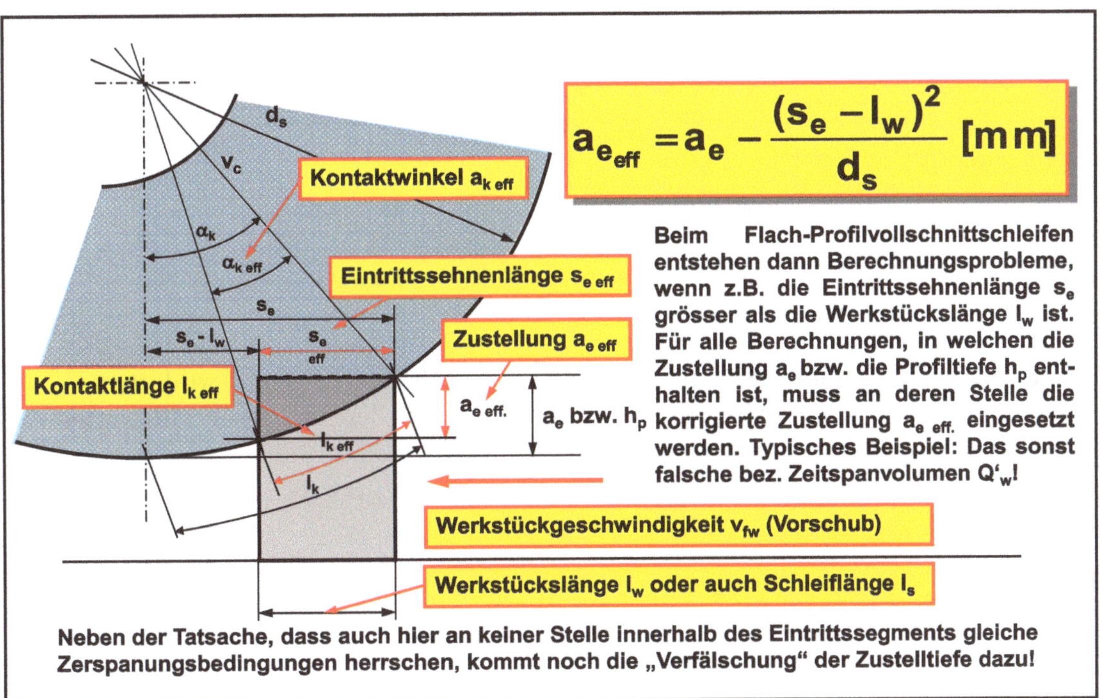

BILD 4.20 Sonderfall beim Flach-Profilschleifen

Was dabei herauskommt, wenn falsch oder wenn richtig gerechnet wird, verdeutlichen die nachfolgenden Beispiele. Die Profiltiefe (Zustellung a_e) betrage 18 mm, der Scheibendurchmesser d_s 400 mm, die Profillänge (Werkstücklänge l_w) 16 mm und die Werkstückgeschwindigkeit v_{fw} 1200 mm/min. Das sind übliche Daten für das Hochgeschwindigkeitsschleifen der Nuten von Flügelzellenpumpenrotoren. Verwendet werden dazu meistens galvanisch belegte CBN-Schleifscheiben. Sie sind verhältnismässig günstig im Preis und lassen sich wieder belegen.

Falsch gerechnet erhält man gemäss Formel 4.16 ein bezogenes Zeitspanvolumen Q'_w von:

$$Q'_w = \frac{18 \cdot 1200}{60} = 360 \quad \left[\frac{\text{mm}^3}{\text{mm} \cdot \text{s}}\right]$$

Zuerst muss jetzt selbstverständlich die Eintrittssehnenlänge s_e und dann die effektive Zustellung $a_{e\,\text{eff.}}$ bestimmt werden:

$$s_e = \sqrt{18 \cdot (400 - 18)} = 82.92 \text{ mm}$$

$$a_{e\,\text{eff.}} = a_e - \frac{(82.92 - 16)^2}{400} = 6.8 \text{ mm}$$

Nachdem die Schleifscheibe in eine Tiefe von 6.8 mm eingetaucht ist, tritt sie auf der anderen Seite des Werkstücks bereits wieder aus, also längst bevor die Nenntiefe (Profiltiefe) von 18 mm erreicht worden ist. Diese geringere Tiefe wird übrigens zu keinem Zeitpunkt nochmals grösser, sondern ganz im Gegenteil, sie nimmt wieder ab. Das korrekt berechnete bezogene Zeitspanvolumen Q'_w beträgt somit:

$$Q'_w = \frac{6.8 \cdot 1200}{60} = 136 \quad \left[\frac{\text{mm}^3}{\text{mm} \cdot \text{s}}\right]$$

Ein Vergleich der beiden Q'_w-Werte dürfte genügen, um den Trugschluss zu erkennen, dem viele gerne verfallen. Wenn diese Situation nicht seriös geprüft bzw. berechnet wird, stimmen alle Folgerechnungen, welche mit der Zustelltiefe a_e und/oder mit dem bezogenen Zeitspanvolumen Q'_w zusammenhängen auch nicht.

4.30 Zerspanbarkeitsklassen MA (nach OTT)

Zwischen den vielen Einflussgrössen und ihren Zusammenhängen lässt sich eine rechnerische Verbindung nur schwer finden. Das hängt damit zusammen, dass das Schleifen etwa 4 bis 5mal mehr Einflussgrössen und Zusammenhänge aufweist, als irgend ein anderes Spanungsverfahren, beispielsweise das Fräsen. Verändert man also nur einen einzigen Wert nach oben oder nach unten, hat das normalerweise Auswirkungen nicht nur auf eine andere Grösse, sondern auf unterschiedlich viele. Das ist ja die „Krux“, wenn man Schleifversuche durchführt. Um herauszufinden, welche Auswirkung eine veränderte Vorgabegrösse auf das Prozessresultat hat, darf nur immer eine einzige Grösse pro Versuch verändert werden. Andernfalls verliert man die Übersicht völlig. Man sieht dann zwar das Resultat, was zweifellos im Vordergrund steht. Aber zu beurteilen, wie die Auswirkungen auf andere Ausgangsgrössen sind, dürfte äusserst schwierig oder sogar unmöglich sein.

Das folgende Beispiel zeigt, wie viele Versuche allein notwendig sind, wenn lediglich drei Prozessvorgaben – die Schnittgeschwindigkeit, die Werkstückgeschwindigkeit und die Zustellung – mit jeweils ebenfalls drei unterschiedlichen Werten auf höchste Abtragsleistung Q'_w ohne Schleifbrand, unter den gegebenen Kühlbedingungen, getestet werden sollen.

- 3 Schnittgeschwindigkeiten v_c: 28, 32 und 35 m/s
- 3 Werkstückgeschwindigkeiten v_{fw}: 24'000, 27'000 und 30'000 mm/min
- 3 Zustellungen a_e: ... 0.005, 0.010 und 0.020 mm

Anzahl Versuche: $$\boxed{n = m^k = 3^3 = 27!} \qquad (4.54)$$

Es bedeuten:

m = Anzahl der Werte für jeden Parameter

k = Anzahl der zu variierenden Parameter

Man stelle sich einmal vor, wie viele Versuche man durchführen müsste, um beispielsweise 6 verschiedene Parameter k mit jeweils 4 Werten pro Parameter m mittels Versuchen auf ein vorhandenes Optimum zu testen. Es wären **1'296** (!) Schleifversuche dazu notwendig. Zum Zeit-, Maschinen-, Teile- und Operateursaufwand käme noch die Erfassung und Auswertung der Daten. Das kann sich heutzutage kein Anwender mehr leisten. Deshalb tastet man sich nach subjektiver Erfahrung an die Zielgrössen heran, weiss aber nie, ob das Optimum möglicherweise „ganz wenig daneben“ gelegen hätte. Das Schleifen in der Praxis gleicht also oftmals einem „Blindflug“.

Drei Gründe sprechen für den Einsatz von Computer-Simulationsprogrammen [12]:

- Pro Rechnungsgang dürfen beliebig viele Parameter geändert werden, wobei die Übersichtlichkeit in jeder Weise gewahrt bleibt.
- Das Programm arbeitet schnell und zeigt sofort Verbesserungen und/oder Verschlechterungen der betroffenen Parameter und des Resultats an.

- Ohne jeden handschriftlichen Aufwand bekommt man eine vollständige Datenerfassung ausgedruckt.

OTT hat mit „seinem MA-Wert" echte Pionierarbeit geleistet. In die von ihm entwickelten Prozess-Simulationsprogramme setzte er einen „Werkstoffzerspanbarkeitswert" ein. Dieser kann im weitesten Sinne mit dem in den USA seit jeher angewandten „Material Machinability Index" verglichen werden, mit dem Unterschied, dass letzterer sich allein auf den zu zerspanenden Werkstoff und das dazu verwendete Werkzeug bezieht. OTT fasst alle den Prozess beeinflussenden Werte und Grössen im MA-Wert in 8 Klassen zusammen, welche im Grunde genommen den Schwierigkeitsgrad der jeweiligen Schleifaufgabe definieren.

Das Bild 4.21 zeigt, was unter der Werkstoffzerspanbarkeit MA berücksichtigt wird. Besonders für „Anfänger" ist es nicht leicht, die Werkstoffzerspanbarkeit MA in jedem Fall genau zu beurteilen. Es würde aber kaum einen Sinn machen, hier die äusserst komplexe Formel zur Berechnung von MA aufzuführen. In den Schleifprogrammen gibt man deshalb für den ersten Rechnungsgang einen Schätzwert von MA ein und fährt den Schleifprozess mit den gewählten Vorgaben. Jetzt wird die angezeigte, tatsächlich konsumierte Leistung P_s (Punkt 4.35) an der Schleifspindel abgelesen. Allerdings muss davon die Leerlaufleistung $P_{s\ leer}$ in der Grössenordnung von 10–15 % abgezählt werden. Liegt der berechnete Wert von P_s nahe bei der effektiv benötigten Leistung, zeugt dies von grosser Beurteilungsroutine. Ist jedoch eine grössere Abweichung festzustellen, erlaubt das Programm, diesen Leistungswert einzugeben und es berechnet in umgekehrter Reihenfolge den korrigierten MA-Wert aus. In Zukunft weiss man dann, welcher MA-Wert für diese Prozessvorgaben und -bedingungen einzusetzen ist. Erstaunlich ist, in welch kurzer Zeit „Neulinge" eine immer genauere MA-Beurteilung zustande bringen. Und noch ein Hinweis: Der MA-Wert darf mit bis zu zwei Stellen nach dem Komma in die Programme eingegeben werden. Das Bild 4.22 gibt einen Überblick über MA allein hinsichtlich des Werkstoffs.

Die Werkstoffzerspanbarkeit MA von 1 - 8 (nach OTT)
Material machinability index MA
Aufzählung der in MA enthaltenen Einflussgrössen

- **Werkstoffart (Eisen, Stahl, Guss, Aluminium, Buntmetall, usw.)**
- **Werkstoffzusammensetzung (Legierung und Legierungsanteile)**
- **Werkstoffhärte (weich, vergütet, gehärtet)**
- **Vorhandensein von Karbidbildungen in der Randzone**
- **Werkstoffeigenschaften (z.B. schmierend)**
- **Bearbeitungsverfahren (Schleifverfahren)**
- **Bearbeitungsbedingungen (Prozessparameter, Stellgrössen)**
- **Schleifscheibenart (Scheibenspezifikation)**
- **Kühlschmierstoffart und dessen Zusammensetzung**

BILD 4.21 Werkstoffzerspanbarkeit MA (nach OTT)

1 – 3:
- unlegierte Stähle (0.3 bis 0.5% C)
- Buntmetalle (Kupfer-Zink-Legierungen)
- Aluminiumlegierungen (Hart-Aluminium)
- Magnesiumlegierungen

3 – 5:
- niedrig legierte Stähle (unter 0.3% C)
- Automatenstahl
- Bronze mit hoher Zugfestigkeit
- Grauguss
- Sphäroguss
- Temperguss (schwarz und weiss)
- Stahlguss
- Kupfer (weich und hart)
- Kunststoffe
- Holz
- Gummi (natürlich und synthetisch)

5 – 8:
- alle schmierenden Werkstoffe
- alle metallischen Werkstoffe mit hoher Dehnung
- alle metallischen Werkstoffe mit hoher Zugfestigkeit
- alle metallischen Werkstoffe mit grosser Härte
- hoch legierte Stähle mit hoher Zugfestigkeit
- rostfreie Stähle
- Nickel- und Nickel/Chrom-Legierungen
- HS- und HSS-Sorten (High-Speed Stähle)
- Titan- und Titanlegierungen
- exotische Werkstoffe (NIMONIC, INCONEL, usw.)
- Hartguss
- alle Hartmetallarten und –Sorten
- alle metallischen Werkstoffe mit Karbidbildnern
- Ingenieur-Keramik (alle Arten)
- Keramik, Gestein (nicht alle Arten), Glas

Die einzelnen Zerspanbarkeitsklassen bzw. die Zuordnung zu diesen, überschneiden sich. Abhängig von der Wahl der Schleifscheibe, des eingesetzten Kühlschmierstoffs, der Prozessvorgaben (Parameter) und der Schnittgeschwindigkeit muss die Zuordnung nach unten oder oben korrigiert werden. Aber auch die Maschinensteifigkeit spielt eine gewisse Rolle, denn möglicherweise lässt sie die Belastung gar nicht zu.

Hinweis: Die obigen Angaben sind als reine Richt- bzw. Orientierungswerte zu verstehen. Die komplizierte Formel zur Berechnung des MA-Wertes beinhaltet 5 der wichtigsten Prozessgrössen (Eingangs- und Ausgangsgrössen) und dazu wird vorausgesetzt, dass die verwendete Schleifscheibe sowohl zum Werkstoff als auch zu seiner Härte passend festgelegt worden ist!

BILD 4.22 Zuordnung wichtiger Werkstoffarten zu den Zerspanbarkeitsklassen MA 1-8 (nach OTT)

Nun werden die Leser auch den nächsten Punkt 4.31 „Spezifische Schnittkraft k_s" besser verstehen, denn was man für eine von Hand durchgeführte Leistungsberechnung benötigt, wird in Bild 4.23 in einen direkten Zusammenhang mit den 8 MA-Klassen gebracht.

4.31 Spezifische Schnittkraft k_s

Es gibt wohl keine Grösse, die bei allen Spanungsverfahren eine dermassen dominante Rolle spielt, wie die spezifische Schnittkraft. Man findet praktisch in jedem Tabellenbuch der Mechanik [z. B. 28] die spezifischen Schnittkraftwerte für eine Vielzahl von Werkstoffen und bezogen auf das Zerspanungsverfahren sowie teilweise sogar auch unter Berücksichtigung der verwendeten Kühlschmierstoffe.

Was man im Zusammenhang mit der spezifischen Schnittkraft wissen muss, ist die Tatsache, dass dieser Wert von der jeweiligen Spanungsdicke abhängt und in der Tabellenausgabe immer auf einen Quadratmillimeter hochgerechnet wird. Bei der Zerspanung mit definierten Schneiden (Fräsen, Drehen, usw.) wird die spezifische Schnittkraft üblicherweise mit $k_{c1.1}$ bezeichnet. Beim Schleifen hat sich die Bezeichnung k_s bis heute behauptet. Aber die Einheit der spezifischen Schnittkraft $k_{c1.1}$ bzw. k_s bleibt selbstverständlich N/mm^2.

Ein Beispiel der Zerspanung mit definierter Schneide (h = Spanungsdicke in mm):

TABELLE 4.1 Spezifische Schnittkraft $k_{c1.1}$ für verschiedene Spanungsdicken h [28]

Werkstoff	m_c	$k_{c1.1}$ N/mm^2	k_c unkorrigiert in N/mm^2 abhängig von der Spanungsdicke h in mm						
			0.08	0.10	0.16	0.20	0.25	0.40	0.50
16MnCr5	0.27	1680	3323	3128	2755	2594	2443	2152	2026

In der 2. Spalte steht die Werkstoffkonstante m_c. Ferner bedeutet „unkorrigiert", dass der jeweilige $k_{c1.1}$-Wert noch mit dem Spanwinkelkorrekturfaktor c_1, mit dem Neigungswinkelkorrekturfaktor c_2, dem Verfahrensfaktor c_3 als auch mit dem Kühlschmierstofffaktor c_4 zu multiplizieren ist, um die eigentliche spezifische Schnittkraft $k_{c1.1}$ zu erhalten. Ganz schön aufwändig!

Weit interessanter dürfte sein, wie die spezifische Schnittkraft $k_{c1.1}$ mit zunehmender Spanungsdicke abfällt. Das zeigt doch die Tendenz, für dickere Späne weniger Leistung aufwenden zu müssen.

Beim Schleifen ist das genauso. Nur liegen die Werte der spezifischen Schnittkraft k_s in etwa um eine Zehnerpotenz höher, oder anders ausgedrückt, die mittleren Spandicken h_m sind, verglichen mit den oben aufgeführten, um ca. 3 Zehnerpotenzen (!) dünner. Das folgende Diagramm Bild 4.23

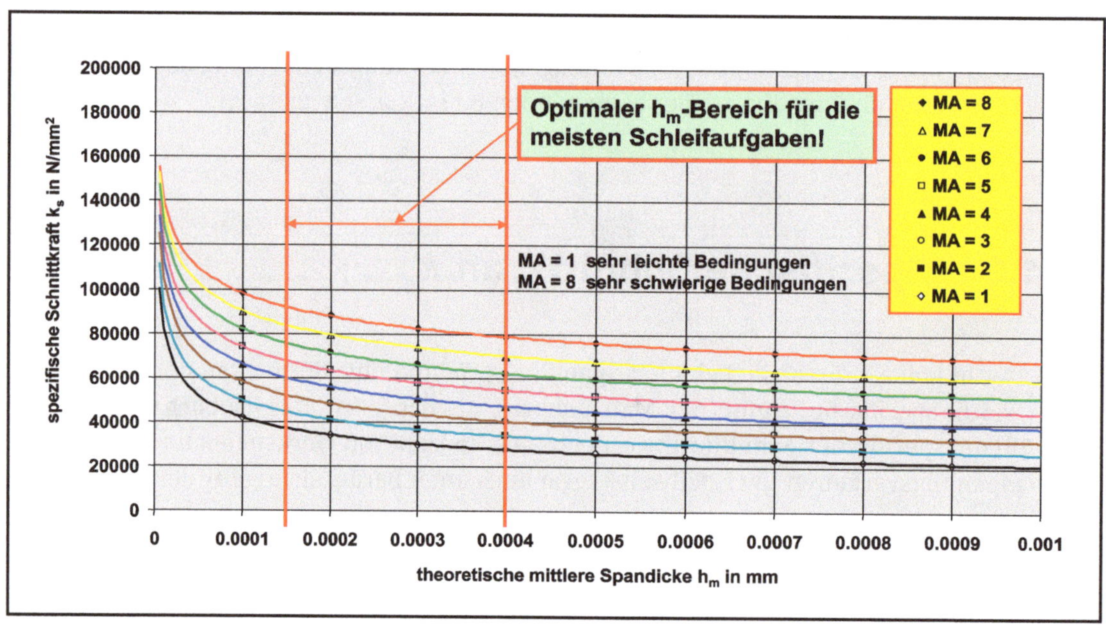

BILD 4.23 Spezifische Schnittkraft k_s in Abhängigkeit von der theoretischen mittleren Spandicke h_m für die von OTT definierten 8 Zerspanbarkeitsklassen MA. KSS-Schmierfähigkeit CL nach OTT ist hier noch nicht berücksichtigt!
(Diagramm gültig für h_m von 0.0001 bis 0.001 mm)

verdeutlicht diese Tatsache. Aber es zeigt auch die Abhängigkeit von der Werkstoffzerspanbarkeit MA, in welcher alles schon enthalten ist, was bei der Zerspanung mit definierter Schneide mit den Korrekturfaktoren von c_1–c_4 berücksichtigt werden muss.

Dieses Diagramm ist deshalb so überaus wichtig, weil hier die k_s-Berechnungsformel, ihrer Komplexität wegen, nicht dargestellt wird. Will man eine Rechnung durchführen, ist eine Abschätzung des MA-Wertes – das kann je nach Bedingungen eine Zahl zwischen 1.00 und 8.00 (2 Stellen nach dem Komma) sein – die Voraussetzung, um aufgrund der mittleren Spandicke h_m den entsprechenden k_s-Wert zu ermitteln. Für die Leistungsberechnung ist k_s von grösster Bedeutung. Die etwas weiter hinten folgenden Punkte 4.35 und 4.36 befassten sich mit der Schleifleistung P_s und P'_s. Die verschiedenen Formeln für P_s und P'_s können, entsprechend der vorliegenden Daten, zum Einsatz gelangen.

Die Werkstoffzerspanbarkeit MA (nach OTT) ist unter Punkt 4.30 ausführlich beschrieben.

Es wäre aber keineswegs im Sinne dieses Buches, die wichtigsten Formeln zur Berechnung der spezifischen Schnittkraft k_s wegzulassen. Sie zeigen vor allem die enorm vielen Abhängigkeiten von anderen Grössen. Die in den einzelnen Formeln enthaltene bezogene Tangentialkraft F'_t und die bezogene Schleifleistung P'_s werden in den folgenden Punkten behandelt.

$$k_s = \frac{P'_s \cdot 1000}{Q'_w} \quad [\mathrm{N/mm^2}] \quad (P'_s \text{ in W/mm}) \tag{4.55}$$

$$k_s = \frac{P'_s \cdot 10^6}{Q'_w} \quad [\mathrm{N/mm^2}] \quad (P'_s \text{ in kW/mm}) \tag{4.56}$$

$$k_s = \frac{P'_s}{v_c \cdot h_m} \quad [\mathrm{N/mm^2}] \quad (P'_s \text{ in W/mm}) \tag{4.57}$$

$$k_s = \frac{F'_t}{h_m} \quad [\mathrm{N/mm^2}] \tag{4.58}$$

$$k_s = \frac{F'_t \cdot v_c \cdot 1000}{Q'_w} \quad [\mathrm{N/mm^2}] \tag{4.59}$$

$$k_s = \frac{P'_s \cdot 60'000}{Q'_w} \quad [\mathrm{N/mm^2}] \tag{4.60}$$

$$k_s = \frac{P'_s \cdot 60'000}{a_e \cdot v_{fw}} \quad [\mathrm{N/mm^2}] \tag{4.61}$$

$$k_s = \frac{F_t' \cdot v_c \cdot 60'000}{a_e \cdot v_{fw}} \quad [\text{N/mm}^2] \tag{4.62}$$

$$k_s = \frac{P_s' \cdot 60'000}{d_w \cdot \pi \cdot v_{fw}} \quad [\text{N/mm}^2] \tag{4.63}$$

$$k_s = \frac{P_s' \cdot 60'000}{d_w \cdot \pi \cdot a_e \cdot n_w} \quad [\text{N/mm}^2] \tag{4.64}$$

$$k_s = \frac{F_t' \cdot v_c \cdot 60'000}{d_w \cdot \pi \cdot v_{fw}} \quad [\text{N/mm}^2] \tag{4.65}$$

$$k_s = \frac{F_t' \cdot v_c \cdot 60'000}{d_w \cdot \pi \cdot a_e \cdot n_w} \quad [\text{N/mm}^2] \tag{4.66}$$

Es bedeuten in den Formeln:

F_t' = bezogene Tangentialkraft (siehe Punkt 4.32)

h_m = mittlere Spandicke (siehe Punkt 4.20) in mm

v_c = Schnittgeschwindigkeit (siehe Punkt 4.5) in m/s

P_s' = bezogene Schleifleistung (siehe Punkt 4.36) in W oder kW

Q_w' = bezogenes Zeitspanvolumen (siehe Punkt 4.15) in $\text{mm}^3/(\text{mm} \cdot \text{s})$

a_e = Zustellung (siehe Punkt 4.9) in mm

v_{fr} = Zustellgeschwindigkeit (siehe Punkt 4.10) in mm/min

d_w = Werkstückdurchmesser in mm

n_w = Werkstückdrehzahl in min^{-1}

v_{fw} = Werkstückgeschwindigkeit (siehe Punkt 4.6) in mm/min

Es ist unbedingt zu beachten, dass die Formeln 4.61 und 4.62 dem Flachschleifen zuzuordnen sind und die Formeln 4.63 bis 4.66 dem Aussen- und/oder Innenrundschleifen.

Eine ganz besondere Formel, so einfach wie sie auch scheint, hat eine grosse Bedeutung in jedem Schleifprozess:

$$k_s = U_s \cdot 1000 \quad [\text{N/mm}^2] \tag{4.67}$$

U_s ist die spezifische Schleifenergie, welche den „thermischen Haushalt“ eines Schleifprozesses definiert. Aufgrund des jeweiligen Werts von U_s ist es durchaus möglich, die Gefahr von Schleifbrand vorauszusagen. Die spezifische Schleifenergie U_s wird demnächst unter Punkt 4.38 behandelt.

4.32 Schleifkräfte F_t und F_n sowie die bezogenen Werte F_t' und F_n'

Eigentlich gibt es bei jedem Spanungsprozess, sofern er nur zweidimensional betrachtet wird, wie üblicherweise beim Schleifen, nur eine Kraft, die resultierende Schleifkraft F_{res} (Bild 4.24). Man will aber wissen, welche Kraft in Umfangsrichtung der Schleifscheibe und welche in Normalrichtung auf das Werkstück wirkt. Deshalb wird F_{res}. Mittels einem Kräfteparallelogramm in die Kraftkomponenten F_t und F_n' aufgeteilt.

In Bild 4.24 sind die Reaktionskräfte dargestellt, so wie sie sich auf die Schleifscheibe auswirken. Kippt man das Parallelogramm sowohl um die F_t- als auch um die F_n-Achse, werden die Kräfte und ihre Richtungen ersichtlich, welche vom Werkstück aufzunehmen sind. Auch hier gilt eben der physikalische Satz: „Aktion gleich Reaktion!".

Die Grösse der Tangentialkraft F_t und der Normalkraft F_n hängt vom momentanen Zeitspanvolumen Q_w, vom zu schleifenden Werkstoff, vom eingesetzten Schleifstoff (Scheibe) und von der Art und der Schmierwirkung des Kühlmittels ab.

Die Richtung beider Kräfte bestimmt in erster Linie die Schleiftiefe (Zustellung a_e). Ist a_e klein, z. B. wenige Tausendstelmillimeter, ergibt sich eine praktisch horizontale Wirkrichtung für die Tangentialkraft F_t und eine vertikale (normale) für die Normalkraft F_n. Mit grösser werdender

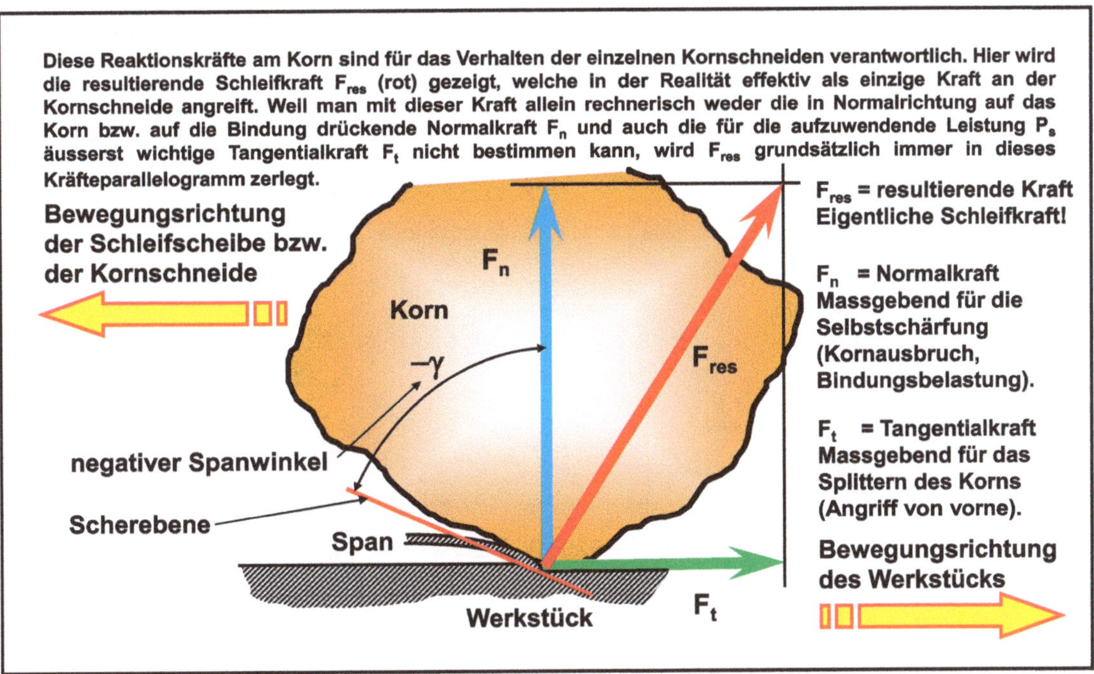

BILD 4.24 Schleifkraftkomponenten (Reaktionskräfte) am Korn

Zustelltiefe, wie beispielsweise beim Vollschnittschleifen, wo heute bis 20 mm und mehr in einem einzigen Durchgang weg geschliffen werden –, verdreht sich das Kräfteparallelogramm. Im Allgemeinen setzt man die Resultierende so ein, dass sie vom Spanschwerpunkt zur Scheibenmitte hin verläuft. Als „Spanlänge“ (Kommaspan) wird die gesamte Kontaktlänge l_k angenommen. Es wird somit genau, wie bei der Definition der mittleren Spandicke h_m, die Annahme getroffen, der Span werde nur von einer einzigen Kornschneide gebildet bzw. abgetragen. Biegt man nun – nur in der Vorstellung – den Span so, dass er flach liegt, entsteht ein Dreieck. Der Schwerpunkt von Dreiecks liegt beim vorderen Drittel, also nahe des „dicken“ Endes dieses Spans. Den Span wieder so betrachtet, wie er von einer Kornschneide dem Scheibenumfang folgend gebildet würde, ergibt über dem Schwerpunkt jene Stelle, von welcher aus die Kräfte betrachtet werden müssen (siehe Bild 4.25).

An dieser Stelle muss auf eine spezielle Problematik hingewiesen werden. Besonders auf Flach- und Flachprofil-Schleifmaschinen werden – meist in wissenschaftlichen Labors – die Schleifkräfte F_t und F_n in Versuchen mittels einer so genannten Kraftmessplattform gemessen. Diese Plattform kann nur genau horizontale und vertikale Kräfte erfassen. Wenn aber in einem Versuch die sich ergebenden Kräfte F_t und F_n von einem tiefen Profil so gemessen werden, ist ihre wertmässige Grösse eindeutig falsch. Für eine korrekte Messung müsste man die Plattform um soviel schräg stellen, dass ihre Fläche senkrecht zum oben beschrieben Spanschwerpunkt zu liegen käme. Das ist aber nicht möglich, weil der Maschinentisch sich nur horizontal bewegt und somit eine Kollision der Plattform mit der Schleifscheibe unvermeidbar wäre. Die einzige Lösung: Man nimmt die „falschen“ Kräfte auf und transponiert mit einer CAD-Software diese dann, z. B. ähnlich einem Mohr’schen Spannungskreis, an die richtige Stelle und in die richti-

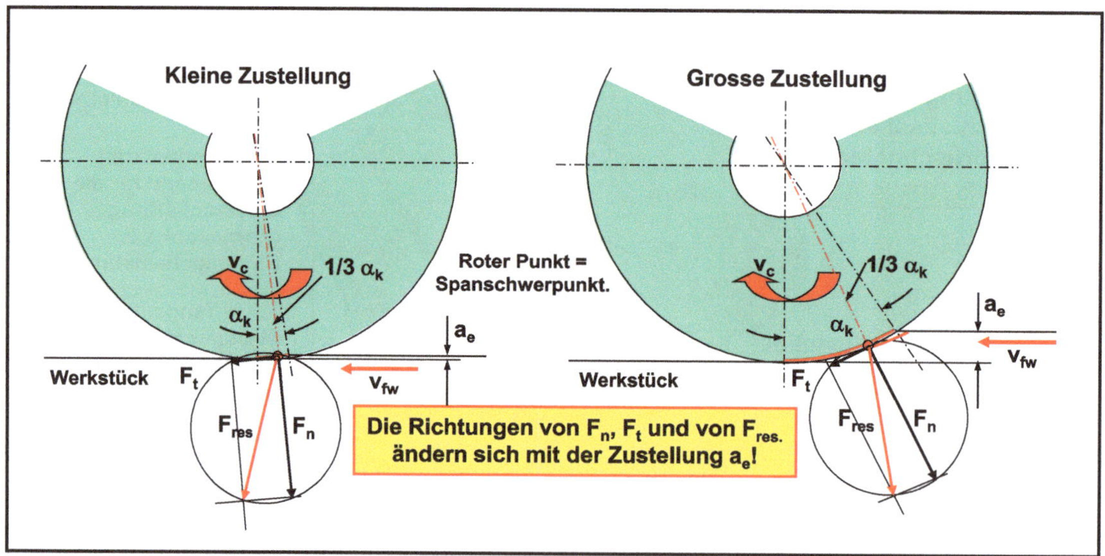

BILD 4.25 Schleifkraftparallelogramme für Flach-Gleichlaufschleifen für kleine und grosse Zustelltiefen a_e

ge Lage. Leider wird dies so gut wie nie gemacht, weshalb viele Veröffentlichungen, in denen Aussagen zu gemessenen Kraftgrössen in einen Zusammenhang mit dem Prozessverhalten gebracht werden, unbrauchbar sind.

Das Verhältnis zwischen der Tangentialkraft F_t und der Normalkraft F_n hängt nicht nur von den Vorgabeparametern ab, sondern in hohem Masse von der Schmierfähigkeit des verwendeten Kühlmittels. Diesen wichtigen Zusammenhang hat OTT bereits 1972 entdeckt, durch eigene Schleifversuche abgesichert und publiziert (Technikum Winterthur, Frühjahr 1972). Aufgefallen war ihm, dass die gleiche Schleifaufgabe mit verschieden schmierenden Kühlmitteln durchgeführt, nicht nur ungleich grosse Kraftwerte ergab, sondern auch stark voneinander abweichende Kräfteverhältnisse. Für die Versuche standen ab und zu reine Lösungen (völlig ungeschmiert) zur Verfügung, meistens aber waren es Emulsionen mit unterschiedlichem Ölanteil im Konzentrat (bis 65 %). Schleiföle konnten nicht zur Anwendung gelangen, weil die dazu erforderlichen Abdeckungen fehlten. Später konnte OTT aber zweifelsfrei auch dieselbe Tendenz für Schleiföle nachweisen, und zwar in Abhängigkeit vom Basisöl und den darin enthaltenen Additiven. Das typische Kräfteverhältnis nannte er anfänglich „Schleiffaktor ρ“ (griechisches rho) und änderte dies später auf S_c.

In den Bildern 4.26 und 4.27 kommt eine Bezeichnung vor, welche im anschliessenden Punkt 4.34 ausführlich besprochen wird. Es geht um den CL-Wert, den OTT Mitte der Siebzigerjahre festlegte und den verschiedenen Kühlschmierstoffen, bezüglich ihrer Schmierfähigkeit, zuordnete. Mehr darüber weiter hinten. Hier soll vorerst gezeigt werden, dass die Schleifkräfte F_t und F_n vom Schleiffaktor S_c abhängen und zwar in welcher Grössenordnung.

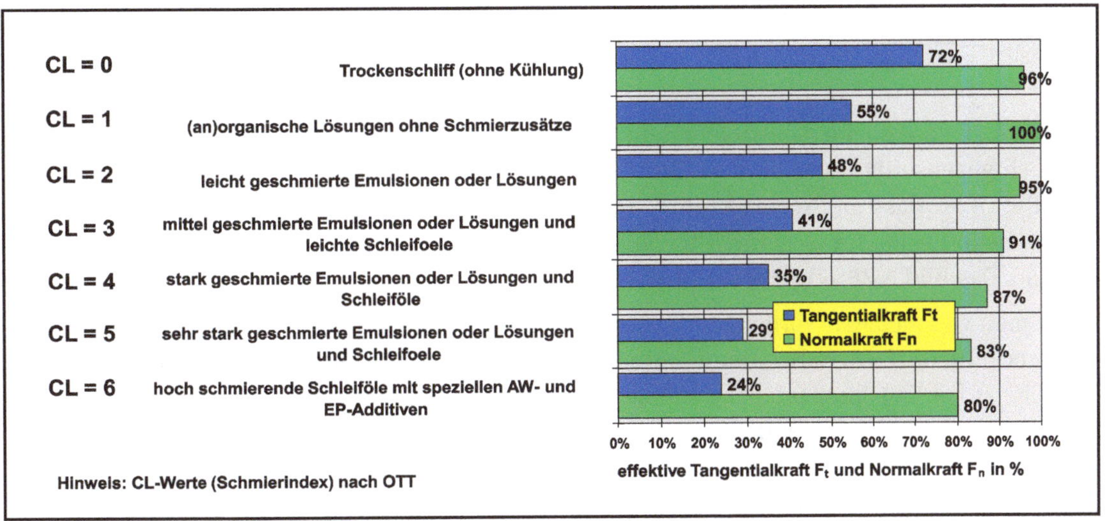

BILD 4.26 Tangentialkraft F_t und Normalkraft F_n in Abhängigkeit des Kühlschmierstoffs Kühlschmierstoffs bzw. dessen CL-Wertes. Als Basis dient ein gegebener Schleifprozess, der sowohl trocken als auch unter Einsatz verschieden schmierender Kühlmittel (siehe CL-Werte) gefahren wird.

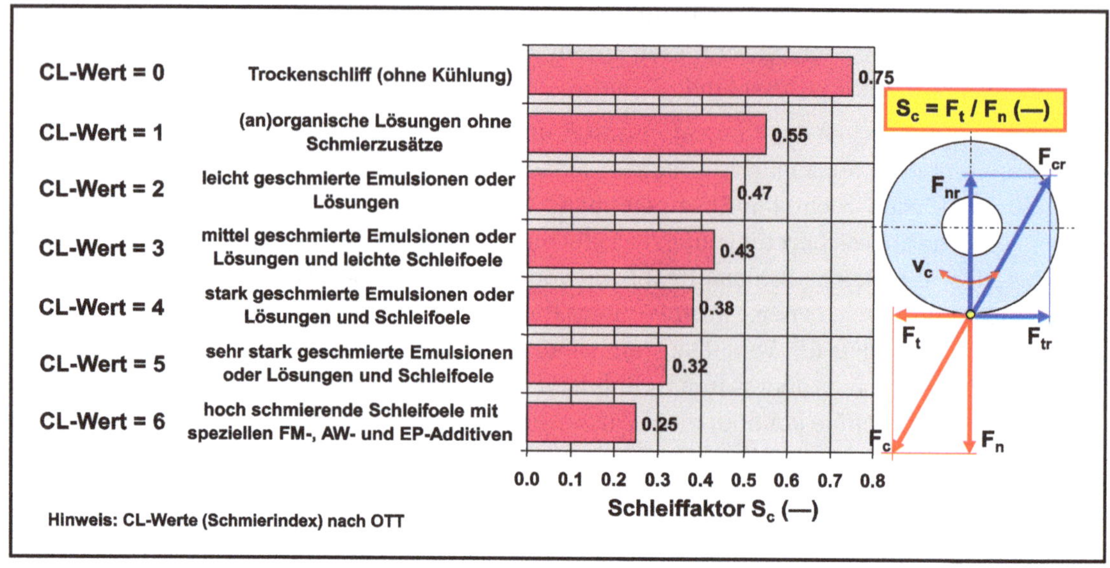

BILD 4.27 Schleiffaktor S_c nach OTT und zugeordnete CL-Werte. Mit dem Schleiffaktor S_c wird das Verhältnis zwischen der Tangentialkraft F_t und der Normalkraft F_n, unter Berücksichtigung der Schmierfähigkeit des verwendeten Kühlschmierstoffes (siehe CL-Wert nach OTT), definiert.

Interessant ist zu beobachten, wie sich das Kräfteverhältnis von Trockenschliff (CL = 0) mit $S_c = 0.75$ bis zum hoch additivierten Schleiföl (CL = 6) mit S_c = ca. 0.25 verändert. Die Formel für S_c lautet:

$$S_c = \frac{F_t}{F_n} = \frac{F_t'}{F_n} \quad [-] \tag{4.68}$$

In Bild 4.28 sind die beiden wichtigsten, schleiftechnischen Kräfte F_t und F_n so dargestellt, wie sie sich gegenseitig unter dem Einfluss von zunehmender Schmierfähigkeit verhalten. Es ist nicht etwa so, dass die Normalkraft F_n immer höher ansteigt und die Tangentialkraft F_t dabei gleich bleibt. Ganz im Gegenteil, beide Kräfte verändern sich und zwar in unterschiedlicher Grösse. Das Bild 4.28 zeigt dies sehr gut.

Geht man von gleichen Vorgaben für einen Schleifprozess aus und nimmt an, er würde zuerst als Trockenschliff (CL = 0), dann mit einer ungeschmierten Lösung (CL = 1.0) und letztlich mit Schleiföl (CL = 5.0) durchgeführt, verändern sich die Grössen der beiden Schleifkräfte wie gezeigt. Obwohl mit Schleiföl S_c hier 0.3 beträgt, wird deutlich, dass nicht etwa F_n so extrem angestiegen ist, sondern F_t wesentlich verkleinert wurde. Was bedeutet diese Erkenntnis? Beim Schleifen ist – mit ganz wenigen Ausnahmen – ein hoch geschmierter Kühlschmierstoff (KSS) die beste Lösung. Somit, wo immer es machbar und zulässig ist, sollten nur additivierte Schleiföle zum Einsatz gelangen. Sie führen in einem gegebenen Schleifprozess zur kleinstmöglichen Tangentialkraft F_t und Normalkraft F_n. Wie die folgenden Formeln verdeutlichen, ist damit auch der

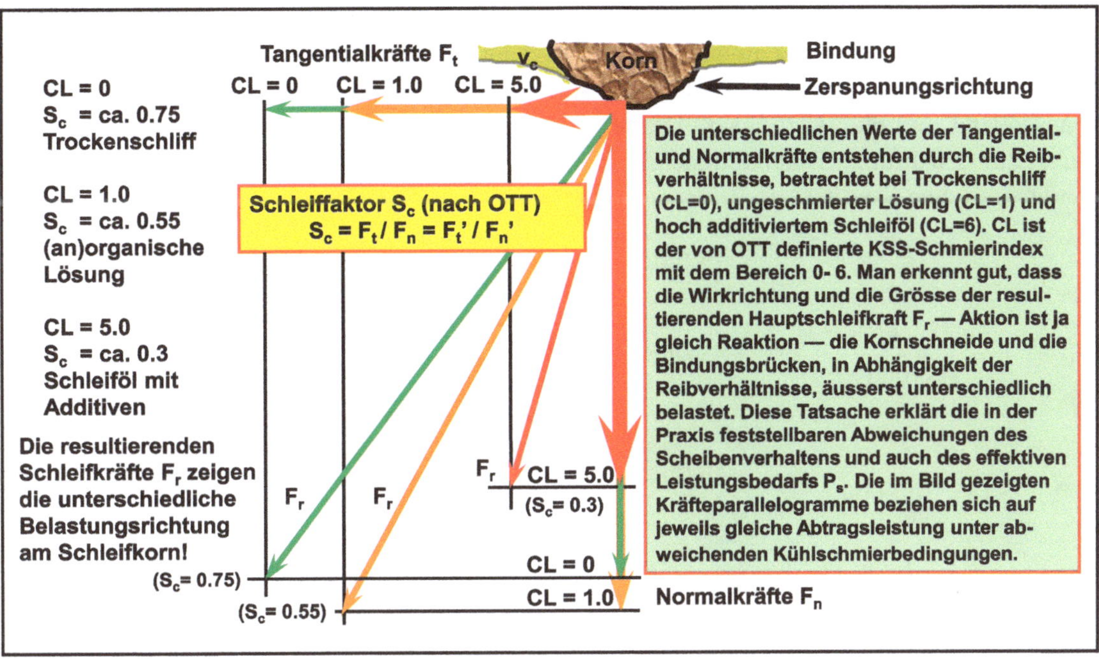

BILD 4.28 Parallelogramme der Schleifkräfte F_t, F_n und F_{res} unter dem Einfluss von Trockenschliff, Lösung und Schleiföl

Leistungsbedarf P_s am geringsten und logischerweise auch die Wärmeentwicklung. Wer nun glaubt, mit einem wasserbasierten Kühlschmierstoff könne wegen der etwa 2.5mal höheren spezifischen Wärmekapazität c_p, die erzeugte Wärme besser aufgenommen und abtransportiert werden, täuscht sich. Ein additiviertes Schleiföl vermag die zwischen der Schleifscheibe und dem Werkstück entstehende Reibung, und damit selbstverständlich auch die Wärme, in stärkerem Masse reduzieren. Aber mehr darüber im Kapitel 6 „Kühlschmierstoffe und Additive“.

Wenn man die vielen Formeln betrachtet, in denen die Schleifkräfte F_t und/oder F_n enthalten sind, fällt auf, dass fast immer nur von den bezogenen Kräften F_t' und F_n' die Rede ist. Man könnte jetzt sagen, das ist eine typische Eigenheit des Schleifens und das wäre nicht einmal so falsch. Die Erklärung ist aber weit einfacher und bestimmt verständlich. Die Vielzahl aller Schleifaufgaben unterscheiden sich nicht nur in der Art und Weise, sondern speziell auch in der jeweiligen Schleifbreite b_s. Bezieht man nun die wichtigen Aussagen über einen Schleifprozess immer auf einen Millimeter Schleifbreite, kann mit den bezogenen Grössen jederzeit ein Vergleich mit anderen Schleifaufgaben angestellt werden. Hat man sich beispielsweise etwas Erfahrung mit dem bezogenen Zeitspanvolumen Q_w' angeeignet, welches ja auch immer auf einen Millimeter bezogen ist, dürfte es nicht schwer fallen, bei anderen Prozessen zu beurteilen, was möglich und machbar ist.

Zum Abschluss des Themas „Schleifkräfte“ sollen noch einige Formel wieder die schon so oft zitierten Zusammenhänge mit anderen Grössen demonstrieren. Da die Normalkraft F_n bzw.

ihre bezogene Grösse F'_n nur in wenigen Fällen von Bedeutung ist, – z. B. wenn es um die Systembelastung und/oder um jene des Werkstücks und seiner Aufnahme geht –, beziehen sich die Formeln auf die Tangentialkraft F'_t. Diese ist ja für den Leistungsbedarf P_s in erster Linie massgebend und die Leistungsaufnahme spielt beim Schleifen wohl eine absolut dominante Rolle. Zur Beachtung: Es handelt sich hier folgerichtig um Formelauflösungen nach F'_t von k_s, der spezifischen Schnittkraft.

$$F'_t = h_m \cdot k_s \qquad \text{[N/mm]} \qquad (4.69)$$

$$F'_t = \frac{Q'_w \cdot k_s}{v_c \cdot 1000} \qquad \text{[N/mm]} \qquad (4.70)$$

$$F'_t = \frac{k_s \cdot a_e \cdot v_{fw}}{v_c \cdot 60'000} \qquad \text{[N/mm]} \qquad (4.71)$$

$$F'_t = \frac{k_s \cdot d_w \cdot \pi \cdot v_{fw}}{v_c \cdot \pi \cdot v_{fw}} \qquad \text{[N/mm]} \qquad (4.72)$$

$$F'_t = \frac{k_s \cdot d_w \cdot \pi \cdot a_e \cdot n_w}{v_c \cdot 60'000} \qquad \text{[N/mm]} \qquad (4.73)$$

Und nun auch noch andere interessante Abhängigkeiten:

$$F'_t = U_s \cdot h_m \qquad \text{[N/mm]} \qquad (4.74)$$

$$F'_t = \frac{U_s \cdot a_e \cdot v_{fw}}{v_c \cdot 60} \qquad \text{[N/mm]} \qquad (4.75)$$

$$F'_t = \frac{U_s \cdot d_w \cdot \pi \cdot v_{fr}}{v_c \cdot 60} \qquad \text{[N/mm]} \qquad (4.76)$$

$$F'_t = \frac{U_s \cdot d_w \cdot \pi \cdot a_e \cdot n_w}{v_c \cdot 60} \qquad \text{[N/mm]} \qquad (4.77)$$

Hier noch die F'_t- und F_t-Formeln, welche von S_c abhängig sind:

$$F'_t = F'_n \cdot S_c \qquad \text{[N/mm]} \qquad (4.78)$$

$$F'_t = \frac{F_n \cdot S_c}{b_k} \qquad \text{[N/mm]} \qquad (4.79)$$

$$F_t = F_n \cdot S_c \qquad [N] \qquad (4.80)$$

$$F_t = F_n' \cdot S_c \cdot b_k \qquad [N] \qquad (4.81)$$

Es bedeuten in den Formeln:

F_t' = bezogene Tangentialkraft (siehe Punkt 4.32)

h_m = mittlere Spandicke (siehe Punkt 4.20) in mm

v_c = Schnittgeschwindigkeit (siehe Punkt 4.5) in m/s

P_s' = bezogene Schleifleistung (siehe Punkt 4.36) in W oder kW

Q_w' = bezogenes Zeitspanvolumen (siehe Punkt 4.15) in $mm^3/(mm \cdot s)$

a_e = Zustellung (siehe Punkt 4.9) in mm

k_s = spezifische Schnittkraft in N/mm (siehe Punkt 4.31)

F_n = (gesamte) Normalkraft in N (siehe Punkt 4.32)

F_n' = bezogene Normalkraft in N/mm (siehe Punkt 4.32)

U_s = spezifische Schleifenergie in J/mm^3 (siehe Punkt 4.38)

v_{fr} = Zustellgeschwindigkeit (siehe Punkt 4.10) in mm/min

d_w = Werkstückdurchmesser in mm

n_w = Werkstückdrehzahl in min^{-1}

v_{fw} = Werkstückgeschwindigkeit (siehe Punkt 4.6) in mm/min

b_k = Kontaktbreite (Schleifbreite) in mm (siehe Punkt 4.27)

S_c = Schleiffaktor nach OTT (siehe Punkte 4.32 und 4.33)

Es ist auch hier wieder unbedingt zu beachten, dass die Formeln 4.71 und 4.75 dem Flachschleifen zuzuordnen sind und die Formeln 4.72, 4.73, 4.76 und 4.77 dem Aussen- und/oder Innenrundschleifen.

Die vielen Formeln mögen verwirren. Man sollte sie auch nicht einfach als „mathematische Formeln" betrachten, sondern als eine Darstellung der Einflussgrössen und ihren Zusammenhängen in mathematischer Form. Deshalb ist ein systematisches Studium zweifellos zu empfehlen. Viele Schleifaufgaben können mit dem angeeigneten Wissen gezielter gelöst und Schleifprobleme besser analysiert werden.

Der Autor möchte an dieser Stelle noch eine Bemerkung anbringen, ohne jede Polemik aber mit dem Hinweis, dass die nachfolgend aus einem bekannten Taschenbuch „Technische Formeln für die Praxis" [29] stammende Meinung leider immer noch vielerorts verbreitet ist. In einem Buch mit 368 Seiten, in welchen auch die verschiedenen Zerspanungsarten aufgeführt und erklärt werden, wurde für das Schleifen gerade mal eine Drittelseite reserviert. Und da steht:

ZITAT *„Die Schleifkräfte sind verhältnismässig klein. Allgemein werden diese Kräfte nicht berechnet, da viele Einflussfaktoren unberücksichtigt bleiben müssen.“*
Es bleibt dem Leser des **„Vademekum des Schleifens“** überlassen, sich eine eigene Meinung über die Schleifkräfteberechnung zu bilden.

4.33 Schleiffaktor S_c (nach OTT)

Unter dem Punkt 4.32 „Schleifkräfte F_t und F_n sowie die bezogenen Werte“ wurde bereits der Schleiffaktor S_c erwähnt (siehe Bild 4.27) und auch dessen Hauptformel (4.28) aufgeführt.

Hier soll nun, gewissermassen als Ergänzung, der Zusammenhang zwischen dem Schleiffaktor S_c und der Schmierwirkung des eingesetzten Kühlmittels näher betrachtet werden. Damit dies ursprünglich überhaupt möglich wurde, ist der Zuordnung des von OTT definierten CL-Wertes (Schmierindex, Schmierfähigkeitsbewertung) zu verdanken (siehe Punkt 4.34). Er hat von „ungeschmiert“ bis „hochgeschmiert“ die CL-Werte 1.0 bis 6.0 Mitte der Achtzigerjahre festgelegt und die Abhängigkeit des Schleiffaktors S_c zu den CL-Werten im Diagramm Bild 4.27 aufgezeichnet.

Zumal eine CL-Zuordnung zu einem bestimmten Kühlschmierstoff einerseits nicht einfach ist und andererseits grosse Erfahrung mit Kühlschmierstoffen erfordert, muss man bei der Abschätzung des Schleiffaktors S_c eine gewisse Toleranz zulassen. Die grüne Linie im Diagramm (Bild 4.29) verdeutlicht den Mittelwert. Die blaue Linie den oberen und die rote den unteren Grenzwert.

Obwohl OTT später auch den CL-Wert 0 für Trockenschliff in seinen speziellen PGS-Schleifprogrammen [12] aufgenommen hat, sollte man beachten, dass CL = 0 in einer nach Formeln ausgeführten Berechnung denkbar weinig Sinn macht. Für einen solchen Fall ist die Zuordnung von S_c = 0.75 als Mittelwert rechnerisch einzusetzen. Der CL-Bereich von 0.1–0.9, welcher für extrem schlechte Kühlbedingungen (unprofessionelle Düsengestaltung, zu geringe KSS-Menge, zu wenig Systemdruck, ungeeignetes Kühlmittel) vorgesehen ist, kann in Computerprogrammen sicher Verwendung finden, in Berechnungen mittels Formeln besteht auch hier eine gewisse Schwierigkeit. Lösung: Ist die Kühlung wirklich ungenügend und der Kühlschmierstoff völlig ungeschmiert (einfache organische Lösung), wird der Schleiffaktor S_c von 0.5 gewählt. Unter dem folgenden Punkt 4.34 sind weitere Hinweise zur Wahl des jeweiligen CL-Wertes zu finden.

WICHTIG Der CL-Wert darf auch eine Stelle nach dem Komma aufweisen. Für eine ungeschmierte Lösung gilt etwa 1.2–1.5, für eine mittlere Emulsion etwa 2.5–3.0 und für ein additiviertes Schleiföl 4.5–5.0.

Der Schleiffaktor S_c wäre im Grunde genommen die zweckmässigste Grösse, um einen Schleifprozess über die Steuerung immer in einem optimalen Bereich zu halten. Würde man nämlich über – in die vorderen Spindellager eingebaute – Kraftmesselemente sowohl die Tangentialkraft

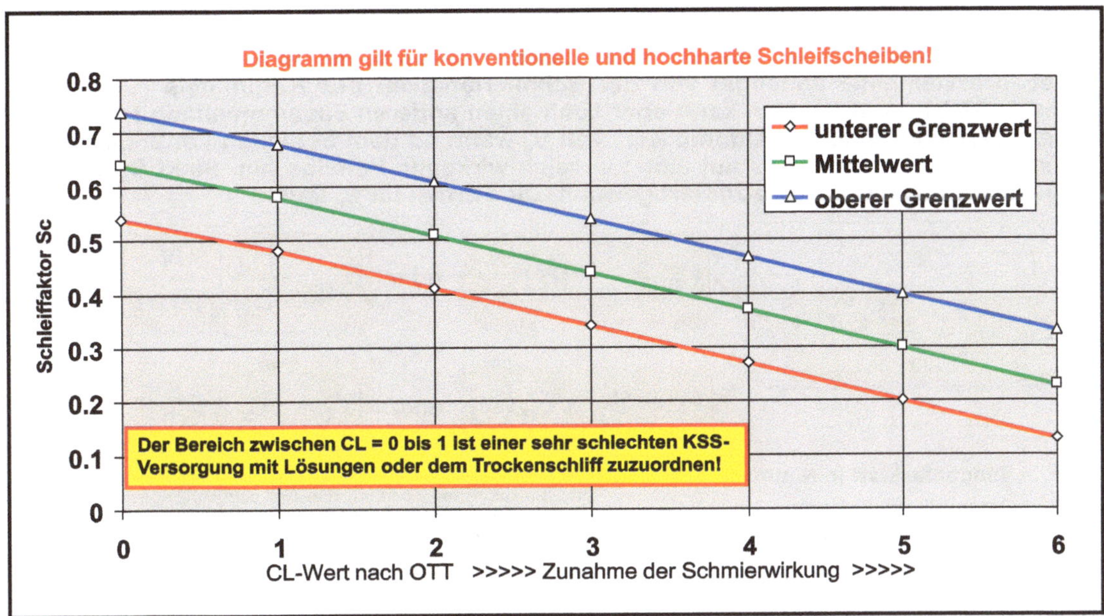

BILD 4.29 Schleiffaktor S_c in Abhängigkeit der Schmierwirkung des verwendeten Kühlschmierstoffs (CL-Wert nach OTT). Der Schleiffaktor S_c zeigt das Verhältnis zwischen der Tangentialkraft F_t und der Normalkraft F_n bei unterschiedlicher Schmierwirkung.

F_t als auch die Normalkraft F_n erfassen und auf einem Instrument zur Anzeige bringen und/oder direkt der Steuerung zuführen, könnte ein stabiler Schleifprozess richtiggehend „provoziert" werden. Verändert sich nach dem Start mit einer frisch konditionierten Schleifscheibe der angezeigte Anfangswert von S_c bereits nach kurzer Zeit kontinuierlich nach oben, ist das ein zweifelsfreier Hinweis auf eine Überlastung der Schleifscheibe. Der Grund dafür kann bei zu hohen Prozessvorgaben und/oder bei einer zu weich wirkenden Schleifscheibe zu finden sein. Sinkt S_c dagegen, dann ist die Scheibe zu hart im Verhältnis zu dem, was abgetragen werden soll. Sofern sich ein Scheibenwechsel nicht durchführen lässt, muss die Scheibe durch eine Erhöhung der Vorgaben gefordert werden. Denn eine zu hart wirkende Schleifscheibe arbeitet bekanntlich nicht selbstschärfend, d. h. sie stumpft nur, wodurch der Schleifdruck (Normalkraft F_n) immer mehr ansteigt. Die Folge erkennt man meist an der Bildung von Kaltschweissungen (Aufbauschneiden) an den Kornschneiden. Diese gesamte Problematik liesse sich über die Steuerung, zusammen mit einer entsprechenden Software, auf einfache Weise lösen. Es gibt ja bekanntlich einige Stellgrössen, z. B. die Schnittgeschwindigkeit, die Werkstückgeschwindigkeit, die Zustellung, usw., welche sich besonders gut eignen, um auf das Verhalten der eingesetzten Schleifscheibe Einfluss zu nehmen. Abhängig davon, ob eine Schleifscheibe zu weich oder zu hart reagiert, wird eine oder mehrere Stellgrösse(n) so herauf oder herunter geregelt, dass der Schleiffaktor S_c in einem schmalen Toleranzband konstant bleibt. Auf diese Weise würde auch die Schleifscheibe mit einem guten, konstanten Verhalten, bezüglich ihrer Selbstschärfung, arbeiten.

Der Schleiffaktor S_c ist eine der wichtigsten Grössen in einem Schleifprozess. Er ist in erster Linie abhängig von der Schmierfähigkeit des Kühlmittels (CL-Wert nach OTT beachten). Man kann aber auch einen anderen Zusammenhang feststellen. Verändert sich der Anfangswert von S_c während dem Schleifen kontinuierlich nach oben, so weist dies auf eine zu weich wirkende Scheibe hin. Sinkt S_c dagegen, dann ist die Scheibe zu hart gewählt. Die Formel für S_c lautet:

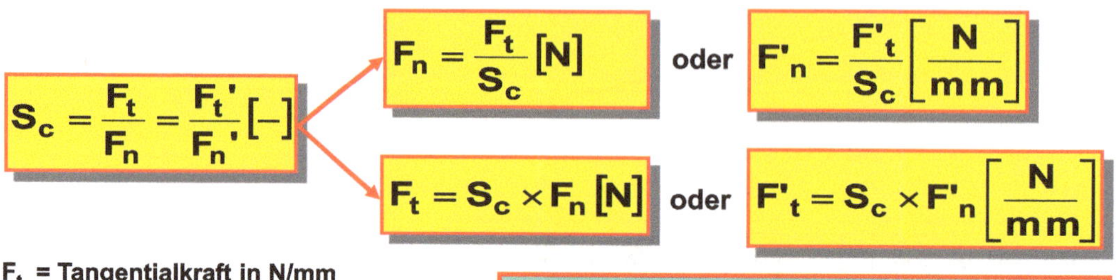

F_t = Tangentialkraft in N/mm
F_n = Normalkraft in N/mm
F'_t = bezogene Tangentialkraft in N/mm
F'_n = bezogene Normalkraft in N/mm

Die umgestellten Formeln machen die Abhängigkeit der Normal- und der Tangentialkraft vom Schleiffaktor S_c deutlich. Ganz besonders, wenn man bedenkt, dass die Tangentialkraft für den Leistungsbedarf zuständig ist.

BILD 4.30 Der Schleiffaktor S_c (nach OTT) oder das Verhältnis der Tangentialkraft F_t zur Normalkraft F_n

Die folgenden Formeln sind Umstellungen der Hauptformel 4.68. Sie sollen im Prinzip den Zusammenhang zwischen S_c und den Schleifkräften F_t und F_n und ihren bezogenen Grössen demonstrieren.

Kombiniert man nun die unter den vorherigen Punkten aufgeführten Formeln, ganz besonders jene, die sich auf die Tangentialkraft F_t bzw. auf die bezogene Tangentialkraft F_t' beziehen, lassen sich viel Schleifprozesse rechnerisch planen. Es wird aber auch möglich sein, bestehende Schleifaufgaben zu untersuchen oder auftretende Schleifprobleme, mittels einer Nachrechnung und entsprechender Korrektur der Vorgaben, zu lösen.

4.34 Schmierfähigkeit (Schmierindex) CL (nach OTT)

Unter den Punkten 4.32 und 4.33 wurde die Schmierfähigkeit von Kühlmitteln bereits angesprochen und dabei auf den von OTT entwickelten Schmierindex CL hingewiesen. OTT hat in Schleifversuchen, die er zwischen 1972 und 1980 durchführte, immer wieder feststellen können, dass sowohl die wertmässige Grösse der Tangentialkraft F_t und der Normalkraft F_n als auch das Verhältnis eine starke Abhängigkeit von der Schmierfähigkeit des eingesetzten Kühlmittels haben.

Es besteht ein bedeutender Unterschied bei den Schleifkräften, ob mit einer organischen, ungeschmierten Lösung oder – das andere Extrem – einem hoch additivierten Schleiföl geschliffen wird. Aber die beiden Kräfte F_t und F_n ändern sich dabei nicht in gleicher Weise. Wie unter Punkt 4.33 „Schleiffaktor S_c“ erklärt, kann das Verhältnis zwischen F_t und F_n von 0.75 (Trockenschliff) abfallen auf etwa 0.16 (Hochleistungsschleiföl und CBN als Schleifstoff). Das Bild 4.28 zeigt anschaulich nicht nur die Grössenänderungen der Schleifkräfte zwischen Trockenschliff, organischer Lösung und einem leicht additivierten Schleiföl, sondern eben auch, wie sie sich gegenseitig verhalten.

Damit eine grundsätzliche CL-Einschätzung möglich ist, muss man wissen, wie die unterschiedlichen Kühlschmierstoffe von OTT bewertet werden. Das folgende Bild 4.31 erlaubt eine entsprechende Übersicht der CL-Werte, wobei nochmals zu erwähnen ist, dass die Feinabstufung mit einer Stelle nach dem Komma nur schwer zu definieren sein dürfte.

Die schleiftechnischen Programme [12] enthalten ausführlich gestaltete Tabellen, bezüglich der CL-Zuordnung. Da werden nicht nur die verschiedenen Kühlschmierstoffe (KSS) aufgelistet, sondern es erfolgt auch eine Feinabstufung hinsichtlich der Ölanteile in Emulsionen wie auch der Additivarten in Emulsionen und Schleifölen. Anhand der Herstellerdaten kann so auf einfache Weise und mit relativ hoher Genauigkeit der passende CL-Wert ermittelt und in den Berechnungsprogrammen eingesetzt werden.

- **1.0 = (an)organische Lösung ohne besondere Schmierkomponenten**
  - ⇨ **Beispiel: Sogenanntes "Schleifwasser" (reine Lösung)**
- **2.0 = leicht geschmierte Emulsion oder gleichwertig geschmierte Lösung**
  - ⇨ **Beispiel: Emulsion mit ca. 15% Mineraloel im Konzentrat**
- **3.0 = mittel geschmierte Emulsion oder gleichwertig geschmierte Lösung**
  - ⇨ **Beispiel: Emulsion mit ca. 30% Mineraloel im Konzentrat**
- **4.0 = stark geschmierte Emulsion oder gleichwertig geschmierte Lösung**
  - ⇨ **Beispiel: Emulsion mit ca. 50% Mineraloel im Konzentrat**
- **5.0 = reines Schleiföl mit FM-, AW- und EP-Additiven**
  - ⇨ **Beispiel: Schleiföl (ca. 18-20 cSt.) mit polaren Wirkstoffen (FM und AW) und mit Hochdruck-Additiven (EP).**
- **6.0 = reines Schleiföl mit ganz speziellen, modernen FM-, AW- und EP-Additiven**
  - ⇨ **Beispiel: Schleiföl (ca. 12-22 cSt.) mit hochpolaren Wirkstoffen (AW) und mit ausgewählten Hochdruck-Additiven (EP). Alternativ dazu: Polyalphaolefine!**

Hinweis: Lösungen enthalten in jedem Falle vollsynthetische Schmierkomponenten. Dagegen können Emulsionen entweder nur Mineralöl und/oder Kombinationen von Mineralöl mit unterschiedlichsten anderen! Ölarten (z.B. native und synthetische Esteröle, Polyalphaolefine, usw.) aufweisen oder sogar ganz mineralölfrei sein, d.h. es werden dann ausschliesslich nicht mineralische Öle eingesetzt.

BILD 4.31 Kühlschmierstoffklassen CL = 1.0–6.0 (nach OTT);
Klassifizierung der Schmierfähigkeit von Kühlschmierstoffen aufgrund ihrer Zusammensetzung.
(Zwischengrössen z. B. 3.5 sind zur Feinabstufung zulässig!)

4.35 Schleifleistung P_s

Mitte des vergangenen Jahrhunderts wurden als Schleifscheibenantriebe Drehstrommotoren mit Leistungen von etwa 2.5–8.0 kW eingesetzt. Über einen Riemenantrieb ergab sich eine maximale Schnittgeschwindigkeit v_c von 25, 32 oder auch schon 35 m/s bei neuer Scheibe. In einigen Fällen liess sich die Übersetzung ändern, so dass auch eine andere, tiefere Schnittgeschwindigkeit v_c möglich war. Allen Schleifmaschinen haftete aber der grosse Mangel an, die Scheibendrehzahl n_s bis zur vollständigen Abnützung nicht konstant halten zu können. Eine Scheibe mit Durchmesser 300 mm benötigt für eine Anfangsschnittgeschwindigkeit von 35 m/s eine Drehzahl von 2228 min^{-1}. Bei einem Nutzungsbereich im Radius von 50 mm reicht diese Drehzahl bei abgenützter Scheibe gerade noch für 23.33 m/s!

Dynamisch betrachtet, wurde die Scheibe bis zum Schluss um etwa 3–4 Härtegrade weicher. Diese Tatsache hat oft zu grossen Schwierigkeiten geführt, die sich nur durch einen Wechsel auf eine zwei Härtegrade härtere Scheibe in etwa bei halber Abnützung einigermassen im Griff halten liessen.

Die nächste Motorengeneration bot in dieser Hinsicht bereits deutlich mehr. Es waren in der Drehzahl regelbare Gleichstrommaschinen, welche über eine so genannte Kompensation die eingestellte Drehzahl, bis zur vollständigen Abnützung bzw. bis zum Scheibenwechsel, die Schnittgeschwindigkeit konstant halten konnten.

Aber auch hinsichtlich der investierten Leistung ging es nun nach oben. Antriebsleistungen im Bereiche von 12–24 kW waren, speziell bei Flach-Profilschleifmaschinen, keine Seltenheit mehr. Heute sind nahezu alle Schleifmaschinen mit DC- (Gleichstrom) oder mit gesteuerten AC- Motoren (Wechselstrom) ausgerüstet. Und die Nennleistungen können sich sehen lassen. Da sind 60–80 kW dort, wo auch „Späne gemacht werden“, gewissermassen der Standard. Das soll nun nicht heissen, eine Werkzeugschleifmaschine verfüge heute über 70 kW an der Spindel. Das wäre ja Unsinn, nein, Standardmaschinen aller Schleifverfahren weisen Antriebsleistungen zwischen 2.0 und etwa 12 kW auf. Dagegen benötigen Schleifmaschinen, mit denen sich hohe und höchste Schnittgeschwindigkeiten und Abtragsleistungen erzielen lassen, Antriebsleistungen um 30–60 kW und mehr. Die Motorengrösse ist auch nicht mehr vergleichbar mit jener der ursprünglichen Drehstrom- oder Gleichstrommotoren. Man kann da nur staunen, welche Leistungen heute aus relativ kleinen Motoren herausgeholt werden.

Bedenkt man, dass in einem Schleifprozess 92–95 % der vom Prozess „gezogenen“ Antriebsleistung für die Schleifscheibe über Reibung, Umformung und Quetschung in Wärme anfallen, erkennt man leicht, welche Anforderungen an die Prozessplanung und die Parametervorgabe gestellt werden. Das Schleifen ist und bleibt eines der leistungsintensivsten Spanungsverfahren, daran führt kein Weg vorbei. Eines kann man allerdings tun, nämlich darauf achten, dass alle Möglichkeiten ausgeschöpft werden, um den Leistungsbedarf und damit eben auch die Wärmeentwicklung auf tiefstem Niveau zu halten. Dafür muss selbstverständlich bekannt sein, welche Grössen die zu investierende Leistung in einem Prozess beeinflussen.

Nach der Physik ergibt die Multiplikation einer Kraft mit einer Geschwindigkeit immer einen Leistungswert in Watt oder Kilowatt. Die nachstehenden Formeln zeigen diesen Zusammenhang deutlich:

$$P_s = F_t \cdot v_c \quad [\text{Watt}] \tag{4.82}$$

Darin ist F_t die am Umfang der Schleifscheibe angreifende Kraft – das kleine „t“ bedeutet tangential – und v_c, eine alte Bekannte, die Schnittgeschwindigkeit. Somit kommt es darauf an, welche Tangentialkraft F_t in einem gegebenen Prozess auftritt, wenn die Schnittgeschwindigkeit v_c mit einem konkreten Wert vorgegeben wird. Es gibt aber noch andere Formeln, zur Berechnung der notwendigen Schleifleistung P_s. Und gleich noch ein wichtiger Hinweis: Wenn beim Schleifen von der „Schleifleistung“ die Rede ist, meint man damit nicht etwa die Abtragsleistung, diese heisst „bezogenes Zeitspanvolumen“ oder „zeitbezogene Abtragsleistung“, sondern die an der Schleifspindel bzw. an der Schleifscheibe notwendige oder sich ergebende Antriebsleistung (meisten in kW). Dabei wird ganz bewusst die so genannte Leerlaufleistung P_{leer} nicht berücksichtigt. Sie setzt sich zusammen aus der Lagerreibung (Motor- und Spindellagerungen), der Innenbelüftung und der Aufrechterhaltung der Drehbewegung der gesamten Masse. Hingegen muss der Leistungsaufwand für eine allfällig notwendige Beschleunigung des zugeführten Kühlschmierstoffs, sofern dieser eine geringere Strahlgeschwindigkeit v_k als die Scheibe am Umfang aufweist, der Schleifleistung P_s zugerechnet werden. Nähere Angaben dazu und die Berechnungsformel für diese Verlustleistung sind im Kapitel 7 „Kühlschmierstoffzuführung (Düsen)“ zu finden. Zusammengefasst besteht die gesamte, meist auch an der Maschine angezeigte Schleifleistung P_s aus dem notwendigen Aufwand für den Spanungsprozess und der KSS-Beschleunigung.

Nachfolgend sind weitere Zusammenhänge zwischen schleiftechnischen Grössen und der Schleifleistung P_s mittels verschiedener Formeln aufgeführt. Zu beachten ist, dass die einzelnen Werte zu einer Leistungserhöhung oder einer Verminderung führen können, je nachdem, ob sie auf oder unter dem Bruchstrich stehen.

$$P_s = \frac{k_s \cdot Q'_w \cdot b_k}{1000} \quad [\text{Watt}] \tag{4.83}$$

Und ferner:

$$P_s = v_c \cdot k_s \cdot h_m \cdot b_k \quad [\text{Watt}] \tag{4.84}$$

Es bedeuten in den Formeln:

b_k = Kontaktbreite (siehe Punkt 4.27) in mm

F_t = Tangentialkraft (siehe Punkt 4.32) in N

h_m = mittlere Spandicke (siehe Punkt 4.20) in mm

k_s = spezifische Schnittkraft (siehe Punkt 4.31) in N/mm^2

Q'_w = bezogenes Zeitspanvolumen (siehe Punkt 4.15) in $mm^3/(mm \cdot s)$

v_c = Schnittgeschwindigkeit (siehe Punkt 4.5) in m/s

Die Einzelgrössen kann man als gegeben bezeichnen. Das bezogene Zeitspanvolumen Q'_w stellt aber einen Folgewert der Zustellung a_e und der Werkstückgeschwindigkeit v_{fw} dar. Deshalb kann man auch schreiben:

$$P_s = \frac{k_s \cdot a_e \cdot v_{fw} \cdot b_k}{60 \cdot 1000} \text{ [Watt]} \tag{4.85}$$

Nun wird die ganze Sache langsam spannend. Alle aufgelisteten Werte beeinflussen ganz offensichtlich die benötigte Schleifleistung. Würde man nun – was durchaus richtig wäre – die Schmierfähigkeit des verwendeten Kühlmittels auch noch einbeziehen, fiele es schwer, die Übersicht zu behalten.

Eine Formel ist ja, wie schon im Leseleitfaden vermerkt, keine mathematische Schikane, sondern eine Darstellung von Zusammenhängen. Die Formel 4.85 zeigt dies in besonders deutlicher Weise. Deshalb soll sie etwas näher analysiert werden. Die spezifische Schnittkraft k_s (siehe auch Punkt 4.31) entsteht durch die Spanungsbedingungen und lässt sich nicht direkt einstellen. Die einzigen beiden Grössen, die als Einstellungen (Vorgaben) manipulierbar bzw. einstellbar sind, sind die Zustellung a_e und die Werkstückgeschwindigkeit v_{fw}. Unter den Punkten 4.5 und 4.6 wurde darauf hingewiesen, dass die Erhöhung der Zustellung a_e etwa doppelt so viel Leistungsbedarf fordert, als wenn man das bezogene Zeitspanvolumen Q'_w durch die Verdoppelung der Werkstückgeschwindigkeit v_{fw} vornehmen würde. Dazu kommt noch die Tatsache, dass eine Steigerung der Werkstückgeschwindigkeit v_{fw} zu dickeren Spänen führt und somit der zu erwartende k_s-Wert (siehe Punkt 4.31) drastisch sinken kann. Das heisst, „zwei Fliegen mit einer Klappe" schlagen! Oder technischer ausgedrückt: Man kann die zeitbezogene Abtragsleistung (Zeitspanvolumen Q_w) steigern, ohne dass der Leistungsbedarf P_s im gleichen Verhältnis ansteigt. Ist doch toll! Kommen noch hohe Schnittgeschwindigkeiten dazu, wird die Sache erst recht interessant.

Auch hierzu sollen Rechnungsbeispiele mehr Klarheit schaffen, wobei von folgenden Vorgabewerten für eine Flachschleifaufgabe ausgegangen wird:

- Werkstoff = 16MnCr5 (ungehärtet)
- Zustellung a_e = 0.020 mm
- Werkstückgeschwindigkeit v_{fw} = 30'000 mm/min
- Schleifscheibendurchmesser d_s = 400 mm
- Schnittgeschwindigkeit v_c = 35 m/s
- Kontaktbreite b_k = 20 mm
- Tangentialkraft F_t = 250 N
- Zerspanbarkeitsklasse MA = 3.0 (nach OTT)
- spezifische Schnittkraft k_s = 42'000 N/mm²

Die Zerspanbarkeitsklasse MA = 3.0 beinhaltet bereits die Berücksichtigung des hier verwendeten Kühlschmierstoffs. Es wird von einer mittelgeschmierten Emulsion mit 35 % Öl und polaren Additiven im Konzentrat ausgegangen. Die Emulsion wird mit einem Konzentratanteil 4.5 % in Wasser angesetzt.

Zuerst wird das bezogene Zeitspanvolumen Q'_w ausgerechnet:

$$Q'_w = \frac{a_e \cdot v_{fw}}{60} = \frac{0.020 \cdot 30'000}{60} = 10 \text{ mm}^3/(\text{mm} \cdot \text{s})$$

Daraus nun die mittlere Spandicke h_m:

$$h_m = \frac{Q'_w}{v_c \cdot 1000} = \frac{10}{35 \cdot 1000} = 0.000286 \text{ mm}$$

Die mittlere Spandicke h_m ist wichtig, weil sie zusammen mit der Zerspanbarkeitsklasse MA die spezifische Schnittkraft k_s bestimmt (siehe hierzu Punkt 4.31) in diesem Kapitel. Nach dem Diagramm wird k_s mit 42'000 N/mm^2 ermittelt.

Nach der Formel 4.83 wird an der Schleifscheibe eine reine Leistung von ...

$$P_s = \frac{k_s \cdot Q'_w \cdot b_k}{1000} = \frac{42'000 \cdot 10 \cdot 20}{1000} = 8'400 \text{ Watt}$$

ermittelt. Verwendet man die Formel 4.85, dann ergibt sich ...

$$P_s = \frac{k_s \cdot a_e \cdot v_{fw} \cdot b_k}{60 \cdot 1000} = \frac{42'000 \cdot 0.02 \cdot 30'000 \cdot 20}{60 \cdot 1000} = 8'400 \text{ Watt}$$

Mit dieser Formel wird deutlich, dass sowohl die Vorgabe von a_e als auch von v_{fw} den Leistungsbedarf beeinflussen. Aber wie stark und auf welche Weise? Zuerst ein rechnerischer Versuch mittels der Zustellung a_e, die auf 0.01 mm zurückgesetzt werden soll:

$$P_s = \frac{54'000 \cdot 0.01 \cdot 30'000 \cdot 20}{60 \cdot 1000} = 5'400 \text{ Watt}$$

Die mittlere Spandicke h_m beträgt jetzt eben nur noch die Hälfte, was zu einer höheren spezifischen Schleifkraft k_s von 54'000 N/mm^2 geführt hat. Es ist somit nicht mit einer Halbierung des Leistungsbedarfs an der Scheibe zu rechnen.

Interessant ist aber auch noch die Kontaktlänge l_k, da sie massgebend für die Anzahl Kornschneiden ist, die gleichzeitig im Eingriff sind und Reibwärme erzeugen. Mit der Zustellung a_e von 0.02 mm ist die Kontaktlänge l_k:

$$l_k = \sqrt{a_e \cdot d_s} = \sqrt{0.02 \cdot 400} = 2.83 \text{ mm}$$

mit a_e = 0.01 mm sind es noch ...

$$l_k = \sqrt{0.01 \cdot 400} = 2.0 \text{ mm}$$

Die Kontaktlänge ist trotz Halbierung der Zustellung nur 30 % kleiner geworden. Rechnet man nun – was allerdings in der Praxis kaum getan würde – wie bei der Zustellung a_e mit einer ebenfalls auf die Hälfte reduzierten Werkstückgeschwindigkeit v_{fw} = 15'000 mm/min kommt im Prinzip dasselbe Ergebnis heraus:

$$P_s = \frac{54'000 \cdot 0.02 \cdot 15'000 \cdot 20}{60 \cdot 1000} = 5'400 \text{ Watt}$$

Das ist trügerisch, denn eine Kontrolle der Kontaktlänge l_k zeigt, dass sie sich gegenüber der ersten Berechnung oben nicht verändert hat und immer noch 2.83 mm beträgt. Die Anzahl Kornschneiden in der Kontaktzone ist noch gleich gross.

Was hat das zu bedeuten? Die Kornschneiden durchlaufen jetzt die Kontaktzone noch mit der halben Geschwindigkeit, was ziemlich genau auch zu einer Halbierung der Reibleistung führt. Da beim Schleifen 92–95 % der investierten Leistung über Reibung, Quetschung und Umformung in Wärme umgewandelt wird, dürfte das eben erhaltene Ergebnis kaum richtig sein. Wie greift man nun rechnerisch ein, wenn kein Computerprogramm zur Verfügung steht? Ganz einfach, in diesem Fall wird die Zerspanbarkeitsklasse MA von ursprünglich 3.0 auf 1.5 reduziert. Im Diagramm der spezifischen Schleifkraft k_s lässt sich nun bei h_m = 0.000143 mm ein Wert von ca. 38'000 N/mm^2 entnehmen. Dann sieht die Rechnung so aus:

$$P_s = \frac{38'000 \cdot 0.02 \cdot 15'000 \cdot 20}{60 \cdot 1000} = 3'800 \text{ Watt}$$

Ist jetzt klar, weshalb eine Reduktion oder Steigerung des bezogenen Zeitspanvolumens Q'_w über die Zustellung a_e den Leistungsbedarf an der Schleifscheibe in anderer Weise beeinflusst, als wenn man dies über die Werkstückgeschwindigkeit v_{fw} tun würde? Zu einer Steigerung des bezogenen Zeitspanvolumens Q'_w ist somit die Erhöhung der Werkstückgeschwindigkeit v_{fw} – wenn überhaupt möglich und machbar – immer die bessere Lösung, gegenüber einer Steigerung der Zustellung a_e. Fazit: Weniger Leistungsbedarf = weniger Wärmeerzeugung!

Weil der Leistungsbedarf P_s oder seine bezogene Grösse P'_s in nahezu allen Schleifprozessen einen hohen Stellenwert einnimmt, sei auch noch darauf hingewiesen, welche Rolle die Schnittgeschwindigkeit v_c einnimmt. Nach der Formel 4.82 hängt P_s direkt von der am Umfang der Scheibe angreifenden Kraft F_t und von der Schnittgeschwindigkeit v_c ab. Eine Änderung von v_c nach oben wird zwangsläufig den Leistungsbedarf auch nach oben verschieben, wodurch sich die Wärmeeinbringung in die Werkstücksrandschicht ebenfalls erhöht. Im umgekehrten Fall – das wissen alle versierten „Schleifer" – kann das Herabsetzen der Schnittgeschwindigkeit Schleifbrand verhindern. Logisch, der Leistungsbedarf geht zurück. Und jetzt schliesst sich der Kreis: Die mittlere Spandicke h_m wird bei sonst unveränderten Werten grösser, wodurch die spezifische Schnittkraft k_s günstigere (kleinere) Werte annimmt.

4.36 Bezogene Schleifleistung P_s'

Die bezogene Schleifleistung P_s' wird, wie viele andere Grössen der Schleiftechnik, oft für Vergleiche und Beurteilungen benötigt. Das kann beispielsweise die Zerspanbarkeit von unterschiedlichen Werkstoffen, das Verhalten einer Schleifscheibe oder eines Kühlschmierstoffes sein. Die unter vergleichbaren Bedingungen investierte Leistung wird dann nicht mit der absoluten Grösse P_s, sondern mit der bezogenen P_s' angegeben.

Der Vollständigkeit halber sollen auch noch die Formeln für die bezogene Schleifleistung P_s' hier aufgeführt werden:

$$P_s' = \frac{P_s}{b_k} \qquad [\text{W/mm}] \qquad (4.86)$$

$$P_s' = \frac{P_s \cdot 1000}{b_k} \qquad [\text{kW/mm}] \qquad (4.87)$$

$$P_s' = F_t' \cdot v_c \qquad [\text{W/mm}] \qquad (4.88)$$

$$P_s' = \frac{F_t' \cdot v_c}{1000} \qquad [\text{kW/mm}] \qquad (4.89)$$

$$P_s' = \frac{k_s \cdot Q_w'}{1000} \qquad [\text{W/mm}] \qquad (4.90)$$

$$P_s' = \frac{k_s \cdot Q_w'}{10^6} \qquad [\text{kW/mm}] \qquad (4.91)$$

$$P_s' = v_c \cdot k_s \cdot h_m \qquad [\text{W/mm}] \qquad (4.92)$$

$$P_s' = \frac{k_s \cdot a_e \cdot v_{fw}}{60'000} \qquad [\text{W/mm}] \qquad (4.93)$$

$$P_s' = \frac{k_s \cdot d_w \cdot v_{fr} \cdot \pi}{60'000} \qquad [\text{W/mm}] \qquad (4.94)$$

$$P_s' = \frac{k_s \cdot n_w \cdot a_e \cdot d_w \cdot \pi}{60'000} \qquad [\text{W/mm}] \qquad (4.95)$$

Und noch weitere wichtige und aussagefähige Formeln:

$$P_s' = U_s \cdot Q_w' \qquad [\text{W/mm}] \qquad (4.96)$$

$$P_s' = \frac{U_s \cdot Q_w'}{1000} \qquad [\text{kW/mm}] \qquad (4.97)$$

Was hier keinesfalls fehlen darf, sind die folgenden vier Formeln. Sie ermöglichen, sowohl die Schleifleistung P_s als auch die bezogene Schleifleistung P_s' unter Verwendung des Schleiffaktors S_c, immer in Watt und Kilowatt (kW) sowie bei P_s' in Watt pro Millimeter Kontaktbreite b_k bzw. in Kilowatt pro Millimeter zu berechnen:

$$P_s = S_c \cdot F_n \cdot v_c \qquad [\text{Watt}] \qquad (4.98)$$

$$P_s = \frac{S_c \cdot F_n \cdot v_c}{1000} \qquad [\text{kW}] \qquad (4.99)$$

$$P_s' = \frac{S_c \cdot F_n \cdot v_c}{b_k} \qquad [\text{W/mm}] \qquad (4.100)$$

$$P_s' = \frac{S_c \cdot F_n \cdot v_c}{b_k \cdot 1000} \qquad [\text{kW/mm}] \qquad (4.101)$$

Es bedeuten in den Formeln:

P_s = gesamte Schleifleistung (ohne Leerlaufleistung) in W oder kW (siehe Punkt 4.35)
b_k = Kontaktbreite (siehe Punkt 4.27) in mm
k_s = spezifische Schnittkraft (siehe Punkt 4.31) in N/mm^2
Q_w' = bezogenes Zeitspanvolumen (siehe Punkt 4.15) in $mm^3/(mm \cdot s)$
v_c = Schnittgeschwindigkeit (siehe Punkt 4.5) in m/s
h_m = mittlere Spandicke (siehe Punkt 4.20) in mm
a_e = Zustellung (siehe Punkt 4.9) in mm
v_{fw} = Werkstückgeschwindigkeit (siehe Punkt 4.6) in mm/min
d_w = Werkstückdurchmesser (aussen oder innen) in mm
n_w = Werkstückdrehzahl (aussen oder innen) in min^{-1}
U_s = spezifische Schleifenergie (siehe Punkt 4.38) in J/mm^3
F_t' = bezogene Tangentialkraft (siehe Punkt 4.32) in N/mm
F_n = (gesamte) Normalkraft in N (siehe Punkt 4.32)
S_c = Schleiffaktor nach OTT (siehe Punkte 4.32 und 4.33)

Alle aufgeführten Formeln zur Berechnung von P_s oder P_s' ergeben immer die so genannte Nutzleistung bzw. die momentan investierte Prozessleistung. Das ist der absolute oder bezogene Leistungsbedarf, um den geforderten Spanabtrag zu gewährleisten. Die Leerlaufleistung, welche durch Verluste im Spindelmotor, durch den Riemenantrieb - so vorhanden -, durch Lagerreibung, usw. benötigt wird, ist hier noch nicht berücksichtigt. Wird in den üblichen Schnittgeschwindigkeitsbereichen von etwa 25-63 m/s geschliffen, fällt für die Leerlaufleistung ein Verlust von 10-15 % der Motorennennleistung an. Beim Hochgeschwindigkeits- und Hochleistungsschleifen, wo Motoren mit Nennleistungen bis 80 kW und mehr die Schleifscheibe antreiben, kann die Leerlaufleistung bis zu 50 % der Nutzleistung erreichen. Was oft vergessen wird, ist die für die Beschleunigung des Kühlschmierstoffstrahls von der Schleifscheibe „abgezweigte" Leistung. Sie kann drastische Grössenordnungen annehmen. Bei geringen Schnittgeschwindigkeiten ist dies noch nicht so gravierend, aber im Hochgeschwindigkeitsbereich können es durchaus 10-15 kW (!) sein. Der Grund ist, dass man die beim KSS-Strahl erwünschte Gleichlaufgeschwindigkeit zur Schleifscheibe (nach OTT) nicht mehr über den Pumpendruck erzeugen will, sondern absichtlich durch die KSS-Mitnahme über die Schleifscheibe. Pumpen mit den geforderten Drücken von 70-100 bar sind nicht nur extrem teuer, sondern ihre Verlustleistung - sie haben immer ja einen Wirkungsgrad < 100 % - geht zu einem beachtlichen Teil als zusätzliche Erwärmung ins Kühlmittel ein. Mit anderen Worten: Es würde eine sehr leistungsfähige Rückkühlung dazu benötigt, was nochmals die Beschaffungskosten in die Höhe treiben würde.

Nimmt man die unter den aufgeführten Punkten gezeigten Diagramme zur Hand, kann man jetzt die zu investierende Schleifleistung mit einer Genauigkeit von etwa 10-15 % vor Beginn einer Schleifarbeit bestimmen. Und diese Toleranzbandbreite ist gut, ja sogar sehr gut, denn allein die Abweichungen durch Chargen- und Homogenitätsunterschiede gleicher Scheibenspezifikationen und/oder die sich verändernde Schmierfähigkeit des Kühlschmierstoffs, durch Austragung der polaren Additive (FM- und AW-Additive), bewegen sich mindestens in der gleichen Grössenordnung. Werden nur Einzelteile oder Kleinserien geschliffen, dürfte dies nicht sofort erkennbar sein. Bei Grossserien aber zeigen sich solche Veränderungen im Laufe der Abnützung der Scheibe und des „Kühlmittelverschleisses" wesentlich deutlicher. Man legt diese Prozesse deshalb niemals auf 100 % aus, sondern bleibt bei maximal 80 %.

Zusammenfassung: Der Leistungsbedarf P_s an der Schleifscheibe hängt nach der Grundformeln (4.85) von der Zustellung a_e, der Werkstückgeschwindigkeit v_{fw} (beides Stellgrössen, die vorgegeben werden), der spezifischen Schnittkraft k_s so wie von der Kontaktbreit b_k ab. Die spezifische Schnittkraft k_s ist eine Folge der mittleren Spandicke h_m und diese resultiert wiederum aus a_e und v_{fw}. Auf den ersten Blick ist allerdings nicht sofort ersichtlich, dass die Kontaktlänge l_k - damit auch die Kontaktfläche A_k - ebenfalls eine wichtige Rolle spielt. Um alle Grössen „unter einen Hut" zu bringen, hat OTT [11] mit seinen 8 Zerspanbarkeitsklassen MA (siehe Punkt 4.30) die Abhängigkeit der spezifischen Schnittkraft k_s von der mittleren Spandicke h_m festgelegt. Aber wie im vorherigen Absatz erklärt, hat auch die Schnittgeschwindigkeit v_c ihren Platz unter den Grössen, die den Leistungsbedarf bestimmen. Im Kapitel 10 „Hochgeschwindigkeitsschleifen" ist die Schnittgeschwindigkeit v_c die dominante Grösse, aber in anderer Weise, als soeben hier gezeigt.

4.37 Die Kontaktleistung P_s''

Als Kontaktleistung P_s'' bezeichnet man die pro Quadratmillimeter investierte Leistung in einem Schleifprozess. Sie hat, oberflächlich betrachtet, keine allzu grosse Bedeutung, denn mit ihr wird lediglich angegeben, welche Schleifleistung (in Watt oder kW) pro Quadratmillimeter Kontaktfläche aufgewendet werden muss.

Es ist interessant zu beobachten, wie in der Praxis an und für sich logische Zusammenhänge oft sträflich vernachlässigt werden, obwohl gerade sie zum guten Gelingen beitragen könnten. Die Kontaktleistung P_s'' ist ein typisches Beispiel. Die meisten Anwender, Technologen und Operateure wissen nicht einmal, was damit gemeint ist und wenn doch, so ist es schwierig für sie, die berechneten Grössenordnungen der Kontaktleistung P_s'' zu bewerten.

Deshalb sollen hier Bezugs- oder Grenzwerte das Verständnis für die Kontaktleistung verbessern. Doch vorerst ein Blick in die Vergangenheit. Etwa Mitte des vergangenen Jahrhunderts und auch noch später galt noch die Faustregel, die im Prozess nutzbare Antriebsleistung an der Schleifspindel auf 0.1 kW pro Millimeter Scheibenbreite festzulegen. Für eine beispielsweise 20 mm breite Schleifscheibe mussten somit mindestens 2.0 kW Nutzleistung (Motor 2.5 kW inkl. Leerlaufleistung) verfügbar sein. Als dann das Vollschnittschleifen Mitte der Sechzigerjahre erfunden und angewandt wurde, sah man sich einem vorher nicht gekannten Leistungsbedarf gegenüber. Da war 1.0 kW pro Millimeter Scheiben- bzw. Kontaktbreite gerademal gut bemessen. Für das Hochgeschwindigkeits- oder Hochleistungsschleifen, welches früher nur auf Sondermaschinen und ab den Neunzigerjahren auch auf Standardmaschinen zum Einsatz gekommen ist, werden 2.0 bis 3.0 kW pro Millimeter benötigt. Klar, das Schleifen avancierte mittlerweile zu einem Spanungsverfahren, welches sich bezüglich der Abtragsleistung durchaus mit dem Hochleistungs- und Hochgeschwindigkeitsfräsen vergleichen lässt.

Bezieht man diese Leistungsauslegungen auf die Kontaktleistung P_s'', kommen etwa die Werte 0.150–0.350 kW/mm^2 für Standard- und begrenzt auch für Leistungsprozesse heraus. Solange die Schnittgeschwindigkeit v_c die 90-m/s-Grenze nicht übersteigt, sollte unbedingt darauf geachtet werden, dass der Grenzwert von 0.500 kW/mm^2 nicht überschritten wird. Beim Hochgeschwindigkeits- und Hochleistungsschleifen kann diese Grenze aber durchaus höher liegen. Der Grund dafür liegt bei der physikalischen Tatsache, mit hohen Schnitt- und Werkstückgeschwindigkeiten die Wärmeeindringgeschwindigkeit durch das Abspanen überholen zu können, wodurch das Werkstück selbst, trotz grossem Leistungsbedarf, weniger Wärme aufnehmen muss, als dies bei Standardschleifverfahren zutrifft.

Die Kontaktleistung lässt sich mit verschiedenen Formeln berechnen:

$$P_s'' = \frac{P_s}{b_k \cdot l_k} \qquad [\mathrm{kW/mm^2}] \qquad (4.102)$$

$$P_s'' = \frac{P_s'}{l_k} \qquad [\mathrm{kW/mm^2}] \qquad (4.103)$$

$$P''_s = \frac{F'_t \cdot v_c}{l_k \cdot 1000} \quad [\text{kW/mm}^2] \qquad (4.104)$$

$$P''_s = \frac{k_s \cdot Q'_w}{l_k \cdot 10^6} \quad [\text{kW/mm}^2] \qquad (4.105)$$

$$P''_s = \frac{v_c \cdot k_s \cdot h_m}{l_k \cdot 1000} \quad [\text{kW/mm}^2] \qquad (4.106)$$

$$P''_s = \frac{U_s \cdot Q'_w}{l_k \cdot 10^6} \quad [\text{kW/mm}^2] \qquad (4.107)$$

Es bedeuten in den vorstehenden und folgenden Formeln:

P_s = investierte Schleifleistung (siehe Punkt 4.35) in kW

P'_s = bezogene Schleifleistung (siehe Punkt 4.36) in kW

b_k = Kontaktbreite (siehe Punkt 4.27) in mm

l_k = Kontaktlänge (siehe Punkt 4.22) in mm

F'_t = bezogene Tangentialkraft (siehe Punkt 4.32) in N/mm

k_s = spezifische Schnittkraft (siehe Punkt 4.31) in N/mm^2

v_c = Schnittgeschwindigkeit (siehe Punkt 4.5) in m/s

Q'_w = bezogenes Zeitspanvolumen (siehe Punkt 4.15) in mm^3/(mm·s)

h_m = mittlere Spandicke (siehe Punkt 4.20) in mm

U_s = spezifische Schleifenergie (siehe Punkt 4.38)

Wie im nächsten Punkt 4.38 „Spezifische Schleifenergie U_s" beschrieben wird, steht die Kontaktleistung P''_s in einem engen Zusammenhang mit U_s.

Die Formel 4.106 soll nun als Beispiel für eine Berechnung von P''_s dienen.

Folgende Werte werden für einen Flachschleifprozess dazu angenommen:

- Schnittgeschwindigkeit v_c = 35 m/s
- Werkstückgeschwindigkeit v_{fw} = 30'000 mm/min
- Schleifscheibendurchmesser d_s = 395 mm
- Zustellung a_e = 0.02 mm
- spezifische Schnittkraft k_s = 44'000 N/mm^2 (aus Diagramm 4.23)
- Zerspanbarkeitsklasse MA = 3.0 (Annahme: mittelschwer)
- KSS-Schmierfähigkeit CL = 2.5 (Annahme für eine Emulsion)

Bevor eine Berechnung möglich ist, muss die mittlere Spandicke h_m sowie die Kontaktlänge l_k bestimmt werden. Die Formeln dazu wurden bereits aufgeführt:

$$Q'_w = \frac{a_e \cdot v_{fw}}{60} = \frac{0.02 \cdot 30'000}{60} = 10.0\ \text{mm}^3/(\text{mm} \cdot \text{s})$$

$$h_m = \frac{Q'_w}{v_c \cdot 1000} = \frac{10.0}{35'000} = 0.000286\ \text{mm}$$

- spezifische Schnittkraft k_s = 44'000 N/mm² (aus Bild 4.23)

$$l_k = \sqrt{a_e \cdot d_s} = \sqrt{0.02 \cdot 395} = 2.81\ \text{mm}$$

$$P''_s = \frac{35 \cdot 44'000 \cdot 0.000286}{2.81 \cdot 1000} = 0.157\ \text{kW/mm}^2$$

Die spezifische Schnittkraft k_s liegt bei dieser mittleren Spandicke h_m genau auf der Kurve der Zerspanbarkeitsklasse MA = 3. Das bedeutet, dass der zu schleifende Werkstoff kaum Probleme macht und der verwendete Kühlschmierstoff einen Schmierindex CL von etwa 2.5 aufweisen dürfte (z. B. eine Emulsion mit 30 % Öl im Konzentrat und mit 5.0 % konzentriert in Wasser).

Wenn bei einer Kontaktlänge l_k von 2.81 mm 0.157 kW/mm² anfallen, muss die bezogene Schleifleistung P'_s = 2.81 mm · 0.157 kW/mm² = 0.441 kW/mm betragen. Auf eine Schleifbreite von 20 mm bezogen würde eine reine Antriebsleistung P_s an der Schleifscheibe 0.441 kW/mm · 20 mm = 8.82 kW (ohne Leerlaufleistung) benötigt. Rechnet man für die Leerlaufleistung 15 % dazu, müsste die Schleifmaschine über einen Spindelmotor von 10–12 kW verfügen. Resümee zu diesen Ergebnissen: Schleifbrand ist kaum zu erwarten, vorausgesetzt, die Kühlschmierstoffmenge Q_k, der Systemdruck p_k, vor oder in der Düse gemessen, und die Düsenkonstruktion entsprechen den Kriterien einer korrekten Prozesskühlung (siehe Kapitel 7.0). Leser, die diese Berechnungen mit den daraus resultierenden Werten jetzt nachvollziehen können, werden stolz auf sich selbst sein. Mit Recht!

Damit kein falsches Bild aufkommt, muss hinzugefügt werden, dass früher niemand vom zusätzlichen Leistungsbedarf P_{sk} für den auf Umfangsgeschwindigkeit der Schleifscheibe zu beschleunigende Kühlschmierstoff sprach. Aber dazu wird ganz ordentlich Leistung an der Schleifspindel abgezweigt, welche dem Schleifprozess nicht mehr zur Verfügung steht. Jetzt wird man sich fragen, weshalb das alles? Man kann doch eine KSS-Pumpe einsetzen, die in der Lage ist, den Prozess sowohl mengenmässig als auch in Bezug auf den Systemdruck zu versorgen. Nun, diese Überlegung ist keineswegs falsch, aber wenn mit Schnittgeschwindigkeiten von 125 m/s und mehr geschliffen wird, müsste die KSS-Pumpe einen Druck von 96 bar (!) liefern können.

Denn physikalisch betrachtet wird der Pumpendruck in Strahlgeschwindigkeit umgewandelt, sobald der Kühlschmierstoff die Düse verlässt. Und nun die Frage: Wer ist bereit, eine solche Pumpe zu bezahlen? Intelligenter und auch wirtschaftlicher ist es, sobald die Schnittgeschwindigkeit v_c über etwa 60 m/s liegt, einen Basisdruck zu gewährleisten und die restliche Beschleunigungsleistung des KSS-Strahls aus der Düse auf Umfangsgeschwindigkeit, der Schleifscheibe zu überlassen (mehr dazu im Kapitel 8.0).

4.38 Spezifische Schleifenergie U_s

Man kann also die Wahrscheinlichkeit thermischer Schäden am Werkstück entweder bereits während der Prozessplanung feststellen oder aber später über eine Nachrechnung der spezifischen Schleifenergie U_s. Es lohnt sich deshalb auf jeden Fall, die Leistungsaufnahme während eines Schleifprozesses genau zu beobachten und im Falle von thermischen Problemen am Werkstück eine Nachrechnung von U_s durchzuführen. Für einfachere Schleifarbeiten kann bereits ein Vergleich mit dem Diagramm in Bild 4.32 aufschlussreich sein.

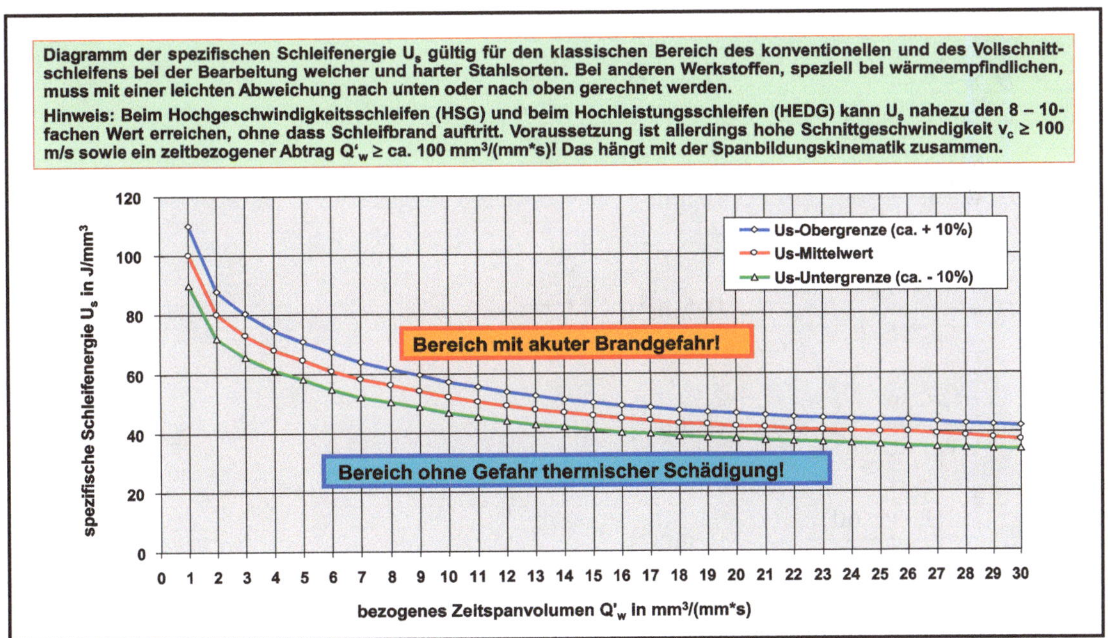

BILD 4.32 Spezifische Schleifenergie U_s in Abhängigkeit des bezogenen Zeitspanvolumens Q'_w

WICHTIG Kleine bezogene Zeitspanvolumina Q'_w lassen bedeutend höhere Werte von U_s zu, als hohe Q'_w! Das heisst, dass mit zunehmender zeitbezogener Abtragsleistung Q'_w in einem Schleifprozess die U_s-Grenze immer tiefer zu liegen kommt und – bei falschen Vorgaben – Brandtendenz oder Brand zu befürchten ist.

Beim Hochgeschwindigkeits- und Hochleistungsschleifen verschieben sich die Kriterien. Das bedeutet aber keineswegs, die spezifische Schleifenergie U_s sei bei diesen Verfahren zu vernachlässigen. Im Gegenteil, es wird nur bedeutend schwieriger, U_s zu bestimmen. Denn niemand kann von vornherein sagen, welcher erzeugte Wärmeanteil direkt in den Spänen abgeführt wird und deshalb in der Werkstückrandzone keinen Schaden mehr anrichten kann. Mittlerweile dürfte bekannt sein, dass mit hoher Schnittgeschwindigkeit und hoher Werkstückgeschwindigkeit geschliffene Werkstücke, trotz extremer Abtragsleistungen, nach Fertigstellung auf ihrer Oberfläche noch etwa so warm sind, wie „eine fiebrige Hand“! Vielleicht übertrieben, aber nicht weit entfernt davon.

Auch zur spezifischen Schleifenergie U_s gibt es jede Menge Formeln:

$$U_s = \frac{P_s}{Q_w} \quad [\mathrm{J/mm^3}] \tag{4.108}$$

$$U_s = \frac{P'_s}{Q'_w} \quad [\mathrm{J/mm^3}] \tag{4.109}$$

$$U_s = \frac{F_t \cdot v_c \cdot 60}{v_{fw} \cdot a_e \cdot b_k} \quad [\mathrm{J/mm^3}] \tag{4.110}$$

$$U_s = \frac{F'_t \cdot v_c \cdot 60}{v_{fw} \cdot a_e} \quad [\mathrm{J/mm^3}] \tag{4.111}$$

$$U_s = \frac{P_s \cdot 60}{v_{fw} \cdot a_e \cdot b_k} \quad [\mathrm{J/mm^3}] \tag{4.112}$$

$$U_s = \frac{P'_s \cdot 60}{v_{fw} \cdot a_e} \quad [\mathrm{J/mm^3}] \tag{4.113}$$

$$U_s = \frac{F_t \cdot v_c \cdot 60}{d_w \cdot \pi \cdot v_{fr} \cdot b_k} \quad [\mathrm{J/mm^3}] \tag{4.114}$$

$$U_s = \frac{F_t \cdot v_c \cdot 60}{d_w \cdot \pi \cdot a_e \cdot n_w \cdot b_k} \quad [\mathrm{J/mm^3}] \tag{4.115}$$

$$U_s = \frac{F_t' \cdot v_c \cdot 60}{d_w \cdot \pi \cdot v_{fr}} \quad [\text{J/mm}^3] \tag{4.116}$$

$$U_s = \frac{F_t' \cdot v_c \cdot 60}{d_w \cdot \pi \cdot a_e \cdot n_w} \quad [\text{J/mm}^3] \tag{4.117}$$

$$U_s = \frac{P_s \cdot 60}{d_w \cdot \pi \cdot v_{fr} \cdot b_k} \quad [\text{J/mm}^3] \tag{4.118}$$

$$U_s = \frac{P_s \cdot 60}{d_w \cdot \pi \cdot a_e \cdot n_w \cdot b_k} \quad [\text{J/mm}^3] \tag{4.119}$$

$$U_s = \frac{P_s' \cdot 60}{d_w \cdot \pi \cdot v_{fr}} \quad [\text{J/mm}^3] \tag{4.120}$$

$$U_s = \frac{P_s' \cdot 60}{d_w \cdot \pi \cdot a_e \cdot n_w} \quad [\text{J/mm}^3] \tag{4.121}$$

Und weitere wichtige und aussagekräftige Formeln zu U_s:

$$\boxed{U_s = \frac{k_s}{1000}} \quad [\text{J/mm}^3] \tag{4.122}$$

$$\boxed{U_s = \frac{P_s'}{v_c \cdot h_m \cdot 1000}} \quad [\text{J/mm}^3] \tag{4.123}$$

$$\boxed{U_s = \frac{F_t'}{h_m \cdot 1000}} \quad [\text{J/mm}^3] \tag{4.124}$$

Es bedeuten in den Formeln:

P_s = Schleifleistung (siehe Punkt 4.35) in W

P_s' = bezogene Schleifleistung (siehe Punkt 4.36) in W/mm

F_t = Tangentialkraft (siehe Punkt 4.32) in N

F_t' = bezogene Tangentialkraft (siehe Punkt 4.32) in N/mm

Q_w = Zeitspanvolumen (siehe Punkt 4.14) in $\text{mm}^3/(\text{mm})$

Q_w' = bezogenes Zeitspanvolumen (siehe Punkt 4.15) in $\text{mm}^3/(\text{mm} \cdot \text{s})$

v_c = Schnittgeschwindigkeit (siehe Punkt 4.5) in m/s

h_m = mittlere Spandicke (siehe Punkt 4.20) in mm

a_e = Zustellung (siehe Punkt 4.9) in mm

v_{fw} = Werkstückgeschwindigkeit (siehe Punkt 4.6) in mm/min

v_{fr} = Zustellgeschwindigkeit (siehe Punkt 4.10) in mm/min

b_k = Kontaktbreite (Schleifbreite) in mm (siehe Punkt 4.27)

d_w = Werkstückdurchmesser in mm

n_w = Werkstückdrehzahl in min^{-1}

k_s = spezifische Schnittkraft in N/mm (siehe Punkt 4.31)

Es ist unbedingt zu beachten, dass die Formeln 4.110–4.113 speziell für das Flachschleifen von Bedeutung sind und die Formeln 4.114–4.121 für das Aussen- und Innenrundschleifen. Die eingerahmten Formeln können bei allen Schleifverfahren zur Anwendung gelangen. Aber nochmals: Die Nachrechnung der spezifischen Schleifenergie U_s kann in vielen Fällen überaus sinnvoll sein.

Der Autor möchte zu diesem Thema eine Begebenheit schildern, welche im Zusammenhang mit einer „fremden" Schleifscheibe aufgetreten ist. Den betreffenden Anwender wollte man als neuen Kunden gewinnen und erfuhr so, dass er mit der eingesetzten Schleifscheibe keineswegs zufrieden war. Beste Voraussetzungen also, um mit einer Probescheibe ins Geschäft zu kommen. Wie das oft üblich ist, verriet der Anwender keine Einzelheiten über seinen Schleifprozess. Manchmal darf man ja nicht einmal die Maschine selbst aus der Nähe sehen! Die Aufgabe hiess also: Können Sie für diese Vorbedingungen und Zielgrössen eine einwandfrei arbeitende Schleifscheibe liefern? Auf die Frage nach dem Problem, gab es keine konkreten Antworten. Nun, im Auto lag das Notebook mit den gespeicherten Prozessberechnungsmodulen zu diesem Buch. So konnten wenigsten die wichtigsten Daten aufgenommen und ausgewertet werden. Zuerst schaut man logischerweise auf die Ausgabe ganz bestimmter Grössen, so z. B. auf Q'_w, h_m, q_s, U_s und einige andere. Es zeigte sich sofort, dass U_s zu hoch sein musste, denn diese Programme geben „Klartextwarnungen" in Bezug auf Schleifbrand aus. Die Ausgabe zeigte „Brand!" an. Mit Ausrufezeichen musste es schon ein ernster Fall sein. Der Anwender konnte es nicht fassen, von einem Dritten zu hören, welches Problem bei ihm im Vordergrund stand. Seine spontane Frage: „Wieso wissen Sie, dass wir starken Schleifbrand haben? Wer hat Ihnen das gesagt?". Niemand, allein die spezifische Schleifenergie U_s bzw. der Brand-Hinweis des Programms hatten auf die richtige Spur geführt. Deshalb nochmals, U_s hat grosse Bedeutung in allen Standardschleifprozessen.

Dieses Thema wurde bewusst ganz besonders ausführlich behandelt. Die Vielzahl der Formeln zeigt nicht nur die Wichtigkeit der spezifischen Schleifenergie U_s, sondern sie deutet auch an, welche Einflussgrössen (Stellgrössen und Prozessausgangswerte) das für jeden Schleiffachmann grösste Übel, den Schleifbrand verhindern können. Man muss nur die Formeln genau ansehen und weiss gleich Bescheid.

4.39 Bezogene Wärmemenge Q'_{wn} (auch als E''_c bekannt)

Die wenigsten Schleifspezialisten werden sich um diese Formel kümmern. Wer muss schon die bezogene Wärmemenge Q'_{wn} kennen, die in einem Schleifprozess entsteht. Man sollte sich aber trotzdem die Mühe nehmen und die Formel einmal etwas genauer ansehen. Da stehen über dem Bruchstrich eine Konstante sowie die bezogene Tangentialkraft F'_t und die Schnittgeschwindigkeit v_c. Die Konstante kann die nachfolgend aufgeführten Werte annehmen. Eine Beeinflussung der bezogenen Tangentialkraft F'_t ist nur über andere Stellgrössen und/oder über die Änderung der Schmierfähigkeit CL des Kühlmittels möglich. Dagegen ist die Schnittgeschwindigkeit v_c eine echte Stellgrösse und erzeugt offensichtlich mehr Wärme wenn sie ansteigt. Am interessantesten ist aber die Tatsache, dass die Werkstückgeschwindigkeit v_{fw} unter dem Bruchstrich steht. Eine Erhöhung der Werkstückgeschwindigkeit muss somit zu einer Reduzierung der bezogenen Wärmemenge Q'_{wn} und auch der Erwärmung des Werkstücks führen. Allein diese Erkenntnis ist es wert, die folgende Formel anzusehen und sich ihren Sinn zu merken. Auswendig lernen muss man sie nicht!

$$Q'_{wn} = E''_c = \frac{C \cdot F'_t \cdot v_c \cdot 60 \cdot 1000}{v_{fw}} = C \cdot F'_t \cdot q_s \quad [\mathrm{J/mm^2}] \tag{4.125}$$

... und vereinfacht: $$Q'_{wn} = E''_c = \frac{F'_t \cdot v_c}{v_{fw}} \quad [\mathrm{J/mm^2}] \tag{4.126}$$

Alle Grössen dürften mittlerweile bekannt sein. Bitte beachten: Die Einheit von Q'_{wn} bez. E''_c wird in J/mm^2 angegeben, im Gegensatz zur spezifischen Schleifenergie mit J/mm^3.

4.40 Schleifzeitberechnungen

Man kann sich darüber unterhalten, ob die Schleifzeitberechnung in diese Kapitel gehört oder ob ihre Berechnung mit allen Haupt- und Nebenzeiten nicht doch eher in ein eigenes Kapitel gehören würde? Die Antwort ist: Einerseits wäre es übertrieben, hier auf alle Einzelzeiten einzugehen, weil sie innerhalb eines Schleifprozesses oftmals nur schwer erfassbar sind. Sie müssen deshalb einzeln gemessen werden. Andererseits interessiert man sich in den meisten Fällen ohnehin nur für die reine Kontaktzeit t_k, die – wie der Name schon sagt – nur jenen Zeitaufwand angibt, während dem die Schleifscheibe in Kontakt mit dem Werkstück steht.

Die Schleifzeit und die Kontaktzeit

Grundsätzlich unterscheidet man zwischen der Schleifzeit t_s und der reinen Kontaktzeit t_k. Die Haupt- oder Schleifzeit t_s setzt sich zusammen aus der Kontaktzeit t_k, der Ausfeuerzeit t_f und den verschiedenen Nebenzeiten t_n:

$$\text{Schleifzeit } t_s = t_k + t_f + t_n \; [\text{min od. s}]$$

— t_k reine Kontaktzeit
— t_f Ausfeuerzeit
— t_n alle Nebenzeiten

Nebenzeiten t_n:
— t_{ns} Aufflanschen, Auswuchten und Abrichten der Scheibe
— t_{nd} Abrichten der Scheibe im Prozess
— t_{nb} Einrichten der Maschine (Einrichtzeit)
— t_{nl} Aufspannen der Werkstücke (Ladezeit)
— t_{nw} Werkstückwechsel- oder Abspannzeit (Entladezeit)
— t_{nm} Kontrollmessungen (Messzeit)
— t_{ne} Einlauf- bzw. Zustellzeit
— t_{nu} Überlauf- und/oder Umsteuerzeit
— t_{na} Auslaufzeit
— t_{nr} Rückstellzeit
— t_{nv} verschiedene Nebenzeiten

Bei sich wiederholenden Arbeitsgängen müssen selbstverständlich die entsprechenden Nebenzeiten mehrmals einkalkuliert werden.

Zur Berechnung der wohl wichtigsten Zeit, nämlich der reinen Kontaktzeit t_k, kann man die folgenden Formel verwenden:

$$t_k = \frac{V_w}{Q_w \times 60} \; [\text{min}]$$

$$t_k = \frac{V_w}{b_k \times Q'_w \times 60}$$

$$t_k = \frac{V'_w}{Q'_w \times 60} \; [\text{min}]$$

b_k = Kontaktbreite in mm
Q_w = Zeitspanvolumen in mm^3/s
Q'_w = bez. Zeitspanvolumen in $mm^3/(mm*s)$
V_w = Abtragsvolumen in mm^3
V'_w = bez. Abtragsvolumen in mm^3/mm

BILD 4.33 Die Schleifzeit t_s und die Kontaktzeit t_k

In den PGS-Computerprogrammen [12] werden zusätzlich noch die Ein- oder Überlaufzeiten, unter Berücksichtigung der Beschleunigung und Verzögerung, sowie die Ausfeuerzeiten mitberechnet und zusammen mit t_k ausgegeben.

Das Bild 4.33 enthält auf der linken Seite die verschiednen Zeitbezeichnungen und rechts drei wichtige Formeln, die man sich erst noch gut merken kann.

Eine Berechnung der Kontaktzeit t_k fällt nun leicht. Dividiert man die gesamte abgetragene Werkstoffmenge (Abtragsvolumen) V_w durch das Zeitspanvolumen Q_w, erhält man bereits die Kontaktzeit t_k (oberste Formel)). Stehen das bezogene Zeitspanvolumen Q'_w und die Kontaktbreite b_k zur Verfügung, wird die zweite Formel eingesetzt. Und schliesslich können sogar über und unter dem Bruchstrich die bezogenen Werte V'_w und Q'_w stehen.

4.41 Relativer Leistungsbedarf in Abhängigkeit des verwendeten KSS

Eigentlich müsste das Folgende unter dem Punkt 4.35 zu finden sein. Aber weil dort ja nur die Basisformeln zur Leistungsberechnung stehen und keine vollständigen Prozessberechnungen durchgeführt werden, ist es wohl zweckmässiger, den Zusammenhang zwischen der Kühlschmierstoffart und seiner Schmierfähigkeit und dem relativen Leistungsbedarf hier, unmittelbar vor den Beispielsberechnungen zu zeigen. Für den besten Prozentwert muss man meist, abhängig von der effektiven Schmierwirkung CL, etwas interpolieren. Die aufgeführten Prozentzahlen und CL-Werte sind als Mittelwerte zu betrachten.

Die Werte der spezifischen Schnittkraft k_s, welche man in Abhängigkeit der mittleren Spandicke h_m und der Zerspanbarkeit MA (8 Klassen) dem Bild 4.23 entnehmen kann, sind allesamt auf einen CL-Wert (Schmierfähigkeit nach OTT) von 1.0 bezogen. Man geht also vom Einsatz einer völlig ungeschmierten Kühlung (organische Lösung) aus. Berechnet man nun die benötigte Leistung an der Schleifspindel mittels der verfügbaren Formeln für irgend eine Schleifaufgabe, kommt dabei ein Leistungswert heraus, welcher noch zu korrigieren ist mit dem CL-Wert. Die Schmierfähigkeit eines Kühlmittels hat bekanntlich einen grossen Einfluss auf den Leistungsbedarf. Und letzterer wiederum ist abhängig von der am Umfang, unter den vorgegebenen Bedingungen, wirkenden Tangentialkraft F_t.

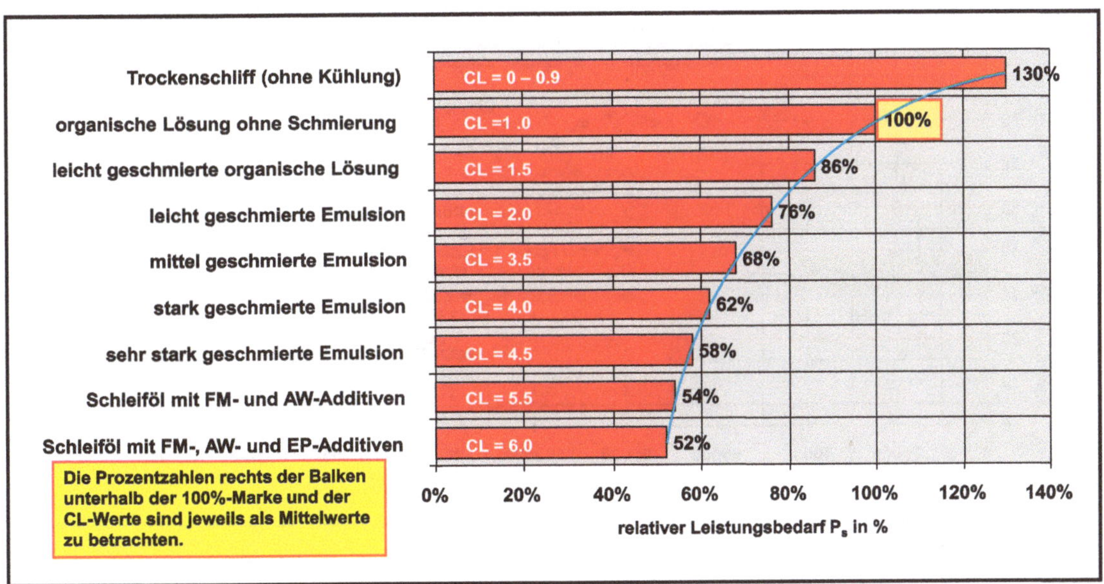

BILD 4.34 Relativer Leistungsbedarf in Abhängigkeit des verwendeten Kühlschmierstoffs. Als Basis (100 %) dient ungeschmierte organische Lösung.

Das Bild 4.34 demonstriert in anschaulicher Weise, auf welche Prozentwerte die effektiv benötigte Leistung P_s unter Berücksichtigung des eingesetzten Kühlschmierstoffs zurück geht. In den folgenden Beispielen wird, nachdem der Basisleistungsbedarf berechnet ist, die beschriebene Korrektur durchgeführt. Erst dann werden alle anderen Werte (spezifische Schleifenergie U_s, Tangentialkraft F_t und Normalkraft F_n) bestimmt, welche ebenfalls von der Schleifleistung abhängen.

4.42 Spezifische Spanmenge Q'_m (nach OTT)

Keine Frage, jeder möchte doch letztlich wissen, wie gut optimiert und wie wirtschaftlich seine Schleifprozesse sind. Dazu wird aber – wie bei sportlichen Leistungen – eine Vergleichsgrösse benötigt. Eines ist gleich klar: Eine solche Vergleichsgrösse muss die für einen Schleifprozess benötigte Leistung P_s und das damit abgespante bezogene Zeitspanvolumen Q'_w enthalten.

Es gibt verschiedene Optimierungsmodelle. Eines ist die spezifische Spanmenge Q'_m (nach OTT), welche eine Abhängigkeit zwischen dem spez. Zeitspanvolumen Q'_w und der dafür benötigten

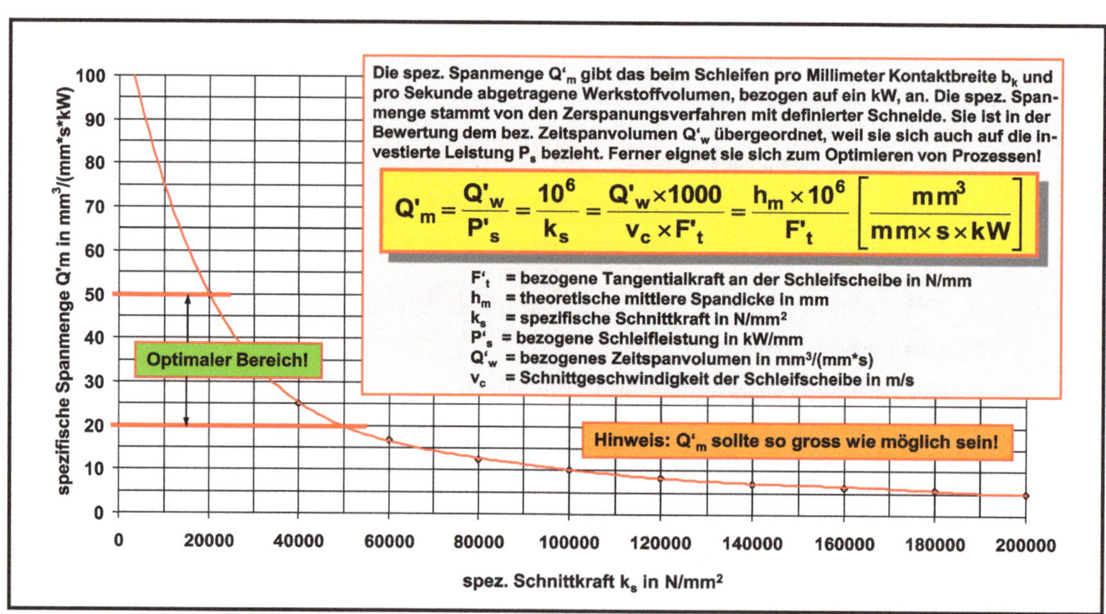

BILD 4.35 Spezifische Spanmenge Q'_m nach OTT in Abhängigkeit der spezifischen Schnittkraft k_s. Die spezifische Spanmenge Q'_m gibt den pro Sekunde auf einen Millimeter Schleifbreite und ein Kilowatt Schleifleistung bezogenen Spanabtrag an ($mm^3/mm \cdot s \cdot kW$). Die spezifische Spanmenge stellt auch einen Wert für den Optimierungsgrad dar!

effektiven Schleifleistung P'_s herstellt. Das bedeutet: Je höher der Wert von Q'_m desto grösser der Optimierungsgrad eines Schleiprozesses. Das Bild 4.35 verdeutlicht den normalerweise erreichbaren, optimalen Bereich zwischen Q'_m = 20 und 50 mm³/(mm·s·kW). Bei Hochgeschwindigkeits- und Hochleistungsprozessen lassen sich aber auch Werte von etwa Q'_m = 50–70 mm³/(mm·s·kW) erreichen, vorausgesetzt, die Vorgabe- und Randbedingungen sind ebenfalls optimal gewählt bzw. für diese Verfahren bestens geeignet (Maschine, Schleifscheiben, Kühlschmierstoff und dessen Menge, Druck und Zuführung).

Ein anderes Modell wird von R. Cebalo [30] bevorzugt. Er bringt das bezogene Zeitspanvolumen Q'_w in eine Abhängigkeit von der bezogenen Normalkraft F'_n. Zusammen mit einer Konstanten C sieht seine Formel wie folgt aus:

$$\varphi_c = C \cdot Q'_w \, / \, F_n \rightarrow \max . \, [\text{mm}^3/(\text{N} \cdot \text{s})] \tag{4.127}$$

Die Normalkraft F_n kommt aber in der Leistungsformel nicht vor, weshalb diese Art der Optimierungsbeurteilung nur in ganz speziellen Fällen von Bedeutung sein kann. R. Cebalo [30] hat damit – das ist dem Autor bekannt – mit grossem Erfolg die schleiftechnische Bearbeitung von Schaufelfüssen (Tannenbaumprofil) für Strahltriebwerke optimiert.

4.43 Prozess-Berechnungsbeispiele von PUQ, AUQ und IUQ

Es wurden unter den vorgegangenen Punkten in ausreichendem Masse Formeln gezeigt, welche im Endeffekt allein die Zusammenhänge zwischen den verschiedenen Einflussgrössen darstellen. Nachfolgend werden nun für die drei wichtigsten Schleifverfahren, das Flach-, das Aussenrund- und das Innenrundschleifen Berechnungsbeispiele gezeigt, um zu beweisen, dass man mit den verschiedenen Formeln einen Schleifprozess planen, optimieren oder nötigenfalls auch auf Fehlerursachen untersuchen kann.

4.42.1 Allgemeine Vorgaben für die folgenden Einstechprozesse

▪ Werkstoff	16CrMn5
▪ Zustand	vergütet
▪ Schleifscheibe (Flachschleifen)	EK (weiss) 60 K 8 V
▪ Schleifscheibendurchmesser d_s (Flachschleifen)	400 mm
▪ Scheibenbreite b_s (Flachschleifen)	20 mm

▪ Schleiflänge l_s (Werkstücklänge)	120 mm
▪ Schleifscheibe (Aussenrundschleifen)	EK (weiss) 60 M 6 V
▪ Schleifscheibendurchmesser d_s (Aussenrundschleifen)	400 mm
▪ Schleifscheibenbreite b_s (Aussenrundschleifen)	20 mm
▪ Werkstückdurchmesser d_w (Aussenrundschleifen)	50 mm
▪ Schleifscheibe (Innenrundschleifen)	EK (weiss) 60 Jot 10 V
▪ Schleifscheibendurchmesser d_s (Innenrundschleifen)	50 mm
▪ Schleifscheibenbreite b_s (Innenrundschleifen)	20 mm
▪ Werkstückdurchmesser d_w (Innenrundschleifen)	80 mm
▪ Kühlschmierstoff (KSS)	Emulsion (45 % Öl)
▪ Konzentration	4.5 %
▪ Schmierfähigkeitsindex CL (nach OTT)	3.5
▪ Werkstoffzerspanbarkeit MA (nach OTT)	4.5 (Flachschleifen)
▪ Werkstoffzerspanbarkeit MA (nach OTT)	3.0 (Aussenrundschl.)
▪ Werkstoffzerspanbarkeit MA (nach OTT)	3.5 (Innenrundschl.)
▪ Konditionierwerkzeug	MKD-Abrichter (flach)
▪ Konditionierzustellung a_d	0.05 mm/Hub
▪ Konditioniervorschubgeschwindigkeit v_d	300 mm/min
▪ Konditionier-Überdeckungsgrad U_d	3
▪ Schnittgeschwindigkeit v_c	35 m/s
▪ Zustellung a_e	0.01 mm
▪ Werkstoff- bzw. Schleifzugabe z_w	0.30 mm
▪ Werkstückgeschwindigkeit v_{fw}	30'000 mm/min

BEMERKUNG Die oben festgelegten Werkstoffzerspanbarkeitswerte MA entsprechen ungefähr den Erfahrungswerten (Verfahren, Kontaktlänge, Werkstoff und Kühlschmierstoff).

Damit der Leser verfolgen kann, welche Formeln nachfolgend benützt werden, sind sie jeweils vor der jeweiligen Berechnung nochmals aufgeführt. Zusätzlich werden die Rechnungsgänge, wo sinnvoll, zusätzlich kommentiert. Für einige Daten muss man Diagramme, die in diesem Buch zu finden sind, konsultieren.

4.43.2 Plan-Umfangs-Querschleifen PUQ (Einstechschleifen)

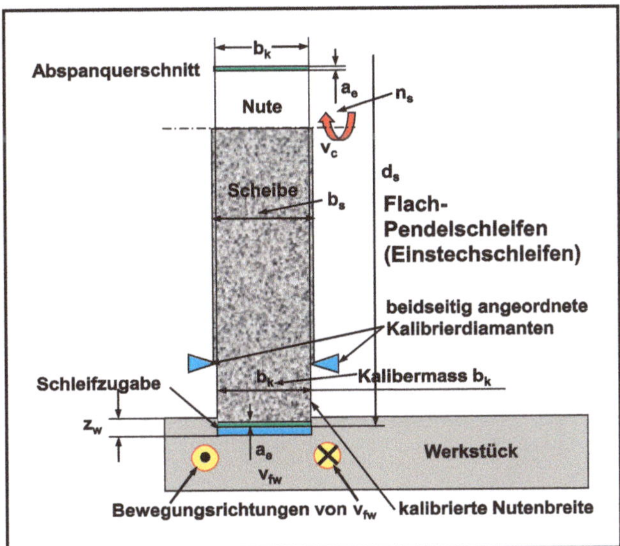

BILD 4.36 Plan-Umfangs-Querschleifen PUQ

bez. Zeitspanvolumen

$$Q'_w = \frac{a_e \cdot v_{fw}}{60} \quad [\mathrm{mm^3/(mm \cdot s)}]$$

$$Q'_w = \frac{0.01 \cdot 30'000}{60} = 5.0\ \mathrm{mm^3/(mm \cdot s)}$$

Zeitspanvolumen

$$Q_w = \frac{a_e \cdot v_{fw} \cdot b_k}{60} \quad [\mathrm{mm^3/s}]$$

$$Q_w = \frac{0.01 \cdot 30'000 \cdot 20}{60} = 100\ \mathrm{mm^3/s}$$

mittlere Spandicke

$$h_m = \frac{Q'_w}{v_c \cdot 1000} \quad [\mathrm{mm}]$$

$$h_m = \frac{5.0}{35 \cdot 1000} = 0.000143\ \mathrm{mm}$$

Geschwindigkeitsverhältnis

$$q_s = \frac{v_c \cdot 1000 \cdot 60}{v_{fw}} \quad [-]$$

$$q_s = \frac{35 \cdot 1000 \cdot 60}{30'000} = 70\,[-]$$

Scheibendrehzahl

$$n_s = \frac{v_c \cdot 60 \cdot 100}{d_s \cdot \pi} \quad [\text{min}^{-1}]$$

$$n_s = \frac{35 \cdot 1000 \cdot 60}{400 \cdot \pi} = 1'671\ \text{min}^{-1}$$

Kontaktlänge

$$l_k = \sqrt{a_e \cdot d_s} \quad [\text{mm}]$$

$$l_k = \sqrt{0.01 \cdot 400} = 2.0\ \text{mm}$$

Kontaktfläche

$$A_k = l_k \cdot b_k \quad [\text{mm}^2]$$

$$A_k = 2.0 \cdot 20 = 40\ \text{mm}^2$$

bezogenes Abtragsvolumen

$$V'_w = z_w \cdot l_s \quad [\text{mm}^3]$$

$$V'_w = 0.3 \cdot 120 = 36\ \text{mm}^3/\text{mm}$$

Abtragsvolumen

$$V_w = z_w \cdot l_s \cdot b_k \quad [\text{mm}^3]$$

$$V_w = 0.3 \cdot 120 \cdot 20 = 720\ \text{mm}^3$$

Eintrittssehnenlänge

$$s_e = \sqrt{a_e \cdot (d_s - a_e)} \quad [\text{mm}]$$

$$s_e = \sqrt{0.01 \cdot (400 - 0.01)} = 2.0 \text{ mm}$$

Damit auch noch die übrigen Prozesswerte für das Flachschleifen berechnet werden können, sind die entsprechenden Diagramme zu konsultieren.

Der erste und sicherlich auch wichtigste Wert ist die spezifische Schnittkraft k_s. Das Bild 4.23 hilft hier weiter. Den Vorgaben wird ein MA-Wert von 4.5 entnommen.

Bei der berechneten mittleren Spandicke h_m von 0.000143 mm und MA = 4.5 kann man eine spezifische Schnittkraft k_s von 64'000 N/mm² ablesen.

Nun kann aufgrund dieser spezifischen Schnittkraft k_s die benötigte Schleifleistung ausgerechnet werden:

$$P_s = \frac{k_s \cdot Q'_w \cdot b_k}{1000} \quad [\text{Watt}]$$

$$P_s = \frac{64'000 \cdot 5.0 \cdot 20}{1000} = 6'400 \text{ Watt}$$

$$P_s = \frac{64'000 \cdot 5.0 \cdot 20}{10^6} = 6.4 \text{ kW}$$

$$P'_s = \frac{k_s \cdot Q'_w}{1000} \quad [\text{Watt}]$$

$$P'_s = \frac{64'000 \cdot 5.0}{1000} = 320 \text{ Watt}$$

$$P'_s = \frac{64'000 \cdot 5.0}{10^6} = 0.320 \text{ kW}$$

Damit ist der theoretische Leistungsbedarf in Watt und kW bestimmt. Allerdings wurde die Schmierfähigkeit CL = 3.5 des Kühlmittels (Emulsion mit 45 % Öl im Konzentrat) noch nicht berücksichtigt. Das ist aber für eine genauere und mit den praktischen Werten übereinstimmende Berechnung unbedingt erforderlich. Dazu werden Tabellen und Diagramme (Bild 4.23, 4.26, 4.27 und 4.29) aus diesem Buch verwendet.

ZUR ERINNERUNG Leistungsbestimmend ist die am Umfang einer Schleifscheibe angreifende Tangentialkraft F_t bzw. ihre bezogene Grösse F'_t multipliziert mit der eingestellten Schnittgeschwindigkeit v_c. Das ist im Übrigen eine der wichtigsten Formeln in der Physik.

Nun wird die vorgängig berechnete Basisleistung P_s bzw. P'_s unter Zuhilfenahme von Bild 4.34 bestimmt. Für den CL-Wert 3.5, welcher durch die Vorgabe einer mittel geschmierten Emulsion etwa richtig sein dürfte, ergibt sich nun folgende effektiv zu investierende Schleifleistung P_s bzw. P'_s:

Aus dem Balkendiagramm nach Bild 4.34 liest man für eine mittelgeschmierte Emulsion eine Leistungskorrektur auf 68 % der berechneten Basisleistung ab:

$$P_{s\,eff.} = \frac{6.4\ \text{kW} \cdot 68\ \%}{100} = 4.352\ \text{kW}$$

Für die bezogene effektive Leistung $P'_{s\,eff.}$ muss der $P_{s\,eff.}$-Wert durch die Kontaktbreite b_k = 20 mm dividiert werden:

$$P'_{s\,eff.} = \frac{6.4\ \text{kW} \cdot 68\ \%}{20 \cdot 100} = 0.218\ \text{kW}$$

Um sicher zu sein, dass keine thermischen Randzonenschäden (Schleifbrand) zu befürchten sind, wird nun auch noch die spezifische Schleifenergie U_s berechnet:

$$U_s = \frac{P'_{s\,eff.} \cdot 1000}{Q'_w} \quad [\text{J/mm}^3]$$

$$U_s = \frac{0.218 \cdot 1000}{5} = 43.6\ \text{J/mm}^3$$

WICHTIG Mit einer spezifischen Schleifenergie U_s von 43.6 J/mm³ liegt das Risiko von Schleifbrand gemäss Bild 4.32 bei einem bezogenen Zeitspanvolumen Q'_w von 5.0 mm³/(mm *s) voll unter der grünen Kurve. Das bedeutet, dass keine Gefahr einer thermischen Schädigung des Werkstücks besteht!

Nachfolgend noch die Berechnungen für die Schleifkräfte F_t, F'_t sowie F_n und F'_n. Hierzu werden Formeln verwendet, welche die nun definierte effektive Schleifleistung enthalten.

Die Tangentialkraft F_t und F'_t, die bezogene Grösse, werden berechnet nach der einfachsten Formel, die in der Physik ganz allgemein Verwendung findet. In der Folge wird übrigens für die effektive Schleifleistung nur noch P_s bzw. P'_s geschrieben:

$$P_s = F_t \cdot v_c \quad \text{[Watt]}$$

... aufgelöst nach F_t $\qquad F_t = \dfrac{P_s}{v_c}$ [N]

... und somit $\qquad F_t = \dfrac{4.352 \cdot 1000}{35} = 124.34\ \text{N}$

Für die bezogene Tangentialkraft F_t' muss noch die Kontaktbreite b_k von 20 mm unter dem Bruchstrich stehen:

$$F_t' = \frac{P_s \cdot 1000}{b_k \cdot v_c} \quad \text{[N/mm]}$$

$$F_t' = \frac{4.352 \cdot 1000}{20 \cdot 35} = 6.217\ \text{N/mm}$$

Um zu erfahren, wie gross die Normalkraft F_n und ihre bezogene Grösse F' sind, wird der Schleiffaktor S_c (nach OTT) benützt. Aus dem Balkendiagramm der Bilder 4.27 und 4.29 kann für einen CL-Wert = 3.5 der S_c-Wert von ca. 0.41 entnommen werden. Jetzt hilft Bild 4.30 weiter:

$$F_n = \frac{F_t}{S_c} \quad \text{[N]}$$

$$F_n = \frac{124.34}{0.41} = 303.26\ \text{N}$$

Für die bezogene Tangentialkraft F_t' muss noch die Kontaktbreite b_k von 20 mm unter dem Bruchstrich stehen:

$$F_n' = \frac{F_t}{S_c \cdot b_k} \quad \text{[N/mm]}$$

$$F_n' = \frac{124.34}{0.41 \cdot 20} = 15.16\ \text{N/mm}$$

Was jetzt noch fehlt, ist die Arbeitsdruckkraft F_d nach OTT. Er bezeichnet diese als äusserst wichtige Grösse für die Schleifscheibenwahl. OTT zeigt, dass man nahezu jeder Schleifscheibe, abhängig von ihrer Spezifikation, einen Kraftwert, eben die Arbeitsdruckkraft F_d in N/mm^2 zuordnen kann. Bei dieser reagiert die Scheibe im Prozess optimal (Selbstschärfung) und sie erreicht eine gute Standzeit. Mehr darüber steht im Kapitel 3 „Schleifstoffe und Schleifscheiben".

Die Arbeitsdruckkraft F_d wird hier lediglich der Vollständigkeit halber berechnet. Der erhaltene Wert wird im Kapitel 3 auch in einem Rechenbeispiel verwendet:

$$F_d = \frac{F'_n}{l_k} \quad [\mathrm{N/mm^2}]$$

$$F_d = \frac{15.16}{2.0} = 7.58\ \mathrm{N/mm^2}$$

Und nun noch die reine Kontaktzeit t_k, ohne Berücksichtigung der Zeit für den beidseitigen Überlauf (hier je 50 mm):

$$t_k = \frac{V_w}{Q_w \cdot 60} \quad [\mathrm{min}]$$

$$t_k = \frac{720}{100 \cdot 60} = 0.12\ \mathrm{min}$$

HINWEIS Alle Nebenzeiten (siehe Punkt 4.39 in diesem Kapitel) müssen – zum Beispiel mit einer Stoppuhr – separat ermittelt, und dazugezählt werden.

Für dieses Beispiel soll noch eine Grösse berechnet werden, welche der Optimierung eines Schleifprozesses dient. Es ist dies die von OTT eingeführte spezifische Spanmenge Q'_m. Damit wird das pro Millimeter und Sekunde abgetragene Spanvolumen – man erinnere sich, das ist das bezogene Zeitspanvolumen Q'_w – in einen Bezug zur dafür benötigten bezogenen Schleifleistung P'_s gebracht. Die Einheit heisst somit $\mathrm{mm^3/(mm \cdot s \cdot kW)}$. Ein Beispiel zeigt den Zusammenhang.

Die spezifische Spanmenge wird wie folgt berechnet:

$$Q'_m = \frac{Q'_w}{P'_s} = \frac{10^6}{k_s} = \frac{h_m \cdot 10^6}{F'_t} \quad [\mathrm{mm^3/(mm \cdot s \cdot kW)}]$$

$$Q'_m = \frac{5}{0.218} = 22.94\ \mathrm{mm^3/(mm \cdot s \cdot kW)}$$

Das ist kein schlechter, aber auch kein überwältigender Wert – er sollte zwischen 20 und 50, in optimierten Fällen sogar weit darüber liegen.

Dem Autor ist völlig klar, dass die meisten Leser sich auch noch dafür interessieren, mit wie viel Kühlschmierstoff (KSS) ein solcher Prozess zu versorgen wäre und – um die so genannte „Gleichlaufkühlung“ nach OTT zu erzielen –, welcher Systemdruck dazu verfügbar sein müsste.

Das würde aber etwas zu weit führen, weshalb an dieser Stelle auf die Berechnungsbeispiele im Kapitel 7 verwiesen wird

4.43.3 Aussenrund-Umfangs-Querschleifen AUQ (Einstechschleifen)

In der Folge wird ein Aussenrund-Schleifprozess (Einstechschleifen) berechnet.

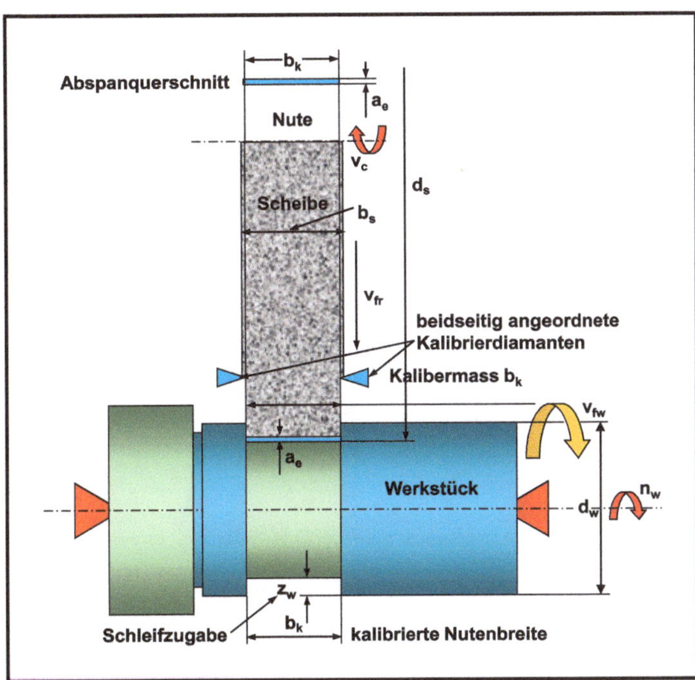

BILD 4.37 Aussenrund-Umfangs-Querschleifen AUQ

Zuerst muss die Werkstückdrehzahl n_w ermittelt:

$$n_w = \frac{v_{fw}}{d_w \cdot \pi} \quad [\text{min}^{-1}]$$

$$n_w = \frac{30'000}{50 \cdot \pi} = 191\ \text{min}^{-1}$$

... und jetzt v_{fr}

$$v_{fr} = a_e \cdot n_w \quad [\text{mm/min}]$$

$$v_{fr} = 0.01 \cdot 191 = 1.91\ \text{mm/min}$$

bez. Zeitspanvolumen

$$Q'_w = \frac{v_{fr} \cdot d_w \cdot \pi}{60} \quad [mm^3/(mm \cdot s)]$$

$$Q'_w = \frac{1.91 \cdot 50 \cdot \pi}{60} = 5.0 \text{ mm}^3/(mm \cdot s)$$

Zeitspanvolumen

$$Q_w = \frac{v_{fr} \cdot d_w \cdot \pi \cdot b_k}{60} \quad [mm^3/s]$$

$$Q_w = \frac{1.91 \cdot 50 \cdot \pi \cdot 20}{60} = 100.0 \text{ mm}^3/s$$

Geschwindigkeitsverhältnis

$$q_s = \frac{v_c \cdot 1000 \cdot 60}{v_{fw}} \quad [-]$$

$$q_s = \frac{35 \cdot 1000 \cdot 60}{30'000} = 70 \quad [-]$$

Scheibendrehzahl

$$n_s = \frac{v_c \cdot 60 \cdot 100}{d_s \cdot \pi} \quad [min^{-1}]$$

$$n_s = \frac{35 \cdot 1000 \cdot 60}{400 \cdot \pi} = 1'671 \text{ min}^{-1}$$

mittlere Spandicke

$$h_m = \frac{Q'_w}{v_c \cdot 1000} \quad [mm]$$

$$h_m = \frac{5.0}{35 \cdot 1000} = 0.000143 \text{ mm}$$

Die Werkstückgeschwindigkeit v_{fw} muss vorher berechnet werden:

$$v_{fw} = d_w \cdot \pi \cdot n_w \quad [mm/min]$$

$$v_{fw} = 50 \cdot \pi \cdot 191 = 30'000 \text{ mm/min}$$

Um die Kontaktlänge l_k hier zu ermitteln, muss man zuerst den äquivalenten Schleifscheibendurchmesser d_{se} berechnen:

$$d_{se} = \frac{d_w \cdot d_s}{d_w + d_s} \quad [\text{mm}]$$

$$d_{se} = \frac{50 \cdot 400}{50 + 400} = 44.5 \text{ mm}$$

Kontaktlänge

$$l_k = \sqrt{a_e \cdot d_{se}} \quad [\text{mm}]$$

$$l_k = \sqrt{0.01 \cdot 44.5} = 0.67 \text{ mm}$$

Kontaktfläche

$$A_k = l_k \cdot b_k \quad [\text{mm}^2]$$

$$A_k = 0.67 \cdot 20 = 13.40 \text{ mm}^2$$

Achtung: Die Werkstoffzugabe z_w wird vom Aussendurchmesser d_w abgezogen!

bezogenes Abtragsvolumen

$$V'_w = (d_w - z_w) \cdot \pi \cdot z_w \quad [\text{mm}^3]$$

$$V'_w = (50 - 0.3) \cdot \pi \cdot 0.3 = 46.84 \text{ mm}^3/\text{mm}$$

Abtragsvolumen

$$V_w = (d_w - z_w) \cdot \pi \cdot z_w \cdot b_k \quad [\text{mm}^3]$$

$$V_w = (50 - 0.3) \cdot \pi \cdot 0.3 \cdot 20 = 936.8 \text{ mm}^3$$

Achtung: Hier muss der äquivalente Scheibendurchmesser d_{se} eingesetzt werden!

Eintrittssehnenlänge

$$s_e = \sqrt{a_e \cdot (d_{se} - a_e)} \quad [\text{mm}]$$

$$s_e = \sqrt{0.01 \cdot (44.5 - 0.01)} = 0.667 \text{ mm}$$

Damit jetzt auch noch die übrigen Prozesswerte für das Aussenrundschleifen berechnet werden können, sind die entsprechenden Diagramme zu konsultieren.

Der erste und sicherlich auch wichtigste Wert ist die spezifische Schnittkraft k_s. Das Bild 4.23 hilft hier weiter. Den Vorgaben wird ein MA-Wert von 3.0 entnommen.

Beim der berechneten mittleren Spandicke h_m von 0.000143 mm und MA = 3.0 kann man eine spezifische Schnittkraft k_s von 54'000 N/mm² ablesen.

$$P_s = \frac{k_s \cdot Q'_w \cdot b_k}{1000} \text{ [Watt]}$$

$$P_s = \frac{54'000 \cdot 5.0 \cdot 20}{1000} = 5'400 \text{ Watt}$$

$$P_s = \frac{54'000 \cdot 5.0 \cdot 20}{10^6} = 5.4 \text{ kW}$$

$$P'_s = \frac{k_s \cdot Q'_w}{1000} \text{ [Watt]}$$

$$P'_s = \frac{54'000 \cdot 5.0}{1000} = 0.270 \text{ Watt}$$

Damit wäre nun der theoretische Leistungsbedarf in Watt und kW bestimmt. Allerdings wurde die Schmierfähigkeit CL = 3.5 des Kühlmittels (Emulsion mit 45 % Öl im Konzentrat) noch nicht berücksichtigt. Das ist aber für eine genauere und mit den praktischen Werten übereinstimmende Berechnung unbedingt erforderlich. Dazu werden Tabellen und Diagramme aus diesem Buch (Bild 4.23, 4.26, 4.27 und 4.29) verwendet.

ZUR ERINNERUNG Leistungsbestimmend ist die am Umfang einer Schleifscheibe angreifende Tangentialkraft F_t bzw. ihre bezogene Grösse F'_t multipliziert mit der eingestellten Schnittgeschwindigkeit v_c. Das ist im Übrigen eine der wichtigsten Formeln in der Physik.

In der Folge wird die vorgängig berechnete Basisleistung P_s bzw. P'_s unter Zuhilfenahme von Bild 4.34 bestimmt. Für den CL-Wert 3.5, welcher durch die Vorgabe einer mittel geschmierten Emulsion in etwa richtig sein dürfte, ergibt sich die folgende effektiv zu investierende Schleifleistung P_s bzw. P'_s:

Aus dem Balkendiagramm nach Bild 4.34 liest man für eine mittelgeschmierte Emulsion eine Leistungskorrektur auf 68 % der berechneten Basisleistung ab:

$$P_{s\,\text{eff.}} = \frac{5.4 \text{ kW} \cdot 68\,\%}{100} = 3.672 \text{ kW}$$

Für die bezogene effektive Leistung $P'_{s\,eff.}$ muss der $P_{s\,eff.}$-Wert durch die Kontaktbreite b_k = 20 mm dividiert werden:

$$P'_{s\,eff.} = \frac{5.4\ \text{kW} \cdot 68\ \%}{20 \cdot 100} = 0.184\ \text{kW}$$

$$U_s = \frac{P'_{s\,eff.} \cdot 1000}{Q'_w} \quad [\text{J/mm}^3]$$

Um sicher zu sein, dass keine thermischen Randzonenschäden (Schleifbrand) zu befürchten sind, wird nun auch noch die spezifische Schleifenergie U_s berechnet:

$$U_s = \frac{0.184 \cdot 1000}{5} = 36.72\ \text{J/mm}^3$$

WICHTIG Mit einer spezifischen Schleifenergie U_s von 36.7 J/mm³ liegt das Risiko von Schleifbrand gemäss Bild 4.32 bei einem bezogenen Zeitspanvolumen Q'_w von 5.0 mm³/(mm·s) voll unter der grünen Kurve. Das bedeutet, dass keine Gefahr einer thermischen Schädigung des Werkstücks besteht! Hier soll aber nochmals darauf hingewiesen werden, dass sich die in Bild 4.32 gezeigten Bereichskurven mit zunehmender Schnittgeschwindigkeit verschieben.

Nachfolgend die Berechnungen für die Schleifkräfte F_t, F'_t sowie F_n und F'_n. Hierzu werden Formeln verwendet, welche die nun definierte effektive Schleifleistung enthalten.

Die Tangentialkraft F_t und F'_t, die bezogene Grösse, wird berechnet nach der einfachsten Formel, die in der Physik ganz allgemein Verwendung findet. In der Folge wird übrigens für die effektive Schleifleistung nur noch P_s bzw. P'_s geschrieben:

$$P_s = F_t \cdot v_c \quad [\text{Watt}]$$

... aufgelöst nach F_t $\qquad F_t = \frac{P_s}{v_c} \quad [\text{N}]$

... und somit $\qquad F_t = \frac{3.672 \cdot 1000}{35} = 104.91\ \text{N}$

Für die bezogene Tangentialkraft F'_t muss noch die Kontaktbreite b_k von 20 mm unter dem Bruchstrich stehen:

$$F_t' = \frac{P_s \cdot 1000}{b_k \cdot v_c} \quad [\text{N/mm}]$$

$$F_t' = \frac{3.672 \cdot 1000}{20 \cdot 35} = 5.24\ \text{N/mm}$$

Will man nun wissen, wie gross die Normalkraft F_n und ihre bezogene Grösse F_n' ist, wird der Schleiffaktor S_c (nach OTT) dazu benützt. Aus dem Balkendiagramm der Bilder 4.27 und 4.29 kann für einen CL = 3.5 der S_c-Wert von ca. 0.41 entnommen werden. Jetzt hilft Bild 4.30 weiter:

$$F_n = \frac{F_t}{S_c} \quad [\text{N}]$$

$$F_n = \frac{104.91}{0.41} = 255.87\ \text{N}$$

Für die bezogene Tangentialkraft F_t' muss noch die Kontaktbreite b_k von 20 mm unter dem Bruchstrich stehen:

$$F_n' = \frac{F_t}{S_c \cdot b_k} \quad [\text{N/mm}]$$

$$F_n' = \frac{104.91}{0.41 \cdot 20} = 12.79\ \text{N/mm}$$

Was jetzt noch fehlt, ist die Arbeitsdruckkraft F_d nach OTT. Er bezeichnet diese als äusserst wichtige Grösse bezüglich der Schleifscheibenwahl. OTT zeigt, dass man nahezu jeder Schleifscheibe, abhängig von ihrer Spezifikation, einen Kraftwert, eben die Arbeitsdruckkraft F_d in N/mm^2 zuordnen kann. Bei dieser reagiert die Scheibe im Prozess optimal (Selbstschärfung) und sie erreicht eine gute Standzeit. Mehr darüber im Kapitel 3 „Schleifstoffe und Schleifscheiben“.

Die Arbeitsdruckkraft F_d wird hier lediglich der Vollständigkeit halber berechnet. Der erhaltene Wert wird im Kapitel 3 auch in einem Rechenbeispiel verwendet:

$$F_d = \frac{F_n'}{l_k} \quad [\text{N/mm}^2]$$

$$F_d = \frac{12.79}{0.67} = 19.10\ \text{N/mm}^2$$

Und nun noch die reine Kontaktzeit t_k, ohne Berücksichtigung der Zeit für die Einlauf- und Auslaufwege:

$$t_k = \frac{V_w}{Q_w \cdot 60} \quad [\text{min}]$$

$$t_k = \frac{936.8}{100 \cdot 60} = 0.1561 \text{ min}$$

HINWEIS Alle Nebenzeiten (siehe Punkt 4.39 in diesem Kapitel) müssen, z. B. mit einer Stoppuhr separat ermittelt, und dazugezählt werden.

Dem Autor ist völlig klar, dass sich die meisten Leser dafür interessieren, mit wie viel Kühlschmierstoff (KSS) ein solcher Prozess zu versorgen wäre und – um die so genannte „Gleichlaufkühlung nach OTT“ zu erzielen –, welcher Systemdruck dazu verfügbar sein müsste.

Das würde aber etwas zu weit führen, weshalb an dieser Stelle auf die umfangreichen Erklärungen und Berechnungsbeispiele im Kapitel 8 „Kühlschmierstoffzuführung“ verwiesen wird.

Nachfolgend wird nun auch noch ein vergleichbares Innenrund-Einstechschleifen aus- bzw. nachgerechnet. Die Daten sind einem praktischen Beispiel entsprechend gewählt. Was dabei herauskommt, dürfte – wenn ein Datenvergleich mit dem Aussenrundschleifen angestellt wird – in einigen Belangen doch recht interessant oder sogar überraschend sein. Es betrifft dies besonders die Grössen Kontaktlänge l_k, die Kontaktfläche A_k und die Arbeitsdruckkraft F_d. Dabei sollte man sich erinnern, dass in beiden Berechnungsbeispielen das gleiche bezogene Zeitspanvolumen Q'_w abgetragen wird und somit die Vorstellung, es müssten alle Daten etwa ähnlich sein, keinesfalls richtig sein kann. Es lässt sich daraus auch leicht die Tatsache ableiten, dass Schleifprozesse verschiedener Schleifverfahren nicht miteinander vergleichbar sind. Das ist ja der Grund, weshalb die umgerechnete Grösse „äquivalenter Scheibendurchmesser d_{se}“ wichtig ist.

4.43.4 Innenrund-Umfangs-Querschleifen IUQ (Einstechschleifen)

Wenn schon Berechnungsbeispiele für das Plan-Umfangs-Querschleifen PUQ und für das Aussenrund-Umfangs-Querschleifen AUQ (Einstechschleifen) aufgeführt wurden, darf keinesfalls ein entsprechendes Beispiel für das Innenrund-Umfangs-Querschleifen IUQ hier fehlen.

Im Gegensatz zu den beiden anderen Schleifverfahren, spielt bei allen Überlegungen und Prozessvorgaben beim Innenrundschleifen die Systemsteifigkeit eine ganz wesentliche Rolle. Unter dem Begriff „Systemsteifigkeit“ versteht man den so genannten Kraftschluss zwischen der Maschine, der Schleifscheibe, des Werkstücks und der Werkstückaufnahme. Dabei muss korrekterweise einerseits die statische Steifigkeit – gemessen im Ruhezustand – und andererseits die dynamische Starrheit (Schwingungsverhalten) berücksichtigt werden. Beide Arten haben Auswirkungen auf den Schleifprozess bzw. auf das erzielbare Ergebnis. Dass dies beim Innenrundschleifen spezielle Aufmerksamkeit erfordert, weiss jeder „Schleifer“.

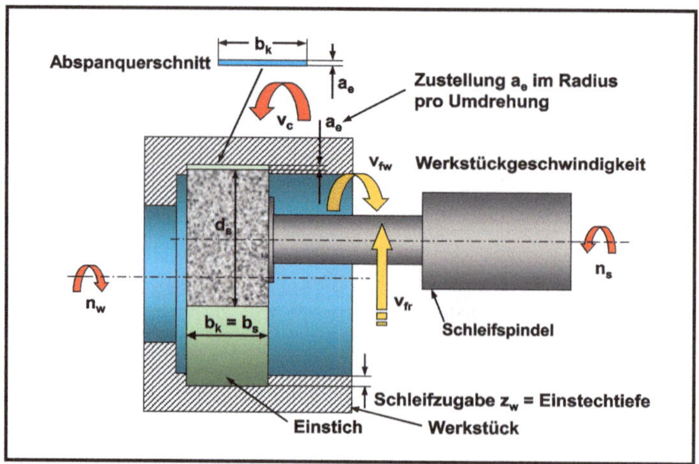

BILD 4.38 Innenrund-Umfangs-Querschleifen IUQ

Zuerst muss nun die Werkstückdrehzahl n_w ermittelt:

$$n_w = \frac{v_{fw}}{d_w \cdot \pi} \quad [\text{min}^{-1}]$$

$$n_w = \frac{30'000}{80 \cdot \pi} = 119 \text{ min}^{-1}$$

... und jetzt v_{fr}

$$v_{fr} = a_e \cdot n_w \quad [\text{mm/min}]$$

$$v_{fr} = 0.01 \cdot 119 = 1.19 \text{ mm/min}$$

bez. Zeitspanvolumen

$$Q'_w = \frac{v_{fr} \cdot d_w \cdot \pi}{60} \quad [\text{mm}^3/(\text{mm} \cdot \text{s})]$$

$$Q'_w = \frac{1.19 \cdot 80 \cdot \pi}{60} = 5.0 \text{ mm}^3/(\text{mm} \cdot \text{s})$$

Zeitspanvolumen

$$Q_w = \frac{v_{fr} \cdot d_w \cdot \pi \cdot b_k}{60} \quad [\text{mm}^3/\text{s}]$$

$$Q_w = \frac{1.91 \cdot 50 \cdot \pi \cdot 20}{60} = 100.0 \text{ mm}^3/\text{s}$$

mittlere Spandicke

$$h_m = \frac{Q'_w}{v_c \cdot 1000} \quad [\text{mm}]$$

$$h_m = \frac{5.0}{35 \cdot 1000} = 0.000143 \text{ mm}$$

Die Werkstückgeschwindigkeit v_{fw} muss vorher berechnet werden:

$$v_{fw} = d_w \cdot \pi \cdot n_w \quad [\text{mm/min}]$$

$$v_{fw} = 80 \cdot \pi \cdot 119 = 29'907 \text{ mm/min}$$

Geschwindigkeitsverhältnis

$$q_s = \frac{v_c \cdot 1000 \cdot 60}{v_{fw}} \quad [-]$$

$$q_s = \frac{35 \cdot 1000 \cdot 60}{29'907} = 70 \quad [-]$$

Um auch für das Innenrundschleifen die Kontaktlänge l_k zu ermitteln, muss man zuerst den äquivalenten Schleifscheibendurchmesser d_{se} berechnen:

$$d_{se} = \frac{d_w \cdot d_s}{d_w - d_s} \quad [\text{mm}]$$

$$d_{se} = \frac{80 \cdot 50}{80 - 50} = 133.3 \text{ mm}$$

Scheibendrehzahl

$$n_s = \frac{v_c \cdot 1000 \cdot 60}{d_s \cdot \pi} \quad [\text{min}^{-1}]$$

$$n_s = \frac{35 \cdot 1000 \cdot 60}{50 \cdot \pi} = 13'369 \text{ min}^{-1}$$

Kontaktlänge

$$l_k = \sqrt{a_e \cdot d_{se}} \quad [\text{mm}]$$

$$l_k = \sqrt{0.01 \cdot 133.3} = 1.155 \text{ mm}$$

Kontaktfläche

$$A_k = l_k \cdot b_k \quad [mm^2]$$

$$A_k = 1.55 \cdot 20 = 31.0 \text{ mm}^2$$

Achtung: Die Werkstoffzugabe z_w wird zum Aussendurchmesser d_w dazugezählt!
bezogenes Abtragsvolumen

$$V'_w = (d_w + z_w) \cdot \pi \cdot z_w \quad [mm^3]$$

$$V'_w = (80 + 0.3) \cdot \pi \cdot 0.3 = 75.68 \text{ mm}^3/\text{mm}$$

Abtragsvolumen

$$V_w = (d_w + z_w) \cdot \pi \cdot z_w \cdot b_k \quad [mm^3]$$

$$V_w = (80 + 0.3) \cdot \pi \cdot 0.3 \cdot 20 = 1'513.6 \text{ mm}^3$$

Achtung: Hier muss der äquivalente Scheibendurchmesser d_{se} eingesetzt werden!
Eintrittssehnenlänge

$$s_e = \sqrt{a_e \cdot (d_{se} - a_e)} \quad [mm]$$

$$s_e = \sqrt{0.01 \cdot (133.3 - 0.01)} = 1.154 \text{ mm}$$

Damit jetzt auch noch die übrigen Prozesswerte für das Innenrundschleifen berechnet werden können, sind die entsprechenden Diagramme zu konsultieren.

Der erste und sicherlich auch wichtigste Wert ist die spezifische Schnittkraft k_s. Das Bild 4.23 hilft hier weiter. Den Vorgaben wird ein MA-Wert von 3.5 entnommen.

Bei der berechneten mittleren Spandicke h_m von 0.000143 mm und MA = 3.5 kann man eine spezifische Schnittkraft k_s von 56'000 N/mm^2 ablesen.

$$P_s = \frac{k_s \cdot Q'_w \cdot b_k}{1000} \quad [\text{Watt}]$$

$$P_s = \frac{56'000 \cdot 5.0 \cdot 20}{1000} = 5'600 \text{ Watt}$$

$$P_s = \frac{56'000 \cdot 5.0 \cdot 20}{10^6} = 5.6 \text{ kW}$$

$$P'_s = \frac{k_s \cdot Q'_w}{1000} \quad [\text{Watt}]$$

$$P'_s = \frac{56'000 \cdot 5.0}{1000} = 280 \text{ Watt}$$

$$P'_s = \frac{56'000 \cdot 5.0}{10^6} = 0.280 \text{ kW}$$

Damit wäre nun der theoretische Leistungsbedarf in Watt und kW bestimmt. Allerdings wurde die Schmierfähigkeit CL = 3.5 des Kühlmittels (Emulsion mit 45 % Öl im Konzentrat) noch nicht berücksichtigt. Das ist aber für eine genauere und mit den praktischen Werten übereinstimmende Berechnung unbedingt erforderlich. Dazu werden Tabellen und Diagramme (Bild 4.23, 4.26, 4.27 und 4.29), die in diesem Buch gezeigt werden, verwendet.

ZUR ERINNERUNG Bestimmend für die in einem Schleifprozess zu investierende Leistung sind die am Umfang einer Schleifscheibe angreifende Tangentialkraft F_t bzw. ihre bezogene Grösse F'_t multipliziert mit der Schnittgeschwindigkeit v_c.

In der Folge wird die vorgängig berechnete Basisleistung P_s bzw. P'_s unter Zuhilfenahme von Bild 4.34 bestimmt. Für den CL-Wert 3.5, welcher durch die Vorgabe einer mittel geschmierten Emulsion in etwa richtig sein dürfte, ergibt sich die folgende effektiv zu investierende Schleifleistung P_s bzw. P'_s:

Aus dem Balkendiagramm nach Bild 4.34 liest man für eine mittelgeschmierte Emulsion eine Leistungskorrektur auf 68 % der berechneten Basisleistung ab:

$$P_{s\,\text{eff.}} = \frac{5.6 \text{ kW} \cdot 68\ \%}{100} = 3.808 \text{ kW}$$

Für die bezogene effektive Leistung $P'_{s\,\text{eff.}}$ muss der $P_{s\,\text{eff.}}$-Wert durch die Kontaktbreite b_k = 20 mm dividiert werden:

$$P'_{s\,\text{eff.}} = \frac{5.6 \text{ kW} \cdot 68\ \%}{20 \cdot 100} = 0.190 \text{ kW}$$

Um sicher zu sein, dass keine thermische Randzonenschäden (Schleifbrand) zu befürchten sind, wird nun auch noch die spezifische Schleifenergie U_s berechnet:

$$U_s = \frac{P'_{s\,eff.} \cdot 1000}{Q'_w} \quad [J/mm^3]$$

$$U_s = \frac{0.190 \cdot 1000}{5} = 38.08\ J/mm^3$$

WICHTIG Mit einer spezifischen Schleifenergie U_s von 38.1 J/mm³ liegt das Risiko von Schleifbrand gemäss Bild 4.32 bei einem bezogenen Zeitspanvolumen Q'_w von 5.0 mm³/(mm · s) voll unter der grünen Kurve. Das bedeutet, dass keine Gefahr einer thermischen Schädigung des Werkstücks besteht!

Es folgen die Berechnungen für die Schleifkräfte F_t, F'_t sowie F_n und F'_n. Hierzu werden Formeln verwendet, welche die nun definierte effektive Schleifleistung enthalten.

Die Tangentialkraft F_t und F'_t, die bezogene Grösse, werden berechnet nach der einfachsten Formel, die in der Physik ganz allgemein Verwendung findet. In der Folge wird übrigens für die effektive Schleifleistung nur noch P_s bzw. P'_s geschrieben:

$$P_s = F_t \cdot v_c \quad [Watt]$$

... aufgelöst nach F_t $$F_t = \frac{P_s}{v_c} \quad [N]$$

... und somit $$F_t = \frac{3.808 \cdot 1000}{35} = 108.8\ N$$

Für die bezogene Tangentialkraft F'_t muss noch die Kontaktbreite b_k von 20 mm unter dem Bruchstrich stehen:

$$F'_t = \frac{P_s \cdot 1000}{b_k \cdot v_c} \quad [N/mm]$$

$$F'_t = \frac{3.808 \cdot 1000}{20 \cdot 35} = 5.44\ N/mm$$

Um zu erfahren, wie gross die Normalkraft F_n und ihre bezogene Grösse F'_n sind, wird der Schleiffaktor S_c (nach OTT) benützt. Dem Balkendiagramm der Bilder 4.27 und 4.29 kann für einen CL = 3.5 der S_c-Wert von ca. 0.41 entnommen werden. Jetzt hilft Bild 4.30 weiter:

$$F_n = \frac{F_t}{S_c} \quad [N]$$

$$F_n = \frac{108.8}{0.41} = 265.36\ N$$

Für die bezogene Tangentialkraft F_t' muss noch die Kontaktbreite b_k von 20 mm unter dem Bruchstrich stehen:

$$F_n' = \frac{F_t}{S_c \cdot b_k} \quad [N/mm]$$

$$F_n' = \frac{121.43}{0.41 \cdot 20} = 13.26\ N/mm$$

Was jetzt noch fehlt, ist die Arbeitsdruckkraft F_d nach OTT. Er bezeichnet diese als äusserst wichtige Grösse für die Schleifscheibenwahl. OTT zeigt, dass man nahezu jeder Schleifscheibe, abhängig von ihrer Spezifikation, einen Kraftwert, eben die Arbeitsdruckkraft F_d in N/mm^2 zuordnen kann. Bei dieser reagiert die Scheibe im Prozess optimal (Selbstschärfung) und sie erreicht eine gute Standzeit. Mehr dazu im Kapitel 3 „Schleifstoffe und Schleifscheiben".

Die Arbeitsdruckkraft F_d wird hier lediglich der Vollständigkeit halber Berechnet. Der erhaltene Wert wird im Kapitel 3 auch in einem Rechenbeispiel verwendet:

$$F_d = \frac{F_n'}{l_k} \quad [N/mm^2]$$

$$F_d = \frac{13.26}{1.15} = 11.54\ N/mm^2$$

Und nun noch die reine Kontaktzeit t_k, ohne Berücksichtigung der Zeit für die Einlauf- und Auslaufwege:

$$t_k = \frac{V_w}{Q_w \cdot 60} \quad [min]$$

$$t_k = \frac{1'513.6}{100 \cdot 60} = 0.2523\ min$$

HINWEIS Alle Nebenzeiten (siehe Punkt 4.39 in diesem Kapitel) müssen z. B. mit einer Stoppuhr, separat ermittelt und dazugezählt werden.

Dem Autor ist völlig klar, dass die meisten Leser auch noch interessiert, mit wie viel Kühlschmierstoff (KSS) ein solcher Prozess zu versorgen wäre und – um die so genannte „Gleichlaufkühlung" nach OTT zu erzielen –, welcher Systemdruck verfügbar sein müsste.

Das würde aber etwas zu weit führen, weshalb an dieser Stelle auf die Berechnungsbeispiele im Kapitel 7 verwiesen wird.

Im Grunde genommen ist der Nachweis hier erbracht, dass zumindest Standardschleifprozesse sich berechnen lassen, sofern man auf entsprechende Formeln zugreifen kann und ein gewisses Mass an schleiftechnischen Kenntnissen vorliegt. Es bleibt dem Leser überlassen, wie weit er selbst gehen will, um seine Schleifaufgaben im Voraus zu planen oder zu optimieren und auch Schleifprobleme, insbesondere thermische, zu lösen.

4.43.5 Wichtige Bemerkung zu den Berechnungsbeispielen

Die in diesem Buch aufgeführten Formeln und die gezeigten Tafeln und Diagramme erlauben die rechnerische Bestimmung vieler relevanter Grössen von Standardschleifverfahren. Mit etwas Raffinesse können sogar sehr anspruchsvolle Schleifprozesse, zumindest teilweise berechnet werden. Zugegeben, das erfordert einige Erfahrung, aber diese kann man sich ja – unter Zuhilfenahme dieses Buches – mit der Zeit aneignen.

Noch ein Wort zur erforderlichen Leistungsberechnung P_s bzw. P_s'. Mit den Basisformeln und den Tafeln und Diagrammen kann über die von OTT definierten Grössen, bis auf eine Genauigkeit, welche im Bereiche von etwa ±5 % der in der Praxis zu erwartenden Effektivwerte von P_s und P_s' liegt, berechnen. Es sind dies im Besonderen der Schleiffaktor S_c und der CL-Wert, welcher die Schmierfähigkeit des eingesetzten Kühlmittels (Lösungen, Emulsionen, Schleiföle mit unterschiedlicher Additivierung) angibt. Die gezielte Abschätzung der Zerspanbarkeit MA, die auch von OTT – bestimmt nicht ohne Grund – anfangs der Achtzigerjahre eingeführt wurde – dürfte anfänglich etwas schwieriger sein. Sobald aber ein gewisses „Gefühl" für diese Grösse vorhanden ist, lässt sich problemlos damit arbeiten. Hat man die schleiftechnischen Prozessberechnungmodule zur Verfügung, wird die ganze Sache wesentlich vereinfacht. Wie weiter vorne im Buch bereits erwähnt, lassen es diese Prozess-Simulationsprogramme zu, im Grunde genommen einen beliebigen MA-Wert einzugeben, auf der Schleifmaschine die mit den vorher „am Schreibtisch" festgelegten Vorgaben gegebene Schleifaufgabe durchzuführen und am Display die wirklich von der Schleifspindel geforderte Leistung abzulesen. Von diesem Wert wird die Leerlaufleistung – Schleifscheibe dreht und Kühlschmierversorgung ist in Aktion, aber es wird nicht geschliffen – abgezogen. Diesen P_s-Wert setzt man jetzt in den schleiftechnischen Prozessberechnungsmodulen in die Zelle „effektive Leistung P_s" ein. Dadurch erkennt das Programm automatisch, dass es jetzt den umgekehrten Rechnungsvorgang auszuführen hat, nämlich MA (korrigiert) bestimmen. Setzt man darauf diesen $MA_{korr.}$-Wert wieder bei den Eingaben ein und löscht gleichzeitig die Zelle mit $P_{s\,eff.}$, steht die tatsächlich investierte Schleifleistung P_s bzw. P_s' unter den Ausgabedaten. Der Vorteil liegt darin, dass von nun an bekannt ist, welchen MA-Wert man etwa für solche und/oder vergleichbare Schleifarbeiten eingeben muss, um die Leistung möglichst genau berechnen zu können. Zudem wird das Erfahrungspotenzial, hinsichtlich dem abzuschätzenden MA-Wert, mit jeder Berechnung erweitert. Nach relativ kurzer Zeit lässt sich auf diese Weise der MA-Wert recht gut beherrschen.

HINWEIS Stellt man aufgrund der Anzeige an der Schleifmaschine fest, dass die berechnete Schleifleistung (abzüglich Leerlaufleistung) nicht mit den berechneten Werten übereinstimmt, liegt das im Allgemeinen nur am geschätzten MA-Wert und/oder an einer falschen CL-Bewertung des Kühlschmierstoffs. In solchen Fällen sollte man sich die Zeit nehmen und mit entsprechend korrigierten Werten die Berechnungen nochmals durchführen. Man kann nur dazulernen! ▪

Der Leser hat sich bestimmt gewundert, dass die Scheibenspezifikation und das Konditionieren bei diesen Berechnungsbeispielen überhaupt nicht erwähnt worden sind. Die Erklärung ist leicht verständlich: Gibt man für einen Schleifprozess die Vorgabeparameter ein, muss auch gleichzeitig die Scheibenspezifikation, entweder nach eigener Erfahrung und/oder nach Empfehlung des Scheibenlieferanten ausgewählt werden. Zur Scheibenwahl liefert das Kapitel 3 hilfreiche Angaben und Hinweise. Gleich verhält es sich mit dem Konditionieren. Auch dazu lässt sich dem Kapitel 5 vieles entnehmen, besonders hinsichtlich der Konditionierwerkzeuge und der vom Verfahren (Schruppen, Schlichten, Feinschlichten) abhängigen Stellgrössen, welche zur gewünschten Oberflächenqualität führen.

HINWEIS Alle Beispiele wurden zusätzlich mit den *schleiftechnischen Prozessberechnungsmodulen* [12] nachgerechnet. Durch die in den Programmen integrierten Spezialformeln (Regressionen) lässt sich selbstverständlich eine höhere Genauigkeit erreichen. Zudem hat man die Möglichkeit, in vier verschiedenen Versuchsspalten im Voraus dort, wo noch eine gewisse Unsicherheit bezüglich des einzugebenden Wertes besteht, mit verschiedenen Grössenordnungen eine verbesserte Annäherung an die effektiven Resultate zu erhalten. Der Vorteil dieser PGS-Programme liegt ganz eindeutig darin, dass man gleichzeitig mehrere Eingabewerte in einer Spalte ändern darf, weil alle Reaktionen von dadurch betroffenen anderen Grössen sofort erkennbar sind. Die Spalten stehen ja auch für die berechneten Ausgabewerte unmittelbar nebeneinander. Einfacher dürfte ein Vergleich „vorher – nachher" kaum sein. ▪

Was sogar den Autor erstaunt hat, ist die Tatsache, dass die erhaltenen Ergebnisse für die Schleifleistung, die Schleifkräfte, die Spezifische Schleifenergie und für die Arbeitsdruckkraft, gegenüber den logischerweise „genauer" rechnenden schleiftechnischen Prozessmodulen, innerhalb von etwa 1.5 % bis max. 5 % (Fehlerabweichung) liegen. Dabei muss man aber berücksichtigen, dass die prozessbedingten Abweichungen beim Schleifen, egal um welches Verfahren es sich handelt, im Ergebnis immer eine Streubreite von ca. 15 % aufweisen werden. Also darf man mit Fug und Recht die Ergebnisgenauigkeit, welche mit den in diesem Buch publizierten Formeln, Tabellen und Diagrammen erreichbar ist, als sehr gut bezeichnen.

4.44 Was man aus Formeln erkennen und ableiten kann

Als Abschluss von diesem wichtigen Kapitel möchte ich zur Vertiefung der Materie noch ein kleines „Mathespielchen" demonstrieren, das es in sich hat!

Die Zustellung a_e wird richtigerweise als notwendige Vorgabegrösse eines jeden Schleifprozesses bezeichnet. Ohne Zustellung wäre ja ein Spanabtrag nicht möglich. Ist man sich bei der Vorgabe bzw. Einstellung der Zustellung auch bewusst, dass man damit praktisch fast alle prozessrelevanten Grössen und somit auch den gesamten Prozessverlauf sowie das erzielbare Ergebnis gleichzeitig festlegt? Wohl kaum! Der Operateur gibt beispielsweise für einen Schruppschliff eine Zustellung a_e 0.02 mm und für den anschliessenden Fein- oder Fertigschliff noch 0.002 mm vor. Alles richtig!. Was damit und in welcher Weise zusammenhängt, interessiert im allgemein nicht. Oder etwa doch, beispielsweise, wenn irgendwelche Probleme auftreten?

Probleme lassen sich im Allgemeinen am einfachsten lösen, wenn Eingeständnisse an die Abtragsleistung gemacht werden. Allerdings erhöht sich dadurch auch die Schleifzeit, was nicht unbedingt erwünscht ist. Es muss doch andere Möglichkeiten geben, um Probleme zu bewältigen. Der Haken dabei ist nur die Vielzahl an Einflussgrössen und deren Zusammenhänge untereinander.

Was soll man in einer solchen Situation gezielt tun? In diesem Buch werden viele Formeln gezeigt und gleichzeitig darauf hingewiesen, wie gross ihre Aussagekraft sein kann. Das konnte man auch bereits lesen: „Formeln sind keine mathematische Schikane", sondern sie zeigen in einer äusserst einfach zu verstehenden Weise die Zusammenhänge verschiedenster Grössen. Ganz besonders zu beachten sind dabei zwei Dinge: Erstens, was steht in einer Formel über und was unter dem Bruchstrich und zweitens, welche Werte in einer Formel sind Stellgrössen und welche gehören zu den Prozessausgangsgrössen. Letztere sind von den Stellgrössen (Vorgaben und Randbedingungen) abhängig und lassen sich nur indirekt steuern bzw. beeinflussen.

Warum diese Einleitung? Unlängst erforderte ein so genanntes „Kundenproblem" ein Eingreifen über die Zustellung a_e, wobei aber die Schleifzeit nicht verschlechtert werden durfte. Ganz im Gegenteil der Kunde wollte diese nach Möglichkeit verkürzen. Eine solche Aufgabenstellung lässt sich nur über Formelzusammenhänge richtig analysieren. Es wurden deshalb die bekannten Definitionen für die Zustellung a_e, der besseren Übersichtlichkeit wegen, einfach einmal aufgeschrieben. Was dabei herauskam, war selbst für den Autor überraschend, weshalb er sich entschlossen hat, dies dem interessierten Leser nicht vorzuenthalten.

Die Zustellung a_e kann mittels folgender Formeln berechnet werden. Berechnen ist eigentlich nicht die richtige Tätigkeitsbeschreibung. Es müsste eher heissen, dass sich mit diesen Formeln eine Zusammenhangsanalyse durchführen lässt. Die Zustellung a_e wird unter Punkt 4.9 in diesem Kapitel kurz angesprochen, dies aber lediglich im Rahmen der möglichen Grössenordnungen und der Bedeutung des bezogenen Zeitspanvolumens Q'_w. Hier lernt man die Zustellung a_e von einer ganz anderen Seite kennen:

$$a_e = \frac{Q'_w \cdot 60}{v_{fw}} \quad [mm] \tag{4.128}$$

$$a_e = \frac{Q'_w \cdot 60}{n_w \cdot d_w \cdot \pi} \quad [mm] \tag{4.129}$$

$$a_e = \frac{v_{fr}}{n_w} \quad [mm] \tag{4.130}$$

$$a_e = \frac{l_k^2}{d_{se}} \quad [mm] \tag{4.131}$$

$$a_e = h_m \cdot q_s \tag{4.132}$$

$$a_e = \frac{h_m \cdot v_c \cdot 60000}{v_{fw}} \quad [mm] \tag{4.133}$$

$$a_e = \frac{F'_t \cdot v_c \cdot 60000}{k_s \cdot v_{fw}} \quad [mm] \tag{4.134}$$

$$a_e = \frac{P'_s \cdot 60000}{k_s \cdot v_{fw}} \quad [mm] \tag{4.135}$$

Es bedeuten in den Formeln:

Q'_w = bezogenes Zeitspanvolumen (siehe Punkt 4.15) in $mm^3/(mm \cdot s)$

v_{fw} = Werkstückgeschwindigkeit (siehe Punkt 4.6) in mm/min

n_w = Werkstückdrehzahl in min^{-1}

d_w = Werkstückdurchmesser in mm

v_{fr} = Zustellgeschwindigkeit (siehe Punkt 4.10) in mm/min

l_k = Kontaktlänge (siehe Punkt 4.22) in mm

d_{se} = aequivalenter Schleifscheibendurchmesser (Formeln 4.28/4.29) in mm

h_m = mittlere Spandicke (siehe Punkt 4.20) in mm

q_s = Geschwindigkeitsverhältnis (siehe Punkt 4.8)

v_c = Schnittgeschwindigkeit (siehe Punkt 4.5) in m/s

F'_t = bezogene Tangentialkraft (siehe 4.32 und Formeln 4.69–79) in N/mm

k_s = spezifische Schnittkraft (siehe Punkt 4.31) in N/mm^2

P'_s = bezogene Schleifleistung (siehe Punkt 4.36) in W

Die aufgeführten Formeln zeigen nicht nur die vielfältigen Abhängigkeiten verschiedener Grössen in Bezug auf die Zustellung a_e, sondern demonstrieren ihre mächtige Aussagekraft effektiv erst dann, wenn durch eine Umstellung versucht wird, nach anderen in der Formel enthaltenen Grössen aufzulösen. Dabei muss man die mathematischen Regeln für das Umstellen einer Gleichung – so nennt der Mathematiker diese Formeln – strikte einhalten:

- Was auf der einen Seite des Gleichheitszeichens multipliziert wird, wird auf der anderen Seite dividiert.
- Was auf der einen Seite der Gleichung dividiert wird, wird auf der anderen Seite multipliziert.
- Was auf dem Bruchstrich steht und vergrössert wird, vergrössert auch das Ergebnis.
- Was auf dem Bruchstrich steht und verkleinert wird, verkleinert auch das Ergebnis.
- Was unter dem Bruchstrich steht und vergrössert wird, verkleinert das Ergebnis.
- Was unter dem Bruchstrich steht und verkleinert wird, vergrössert das Ergebnis.

Im Grunde genommen sind das bekannte, mathematische Banalitäten, aber sie sind wichtig, wenn man eine Formel noch ohne Umstellung betrachtet.

An der Formel 4.136 soll eine solche Umstellung durchgeführt werden. Es erfolgt eine Auslösung nach allen darin enthaltenen Grössen.

$$\text{Ausgangsformel:}\quad a_e = \frac{F_t' \cdot v_c \cdot 60000}{k_s \cdot v_{fw}} \quad [\text{mm}] \tag{4.136}$$

$$F_t' = \frac{a_e \cdot k_s \cdot v_{fw}}{v_c \cdot 60000} \quad [\text{N/mm}] \tag{4.71}$$

$$v_c = \frac{a_e \cdot k_s \cdot v_{fw}}{F_t' \cdot 60000} \quad [\text{m/s}] \tag{4.137}$$

$$k_s = \frac{F_t' \cdot v_c \cdot 60000}{a_e \cdot v_{fw}} \quad [\text{N/mm}^2] \tag{4.62}$$

$$v_{fw} = \frac{F_t' \cdot v_c \cdot 60000}{a_e \cdot k_s} \quad [\text{mm/min}] \tag{4.138}$$

Nimmt man die Formel 4.71 und löst sie nach k_s auf, so lässt sich beispielhaft zeigen, wie die spezifische Schnittkraft k_s, also jene Grösse, die vom Werkstoff, seinem Zustand und den gewählten Prozessbedingungen abhängt und den Leistungsbedarf sowie die erzeugte Wärme massgeblich mitbestimmt, von einer Vergrösserung oder Verkleinerung der Stellgrössen Zustellung a_e, Werkstückgeschwindigkeit v_{fw} und Schnittgeschwindigkeit v_c verhält. Die am Umfang der Scheibe angreifende bezogene Tangentialkraft F'_t kann nicht direkt beeinflusst werden. Möchte man zu F'_t mehr wissen, wäre Punkt 4.32 zu empfehlen.

Aber nun zur Formel 4.71. Tabellarisch ist aufgeführt, in welcher Richtung sich k_s ändert, wenn an den entsprechenden Stellgrössen „gedreht" wird.

TABELLE 4.2 Beispiel einer Formelauflösung nach den darin enthaltenen Grössen

Auflösungsbeispiel a_e-Formel 4.71 nach k_s, F'_t und den Stellgrössen v_c, a_e, v_{fw}				
k_s	F'_t	v_c	a_e	v_{fw}
↑	↑	–	–	–
↓	↓	–	–	–
↑	↓	↑	–	–
↓	↑	↓	–	–
↓	↑	–	↑	–
↑	↓	–	↓	–
↑	↑	–	–	↑
↓	↓	–	–	↓

So einfach geht das! Man erkennt, wie die spezifische Schnittkraft k_s auf die drei Stellgrössen reagiert, wenn sie vergrössert oder verkleinert werden. Logischerweise dürfen auch mehrere Werte gleichzeitig geändert werden. Das Problem liegt dann allerdings bei der auftretenden Unübersichtlichkeit - was bewirkt was?

Man kann nun aus dem Verhalten der spezifischen Schnittkraft k_s aufgrund der Grössenänderung der verfügbaren Stellgrössen v_c, a_e und v_{fw} durchaus noch weitere Erkenntnisse gewinnen. Wie weiter vorne erklärt wurde (siehe Punkt 4.38), hängt die erzeugte spezifische Schleifenergie U_s direkt auch mit der spezifischen Schnittkraft k_s über die äusserst einfache Formel:

$$U_s = \frac{k_s}{1000} \quad [\text{J/mm}^3] \tag{4.122}$$

Da aber die spezifische Schnittkraft k_s noch nicht bekannt ist, muss nach einem anderen Zusammenhang gesucht werden, es gibt da ja noch die folgende Formel:

$$U_s = \frac{F'_t \cdot v_c}{Q'_w} \quad [\text{J/mm}^3] \tag{4.139}$$

Das heisst ja wiederum, dass man hier den Ausdruck unter dem Bruchstrich, nämlich das bezogene Zeitspanvolumen Q'_w, auch so ausdrücken darf:

$$U_s = \frac{F'_t \cdot v_c \cdot 60}{a_e \cdot v_{fw}} \quad [\text{J/mm}^3] \tag{4.111}$$

So, und jetzt ist es an der Zeit, die Formeln 4.120 (auf der vorherigen Seite) mit dieser hier zu vergleichen. Welche frappante Ähnlichkeit!

Was heisst das nun? Um diese Frage zu beantworten, dürfte noch eine andere Formelbetrachtung sinnvoll sein. Das ist die bekannte Berechnungsmöglichkeit für die bezogene Schleifleistung P'_s in Watt pro Millimeter Kontaktbreite b_k.

$$P'_s = F'_t \cdot v_c \quad [\text{W/mm}] \tag{4.88}$$

Somit kann man in der Formel 4.122 den folgenden erlaubten Austausch über dem Bruchstrich vornehmen:

$$U_s = \frac{P'_s}{Q'_w} \quad [\text{J/mm}^3] \tag{4.109}$$

Und unter dem Bruchstrich auch noch:

$$U_s = \frac{P'_s \cdot 60}{a_e \cdot v_{fw}} \quad [\text{J/mm}^3] \tag{4.113}$$

Die erzeugte Wärme in jedem Schleifprozess hängt ganz offensichtlich massgeblich von den beiden Stellgrössen a_e und v_{fw} ab. Wird eine der beiden kleiner, steigt die Wahrscheinlichkeit einer höheren Erwärmung der Werkstückrandzone. Im umgekehrten Fall muss U_s sinken! Nun, wie weiter vorne bereits erklärt wurde, reagiert U_s nicht in gleicher Weise auf Veränderungen von a_e und/oder v_{fw}. Das hängt vom unterschiedlichen Leistungsverhalten bei Änderung von a_e oder v_{fw} ab.

Ganz klar, das bezogene Zeitspanvolumen Q'_w ergibt sich aus dem Produkt der beiden Stellgrössen Zustellung a_e und Werkstückgeschwindigkeit v_{fw}, also von konkreten Vorgaben (Einstellungen an der Maschine). Dagegen ist der wärmebeeinflussende bezogene Leistungsbedarf P'_s von verschiedensten anderen Bedingungen abhängig. Das sind unter anderem die Werkstoffart und ihr Zustand (weich, vergütet, gehärtet, hoch hart), die eingestellte Schnittgeschwindigkeit v_c (tief oder hoch) sowie die Schleifscheibe (Schleifstoff, Körnungsgrösse, Härte, Struktur, Bindungsart). Lässt man den Einfluss der Konditionierbedingungen hier einmal ausser Acht, so verbleibt eine höchst massgebende Einflussgrösse auf den Leistungskonsum, die Schmierfähigkeit CL (nach OTT) des verwendeten Kühlschmierstoffs.

Hier ist zweifellos ein Rückblick auf das Balkendiagramm Bild 4.34 zu empfehlen. Man glaubt es kaum, aber zwischen einer ungeschmierten organischen Lösung (entspricht im Diagramm 100 % Leistungsbedarf) und einem hoch additivierten Schleiföl liegt in etwa eine Differenz von 50 %. Mit anderen Worten, derselbe Schleifprozess mit einem Öl statt mit organischer Lösung als Kühlmittel durchgeführt, würde gerade einmal ca. die Hälfte des Leistungsbedarfs erfordern. Das bedeutet selbstverständlich auch, dass nur die Hälfte der Wärme erzeugt würde.

Zwar ist nicht in allen Fällen Schleiföl einsetzbar. Besonders dann nicht, wenn die maschinenseitigen Sicherheitsvoraussetzungen (Abdeckung, Ölnebelabsaugung, Löscheinrichtung, usw.) nicht gewährleistet sind bzw. fehlen. Tatsache bleibt aber, dass – wenn überhaupt einsetzbar – Öl immer die bessere Wahl ist, wenn es um die Reduktion der Wärmeentwicklung in der Kontaktzone zwischen der Schleifscheibe und dem Werkstück geht. Es muss aber nicht unbedingt Schleiföl sein. Auch eine hochgeschmierte und additivierte Emulsion kann ebenfalls zu einer massiven Reduktion des Leistungsbedarfs und damit der Wärmeentwicklung führen.

Hier zeigt sich erneut, wie mannigfaltig sich die Stellgrössen und die übrigen Randbedingungen (Werkstoff, Schleifscheibe, Kühlschmierstoff, usw.) gegenseitig beeinflussen. Diese Tatsache macht das Schleifen ja so komplex. Hat man aber die Zusammenhänge einmal einigermassen begriffen, werden sowohl Problemlösungen als auch Prozessoptimierungen plötzlich ersichtlich und die erzielten Resultate können sich durchaus sehen lassen. Aber noch etwas ist von grösster Bedeutung: Weiss man, wie sich die verschiedenen Grössen gegenseitig beeinflussen, ist es ein Leichtes, auch Fehler zu erkennen, zu analysieren und dann die richtigen Gegenmassnahmen zu ergreifen.

Diese Beispiele sollten nochmals aufzeigen, wie sinnvoll Formeln sind und was man mit ihnen anfangen kann. Im Grunde genommen verdeutlicht eine Formel, welche Grössen in welcher Art und Weise voneinander abhängen bzw. wie sie sich gegenseitig beeinflussen. Der Autor kann nur nochmals darauf hinweisen, dass erst dann ein Schleifprozess vollumfänglich beherrschbar wird, wenn man die Einflussgrössen und ihre Zusammenhänge untereinander kennt und selbstverständlich dieses Wissen in der Praxis auch zur Anwendung bringt. Einen Schleifprozess vollumfänglich zu beherrschen, ist eine tolle Sache. Was kann schon schöner sein, als ein durch Wissen und Eigenleistung erreichtes „Erfolgserlebnis“?

4.45 Zusammenfassung von Kapitel 4

Um die hohe Kunst des Schleifens verstehen und auch anwenden zu können, sind Kenntnisse über die Einflussgrössen und ihre Zusammenhänge untereinander eine absolute Voraussetzung. Diese Kenntnisse sind dem „Einmaleins“ oder auch dem „Alphabet“ gleichzusetzen. Mit Ihnen kann nicht nur ein bestimmtes Schleifverfahren geplant, berechnet, angewendet und optimiert werden, sondern auch nahezu alle maschinellen Präzisionsschleifverfahren.

Es geht in erster Linie darum, die wichtigen Grössen zu kennen, zu beurteilen und richtig einsetzen zu können. Weil das Schleifen ein extrem leistungsintensives Zerspanungsverfahren ist und deshalb thermische Schäden, wegen der hohen Leistungseinbringung am Werkstück nicht auszuschliessen sind, muss man einerseits wissen, wo und wie die Wärme entsteht und andererseits wie diese, ohne thermische Schäden am Werkstück zu hinterlassen, beherrscht oder gar vermieden bzw. reduziert werden kann.

Viele Einflussgrössen (Gegebenheiten, Vorgaben, Stellgrössen) sind unter den verschiedenen Punkten in diesem Kapitel zu finden. Dabei wird auch das Zusammenwirken mit anderen Grössen gezeigt und erklärt. Es sind ja nicht allein die maschinenseitigen Stellgrössen, welche von Bedeutung sind. Genauso wichtig sind deren nutzbaren Bereiche, die Kornart und Spezifikation der eingesetzten Schleifscheibe, die verwendete Konditioniermethode (Abrichten, Profilieren) sowie Art, Menge und Druck des verfügbaren Kühlschmierstoffs sowie dessen Zuführung (Düsen) zur Kontaktstelle zwischen Scheibe und Werkstück.

Probleme bei der schleiftechnischen Bearbeitung, z. B. thermische Randzonenschäden am Werkstück, oder das Nichterreichen der vorgegebenen Zielgrössen (Genauigkeit, Oberflächenqualität) lassen sich im Allgemeinen nur dann beheben, wenn man die Zusammenhänge unter den Einflussgrössen kennt und dieses Wissen ganz gezielt anwendet. Obwohl das Schleifen eines der komplexesten Zerspanungsverfahren ist – und wohl auch bleibt –, verliert es seinen „Schrecken“, sobald man sich bemüht, es besser zu verstehen und im komplexen Verhalten die physikalische Zerspanungslehre sieht und respektiert.

Die in diesem Kapitel durchgerechneten Beispiele können als Einstieg in eigene rechnerische Betrachtungen Verwendung finden. Sie beweisen klar, dass es durchaus möglich ist, Vorgaben und Stellgrössen zu bestimmen, ohne vorher schon entsprechende Schleifversuche gemacht zu haben. Setzt man die berechneten Werte in der Praxis ein und stellt Abweichungen zwischen den theoretischen Vorgaben und dem Ergebnis fest, ist es ein Leichtes, Berechnungsfehler durch gezielte Korrekturen zu beheben. Und wenn zudem auf eine sorgfältige Datenerfassung geachtet wird, lassen sich mit der so gesammelten Erfahrung viele zukünftige Schleifaufgaben auf Anhieb optimiert lösen. Das ist die „hohe Kunst des Schleifens“!

5 Konditionieren von Schleifscheiben (Abrichten, Profilieren)

Konditionierwerkzeuge (Übersicht)
Wirkrautiefe, Wirkbreite
Stehende Abrichtwerkzeuge
PKD- und MKD-Abrichter
Drehende Abrichtwerkzeuge
Einstellwerte für alle Verfahren
CD-Abrichten (Continous Dressing)

5.1 Allgemeines zum Konditionieren

Die Begriffe „Abrichten“ und „Profilieren“ gehören eigentlich der Vergangenheit an. Seit einigen Jahren spricht man nur noch vom „Konditionieren“ der Schleifscheiben. In diesem Kapitel wird dieser Sprachgebrauch selbstverständlich beachtet, aber damit einerseits keine Langeweile aufkommt und andererseits dort, wo es der besseren Verständlichkeit dient, wird man die alten Begriffe ab und zu noch finden.

Grundsätzlich gibt es fünf Verfahrensunterscheidungen beim Konditionieren:

1. Das Konditionieren mit stehenden Werkzeugen bezieht sich auf alle Verfahren, bei welchen das Werkzeug entweder stillsteht und die Schleifscheibe mit einem bestimmten Vorschub darüber fährt oder das Werkzeug den Vorschub ausführt und die Scheibe dabei nur dreht aber nicht bewegt wird. In beiden Fällen ist eine Zustellung pro Durchgang notwendig. Sie hängt vom verwendeten Werkzeug und von der zu erzeugenden Wirkrautiefe an der Scheibe ab.
2. Zu den stehenden Verfahren gehört auch das Konditionieren (flach oder mit einem Profil) mittels einem Block, welcher einen Diamant(profil)belag aufweist, der galvanisch oder handgesetzt aufgebracht ist. Hier wird so gut wie nie der Block bewegt, sondern die Schleifscheibe

fährt über diesen mit einer gewählten Zustelltiefe, so dass sie auf ihrer gesamten Arbeitsbreite (Kontaktbreite b_k), meist in einem einzigen Durchgang, konditioniert wird. Der Prozess läuft so, wie wenn die Scheibe die diamantbelegte Blockfläche schleifen würde.

3. Ein weiteres Konditionierverfahren besteht aus einer hochharten Stahl- oder Hartmetallrolle, in welche das zu erzeugende Profil hochgenau eingearbeitet ist. Die Rolle wird nun mit einer verhältnismässig geringen Drehzahl bei einer bestimmten Zustellung pro Scheibenumdrehung in die mitdrehende Scheibenumfläche gedrückt. Dabei brechen vornehmlich ganze Körner aus dem Bindungsverband und es bildet sich absolut exakt das Rollenprofil auf der Arbeitsfläche der Scheibe ab. Dieses Verfahren nennt man „Crushieren", – kommt vom Englischen Wort crush (zerquetschen, zermalen, zerdrücken). Früher, d. h. in den 60er-Jahren, als dieses Profilierverfahren erstmals zur Anwendung gelangte, wurde immer die Rolle angetrieben und nahm die leerlaufende Schleifscheibe im Verhältnis 1 : 1 durch Friktion mit. Weil die Scheibenantriebe immer schwerer, tiefe Drehzahlen aber immer sicher steuerbar wurden, begann man, die Scheibe so anzutreiben, dass die leerlaufende Rolle eine Drehzahl von 60–150 min^{-1} erreichte. Heute wird kaum noch die Crushierrolle angetrieben, was einerseits den Aufwand reduziert und andererseits einen weiteren Bereich der Drehzahleinstellung für die Rolle bedeutet. Abnützungsbedingt müssen diese Profilrollen, wenn sie aus der Toleranz „laufen", in regelmässigen Abständen wieder Nachprofiliert werden. Das kann mittels Meisterrolle/Meisterscheibe direkt auf der Schleifmaschine erfolgen.
4. Das weitverbreitete Profilieren mit Diamantrollen kann von der Wirkung her nicht mit dem Crushieren verglichen werden, wenn auch schlussendlich das Rollenprofil auf die Arbeitsumfläche der Scheibe übertragen wird. Im Gegensatz zum Crushieren schleift die Diamantrolle im Gleich- oder Gegenlauf zur Scheibendrehrichtung das Profil ein. Der Diamantbelag kann galvanisch, im so genannten Umkehrverfahren oder von Hand (handgesetzt) auf die mit dem Profil vorbearbeitete Rolle aufgebracht. Die erzeugbare Wirkrautiefe hängt von der Profilrollenart (Belagsverfahren), von der Drehrichtung zur Schleifscheibe (Gleich- oder Gegenlauf) und von der Zustelltiefe pro Scheibenumdrehung ab. Neben der Tatsache, dass sich mit ein und derselben Rolle unterschiedlichste Wirkrautiefen erzeugen lassen, sind die sehr kurzen Profilierzeiten, welche im Allgemeinen lediglich einige Sekunden dauern, als wichtiger Vorteil dieses Verfahrens zu erwähnen. Diamantrollen gehören zu den teuersten Konditionierwerkzeugen. Sie lassen sich nur wirtschaftlich amortisieren, wenn entsprechend grosse Serien gleicher Werkstücke geschliffen werden müssen.
5. Das Profilieren mit Diamantspitzscheiben hat in den letzten Jahren stark zu genommen. Es sind dies schmale, in einem flachen Winkel zu einem nur leicht abgerundeten Spitzprofil auslaufende „Tellerscheiben". Der zugespitzte Scheibenrand (Radius 0.2–0.5 mm) ist mit Diamantkörnern belegt oder mit synthetisch hergestellten Diamantprismen bestückt. Letztere werden in geringem Abstand hintereinander in den „Tellerrand" eingesetzt (metallische Bindung) und danach zu einer Spitzkontur (Radius wie oben) geschliffen. Verfügt eine Schleifmaschine über eine Steuerung, welche das Abfahren einer Profilbahn softwaremässig ermöglicht, spricht man von einer „Bahnsteuerung". Das bedeutet, an jeder Stelle des Profils

– steil ansteigende Profilpartien nicht ausgenommen – kann mit immer der gleichen Vorschubgeschwindigkeit profiliert werden. Die Wirkrautiefe erreicht auf diese Weise eine sehr gute Gleichmässigkeit, was sich äusserst positiv auf die Oberflächenqualität am Werkstück auswirkt. Für das Erstellen von bahngesteuerten Profilkonturen kommen nur Diamantspitzscheiben in Frage. Zusammen mit der programmierbaren Bahnsteuerung lassen sich nicht nur unterschiedlichste Profilformen erzeugen, sondern auch kleinste Profilkorrekturen sind möglich. Aber auch diese Profilscheiben müssen von Zeit zu Zeit nachgeschliffen werden.

Die verschiedenen Konditionierverfahren erfordern unterschiedlichste Aufnahmesysteme. Am einfachsten sind jene für die stehenden Konditionierwerkzeugen. Für alle drehenden Verfahren sind die Ansprüche an die Aufnahmen und ihre Antriebe wesentlich grösser. Die Schleifmaschinenhersteller bieten entsprechende Systeme in Abhängigkeit des Konditionierverfahrens an.

Präzisionsschleifscheiben müssen in regelmässigen Abständen konditioniert werden, einerseits weil sie sich abnützen und deshalb an Genauigkeit verlieren und andererseits weil über das Konditionieren die Wirkrautiefe R_{ts} vorgegeben und damit letztendlich sowohl die mögliche Abtragsleistung als auch die Oberflächenqualität am Werkstück bestimmt wird.

5.2 Konditionierwerkzeuge (Übersicht)

Wie bereits angedeutet, lassen sich Schleifscheiben auf vielfältigste Weise abrichten bzw. konditionieren. Für keramische Bindungen können alle Verfahren angewendet werden. Sie benötigen auch keine zusätzliche „Nacharbeit", um einsatzfähig gemacht zu werden. Kunstharz- und spröde Metallbindungen dagegen, die sich selbstverständlich ebenso formgebend konditionieren lassen, sind im Gegensatz zu den keramischen Bindungen, nach dem Konditionieren mit einem weichen Korundstein zuerst noch manuell oder mechanisch gesteuert zu „öffnen". Dadurch wird Bindungsanteil vor den Kornschneiden herausgearbeitet, wodurch die Scheiben erst spanungsfähig werden. Solche Korundsteine können bei jedem Scheibenhersteller bezogen werden.

Folgende Werkzeuge bzw. Konditionierverfahren werden in Abhängigkeit der vorgegebenen Schleifaufgabe eingesetzt:

- Einkorndiamanten (Nahtsteine) – dieses Verfahren ist nicht mehr aktuell
- geschliffene Formdiamanten (für Schablonen-Kopiergeräte)
- Mehrkorndiamanten (mit Einzeldiamanten)
- Abrichtplatte (Fliesen®) in unterschiedlichen Bindungen und Körnungen
- Diamant-Igel (Alternative zu Mehrkorndiamanten)
- PKD-Abrichtwerkzeuge für extrem feine Scheiben-/Werkstückoberflächen
- MKD-Platten mit 2, 3 oder 4 monokristallinen Diamantstäbchen

- Diamantleiste mit galvanischer Bindung
- Diamantprofilblock handgesetzt oder galvanisch belegt
- Diamanttopfscheiben mit Druckluftantrieb
- Stahl- oder Hartmetall-Profilrollen (Crushieren)
- kleine, schmale Stahl-Crushierscheiben
- Diamant-Profilrollen handgesetzt, gestreut oder galvanisch belegt
- kleine, schmale Diamant-Crushierscheiben mit CVD-Diamantbelag
- Diamantspitzscheiben metallisch gebunden mit Profildiamanten.

Nicht alle aufgelisteten Konditionierverfahren sind gleichermassen auch für hochharte Schleifstoffe (Diamant, CBN) und/oder für Kunstharz- und/oder Metallbindungen geeignet.

Es gibt in Abhängigkeit des gewählten Werkzeugs oder Verfahrens verschiedene Stellgrössen, die unbedingt zu beachten sind. Bei stehenden Diamantwerkzeugen ist dies der Überdeckungsgrad U_d und bei den drehenden Verfahren das Geschwindigkeitsverhältnis q_s zwischen der Rolle oder Spitzscheibe und der Schleifscheibe. Ferner sind natürlich die Abrichtzustellung a_d pro Hub oder a_r pro Scheibenumdrehung ebenfalls von grosser Bedeutung.

5.3 Wirkrautiefe R_{ts}

Die Wirkrautiefe R_{ts} bezieht sich auf diejenige Zone der Scheibe, welche mit dem Werkstoff in Berührung kommen kann (siehe auch mittlere Schneidenraumtiefe z_m). Sie wird mit geeigneten Tastinstrumenten genau so gemessen, wie wenn es sich um die absolute Rautiefe Rt an einer Werkstücksoberfläche handeln würde. Es ergibt sich somit ein etwas bizarres Tastschnittbild der Arbeitsoberfläche der Schleifscheibe. Je geringer die Wirkrautiefe R_{ts} desto feiner die Oberfläche.

R_{ts} ist einerseits abhängig von der gewählten Scheibenspezifikation, d. h. von der Korngrösse, der Struktur (Porosität) und selbstverständlich vom Kornsplitterverhalten. Andererseits kann die Wirkrautiefe R_{ts} in weiten Bereichen durch das gewählte Konditionierverfahren (Abricht- oder Profilierverfahren) und die verwendete Werkzeugart beeinflusst werden. Klar, dass dabei die dazu vorgegebenen Stellgrössenparameter (Abrichtzustellung, Vorschubgeschwindigkeit, Rollendrehzahl, Rollendrehrichtung zur Schleifscheibe, usw.) dominante Einflussgrössen sind.

R_{ts} ergibt sich ferner auch aus den Prozess-Stellgrössen und der daraus resultierenden Belastungskraft F_{res} an den einzelnen Kornschneiden der Schleifscheibe. Das führt zu der in den meisten Schleifprozessen erwünschten Selbstschärfung. Der momentane Zustand der Rautiefe an der Schleifscheibe lässt Rückschlüsse auf das Standzeitverhalten zu. Es zeigt sich vornehmlich in Form von Kornabstumpfung und kann, sofern keine Selbstschärfung erfolgt, entweder bis zum Scheibenzusammenbruch oder bis zum Drücken ohne Spanbildung führen. Beide Extremsituationen, der Scheibenzusammenbruch oder die vollständige Abstumpfung hinterlassen entsprechende, schlechte und/oder unbrauchbare Oberflächenqualitäten am Werkstück. Stumpfe Scheiben können auch Brand erzeugen!

Hier sei nochmals explizit darauf hingewiesen, dass die Selbstschärfung einer Schleifscheibe nicht identisch ist mit Verschleiss, auch wenn schlussendlich eine Scheibenabnützung dadurch resultiert. Unter dem Begriff „Verschleiss“ versteht man jede übermässige und/oder viel zu rasche Abnützung an der Arbeitsumfläche der Scheibe. Sie ergibt sich normalerweise entweder aus Überlastung wegen falsch gewählter Stellgrössen oder aber - was häufiger der Fall ist - wegen einer zu den gewählten Stellgrössen und Zielvorstellungen (z. B. Abtragsleistung) unpassenden Scheibenspezifikation (allgemeine Richtung „zu weich“). Die Selbstschärfung ist dagegen definiert durch den Gleichgewichtszustand zwischen der äusseren und der inneren Belastung und Belastbarkeit der Schleifscheibe. Dabei gilt dies nicht für die eingesetzte Kornart, sondern vielmehr für die Bindung bzw. für deren Verhalten unter Belastung durch den Schleifprozess. Das Herbeiführen dieses Gleichgewichtszustandes ist gar nicht so einfach. Weiss man aber, welche Einflussgrössen die Belastung der einzelnen Körner „steuern“ (siehe Kapitel 2, 3 und 4), lässt sich die Selbstschärfung problemlos erzeugen. Schleifprozesse, die im Selbstschärfbereich arbeiten, zeigen längere Scheibenstandzeiten, längere Profilhaltung und im Allgemeinen auch gute Oberflächenqualitäten. Sie lassen sich auch wesentlich besser reproduzieren.

Bei Standard-Schleifverfahren wird die notwendige Belastung des Schleifwerkzeuges für eine gezielte Selbstschärfung nur ganz selten erreicht. Durch wiederkehrendes Konditionieren hält man die Scheibe schneidfähig. Das bedingt allerdings die Beherrschung der für das Konditionieren massgebenden Stellgrössen.

5.4 Rautiefenwerte (unterschiedliche Messmethoden)

Die erzeugten Rautiefen sind so gut wie bei allen Schleifaufgaben zumindest eine der angestrebten Zielgrössen. Mitte des vergangenen Jahrhunderts hat man noch öfters die absolute Rautiefe Rt zur Angabe der Oberflächenqualität verwendet. Im Laufe der Zeit entwickelte sich die Einsicht, dass mit Rt kaum eine aussagefähige Qualifizierung möglich ist, weil die Messwerte entlang einer bestimmten Strecke extreme Grössenordnungen annehmen konnten und so das eigentliche Resultat verfälscht wurde.

Geraume Zeit später führte man den so genannten arithmetischen Mittenrauwert Ra ein. Er ist definiert als Mittelwert der bezogenen Werte des modifizierten Profils, bezogen auf die Mittellinie über die Bezugsstrecke *L*. Klingt kompliziert, ist es aber nicht. Man denkt sich eine Mittellinie des Rauheitsprofils in Messrichtung, bei welcher der Teil unter der Mittellinie nach oben geklappt wird. Nun werden die absoluten Werte dieses modifizierten Profils über eine von der Rauheitsgrösse abhängigen Länge mittels einem elektronischen Abtastsystem gemessen.

In der Schweiz war man offensichtlich nicht besonders begeistert von dieser Art der Rauheitsmessung. Das ist sehr gut nachvollziehbar, denn in der Praxis zeigte sich, dass praktisch nicht zweimal hintereinander der gleiche Ra-Wert auf ein und derselben Fläche messbar war. Die Abweichungen stiegen dabei mit zunehmender Rauigkeit. Was viele Praktiker kennen und wissen: Wenn zwei verschiedene Personen dieselbe Oberfläche messen, ergeben sich zum Teil erstaunliche Messwertunterschiede. Das liegt offensichtlich in der Natur dieser Messmethode bzw. deren Auswertung und hat mit der messenden Person nichts zu tun.

Diese Ra-Streuwerte wurden statistisch erfasst und dann in ein der Wirklichkeit entsprechendes neues Bewertungssystem übernommen. Damit war die N-Klassifizierung „geboren" (siehe Bild 5.1). Interessanterweise übernahmen viele deutsche Firme diese, der Realität wesentlich besser angepasste Rauheitsdefinition.

Schon seit einigen Jahren dominiert jedoch der Rz-Wert bei der Rauheitsmessung. Er hat sich als sehr gute Mittelwertsmessung erwiesen und weist deutlich weniger grosse Streutoleranzen auf. Er ist nach ISO als arithmetisches Mittel der Differenzen zwischen den fünf höchsten und den fünf tiefsten Punkten eines Profils innerhalb einer Bezugsstrecke definiert.

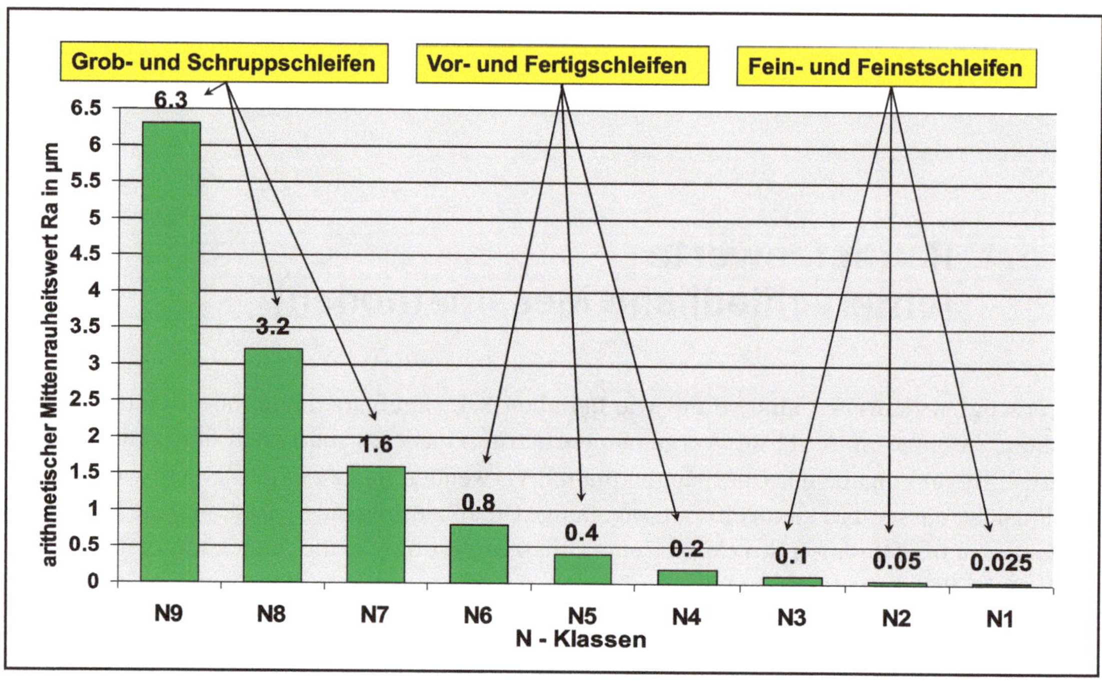

BILD 5.1 Arithmetische Mittenrauwerte – N-Klassen und Ra-Mittelwerte.
Angaben in Ra-Mittelwerten und in N-Klassen (Verwendung in der Schweiz und in Deutschland)

TABELLE 5.1 N-Werte, Ra-Werte und Rz-Werte

Vergleich der N-Klassen mit den Ra-Rauheitswerten in µm				Vergleich der N-Klassen mit den Rz-Rauheitswerten in µm			
N-Klasse	von	Ra-Mittelwert	bis	N-Klasse	von	Rz-Mittelwert	bis
N1	> 0.0187	0,025	0,0375	N1	> 0.125	0,16	0,25
N2	> 0.0375	0,050	0,0750	N2	> 0.250	0,32	0,50
N3	> 0.0750	0,100	0,1500	N3	> 0.500	0,60	1,00
N4	> 0.1500	0,200	0,3000	N4	> 1.000	1,25	2,00
N5	> 0.3000	0,400	0,6000	N5	> 2.000	2,50	4,00
N6	> 0.6000	0,800	1,2000	N6	> 4.000	5,00	8,00
N7	> 1.2000	1,600	2,4000	N7	> 8.000	10,0	16,0
N8	> 2.4000	3,200	4,7500	N8	> 16.00	20,0	32,0
N9	> 4.7500	6,300	9,4000	N9	> 32.00	40,0	64,0

Ra- und Rz-Werte stehen in keinem mathematischen Zusammenhang, so dass keine direkte Umrechnung möglich ist. Die Tabelle 5.1 enthält die Vergleichsgrössen (Grössenbereiche) dieser beiden Rauheitsmessverfahren. Ferner sind auch noch die zugehörigen N-Klassen aufgeführt.

Nun will man sich ja nicht von einer willkürlichen Oberflächenrauheit überraschen lassen, sondern eine bestimmte möglichst zielgenau erzeugen. Der übernächste Punkt bezieht sich auf die dazu gebotenen Massnahmen.

5.5 Wirkbreite b_d von stehenden Abrichtwerkzeugen

Bevor die verschiedenen Abricht- bzw. Konditionierwerkzeuge genauer beschrieben und der für das Konditionieren mit stehenden Diamantwerkzeugen wichtige Überdeckungsgrad U_d behandelt werden kann, muss unbedingt die Wirkbreite b_d der verschiedenen Arten von Abrichtern angesprochen werden. Sie bildet, wie die Formeln 5.1 und 5.2 deutlich zeigen, einen festen Bestandteil im Zusammenhang mit der Berechnung des Überdeckungsgrades U_d. Die Wirkbreite ist keine konstante Grösse, sondern sie ist abhängig vom jeweiligen Diamantwerkzeug. Viele Praktiker beachten diese Tatsache zuwenig, obwohl das erreichbare Ergebnis, nämlich die Wirkrautiefe R_{ts} an der Schleifscheibe und damit die Oberflächengüte am Werkstück, von der Wirkbreite b_d abhängen. Aber erst die gewählte Abricht- oder Vorschubgeschwindigkeit v_{fd} ergibt zusammen mit der Wirkbreite b_d den für eine bestimmte Rauheitsqualität (N-Klasse, Ra oder Rz) massgebenden Überdeckungsgrad.

BILD 5.2 Einkornabrichter

Wie etwas weiter hinten noch gezeigt wird, gilt bei diesem Werkzeug die Grösse bzw. der Durchmesser der Spitzenanflächung als Wirkbreite b_d. Weil sich aber diese Spitze degressiv mit der Anzahl von Abrichtzyklen verändert, müsste korrekterweise diese Anflächung in regelmässigen Abständen gemessen und dann die Vorschub- oder Abrichtgeschwindigkeit v_{fd} so verändert werden, dass der Überdeckungsgrad U_d jenen Wert erreicht, der zur gewünschten Wirkrautiefe R_{ts} und auch zur verlangten Oberflächenqualität am Werkstück führt. Beachtet man die Vergrösserung der Anflächung nicht, kommt irgendwann der Punkt, an dem der Diamant die Scheibenoberfläche nur noch glättet, die Scheibe nicht mehr spant und die Brandtendenz steigt.

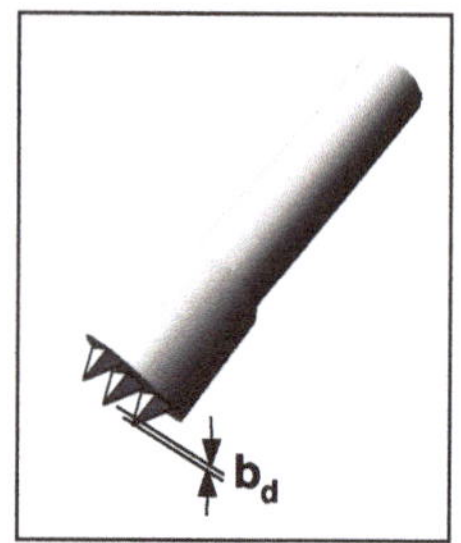

BILD 5.3 Mehrkornabrichter

Bei Mehrkorndiamantwerkzeugen sind im Allgemeinen drei bis vier kleinere Diamanten in Reihe hintereinander angeordnet. Während dem Einsatz nützt sich der erste, vorlaufende Diamant am stärksten ab und die andern entsprechend geringer. Der letzte Diamant, in Vorschubrichtung betrachtet, hält seine Form (Spitze) am längsten. Besonders bei breiten Schleifscheiben ist dies ein wesentlicher Vorteil. Als Wirkbreite setzt man bei Berechnungen die Breite der Anflächung vom letzten, nachlaufenden Diamanten ein, um Diamantspuren auf der Arbeitsumfläche der Schleifscheibe zu vermeiden.

WICHTIG Alle stehenden Diamantabrichtwerkzeuge dürfen grundsätzlich nur in einer Richtung arbeiten, d. h. das Werkzeug wird vor der Schleifscheibe um einen bestimmten Betrag zugestellt (Abrichtzustellung a_d) und dann mit dem zur gewünschten Überdeckung passenden Vorschub (Abrichtgeschwindigkeit v_{fd}) über die Scheibe gefahren. Danach muss eine Rückstellung erfolgen, so dass das Werkzeug beim Rücklauf in die Ausgangsposition keinen Kontakt mehr mit der Schleifscheibe hat. Die Anzahl der Abrichthübe richtet sich nach dem Bedarf.

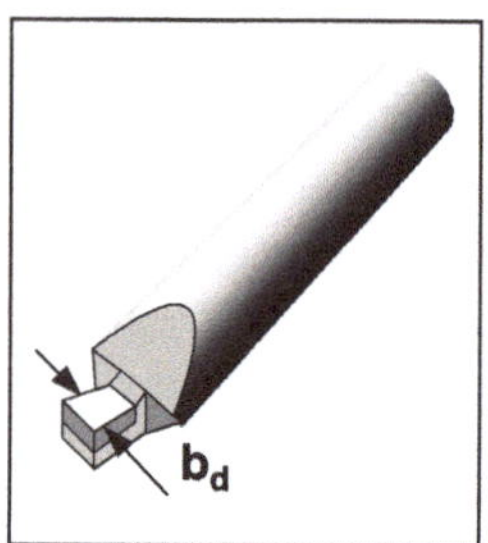

BILD 5.4 PKD-Abrichter

PKD-Abrichter weisen eine relativ grosse Wirkbreite b_d auf. Weil sie – wie Bild 5.4 zeigt – meist eine leicht positive Schneide aufweisen und ihre scharfe Schneide auf der ganzen Breite arbeiten sollte, setzt man diese Konditionierwerkzeuge nur für gerade bzw. flache Scheiben (Flach- oder zylindrischer Rundschliff) ein. Als Wirkbreite b_d gilt selbstverständlich nicht die gesamte Diamantbreite, sondern maximal etwa 60–80 % davon. Für eine beispielsweise 4 mm breite PKD-Platte würde demzufolge für b_d 3 mm in die Formel für den Überdeckungsgrad U_d eingesetzt.

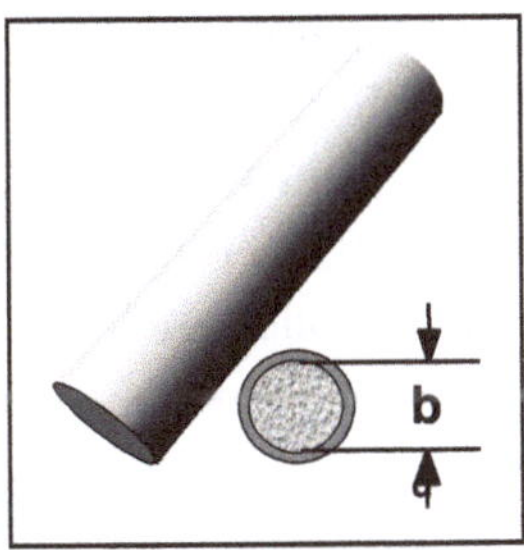

BILD 5.5 Diamant-Igel

Um das, was bei einem Diamant-Igel massgebend für die Festlegung der effektiven Wirkbreite ist, haben sich die Fachleute schon immer gestritten. Logisch überlegt muss man zum Schluss kommen, dass der stochastischen Anordnung der Diamantkörner wegen, der gesamte Durchmesser des Igels als Wirkbreite b_d gelten könnte. Da die Körner innerhalb des gesinterten Diamantzylinders nicht auf der gleichen Höhe liegen, ist es schwierig, bezüglich der im Einsatz stehenden Diamantkörnern, eine exakte Voraussage zu riskieren. Ein Blick auf das Resultat kann deshalb sinnvoll sein.

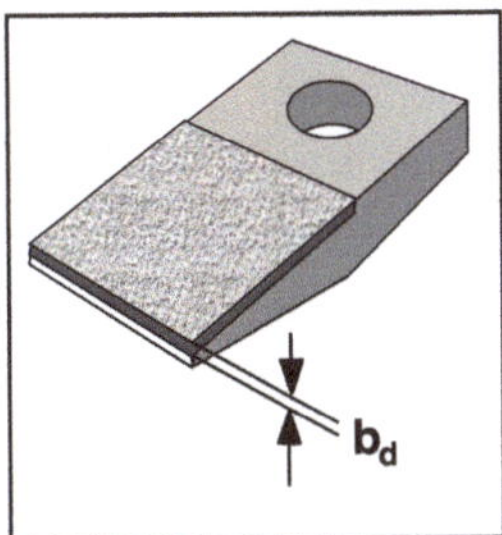

BILD 5.6 Diamant-Fliese

Bei Diamant-Fliesen (Diamantplatten) gilt die Plattendicke als Wirkbreite b_d. Es sind aber in Bezug auf das Resultat (Wirkrautiefe R_{ts} an der Scheibe und Oberflächenrauheit am Werkstück) unbedingt zwei Punkte zu beachten: Erstens muss sich die Fliese mit ihrer Vorderkante (Diamantarbeitsfläche) zuerst einmal der Scheibenrundung anpassen und zweitens ändert sich diese mit abnehmendem Scheibendurchmesser kontinuierlich. Da Diamant-Fliesen kaum für hochharte Schleifstoffe wie CBN und Diamant eingesetzt werden können, sind es so gut wie immer konventionelle Schleifstoffe in keramischer oder in Kunstharzbindung.

Wird nun eine neue Scheibe eingesetzt und die bisher verwendete Diamant-Fliese weiter benützt, so touchiert diese anfänglich die Schleifscheibe nur mit ihren äusseren Kanten. Es dauert somit eine Weile, bis sich diese Anpassung vollzogen hat. Daraus folgt: Je breiter die Diamant-Fliese gewählt wurde und je grösser der Nutzungsbereich an der Scheibe ist, desto länger dauert die Anpassung.

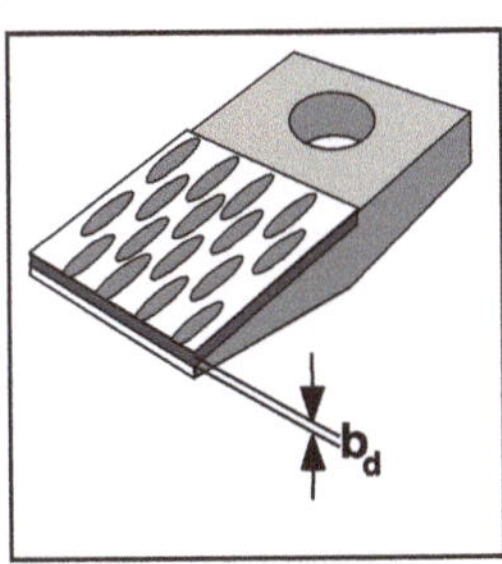

BILD 5.7 Nadel-Fliese

Die Wirkbreite b_d von Diamantnadel-Fliesen genau zu definieren ist äusserst schwierig. Es handelt sich hier bekanntlich um möglichst gleiche Diamantkörner in länglicher Form, welche nach einem vorgegebenen Muster eingesintert und dann als Platte auf den Träger (Diamanthalter) aufgelötet werden. Das Muster und der Versatz der einzelnen Nadeln zueinander wird so gewählt, dass rein theoretisch immer gleich viele Diamanten im Einsatz sind. Die Diamantnadeln sind aber vorne und hinten dünner, als in der Mitte. Deshalb sollte als Wirkbreite b_d die mittlere Nadeldicke gewählt werden (Resultat beachten und ev. korrigieren).

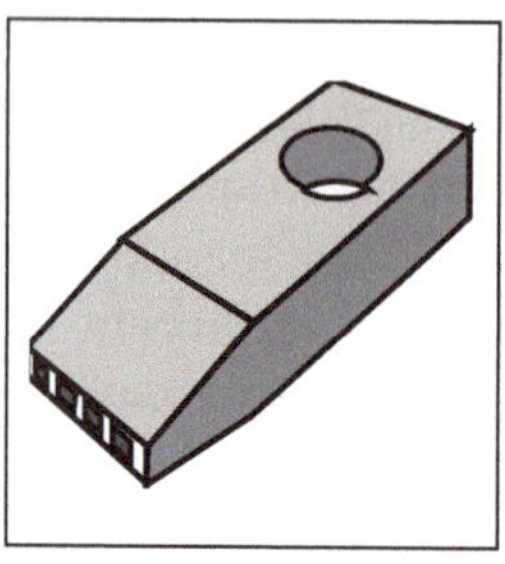

BILD 5.8 MKD-Abrichter

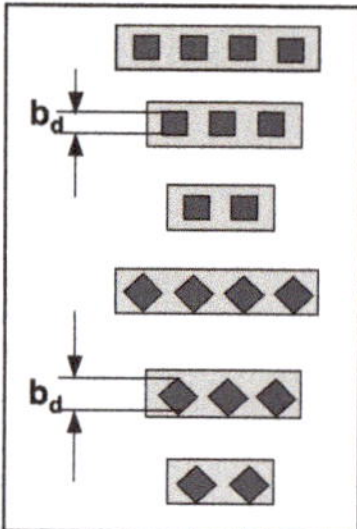

BILD 5.9 Diamantprismen

Bei diesem Konditionierwerkzeug dürfte die Festlegung der Wirkbreite b_{d} nicht schwer fallen. Ganz logisch, die Breite der eingesetzten Diamantprismen ist gleichbedeutend mit der Wirkbreite. Man muss lediglich aufpassen, wie diese in den Halter eingesetzt worden sind. Wie das Bild 5.9 zeigt, können 2, 3 oder auch vier Prismen gerade in Reihe angeordnet sein. Es werden aber auch MKD-Werkzeuge angeboten, deren Diamantprismen über Eck im Halter stecken. Das muss für eine rechnerische Betrachtung unbedingt berücksichtigt werden.

Weshalb das so gemacht wird, ist nicht absolut klar und für den Anwender auch nicht unbedingt von Bedeutung. Aber interessieren würde es einem schon. In einer diesbezüglichen Abhandlung wurde beschrieben, wie aus den in der Retorte zusammengewachsenen Diamantplatten von 0.6 und 0.8 mm Dicke, diese Diamantprismen oder -stäbchen mittels Laserstrahl herausgeschnitten werden. Da sich in der Retorte das Wachstum der Diamanten steuern und beeinflussen lässt, ist es möglich, nach unterschiedlichen „Philosophien" den Widerstand gegen Abnützung zu erhöhen. Das ist ja gewissermassen der „Wunschtraum" eines jeden Anwenders. Die Diamantprismen der einen Hersteller weisen ganz offensichtlich in der geraden Anordnung die grösste Resistenz gegen Abnützung auf und die andern in der Übereckpositionierung. Es gilt nämlich auch bei den MKD-Abrichtern die Einsatzauflage, dass sie immer von derselben Seite her belastet werden sollten. Der diesbezüglich Hinweis zu den anderen stehenden Abricht- bzw. Konditionierwerkzeugen hat somit ebenso volle Gültigkeit für MKD-Werkzeuge.

5.6 Überdeckungsgrad U_d

Eigentlich ist es wichtiger, anstelle der Vorschubgeschwindigkeit v_{fd} des Abrichtwerkzeuges den Überdeckungsgrad U_d zu ermitteln, weil dieser ja die erreichbare Wirkrautiefe R_{ts} und die Oberflächenqualität in Abhängigkeit von v_{fd} definiert:

$$v_{fd} = \frac{b_d \cdot n_s}{U_d} \quad [\text{mm/min}] \tag{5.1}$$

Es bedeuten in der Formel:

b_d = Wirkbreite des stehenden Abrichtwerkzeuges in mm

n_s = Drehzahl der Schleifscheibe in min^{-1}

Für den Überdeckungsgrad U_d ergeben sich folgende Berechnungsmöglichkeiten:

$$U_d = \frac{b_d}{s_d} = \frac{b_d \cdot n_s}{v_{fd}} = \frac{b_d \cdot v_c \cdot 60}{v_{fd} \cdot d_s \cdot \pi} \quad [-] \tag{5.2}$$

Es bedeuten in der Formel:

s_d = Abrichtvorschub pro Scheibenumdrehung in mm/U

v_c = Schnittgeschwindigkeit der Scheibe in m/s

v_{fd} = Abrichtvorschubgeschwindigkeit in mm/min

d_s = Schleifscheibendurchmesser in mm

Der Überdeckungsgrad U_d lässt sich wie folgt den N-Klassen zuordnen:

➔ **- für das Fein- und Feinstschleifen ca. 10 – 12**	**N2 – N3**
➔ **- für das Fertigschleifen ca. 8 – 10**	**N3 – N4**
➔ **- für das Schlichtschleifen ca. 6 – 8**	**N4 – N5**
➔ **- für das Vorschleifen ca. 4 – 6**	**N5 – N6**
➔ **- für das Schruppschleifen ca. 3 – 5**	**N6 – N7**
➔ **- für das Leistungsschleifen ca. 2 – 3**	**N7 – N8**
➔ **- für das Hochleistungsschleifen ca. 1.2 - 1.5**	**N8 – N9**

BILD 5.10 Praktische Werte für den Überdeckungsgrad U_d und entsprechende N-Klassen

Im Grunde genommen dreht sich alles um die so genannte Wirkrautiefe R_{ts} an der Arbeitsumfläche der Schleifscheibe. Das gilt gleichermassen für die stehenden wie auch für drehenden Konditionierwerkzeuge.

Selbstverständlich hat nicht nur der Überdeckungsgrad U_d einen grossen Einfluss auf die Wirkrautiefe R_{ts}, sondern auch die Zustellung a_d oder a_r. Beide bestimmen die erzeugbare Oberflächenqualität am geschliffenen Werkstück. Bezüglich der Grössenordnung von a_d bzw. a_r sind die nachstehende Bedingungen einzuhalten.

5.7 Stehende Konditionierverfahren – Auswirkung auf die Scheibe

Wie hat man sich das, was zwischen dem stehenden Abrichtwerkzeug und der Schleifscheibe bei unterschiedlichen Zustellungen a_d vorzustellen?

Es gibt auch einen Zusammenhang zwischen der Korngrösse (konventionelle Schleifstoffe) und der im nachfolgenden Punkt behandelten Abrichtzustellung a_d.

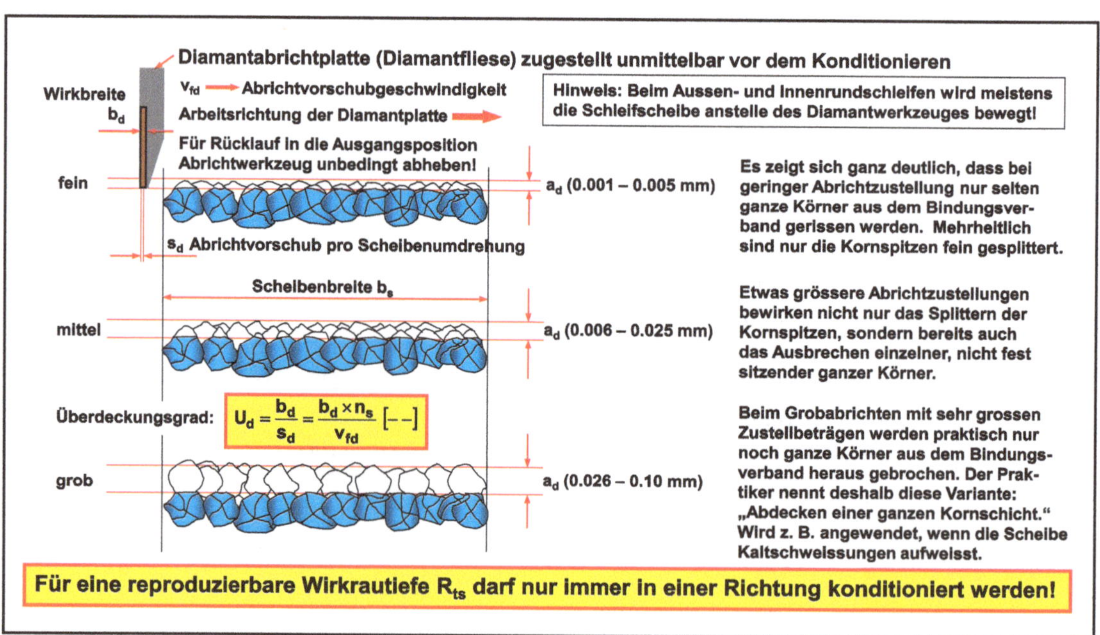

BILD 5.11 Stehende Konditionierverfahren und die Auswirkungen auf die Schleifscheibe

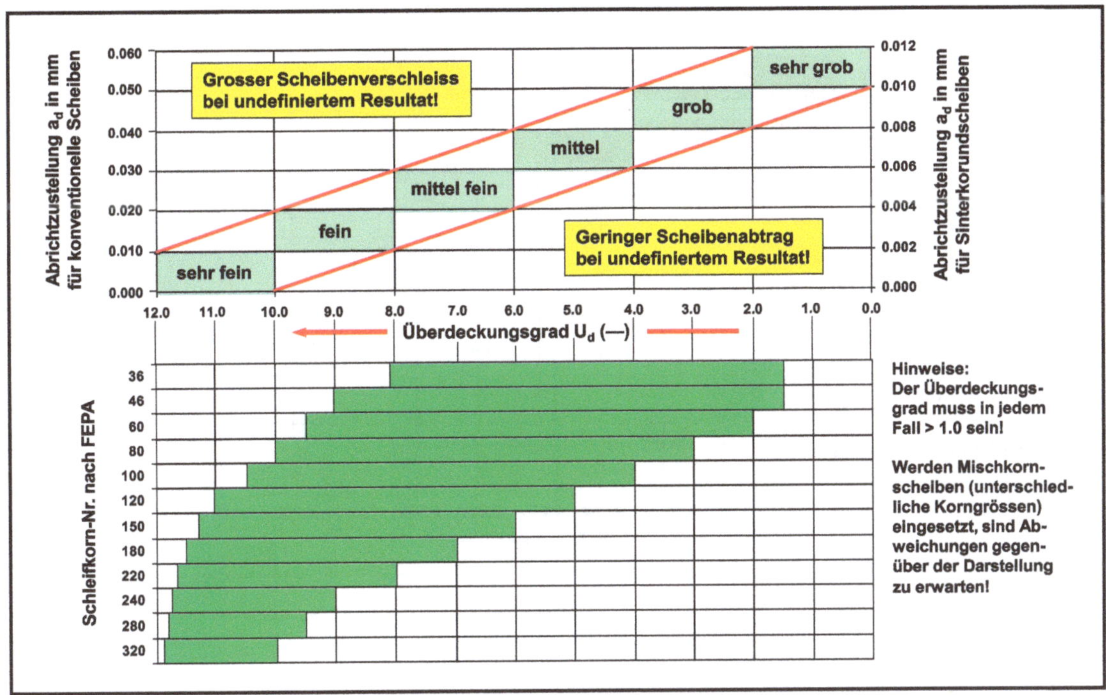

BILD 5.12 Konditionieren mit stehenden Werkzeugen in Abhängigkeit der Korngrösse

5.8 Abrichtzustellung a_d

Es ist gewissermassen ein „heiss umstrittenes Thema“, wenn unter Fachleuten die wertmässigen Grössenordnungen der Abrichtzustellung a_d für stehende Werkzeuge diskutiert wird. Dabei können die Vorgaben doch eigentlich ganz leicht definiert werden. Einerseits ist die zu erzeugende Rautiefe am Werkstück massgebend, weil diese in Anhängigkeit des Überdeckungsgrades U_d vorgegeben und durch die Abrichtvorschubgeschwindigkeit v_{fd} und die Werkzeugwirkbreite b_d, sehr gut bestimmt werden kann. Andererseits kommt die Abrichtzustellung a_d aber in keiner Formel vor, weshalb diese vom Operateur, meist aufgrund seiner Erfahrungen, zu wählen ist. Und eben hier scheiden sich die Geister. Der eine überfährt die Scheibe grundsätzlich mit einer Abrichtzustellung a_d von 0.01 mm, der andere dagegen schwört auf 0.02 mm pro Durchgang. Ja, da kommt auch noch die Frage nach der Anzahl von Durchgängen ins Spiel. Das ist aber noch nicht alles, die zulässige Toleranz am Werkstück (Mass- und/oder Profilhaltigkeit) und dazu die Inhomogenität (ungleiche Abnützung über die Kontaktbreite b_k) konventioneller Schleifscheiben machen die Sache keineswegs leichter.

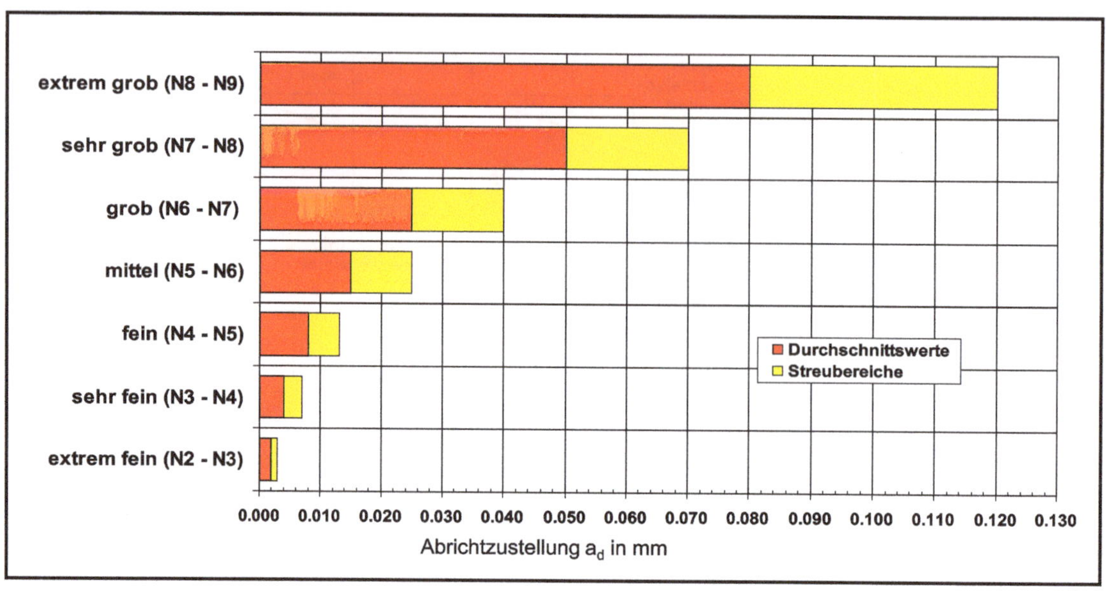

BILD 5.13 Abrichtzustellung a_d in Abhängigkeit der geforderten Rautiefe in N-Klassen. Diagramm gilt nur für konventionelle Schleifscheiben!

Das Bild 5.13 gibt recht gute Hinweise zur zweckmässigen Abrichtzustellung a_d in Abhängigkeit der zu erzeugenden Rautiefe.

Was die Anzahl der Durchgänge betrifft, so sind zwei Punkte ganz besonders zu beachten: Erstens, das Abricht- bzw. Konditionierwerkzeug darf immer nur in einer Richtung arbeiten und zweitens sind im Allgemeinen drei Durchgänge erfahrungsgemäss sinnvoll. Hierzu ist eine Erklärung notwendig: In seiner Dissertation zeigt Theodor J. Averkamp [51], wie sich die fortschreitende Scheibenabnützung unter verschiedenen Spanungsbedingungen (Abtragsleistungen) auf den Konditionierprozess auswirkt. Abhängig von der Zustellung a_e ergibt sich ein völlig ungleiches Bild der anfänglich absolut geraden Scheibenkontur. Um dies nicht nur geometrisch nachweisen zu können, hat er das Konditioniergeräusch aufgenommen und elektronisch gefiltert. Diese Aufzeichnung (Kurve) entsprach in etwa der Unebenheit der abgenützten Scheibe. Seine Überlegung, so viele Durchgänge vorzugeben, bis jeweils immer wieder das genau gleiche Schallspektrum angezeigt wurde, ergab sowohl reproduzierbare Wirkrautiefen R_{ts} an der Scheibe als auch gleiche Leistungsaufnahmen und gleiche Oberflächenqualitäten am Werkstück. Damit war der Beweis erbracht, dass die Abrichtzustellung a_d pro Durchgang keineswegs gross sein muss, aber das Überfahren der Scheibe ist so oft zu wiederholen, bis diese auf der gesamten Breite wieder gleiche Werte liefert. In der Praxis würde man beispielsweise eine bestimmte Anzahl Werkstücke schleifen und die Formabweichung zwischen dem ersten und dem letzten Teil vergleichen. Am Punkt oder im Bereich der grössten Abnützung muss auf jeden Fall noch die volle Abrichttiefe a_d erfolgen. Wäre eine Qualität N4 verlangt, welche mit einem a_d-Wert von 0.01 erreichbar ist, könnten etwa drei Durchgänge notwendig sein.

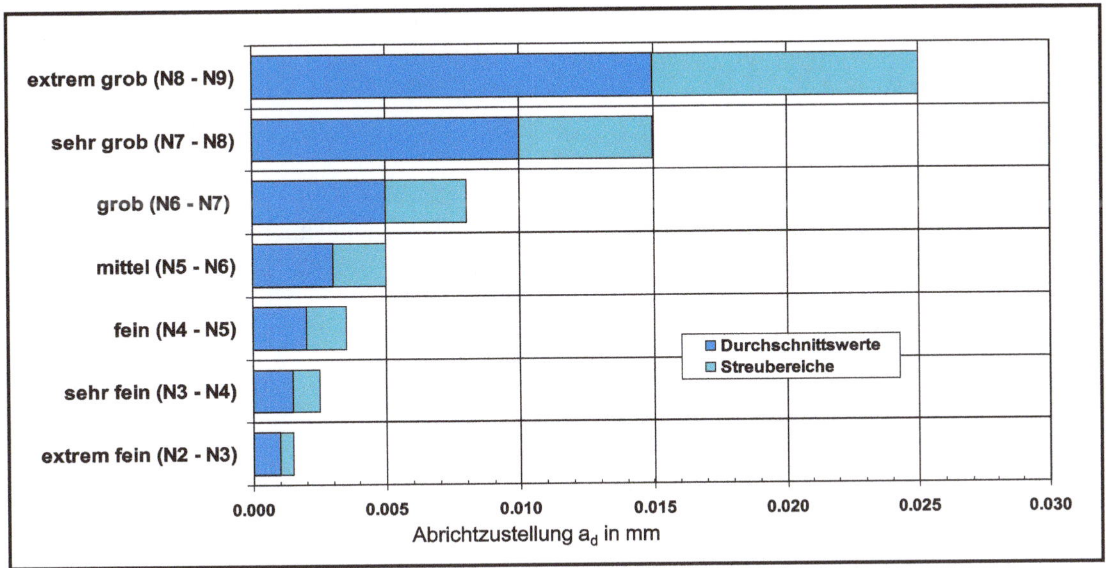

BILD 5.14 Abrichtzustellung a_d in Abhängigkeit der geforderten Rautiefe in N-Klassen. Diagramm gilt nur für 30–50%ige Sinterkorund-Schleifscheiben!

Aus Bild 5.14 geht hervor, dass Sinterkorundscheiben, des speziellen Kornaufbaus wegen, mit wesentlich kleineren Abrichtzustellungen a_d zu konditionieren sind. Bekanntlich kann ein Sinterkorundkorn nie völlig abstumpfen, weil das Splitterverhalten immer sofort neue Schneiden frei gibt. Über den Daumen gepeilt beträgt a_d für Sinterkorund etwa ¼ bis ½ von a_d für konventionelle Schleifstoffe.

5.9 Abricht-Zeitspanvolumen Q_d

Der Schleifscheibenverschleiss besteht aus der Abnützung zwischen zwei Konditionierungen und aus dem durch das Konditionieren abgetragenen Kornvolumen. Wirtschaftlich betrachtet ist es eine äusserst wichtige Angelegenheit. Schleifscheiben sind ja keine billigen Werkzeuge, weshalb man logischerweise immer versuchen wird, eine gute Standzeit zu erzielen. Das kann über die Prozessvorgaben (Stellgrössen) erfolgen, aber auch über die Vorgaben beim Konditionieren.

Das bezogene Zeitspanvolumen Q'_w ist wohl die bekannteste Grössen in Schleifprozessen, um diese leistungsmässig zu beurteilen und zu vergleichen. Wird Q'_w mit der Kontaktbreite b_k multipliziert, ergibt sich das gesamte pro Sekunde abgespante Werkstoffvolumen Q_w (mm^3/s).

Was sehr selten angesprochen wird, ist das Abricht-Zeitspanvolumen Q_d. Th. J. Averkamp [51] geht in seiner Dissertation auf diesen Punkt ein. Allerdings kann man sich darüber streiten, ob er mit seiner Formel

$$Q_d = a_d \cdot s_d \cdot v_{cd} \cdot 1000 \quad [\mathrm{mm}^3/\mathrm{s}] \tag{5.3}$$

richtig liegt, wenn er vom „Abricht-Zeitspanvolumen" spricht, dabei aber lediglich in der Formel sich auf den Abrichtvorschub pro Scheibenumdrehung s_d bezieht.

Es bedeuten in der Formel:

a_d = Abrichtzustellung in mm

s_d = Abrichtvorschub pro Scheibenumdrehung in mm/U

v_{cd} = Schnittgeschwindigkeit der Scheibe beim Abrichten in m/s

Da fremde Formeln grundsätzlich nicht verändert werden sollten, wird hier versucht, Q'_d und Q_d in etwas anderer Weise herzuleiten:

$$Q'_d = a_d \cdot v_{cd} \cdot 1000 \quad [\mathrm{mm}^3/(\mathrm{mm} \cdot \mathrm{s})] \tag{5.4}$$

Die Formel wurde dahingehend verändert, dass jetzt ein Bezug auf einen Millimeter Kontaktbreite b_k besteht. Also vergleichbar mit der Berechnung von Q'_w beim Aussenrundschleifen. Will man aber wissen, was über die Scheibenbreite b_s pro Durchgang abgetragen worden ist, würde die Formel so aussehen:

$$Q_d = a_d \cdot b_s \cdot v_{cd} \cdot 1000 \quad [\mathrm{mm}^3/\mathrm{s}] \tag{5.5}$$

Interessiert einem der gesamte Abtrag pro Konditionierung, muss ähnlich wie beim G-Faktor, der Schleifscheibenverlust V_{sC} (mm^3) berechnet werden. Dazu wird der Scheibendurchmesser d_s (mm) und die Anzahl aktiver Durchgänge i_d (-) noch benötigt. Die Formel sieht dann so aus:

$$V_{sC} = a_d \cdot b_s \cdot i_d \cdot (d_s - a_d \cdot i_d) \cdot \pi \quad [\mathrm{mm}^3] \tag{5.6}$$

Der Klammerausdruck in Formel 5.6 ergibt den mittleren Scheibendurchmesser.

5.10 Einkornabrichtwerkzeuge

Einkornabrichter, mit Naturdiamanten von etwa 0,5–3 Karat bestückt, sind sehr teuer, ganz besonders dann, wenn es sich um so genannte „Nahtsteine" handelt, welche besonders widerstandsfähig gegen Verschleiss sind.

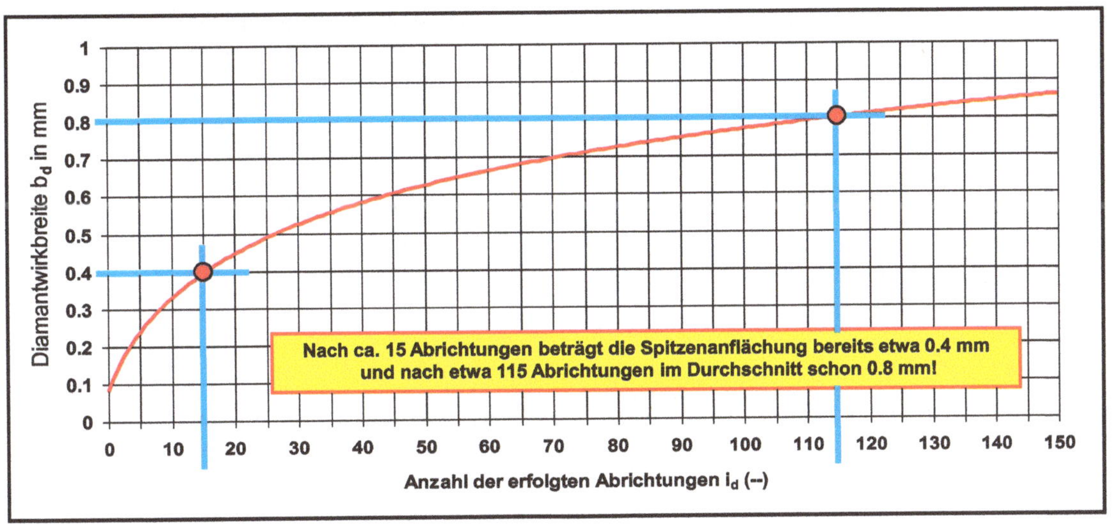

BILD 5.15 Abrichtzustellung a_d in Abhängigkeit der geforderten Rautiefe in N-Klassen. Diagramm gilt nur für 30–50%ige Sinterkorund-Schleifscheiben!

Früher war der Einkornabrichter das meist verwendete Konditionierwerkzeug. Dieses Werkzeug wurde meist so lange eingesetzt, bis die ursprünglich relativ scharfe Spitze (Radius im Neuzustand etwa 0.05–0.2 mm) je nach Diamantgrösse eine Anflächung von mehreren Quadratmillimeter hatte und keine Splitterung der Scheibenkörnern mehr bewirken konnte. Was heisst da „Vergangenheitsform"? In vielen Betrieben kann man genau dieses Vorgehen immer noch antreffen. Dabei hat sich der Einkornabrichter längstens verabschiedet, nicht nur seines Preises wegen, - er wird an der Diamantbörse schon seit Jahren ungeachtet seiner Verunreinigungen wie ein Schmuckdiamant gehandelt -, sondern weil er seine Anflächung konstant aber nicht linear verändert. Das Bild 5.15 zeigt beispielhaft die tendenzielle Anflächungszunahme.

Nützt man Einkornabrichter nicht zu stark ab, so lassen sie sich wenden. Weil sie leicht geneigt zur Drehrichtung montiert sind, wird durch eine Drehung von 180° im Diamanthalter automatisch eine Spitze, oder besser eine Schneide, wieder einsatzbereit. Man sollte sich aber hier keiner Täuschung hingeben. Dieser neue Spitz hat eine relativ kurze Standzeit. Die Tatsache, dass der Einkornabrichter sich ständig in der Wirkbreite b_d verändert, führt unter Umständen schon zu Problemen innerhalb einer einzigen Schleifaufgabe und auch bei einer Reproduktion der Ergebnisse. Man muss deshalb in regelmässigen Abständen den Überdeckungsgrad U_d korrigieren, um noch dieselbe Wirkrautiefe R_{ts} an der Schleifscheibe zu erzeugen. Nur, sobald die Anflächung etwa die Grössenordnung des mittleren Korndurchmessers der verwendeten Schleifscheibe erreicht hat, wird es zunehmend schwieriger, die in Bild 5.10 angegebenen Rautiefen zu halten. Es gibt dann noch zwei Möglichkeiten: Der abgestumpfte Diamant glättet die Scheibenarbeitsfläche, was zu sehr feinen Oberflächen am Werkstück führt. Oder er muss pro

Durchgang so stark zugestellt werden, dass damit – wie der Praktiker zu sagen pflegt – eine ganze Kornschicht abgedeckt wird. Das dürfte aber kaum unter dem Begriff „Präzisionsschleiftechnik“ zu verantworten sein.

Es gibt so viele andere Abrichtdiamantwerkzeuge (siehe Punkt 5.2), die bis zu ihrem vollständigen Verschleiss reproduzierbare Ergebnisse liefern, ohne konstantes Nachführen des Überdeckungsgrades. Einkornabrichter sollten deshalb eigentlich gar nicht mehr zum Einsatz kommen. Wenn doch, dann unter Berücksichtigung der erläuterten Problematik und nur bei extrem guter und ausreichender Kühlung.

BILD 5.16 Eine Auswahl von Einkornabrichtwerkzeugen (Naturdiamanten)

Der Diamant – härtester bekannter Stoff – ist der beste Wärmeleiter und ein hochwertiger Isolator (elektrisch nichtleitend). Er weist eine relativ geringe Wärmeausdehnung auf (α = 1.3 µm/K) und eine Härte von 7'000 Knoop bzw. 70'000 N/mm^2. Problematisch kann dagegen seine Wärmeempfindlichkeit sein, denn unter schleiftechnischen Bedingungen, besonders als Abrichtwerkzeug, wird er hohen Temperaturen ausgesetzt. Steigen diese über etwa 800 °C an, wandelt sich der harte Diamant wieder in sein ursprüngliches Kohlenstoffgitter um. Dann ist er nur noch so hart, wie eine Beistiftmine.

In den Abrichtwerkzeugen sind die Diamanten entweder eingelötet oder eingesintert. Der Diamant leitet unter Abrichtbedingungen die hohe Temperatur schnell in seine Fassung ab. Da diese aber einen bedeutend schlechteren Wärmeleitkoeffizienten besitzt, entsteht um den Diamanten ein Wärmestau, welcher in Hinsicht auf die Standzeit für diesen gefährlich werden kann. Das ist der Grund, weshalb alle Arten von Diamantwerkzeugen sehr gut gekühlt werden müssen. In der Praxis kann man aber immer noch allzu oft „trockene“ Abrichtprozesse beobachten. Dadurch wird der teure Diamant drastisch thermisch geschädigt und nützt sich in kurzer Zeit unvergleichlich stärker ab, als dies mit korrekter Kühlung der Fall wäre. Unter diesem Aspekt könnte in vielen Betrieben gutes Geld gespart werden!

Trotz geringer Wärmeausdehnung α hat diese einen nicht zu vernachlässigenden Einfluss auf das Ergebnis. Wird nämlich die während dem Abrichten tatsächlich herrschende Temperatur im Bereiche von 350 °C bis über 500 °C berücksichtigt, ergibt sich in Abhängigkeit der Scheibenbreite eine zunehmende Diamantausdehnung von mehreren Tausendstelmillimeter. Zählt man die Ausdehnung des Diamanthalters auch noch dazu, können sich Längenveränderungen ergeben, die eine „gerade“ Abrichtung praktisch verunmöglichen. Die Scheibe wird leicht konisch konditioniert, was im Schliffbild meist deutlich zu erkennen ist. Auf einem flachgeschliffenen Teil zeigen sich Längsspuren in genauem Abstand des Quervorschubes. Wird beispielsweise mit einer nicht geometrisch geraden Schleifscheibe eine Magnetplatte überschliffen, was ab und zu durchaus sinnvoll und/oder sogar notwendig sein kann, verringert sich sogar die Haftkraft unter Umständen.

5.11 Geschliffene Formdiamantwerkzeuge

Für Schablonenabrichtgeräte, wie etwa für das Altbekannte und weltweit eingesetzte „Diaform-Gerät", kommen geschliffene Formdiamanten zum Einsatz. Sie haben ein Gewicht von mehreren Karat (1 Karat = 0.2 Gramm) und sind deshalb sehr teuer. Die grossen Steine werden vorne meisselförmig angeschliffen und weisen an der Spitze einen Radius von 0.2–0.5 mm auf. Diese geometrische Formgebung ist wichtig, weil das in die Scheibe einzubringende Profil direkt von einer Schablone abkopiert wird.

Um neue noch flache Scheiben bis nahe an das endgültige Profil vorzuformen, sollte niemals ein neuer oder wenig gebrauchter Formdiamant verwendet werden, sondern entweder ein abgenützter oder ganz einfach ein billigerer Einkornabrichter. Ferner ist darauf zu achten, dass die Zustelltiefe a_d beim Erstellen des definitiven Profils und selbstverständlich auch beim Nachprofilieren möglichst gering ist, damit die Standzeit des sehr teuren Diamantwerkzeuges eine akzeptable Amortisation der Beschaffungskosten gewährleistet. Besonders wichtig ist auch hier die Kühlung, damit die Wärme in ausreichendem Masse abgeführt wird. Werden Profilformen noch von Hand (alte Verfahren) erstellt, indem man einer Schablone entlang fährt, ist auf Gleichmässigkeit des Vorschubes zu achten.

5.12 Mehrkorndiamantwerkzeuge

Mehrkornabrichter werden mehrheitlich zum Abrichten von grossen und/oder breiten Schleifscheiben, wie etwa für das Walzenschleifen, verwendet. Dreikorndiamantwerkzeuge (Bild 5.17 linker Abrichter) setzt man deshalb bevorzugt für breite Scheiben ein, weil der erste Diamant quasi die Vorarbeit leistet und die beiden nachfolgenden Diamanten so wesentlich langsamer der Abnützung unterliegen, wodurch sich die Standzeit des Diamantwerkzeugs massgeblich verlängert. Es können aber auch mehrere kleine Diamanten eingesintert sein (siehe Bild 5.17 Mitte und rechts). Diese Abrichter gehören eigentlich bereits zu den so genannten Diamant-Igeln.

BILD 5.17 Verschiedene Mehrkornabrichter

Übrigens auch zum Konditionieren von grossen Centerless-Schleifscheiben (Spitzenlos-Schleifen) und für das Abrichten der Regelscheibe sind Mehrkorndiamanten noch vielfach im Einsatz. Das hängt mit der Tatsache zusammen, dass einerseits mehrere kleine Diamanten die Wärme aufnehmen müssen und diese relativ gut an ihre Sinterfassung abgeben können, wodurch ein Wärmeschaden weitgehend verhindert wird. Andererseits besteht gerade bei sehr breiten Schleifscheiben die Gefahr des Erzeugens einer Konizität, einmal durch die Abnützung der Diamantspitzen am Werkzeug und dann auch noch durch die Wärmeausdehnung der Diamanten und des Halters (Stahl) sowie der wärmeaufnehmenden Sinterfassung. Mit einem richtig gewählten Mehrkornabrichter (Diamantkorngrösse und Anzahl der Diamanten) lässt sich dieser Problematik aber sehr gut und gezielt entgegenwirken. In der Praxis kann man immer wieder beobachten, dass anstelle eines Mehrkornabrichters ein mehrere Karat grosser, extrem teurer und meist völlig abgenützter Einkornabrichter zum Einsatz gelangt.

5.13 Abrichtplatten (Diamant-Fliesen®)

Abrichtplatten kamen Ende der 60er-Jahre auf den Markt. Die so genannten „Diamant-Fliesen" wurden von der Firma WINTER & SOHN in Hamburg entwickelt und hergestellt. WINTER liess sich diese Art der Konditionierwerkzeuge unter dem oben bereits erwähnten Namen „Diamant-Fliese" schützen. Später war in der allgemeinen Schleiftechnik meist nur noch der Begriff „Abrichtplatte" üblich.

Abrichtplatten werden in unterschiedlichen Diamantkörnungen, Bindungen und Breiten angeboten. Der Anwender ist gut beraten, wenn er im Falle eines beabsichtigten Einsatzes von Diamant-Fliesen mit dem Hersteller oder Lieferanten Kontakt aufnimmt. Nur richtig gewählte, auf die gesamten Prozessvorgaben und ganz speziell auf die eingesetzte Schleifscheibe abgestimmte Fliesen erfüllen die an sie gestellten Anforderungen.

Obwohl die Abrichtplatte vorne gerade ist, passt sie sich schon nach wenigen Überläufen der Schleifscheibenrundung an. Als massgebende Wirkbreite b_d gilt die Belagsdicke. Diese hängt, wie die Plattenbreite und die Diamantkorngrösse, vom Scheibendurchmesser und der Kornart ab.

Die kleinen, normalerweise ungebrochenen Diamantkörner (Korngrössen von etwa D501–D1181) sind in einer Hartmetall- oder in einer Wolframbindung eingesintert, wobei die Wirkbreite b_d zwischen 0.75 und 1.4 mm variiert. Die Kornbindung wird in Abhängigkeit der Scheibenspezifikation festgelegt. Hierzu ist unbedingt ein Blick in den Herstellerkatalog zu empfehlen. Ferner sind auch so genannte Nadel-Fliesen® erhältlich, welche mit „handverlesenen" Diamantnadeln in einem ganz bestimmten Muster bestückt sind. Seit jedoch die MKD-Abrichter auf den Markt kamen, werden die sehr teuren Nadel-Fliesen nur noch in ganz speziellen Fällen eingesetzt.

Das gilt selbstverständlich auch für die Plattenbreite. Wie in Bild 5.18 ersichtlich, werden unterschiedliche Breiten angeboten. Für grosse Scheibendurchmesser wählt man breitere Diamant-Fliesen als für kleinere. Das hängt damit zusammen, dass die Fliese sich der Scheibenrundung ja anpassen muss.

BILD 5.18 Verschiedene Abrichtplatten (Fliesen®)

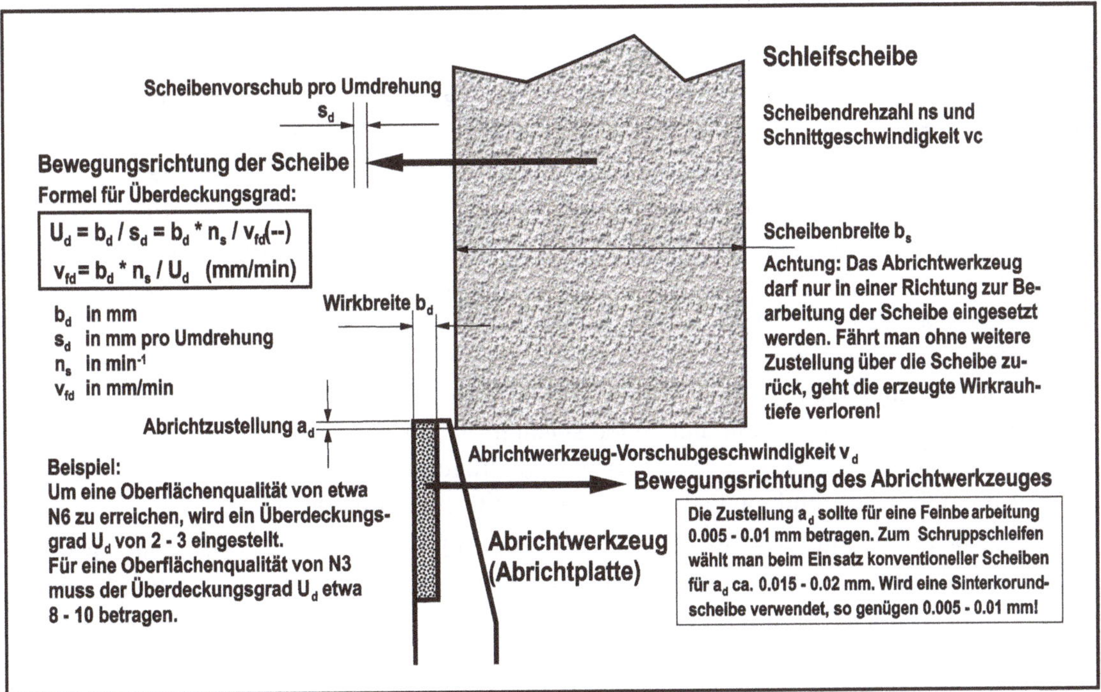

BILD 5.19 Abrichten bzw. Konditionieren mittels einer Abrichtplatte (Diamant-Fliese)

WICHTIG Die Abrichtrichtung muss immer so sein, dass die Platte von ihrer Rückseite her arbeitet. Grund dafür ist, dass man ja jene Wirkrautiefe an der Scheibe haben möchte die von den Diamanten erzeugt wurde, nicht jene vom Halter.

Eine Besonderheit unter den Abrichtplatten stellt die so genannte Nadelfliese® dar. Ausgelesene kleine Diamantnadeln werden von Hand in einer vorgegebenen Matrix gesetzt und eingesintert. Die spezielle Anordnung soll während der fortschreitenden Abnützung durch den Konditioniervorgang – rein statistisch betrachtet – immer gleichviel Diamantanteil im Kontakt mit der Schleifscheibe garantieren. Dadurch verspricht man sich eine über den gesamten Nutzungsbereich gleichbleibende Wirkrautiefe R_{ts} bei jeweils unveränderten Abrichtvorgaben. Seit die MKD-Abrichtwerkzeuge (siehe Punkt 5.17) auf dem Markt sind, ist es still geworden um die Nadelfliesen. Das mag am prinzipiell gleichen Verhalten der Werkzeuge liegen. Ferner sind Nadelfliesen® teurer, als MKD-Werkzeuge.

5.14 Anordnung und Arbeitsrichtung stehender Abrichtwerkzeuge

Nachfolgend wird gezeigt, wie Einkornabrichter geneigt sein sollten, damit keine regenerativen Schwingungen erzeugt werden, welche als feines „Rattermarkenbild“ in der geschliffenen Oberfläche des Werkstücks zu erkennen wären. Die Scheibe dreht gewissermassen „ziehend“ unter der Diamantspitze durch.

Damit ist aber auch noch ein anderer, äusserst zweckmässiger Effekt verbunden. Wird die Diamantspitze in regelmässigen Abständen auf ihre Anflächungsgrösse untersucht und stellt man dabei einen Flächendurchmesser > 1 mm fest, sollte der Abrichter gelöst, um 180° gedreht und wieder festgemacht werden. Dadurch kann für eine begrenzte Zeit wieder eine einigermassen scharfe Spitze zum Einsatz gelangen. Dieses Prozedere kann mit Nahtsteinen mehrmals durchgeführt werden. Trotzdem sollte man einen solchen Diamanten nicht zu stark abnützen, denn der Lieferant oder Hersteller ist in der Lage, abgenützte Nahtsteine zu „wenden“. Sie werden aus der Bindung gelöst und umgekehrt wieder eingelötet oder eingesintert.

Genauso, wie Einkornabrichter nur immer in derselben Richtung und niemals ohne Zustellung über die abzurichtende Scheibe geführt werden sollten, gilt auch für Abrichtplatten (Diamant-Fliesen) eine wichtige Richtungsvorschrift: Abrichtplatten sind immer mit der Rückseite voraus über die Scheibe zu fahren. Dadurch wird sichergestellt, dass die Diamanten die Wirkrautiefe R_{ts} bestimmen und nicht der Halter der Platte. Ferner sollten auch Fliesen niemals ohne Zustellung die Schleifscheibe überfahren, es sei denn, R_{ts} soll so gering wie nur möglich sein.

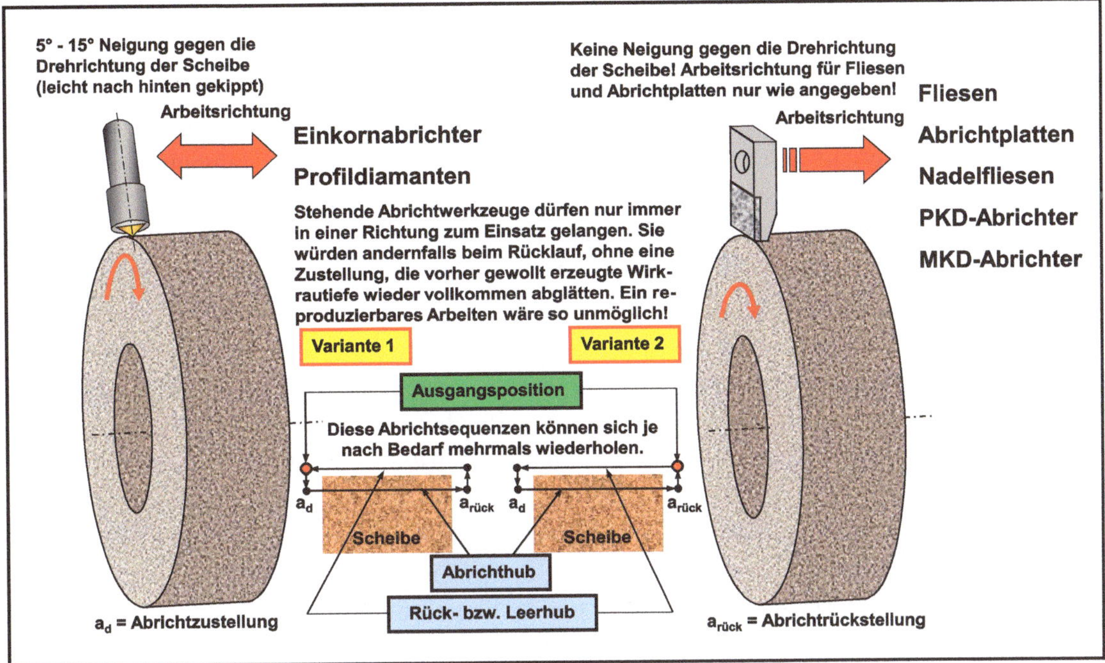

BILD 5.20 Ein- und Mehrkorn-Abrichtwerkzeuge und die Abrichtsteuerung

5.15 Diamant-Igel

Diamant-Igel bestehen aus einem in einen Stahlhalter eingesetzten Zylinder mit eingesinterten Diamantkörnern. Die Grösse der Diamantkörner, der Zylinderdurchmesser, welcher in etwa der Wirkbreite b_d entspricht, und die verwendete Bindung hängen, wie bei Diamant-Fliesen, von den Einsatzbedingungen ab. Von grosser Bedeutung ist die Scheibenart und deren Dimensionen. Verwendet werden Igel mit gutem Erfolg für Standardschleifaufgaben sowie für das Konditionieren von grossen und/oder breiten Schleifscheiben. Die erzeugbare Wirkrautiefe R_{ts} bleibt über die gesamte Nutzungslänge praktisch so lange konstant, bis die Abrichtstellgrössen verändert werden. Auch bei den Diamant-Igeln sollte man den Hersteller oder Lieferanten konsultieren. Er ist in der Lage, die beste zu den Vorgaben passende Art und Grösse dieses Werkzeuges zu empfehlen.

5.16 PKD-Abrichtwerkzeuge

PKD-Abrichtwerkzeuge sind nicht gerade billig, sie weisen aber dafür Vorteile auf, welche bei keinem anderem Abrichtwerkzeug in dieser Art zu finden sind. Auf einem Stahlhalter ist - ähnlich einem Drehstahl - eine kleine polykristalline Diamantplatte aufgelötet. Ihre Arbeitskante, oder besser „Arbeitsschneide", ist messerscharf und, was ganz bestimmt überrascht, leicht positiv ausgerichtet. Beim Drehen oder Fräsen würde man von einem positiven Schneidenwinkel sprechen.

Dieses Diamantwerkzeug ist in besonders starkem Masse in der Lage, die Körner der Schleifscheibe gezielt sehr fein und nahezu auf gleicher Höhe zu splittern. Man setzt PKD-Abrichtwerkzeug dann ein, wenn feinkörnige Scheiben mit einer extrem kleinen Wirkrautiefe R_{ts} abzurichten sind. Die Abrichtzustellung a_d und das Aufmass werden üblicherweise mit nur wenigen Tausendstelmillimeter gewählt. Die erzeugbaren Oberflächenqualitäten am Werkstück sind entsprechend gut.

Man wird PKD-Abrichter im Allgemeinen nur für die Konditionierung von Schleifscheiben für das Fein- und Feinstschleifen verwenden. Grobkörnige Scheiben sowie grössere Abrichtzustellungen würden einen PKD-Abrichter viel zu schnell verschleissen. Die feinzuschleifenden Werkstücke müssen deshalb bis kurz vor das Fertigmass bereits vorgeschliffen sein. Für SiC- und hochharte Schleifstoffe ist dieses Abricht- bzw. Konditionierwerkzeug völlig ungeeignet!

Die Befestigung erfolgt - vergleichbar mit einem Einkorn-Abrichter - im vorhandenen Diamanthalter der Schleifmaschine.

Komisch scheint, dass dieses Abrichtwerkzeug in Vergessenheit geraten ist, obwohl gerade damit viele Fein- und Feinstschleifprobleme leicht zu bewältigen wären.

5.17 MKD-Platten mit monokristallinen Diamantprismen

MKD-Abrichter gehören wohl zu den modernsten Konditionierwerkzeugen. Sie sind erst seit einigen Jahren auf dem Markt und deshalb auch bei vielen Anwendern unbekannt.

Aus einer monokristallinen Diamantplatte schneidet man dünne Stäbchen in der Grösse von 0.6 × 0.6 mm oder 0.8 × 0.8 mm, welche in einen Stahlhalter eingesetzt werden. Dieses Abrichtwerkzeug sieht ähnlich aus, wie eine Abrichtplatte (Kornfliese). Anstelle der einzelnen Diamantkörner sind 2, 3 oder 4 solcher Diamantprismen in Reihe entweder parallel zur Arbeitsrichtung oder um 45° gedreht dazu im Halter angeordnet. Die Anzahl Stäbchen richtet sich nach dem Durchmesser der Schleifscheibe und/oder nach den Einsatzbedingungen. Hier geben im Einzelfall die Hersteller oder die Lieferanten gerne Auskunft über das richtige Abricht- bzw. Konditionierwerkzeug aus ihrer Angebotspalette.

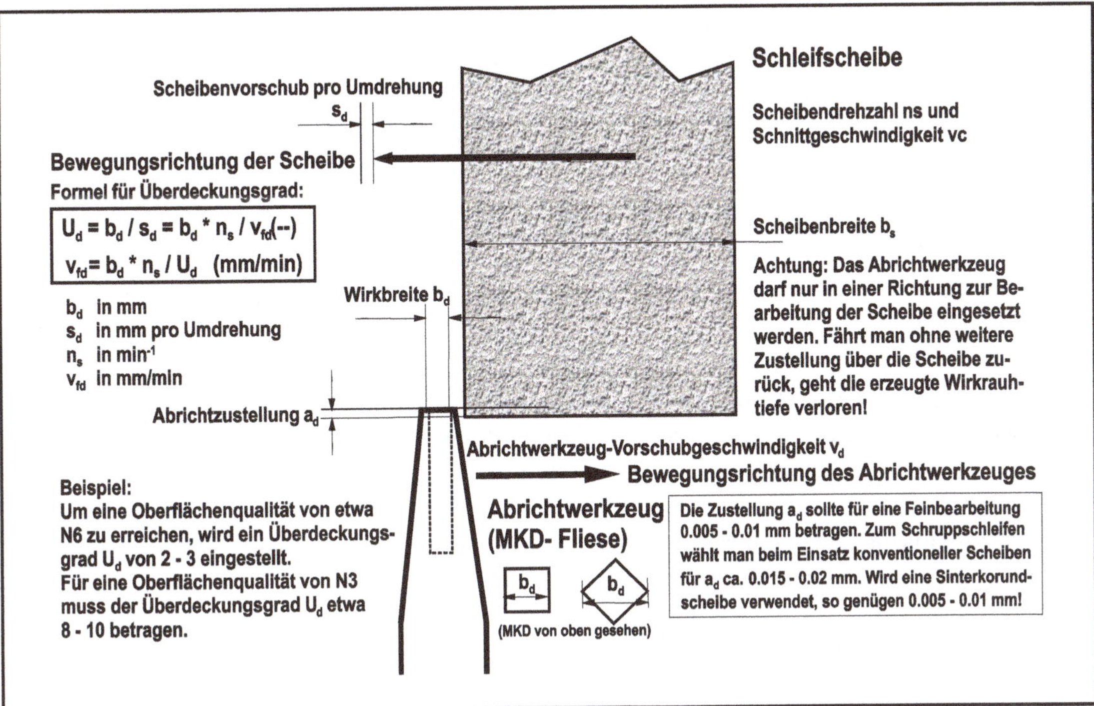

BILD 5.21 Abrichten bzw. Konditionieren mit MKD-Abrichter

Vergleichbar mit Kornfliesen werden auch die MKD-Abrichter senkrecht zur Abrichtfläche montiert. Es lassen sich damit einfache, flache Profilformen erzeugen. Die Arbeitsrichtung spielt keine Rolle, muss aber – einmal festgelegt – beim gleichen Werkzeug immer beibehalten werden, wegen des besonderen Splitterverhaltens der Diamantstäbchen (Zustellung a_d = 0.002–0.005 mm). Für SiC- und hochharte Scheiben ist dieses Abricht- bzw. Konditionierwerkzeug nicht oder bestenfalls nur bedingt geeignet.

Der grosse Vorteil von MKD-Abrichtern ist die bis zur vollständigen Abnützung gleichbleibende erzeugbare Wirkrautiefe R_{ts}, sofern die Abrichtbedingungen (Abrichtzustellung a_d, Vorschubgeschwindigkeit v_{fd}, Überdeckungsgrad U_d) nicht verändert werden. Zudem sollte immer die gleiche Abrichtrichtung beibehalten werden und ein Rücklauf in die Ausgangsposition ohne Zustellung ist tunlichst zu vermeiden. Die Diamantprismen würden dabei nur unnötig erhitzt (Reibung) und die erzeugte – und wahrscheinlich ja auch erwartete – Wirkrautiefe R_{ts} an der Scheibe hätte einen undefinierbaren Wert. Aber eben, man könnte mit Fug und Recht behaupten, dass MKD-Abrichter heute in den meisten Anwendungsfällen zu den zweckmässigsten Konditionierwerkzeugen gehören.

5.18 Diamant-Abrichtleiste mit galvanischer Bindung

Dieses Konditionierwerkzeug fristet komischerweise ein „Nischendasein“, obwohl es für viele Anwendungen bzw. für viele Schleifaufgaben die einfachste, beste und erst noch billigste Lösung darstellen würde.

Soll z. B. eine 30 mm breite Schleifscheibe schnell und ohne die Schleifzeit zu belasten flach abgerichtet werden, bietet sich eine Diamant-Abrichtleiste an. Da der Maschinentisch üblicherweise für den Werkstückwechsel nach rechts ausfährt, positioniert man die Leiste in diesem Bereich, ausserhalb des normalen Pendel- oder Tiefschleifbereichs. Die abgenützte Schleifscheibe wird nach Bedarf dann vor der Leiste zugestellt. Sobald der Tisch wieder einfährt, wird die Scheibe gleichzeitig wieder frisch abgerichtet. Die Höhenpositionierung der Diamant-Leiste in Bezug zum Werkstück richtet sich nach dessen Schleifzugabe. Die Diamant-Leiste ist um ein Mehrfaches länger als die Scheibenbreite und wird quer zur Schleifrichtung auf dem Tisch oder einer höhenverstellbaren Einrichtung befestigt.

BILD 5.22 Diamant-Abrichtleiste

Ist eine Spur (entspricht der Scheibenbreite) auf der Leiste abgenützt, wird diese ganz einfach um etwas mehr als die Scheibenbreite versetzt, und schon ist wieder ein neuer Bereich nutzbar. Damit eine gute Diamantkornüberdeckung besteht und keine Ritzspuren auf dem Werkstück sichtbar sind, sollte beispielsweise für einen Schleifscheibendurchmesser von 300–400 mm eine Leistenbreite von 30–35 mm gewählt werden. Die optimale Breite hängt aber letztendlich von der eingestellten Tischgeschwindigkeit und von der Drehzahl der Schleifscheibe ab. Es sollten sich – rechnerisch betrachtet – mindestens 2–3 ganze Scheibenumdrehungen ergeben, wenn diese über die Diamant-Leiste fährt. Damit aber die Leiste, je nach den gegebenen Verhältnissen, nicht zu breit wird, lässt sich bei moderneren Flachschleifmaschinen (mit elektrischen Antrieben) die Tischgeschwindigkeit für den Bereich des Überfahrens (zum Konditionieren) reduzieren.

Bekanntlich lassen sich CBN-Scheiben durch mehrmaliges Überfahren eines geraden, weichen Stahlstücks „abrichten“ und öffnen. Vom Prinzip her ist die Anordnung und das Vorgehen vergleichbar mit jenem einer Abricht-Leiste. Die so erreichbare Geradheit hängt vom Zustand der Scheibe und der Abricht-Leiste ab.

Alternativ dazu hat sich in der Praxis die Diamant-Leiste zum Flachabrichten von CBN-Scheiben sehr gut bewährt. Bekanntlich lassen sich solche hochharten Schleifstoffe mit den anderen stehenden Diamantwerkzeugen nicht oder bestenfalls bedingt und meist nur mit hohem Diamantverschleiss konditionieren. Hier bietet sich die Diamant-Leiste in direkt idealer Weise an. Sie ist günstig und kann wieder neu belegt werden.

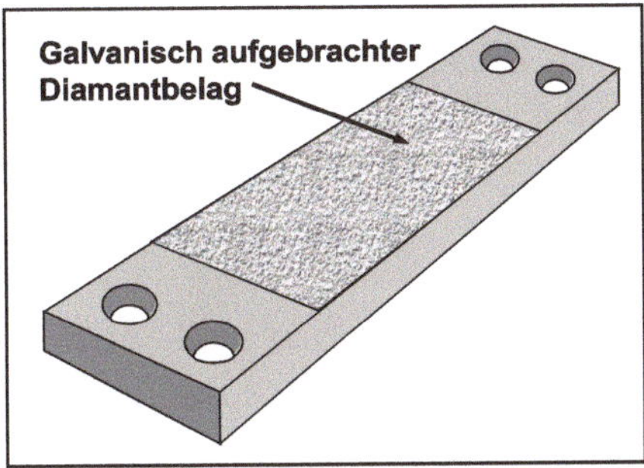

BILD 5.23 Diamant-Leiste galvanisch belegt

Findige „Köpfe" haben bereits begriffen, dass eine Diamant-Leiste auch als Diamant-Block (Punkt 5.19) mit einem Profil hergestellt werden könnte. Das ist die weitaus billigste Methode, auf einfachen Flachschleifmaschinen auch Profilformen bearbeiten zu können. Selbstverständlich ist dann ein Querversatz nicht möglich, es sei denn, man bringt mehr als ein Profil in den Block ein. Die kleinen Diamanten des Belags sind auch bei einem solchen Block galvanisch aufgebracht.

WICHTIG Um den Verschleiss der Diamant-Leiste so gering wie möglich zu halten, dürfen die Abrichtzustellbeträge 0.01–0.02 mm für konventionelle Schleifstoffe nicht überschreiten. Für Hochharte Schleifstoffe sollten es nicht mehr als 0.002–0.005 mm maximal sein. Ferner ist auf optimale Kühlung zu achten!

5.19 Diamant-Block handgesetzt oder galvanisch belegt

Sind Profile mit nicht allzu hohen Genauigkeitsansprüchen zu schleifen, muss nicht unbedingt eine teure Rollenprofilier-Einrichtung auf der Schleifmaschine installiert sein. Wie oben bereits angesprochen, erweist sich ein galvanisch belegter Diamant-Block als preisgünstige Profilieralternative auf einfachen Flachschleifmaschinen. Zumal der Tischantrieb heute auch an solchen Maschinen motorisch und nicht mehr hydraulisch erfolgt und deshalb in weiten Bereichen

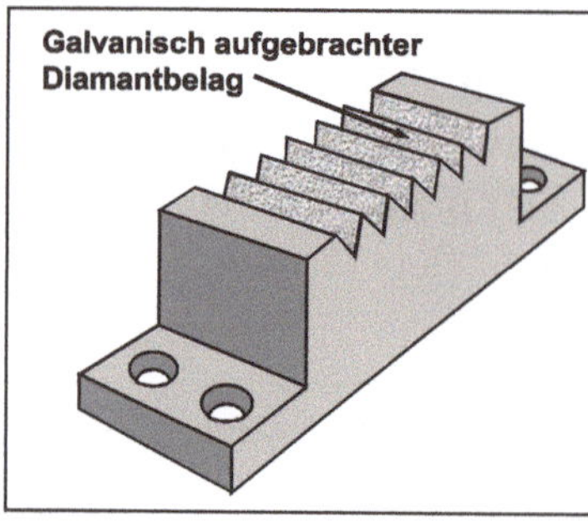

BILD 5.24 Diamant-Profilblock galvanisch belegt

ruckfrei in der Längsgeschwindigkeit regulierbar ist, kann man ohne spezielle, teure Zusatzeinrichtungen mit einem einfachen Diamant-Block Profile schleifen. Logischerweise sind den erzeugbaren Oberflächenqualitäten und den geometrischen Genauigkeiten (Formtoleranzen) gewisse Grenzen gesetzt. Trotzdem gibt es viele Teile, für welche teure Formfräser notwendig wären, um ein Profil auf eine gute Massgenauigkeit zu fertigen. Wiederbelegbare Diamant-Profilblöcke sind im Vergleich dazu wesentlich günstiger und setzen zudem keine speziell eingerichtete Flach-Profilschleifmaschine voraus. Beim Block wird das Profil um die galvanisch aufzubringende Kornschichtdicke tiefer genau vorbearbeitet. Ist der Diamantbelag abgenützt, kann er „abgenickelt" und wieder frisch aufgebracht werden.

Normalerweise wird der Diamantbelag bei den Diamant-Blöcken, genau gleich wie bei den Diamant-Leisten, auch galvanisch aufgebracht. In Sonderfällen kann sich aber durchaus auch ein handgesetzter Diamantblock bezahlt machen. Er ist zwar unvergleichlich teurer wegen dem Diamantanteil und dem Belegungsaufwand. Dafür kann er auf eine hohe Genauigkeit vorgeschliffen werden und weist eine wesentlich längere Standzeit auf.

Der Hinweis am Schluss von Punkt 5.18 gilt selbstverständlich vollumfänglich auch für Diamant-Profilblöcke.

5.20 Drehende Konditionierverfahren

Bis jetzt wurden die so genannten „stehenden" Konditionierverfahren besprochen und ihre typischen Eigenschaften erläutert und erklärt. Sie dominieren in der schleiftechnischen Zerspanung ganz eindeutig gegenüber den „drehenden" Verfahren. Das nicht etwa, weil sie besser oder billiger sind, sondern weil es weit mehr Anwendungen (Schleifaufgaben) gibt, deren Schleifscheiben ganz oder teilweise flach abgerichtet sein müssen (Flachschleifen, Aussen- und Innenrundschleifen, Spitzenlosschleifen).

In der Folge werden nun diejenigen Konditionierverfahren behandelt, bei welchen ausnahmslos drehende Werkzeuge zum Einsatz kommen. Dabei handelt es sich bei den Diamanttopfscheiben (übernächster Punkt) wohl um ein drehendes Werkzeug, welches aber nur für das gerade Abrichten Verwendung findet. Die anderen drehenden Konditionierverfahren werden dagegen für Anwendungen eingesetzt, die irgendein Profil aufweisen. Es sind dies das Crushieren mittels Stahl- oder Hartmetallrollen, das Rolldiamantieren mit diamantbelegten Rollen und das bahngesteuerte Profilieren mit Diamant-Spitzscheiben. Nur in seltenen Fällen setzt man eines dieser Werkzeuge zum Konditionieren von Scheiben für das Schleifen gerader Flächen oder zylindrischer Partien ein.

Weil sowohl beim Konditionieren mit Diamanttopfscheiben wie auch bei allen anderen genannten Verfahren die Zustellung a_r pro Scheibenumdrehung eine äusserst wichtige Rolle spielt, wird sie zusammen mit der Zustellgeschwindigkeit v_{fd}, dem bezogenen Konditionier-Zeitspanvolumen Q'_d und dem gesamten Q_d vorweg im nächsten Punkt eingehend behandelt.

5.21 Rollenzustellung, Zustellgeschwindigkeit und Zeitspanvolumen

Bei drehenden Konditionierverfahren bezieht sich a_r auf die Zustellung pro Scheibenumdrehung. Dabei fällt auf, dass sich die Grössenordnungen von a_r in Abhängigkeit des jeweiligen Verfahrens stark unterscheiden. Nachfolgend die wichtigsten Zustellwertebereiche:

Diamanttopfscheiben:	fein	a_r = 2.0–5.0 µm
	grob	a_r = 5.0–10.0 µm
Crushierrollen (Stahl und Hartmetall):	fein	a_r = 3.0–5.0 µm
	grob	a_r = 10.0–30.0 µm
Diamantrollen (verschiedene Belagsarten):	fein	a_r = 0.1–0.15 µm
	grob	a_r = 1.5–3.0 µm
Diamantspitzscheiben (versch. Belagsarten):	fein	a_r = 0.5–1.0 µm
	grob	a_r = 1.5–2.5 µm
Continuous Dressing (handgesetzte Dia-Rollen):	fein	a_r = 0.1–0.2 µm
	grob	a_r = 0.2–0.5 µm

Die beiden folgenden Hinweise sind unbedingt zu beachten, weil sonst einerseits keine vertretbare Wirtschaftlichkeit und andererseits nicht die angestrebte Oberflächenrauheit erzielbar wären. Die a_r-Angaben (Verkleinerungsmultiplikator) beziehen sich hier auf die oben aufgeführten Durchschnittswerte von a_r.

Einsatz von Sinterkorund-Schleifscheiben (Bild 5.12): a_r = 2–5mal kleiner

Einsatz von hochharten Schleifstoffen (Diamant, CBN): a_r = 2–5mal kleiner.

Ferner muss man berücksichtigen, dass die Korngrösse im Falle eines Crushierverfahrens um 3–5 Stufen feiner zu wählen ist, weil ja mehrheitlich dabei immer ganze Körner aus dem Bindungsverband gedrückt werden. Würde man für das Schleifen einer bestimmten Profilform, bei welcher die Schleifscheibe mittels einer Diamantrolle profiliert wird, eine Korngrösse 60 einsetzen, müsste für dieselbe Schleifaufgabe, aber profiliert mit einer Crushierrolle, die Korngrösse 90–120 zur Anwendung gelangen. Andernfalls ergäbe sich eine zu aggressive Scheibe und als Folge davon auch eine zu raue Oberfläche am Werkstück.

An den meisten Schleifmaschinen lässt sich nicht die Zustellung pro Scheibenumdrehung a_r einstellen, sondern nur die Zustellgeschwindigkeit v_{fd}. Diese kann man wie folgt berechnen, wenn der a_r-Wert in µm eingesetzt wird (siehe oben):

$$v_{fd} = \frac{a_r \cdot n_s}{1000} \quad [\text{mm/min}] \qquad (5.7)$$

Steht die Zustellung pro Scheibenumdrehung a_r in mm zur Verfügung, heisst es:

$$v_{fd} = a_r \cdot n_s \quad [\text{mm/min}] \qquad (5.8)$$

Da beim Crushieren als auch beim Rolldiamantieren in den meisten Fällen Profile erzeugt werden, ist das auf 1 mm Kontaktbreite bezogene Konditionier-Zeitspanvolumen Q'_d kaum von Interesse, Q_d dagegen schon eher. Beide Grössen sind aber von der Profilform abhängig, weshalb die gestreckte Profillänge l_P in die Formel 5.10 einzusetzen ist:

$$Q'_d = a_r \cdot v_{cd} \cdot 1000 \quad [\text{mm}^3/(\text{mm} \cdot \text{s})] \qquad (5.9)$$

$$Q_d = a_r \cdot l_P \cdot v_{cd} \cdot 1000 \quad [\text{mm}^3/\text{s}] \qquad (5.10)$$

Es bedeuten in den Formeln:

a_r = Zustellung (Konditioniertiefe) pro Scheibenumdrehung in µm oder mm

l_P = gestreckte Profillänge in mm

n_s = Drehzahl der Schleifscheibe in min^{-1}

v_{cd} = Umfangsgeschwindigkeit der Scheibe beim Einrollen in m/s

Im Vergleich zum Q'_w und Q_w beim Schleifen würde eine Nachrechnung, hinsichtlich dem Wert von Q'_d und Q_d beim Profilieren mit Rollen, äusserst interessante, ja sogar erstaunliche Werte liefern.

5.22 Diamant-Topfscheiben mit Druckluftantrieb

Ganz besonders kleine Schleifstifte, wie sie typischerweise beim Innenrundschleifen verwendet werden, sind empfindlich auf zu grosse Abrichtdrücke. Die dadurch hervorgerufene Auslenkungen führen zu Form- und Zylindrizitätsfehlern.

Die kleinen Diamant-Topfscheiben – sie sind oftmals kleiner im Durchmesser als der Schleifstift selbst – kann man als optimale Lösung für das eingangs erwähnte Problem bezeichnen. Diamant-Topfscheiben werden in besonderen Vorrichtungen aufgenommen, welche den Antrieb liefern und die Schrägstellung zur Schleifscheibe ermöglichen. Der Antrieb erfolgt mehrheitlich mittels Druckluft.

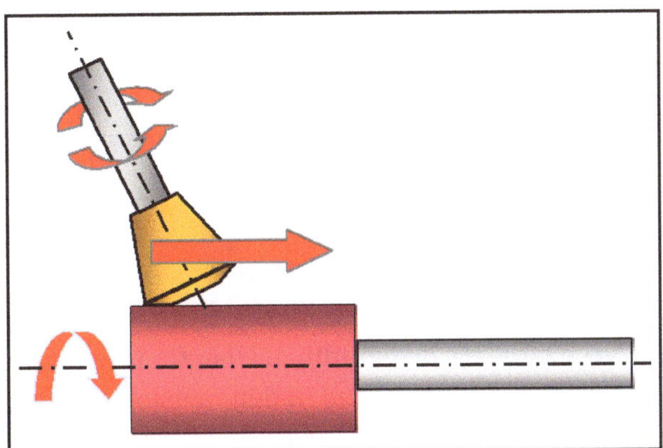

BILD 5.25 Diamant-Topfscheiben

Wegen dem Druckluftantrieb werden sie auch „Drehflügelabrichter" genannt. Diesen Begriff trifft man auch in den Herstellerpublikationen an. Die Drehzahl ist nur begrenzt genau einstellbar, was aber in diesem konkreten Fall überhaut kein Nachteil ist. Mit vorgesteuerten Luftmengenreglern – meist auch mit einer Skala versehen – lassen sich unterschiedliche Drehzahlen in weiten Bereichen vorgeben bzw. einstellen, wodurch die Wirkrautiefe R_{ts} nach Bedarf beeinflussbar wird.

Aber nicht nur für Schleifstifte zum Innenrundschleifen von kleinen Bohrungen ist dieses Konditionierwerkzeug geeignet. Auch für grosse Scheibendurchmesser lässt es sich einsetzen, ganz besonders, wenn es sich dabei um Sinterkorund- oder keramisch gebundene CBN-Scheiben handelt. Interessant ist dabei die Tatsache, dass auch bei diesem Abricht- bzw. Konditionierverfahren genau dieselben Bedingungen gelten, wie beim Profilieren mit Diamantrollen. Auch hier ist die Drehrichtung (siehe Pfeile an der Diamanttopfscheibe) – Gleich- (GLL) oder Gegenlauf (GGL) – von grosser Bedeutung in Bezug auf die erzeugbare Wirkrautiefe R_{ts} an der Schleifscheibe. Die Abrichtzustellbeträge bewegen sich in der Grössenordnung von etwa 0.001–0.005 mm.

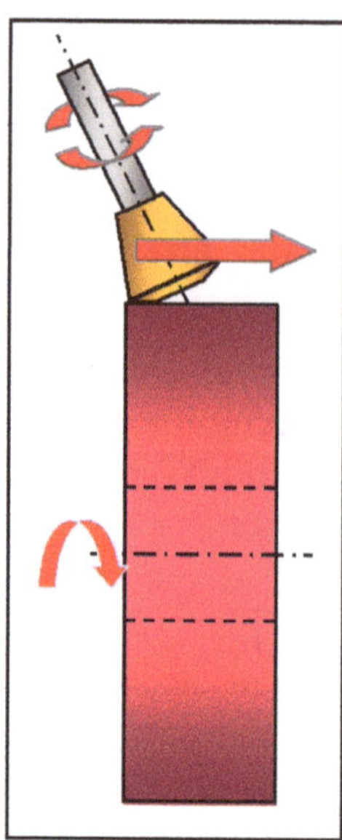

BILD 5.26 D-Topfscheibe

Die Vorschubgeschwindigkeit v_{fd} hängt von verschiedenen Faktoren ab. Sie muss aber im Allgemeinen relativ gering sein, damit eine ausreichende Überdeckung U_d erreicht wird. Da man verständlicherweise die Drehzahl der druckluftbetriebenen Diamanttopfscheibe kaum genau kennen bzw. feststellen kann, dürften Versuche in den meisten Fällen notwendig sein, um diejenige Wirkrautiefe R_{ts} zu erzeugen, die benötigt wird.

Viele Scheibenhersteller vertreiben solche druckluftbetriebenen Abrichter oder können zumindest Angaben über Bezugsquellen machen.

5.23 Prinzipdarstellung Crushieren und Rolldiamantieren

Die beiden wichtigsten Konditionierverfahren für die Fertigung mittlerer und grosser Serien sind das Crushieren mit Stahl- oder Hartmetallrollen und das Rolldiamantieren mit diamantbelegten Rollen in verschiedenen Ausführungen. Beide Arten von Rollen sind relativ teuer, weshalb deren Anwendung meist nur dann in Frage kommt, wenn entweder Formfräser zur Profilherstellung benötigt würden oder Form- und Oberflächenqualitäten vorgegeben sind, die mit anderen Zerspanungsmethoden nicht realisierbar wären. Crushierrollen lassen sich nachschleifen, Diamantrollen müssen neu belegt werden.

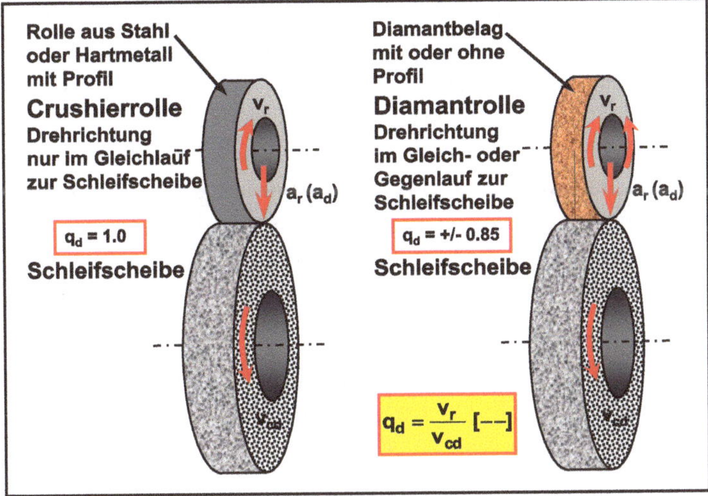

BILD 5.27 Gegenüberstellung Crushieren (links) und Rolldiamantieren (rechts)

Wie das folgende Bild zeigt, besteht der Hauptunterschied der beiden Profilierverfahren darin, dass beim Crushieren mit hohem Druck und langsamer Drehung der Rolle das Rollenprofil durch ausbrechen von Körnern auf die Scheibe übertragen und beim Rolldiamantieren das Profil gewissermassen in die Scheibe „eingeschliffen" wird. Um die Wirkrautiefe R_{ts} in weiten Bereichen zu beeinflussen, lassen sich Diamantrollen in unterschiedlichen Geschwindigkeitsverhältnissen q_d zur Scheibe im Gleich- oder Gegenlauf zu dieser einsetzen.

Das Profilieren mittels Diamantrollen dominiert heute zweifellos in der Fertigung.

5.24 Stahl- oder Hartmetallprofilrollen (Crushierrollen)

Das Crushieren wurde anfangs der 60er-Jahre erstmals zum Profilieren von konventionellen Schleifscheiben eingesetzt. Die ersten Systeme bestanden aus einer einfachen, leichtgängigen Stahlrolle, welche in einem stabilen Halter hochgenau gelagert war. Dieser Halter wurde anfangs direkt an der Pinole befestigt, die normalerweise den Abrichtdiamanten aufnimmt. Der Rollenantrieb erfolgte von Hand über eine Kurbel. Ohne Schleifscheibenantrieb brachte man die Stahlrolle, bei ständiger Drehung der Kurbel in Kontakt mit der Scheibe, ebenfalls von Hand über das mit einer genauen Skala versehene Zustellhandrad. Durch Friktion drehte sich die Scheibe mit, wobei Körner aus deren Umfläche ausgebrochen wurden und sich auf diese Weise das Pollenprofil absolut genau übertragen liess.

Schon allein die Vorstellung, was sich alles damit verwirklichen lassen müsste, war Ansporn genug, die ersten Maschinen konstruktiv so umzugestalten, dass die Rolle äusserst stabil aufgenommen, gelagert und dazu auch noch angetrieben werden konnte. Bald zeigten sich Probleme wegen dem sich ergebenden hohen Einrolldruck. Die Schleifspindelnase mit aufgesetzter Scheibe samt Flanschpaket hielt dieser Belastung nicht Stand. Die Auslenkung war so gross, dass in Scheiben mit aktiver Breite von mehr als etwa 15–20 mm das Profil verzerrt übertragen wurde. Aber auch dafür fand sich schnell eine Lösung. Eine hydraulisch ansteuerbare Abstützung der Spindelnase erlaubte schlussendlich, Scheiben bis zu einer Breite von 100 mm zu crushieren.

Messungen während dem Einrollen ergaben Druckkräfte in der Grössenordnung von bis zu 100 N und mehr pro Millimeter Scheibenbreite. Die Schleifspindel einer Schleifmaschine mit Crushiereinrichtung muss hoch belastbar und somit auch sehr steif gelagert sein. Obwohl der Einrolldruck ein Stück weit vom Profil selbst abhängig ist und bei einem unregelmässigen Profil auch Seitenkräfte auftreten, sollte man die Systembelastung durch das Crushieren keinesfalls unterschätzen.

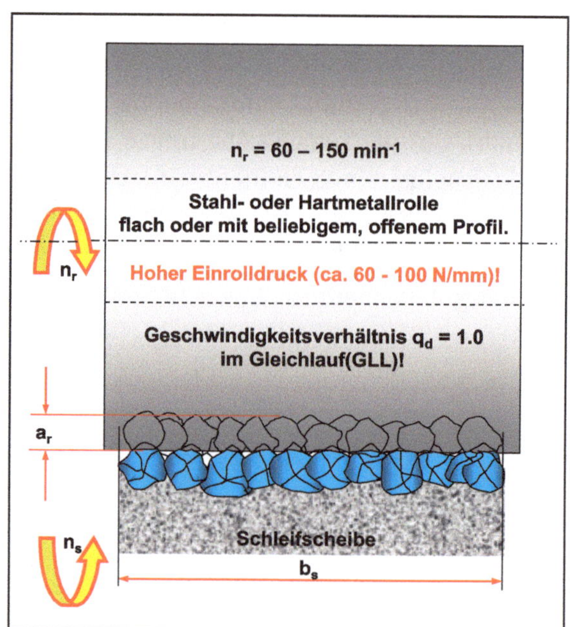

BILD 5.28 Crushieren mit Stahl- oder Hartmetallrollen

Bei einer Scheibenbreite von 100 mm könnte immerhin ein Druck von 10'000 N wirken, was nach alter Rechnung in etwa einer Belastung von einer Tonne (!) entsprechen würde. Aber dieser Druck ist notwendig, um mehrheitlich ganze Körner aus der Bindung herauszubrechen. Im Gegensatz zum Rolldiamantieren, welches demnächst erklärt wird, erfolgt die Profilübertragung nicht etwa durch Kornsplitterung, sondern es werden ganze Körner herausgedrückt.

Die Scheibenhärte darf deshalb nicht sehr hoch und die Scheibenkörnung muss um etwa 3–5 Stufen feiner sein, als dies für ein vergleichbares Rolldiamantieren der Fall wäre.

Die herausgebrochenen Körner können sowohl an der Schleifscheibe als auch an der Profilrolle haften. Eine mit erhöhtem Druck über speziell ausgelegte Düsen zugeführte Reinigung mittels Kühlschmierstoff ist deshalb unabdingbar. Üblicherweise setzt man eine spezielle Reinigungspumpe dafür ein, welche eine Fördermenge von etwa 60–80 l/min bei einem Druck zwischen 8.0 und 12 bar erzeugen kann. Da das Crushieren immer im Gleichlauf (GLL) erfolgt, muss die Reinigungsdüse nicht vor sondern hinter der Rolle angeordnet sein. So können die noch hängen gebliebenen Kornsplitter aus der Scheibe gespült werden. Weil fast immer auch an der Rolle ausgebrochene Kornpartikel haften bleiben, ist eine Zweistrahldüse zu empfehlen. Aus ein und demselben Düsenblock, wird ein Flachstrahl radial auf die Rolle gerichtet und einer radial auf die Scheibenumfläche. Die Strahlbreite wird entsprechend der maximalen, aktiven Rollen- oder Profilbreite gewählt. Die Strahldicke s_d sollte nicht mehr als etwa 0.5–0.6 mm betragen. Zu grosse Düsenschlitze führen zu einem drastischen Druckabfall und/oder zu einer grösseren KSS-Menge, was absolut nicht Sinne der Sache ist. Die noch haftenden Kornreste müssen von der Rolle und von der Scheibe sicher entfernt werden, denn diese sollten keinesfalls nochmals zwischen die Rolle und die Scheibe gelangen (Profilfehler, übermässige Rollenabnützung).

5.25 Kleine Crushierscheiben (Stahl und CVD-Verfahren)

Exakt gelagert werden diese relativ kleinen Crushierscheiben aus gehärtetem Werkzeugstahl (64–65 HRc) in entsprechenden Aufnahmevorrichtungen zur Befestigung auf dem Maschinentisch (Flachschleifen) oder am Reitstock (Aussenrundschleifen) angeboten. Sie besitzen keinen eigenen Antrieb, sind also freilaufend, und werden durch Friktion beim Kontakt mit der Schleifscheibe einfach mitgedreht (Geschwindigkeitsverhältnis $q_d = 1:1$). Die Schleifscheibe wird dabei – genau wie bei grossen Crushierrollen – mit Werten zwischen 0.003–0.03 mm zugestellt. Der wesentliche Unterschied zwischen dem üblichen Crushieren und dieser Art der Scheibenkonditionierung besteht darin, dass der Abtrag an der Schleifscheibe mittels Seitenvorschub erfolgen muss, weil das „Crushierrädchen" wesentlich schmäler ist, als die Schleifscheibe selbst. Zudem werden nicht Profile erstellt, sondern es geht in den meisten Fällen um das Flachabrichten von Sinterkorund- oder keramisch gebundenen CBN-Schleifscheiben. Der Seitenvorschub richtet sich nach der erwünschten Wirkrautiefe R_{ts}. Er muss aber auf jeden Fall so eingestellt sein, dass eine Überdeckung $U_d > 1.5–2$ garantiert ist.

Von modernen Drehverfahren und ganz besonders vom Hartzerspanen sind Werkzeuge (Schneidplatten) bekannt geworden, welche auf einem Hartmetallsubstrat eine Diamantschicht aufweisen.

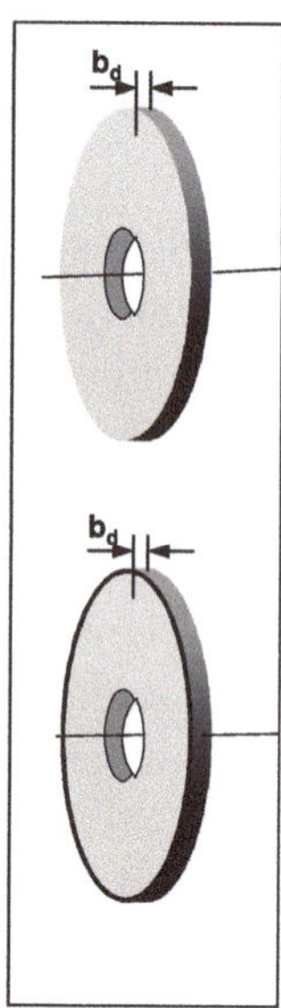

BILD 5.29 Kleine Crushierscheiben

Abgekürzt heisst dieses Verfahren CVD und bedeutet „**C**hemical **V**apor **D**eposition". Dabei wird Diamant chemisch so aufgetragen, dass eine hochharte und absolut kompakte Schicht entsteht. Diese Diamantschicht ist absolut homogen. Man hat nun versucht, kleine bis mittlere Durchmesser von Crushierscheiben (siehe oben) mit einer solchen Diamantschicht an der Peripherie zu überziehen und setzt sie ebenfalls zum Flachabrichten – aber nicht ausschliesslich – ein.

Da ebenfalls mit einem Seitenvorschub gearbeitet wird, ist vor allem die Kante den extremen Belastungen ausgesetzt. Weil diese stoss- und schlagempfindlich ist, können partiell Ausbrüche am Belag erfolgen. Solche Ausbrüche, sind sie einmal zu gross, zwingen zu einem Abbruch des Crushierens. Es muss somit besonders vorsichtig gearbeitet werden und die Seitenvorschübe sollten klein sein, d. h. der minimale Überdeckungsgrad U_d ist deshalb unbedingt grösser zu wählen (min. U_d = 4–6), als dies beim Arbeiten mit einer Crushierscheibe aus Stahl, wie oben gezeigt, üblich ist. Selbstverständlich kann man auch eine Rundform mit Diamant auf diese Weise belegen und dann sogar bahngesteuert Profile auf der Scheibe erzeugen.

Übrigens, sowohl kleine Stahl- als auch Diamant-Crushierscheiben sollten recht genau unter der Mitte der Schleifscheibe positioniert sein während dem Konditionieren. Logischerweise muss dieser Punkt mit einer hohen Wiederholgenauigkeit angefahren werden können. Wird mit diesem Verfahren auf älteren Flachschleifmaschinen gearbeitet, welche noch keine exakte Positionierung erlauben, haben sich einschwenkbare Festanschläge bewährt. Das Einschwenken erfolgt von Hand, genauso wie das erneute Lösen zum weiteren Schleifen.

Achtung: Das Ein- und Ausschwenken des Festanschlages darf nur bei weggefahrenem und stillstehendem Tisch ausgeführt werden. Es besteht andernfalls grosse Unfall- bzw. Verletzungsgefahr!

Die kleinen Crushierscheiben sind in einem massiven Halter freilaufend hochpräzis gelagert. Eine gute Abdeckung hat dafür zu sorgen, dass keine Verunreinigungen (Späne- und/oder ausgebrochene Kornpartikel) in die Lager eindringen können. Angetrieben werden die Crushierscheiben von der Schleifscheibe. Somit muss die Drehzahl der Scheibe weit nach unten stabil regulierbar sein. Die Crushierscheibe sollte - wie ihr „grosser Bruder" - mit nicht mehr als 60-150 Umdrehungen pro Minute laufen. Da ihr Durchmesser meist nur im Bereiche von etwa 50-60 mm liegt, bedeutet das für die Scheibe eine extrem geringe Drehzahl. Angenommen, es wird eine Schleifscheibe mit 350 mm Durchmesser auf diese Weise mit einem 60 mm gossen „Rädchen" crushiert, muss die Schleifscheibe mit lediglich 10-26 Umdrehungen pro Minute bei dem geforderten Drehmoment absolut stabil drehen. Das ist nur mit einer modernen Antriebssteuerung machbar! Hier dürfte auch der Grund zu suchen sein, weshalb dieses Crushierverfahren recht selten zum Einsatz gelangt.

Auf Aussenrundschleifmaschinen wird der Crushierscheibenhalter am Reitstock befestigt, auch wieder ausgerichtet genau auf die Scheibenmitte. Für das Crushieren wird die Scheibe soweit zurückgefahren, dass sie im Bereiche der Crushierscheibe diese mit der vorgegebenen Konditioniertiefe langsam überfahren kann. Die Zustellwerte a_r pro Durchgang sind für Stahlscheiben in etwa gleichgross zu wählen, wie beim Crushieren mit Rollen. Setzt man dagegen Diamant-Crushierscheiben ein, dann sollte die Zustellung a_r, des Einrolldruckes wegen, halbiert werden. In den wenigsten Fällen dürfte ein einziger Durchgang zum Nachkonditionieren genügen. Über die Steuerung muss deshalb, wie beim Schleifen auch, ein feinfühliges und absolut gleichmässiges Zustellen der Schleifscheibe pro Durchgang über die Steuerung möglich sein.

Die Seitenvorschubgeschwindigkeit v_{fd} richtet sich nach der Wirkbreite b_d der Crushierscheibe, deren Drehzahl n_r und dem gewählten Überdeckungsgrad U_d. Zu einer Berechnung wird die Formel 5.1 verwendet. Will man dagegen den Abrichtvorschub pro Scheibenumdrehung s_d ermitteln, ist die nachstehenden Formel anzuwenden:

$$s_d = \frac{b_d}{U_d} \quad [-] \tag{5.11}$$

Es bedeuten in der Formel:

s_d = Abrichtvorschub pro Scheibenumdrehung in mm

b_d = Wirkbreite der kleinen Crushierscheibe in mm

U_d = Überdeckungsgrad (-)

Auch bei diesem Konditionierverfahren muss optimal gekühlt und gereinigt werden. Im Prinzip gilt alles genau in gleicher Weise, wie es für das Crushieren mit Stahl- oder Hartmetallrollen etwas weiter vorne aufgeführt ist.

Zum Schluss noch eine Bemerkung: Wer auf die Idee gekommen ist, mit kleinen Stahl- oder mittels CVD-Verfahren beschichteten Diamantscheiben zu crushieren, ist nicht bekannt. Die Erfahrungen des Autors mit diesen Konditionierwerkzeugen in der Praxis, konnten in keinem Fall so recht überzeugen. Weil crushierte Scheiben eine sehr hohe Spanungsfreudigkeit zeigen darf man diese Idee nicht grundsätzlich als untauglich bezeichnen. Das Verfahren weist lediglich einige kritische Punkte auf, die unbedingt zu beachten sind:

1. Es sollten nur Crushierscheiben aus Hartmetall zur Anwendung gelangen. Gehärtete Stahlscheiben haben nur eine sehr geringe Standzeit.
2. Nur geeignet für konventionelle Schleifstoffe und für CBN- und Diamantscheiben in (weicher) keramischer Bindung.
3. Für Scheibendurchmesser > 300 mm nur noch bedingt geeignet (problematische Scheibenansteuerung und erhöhter Verschleiss an der Crushierscheibe).
4. Positionierung des Halters genau auf Scheibenmitte oftmals sehr schwierig.
5. Unvorsichtiges Anfahren der mit Diamant belegten Crushierscheiben kann zum sofortigen Aus- oder Abbrechen des Belages führen.

Resümee: Für kurzfristige Versuche durchaus einsetzbar, für die praktische Arbeiten und für das Schleifen von Serienteilen weniger bis gar nicht geeignet! Bis heute hat der Autor diese Art des Konditionierens ganz selten dort angetroffen, wo überprüft werden sollte, welche Wirkrautiefe R_{ts} durch Crushieren erzielbar ist.

5.26 Diamant-Abricht- bzw. -Profilrollen

Bei diesem Verfahren – auch Rolldiamantieren genannt – werden Rollen mit einem das Profil erzeugenden Diamantbelag eingesetzt. Die Form wird – wie bereits erwähnt – durch „Einschleifen“ des Rollenprofils auf die Scheibe übertragen. Schleifwerkzeug ist somit die Diamantrolle. Die Zustellung a_r der Diamantrolle zur Schleifscheibe liegt zwischen 0.10–0.15 µm pro Scheibenumdrehung für kleinere Wirkrautiefen (Fein- und Fertigschleifen) und etwa 1.5–3.0 µm für grössere (Schruppschleifen, Leistungsschleifen, Vollschnittschleifen).

Die Profilrollen werden auf unterschiedliche Art mit einem Diamantbelag versehen. Abhängig von der erwarteten Standzeit der Rolle kommen folgende Ausführungen, die sich auch im Preis stark unterscheiden, zum Einsatz:

- galvanischer Ein- oder Mehrschicht-Diamantbelag (Positivform)
- gestreuter, einschichtiger Diamantbelag (Negativform)
- handgesetzter, einschichtiger Diamantbelag (Negativform).

Im Unterschied zu den Konditionierverfahren mit stehenden Diamantwerkzeugen und dem Crushieren mit Stahl- oder Hartmetallrollen, besteht mit Diamantrollen die Möglichkeit, die Wirkrautiefe R_{ts} zu steuern. Bekanntlich können Diamantrollen im Gleich- (GGL) oder im Gegenlauf (GGL) zur Schleifscheibe betrieben werden, wodurch in Abhängigkeit des Geschwindigkeitsverhältnisses q_d ein verhältnismässig grosser Bereich zur Erzeugung der Wirkrautiefe R_{ts} verfügbar wird.

BILD 5.30 Im Umkehrverfahren hergestellte gestreute Diamantprofilrolle

Wie die verschiedenen Diamantbeläge an den Rollen entstehen, lässt sich in wenigen Katalogen einschlägiger Hersteller nachlesen. Hier deshalb nur einige Erklärungen dazu:

a) Die galvanisch belegte Diamantrolle dominiert mit ihrem tiefen Preis. Das Profil wird um genau den (theoretischen) Durchmesser des verwendeten Diamantkorns tiefer in den weichen Stahlrollenkörper eingedreht oder eingeschliffen. Nach einer Vorbehandlung werden die Diamantkörner in einem Galvanikbad mittels einem Nickelbelag einschichtig aufgebracht. Zur Erhöhung der Endgenauigkeit kann man diese Rollen in geringem Masse nachschleifen.

b) Die gestreuten Diamantrollen werden über eine Negativform, welche das Profil aufweist, hergestellt. Die „klebrige" Profiloberfläche bestreut man mit ausgewählten kleinen Naturdiamanten. Stark beanspruchte Partien können dichter bestreut werden. Die Negativform wird danach mit einer Speziallegierung ausgegossen und die Form aufgeschnitten (verlorene Form). Ein genau rundlaufender Stahlaufnahmekörper wird schlussendlich in den Rollenkörper eingesetzt. Hier ist das Nachschleifen zur Erhöhung der Genauigkeit üblich.

c) Die handgesetzte Diamantrolle wird ähnlich, wie unter b) beschrieben hergestellt, allerdings mit dem wesentlichen Unterschied, dass man die genau ausgesiebten Diamantkörner von Hand in einem ganz bestimmten Muster in die Negativform einlegt. Die echten Diamanten und diese Prozedur ist der Grund für den hohen Preis solcher Rollen. Dafür weisen sie aber eine unvergleichlich höhere Standzeit auf. Auch hier ist das Nachschleifen üblich.

Die Profilübertragung auf die Scheibe erfolgt bei angetriebener Rolle und Scheibe im Gleich- (GLL) oder Gegenlauf (GGL) und mit einer definierten Geschwindigkeitsdifferenz ($\pm q_d = v_r/v_c = 0.5$–0.8). Für eine hohe Wirkrautiefe R_{ts} wählt man $q_d = +0.8$ bis $+0.85$. Soll dagegen die Schleifscheibe vorbereitet werden für einen Fein- oder Fertigschliff, wird im Gegenlauf mit $q_d = -0.5$ bis -0.8 konditioniert. Es bietet sich somit direkt an, zuerst im Gleichlauf zu arbeiten und dann für den Fertigschliff nur eine Drehrichtungsumkehr der Profilrolle einzuleiten. Für das nachfolgende Werkstück wird – meist sogar während dem Teilewechsel – die Scheibe wieder im Gleichlauf auf hohe Wirkrautiefe gebracht. Das erneute Nachprofilieren erfordert im Allgemeinen nur wenige Sekunden.

Mit dem Bild 5.31 wird versucht, die Auswirkungen der Diamantbahnen im Gleich- (GLL) und im Gegenlauf (GGL) darzustellen. Im Gleichlauf entsteht eine steile Wirkbahn. Geometrisch nennt man das eine Epizykloide. Die Diamantkörner greifen – wie erwähnt – steil ein und hinterlassen ein entsprechend gut spanendes Profil (hohe Wirkrautiefe) an der Scheibe. Wird im Gegenlauf gearbeitet, ergibt sich eine flache Wirkbahn. Diese heiss Hypozykloide. Im Bild sind die Gleichlaufwirkbahnen rot und diejenigen im Gegenlauf schwarz eingezeichnet.

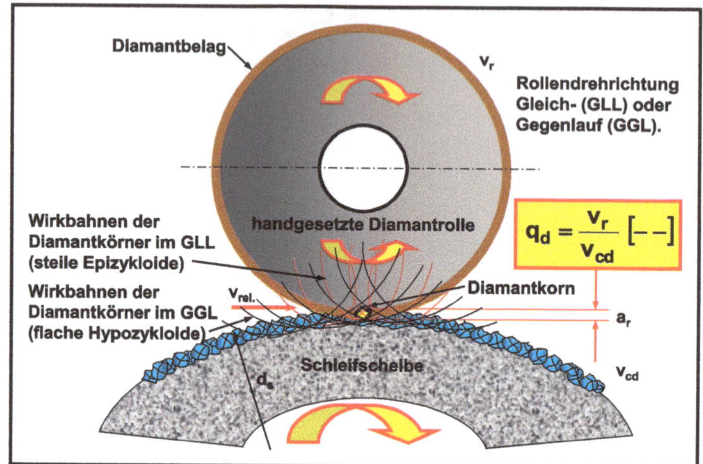

BILD 5.31 Prinzipdarstellung vom Rolldiamantieren im Gleich- und Gegenlauf

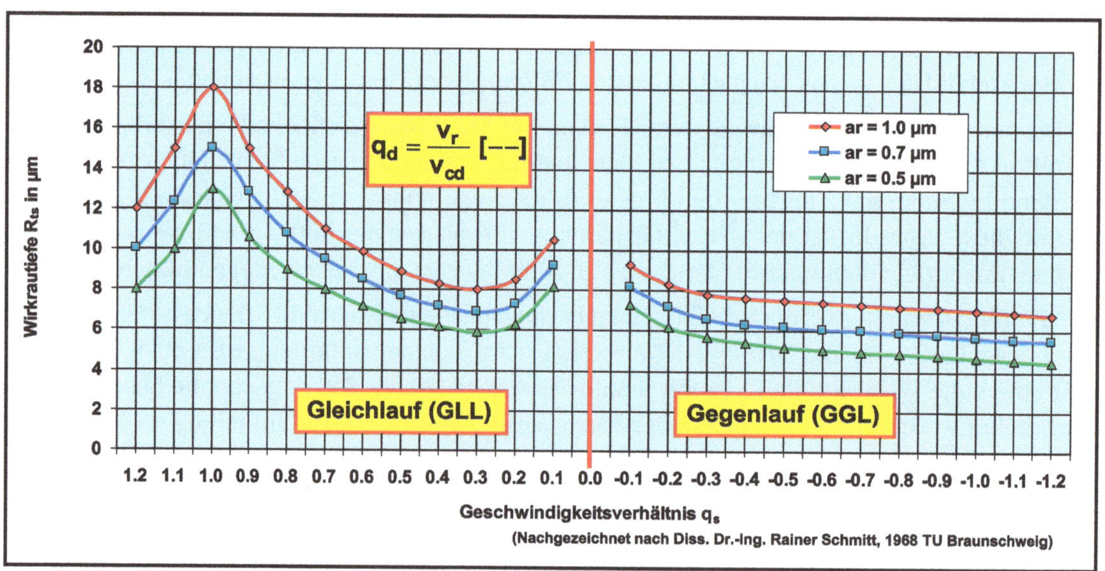

BILD 5.32 Rautiefenkurven für das Profilieren im Gleich- und im Gegenlauf

Im Zusammenhang mit dem Profilieren mittels Diamantrollen dürfte es kaum eine wichtigere Darstellung geben, als diese aus der Dissertation von Dr.-Ing. Rainer Schmitt [19] (1968 TU Braunschweig). In den meisten Publikationen wurde sie aus der Dissertation kopiert. Das ist hier nicht der Fall, denn sie ist Punkt für Punkt nachgezeichnet – in Farbe! Es darf aber nicht unerwähnt bleiben, dass ein Jahr davor H. Scheidemann [23] eine nur in wenigen Teilen abweichende Dissertation über dasselbe Thema bereits geschrieben hat. Interessanterweise findet man in der gesamten bekannten schleiftechnischen Literatur immer nur das Diagramm von R. Schmitt.

Dieses Diagramm, welches auf Messungen basiert, verdeutlicht mehrere wichtige Eigenschaften des Rolldiamantierens. Die linke Diagrammseite weist schon optisch auf die höhere erzeugbare Wirkrautiefe im Gleichlauf hin. Genau das Umgekehrte fällt auf der rechten Seite für den Gegenlauf auf. Da liegt bestimmt die Überlegung nahe, für den Leistungsschliff im Gleichlauf zu konditionieren und für den Fein- oder Fertigschliff im Gegenlauf. Ab und zu findet man Gleichlaufeinstellungen, die im Verhältnis zur Scheibenumfangsgeschwindigkeit entweder ganz nahe bei 1.0 liegen oder sogar darüber. Aus der auch im Diagramm stehenden Formel geht der Zusammenhang zwischen v_r und v_{cd} hervor:

$$q_d = \frac{v_r}{v_{cd}} \quad [-] \tag{5.12}$$

Es bedeuten in der Formel:

v_r = Umfangsgeschwindigkeit der Profilrolle in m/s

v_{cd} = Umfangsgeschwindigkeit der Schleifscheibe beim Profilieren in m/s

Man sollte auch beachten, dass die Rollenzustellung a_r einen grossen Einfluss auf die erzeugbare Wirkrautiefe R_{ts} hat. Die Werte für a_r wurden von [19] zwischen 0.5 und 1.0 µm gewählt. Das war für die damalige Zeit absolut richtig. Seit vielen Jahren wird beim Hochgeschwindigkeits- und beim Hochleistungsschleifen mit Rollenzustellungen a_r, sofern rolldiamantiert wird, mit Zustellungen bis 3.0 µm und sogar mehr gearbeitet. Das ergibt Schleifscheiben mit extrem hoher Schneidfreudigkeit.

Als Hinweis diene noch, dass die Schleifscheibe nicht unbedingt auf ihrer momentan eingestellten Schnittgeschwindigkeit auch während dem Profilieren laufen muss. Das Heruntersetzen der Scheibenumfangsgeschwindigkeit hat den Vorteil, für den Rollenantrieb nicht Motoren einsetzen zu müssen, welche sehr hohe Umdrehungen bei respektabler Antriebsleistung aufweisen.

Um sicher mit den eingestellten Werten vom Geschwindigkeitsverhältnis arbeiten zu können, sollten beide Motoren, jener der Schleifscheibe und jener der Profilrolle so gesteuert sein, dass weder die Rolle die Scheibe noch umgekehrt, die Scheibe die Rolle, mitziehen kann. Die Reibungsverhältnisse zwischen diesen beiden „Reibpartnern" liegen nämlich nahe bei 1.0! Kann die Scheibe im Gleichlauf auf ihrer Umfangsgeschwindigkeit die Rolle mitdrehen, ergibt sich ein Geschwindigkeitsverhältnis q_d von 1.0. Die empfindliche Diamantrolle läuft so als Crushierrolle! Schneller Verschleiss ist deshalb vorprogrammiert.

Es bleibt noch die Frage zu klären, weshalb die Kurven in Bild 5.28 in der Mitte bei 0.0 unterbrochen sind? Ein Geschwindigkeitsverhältnis von 0.0 würde darauf hinweisen, dass entweder die Scheibe oder die Rolle stillsteht. Ein sofortiger Totalverlust des Diamantbelages an der betreffenden Stelle wäre die Folge! Aber auch bereits in der Nähe der Null-Marke besteht erhöhte Verschleissgefahr. Man sollte deshalb niemals unter $q_d = \pm 0.1$ gehen (gilt für GLL und für GGL).

Im Gleichlauf kann mit q_d bis 0.9 eine extrem leistungsfähige Arbeitsumfläche der Scheibe erzeugt werden. Wird zum Fertigschleifen, kurz vor dem Erreichen des so genannten „0-Masses" die Scheibe nochmals kurz im Gegenlauf (GGL) touchiert (Zeitdauer ca. 1.5–3.0 Sekunden), lässt sich die Wirkrautiefe R_{ts} auf etwa einen Drittel reduzieren. Während dem Werkstückwechsel wird die Scheibe ebenfalls nur kurz im Gleichlauf (GLL) neu profiliert. Damit ist nicht nur das Profil wieder erstellt, sondern auch R_{ts} entspricht den geforderten Abtragsleistungswerten.

Durch so genanntes Ausrollen, d. h. ohne weitere Zustellung der Profilrolle, lässt sich die Scheibenoberfläche noch stark verfeinern. Für Leistungsschleifarbeiten muss aber die Diamantrolle ohne weitere Ausrollumdrehungen beim Erreichen der vorgesehenen Profiltiefe sofort zurückgezogen werden können, um die hohe Wirkrautiefe R_{ts} zu erhalten.

Was beim Crushieren zum Druckabbau und zur Erhöhung der Profilgenauigkeit in den meisten Fällen eine absolute Notwendigkeit ist, hat beim Rolldiamantieren einen anderen Effekt. Die Rede ist vom vorher angesprochenen „Ausrollen". Während es beim Crushieren dem Druckabbau zwischen der Stahlrolle und der Scheibe dient und gleichzeitig die Genauigkeit erhöht, wird beim Profilieren mit Diamantrollen kaum noch Druck abgebaut, sondern die erzeugte Form an der Scheibe gewissermassen egalisiert. Das kann durchaus sinnvoll sein, wenn dadurch eine Genauigkeitsverbesserung erwünscht bzw. notwendig sein sollte. Mehr als etwa 80–90 Ausrollumdrehungen (auf die Rolle bezogen) führen aber bei einer benötigten hohen Wirkrautiefe zu deren völligem Abbau (Bild 5.33).

Diese Tatsache ist vielen Anwendern gar nicht bekannt oder sie wird einfach ignoriert. Deshalb können sie die hohe erzeugbare Wirkrautiefe, welche für das Vollschnitt-, das Hochgeschwindigkeits- und das Leistungsschleifen eine absolute Voraussetzung ist, überhaupt nicht nutzen. Es muss zudem öfters abgerichtet werden und die Rollenstandzeit wird drastisch verkürzt. Das Bild 5.33, ebenfalls von [19] erstellt, zeigt beispielhaft den äusserst schnellen Abfall der erzeugten Wirkrautiefe zwischen 0 und etwa 80 Rollenumdrehungen. Nach 80 Ausrollumdrehungen hat die Wirkrautiefe nicht einmal mehr die halbe Grösse. Nach 150 Umdrehungen liegt sie bereits auf dem Niveau des Profilierens mit gleichem Geschwindigkeitsverhältnis q_d, aber im Gegenlauf. Mit anderen Worten, die Wirkrautiefe entspricht dann den Voraussetzungen für einen Fertigschliff.

Als das Rolldiamantieren anfangs der 60er-Jahren von Amerika aus nach Europa kam, gab es noch keine Antriebe, die erlaubten, die Rolle nach dem Erreichen der vorgegebenen Einrolltiefe nahezu ohne zusätzliche Ausrollumdrehungen zurückzuziehen. Das Umschalten der Antriebsmotoren von der Zustell- in die Rückzugsrichtung, erfolgten damals ausnahmslos über Relais- und Schützensteuerungen, welche zusammen mit der Drehrichtungsumkehr zum Teil über eine Sekunde benötigten. Die Rollen selbst wiesen Drehzahlen im Bereich von 4'000–5'000 min^{-1} auf. Bei 4'000 Umdrehungen pro Minute der Rolle ergaben sich zwangsläufig – auf eine Sekunde

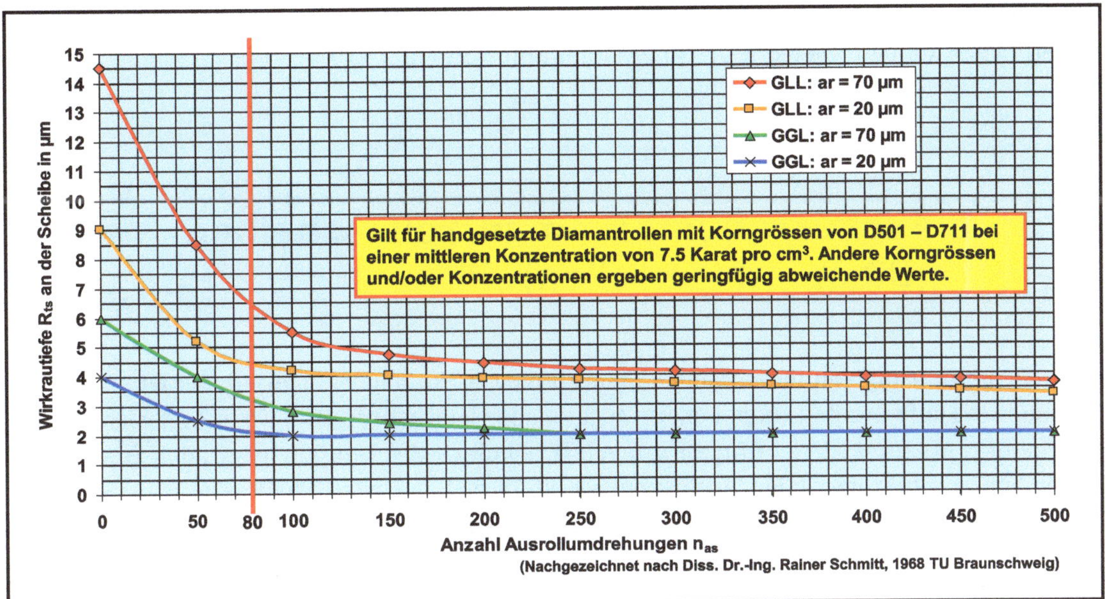

BILD 5.33 Wirkrautiefe abhängig von der Rollenzustellung und der Scheibendrehrichtung

bezogen – bereits etwa 70 Ausrollumdrehungen und bei 5'000 so um die 80. Dazu konnte die Ausrollzeit – nicht etwa die Ausrollumdrehungen – über ein Potentiometer eingestellt werden. Weil kein Potentiometer ganz auf „0" gestellt werden kann, war damit eine wohl geringe aber trotzdem zusätzliche Verzögerung vorhanden. Wirkrautiefen, wie sie von [19] gezeigt werden, liessen sich somit effektiv gar nicht erzeugen und nutzen.

Eine wirksame Lösung brachte ein hydraulischer Schnellrückzug. Die gesamte Rollenaufnahme wurde einfach mit einem Hub von nicht mehr als einem Millimeter sofort aus dem Kontakt mit der Scheibe gebracht. Damit verblieben erstmals die hohen, vorher erzeugten Wirkrautiefen an der Schleifscheibe vollumfänglich bestehen. Es war vergleichsweise ein „Quantensprung" in den Leistungsbereich beim Profilschleifen, meist im Vollschnitt.

Heute sieht die Sache etwas anders aus. Wird die Diamantrolle zugestellt, sind die Zustellmotoren (Servomotoren) durchaus in der Lage, eine sofortige Rückstellung zu bewirken. Dabei ist es egal, ob die Rolle über eine spezielle Einrichtung in die Scheibe einfährt oder die Schleifscheibe über die auf dem Maschinentisch positionierte Diamantrolle mit dem Schleifsupport in die Rolle abgesenkt wird. In letzterem Fall lässt sich die Rolle sogar sehr schnell aus dem Kontakt mit der Scheibe bringen, indem man einfach mit dem Maschinentisch horizontal wegfährt.

Weil die Diamantrollen sehr teuer sind, besonders jene mit von Hand gesetzten Naturdiamanten, sollte der Anwender sich vor deren Einsatz mit den Randbedingungen auseinandersetzen. Dazu gehört nicht nur das, was oben erwähnt und festgehalten wurde, sondern eben auch die Kühlung und Reinigung von Rolle und Scheibe während dem Profilierprozess. Hierzu ist im Gegensatz zum Crushieren eine beidseitige Düsenanordnung dringend zu empfehlen. Das hängt mit der

Drehrichtungsumkehr zwischen Gleich- und Gegenlauf zusammen. Die Kühlmittelmenge und deren Druck können wie beim Crushieren gewählt werden.

5.27 Profilieren mit Diamantspitzscheiben (Diamantformrollen)

Seit der Einführung von numerischen Steuerungen (CNC-Steuerungen) an Schleifmaschinen, wurden im Laufe der Zeit immer mehr Zusatz- oder Hilfsachsen (C5, C6, C7 ...) nicht nur für Werkstückaufnahmevorrichtungen integriert, sondern die Hauptachsen auch hinsichtlich einer höheren inkrementalen Auflösungen optimiert. Ein Zustellschritt - nur als Beispiel - von 0.00025 mm, also ganze 0.25 µm, ist längst keine Utopie mehr. Dazu kommen noch die reaktionsschnellen DC- und AC-Servomotoren mit extrem hohen Anlauf- und Bremsmomenten, kombiniert mit einer programmierbaren „Ruck"-kompensierenden Software. Tisch- oder Supportbeschleunigungen und -verzögerungen von 5-6 m/s^2 sind deshalb längst keine Seltenheit!

Was liegt unter solchen Voraussetzungen näher, als anstelle einer mit einem unveränderlichen Profil versehenen Diamantrolle, eine Diamantspitzscheibe - auch als Diamantformrolle bezeichnet - bahngesteuert einzusetzen. Mit Ausnahme ihres Antriebes - sie schleift gewissermassen das vorprogrammierte Profil in die Schleifscheibe - sind alle anderen notwendigen Achsen bereits vorhanden. Man fährt die Schleifscheibe zur Profilierung über, unter oder vor die Diamantspitzscheibe und lässt dann die Scheibe mittels Zustell- und Seitenvorschubachsen mit einer abgestimmten Zustelltiefe a_r über die Diamantspitzscheibe „gleiten". Um eine gleichmässige Wirkrautiefe R_{ts} zu erhalten, muss die Bahngeschwindigkeit längs des Profils an jeder Stelle konstant sein.

Im Prinzip gelten alle zum Rolldiamantieren aufgeführten Hinweise und Stellgrössen. Ein Unterschied besteht lediglich darin, dass - allerdings in Abhängigkeit der Profilform - die Diamantspitzscheibe mit einer vorgegebenen Zustellung a_r jeweils nur in einer und immer in derselben Richtung über das zu erzeugende Profil fährt. Eine Ausnahme besteht in jenen Fällen, wo die Profilform nur dann erstellt werden kann, wenn die Spitzscheibe mit ihrer flachen Seite die Scheibe überfahren kann. Weil sich die Spitzscheibe oder die Schleifscheibe bahngesteuert bewegen, hat hier der Überdeckungsgrad U_d, d. h. der Spitzscheibenvorschub pro Schleifscheibenumdrehung, eine grosse Bedeutung. Man kann näherungsweise dazu den Überdeckungsgrad U_d von stehenden Konditionierwerkzeugen zu Hilfe nehmen.

Zustellwerte $a_r > 2.5$ µm werden im allgemeinen zur Schonung der Spitzscheibe vermieden. In der Praxis trifft man aber dessen ungeachtet Zustellwerte a_r von bis zu 10 µm und mehr an!

Auch mit Diamantspitzscheiben wird je nach geforderter Wirkrautiefe R_{ts} im Gleich- (GLL) oder im Gegenlauf (GGL) konditioniert. Es lässt sich so die Wirkrautiefe beeinflussen, wie dies beim

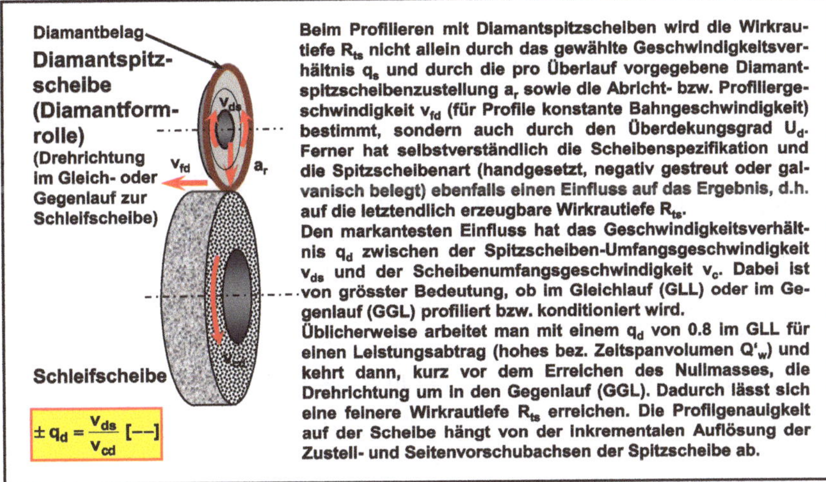

BILD 5.34 Prinzipanordnung beim Profilieren mit Diamantspitzscheiben

Rolldiamantieren der Fall ist. Man kann diesbezüglich von gleichen Vorgaben und Resultaten ausgehen. Deshalb wird hier auf eine Wiederholung der Einzelheiten verzichtet.

Der grosse Vorteil des bahngesteuerten Profilierens einer Schleifscheibe besteht darin, dass nicht nur beliebige, offene Profile über die Software erzeugbar sind, sondern diese dann auch noch korrigiert werden können. In begrenztem Umfang besteht dazu die Möglichkeit, die Abnützung der Diamantspitzscheiben zu kompensieren.

Diamantspitzscheiben zählen zu den eher empfindlichen Konditionierwerkzeugen. Deshalb sollten sie nicht für das Vorprofilieren einer neuen Schleifscheibe eingesetzt und möglichst keinen Stössen, z. B. unvorsichtiges seitliches Anfahren der Scheibe, ausgesetzt werden. Schleifscheiben mit tiefen Profilen konditioniert man im Allgemeinen ausserhalb der Schleifmaschine mit einem anderen Verfahren. Dabei sind noch keine hohen Genauigkeiten bezüglich der Profilgenauigkeit erforderlich. Wichtig ist lediglich, dass mit der teuren Diamantspitzscheibe immer nur das eigentliche – hochgenaue – Profil erzeugt werden muss und dabei die abzutragende Kornschicht keine grösseren Unregelmässigkeiten aufweist.

Im Grunde genommen überflüssig, auch bei diesem Konditionierverfahren darauf hinzuweisen, wie wichtig eine absolut optimierte Kühlung ist. Die Düse muss sehr genau auf den Kontaktpunkt Spitzscheibe/Schleifscheibe in Drehrichtung der Scheibe ausgerichtet sein. Formstrahldüsen, wie sie weiter hinten (Kapitel 7) gezeigt werden, haben sich hier besonders gut bewährt, weil die Möglichkeit besteht, das gesamte Profil mit KSS zu „ummanteln“. Speziell dann, wenn Diamantspitzscheiben mit geschliffenen MKD-Diamanten zum Einsatz gelangen, muss sichergestellt sein, dass diese in ausreichendem Masse gekühlt werden.

Diamantspitzscheiben kann man als vielseitigstes Konditionierwerkzeug bezeichnen. Bahngesteuert über die Schleifscheibe geführt, sind mit ihnen nicht nur gleichmässige Wirkrautiefen erzeugbar, sondern auch Korrekturen möglich.

5.28 Continuous Dressing (CD-Konditionieren mit Diamantrollen)

Dieses Verfahren kennzeichnet sich dadurch, dass die Rolle während dem Schleifvorgang konstant im Eingriff mit der Schleifscheibe bleibt, wodurch eine optimale Profilhaltigkeit bei gleichzeitig hoher, konstanter Wirkrautiefe R_{ts} und damit entsprechender Abtragsleistung gewährleistet wird. Das CD-Konditionieren ist besonders geeignet für das Profilieren langer Werkstücke (Flach-/Flachprofilschleifen, Vollschnittschleifen) mit erhöhten Ansprüchen an die geometrische Genauigkeit. Die erzielbaren Oberflächenqualitäten hängen weitgehend vom Geschwindigkeitsverhältnis q_s zwischen der Schleifscheibe und dem Werkstück ab. Liegt dieses im Bereiche von > 1'200–1'500, kann von Vollschnittbedingungen ausgegangen werden, bei welchen die erreichbare Oberflächenrauheit am Werkstück, trotz grosser Wirkrautiefe an der Scheibe, normalerweise kein Problem mehr darstellt (siehe Wirkbahnen der Einzelschneiden). Für das Hochgeschwindigkeitsschleifen ist dieses Verfahren allerdings nicht einsetzbar, weil einerseits die Profilrollendrehzahl zu hoch sein müsste und andererseits der Rollenverschleiss kaum noch zu verantworten wäre.

Beim CD-Verfahren kommen die bekannten Arten von Diamantprofilrollen zum Einsatz:

- galvanischer Diamantbelag (Positivform)
- gestreuter Diamantbelag (Negativform)
- handgesetzter Diamantbelag (Negativform)

Die Profilübertragung auf die Scheibe erfolgt bei angetriebener Rolle und Scheibe im Gleich- (GLL) oder Gegenlauf (GGL) und mit einer definierten Geschwindigkeitsdifferenz (q_d = ±0.5–0.8 wie beim Rolldiamantieren). Die Rollenstandzeit ist abhängig vom Belagsverfahren und von den gewählten Verfahrensbedingungen (GGL/GLL, a_r, Scheibenart und -härte). Achtung: Beim CD-Abrichten sind a_r-Werte von 0,0001 bis 0,00025 mm pro Scheibenumdrehung üblich. Das hängt mit dem ununterbrochenen Eingriff (Kontakt) zwischen Rolle und Scheibe zusammen. Grössere Zustellungen führen schnell zu drastischem Rollenverschleiss.

Das CD-Profilieren im Gegenlauf (GGL) führt zu einer längeren Rollenstandzeit. Die erzielbare Wirkrautiefe R_{ts} ist dabei allerdings geringer, als beim Arbeiten im Gleichlauf (GLL). Wegen dem Rollenverschleiss hat ein bekannter Diamantrollenhersteller, im Zusammenhang mit Garantieansprüchen einiger Kunden, nur noch das Konditionieren im Gegenlauf (GGL) mit seinen Rollen erlaubt. Der Hintergrund für diese Massnahme liegt aber ganz wo anders. Wird im Gleichlauf (GLL) mit einem Geschwindigkeitsverhältnis q_d zwischen etwa 0.7 und 0.85 konditioniert, besteht die Gefahr, dass die teure Diamantprofilrolle von der Schleifscheibe mitgezogen wird und somit „Crushier-Bedingungen“ herrschen, zumal q_d dann 1.0 erreicht. Die einzelnen Diamanten der Rolle werden nur noch auf Druck beansprucht und deshalb aus ihrer, für solche Belastungen nicht geeigneter Bindung, herausgedrückt. Damit das nicht passieren kann, sollte sowohl der Schleifscheiben- als auch der Rollenantrieb eine AC-Steuerung (AC = Adaptiv Control) aufweisen. Diese ist in der Lage, die Drehzahl der Schleifscheibe sowie jene der Profilrolle so zu regeln, dass die eingestellten Werte absolut konstant gehalten werden können. Sofern diese Voraussetzung erfüllt wird, ist das Arbeiten im Gleichlauf (GLL), ohne die Gefahr eines allzu grossen Rollenverschleisses, möglich.

Hohe Maschinensteifigkeit und selbstverständlich höchste Auflösung an den Zustellorganen (Rolle/Scheibe) sind absolute Voraussetzungen beim CD-Abrichten. Zustellantriebe, die schrittweise arbeiten (Schrittmotoren), sind wenig geeignet, denn die bei jedem Zustellschritt auftretenden Druckerhöhungen durch die Rolle auf die Scheibe können auf letzterer Spuren hinterlassen. Diese wiederum führen möglicherweise zu einem unschönen Schliffbild (Rattermarken). Die Diamantrolle sollte unbedingt langsam aber kontinuierlich so in die Scheibe gefahren werden können, dass sich die pro Scheibenumdrehung vorgesehene Zustellung a_r ergibt.

Auch wenn im Bild 5.35 links die Diamantrolle als im Gleichlauf (GLL) arbeitend dargestellt wird, sollte keinesfalls der dabei auftretende Rollenverschleiss – sofern keine AC-Steuerung integriert ist – vergessen werden. Oder anders ausgedrückt: Wird im Gleich- oder Gegenlauf ein übermässig grosser Rollenverschleiss festgestellt, sind die Drehzahlbedingungen zwischen der Scheibe und der Rolle mit einem Stroboskop zu überprüfen.

ZUR ERINNERUNG Die Rollenkühlung und -reinigung muss jenen des Rolldiamantierens entsprechen (Menge, Druck) und beidseitig der Rolle angeordnet sein.

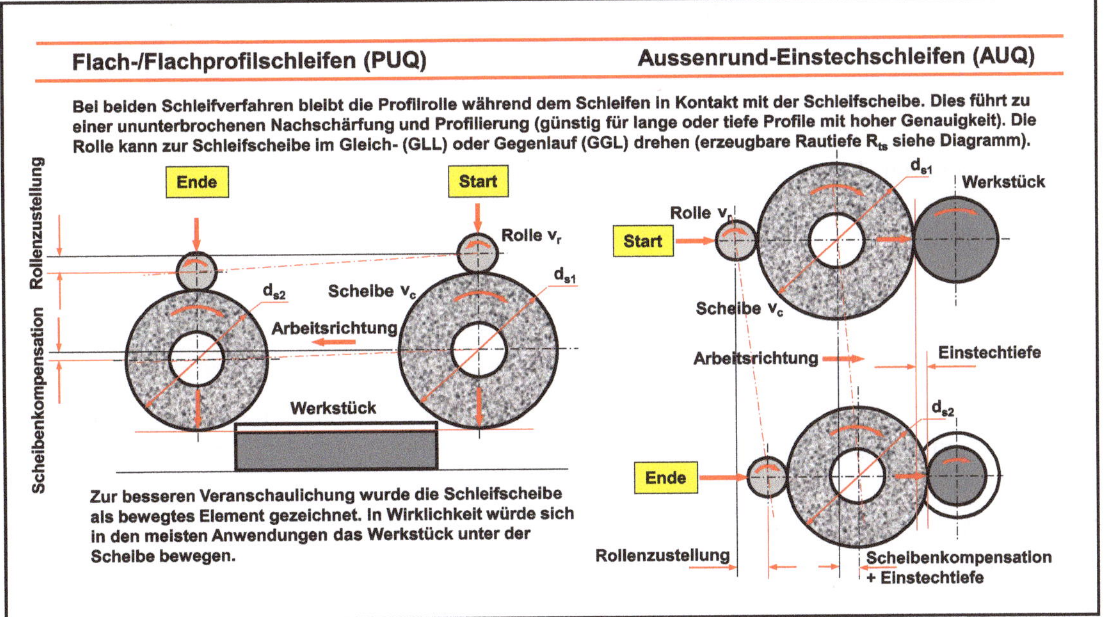

BILD 5.35 Continuous Dressing (CD-Abrichten mit Diamantrollen).
Das prinzipielle CD-Abrichten beim Flach-/Flachprofilschleifen und beim Aussenrund-Einstechschleifen.

5.29 Zusammenfassung von Kapitel 5

Das Konditionieren ist als fester Bestandteil des Präzisionsschleifens zu betrachten und deshalb auch entsprechend wichtig. In diesem Kapitel wurde versucht, möglichst übersichtlich die verschiedenen Abricht- bzw. Konditionierwerkzeuge vorzustellen, ihre Eigenheiten zu zeigen und zu erklären sowie letztendlich die Einsatzschwerpunkte festzuhalten. Selbstverständlich könnte man allein über das Konditionieren ein ganzes Buch schreiben. Das war hier aber gar nicht vorgesehen, sondern es sollte im Rahmen aller anderen Einflussgrössen und deren Zusammenhänge untereinander, in einem angemessenen Umfang das Konditionieren und die dafür einsetzbaren Werkzeuge so übersichtlich wie möglich dem interessierten Leser zur Kenntnis gebracht werden. Dabei wurde besonders Wert auf die unterschiedlichen Eigenschaften und auf die Stellgrössen gelegt. Der Autor ist überzeugt, dass hier und dort auch versierte Anwender Hinweise finden können, die sie so noch nicht kannten oder bisher zur Lösung ihrer Schleifaufgaben zuwenig einsetzten.

Es ist bestimmt nicht vermessen, quasi als Rückblick auf dieses Kapitel, die Frage zu stellen: Welches sind denn die Eigenschaften der verschiedenen Konditionierwerkzeuge und wie bzw. wo werden sie hauptsächlich eingesetzt? Diese Frage ist nicht leicht zu beantworten, aber fangen wir mit dem bekanntesten Abrichtwerkzeug, dem Einkorndiamanten an:

1. Einkorndiamanten sind „out" – zumindest würde man das heute so bezeichnen. Weil sie ihre Wirkbreite b_d ständig verändern, sind kaum reproduzierbare Arbeitsergebnisse über einen gewissen Zeitraum zu erwarten.

2. Zweifellos zählen die Mehrkornabrichter (Igel, Diamantplatten) zu den am häufigsten eingesetzten Abrichtwerkzeugen. Sie sind universell einsetzbar und erzeugen reproduzierbare Wirkrautiefen an der Schleifscheibe, vorausgesetzt, die Werkzeugspezifikationen und/oder die Stellwertvorgaben (Zustellung pro Überlauf, Vorschubgeschwindigkeit) werden nicht verändert.

3. Polykristalline Abrichtwerkzeuge haben an Aktualität verloren. Trotzdem bleib unbestritten, dass mit ihnen die qualitativ feinsten Wirkrautiefen R_{ts} an den Schleifscheiben erzeugbar sind. Das gilt aber nur für Korundschleifscheiben!

4. Zu den modernsten Abrichtwerkzeugen gehören die monokristallinen Abrichtplatten (MKD). Bis zur endgültigen Abnützung erzeugen sie immer dieselbe Wirkrautiefe, sofern die Stellwertvorgaben nicht verändert wurden.

5. Viele Anwender kennen weder die Diamantabrichtleiste (Erzeugung eines flachen Scheibenprofils) noch den Diamantabrichtblock. Mit der Leiste richtet man auf einfache Weise CBN-Scheiben ab (aufrauen und geometrisch gerade herrichten). Der Diamantabrichtblock ist längst in Vergessenheit geraten, obwohl mit ihm, auch auf älteren Maschinen, Profilierarbeiten durchaus rationell realisierbar sind. Das gilt im besonderen für das Profilschleifen im Vollschnitt auf Flachschleifmaschinen.

6. Bei den drehenden Abrichtwerkzeugen - bis jetzt war nur die Rede von den stehenden Abrichtwerkzeugen - zeigt die Abrichttopfscheibe enorme Vorteile, gegenüber den stehenden Werkzeugen. Sowohl über die Drehrichtung als auch über den Seitenvorschub und die Zustellgrösse lässt sich die erzeugbare Wirkrautiefe an der Schleifscheibe beeinflussen. Ganz besonders beim Einsatz von Sinterkorund- und keramisch gebundenen CBN-Scheiben hat dieses Werkzeug „die Nase vorn"! Das Haupteinsatzgebiet ist das Konditionieren von Schleifstiften beim Innenrundschleifen.
7. Die Reihe der drehenden Abrichtwerkzeuge kann mit den kleinen Crushierscheiben eröffnet werden. Sie werden aus hartem Werkzeugstahl oder mit einer CVD-Diamantbeschichtung eingesetzt. Die so konditionierten Schleifscheiben weisen eine sehr hohe Wirkrautiefe auf, weshalb sie zum Leistungsschleifen prädestiniert sind. Allerdings ist die Standzeit von HM-Scheiben relativ begrenzt und bei solchen mit einer CVD-Beschichtung besteht eine hohe Stossempfindlichkeit, besonders an den Kanten.
8. Die Crushierrollen aus hoch härtbarem Werkzeugstahl oder aus Hartmetall zählen zu den ältesten Profilierwerkzeugen. Man kann mit ihnen sowohl grosse Wirkrautiefen - es werden praktisch nur ganze Körner ausgebrochen - erzeugen. Lässt man die Crushierrolle eine Zeit lang ausrollen ohne Zustellung, so verfeinert sich die Wirkrautiefe und der Einrolldruck wird bis auf einen kleinen Rest - von der gesamten Systemsteifigkeit abhängig - abgebaut. Das kann aber ihre Standzeit ganz massgeblich verkürzen und die Profilform geometrisch beeinträchtigen.
9. Alle Arten von Diamantprofilrollen sollte man nur dann einsetzen, wenn deren Amortisation auch gewährleistet ist. Sowohl die handgesetzten Ausführungen wie auch die gestreuten, sind sehr teuer und deshalb nur dann im Einsatz geeignet, wenn einerseits das Profil in absehbarer Zeit keine Änderungen erfährt und die zu schleifende Serie ausreichend gross ist.
10. Die „Billigvariante" der Diamantrollen ist und bleibt die galvanischbelegte Ausführung. Es lassen sich damit auch anspruchsvollste Profile schleifen, aber es kann auch Probleme mit der Oberflächenqualität und/oder der Standzeit geben.

6 Kühlschmierstoffe, Additive, Filter und Anlagen

Stand der Technik
Trockenbearbeitung
Kühlschmierstoffe für die Schleiftechnik
Wasser- und nicht wasserbasierte Kühlmittel
Ansetzkonzentration und Nachfüllmischungen
Schneid- und Schleiföle
Additive für die Kühlschmierstoffe
Filter und Kühlmittelanlagen
Kühlschmierstoff-Rückkühlung
Minimal- und Mindermengenkühlung

6.1 Stand der Technik – Kühlschmierstoffe, Additive, Filter und Anlagen

Es ist interessant, die Entwicklungsgeschichte der modernen Kühlschmierstoffe etwas besser zu kennen und zu verstehen. Hat man anfangs der 50er-Jahre beim Schleifen noch mit einfachen anorganischen Lösungen (nitrithaltig = krebserregend) oder mit kolloidalen Lösungen (wasserstofffreie Emulgatorgemische), so genanntes „Seifenwasser" – wenn überhaupt – gekühlt, änderte sich die Sachlage und die Ansprüche an das Kühlmittel keine zehn Jahre später drastisch. In der Folge wird der Auslöser dazu kurz erläutert und auf die Hintergründe und Zusammenhänge eingegangen.

Wie erwähnt, begann vor mehr als 45 Jahren eine ganz neue Ära des Schleifens. Obwohl schon in den 30er-Jahren auf Aussenrundschleifmaschinen das Einstechschleifen, zum Teil mit für die damaligen Zeiten hohen Schnittgeschwindigkeiten (v_c = 45 bis etwa 60 m/s), angewandt wurde, bewirkte das Vollschnittschleifen auf Flach-Profilschleifmaschinen ein dringend notwendiges Umdenken beim Kühlen. Man nannte damals dieses besondere Schleifverfahren *Schleichgangschleifen* oder *Kriechgangschleifen*, weil mit extrem tiefen Vorschüben – vielfach sogar in einem einzigen Durchgang – die gesamte Bearbeitungszugabe (z. B. ein ganzes Profil) aus dem Vollen geschliffen wurde. Ob nun das Vollschnitt- oder das Einstechschleifen betrachtet wird, spielt vom Prinzip her keine Rolle. In beiden Fällen waren und sind auch heute noch die Zielvorstellungen etwa gleich. Man will in kurzer Zeit möglichst viel Werkstoff mit einer Schleifscheibe – meist mit einer Profilform – abtragen, ohne dabei auf die typischen Vorteile des Schleifens (Genauigkeit, Oberflächenqualität) verzichten zu müssen. Auf Rundschleifmaschinen stand allerdings das Profilschleifen nicht unbedingt in gleichem Masse im Vordergrund, wie dies beim Flach-Profilschleifen der Fall war. Meist galt es dort beispielsweise, einfache, zylindrische Lagersitze ohne Vorbearbeitung auf Mass zu schleifen sowie schmale Nuten oder Gewinde in weiche oder aber auch in bereits gehärtete Wellen einzustechen.

Flachschleifen: Nicht etwa einfache Flachkonturen gaben den Anlass zum Vollschnittschleifen, sondern eher schwierige Profilformen wie Turbinenschaufel-Tannenbaumprofile, Nuten in Flügelzellen-Pumpenrotoren, Gewindeschneidbacken, Schafschermesser, geschränkte Stichsägeblätter, Zahnstangen usw. standen im Vordergrund. Schon mit dem damaligen Angebot an wasserbasierten Kühlschmierstoffen (Kühlschmierstoff abgekürzt KSS) konnte man in kurzer Zeit feststellen, dass profilierte Schleifscheiben im Vollschnitteinsatz eine weit höhere Standzeit erbrachten, als man dies in vergleichbaren Fällen vom Pendelschleifverfahren her kannte. Der Grund dafür: Die mögliche Reduzierung der Anzahl Scheibenein- und -austritte jeweils am Anfang und am Ende des Werkstücks, welche den Profilverschleiss weit mehr förderten, als der eigentliche Profilschliff selbst. Als zunehmend problematisch erwies sich die Kühlung solcher „Leistungsvollschnittschleifprozesse". Der zwangsläufig höhere Leistungsbedarf an der Schleifspindel und damit die steigende Erwärmung der Werkstückrandzone war derart gross, dass man – um brandfrei schleifen zu können – sehr grosse Mengen an Kühlschmierstoff zuführen musste. Für Schleifspindelantriebe mit beispielsweise 16 kW wurden schon KSS-Pumpen mit einem Fördervolumen von 300–320 l/min eingesetzt.

Die grosse Menge allein reichte aber noch nicht aus, um in jedem Fall das angestrebte Ziel zu erreichen. Es musste ein Weg gefunden werden, trotz hohem zeitbezogenem Werkstoffabtrag den Leistungsbedarf zu reduzieren. Das wurde mit zwei der wichtigsten Voraussetzungen für ein erfolgreiches Vollschnittschleifen wie folgt gelöst:

- Erstens führte die Entwicklung hochporöser Schleifscheiben (offene Struktur) bei gleichzeitig reduzierter Scheibenhärte dazu, dass einerseits weniger Kornschneiden gleichzeitig im Eingriff waren und sich dadurch die Wärme durch Reibung verringerte. Andererseits garantierte die „weiche" Scheibe auch bei grossen Kontaktflächen und geringer Normalkraft pro Quadratmillimeter ein sicheres Ausbrechen der abgenützten, stumpfen Schleifkörner.
- Zweitens bestand trotz Reduktion der Anzahl gleichzeitig in der Kontaktzone reibender Kornschneiden, immer noch die Gefahr von Schleifbrand (thermische Randzonenschäden).

Die Tücke dabei war, dass die bekannten Oberflächenverfärbungen bei zu hoher thermischer Belastung meist nicht sichtbar waren, weil sie – wegen des langsamen Vorschubes beim Vollschnittschleifen – immer von den nachfolgenden Schneiden „abgespant" wurden. Erst die nachträgliche Prüfungen durch eine Nitalätzung machten den Wärmeschaden sichtbar. Die Wärmeentwicklung durch besser schmierende Kühlschmierstoffe zu reduzieren, erwies sich als der richtige Weg, um die Reibwärme drastisch zu senken.

Der Einsatz von Schleiföl, damals noch reines Mineralöl ohne besondere Additive, kam nicht in Frage, zumal die notwendigen Abdeckungen, Absaugungen und Löscheinrichtungen völlig fehlten. Und weil sich die bisher mehrheitlich verwendeten anorganischen Lösungen ganz offensichtlich nicht eigneten, entstand ein richtiger Wettlauf unter den Kühlschmierstoffherstellern bezüglich der Optimierung von Emulsionen (Öl in Wasser mittels eines Emulgators eingemischt). Schon um 1972 kamen Emulsionen mit einem Mineralölgehalt von gegen 50 % auf den Markt und nur kurze Zeit später bereits solche mit 60 %. Damit liessen sich der Leistungsbedarf und die Wärmeentwicklung auf einem derart tiefen Niveau halten, dass Schleifbrand weitestgehend vermieden werden konnte. Nur, damals sprach man bei einem erreichten bezogenen Zeitspanvolumen Q'_w von 10–15 $mm^3/(mm \cdot s)$ ohne weiteres vom „Leistungsschleifen". Heute können diese Werte unter Verwendung von modernen Emulsionen durchaus mit dem Faktor 5–10 multipliziert werden, ohne Schleifbrandgefahr. Die Beimischung von ausgewählten Additiven im Emulsionskonzentrat (als Konzentrat wird eine Emulsion angeliefert) führte zu einer weiteren Verminderung der Reibung zwischen der Scheibe und dem Werkstück.

Unter diesen Bedingungen konnten vorher unumgängliche Vorbearbeitungen auf Fräs- und/oder Drehmaschinen durch das Schleifen in vielen Fällen teilweise oder ganz substituiert werden. Die schleiftechnische Zerspanung avancierte plötzlich von der ursprünglich teuren, aber oft absolut notwendigen Fertigbearbeitung zu einem wirtschaftlich hochinteressanten Leistungsverfahren, gleichermassen geeignet für die Vor- wie auch für die Endbearbeitung. Zudem war es möglich, mit ein und derselben profilierten Schleifscheibe eine Form zuerst bis auf das für die Einsatzhärtung erforderliche Vormass zu schleifen und dann nach erfolgter Härteprozedur, ohne Scheibenwechsel, die noch verbliebene Bearbeitungszugabe bis auf das Fertigmass abzutragen.

Abgesehen von der weiter verbesserten Additivierung hat sich bis heute nicht mehr viel an den Emulsionen geändert. Doch halt, da war ja das Diethanolamin (abgekürzt DEA), ein extrem krebserregender (karzinogener) Stoff, bis etwa anfangs der 90er-Jahre in vielen Emulsionen noch enthalten. Mit der gesetzlich vorgeschriebenen Anwendung der Technischen Regel für Gefahrenstoffe TRGS (TRGS 611, 552 und 900) wurden diese N-Nitrosamine bildenden Stoffe in den Kühlmitteln grundsätzlich verboten und die Grenzwerte in der Luft am Arbeitsplatz festgelegt. Das geschah fast gleichzeitig mit der Auflage, dass in wasser- oder nichtwassermischbaren Kühlschmierstoffen Chlorverbindungen (Chlorparaffine) als hochwirksames Additiv nur noch mit maximal 0.2 Vol.% enthalten sein durften. Welche Auswirkungen diese Massnahme hatte, wird später beschrieben.

Auch wenn heutige Hochgeschwindigkeits- und/oder Hochleistungsschleifprozesse praktisch ausnahmslos unter Einsatz von höchst additivierten Schleifölen (Mineralöle, Weissöle und

Hydrocracköle) durchgeführt werden, beträgt der Anteil an wasserbasierten Kühlschmierstoffen (Lösungen oder Emulsionen) nach wie vor weltweit über 80 %. Davon entfallen wiederum etwa 60–70 % auf unterschiedlich aufgebaute Emulsionen.

Zusammenfassend kann man festhalten, dass der Beginn des Leistungsschleifens durch folgende fünf, äusserst wichtige Punkte gekennzeichnet war:

- Höhere Scheibenstandzeiten durch weniger Ein- und Austritte am Werkstück und damit bessere Profilhaltigkeit gegenüber dem Pendelschleifen.
- Kürzere Schleifzeiten, weil weniger Überschliffe notwendig sind und die relativ langen Umsteuerwege (beidseitig beim Pendelschleifen) wegfallen.
- Höherer Leistungsbedarf wegen den grösseren Abtragsmengen pro Zeiteinheit, aber deshalb ebenfalls verkürzte Schleifzeiten bei dennoch optimaler Qualität.
- Höherer Kühlschmierstoffbedarf durch die deutlich gestiegene Schleifleistung und zwangsläufig verbunden damit ein optimaler Wärmeabtransport, ohne thermische Randzonenschäden und Zugspannungen zu hinterlassen.
- Vorher notwendige Vorbearbeitungen durch Fräs- oder Drehprozesse lassen sich oft teilweise oder ganz durch das Schleifen substituieren.

Logischerweise können nicht mehr dieselben Schleifscheiben zum Einsatz kommen, wie sie für das Pendelschleifen gebraucht werden. Aber auch die Maschinen müssen in Bezug auf die statische und dynamische Steifigkeit höchsten Ansprüchen genügen. Probleme bereiteten früher noch die durchwegs hydraulischen Tischantriebe (Hydraulikzylinder), weil es äusserst schwierig war, bei tiefen Geschwindigkeiten diese absolut ruckfrei zu betreiben. Seit dem Einsatz elektrischer Leistungsantriebe sind diese Schwierigkeiten aber kein Thema mehr.

Wenn der Begriff *Leistungsschleifen* gebraucht wurde, dann galt er für ein bezogenes Zeitspanvolumen Q'_w von etwa 10 bis 15 mm^3/(mm·s). Die zeitbezogenen Abtragsmengen waren aber weit weniger bedeutungsvoll als die mit diesem Verfahren realisierbaren Problemlösungen. Die Ansprüche stiegen beinahe täglich, die Profilformen wurden komplexer, die Einzeldurchgänge tiefer, die Schleifscheiben weicher, dazu noch hochporöser und die Werkstoffe härter, zäher und wärmeempfindlicher. Parallel dazu mussten auch die Profilierverfahren weiterentwickelt werden und es kamen sogar ganz neue dazu, wie beispielsweise die verschiedenartigen Diamantprofilrollen. Ferner standen plötzlich Kühlmittel-Aufbereitungsanlagen neben den Schleifmaschinen, die ein Fassungsvermögen von 1500 Liter oder mehr und Pumpenfördermengen von 150 bis 200 Liter pro Minute aufwiesen. Was vorher mit Leitungsquerschnitten im Bereiche von R½″ als gut dimensioniert galt, musste durch Rohrleitungen und Schläuche von R1½″ und mehr ersetzt werden. Man hatte erkannt, dass die Kühlschmierstoffmenge – war sie verfügbar – massgeblich das Gelingen eines Schleifprozesses entschied. Die Kühlmittelzuführdüsen wurden vergrössert, so dass sich gewaltige Emulsionsströme über die Werkstücke und die Schleiftische ergossen, was zwangsläufig wiederum das Erweitern der Abflussquerschnitte zur Folge hatte. Im Allgemeinen kamen damals entweder reine (an)organische Lösungen oder leicht geschmierte Emulsionen zum Einsatz. Die Lösungen waren deshalb beliebt, weil sie ihrer Klarheit wegen die Sicht auf den Schleifprozess nicht allzu stark behinderten. Allerdings traten ab und zu Probleme mit Verklebungen an den Führungsbahnen auf oder man beobachtete unerwünschte Reaktionen mit Hydraulikölen. Einige Lösungen hatten sogar die unangenehme Eigenschaft, die Maschinenfarbe auf- bzw. abzulösen und gelegentlich klagten Operateure über Hautprobleme. Aber durch den relativ hohen Gehalt an Nitrit war dafür der Rostschutz weitgehend gewährleistet. Die damals verwendeten Emulsionen wurden noch nicht mittels biostabiler Emulgatoren zusammengehalten, so dass ihre Standzeiten stark begrenzt waren. Der Mineralölgehalt im Konzentrat lag um 15 % bis etwa 25 %, wodurch sich eine milchig-opalisierende Flüssigkeit ergab. Schaumprobleme – sofern sie überhaupt einmal auftraten – löste man entweder durch eine Aufhärtung des Wassers, z. B. durch Beigabe von anorganischen Salzen (z. B. Kalziumazetat), oder man setzte dem Kühlschmierstoff so genannte „Schaumbremsen“ zu (Fluorsilikon, Hartwachse usw.). Schwimmendes Lecköl, welches vom Emulgator nicht mehr aufgenommen werden konnte, wurde mehr oder weniger regelmässig von der Oberfläche abgesogen. Auf die Frage, weshalb einmal eine (an)organische Lösung und ein anderes Mal eine Emulsion zum Einsatz kam, gab es unterschiedlichste Antworten. Da hatte jeder *Spezialist* so seine eigenen Vorstellungen. Die einen nannten die längere Standzeit der Lösung, der geringere Wartungsaufwand und das bessere Beobachten des Schleifprozesses als massgebliches Entscheidungskriterium. Die andern glaubten, mit „schmierenden“ Emulsionen weniger *Schleifbrand* erwarten zu müssen. So ganz sicher schien sich aber keiner zu sein.

Als aber Ende der 60er-Jahre grössere zeitbezogene Abtragsvolumen angestrebt wurden, zeigte sich schnell, dass nur noch Emulsionen mit Mineralölanteilen von bis zu 50 % im Konzentrat und etwa 6%ig angesetzt zum Ziel führen konnten. Der Einsatz von Schleifölen war ohnehin wegen fehlender Abdeckungen und Ölnebelabsaugungen nur auf ganz wenigen Schleifmaschinen möglich. Flach-Profilschleifmaschinen waren davon praktisch ausgeschlossen.

In der Folge werden die Lösungen, Emulsionen, Öle und Additive etwas detaillierter betrachtet. Denn Kenntnisse, was man von den verschiedenen Kühlschmierstoffen erwarten darf und wie sie gewartet und behandelt werden sollten, gehören ebenso zum Grundwissen eines Schleiftechnologen, wie Kenntnisse über die Zuführung der Kühlschmierstoffe zur Kontaktzone Scheibe/Werkstück (Kapitel 7).

■ 6.2 Trockenbearbeitung (Hartdrehen versus Schleifen)

Bevor explizit auf die zum Schleifen verwendeten Kühlschmierstoffe eingegangen wird, muss unbedingt kurz die Trockenbearbeitung angesprochen werden. Sie spielt zwar beim Schleifen nur bedingt eine gewisse Rolle. In einigen Bereichen der Schleiftechnik ist die Trockenbearbeitung jedoch nach wie vor durchaus üblich. So kann man immer wieder beobachten, dass Einzelteile, beispielsweise Stempel oder Matrizen von Stanzwerkzeugen, deren Schneidkanten lediglich zu schärfen sind, mit geringen Zustellwerten trocken überschliffen werden. Die dabei entstehende Wärme muss dabei aber äusserst gering sein, damit die Standzeit der Schneidkanten nicht beeinträchtigt wird (mögliche Härtereduktion in der Randschicht). Ferner werden Werkzeuge mit definierter Schneide (Fräser, Drehstähle, Bohrer, usw.) sehr oft trocken nachgeschärft, obwohl dadurch die Standzeit - definiert durch die Verschleissmarkenbreite und/oder durch einen Schneidkantenabbruch - um ein Mehrfaches geringer ist als beim Einsatz im Neuzustand. Der Grund ist dabei meistens bei der thermischen Überlastung der nachgeschärften Werkzeugschneide zu suchen. Der Schleiffaktor S_c (siehe Kapitel 4), der das Verhältnis zwischen der Tangentialkraft F_t und der Normalkraft F_n angibt, erreicht beim Trockenschliff einen Wert von 0.75-0.8, was auf einen hohen Leistungskonsum und damit auf eine grosse Wärmemenge hinweist. Auch wenn schnell ein Rundteil auf Mass zu bringen ist, wird sich kaum jemand scheuen, dies ohne Kühlung, aber entsprechend vorsichtig zu tun.

In einigen Fällen können aus werkstofftechnischen Gründen gar keine Kühlschmierstoffe eingesetzt werden. Dort müssen dann die Leistungsansprüche im Allgemeinen tiefer liegen. Wo allerdings die qualitativen und quantitativen Forderungen hoch sind, wird kaum jemand auf den Gedanken kommen, trocken zu schleifen, und damit thermische Schäden und/oder Zugspannungen in der Randzone des Werkstücks zu provozieren. Das gilt im Besonderen für das Leistungs-, Hochleistungs- und das Hochgeschwindigkeitsschleifen. Da redet ja auch keiner von einer bestimmten zu erzielenden Abtragsleistung. Allein das Resultat ist wichtig (Geometrie, Oberfläche, ohne Schleifbrand, kurze Schleifzeit, usw.).

Mit definierter Schneide wird bereits seit vielen Jahren dort trocken zerspant, wo keine nachteiligen Folgen für das Werkstück zu befürchten sind. Durch die Entwicklung teilweise mehrlagig beschichteter Schneiden, durch neue Schneidenwerkstoffe (Keramik, polykristalline CBN- und Diamantbeschichtungen, DVD-Verfahren, usw.) und durch gezielte Anpassung der Schneidengeometrie und der Stellgrössen hat sich die Trockenbearbeitung für Teile mit einer Härte bis etwa 54 HRc (teilweise auch höher) als durchaus praktikabel und äusserst wirtschaftlich erwiesen. Der gänzliche Wegfall von Kühlschmierstoffen, ihrer Wartung sowie der unumgänglichen Aufbereitung, hat massive Kosteneinsparungen zur Folge.

Etwas anders sieht es beim Hartdrehen aus. In den letzten Jahren hat sich ein gewisser Konkurrenzkampf zwischen dem Schleifen und dem ganz ohne Kühlschmierung auskommenden Hartdrehen entwickelt. Früher, als es noch keine beschichteten oder mit CBN- und Diamantplatten belegten Spezialdrehwerkzeuge gab, kam für die genaue Fertigbearbeitung von harten Bauteilen nur das Schleifen in Frage. Mit dem modernen Hartdrehen (Härtebereich der Drehteile bis etwa 63 HRc) liessen sich in relativ kurzer Zeit mehr und mehr Schleifprozesse substituieren. Die Bearbeitungszeiten sind meist kürzer. Und die erreichbaren Oberflächenqualitäten lassen kaum zu wünschen übrig, sofern nicht allzu hohe Ansprüche gestellt werden. Gäbe es beim „trockenen" Hartdrehen nicht einen unerwünschten Nebeneffekt, welcher erst nach einer röntgenologischen Prüfung des gedrehten Werkstücks zum Vorschein kommt, hätte das Schleifen gewaltige Einbussen hinnehmen müssen. Die Rede ist von den nachweisbaren Zugspannungen in der Werkstückrandzone. Klar gibt es eine Unmenge von Teilen, bei denen die Spannungen in der Randzone überhaupt keine Rolle spielen. Die werden auch heutzutage, sofern grössere Serien anstehen und entsprechend ausgerüstete Drehmaschinen verfügbar sind, ungeachtet ihrer Härte trocken bearbeitet. Geht es aber um Werkstücke, die einerseits schon aus Gewichtsgründen festigkeitsmässig knapp bemessen wurden und andererseits nicht durch Zugspannungen vorbelastet sein dürfen, ist das Hartdrehen höchst problematisch. Solche Teile sind im Automobilbau (Pleuelschrauben, Dehnschrauben, usw.) und ganz besonders im Flugzeugbau zu finden. Übrigens, Flächen und Flachprofile sind bis jetzt hart noch nicht befriedigend zu bearbeiten. Ein Pluspunkt für das Schleifen!

HINWEIS In den Kapiteln 2 und 11 werden die Randzonenspannungen (Zug- und Druckspannungen) eingehend behandelt.

Weshalb hier das Hartdrehen erwähnt wurde, hat einen triftigen Grund. Das Schleifen wollte sich nicht „kampflos“ durch das Hartdrehen vom Feld drängen lassen. Also hat man alle schleiftechnischen Einflussgrössen (inkl. Schleifstoffe und Bindungen) auf eine nutzbringende Optimierung überprüft und dabei die folgenden vier speziellen Möglichkeiten gefunden:

- Höhere Schnittgeschwindigkeiten (Hochgeschwindigkeits- und Hochleistungsschleifen) ergeben grundsätzlich wirtschaftlichere Scheibenstandzeiten.
- Verbesserte und/oder optimierte Schleifscheibenbindungen (z. B. keramische Bindungen mit einem Einsatzbereich bis etwa 125 m/s).
- Vermehrter und gezielter Einsatz von Sinterkorundmischungen zusammen mit erhöhten Schnittgeschwindigkeiten.
- Und last but not least optimierte Kühlschmierstoffe (speziell mit so genannten Additivpaketen angereichert) und richtige Zuführung zur Kontaktzone mittels strömungstechnisch korrekt ausgelegter Düsen (siehe Kapitel 7).

Der letzte Punkt ist wohl auch der wichtigste. Das Schleifen ist durch einen hohen Energiebedarf gekennzeichnet. Die dadurch erzeugte Wärme kann nur über die Späne einerseits und über den Kühlschmierstoff andererseits abgeführt werden. Noch weit bedeutungsvoller ist und bleibt aber die Tatsache, dass sich mit gesteigerter Schmierfähigkeit im eingesetzten Kühlschmierstoff die Reibungswärme drastisch reduzieren lässt. Und zu viel Wärme – das weiss man heute sehr genau – ist für die Entstehung von Zugspannungen in der Werkstückrandzone zu einem grossen Teil verantwortlich. Die im Verhältnis zum Hartdrehen grössere Druckkraft F_n beim Schleifen führt zudem zu einer zusätzlichen Reduzierung von Zugkräften und steigert die Tendenz zu den erwünschten Druckspannungen im geschliffenen Werkstück. Zusammen mit gleichzeitig erhöhtem zeitbezogenem Materialabtrag kann so das Schleifen seine Vorteile gegenüber dem Hartdrehen entfalten, die da sind: Die Werkstückhärte spielt keine Rolle, die geometrische und massliche Genauigkeit ist kaum zu übertreffen, offene Profilformen beliebiger Art lassen sich herstellen und sogar das Werkzeug – die Schleifscheibe – kann auf der Maschine nachprofiliert (konditioniert) werden.

Sowohl mit hohen Schnittgeschwindigkeiten als auch mit optimierten Scheiben und Kühlschmierstoffen hat das Schleifen wieder „die Nase vorn". In einigen Fällen liegt die erreichbare zeitbezogene Abtragsmenge in der Nähe jener des Hartdrehens – oder darüber. Ab und zu ist sogar die Rede von der Rückkehr zum Schleifen – eben wegen den erwähnten Problemen beim Hartdrehen.

BEMERKUNG Auch wenn es für die Schleiftechnik aus energetischen Gründen keine grosse Bedeutung hat, wird der Vollständigkeit halber etwas weiter hinten noch auf die so genannte Minimal- und Mindermengenkühlung eingegangen.

6.3 Kühlschmierstoffe (KSS) für die Schleiftechnik

Bevor die einzelnen Kühlschmierstoffarten erläutert werden, ist es sinnvoll, sich ein Bild über die heute angebotene KSS-Palette zu machen. In der Praxis fällt immer wieder auf, dass eine relativ grosse Diskrepanz zwischen den Eigenschaften der Kühlschmierstoffe und deren zweckmässigen, prozessabhängigen Verwendung besteht. Mit andern Worten: Viele Anwender könnten ihre Schleifaufgaben weit besser lösen, wenn jeweils der richtige Kühlschmierstoff zur Anwendung gelangen würde. Besonders mit der Einführung von so genannten Zentralanlagen, in welchen mehrere Kubikmeter eines für alle daran angeschlossenen Maschinen und Verfahren „zugeschnittener" Kühlschmierstoff enthalten ist, zwingt Operateure immer wieder zu Eingeständnissen an die Abtragsleistung und/oder an das Scheibenstandverhalten. Logisch, es muss eben ein Kühlschmierstoff sein, der für alle spanenden Verfahren mehr oder weniger gut geeignet ist. Da ist die Wahrscheinlichkeit gross, dass der Kühlschmierstoff für anspruchsvolle Schleifprozesse nicht optimal geeignet ist.

Für anspruchsvolle Schleifprozesse oder dann, wenn hohe und höchste Abtragsleistungen angestrebt oder vorgegeben sind, muss ein Kühlschmierstoff zur Anwendung gelangen, welcher alle Voraussetzungen erfüllen kann. Dabei geht es im Weitesten auch um die Kühlmittelversorgung und um den eingesetzten Filter. Nicht alle Filterarten eignen sich gleich gut für die verschiedenen Kühlschmierstoffe. Dieses Thema kommt unter Punkt 6.20 zur Sprache.

In der Deutschen Industrie Norm DIN 51385 sind die Kühlschmierstoffe bzw. ihre Benennung (Begriffe) mit den Ordnungszahlen 0–3.3 festgehalten. Die Unterscheidungen beziehen sich allerdings auf wenige charakteristische Merkmale:

- Nr. 0: Kühlschmierstoff (prinzipielle Definition)
- Nr. 1: Nichtwassermischbarer Kühlschmierstoff
- Nr. 2: Wassermischbarer Kühlschmierstoff
- Nr. 2.1: Emulgierbarer Kühlschmierstoff
- Nr. 2.2: Emulgierender Kühlschmierstoff
- Nr. 2.3: Wasserlöslicher Kühlschmierstoff
- Nr. 3: Wassergemischter Kühlschmierstoff
- Nr. 3.1: Kühlschmier-Emulsion (Öl-in-Wasser-Emulsion)
- Nr. 3.2: Kühlschmier-Emulsion (Wasser-in-Öl-Emulsion)
- Nr. 3.3: Kühlschmier-Lösung

Dass diese Auflistung in Anbetracht der Vielfalt der heute angebotenen und eingesetzten Kühlschmierstoffe spartanisch und unvollständig anmutet, lässt sich nicht abstreiten.

Die Übersicht nach Tafel 6.1 zeigt deutlich, welche Auswahl an Kühlschmierstoffen angeboten wird. Dabei sind die feinen Nuancen noch gar nicht berücksichtigt. Speziell bei den Emulsionen und den Schleifölen können die charakteristischen Merkmale durch die Abstimmung eines „Additivpakets" ganz gezielt beeinflusst werden. Auf diese Weise sind Anpassungen an eine bestimmte Schleifaufgabe möglich, besonders wenn grössere Serien und/oder wiederkehrende Chargen anstehen.

TAFEL 6.1 Kühlschmierstoffe (KSS) und ihre Zusammensetzung für die Schleiftechnik

- Organische Lösungen enthalten meist nur Benetzungs- und Antirostmittel
  - praktisch keine Schmierfähigkeit, vollsynthetisch, lange Standzeiten, durchsichtig
- Lösungen mit wenig bis starker Schmierfähigkeit (nur wenige Produkte auf dem Markt)
  - vollsynthetisch aufgebaut, mit synthetischen FM- und/oder AW-Additiven
- Emulsionen auf Ester-, Mineral- und/oder Weissölbasis (Ölgehalt bis 30 %)
  - sogen. halbsynthetische Emulsionen meist mit FM-, AW- und/oder EP-Additiven
- Emulsionen auf Ester-, Mineral- und/oder Weissölbasis (Ölgehalt bis 80 %)
  - mittel- bis hoch geschmierte Emulsionen meist mit FM-, AW- und/oder EP-Additiven
- Schleiföl auf Ester-, Mineral- und/oder Weissölbasis
  - mit niedriger Viskosität (2-7 mm^2/s bei 40 °C) mit oder ohne Additive
- Schleiföl auf Ester-, Mineral- und/oder Weissölbasis
  - mit mittlerer Viskosität (8-15 mm^2/s bei 40 °C) mit oder ohne Additive
- Schleiföl auf Ester-, Mineral- und/oder Weissölbasis
  - mit hoher Viskosität (16-23 mm^2/s bei 40 °C) mit oder ohne Additive
- Schleiföl auf Ester-, Mineral- und/oder Weissölbasis
  - mit sehr hoher Viskosität (24-36 mm^2/s bei 40 °C) mit oder ohne Additive
- Schleiföl auf Ester-, Mineral- und/oder Weissölbasis
  - mit höchster Viskosität (37-46 mm^2/s bei 40 °C) mit oder ohne Additive
- Schleiföl vollsynthetisch (Polyalphaolefine) mit speziellen FM-, AW- und EP-Additiven
  - alterungsbeständig, verdunstungsarm, nimmt kaum Fremdstoffe auf, hoher V-Index

Die Scheiben- bzw. Profilstandzeiten und damit der G-Wert lassen sich dadurch deutlich steigern. Das führt zu verkürzten Schleifzeiten, durch das Strecken der Konditionierintervalle. Kommen hochharte Schleifstoffe (Diamant oder CBN) zum Einsatz, ist eine subtile Wahl des zur Anwendung gelangenden Kühlschmierstoffs von grösster Bedeutung, denn diese Schleifstoffe sind teuer. Man ist deshalb gut beraten, nach Möglichkeit zumindest an jenen Schleifmaschinen, die für wiederkehrende gleiche Teile eingesetzt werden, eine separate Kühlschmierstoffversorgung (Behältergrösse, Fördermenge, Systemdruck) mit einem der Schleifaufgabe optimal angepassten Kühlschmierstoff vorzusehen. Der Platzbedarf dafür und die Wartungskosten schlagen letztlich weniger zu Buche, als die Kosten für die Schleifscheiben, die Konditionierwerkzeuge und den höheren Schleifzeitaufwand. Es gibt aber noch einen Grund, eine Schleifmaschine separat und unabhängig von andern mit KSS zu versorgen. Das ist dann vom Gesetzgeber zwingend vorgeschrieben, wenn zum Beispiel kobalthaltige (Hartmetalle) oder leicht radioaktive Werkstücke geschliffen werden. Da ist die fachgerechte Entsorgung des verwendeten Kühlschmierstoffs besonders wichtig.

6.4 Ungeschmierte und geschmierte vollsynthetische Lösungen

Die Grunddefinition lautet: Eine Kühlschmierlösung ist ein mit Wasser gemischter Kühlschmierstoff. Da besteht aber ein gewaltiger Erklärungsbedarf! Wie der Titel bereits vermuten lässt, gibt es Lösungen, welche lediglich ein Benetzungsmittel und dazu meist noch einen Rostschutzinhibitor enthalten. Letzterer überzieht für eine beschränkte Zeit als Rostverhinderer mit einer dünnen Schicht das geschliffene Werkstück. In der Fachsprache nennt man sie auch „einfache Lösungen". Bis anfangs der Neunzigerjahre gelangten noch anorganische Lösungen zum Einsatz, die als Rostschutz Nitrit enthielten. Weil Nitrit als Krebserreger erkannt worden war, wurden sie dann durch organische Lösungen ersetzt. Das Konzentrat der letztgenannten, völlig mineralölfreien Kühlschmierstoffe besteht beispielsweise aus wasserlöslichem Polyglykol oder Borsäureamidester. Sie werden in Konzentrationen von 1 % bis etwa 5 % normalerweise in Wasser angesetzt. Diese Lösungen haben beim Schleifen im Allgemeinen ein eingeschränktes Einsatzgebiet, sind aber immer noch dort sehr beliebt, wo viele unterschiedliche und eben meist auch weniger anspruchsvolle Schleifarbeiten zu bewältigen sind. Zudem kann einigen Operateuren „die Beobachtung" des Schleifprozesses durch die klare Lösung nicht ausgeredet werden. Sie beharren einfach darauf! Solche klaren Lösungen enthalten keine zusätzlichen Schmierkomponenten, sieht man von den eingemischten Benetzungsmitteln ab, welche eine äusserst geringe Schmierfähigkeit ergeben. Mit ungeschmierten Lösungen arbeiten die Scheiben aggressiv und die Kühlwirkung ist, sofern die zeitbezogenen Abtragsmengen im tiefen einstelligen Bereich liegen, sehr gut. Wasser hat bekanntlich sowohl eine hohe Wärmeleitfähigkeit als auch spezifische Wärmekapazität (2.5mal besser als Öl). Weil aber die Schmierung fehlt, ist ein vergleichsweise hoher Leistungsbedarf an der Schleifscheibe erforderlich. Für höhere Abtragsleistungen sind solche Lösungen nicht geeignet. Sie weisen aber, im Gegensatz zu Emulsionen, den grossen Vorteil auf, weder anfällig auf Bakterien noch auf Pilze zu sein, wodurch eine extrem hohe Standzeit erreichbar ist. Bei guter Wartung und regelmässiger Entfernung von obenauf schwimmendem Fremdöl, kann eine vollsynthetische Lösung über mehrere Jahre im KSS-Behälter verbleiben. Das Fremdöl stammt, nicht - wie heute noch ab und zu behauptet wird - von undichten oder geborstenen Hydraulikleitungen, sondern zum grössten Teil vom Rostschutzöl, das an den Werkstücken abgewaschen wird. Jede Lösung hat ja auch die Fähigkeit zu reinigen, was sowohl bezüglich des Werkstückes wie auch der Maschinenteile erwünscht ist. In diesem Öl können sich Bakterien und Pilze bilden, was am unangenehmen Geruch erkennbar ist. Das obenauf schwimmende Fremdöl lässt sich mittels einer auf dem Behälter montierten, konstant rotierenden und etwa zu einem Drittel ins Kühlmittel eingetauchten Blechscheibe abschöpfen. Das Öl haftet an der Blechscheibe und wird von einem Rakel über einen Ablaufkanal in einen Nebenbehälter abgeleitet. Man kann das Fremdöl aber einfach auch einmal wöchentlich manuell absaugen oder mittels daraufgelegtem Filter- oder Haushaltspapier von der Oberfläche abziehen. Die Gefahr einer Bakterien- und/oder Pilzbildung ist damit praktisch ausgeräumt.

Lösungen, welche synthetische Schmierkomponenten sowie zusätzlich AW- und EP-Additive enthalten (AW = Anti Wear und EP = Extreme Pressure), weisen eine bedeutend höhere Leistungsfähigkeit in Bezug auf den möglichen Materialabtrag auf. Sie sind aber im Allgemeinen teurer als vergleichbare Emulsionen. Dafür ist ihr Einsatzbereich sehr breit und die Standzeit übertrifft bei guter Wartung jene von Emulsionen bei weitem. Da sie keine Mineralöle enthalten, sind alle für die Schmierung notwendigen Bestandteile synthetisch aufgebaut. Um sie zu klassieren, vergleicht man solche Lösungen in der Regel mit Emulsionen entsprechender Schmierfähigkeit. Es gibt nur einige wenige Produkte auf dem Markt, die unter Druck- und Wärmeeinfluss reagieren und dabei Schmiereffekte entwickeln, die nahe an jene von Schleifölen heranreichen.

Da an den geschliffenen Teilen immer eine kleine Menge der Lösung und damit auch des Benetzungsmittels bzw. der enthaltenen Additive ausgetragen wird, ist eine regelmässige Überprüfung mit dem Refraktometer und ein möglicherweise notwendiges Auf- oder Abkonzentrieren und Nachfüllen in regelmässigen Abständen unumgänglich. In den warmen Jahreszeiten besteht zudem verstärkt die Gefahr, dass Wasser verdunstet, wodurch eine Aufkonzentrierung entsteht. Wie man wasserbasierte Kühlschmierstoffe korrekt wartet, wird ausführlich im übernächsten Punkt erklärt.

Die Entsorgung von Lösungen ist je nach der jeweiligen Zusammensetzung nicht ganz unproblematisch. Zum Teil müssen Lösungen als Sondermüll entsorgt werden, wodurch zusätzliche Kosten entstehen. Im Zweifelsfall ist der Lieferant oder Hersteller des Produkts zu konsultieren. Die Zeiten, wo man dem Auszubildenden am Freitag um halb Vier den Auftrag gab, den Kühlmittelbehälter der Schleifmaschine im Hof in den Gully zu entleeren, zu reinigen und dann wieder frisch aufzufüllen, sollten eigentlich längst vorbei sein. Obwohl sehr hohe Strafen auf einer solchen unverantwortlichen Abwasserverunreinigung stehen, wird diese „Entsorgungsmethode“ insgeheim da und dort immer noch praktiziert. Eine gesetzlich vorgeschriebene und nachweisbare Entsorgungskontrolle ist längst überfällig.

6.5 Halbsynthetische und echte Emulsionen

Emulsionen enthalten eine oder mehrere Ölarten mit unterschiedlicher Viskosität in Mengen von etwa 10 % bis über 80 % (im Konzentrat). Damit sie sich in Wasser einmischen lassen und stabil sind, wird ein Emulgator benötigt. Es gibt fein- und grobdisperse Emulsionen (Grösse der sich bildenden Öltröpfchen). Früher wurden die feindispersen den grobdispersen vorgezogen, weil man die Meinung vertrat, dass diese eine bessere Adhäsion an den Kornschneiden und an der Werkstücksoberfläche hätten. Nach dem heutigen Stand der Technik soll es aber genau umgekehrt sein. Grobdisperse Emulsionen sind deshalb zu empfehlen. Es könnte aber auch sein, dass alles nur eine „Glaubensfrage“ ist.

Von Interesse sind für das Schleifen Öl-in-Wasser-Emulsionen, d. h. das Emulsionskonzentrat wird langsam und kontinuierlich in das bereits im Behälter befindliche Wasser eingerührt. Praktischer ist selbstverständlich ein Mischgerät, welches auf das vom Hersteller empfohlene Mischungsverhältnis eingestellt wird und sehr genau arbeitet. Würde man Wasser in das vorher in den Behälter geschüttete Emulsionskonzentrat giessen, ergäbe sich keine „zusammenhaltende“ Emulsion. Die Emulsion würde „auseinanderbrechen“, wie man sagt, und dies bedeutet nichts anderes als eine schlechte Wirkung und eine extrem kurze Standzeit.

Nach wie vor basieren die meisten im Handel erhältlichen Emulsionen auf Mineralölen verschiedener Herkunft mit entsprechend abweichenden Grundsubstanzen. Zunehmend werden aber auch Emulsionen auf reiner Weissölbasis (Paraffinöl) oder auch auf Hydrocrackölbasis (siehe Punkt 6.7 „Schleiföle“) eingesetzt. Ferner kommen vermehrt KSS-Produkte (Emulsionskonzentrate) auf den Markt gebracht, die native und/oder synthetische Esteröle enthalten. Native Esteröle werden aus nachwachsenden Naturprodukten (Raps, Oliven, Palmöl, usw.) hergestellt. Sie zeichnen sich durch eine kaum veränderbare Viskosität bei jeweils 40 °C aus. Durch das Mischen mit synthetischem Ester ergibt sich die Möglichkeit, auf die Viskosität des nativen Esters Einfluss zu nehmen.

Emulsionen mit unterschiedlichem Aufbau und mit FM-, AW- und/oder EP-Additiven angereichert (ausführliche Begriffserklärungen zu den Additiven sind unter Punkt 6.8. zu finden), gehören beim Schleifen zu den meist verbreiteten Kühlschmierstoffen (KSS) überhaupt. Sie vereinen die hohe spezifische Wärmekapazität von Wasser mit den Eigenschaften und Schmierfähigkeiten von Ölen und Additiven. Emulsionen unterschiedlichster Zusammensetzung gehören bestimmt auch in Zukunft zu den wichtigsten Kühlschmierstoffen der Schleiftechnik.

HINWEIS Die Wärmekapazität von Wasser ist rund 2.5 mal höher, als jene von Öl. Das darf aber nicht darüber hinweg täuschen, dass die Wärme zuerst erzeugt werden muss, bevor Wasser sie wirksam abführen kann. Am Werkstück können deshalb bereits thermische Schäden entstanden sein. Öle reduzieren durch ihre gute Schmierfähigkeit von vornherein die entstehende Reibungswärme und verhindern so weit besser als Wasser eine thermische Überlastung und Folgeschäden (Schleifbrand, usw.) in der Werkstückrandzone. Diese Tatsache zeigt sich erst recht deutlich beim Hochleistungsschleifen.

Die Schmierfähigkeit von Emulsionen wird ganz allgemein bestimmt durch den Ölgehalt im Konzentrat. Ein niedriger Anteil von ca. 10–30 % kennzeichnet diejenigen Emulsionen, welche als „halbsynthetisch" benannt werden. Sie liegen in der von OTT festgelegten CL-Klassifizierung (Schmierfähigkeitsindex) zwischen 1.5 und 2.5. Emulsionen mit über 30 % Ölanteil im Konzentrat bis hinauf zu heute etwa 80 % bezeichnet man als „echte" Emulsionen, bei welchen der CL-Wert dann zwischen etwa 2.5 und 4.5 liegt. Emulsionen, welche nicht nur einen sehr hohen Ölanteil haben, sondern auch hochadditiviert sind, können durchaus CL-Werte von einfachen, mineralischen Schleifölen erreichen.

Emulsionen sind bekannt für unterschiedlich starke Schaumentwicklung und ein oftmals nicht nachvollziehbares Verhalten bei ansteigender Temperatur. In den meisten Fällen sind die Schaumprobleme auf eigenes Verschulden zurückzuführen. Genauso wie eine Unterkonzentrierung zum „Zerfall" einer Emulsion führen kann, nimmt beim Überkonzentrieren die Schaumbildung und damit verbunden eine schnellere Alterung durch beschleunigte Bakterien-, Hefe- und/oder Pilzbildung tendenziell zu. Dies ganz besonders bei Emulsionen auf nativer Esterbasis. Das Bakterienwachstum erfolgt hier unter günstigsten Bedingungen.

Anstelle einer Überkonzentrierung wäre der Wechsel auf eine andere Emulsion mit bereits vorhandenem höherem prozentualem Ölanteil im Konzentrat der einzig richtige Weg, denn der Emulgator und der Ölanteil im Konzentrat müssen von vornherein aufeinander abgestimmt sein. Das macht der Kühlmittelhersteller. Er gibt deshalb auf den Produktdatenblättern den Richtmischungsansatz in Prozenten an, zusammen mit dem pH-Wert der neu angesetzten Emulsion und meist auch noch mit jenem, der sich nach einer Gebrauchsdauer von etwa 3–5 Wochen einstellen sollte. Wie der Mischungsansatz und der pH-Wert gemessen werden, folgt unter dem Punkt 6.6: „Ansetzkonzentration und Messmethoden".

Da Emulsionen tendenziell zur Schaumbildung neigen, sollten sie keinesfalls höher konzentriert werden als vom Hersteller für den jeweiligen Einsatzzweck empfohlen. Also weder Über- noch Unterkonzentrierungen – letztere meist aus vermeintlichen Spargründen – sind nicht sinnvoll, sondern falsch! Man handelt sich damit meistens nur Probleme ein.

Die Härte des zur Verfügung stehenden Wassers spielt bei der Schaumbildung ebenfalls eine grosse Rolle. Hartes Wasser (> 22 °dH) kann Kalkseifenbildung bewirken. Es entsteht kein Schaum, aber die Maschine (Innenraum) kann schon nach kurzer Zeit so aussehen, als wäre sie mit Raureif überzogen. Das ist ein absolut sicherer Hinweis auf zu hartes bzw. zu stark kalk-

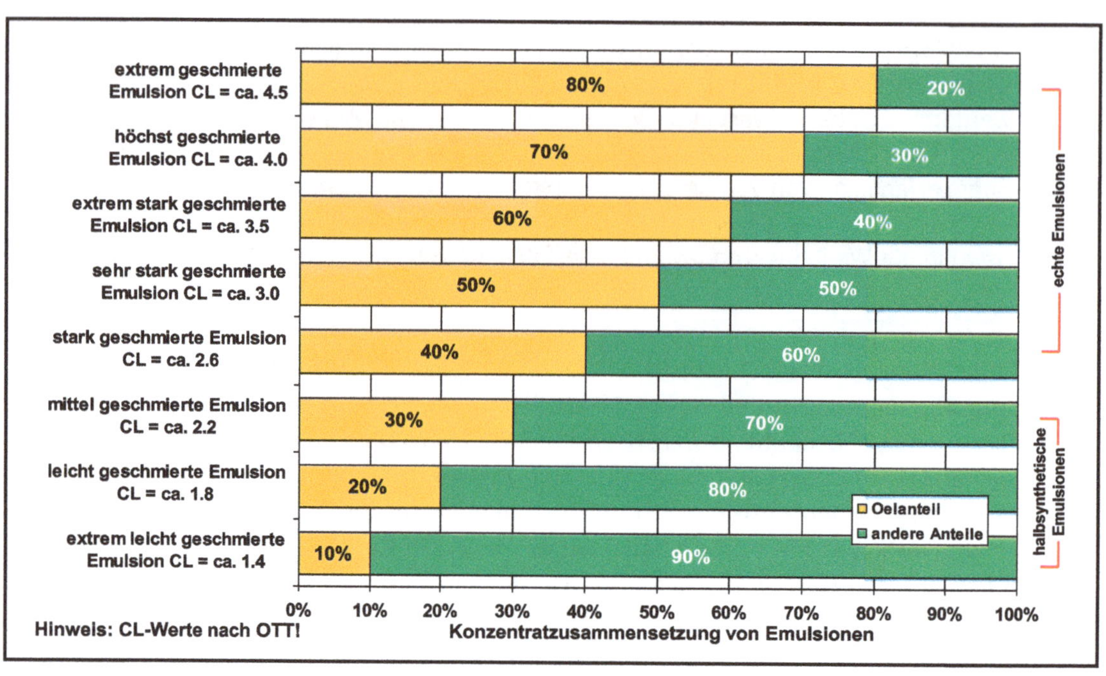

BILD 6.1 Durchschnittlicher Ester-, Mineral- und/oder Weissölanteil in % im Emulsions-Konzentrat. Etwaige Bereiche der Standardabstufungen (Handels-Konzentrationen ±5 %).

haltiges Wasser. Weiches Wasser (< 12 °dH) führt zu unterschiedlich starker Schaumbildung (abhängig vom Mineralölgehalt im Konzentrat und dem prozentualen Ansatzwert). Optimal ist eine Wasserhärte von etwa 14–18 °dH (Gemeinde/Wasserwerke geben gerne Auskunft). Die Bezeichnung „dH" bezieht sich auf die Wasserhärtemessung nach „deutscher Härte". Hierzu folgen gleich wichtige Hinweise unter dem Punkt 6.6.

Eine bis vor wenigen Jahren noch unerklärliche Erscheinung, die nur bei Emulsionen, vornehmlich mit höherem Ölgehalt auftritt, muss unbedingt erklärt werden. Erreicht eine Emulsion Temperaturen über etwa 35–38 °C, so bricht ganz unerwartet das Benetzungsvermögen (Haftung der schmierenden Additive an Scheibe und Werkstück) ab. Der Schleifprozess muss dann unterbrochen werden, bis die Temperatur wieder auf unter 28–30 °C gefallen ist. Bei der Behandlung der Additive wird das „polare Verhalten" eingehend erläutert. Hier dazu nur so viel: Alle Fettstoffe, die in Emulsionen und Ölen Verwendung finden, weisen polare Eigenschaften auf, das heisst, sie haben ein extrem gutes Adsoptionsverhalten. Sie haften sehr gut an praktisch allen Stoffen (einige Kunststoffarten ausgenommen). Bedingt durch das Haft- und Schmiervermögen zählen sie zu den wichtigsten Bestandteilen von Emulsionen und Schleifölen. Die einzelnen Moleküle richten sich auf der benetzen Oberfläche auf und widerstehen auch starken Beanspruchungen durch den Schleifprozess. Man könnte auch sagen, sie erzeugen Notlaufeigenschaften. Und genau dieses polare Verhalten bricht bei einer Temperatur des zugeführten KSS von 35–38 °C ganz plötzlich ab. Solche hohen KSS-Temperaturen sollten aber auch grundsätzlich vermieden werden. Die Gründe, welche zu einem derartigen Temperaturanstieg führen können sind vielfältig. Einerseits kann der Behälter im Verhältnis zur umlaufenden Kühlmittelmenge zu klein sein oder es sind zusätzlich Pumpen (Reinigungspumpen für erhöhten Druck beim Konditionieren, Hebepumpen, usw.) im Kreislauf, die ihre Verlustwärme zum Teil auch an den Kühlschmierstoff abgeben. Andererseits wurde möglicherweise die KSS-Rücklauflänge bis zum Behälter zu kurz gewählt oder sie führt durch ein Rohr, welches nur unzureichend durch Umluftkonvektion Wärme abführt. Und schliesslich findet man in der Praxis immer häufiger hohe, schmale KSS-Behälter. Diese haben zwei grosse Nachteile: Erstens ist die Entlüftung des KSS schlecht und zweitens gibt die geringe Querschnittsfläche die Wärme nur unzureichend an die Umgebung ab. Meist stehen die KSS-Behälter ja auch noch direkt auf dem wärmeisolierenden Werkstattboden und sind zudem oben mit einem Blech abgedeckt. Wo soll da die im KSS enthaltene Wärme überhaupt noch an den Raum abgegeben werden? Zwei Massnahmen als Empfehlung: Erstens muss jeder Kühlschmierstoffbehälter um mindesten 50–60 mm vom Boden abgehoben aufgestellt werden, damit die natürliche Konvektionskühlung durch die Raumluft wirken kann. Zweitens sollte eine Rückkühlung dann vorgesehen werden, wenn die KSS-Temperatur trotz aller anderen Massnahmen nicht in den Griff zu bekommen ist. Die Rückkühlung darf in den meisten Fällen relativ klein sein, sofern sie mit einer eigenen Umwälzpumpe und einem einstellbaren Thermostaten ausgerüstet ist und im Bypass läuft. Sie arbeitet dann auch, wenn die Maschine beispielsweise beim Werkstückwechsel oder während dem Konditionieren stillsteht, also nicht geschliffen und grosse Wärme erzeugt wird. Wasser oder Luftkühler können selbstverständlich zum Einsatz gelangen. Sie weisen allerdings einen relativ schlechten Wirkungsgrad auf und im Falle der Wasserkühlung fallen noch zusätzliche Kosten an. Ein klein bemessenes Absorber-Rückkühlaggregat, ähnlich einer Automobil-Aircondition, kann bei einem moderaten Beschaffungspreis recht gute Dienste leisten (siehe auch Punkt 6.23).

6.6 Wasserqualität, Ansetzkonzentrationen und Messmethoden

Im Allgemeinen wird unterschieden zwischen Trinkwasser und Industriebrauchwasser – oft auch als „Brunnenwasser“ bezeichnet. Nicht überall ist es erlaubt, Trinkwasser für die Aufbereitung von Lösungen oder Emulsionen zu verwenden. Die zuständigen Wasserwerke geben Auskunft über die erlaubte Wasserart für Kühlschmierstoffe. Immerhin kann es sich beispielsweise bei Zentralanlagen um 10–100 m^3 Wasser handeln, die dann auch wieder entsorgt werden müssen. Im Industriebrauchwasser können chemische Verunreinigungen enthalten sein, welche die Eigenschaften und die Standzeit von Lösungen wie von Emulsionen ungünstig beeinflussen können. Hier ist es ohne Zweifel sinnvoll, dem Kühlschmierstofflieferanten oder -hersteller für eine Analyse vor dem Ansetzen einer Lösung oder einer Emulsion eine Wasserprobe zu überlassen.

Nur der Fachmann ist in der Lage, eine verlässliche Beurteilung abzugeben. Schliesslich weiss er allein, was genau in seinem Kühlschmierstoff enthalten ist und mit welchen Fremdelementen Reaktionen erfolgen könnten.

Ein weiter Punkt ist die Wasserhärte und der pH-Wert. Man kann ein Land in Regionen mit extrem weichem Wasser (wenig Kalk- bzw. Kalziumgehalt) und in solche mit extrem hartem Wasser (hoher Kalk- bzw. Kalziumgehalt) einteilen. Für die Schweiz gilt beispielsweise das Wasser im gesamten Einzugsgebiet der Jurakette als sehr kalkhaltig. Die Härte bewegt sich im Allgemeinen über 25 °dH und kann sogar höher als 32 °dH liegen. Muss solches Wasser verwendet werden, wird es ohne einen zusätzlichen Enthärter, welcher dem Kühlschmierstoff nach Angabe des Herstellers zuzusetzen ist, kaum möglich sein, eine problemlose Emulsion anzumischen. Schon nach kurzer Zeit würde, wie bereits erwähnt, eine Kalkseifenausscheidung stattfinden. Betrachtet man die Regionen in der Ostschweiz, so kann genau das Gegenteil festgestellt werden. Das Wasser ist an manchen Orten dermassen weich (kalkarm), dass auch bei leichten, halbsynthetischen Emulsionen (Ölgehalt um 10 % im Konzentrat) in kürzester Zeit Schaumberge durch die Verprallung entstehen, welche den KSS-Abfluss behindern und die Kühlwirkung massiv abschwächen können. Luft ist ja eher ein Isolator denn ein Kühlmittel!

Auch die Wasserhärte in der jeweiligen Region oder Ortschaft kann man vom zuständigen Wasserwerk (oder Gemeindewerk) erfahren.

WICHTIG Enthärter- und Aufhärtezusätze sollten grundsätzlich vom gleichen Lieferanten bezogen werden, wie das Kühlmittelkonzentrat. Er weiss, welche Substanzen den Emulgator nicht stören, gleichzeitig aber eine gute Wirkung ergeben. Ferner ist unbedingt zu beachten, dass die Ent- und Aufhärter durch die Späne und das Werkstück ausgetragen werden, wodurch die Wirkung systematisch wieder abfällt. Deshalb ist die Wasserhärte in diesen Fällen mindestens einmal wöchentlich nachzuprüfen und gegebenenfalls wieder auf den korrekten Wert zu ergänzen. Eine Wasserhärte von etwa 12–18 °dH ist normalerweise optimal. Wie kann die Wasserhärte kontrolliert werden? Das ist ganz einfach: Der Kühlmittelieferant verkauft auch die Härteprüfstreifen, meist in Packungen zu 100 Stück. Die taucht man in den KSS ein und betrachtet bzw. vergleicht die nun langsam erscheinende Verfärbung mit den Angaben auf der Packung oder auf dem Beipackzettel.

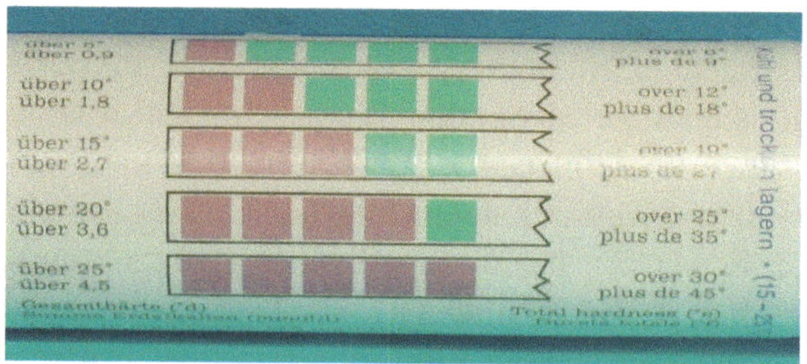

BILD 6.2 Skala zum Vergleich der Härtemessstreifen nach der Farbveränderung

Und hier die Messstreifen (unbenützt und benützt) dazu:

BILD 6.3 Oben unbenützter, unten benützter (eingetauchter) Härtemessstreifen

In der Region, in welcher diese Wasserhärtemessung durchgeführt wurde, ist die Wasserhärte sehr hoch. Das zeigt der untere Messstreifen deutlich, wenn man die in Bild 6.2 auf der Verpackung aufgebrachte Skalierung mit der Verfärbung vergleicht. Vier Quadrate haben sich völlig verfärbt und das fünfte Quadrat (ganz rechts) nicht mehr ganz. Die Wasserhärte erreicht somit einen Wert von etwa 23–24 °dH. Also ist das Wasser zu hart (zu kalkhaltig) für eine Emulsion! Ohne „Weichmacher“ muss mit Kalkseifenbildung gerechnet werden. In diesem Beispiel verwendet wurden Wasserhärtemessstreifen der Firma MERCK [44].

Auch der pH-Wert vom verwendeten Wasser ist von Bedeutung, ganz besonders dann, wenn es sich um Industriebrauchwasser handelt. Der pH-Wert ist ein Mass für die Wasserstoff (H)-Ionenkonzentration und reicht von pH < 7 (sauer) über pH = 7 (neutral) bis pH > 7 (alkalisch). Trinkwasser sollte beispielsweise einen pH-Wert von 7 aufweisen. Wird eine Emulsion frisch angesetzt, steigt der pH-Wert auf etwa 9.0–9.3 (vom Emulgator und den Zusätzen abhängig). Nach einer Gebrauchszeit von 3–5 Wochen fällt der pH-Wert normalerweise auf 8.5–8.9 ab und sollte in diesem Bereich über längere Zeit bleiben. Die Voraussetzung dazu ist eine regelmässige Wartung und eine gute Pflege des Kühlschmierstoffs. Steigt der pH-Wert an, ist das ein Zeichen für Verunreinigung, Bakterien-, Pilz- und/oder Hefebefall. Lässt sich der pH-Wert nicht mehr im Bereich von etwa 8.5–8.9 stabilisieren, zum Beispiel auch nicht mit temporärer zusätzlicher Belüftung, ist dringend ein Kühlschmierstoffwechsel angesagt. Die zu erwartende Standzeit von Emulsionen schwankt stark. Im Minimum müssten 6 Monate erreicht werden und bei sehr guter Pflege können es bis zu 24 Monate sein.

WICHTIG Verschmutzte Lösungen und Emulsionen sind meist dermatologisch bedenklich bzw. hautgefährdend. Deshalb sollten Abfälle, Zigarettenstummel, Spucke und dergleichen nicht im Kühlmittelbehälter landen!

Auch zur Feststellung des pH-Wertes vom Frischwasser und zur regelmässigen Überprüfung während der Gebrauchszeit sind Messstäbchen in Verpackungen zu 100 Stück erhältlich. Auch sie verfärben sich nach dem Eintauchen in den KSS und sind relativ genau und gut ablesbar. Nachfolgend werden zwei verschiedene pH-Messstreifen gezeigt.

BILD 6.4 pH-Messstreifen [44] oben noch trocken und unten nach dem Eintauchen

Nach der Farbveränderungsskala auf der Verpackung lässt sich ein pH-Wert von ca. 7.5–8.0 ablesen. Eine genauere Ablesung ist hier nicht möglich.

Zur Orientierung: Einfacher und auch wesentlich schneller und präziser lässt sich die üblicherweise einmal wöchentlich durchzuführende pH-Messung mit einem Messgerät durchführen. Das gilt übrigens auch für die Wasserhärte. Der Elektronikmarkt (Wasser-Messgeräte) bietet eine Vielzahl von unterschiedlichsten Geräten an. Das können Einzel- oder Kombi-Messgeräte sein. Interessenten sollten deshalb einmal in den Katalog eines Elektronikgeräteanbieters hinein schauen.

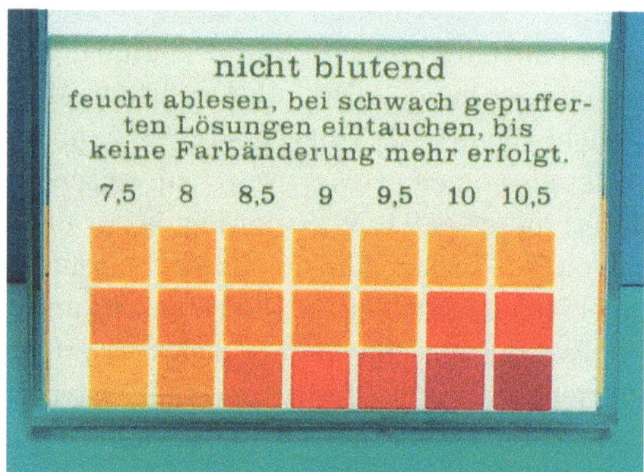

BILD 6.5 Farbskala auf der pH-Streifenverpackung (siehe zum Vergleich Bild 6.4)

Das gleiche Wasser mit einem anderen pH-Streifentyp vom selben Hersteller gemessen.

BILD 6.6 pH-Messstreifen [44] oben noch trocken und unten nach dem Eintauchen

Die pH-Wert-Farbvergleichsskala auf der Verpackung dieses pH-Streifentyps hat nicht nur eine andere farbliche Darstellung, sondern auch eine bessere und etwas feinere Auflösung als beim Streifentyp in den Bild 6.4 und 6.5. Es kommt eben erstens darauf an, in welchen pH-Wertbereichen gemessen wird, und zweitens, wie fein die benötigte Auflösung sein soll. Deshalb sind zur wöchentlichen Überwachung des pH-Wertes elektronische Messgeräte zweifellos genauer und verlässlicher. Zudem ist ihre Bedienung äusserst einfach.

Ohne Zweifel ergibt sich sowohl in den Bildern 6.4, 6.5, 6.6 und 6.7 sowie in Bild 6.8 (mit aufgedruckten pH-Werten) ein pH-Wert zwischen 7.8 und 8.1. Weil alle Teststreifen in das gleiche Wasser eingetaucht worden sind, müssen die abgelesenen Werte in etwa identisch sein. Lediglich die Auflösung und damit die Ablesegenauigkeit differiert. Trotzdem beweist das Beispiel, dass man mit pH-Messstreifen recht gut den pH-Wert von Frischwasser und auch von frisch angesetzten oder gebrauchten, wasserbasierten Kühlschmierstoffen (KSS) selber feststellen kann. Das ist wichtig, weil meistens das Bedienungspersonal (Operateure) diese Arbeit erledigen muss. Man sollte darüber auch Buch führen. Es gilt, den pH-Wert des Frischwassers zusammen mit dem Einfülldatum festzuhalten und dazu dann die Werte der regelmässigen pH-Messungen, ebenfalls mit dem Datum versehen. Ganz Vorsichtige würden jetzt auch noch eine MS-Excel-Tabelle erstellen und die laufenden Messwerte vielleicht sogar in einem Diagramm grafisch darstellen.

BEMERKUNG Das Bild 6.8 wurde nicht unscharf aufgenommen, sondern die Aufdrucke auf den unbenützten Streifen sind etwas unscharf und durch das Eintauchen ins Wasser oder in den KSS wird der Streifen (Fliesspapier) eben noch unleserlicher. Wie man leicht feststellen kann, weist der trockene Streifen links in der Mitte eine gelbe Fläche auf. Nur diese verfärbt sich und muss mit den anderen Farben verglichen werden. Das geht am leichtesten, wenn man den Messstreifen gegen das Licht hält.

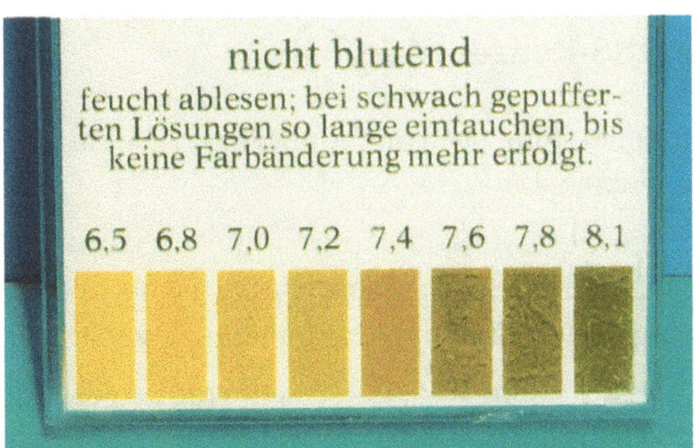

BILD 6.7 Farbskala für den Vergleich mit dem pH-Messstreifen von Bild 6.6

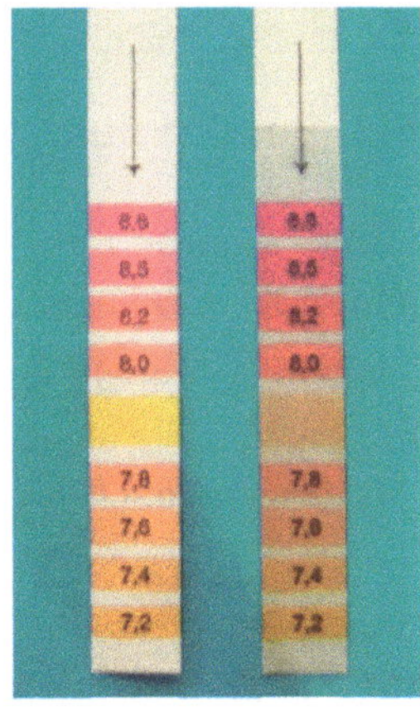

BILD 6.8 pH-Messstreifen

Zur Ansetzkonzentrationen von Lösungen und Emulsionen wurden bereits einige Hinweise gemacht. Der Anwender wird hierbei auf eine gute Unterstützung des KSS-Herstellers zählen können, denn dieser schreibt auf dem Datenblatt vor, wie hoch die Konzentration (Konzentrat in Wasser), abhängig vom Zerspanungsverfahren, sein soll. Seine Angaben sind unbedingt einzuhalten, denn sie garantieren die höchste Standzeit des Kühlschmierstoffs. Für Lösungen werden im Allgemeinen Ansetzkonzentrationen von etwa 1.5–4.0 % empfohlen. Das heisst als Beispiel für diese beiden Werte, auf 98.5 Liter Wasser wären 1.5 Liter Konzentrat einzumischen und auf 96 Liter Wasser 4.0 Liter. Am Schluss muss es einfach immer 100 % ergeben. Auf dem Markt sind aber auch Lösungen zu finden, die mit 10 % anzusetzen sind. Wie gesagt, das gibt der Hersteller vor!

Emulsionen weisen Ansetzkonzentrationen zwischen etwa 3.5–6.0 % auf. Hier besteht eben noch zusätzlich eine grosse Abhängigkeit von den im Konzentrat enthaltenen Ölen (Ölarten) und Additiven. Wie weiter vorne schon erwähnt, eignen sich für ein korrektes und reproduzierbares Einbringen des Konzentrats Mischgeräte. Diese sind bei jedem Kühlschmierstofflieferanten erhältlich. Es sei nochmals erwähnt: Der Hersteller gibt die Ansetzkonzentration vor und diese ist strikt einzuhalten! Es ist ein Ammenmärchen, dass eine überkonzentrierte Emulsion spürbare Vorteile in Bezug auf die Abtragsleistung und/oder die Wärmereduzierung hat. Kurzzeitig mag dies stimmen, aber das Risiko eines raschen Emulsionszerfalls und/oder der schnell fortschreitenden Bakterien-, Pilz- und Hefebildung ist weit dramatischer.

Zum Thema „Lösungen und Emulsionen" gehört noch der Hinweis zum Einbinden von Fremdöl (meist Rostschutzöle von den Werkstücken oder auch Schmier- und Hydrauliköle). Woher das Fremdöl normalerweise stammt, wurde weiter vorne erklärt. Die modernen, biostabilen Emulgatoren sind in der Lage, eine begrenzte Menge an Fremdöl einzubinden, ohne dass die ganze KSS-Füllung gleich „kippt". Man darf sich hier aber keiner Illusion hingeben, denn die einbindbare Menge ist nicht besonders gross. Obenauf schwimmendes Öl zeigt an, dass der Emulgator kein zusätzliches Fremdöl mehr einbinden kann. Jetzt ist es an der Zeit, dieses von der Oberfläche zu entfernen.

6.6.1 Bestimmung und Überprüfung der KSS-Konzentrierung

Die Ansetzkonzentrierung wasserbasierten Kühlschmierstoffe nach den Angaben des Herstellers ist eine Sache. Das Prüfen der Konzentrierung eine ganz andere.

Auf jedem Datenblatt sind immer zwei ganz wichtige Werte aufgeführt. Der eine ist bereits bekannt und bezieht sich auf die Ansetzkonzentration. Der andere, ebenso wichtige, ist als Korrekturfaktor (wird auch so bezeichnet) für die Ablesung mittels einem Refraktometer zu verstehen.

Was ist ein Refraktometer? Vielleicht weiss der Leser, wie ein Winzer vor der Traubenlese die Weinqualität prüft. Er bringt den Saft einer zerdrückten Traube vorne in ein rohrähnliches Gebilde ein und hält dann dieses komische Gerät wie ein Fernrohr gegen das Licht und schaut hindurch. Erscheint ein verhaltenes Schmunzeln auf dem Gesicht des Weinbergbesitzers, hat

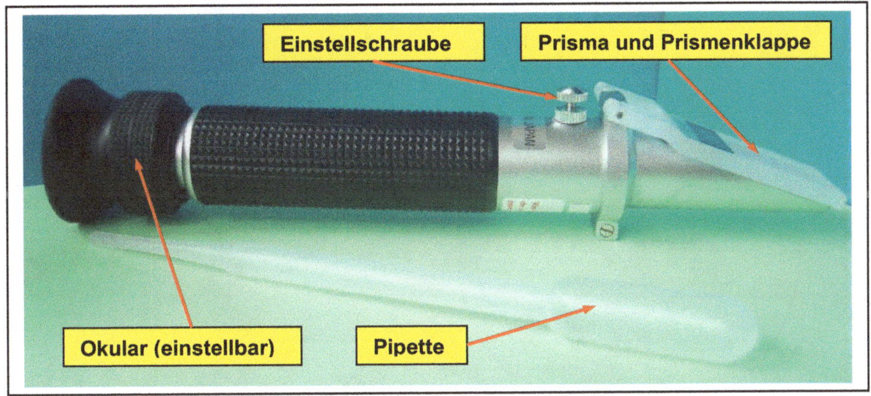

BILD 6.9 Refraktometer und die wichtigsten Teile

er zweifellos einen hohen Öchslegrad an der im „Fernrohr“ oder Refraktometer befindlichen Skala abgelesen. Das Refraktometer des Schleiftechnologen ist ein absolut identisches Messgerät und wird auch wie eben beschrieben verwendet. Zwei Unterschiede bestehen allerdings: Die Skalierung ist anders – nach Brix – und man misst damit die prozentuale Konzentrierung wasserbasierter Kühlschmierstoffe (Ablesung direkt in Prozenten).

Die Unterseite der Klappe und das Prismenglas sind vor jeder Eichung oder Messung sorgfältig mit einem Brillenreinigungstüchlein oder mit einem mit Alkohol angefeuchteten Papiertaschentuch von Schmutz- oder Fettresten zu reinigen und dann abzutrocknen. Es darf keinesfalls fettige Schlieren auf dem Glas und der Deckelunterseite haben. Das ergäbe eine drastische Messverfälschung. Danach muss das Refraktometer geeicht oder zumindest auf die korrekte 0-Stellung überprüft werden. Wie das Bild 6.11 zeigt, wird die Prismenklappe dazu angehoben und eine ausreichende Menge vom selben Wasser (ca. 20 °C warm) darauf geträufelt, wie man zum Ansetzen der Lösung oder Emulsion verwendet. Das geschieht am einfachsten, wenn bei geöffneter Klappe das Prismenglas so unter schwach fliessendes Wasser gehalten wird, dass das Prismenglas etwa waagrecht liegt. Nun sucht man eine Stelle in der Fertigungshalle mit möglichst hellem Tageslicht. Das Refraktometer wird auf der Okularseite ans Auge gehalten und gegen das helle Licht gerichtet. Jetzt lässt sich in einem meist blauen, kreisrunden Feld eine in Prozenten geeichte Skala erkennen (Bild 6.10 links). Ist diese unscharf, wird das Okular in entsprechender Richtung gedreht, bis die gesamte Skala absolut scharf lesbar ist. Man sieht eine scharfe Trennlinie zwischen dem oberen blauen und dem weissen unteren Bereich. Liegt diese Trennstelle nicht absolut genau auf der 0-Linie, so ist mittels der Einstellschraube (gerändelt und mit einem Schraubenzieherschlitz versehen) die Trennung von blau oben und weiss unten exakt auf die 0-Linie einzustellen. Vergisst man diese Eichungsprozedur, stimmt der abgelesene Konzentrationswert mit Sicherheit nicht!

Das Wasser wird nun vorsichtig entfernt und die Klappeninnenseite sowie das Glas getrocknet. Jetzt saugt man mit der beiliegenden Pipette etwas Lösung oder Emulsion an und gibt diese Flüssigkeit in gleicher Weise wie vorher das reine Wasser auf das geöffnete Glas. Dann wird die

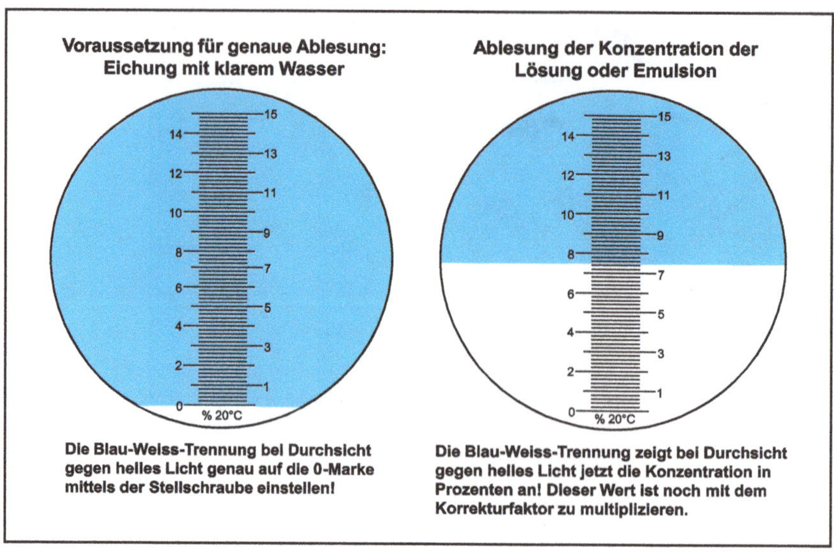

BILD 6.10 Refraktometer-Anzeige zur Feststellung der KSS-Konzentrierung. Links die Eichung und rechts die Ablesung einer KSS-Konzentration.

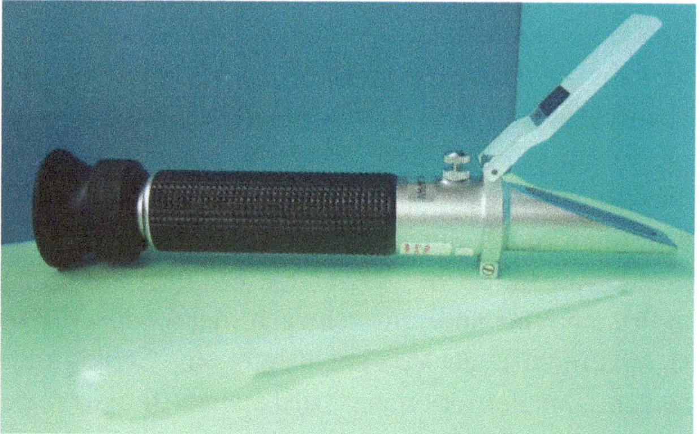

BILD 6.11 Geöffnete Prismenklappe am Refraktometer

Klappe geschlossen und das Refraktometer gegen helles Licht gehalten. Bei der Trennlinie von blau und weiss kann der entsprechende Prozentwert jetzt abgelesen werden (Bild 6.10 rechts). Was nun folgt, ist von grösster Bedeutung. Das Refraktometer basiert auf der Lichtbrechung über ein eingebautes Prisma. Je nach der KSS-Zusammensetzung ist die Lichtbrechung ganz unterschiedlich. Deshalb gibt der Kühlmittelhersteller zu allen wasserbasierten Produkten einen Korrekturfaktor an. Dieser kann zwischen etwa 0.7 und etwa 3.7, in seltenen Fällen sogar bei 4.0, liegen. Lösungen weisen dabei im Allgemeinen einen grösseren Korrekturfaktor auf als Emulsionen. Letztere müssen zum Teil gar nicht (Korrekturwert 1.0) oder nur gering mit 1.3 - etwa 1.8 korrigiert werden. Der im Refraktometer abgelesene Prozentwert wird mit dem Korrekturfaktor multipliziert. So erhält man die effektive Konzentration und dieser Wert sollte mit dem auf dem Datenblatt angegebenen übereinstimmen. Andernfalls ist eine Auf- oder Abkonzentrierung notwendig.

Besonders bei jenen Kühlschmierstoffen, die einen hohen Korrekturfaktor aufweisen, muss dieser erst recht genau berücksichtigt werden.

Beispiel: Mineralölhaltige Emulsion (Ablesung siehe Bild 6.10 rechts)

- Mineralölgehalt im Konzentrat — 37 %
- FM-Additive (Fettstoffe) — enthalten
- EP-Additiv (Chlor) — nicht enthalten
- EP-/AW-Additive (Phosphorverbindungen) — enthalten
- EP-Additive (Schwefel aktiv) — enthalten
- Anwendungskonzentration für das Schleifen (gemäss Herstellerangaben auf dem Datenblatt) — 4.5–6.0 %
- Korrekturfaktor nach Herstellerangaben (siehe Datenblatt) — 0.8
- Ablesung an der Skala des Refraktometers — 7.5 %
- Konzentrierung der Emulsion (effektiv) — **= 7.5 % · 0.8 = 6.0 %**

Dieses Beispiel veranschaulicht die Bedeutung einer korrekten Eichung des Refraktometers und einer genauen Ablesung an dessen Skala. Ferner ist auch die notwendige, wertmässige Ablesungskorrektur deutlich erkennbar.

Zwei Kurzgeschichten sollen die vorgängigen Erläuterungen noch vertiefen und dabei gleichzeitig die Folgen aufzeigen, wenn beim Konzentrieren von Lösungen und Emulsionen nicht korrekt vorgegangen wird.

Der Autor wurde vor einigen Jahren zu einem Kunden gerufen, weil Probleme mit der gelieferten Schleifscheibe nicht behoben werden konnten. Es ging um das Flachschleifen von Aluminiumteilen. Obwohl die Scheibenspezifikation zweifellos richtig gewählt war, die Stellgrössen auch keinen Grund für die Probleme sein konnten und der eingesetzte Kühlschmierstoff (eine fettige Emulsion mit sehr hohem Mineralölgehalt) zweifelsfrei für diese Schleifaufgabe sehr gut geeignet war. Was auffiel war der bekannte, unangenehme Geruch der Emulsion, was darauf hindeutete, dass diese „gekippt“ war. Der KSS-Behälter stand im Keller direkt unter der Maschine. Ein kurzer Blick auf die „kaputte“ Brühe genügte für eine sichere Analyse. Der KSS musste dringend gewechselt werden. Der zuständige Arbeiter versicherte aber, er hätte dies vor 5 Tagen bereits gemacht und würde es an jedem Montagmorgen (!) wegen der extremen Geruchsentwicklung tun. Da konnte etwas nicht stimmen. KSS-Art war o. k., die Wasserqualität ebenfalls, der pH-Wert und die Wasserhärte von etwa 15 °dH waren auch nicht zu bemängeln. Erst als der Arbeiter der Reihe nach demonstrierte, wie er beim KSS-Wechsel jeweils vorging, kam der gravierende Fehler ans Licht. Nebst der Tatsache, dass er keine Ahnung von einem Refraktometer und vom zu beachtenden Korrekturfaktor hatte, schüttete er nach Vorgabe des KSS-Lieferanten immer eine ganze Kanne Emulsionskonzentrat in den leeren und gesäuberten Behälter. Darauf öffnete er den Wasserhahn und spritzte mit einem Schlauch ins Konzentrat, bis der Tank wieder voll war. Er erwähnte noch, dass so die Vermischung ganz einfach sei. Doch auf diese Weise konnte gar keine Emulsion entstehen und das Kippen durch Bakterien-, Pilz- und Hefebefall war effektiv vorprogrammiert. Unverständlich war, dass der Regionalvertreter des KSS-Herstellers genau wusste, wie fehlerhaft das Ansetzen der Emulsion hier erfolgte. Ferner stand die vom Kunden angeforderte Konzentratmenge in keinem Verhältnis zu einer nur einigermassen vertretbaren Standzeit. Er hat aber den Arbeiter nicht aufgeklärt, sondern sich über die grossen Liefermengen gefreut. Der Leser möge hierzu seine eigenen Gedanken machen ...

Beim andern Fall war nur ein kleiner Fehler aber mit grosser Auswirkung zu finden. Der Kunde hatte ebenfalls eine hochgeschmierte Emulsion im Behälter. Weil er vom Korrekturfaktor nichts wusste, hat er den vom Hersteller empfohlenen Konzentrationsprozentsatz von 6 % immer nach der Refraktometeranzeige eingestellt. Der Korrekturfaktor betrug aber bei diesem KSS 2.0! Er hatte im Behälter somit eine 12%ige anstelle einer 6%igen Emulsion. Die Emulsion war viel zu schmierig und wies, obwohl sonst richtig angesetzt – Öl-in-Wasser-Emulsion –, eine kurze Standzeit auf. Der Emulgator war offensichtlich nicht in der Lage, diese Menge an Konzentrat richtig einzubinden. Die Folge war eine Trennung der Öl- und Wasserphase bei sich gleichzeitig rasch bildenden Bakterien im Behälter.

6.6.2 Nachfüllmischungen

Abgemagerte oder aufzukonzentrierende Lösungen und Emulsionen sollten weder durch das Zugiessen von reinem Wasser noch durch nachträgliches Einrühren von Konzentrat ergänzt werden. Das gilt ebenso für den Fall, dass die Konzentrierung noch im richtigen Prozentbereich liegt, jedoch eine bestimmte Menge wegen Verdunstung und/oder Austrag ergänzt werden muss. In allen diesen Fällen sollten entsprechende, bereits richtig abgestimmte Mengen ausserhalb des Behälters angesetzt und dann langsam unter ständigem Rühren eingemischt werden.

Dabei ist zu unterscheiden zwischen dem reinen Nachfüllen wegen Mengenverlust und dem Einmischen von höher oder tiefer angereichertem und bereits mit Wasser gemischtem KSS. Für den ersten Fall wird eine so genannte Stammlösung oder -emulsion, welche in einem separaten Behälter angesetzt worden ist, verwendet. Sie kann die gleiche oder auch eine höhere Konzentrierung als die Gebrauchsmischung aufweisen. Mit dieser Mischung und unter Berücksichtigung der Mischungsformel (Bild 6.12) wird der KSS-Behälter (Tank) an der Maschine nach Bedarf wieder aufgefüllt. Auf diese Weise wird das Zusammenmischen von älteren Lösungen und Emulsionen in Bezug auf das Verhalten des Emulgators günstig beeinflusst. Hat sich aber die noch im Behälter verbliebene KSS-Menge durch Austrag über die Späne und die Werkstücke abgemagert oder ist in der warmen Jahreszeit zuviel Wasser verdunstet und die Konzentration darum angestiegen, ist es etwas schwieriger, die richtige Mischung zum Nachfüllen herauszufinden. Die momentane Konzentrierung wird mit dem Refraktometer bestimmt (siehe Bild 6.15). Es ist jedoch zu beachten, dass Emulsionen, welche schon längere Zeit im Einsatz sind, wegen Verschmutzung und eventuell auch wegen Fremdöleinemulgierung nicht mehr ganz zuverlässig mit dem Refraktometer bestimmbar sind. Hier kann die Messung mit dem Säureprüfer genauere Werte liefern. Aber noch einfacher ist es, wenn man dem Kühlmittellieferanten in einer PET-Flasche einen halben oder ganzen Liter der alten Lösung oder Emulsion zustellt mit der Bitte, die Konzentrierung zu kontrollieren und gleichzeitig den Gesamtzustand zu prüfen (Fremdanteile, Verschmutzung, Bakterien, Pilze, Hefe). Oftmals müssen nämlich auch die im Originalkonzentrat enthaltenen Bakterizide, Fungizide, Rostschutzinhibitoren, Entschäumungs- oder Aufhärtungsmittel ebenfalls ergänzt werden. Das kann nur der Kühlmittelhersteller bzw. seine Vertretung.

Sind die Ergebnisse gut, muss über die Mischungsrechnung festgestellt werden, welche Konzentration ausserhalb anzusetzen ist, damit der ganz aufgefüllte KSS-Behälter wieder die ursprüngliche Konzentration aufweist. Leider wird immer noch zu oft versucht, diese Zumischung nach Gefühl durchzuführen, indem zuerst reines Wasser eingefüllt und dann das Originalkonzentrat dazugemischt wird. Dieses Verfahren dürfte in den wenigsten Fällen von Erfolg gekrönt sein, ist es doch ein vollständiger „Blindflug“. Das Rechnen mit der Mischungsformel (Bild 6.13) mag nicht unbedingt jedermanns Sache sein, aber es ist der einzige Weg, Lösungen und Emulsionen wieder richtig zu konzentrieren und damit ihre Gebrauchsdauer zu erhöhen.

Es kann sinnvoll sein, dass die im KSS-Tank nachzufüllende Menge in einem separaten Fass als vorangesetzte Stammemulsion zur Verfügung steht (in grossen Betrieben üblich). Bei Lösungen wird dieses Verfahren kaum angewendet. Die Stammemulsion wird in ausreichender Menge in einem separaten Behälter angesetzt und zwar mit einer deutlich höheren Konzentrierung (z.B. Nennkonzentration 3.5% — Stammemulsion 7 - 8%). Die mittels Mischungsformel bestimmte Menge wird in die alte Emulsion eingerührt. Was an Restmenge dann noch fehlt, ist über die vorher gezeigte Formel zu bestimmen.

$$m_3 = \frac{m_1 \times K_1 - m_2 \times K_2}{K_3} \; [\text{Liter}]$$

Es bedeuten:

K_1 = ursprüngliche Konzentrierung nach Herstellerangaben in %

K_2 = Konzentrierung der noch im Tank vorhandenen Restmenge in %

K_3 = Konzentrierung der Stammemulsion in % (siehe Behälteraufschrift oder Unterlagen)

m_1 = ursprüngliche Gesamtmenge im Kühlschmierstofftank in Litern

m_2 = noch im Kühlschmierstofftank verbliebene Restmenge in Litern

m_3 = m_1 - m_2 = notwendige Nachfüllmenge von vorhandener Stammemulsion in Litern

Hinweis: Alle Konzentrationen sind mittels Refraktometer und unter Berücksichtigung des Korrekturfaktors (siehe Herstellerangaben) zu bestimmen! Übrigens, alte Emulsionen können nur noch mit dem Säuretest genau bestimmt werden — der Hersteller bietet hierzu Hilfestellung.

BILD 6.12 Nachfüllmenge von einer vorgemischten Stammemulsion mittels Mischungsformel

Da die Konzentration einer bereits längere Zeit im Einsatz stehenden Emulsion oder Lösung kaum noch den ursprünglichen Wert aufweist, muss über die Mischungsformel die Konzentration der notwendigen Nachfüllmenge genau bestimmt werden. Diese Nachfüllmenge muss in einem separaten Behälter angesetzt und dann langsam in die alte Emulsion oder Lösung eingemischt werden.

$$K_3 = \frac{m_1 \times K_1 - m_2 \times K_2}{m_3} \ [\%]$$

Es bedeuten:

K_1 = ursprüngliche Konzentrierung nach Herstellerangaben in %
K_2 = Konzentrierung der noch im Tank vorhandenen Restmenge in %
K_3 = notwendige Konzentrierung der Nachfüllmenge in %
m_1 = ursprüngliche Gesamtmenge im Kühlschmierstofftank in Litern
m_2 = noch im Kühlschmierstofftank verbliebene Restmenge in Litern
m_3 = m_1 - m_2 = notwendige Nachfüllmenge (Verlustmenge) in Litern

Hinweis: Alle Konzentrationen sind mittels Refraktometer und unter Berücksichtigung des Korrekturfaktors (siehe Herstellerangaben) zu bestimmen! Übrigens, alte Emulsionen können nur noch mit dem Säuretest genau bestimmt werden — der Hersteller bietet hierzu Hilfestellung.

BILD 6.13 Nachfüllmenge und Konzentrierung von Emulsionen und Lösungen mittels Mischungsformel

Wie in Bild 6.12 gezeigt, werden Stammlösungen oder -emulsionen oft höher angesetzt, als die Gebrauchskonzentration. Damit nicht alles zu kompliziert wird, verdoppelt man meistens den Konzentrationswert der eingesetzten Lösung oder Emulsion. Dadurch ergibt sich eine äusserst stabile Stammlösung oder -emulsion. Weil sie bei etwa 12–18 °C gelagert werden sollte, aber nicht gebraucht wird, weist sie auch noch nach längerer Zeit einen einwandfreien Zustand auf. Vorteilhaft ist bei Anwendung dieses Verfahrens, dass sich der pH-Wert auch etwas absenkt. Somit ist die Nachfüllqualität auch in dieser Beziehung fast identisch mit der ursprünglichen Neufüllung nach ein bis zwei Wochen Gebrauchszeit.

Besonders Emulsionen können über mehrere Monate, ja sogar weit über ein Jahr problemlos verwendet werden. Nicht nur die sorgfältige, regelmässige Wartung lohnt sich, sondern eben auch das richtige Vorgehen beim Nachfüllen oder Aufkonzentrieren. Die positiven Auswirkungen lassen sich bis in den Schleifprozess nachverfolgen, wenn die KSS-Qualität konstant auf hohem Niveau gehalten wird.

Wie bereits angedeutet, ist das korrekte Auf- oder Abkonzentrieren von bestehenden Lösungen und Emulsionen nicht ganz einfach.

Das Rechnungsbeispiel in Bild 6.14 zeigt das Vorgehen, um Lösungen und Emulsionen auf- oder abzukonzentrieren. Man muss nur im entsprechenden Fall den Pfeilen in der einen oder andern Richtung folgen.

Was in Abhängigkeit des abgelesenen Refraktometerwerts und dem jeweiligen Korrekturfaktor als effektive Konzentration herauskommt, zeigt das danach folgende Diagramm 6.15.

Je nachdem, ob eine Lösung oder Emulsion „abmagert" oder „fetter" wird — das ergibt sich durch die wöchentliche Kontrolle —, muss der Praktiker die eine Auf- oder Abkonzentrierung vornehmen. Wird viel Schmierstoff mit den Spänen ausgetragen, so ist eine Aufkonzentrierung notwendig. Zeigt sich eine Anreicherung der Fettstoffe an, z.B. in den Sommermonaten, so ist eine „Verdünnung" unumgänglich. Es gilt folgende Regel (Beispiel mit Nennkonzentration 4%):

Ölgehalt der geprüften Emulsion = 3% (IST-Wert) **3.0%** → **6 Teile** **(10 - 4.0 = 6)**

Ölgehalt der Arbeitsemulsion = 4.0% (SOLL-Wert) **4.0%**

Ölgehalt der angesetzten Stammemulsion = 10% **10%** → **1 Teil** **(4.0 – 3.0 = 1)**

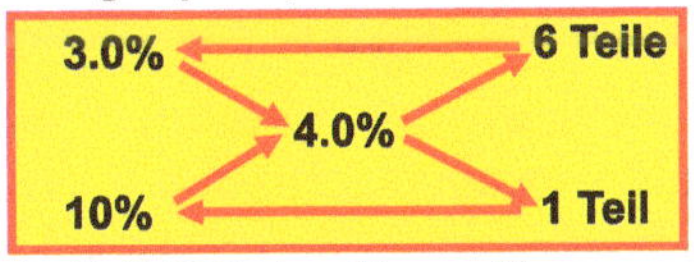

Es sind somit auf 6 Teile des abgemagerten KSS ein Teil 10%-ige Stammlösung oder –Emulsion zufügen, um dann wieder die ursprüngliche Konzentration von 4.0% zu erhalten.

Erhöht sich die Konzentration, z.B. durch Verdampfen von Wasser in den Sommermonaten, ist eine Abkonzentrierung mit niedrig konzentrierter Stammemulsion oder Lösung zweckmässig. Nur Wasser nachzuschütten, ist keinesfalls zu empfehlen bzw. sinnvoll (Einemulgierung).

Mischungsverhältnisse: Oftmals wir die Konzentrierung als Verhältnis angegeben, z.B. 1:5! Das bedeutet, dass auf 5 Teile Wasser ein Teil Konzentrat beizumischen ist. Die Berechnung ist einfach: Die beiden Verhältniszahlen 1 und 5 werden zusammengezählt und danach 100 durch das Ergebnis dividiert, was in diesem Beispiel 1 + 5 = 6 und 100 : 6 = 16.67 ergibt! Die so erhaltene Mischungskonzentration beträgt demnach 16.67% (Anwendung für Lösungen und Emulsionen).

BILD 6.14 Das Auf- oder Abkonzentrieren von Lösungen oder Emulsionen in der Praxis

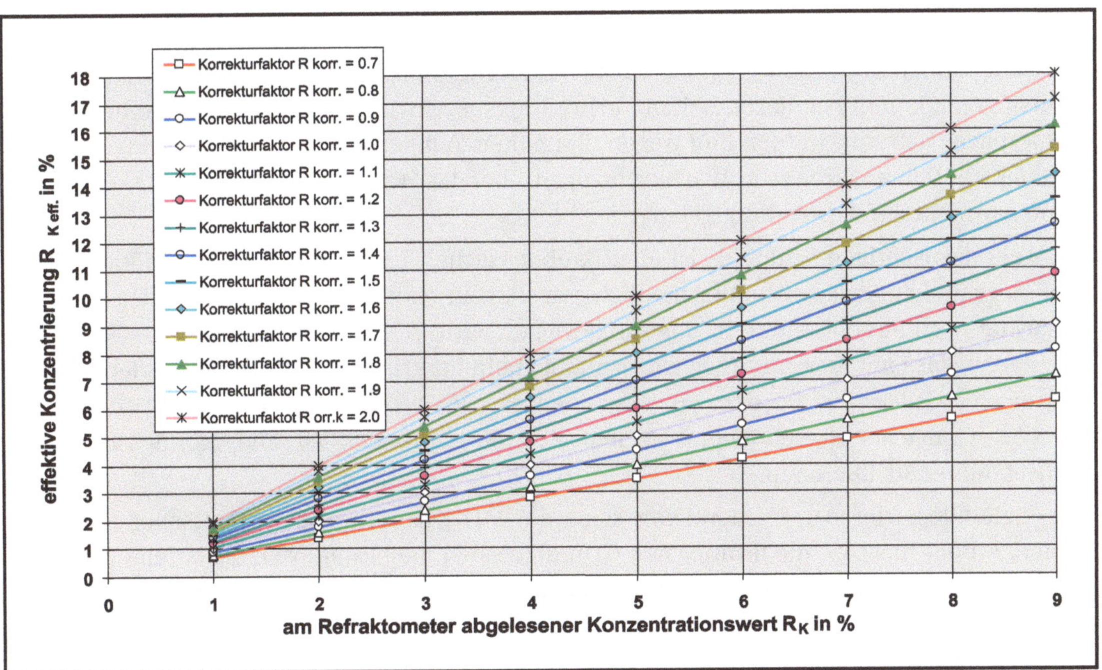

BILD 6.15 Vom Hersteller empfohlene KSS-Konzentrierung unter Berücksichtigung des Refraktometer-Korrekturfaktors für das Ansetzen und Ergänzen von Emulsionen und Lösungen.

6.7 Schneid- und Schleiföle

Es ist kaum möglich, zwischen den Schneidölen und den Schleifölen eine konkrete Grenze zu ziehen. Auch wenn die Zusammensetzungen in vielen Fällen voneinander abweichen, sind viele Produkte sowohl für die Zerspanung mit definierter Schneide als auch für das Schleifen problemlos verwendbar. Schleiföle müssen allerdings immer so additiviert sein, dass sie den hohen Drücken an den Kornschneiden und den extremen Wärmebedingungen standhalten können.

In der Folge wird nur von Schleifölen die Rede sein, auch wenn sich einige davon für die Zerspanung mit definierter Schneide eignen. Schleiföle wären wegen ihren hervorragenden Schmiereigenschaften und den dadurch bedingten geringeren Tangential- und Normalkräften die idealen Kühlschmierstoffe für einen grossen Teil von Schleifprozessen. Bedauerlicherweise lassen sie sich aber in den meisten Fällen nicht einsetzen, weil die Schleifmaschinen keine entsprechenden – und auch vom Gesetzgeber vorgeschriebenen – Schutzvorrichtungen (Spritzschutz, Explosionsklappe, Ölnebelabsaugung, automatische Löscheinrichtung, usw.) aufweisen.

Viele Aussen- und Innenrundschleifprozesse (Beispiele: Gewinde, Kugelumlaufspindeln, Zahnräder, Spanungswerkzeuge, Kugellager, usw.) werden mit Schleifölen geschliffen bzw. geschmiert und gekühlt. Nicht etwa nur, weil mit Ölen durchwegs bessere Oberflächenqualitäten erreichbar sind. Bei Rundschleifmaschinen sind die Schutzmassnahmen bei Öleinsatz weniger aufwändig als bei Flach- und Flachprofilschleifmaschinen.

Beim Hochgeschwindigkeits- (HSG) und beim Hochleistungsschleifen (HEDG) kann man – von Ausnahmen abgesehen – praktisch nur moderne, hochadditivierte Schleiföle einsetzen. Emulsionen könnten bei diesen hohen Verprallungsgeschwindigkeiten wieder in ihre Öl- und Wasserphase getrennt werden und wegen den hohen Temperaturen in der Kontaktzone sofort verdampfen. Damit würde zwar Wärme entzogen, aber das Wasser eben auch! Lösungen können schon gar nicht zur Anwendung gelangen.

Die Wahl des richtigen Schleiföls ist oft „Glaubenssache“. In Aufsätzen und Publikationen ist über Höchstleistungen mit unterschiedlichsten Ölarten zu lesen, wobei aber weder auf deren Viskosität noch auf die Additivierung hingewiesen wird. Die Kenner der Materie wissen aber sehr genau, dass mit dem verwendeten Grundöl allein im Prinzip keine überragenden Abtragsleistungen möglich sind. Die dem Prozess angepasste Viskosität und vor allem die eingemischten Additive machen Schleiföle erst zu dem, was sie schlussendlich sind, nämlich die besten Kühlschmierstoffe überhaupt.

Alle Schleiföle basieren auf Mineralölen, sogar die PAO's, das sind die synthetischen Polyalphaolefine. Früher hiess es, die texanischen Grundöle seien die besten, weil sie bereits mit einem relativ hohen Schwefelgehalt aus dem Boden gepumpt werden. Der Schwefel gehört zu den wichtigsten Additiven. Also waren diese Öle gewissermassen bereits additiviert, als sie aus dem Boden strömten, und konnten wegen ihren guten Eigenschaften auch etwas teurer auf den Markt gebracht werden. Später kamen auch noch die so genannten Weissöle zum Einsatz. Das sind hochgereinigte Mineralöle, denen man aber im Reinigungsverfahren zwangsläufig auch wichtige chemische Bestandteile entzieht. Die nächste und letzte Raffinationsstufe ergibt bereits das hochreine Medizinalöl, welches aber für die Zerspanungstechnik keine Bedeutung hat. Mit der Zunahme des Schleifens mit Ölen wurde irgendwann in den 90er-Jahren das Hydrocracköl bekannt, das ebenfalls auf Mineralöl basiert. Deshalb spricht man auch von veredeltem Mineralöl. Das Rohparaffin oder Rückstände der Vakuumdestillation werden unter Beimischung von Wasserstoff und mit hohen Drücken und Temperaturen in kürzere Moleküle gespalten. Hydrocracköle haben einen höheren Viskositätsindex (geringere Viskositätsveränderung in Abhängigkeit der Temperatur), bessere Schmierfähigkeit als reines Mineralöl und dazu geringere Verdampfungs- und Vernebelungsneigung.

Vor einigen Jahren entdeckten die Kühlschmierstoffhersteller die nativen Esteröle. Dafür wird auch der Begriff „Bio-Öle“ benutzt. Nativ bedeutet „nachwachsend“, wodurch bereits klar ist, dass es sich dabei um Pflanzen- und tierische Öle handelt. Die pflanzlichen Esteröle gewinnt man beispielsweise aus Raps, Oliven, Palmkernen, usw. und setzt sie im Urzustand oder gemischt mit synthetisch hergestellten Esterölen und meist auch noch angereichert mit Additiven ein. Native Esteröle weisen einen für den jeweiligen Grundstoff typischen Viskositätsbereich (etwa 12 bis 46 mm^2/s bei 40 °C) auf. Durch die Beimischung von synthetischen Esterölen kann man ihre Viskosität allerdings begrenzt verändern bzw. der Anwendung entsprechend anpassen. Weil es natürliche Öle sind, ist ihre Stabilität nicht sehr hoch. Werden sie aber mit synthetischem Ester gemischt, ändert sich dieser Nachteil drastisch. Kommen auch noch Additive auf Chlor-, Phosphor- und/oder Schwefelbasis dazu, sind es wohl die besten Öle in Bezug auf die Schmierfähigkeit. Ihr hochpolares Verhalten (extrem gute Haftung) reicht bis zu Notlaufeigenschaften. Nur kann man dann kaum noch von „Bio-Ölen“ reden.

Man erinnert sich vielleicht noch daran, wie für die nativen Esteröle geworben wurde: „Der Anwender kann diese bedenkenlos einfach in die Gosse entsorgen, zumal sie völlig biologisch abbaubar sind!“ Das zu tun ist nicht nur fahrlässig und blauäugig, sondern ein Vergehen, welches vom Gesetzgeber zu Recht streng geahndet wird. Im Laufe der Gebrauchszeit nehmen alle Kühlschmierstoffe Fremdöle und andere, unter Umständen sogar gefährliche Verunreinigungen auf. Auch „Bio-Öle“ machen hier keine Ausnahme. Schon allein das Abspülen von Rostschutzölen an den Werkstücken und/oder der Kontakt mit hoch additivierten Schmierstoffen von Gleitbahnen, Wälzlagern und Kugelumlaufspindeln oder auch mit Hydrauliköl reicht, um „Bio-Ölen“ ihre ursprüngliche Unbedenklichkeit zu rauben. Es empfiehlt sich deshalb, auch Bio- bzw. native Öle, ganz besonders solche, die additiviert sind, ordnungsgemäss zu entsorgen. Ordnungsgemäss heisst, so wie der Gesetzgeber dies vorschreibt. Da eine exakte Beurteilung der Toxizität gar nicht möglich ist, überlässt man eine Probe davon dem Kühlschmierstoffhersteller. Er ist in der Lage, eine Zustandüberprüfung vorzunehmen und entscheidet dann, ob das verbrauchte Schleiföl als Altöl abgegeben und weiter verwendet werden darf oder ob es als Sondermüll entsorgt werden muss. Da die Standzeiten von nativen Ölen weit unter jenen von Mineralölen liegen, muss man sich fragen, weshalb diese Öle überhaupt zum Einsatz gelangen. Da gibt es nur eine Antwort: Native Öle mit ihren hochpolaren Eigenschaften (hohe Haftung) vermindern die Reibleistung und gehören deshalb zu den wichtigsten FM- und AW-Additiven (FM = Friction Modifier, AW =

Anti Wear). Sie benötigen weder Druck noch Temperatur, um aktiv zu werden, benetzen sehr gut und können durch die gute Schmierfähigkeit auch den Werkzeugverschleiss reduzieren. Trotz der extrem guten Haftfähigkeit, an nahezu allen Stoffen, haben Versuche ganz eindeutig gezeigt, dass wesentlich weniger Öl durch die Späne und die Werkstücke ausgeschleppt wird als beispielsweise beim Einsatz von Mineralölen. Deshalb scheint eines klar zu sein: Als polare Zusätze hat diese Art von Ölen ihre Bedeutung behalten und wird sie noch weiter verstärken.

Di-Carbonsäure-Ester, Phosphorsäure-Ester, Polyglykole, Silikone, usw., werden zum Teil auf der Basis von Erdölrohstoffen aufgebaut und gelten als vollsynthetische Spezialöle, deren Schmiereigenschaften und Wärmeverhalten (Oxidations-, Flammpunkt) weit über jene der Mineralöle hinausgehen. Deshalb ist auch der Übergang von diesen Ölen zu den FM- und AW-Additiven fliessend, d. h. sie weisen durch ihre chemische Zusammensetzung (Grund- und Zusatzstoffe) und durch die besonderen Herstellungsverfahren bereits eine sehr hohe Schmierfähigkeit, ein extrem gutes polares Verhalten (hoch-affin) und auch eine hohe Hochdruckresistenz (ähnlich der EP-Eigenschaften) auf. Seit geraumer Zeit werden solche synthetischen Öle auch zu Kühl- und Schmierzwecken in der Schleiftechnik eingesetzt. Weil sie nicht gerade billig sind, findet man sie vornehmlich dort, wo es um höchst anspruchsvolle Leistungs- und Hochleistungsschleifaufgaben geht. Hinsichtlich der zeitbezogenen Abtragsleistung sind die bekannt gewordenen Ergebnisse aus der Praxis mehrheitlich überraschend gut. Trotzdem kann man auch hier feststellen, dass sich nicht alle Kühlschmierstoffexperten in der Bewertung der synthetischen Öle als Kühlschmierstoffe für die Schleiftechnik einig sind. Typisches Beispiel: Preisen die einen die Polyalphaolefine (kurz PAO's = synthetische Öle) als „die Schleiföle der Zukunft“ an und beschwören dazu deren Hoch- und Höchstleistungseigenschaften, so sehen beispielsweise Chemiker und Schleiftechnologen die Sache doch etwas differenzierter. Sie weisen auf die Tatsache hin, dass Polyalphaolefine absolut unpolar sind, d. h. kaum Haftungseigenschaften aufweisen und zudem nur „ungern“ Additive annehmen. Aber gerade das unpolare Verhalten setzt beim Einsatz in Schleifprozessen die Anreicherung der PAO's mit FM- und AW-Additiven unbedingt voraus. Da die PAO's zu den teuersten Schleifölen zählen, muss man sich schon gut überlegen, ob sich deren Einsatz in anspruchsvollen Schleifprozessen rechtfertigt, gibt es doch, wie weiter vorne bereits erwähnt, Schleiföle auf Hydrocrack-Basis. Diese mit Wasserstoff veredelten Mineralöle mit ihren exzellenten Eigenschaften haben in der Praxis bewiesen, zu welchen Leistungen sie fähig sind. Sie weisen ein ausgezeichnetes polares Verhalten auf, werden wie Esteröle nicht in gleichem Masse wie Mineralöle ausgetragen und lassen sich je nach Anforderung völlig problemlos additivieren. Damit genügen sie höchsten Ansprüchen und – wird die richtige Viskosität gewählt – eignen sich besonders für das Hochgeschwindigkeitsschleifen HSG (HSG = High Speed Grinding) und ebenso für das Hochleistungsschleifen HEDG (HEDG = High Efficiency Deep Grinding = extrem hohe zeitbezogene Abtragsmengen in Verbindung mit hohen Schnittgeschwindigkeiten). Bevor man sich also auf synthetische Öle (PAO's) festlegt, sollte der Rat eines ausgewiesenen Fachmanns eingeholt werden. Das kann Zeit, Ärger und Geld sparen!

Noch eine Bemerkung zur gesetzlich geregelten Verantwortung des Arbeitgebers gegenüber den Arbeitnehmern. Durch die Produktehaftpflicht, das ist eine so genannte *Kausalhaftung*, trägt der

Produkthersteller und der Anwender voll und ganz die Verantwortung für die Folgen, wenn es um gesundheitliche Schäden am Arbeitsplatz geht. Verklagt also beispielsweise ein Arbeitnehmer seinen Arbeitgeber wegen einer erlittenen Berufskrankheit, verursacht durch den ständigen Kontakt mit Kühlschmierstoffen, so muss keineswegs der Arbeitnehmer den Beweis dafür liefern, sondern der Produkthersteller und der Arbeitgeber müssen die Unbedenklichkeit des Produktes nachweisen. Da kann ein Anwender rasch recht grosse Probleme bekommen. Denn nicht selten kann der Hersteller ohne grosse Schwierigkeiten beweisen, dass sein Produkt zum Zeitpunkt der Lieferung frei von schädigenden Stoffen war, also die gesetzlichen Vorschriften eingehalten wurden. Aber unter Einsatzbedingungen im Betrieb (Wärme, Druck, Verunreinigung, Fremdöl, Mikroorganismen, usw.) können sich wieder schädliche Stoffe bilden, welche dann ursächlich sind für dermatologische Erkrankungen, Atemprobleme und im Extremfall sogar für Krebsleiden. Die neuesten TRGS-Verordnungen verlangen deshalb nicht grundlos vom Anwender regelmässige Kontrollen des Kühlschmierstoffs und der Raumluft im Umfeld der Maschine. Auch Öle sind keineswegs absolut unbedenklich in dieser Beziehung, aber sie enthalten im allgemeinen wesentlich weniger Bestandteile, die zu derartigen Reaktionen neigen, als die wasserlöslichen Produkte. Nochmals ein Punkt zugunsten von Ölen.

6.8 Additive für Kühlschmierstoffe

Noch vor wenigen Jahren trennte man Grundöle noch sehr genau von ihren Additiven und umgekehrt. Das heisst, die Öle deckten normalerweise den grösseren Anteil der Kühlflüssigkeit (Schleiföle) oder des Konzentrats ab und die Additive – wenn überhaupt vorhanden – den verbleibenden Rest. Heute sieht es anders aus: Die Additive haben praktisch in jedem Kühlschmierstoff an grosser Dominanz gewonnen und angesichts der Vielfalt der Schmierrohstoffe, ihrer Kombinationen und ihrer unterschiedlichen Eigenschaften muss man zur Kenntnis nehmen, dass es sich bei manchem modernen KSS fast nur noch um *zusammengemischte Additive* handelt. Die Einsatzbereiche und Leistungsgrenzen dieser verschiedenen Öle und ihrer Additive unterscheiden sich zum Teil stark, was aber ihren breitflächigen Einsatz in keiner Weise behindert. Hatte man notgedrungen in einer Fertigung vier, fünf Schneid- und/oder Schleiföle zur Kühlung und Schmierung der Zerspanungsprozesse in den Maschinen, so lässt sich nun aufgrund der gegebenen Mischungsmöglichkeiten und unter Anwendung eines hoch entwickelten Know-hows mit wesentlich weniger Ölen auskommen. Das führt meist sogar noch zu Leistungs- und/oder Qualitätssteigerungen.

Als anfangs der 90er-Jahre aus Gründen der Toxizität Chlor und seine Verbindungen als Additiv in Kühlschmierstoffen, bis auf einen noch zugelassenen Restanteil von gerademal < 0.2 Vol.% (Chlorparaffine) verschwanden, sahen viele Anwender die „Welt zusammenbrechen". Chlor zählt zu den EP-Additiven (Hochdruckadditive) und galt mit seiner frühen Reaktionsbereitschaft schon

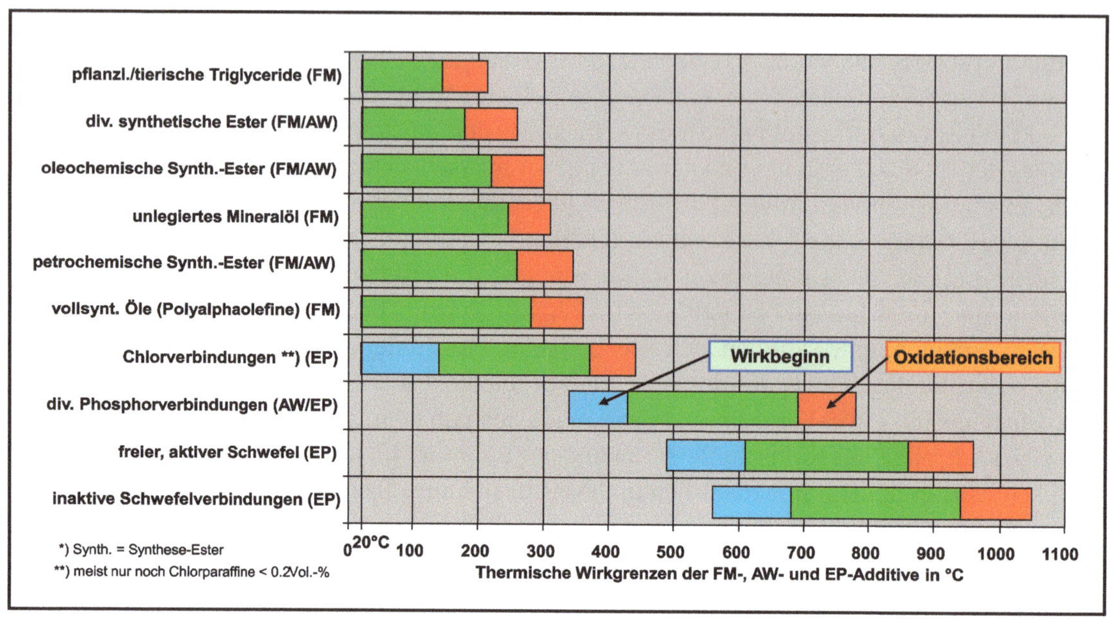

BILD 6.16 Reaktionsbereiche der wichtigsten Kühlschmierstoff-Additive (FM-, AW- und EP-Additive). Thermisch bedingte Wirkgrenzen (Wirkbeginn und Oxidation) der Additive.

bei Raumtemperatur in den meisten KSS als unverzichtbares Additiv. Wegen der entstandenen Lücke in der thermischen Abdeckung zwischen 20 °C und etwa 320 °C wurde vom „Chlorloch" gesprochen. Viele Schleifprozesse konnten nicht mehr auf dem Niveau der bisherigen Abtragsleistungen gefahren werden. Aber den Chemikern der grossen Kühlmittelhersteller musste etwas einfallen als Ersatz für Chlor.

Innerhalb kurzer Zeit wurde es denn auch möglich, zum Beispiel mit synthetischen, oleochemischen und petrochemischen Syntheseester den unteren Temperaturbereich bis etwa 370 °C abzudecken. Die polaren Eigenschaften (gute Haftung) dieser Esterarten beeinflussten zudem noch die Reibverhältnisse zwischen den Kornschneiden und dem Werkstück günstig. Das „Chlorloch" war so gut wie gestopft! Es fehlte jetzt nicht mehr viel, um den gesamten Temperaturbereich eines Schleifprozesses durchgehend mittels Additiven sicher abzudecken. Nach Chlor folgt Phosphor in der „thermischen" Reihe der Additive und danach Schwefel. Das oben stehende Bild 6.16 gibt eine gute Übersicht der verschiedenen Additive und ihren etwaigen Wirkbereichen.

Zwei Dinge müssen unbedingt festgehalten werden: Erstens oxidiert (verbrennt) unlegiertes Mineralöl etwa zwischen 240 °C und 300 °C. Das wird oft vergessen, wenn man von den notwendigen Additiven spricht. Mineralöl allein könnte den höchsten in einem Schleifprozess auftretenden Temperaturen gar nicht standhalten. Zweitens haben ausnahmslos alle Additive einen mehr oder weniger konkreten Wirkbereich. Jedes Additiv gibt seine Wirkung somit nur in einer definierten Temperaturspanne ab. Das ist in Bild 6.16 mit „Wirkbeginn" und „Oxidationsbereich" (der Bereich, in welchem das Additiv verbrennen würde) deutlich gekennzeichnet. Man sieht,

FM-Additive (**F**riction **M**odifier = Reibungsverminderer) zeigen ein typisches Adsorptionsverhalten, d.h. sie besitzen mehr oder weniger starke polare Eigenschaften und weisen deshalb eine hohe Affinität zu den meisten Stoffen bereits bei 20°C (Raumtemperatur) auf. Die Oxidationsgrenze liegt, abhängig vom jeweiligen **FM**-Stoff, zwischen 140°C und etwa 350°C. Die thermisch resistenteren **FM-Additive** sind zudem in der Lage, das so genannte „Chlorloch" (140°C bis ca. 370°C) zu überbrücken.
AW-Additive (**A**nti **W**ear) wirken „chemisch" verschleissmindernd, wobei sie als Übergang von **FM** zu **EP** betrachtet werden können.
EP-Additive (**E**xtreme **P**ressure) weisen ein typisches Reaktionsverhalten (chemische Reaktion) auf, d.h. sie bilden eine dünne, plastisch deformierbare und/oder leicht scherbare sowie hochdruckfeste und reibungsvermindernde Schicht (z.B. Metallseifen, Metallsulfide) auf dem Werkstoff, allerdings erst unter den Prozessbedingungen durch die Einwirkung von Wärme und Druck (aber nicht am Schleifkorn).

BILD 6.17 Erklärungen zu den Additiv-Abkürzungen

dass pflanzliche und tierische Triglyceride sowie alle Esterarten bereits ab Raumtemperatur wirken, eben weil sie sofort an den meisten Stoffen haften.

Die international verwendeten Abkürzungen für die verschiedenen Additivarten sind in Bild 6.17 aufgeführt und erklärt.

Sogar Fachleute und Chemiker sind sich nicht immer einig, welche Additive den unterschiedlichen Wirkeigenschaften und Bezeichnungen zuzuordnen sind. Der Grund dafür liegt einerseits bei den möglichen chemischen Zusammensetzungen der modernen Additive und andererseits bei ihren thermischen Wirkbereichen. Ferner muss ja auch noch unterschieden werden, welchen Zweck das jeweilige Additiv am besten erfüllt. Es lassen sich aber durchaus bestimmte Klassen definieren, die da sind:

- **FM-Additive:** Sie haften extrem gut und benötigen keine bestimmte Temperatur, um zu reagieren. Sie sind im allgemeinen Sprachgebrauch als „Schmierverbesserer" bekannt.
- **AW-Additive:** Da wird es schon etwas schwieriger, weil diese Additive die Schmierung verbessern, gleichzeitig aber auch den Werkzeugverschleiss minimieren können. Man bezeichnet sie deshalb als verschleissmindernde Additive (AW = Anti Wear).
- **EP-Additive:** Das sind die typischen Hochdruckadditive, weil sie unter Druck und Temperatur leicht abscherbare Metallseifenschichten bilden können. Damit lassen sich unter hohen und höchsten Temperaturen gewissermassen Notlaufeigenschaften sicherstellen.

Wohl der chemisch am besten variierbare Grundstoff dürfte Phosphor sein. Früher zweifelsfrei als Hochdruckadditiv eingestuft, wurden daraus die so genannten Phosphorverbindungen. Die vielen Variationen reichen an der unteren Temperaturgrenze von FM-/AW-Eigenschaften bis zu echten EP-Eigenschaften im oberen Temperaturbereich. Welcher Grundeigenschaft soll man nun Phosphor und seinen Verbindungen zuordnen? Eigentlich egal, Hauptsache, Phosphor ist in der richtigen Art und Menge dabei!

Schwefel gilt als ältestes bekanntes Additiv. Texanische Grundöle wurden schon früh als ideale Schneid- und Schleiföle gehandelt, weil sie bereits ein EP-Additiv, eben Schwefel, enthielten. Es wird aber unterschieden zwischen aktivem und inaktivem Schwefel. Ersterer ist frei im Öl enthalten und kann beispielsweise Buntmetalle schwarz verfärben, wenn sie über eine gewisse Zeit mit ihm in Berührung kommen. Der Hersteller schreibt dann üblicherweise auf das Datenblatt: „Für Buntmetalle nicht geeignet!" Ist inaktiver, also eingebundener Schwefel im Öl enthalten, besteht diese Gefahr nicht. Damit lassen sich auch Buntmetalle problemlos bearbeiten. Ähnlich wie bei Phosphor, wird übrigens heute oft auch von Schwefelverbindungen gesprochen. Interessant ist noch die Tatsache, dass Öle mit freiem Schwefel etwa ab 490 °C bis 510 °C zu reagieren beginnen, also ihre EP-Wirkung entfalten. Die Oxidationsgrenze wird bei 860 °C bis 960 °C erreicht. Der Reaktionsbeginn und die Oxidationsgrenze ist bei Ölen mit inaktivem Schwefel ungefähr um 60 °C nach oben verschoben.

Dieses Thema darf nicht abgeschlossen werden, ohne auf einen weit verbreiteten Irrtum hinzuweisen. Man hört und liest immer wieder davon, dass die EP-Additive Chlor, Phosphor und Schwefel Metallseifenschichten bilden, welche leicht abscherbar sind und deshalb einerseits das Fressen und Aufbauscheiden verhindern und andererseits die Werkzeugscheiden weniger schnell verschleissen. Chlorverbindungen erzeugen Metallchlorid, Phosphorverbindungen Metallphosphid, Schwefel – wie könnte es anders sein – Metallsulfid. Es geht, wie die einzelnen Seifenbezeichnungen schon mit ihrem Namen verraten, um Metall. Unwidersprochen profitieren alle metallischen Werkzeuge und metallischen Werkstoffe von diesen Eigenschaften. Sind also die Reibpartner metallisch und reicht die notwenige Reaktionszeit aus, können sich diese Metallseifen durchaus bilden. Allerdings ist dort, wo die grosse Wärme entsteht, nämlich in der Scherzone, überhaupt kein Kühlschmierstoff vorhanden. Das metallische Werkzeug allein könnte eine Seifenschicht aufweisen. Die zur Schneide hingewandte Seite des abzutragenden Spanes ganz bestimmt nicht. Beim Schleifen sieht die Sache völlig anders aus. Es gibt keine metallischen Schleifstoffe! Also können sich scheibenseitig auch keine Metallseifen bilden. Ferner läuft der energetisch anspruchsvolle Spanungsvorgang ebenfalls in der Scherzone ohne Kühlschmierstoff ab. Es treffen also zwei Reibpartner aufeinander, zwischen welchen eine Metallseifenbildung gar nicht möglich ist. Jetzt kommt noch der extrem negative Kornschneidenwinkel von etwa 45° bis über 80° dazu und die hohe Spanablaufgeschwindigkeit, welche – über den Daumen – etwa der doppelten Schnittgeschwindigkeit entspricht. Was kann da noch wirksam sein? Richtig, nur die FM- und zum Teil auch die AW-Additive. Sie haften an den Kornschneiden und werden in die Kontaktzone eingezogen. Dort vermindern sie den direkten Reibkontakt durch ihre enorme polare Wirkung. Sogar dann, wenn wegen des Schleifdruckes so gut wie die gesamte eingezogene Kühlschmierstoffmenge verdrängt wird, bleibt von den FM- und AW-Additiven zumindest eine Schmierschicht, welche lediglich noch die Höhe einer Molekülkette aufweist. Damit soll bewiesen sein, wie wichtig beim Schleifen die polaren Anteile im verwendeten Kühlschmierstoff sind.

Weil die Additive von grosser Bedeutung sind, ermöglicht hier nochmals eine einfache tabellarische Zusammenstellung eine Übersicht.

TABELLE 6.1 Additiv-Übersicht

Additive		ungefähre max. Temperatur der Wirksamkeit
polare Wirkstoffe (FM- und AW-Additive)	pflanzliche und tierische Glyceride	bis ca. 145 °C
	synthetische Fettstoffe	bis ca. 200 °C
	native Ester	bis ca. 170 °C
	synthetische Ester	bis ca. 300 °C
Verschleiss-Inhibitoren und Hochdruckzusätze (AW- und EP-Additive)	chlorhaltig	bis ca. 370 °C
	phosphorhaltig	bis ca. 720 °C
	aktiver Schwefel	bis ca. 900 °C
	inaktiver Schwefel	bis ca. 1000 °C

Schmier-, Verschleissschutz- und EP-Additive:

- polare Wirkstoffe (FM-Additive) → hochhaftend
- Anti-Wear-Additive (AW-Additive) → gegen Verschleiss
- Hochdruckadditive (EP-Additive) → hochdruckfest

Sonstige Additive (Inhibitoren):

- Korrosionsschutzadditive
- Antioxidantien
- Antinebelzusätze
- Wasserenthärter und Wasseraufhärter

Das Bild 6.18 stellt die Reaktionsbereiche der verschiedenen KSS-Additive dar. In der Tabelle 6.1 sind zudem die Grenzbereiche (Oxidation) nochmals explizit aufgeführt. Schwierig ist aber, sich den Zusammenhang zwischen des zu erwartenden Reibungskoeffizienten μ in Abhängigkeit der Wirkbereiche bzw. des Temperaturverlaufs der einzelnen Additive vorzustellen. Am spannendsten dürfte jedoch die Frage sein, wie sich der Reibungskoeffizient μ verhält, wenn alle Additive und Mineralöl in einem KSS eingebunden sind? Das Diagramm 6.18 gibt eine Antwort auf diese hochinteressante Frage.

Es lohnt sich, auf einige Besonderheiten etwas ausführlicher einzugehen. Im Vordergrund steht der Temperaturbereich von Mineralölen. Man nimmt immer wieder an, die Mineralöle seine jene Bestandteile eines Kühlschmierstoffs, welche nicht nur massiv den Reibungskoeffizienten reduzieren, sondern auch den in einem Schleifprozess typischen Temperaturbereich abdecken. Das Diagramm verdeutlicht aber genau das Gegenteil. Weder eine grosse Reduktion der Reibung noch eine hohe Überdeckung des Temperaturbereichs ist vom Mineralöl zu erwarten. Auch Fettstoffe allein oder gemischt mit Mineralöl schaffen es nicht, die thermischen Forderungen zu erfüllen, obwohl mit dieser Kombination Temperaturen bis ca. 200 °C abgedeckt werden können. Aus diesem Grund erweist sich die Anreicherung von Emulsionen und von Schleifölen

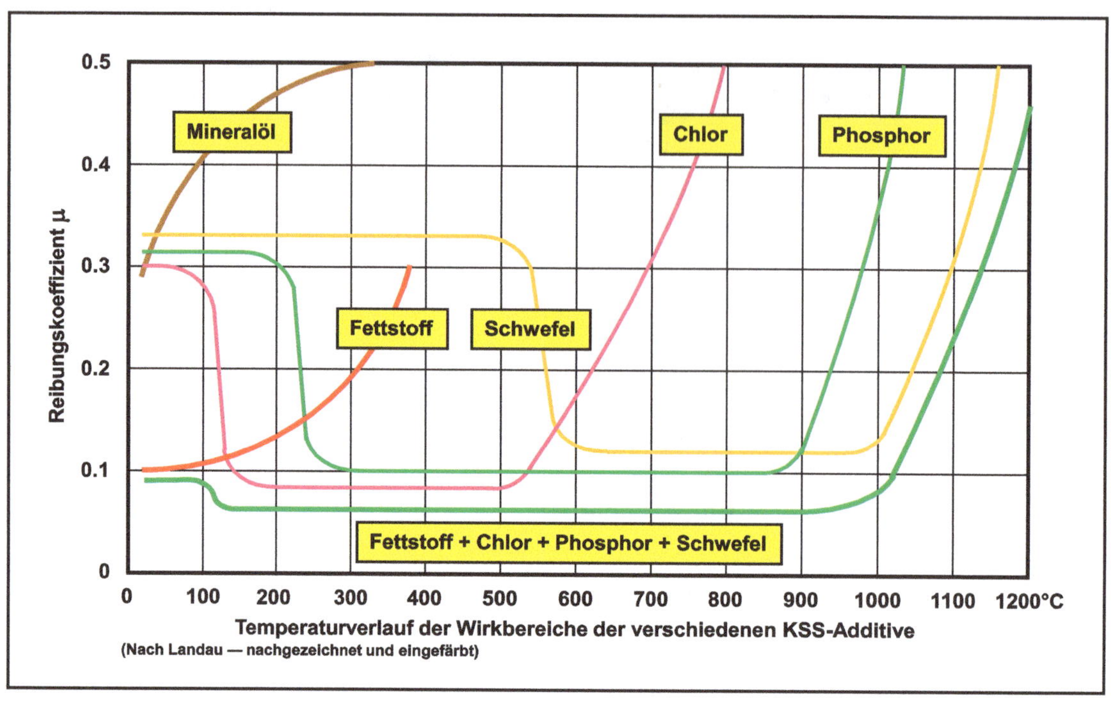

BILD 6.18 Reibungskoeffizient in Abhängigkeit der Temperaturwirkbereiche der Additive. Temperaturbereiche der Reaktion (Beginn) und Oxidation (Ende) der Additive

mit Additiven als unumgänglich. Chlor (lila Linie) ist zwar nicht mehr oder nur in ganz geringen Mengen zulässig. Trotzdem kann eine sinnvolle Kombination von Mineralöl, Fettstoffen (Ester), Phosphor- und Schwefelverbindungen dazu führen, dass der gesamte Temperaturbereich von 20 °C (Raumtemperatur) bis ca. 1000 °C mit den Additiven abgedeckt und ein tiefer Reibungskoeffizient erzeugt werden kann.

Was oftmals vergessen wird ist die Tatsache, dass auch die Viskosität des verwendeten Schleiföls eine grosse Rolle spielt. Liegen die zeitbezogenen Abtragsmengen im unteren Bereich, dürfen die Öle durchaus dünnflüssig sein. Handelt es sich dagegen um das Leistungs- oder Hochgeschwindigkeitsschleifen, sollten die Viskositäten über etwa 12.0 mm^2/s bei 40 °C liegen. Mehr dazu unter dem nächsten Punkt.

6.9 Reibpartner – die prinzipiellen Reibungsarten

Es war verschiedentlich von den Reibpartnern die Rede. Was man sich darunter vorstellen muss, zeigt das Bild 6.19 in einer Prinzipdarstellung.

Beim Schleifen sind die Reibverhältnisse ganz besonders kritisch. Im Gegensatz zur Zerspanung mit definierter Schneide treten innerhalb der Schneidenraumtiefe z_c alle denkbaren Reibkonstellationen auf – vom Pflügen und Aufwerfen bis zum Abscheren (effektive Spanbildung). Deshalb muss der Kühlung und Schmierung spezielle Aufmerksamkeit gewidmet werden.

Im Gegensatz zu der in der allgemeinen Technik angestrebten und meist auch notwendigen Flüssigkeitsreibung, ist beim Schleifen die Mischreibung eine wichtige Voraussetzung. Die beiden „Reibpartner", die Schleifscheibe und das Werkstück, müssen sich zur Spanbildung logischerweise berühren. Deshalb darf die gewählte Viskosität niemals eine vollständige Trennung der Reibpartner bewirken.

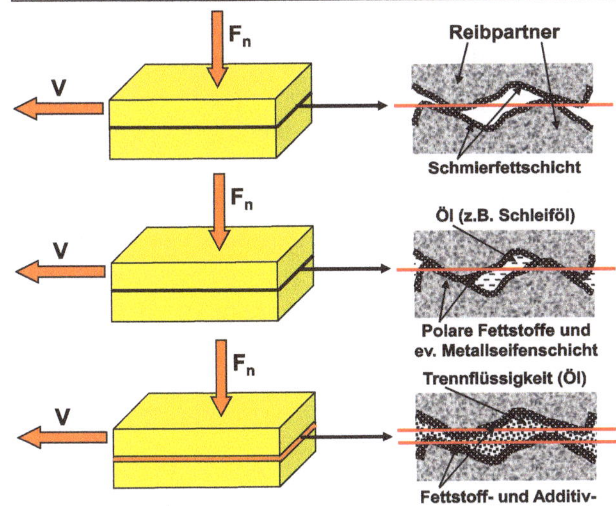

Oberflächenschichtreibung

Hier wird üblicherweise ein Feststoff (Schmierfett) eingesetzt, welcher das Gleiten begünstigt bzw. die Reibung reduziert, die Vertiefungen füllt und eine direkte Berührung beider Teile verhindert.

Mischreibung (typisch beim Schleifen)

Es wird nur in Teilbereichen die Berührung der beiden Reibpartner durch ein flüssiges Schmiermittel (z.B. Schleiföl) verhütet. Sind Additive im Öl enthalten, welche auf Metallen leicht abscherbare Schichten bilden, wird auch die Reibung reduziert (weniger Wärme) und der Verschleiss vermindert.

Flüssigkeitsreibung

Angestrebt wird, die beiden Teile vollständig von einander durch das Einbringen von Öl (meist unter Druck) zu trennen. Eine Flüssigkeitsschicht sorgt dafür, dass keine gegenseitige Berührung möglich ist. Für das Schleifen nicht geeignet! Anwendung für hydrostatische Führungen und Lager.

BILD 6.19 Die Reibungsarten zwischen den Reibpartnern

6.10 Schleifölviskositäten für das Schleifen

Es gibt keine allgemein anzuwendende Richtlinie für die Wahl der Viskosität von Ölen in Abhängigkeit des Schleifverfahrens und/oder des zu zerspanenden Werkstoffs. Man kann aber davon ausgehen, dass mit steigender Viskosität die Schmierfilmdicke zunimmt und die Vernebelungstendenz sinkt. Das Argument, niederviskose Öle würden die Wärme besser aufnehmen bzw. abführen, ist wohl richtig. Der dickere und besser haftende Ölfilm hat aber einen weit positiveren Effekt auf den Schleifprozess (bessere Schmierung = weniger Reibung).

Die kinematische Viskosität wird entweder in cSt. (Centistokes) oder nach ISO in mm^2/s bei 40 °C angegeben. Andere Einheiten sind nicht mehr zulässig, ebenso wenig wie andere Bezugstemperaturen. Von Bedeutung ist aber auch der Viskositäts-Index (VI), welcher das Viskositäts-Temperaturverhalten angibt (siehe Fachliteratur oder Herstellerdatenblätter).

Soll die Schleifscheibe auch bei kleinen Abtragsmengen gut greifen und scharf schneiden, so darf die Viskosität etwa 5–7 mm^2/s bei 40 °C nicht übersteigen (Additive nach Bedarf). Aber Achtung: Für Schleiföle mit einer Viskosität unter 7.0 mm^2/s bei 40 °C gelten besondere gesetzliche Vorschriften. Für Standardbedingungen gilt der Viskositätsbereich zwischen 8.5 und 12 mm^2/s bei 40 °C im Allgemeinen als optimal. Beim Hochgeschwindigkeits- (HSG) und Hochleistungsschleifen (HEDG) setzt man mit Vorteil hoch additivierte Schleiföle mit einer Viskosität von ca. 15–18 mm^2/s bei 40 °C und mehr ein. In einzelnen Fällen werden Viskositäten um 24–36 mm^2/s bei 40 °C angewandt. Beim Aussenrundeinstech- und beim Vollschnittschleifen (Flach- und Flachprofilschleifen) kommen meistens Schleiföle mit Viskositäten von 10–15 mm^2/s bei 40 °C zum Einsatz. Mit steigender Viskosität muss aber eine gute Steifigkeit des Systems (Maschine/Scheibe/Aufnahme/Werkstück) unbedingt gewährleistet sein.

6.11 Einfluss der KSS-Art und -Schmierwirkung auf die Scheibe

Führt man mit Anwendern Gespräche über ihre Schleifprobleme, fällt einem immer wieder auf, dass sie die Auswirkung der Schmierfähigkeit eines Kühlmittels auf das Verhalten der Schleifscheibe kaum oder gar nicht kennen. Sie sind dann überrascht, dass mit anderen Kühlschmierstoffarten und deren Schmierfähigkeit anstehende Probleme gelöst und/oder höhere Abtragsleistungen mit besseren Oberflächenqualitäten erreicht werden könnten.

Die Tatsache, dass eine Kornschneide mit zunehmender Schmierwirkung des KSS immer mehr abstumpft, bis sie neu splittert oder das ganze Korn aus dem Bindungsverband gedrückt wird, scheint vielen Anwendern und Operateuren unbekannt zu sein. Weil die Reibung zwischen Scheibe und Werkstück durch bessere Schmierung vermindert wird, glättet sich das Korn stärker ab. Als Folge davon ergibt sich ein grösserer negativer Schneidenwinkel und gleichzeitig steigt der Druck (Normalkraft F_n) auf das Korn an. Weil aber wegen der geringeren Reibung die Umfangskraft F_t an der Schleifscheibe, welche leistungsbestimmend ist, durch die bessere Schmierung fällt, liegt real betrachtet die Normalkraft F_n im Vergleich zu jener eines Prozesses mit gleichen Bedingungen, aber mit einem weniger schmierfähigen KSS, auch auf einem tieferen Niveau. Das ist nicht ganz leicht zu verstehen, denn die verbreitete Meinung, das Kräfteverhältnis – von OTT als Schleiffaktor S_c definiert –, würde immer in gleicher Weise fallen oder ansteigen, stimmt eben nicht. Betrachtet man das Bild 6.20 wird klar, dass sich bei stumpfer werdender Kornschneide, bzw. bei höherer Schmierwirkung, das Kräfteverhältnis (Schleiffaktor) $S_c = F_t/F_n$ wohl stark verändert, aber dies eben auf tieferem Niveau. Deshalb erfolgt unter besseren Schmierkonditionen das Splittern und Ausbrechen deutlich später. Im Bild unten wird der von OTT festgelegte Schmierindex CL (siehe Kapitel 4 „Einflussgrössen und ihre Zusammenhänge" Bilder 4.25, 4.26, 4.27, 4.28 und 4.30) verwendet und dazu ist in einigen Fällen jeweils auch zu konkreten Bedingungen der Schleiffaktor S_c in Klammern eingetragen. Bei geringerer Schmierwirkung des KSS hat S_c einen Wert um 0.55. Ein hoch additiviertes Schleiföl ergibt aber ein S_c von etwa 0.3. Also tendieren der Leistungsbedarf (siehe Tangentialkraft F_t) und die nicht leistungsbestimmende Normalkraft F_n, ungeachtet der starken Verhältnisveränderung S_c, unter höherer KSS-Schmierfähigkeit, ganz eindeutig in Richtung günstigerer Prozesskonditionen (weniger Leistungsbedarf und weniger Wärme in der Kontaktzone).

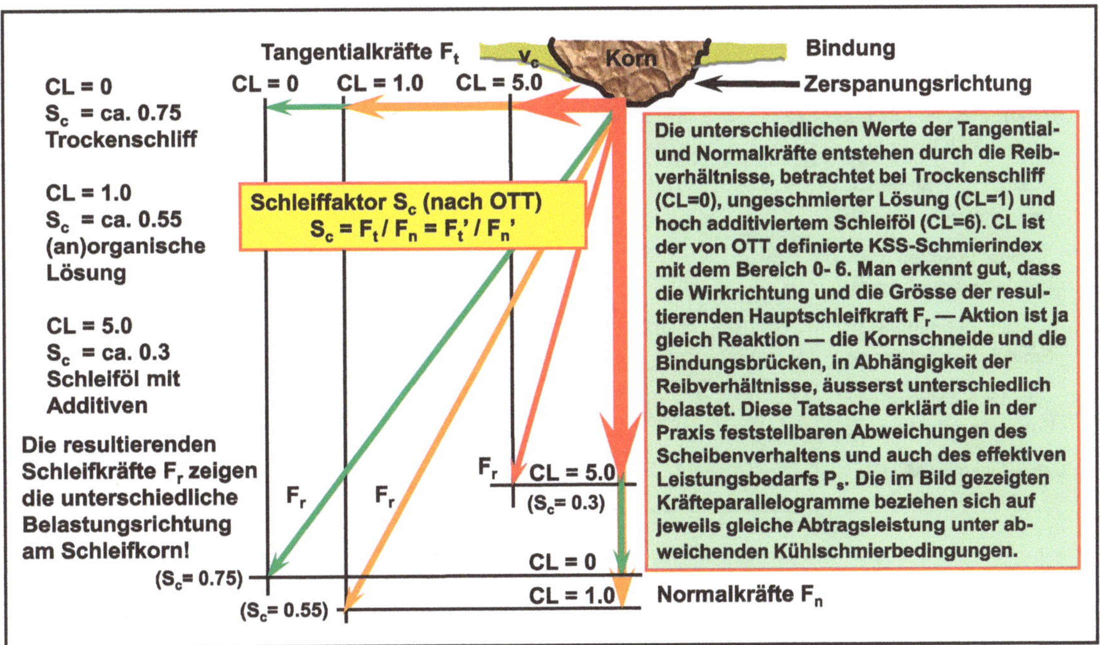

BILD 6.20 Parallelogramme der Schleifkräfte F_t, F_n und F_r unter Einfluss von Trockenschliff, Lösung und Schleiföl

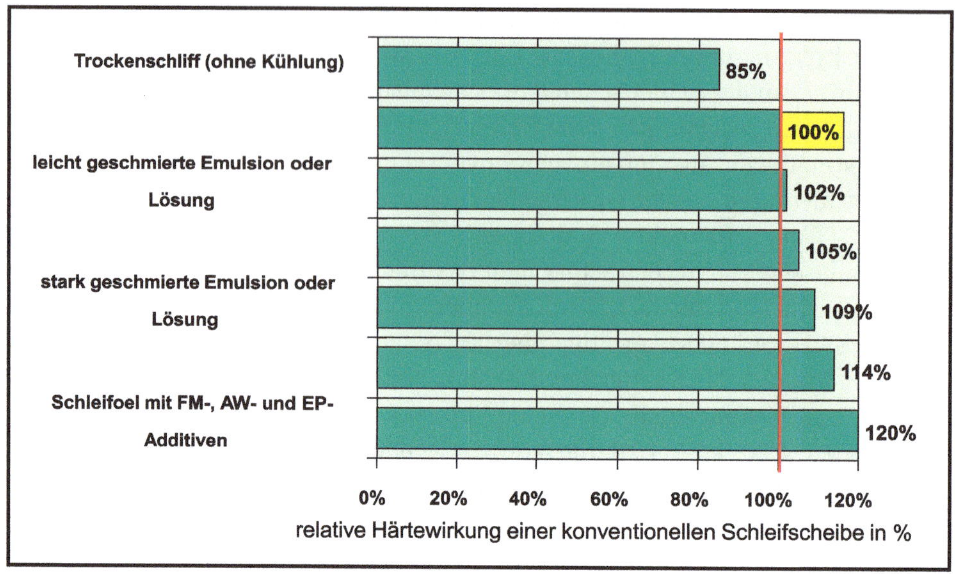

BILD 6.21 Relative Härtewirkung konventioneller Schleifscheiben in Abhängigkeit des verwendeten Kühlschmierstoffs. (Durchschnittliche Erfahrungs-Richtwerte.)

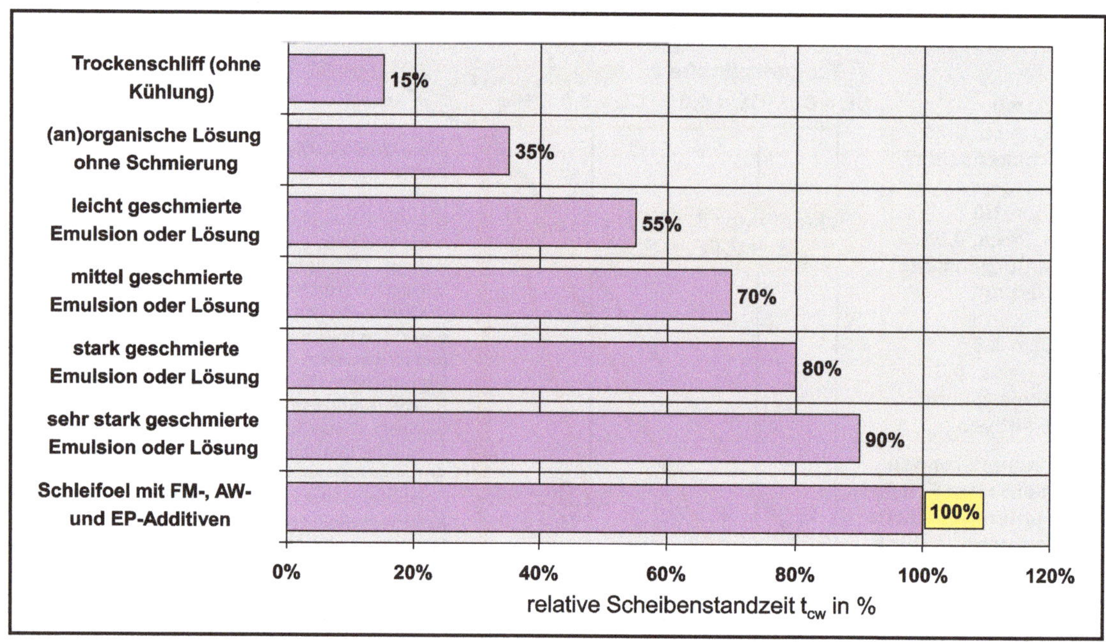

BILD 6.22 Relative Scheibenstandzeit in Abhängigkeit des verwendeten Kühlschmierstoffs (Durchschnittswerte). Als Basis (100 %) wird von additiviertem Schleiföl ausgegangen. Diagramm gilt für konventionelle und hochharte Schleifscheiben!

Das Bild 6.21 zeigt den wenig bekannten Einfluss steigender Schmierwirkung auf die relative Zunahme der Härtewirkung einer Schleifscheibe. Wenn es rein prozentual auch nach wenig aussieht, so ist es auf die Spezifikation bezogen viel. Vergleicht man die Spezifikation einer Scheibe, die mit ungeschmierter Lösung gekühlt wird mit jener einer Scheibe, die mit Schleiföl gekühlt bzw. geschmiert wird, entspricht dies mindestens einer Differenz von etwa 2 Härtestufen nach oben, d. h. die Schleifscheibe wirkt härter, weil die Kornschneiden stärker abstumpfen, besser „gleiten" und länger im Bindungsverband verbleiben.

Als Basis (100 %) dient ungeschmierte (an)organische Lösung.

Noch weit drastischer erscheint die Zunahme der relativen Scheibenstandzeit (Bild 6.22) unter dem Einfluss von zunehmender Schmierfähigkeit des verwendeten Kühlschmierstoffs. Setzt man für additiviertes Schleiföl 100 %, so würde bei einer Lösung ohne Schmierkomponenten die Standzeit bis auf etwa 35 % (!) sinken.

Es lohnt sich, diese beiden Balkendiagramme genauer zu studieren. Sie führen dem Anwender in selten anschaulicher Art und Weise vor, was die KSS-Schmierfähigkeit im Endeffekt auch noch bewirken kann.

6.12 Resümee über die KSS-Schmierfähigkeit und die Auswirkungen

Beim eingehenden Studium der Ausführungen über die KSS-Schmierwirkung in einem Schleifprozess muss auffallen, dass in erster Linie die Schleifkraft (resultierende Schleifkraft F_r) und die von ihr abgeleiteten Schleifkräfte (Normal- F_n und Tangentialkraft F_t) auf die unterschiedlichen Kühlschmierstoffe bzw. auf ihre Additive sehr stark reagieren. Was bedeutet das? Die Grösse der Normalkraft F_n ist massgebend für den Schleifdruck. Dieser wiederum kann auch als „Abdrängkraft" bezeichnet werden, wodurch die Systemsteifigkeit bzw. die erzeugbare Endgenauigkeit (Mass- und Formgenauigkeit) in einem direkten Zusammenhang mit dieser stehen. Die Tangentialkraft F_t, multipliziert mit der Schnittgeschwindigkeit v_c, bestimmt den Leistungsbedarf P_s eines Schleifprozesses und dieser ist ausschlaggebend für die zwischen der Schleifscheibe und dem Werkstück durch Reibung erzeugte Wärmemenge.

Das Schleifen wird zu Recht als extrem leistungsintensiv bezeichnet. Man kann aber den Leistungsbedarf durchaus reduzieren, indem ein KSS zum Einsatz gelangt, welcher die Reibung zwischen der Scheibe und dem Werkstück verringert. Nicht nur die Wahl zwischen wasserbasierten KSS oder Schleiföl ist von grosser Bedeutung, sondern vielmehr auch die im KSS enthaltenen FM-, AW- und EP-Additive. Diese müssen ja bekanntlich über den gesamten in Frage kommenden Temperaturbereich „Notlaufeigenschaften" sicherstellen, damit keine Partikelverschweissungen (Kaltschweissungen) auftreten können. Und sie müssen dazu noch die Reibverhältnisse so beeinflussen, dass der zu investierende Leistungsbedarf gering bleibt und möglichst wenig Wärme erzeugt wird. Wenig Wärme garantiert direkte Vermeidung von thermischen Randzonenschäden am Werkstück.

Es zeigt sich aber auch die unumstössliche Tatsache, dass wässrige, ungeschmierte KSS (z. B. organische Lösungen) einen höheren Leistungsbedarf erfordern als hoch geschmierte Emulsionen und erst recht als additivierte Schleiföle. Das soll keineswegs heissen, Lösungen seien zum Schleifen ungeeignet. Im Gegenteil: Die hohe Wärmeleitfähigkeit und Wärmekapazität von Wasser kann oft ausschlaggebend bei der Lösung bestimmter Schleifaufgaben sein. Nur geht es da äusserst selten um hohe Abtragsleistungen. Allerdings – und das sei hier nochmals festgehalten – kann ein wasserbasiertes Kühlmittel (Lösung oder Emulsion) die Wärmeleitfähigkeit und die spezifische Wärmekapazität nur nutzbringend entfalten, wenn auch hohe Wärme erzeugt wird. Im Gegensatz dazu reduzieren alle Arten von Schleifölen wegen ihrer guten Schmierfähigkeit die Entstehung einer grossen Wärme in der Kontaktzone von vornherein. Was geschieht bei der Verwendung von Emulsionen mit steigendem Ölgehalt? Ihre Wirkung tendiert ganz eindeutig in Richtung des Verhaltens von „einfachen“ Schleifölen.

6.13 Wo eignen sich die verschiedenen Kühlschmierstoffe?

Ungeschmierte organische Lösungen werden überwiegend für allgemeine Schleifaufgaben ohne hohe Leistungsansprüche eingesetzt, wenn die Bildung von Schmierrückständen unerwünscht ist, bei angeblicher Notwendigkeit der Prozessbeobachtung (?) sowie sehr oft beim Schleifen mit Diamantscheiben. Diamant zeigt dann eine höhere Splitterneigung, was aber schlechtere Rauheitswerte bzw. Probleme mit der Oberflächenqualität ergeben kann.

Ungeschmierte oder nur wenig geschmierte KSS dürfen nicht zusammen mit CBN-Scheiben angewandt werden. Der Grund dafür ist die anfänglich nur partiell am Scheibenwirkumfang auftretende Hydrolyse, bei welcher sich unter zunehmendem Wärmeeinfluss aus CBN (kubischem Bornitrid) und Wasser Ammoniak und Borsäure bilden, was zu einem oft sehr schnell ablaufenden Kornverschleiss führt (unregelmässige Abstumpfung, Anflächungen, Rattertendenz, zugeschmierte Scheibe, Prozessabbruch usw.). Fachleute stellen diese Art von Scheibenverschleiss oft in Frage, aber die Erfahrung zeigt ganz deutlich den sich negativ auswirkenden Zusammenhang zwischen wässrigen Lösungen und/oder nur gering geschmierten (halbsynthetischen) Emulsionen und der oben beschriebenen Hydrolyse. Wie anders könnte man sonst erklären, weshalb nach dem Wechsel auf eine mindestens mittel- oder besser hochgeschmierte Emulsion die ganzen Probleme der partiellen Kornabstumpfung an der CBN-Scheibe und die dadurch erzeugten Rattermarken auf der Werkstücksoberfläche plötzlich nicht mehr vorhanden sind?

Für die Mehrzahl aller Schleifprozesse lassen sich leicht- bis mittelgeschmierte Lösungen (vollsynthetisch) und Emulsionen problemlos einsetzen. Von Vorteil ist aber in jedem Fall, wenn diese synthetische und/oder natürliche polare Wirkstoffe, d. h. FM- und AW-Additive, enthalten (Fettsäuren, Esteröle, usw.). EP-Additive müssen nicht zwingend vorhanden sein, es sein denn, das gewählte KSS-Produkt enthalte bereits ein ganzes „Additivpaket“. Wird konventionell geschliffen, treten nämlich EP-Additive (EP-Phosphorverbindungen, aktiver und inaktiver Schwefel) meist gar nicht in Aktion, weil die dazu notwendige Temperatur in der Kontaktzone zwischen der Scheibe und dem Werkstück kaum erreicht wird.

Hochgeschmierte wasserlösliche KSS, d. h. Emulsionen, setzt man im Allgemeinen dann für anspruchsvolle und/oder für Leistungs-Schleifaufgaben ein, wenn die Verwendung von Schleiföl aus Abdeckungs- und Sicherheitsgründen nicht möglich ist. Solche Emulsionen enthalten normalerweise FM-, AW- und EP-Additive. Man spricht dann von einem „Additivpaket“. Sie können, was ihre Leistungsfähigkeit (Schmier- und Kühlwirkung) betrifft, nahezu mit jener von mineralischen Schleifölen - ausgenommen Polyalphaolefine (vollsynthetische Öle) - verglichen werden.

Schleiföle beweisen immer wieder, dass sie eigentlich die idealsten KSS sind, sowohl hinsichtlich des Leistungsbedarfs im Schleifprozess als auch in Bezug auf die erreichbaren Abtragsmengen pro Zeiteinheit und die erzeugbaren Oberflächenqualitäten. Sie führen zwar zu etwas höheren Normalkräften, weil das Schleifkorn besser gleitet und deshalb weniger schnell splittert oder ganz ausbricht. Dafür steigt die Standzeit der Scheibe (G-Faktor bzw. G-Wert) und die Profilhaltigkeit ist ebenfalls bedeutend besser. Voraussetzung für ein erfolgreiches Schleifen mit Öl ist nicht nur das Vorhandensein der vorgeschriebenen Sicherheitseinrichtungen (dichte Verschalung, Absaugung, Explosionsklappe und automatische Löscheinrichtung), sondern auch eine hohe statische Steifigkeit der Schleifmaschine. Schleiföle weisen zudem den Vorteil auf, weder auf Bakterien noch auf Pilzkulturen zu reagieren. Sie haben eine hohe Standzeit - oft mehrere Jahre bei pfleglicher Behandlung und Wartung - und zersetzen sich nicht. Ist Schleiföl verschmutzt, lohnt sich eine Feinstfiltrierung und meistens auch eine Neuadditivierung durch den Hersteller oder Lieferanten allemal.

Nützt man die gesamte erhältliche Viskositäts-Bandbreite von unter 2,5 bis etwa 36 mm^2/s bei 40 °C aus, so lässt sich praktisch jeder Schleifprozess mit Öl kühlen und schmieren.

Hochgeschwindigkeits-Schleifprozesse (HSG) mit $v_c > 80$ m/s werden ausschliesslich mit entsprechend hoch legierten Schleifölen in voll verschalten Maschinen durchgeführt. Hoch geschmierte Emulsionen eignen sich hierzu nicht, weil der Wasseranteil unter den extremen Kontakttemperaturen (gesamte Wärme in den Spänen) verdampfen würde. Dass dadurch dem Prozess auch Wärme entzogen wird, darf hier nicht als Argument für Emulsionen dienen.

6.14 Zu welchen Schleifkornarten welche Kühlschmierstoffe?

Es hat sich in der Praxis schon oft als sinnvoll erwiesen, bei der Wahl des Kühlschmierstoffs auch auf die eingesetzten Schleifkornarten zu achten. Dies ist besonders dann zweckmässig, wenn über längere Zeit die gleichen Teile (Werkstoffe) mit der immer gleichen Scheibenspezifikation (gleiche Kornart) geschliffen werden. In den folgenden vier Gruppen lassen sich die verschiedenen Schleifstoffe einordnen:

1. Normal-, Halbedel- und Edelkorund sowie schwarzes und grünes SiC.
2. Sinterkorund allein und in verschiedenen Mischkornvarianten.
3. CBN (kubisches Bornitrid) mono- und mikrokristallin sowie Mischkornvarianten.
4. Diamant in verschiedenen Diamantkorn- und Mischkornvarianten.

Die erste Gruppe zeigt keine Reaktionen auf den KSS, mit Ausnahme von der Tatsache, dass mit zunehmender Schmierfähigkeit (höherer CL-Wert) das Korn stärker stumpft und deshalb länger im Bindungsverband verbleibt. Dadurch steigen die Normalkräfte an und die Oberflächenqualität am Werkstück verbessert sich. Eine regelmässige Scheibenkonditionierung ist dabei zusätzlich zu empfehlen, weil meist die zur Kornsplitterung führende Selbstschärfung nicht mehr optimal garantiert werden kann (siehe Arbeitsdruckkraft F_d nach OTT).

Für die zweite Gruppe sollte man – von wenigen Ausnahmen abgesehen – hochgeschmierte, additivierte Emulsionen oder besser Schleiföle im Viskositätsbereich von 8.5–12 mm^2/s bei 40 °C einsetzen.

Die dritte Gruppe darf keinesfalls mit organischen Lösungen zum Einsatz kommen. Mittel- bis hochgeschmierte KSS (Emulsionen) gelten als Minimalforderung. Unter Einwirkung von Wärme reagiert CBN chemisch mit Wasser. Dabei zersetzt sich das kubische Bornitrid (CBN) in Ammoniak und Borsäure (Hydrolyse), wodurch ein unregelmässiger, schneller Kornverschleiss eintritt. Optimal sind additivierte Schleiföle im Viskositätsbereich von 12–15 mm^2/s bei 40 °C. Wird in hohen Geschwindigkeitsbereichen (HSG und HEDG) geschliffen, sind grundsätzlich nur noch Öle geeignet.

Damit Diamant (4. Gruppe) sich splitternd verhält, sind oft ungeschmierte Lösungen die richtige Wahl. Dagegen: Je geringer der Abtrag und je höher die Anforderungen an die Oberflächenqualität sind, desto höher sollte auch die Schmierwirkung des gewählten KSS sein. In solchen Anwendungsfällen führen meist „leichte" Emulsionen oder dünnflüssige Öle ohne besondere Additive zum Erfolg.

6.15 Schleifstoffe und Empfehlungen für die KSS-Schmierfähigkeit

Sogar die Schmierfähigkeit (CL-Wert) der einzusetzenden Kühlschmierstoffe lässt sich den verschiedenen Schleifstoffen zuordnen. Das Bild 6.23 zeigt entsprechende Empfehlungen:

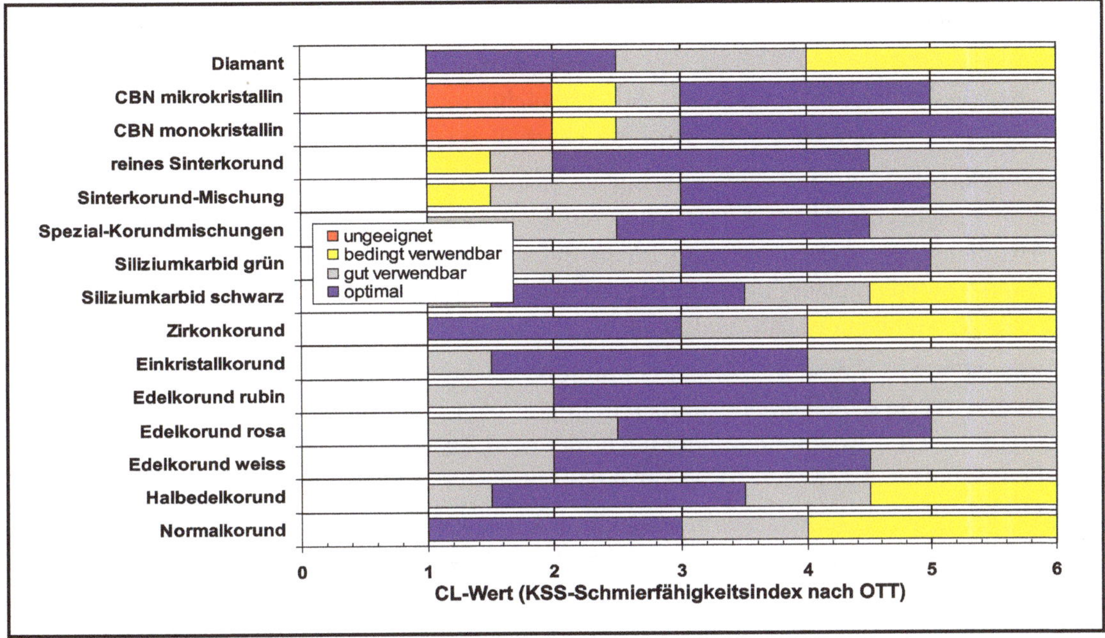

BILD 6.23 Schleifstoffe und Empfehlungen für die KSS-Schmierfähigkeitsbereichein Form des CL-Wertes (nach OTT). Es ist durchaus sinnvoll, den verschiedenen Kornwerkstoffen – ganz besonders den hochharten wie CBN und Diamant – die für ihren Einsatz optimale Schmierfähigkeit über den CL-Wert zuzuordnen.

6.16 Werkstoffe und die dazu geeigneten Kühlschmierstoffarten

Die sechs nachstehend aufgeführten Kriterien sind zu beachten:

1. Keine im KSS enthaltene Substanz und/oder keine während dem Schleifen resultierende Reaktion darf den Werkstoff angreifen (chemisch verändern). Ein Beispiel hierzu wäre Messing oder Kupfer und freier Schwefel als EP-Additiv. Aber auch CBN in Kombination mit einer ungeschmierten Lösung kann hier angeführt werden (Hydrolyse).

2. Weiche (duktile) und schmierende Werkstoffe verlangen hochgeschmierte KSS, wobei die polaren Eigenschaften (FM- und AW-Additive) dominieren sollten. Dagegen müssen EP-Additive nicht zwingend im KSS enthalten sein.
3. Aluminium- und Titanlegierungen verlangen stark schmierende Kühlmittel. Der Estergehalt (polarer Wirkstoff) im KSS muss möglichst hoch sein, damit sich keine Aufbauschneiden bilden können. Emulsionen mit viel FM- und AW-Additiven sind eine gute Wahl. Es können aber auch dünnflüssige Schleiföle mit hohem Fettanteil zum Einsatz gelangen. EP-Additive müssen nicht zwingend vorhanden sein.
4. Gehärtete Werkstoffe (z. B. gehärtete Werkzeugstähle) lassen sich im allgemeinen mit mittel- bis hochgeschmierten Emulsionen oder vergleichbaren Schleifölen, welche mit FM-, AW- und EP-Additiven angereichert sind, sehr gut bearbeiten.
5. Harte Werkstoffe, die mit Diamantscheiben geschliffen werden, verlangen oft ungeschmierte oder nur leicht geschmierte Kühlschmierstoffe (Lösungen oder Emulsionen), damit das Schleifkorn gut splittert und schneidfähig bleibt. Sofern die Maschine eine ausreichende Steifigkeit aufweist, können auch höher geschmierte, wasserbasierte KSS und auch niedrig- bis mittelviskose Schleiföle (Viskosität 5.0 bis etwa 7.0 mm^2/s bei 40 °C) zum Einsatz gelangen.
6. Werkstoffe, wie HM-Sorten, Silikatkeramik oder Glas lassen sich vorteilhaft mit wenig geschmierten KSS schleifen. Oft genügen Lösungen oder Emulsionen mit FM- und AW-Zusätzen. In optimierten Anwendungen sind auch niedrigviskose Schleiföle verwendbar. EP-Additive fallen grundsätzlich weg, weil sie gar nicht mit diesen Werkstoffen reagieren.
7. Ingenieurkeramik stellt deshalb besondere Anforderungen an den Kühlschmierstoff, weil einerseits Diamantscheiben verwendet werden müssen und andererseits in der Kontaktzone eine duktile Schicht erzeugt werden sollte, um Splitterausbrüche zu vermeiden. Im Prinzip kann man mit KSS-Arten, wie sie unter Punkt 5 beschrieben sind, gute Erfolge erzielen. Weil Diamant der beste Wärmeleiter ist, aber schon wenig über 800 °C wieder in sein Kohlenstoffgitter zerfällt, sind wasserbasierte Kühlmittel zweckmässiger. In vielen Fällen führen aber auch leichte, dünnflüssige Schleiföle (Viskosität 5.0 bis etwa 8.5 mm^2/s bei 40 °C) zum Erfolg.

6.17 Wie erhöht man die KSS-Standzeit

Da Schleiföle bei guter Wartung eine mittlere Standzeit von 4 Jahren aufweisen – Polyalphaolefine sogar ein Mehrfaches davon – und unempfindlich auf Verschmutzung reagieren, sind hier keine allzu grossen Probleme zu erwarten. Kritisch wird es meist nur, wenn besondere Fremdöle, z. B. Hydrauliköl oder Rostschutzöle hinein gelangen, weil dann durchaus Reaktionen mit den darin enthaltenen Zusätzen das Schleiföl unbrauchbar machen können. Eine regelmässige Kontrolle vom gebrauchten Schleiföl durch den Hersteller kann zu einer massiven Standzeitverlängerung führen.

Auch reine Lösungen sind verhältnismässig resistent gegen äussere Verunreinigungen. Ihre Einsatzdauer liegt bei 15–18 Monaten, manchmal sogar bei über zwei Jahren. Sie sind so stabil, dass ihnen weder Wärme noch grosse mechanische Beanspruchung (kurze Umwälzzeiten) schaden können. Ihre Neigung zu Schaumbildung ist äusserst gering. Ferner weisen sie eine sehr hohe Resistenz gegen Bakterien-, Hefe- und Pilzbefall auf. Probleme treten höchstens dann auf, wenn andere Verunreinigungen in die Lösung gelangen. Fremdöl (z. B. abgewaschenes Rostschutzöl von den Werkstücken) schwimmt bei Lösungen obenauf. Es sollte in regelmässigen Abständen unbedingt entfernt werden.

Die Emulsionen sind wohl die empfindlichsten KSS, bedingt durch ihren Aufbau. Die bio-stabilen Emulgatoren haben zweifellos einiges an Verbesserung gebracht, aber in Bezug auf Bakterien-, Hefe- und Pilzbefall sowie hinsichtlich der Reaktion auf Wärme und mechanische Beanspruchung bleiben Emulsionen problematisch. Das zeigt auch ihr Standzeitverhalten, welches durchaus von wenigen Monaten bis zu weit über einem Jahr schwanken kann. Eine Standzeitverlängerung erreicht man mit guter Wartung (regelmässige Fremdölentfernung, pH-Wert- und Konzentrationskontrolle), mit dem Vermeiden direkter Verunreinigung durch Zigarettenkippen, Spucke und Abfälle verschiedener Art sowie durch geringe Wärmebelastung, d. h. also durch ausreichend bemessene Behälter (gute Konvektionskühlung) und langer Verweilzeit. Letztere bezieht sich auf die theoretisch berechenbare Zeit, bis die von der Pumpe pro Minute geförderte Menge einen ganzen Umlauf gemacht hat und wieder zur Maschine gelangt. Rechnerisch bedeutet dies, dass der Behälterinhalt mindestens die 6-fache, besser die 10-fache KSS-Menge enthält, die von allen aktiven Pumpen zusammen pro Minute gefördert bzw. umgewälzt wird. Ist der Behälter deutlich kleiner, kann eine im Bypass eingesetzte Rückkühlung dieses Manko ausgleichen.

6.18 Hinweise auf dem KSS-Sicherheitsdatenblatt

Alle KSS-Hersteller sind seit einiger Zeit durch EU-weit geltende Gesetze verpflichtet, ihren Produkten ein Sicherheitsdatenblatt beizulegen, welches alle relevanten Hinweise enthält. Da steht unter anderem, wie man sich bei Haut- und/oder Augenkontakt mit dem jeweiligen KSS zu verhalten hat, welche Additive darin enthalten sind, unter welchen Umständen Brandgefahr besteht und wie die Entsorgung zu erfolgen hat.

Es gibt aber noch einen oder mehrere Hinweise, welche so formuliert sind, dass sie vom „Otto-Normalverbraucher“ nicht oder kaum verstanden werden. Es handelt sich hierbei um die Hinweise zu krebserregenden Stoffen. Solche Stoffe dürfen nach der Vorschrift TRGS 611 in Kühlschmierstoffen nicht mehr enthalten sein. Nur, wer kann mit dem Hinweis „DEA-frei“ etwas anfangen? Weder der Mann an der Maschine noch der Meister und selbst der Einkäufer nicht.

Es sei denn, sie wissen bereits, dass mit „DEA“ ein nachgewiesenermassen extrem krebserregender Stoff – Mono-Diethanolamin – gemeint ist.

Es gibt noch andere solcher Stoffe, welche sehr unterschiedlich von den KSS-Herstellern in den Sicherheitsdatenblättern aufgeführt werden, so zum Beispiel die Hinweise:

- enthält keine sekundären Amine, DEA's, Nitrosamine und PCB
- frei von nitrosierbaren Aminen
- enthält keine DEA, PCP, PCB, PCT und TCCP usw.

Achtung: Viele Anwender wissen nicht, dass sich in einem KSS (ausschliesslich wasserbasierte KSS) durch die Vermischung mit Fremdsubstanzen im Laufe der Gebrauchszeit krebserregende Stoffe bilden können, welche im Originalprodukt nicht vorhanden waren. Man sollte deshalb nicht nur regelmässig den pH-Wert und die Konzentration mittels Refraktometer prüfen, sondern auch ab und zu dem Hersteller eine Probe zur Untersuchung auf solche Stoffe überlassen.

Eine wichtige Ergänzung zum Sicherheitsdatenblatt:

Bei Schleifölen wird im Allgemeinen auch noch der Flammpunkt angegeben. Er liegt etwa zwischen 80 °C und 240 °C, abhängig von der Viskosität, vom Öltyp und von dessen Zusammensetzung. Öle können auch Zusätze enthalten, welche die Entflammbarkeit hemmen, aber nicht verhindern können. Die Angaben zum Flammpunkt sind aber für den Anwender kaum real vorstellbar. Wer weiss denn schon, wann, wo und wie sich diese Temperatur einstellen kann? Grundsätzlich bedeutet der Flammpunkt die Entzündungstemperatur des Schleiföls. Jeder weiss, dass für ein Feuer drei Voraussetzungen erfüllt sein müssen: Ein brennbarer Stoff, genügend Sauerstoff (Luft) und dazu die Entzündungstemperatur. Letztere reicht aber nicht in jedem Fall bereits für ein Feuer oder sogar für eine Explosion. Es ist offenes Feuer notwendig! Dies bieten die Funken des Schleifprozesses in idealer Weise an. Und genau hier ist die Tücke dieser ganzen Entflammbarkeit zu sehen. Ist ein Schleiföl „vernebelungsarm“, kann von einer verminderten Gefahr bezüglich Entflammbarkeit und/oder Verpuffung ausgegangen werden. Wichtig zu wissen, dass 4–6%iger Ölnebel ein brennbares oder explodierendes Gemisch (Verpuffung) ergibt, welches vom Funkenflug entzündet werden kann. Grössere Spritzer sind dagegen meist ungefährlich. Aber man sollte sich beim Schleifen mit Öl niemals auf der sicheren Seite wähnen. Der Gesetzgeber schreibt nicht ohne Grund die verschiedenen Sicherheitsvorkehrungen vor, die bei Verwendung von Schleifölen unbedingt einzuhalten sind.

Der Anwender hat es aber in begrenztem Umfang in der Hand, die Gefahr eines Brandes, einer Verpuffung und/oder einer Explosion zu minimieren. Dazu muss das Schleiföl gezielt mittels einem „pseudolaminaren“ Strahl auf die Kontaktzone ausgerichtet sein. Der Begriff „pseudolaminar“ wurde von OTT festgelegt und bedeutet, dass der Kühlmittelstrahl durch geeignete Auslegung und Formgebung der Düse in kompakter Weise austritt und an der Aussenseite nicht aufreisst. Da jeder KSS-Strahl hochturbulent und somit ein Aufreissen und Feinversprühen des Öls möglich ist, muss mit geeigneten Massnahmen die Düse so konzipiert sein, dass der austretende KSS-Strahl so aussieht, als wäre er laminar (kalibriert), er ist aber nach wie vor noch hochturbulent (mehr Hinweise hierzu im Kapitel 7). Zusätzlich sollte man durch reichliche Überflutung (geringer Druck, aber grosse Menge durch separate Düsen) das möglicherweise entzündbare Gemisch gewissermassen stören. Wenn nämlich das zugeführte Öl gegenüber dem Umgebungssauerstoff (Luft) mengenmässig überwiegt, kann es – physikalisch gesehen – gar nicht zu einer Entzündung kommen. Das Gemisch muss stimmen!

6.19 Resümee über die Kühlschmierstoffe

Bisher wurde in diesem Beitrag versucht aufzuzeigen, weshalb ein deutlicher Trend hin zu Schneid- und Schleifölen zu konstatieren ist. Auch angesichts der Tatsache, dass moderne Emulsionen und Lösungen durchaus als *High-Tech-Produkte* bezeichnet werden dürfen, dominieren bei den Ölen die reibungsvermindernden Fähigkeiten sowie deren unkompliziertere Handhabung und Wartung, bei sogar wesentlich längerer Standzeit. Die Entsorgungskosten betragen etwa 30 % von jenen für wasserlösliche Kühlschmierstoffe, was bei den heute notwendigen Einsparungsmassnahmen nicht unbeachtet bleiben darf. Allerdings – und das sei hier mit aller Deutlichkeit vermerkt – sollte man sich auch bei der Wahl und dem Einsatz von Schneid- und Schleifölen nur von qualifizierten Fachleuten beraten lassen und deren Empfehlungen akzeptieren. Sie kennen im Allgemeinen ihre Produkte am besten und können von Fall zu Fall entscheiden, mit welchem Produkt aus ihrer Angebotspalette die grössten Erfolge erzielbar sind.

Geht es darum, einen Schleifprozess zu optimieren, dann müsste man sich ganz klar für Öl als Kühlschmierstoff entscheiden. Lassen die maschinenseitigen Vorkehrungen einen Öleinsatz nicht zu, so bleibt als Alternative eine hochgeschmierte Emulsion oder eine gleichwertige Lösung. Allerdings sind den wasserlöslichen Kühlschmierstoffen Grenzen gesetzt, ganz besonders was die Verwendung zusammen mit hohen Schnittgeschwindigkeiten betrifft. Im Allgemeinen sollten über 60–80 m/s reine Öle zum Einsatz gelangen, denn bei Emulsionen beginnt in diesen Bereichen bereits die Tendenz zur Trennung in die Öl- und in die Wasserphase durch Verprallung. Lösungen weisen zwar diesen Nachteil nicht auf, neigen dafür aber wie Emulsionen dazu, durch die von der Schleifscheibe mitgerissene Luft so stark zu verwirbeln, dass die Kühlwirkung spürbar abfällt, weil eine kaum noch zu bewältigende Schaumbildung beginnen kann. Als positiven Aspekt kann man das Verdampfen des Wasseranteils unter der Hitzeentwicklung in der Kontaktzone bezeichnen. Dadurch würde Wärme entzogen, aber eben, das Wasser auch!

6.20 Filter und Kühlschmierstoffversorgungsanlagen

Jeder Kühlschmierstoff muss gereinigt werden und sollte eine gewisse Zeit lang im Kühlmittelbehälter verweilen können, bis er erneut in den Kreislauf gelangt (Beruhigungs- und Entlüftungsphase). Die Verweilzeit im Behälter dient der Abkühlung durch natürliche Konvektion (Raumluftumströmung). Wird der Behälter dann auch noch um 50–60 mm vom Boden distanziert aufgestellt, so ist die Abkühlung durch Konvektion wesentlich besser. Ist der Behälter zu klein bemessen, was leider sehr oft der Fall ist, so sinkt die Standzeit des Kühlschmierstoffs allein schon wegen der mechanischen Belastung in den Pumpen und im Prozessbereich. Das gilt ganz speziell für Emulsionen und für Schleiföle. Ungeschmierte Lösungen sind von diesen Nebenerscheinungen weniger stark betroffen. Da Emulsionskonzentrate und Schleiföle teuer sind, lohnt sich die richtige Dimensionierung der gesamten Kühlmittelanlage allemal.

Der KSS-Behälter sollte ein Volumen von mindestens der 6-fachen Minutenförderleistung aller im gesamten Kühlkreislauf vorhandenen Pumpen aufweisen (Versorgungs-, Reinigungs-, Umlauf- und Hebepumpen). Besser wäre aber immer die 10-fache Grösse davon! Da würde sich in einigen Fällen sogar eine teure Rückkühlung erübrigen.

Seit einigen Jahren kann beobachtet werden, dass KSS-Behälter vermehrt hoch und schmal gebaut werden, um teure Bodenfläche zu sparen. Dafür kann man ja Verständnis aufbringen, aber im Grunde genommen wird am völlig falschen Ort gespart. Ein Behälter sollte möglichst flach gebaut sein, vom Boden leicht distanziert aufgestellt werden und eine möglichst grosse Oberfläche aufweisen. Dadurch kann die Raumluft konvektiv gut kühlen und die Entlüftung ist wesentlich besser. Die durch den Schleifprozess und die Rückführung erzeugten Luftbläschen müssen so nur einen kurzen Weg zur Entlüftung durch den KSS zurücklegen. Mit Luft durchsetzter KSS weist wesentlich schlechtere Kühlwirkung auf. Man sollte auch den Rücklauf vom KSS zurück in den Behälter lang und grosszügig dimensionieren sowie nach oben öffnen und wenn möglich auch noch „Fischtreppen" einbauen. An diesen erfolgt eine besonders effiziente Entlüftung. Das sind im Übrigen alles Massnahmen, um eine optimale Entlüftung des Kühlschmierstoffs zu erzielen. Weil sehr oft Dinge in den KSS-Behälter geworfen werden, die dort nicht hingehören, sind die meisten oben vollständig abgedeckt. Dadurch wird die Wärme, welche eigentlich entweichen sollte, gefangen. Die Abdeckung des KSS-Behälters darf nur aus mittel- bis feinmaschigem Gitter bestehen. Steht der KSS-Behälter direkt auf dem Boden, wird die Wärme auch dort zurückgehalten. Dies ganz besonders, wenn der Boden aus Holzklötzen (veraltete Bauweise) oder isolierendem Belag besteht. Messungen haben gezeigt, dass die Wärme vom Freitagabend am Montag noch zu 50–60 % vorhanden ist. Der KSS kann also nicht einmal über das Wochenende vollständig abkühlen. Ein Abstand des Behälters vom Boden verbessert die Abkühlung drastisch, weil so die Raumluft um den ganzen Behälter zirkulieren kann.

BILD 6.24 Wichtige KSS-Filterkriterien. Diese Angaben gehören ins Pflichtenheft bei geplanter Anschaffung einer neuen Einzel- oder Zentralanlage.

Die Filterart richtet sich nach dem notwendigen Ausscheidevermögen, der noch zulässigen Verlustwärme und der Eignung für den verwendeten Kühlschmierstoff sowie des zu zerspanenden Materials. Nicht alle Filtersysteme eignen sich für alle Werkstoffarten gleich gut. Einige können entweder wegen der KSS-Art oder wegen dem Werkstoff überhaupt nicht zum Einsatz gelangen. Man denke hier z. B. an den freien Kohlenstoff im Grauguss oder an Hartmetalle. In diesen Fällen ist es meist sinnvoller, mit einem Filterhersteller direkt statt mit dem Maschinenlieferanten zu reden.

Es gibt etwa 15 verschiedene Filterarten. Einige davon kommen für die Reinigung von Rückständen (Kornsplitter, ganze Körner, Späne) aus dem Schleifprozess gar nicht in Frage. Andere wiederum eignen sich für bestimmte Anwendungsfälle (KSS-Art, Werkstoffe) extrem gut.

Nachfolgend eine Auflistung mit den wichtigsten charakteristischen Merkmalen der verschiedenen Filterarten. Es ist unbedingt zu beachten, dass sich nicht alle Filterarten gleichermassen für jede Art von Kühlschmierstoff (Lösungen, Emulsionen und Schleiföle) eignen. Dabei sind vor allem Zentrifugen, Hydrozyklone und Bandfilter, die am meisten verbreitet sind, als typische Beispiele zu nennen. Um die Beschreibung der Filterarten in Grenzen halten zu können, wurde nur die Anwendung, der Abscheidegrad (Filterfeinheit), die ideale Partikelgrösse und der maximale Feststoffgehalt im Füllgut hier festgehalten. Das sind die wichtigsten Kenngrössen der Kühlmittelfilter.

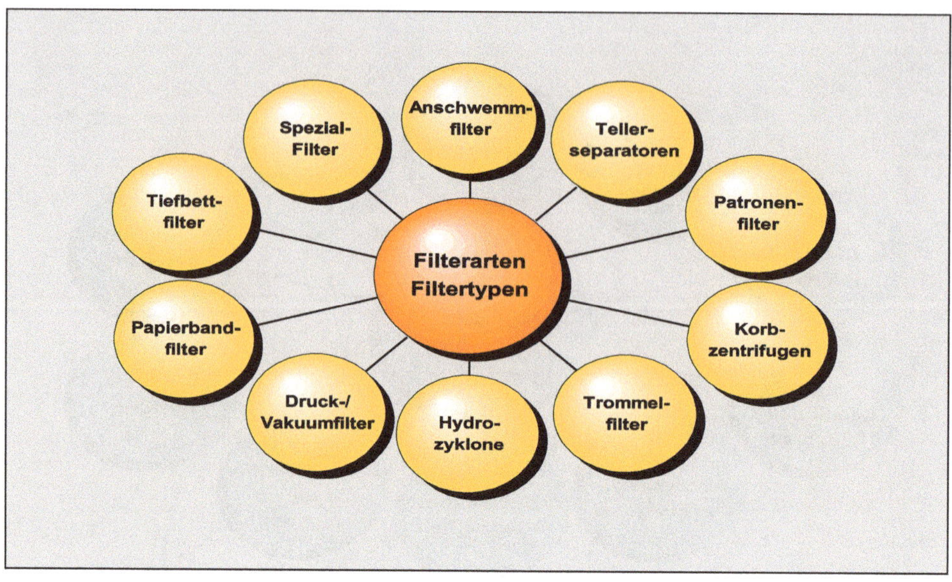

BILD 6.25 KSS-Filterarten und -Filtertypen. Nicht jedes Filtersystem kann in gleicher Weise für alle Arten von Kühlschmierstoffen und/oder Materialarten eingesetzt werden!

Korbzentrifuge, manuell

Anwendung:	Emulsionen und Schleiföle
Abscheidegrad:	> 5 µm
Ideale Partikelgrösse:	10–1000 µm
Max. Feststoffgehalt im Füllgut:	ca. 5 %

Tellerseparator, manuell

Anwendung:	Schleiföle
Abscheidegrad:	> 0.1 µm
Ideale Partikelgrösse:	1–500 µm
Max. Feststoffgehalt im Füllgut:	ca. 3 %

Tellerseparator, automatisch

Anwendung:	Schleiföle
Abscheidegrad:	> 0.1 µm
Ideale Partikelgrösse:	1–500 µm
Max. Feststoffgehalt im Füllgut:	ca. 10 %

Hydrozyklon, automatisch

Anwendung:	Lösungen und Emulsionen
Abscheidegrad:	> 20 µm (ohne zusätzliche Filterpatrone)
Ideale Partikelgrösse:	12–50 µm
Max. Feststoffgehalt im Füllgut:	ca. 3 %

Bandfilter (Filtervlies), automatisch

Anwendung:	Lösungen, Emulsionen und dünne Schleiföle
Abscheidegrad:	15–30 (45) µm
Ideale Partikelgrösse:	20–50 µm
Max. Feststoffgehalt im Füllgut:	ca. 0.5–3 %

Saugbandfilter mit selbstreinigendem Filtertuch und/oder -gitter (endlos)

Anwendung:	Lösungen, Emulsionen und dünne Schleiföle
Abscheidegrad:	15–30 µm
Ideale Partikelgrösse:	12–50 µm
Max. Feststoffgehalt im Füllgut:	ca. 3.0 %

Druck-/Vakuumfilter

Anwendung:	Emulsionen und Schleiföle
Abscheidegrad:	> 5 µm
Ideale Partikelgrösse:	12–50 µm
Max. Feststoffgehalt im Füllgut:	ca. 0.5–3 %

Patronenfilter, manuell

Anwendung:	Emulsionen und Schleiföle
Abscheidegrad:	> 5–135 µm
Ideale Partikelgrösse:	1,5–25 µm
Max. Feststoffgehalt im Füllgut:	ca. 0.1 %

Trommelfilter, automatisch

Anwendung:	Lösungen, Emulsionen
Abscheidegrad:	60 µm
Ideale Partikelgrösse:	50 µm – 5.0 mm
Max. Feststoffgehalt im Füllgut:	ca. 5 %

Anschwemmfilter, automatisch

Anwendung:	Lösungen, Emulsionen und Schleiföle
Abscheidegrad:	1 µm
Ideale Partikelgrösse:	2–3 µm
Max. Feststoffgehalt im Füllgut:	ca. 0.5–5 %

Kratzförderer, automatisch

Anwendung:	Lösungen, Emulsionen und Schleiföle
Abscheidegrad:	> 5 µm
Ideale Partikelgrösse:	100 µm – 100 mm
Max. Feststoffgehalt im Füllgut:	ca. 2 % – 98 %

Magnetabscheider, automatisch

Anwendung:	Lösungen, Emulsionen und Schleiföle
Abscheidegrad:	30 µm
Ideale Partikelgrösse:	0.5–5.0 mm
Max. Feststoffgehalt im Füllgut	ca. 3 %

Der Abscheidegrad stellt beim Schleifen eine besonders wichtige Grösse dar. Er bestimmt mit, welche Partikeldimensionen (Kornsplitter, Körner und Späne) nach der Filtrierung und vor einer eventuellen Sedimentierung (abhängig vom eingesetzten Filtersystem) möglicherweise im Umlauf noch zu erwarten sind. Diese haben, wenn es sich um Kornsplitter oder sogar um ganze Schleifkörner handelt, einen unerwünschten Effekt auf die Oberflächenqualität des Werkstücks. Alle Operateure kennen die Kratzer und wissen auch, woher sie stammen. Sind sie tiefer als die noch abzutragende Werkstoffschicht bis zum 0-Mass, gilt das Teil in vielen Fällen als Ausschuss. Hier muss erwähnt werden, dass nicht alle Kratzer unbedingt durch wieder zugeführten Kühlschmierstoff entstehen. Man sollte gelegentlich in die Schutzhaube reinschauen. Diese ist innen sehr oft völlig verkrustet mit getrockneten, festgeschleuderten Kornresten und Spänen.

Die Kratzförderer und die Magnetabscheider können nicht als eigentliche Filter bezeichnet werden. Beide Geräte sind dazu geeignet, den grössten Teil von im Schmutzbehälter (direkter KSS-Rücklauf) abgesetzten Spänen und Kornpartikel auszutragen. Dadurch wird der Filter selbst entlastet und die Filtrierung kann in den meisten Fällen wesentlich sicherer und besser erfolgen. Kratzförderer und Magnetabscheider sind normalerweise in den KSS-Auffangbehältern angeordnet. Der Schmutz (Späne und Kornpartikel) des von der Schleifmaschine zurücklaufenden KSS setzt sich darin ab. Der Kratzförderer besteht aus einem konstant langsam laufenden Gitter- oder Gliederband, an welchen Rakelleisten angebracht sind. Letztere schleppen den Schmutz zuerst etwas höher über das Niveau des verschmutzten KSS, damit die Restflüssigkeit daraus dann

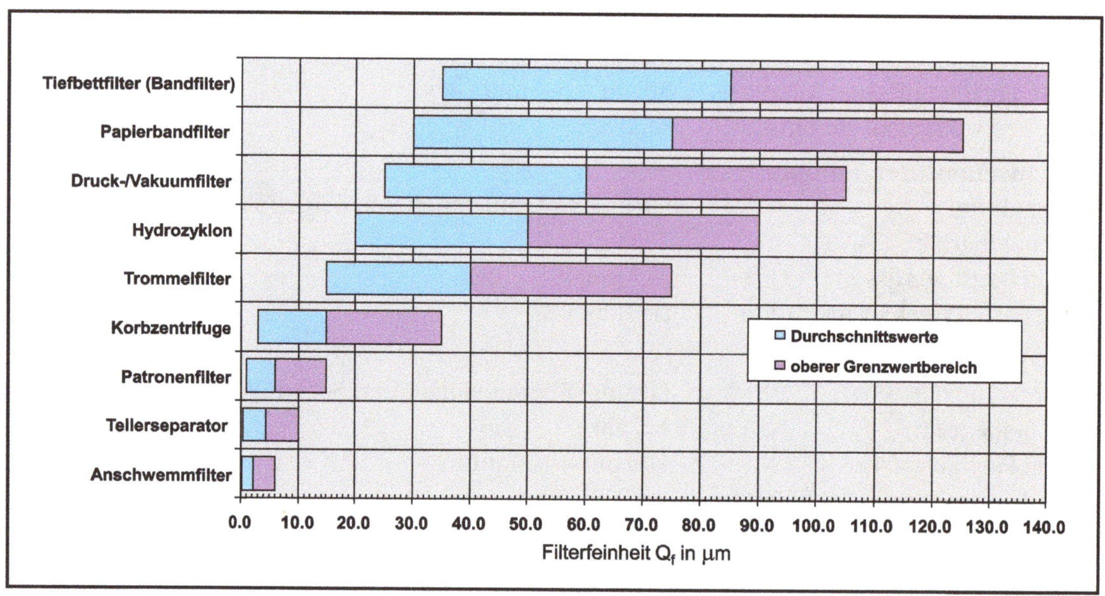

BILD 6.26 Abscheidegrad (Filterfeinheit Q_f) verschiedener Filterarten. Die Angaben setzen die Einhaltung des max. Feststoffgehaltes vom Füllgut, der minimalen Dichtedifferenz zwischen der Flüssigkeit und dem Feststoff sowie der max. Viskosität der zu filtrierenden Flüssigkeit voraus.

in einen Schmutzbehälter ausserhalb zurücklaufen kann. Dort sammelt sich der Grobschmutz, welcher von Zeit zu Zeit entsorgt werden muss. Dabei sind gesetzliche Vorschriften für die Entsorgung benetzter Späne und Kornpartikel unbedingt zu beachten. Die Magnetabscheider arbeiten ganz ähnlich. Sie sind ebenfalls in jenem Teil des Filters platziert, in welchen der verschmutzte KSS zurückläuft. Darin dreht sich langsam eine magnetische Trommel. An ihr haften alle magnetisierbaren Späne, die ein Stück weit von der Trommel transportiert werden, bevor ein an geeigneter Stelle angeordneter Rakel diesen Schmutz von der Trommel in einen separaten Behälter abstreift. Weil die Späne sehr fein sind, sieht diese Masse wie grauer Schlamm aus. Davon kommt auch der im Grunde genommen nicht zutreffende Begriff „Schleifschlamm“. Für die Entsorgung gilt das Gleiche wie bei den Kratzförderern. Nochmals: Beide Geräte haben die Aufgabe, möglichst viel Schmutz aus dem zurücklaufenden KSS direkt auszutragen, bevor dieser vom eingesetzten Filter gereinigt wird.

Die „ideale“ Partikelgrösse bezieht sich auf Kornsplitter, Körner und Späne, die durch das jeweilige Filtersystem zurückgehalten werden. Man sollte sich von den oben gemachten Angaben aber nicht täuschen lassen. Bei allen Filterarten, die zu einer Sedimentierung führen können, ist die Partikelgrösse eigentlich nur am Anfang von Bedeutung. Im Laufe der Gebrauchszeit hält die Sedimentierung immer feinere Partikel zurück. Das gilt insbesondere für alle Arten von Bandfilter, welche nach dem Vorschub des Filterbandes das Kühlmittel anfänglich schneller durchlaufen lassen und mit zunehmender Sedimentierung durch „Schleifschlamm“ dann aber immer feiner ausfiltern.

Fachleute sind sich nicht einig, wie gross der Einfluss der Filter-Nennfeinheit auf das zu erreichende Schleifergebnis, bezüglich der Oberflächenqualität, tatsächlich ist. Langzeitunter-

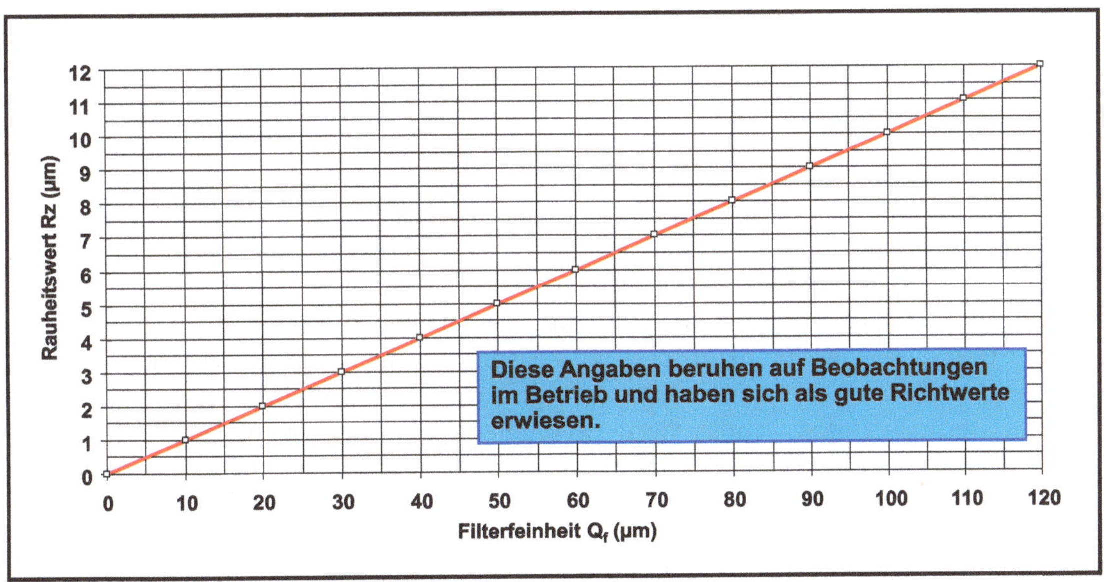

BILD 6.27 Erreichbare Rauheit Rz am Werkstück in Abhängigkeit der effektiven Filterfeinheit

suchungen von einem sehr grossen Automobilzulieferer in Deutschland haben ein unerwartetes Ergebnis hervorgebracht. So hat man festgestellt, dass bei Bandfilteranlagen (Papierband bzw. Filtervlies) eine durchschnittliche Filterfeinheit (Abscheidegrad) von etwa 70 µm (!) ausreicht, um immer noch Rz-Werte um 2.5–3.5 µm (N-Klassen N5–N6 bzw. Ra 0.4–0.8 µm) sicher über die gesamte zu schleifende Charge zu erhalten. Auf der Basis dieser Erkenntnisse wurde das Diagramm (Bild 6.27) gezeichnet.

Um den Oberflächenqualitätsbereich abschätzen zu können, ist die nachstehende Tabelle ganz gut geeignet.

TABELLE 6.2 Rauheitsbereiche der N-Klassen und Vergleich zu Rz-Werten

Vergleich der N-Klassen mit den Rz-Rauheitswerten in µm			
N-Klasse	**von (µm)**	**bis (µm)**	**Rz-Mittelwert (µm)**
N1	> 0.125	0.25	0.16
N2	> 0.25	0.50	0.32
N3	> 0.50	1.00	0.60
N4	> 1.00	2.00	1.25
N5	> 2.00	4.00	2.50
N6	> 4.00	8.00	5.00
N7	> 8.00	16.00	10.00
N8	> 16.00	32.00	20.00
N9	> 32.00	64.00	40.00

Hinsichtlich der Wartung und Pflege sind Öle bedeutend einfacher zu handhaben als Emulsionen und Lösungen. Die Filteranlagen für Schleiföle sind im Allgemeinen kostspieliger als jene für wasserlösliche Kühlschmierstoffe. Bandfilter in jeder Art lassen sich praktisch für alle Kühlschmierstoffe einsetzen, nur müssen sie für Öl etwa um den Faktor 3–4 grösser ausgelegt werden, als dies für Emulsionen oder Lösungen der Fall wäre. Bandfilter, welche allein über die Schwerkraft arbeiten, benötigen keine zusätzlichen Pumpen und produzieren deshalb auch keine Eigenwärme. Ein Bandfilter verbraucht während seiner gesamten Betriebszeit Filterpapier (Faservlies in Feinheiten von 20, 40, 70 und 100 µm), wodurch seine ursprünglichen Gestehungskosten schliesslich enorme Grössenordnungen annehmen können. Da ein Schwimmerschalter über dem Filtervlies dafür sorgt, dass das Band genau um den Betrag der Nutzlänge jeweils weiter läuft, wenn der Verschmutzungsgrad eine definierte Höhe erreicht hat, ist der Filtervliesverbrauch logischerweise von der gewählten Feinheit, vom anfallenden Schmutz und von der Grundeinstellung abhängig. Wählt man ein Filtervlies in der Feinheit 20 µm, ist die Ausfilterung wesentlich besser, als bei einem Filtervlies mit beispielsweise 100 µm Feinheit. Die durchschnittliche Grösse der ausgefilterten Partikel ist selbstverständlich bei 20 µm wesentlich kleiner als bei einem 100 µm-Filtervlies. In den meisten Fällen ist ein Kompromiss zwischen geforderter Filterqualität und Filtervliesverbrauch kaum zu umgehen. Sicher falsch ist es, in das Filtervlies mit einem Schraubenzieher einige Löcher einzustechen, damit der verschmutzte Kühlschmierstoff besser ablaufen kann – in den Teil des KSS-Behälters, der eigentlich nur gereinigten KSS enthalten sollte. Wenn jetzt ein Leser lacht, sollte er sich in der Praxis kundig machen. Solches kommt tatsächlich vor und zwar häufiger als man für möglich halten würde! Endlos-Bandfilter, oft kombiniert mit Unterdruckabsaugung laufen kontinuierlich und weisen diesen Nachteil nicht auf, sind aber auch deutlich teurer als Schwerkraft-Bandfilter.

Bei Bandfilter wird von den meisten Herstellern ein Abscheidegrad (Filterfeinheit) von 15 – ca. 30 (45) µm angegeben. Allerdings kommt es bei dieser Filterart auf das verwendete Filtervlies (Filterpapier) an. Es ist in unterschiedlichen Qualitäten (Durchlässigkeit) zu bekommen. Selbstverständlich ist das nicht nur eine Preisfrage, sondern auch eine des Verbrauchs. Dichteres Filtervlies läuft schneller weiter, weil der KSS-Spiegel rascher ansteigt. Deshalb sagt man ja auch: „Bandfilter kosten Geld, so lange sie leben!“

Zyklonfilter, sind in den letzten Jahren etwas in Vergessenheit geraten. Für Standardschleifarbeiten, bei welchen Lösungen oder Emulsionen zum Einsatz gelangen, kann man sie durchaus empfehlen. Es ist die billigste Filtervariante. Nur die so genannte Unterlaufdüse, ein billiger Bestandteil, muss ab und zu ausgewechselt werden. Für Öleinsatz sind Zyklonfilter nicht verwendbar! Optimal sind sie für praktisch alle wasserlöslichen Kühlmedien dann, wenn die Filter (Anzahl notwendiger Zyklone) etwas überdimensioniert zum Einsatz gelangen und eine eigene Filterpumpe aufweisen (separater Filterkreislauf im Bypass). Zyklone arbeiten nach einem physikalischen Prinzip, welches nur dann die Feststoffausscheidung aus dem durchfliessenden Kühlschmierstoff erlaubt, wenn der Einlaufdruck (Manometerüberwachung) genau stimmt. Sowohl bei zu hohem als auch bei zu tiefem Druck fällt die Filtrierleistung extrem ab – übrigens der häufigste Fehler beim Einsatz von Zyklonfilteranlagen. Die Filterpumpe verbraucht eigentlich nur wenig Leistung, aber ihr schlechter Wirkungsgrad sowie das Zentrifugieren im Innern der Zyklone führen dennoch zu einer zusätzlichen Erwärmung des Kühlmediums. Weil die Versorgung zur Maschine von einer separaten Pumpe erfolgt, kann diese an die Prozesserfordernisse (Pumpentyp, Menge und Druck) sehr genau angepasst werden.

Der Feststoffgehalt im Füllgut, d. h. die anfallenden Späne und der Scheibenabrieb, sollte bei den verschiedenen Filterarten unbedingt gemäss Angabe des Herstellers eingehalten werden. Die einen geben den maximalen Feststoffgehalt in Prozenten im Füllgut an, die anderen in g/l (Gramm pro Liter KSS). Steht beispielsweise 3 %, so entspricht dies auf einen Liter KSS 30 cm^3 Feststoff auf eine Dichte von $\leq$ 5–6 g/cm^3 bezogen. Wird der Feststoffgehalt in Gramm pro Liter angegeben, wären es ungefähr 2.5–3.0 g/l. Eine genaue Aussage ist hier fast unmöglich, weil einerseits das spezifische Gewicht (Dichte) des Werkstoffs (Späne) eine Rolle spielt und andererseits der gleichzeitig anfallende Anteil an Scheibenabrieb überhaupt nicht bekannt ist. Durch eine sehr genaue Messung mit einer elektronischen Waage liesse sich die Differenz in Gramm pro Liter KSS zwischen einem Liter gefiltertem KSS und einem Liter verschmutztem KSS (inkl. Späne und Scheibenabrieb) feststellen. Die Forderung seitens der Filterhersteller ist also nur in seltenen Fällen einigermassen genau einzuhalten. Es gilt grundsätzlich: Mit sinkender Feststoffbelastung steigt logischerweise die Filterqualität.

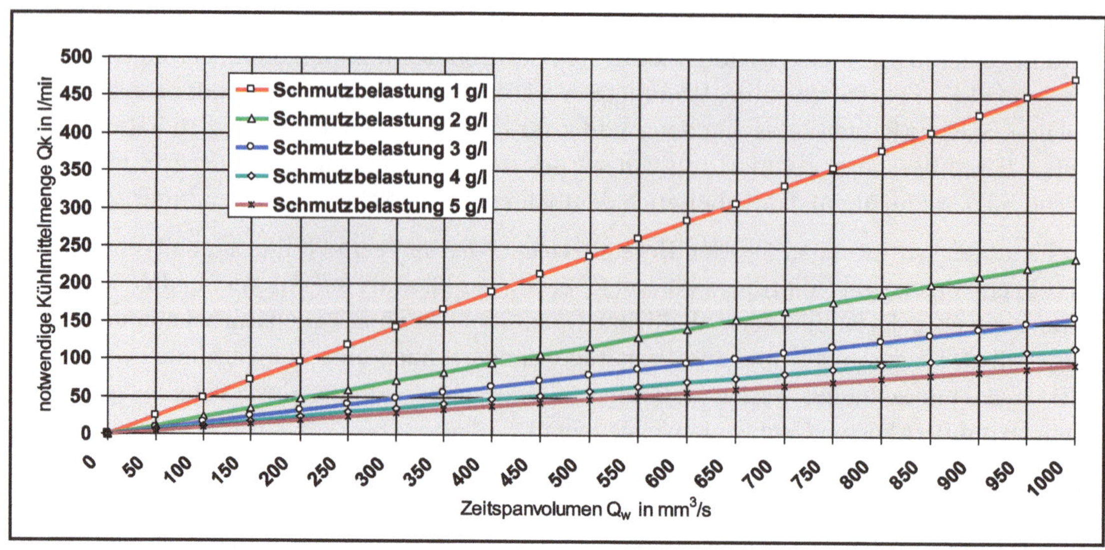

BILD 6.28 Kühlmittelmenge Q_k in Abhängigkeit des Zeitspanvolumens Q_w für unterschiedlichen Feststoffgehalt des Füllgutes Q_{kc} der Filtersysteme. Um die Funktion der Filtersysteme gewährleisten zu können, sollte der vom Hersteller festgelegte maximal zulässige Feststoffgehalt des Füllgutes Q_{kc} (in Gramm pro Liter Kühlschmierstoff) nicht überschritten werden.

Wenn jemand die Kühlschmierstoffmenge in Abhängigkeit des bezogenen Zeitspanvolumen Q'_w und dem zulässigen Feststoffgehalt Q_{kc} berechnen möchte, hier die entsprechende Formel:

$$Q_k = \frac{Q'_w \cdot b_k \cdot 60 \cdot \rho}{1000 \cdot Q_{kc}} \quad [\text{l/min}] \tag{6.1}$$

Es bedeuten in den Formeln:

Q'_w = bezogenes Zeitspanvolumen in $mm^3/(mm \cdot s)$

b_k = Kontaktbreite der Schleifscheibe mit dem Werkstück in mm

ρ = Dichte (spez. Gewicht) des verwendeten KSS in kg/dm^3

Q_k = Pumpenförderleistung in l/min

Q_{kc} = Feststoffgehalt des Füllgutes in g/l (durchschnittlich 1–3 g/l)

Um die Sache mit dem Feststoffgehalt des Füllgutes Q_{kc}, der Kühlmittelmenge Q_k und dem bezogen Zeitspanvolumen Q'_w besser zu verstehen, soll ein Beispiel dienen. Es werden folgende Annahmen vorausgesetzt:

- bezogenes Zeitspanvolumen $Q'_w = 10\ mm^3/(mm \cdot s)$
- Kontaktbreite $b_k = 30$ mm
- Dichte $\rho = 7.85\ kg/dm^3$ (z. B. für Stahl)
- zulässiger Feststoffgehalt $Q_{kc} = 3$ g/l im Kühlschmierstoff.

Zuerst noch eine Erklärung: Im Diagramm Bild 6.28 ist auf der Abszisse (x-Achse) das Zeitspanvolumen Q_w aufgetragen, also $Q'_w \cdot b_k$. In der obigen Formel wird dagegen das bezogene Zeitspanvolumen Q'_w und die Kontaktbreite b_k eingesetzt. In Bezug auf die Ablesung bzw. auf das Ergebnis ändert sich nichts.

Man will jetzt wissen, wie viel Kühlschmierstoff pro Minute fliessen muss, wenn die aufgeführten Annahmen gelten:

$$Q_k = \frac{10 \cdot 30 \cdot 60 \cdot 7.85}{1000 \cdot 3} = 47.1 \text{ l/min}$$

Bei dieser Kühlmittelmenge würde somit die durch das bezogene Zeitspanvolumen anfallenden 3.0 g/l den KSS-Filter nicht überlasten, d. h. die Filtrationsqualität müsste einwandfrei sein. Das heisst nun aber nicht, dass in jedem Fall diese KSS-Menge auch ausreicht für den Schleifprozess. Nochmals: Es handelt sich hier um eine Möglichkeit, um die zulässige Belastung des Filters in Abhängigkeit der effektiv anfallenden Spanmenge (siehe Q'_w) zu überprüfen.

Zur Filtrierung von Ölen kommen meistens selbstreinigende Zentrifugen, Tellerseparatoren sowie Spalt- oder Anschwemmfilter zum Einsatz, letztere in Tandemschaltung wegen der unumgänglichen Rückreinigung der Filterelemente. Zentrifugen reinigen gut, erwärmen dabei aber das Öl nicht unbedeutend. Anschwemmfilter weisen die höchste Reinigungsqualität auf, benötigen dazu natürlich eine Förderpumpe, deren Verlustwärme sich im Kühlschmierstoff wiederfindet. In beiden Fällen ist der Filterkreislauf vom Versorgungskreislauf getrennt, d. h. auch hier wird immer mit an die Maschinenleistung angepassten Kühlschmierstoffpumpen gearbeitet. Rechnet man die anfallenden Verlustleistungen und die Erwärmung des KSS (Kühlschmierstoff) durch den Schleifprozess zusammen, so ergeben sich zum Teil ganz gewaltige Wärmemengen, welche nicht mehr allein über den KSS-Behälter (Konvektionskühlung) an den Raum abgeführt werden können. Deshalb rüstet man nicht nur die meisten Grossanlagen für die zentrale Versorgung mehrerer Maschinen oder eines ganzen Schleifzentrums mit leistungsfähigen Rückkühlgeräten aus, sondern man setzt vermehrt auch kleinere Einzelanlagen ein, die direkt bei der Maschine stehen. Vorteil: Der Kühlschmierstoff lässt sich thermisch stabilisieren, wodurch die Fertigungsgenauigkeit steigt. Nachteil: Der schlechte Wirkungsgrad von Rückkühlaggregaten erzeugt viel Nebenwärme, weshalb oft zusätzliche Absaugschächte nach draussen notwendig sind. In der kalten Jahreszeit lässt sich diese Abwärme aber sehr gut zum Heizen nutzen.

6.21 Grössenabstufungen von Kühlmittel-Versorgungsanlagen

Jeder Kühlschmierstoff verlangt nach einer gewissen Verweilzeit im Behälter. Damit wird eine ausreichende Entlüftung (Schaumabbau), eine Beruhigung, die Konvektionsabkühlung und die Sedimentierung der nach der Filtrierung noch verbliebenen Kleinstpartikel sichergestellt. Zur Erinnerung: Die minimale Behältergrösse sollte der 6-fachen Menge der Minutenförderleistung aller eingesetzten Pumpen entsprechen. Um wirklich optimale Bedingungen zu schaffen, wäre die Behältergrösse auf etwa die 10-fache Minutenleistung aller Pumpen auszulegen.

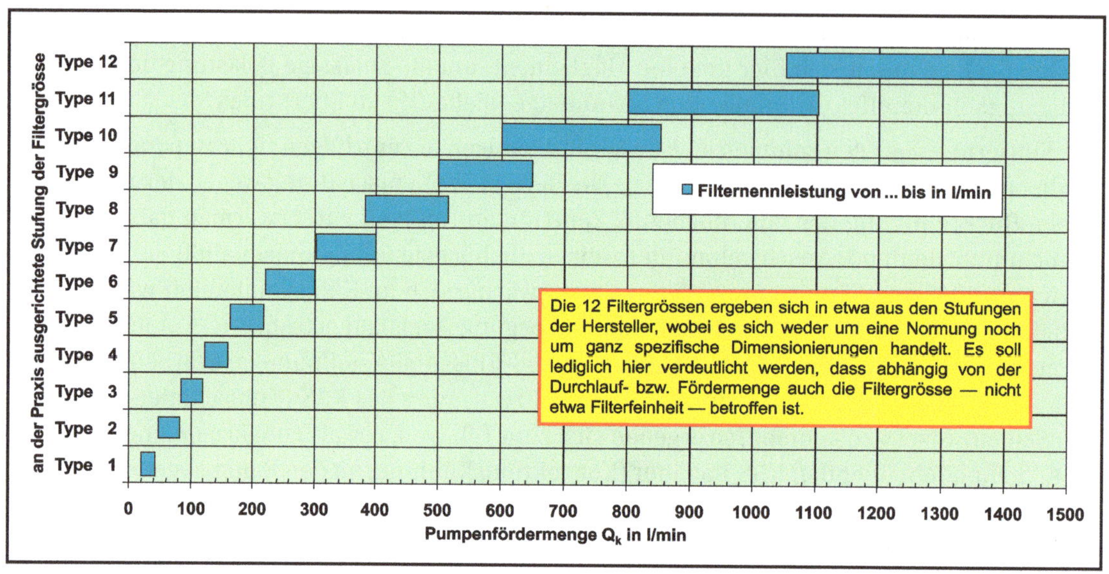

BILD 6.29 Stufung 1-12 der Filtergrösse in Abhängigkeit der Pumpenfördermenge Q_k in l/min. Diese Angaben hängen von der Filterart und -grösse, dem Füllgut (Feststoffgehalt) sowie der zu filtrierenden Flüssigkeit und ihrer Viskosität ab. Überschneidungen und Abweichungen sind durchaus möglich.

Die Behältergrösse und die gesamte Pumpenförderleistung stehen in einem gewissen Zusammenhang. Aber selbst ein richtig dimensionierter Behälter macht wenig Sinn, wenn er nicht zum Nenndurchflussvolumen des jeweiligen Filters passt. Es wurde hier deshalb eine Stufung von 1-12 der Filtergrösse (Nenndurchfluss bei max. zulässigem Feststoffgehalt) angenommen und im Diagramm Bild 6.29 dargestellt. Ein Beispiel soll die Anwendung des Diagramms erläutern:

- Pumpenförderleistung: Hauptkühlmittelversorgung 150 l/min
- Hochdruckpumpe: Reinigung bei der Konditionierung 60 l/min
- Hebepumpe: Pumpe zur Rückförderung (Niederdruck) 150 l/min

Für die rechnerische Bemessung der Tankgrösse würde gelten:

- Behältergrösse: (150 + 60 + 150 l/min) · 6 = 2'160 Liter
  oder (150 + 60 + 150 l/min) · 10 = 3'600 Liter
- Filtertyp: Bandfilter mit Filtervlies
  Durchflussmenge: 150 l/min + 15 % Sicherheit = ca. 172.5 l/min

Ausgewählter Filtertyp gemäss Diagramm Typ 5 für 160–220 l/min Durchfluss.

Für die Bemessung der Behältergrösse könnte die Fördermenge von 60 l/min der Reinigungspumpe beim Konditionieren dann weggelassen werden, wenn sie nur während dem Maschinenstillstand (z. B. Werkstückwechsel) läuft, was sicherlich oft der Fall ist. Die Behältergrösse würde bei 6-facher Auslegung noch (150 + 150 l/min) · 6 = 1'800 Liter betragen und bei 10-facher 3'000 Liter. Bei der Nenndurchflussmenge des Filters ändert sich nichts, denn die Fördermenge der Reinigungspumpe ist kleiner als jene der Hauptkühlmittelversorgung. Mit der berücksichtigten Toleranz ist alles, was an verschmutztem KSS anfallen kann, abgedeckt.

WICHTIG Man sollte weder bei der Behälter- noch bei der Filterdimensionierung sparen. Das wäre wirklich am falschen Ort gespart!

Wird ein Rückkühlaggregat eingesetzt, darf die Behältergrösse um 15–20 % reduziert werden. Die Verweilzeit des KSS im Tank verkürzt sich damit allerdings im selben Verhältnis, aber man kann etwas Platz sparen.

6.22 Zentrale Kühlmittel-Versorgungsanlagen

Schaut man bei einem Automobilzulieferer in die praktisch „mannslose" Produktion, lässt sich an keiner einzigen Maschine eine Kühlmittelanlage ausmachen. Ist ja auch logisch, denn wer sollte hier die notwendige Wartung schon durchführen? Die gesamte Produktion läuft automatisiert und die Maschinenbeschickung übernehmen Roboter und Handlingsysteme. Meist handelt es sich um verkettete Fertigungsstrassen, in welchen bestimmte Teile allseitig bearbeitet werden. Dazu sind meistens verschiedene Fertigungsverfahren notwendig. Es wird gedreht, gefräst, gebohrt, geräumt, geläppt, geschliffen ... Einige dieser Operationen können auf ein und derselben Maschine (Bearbeitungszentrum) erfolgen. Für andere Bearbeitungen muss das Werkstück weiterbefördert werden. Die meisten Operationen erfordern Kühlschmierstoff in unterschiedlichen Mengen und Drücken.

Es ist müssig, darüber zu diskutieren, welcher Kühlschmierstoff allen Anforderungen in optimaler Weise gerecht würde. Einen solchen Kühlschmierstoff gibt es nicht! Die einzige Lösung in diesem Fall kann nur ein Kompromiss sein, den nur ein Fachmann festlegen kann.

Damit wird die notwendige Kühlung und Reinigung gewährleistet, aber für keines der unterschiedlichen Bearbeitungsverfahren dürfte dieser Kompromiss-KSS die normalerweise angestrebte maximale Abtragsleistung ermöglichen. Deshalb schaut man nur auf die Prozesssicherheit (Qualität und Werkzeugstandzeit) und macht eben Abstriche bei der theoretisch möglichen Abtragsleistung. Durch die Verkettung entsteht ja ohnehin ein zusätzliches Problem, welches mit dem Kühlschmierstoff nichts zu tun hat: Die Taktzeit, die auf jene Bearbeitung abgestimmt sein muss, die am längsten dauert.

Unter den erwähnten Umständen werden die Maschinen aus einer zentralen Kühlmittelaufbereitungsanlage versorgt, deren Grösse von einigen 1'000 bis zu mehreren 10'000 Liter Inhalt betragen kann. Die Anlage steht meist im Untergeschoss und wird dort auch gewartet. Mehrere Pumpen (Hebepumpen) versorgen in einem weit verzweigten Rohrleitungssystem die einzelnen Maschinen mit KSS. An der Maschine kommt der KSS nur mit geringem Druck an. Abhängig vom jeweiligen Bearbeitungsverfahren ist eine weitere Pumpe direkt in der Zuleitung zur Maschine installiert, die auf die richtige KSS-Menge und den notwendigen Druck abgestimmt ist. Der Rücklauf erfolgt über Kanäle und grosse Rohrleitungen zurück über Filter in das KSS-Bassin. Das Kühlmittel wird mit grossen Rückkühlern auf einer Temperatur von etwa 22–24 °C gehalten.

Der Verfasser konnte bei einem Automobilhersteller eine interessante Feststellung machen. Die Versuchsabteilung hatte über längere Zeit verschiedene Bearbeitungsprozesse im Hinblick auf eine Steigerung der Abtragsleistung mit unterschiedlichen Werkzeugen und Kühlschmierstoffen getestet. Die statistische Erfassung der Ergebnisse und ihre Auswertung ergab, dass bei praktisch allen Bearbeitungen mit drei verschiedenen Kühlschmierstoffen die Abtragsleistung von etwa 55–60 % auf teilweise über 90 % gesteigert werden konnte, und das bei gleichbleibender oder sogar noch besserer Qualität. Die aufgrund dieser Resultate getroffene Entscheidung verdient grosses Lob. Die gesamte Zentralanlage wurde in drei einzelne Grossanlagen umgebaut und die Maschinen je nach Fertigungsverfahren mit dem jeweils besser angepassten Kühlschmierstoff versorgt.

6.23 Rückkühlung der Kühlschmierstoffe

Rückkühlanlagen setzt man ein, um ein Ansteigen der Kühlmitteltemperatur zu verhindern. Der Temperaturbereich für die thermische Stabilisierung liegt meist zwischen 22 °C und 28 °C. Tiefere Einstellungen, etwa auf Raumtemperatur, erweisen sich oft als „Schocktherapie“ für die Werkstücke und/oder die Maschine.

Bei den Emulsionen wurde bereits darauf hingewiesen, dass Temperaturen über 35–38 °C zu einem abrupten Abbruch der polaren Eigenschaften des Mineralöls und der eventuell in der Emulsion enthaltenen Fettstoffe führen. Ist keine Rückkühlanlage vorhanden, muss man warten, bis sich das Kühlmittel auf etwa 28 °C abgekühlt hat. Solche Stillstandszeiten sind unsinnig, denn die konvektive Abkühlung kann mehrere Stunden in Anspruch nehmen. Hier wäre der Einsatz einer Rückkühlanlage richtig. Konsultiert man einen Fachmann, wird er die Grösse der Anlage so bestimmen, dass in relativ kurzer Zeit im direkten Zulauf zur Maschine das Kühlmittel auf eine Temperatur nahe 20 °C stabilisiert werden kann. Die Rückkühlung arbeitet so nur nach Bedarf und wird über einen Thermostaten, der in der Zuleitung eingesetzt ist, gesteuert. Eine solche Anlage arbeitet nur zeitweise und schaltet zum Beispiel während dem Maschinenstillstand für den Werkstückwechsel vorübergehend ganz ab. In einem Satz: Die Rückkühlanlage ist überdimensioniert und kostet viel Geld. Zudem gibt sie ja ihre Verlustleistung in vollem Umfang an den Raum ab, und das ist nicht wenig. Weit besser fährt man, wenn die Rückkühlung in einem separaten Kreislauf (Bypass-Prinzip) mit einer eigenen kleinen Zentrifugalpumpe erfolgt. Das Aggregat arbeitet dann praktisch durchgehend und wird von einem im Behälter installierten Thermostaten gesteuert. Der Vorteil dieser Art Rückkühlung liegt auf der Hand. Das Kühlmittel im KSS-Behälter wird auf konstanter Temperatur gehalten und zwar auch dann, wenn die Schleifmaschine nicht arbeitet. Der wirklich grosse Vorteil liegt aber bei der wesentlich geringeren Aggregatgrösse und den damit eingesparten Kosten.

Wie die Kühlleistung berechnet werden kann, zeigen die folgenden Formeln:

$$P_{ce} = \frac{Q_k \cdot c_w \cdot E_{ca} \cdot d_t \cdot \rho}{60'000} \quad [\text{kW}] \tag{6.2}$$

$$P_{ce} = \frac{Q_k \cdot c_w \cdot E_{ca} \cdot d_t \cdot \rho}{60 \cdot 1.1623} \quad [\text{kcal/h}] \tag{6.3}$$

Es bedeuten in den Formeln:

P_{ce} = Kühlleistung (Rückkühlleistung) in kW oder kcal/h

Q_k = Pumpenförderleistung in l/min

c_w = spezifische Wärmekapazität des Kühlmediums in J/(kg · °C)
c_w für Lösungen und niedrig geschmierte Emulsionen = 4187 J/(kg · °C)
c_w für mittel und hoch geschmierte Emulsionen = 2750–4000 J/(kg · °C)
c_w für reine Schleiföle = 1675 J/(kg · °C)

E_{ca} = Wirkungsgrad der KSS-Zuführung (0.4 = schlecht/0.9 = sehr gut)

d_t = Temperaturzunahme des Kühlschmierstoffs (Zu-/Ablaufdifferenz) in °C

ρ = Dichte (spez. Gewicht) des verwendeten KSS in kg/dm^3
ρ für Wasser = 1.0 kg/dm^3 (bei 20 °C)
ρ für Öle in Abhängigkeit der Viskosität = 0.870 0.930 kg/dm^3

HINWEIS Mit diesen Formeln kann gleichzeitig auch die theoretisch vom zugeführten KSS abführbare Wärmeleistung aus der Kontaktzone berechnet werden, sofern man annehmen könnte, dass die gesamte KSS-Menge dort wirksam wäre!

In den obigen Formeln sind die bautechnischen Unterschiede der Rückkühlanlagen nicht berücksichtigt. Die effektive Rückkühlleistung kennt meist nur der Hersteller selbst. Allein die Art der Anordnung und Grösse der Kühlrohre sowie die Strömungsrichtung (Gleich- oder Gegenlaufkühlung) können einen grossen Einfluss auf den Wirkungsgrad des Aggregats haben. Man sollte deshalb die Grösse nach den hier wiedergegebenen Formeln zuerst einmal berechnen, dann aber unbedingt einen Fachmann konsultieren. Wenn dieser sieht, dass er einem Kenner der Materie gegenübersteht, wird er kaum versuchen, ein zu grosses Rückkühlgerät zum Einsatz im Hauptstrom an den Mann zu bringen.

Die einfacheren und wesentlich billigeren Rückkühlgeräte dürfen selbstverständlich nicht unerwähnt bleiben. Es sind dies:

- Luftkühler
- Wasserkühler
- Absorber-Kühlgeräte

Luftkühler eignen sich nur bedingt zur Kühlung des Kühlschmierstoffs. Das mögliche Temperaturgefälle vom einströmendem zum abfliessenden KSS beträgt etwa 2–5 °C und ist logischerweise von der herrschenden Raumtemperatur abhängig. Besonders zur Sommerzeit kann die Raumtemperatur in ungekühlten Werkhallen ohne weiteres 28 °C und mehr erreichen. Von gleichmässiger und/oder ausreichend sicherer Rückkühlung kann bei Luftkühlern somit kaum die Rede sein.

Wasserkühler weisen einen etwas grösseren Wirkungsgrad auf als Luftkühler. Hier ist die zufliessende Wassertemperatur die massgebende Grösse in Bezug auf die mögliche Temperaturdifferenz zwischen Zu- und Ablauf. Sie kann in günstigen Situationen etwa 6–8 °C erreichen, wobei die Temperatur des Nutzwassers selbstverständlich massgebend ist. Kann beispielsweise Grundwasser (Industriebrauchwasser) verwendet werden, steigt auch im Sommer die Wassertemperatur im Allgemeinen nicht über ca. 16–18 °C. Damit liesse sich der Kühlschmierstoff auf etwa 24–26 °C schon recht gut stabilisieren. Man muss aber bedenken, dass Wasserkühler des Verbrauchs wegen ab einer bestimmten Grösse recht kostspielig sein können. Auch Brauchwasser kostet Geld!

Erstaunlicherweise werden Absorber-Rückkühlgeräte relativ selten eingesetzt, obwohl sie eine günstige Variante zwischen Luft- und Wasserkühlern und Kompressorrückkühlaggregaten darstellen. Absorberkühlschränke für den Hausgebrauch sind zur Genüge bekannt. Sie arbeiten geräuschlos und ihr Wirkungsgrad ist recht gut. Was viele Autobesitzer nicht zur Kenntnis nehmen oder gar nicht wissen: Die Aircondition im Pkw arbeitet mit einem Absorberkühler, was an der Wasserlache, die unmittelbar nach dem Abstellen des Wagens unter dem Motor zum Vorschein kommt, zu erkennen ist. Die Wirkungsweise ist einfach, sie beruht darauf, dass der angesaugten Luft Wasser entzogen wird. Mit der gekühlten Luft erfolgt über den vom Kühlmittel durchflossenen Wärmetauscher die Rückkühlung. Der Wirkungsgrad eines gut dimensionierten Absorber-Rückkühlers kann beinahe Grössenordnungen erreichen, wie sie von Kompressorkühlern bekannt sind. Eine gute Lösung, wenn man nicht zuviel Geld ausgeben will.

HINWEIS Eine Schleifmaschine, deren Kühlschmierstoff mittels einem Rückkühlaggregat auf eine bestimmte Temperatur stabilisiert wird, muss nicht zwangsläufig auch noch in einem meist auf 20 °C stabilisierten Raum stehen. Wichtig ist, dass die Maschine weder der Zugluft, z. B. von Pendel-Türen, noch direkter Sonneneinstrahlung ausgesetzt wird. Die thermisch bedingten Bewegungen einer Schleifmaschine durch solche Einwirkungen werden oft unterschätzt. ■

6.24 Minimalmengen- und Mindermengenkühlung

Alle bisher gemachten Betrachtungen wären ohne Hinweise auf die *Minimalmengen-* und *Mindermengenkühlung* (MMK) unvollständig.

Diese Kühl-Schmierungsarten, die *Minimalmengen-* und die *Mindermengenkühlung*, wurden ursprünglich wie folgt definiert:

- **Minimalmengenkühlung (MMK)** **KSS-Menge max. 50 ml/h**
- **Mindermengenkühlung (MMMK)** **KSS-Menge max. 2,0 l/min = 120 l/h.**

Sogleich wird deutlich, dass die *Minimalmengenkühlung* eine reine Verlustkühlung ist, denn es macht keinen Sinn, diese geringsten Mengen zurückzuführen und wieder aufzubereiten. Als KSS – sofern man hier diesen Begriff überhaupt verwenden kann, richtiger wäre wohl *Schmierstoff* –, wird praktisch nur hoch additiviertes Öl verwendet. Das Versprühen von wasserlöslichen Kühlschmierstoffen ist kaum zweckmässig. Der schmierende Anteil darin ist meist zu gering, um die erwünschte Wirkung zu erbringen. Lediglich eine extrem hoch geschmierte Emulsion könnte bedingt noch in Frage kommen. Als Träger setzt man Druckluft ein (Ölnebelkühlung). Das Schmieröl oxidiert und/oder verdampft in der Kontaktzone. Wichtig und typisch für diese Kühlungsart sind die vier folgenden Punkte:

1. Die durch Verdampfung dem Prozess entzogene Wärme kann als notwendiger und somit integraler Bestandteil dieser Kühlungsart betrachtet werden.
2. Als Öle kommen nur solche in Frage, welche sich gut vernebeln lassen, nicht verkleben und höchste Schmiereigenschaften aufweisen (siehe teil- und vollsynthetische Öle).
3. Die bei dieser Kühlungsart anfallenden Späne dürfen, sofern das verwendete Öl keine unerlaubten Stoffe bzw. Additive enthält, wieder ganz normal verwertet werden, d. h. ohne vorherige Entfernung oder Reduzierung der an den Spänen haftenden Ölreste. Es sind meist ohnehin kaum noch Spuren davon an den Spänen nachweisbar.
4. Sofern die Ölnebelkühlung in einem geschlossenen Maschinenarbeitsraum (Verschalung, Abdeckung, Gehäuse) zum Einsatz gelangt, müssen alle Bedingungen zur Verhinderung

und/oder zur sofortigen Eindämmung einer Verpuffung, einer Explosion oder eines Brandes erfüllt sein (Explosionsklappe, Absaugung, Feuermelder, automatische Löscheinrichtung). Die Möglichkeit einer zusätzlichen *Schwallkühlung* zur Verhinderung eben dieser Gefahren ist ja hier nicht mehr gegeben.

Die *Minimalmengen-* (MMK) und die *Mindermengenkühlung* (MMMK) haben sich einerseits aus Kostengründen und andererseits aus ökologischen Überlegungen entwickelt. Es wird damit versucht – nach dem Sowohl-als-auch-Prinzip – Kosten einzusparen und trotzdem ein Minimum an Schmierung möglich zu machen, um den Leistungsbedarf, die Wärmeentwicklung und den Werkzeugverschleiss in Grenzen halten zu können. Von vornherein muss aber klar sein, dass die hier verwendeten minimalen Mengen kaum noch die „physikalisch“ geforderte Kühlwirkung erbringen. Da aber Luft als Transportmittel benützt wird (hohe Konvektionswirkung) und die Verdampfung massgeblich zur Kühlung beiträgt, kann die *Minimalmengen-* und die *Mindermengenkühlung* zumindest in all jenen Fällen zur Anwendung gelangen, bei denen die Abtragsleistung nicht unbedingt vorrangig ist. Die bisher bekannt gewordenen Untersuchungsergebnisse sowie Praxiserfahrungen mit dieser verhältnismässig neuen Kühlungsart weisen darauf hin, dass sich für die *Minimalmengenkühlung* ungeschmierte Lösungen und nur leicht geschmierte Emulsionen kaum oder gar nicht eignen. Wie bereits erwähnt können lediglich Spezialöle zum Erfolg führen. Bei der *Mindermengenkühlung* sieht die Sache etwas anders aus. Mittel- und hochgeschmierte Emulsionen, vorzugsweise hoch additiviert, lassen erstaunliche Abtragsleistungen bis zu Schnittgeschwindigkeiten von etwa 70–80 m/s zu. In höheren Bereichen der Schnittgeschwindigkeit können nur noch Schleiföle, ebenfalls stark additiviert, zum Einsatz gelangen. Es geht dabei immer wieder um dieselbe physikalische Gesetzmässigkeit, dass trotz der besseren Wärmeleitfähigkeit von Wasser die Öle mit ihren polaren Eigenschaften auch in dünnsten Schichten extrem gut an den Kornschneiden haften und dadurch eine äusserst wirkungsvolle Schmierung gewährleisten. Der dadurch reduzierte Leistungsbedarf gegenüber einem mit wasserlöslichem KSS gekühlten Schleifprozess führt zu einer geringeren Wärmeentwicklung und folgedessen auch zu verminderter Schleifbrandgefahr. Das ist einer der Gründe, weshalb mit einer richtig eingesetzten *Minimalmengen-* und/oder der *Mindermengenkühlung* in jüngster Zeit sogar anspruchsvolle Schleifprozesse beherrschbar geworden sind.

Da bekanntlich nicht alles Gold ist, was glänzt, haben auch diese beiden modernen Kühlungsarten ihre Nachteile. Die *Minimalmengenkühlung*, eingesetzt an unverschalten oder nur dürftig verschalten Maschinen, ist für das Bedienungspersonal eine völlig unzumutbare Belastung durch sich verbreitenden Ölnebel in der Umgebungsluft. Bei der *Mindermengenkühlung* tritt dieses Problem nur dann auf, wenn mit Ölen und nicht mit Emulsionen gearbeitet wird. Setzt man Emulsionen ein, so können diese noch recht gut durch übliche Abdeckungen und Rückführungen zurückgehalten werden, so dass der Operateur an der Maschine höchstenfalls vom Geruch belästigt wird. Wie erwähnt begrenzen aber neue EU-Vorschriften auch die Geruchsemissionen.

Auch die vom Kühlschmierstoff üblicherweise zu leistende Reinigungsarbeit sowie der Spänetransport und das sofortige Binden von Kleinstpartikeln (z. B. Scheibenabrieb) ist bei der *Minimalmengenkühlung* gar nicht und bei der *Mindermengenkühlung* nur noch bedingt gewährleistet.

Es ist zwar anzunehmen, dass beide Kühlungsarten aus ökonomischen Gründen in Zukunft vermehrt zum Einsatz gelangen, aber vornehmlich nur auf völlig verschalten Schleifmaschinen oder Schleifzentren. Das gilt ganz besonders für die *Minimalmengenkühlung*, da hier – günstige Bedingungen vorausgesetzt – eine latente Verpuffungs- und/oder Explosionsgefahr besteht.

6.25 Zusammenfassung von Kapitel 6

Gleich vorweg: Sowohl über die Prozessgrössen, welche die Wärme erst erzeugen, wie auch über die Kühlschmierstoffe und deren Zusammensetzung könnte man noch sehr viel mehr sagen. Es ist aber sicherlich im Sinne des Lesers, zuerst die besonders wichtigen Zusammenhänge zu vermitteln. Danach wird sich beim einen oder anderen Leser die Neugier einstellen, mehr über gewisse Dinge zu erfahren. Und wer suchet, der findet!

Kühlen muss man Schleifprozesse, weil grosse Wärmemengen in der Kontaktzone zwischen der Schleifscheibe und dem Werkstück entstehen. Kühlschmierstoff ist aber noch lange nicht gleich Kühlschmierstoff. Die Mehrzahl aller heute auf dem Markt angebotenen Kühlschmierstoffe (Lösungen, Emulsionen und Schleiföle) sind mehrheitlich mit Additiven angereichert.

Die richtige Wahl des Kühlschmierstoffs ist von eminenter Bedeutung, will man Schleifprozesse optimieren. Dabei ist auf den eingesetzten Schleifstoff (Schleifscheibe), auf das zu zerspanende Material (Werkstück) sowie auf die Prozessparameter zu achten. Aber auch die richtige Aufbereitung, Wartung und besonders die Filtrierung des Kühlschmierstoffs sind wichtig.

Der Verfasser hat im Laufe seiner Beratungstätigkeit festgestellt, dass weit über die Hälfte aller „Problemfälle“ (nicht erreichte Abtragsleistung, Schleifbrand, schlechte Oberflächen, usw.) allein dem eingesetzten KSS und/oder der falsch ausgelegten Zuführung des KSS (Kühlmittelanlage, Pumpendimensionierung, Düsenbauweise und Ausrichtung – siehe Kapitel 7) zuzuordnen waren. Dabei gibt doch die Physik alles ganz klar vor.

Am Kühlschmierstoff zu sparen, ist ein unverzeihlicher Fehler. Aber übergrosse KSS-Mengen nützen auch nichts. Es braucht eine bestimmte, auf den Einsatz abgestimmte Menge eines für die jeweilige Anwendung geeigneten Kühlschmierstoffs. So lassen sich die Prozessbedingungen verbessern, höhere Abtragsleistungen erreichen und qualitativ hochwertige Oberflächen leichter erzeugen.

7 Kühlschmierstoffzuführung (Düsen)

- Allgemeine Einführung
- Strömungslehre
- Reynold'sche Zahl
- Strahlgeschwindigkeit
- Systemdruck
- Pumpendimensionierung
- Düsendimensionierung
- Kühlschmierstoffdüsen
- Reinigungsdüsen
- Spezialdüsen

7.1 Stand der Technik (KSS-Zuführung)

Zuerst die gute Nachricht: Beim Kühlen, Schmieren und Reinigen von Schleifprozessen gehören die optimale Kühlschmierstoffwahl, die richtige Bemessung der notwendigen Mengen und Drücke sowie eine wirkungsvolle Zuführung zur Kontaktzone zum *Stand der Technik*. Und jetzt die schlechte Nachricht: Ungeachtet dessen wird immer noch in unzähligen Anwendungsfällen nicht nur mit zu geringen Mengen und Drücken gearbeitet, sondern auch die Zuführungsdüsen gleichen noch sehr oft eher zusammengequetschten Brunnenrohren als perfekten Konstruktionen. Dabei hängt gerade beim Schleifen das Erreichen der angestrebten Zielgrössen zu einem grossen Teil allein von der Kühlung und der Kühlmittelzuführung ab.

Der Kühlschmierstoff (KSS) mag ja wichtig sein, aber wenn er nicht richtig oder nur ungenau an jene Stelle zugeführt wird, wo die Umwandlung von investierter Leistung in Wärme stattfindet, nützt auch das beste oder teuerste Produkt denkbar wenig. Kühlschmierstoffzuführdüsen haben zwei wichtige Aufgaben beim Schleifen zu erfüllen: Sie müssen so ausgeführt sein, dass der austretende KSS-Strahl den durch Grenzschichthaftung an der Arbeitsumfläche der Scheibe mitrotierenden Luftmantel aufzureissen, zu verdrängen und abzuleiten vermag und gleichzeitig die Spanhohlräume in der Kontaktzone der Schleifscheibe sicher mit Kühlschmierstoff gefüllt werden. Diese Bedingungen lassen sich nur dann erfüllen, wenn die KSS-Düse bestimmten Voraussetzungen genügt und der Druck zusammen mit der Ausflussmenge auf den jeweiligen Schleifprozess gut abgestimmt ist.

So unglaublich es klingen mag, aber in vielleicht 90 von 100 Fällen wird trotz genügender Kühlschmierstoffmenge trocken geschliffen. Betrachtet man den Kühlschmierstoffstrahl von der Seite, so glaubt man davon ausgehen zu dürfen, dass der in die Einzugszone der Schleifscheibe gespritzte KSS zwangsläufig zwischen die Scheibe und das Werkstück gelangen müsse. Dies besonders deshalb, weil sich die Scheibe ja in gleicher Richtung mit dem KSS-Strahl dreht. In der Realität sieht das aber ganz anders aus: Beobachtet man im Auslauf der Schleifscheibe – dabei ist grösste Vorsicht geboten (!) – die Kontaktbreite der Scheibe zum Werkstück, so ist ein Funkenregen zu sehen, vom Kühlschmierstoff fehlt aber jede Spur. Was kann der Grund für diese Tatsache sein?

Auf der Einzugsseite wird genügend KSS in die Kontaktzone gespritzt, beim Scheibenaustritt ist davon aber nichts zu sehen. Dies hängt damit zusammen, dass jeder rotierende Körper, also auch eine Schleifscheibe, mit zunehmender Geschwindigkeit an ihrer Oberfläche Umgebungsluft mitreisst, die dann eine relativ gut haftende und sehr zähe Schicht bildet. Bei normalen keramisch gebundenen Schleifscheiben verstärkt sich dieser Effekt noch kräftig in Abhängigkeit der eingesetzten Porosität. Durch die Zentrifugalwirkung saugen solche Scheiben seitlich die Umgebungsluft ein und drücken diese, vergleichbar mit einer Zentrifugalpumpe, an der Peripherie wieder heraus. Unter solchen Bedingungen muss man schon etwas tun, damit Kühlschmierstoff überhaupt die Scheibenarbeitsfläche erreichen kann und dort die notwendige Kühlung und Reinigung sichergestellt ist.

Das folgende Bild spricht eigentlich für sich, es muss aber trotzdem kommentiert werden. Obwohl die Aufnahme bedauerlicherweise nicht sehr scharf ist, erkennt man im Vordergrund, etwas spiegelnd eine sehr grosse Walze. An der rechten Seite ist oben ein Stück der Schutzhaube zu sehen und darunter die Rundung der Schleifscheibe. Die Düse besteht aus zwei zusammengesteckten Elementen aus Kunststoff. Das eine ist eingeschraubt ins Zuflussrohr und das andere stellt eine „Flachschlitzdüse“ dar. Was da raus kommt, ist erschreckend – ein „Geplätscher“! Aber interessanter ist eine ganz andere Tatsache. Bei Walzen wird oft im Gleichlauf geschliffen, weil ein Hereinreissen wegen der Stabilität nicht zu befürchten ist. Die Walze dreht also im gleichen Sinn wie die Scheibe. Der KSS müsste eigentlich an der Scheibe „kleben“. Genau das Gegenteil ist der Fall, er haftet an der Walze. Nun, wer meint, das sei auch so im Kontaktbereich Scheibe/Werkstück, täuscht sich: Die Scheibe läuft dort trocken.

Weil die Walze im Vergleich zur Schleifscheibe verhältnismässig langsam dreht, stimmt ihre Oberflächengeschwindigkeit rein zufällig mehr oder weniger exakt mit der KSS-Strahlgeschwindigkeit überein. Trotz schlechter Zuführung klebt der KSS-Strahl an der Walze, aber nur beidseitig

BILD 7.1 KSS-Zuführung beim Walzenschleifen

neben der Scheibe. Das ist gut erkennbar. Im Bereiche der Scheibe ist kein KSS zu sehen. Der gesamte zugeführte Kühlschmierstoff läuft der Walze entlang, beidseitig der Schleifscheibe ab. Wahrlich, eine speziell gute „Nachkühlung“! Noch etwas: Weil der KSS gleich schnell fliesst, wie die Walze dreht, wird an der Walzenoberfläche die daran haftende Umgebungsluft von ihm verdrängt, so dass eine schier optimale KSS-Haftung entsteht. Genau so sollte es sein, aber das Kühlmittel müsste eigentlich an der Scheibe kleben, um eingezogen zu werden.

Die angesprochenen Zusammenhänge bezüglich der Scheiben- und KSS-Strahlgeschwindigkeit sowie die Strahlhaftung werden etwas weiter hinten noch eingehend erklärt. Soviel sei hier verraten: Es handelt sich um ein strömungstechnisches Phänomen, welches von OTT [11, 12] bereits 1975 entdeckt, angewendet und wenig später vollumfänglich erklärt und nachgewiesen wurde. Am gezeigten Beispiel soll lediglich demonstriert werden, was eine ungeeignete, falsch ausgerichtete KSS-Düse mit zu wenig Druck – und möglicherweise auch mit zu wenig Menge – letztendlich erbringt. Mit nur einigermassen optimierten Voraussetzungen könnte diese Walze wahrscheinlich in einem Bruchteil der jetzt benötigten Schleifzeit bearbeitet werden. Und das bei gleichbleibender oder sogar noch höherer Genauigkeit und Qualität.

Erstaunlicherweise gibt es immer noch Wissenschaftler, die den an der Umfläche der Schleifscheibe mitrotierenden Luftmantel als unbedeutend oder als nicht existent bezeichnen. Sie betrachten deshalb den Aufwand, diesen abzulenken und gegen Kühlschmierstoff auszutauschen, als völlig überflüssig. Diese noch weit verbreitete Meinung ist kaum nachvollziehbar. Denn einerseits geht es um reale Physik und andererseits arbeitet jeder von ihnen mit einem PC oder Notebook, mit mindestens einer Festplatte zur Datenspeicherung. Würde dort der Tastarm nicht auf einer ganze 2 μm dicken, auf der Oberfläche durch Grenzschichthaftung mitdrehenden Luftschicht über der Speicherscheibe schweben, wäre ein Harddisk-Crash vorprogrammiert. Viele Dinge liessen sich wesentlich besser verstehen und/oder erklären – man müsste sich nur Beispiele aus dem täglichen Leben etwas genauer ansehen und überlegen, weshalb das so funktioniert.

7.2 Strömungslehre

Die Strömungslehre zeigt uns in anschaulicher und leicht verständlicher Weise, was am Ausgang eines Rohres oder eines anderen Querschnitts unter dem Einfluss der Formgebung, der Flüssigkeitsart, der Viskosität und des kurz vor dem Austritt wirkenden Druckes mit dem austretenden Strahl geschieht. Allein schon die innere Ausbildung der Kühlschmierstoffdüsen – in der Folge wird der Begriff „Düse(n)" oder „KSS-Düse(n)" in den meisten Erklärungen und Beschreibungen Verwendung finden – direkt vor dem Kühlschmierstoffaustritt ist von eminenter Bedeutung. Dazu kommt noch die Innenkante des Düsenaustritts, die nach ganz bestimmten Gesetzten der Strömungslehre geformt sein muss, damit der hochturbulente KSS-Strahl nicht sofort aufreisst und Umgebungsluft mitnimmt.

In diesem Zusammenhang fällt immer wieder auf, dass auch Wissenschaftler vom unbedingt notwendigen, so genannten „laminaren" Kühlschmierstoffstrahl sprechen, obwohl dieser in jedem Fall beim Verlassen einer KSS-Düse hochturbulent ist. Den Strahl so zu kalibrieren, dass er ohne aufzureissen die zu kühlende Stelle (Kontaktzone) zwischen der Schleifscheibe und dem Werkstück erreichen kann, erfordert allerdings gute Kenntnisse der Strömungslehre. In der Folge wird versucht, einen kurzen Einblick in die Strömungslehre zu vermitteln.

Was bedeutet „laminar"? Die Strömung, beispielsweise in einem Rohr, verhält sich ruhig, wobei ihr Strömungsprofil wie eine Parabel aussieht. Am Rand ist die Strömungsgeschwindigkeit am geringsten und steigt gegen das Strahlzentrum parabolisch an, um zur andern Seite wieder in gleicher Weise abzufallen. Es entstehen dabei keine Strömungswirbel. Weil sich keine Wirbel bilden, wird auch keine zusätzliche Energie dafür benötigt. Es herrschen somit die besten Strömungsvoraussetzungen. Am Austritt kann ein ruhiger, kompakter und nicht aufgerissener Strahl beobachtet werden. An alten Brunnen kann man das Wasser im Allgemeinen laminar austreten sehen, weil sich kein hoher Druck im Verhältnis zur Grösse der Öffnung aufbaut. Der Begriff „plätschern" trifft hier in jeder Weise zu. Ferner kann es sein, dass der klare Wasserstrahl deshalb einen absolut gleichmässigen Durchmesser bis zum Auftreffen im Brunnen behält. Das sieht dann so aus wie eine runde Glasstange.

Was bedeutet „turbulent"? Die Strömung weist bereits an den Aussenseiten eine hohe Geschwindigkeit auf. Das Strömungsprofil könnte als halbrund bezeichnet werden. Die Geschwindigkeit steigt bedeutend weniger stark zur Mitte hin an. Die hohe Geschwindigkeit entlang der Innenwand eines Rohres oder eines sonstigen Profils führt zu starken Wirbelbildungen. Sie wirken bremsend, erzeugen Reibung und benötigen dazu zusätzliche Energie. An einem Freistrahl, zum Beispiel an einem KSS-Strahl, zeigen sich die Strahlränder als „aufgerissene" Spritzer, die viel Umluft mitnehmen. Wegen der fehlenden Bündelung (Kalibrierung) verliert der Strahl nicht nur an potentieller Energie, sondern die ihm zugedachte Hauptwirkung, nämlich das Kühlvermögen, fällt drastisch ab. Luft ist zum Kühlen beim Schleifen nicht geeignet und zudem ist ein zielgenaues Kühlen und Reinigen mit einem solchen KSS-Strahl gar nicht möglich. Dass Mittel und Wege gefunden werden müssen, um einen KSS-Strahl trotzdem zu kalibrieren, dürfte ausser Zweifel stehen. OTT [11, 12] hat in dieser Beziehung geradezu Pionierarbeit geleistet. Er brachte es fertig, auch einen turbulenten KSS-Strahl zu kalibrieren. Der Strahl sieht nach dem Austritt aus der Düse so aus, als ob er laminar sei, obwohl sich an der hohen Turbulenz gar nichts geändert hat. OTT hat dafür eine treffende Bezeichnung gefunden: Der turbulente KSS-Strahl ist „pseudolaminar“!

Die praktische (rechnerische) Bestimmung der Turbulenz wird unter dem Punkt 7.2.1 behandelt.

Ein weiteres Problem stellt die Dralltendenz im KSS-Strahl dar. Dessen Kühlwirkung kann dadurch stark vermindert werden. In Anwendung der Strömungslehre kann man einiges tun, um zu verhindern, dass der Kühlmittelstrahl teilweise oder sogar stark „verdreht“ austritt. Die Dralltendenz entsteht einerseits bereits vor der Düse durch die Führung der Rohr- und Schlauchleitungen, durch Verschraubungen, Bogen und Fittings sowie durch die Anschlussstelle an der Düse selbst. Liegt diese in direkter Strömungsrichtung mittig zum Austritt, dürfte im Allgemeinen keine oder nur eine geringe Strahlverdrehung zu erwarten sein. Hat man jedoch den Anschluss seitlich vorgesehen, dann braucht es wenig Phantasie, um sich vorzustellen, was innerhalb der Düse hinsichtlich der Strömungsverhältnisse (Verwirbelungen) geschieht. Nur raffiniert ausgebildete Schikanen im Düseninnern und/oder sogar schon im Anschlussteil können hier für Abhilfe sorgen. Ein verdrehter KSS-Strahl verliert genauso an Wirkung, wie ein turbulent aufgerissener. Das gilt ganz besonders bei Flachdüsen. Ein gezieltes, gleichmässiges Abdecken der Kontaktstelle mit Kühlschmierstoff ist kaum möglich.

Die falsche Vorstellung von den Zusammenhängen zwischen dem maximalen Systemdruck und der fliessenden Pumpenfördermenge führt oft zu ungünstigen Kühlbedingungen. Es wird immer wieder davon ausgegangen, dass eine Verkleinerung der Öffnung nur die Strahlgeschwindigkeit erhöhen würde, ohne dabei einen Einfluss auf die geförderte Flüssigkeitsmenge zu haben. Das stimmt so nicht! Druck, Menge, Austrittsquerschnitt und die Ausflusszahl μ hängen fest miteinander zusammen. Durch eine gegebene Austrittsöffnung tritt unter dem unmittelbar davor anstehenden Druck eine ganz bestimmte Menge der Flüssigkeit aus. Wird die Öffnung verkleinert, sinkt die Menge und der Druck steigt soweit an, bis er den von der Pumpenkennlinie abhängigen Höchstdruck erreicht hat. Weiter geht es nicht. Umgekehrt verläuft dies, wenn man die Öffnung vergrössert. Dann fällt der Druck soweit ab, bis das maximale Pumpenfördervolumen erreicht wird. Letzteres wie auch der maximale Druck hängen schliesslich von der Nennleistung des Pumpenantriebes ab. Man kann also nicht einfach die Düsenöffnung verkleinern in der Meinung, mit der nun leicht erhöhten Strahlgeschwindigkeit würde immer noch gleich viel KSS-Menge austreten wie vorher.

Bei KSS-Düsen ist es deshalb wichtig, den Druck, die auf die installierte Antriebsleistung der Schleifscheibe abgestimmte KSS-Menge (Pumpenfördermenge) und den Düsen-Austrittsquerschnitt genau zu berechnen. Die Formeln dazu sowie und ausführliche Kommentare folgen anschliessend in den nächsten Abschnitten.

7.2.1 Reynold'sche Zahl Re

Nach Osborne Reynolds (1842–1912) verhält sich eine strömende Flüssigkeit oder ein Gas dann laminar, wenn die Reynolds-Zahl Re den Wert von 2320 nicht übersteigt. Ist sie grösser, so herrscht eine turbulente Strömung (starke Wirbelbildung) wie vorher bereits beschrieben. Bis zu Re = 3000 kann sich allerdings eine Strömung dann noch laminar verhalten, wenn sie durch keinerlei Störungen, wie beispielsweise von Vibrationen oder von Schlägen im System durch das Öffnen oder Schliessen eines Hahns oder Ventils, usw., beeinflusst wird. Normalerweise kippt aber die Strömung oberhalb von Re > 2320 in den turbulenten Zustand und verbleibt auch so. Interessanterweise hilft auch ein Absenken der entsprechenden Bedingungen, welche zur Turbulenz geführt haben, in den meisten Fällen nicht weiter. Wenn überhaupt, ändert sich die Strömung vom turbulenten Zustand in den laminaren erst tief unterhalb von einem Re-Wert = 2320. Man könnte auch sagen: Verhält sich eine Strömung einmal turbulent, müsste alles abgestellt und neu angefahren werden, um wieder einen laminaren Zustand zu erreichen.

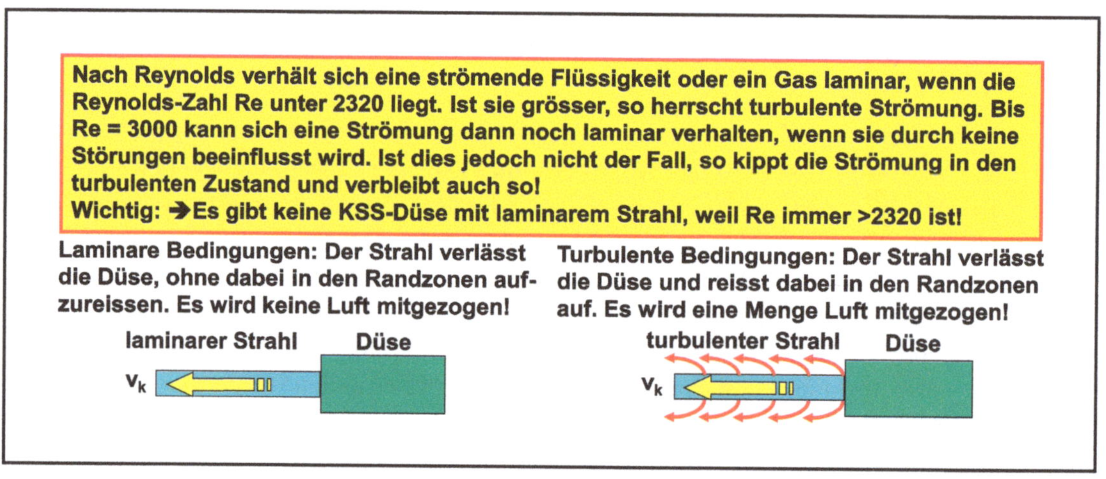

BILD 7.2 Prinzipdarstellung der laminaren und turbulente Strömung in bzw. aus Düsen (Osborne Reynolds, 1842–1912)

Die meist verwendeten Düsen sind flach oder rund. Für diese beiden Austrittsöffnungen sind in Bild 7.3 die Berechnungsformeln zu finden.

Jetzt möchte man selbstverständlich auch wissen, wie gross Re in der Praxis tatsächlich ist. Verwendet werden die Formeln nach Bild 7.3.

Es sei hier vorweggenommen: Die KSS-Strahlgeschwindigkeit v_k sollte mindestens 60 % bis maximal 100 % der Scheibenumfangsgeschwindigkeit v_c aufweisen (der Grund wird später erläutert), wenn man eine ausreichende Luftverdrängung und sichere Strahlhaftung an der

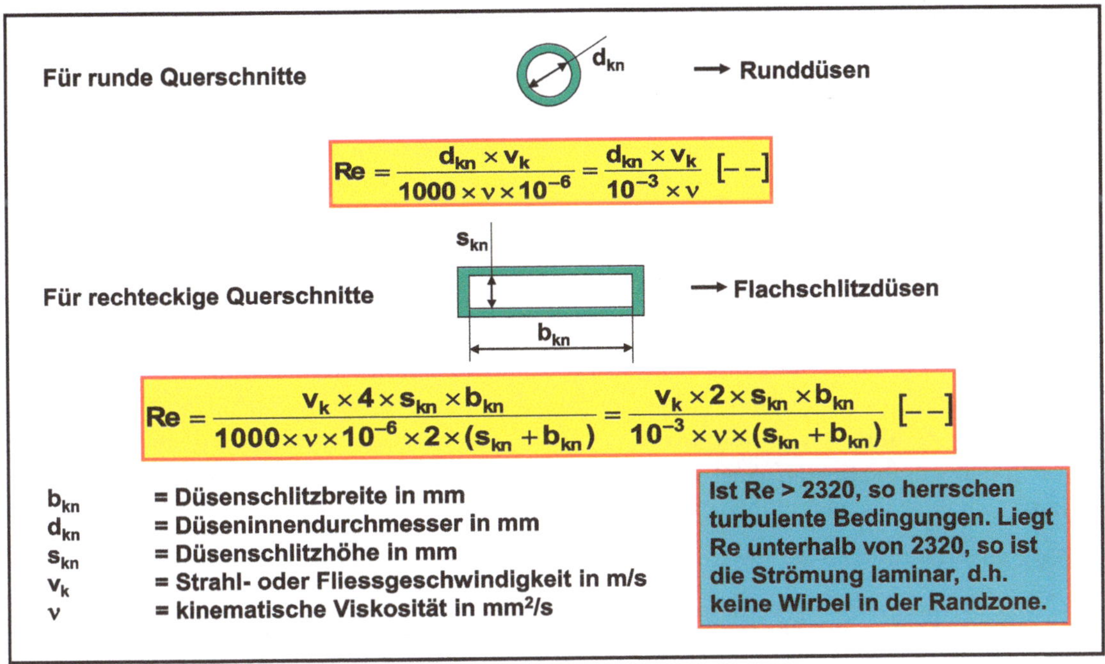

BILD 7.3 Re-Berechnung für Flach- und Runddüsen und zur Bestimmung des Strömungszustandes laminar oder turbulent

Scheibe erreichen will. Was sich in Bezug auf die Reynold'sche Zahl Re ergibt, wenn - nur zur Demonstration - in den folgenden Beispielsberechnungen zuerst eine zu tiefe Strahlgeschwindigkeit v_k von 15 m/s, dann mit dem 60 %-Wert von 35 m/s = 21 m/s und noch zum Schluss von 35 m/s, dem optimalen Wert, angenommen wird. Die Schleifscheibe dreht in allen drei Fällen mit 35 m/s. Wie die KSS-Strahlgeschwindigkeit v_k berechnet wird, behandelt der nächste Punkt. Um die untenstehenden drei Beispiele rechnerisch darzustellen, wurde der jeweils dazu notwendige Druck bereits richtig eingesetzt. Die Strahlgeschwindigkeit v_k von 15 m/s wird mit einem früher durchaus noch üblich gewesenen KSS-Druck (an oder in der Düse gemessen) von p_k = 1.2 bar erreicht. Für den 60 %-Wert sind 2.35 bar und für den 100 %-Wert, also v_k = 35 m/s, wären 6.6 bar notwendig. In allen Fällen soll es eine Flachschlitzdüse sein mit einer Schlitzhöhe s_{kn} = 1.0 mm und einer Breite b_{kn} = 32 mm. Als Kühlschmierstoff wird eine Lösung mit einer Viskosität ν = 1.0 mm²/s bei 20 °C gewählt. Diese Vorgaben sind nicht aus der Luft gegriffen, sondern im Gegenteil höchst realistisch. Es geht hier ja auch um eine Beweisführung bezüglich der Grössenordnung der Reynold'schen Zahl Re.

Für den ersten Fall (v_k = 15 m/s) ergibt sich eine Re-Zahl von:

$$Re = \frac{15 \cdot 2 \cdot 1.0 \cdot 32}{10^{-3} \cdot 1.0 \cdot (1.0 + 32)} = 29'091$$

Für den zweiten Fall (v_k = 21 m/s) ergibt sich eine Re-Zahl von:

$$\text{Re} = \frac{21 \cdot 2 \cdot 1.0 \cdot 32}{10^{-3} \cdot 1.0 \cdot (1.0 + 32)} = 40'727$$

Für den dritten Fall (v_k = 35 m/s) ergibt sich eine Re-Zahl von:

$$\text{Re} = \frac{35 \cdot 2 \cdot 1.0 \cdot 32}{10^{-3} \cdot 1.0 \cdot (1.0 + 32)} = 67'878$$

Wie war das doch mit der Reynold'schen Zahl Re und dem laminaren und turbulenten Bereich? Hat Reynold nicht herausgefunden, dass bei Re = 2'320 eine Strömung turbulent wird? Und wie sieht es beim Kühlen von Schleifprozessen aus? Sogar wenn die Strahlgeschwindigkeit v_k auf den denkbar ungünstigsten Wert von 5.0 m/s reduziert würde, käme immer noch Re = 9'697 heraus, also über viermal höher als 2'320!

Aus dieser Erkenntnis folgt:

Es gibt keine KSS-Düsen mit laminarem Strahl!

Einmal abgesehen von diesen weit verbreiteten falschen Behauptungen bezüglich eines „laminaren" KSS-Strahls, sollte auf eine wichtige Tatsache hingewiesen werden: Mit steigender Viskosität verkleinert sich die Reynold'sche Zahl!

7.3 KSS-Strahlgeschwindigkeit v_k

Man kann jetzt hingehen und bei den eigenen Düsen (Flach- und Runddüsen) eine Nachrechnung durchführen. Sofern ein Manometer (mit Glyzerin gedämpft) direkt vor der KSS-Düse oder an ihr montiert ist, lässt sich der KSS-Druck problemlos ablesen. Die Strahlgeschwindigkeit v_k (in m/s) müsste zwischen 60 % und 100 % der Schnittgeschwindigkeit v_c betragen. Wie die Strahlgeschwindigkeit v_k berechnet wird, zeigt diese Formel:

$$v_k = 13.722 \cdot \sqrt{p_k} \quad [\text{m/s}] \tag{7.1}$$

So wie die Konstante beim Pumpendruck (Punkt 7.4) 0.0729 beträgt, sind in der Konstanten 13.722 für die Strahlgeschwindigkeit alle notwendigen Nebengrössen zusammengefasst. Dadurch wird die Formel ganz wesentlich vereinfacht. Will man aber die Ausflusszahl μ_k (siehe Bild 7.5) selbst einsetzen, gilt die Formel:

$$v_k = \mu_k \cdot \sqrt{\frac{p_k \cdot 200}{\rho_k}} \quad [\text{m/s}] \tag{7.2}$$

Es bedeuten in der Formel:

p_k = Pumpen- oder Systemdruck in bar

μ_k = Ausflusszahl aus einer Düse

ρ_k = Dichte des verwendeten Kühlmittels in kg/dm^3

Angenommen, die Schnittgeschwindigkeit v_c betrage 35 m/s (allgemeine Standardschnittgeschwindigkeit), so ergeben sich, mit der Formel 7.1 gerechnet, folgende v_k-Werte:

$$v_{k1} = v_c \cdot 0.6 = 21 \text{ m/s}$$

$$v_{k2} = v_c \cdot 1.0 = 35 \text{ m/s}$$

Die Formel zur Berechnung des KSS-Druckes p_k an der Düse folgt unter dem nächsten Punkt. Dort findet man auch die KSS-Druckberechnungen für die beiden KSS-Strahlgeschwindigkeits-Grenzwerte von 60 % und 100 %. Es lohnt sich bestimmt, mit diesen Formeln ein wenig zu experimentieren.

Die KSS-Strahlgeschwindigkeit v_k kann auch mit folgender Formel berechnet werden, wobei aber die Durchflussmenge Q_k gemessen werden muss:

$$v_k = \frac{Q_k \cdot 1000}{A_{kn}} \quad [\text{m/s}] \tag{7.3}$$

Der Austrittsquerschnitt A_{kn} der Düse wird in mm^2 in die Formel eingesetzt. Der grosse Nachteil dieser Berechnungsmethode ist bei den Beschaffungskosten eines verlässlichen Durchflussmessgerätes zu sehen.

7.4 Berechnung vom notwendigen Pumpendruck p_k

Die nachfolgende Formel gehört zu den wichtigsten im Zusammenhang mit der richtig dimensionierten Kühlschmierstoffzuführung. Die Berechnung des notwendigen KSS-Druckes p_k, um eine bestimmte Strahlgeschwindigkeit v_k zu erreichen:

$$p_k = (0.0729 \cdot v_k)^2 \quad [\text{bar}] \tag{7.4}$$

Die Strahlgeschwindigkeit v_k wird selbstverständlich in m/s in die Formel eingesetzt. Die Konstante 0.0729 enthält zur Vereinfachung alle Nebengrössen, wie Umrechnungen und Ausflusszahl μ_k (siehe Bild 7.4). Letztere wurde so gewählt, wie sie an einer modernen und nach allen Regeln der Strömungslehre ausgebildeten Düsenöffnung angenommen werden kann.

Auch hierzu kann eine Formel angeboten werden, deren Genauigkeit nichts zu wünschen übrig lässt. Allerdings muss man, um die Düsenausflusszahl μ_k bestimmen zu können, die Geschwindigkeitsziffer φ_k sowie die Kontraktionszahl α_k kennen oder bestimmen. Ein Hilfe bieten Bücher über die Strömungslehre.

$$p_k = \left(\frac{v_k}{\mu_k}\right)^2 \cdot \frac{\rho_k}{200} \quad [\text{bar}] \tag{7.5}$$

Es bedeuten in der Formel:

v_k = notwendige KSS-Strahlgeschwindigkeit in m/s

μ_k = Ausflusszahl aus einer Düse

ρ_k = Dichte des verwendeten Kühlmittels in kg/dm^3

Nimmt man die beiden KSS-Strahlgeschwindigkeits-Grenzwerte von 60 % = unterste Grenze für eine Strahlhaftung und 100 % = optimale Strahlhaftung, ergeben sich für den dazu notwendigen Systemdruck, immer gemessen direkt vor oder noch besser in der Düse, die nachstehenden KSS-Druckwerte, berechnet mit der Formel 7.3:

Für $v_{k1} = 0.6 \cdot v_c$ gilt: $p_k = (0.0729 \cdot 21)^2 = 2.35$ bar

Für $v_{k2} = 1.0 \cdot v_c$ gilt: $p_k = (0.0729 \cdot 35)^2 = 6.51$ bar

Mit einem KSS-Druck p_k an der Düse von gerademal 2.35 bar wäre somit die untere Grenze einer Strahlhaftung an der Schleifscheibe noch zu erreichen. Die Erfahrungen in der Praxis haben aber gezeigt, dass man besser einen p_k-Wert von 3.5 bar nicht unterschreiten sollte. Es gibt auch noch eine andere Überlegung in Bezug auf die Druckhöhe einer Kühlmittelpumpe, nämlich die Kostenfrage. Oftmals ist eine Pumpe für 4.5 bar Druck beispielsweise bedeuten billiger als eine für 6.6 bar – und liegt dabei im mittleren Haftungsbereich. Es muss also nicht zwangsläufig in jedem Fall eine Kühlmittelpumpe mit einem Druck von 6.6 bar sein, um optimierte Bedingungen zu schaffen.

Die Ausflussziffer μ_k – oder der Düsenausflussbeiwert – kann für die in Bild 7.4 gezeigten Ausflussöffnungen relativ gut abgeschätzt werden. Von Bedeutung sind die Geschwindigkeitsziffer und die Kontraktionszahl. Wenn man die verschiedenen Zahlenwerte der Austrittsöffnungen etwas näher betrachtet, sind da doch zum Teil recht grosse Differenzen erkennbar. Diese demonstrieren sehr gut den Einfluss der Austrittsöffnung auf die KSS-Strahlform.

Weil es nicht einfach ist, ohne genaue Messung, den Düsenausflussbeiwert μ_k zu bestimmen, hat OTT vereinfachte Formeln entwickelt. Die Ergebnisse haben eine ausreichende Genauigkeit für die meisten Standarddüsen (Flach- und Runddüsen). Die Formelkonstante enthält bereits einen durchschnittlichen Düsenaustrittsbeiwert μ_k.

In der Strömungslehre werden für den Ausfluss aus einer Düse drei wichtige Kenngrössen (Multiplikatoren) für die theoretische Berechnung definiert. Wichtig: Die Auslusszahl μ für Kammer- und Formstrahldüsen ist nur mittels einer Durchflussmessung möglich (Richtwerte etwa 0.85 – 0.95 abhängig von der Formgebung).

1. Geschwindigkeitsziffer φ: Sie bezieht sich auf den Geschwindigkeitsverlust am Austritt.

2. Kontraktionszahl α: Damit wird angegeben, wie stark sich der Strahl am Austritt einschnürt.

3. Ausflusszahl μ: Diese Zahl enthält die Geschwindigkeitsziffer φ_k und die Kontraktionszahl α_k.

Ausflussöffnung	Geschwindigkeitsziffer φ	Kontraktionszahl α	Ausflusszahl μ
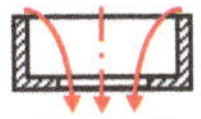 innen scharfkantig	0.97	0.61 – 0.64	0.59 – 0.62
 gut innen abgerundete Düse und scharfe Kante am Austritt	0.95 – 0.99	≈ 1.0	0.95 – 0.99
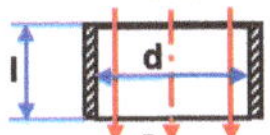 Rohr-/Runddüse mit scharfer Kante am Austritt (l, d)	0.82 – 0.92	≈ 1.0	0.82 – 0.92 (gilt bei l/d ≈ 2 – 3)
 konischer Austritt mit unterschiedlichem Winkel (δ)	—	—	Abhängig vom Winkel δ: 10° 0.95; 20° 0.94; 30° 0.88; 40° 0.74

BILD 7.4 Düsenausflussbeiwert m_k

Unter Verwendung des folgenden Diagramms (Bild 7.5) kann bis zu einer Strahlgeschwindigkeit v_k von 90 m/s der notwendige Pumpendruck p_k abgelesen werden. Dazu stehen zwei Kurven zur Verfügung. Die rote Kurve gilt dann, wenn die KSS-Strahlgeschwindigkeit v_k gleich gross sein soll wie die Umfangs- oder Schnittgeschwindigkeit v_c der Schleifscheibe. Es ist also die 100 %-Kurve. Darunter wurde eine blaue Kurve eingezeichnet. Das ist die 60 %.Kurve: Hier kann die bis auf 60 % der Schnittgeschwindigkeit v_c abgesenkte Strahlgeschwindigkeit abgelesen werden. Um das Diagramm richtig zu verstehen, lohnt es sich, das Beispiel (grüne Pfeile und Kommentar im grünen Rahmen) nachzuvollziehen.

Zum Abschluss vom Punkt 7.4 wird nochmals in Erinnerung gerufen, was diese 100 % oder die 60 % bedeuten bei der Kühlung und Reinigung in der Schleiftechnik. Wählt man die Strahlgeschwindigkeit v_k so, dass sie gleich gross ist wie die Schnittgeschwindigkeit v_c und dabei die Schleifscheibe in Drehrichtung vom KSS tangential anströmt, erfolgt eine durch Unterdruck erzeugte Anschmiegung des KSS-Strahls an die Scheibenumfläche. Diese Anschmiegung kann im besten Fall etwa 30–40° (Umschlingungswinkel) betragen. Mit der Reduzierung der Strahlgeschwindigkeit v_k bis auf 60 % der Schnittgeschwindigkeit v_c wird in etwa die Strahlhaftung im gleichen Rahmen verringert. Das bedeutet, dass es kaum Sinn macht, beispielsweise aus Kostengründen, mit einer auf diese 60 % reduzierten Strahlgeschwindigkeit v_k zu arbeiten. Richtig und auch klüger wäre es, eine noch verhältnismässig günstige Pumpe (aus dem Katalog)

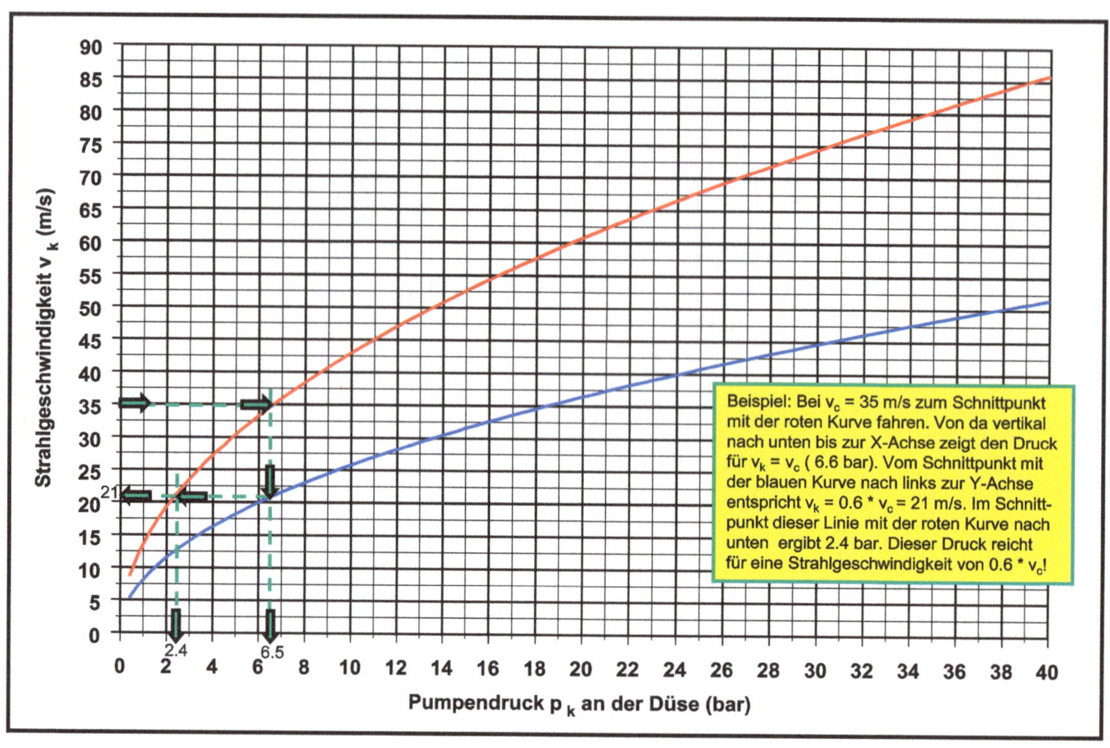

BILD 7.5 Gleichlauf-Kühlschmierstoffzuführung nach OTT. Abhängigkeit der Strahlgeschwindigkeit v_k vom KSS-Druck p_k

einzusetzen, die aber ein Druckniveau etwa in der Mitte zwischen dem 60 %- und dem 100 %-Wert liefert. Damit können sehr günstige Kühlungsbedingungen geschaffen werden.

7.5 Pumpendimensionierung

Wie vorher angedeutet, wird die Pumpenfördermenge Q_k bei Versorgung einer einzelnen Schleifmaschine auf deren Nennleistung des Scheibenantriebes abgestimmt. Auch wenn von dieser Nennleistung etwa 15 % dem Prozess nicht zur Verfügung stehen (Verlustleistung für Lagerreibung und Bewegungsenergie), wird die Pumpendimensionierung grundsätzlich immer mit der ganzen Motornennleistung berechnet. Sicher ist sicher und zudem spritzt ja auch etwas Kühlschmierstoff an der Scheibe vorbei. Zur Berechnung selbst ist noch zu sagen, dass die KSS-Menge relativ stark von der spezifischen Wärmekapazität c_p abhängt. Das führt zwangsläufig zu einem entsprechend grossen Unterschied zwischen wasser- und ölbasierten Kühlschmierstoffen.

Ferner spielt auch der Zuführungswirkungsgrad E_{ca} eine äusserst wichtige Rolle. OTT [11] hat als erster dazu die aus physikalischer Sicht sicherste Formel (7.6) entwickelt. Sie enthält alle wichtigen, mengenbestimmenden Grössen.

Für die Fördermenge gilt: $$Q_k = \frac{P_s \cdot 60 \cdot 1000}{c_p \cdot E_{ca} \cdot d_t \cdot \rho} \quad [\mathrm{l/min}] \tag{7.6}$$

Es bedeuten in der Formel:

P_s = Antriebsnennleistung der Schleifscheibe in kW

c_p = spezifische Wärmekapazität in J/(kg · °C)

E_{ca} = Wirkungsgrad der KSS-Zuführung (0.35–0.9)

d_t = Temperaturzunahme Ein-Austritt in °C

ρ = Dichte des verwendeten Kühlmittels in kg/dm^3

Werte für c_p, d_t, E_{ca} und ρ sind nachfolgend aufgelistet.

Die spezifische Wärmekapazität c_p kann normalerweise jedem technischen Formelbuch entnommen werden. Für die unterschiedlichen Kühlschmierstoffe gelten etwa die nachstehend aufgeführten c_p-Werte:

- Lösungen und niedrig geschmierte Emulsionen c_p = 4187 J/(kg · °C)
- Emulsionen mit etwa 15 % Ölgehalt c_p = 4050 J/(kg · °C)
- Emulsionen mit etwa 20 % Ölgehalt c_p = 3950 J/(kg · °C)
- Emulsionen mit etwa 30 % Ölgehalt c_p = 3750 J/(kg · °C)
- Emulsionen mit etwa 40 % Ölgehalt c_p = 3550 J/(kg · °C)
- Emulsionen mit etwa 50 % Ölgehalt c_p = 3350 J/(kg · °C)
- Emulsionen mit etwa 60 % Ölgehalt c_p = 3150 J/(kg · °C)
- Emulsionen mit etwa 70 % Ölgehalt c_p = 2950 J/(kg · °C)
- Emulsionen mit etwa 80 % Ölgehalt c_p = 2750 J/(kg · °C)
- reine Schleiföle (Viskosität 8.5–24 mm^2/s bei 40°) c_p = 1675 J/(kg · °C)

Mit der Temperaturdifferenz d_t wird festgelegt, wie hoch sich der Kühlschmierstoff zwischen dem Düsenaustritt und dem unmittelbaren Ablauf aus der Kontaktzone erwärmen darf. Mit entsprechenden Temperaturmessgeräten ist d_t auch messbar.

Folgende Werte sind sinnvoll:

- ausreichende KSS-Menge ohne zusätzliche Kühlung d_t = 2.0–3.0 °C
- ausreichende KSS-Menge mit Bypass-Kühlung d_t = 4.0–8.0 °C
- ausreichende KSS-Menge mit konstanter Kühlung d_t = 7.0–12.0 °C.

Der KSS-Zuführungsgrad E_{ca} hängt einerseits mit der qualitativen Ausbildung der Düse und andererseits mit deren Dimensionierung, in Bezug auf den tatsächlichen Kontaktbereich und der Ausrichtung darauf, zusammen. Beim Profilschleifen muss dies ganz besonders beachtet werden (optimale Profilabdeckung mit KSS).

Für den KSS-Zuführungswirkungsgrad E_{ca} gelten abhängig von der Düsengestaltung, der Ausrichtung und der Dimensionierung die nachstehenden Werte:

- schlechte Ausrichtung und/oder Dimensionierung $E_{ca} = 0.35–0.45$
- gute Ausrichtung und Dimensionierung $E_{ca} = 0.50–0.60$
- sehr gute Ausrichtung und Dimensionierung $E_{ca} = 0.65–0.75$
- optimale Ausrichtung und Dimensionierung $E_{ca} = 0.80–0.90$

Erfahrungsgemäss dürfte für weniger gut ausgerichtete Düsen, die auch nicht richtig dimensioniert worden sind, ein Wert von $E_{ca} = 0.45–0.50$ richtig sein. Wurde die Düse korrekt dimensioniert und gut ausgerichtet, so darf ohne weiteres für $E_{ca} = 0.70–0.80$ in die Formel eingesetzt werden. Optimierte Düsen bzw. Düsenkonstruktionen können einen E_{ca}-Wert von 0.85–0.90 erhalten. Es wird aber davon abgeraten, über einen E_{ca}-Wert = 0.90 zu gehen.

Für die Dichte ρ (griechischer Buchstabe „rho") – früher hiess die Dichte spezifisches Gewicht – setzt man folgende Werte ein:

- für alle wasserbasierten Kühlschmierstoffe $\rho = 1.000\ \text{kg/dm}^3$
- für Schleiföle, viskositätsabhängig $\rho = 0.87–0.93\ \text{kg/dm}^3$.

In den Datenblättern der verschiedenen Schleiföle kann man den genauen Wert der Dichte finden. Er muss dort vom Hersteller aufgeführt werden.

7.6 Pumpenantriebsleistung P_k

Man ist nun in der Lage, die zu einer Schleifmaschine oder einem bestimmten Schleifprozess benötigte Kühlschmierstoffmenge Q_k sehr genau zu berechnen, weil in der Formel alle relevanten Grössen enthalten sind. Jetzt ist noch die Frage offen, welche Antriebsleistung P_k der entsprechende Pumpenmotor aufweisen müsste. Sie wird mit der folgenden Formel berechnet:

$$P_k = \frac{\rho \cdot Q_k \cdot p_k}{600 \cdot \eta} \quad [\text{kW}] \qquad (7.7)$$

Es bedeuten in der Formel:

ρ = Dichte des verwendeten Kühlmittels in kg/dm^3

Q_k = benötigte Kühlmittelmenge in l/min

p_k = erforderlicher Pumpendruck in bar

η = Wirkungsgrad der Pumpe nach Herstellerangaben (0.35–0.9)

Aus dem Katalog wird jene Pumpe gewählt, welche bezüglich Fördermenge und Druck die Anforderungen erfüllt. Hinsichtlich des Druckes genügt die günstigste Variante, welche die notwendige Strahlgeschwindigkeit v_k - möglichst in der Nähe der maximalen Strahlgeschwindigkeit v_k von 100 % - einigermassen sicher garantiert.

7.7 Dimensionierung der notwendigen KSS-Menge

Die Minimal- und Mindermengenkühlung wurde im Kapitel 6 „Kühlschmierstoffe" abgehandelt. Es erübrigt sich deshalb, hier nochmals darauf einzugehen. Diese speziellen Kühlschmierstoffzuführungsarten müssen ohnehin mit dem Hersteller der Geräte und Anlagen abgestimmt werden. Ferner ist auch der Kühlschmierstoffhersteller (-lieferant) in solche Gespräche mit einzubeziehen, zumal ganz besondere KSS-Mischungen eingesetzt werden. Was nun folgt, handelt somit ausschliesslich vom Kühlen und Reinigen von Schleifprozessen mittels Kühlschmierstoffen wie Lösungen, Emulsionen und Schleifölen.

Die Meinung, man müsste gleich die ganze Schleifmaschine „unter Wasser setzen", um einen Schleifprozess physikalisch korrekt zu kühlen und zu reinigen, entspricht keineswegs der Realität. Es gibt durchaus Möglichkeiten, ökonomischer mit der Schleifleistung, der erzeugten Wärme und mit der dazu benötigten KSS-Menge umzugehen (Bild 7.6). Deshalb sollte man bezüglich der KSS-Menge in erster Linie an folgende „Weisheit" denken:

So wenig wie möglich, soviel wie nötig!

Auf diese Weise spart man Geld und tut dabei erst noch etwas für die Umwelt.

Das folgende Rechenbeispiel zeigt, wie und wo man Leistung und KSS-Menge einsparen kann: Die mit einer Schnittgeschwindigkeit von 125 m/s drehende Schleifscheibe (HSG-Prozess) soll über den Pumpendruck nach dem Gleichlaufprinzip mit Schleiföl (Viskosität 12.5 mm^2/s bei 40 °C) versorgt werden. Um eine Strahlgeschwindigkeit v_k von 125 m/s erreichen zu können, muss der Pumpendruck p_k (nach den Formeln 7.4 oder 7.5) 83 bar betragen! Der Druckabfall zwischen Pumpe und Düse bleibt dabei - ausnahmsweise - unberücksichtigt.

Geht man von einem 24-kW-Spindelantrieb aus und rechnet davon 15 % Verlustleistung ab, so müsste die KSS-Fördermenge der Pumpe mit diesem Schleiföl für 20.4 kW ausgelegt werden. Das ergibt nach Formel 7.6:

$$Q_k = \frac{20.4 \cdot 60 \cdot 1000}{1675 \cdot 0.9 \cdot 8.0 \cdot 0.870} = 116.6 \text{ l/min}$$

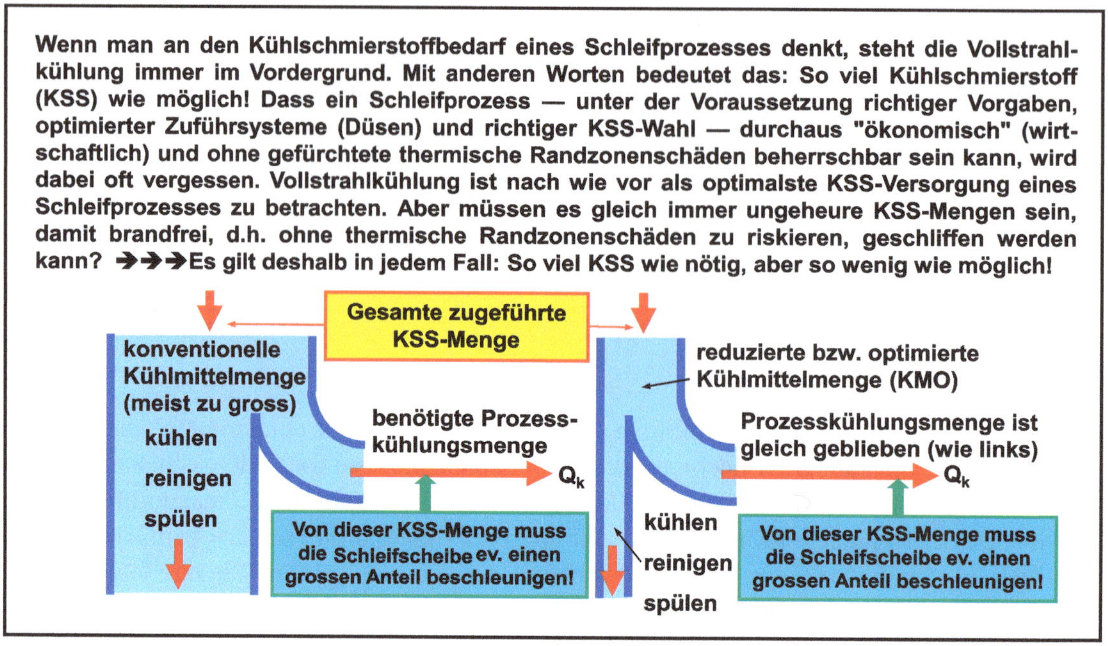

Wenn man an den Kühlschmierstoffbedarf eines Schleifprozesses denkt, steht die Vollstrahlkühlung immer im Vordergrund. Mit anderen Worten bedeutet das: So viel Kühlschmierstoff (KSS) wie möglich! Dass ein Schleifprozess — unter der Voraussetzung richtiger Vorgaben, optimierter Zuführsysteme (Düsen) und richtiger KSS-Wahl — durchaus "ökonomisch" (wirtschaftlich) und ohne gefürchtete thermische Randzonenschäden beherrschbar sein kann, wird dabei oft vergessen. Vollstrahlkühlung ist nach wie vor als optimalste KSS-Versorgung eines Schleifprozesses zu betrachten. Aber müssen es gleich immer ungeheure KSS-Mengen sein, damit brandfrei, d.h. ohne thermische Randzonenschäden zu riskieren, geschliffen werden kann? ➔➔➔Es gilt deshalb in jedem Fall: So viel KSS wie nötig, aber so wenig wie möglich!

Gesamte zugeführte KSS-Menge

konventionelle Kühlmittelmenge (meist zu gross)

kühlen

reinigen

spülen

benötigte Prozess-kühlungsmenge

Q_k

Von dieser KSS-Menge muss die Schleifscheibe ev. einen grossen Anteil beschleunigen!

reduzierte bzw. optimierte Kühlmittelmenge (KMO)

Prozesskühlungsmenge ist gleich geblieben (wie links)

Q_k

kühlen

reinigen

spülen

Von dieser KSS-Menge muss die Schleifscheibe ev. einen grossen Anteil beschleunigen!

BILD 7.6 Ökonomischer Kühlschmierstoffbedarf eines Schleifprozesses

Dieser Wert wird nach den im Katalog angebotenen Pumpenabstufungen auf den nächst grösseren Typ mit 120 l/min festgelegt.

Mit diesem Fördervolumen der Pumpe können die nutzbaren 20.4 kW einwandfrei abgedeckt werden. Gemäss den Katalogangaben hat diese Pumpe einen Wirkungsgrad von 50 %. Bitte beachten: In die Formel wird nicht die Prozentzahl, sondern der dezimale Wert 0.5 eingesetzt. Die Pumpenantriebsleistung P_k ist:

$$P_k = \frac{0.870 \cdot 120 \cdot 83}{600 \cdot 0.5} = 28.9 \text{ kW}$$

Dieser Wert sollte seiner Grösse wegen ganz speziell gewürdigt werden. Schwer vorstellbar ist, dass zur Beschleunigung der 120 l/min Schleiföl auf die Umfangsgeschwindigkeit v_c der Schleifscheibe von 120 m/s (Hochgeschwindigkeitsschleifen) mehr Leistung zu investieren ist, als der Scheibenantrieb $P_{s\,eff.}$ liefert, nämlich die 20.4 kW. Die Kosten einer solchen Pumpe würden sich auf etwa CHF 10'000.- bis CHF 15'000.- bzw. € 7'000.- bis € 12'000.- belaufen. Das kann somit kaum die Lösung sein!

Was viele Anwender gar nicht wissen oder zur Kenntnis nehmen, ist die Tatsache, dass es auch mit einer „vernünftigen" Pumpengrösse geht, z. B. 120 l/min bei 20 bar, wodurch folgende Werte für v_k und P_k erreicht werden:

Strahlgeschwindigkeit $v_k = 13.722 \cdot \sqrt{20} = 61.4$ m/s

Pumpenantriebsleistung $P_k = \dfrac{0.870 \cdot 120 \cdot 20}{600 \cdot 0.5} = 6.96$ kW

Nicht nur die Pumpenkosten fallen dadurch drastisch, sondern gleichzeitig auch der Anteil der Pumpenverlustleistung, die schliesslich zu einem grossen Teil als Wärme im Schleiföl wiederzufinden ist. Die Düsenbauweise muss allerdings besonders für die Strahlbeschleunigung durch die Scheibe geeignet sein. Da bietet sich eine Formstrahldüse nach OTT [11] in idealer Weise an. Mit dieser Düse kann ein ganzes Scheibenprofil mit KSS gezielt ummantelt werden, wodurch die Scheibe gezwungen wird, genau so viel KSS einzuziehen und durch die Kontaktzone zu transportieren, wie ihre momentane Struktur in der Randzone aufzunehmen vermag. Da die Scheibe den KSS-Strahl um zusätzliche 63.6 m/s zu beschleunigen hat, wird vom Scheibenantrieb Leistung dafür gefordert.

Mit 61.4 m/s kommt er ja bereits aus der Düse. Weil die Schleifscheibe nur die an ihrer Arbeitsumfläche haftende KSS-Menge mitnimmt, reduziert sich die von der KSS-Pumpe gelieferte Menge Q_k von 120 l/min um etwa 20 % auf noch ca. 96 l/min. Es ist sinnlos, der Scheibe mehr KSS anzubieten, als sie transportieren kann bzw. der Schleifprozess tatsächlich benötigt. Deshalb wird nochmals nachgerechnet. Es wird eine KSS-Pumpe mit einer Förderleistung von 100 l/min aus dem Katalog gewählt. Für die Pumpenfördermenge Q_k von 100 l/min kommt nach Formel 7.7 folgendes heraus:

$$P_k = \frac{0.870 \cdot 100 \cdot 20}{600 \cdot 0.5} = 5.8 \text{ kW}$$

Jetzt ist wichtig zu wissen, wie viel Leistung P_{sk} vom Scheibenantrieb zur Beschleunigung des KSS-Strahls von 61.4 m/s auf 125 m/s benötigt wird, die dem Prozess dann nicht mehr zur Verfügung steht.

Dieser Leistungsbedarf P_{sk} vom Scheibenantrieb zur KSS-Beschleunigung wird, wenn der Pumpendruck $p_k < 0.5$ bar beträgt, nach folgender Formel bestimmt:

$$P_{sk} = \frac{Q_k \cdot \rho \cdot v_k^2}{60 \cdot 1000} \quad [\text{kW}] \tag{7.8}$$

Ist der Zuführdruck > 0.5 bar, so wird die Differenz zwischen der Schnitt- und der Strahlgeschwindigkeit $(v_c - v_k)^2$ in die Formel eingesetzt:

$$P_{sk} = \frac{Q_k \cdot \rho \cdot (v_c - v_k)^2}{60 \cdot 1000} \quad [\text{kW}] \tag{7.9}$$

Die Strahlgeschwindigkeit v_k kann durch die Formel 7.1 ($v_k = 13.722 \cdot p_k^{0.5}$) in beiden Fällen ersetzt werden.

Angenommen, die Scheibe nimmt bei v_c = 125 m/s und einer Kontaktbreite b_k = 50 mm maximal 75 l/min von den 100 l/min mit, was etwa praxisrelevant sein dürfte, so wird vom Scheibenantrieb zur KSS-Beschleunigung eine Leistung P_{sk} von 4.4 kW gefordert (siehe Berechnung):

$$P_{sk} = \frac{75 \cdot 0.870 \cdot (125 - 61.4)^2}{60 \cdot 1000} = 4.4 \text{ kW}$$

Wie schon erwähnt, steht dieser Leistungsanteil dem Schleifprozess nicht mehr zur Verfügung. Klar, was nicht von der Pumpe kommt, muss anderweitig bezogen werden. Von der ursprünglichen Nennleistung des Scheibenantriebs P_s von 24 kW ist zuerst eine 15%ige Verlustleistung, also 3.6 kW abzuziehen. Die KSS-Beschleunigung durch die Schleifscheibe erfordert jetzt noch zusätzlich 4.4 kW, so dass schlussendlich 24 - 3.6 - 4.4 = 16.0 kW von den 24 kW effektiv für den Schleifprozess genutzt werden können. Das sind 33.4 % weniger! Dieser Tatsache ist bei der Maschinenbeschaffung oder der Prozessauslegung unbedingt Rechnung zu tragen.

Ein Vergleich der Leistungsbilanzen zeigt Erstaunliches. Trotz gleichbleibender Kühl- und Schmierwirkung werden für die KSS-Pumpe statt 28.9 kW (siehe oben) nur noch 5.8 kW (Pumpenantrieb) plus 4.4 kW vom Scheibenantrieb, zusammen 10.2 kW benötigt. Das ergibt gesamthaft 18.70 kW oder eine Reduktion des Leistungsbedarfs für die KSS-Zuführung, auf dem Niveau gleicher Geschwindigkeit mit der Schleifscheibe, von 35.3 % (!), bezogen auf den ersten Pumpenantrieb!

Was nicht investiert werden muss, erwärmt auch nicht! Die Verlustleistung (Wärme) sinkt deshalb um den gleichen Prozentbetrag. Decken die 75 l/min die an der Schleifscheibe verfügbare effektive Leistung von P_s = 16.3 kW „wärmetechnisch" ab, könnte man noch einen Schritt weiter gehen. Das würde aber nur funktionieren, wenn die KSS-Zuführung über die Düsenformgebung auf ein Maximum optimiert wird. Es kommt demzufolge eine KSS-Pumpe mit einer Förderleistung von 65 l/min plus etwas Reserve, also z. B. 75 l/min, zum Einsatz. Hinsichtlich des Pumpendrucks p_k erfolgt keine Änderung. Um die Pumpenantriebsleistung P_k zu bestimmen, wird die Formel 7.7 verwendet:

$$P_k = \frac{0.870 \cdot 75 \cdot 20}{600 \cdot 0.5} = 4.35 \text{ kW}$$

Damit sinkt der Leistungsbedarf seitens der Pumpe auf 4.35 kW. Zusammen mit der von der Scheibe konsumierten Beschleunigungsleistung sind das nun 4.35 + 4.4 = 8.75 kW oder eine Reduktion um rund 65 % gegenüber der Variante 1. Und es hat sich nichts an der gesamten Kühlleistung geändert! Man hat lediglich die sich bietenden Möglichkeiten der Optimierung ausgenützt.

Ein höher additiviertes Schleiföl (bessere Schmiereigenschaften) würde eine weitere Senkung des Leistungsbedarfs bei gleichbleibender zeitbezogener Abtragsmenge bedeuten. Weiniger Leistungsbedarf = weniger Erwärmung; mehr verfügbare Leistung = mehr zeitbezogenes Abtragsvolumen. So einfach ist das!

7.8 Leistungsbedarf und Anstieg der Normalkraft F_n

In vielen wissenschaftlichen Abhandlungen wird die Gleichlauf-Kühlschmierstoffzuführung nach OTT einerseits als Vollstrahl- und Überschwemmungskühlung bezeichnet und andererseits darauf verwiesen, dass dadurch auch noch die Normalkraft F_n massiv ansteige. An der Zunahme des Leistungsbedarfs sei das gut feststellbar. Es könne bis zum Abheben der Schleifscheibe durch einen hydrodynamischen Film führen, worauf eine Spanbildung kaum noch möglich sei. Um diese Behauptung zu widerlegen, soll nachfolgend die eigentliche Ursache für den beobachteten Leistungs- und Normalkraftanstieg näher erläutert werden.

Die Zunahme des Leistungsbedarfs, allein durch das Zuschalten des Kühlschmierstoffs ohne zu schleifen, dargestellt in Abhängigkeit der Schnittgeschwindigkeit v_c [47], ergibt sich aus der Tatsache, dass die Schleifscheibe den von ihr transportierbaren KSS auf ihre Umfangsgeschwindigkeit beschleunigen muss. Das fordert Leistung vom Scheibenantrieb (siehe Formeln 7.8 und 7.9). Diese steigt mit der Schnittgeschwindigkeit und der Differenz zur bereits gegebenen Strahlgeschwindigkeit durch den an bzw. in der Düse anstehenden Druck p_k. Damit reduziert sich dann auch der verfügbare Leistungsanteil vom Scheibenantrieb für den Schleifprozess.

Ist die Strahlgeschwindigkeit v_k identisch mit der Schnittgeschwindigkeit v_c, so ist keine Veränderung der Leerlaufleistung bei nur drehender Scheibe zusammen mit KSS feststellbar. Liegt die Strahlgeschwindigkeit v_k über der Schnittgeschwindigkeit v_c, was keinesfalls zu empfehlen ist und hier nur aus Beweisgründen angenommen wird, so fällt die reine Leerlaufleistung, weil die Scheibe nun durch den KSS-Strahl sogar angetrieben würde.

Wird vom Scheibenantrieb für die KSS-Strahlbeschleunigung Leistung verlangt, lässt sich diese – genauso wie die Schleifprozesskräfte – in die dadurch entstehenden Kraftkomponenten $F_{t\,KSS}$ und $F_{n\,KSS}$ aufteilen. Ausgehend vom durchgerechneten Beispiel unter Punkt 7.7 wird eine Strahlbeschleunigungsleistung P_{sk} von 4.4 kW, gefordert. Das ergibt allein zwischen der Schleifscheibe und dem Kühlschmierstoff eine Tangential- oder Umfangskraft $F_{t\,KSS}$ von 33.7 N und eine Normalkraft $F_{n\,KSS}$ von 212 N (!) mit dem eingesetzten Schleiföl (Viskosität ν von 12.5 mm^2/s). Die Formeln für die Tangential- und die Normalkraft sind im Kapitel 4 zu finden. In diesem Zusammenhang sei noch erwähnt, dass für den CL-Wert (nach OTT) 5.0 und für den Schleiffaktor S_c (nach OTT) 0.16 eingesetzt werden müsste. Bei einer mittelgeschmierten Emulsion (CL-Wert = 3.0, Schleiffaktor S_c = 0.30), die allerdings für einen HSG-Prozess keinesfalls optimal wäre und deshalb hier lediglich zum Vergleich dient, steigt P_{sk} auf 4.6 kW und die Tangentialkraft $F_{t\,KSS}$ auf 36.8 N, wogegen die Normalkraft $F_{n\,KSS}$ auf 122 N abfällt. Damit lässt sich zeigen, welche Abhängigkeit zwischen der verwendeten KSS-Art (Lösung, Emulsion oder Schleiföl) sowie deren Schmierfähigkeit und der auftretenden Tangential- und Normalkraft besteht. Übrigens können nicht genau definierbare Strahl- und Auf-/Abprallkräfte die effektive Grösse von $F_{t\,KSS}$ und $F_{n\,KSS}$ im Ergebnis beeinflussen.

In der Leistungsformel kommt zwar die Normalkraft F_n nicht vor, sie hängt aber über den von OTT festgelegten Schleiffaktor S_c und dem ebenfalls von OTT definierten CL-Wert, welcher die

Schmierfähigkeit des verwendeten KSS als Zahlenwert ausdrückt, trotzdem beeinflussend mit dem Leistungsbedarf zusammen. Dass die von der Schleifscheibe beschleunigte KSS-Menge eine zusätzliche Normalkraft $F_{n\ KSS}$ erzeugen muss, ist logisch. Vorstellen kann man sich das so: Die Scheibe „schleift" den zugeführten KSS, was aber nur bei bestehender Geschwindigkeitsdifferenz möglich wäre. Die Kraftkomponenten $F_{t\ KSS}$ und $F_{n\ KSS}$ unterscheiden sich dabei im Prinzip in keiner Weise von denjenigen, die sich durch einen vergleichbaren reellen Schleifprozess ergeben würden. Lediglich der Schleiffaktor S_c weicht von jenem für feste Werkstoffe ab. Für Öle ist S_c mit 0.16–0.20 und für wasserbasierende KSS etwa mit 0.30–0.35 einzusetzen. Sollte jemand an dieser „Herleitung" zweifeln, so sei daran erinnert, dass der Kontakt mit Wasser ab einer bestimmten Geschwindigkeit die Härte und den Widerstand von Stein annimmt.

Noch eine Bemerkung zu Untersuchungsergebnissen bezüglich der Leistungs- und/oder Normalkraftzunahme durch die KSS-Zuführung. Die Messungen erfolgen jeweils bei im Profil drehender, aber das Werkstück nicht berührender Scheibe. Der KSS wird von der Scheibe mitgenommen bzw. eingezogen und – wie oben erläutert – ergeben sich die beiden Kraftkomponenten $F_{t\ KSS}$ und $F_{n\ KSS}$. Abhängig von der Distanz der Scheibe zum Werkstück und der gegebenen Profilform und -länge, gelangt unter solchen Bedingungen noch eine zusätzliche KSS-Menge in den „Schleifspalt".

Dadurch entsteht eine hydrodynamische Keilwirkung – ganz besonders bei galvanisch gebundenen Scheiben –, welche zu einer Ergebnisverfälschung führt. Sobald die Scheibe effektiv schleift, ändern sich hier die Bedingungen drastisch. An der Werkstückskante wird nämlich jeder überschüssigen KSS-Menge der Eintritt in die Kontaktzone verweigert.

Die oft publizierte Meinung, die Normalkraftzunahme sei ganz speziell bei grossen zugeführten KSS-Mengen (Überflutungskühlung) und/oder hohen KSS-Drücken auf einen hydrodynamischen Effekt zwischen der Schleifscheibe und dem Werkstück zurückzuführen, dürfte deshalb ins Reich der Märchen gehören. Dies bestätigen auch König/Arciszewski [5], welche im Zusammenhang mit dem Hochleistungsschleifen mit kontinuierlichem Abrichten feststellen: „... Es ist zu erkennen, dass die Kühlbedingungen nur geringfügigen Einfluss auf die resultierenden Schleifkräfte haben.". Dabei wurde ohne Kühlung, mit 200 l/min bei 5 bar und mit 100 l/min bei 17.5 bar geschliffen. Die Schnittgeschwindigkeit v_c betrug immer 35 m/s. Der Pumpendruck von 5 bar lag dabei annähernd auf dem Niveau der Gleichlaufkühlung, wogegen die 17.5 bar deutlich darüber gelegen haben.

Und noch eine Ursache für den Anstieg der Normalkraft F_n ist bisher noch nie erwähnt worden. Es geht um die in der gesamten Kontaktzone A_k auf den KSS wirkende Fliehkraft F_z. Im freien Bereich haftet der KSS unter Gleichlaufbedingungen an der Scheibe. Es entsteht dadurch eine der Normalkraft F_n entgegen gerichtete Kraft. Sobald aber der KSS in die Kontaktzone gelangt, ändern sich die Verhältnisse. Die durch Fliehkraft erzeugte zusätzliche Normalkraft nimmt mit steigender Schnittgeschwindigkeit, trotz vermeintlich „vernachlässigbar" kleiner KSS-Mengen in der Kontaktzone, erstaunliche Werte an.

7.9 Berechnung der Düsenaustrittsquerschnittfläche A_{kn}

Die Durchflussmenge Q_k jeder Kühlschmierstoffdüse hängt direkt vom Ausflussquerschnitt A_{kn} (in mm^2) sowie vom in der Düse anstehende Pumpendruck p_k ab. Selbstverständlich spielt die Austrittsformgebung und die Viskosität des jeweiligen Kühlschmierstoffs auch physikalisch eine Rolle. Wenn man aber die üblicherweise zugeführten KSS-Mengen betrachtet und diese ins Verhältnis setzt zu den geringfügigen Mengenänderungen der verschiedenen Einflussgrössen, wird schnell klar, dass eine Berücksichtigung innerhalb der Berechnungsformel wenig ändert.

Für die Düsenaustrittsöffnung A_{kn} für wasserbasierte Kühlschmierstoffe gilt:

$$A_{kn\ Wasser} = \frac{1.2121 \cdot Q_k}{\sqrt{p_k}} \quad [mm^2] \tag{7.10}$$

Für die Düsenaustrittsöffnung A_{kn} für ölbasierte Kühlschmierstoffe gilt:

$$A_{kn\ Öl} = \frac{1.1544 \cdot Q_k}{\sqrt{p_k}} \quad [mm^2] \tag{7.11}$$

Es bedeuten in der Formel:

Q_k = benötigte Kühlmittelmenge in l/min

p_k = erforderlicher Pumpendruck in bar

Es fällt auf, dass die beiden Formeln einen kleinen Unterschied aufweisen, was die darin enthaltene Konstante betrifft. Die obere Formel gilt grundsätzlich für Wasser mit 22 °C. Sie wird aber verwendet, wenn Lösungen, Emulsionen und Schleiföle mit einer Viskosität über ca. 8.5 mm^2/s bei 40 °C zur Anwendung gelangen (Dichte ca. 0.920 kg/dm^3). Für dünnflüssige Schleiföle (Viskosität < 8.5 mm^2/s bei 40 °C) sollte der erhaltene Wert durch 1.05 dividiert werden. Das ist in der zweiten Formel geschehen. Sie wird eingesetzt für sehr dünnflüssige Schleiföle. Das heisst somit, bei dünnflüssigen Ölen strömt mehr Menge aus der Düse als bei Wasser. Grund ist deren Schmierwirkung!

In diesen Formeln ist zur Vereinfachung eine Ausflusszahl μ_k von 0.98 für eine runde Düse mit einer Strahlkalibrierungslänge von $2.5 \cdot d_i$ berücksichtigt. Für die meisten Anwendungsfälle, z. B. auch für Flachschlitzdüsen, sind die so erhaltenen Ergebniswerte optimal.

Für jene, welche nicht gerne Formeln „umbauen“, hier die beiden Umkehrungen.

$$Q_{k\ Wasser} = A_{kn} \cdot 0.825 \cdot \sqrt{p_k} \quad [l/min] \tag{7.12}$$

$$Q_{k\ Öl} = A_{kn} \cdot 0.866 \cdot \sqrt{p_k} \quad [l/min] \tag{7.13}$$

7.10 Kühlschmierstoffzuführung zur Schleifscheibe

Es darf heute als bekannt vorausgesetzt werden, dass an jedem rotierenden Teil ein relativ zäher Luftmantel in gleicher Oberflächengeschwindigkeit mitrotiert. In der Physik spricht man von der „Grenzschichthaftung" der Luft. An Schleifscheiben kann dieser Effekt besonders gut beobachtet werden. Das hängt mit der rauen Oberfläche zusammen und wird noch verstärkt durch die Zentrifugalpumpwirkung der Scheiben. Die überwiegende Zahl der weltweit verwendeten Schleifscheiben sind als ganzer Körper keramisch gebunden. Sie weisen, abhängig von der Anwendung, unterschiedliche Strukturen (Porositäten) auf. Durch diese Poren saugt jede Schleifscheibe seitlich Luft an und drückt sie über die Aussenfläche (Arbeitsumfläche) wieder heraus. Tatsache ist, dass die Benetzung der Scheibe mit Kühlschmierstoff dadurch empfindlich gestört, ja sogar verhindert werden kann. Hat die Schleifscheibe einen massiven Grundkörper, tritt diese Pumpwirkung logischerweise nicht auf. Aber an der Arbeitsumfläche haftet die Umgebungsluft trotzdem.

Bereits ein dünnes, messerartig schräg angeschliffenes Luftableitblech (nach Gühring [15]), angebracht vorne auf der gesamten Breite der Düse und mit minimalstem Abstand gegen die Laufrichtung der Scheibe ausgerichtet, sorgt für eine wesentliche Verbesserung der Situation. Der rotierende Luftmantel wird abgelenkt und an seiner Stelle kann KSS in die Randporen der Scheibe gelangen. Die Kühl- und Reinigungswirkung verbessert sich auf diese Weise drastisch. Ein solches Luftableitblech muss allerdings laufend dem abnehmenden Durchmesser der Schleifscheibe nachgeführt werden, weil bei zu grossem Spalt die Rakelwirkung verloren geht. Werden hochharte Schneidstoffe, wie CBN und Diamant, eingesetzt, dann ist das Nachführen des Luftableitbleches kein Problem, weil sich solche Schleifscheiben nur in einem kleinen Bereich radial ganz langsam abnützen.

Viel praktischer ist eine andere Lösung, die bereits im Jahre 1975 von OTT [11] entdeckt und in der Praxis angewandt wurde. 1976 konnte er die physikalischen Zusammenhänge exakt definieren und auch die Berechnungsformeln und Diagramme dazu liefern. OTT [11] entdeckte, dass Kühlschmierstoff aus einer Freistrahldüse dann an der Scheibe haftet, wenn er in Drehrichtung der Scheibe und mit gleicher Geschwindigkeit zugeführt wird. Diese Zuführungsart nannte OTT 1976 *Gleichlaufkühlung und -reinigung.* Damit aber diese Art der KSS-Zuführung zur Schleifscheibe erfolgreich ist, muss die Düsenaustrittsöffnung exakt kalibriert und genau dimensioniert sein. Seit der zweiten Hälfte der 70er-Jahre gilt die *Gleichlaufkühlung und -reinigung* als Stand der Technik. In unzähligen Arbeiten (wissenschaftliche Berichte, Aufsätze, Dissertationen, usw.) wurde die *Gleichlaufkühlung und -reinigung* nach OTT diskutiert und beschrieben.

Es wäre vermessen zu behaupten, man könne nicht auch mit trickreich ausgebildeten Spezialdüsen KSS zur Scheibenarbeitsfläche bringen. Der Fantasie sind dabei praktisch keine Grenzen gesetzt, was auch zu höchst interessanten Sonderkonstruktionen geführt hat. Nur ist zu überlegen, ob nicht doch eine einfache Düse, richtig ausgebildet, aber unter OTT'schen Bedingungen konzipiert und eingesetzt, schlussendlich günstiger und dazu noch wesentlich flexibler zu handhaben wäre. Es müssen nicht einmal besondere Düsen sein, um den so genannten Gleichlaufeffekt zu erzielen. Sogar mit Rohrdüsen (Rundstrahl) ist dies möglich. Man muss lediglich zwei ganz wichtige Bedingungen einhalten: Einerseits darf die Düsenöffnung nicht grösser sein als der kleinste Leitungsquerschnitt und andererseits müssen der Düseninnenraum der Düse und die Austrittskontur ganz bestimmte Forderungen erfüllen, um einen gleichmässigen, gebündelten Strahl zu erzeugen.

Die für hohe Strahlgeschwindigkeiten notwendigen KSS-Drücke ergeben, wie bereits weiter vorne beschrieben, zusammen mit den Durchflussmengen in jedem Fall hochturbulente Verhältnisse im austretenden KSS-Strahl. Das heisst, dass der KSS-Strahl - flach oder rund - unmittelbar nach dem Austritt aus der Düse aufreissen und teilweise versprühen würde. Versprühter Kühlschmierstoff führt aber zu einer schlechten Kühlleistung, weil viel Luft darin eingemischt ist und Luft eher als Isolator denn als Kühlmittel wirkt. Also müssen Vorkehrungen getroffen werden, welche eine Strahlkalibrierung bewirken. Für den Betrachter sieht der KSS-Strahl dann so aus, als ob er laminar wäre, obwohl er nach wie vor noch hochturbulent ist. Deshalb hat OTT für diese besondere Art der Strahlführung den Begriff *„pseudolaminar“* festgelegt. (Siehe in diesem Zusammenhang auch die Punkte 7.2 und 7.2.1 in diesem Kapitel).

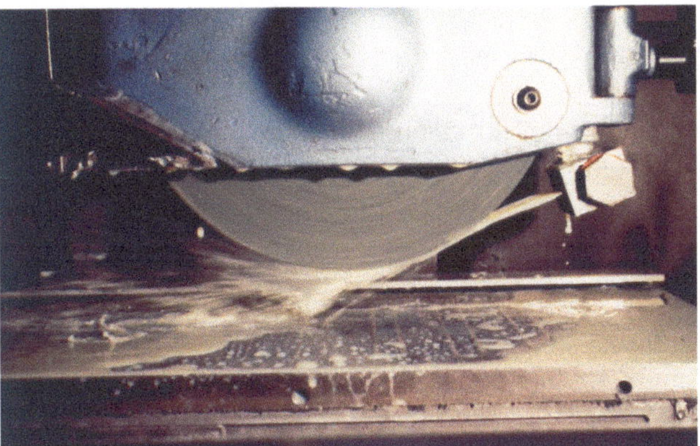

Bildnachweis: H. W. OTT & CO. Schleiftechnik CH-8330 Pfäffikon-ZH

BILD 7.7 KSS-Strahlhaftung durch die Gleichlaufkühlung (GKR) nach OTT. Typische KSS-Haftung an der rotierenden Umfläche der Schleifscheibe über einen Winkelbereich von ca. 30–40° (kalibrierte Flachschlitzdüse mit auswechselbaren Düsenlippen).

Weshalb haftet ein KSS-Strahl überhaupt an der schnell drehenden Schleifscheibe? Nun, „Wasserhydrauliker“ hätten von ihrem Professor bestimmt im Studium ein Experiment vorgeführt bekommen, welches immer wieder zum Staunen Anlass gibt (Bild 7.8). Eine Kugel erfährt an einem sie an der Oberseite umströmenden Freistrahl eine nach oben gerichtete Auftriebskraft F_y, die bei richtiger Abstimmung aller Grössen in der Lage ist, das Kugelgewicht zu kompensieren. Die Kugel schwebt frei im Raum! Die in x-Richtung fallenden Komponenten der Strahlgeschwindigkeiten w_{x1} und w_{x2} müssen gleich gross sein, da sonst eine Kraft in x-Richtung wirken und somit die Kugel in dieser Richtung bewegen würde. Das darf aber nicht

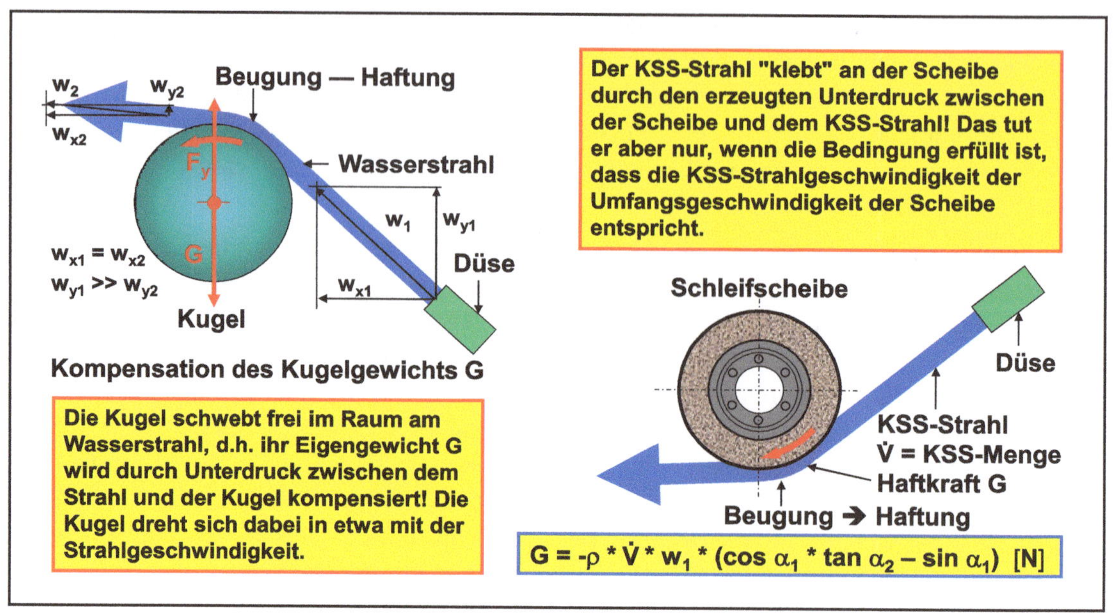

BILD 7.8 Gleichlaufkühlung und -reinigung (GKR) nach OTT.
Strahlhaftung aufgrund eines wasserhydraulischen Phänomens!

sein, da ja nur das Kugelgewicht *G* durch eine Vertikalkraft in y-Richtung (vertikal) aufgehoben werden soll. Die Kugel dreht sich selbstverständlich entsprechend der Strahlgeschwindigkeit und der schräge Strahl selbst erfährt eine Biegung, d. h. er umschmiegt die Kugel in einem bestimmten Winkel (ca. 30–40°).

Wenn eine Kugel mit dem Gewicht *G* in einem schrägen, tangential zugeführten Strahl in der Luft ruhig hängen bleibt und sich nur wegen der Strahlgeschwindigkeit dreht, muss eine Kraft von aussen dies letztendlich bewirken. Welche Kraft ist bekannt, die das tun würde? Nur der atmosphärische Druck!

Man muss aber bedenken, dass der Strahl kalibriert sein muss, um haften zu können. Ein wegen bestehender Turbulenz aufgerissener Strahl wäre absolut ungeeignet. Diese massgebende Erkenntnis veranlasste OTT [11], mit der inneren und äusseren Formgebung von Kühlschmierstoffdüsen zu experimentieren. Das Resultat dieser Strömungsexperimente führte zum so genannten „pseudolaminaren“ KSS-Strahl (Bild 7.7).

Also ist zwingend anzunehmen, dass zwischen dem Strahl und der Kugel im Berührungs- oder Kontaktsektor Unterdruck herrschen muss. Im Endeffekt „klebt“ also nicht die Kugel am Freistrahl, sondern der zwischen der Kugel und dem Freistrahl herrschende Unterdruck führt dazu, dass der atmosphärische Druck überwiegt und deshalb die Kugel in den Freistrahl drückt.

Stellt man sich vor, die Hälfte des schrägen Strahles würde die Kugel berühren und die andere Hälfte nicht, so wird die zur Kugel weisende Strahlseite laminar, weil sich die Kugel mit lediglich einer ganz geringen Geschwindigkeitsdifferenz zwischen dem Strahl und der Kugel mit dreht.

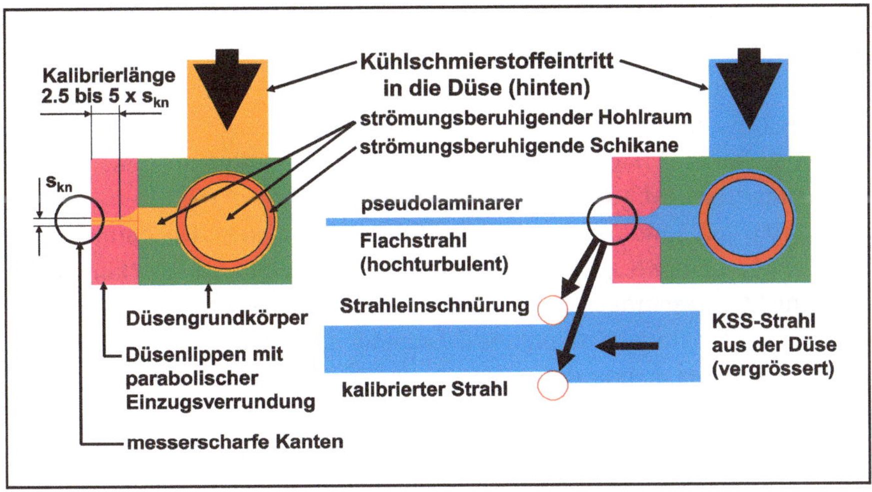

BILD 7.9 Austritts- und Innenraumformgebungan einer Flachstrahldüse mit Strahlkalibrierung. Düsenbauweise nach OTT mit auswechselbaren Düsenlippen.

Die äussere Seite des Strahls bleibt aber turbulent. Dieser Zustand führt zum Unterdruck zwischen Kugel und Freistrahl, wodurch der Hafteffekt entsteht. Dreht man dieses Phänomen um und wäre die Kugel eine auf einer festen Achse drehende Scheibe mit der Breite b_s, welche von einem Freistrahl in einem bestimmten Winkel tangential angeströmt wird, so muss der Strahl an der Scheibe haften. Ist doch alles wirklich einfach!

Die extrem zeitintensiven und aufwändigen OTT'schen Experimente im Zusammenhang mit der äusseren und inneren Ausbildung von Düsenöffnungen haben schlussendlich zu zwei interessanten Erkenntnissen geführt. Es zeigte sich immer wieder, dass die an der Düsenaustrittsöffnung formgebenden Kanten im wahrsten Sinne des Wortes messerscharf (Bild 7.9) sein müssen. Das ergibt nicht nur eine Strahlkalibrierung, sondern dazu auch noch eine geringe Strahleinschnürung.

Ein solcher KSS-Strahl, egal ob flach oder rund, sieht aus, als ob er laminar wäre. Er ist aber tatsächlich nach wie vor immer noch hochturbulent. Und genau dafür hat OTT den Begriff „pseudolaminar" geprägt – der Strahl sieht so aus, als wäre er laminar, ist es aber nicht! Das Strahlkalibrieren verhindert das Aufreissen des Strahls, wodurch sich die Kühlwirkung und das Einziehen in die Kontaktzone ganz wesentlich verbessern. Aber – nochmals für alle diplomierten Ingenieure – laminar wird der Strahl trotzdem nicht!

Die innere Formgebung der gesamten Düse (Bild 7.9) muss bestimmten Gesetzmässigkeiten folgen, weil andernfalls auch die „schärfste" Kante ein Aufreissen des Strahles nicht verhindern könnte. Jede Düse ist aufgrund ihrer Form, Grösse und der KSS-Eintrittsstelle zu beurteilen. In der Düse muss ein Hohlraum vorhanden sein, welcher strömungs- und pulsationsberuhigend wirkt. Viele Düsenkörper bedingen ferner den Einbau von zusätzlichen Schikanen zur Strömungsberuhigung. Schon durch die Einströmrichtung werden oft in der Düse Wirbel erzeugt, die sich beim Strahlaustritt deutlich bemerkbar machen. Und last but not least spielt die Konturgebung unmittelbar vor der Strahlkalibrierung eine wichtige Rolle. Kantige Übergänge vom Düseninnenraum zum Austritt sind tunlichst zu vermeiden. Optimal wäre eine parabolisch verlaufende Einschnürung unmittelbar vor der Austrittsöffnung, was aber in der Praxis nur schwer realisierbar ist. Eine flach auslaufende Verrundung genügt meistens auch. Die parallele Kalibrierlänge, unmittelbar vor der Austrittskante, sollte in etwa der 2.5- bis 5-fachen Schlitzhöhe bei Flachdüsen bzw. der lichten Weite bei Runddüsen entsprechen. Die optimale Kalibrierlänge hängt ab vom verwendeten KSS, sowie von seiner Viskosität und Schmierfähigkeit. Zudem darf das Düsenende nicht abgeschrägt sein, wenn man einen homogenen, pseudolaminaren Strahl erwartet. Lange, schmale, parallel verlaufende Düsenenden, wie von [46] gezeigt und als „laminare Strahlführung" bezeichnet, haben sich wegen der inneren Reibung als eher ungünstig erwiesen.

In Bild 7.10 sind die drei wichtigsten Prinzipsituationen der Vollstrahlkühlung unter dem Gesichtspunkt optimierter KSS-Strahlzuführung zu sehen. Das oberste Bild zeigt deutlich, dass der KSS-Strahl an der drehenden Schleifscheibe abprallt und in einem „Knickwinkel" nach dem physikalischen Grundsatz „Aufprallwinkel ist gleich Abprallwinkel" - das kennen ja alle Billard-Spieler bestens - seine Richtung ändert. Die Benetzung der Schleifscheibenumfläche mag vorhanden sein, nur in die Kontaktzone wird der KSS nicht eingezogen. Damit ist die angestrebte Kühl- und Reinigungswirkung von vornherein nicht gewährleistet.

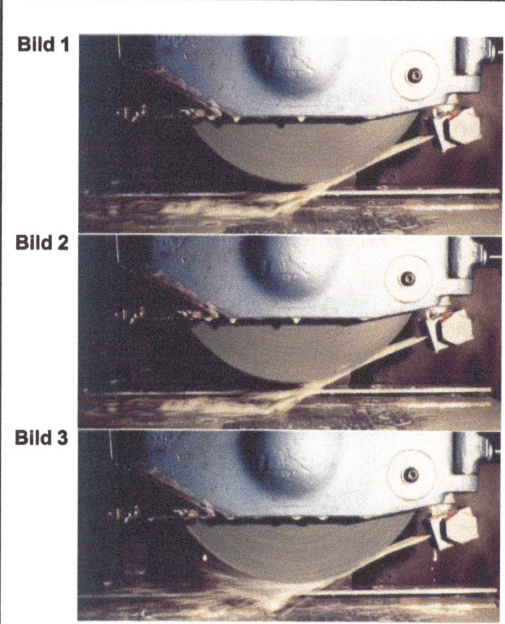

Die nebenstehenden Bilder zeigen den von OTT 1975 erkannten und ab 1976 publizierten physikalischen Effekt der KSS-Strahlhaftung an der rotierenden Schleifscheibe unter der Voraussetzung, dass das Kühlmittel pseudolaminar in der Drehrichtung der Scheibe zugeführt wird (spezielle Düsenbauweise) und die Strahlgeschwindigkeit v_k dem 0.6-fachen bis 1.0-fachen Betrag der Scheibenumfangsgeschwindigkeit v_c entspricht.

Oben (Bild 1): v_k ist viel kleiner als v_c

Mitte (Bild 2): v_k beträgt ca. 60% von v_c

Unten (Bild 3): v_k entspricht genau v_c

Es ist interessant zu beobachten, wie der KSS-Strahl über einen Umschlingungswinkel von etwa 30°- 40° an der Peripherie der Scheibe, entgegen der Zentrifugalkraft, haftet und deshalb auch in die Kontaktzone eingezogen wird.

BILD 7.10 Die drei Prinzipsituationen des KSS-Strahls (Gleichlaufkühlung und -reinigung nach OTT). Bildnachweis: H. W. OTT & CO. Schleiftechnik CH-8330 Pfäffikon-ZH

Das mittlere Bild wurde in etwa beim 60 %-Punkt aufgenommen, also dort, wo die KSS-Strahlhaftung gerade zu wirken beginnt. Der in Bild 1 deutlich sichtbare Strahlknick ist nicht mehr vorhanden, und man kann bereits eine ganz geringe Anschmiegung des Strahls an die Schleifscheibe beobachten. Es ist eben erst der Anfang der „Gleichlaufkühlung" bzw. der Strahlhaftung. Nur, dieses Bild ist deshalb besonders interessant, weil hier der Übergang vom Abprallen zum Haften sichtbar wird.

Betrachtet man nun noch das Bild 3, erübrigt sich eigentlich ein weiterer Kommentar zur „Gleichlaufkühlung". Der KSS-Strahl hat hier dieselbe Geschwindigkeit wie die in gleicher Richtung drehende Schleifscheibe. Die Anschmiegung ist gut zu erkennen, ebenso der gegen die wirkende Zentrifugalkraft an der Scheibe „klebende" Kühlschmierstoff. Jetzt braucht es nur noch etwas Vorstellungskraft: Der KSS-Anteil, welcher in der Randvertiefungen der Schleifscheibe von dieser mitgenommen wird, schmiert, kühlt und reinigt. Der zu viel zugeführte KSS streift die Schleifscheibe beim Eintritt ins Werkstück ab. Es kann somit nicht mehr KSS in die Kontaktzone gelangen, als die Scheibe mit ihrer Randzone transportieren kann. Ist eine Scheibe bezüglich ihrer Struktur für die jeweilige Schleifaufgabe richtig gewählt, reicht die eingezogene Menge für einen thermisch stressfreien Prozess. Ist dagegen die Struktur zu gering gewählt worden, sind thermische Probleme zu erwarten. Das kann auch die „Gleichlaufkühlung" nicht verhindern.

7.11 Übersicht der wichtigsten Arten von Kühlschmierstoffdüsen

Nachfolgend sind die wichtigsten Arten von Kühlschmierstoffdüsen aufgelistet. Sie können einzeln oder in sinnvoller Kombination miteinander zum Einsatz gelangen.

1. Runddüsen (Freistrahldüsen), meist zur Abdeckung von schwierigen Profilformen und/oder zur seitlichen Zusatzkühlung (z. B. Nutenschleifen, Einstiche, usw.) eingesetzt.
2. Flachschlitzdüsen (Freistrahldüsen) haben die grösste Verbreitung, denn sie sind verhältnismässig universell verwendbar. In vielen Fällen ist aber ihre Ausrichtung falsch, wodurch die Kühlwirkung stark vermindert wird.
3. Flachschlitzdüsen (Freistrahldüsen) mit auswechselbaren Düsenlippen eignen sich hervorragend, um mit einem einzigen Düsengrundkörper verschiedene Schleifbreiten optimal mit KSS zu versorgen. Gleichzeitig kann durch unterschiedliche Dimensionierung der Öffnung in den beiden Düsenlippen die zugeführte KSS-Menge und die Strahlgeschwindigkeit exakt auf die anstehende Schleifaufgabe abgestimmt werden.
4. Formdüsen (Freistrahldüsen) unterschiedlichster Art und Bauweise werden zum Abdecken komplexer Profilformen, ganz besonders beim Hochgeschwindigkeitsschleifen (HSG und

HEDG) eingesetzt. Damit sind U-, T-, V- und andere Strahlformen erzeugbar. Diese Düsenart erfordert nicht unbedingt einen Systemdruck, welcher die Strahlgeschwindigkeit auf das Niveau der Schnittgeschwindigkeit bringt. Richtig platziert, lässt sich der Strahl durch die Schleifscheibe auf ihre Umfangsgeschwindigkeit beschleunigen. Allerdings steht die dazu erforderliche Beschleunigungsleistung durch den Scheibenantrieb dem Prozess nicht mehr zur Verfügung.

5. Kammer- oder Schuhdüsen kommen dann zum Einsatz, wenn mit hohen und höchsten Schnittgeschwindigkeiten gearbeitet wird. Hier wird die Strahlgeschwindigkeit nicht mehr über ein entsprechendes Druckpotential erreicht, sondern die Scheibe taucht mit ihrer Arbeitsumfläche in diese Düsen ein, reisst KSS daraus mit, wodurch dieser auf nahezu Umfangsgeschwindigkeit beschleunigt wird. Ihre Konstruktion ist nicht ganz einfach, zumal ein Verstellmechanismus für eine genaue Ein- und Nachstellung vorhanden sein sollte. Weil diese Düsenart der Scheibenform angepasst werden muss, um eine gute Kühl- und Reinigungswirkung zu erzielen, erfolgt ihr Einsatz mehrheitlich zusammen mit hochharten Schleifstoffen (Diamant und CBN). Für die Kühlung bei Verwendung konventioneller Schleifscheiben, welche ihren Durchmesser in grösseren Bereichen bis zur vollständigen Abnützung verändern, eignen sich Kammer- bzw. Schuhdüsen nicht.

6. Reinigungsdüsen (Freistrahldüsen) können unterschiedlichste Formen aufweisen. Sie dienen in erster Linie dem Sauberhalten der Scheibenarbeitsfläche (Ausspülen von Span- und/oder Kornresten). Angeordnet werden sie an irgend einer freien Stelle am Umfang der Schleifscheibe, wobei sie normalerweise dann radial auf die Scheibenarbeitsfläche ausgerichtet sind. Der benötigte Reinigungsdruck bewegt sich zwischen etwa 12 bis weit über 20 bar. Nach OTT kann man aber auch Reinigungsdüsen als so genannte „Gegenlaufdüsen“ platzieren, d. h. sie sehen genau gleich aus, wie die Hauptkühldüse, sind aber genau gegengleich (spiegelbildlich) montiert und spritzen gegen die Laufrichtung der Scheibe. Da sich an der Berührungsstelle die Geschwindigkeit des Reinigungsstrahles und jener der Schleifscheibe algebraisch addieren, kann eine enorme Ausspülwirkung (Reinigung) bei gleichzeitiger Funkenlöschung und Sekundärkühlung erreicht werden.

Logisch, weil die Düsen bzw. die KSS-Zuführung zur Kontaktstelle Schleifscheibe/Werkstück von eminenter Bedeutung ist – davon hängt oft das Gelingen des Schleifprozesses ab –, sind auch die Düsen genau so sorgfältig zu planen (zu berechnen) und herzustellen wie alle übrigen Bauteile der Schleifmaschine. Ist beispielsweise die Austrittsöffnung zu gross, so liefert zwar die Pumpe die maximal mögliche KSS-Menge, aber dabei bricht der Druck zusammen, was zu einer Reduktion der Strahlgeschwindigkeit führt. Ist die Austrittsöffnung zu klein, steht wohl der maximal von der Pumpe erzeugbare Druck in der Düse an und eine entsprechende Strahlgeschwindigkeit wird erreicht, aber die austretende KSS-Menge ist dann meist zu gering. Die leider noch weit verbreitete Meinung, mit einer Verkleinerung der Austrittsöffnung an der Düse lasse sich der Systemdruck und damit die Strahlgeschwindigkeit nahezu beliebig erhöhen, ist zwar nicht absolut falsch, aber irritierend. Bis zum Erreichen des maximalen Pumpendruckes stimmt diese Überlegung noch, aber weiter geht's beim besten Willen nicht mehr!

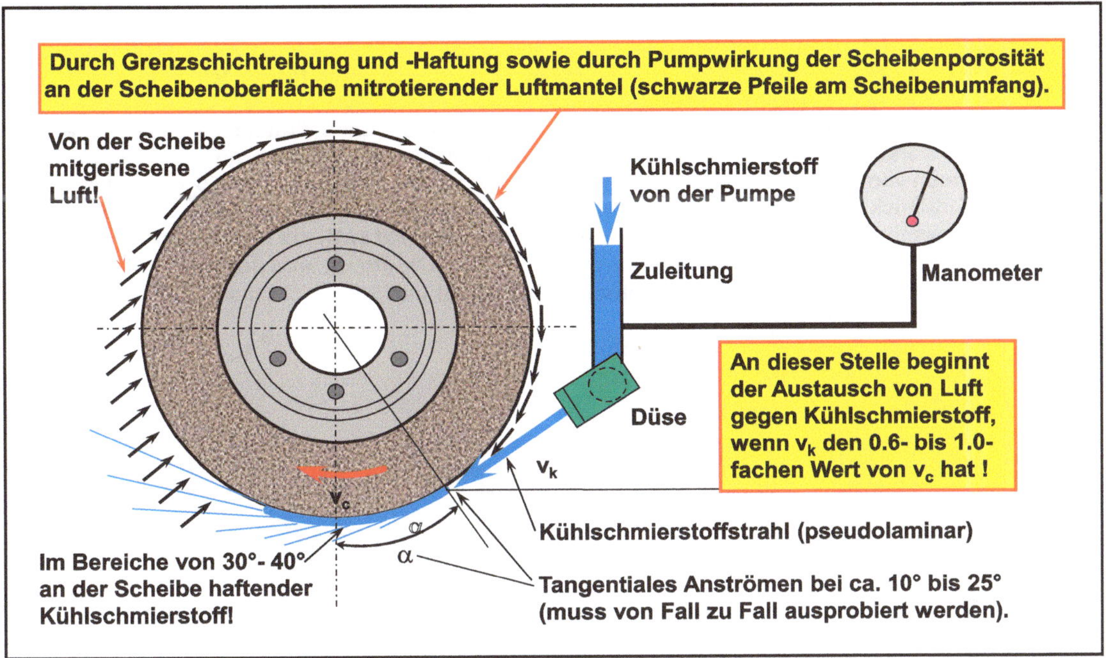

BILD 7.11 Gleichlauf-Kühlschmierstoffzuführung beim Flach-/Flachprofilschleifen (nach Ott)

Grundsätzlich sind zwei Bedingungen zu beachten: Ersten die Distanz zwischen dem Düsenaustritt und der Kontaktstelle Scheibe/Werkstück. Ein gut kalibrierter Strahl hält seine Form etwa über 200–300 mm. Weiter sollte die Düse somit nicht entfernt sein von der Kontaktstelle. Man nutzt aber auch diese Distanz nur dann, wenn irgend eine Kollisionsgefahr besteht. Je geringer der Abstand zwischen der Düse und der Kontaktstelle ist, desto grösser ist die Effizienz. Zweitens ist die Stellung (Ausrichtung) der Düse zur Schleifscheibe durch Versuche zu ermitteln. Die Schleifscheibe muss deutlich vor der Kontaktstelle Scheibe/Werkstück mit KSS angeströmt werden. Es braucht ja auch seine Zeit, um den an der Scheibe haftende Luftmantel gegen Kühlschmierstoff auszutauschen. Die zur Verfügung stehende Zeit bewegt sich bei den heute üblichen Schnittgeschwindigkeiten im Bereich von Bruchteilen von Millisekunden. Der KSS-Strahl muss also unbedingt vor der Kontaktstelle die Scheibe anströmen.

Beim Flach- und Flachprofilschleifen gibt es noch ein zusätzliches Problem. Profis sprechen oft von der „14-mm-Brandstelle“. Gemeint ist damit jene kritische Stelle am flachen Werkstück, an welcher kurzzeitig die Schleifscheibe nicht mit KSS versorgt wird, weil dieser an der Werkstückkante abgelenkt wird. Das Bild 7.12 verdeutlicht diese Situation.

Umgehen kann man das Abprallen des KSS-Strahls auf einfache Weise. Auf der Strahlzuführungsseite wird eine so genannte Strahlleitstufe vor das Werkstück gelegt – auf Magnetplatten völlig problemlos. Die Strahlleitstufe hat die Höhe des fertig geschliffenen Werkstücks oder des Profils. Meistens wird dazu ein gegenüber dem 0-Mass um vielleicht 0.02–0.03 mm tiefer

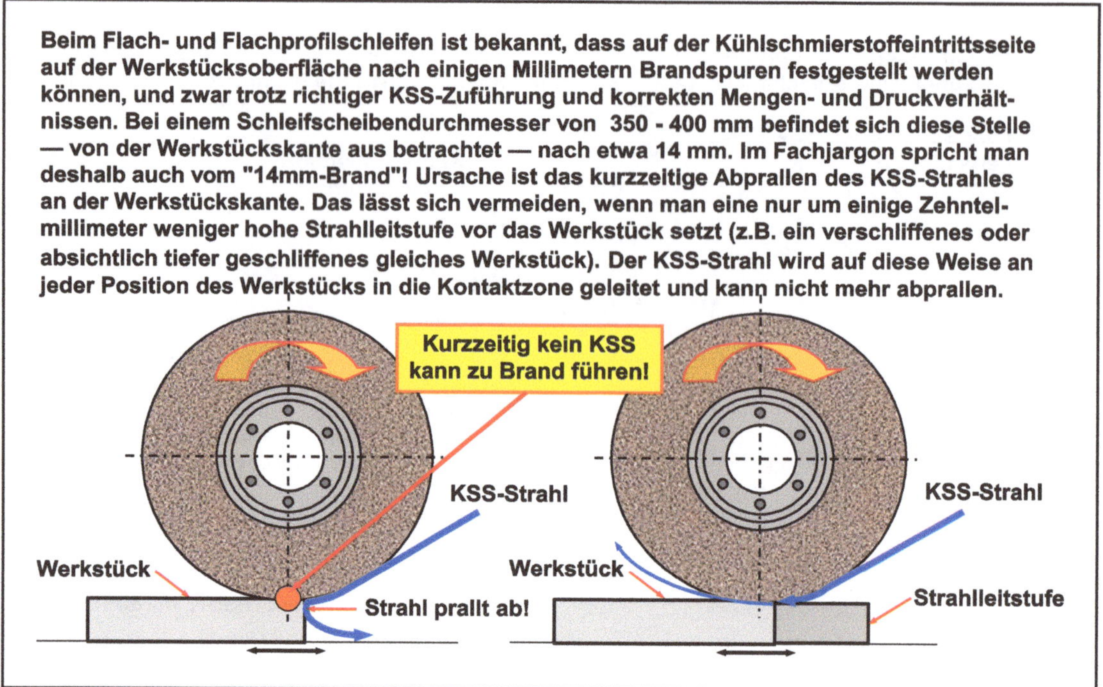

BILD 7.12 KSS-Strahlleitstufe beim Flach- und Flachprofilschleifen

geschliffenes gleiches Werkstück verwendet. In vielen Fällen sind solche Strahlleitstufen direkt greifbar, weil meist von den Einstellversuchen Ausschussteile anfallen. Diese eignen sich besonders gut als Strahlleitstufe. Eine solche triviale Lösung ist leider in der Praxis oft nicht oder nicht genügend bekannt.

Beim Aussenrundschleifen bieten sich dagegen ideale Bedingungen an für das Haften und Einziehen des KSS-Strahls. Hier muss aber ganz speziell auf die Stellung der Düse bzw. auf die Strahlrichtung geachtet werden. Genauso, wie der Anstellwinkel beim Flachschleifen ein Anstrahlen der Scheibenumfläche vor der Kontaktstelle ermöglicht, ist dies auch beim Aussenrundschleifen zu berücksichtigen und einzuhalten. Die Düse muss nach hinten geneigt sein, wobei man den günstigsten Anstellwinkel – normalerweise etwa zwischen 10–20° – durch Versuche ermitteln sollte (siehe Bild 7.13). Er hängt in starkem Masse vom Scheiben- und vom Werkstückdurchmesser ab. Ferner spielt auch die Qualität der Strahlkalibrierung und der möglicherweise vorhandene Geschwindigkeitsunterschied zwischen der Schleifscheibe und dem Kühlmittelstrahl eine nicht zu vernachlässigende Rolle.

Betrachtet man die KSS-Zuführung beim Aussenrundschleifen von der Seite, fällt meist zuerst auf, dass eine grosse Menge an KSS über das Werkstück strömt. Das ist gut so, denn dadurch wird gezielt eine Nachkühlung der geschliffenen Partie erreicht. Ein Blick unter das Werkstück in jenen Bereich, welcher in Kontakt mit der Schleifscheibe steht, sollte einen dünnen, auf der

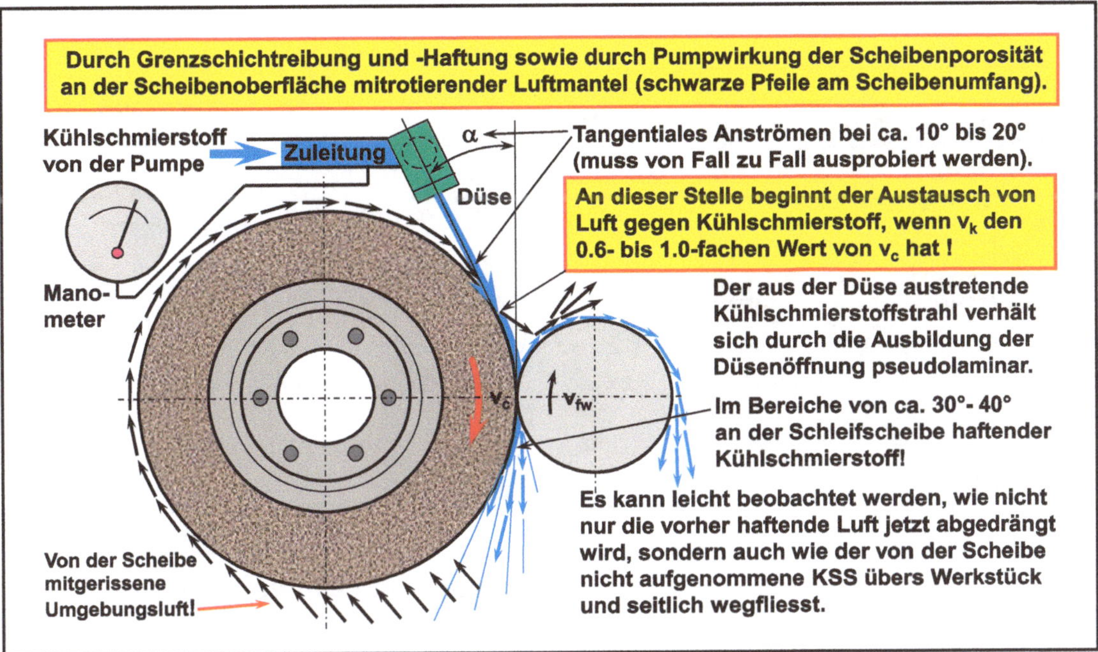

BILD 7.13 Die Gleichlaufkühlung und -schmierung (nach Ott) beim Aussenrundschleifen (Einstech- und Längsschleifen)

gesamten Kontaktbreite der Scheibe abfliessenden KSS-Anteil zeigen. Die Scheibe kann ja nur das transportieren, was sie in der Randschicht aufnimmt. Diese Menge ist niemals identisch mit der zugeführten. Bedauerlicherweise wird der Betrachter dieser Zone allzu oft enttäuscht. Es sieht nur so aus, als ob der KSS zwischen der Scheibe und dem Werkstück durchfliesst. In Wirklichkeit wird dort trocken geschliffen!

Die von OTT als „Zweistrahldüse“ (Bild 7.14) schon 1983 gezeigte Bauweise leitet mit dem einen, etwa radial auf die Scheibe ausgerichteten Strahl die durch Grenzschichthaftung und Scheibenpumpwirkung mitrotierende Luft ab, während der zweite etwas stärkere Strahl, die Scheibe tangential anströmt, um den Schleifprozess direkt zu versorgen. Der „Rakelstrahl“ hat, weil er radial auftrifft, gleichzeitig noch eine sehr gute reinigende Wirkung, welche sich durch Veränderung der Strahlrichtung, z. B. gegen die Scheibendrehrichtung, intensivieren lässt.

Erstaunlich ist dabei, dass die Schleifscheibe nahezu die gesamte KSS-Menge, welche für diesen „Rakel- und Reinigungsstrahl“ benötigt wird, mitzieht und dem Prozess wieder zuführt. Dadurch ist gleichzeitig die Scheibenoberfläche zwischen dem Rakel- und dem Hauptstrahl abgedeckt und nimmt keine neue Umgebungsluft in der Randzone auf. Der Rakelstrahl erfordert zudem über den Nutzungsbereich der Scheibe (Schleif- oder Kontaktbreite) – auch im Falle von Profilen – weder eine besondere Anpassung noch eine Nachstellung. Die Zweistrahldüse kann für jedes erdenkliche Scheibenprofil, sogar für das Zahnradwälzschleifen, mit grossem Erfolg eingesetzt

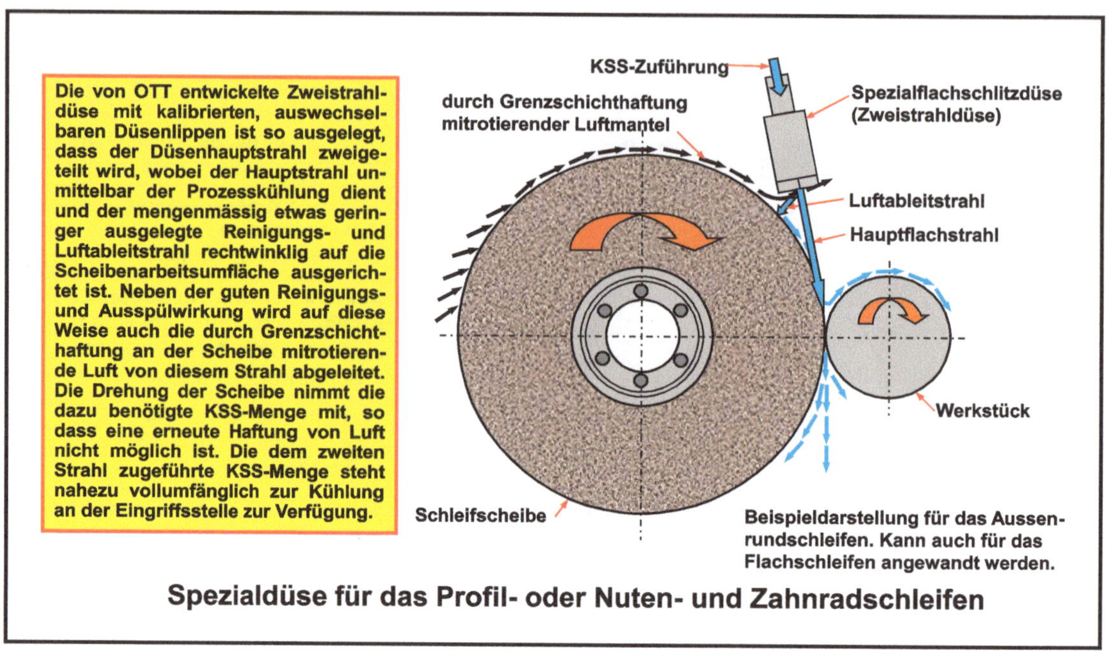

BILD 7.14 Die OTT'sche Zweistrahldüse mit Radialreinigungswirkung und Luftableitung (kombinierte Kühlung und Reinigung)

werden. Ferner lassen sich damit hohe und höchste Abtragsleistungen erzielen. Auch wenn die Strahlgeschwindigkeit v_k nicht von vornherein mit jener der Schnittgeschwindigkeit v_c der Scheibe übereinstimmt, kann mit diesem offenen Düsenkonzept – ähnlich wie mit Kammerdüsen – eine sehr gute KSS-Beschleunigung durch die Schleifscheibe beobachtet werden. Der KSS-Druck sollte hier aber trotzdem im Minimum 60 % jenes Druckes betragen, welcher für eine mit der Schnittgeschwindigkeit identischen Strahlgeschwindigkeit notwendig wäre. Andernfalls würden der Rakel- und Reinigungsstrahl zu wenig Wirkung zeigen. Diese Düse lässt sich bis in den Hochgeschwindigkeitsbereich einsetzen.

Die Kammer- oder Schuhdüse ist auf der zur Scheibe hin gerichteten Seite vollständig offen. Der Kühlschmierstoff wird durch Friktion von der Schleifscheibe mitgenommen und dabei auf ihre Umfangsgeschwindigkeit beschleunigt. Der an der Düse anstehende Druck muss nicht hoch sein. Es genügen 1.5 bis etwa 2.5 bar. Wichtig ist dagegen die zugeführte KSS-Menge Q_k. Sie muss grosszügig bemessen sein, damit die gesamte Düsenkammer immer sicher gefüllt ist. Ansonsten wirkt die Scheibe als Pumpe und „saugt" gewissermassen den KSS aus der Kammer. Ferner sollte die Zuführung des Kühlschmierstoffs nach Möglichkeit von oben bzw. in Drehrichtung der Scheibe erfolgen. Auf diese Weise lassen sich unerwünschte Wirbel in der Kammer weitestgehend vermeiden. Auch die Kammertiefe hat einen Einfluss auf die Verwirbelung in der Kammer. Deshalb versucht man, diese möglichst gering zu halten (siehe Bild 7.15).

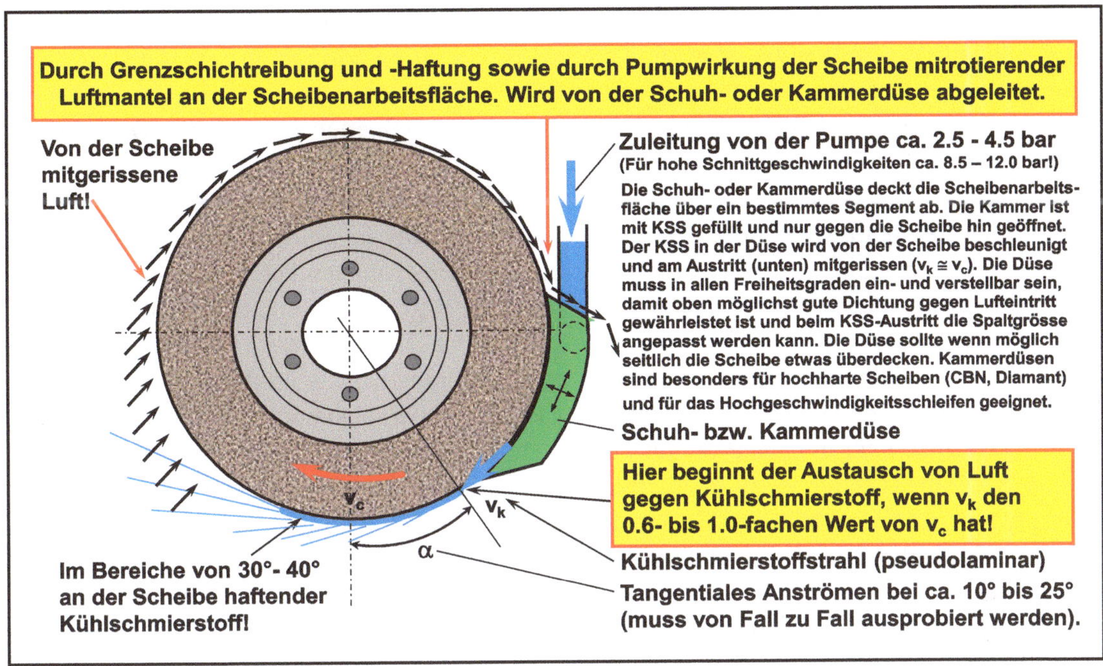

BILD 7.15 Kühlschmierstoffzuführung mit einer Kammer- bzw. Schuhdüse

Kritisch ist bei dieser Düsenkonstruktion der notwendige Einstellmechanismus. Die Düse muss man oben möglichst nahe an den Umfang der Scheibe anlegen und unten so einstellen können, dass die benötigte KSS-Menge austreten kann. Es ist somit eine Verstellmöglichkeit in vier Freiheitsgraden vorzusehen. Ferner muss man die Kammerdüse, deren Öffnung so breit wie die Scheibe ist und diese seitlich leicht überdeckt, dem durch Abnützung immer kleiner werdenden Schleifscheibendurchmesser nachführen können. Bei konventionellen Schleifscheiben entsteht hier ein grosses Problem, weshalb Kammerdüsen – wenn überhaupt – meist nur zusammen mit hochharten Schleifstoffen (CBN und Diamant) zum Einsatz gelangen. Diese Scheiben nützen sich nur ganz langsam ab, wodurch die Nachführung wesentlich unproblematischer ist. Geht es darum, ein Scheibenprofil über eine Kammerdüse mit KSS zu versorgen, wird oben und unten ein verschiebbares Blechteil angeschraubt. In dieses Blech schleift man das Profil dann ein. Damit ist sichergestellt, dass das gesamte Profil der Scheibe gleichmässig mit Kühlschmierstoff versorgt wird.

Nicht zu vergessen ist, dass die Beschleunigung des Kühlschmierstoffs auf die Umfangsgeschwindigkeit der Schleifscheibe einerseits eine bestimmte Länge der zur Scheibe hin offenen Kammer der Düse erfordert und andererseits die Leistung dafür vom Scheibenantrieb geliefert werden muss. Dieser Leistungsbedarf steht somit dem Prozess selbst nicht mehr zur Verfügung. Er kann, z. B. beim Hochgeschwindigkeitsschleifen, enorme Grössenordnungen annehmen.

Die zusätzliche Reinigung der Arbeitsumfläche von Schleifscheiben, besonders wenn duktile oder schmierende Werkstoffe zu schleifen sind, kann sich als zwingend notwendig erweisen. Eine bekannte Methode besteht darin, mit meist mehreren radial angeordneten Düsen das Ausspülen von hängen gebliebenen oder kaltgeschweissten Spänen zu bewirken. Dazu werden Drücke von 20 bar bis etwa 50 bar angewandt. Auch wenn die Pumpenfördermenge hierzu nicht übermässig gross sein muss, sind solche Pumpen bereits recht teuer. Das ist aber nur eine Seite dieser Reinigungsmethode. Wesentlich problematischer ist die Tatsache, dass mit diesen grossen Drücken Spänereste und Scheibenabrieb, wegen der radialen Reinigungsstrahlrichtung, eben auch in die etwas tiefere Randzone der Scheibe gepresst werden. Die Schleifer wissen aus Erfahrung, dass eingetrockneter „Schleifschlamm" hart wie Zement werden kann. Einige Leser haben das „Montagmorgen-Phänomen" wahrscheinlich schon erlebt. Wird nämlich eine Scheibe radial mit hohem Druck gereinigt, trocknet übers Wochenende diese in Abhängigkeit der Scheibenporosität in etwa 2–4 mm Tiefe liegende Schicht vollständig. Am Montagmorgen geht's weiter und nach einigen Nachkonditionierungen der Schleifscheibe „brennt" diese ganz plötzlich. Grund: Die zementierte Schicht ist erreicht und eine Spanbildung ist der Kompaktheit (völlig glatt, strukturlos) wegen nicht mehr möglich. Die Lösung bringt nur das Abdiamantieren der ausgehärteten Schicht, bis wieder die freie und offene Struktur zum Vorschein kommt. Das können durchaus einige Millimeter sein. Kommentar: Schade um den Scheiben-, Diamant- und Zeitverlust!

Ausgehend von der Idee, die Schleifscheibe nach dem Austreten aus dem Werkstück in jener Richtung mit KSS anzustrahlen, welche das Ausspülen von Späneresten und Kornaus- und Abbrüchen am ehesten garantiert, hat OTT [11] bewogen, die von ihm als „Gegenlaufreinigung" benannte Düsenanordnung nach Bild 7.16 zu entwickeln. Die Reinigungswirkung ist deshalb extrem gut, weil sich die Strahl- und die Schnittgeschwindigkeit algebraisch addieren. Angenommen, die Scheibe dreht mit 35 m/s und der KSS-Reinigungsstrahl weist einen Druck von 6.6 bar auf, wodurch ebenfalls 35 m/s Strahlgeschwindigkeit erreicht werden, wirkt an der Berührungsstelle von Strahl und Scheibe die Reinigungskraft von theoretisch 27 bar oder eine effektive Aufprallgeschwindigkeit von 70 m/s, weil eben die Scheibe dem Strahl entgegendreht.

Wie das Bild 7.16 zeigt, werden bei diesem Reinigungskonzept auf beiden Seiten im Prinzip zwei genau gleiche Düsen angebaut. Soll ein Optimum an Reinigungswirkung erzielt werden, ist die Pumpenfördermenge der Prozesskühlung (hier rechte Seite) zu verdoppeln. Selbstverständlich kann man auch zwei gleiche Pumpen in den KSS-Behälter einsetzen und jede Seite, also Prozesskühlung und Scheibenreinigung, je separat mit Kühlschmierstoff versorgen. Der Vorteil wäre, dass dann, wenn die Reinigung nicht unbedingt benötigt wird, diese ganz einfach abgestellt werden könnte. Der Druck bleibt üblicherweise gleich, liesse sich aber für die Reinigungsdüse auch etwas reduzieren. Noch etwas: Wird ein Düsenkonzept verwendet, welches einen sauber kalibrierten Strahl erzeugt, kann die Reinigungsdüse etwas weiter entfernt von der Schleifscheibe angeordnet sein. Der Strahl behält ja über eine relativ lange Strecke seine Form. Dadurch ist die Kollisionsproblematik mit einer Werkstückaufnahmeeinrichtung, beispielsweise mit einem Teilapparat, ohne weiteres zu beherrschen. Auch muss der Anströmwinkel nicht absolut gleich

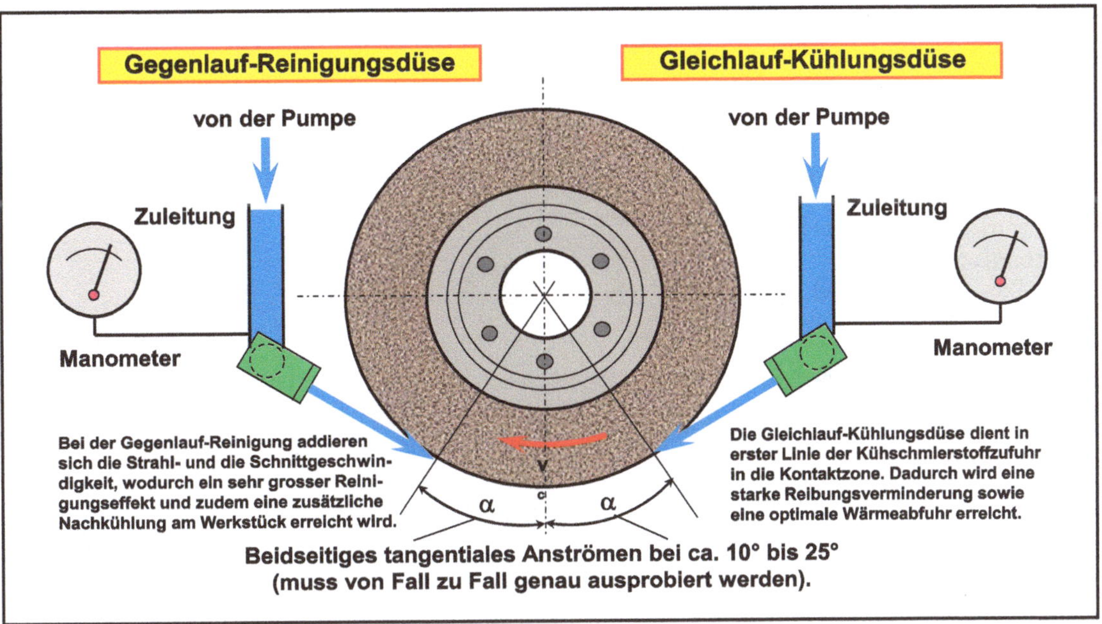

BILD 7.16 Gegenlaufreinigungsdüse nach OTT. Reinigung, Nachkühlung und Funkenlöschung beim Flach- und Flachprofilschleifen.

sein wie auf der Prozesskühlungsseite. Stark sollte man ihn allerdings nicht verändern, denn die Reinigungsdüse hat noch eine zweite Aufgabe zu erfüllen, sie bewirkt eine Nachkühlung des Werkstücks.

Auch für das Aussenrundschleifen (Bild 7.17) lässt sich die Gegenlaufkühlung einsetzen. Es gibt allerdings ab und zu Schwierigkeiten mit dem zur Verfügung stehenden Platz. Diese lassen sich meist umgehen, indem die Düsenform und eventuell auch der KSS-Anschluss den Gegebenheiten angepasst wird. Es müssen ja nicht unbedingt die gleichen exakten Verhältnisse vorhanden sein, wie bei der Prozesskühlungsdüse. Wird die Scheibenumfläche kurz nach dem Austritt aus dem Werkstück so tangential angeströmt, dass Reinigung und Nachkühlung gewährleistet sind, funktioniert alles problemlos.

Eine typische Anwendung für dieses Konzept mit einer Gegenlaufreinigungsdüse ist das Schleifen von Walzen- und Kugelumlaufspindeln. In beiden Fällen führt jede Erwärmung zu masslichen Unregelmässigkeiten, die sich normalerweise nur durch ein langwieriges Ausfunkprozedere egalisieren lassen. Mit der Gegenlaufdüse liegt in diesen Schleifprozessen nicht unbedingt der Schwerpunkt bei der Scheibenreinigung, sondern eher bei der Nachkühlung.

Das Innenrundschleifen stellt ganz besondere Ansprüche an eine wirksame Kühlung. Geht es um grosse Rundteile und entsprechende Scheibendurchmesser, lassen sich ganz ähnliche Düsen konzipieren, wie sie für das Flach- oder Aussenrundschleifen Verwendung finden. Hält man die strömungsphysikalischen Gesetzmässigkeiten ein, ist der Kühleffekt sichergestellt. Etwas anders

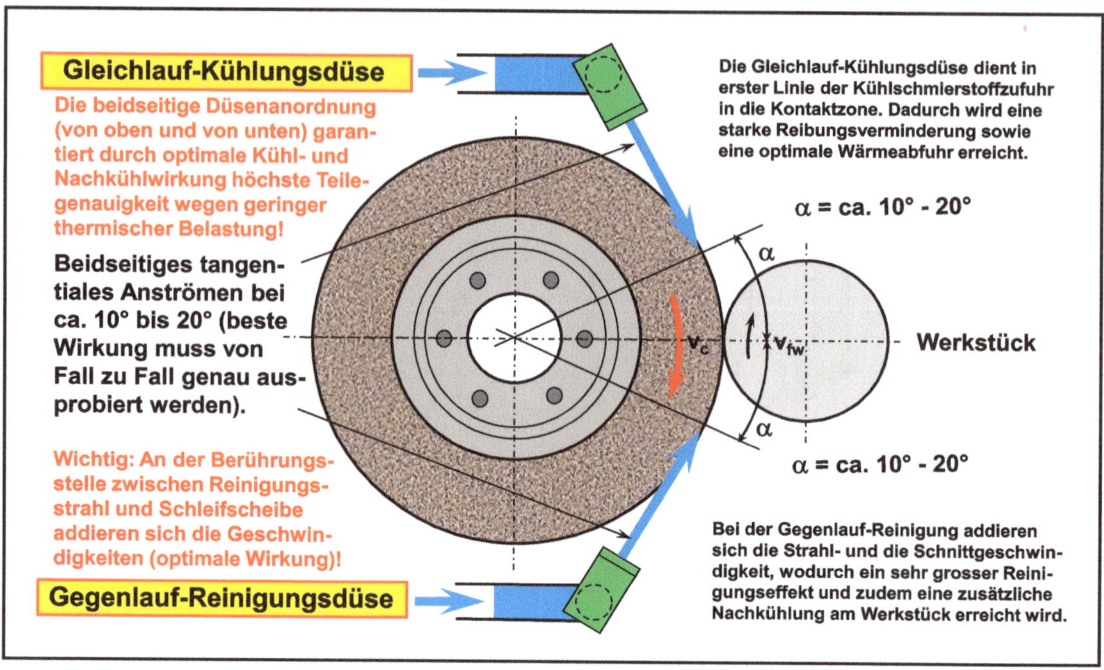

BILD 7.17 Gegenlaufreinigungsdüse nach OTT. Reinigung, Nachkühlung und Funkenlöschung beim Aussenrundschleifen.

sieht es aus, wenn mit Schleifstiften in einer kleinen Bohrung geschliffen werden muss. Da bleibt gar kein Platz für eine Düse. Deshalb wendet man in den meisten Fällen die Überflutungskühlung an, indem über ein gut ausgerichtetes, weichgeglühtes Kupferrohr der Kühlschmierstoff so zugeführt wird, dass dieser den gesamten Freiraum zwischen der Bohrung und dem Schleifstift füllt. Auf diese Weise kann sich keine an der Scheibe mitrotierende Luftschicht bilden.

In Bild 7.18 sind die drei typischen Varianten der Kühlungsproblematik dargestellt. Variante 1 zeigt das Schleifen einer Bohrung, welche hinten geschlossen ist. Da wäre die KSS-Zuführung in reichlicher Menge über ein Rohr die beste Lösung. In der Variante 2 erkennt man ein Werkstück, welches hinten in der Bohrung geöffnet ist. Es gibt Innenrundschleifmaschinen, die eine KSS-Zuführung über die hohle Werkstücksantriebsachse ermöglichen. Im Prinzip ist dagegen nichts einzuwenden, nur hängt die Effizienz einer solchen Kühlung vom Innendurchmesser des Werkstücks und der Schleifscheibe (Schleifstift) ab. Besteht ein grosser Unterschied, fliesst der Kühlschmierstoff von hinten in die Bohrung und füllt, sofern die Menge reicht, diese wie in der Variante 1 aus. Ein Problem besteht dann, wenn die Bohrung am Werkstück klein ist und der Schleifstift die hintere Öffnung nahezu abschliesst. Ist dann der KSS-Druck nicht genügend gross, bildet sich an der Scheibenstirnseite des Schleifstifts ein mitdrehender KSS-Fächer, welcher durchaus verhindern kann, dass die Scheibe, dort wo sie schleifen muss, genügend Kühlschmierstoff erhält. In solchen Situationen sollte auch von der rechten Seite (siehe Bild 7.18) her Kühlschmierstoff zugeführt werden.

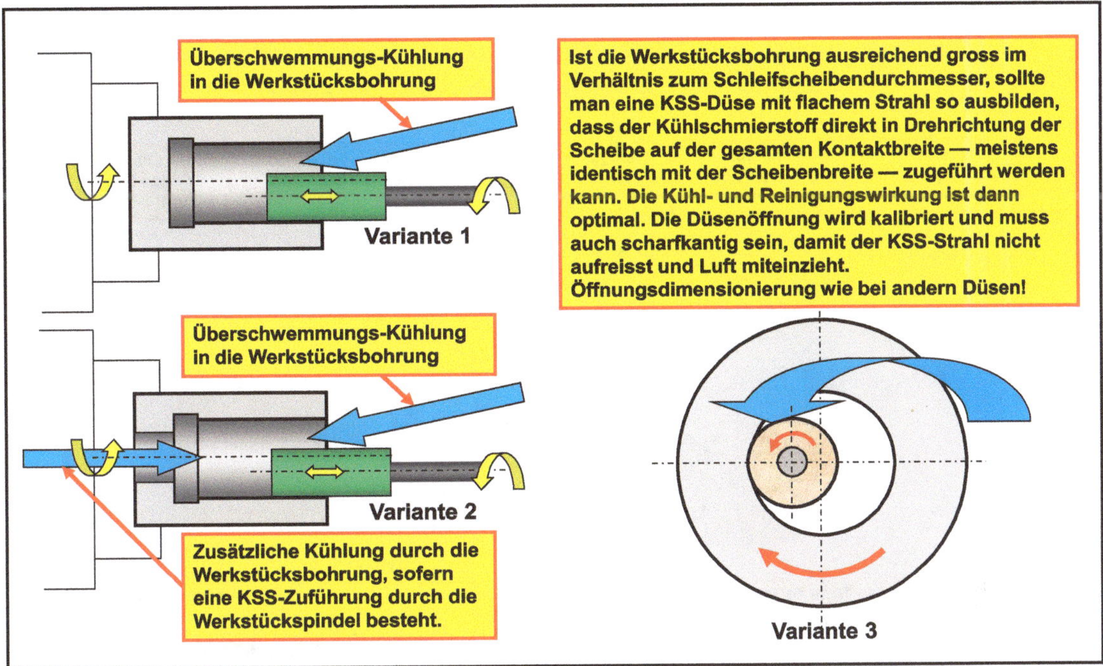

BILD 7.18 Kühlmittelzuführung beim Innenrundschleifen

Bei dieser Gelegenheit muss man auch das „Aquaplaning“ ansprechen. Zumal beim Innenrundschleifen meistens schon kritische Steifigkeitsbedingungen herrschen, besteht die Gefahr eines Abhebens des Schleifstifts, bedingt durch das Einziehen des Kühlschmierstoffs in die Kontaktzone. Mögliche Gegenmassnahmen sind die Verwendung einer Lösung mit wenig schmierenden Additiven und der Einsatz von steifen Schäften (Hartmetall oder Keramik) an den Schleifstiften.

Sogar beim Spitzenlosschleifen (Centerless-Schleifen) kann die Kühlschmierstoffzuführung optimiert werden. Beim Durchlaufschleifen sind die Schleifscheiben meist sehr breit. Da eignen sich Fächerdüsen ganz besonders gut, weil über deren Distanz zur Eingriffsstelle eine Breitenvariation bzw. -anpassung problemlos möglich ist. Wird dagegen im Einstechverfahren geschliffen, – meistens irgend ein Profil –, sollte die Düse unbedingt auch auf die Profilkontur abgestimmt sein. Im Übrigen gelten genau die gleichen strömungstechnischen Bedingungen wie bei den anderen Schleifverfahren.

Eine noch wenig angewandte Kühl- und Reinigungsmethode hat OTT [11] für das Spitzenlosschleifen entwickelt (siehe Bild 7.19). Ähnlich der vorher diskutierten Reinigungsdüsen und deren Funktion, wird die Regelscheibe (Mitnahme- bzw. Antriebsscheibe) ebenfalls mit Kühlschmierstoff angeströmt. Auch hier kann die Reinigungsdüse im Prinzip wie die Kühldüse aussehen und von ein und derselben Pumpe versorgt werden. Da die Regelscheibe gegen die Strahlrichtung dreht, ergibt sich eine äusserst gute Reinigungswirkung (algebraische Addition beider Geschwindigkeiten). Die Regel- oder Mitnahmescheibe weist ja normalerweise eine

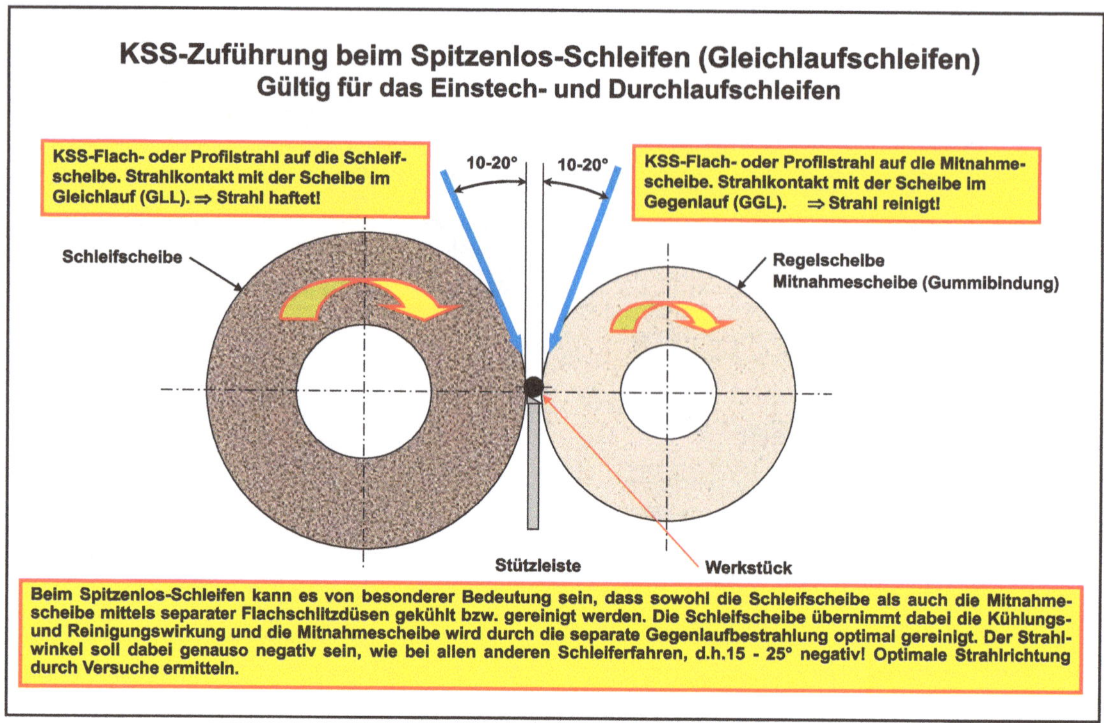

BILD 7.19 KSS-Zuführung beim Spitzenlos-Schleifen (Gleichlaufschleifen). Gültig für das Einstech- und Durchlaufschleifen

Gummibindung auf und sollte von allen an ihr möglicherweise haftenden Partikeln befreit sein, um eine ausreichende Friktion für den Antrieb des Werkstücks zu gewährleisten.

Über Düsen, ihre innere und äussere Formgebung sowie über die vielen verschiedenen Arten könnte noch viel diskutiert, erklärt und demonstriert werden. In letzter Konsequenz ist es aber dem Anwender anheim gestellt, für seine Schleifaufgaben die richtigen Düsen zu wählen. Ideen dazu hat er jetzt bestimmt genug.

7.12 Wichtige Hinweise zur Kühlschmierstoffzuleitung

Zwischen der Kühlmittelpumpe und dem Anschluss an der Düse muss eine Leitung vorhanden sein. Was gibt es hier zu beachten?

7.12.1 Leitungsgrösse in Abhängigkeit der Durchflussmenge

TABELLE 7.1 Leitungsgrösse in Abhängigkeit der Durchflussmenge

Es ist allgemein bekannt, dass mit steigender Strömungsgeschwindigkeit die Druckverluste in einem Rohrleitungssystem ansteigen. Somit sollte der Zuleitungsquerschnitt zwischen der Pumpe und der Schleifmaschine grosszügig gewählt werden. Die nachfolgend aufgeführten Rohrgrössen dienen als Richtlinie nach dem Motto: Je grösser, desto besser! Die Fliessgeschwindigkeit gilt allein für die Rohrgrösse. Sie sinkt je nach Austrittsquerschnitt A_k der Düse.

max. Pumpenfördermenge Q_k	Rohrgrösse (NW in Zoll)		max. Fliessgeschwindigkeit
▪ bis 40 l/min	R ½″	(DN 15)	ca. 3.8 m/s
▪ bis 70 l/min	R ¾″	(DN 20)	ca. 3.5 m/s
▪ bis 100 l/min	R 1″	(DN 25)	ca. 3.2 m/s
▪ bis 160 l/min	R 1 ¼″	(DN 32)	ca. 2.7 m/s
▪ bis 200 l/min	R 1 ½″	(DN 40)	ca. 2.3 m/s
▪ bis 250 l/min	R 2″	(DN 50)	ca. 2.0 m/s
▪ bis 320 l/min	R 2 ½″	(DN 65)	ca. 1.4 m/s
▪ bis 400 l/min	R 3″	(DN 80)	ca. 1.3 m/s

Diese Empfehlungen gelten selbstverständlich auch für die Schlauchgrössen, welche in der Zuleitung integriert sind. Hinweise zu den Schlauchleitungen nachfolgend.

7.12.2 Schlauchleitungen in der Kühlschmierstoffzuführung

Es wurde bereits darauf hingewiesen, dass auch der innere Durchmesser (lichte Weite) jeder Schlauchleitung (flexible Leitung) der Kühlschmierstoff-Zuführung den empfohlenen Grössenordnungen von massiven Rohrleitungen entsprechen muss. Dabei ist besonders darauf zu achten, dass der Innendurchmesser von Schlauchanschlüssen (Nippel, Verschraubungen, usw.) nicht kleiner als der innere Schlauchdurchmesser ist (geringe Reduzierungen sind meist bedeutungslos). Grundsätzlich sollten nur Schlauchleitungen verwendet werden, welche eine flexible, innere Armierung aufweisen. Dadurch kann man dem unerwünschten „Mitpulsieren" durch Pumpendruckspitzen erfolgreich entgegenwirken.

Ferner müssen die gewählten Schlauchtypen den Systemspitzendrücken standhalten können. Man ist gut beraten, bei den KSS-Schlauchleitungen eine Überdimensionierung der zulässigen Spitzendruckfestigkeit vorzusehen. Nicht allein wegen der Sicherheit ist dies von Vorteil, sondern aus einem ganz anderen Grund: Die meisten Schleifmaschinen werden von Zentrifugalpumpen mit offenen oder geschlossenen Laufrädern in ein- oder mehrstufiger Bauweise versorgt. Zentrifugalpumpen weisen die Tücke auf, mehr oder weniger stark zu pulsieren (siehe folgenden Punkt 7.12.3).

7.12.3 Pulsieren von Zentrifugalpumpen

Ein Anwender machte den Autor auf ein Symptom aufmerksam, welches im Allgemeinen so gar nicht bekannt ist. Trotz einwandfreier dynamischer Auswuchtung (automatisch) und neuer Präzisions-Spindellagerung zeigten die auf dieser Flachschleifmaschine geschliffenen Werkstücke Rattermarken in einem Abstand m_x, die weder mit der Tischgeschwindigkeit v_{fw} noch mit der Drehzahl n_s der Scheibe über die Formel $m_x = v_{fw}/n_s$ (mm) zu erklären waren. Der Abstand der Rattermarken änderte sich auch bei unterschiedlichen Drehzahlen und Tischgeschwindigkeiten nicht. Es mussten somit irgendwelche parasitären Schwingungen sein. Parasitäre Schwingungen stammen beispielsweise von Antriebsorganen (Motoren) der Schleifmaschine, können aber genauso gut über den Boden von anderen in der Nähe stehenden Maschinen herrühren und übertragen werden.

Weil die Schwingungen bei sachter Berührung der Schutzhaube spürbar waren und nur dann auftraten, wenn die Kühlung zugeschaltet wurde, lag die Vermutung nahe, dass es sich um eine Schwingung handeln könnte, die durch das nicht besonders stabile Schlauchstück zwischen der massiven Zuführleitung von der Filteranlage und der beweglichen Schutzhaube eingesetzt war. Umfasste man diesen Schlauch mit der Hand, waren Vibrationen deutlich spürbar. Dieser Schlauch wurde deshalb durch einen stärkeren, armierten ausgetauscht. In der Folge traten die Rattermarken nicht mehr in gleicher Stärke auf, aber sie waren noch vorhanden. Eine Aufzeichnung des Pumpendrucks in der Zuleitung mit einem hochempfindlichen elektronischen Druckaufnehmer, direkt vor dem Anschluss an der Schutzhaube, und die Überprüfung mit einem Oszillografen ergaben ein verblüffendes Ergebnis. Die Druckspitzen lagen weit über 20 bar!

Bei einem Nenndruck von 3.5 bar der KSS-Pumpe (p/Q-Diagramm im Katalog) konnten rasch pulsierende Druckspitzen festgestellt werden. Diese gelangten über die bestehende Rohr- und Schlauchleitung bis zur Schutzhaube. Dabei zeigten sich Pulsationsüberlagerungen, die eindeutig dem Mitpulsieren des Schlauches zuzuordnen waren. Jetzt stand fest, dass weder eine weitere Verstärkung der Schlauchleitung noch irgend eine Änderung an den massiven Stahlrohren das Problem des starken Pulsierens lösen konnten. Die Kontaktaufnahme mit dem Pumpenhersteller war zunächst etwas schwierig, weil er diese Pulsation in Abrede stellte.

Nach der Vorführung der durchgeführten Messungen war er aber bereit, etwas zu tun. Er vermutete in erster Linie, dass das Laufrad in der Pumpe eine Ungleichmässigkeit aufweisen könnte. Der Kunde erhielt von ihm ein kontrolliertes, gleiches offenes Pumpenlaufrad zum Austausch. Das brachte aber keine Reduktion der Pulsation. Als nächstes sandte der Hersteller ein geschlossenes Laufrad, welches ganz bestimmt kontinuierlicher fördern würde. Tatsächlich war eine geringe Verminderung der Druckspitzen feststellbar. Das genügte aber immer noch nicht. Erst einige Zeit später erkannte der Pumpenhersteller, angeblich nach einem Vergleich mit Zentrifugalpumpen anderer Hersteller in seinem Hause, dass so gut wie jede der geprüften Pumpen unterschiedlich stark zum Pulsieren neigte. Daraufhin stellte er kostenlos einen Pulsationsdämpfer (Bild 7.20) zur Verfügung. Und das war dann auch die Lösung!

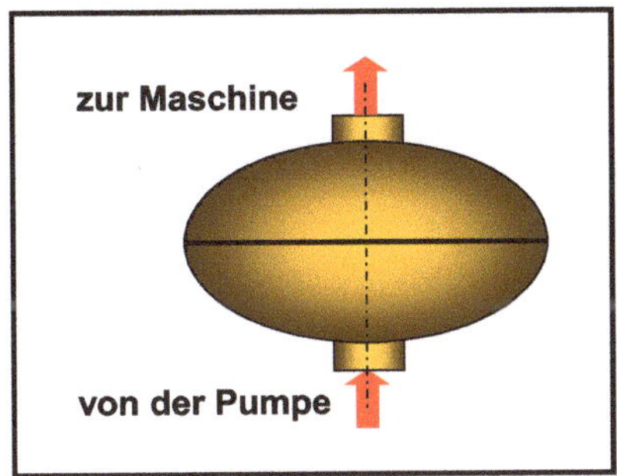

BILD 7.20 KSS-Pulsationsdämpfer

Ein Pulsationsdämpfer führt durch die massive Reduktion der Fliessgeschwindigkeit und das als Masse dämpfend wirkende Flüssigkeitsvolumen in seinem Innern zu einer praktisch völligen Beruhigung der Pumpenpulsationen im Zuleitungssystem zur Maschine. Der Pulsationsdämpfer weist eine parabolische Form auf und hat innen keinerlei Schikanen oder sonstigen Elemente eingebaut. Die Pumpenhersteller können bei der Wahl der Grösse helfen und/oder solche Dämpfungselemente sogar liefern.

Es ist noch darauf hinzuweisen, dass das Pulsieren von Zentrifugalpumpen einerseits auf ein strömungstechnisches Problem zurückzuführen ist und andererseits von der konstruktiven Ausführung des Laufrades abhängt. So können beispielsweise die Anzahl der Schaufeln, die Schaufelkrümmung sowie die Lage und Formgebung des Ansaugstutzens und/oder der Druckausgangsöffnung für das Pulsieren verantwortlich sein. Es konnte ja auch ein allerdings minimaler Unterschied zwischen einem offenen und einem geschlossenen Laufrad festgestellt werden. Aufgrund dieser Erfahrungen wird empfohlen, sich vor der Beschaffung einer Zentrifugalpumpe deren Pulsationscharakteristik vom Hersteller oder Lieferanten zeigen zu lassen oder zumindest einen Vorbehalt für eine mögliche Rückgabe – eventuell auch Austausch – in der Bestellung festzuhalten.

Es braucht nicht viel Vorstellungskraft, um zu verstehen, dass schnelle Druckspitzen von 20 bar und mehr, die beispielsweise auf eine Querschnittsfläche eines ¾“- Rohres von 3.66 cm^2 wirken – das sind $3.66 \cdot 20 \cdot 10 = 732$ N –, enorme Kraftspitzen darstellen. Und diese bringen die gesamte Schutzhaube und den Schleifsupport zum Schwingen. Die Düsen sind ja meist an der Schutzhaube befestigt. Das gilt gleichermassen für Flach- wie auch für Rundschleifmaschinen.

7.12.4 Druck- und Pumpenleistungsberechnungen

Die nachfolgenden Berechnungen sollen die Abhängigkeiten zwischen verschiedenen Schnittgeschwindigkeiten v_c und den dazu benötigten Strahlgeschwindigkeiten v_k bzw. den dazu notwendigen Systemdrücken p_k und der Pumpenantriebsleistung P_k aufzeigen, wenn immer eine KSS-Menge Q_k von 100 l/min zu fördern ist. Andere Mengen erfordern logischerweise auch andere Antriebsleistungen.

Vorgaben:

- Schnittgeschwindigkeiten v_c = 25, 35, 50, 63, 80, 100, 120, 140 m/s
- Systemdruck p_k in bar erfüllt die Bedingung $v_k \approx v_c$ (siehe GKR – Gleichlaufkühlung nach OTT)
- Kühlschmierstoff (KSS) Lösungen und Emulsionen sowie Schleiföle mit einer Viskosität > 8.5 mm^2/s bei 40 °C
- Wichtig: Für Schnittgeschwindigkeiten v_c > ca. 80-100 m/s sind Lösungen und Emulsionen nur noch bedingt geeignet! Über 120 m/s nur noch Schleiföle!
- Dichte für Lösungen und Emulsionen ρ = 1.00 kg/dm^3 (bei 20 °C)
- Dichte für Schleiföle ρ = 0.870 kg/dm^3 (Mittelwert)

Die Berechnungen basieren auf der von OTT definierten „Gleichlaufkühlung und -reinigung" (GKR). Dieses Prinzip, welches den so genannten „Bernoulli-Effekt" nutzt, setzt voraus, dass die Strahlgeschwindigkeit v_k zwischen 60 % und 100 % der Schnittgeschwindigkeit v_c beträgt. Unter diesen Bedingungen und mit Einsatz entsprechender Düsen wird eine der Fliehkraft F_z entgegenwirkende Haftkraft des KSS an der Schleifscheibe erzeugt. Dadurch kann jene Menge von Kühlschmierstoff von der Schleifscheibe in die Kontaktzone eingezogen und transportiert werden, welche diese in der Randzonenstruktur aufnehmen kann. Zuviel zugeführter KSS wird an der Werkstückseintrittskante abgestreift.

TABELLE 7.2 Druck- und Pumpenleistungsberechnungen

Schnittgeschwindigkeit v_c in m/s	25	35	45	50	63	80	100	120	140
Systemdruck p_k in bar (Bedingung: $v_k = v_c$)	3.4	6.6	11.0	15.8	21.5	34.7	54.2	78	106
Pumpenantriebsleistung P_k in kW für Lösung/Emulsion	1.1	2.2	3.6	5.2	7.0	11.5	18.0	25.5	35.0
Pumpenantriebsleistung P_k in kW für Schleiföle	1.0	2.0	3.2	4.5	6.2	10.0	15.5	22.0	30.0

HINWEIS Für die Kühlschmierstoffpumpe wurde ein Wirkungsgrad von 50 % (1- bis 2-stufige Zentrifugalpumpe) angenommen. Für die höheren Drücke müssten aber z. B. Schraubenspindelpumpen eingesetzt werden (Wirkungsgrad bis 90 %).

Die Viskosität hat in diesen Bereichen keinen markanten Einfluss auf die von der Pumpe aufzubringende Leistung. Es wurden deshalb keine unterschiedlichen Werte berechnet. Es zeigt sich deutlich, dass die Strahlbeschleunigung über 50 m/s – wirtschaftlich betrachtet – nicht allein durch den Druck der KSS-Pumpe, sondern zu einem angemessenen Teil auch durch die Schleifscheibe erfolgen sollte. Da die Scheibe nur gerade jenen KSS-Anteil in die Kontaktzone transportiert, den sie in ihrer Randzonenstruktur aufnehmen kann, ist das in jedem Fall weniger, als die von der Pumpe zugeführte Menge. Somit ergibt sich ganz automatisch ein geringerer

Leistungskonsum. Die Pumpe kann mit einem tieferen Systemdruck gewählt werden, und die Scheibe bietet die restliche Beschleunigungsleistung für die Bedingung $v_k = v_c$ an. Allerdings muss dieser Anteil dann von der verfügbaren Gesamtantriebsleistung an der Schleifspindel bzw. an der Schleifscheibe abgezogen werden.

7.12.5 Steigleitungen, Fittings, Verschraubungen, Ventile, usw.

Befindet sich die Kühlschmierstoffversorgungsanlage (Behälter, Pumpe und Filter) auf gleicher Höhe mit der Maschine, dann sollte die KSS-Zuführung über eine möglichst kurze Steigleitung erfolgen. Pro Meter Steigleitung ist mit einem Druckabfall von > 0.1 bar zu rechnen. Befindet sich die KSS-Anlage in einem tiefer gelegenen Teil des Gebäudes, muss unbedingt der zu erwartende Druckverlust bei der Pumpenwahl bzw. Pumpendimensionierung mitberücksichtigt werden.

Es gilt die Regel, dass die KSS-Zuleitung möglichst kurz und so direkt wie nur möglich sein sollte. Um ferner Druckverluste und Wirbel weitgehend zu vermeiden, wird empfohlen, mit Fittings und Verschraubungen „sparsam“ umzugehen. Verschraubungen weisen dazu oft noch einen deutlich kleineren Durchlassquerschnitt und auch schärfere Innenkanten auf, als Rohrbogen und Schläuche in der übrigen Zuleitung. Das kann zu einem höheren Druckverlust führen.

Die Druckanzeige gehört in den Sichtbereich des Operateurs und zwar entweder unmittelbar vor der Düse oder an der Düse selbst. Man setzt dazu ein mit Glyzerin gedämpftes Manometer mit einem dem Systemdruck und den zu erwartenden Druckspitzen entsprechenden Bereich ein. Für einen Systemdruck von beispielsweise 6.0 bar wird ein Manometer mit min. 12 bar Endausschlag (Skalenbereich) verwendet. Manometer zeigen meist im 2/3-Skalabereich die beste Genauigkeit.

Damit beim Abschalten der Pumpe nicht immer alles Kühlmittel aus den Steigleitungen über die Pumpe in den Tank zurückfliesst, kann ein Rückschlagventil unmittelbar nach oder auch vor der Pumpe in die Zuleitung eingesetzt werden. Man verhindert damit den „Einschaltschlag“ auf die Schutzhaube bzw. auf die gesamte Maschine!

Weil Ventile für grössere Durchflussmengen vorgesteuert sind, intern also ein kleineres Ventil besitzen, welches das Hauptventil steuert, neigen sie, eingesetzt in Kühlkreisläufe, zu verschmutzungsbedingtem Ausfall. Alternativ dazu ist ein direktes Ein- und Ausschalten der KSS-Pumpe. Das ist aber nur sinnvoll, sofern sich ein Rückschlagventil in der Zuleitung befindet.

Wird eine Schleifmaschine von einer zentralen Anlage versorgt, ist ein Abschalten der KSS-Pumpe nicht möglich. In den meisten Fällen wird im Haupt-Verteilungssystem ein relativ geringer Druck geliefert. Das hängt unter anderem mit dem notwendigen Rohrdurchmesser und der Rohrfestigkeit zusammen. Zudem hält sich der Schaden im Falle eines Rohrbruchs dann meistens in Grenzen. Deshalb wird eine eigene Kühlschmierstoffpumpe zur Erhöhung des Druckes direkt bei der Maschine in die Zuleitung eingesetzt. In diesen Fällen muss der KSS-Zufluss über ein Ventil gesteuert werden. Andernfalls würde auch bei abgeschalteter KSS-Pumpe Kühlschmierstoff von der Hauptpumpe durch die maschinenseitige Pumpe durchgedrückt.

7.13 Praktische Anlagen- und Düsendimensionierung

Als nachvollziehbares Beispiel sollen für eine Flachschleifmaschine mit den nachfolgend aufgeführten Daten sowohl die Grösse und Leistung einer Kühlschmierstoff-Versorgungsanlage als auch die zur maximalen Scheibenbreite passende Flachschlitzdüse dimensioniert werden.

Hier die zur Berechnung und Bemessung benötigten Daten der Flachschleifmaschine:

- Scheibenantriebsleistung P_s 16 kW
- Schnittgeschwindigkeit v_c, regelbar 18–35 m/s
- Maximale Scheibenbreite b_s 40 mm
- Kühlschmierstoff (KSS) Emulsion
- Mineralölgehalt im KSS-Konzentrat 20 %
- KSS-Additivierung mittel
- Ansetzkonzentrierung 4.5 %
- Schmierindex CL (nach OTT) 2.1

1. Notwendige KSS-Menge Q_k in Abhängigkeit der Antriebsleistung

$$Q_k = \frac{P_s \cdot 60 \cdot 1000}{c_p \cdot E_{ca} \cdot d_t \cdot \rho} = \frac{16 \cdot 60 \cdot 1000}{3950 \cdot 0.75 \cdot 2.5 \cdot 1.0} = 129.6 \text{ l/min}$$

2. Festlegung der Pumpengrösse

Im Katalog wird eine einstufige Zentrifugalpumpe gefunden mit einer Förderleistung Q_k = 140 l/min bei p_k = 4.5 bar.

$$v_k = 13.722 \cdot \sqrt{p_k} = 13.722 \cdot \sqrt{4.5} = 29.1 \text{ m/s}$$

Diese Stahlgeschwindigkeit v_k entspricht 83 % von v_c. Also Gleichlauf o. k.!

3. Art und Grösse der Kühlmittelanlage (Behälter, Pumpe)

Behältergrösse = 6-fache Minutenleistung der Pumpe.

$$Q_{\text{Behälter}} = 6 \cdot Q_{\text{k eff.}} = 6 \cdot 140 = 840 \text{ Liter (Inhalt)}$$

Weil die Filterpumpe auch Verlustwärme erzeugt, wird ein KSS-Behälter mit einem nutzbaren Volumen von 1'000 Liter festgelegt.

4. Filterart

Gewählt wird eine günstige Zyklon-Filteranlage mit 2 Zyklonen die eine Nenndurchflussleistung von je 85 l/min haben. Das stellt sicher, dass eine Filterfeinheit von etwa 20 µm erreichbar ist. Zyklonfilter sollten bekanntlich niemals mit ihrer Nennleistung belastet werden.

5. Anlagenausführung (Behälter, Filterpumpe, Schlammwagen)

Der KSS-Behälter von insgesamt 1'000 Liter Inhalt ist in zwei gleich grosse Kammern aufgeteilt. In den einen Teil fliesst das Schmutzwasser von der Maschine. Darin ist auch die separate Schmutzwasserpumpe installiert, welche die beiden Zyklone speist. Die von den Zyklonen gereinigte Emulsion fliesst in den „Sauberwasserteil" des Behälters. Dessen Trennwand muss tiefergesetzt sein, damit im Falle eines Pumpenproblems ein Überlauf in den jeweils anderen Behälterteil möglich ist. Über den Behälterrand darf keinesfalls Emulsion austreten.

Die beiden Zyklone sind so platziert, dass der ausgefilterte Schmutz (Späne und Kornpartikel) in den neben dem Behälter stehenden Schlammwagen fallen. Weil über die so genannte Unterlaufdüse auch eine geringe Menge KSS ausfliesst, hat auch der Schlammwagen eine Überlaufleitung, welche zurück in den Schmutzwasserteil mündet.

6. Zuleitung zur Maschine (Rohr- und Schlauchleitung)

Die Steigleitung aus massivem Stahlrohr R 1 ¼″ (Strömungsgeschwindigkeit ca. 2.5 m/s) sollte so hoch sein, dass der 90° Umlenkbogen etwas über der höchsten Schleifsupportposition liegt. Von dort wird die Emulsion durch einen Schlauch zur Schutzhaube geführt. Dieser Schlauch muss armiert sein, damit eine mögliche Pulsation der Zentrifugalpumpe ihn nicht zum „Mitpumpen" anregen kann.

Zwischen dem maschinenseitigen Schlauchanschluss und der Düse ist meist noch ein kürzeres Rohrstück, z. B. zur Befestigung der KSS-Zuführung an der Schutzhaube, eingesetzt. Direkt vor der Düse oder an dieser *muss* ein glyzeringedämpftes Manometer angebracht werden, dessen Bereich in etwa knapp doppelt so hoch ist, wie der Pumpennenndruck (Sicherheit gegen Druckspitzen). Das Manometer dient der visuellen Überwachung des Systemdrucks und/oder eines altersbedingten Druckabfalls der Pumpe.

7. Düsenauslegung und -dimensionierung (Düsenart, Austrittsquerschnitt)

Es kommt eine Flachschlitzdüse mit auswechselbaren Düsenlippen zum Einsatz. Weil der KSS-Anschluss seitlich angeordnet ist, muss die Düse im Innern eine Antidrallschikane und auch eine Beruhigungskammer enthalten. Nur so ist sichergestellt, dass der Flachstrahl über die speziell angeformten Düsenlippen „unverdrillt" und „pseudolaminar" austritt.

Der Düsenaustrittsquerschnitt A_{kn} für 140 l/min und p_k = 4.5 bar berechnet sich so:

$$A_{kn} = \frac{1.2121 \cdot Q_k}{\sqrt{p_k}} = \frac{1.2121 \cdot 140}{\sqrt{4.5}} = 80\ \text{mm}^2$$

8. Düsenschlitzbreite b_{kn}

Für die maximale Scheibenbreit b_s = 40 mm wird die Düsenschlitzbreite b_{kn} berechnet:

$$b_{kn} = b_s + 2 = 40 + 2 = 42 \text{ mm}$$

Bei der Festlegung der Düsenschlitzbreite sollte darauf geachtet werden, dass möglichst wenig Kühlschmierstoff seitlich an der Scheibe vorbei gespritzt wird. Man rechnet deshalb jeweils maximal beidseitig einen Millimeter zur Scheibenbreite b_s dazu.

Da die Düsenlippen auswechselbar sind, müssen die Düsenschlitzbreiten b_{kn} der Position und Scheibenbreite b_s (Kontaktbreite b_k) angepasst werden.

9. Düsenschlitzhöhe s_{kn}

Die Ausflussmenge Q_k stimmt nur dann, wenn der Düsenaustrittsquerschnitt A_{kn} dem Produkt von Düsenschlitzbreite b_{kn} und Düsenschlitzhöhe s_{kn} auch wirklich entspricht. Die Düsenschlitzhöhe s_{kn} muss für den oben berechneten Fall für eine Scheibenbreite b_s von 40 mm bzw. Düsenschlitzbreite b_{kn} wie folgt festgelegt werden:

$$s_{kn} = \frac{A_{kn}}{b_{kn}} = \frac{80}{42} = 1.9 \text{ mm}$$

Mit anderen Düsenschlitzbreiten b_{kn} ergibt sich logischerweise auch eine andere Düsenschlitzhöhe s_{kn}. Aber Achtung: Wird für eine Schleifaufgabe nicht unbedingt die maximale Kühlmittelmenge Q_k benötigt, lässt sich dies über die Schlitzhöhe s_{kn} sehr gut vorgeben.

10. Rückleitung des Kühlschmierstoffs von der Maschine zum Behälter

Rücklaufkanäle sind wegen der besseren KSS-Entlüftung geschlossenen Rücklaufrohren vorzuziehen. Zudem darf der KSS darin nicht zu schnell fliessen, um nicht zusätzlichen Schaum zu erzeugen. Ferner sollte der Rücklauf aus Gründen verbesserter Abkühlung möglichst lang sein.

11. Einstellung der Zyklone (Einlaufdruck)

Zyklone arbeiten nach einem physikalischen Prinzip. Abhängig von ihrer Grösse und Konizität gibt der Hersteller einen genau einzuhaltenden Einlaufdruck an. Dieser kann an dem für die Zyklone bestimmten Manometer abgelesen und über ein Druckreduzierventil exakt eingestellt werden. Deshalb werden die Zyklone über eine separate Pumpe, deren Grösse und Leistung vom Filterlieferanten festgelegt wird, im Bypass betrieben. Die Filtrierung läuft somit auch, wenn die Hauptkühlpumpe, z. B. während einem Werkstückwechsel, abgestellt ist.

Von einer Verwendung der Zyklonpumpe auch zur Versorgung der Schleifmaschine wird mit Nachdruck abgeraten!

7.14 Beispiele von verschiedenen Düsenbauarten

Die zusammensteckbaren Düsen und Leitungsteile aus Kunststoff eignen sich gut als Zusatzkühldüsen, z. B. an der Scheibenseite oder zum Abspülen der Schleifspäne sowie der Werkstückaufnahme. Werden sie mit höherem Druck versorgt, können sie aus der eingestellten Lage/Richtung weggedrückt werden, sofern eine Fixierung fehlt.

BILD 7.21 Kunststoffdüsen, zusammensteckbar

Diese Flachschlitzdüsen besitzen auswechselbare Düsenlippen. So kann mit einem Düsengrundkörper eine beliebige Anzahl von unterschiedlichen Scheibenbreiten mit KSS abgedeckt werden. Mit der Schlitzbreite und -höhe wird über den Systemdruck die ausströmende KSS-Menge bestimmt.

BILD 7.22 Flachschlitzdüsen mit auswechselbaren Lippen

Sonderausführung einer Flachschlitzdüse, zusammen mit einem Austauschlippenpaar. Der Grundkörper muss nicht verändert werden, wenn die Strahlbreite und/oder die Ausflussmenge neuen Erfordernissen angepasst werden muss. Zudem erfolgt ein Wechsel der Düsenlippen mit geringem Aufwand und in kürzester Zeit.

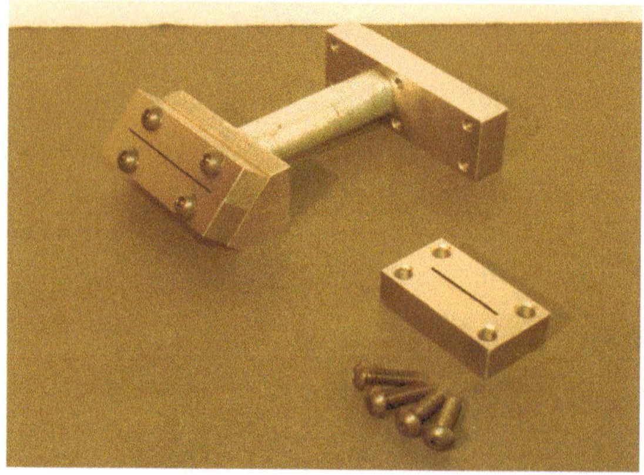

BILD 7.23 Flachschlitzdüse mit Zusatzdüsenlippen

Man glaubt es kaum (Bild 7.24), aber es handelt sich hier um eine optimierte Flachstrahl-Fächerdüse. Sie ist auf das benötigte KSS-Volumen abgestimmt und erlaubt durch ihre veränderbare Distanz zur Scheibe das Abdecken unterschiedlichster Breiten (Kontaktbreiten). Sie ist zudem mit einer Antidrallkammer versehen.

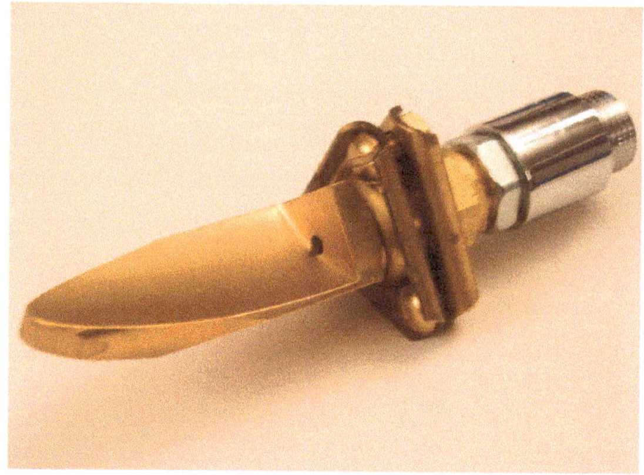

BILD 7.24 Spezial-Fächerdüse mit Antidrallkammer

Diese von OTT entwickelte Formstrahldüse (Bild 7.25) lässt sich durch den problemlosen Austausch der Formstrahlführung genau dem Scheibenprofil anpassen. Die Runddüse ist ebenfalls auswechselbar und dient der KSS-Mengenanpassung. Die Formstrahldüsen eignen sich sehr gut für das Hochgeschwindigkeitsschleifen.

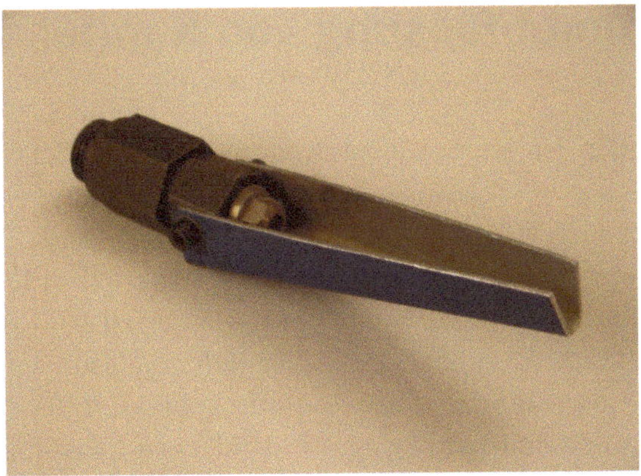

BILD 7.25 Formstrahldüse nach OTT [11]

Rundstrahldüsen (Bild 7.26) können für die unterschiedlichsten Profilformen Verwendung finden. Sie weisen an der KSS-Eintrittsseite eine Antidrallkammer und im Düseninnern eine zusätzliche Beruhigungszone auf. Richtig dimensioniert, kann der KSS-Strahl kalibriert über 300 bis 400 mm, ohne aufzureissen, geführt werden.

BILD 7.26 Rundstrahldüsen mit Antidrallkammer

Die Phantasie kennt keine Grenzen, wenn es um optimal wirkende Kühlmitteldüsen für die unterschiedlichsten Schleifaufgaben geht. Man sollte einfach immer daran denken, dass es in vielen Fällen von der KSS-Düse abhängt, wie gut bzw. wie wirtschaftlich und erfolgreich ein Schleifprozess bewältigt werden kann.

7.15 Zusammenfassung von Kapitel 7

Das Kühlen beim Schleifen ist weder Selbstzweck noch persönliche Ansichtssache, sondern ein äusserst wichtiger Teil von Schleifprozessen. Zumal der angestrebte Erfolg nur allzu oft in irgend einem Zusammenhang mit der Kühlung steht (Anlage, Aufbereitung, Filtrierung, KSS-Art, Menge, Druck, Düsen), wäre eigentlich anzunehmen, dass dem Kühlen auch entsprechend grosse Aufmerksamkeit zuteil wird. Doch eher das Gegenteil ist der Fall. Der Autor hat in seiner langjährigen Beratungstätigkeit immer wieder feststellen müssen, wie fahrlässig man mit der Kühlung und der Reinigung von Schleifprozessen umgeht. Weit über die Hälfte aller in dieser Zeit bearbeiteten Problemfälle hatten irgend etwas mit dem Kühlen zu tun. Das beweist, dass viele Maschinenhersteller und auch viele Anwender sich der weittragenden Bedeutung einer optimal ausgelegten Kühlung und Reinigung nach wie vor nicht bewusst sind.

Schleifen ist eines der leistungsintensivsten Bearbeitungsverfahren. Und es wird wohl niemand behaupten wollen, er hätte dies noch nie in bekannter Weise, nämlich durch das Auftreten von Schleifbrand – modernerweise sagt man „thermischer Randzonenschäden" –, feststellen können. Trotzdem scheint es recht schwierig zu sein, den physikalischen Zusammenhang zwischen der investierten Leistung und der notwendigerweise zuzuführenden Kühlmittelmenge zu begreifen. Sicher ist nicht jeder Schleifprozess gleichermassen durch Schleifbrand gefährdet, wenn die Kühlung nicht gut abgestimmt oder sogar mangelhaft ist. Denn auch die Späne führen Wärme ab, und über Konvektion (Luftumwälzung) entweicht auch ein gewisser Teil davon in den Raum. Zudem kann das Werkstück selbst, abhängig von seiner Form und Masse, ohne Schwierigkeiten einen ansehnlichen Anteil der erzeugten Wärme schadlos ableiten. Aber es gibt eben auch sehr viele Anwendungen, welche empfindlich auf die grosse Wärmemenge reagieren.

Im Kapitel 6 wurden die verschiedenen Kühlschmierstoffe (Arten, Eigenschaften) und die zumischbaren Additive eingehend erläutert. Auch die Filtersysteme, welche die Voraussetzung für die sichere Reinigung der Kühlschmierstoffe darstellen, wurden neben vielen anderen Themen behandelt. In diesem Kapitel liegt der Schwerpunkt auf der Kühlschmierstoffzuführung, mit allem Drum und Dran.

Bevor man gut funktionierende Düsen herstellen kann, ist ein Blick gewissermassen „hinter die Kulissen", nämlich in die Strömungslehre, dringendst zu empfehlen. Dort werden die elementaren Zusammenhänge erklärt, die für den Düsenbau von Bedeutung sind. Eigentlich ist es nicht viel Wissen, das man sich aneignen sollte. Aber einige Grundlagenkenntnisse helfen einem, Düsen so zu gestalten, dass sie eine optimale Kühlwirkung ermöglichen. Etwas kann das gezielte Zuführen des KSS-Strahls zur Kontaktstelle Scheibe/Werkstück extrem störten: Die Turbulenz in jedem Kühlmittelstrahl! Nachweisen lässt sie sich durch eine einfache Nachrechnung der Reynold'schen Zahl Re. Jeder turbulente Strahl weist auf Grund seines Geschwindigkeitsprofils an den Aussenseiten Wirbel auf, die das Mitreissen von Umgebungsluft fördern. Dadurch verliert der Strahl an Kühlwirkung, weil er einerseits in seinen Randbereichen in feine Spritzer aufgelöst wird und andererseits die mitgerissene Luft eher isolierend als kühlend wirkt. Man könnte versuchen, die Strahlgeschwindigkeit soweit zu senken, bis die Reynold'sche Zahl Re unter 2320 fallen müsste. Das ist bekanntlich die Umschlagsgrenze von laminarer in turbulente Strömung. Das würde beispielsweise bei einer Runddüse mit 10 mm lichter Weite und einer Lösung oder Emulsion zu einer Strahlgeschwindigkeit von gerademal 0.23 m/s führen. Auch wenn man die Düse unmittelbar vor der Kontaktstelle platziert hätte, käme kaum Kühlschmierstoff bis zur Scheibe, denn er „plätschert" nur noch heraus.

Um die Schleifscheibe dreht – wegen der Grenzschichthaftung – ein relativ zäher Luftmantel mit. Diesen gilt es zu durchbrechen und abzulenken, damit der Kühlschmierstoff überhaupt die Scheibe richtig benetzen kann. Dazu können zusätzliche, laufend nachzustellende Luftableitrakel [15] auf die Düse gesetzt oder die „Gleichlaufkühlung" nach OTT [11] angewendet werden. Letztere setzt eine Strahlgeschwindigkeit von minimal 60 % bis maximal 100 % der Schnitt- oder Umfangsgeschwindigkeit der Schleifscheibe voraus. Um eine solche Strahlgeschwindigkeit zu erreichen, ist z. B. bei einer Schnittgeschwindigkeit v_c von 35 m/s ein Systemdruck an der Düse zwischen 2.40 und 6.50 bar notwendig. Damit wird der Luftmantel abgedrängt und die Scheibenrandzone mit KSS gesättigt. Eine Nachstellung, wie etwa bei einem Rakelblech erübrigt sich zudem.

Weil aber diese Geschwindigkeiten zu hochturbulenten Bedingungen im KSS-Strahl führen, muss etwas dagegen getan werden. Jetzt ist erneut die Strömungslehre gefragt. Einerseits müssen die sich im Innern der Düse möglicherweise bildenden Wirbel durch entsprechende Schikanen verhindert werden und andererseits ist der Düsenaustritt so zu formen, dass der KSS-Strahl – wie OTT das nennt – „pseudolaminar" austritt und über eine längere Strecke seine Aussenform hält, ohne sich in den Randzonen aufzureissen oder zu verdehen.

Die Pumpen- und Düsendimensionierung ist äusserst wichtig, denn es muss in dem meisten Fällen viel Wärme abgeführt werden, bevor thermische Schäden am Werkstück auftreten. Die Fördermenge der Pumpe und die Dimensionierung der Düsenaustrittsöffnung folgen bestimmten Gesetzmässigkeiten. Stimmen diese mit der installierten Leistung an der Schleifmaschine nicht überein, sind Probleme vorprogrammiert.

Beim Bau von KSS-Düsen sind der Phantasie kaum Grenzen gesetzt. Das zeigen die Bilder von unterschiedlichsten Düsen bzw. Düsenarten. Es ist dies nur ein kleiner Auszug aus der grossen Vielfalt von Düsenkonzepten. Aber vielleicht für einige Anwender trotzdem ein Anstoss, um etwas Neues einmal auszuprobieren. Wichtig ist dabei, dass man niemals vergisst, die Düsen als ebenso gleichwertig, wie jedes andere Teil der Schleifmaschine, zu betrachten. Von ihrer Qualität (Art, Form und Herstellung) hängt nur allzu oft das Gelingen einer Schleifaufgabe ab. Dabei bezieht sich der Begriff „Gelingen" sowohl auf die Brandfreiheit wie auch auf die erzielbare Abtragsleistung und die Endqualität der Werkstücke. Zudem besteht ein enger Zusammenhang zwischen der Scheibenstandzeit und dem gewählten Kühlschmierstoff sowie der Düsenausführung.

Zum Schluss ein gut gemeinter Rat von einem Fachmann, der bedingt durch seine Tätigkeiten Kontakt mit vielen Anwendern hatte und dabei selbstverständlich auch haufenweise Probleme zu hören bekam. Wenn von zu geringer Kühlmittelmenge, zu tiefem Druck oder ungeeigneter Düse gesprochen wurde, kamen seitens der Anwender prompt Gegenargumente, – und oft auch

Zweifel auf –, bezüglich einem direkten Zusammenhang zwischen der gesamten Kühlung und den vorliegenden Brandproblemen. Anwender wollen heutzutage an allen Ecken und Enden sparen. Das mag gut und recht sein, aber an der Kühlung zu sparen ist grundfalsch! Die Wissenschaft hat sich in den vergangenen Jahren bemüht, den Anwendern die Minimal- und/oder Mindermengenkühlung schmackhaft zu machen. Die dadurch erzielbaren Einsparungen an Kühlschmierstoffen würden den Stückpreis der geschliffenen Werkstücken massiv senken. Die Wissenschaftler vergassen aber immer, auf die hohe Wärmeentwicklung einzugehen und zu erklären, wie diese abtransportiert werden kann, wenn der Kühlschmierstoff mengenmässig fehlt. Ohne Zweifel, die früher eingesetzte Überflutungskühlung hat Geld gekostet und oft den erhofften Erfolg gar nicht gebracht. Heute wird wesentlich sorgfältiger mit dem Kühlschmierstoff umgegangen und seine mengenmässige Bemessung genau auf die Maschinenleistung abgestimmt. Das in diesem Kapitel fast am Ende vollständig durchgerechnete Beispiel einer Kühlmittelversorgungsanlage mit Filter- und Düsendimensionierung dürfte hierzu eine Bestätigung sein. Man hat es mit der Physik zu tun und diese lässt sich in keiner Weise austricksen. Aber zu viel ist niemals falsch, der Überschuss schwemmt höchstens besser ab, hat in thermischer Hinsicht aber keine grosse Bedeutung. Zuwenig ist schlecht, denn ein Gleichgewicht zwischen investierter Leistung und abzuführender Wärme lässt sich nicht erzielen. Von optimalen Bedingungen kann man reden, wenn das Gleichgewicht sichergestellt werden kann. Dann lassen sich erstaunliche zeitbezogene Abtragsmengen bewältigen, trotzdem aber auch erstklassige Oberflächenqualitäten erzeugen, ohne thermische Schäden an den Werkstücken.

8 Vollschnittschleifen (Tiefschleifen)

Historisches über das Vollschnittschleifen
Auswirkung der Schleifrichtungen
Einflussgrössen und ihre Zusammenhänge
Schleifscheiben für das Vollschnittschleifen
Oberflächenqualitäten
Profilierverfahren für das Vollschnittschleifen
Kühlschmierstoffe für das Vollschnittschleifen
Vollschnitt-Beispiele

8.1 Allgemeines und Historisches über das Vollschnittschleifen

Mit Vollschnittschleifen (VSS) oder Creep Feed Grinding (CFG) bezeichnet man ein Schleifverfahren, dessen typische Merkmale die tiefe Werkstückgeschwindigkeit und die relativ grossen Zustellbeträge pro Durchgang sind. Anfangs der 60er-Jahre wurde es unter der Bezeichnung Schleich- oder Kriechgangschleifen auf Flach- und Flachprofilschleifmaschinen erstmals angewandt. Da zu diesem Zeitpunkt beim Aussenrundschleifen das so genannte Einstechschleifen (ESS) bereits bekannt war und sich dieses im Prinzip nicht vom Vollschnittschleifen unterscheidet, ist weder von einem neuen Verfahren noch von einer Erfindung zu sprechen. Es erfolgte lediglich eine Anpassung der Voraussetzungen, um diese Schleifmethode auf Flachschleifmaschinen anzuwenden. In erster Linie waren die Tischantriebe umzugestalten, damit die erforderlichen tiefen Vorschubgeschwindigkeiten ruckfrei möglich waren. Trotz knapp bemessener Spindelantriebsleistungen und geringer Systemsteifigkeit liessen sich die ersten praktischen Erfahrungen mit einer Schleifmethode gewinnen, die heute zu den Spitzentechnologien in der Zerspanung zählt. Bis in die frühen 70er-Jahre waren die Abtragsleistungen, verglichen mit dem heutigen Stand der Technik, allerdings noch sehr bescheiden. Deutlich konnte man aber bereits die vielseitigen Anwendungsmöglichkeiten des Vollschnittschleifens erkennen.

Der eigentliche Durchbruch erfolgte beim Flach- und Flachprofilschleifen, nachdem die Antriebsleistungen, die Gesamtsteifigkeit und die Kühlschmierstoffversorgung den Erfordernissen angepasst worden waren. Jetzt zeigten sich die Substitutionsmöglichkeiten zum Fräsen und Räumen. Besonders zur Bearbeitung von Grossserien, wie sie im Automobil-, im Textilmaschinen- und im Flugzeugbau üblich sind, schien dieses Verfahren prädestiniert zu sein, zumal Vorbearbeitungen durch andere Zerspanungsmethoden teilweise wegfallen konnten und damit die Einmaschinenbearbeitung Realität wurde. Zwischenzeitlich ist das Vollschnittschleifen längst nicht mehr allein der Grossserienfertigung vorbehalten. Auch mittlere und kleine Losgrössen, ja sogar Einzelteile, lassen sich kostengünstig im Vollschnitt bearbeiten.

Das Vollschnittschleifen zeichnet sich dadurch aus, dass in Abhängigkeit der gesamten Spanungstiefe (Profiltiefe) und/oder der Profilform, der Materialabtrag üblicherweise in einem, zwei oder maximal drei Durchgängen ins Volle erfolgt. Sofern ein Fertigschliff aus Gründen hoher Ansprüche an die Endgenauigkeit und an die Oberflächenqualität notwendig ist und die Profilform es erlaubt, lässt man einige Hundertstelmillimeter Werkstoff vor dem Erreichen des Endmasses stehen. Dann kann entweder in einem Durchgang mit reduzierter Zustellung oder durch anschliessendes Pendelschleifen mit erhöhter Tischgeschwindigkeit bis auf Nullmass geschliffen werden. Damit sich sowohl die Oberflächengüte wie auch die gewünschte Genauigkeit erzeugen lässt, wird meistens vorher die Schleifscheibe nochmals konditioniert (abgerichtet bzw. profiliert). Auf diese Weise ist eine hohe Abtragsleistung mit bester Endgenauigkeit problemlos kombinierbar. Selbstverständlich kann auch zwischen dem Vor- und dem Fertigschliff eine Wärmebehandlung des Werkstücks eingefügt werden. Dies bedingt im Allgemeinen keine Änderung des Scheibenprofils. Man trägt ganz einfach beim Vorschleifen nicht die volle Tiefe ab, um dadurch die erwünschte Härtezugabe zu erhalten. Eine Ausnahme bildet das Nutenschleifen. Dazu wären für das Vor- und das Fertigschleifen (nach der Härteprozedur) zwei verschieden breite Schlitzschleifscheiben notwendig.

Mit den immer besseren Prozesskenntnissen und den Weiterentwicklungen im Bereiche der Scheiben sowie des Abrichtens und Profilierens (Crushing, Rolldiamantieren, CD-Abrichten und bahngesteuertes Konditionieren mittels Diamantspitzscheiben) konnten die Abtragsleistungen laufend gesteigert werden. Sorgten anfänglich noch ganze 8–10 $mm^3/(mm \cdot s)$ bereits für Aufsehen, so spricht man derzeit von Werten bis etwa 100 $mm^3/(mm \cdot s)$ im Standardbereich mit Schnittgeschwindigkeiten bis ca. 80 m/s und sogar von weit über 1000 bis 3000 $mm^3/(mm \cdot s)$ beim Hochgeschwindigkeits-Vollschnittschleifen (HEDG = High Efficiency Deep Grinding). Bedeutend leistungsfähigere Schleifscheiben mit Spezialbindungen und besser steuerbarer Porosität sowie speziell dazu entwickelte, hochadditivierte Kühlschmierstoffe, sind an diesen Erfolgen massgeblich beteiligt. Die Leistungen lassen sich mit jenen von Fräs- oder Drehprozessen (auch Hartdrehen) durchaus vergleichen. Zudem sind im Endeffekt beim Schleifen bessere Genauigkeiten und Oberflächengüten erreichbar als beim Fräsen und Drehen, und die Bearbeitung von sehr zähen, harten, gehärteten und/oder spröden Werkstoffen stellt kaum ein Problem dar.

Seit man aufgrund eingehender Untersuchungen weiss, wie das Verhältnis zwischen der Spanungstiefe a_e, der Werkstückgeschwindigkeit v_{fw} und der Schnittgeschwindigkeit v_c sein muss, um thermische Schäden in der Randzone zu vermeiden, werden auch extrem wärmeempfindliche Materialien mit Erfolg durch Vollschnittschleifen bearbeitet. Speziell bei der Fertigung von Flugzeugbestandteilen (Turbinenschaufeln, Dehnschrauben usw.) ist diese Tatsache von grösster Bedeutung, weil nur Teile, die ohne Wärmestress geschliffen wurden, in der Randzone Druckanstelle der gefürchteten Zugspannungen aufweisen (siehe Kapitel 11: 11.17 Eigenspannungen in der geschliffenen Randzone).

Mit der Entwicklung von sehr weichen und extrem hochporösen Schleifscheiben gelang nicht nur das Schleifen ins Volle mit Zustelltiefen von 25 mm und mehr in einem einzigen Durchgang (!). Auch die anfänglichen Schwierigkeiten hinsichtlich Späneabfuhr, Scheibenselbstschärfung und Wärmeentwicklung in der immer grösser werdenden Spanungszone (Kontaktzone) gehörten bald der Vergangenheit an. Der in der Kontaktzone deutlich geringeren Normaldruckkraft pro mm^2 (Arbeitsdruckkraft F_d nach OTT) begegnete man mit hochporösen Schleifscheiben, grösserem Kornschneidenabstand und möglichst guter Homogenität der offenen Struktur.

Angewendet auf Flachschleifmaschinen, auf Aussen- und Innenrundschleifmaschinen sowie auf unzähligen Sondermaschinen sind dem Vollschnitt- und dem Einstechschleifen – bei richtig abgestimmten Prozessparametern, genügender Antriebsleistung, Kühlung und Systemsteifigkeit – nach oben nahezu keine Grenzen gesetzt. Viele Beispiele aus der Praxis beweisen dies täglich. Nicht ohne Grund spricht man deshalb heute statt vom Vollschnitt- oder Einstechschleifen meist vom Leistungs- oder Hochleistungsvollschnittschleifen.

8.2 Vollschnittschleifmaschinen

Die Flachprofilschleifmaschinen neuerer Generationen sind im Allgemeinen genügend steif, starr und leistungsstark, um damit nahezu beliebige Vollschnittprozesse bewältigen zu können. Die Gleichstromantriebe der Schleifspindel wurden grösstenteils durch regelbare AC-Motoren ersetzt, und die Tische und Querachsen haben mittlerweile AC-Servomotoren erhalten, welche in der Anlauf- und Bremsphase (Beschleunigung und Verzögerung) um 200–300 % überlastbar sind. Mit den neuen magnetischen Längenmesssystemen minimiert sich der thermische Einfluss auf die Genauigkeit, und die Schmutzempfindlichkeit ist geringer. Auch die Steuerungen – meist leistungsfähige CNC- oder SPS-Module – sind frei programmierbar und erfüllen auch höchste Ansprüche. Schwache Glieder in der Kette der Gesamtsteifigkeit sind aber noch die

Kugelumlaufspindeln. Eine Vergrösserung des Spindeldurchmessers würde wohl eine Steifigkeitsverbesserung proportional zu d_{Sp}^2 bewirken, das Massenträgheitsmoment J_{Sp} erhöht sich dabei aber ebenfalls proportional zu d_{Sp}^4 [24]. Eine Kugelumlaufspindel kann deshalb nicht beliebig im Durchmesser vergrössert werden, sondern der Konstrukteur muss in jedem Falle einen Kompromiss zwischen vertretbarem Massenträgheitsmoment und notwendiger Steifigkeit finden. Aber auch in dieser Beziehung wurde weiterentwickelt. Mittels modernen, gut gekühlten Linearantrieben hat sich nicht nur die Steifigkeit des gesamten Systems massgeblich verbessert, sondern auch die heute erreichbaren Tischgeschwindigkeiten. Was aber in vielen Fällen an den Schleifmaschinen noch immer fehlt und die Leistungsfähigkeit massgeblich beeinträchtigt, sind Abdeckungen und Verschalungen, die den Einsatz von Schleifölen sowie die Anwendung hoher Schnittgeschwindigkeiten (gemäss Sicherheitsvorschriften) zulassen würden. Eigentlich bedauerlich!

8.3 Die ideale Schleifrichtung beim Vollschnittschleifen

Eine Frage beschäftigt die Praktiker immer wieder: Was ist wohl verfahrenstechnisch besser, im Gegenlauf (GGL) oder im Gleichlauf (GLL) zur Scheibe zu schleifen? Kraft- und Leistungsmessungen beweisen, dass im Gegenlauf bei gleicher Zustellrate und Tischgeschwindigkeit die Werte höher liegen, als im Gleichlauf. Verantwortlich dafür ist die Eingriffskinematik der Kornschneiden. Im Gegenlauf folgen sie einer Hypozykloidenbahn, d. h. die Schneide fährt in flachem Winkel in den Werkstoff ein und ebenso heraus. Die theoretische Spanbildung beginnt also bei Null. Weil das grundsätzlich gar nicht möglich ist, muss zuerst Kraft aufgebaut werden, damit die Kornschneiden in den Werkstoff eindringen können. Deshalb wird über einen Bereich von rund 20–30 % der gesamten Kontaktlänge lediglich gerieben, gequetscht und gepflügt. Späne gibt es noch keine! Zudem entsteht gerade dort grosse Reibwärme, wo noch kein Spanabtrag erfolgt. Damit begünstigt das Schleifen im Gegenlauf die thermische Randzonenschädigung in hohem Masse. Im Gleichlauf dagegen wird auf einer Epizykloidenbahn in den Werkstoff eingetaucht. Der Eintrittswinkel ist steiler, weshalb die Kornschneide nahezu sofort greift und deshalb auch schneller eine kontinuierliche Spanbildung beginnen kann. Weil die energieintensive Reib-, Quetsch- und Pflügzone kürzer ist als im Gegenlauf und sie sich in jenem Bereich befindet, der von nachfolgenden Kornschneiden abgespant wird, ist das Gleichlaufschleifen wo immer möglich dem Gegenlaufschleifen vorzuziehen (Bild 8.1 und 8.2).

Beide Bilder zeigen eines: Sowohl der Wärmeverlauf als auch der Kraftverlauf ist beim Vollschnittschleifen im Gegenlauf ungünstiger. Aber noch ein weiterer, wichtiger Punkt wird deut-

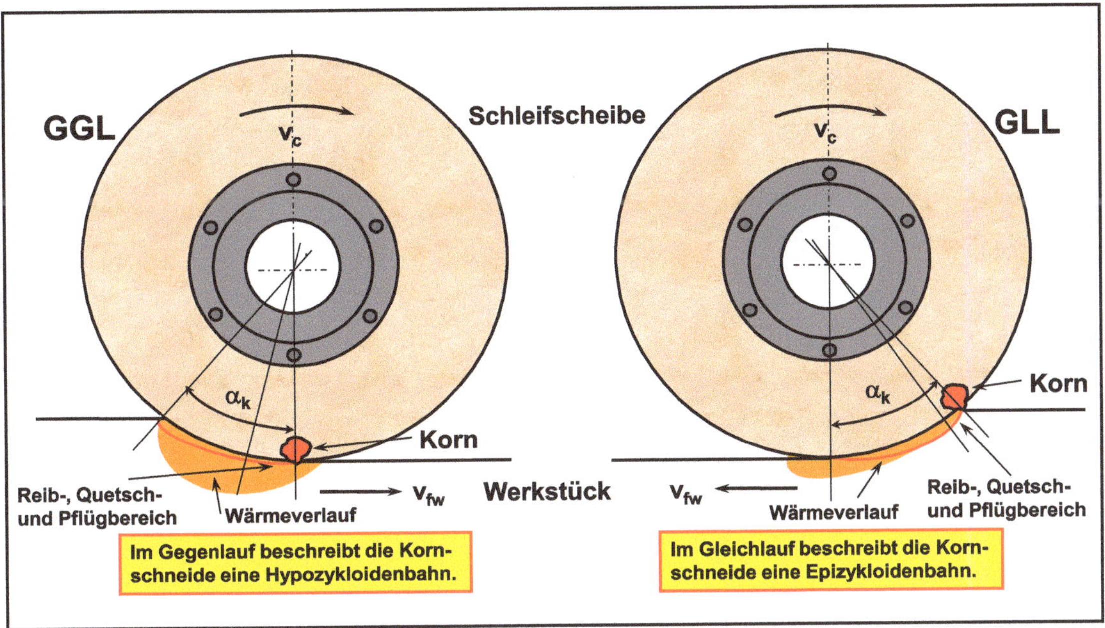

BILD 8.1 Wärmeverlauf beim Gegenlauf- (GGL) und Gleichlaufschleifen (GLL). Eingriffsbedingungen, Reib-, Quetsch-, Pflüg- und Scherbereiche.

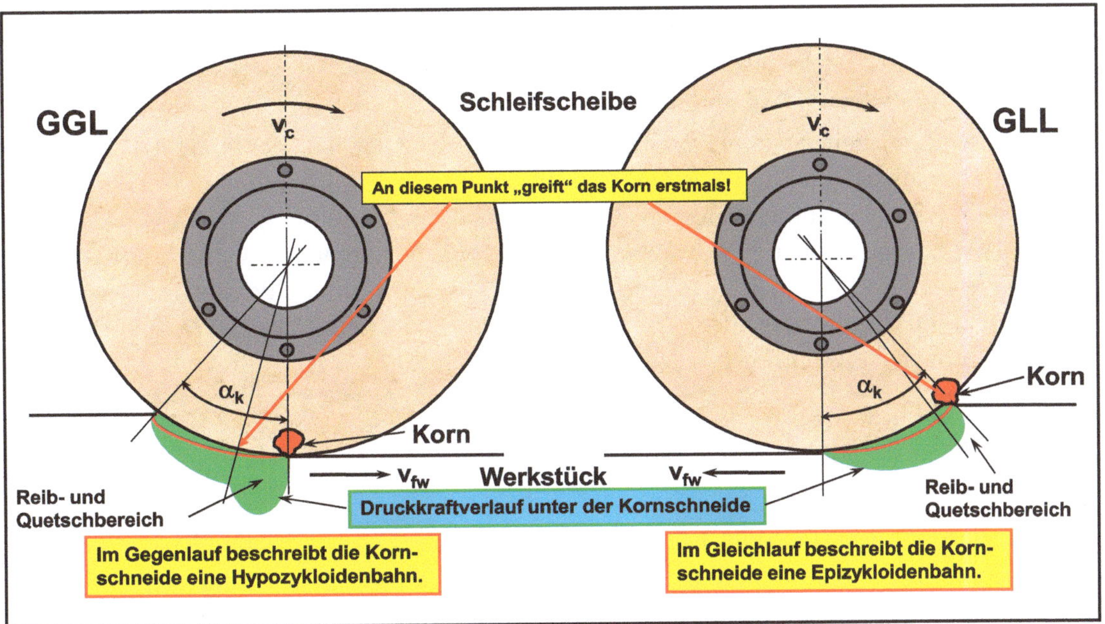

BILD 8.2 Druckkraftaufbau beim Gegenlauf- (GGL) und beim Gleichlaufschleifen (GLL). Eingriffsbedingungen und Druckkraftverlauf.

lich gemacht. Damit die hohe erzeugte Wärme nicht in den Werkstoff nach unten in die nicht weiter zu bearbeitende Zone ausweichen kann, muss beim Vollschnittschleifen immer eine genügend grosse Zustell- bzw. Profiltiefe vorhanden sein. Dorthin weicht die Wärme aus und wird - logischerweise - in der Randzone von der nachfolgenden Kornschneide abgespant und abtransportiert. Eine Zustelltiefe $a_e < 0.25$ mm, kann kaum ohne thermische Schädigung der Randzone im Vollschnitt abgespant werden. Die erzeugte Wärme würde ausschliesslich in die Tiefe des Werkstücks fliessen.

8.4 Einige Einflussgrössen und ihre Zusammenhänge

Das Geschwindigkeitsverhältnis $q_s = v_c/v_{fw}$ ist unter anderem massgebend für die in der Kontaktzone verbleibende Wärme. Beim konventionellen Schleifen wird im Bereich von $q_s = 60–80$ gearbeitet, der nach unten bis etwa 45 und nach oben ohne weiteres bis 150 ausgedehnt werden darf [11]. Unterhalb von ca. 45 gerät man in den Bereich der Selbsterregung von Einzelteilen der Schleifmaschine. Die Resonanzschwingungen können dann einen Prozessabbruch bedingen. Wird dagegen im q_s-Bereich von etwa 150 bis ca. 1200 gearbeitet, erreicht die Werkstücksrandzone die höchstmögliche thermische Belastung, d. h. unter solchen Bedingungen kann Schleifbrand auftreten. Es muss aber erwähnt werden, dass dieser Effekt mit zunehmender Schnittgeschwindigkeit (HSG) an Bedeutung verliert.

Beim Vollschnittschleifen ist die Schnittgeschwindigkeit v_c 1000- bis 42'000mal grösser als die Werkstückgeschwindigkeit v_{fw}. Wie bereits erwähnt, kann mit solchen q_s-Werten nur geschliffen werden, wenn die Abtragstiefen ausreichend gross sind (Punkt 8.3). Aber noch aus einem anderen Grund sind so hohe q_s-Werte überhaupt möglich: Mit zunehmender Abtragstiefe a_e pro Durchgang werden die Kontaktlänge l_k und die Kontaktfläche A_k immer grösser. Dabei verändert sich die theoretische mittlere Spandicke h_m umgekehrt proportional zum Geschwindigkeitsverhältnis q_s, was die folgende Formel sehr gut verdeutlicht [11]:

$$h_m = \frac{a_e}{q_s} \quad [\text{mm}] \tag{8.1}$$

Eine Zunahme von h_m bedeutet bekanntlich bei allen Zerspanungsverfahren eine sinkende spezifische Schnittkraft k_s und damit weniger relativen Leistungsbedarf und weniger Wärme. Umgekehrt gilt logischerweise, dass eine Abnahme von h_m zu einem höheren relativen Leistungsaufwand führt und dadurch auch mehr Wärme produziert wird. Für die h_m-Werte verschiedener Verfahren gilt etwa:

TABELLE 8.1 Grössenordnungen von h_m verschiedener Verfahren

Schleifverfahren (Vollschnitt- u. Einstechschleifen)	≈ $h_{m\,min.}$ (mm)	≈ $h_{m\,max.}$ (mm)
Feinst- und Feinschleifen	0.00001	0.00005
Schlicht- oder Fertigschleifen	0.00005	0.00015
Schrupp- oder Vorschleifen	0.00015	0.00060
Vollschnittschleifen bis etwa 60 m/s	0.00050	0.00300
Hochleistungs-Vollschnittschleifen ab 90 m/s	0.00100	0.01500

Die theoretische mittlere Spandicke h_m steht mit dem bezogenen Zeitspanvolumen Q'_w – der wichtigsten Leistungs- bzw. Leistungsvergleichsgrösse beim Schleifen – und der Schnittgeschwindigkeit v_c in folgendem Zusammenhang:

$$h_m = \frac{Q'_w}{v_c \cdot 1000} \quad [\text{mm}] \tag{8.2}$$

Da das bezogene Zeitspanvolumen Q'_w eine so genannte berechnete Ausgangsgrösse ist, scheint es zweckmässiger zu sein, mit Stellgrössen zu rechnen. Es gilt deshalb ferner:

$$h_m = \frac{a_e \cdot v_{fw}}{v_c \cdot 1000 \cdot 60} \quad [\text{mm}] \tag{8.3}$$

In der Formel 8.3 sind nur noch Stellgrössen enthalten, welche erkennen lassen, wodurch h_m gezielt vergrössert oder verringert werden kann. Für das Aussen- und Innenrundschleifen setzt man eine der nächsten beiden Formeln ein:

$$h_m = \frac{a_e \cdot n_w \cdot d_w \cdot \pi}{v_c \cdot 1000 \cdot 60} = \frac{v_f \cdot d_w \cdot \pi}{v_c \cdot 1000 \cdot 60} \quad [\text{mm}] \tag{8.4}$$

In seiner Dissertation von 1967 weist H. Fuchs [4] nach, dass die Grösse von h_m eine Kenngrösse für die augenblickliche Belastung der Schleifkörner ist. Wird nämlich h_m konstant gehalten, kann das bezogene Zeitspanvolumen Q'_w im selben Masse erhöht werden wie die Schnittgeschwindigkeit v_c, ohne dass sich dadurch die Belastung der Kornschneiden verändert. Also muss sich über h_m die Belastung der Schleifscheibe und damit ihr Verhalten im Prozess steuern lassen. Bei einer zu hart wirkenden Scheibe würde deshalb h_m erhöht und bei einer zu weichen oder zusammenbrechenden Scheibe reduziert. So einfach ist das! Das sind aber längst noch nicht alle Auswirkungen von h_m auf andere Grössen.

$$F'_t = k_s \cdot h_m \quad [\text{N/mm}] \tag{8.5}$$

Die am Umfang der Schleifscheibe wirkende Kraft F_t bzw. ihre auf einen Millimeter Schleifbreite bezogene Grösse F'_t ist eine Funktion von k_s und h_m. Sie bestimmt zusammen mit der Schnittgeschwindigkeit v_c den Leistungsbedarf P_s bzw. P'_s (kW/mm) für den jeweiligen Prozess.

$$P_s' = \frac{F_t' \cdot v_c}{1000} = \frac{k_s \cdot h_m \cdot v_c}{1000} = \frac{k_s \cdot Q_w'}{10^6} \quad [\text{kW/mm}] \tag{8.6}$$

Mit diesen Formeln lässt sich ein Prozess auch optimieren, weil deutlich wird, welche Grösse mit welcher anderen in welchem Zusammenhang steht. Dabei ist aber zu unterscheiden, ob es sich um eine Stellgrösse handelt oder um eine Ausgangsgrösse, die aufgrund von Stellgrössenvorgaben entstanden ist.

Beim Umstellen des rechtsstehenden Ausdrucks der Formel 8.6 hat OTT [11] vor einigen Jahren eine äusserst interessante Konstellation bemerkt. Löst man nämlich diese Gleichung nach 10^6 auf, ergibt sich:

$$\frac{Q_w' \cdot k_s}{P_s'} = 10^6 \tag{8.7}$$

Anmerkung: Diese Darstellungsweise ist beabsichtigt!

Das ist nur deshalb von Interesse, weil offensichtlich jeder Schleifprozess, wie immer er auch durchgeführt wird, eine Konstante, nämlich 10^6 ergibt. Wird obige Formel wie folgt umgestellt,

$$\frac{Q_w'}{P_s'} = \frac{10^6}{k_s} \tag{8.8}$$

steht auf der linken Seite ein in der Schleiftechnik bisher nicht verwendeter Ausdruck, das auf die Schleifleistung bezogene Zeitspanvolumen, bzw. die leistungsabhängige bezogene Zerspanleistung. Es gibt verschiedene Kriterien, um einen Schleifprozess zu optimieren. Da hier vom Vollschnittschleifen die Rede ist, bei welchem ganz besonders das Verhältnis von zeitbezogenem Abtrag zur dafür investierten Leistung steht, dürfte Formel 8.8 nach nochmaliger Änderung zweifellos eine wichtige Rolle, hinsichtlich der Optimierung im Allgemeinen und im speziellen beim Vollschnittschleifen, erhalten. Für den Ausdruck Q_w'/P_s' wurde der Begriff **spezifische Spanmenge Q_m'** gewählt und ein Diagramm erstellt (Bild 8.3), mit dem k_s-Wert auf der Abszisse und dem Q_m'-Wert auf der Ordinate.

Jeder Kurvenpunkt ergibt ausmultipliziert immer den Wert 10^6. Tiefe Q_m'-Werte deuten auf eine ungünstige, hohe auf eine gute Optimierung hin. Es geht jetzt im Prinzip nur noch darum, die auf Q_w' und/oder P_s' Einfluss nehmenden Stellgrössen so vorzugeben, dass die spezifische Spanmenge Q_m' den höchstmöglichen Wert unter Berücksichtigung der maschinen- und verfahrenstechnischen Begrenzungen erreicht. Zugegeben, jetzt wird es etwas schwieriger, aber mit den verfügbaren schleiftechnischen PGS-Programmen [12] gewinnt man in kürzester Zeit eine sehr gute Übersicht in Bezug auf die Prozessoptimierung.

Alle Schleifprozesse sollte man versuchen zu optimieren, auch wenn es sich nur um Einzelstücke oder Kleinserien handelt. Und logischerweise sind gerade Vollschnittprozesse nach besten Möglichkeiten zu optimieren, was aber keineswegs leicht ist. Pro Versuch – das gilt für Standard-

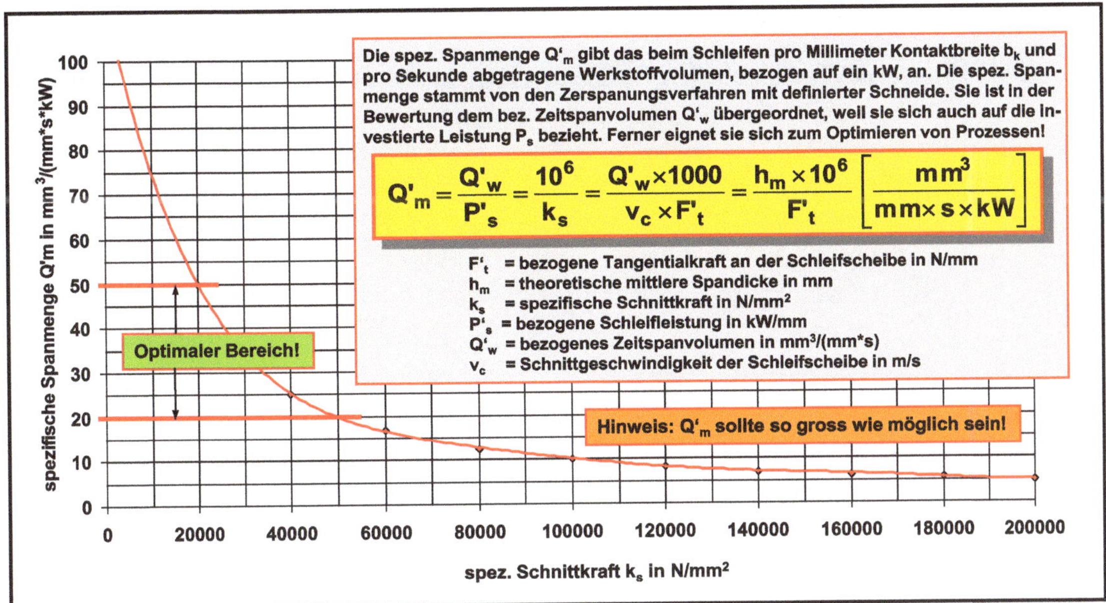

BILD 8.3 Spezifische Spanmenge Q'_m nach OTT in Abhängigkeit der spezifischen Schnittkraft k_s. Die spez. Spanmenge Q'_m gibt den pro Sekunde auf einen Millimeter Schleifbreite und ein Kilowatt Schleifleistung bezogenen Spanabtrag an ($mm^3/mm \cdot s \cdot kW$). Die spezifische Spanmenge stellt auch einen Wert für den Optimierungsgrad dar!

und Vollschnittverfahren – darf bekanntlich immer nur eine Stellgrösse verändert werden, damit man deren Auswirkung auf den Prozessverlauf und auf die übrigen Prozessparameter erkennen kann. Dabei taucht nun aber ein statistisches Problem auf. Wollte man beispielsweise die Schnittgeschwindigkeit v_c, die Werkstückgeschwindigkeit v_{fw} und die Zustellung a_e jeweils um vier verschiedene Stufen verändert ausprobieren, wären insgesamt 4^3, also 64 (!) Versuche notwendig. Dabei stellt die Hochzahl (Potenz) „3“ hier die Anzahl der zu variierenden Parameter und die Zahl „4“ die jeweils vorgesehenen Werte pro Parameter dar. Nicht auszudenken, wie viele Versuche durchzuführen wären, wenn auch noch andere Grössen berücksichtigt werden müssten. Abgesehen vom Zeitaufwand, den verschliffenen Teilen und den Maschinen- und Operateurstunden, weiss man danach immer noch nicht mit ausreichender Sicherheit, ob nun wirklich das Optimum gefunden wurde. Kommen schleiftechnische Berechnungsprogramme [12] zum Einsatz, können gleichzeitig so viele Parameter geändert werden wie grundsätzlich sinnvoll erscheint. Ein Vergleich mit der vorherigen Rechnung zeigt einflussbedingte Änderungen auf. Ferner können einzelne Parameter, z. B. die Schnittgeschwindigkeit, in unterschiedlich grossen Schritten auf ihre Auswirkung im Prozess beobachtet werden. Das kann am Schreibtisch geschehen und ist vergleichsweise günstig, im Gegensatz zu umfangreichen Versuchsreihen. An einem Beispiel für das *Pendel-* und das *Vollschnittschleifen* wird in der Tabelle 8.2 gezeigt, welche Unterschiede und Zusammenhänge der Verfahrensvarianten bestehen.

TABELLE 8.2 Gegenüberstellung von Daten beim Pendel- und beim Vollschnittschleifen

Grösse	Pendelschleifen (GGL/GLL)	Vollschnittschleifen (GLL)	Einheit
v_c	45	45	m/s
a_e	0.01	10	mm
z_w	10.0	10.0	mm
b_k	20	20	mm
v_{fw}	30'000	135	mm/min
q_s	90	20'000	–
Q'_w	5.0	22.5	$mm^3/(mm \cdot s)$
Q'_m	20.8	29.0	$mm^3/(mm \cdot s \cdot kW)$
h_m	0.00011	0.0005	mm
d_s	400	400	mm
l_k	2.00	63.25	mm
A_k	400	1'264.9	mm^2
CL*	3.5	3.5	–
MA*	5.0	5.0	–
k_s	47'981	34'463	N/mm^2
P'_s	0.240	0.775	kW/mm
P_s	4.80	15.5	kW
U_s	48.0	34.5	J/mm^3
F_d	6.77	0.69	N/mm^2
t_k	13.336	1.512	min

(* = von OTT definierte Werte für die KSS-Schmierfähigkeit und die Werkstoffzerspanbarkeit)

HINWEIS Es sind links nur die Kurzbezeichnungen der in der Tabelle enthaltenen Werte aufgeführt. Sollte der Leser Probleme mit deren Zuordnung haben, so sei ein Blick in den Anhang A empfohlen. Dort sind die ausgeschriebenen Begriffe, ihre Abkürzungen und Einheiten sowie die Umkehrung davon zu finden.

Die unterlegten Zeilen enthalten jeweils die gleichen Werte für beide Verfahren. Beachtenswert in obiger Tabelle sind folgende drei Tatsachen:

1. Im Vollschnittverfahren ist die Schleifzeit nahezu 9mal (!) kürzer.
2. Es müssen unterschiedliche Scheiben zum Einsatz kommen (siehe F_d-Wert).
3. Trotz 4.5-fach höherer Abtragsleistung beim *Vollschnittschleifen*, steigt die Schleifleistung gegenüber dem *Pendelschleifen* nur 3.3-fach an. Ferner ist die Optimierung in Bezug auf das Verhältnis von bezogenem Zeitspanvolumen Q'_w und bezogener Schleifleistung P'_s besser (siehe Q'_m-Wert).

Für das Pendelschleifen ist die Schnittgeschwindigkeit v_c von 45 aus thermischen Gründen etwa die obere Grenze. Beim Vollschnittschleifen könnte v_c von > 90 m/s noch zu wesentlich besseren Leistungswerten führen.

8.5 Einfluss der Schnittgeschwindigkeit v_c

Die Schnittgeschwindigkeit v_c erscheint in der Formel zur Berechnung des bezogenen Zeitspanvolumens Q'_w nicht. Eine alleinige Veränderung von v_c hat somit keinerlei Einfluss auf die Abtragsleistung. Die Formel ganz links gilt für das Flachschleifen und die beiden andern für das Aussen- oder Innenrundschleifen.

$$Q'_w = \frac{a_e \cdot v_{fw}}{60} = \frac{a_e \cdot n_w \cdot d_w \cdot \pi}{60} = \frac{v_f \cdot d_w \cdot \pi}{60} \left[\frac{mm^3}{mm \cdot s}\right] \tag{8.9}$$

Es bestehen aber dennoch äusserst wichtige Zusammenhänge zwischen der Schnittgeschwindigkeit v_c und den Prozessausgangsgrössen. Eine Steigerung von v_c ergibt dünnere Späne. Ferner sind pro Zeiteinheit mehr Schneiden im Kontakt mit dem Werkstück und die Oberfläche wird deshalb qualitativ besser. Gleichzeitig steigt die dynamische Wirkhärte der Scheibe; im Bereich bis etwa 60–70 m/s entspricht eine Zu- oder Abnahme der Schnittgeschwindigkeit von 3–4 m/s etwa einem Härtegrad. Man kann auf diese Weise eine falsche Scheibenhärte in begrenztem Masse an die Erfordernisse anpassen. Dabei sollte immer daran gedacht werden, dass jede Geschwindigkeitsveränderung an der Scheibe einen direkten Einfluss auf q_s, auf die theoretische mittlere Spandicke h_m und damit auf k_s und P_s hat. Übrigens, hochharte Schleifstoffe, wie CBN und Diamant, reagieren nicht gleich wie konventionelle Kornarten, obwohl ihr „Beharrungsvermögen“ ebenfalls steigt und – solange die Bindung hält – mit einer höheren Schnittgeschwindigkeit meistens eine Standzeitverlängerung realisierbar ist.

Nur die Schnittgeschwindigkeit v_c zu erhöhen, ohne gleichzeitig die Werkstückgeschwindigkeit v_{fw} im selben Verhältnis zu korrigieren, führt meistens zu grossen Problemen. Wird das Geschwindigkeitsverhältnis $q_s = v_c/v_{fw}$ beibehalten, bleibt die Oberflächenqualität wie sie war, ebenso die mittlere theoretische Spandicke h_m. Auch die spezifische Schnittkraft k_s erfährt keine Änderung. Trotzdem wird der Leistungsbedarf an der Scheibe grösser sein, denn das bezogene Zeitspanvolumen Q'_w steigt proportional zur Werkstückgeschwindigkeit v_{fw} an (Kapitel 4, Punkt 4.39). Die Auswirkung einer alleinigen Erhöhung von v_c auf die bezogene Wärmemenge Q'_{wn} demonstriert die Formel 8.10:

$$Q'_{wn} \text{ bez. } E''_c = \frac{F'_t \cdot v_c}{v_{fw}} \left[\frac{J}{mm^2}\right] \tag{8.10}$$

Die Wärmeentwicklung lässt sich in einem relativ grossen Bereich steuern. Eine Erhöhung der Schnittgeschwindigkeit allein hätte zur Folge, dass die ins Werkstück einfliessende Wärme ansteigt. Nochmals zur Erinnerung: Die Schnittgeschwindigkeit v_c kommt in der Formel für die zeitbezogene Abtragsleistung nicht vor. Erzeugt wird somit nur zusätzliche Reibung, welche für die Wärme verantwortlich ist. Die am Umfang der Schleifscheibe angreifende Kraft F_t wird bei einer Änderung von v_c ebenfalls andere Werte annehmen. Bedauerlicherweise in der ungünstigen Richtung! Die Werkstückgeschwindigkeit v_{fw} steht unter dem Bruchstrich, wodurch nachweisbar ist, dass eine Erhöhung von v_{fw} zu einer Reduktion der bezogenen Wärmemenge Q'_{wn} führen muss. So lassen sich nicht nur Vollschnittprozesse, sondern vor allem alle Arbeiten im Bereiche des Hochgeschwindigkeitsschleifens (HSG und HEDG) beurteilen und gegebenenfalls optimieren.

Der verfahrenstechnisch relevante Hochgeschwindigkeitsbereich beginnt beim Schleifen oberhalb von etwa 90 m/s. Dann zeigen sich die typischen Merkmale des HG-Schleifens vollumfänglich. Obwohl es wünschenswert wäre, kann das Geschwindigkeitsverhältnis q_s nicht mehr unbedingt im Verhältnis zur Steigerung der Schnittgeschwindigkeit bei 60–80 gehalten werden. Mit 90 m/s wären es bereits ca. 77'000 mm/min am Werkstück bzw. am Maschinentisch. Geht man von 180 m/s aus, müssten es schon etwa 154'000 mm/min sein. Solche Tischgeschwindigkeiten lassen sich auch in absehbarer Zeit nicht verwirklichen. Für die Beschleunigung und Verzögerung wären ungeheure Antriebsleistungen nötig. Ferner würden in einigen Fällen die Umsteuerwege die Länge des Werkstückes übersteigen. Auch wenn die Umsteuerung durch hochentwickelte, „rechnende“ Software der Steuerung nahezu völlig ruckfrei optimal abgebremst und wieder beschleunigt werden kann (siehe Kapitel 11, Punkt 11.11). Ab etwa 5.0 m/s^2 (Beschleunigung und/oder Verzögerung) sind Probleme vorprogrammiert. Als Folge ergäbe sich möglicherweise eine völlig unsinnige Verteilung des Zeitaufwandes zwischen dem reinen Schleifweg und jenem für die Umsteuerbereiche.

Trotzdem gilt immer: Die Werkstückgeschwindigkeit v_{fw} muss so hoch wie nur möglich gewählt werden, um die Bedingung zu erfüllen, dass die Abspangeschwindigkeit gleich oder grösser ist als die Wärmeeindringgeschwindigkeit. Die Erwärmung eines so geschliffenen Werkstücks bleibt dann auf tiefem Niveau und es besteht weder die Gefahr von thermischen Randzonenschäden noch können Zugspannungen auftreten. Als Beispiel lässt sich das Schlitzeschleifen an Flügelzellenrotoren anführen. Werden die Schlitze vorgefräst, der Rotor gehärtet und danach die Schlitze fertiggeschliffen, kann die schmale Schleifscheibe durch den entstandenen Härteverzug abgedrängt werden. Die Schlitze sind dann weder an der richtigen Stelle noch parallel und gerade. Schleift man die Schlitze dagegen im Hochgeschwindigkeitsvollschnitt auf einer geeigneten Maschine in einem einzigen Durchgang in den durchgehärteten Rotor, gibt es normalerweise – richtige Vorgaben und Kühlung vorausgesetzt – weder thermische noch geometrische Probleme. Das Werkstück kann im Allgemeinen unmittelbar nach dem Schleifen angefasst werden. Es ist etwa so heiss wie eine fiebrige Hand!

8.6 Besonderheiten beim Vollschnittschleifen

Beim Vollschnittschleifen werden oft an kurzen Teilen verhältnismässig tiefe Profile mit Schleifscheiben-Durchmessern von 350–500 mm geschliffen. Meist sind solche Werkstücke weniger lang als die Eintrittssehnenlänge s_e (siehe Bild 8.4). Man denke beispielsweise an Schlitze in Rotoren von Flügelzellenpumpen. Unlängst hat ein Kunde dem Autor ein bezogenes Zeitspanvolumen Q'_w von 62.5 mm^3/(mm · s) „vorgeschwärmt". Das Teil war 28 mm lang und geschliffen wurde eine Nute von 12.5 mm Tiefe mit einer 450er-Scheibe. Mit einer Werkstückgeschwindigkeit v_{fw} von 300 mm stimmt seine Rechnung ohne Frage:

$$Q'_w = \frac{a_e \cdot v_{fw}}{60} = \frac{12.5 \cdot 300}{60} = 62.5 \text{ mm}^3/(\text{mm} \cdot \text{s}) \tag{8.11}$$

Eine Nachrechnung der Eintrittssehnenlänge s_e ergab dann aber, dass hier etwas nicht stimmen konnte. Das Nutenprofil war kürzer als s_e. Deshalb wurde die tatsächliche oder effektive Zustelltiefe $a_{e\,eff.}$ mit der Formel in Bild 8.4 bestimmt.

Hier ist die Eintrittssehnenlänge s_e eindeutig kürzer, als die halbe Sehnenlänge mit der Nenn-Zustelltiefe a_e von 12.5 mm, weil die Schleifscheibe bereits wieder austritt, bevor erstmals die

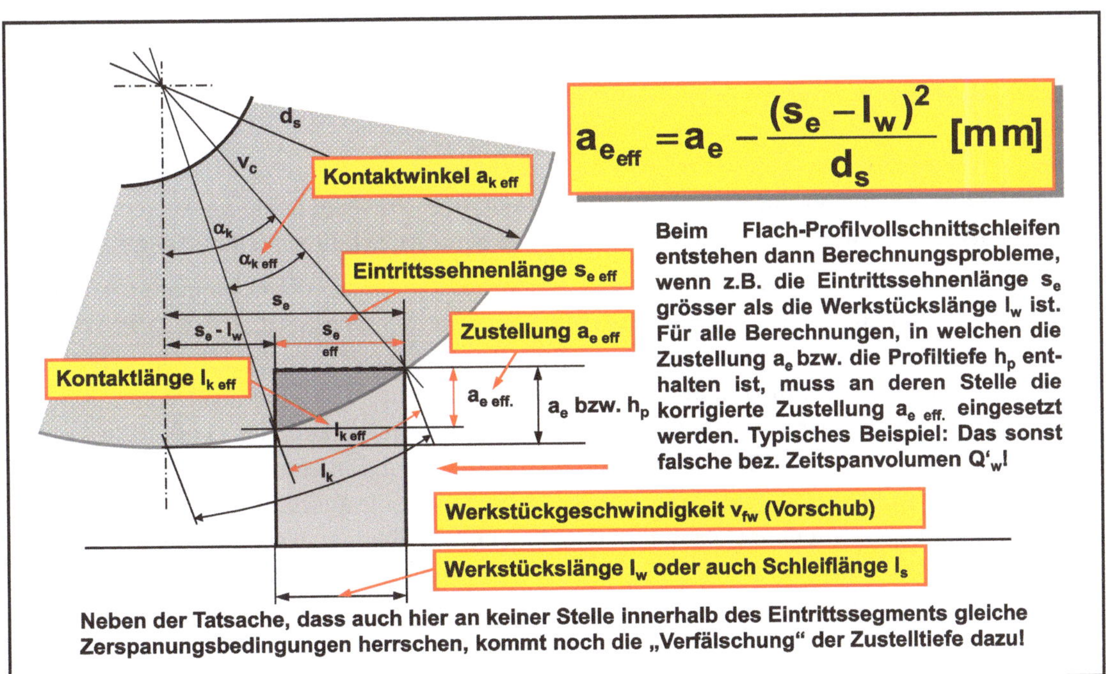

BILD 8.4 Sonderfall beim Flach-Profilvollschnittschleifen

volle Schleiftiefe erreicht wird. Somit darf nicht mit a_e gerechnet werden, sondern man muss dies mit dem korrigierten Wert $a_{e\,eff.}$ tun!

$$Q'_w = \frac{a_{e\,eff.} \cdot v_{fw}}{60} = \frac{19.12 \cdot 300}{60} = 45.6\,\text{mm}^3/(\text{mm} \cdot \text{s}) \tag{8.12}$$

Ungeachtet der falschen Berechnung von Q'_w muss diese zeitbezogene Abtragsleistung als durchaus respektabel bezeichnet werden. Wenn allerdings Q'_w von vornherein nicht stimmt, und es wird „von Hand" weiter gerechnet, sind alle damit verbundenen Folgerechnungen ebenfalls falsch. Die Schnittgeschwindigkeit v_c lag in diesem Fall bei 80 m/s. Die theoretische mittlere Spandicke berechnet man ja mit $h_m = Q'_w/(v_c \cdot 1000) = 62.5/80 \cdot 1000 = 0.00078$ mm, müsste aber richtigerweise mit $Q'_w = 45.6\ \text{mm}^3/(\text{mm} \cdot \text{s})$ lediglich 0.00057 mm ergeben. Hat sich die Schleifscheibe mit einer guten Standzeit bewiesen, würde dieser Spezifikation logischerweise eine theoretische mittlere Spandicke h_m von 0.00078 zugeordnet. Folge: Alle Prozesse könnten scheinbar ebenfalls optimal ablaufen, wenn deren Vorgabeparameter ein h_m von 0.00087 mm ergäben. Falsch! Ist dann die Schleif- bzw. Profillänge grösser oder kleiner, stimmt alles nicht mehr. Dieser Punkt wird in der Praxis viel zu wenig beachtet.

8.7 Tücken des Vollschnittschleifens

Vergleichbar mit dem vorhergehenden Punkt 8.6 ergibt sich beim Vollschnittschleifen eine Situation, welche ganz besonders bei tiefen Profilen unbedingt zu beachten ist. Im Gegensatz zum üblichen Pendelschleifen, wo sich die Zustelltiefe a_e im Bereich von maximal etwa 0.02–0.03 mm bewegt (Schruppschleifen) und das Eintrittssegment, d. h. die volle Schleiftiefe, nach wenigen Millimetern erreicht werden kann, sieht die Situation beim Vollschnittschleifen völlig anders aus.

Wie das Bild 8.5 zeigt, muss die Schleifscheibe bereits eine beachtliche Menge an Werkstoff abtragen, bis erstmals die volle Profiltiefe erreicht ist. Eine Scheibe passt sich in ihrer Wirkrautiefe R_{ts} mehr oder weniger schnell an das an, was sie abtragen muss – bei etwa 400–600 mm^3 Abtragsvolumen pro Millimeter Schleifbreite hat sie bereits eine quasistationäre Rautiefe angenommen, welche sich kaum noch ändern wird. Die Voraussetzung muss allerdings erfüllt sein, dass die gewählte Spezifikation zur Schleifaufgabe passt. Ein erneutes Konditionieren ist erst wieder angezeigt, wenn das geometrische Profil der Scheibe ausser Toleranz gerät. Schleift man konventionell, dann dauert es eine Weile, bis die Scheibenanpassung erfolgt ist. Handelt es sich um einen Vollschnittschliff mit grosser Profiltiefe, so durchfährt die Scheibe eine Abtragsbelastung von 0 bis zum Maximum unter Umständen schon im Eintrittssegment. Was heisst das? Die Scheibe ändert ihre Rautiefe R_{ts} wesentlich schneller, vor allem wegen der hohen Anfangsbelastung. Ferner wird sie kaum noch diejenige Wirkrautiefe aufweisen, welche man ihr beim Konditionieren „verpasst" hat. Man kann Probleme mit der Oberflächenqualität bekom-

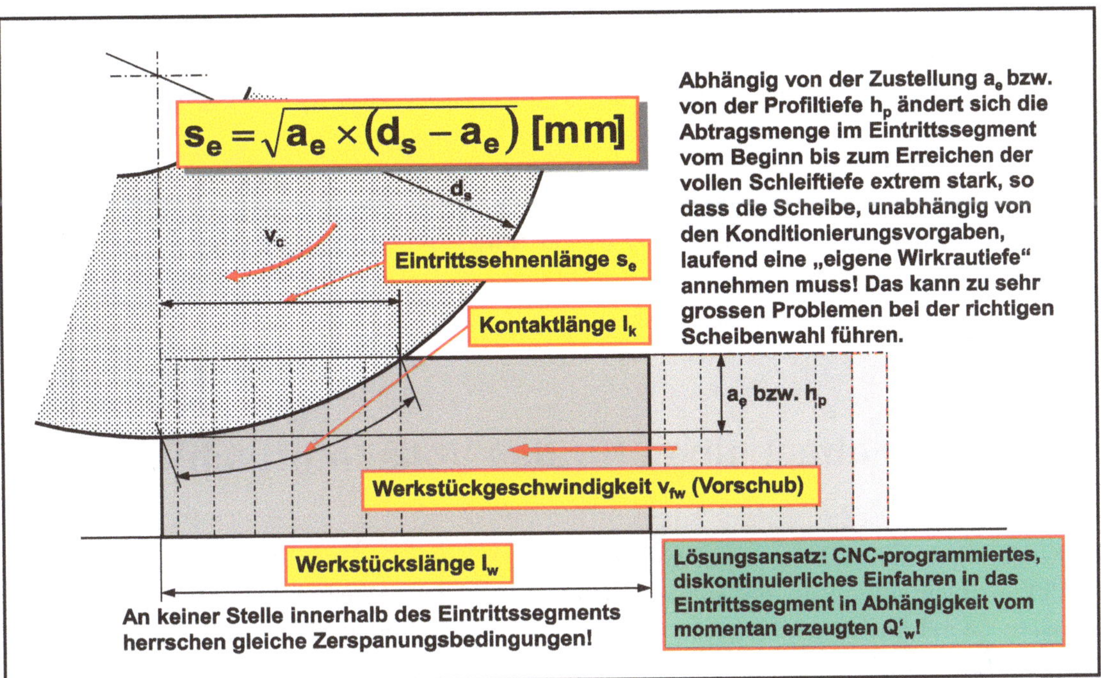

BILD 8.5 Eintrittssegment der Scheibe beim Vollschnittschleifen

Für diese rechnerische Demonstration eines Flach-Vollschnitt-Schleifprozesses und den sich dabei ergebenden Resultaten wurden die folgenden Voraussetzungen bzw. Vorgaben gewählt:

Werkstoffindex MA (nach OTT)	= 5.0 (—)
Kühlschmierstoffindex CL (nach OTT)	= 3.5 (—)
Schnittgeschwindigkeit v_c	= 35 (m/s)
Schleifscheibendurchmesser d_s	= 390 (mm)
Kontaktbreite b_k	= 20 (mm)
Profiltiefe (Zustellung max.) a_e	= 5.0 (mm)
Werkstückgeschwindigkeit v_{fw}	= 300 (mm/min)
Werkstückslänge l_w	= 200 (mm)

Es werden lediglich die sich bis zum Erreichen der vorgesehenen maximalen Profiltiefe verändernden Grössen betrachtet (Diagramme dazu siehe nächste Seite):

a_e	s_e	V'_w	Q'_w	h_m	F'_t	F'_n	F_d	P'_s	U_s
0.50	13.96	9.3	2.50	0.000071	3.78	9.60	0.69	0.132	52.8
1.00	19.72	26.3	5.00	0.000143	6.49	16.48	0.83	0.227	45.4
1.50	24.14	48.3	7.50	0.000214	8.90	22.61	0.93	0.311	41.5
2.00	27.86	74.4	10.00	0.000286	11.14	28.30	1.01	0.390	39.0
2.50	31.12	103.9	12.50	0.000357	13.25	33.68	1.08	0.464	37.1
3.00	34.07	136.5	15.00	0.000429	15.28	38.83	1.13	0.535	35.7
3.50	36.78	171.9	17.50	0.000500	17.23	43.79	1.18	0.603	34.4
4.00	39.29	210.0	20.00	0.000571	19.12	48.60	1.23	0.669	33.4
4.50	41.65	250.4	22.50	0.000643	20.96	53.27	1.27	0.734	32.6
5.00	43.87	293.2	25.00	0.000714	22.76	57.84	1.31	0.797	31.9

BILD 8.6 Rechnerische Demonstration der Eingriffsbedingungen der Schleifscheibe beim Vollschnittschleifen

men, weil die Scheibe mit ihrem Eigenleben sich selbst anders einstellt. Da viele Praktiker und sogar so genannte „Schleifspezialisten“ diese Tatsache gar nicht kennen bzw. berücksichtigen, kommen solche Fälle häufiger vor, als man glaubt. Was ist zu tun? Die Auswahl der richtigen Schleifscheibe ist hier von grösster Bedeutung.

Bei einer angenommenen Profiltiefe von 5.0 mm zerspant die Scheibe allein im Eintrittssegment bereits nahezu 300 mm^3/mm. Wird ein konventioneller Schleifstoff eingesetzt, hat die Schleifscheibe dann mit Sicherheit schon eine andere Wirkrautiefe R_{ts} angenommen, als durch das Konditionieren vorgegeben worden war.

8.8 Schleifscheiben für das Vollschnittschleifen

Keramisch gebundene Vollschnittschleifscheiben sind im Schnittgeschwindigkeitsbereich bis ca. 80 m/s nicht nur hochporös, sondern auch sehr weich zu wählen. Die Strukturzahlen liegen meist im oberen Drittel der Strukturskala eines Scheibenherstellers. Als FEPA-Härten kommen für das Flachschleifen die Buchstaben E–H/I und für das Aussenrundschleifen G–K/L infrage. Achtung: Es gibt nach wie vor keine Standardisierung der Scheibenhärte! Ferner können Scheiben mit Spezialbindungen und/oder besonderen Kornkombinationen sowohl bezüglich der Struktur als auch der Härte von diesen Angaben abweichen.

Warum hochporös? Wird im Kontaktbereich zwischen der Schleifscheibe und dem Werkstück eine bestimmte Anzahl dynamischer Schneiden überschritten, reicht einerseits die auf die Einzelschneide wirkende Normalkraft F_n für eine fortlaufende Selbstschärfung nicht mehr aus und andererseits gibt es Probleme wegen zu geringem Kühlschmierstofftransport in die Kontaktzone und zu wenig Platz für die anfallenden Späne.

Warum extrem weich? Würde man übliche Scheibenhärten einsetzen, so wäre trotz stark vergrössertem Schneidenabstand durch die hohe Porosität der sich aufbauende Druck (Normalkraft F_n) nicht gross genug für eine gesicherte Selbstschärfung. Abstumpfungstendenz an den Kornschneiden und das Ansetzen von Aufbauschneiden (Kaltschweissungen) wären die Folge.

Am weitesten verbreitet sind immer noch die Standardkornarten. Sie gelangen in zunehmendem Masse in Kornkombinationen zum Einsatz, d. h. unterschiedliche Kornarten und -grössen werden in sinnvoller Weise, abgestimmt auf die jeweilige Problemstellung, speziell zusammengesetzt. Auch bei den Bindungen, die ja härtebestimmend sind, hat sich einiges getan. Vermehrt werden so genannte keramische Niederbrandbindungen angewandt, weil sie eine etwas andere Bruch- und Flusscharakteristik aufweisen. Dadurch haben die konventionellen Schleifstoffe auch in anspruchsvollen Fällen eine richtige Renaissance erfahren.

Beim Profilschleifen müssen häufig kleine Radien und/oder steile Flanken geschliffen werden. Um besonders die Kantenhaltigkeit massgeblich zu verbessern, setzt man Scheiben ein, die eine Hauptkorngrösse und dazu eine bis zwei kleinere Korngrössen (2–3 Stufen kleiner als die Hauptkorngrösse) der gleichen Kornart enthalten. Bei nur einer kleineren Korngrösse beträgt deren Anteil im gesamten Kornvolumen etwa 10–15 %. Mischt man zwei kleinere Korngrössen dazu, beispielsweise Hauptkorngrösse 60 mesh und Zusatzkorn 80 mesh und 100 mesh, ergibt sich eine Kornvolumenaufteilung von ca. 65 % von 60 mesh, 20 % von 80 mesh und 15 % von 100 mesh (mesh = amerikanische und FEPA-Bezeichnung für die Siebgittermaschenweite).

Grundsätzlich muss unterschieden werden zwischen Mischkornscheiben, welche nur eine Kornart aufweisen und solchen, welche verschiedene enthalten. Bei letzteren können eben die Korngrössen als auch die Kornarten unterschiedlich sein.

Der Vorteil dieser Mischkornscheiben liegt in ihren vielseitigen Einsatzmöglichkeiten. Sie erreichen zudem Standzeiten und Abtragswerte, die weit über das bisher in der Praxis Bekannte und Übliche hinausgehen. Seit das mikrokristalline Sinterkorund (Kristallitgrösse zwischen 0.2 und etwa 2.5 μm) gerade in typischen Mischkornscheiben (10–50 % Sinterkorund, Rest andere Kornarten und -grössen) Einzug gefunden hat und neuerdings das Beifügen von Hohlkugelkorund zu einer wesentlich feiner steuerbaren Strukturierung und mitschleifenden Bindung führt, hat das Schleifen, besonders im Vollschnitt- und Einstechbereich, an Bedeutung gewonnen. Allerdings sollte man die Entscheidung über die Zusammensetzung solcher Scheiben immer dem jeweiligen Hersteller überlassen. Er wird das anstehende Schleifproblem analysieren und aufgrund der Prozessdaten die Ausgangsgrössen abschätzen oder berechnen.

Alle Arten keramisch gebundener Schleifscheiben, auch CBN- und Diamantscheiben, reagieren auf bestimmte Prozessgrössen. Eine davon ist die Normalkraft F_n bzw. ihre auf 1 mm Kontaktbreite bezogene Grösse F'_n. Das Bindeglied zwischen den Prozessgrössen und der Schleifscheibe hat OTT [11] in den frühen 80er-Jahren definiert. Er bezeichnete den auf die Schleifscheibe wirkenden Druck pro mm² in der Kontaktzone als „Arbeitsdruckkraft F_d" und nannte sie auch den „Fingerabdruck" einer Schleifscheibe. Die Beobachtungen in der Praxis zeigten, dass einer jeden Schleifscheibe eine Arbeitsdruckkraft F_d zugeordnet werden kann, bei welcher sie sich optimal in Bezug auf ihre Selbstschärfung verhält. Anders ausgedrückt: Ergeben die Prozessparameter eine bestimmte Arbeitsdruckkraft F_d, braucht man lediglich die dazu passende Schleifscheibe – Spezifikation selbstverständlich abgestimmt auf die jeweilige Schleifaufgabe – auszuwählen und der Schleifprozess dürfte völlig zufriedenstellend ablaufen. Kleinere Anpasskorrekturen sind immer noch über die Stellgrössen möglich.

$$F_d = \frac{F_n}{A_k} = \frac{F'_n}{l_k} \quad [\mathrm{N/mm^2}] \qquad (8.13)$$

Schleifscheiben aus konventionellen Kornarten sind in keramischer Spezialbindung heute für Geschwindigkeitsbereiche bis etwa 120–125 m/s erhältlich. Darüber – aber auch schon darunter – kommen keramisch gebundene, kunstharz- oder metallgebundene CBN-Scheiben zum Einsatz. Mit Ausnahme von galvanischen Bindungen können die anderen Bindungen auch konditioniert werden. Ausser der keramischen Bindung müssen die anderen nach dem Konditionieren unbedingt mit einem weichen Korundstein oder auf eine andere Art geöffnet werden, damit sie ihre Schnittigkeit erhalten.

Mit galvanischen Nickelbindungen werden einlagig die in der Grösse exakt ausgewählten CBN-Körner auf einen genau vorbearbeiteten Stahlgrundkörper aufgebracht. Die Profilform muss schon bei Anlieferung der Scheibe stimmen, denn jede Art von Konditionierung würde zuviel CBN-Kornanteil verschleissen. Diese Scheiben kommen unter anderem beim Hochgeschwindigkeitsschleifen im Vollschnitt zum Einsatz, und zwar für Zahnritzel, Mehrkeilwellen, Schlitze von Pumpenrotoren, sowie für viele andere Teile.

Die Kunstharzbindung verliert, zumindest beim Präzisionsschleifen, in zunehmendem Masse an Bedeutung, weil sie sehr oft durch keramische Bindungen ersetzt werden kann. Im Gegensatz zu den keramischen Bindungen, bei welchen nachweislich ein mehr oder weniger ausgeprägtes Mitschleifen (Oberflächenglättung, Reibwärmeerzeugung) zu beobachten ist, reagieren Kunstharzbindungen im Prozess völlig anders. Ein nicht mehr schleiffähiges, stumpfes Korn muss so warm werden, dass die es umgebende bzw. haltende Kunstharzbindung oxidiert (verbrennt, verzundert) und so das nur noch wärmeerzeugende Korn freigegeben wird. Hierbei bestimmt lediglich am Rande die Arbeitsdruckkraft F_{d} das Verhalten der Schleifscheibe im Prozess.

CBN-Scheiben kommen vorrangig dort zum Einsatz, wo die hohe Grundhärte des Werkstoffs keine wirtschaftlichen Standzeiten mit konventionellen Schleifstoffen und/oder mit Sinterkorund ergibt. Als untere Grenze gilt eine Härte von etwa 54 HRc, als obere Grenze eine solche von ca. 65–67 HRc. Stähle, welche nach dem Härten zu Karbidausscheidungen im Randgefüge neigen, lassen sich besonders gut mit CBN schleifen. Es sind aber auch Einsatzfälle bekannt, bei welchen exotische Materialien wie Nimonic und Inconel (hochwarmfeste Nickellegierungen) erfolgreich mit CBN bearbeitet wurden. Kommen Schnittgeschwindigkeiten über 120 m/s zur Anwendung, setzt man praktisch für alle zu schleifenden Stoffe nur noch CBN-Scheiben, meist galvanisch gebunden, ein.

Einige Werkstoffe, wie beispielsweise Hartmetalle, Cermets, technische Keramiken, amorphe Gläser usw. erfordern Diamant als Schleifstoff. Diamantscheiben gibt es mit keramischer, mit Kunstharz-, mit spröder Metall- und mit galvanischer Bindung. Die Wahl der Bindung hängt von der Anwendung ab. Diamant ist extrem wärmeempfindlich. Naturdiamant oxidiert bereits bei etwa 800 °C und synthetischer Diamant bei etwa 850 °C. Nicht nur die Prozessvorgaben müssen deshalb sehr gut auf diesen Schleifstoff abgestimmt sein, sondern auch das verwendete Kühlmittel und die Bindung der Schleifscheibe. Diamant ist der beste bekannte Wärmeleiter. Er nimmt deshalb extrem schnell Wärme auf und wenn er diese nicht über die Bindungsmatrix und/oder den zugeführten Kühlschmierstoff rasch wieder abgeben kann, besteht erhöhte Oxidationsgefahr. Diese Form des Verschleisses ist übrigens bei Diamantscheiben recht häufig. Kohlenstoffarme Werkstoffe dürfen nicht mit Diamantkorn geschliffen werden, zumal eine C-Wanderung in den Werkstoff auftreten würde, was zu beschleunigtem Verschleiss führt.

8.9 Oberflächenqualität beim Vollschnittschleifen

Mit steigendem Geschwindigkeitsverhältnis q_s verbessert sich die Oberflächenqualität, weil der Abstand zwischen zwei Eingriffen, bezogen auf ein und dieselbe Kornschneide, immer kürzer wird. Das führt zu einem ungewollten Glättungseffekt, weil in zunehmendem Masse die von einer Schneide erzeugte Kerbenspitze gleich wieder von ihr selbst gekappt wird (Bild 8.7). Das Geschwindigkeitsverhältnis q_s steigt beim Vollschnittschleifen bis auf etwa 42'000 an. Hat man die Prozessvorgaben richtig gewählt, sind keine thermischen Probleme zu befürchten.

Man erhält somit beim Vollschnitt- wie auch beim Einstechschleifen mit zunehmendem q_s-Wert feinere Oberflächen. Das ist auch gut so, denn gerade bei diesen Verfahren setzt man häufig 46er- bis 80er-Körnungen ein. Sobald das Geschwindigkeitsverhältnis q_s > 10'000 ist, verlieren leichte Spindellagerschäden, schlechte Scheibenauswuchtung und eigene oder parasitäre Schwingungen an Bedeutung bezüglich ihrer Spuren auf der Oberfläche. Die nachstehende Formel für den Schleifweg l'_s pro Scheibenumdrehung verdeutlicht diesen Sachverhalt.

$$l'_s = \frac{d_{se} \cdot \pi}{q_s} = \frac{v_{fw}}{n_s} \quad [\text{mm/U}] \tag{8.14}$$

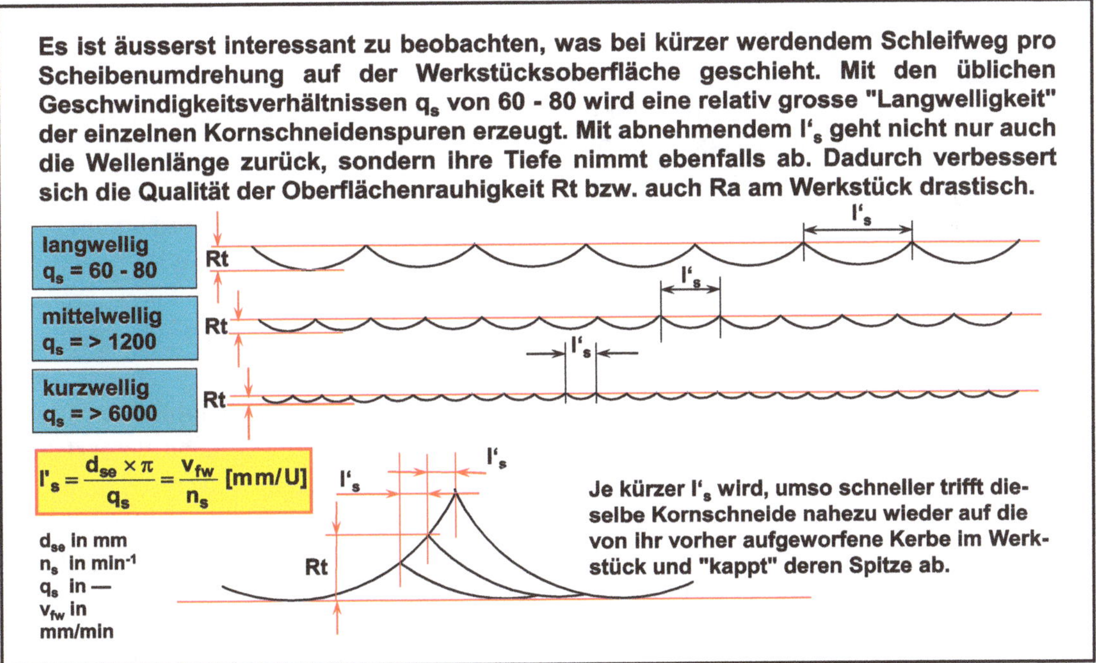

BILD 8.7 Schleifweg l'_s pro Scheibenumdrehung

Hier erscheint im Zähler die Abkürzung d_{se}, welche für den aequivalenten Scheibendurchmesser steht. Um mit schleiftechnischen Formeln, welche den Scheibendurchmesser d_s enthalten, auch bei Aussen- und Innenrundschleifprozessen richtig rechnen zu können, muss eine Korrektur gegenüber den Verhältnissen beim Flachschleifen vorgenommen werden. Man erreicht dies, indem anstelle von d_s der aequivalente Scheibendurchmesser d_{se} eingesetzt wird.

$$d_{se} = \frac{d_w \cdot d_s}{(d_w \pm d_s)} \quad [\text{mm}] \tag{8.15}$$

Unter dem Bruchstrich gilt:
+ für Aussenrundschliff, – für Innenrundschliff.

8.10 Profilierverfahren für Vollschnitt-schleifscheiben

Anfänglich wurden die Scheiben entweder über Schablonenkopiereinrichtungen oder mittels Crushierrollen (Einrollverfahren mit gehärteten Stahl- oder Hartmetallrollen) profiliert. Später kamen Diamantprofilrollen dazu, und heute ersetzen bahngesteuerte Diamantspitzscheiben zunehmend die altbekannten Konditionierungsverfahren.

Beim Crushieren kommen hochharte Stahl- oder Hartmetallrollen zum Einsatz. Dieses Verfahren hat in den letzten Jahren an Bedeutung verloren, wird aber neuerdings wieder angewandt, wenn es gilt, keramisch gebundene CBN- oder Diamatprofilscheiben zu konditionieren. Da Diamant gegen Diamant, im Falle des Einsatzes einer Diamantrolle oder -spitzscheibe, eine vertretbare Standzeit kaum erwarten lassen, ist bei gezielter Wahl von spröd brechendem Diamantkorn in der Schleifscheibe, mit einer Stahl- oder einer Hartmetallrolle, eine recht gute Wirtschaftlichkeit zu erreichen. Crushierrollen sind aber nur schwer zu verändern oder zu korrigieren. Sie können jedoch meist direkt auf der Schleifmaschine nachprofiliert werden, wenn sie aus der Profiltoleranz laufen.

Neben nur noch selten eingesetzten galvanisch oder handbelegten Diamantblöcken, welche so platziert werden, dass die Schleifscheibe beim Einfahren immer neu konditioniert wird, beherrschen Diamantrollen das weite Feld der Profilgebung. Es gibt sie galvanisch belegt, im Negativverfahren gestreut oder von Hand gesetzt. Positioniert werden Diamantrollen oberhalb oder hinter der Scheibe bzw. auf dem Maschinentisch. Für das CD-Abrichten (CD = Continuous Dressing) muss die Rolle über oder hinter der Scheibe angeordnet sein, denn bei diesem Verfahren bleibt sie in ständigem Kontakt mit der Scheibe und sorgt so dafür, dass diese konstant ein gleichbleibend genaues Profil sowie eine optimale Wirkrautiefe R_{ts} aufweist. Aus Platzgründen soll hier lediglich auf die wesentlichen Einsatzbedingungen von Diamantrollen eingegangen werden [19, 23]. Alle rotatorisch eingesetzten Profilierwerkzeuge lassen sich über ihre Eingriffskinematik mit der Scheibe und der Abrichtzustellung a_r, bezüglich der von ihnen erzeugten Wirkrautiefe R_{ts} auf der Scheibenarbeitsfläche, steuern. Wie beim Vollschnittschleifen, zeigen auch hier Gleich- oder Gegenlaufbedingungen zur Scheibe enorme Unterschiede. Lässt sich beispielsweise mit einer handgesetzten Diamantrolle im Gegenlauf bei einer Abrichtzustellung $a_r \cong 0.6$ µm pro Scheibenumdrehung und einem Geschwindigkeitsverhältnis $q_d = 0.8$ eine Wirkrautiefe R_{ts} von 5 µm erzeugen, so steigt R_{ts} gut auf den doppelten Wert an, wenn lediglich die Rollendrehrichtung geändert wird, so dass Gleichlauf mit der Scheibe besteht. Durch die Anzahl der Ausrollumdrehungen am Ende eines Profilierprozesses kann die Übertragungsgenauigkeit zwar verbessert werden, gleichzeitig wird aber die vorher erzeugte Wirkrautiefe wieder stark reduziert. Strebt man also eine hohe Wirkrautiefe R_{ts} an – geeignet für grosse Abtragsleistungen –, so ist nur das Gleichlaufeinrollen ohne Ausrollumdrehungen zweckmässig (es setzt ein äusserst steifes Gesamtsystem voraus). Andererseits ist es problemlos möglich, für den letzten Genauigkeitsdurchgang kurz vor dem Erreichen des „0-Masses“ am Werkstück, die Profilierung im Gegenlauf durchzuführen und dabei einige wenige Ausrollumdrehungen vorzugeben. Die Wirkrautiefe an der Scheibe fällt damit auf einen Wert ab, welche eine ausgezeichnete Oberflächenqualität garantiert.

8.11 Kühlschmierstoffe (KSS) für das Vollschnittschleifen

Im Gegensatz zu den Zerspanungsverfahren mit definierter Schneide, bei welchen die Mindermengenkühlung (max. 2.0 l/min), die Minimalmengenkühlung (max. 50 ml/h) oder die Trockenbearbeitung in Mode gekommen sind, wird es beim Vollschnittschleifen kaum möglich sein, ohne adäquate Kühlschmierstoffmengen auszukommen. Das haben zwischenzeitlich sogar Wissenschaftler begriffen, die sich noch vor kurzer Zeit für die Minimal- oder Mindermengenkühlung stark gemacht haben. Aber auch die KSS-Hersteller erkannten in den letzten Jahren das Potenzial an Kühlschmierstoff, der durch die stetig steigenden Vollschnittanwendungen benötigt wird. Und weil der Kühlschmierstoff als integraler Bestandteil eines Vollschnittschleifprozesses anzusehen ist, wurden nicht nur mehr, sondern auch völlig neue Produkte entwickelt. Darunter sind Kühlschmierstoffe zu finden, die für das Vollschnittschleifen ideal sind. Es muss aber unterschieden werden zwischen wasserlöslichen Produkten (Lösungen und Emulsionen) und reinen Schleifölen. Reine Lösungen, organisch oder anorganisch, kommen kaum in Betracht, da ihnen die erforderliche Schmierfähigkeit fehlt. Hochgeschmierte Lösungen und Emulsionen eignen sich dagegen schon eher für das Vollschnittschleifen. Die in jeder Beziehung besten Resultate werden aber mit reinen Schleifölen erreicht, die erst noch hoch additiviert sind.

Emulsionen mit einem Ölgehalt von > 45 % im Konzentrat sind für Vollschnittprozesse gut geeignet. Lediglich Schleifaufgaben, welche entweder keine geschmierten Emulsionen zulassen oder ein Arbeiten ganz ohne KSS erfordern, bilden eine Ausnahme. Moderne Emulsionen enthalten nicht nur Mineralöl und einen biostabilen Emulgator, sondern Zusammensetzungen aus mineralischen und/oder synthetischen Ölen, welche z. B. mit nativen und/oder synthetischen Esterölen (FM-/AW-Additive) sowie mit ausgewählten EP-Additiven angereichert sind. Der Ölanteil im Konzentrat kann dabei über 70 % betragen. Diese Emulsionen müssen schmiertechnisch den gesamten Temperaturbereich von 20 °C bis über 1000 °C abdecken können.

Die idealen Kühlschmierstoffe für Vollschnittprozesse sind Schleiföle. Sie bestehen aus mineralischen und/oder synthetischen Basisölen und enthalten meistens native und/oder synthetische Esteröle. Auch reine native Esteröle (nativ = nachwachsende Naturprodukte) kommen heute zum Einsatz. Dabei ist aber zu bedenken, dass diese Öle in Verbindung mit Wasser (auch hohe Luftfeuchtigkeit kann schon reichen), die Bildung von Säure ermöglichen, wodurch Kabel, Schläuche, Kunststoffbeläge von Führungen und dergleichen angegriffen werden. Nichtsdestotrotz besitzen Esteröle besonders gute polare Eigenschaften (hohe Affinität zu fast allen Stoffen), werden aber trotzdem wesentlich weniger stark ausgetragen mit den Werkstücken und den Spänen, als beispielsweise Mineralöle. Daneben kommen heute vermehrt Hydrocracköle (mit Wasserstoff veredelte Mineralöle) und Weissöle (hoch-ausraffiniert) zum Einsatz, beide selbstverständlich stark mit Additiven angereichert. Die Viskosität wird in Abhängigkeit von der jeweiligen Schleifaufgabe und den Verfahrensbedingungen festgelegt. Die Skala reicht von etwa 8.5 cSt bis ca. 36 cSt bei 40 °C. Vorherrschend ist der Bereich zwischen etwa 11.0 cSt und 18.0 cSt. bei 40 °C. Hochgeschwindigkeitsprozesse erfordern grundsätzlich ab etwa 90 m/s reine Schleiföle. Wasserlösliche KSS haben schon wegen der Vernebelung (Aerosolbildung) kaum noch eine Chance und können die hohen Anforderungen an den Kühlschmierstoff auch nicht mehr erfüllen.

8.12 Ist-Zustand des Vollschnittschleifens und Zukunftsaussichten

Eine Auswahl von im Vollschnitt auf einer Flach-Profilschleifmaschine geschliffenen Teilen zeigt die folgende Bild 8.8. Damit soll demonstriert werden, was alles durch Schleifen formgebend bearbeitet werden kann.

Das Schleifen von bestimmten Teilen wurde in den letzten Jahren in einigen Fällen durch die Hartbearbeitung mit definierter Schneide (Hartfräsen, Hartdrehen) abgelöst. Das Hartfräsen kann beispielsweise bei flachen Werkstücken zur Anwendung gelangen, wogegen das Hartdrehen sich praktisch ausschliesslich auf Rundteile beschränken muss. Beide Verfahren weisen den Nachteil auf, dass meist dann, wenn ohne jede Kühlung gearbeitet wird, in der Randzone des Werkstücks

BILD 8.8 Eine Auswahl von im Vollschnitt geschliffenen Teilen

Zugspannungen zu finden sind. Werden solche Teile im Einsatz nicht hoch beansprucht, sind Zugspannungen mehrheitlich bedeutungslos. Anders sieht es aus, wenn die Teile für den Automobil- oder den Flugzeugbau bestimmt sind. Die dort üblichen Sicherheitsmargen sind wegen der Gewichtseinsparung so gering, dass zusammen mit der bereits vorhandenen Zugspannung im Ruhezustand, die zulässige Belastung überschritten wird. Das kann ungeheure Folgen haben!

Die Hartbearbeitung steht immer wieder in einem gewissen Konkurrenzkampf mit dem Schleifen, vor allem mit dem Vollschnitt-, dem Hochgeschwindigkeits- und dem Hochleistungsschleifen (extrem grosse zeitbezogene Abtragsvolumen mit erhöhter Schnittgeschwindigkeit). Für das Hartdrehen benötigt man Werkzeuge mit speziell beschichteten Schneidplatten, desgleichen für die Formfräser zum Hartfräsen. Diese Werkzeuge sind keineswegs billig! Der grösste Nachteil dieser beschichteten Werkzeuge ist allerdings, dass sie nicht einfach so nachgeschärft werden können. Ferner reagieren sie empfindlich auf Schläge, weshalb sie für unterbrochenen Schnitt absolut ungeeignet sind. Die eingesetzten Schneidplatten werden entweder weggeworfen oder nachgeschärft und wieder neu beschichtet.

Durch die Entwicklung von zum Teil komplex zusammengesetzten Bindungsrezepturen lassen sich heute Schleifscheiben – zum Teil als Mischkornscheiben mit verschiedenen Kornarten und -grössen – herstellen, die mit ihrer Abtragleistung problemlos mit den Werkzeugen mit definierter Schneide mithalten können. Das Schleifen ist längst kein „notwendiges Übel" mehr, sondern avancierte in den letzten Jahren zu einem respektierten Zerspanverfahren. Dabei sind vier Punkte besonders hervorzuheben:

1. Die meisten Schleifscheiben lassen sich über den gesamten Nutzungsbereich nachprofilieren, meist direkt auf der Maschine selbst. Die Abnützung durch das Schleifen ist somit immer wieder kompensierbar. Diesen Trumpf können die Hartfräser und -dreher nicht ausspielen.
2. Beim Schleifen spielt die Härte des Werkstücks so gut wie keine Rolle, vorausgesetzt, es kommt der passende Schleifstoff zum Einsatz. Davon gibt es mittlerweile so viele Varianten und Kombinationen, dass hier kaum ein Problem auftauchen sollte.

3. Die erzeugbaren Geometrie- und Oberflächenqualitäten genügen höchsten Ansprüchen.
4. Wird bahngesteuert mit Diamant-Spitzscheiben konditioniert, sind sogar Profilkorrekturen realisierbar. Ganz einfach über die Software! Auch da können die Zerspaner mit definierter Schneide nicht mithalten.
5. Werden die Prozessvorgaben richtig festgelegt und besteht kein Mangel seitens der Kühlbedingungen, sind kaum Zugspannungen in den Werkstückrandzonen nachweisbar. Trotz höherem Leistungsbedarf ist das Problem der Wärmeentwicklung und ihrer Auswirkung vollumfänglich zu beherrschen.

Gerade das Vollschnittschleifen – konventionell oder mit Hochgeschwindigkeit – wird deshalb auch in Zukunft zur Formgebung selbst schwierigster Teile in vielen Fertigungsbereichen unentbehrlich sein und bleiben. Es ist nicht so leicht zu substituieren, wie einen die Zerspaner mit definierter Schneide oft glauben machen wollen.

8.13 Zusammenfassung von Kapitel 8

Das Vollschnittschleifen ist schon seit etlichen Jahren fester Bestandteil in der Bearbeitungsfolge von einfachen und anspruchsvollen Teilen. Besonders dort, wo es um extrem harte, spröde oder exotische Werkstoffe geht, hat sich das Vollschnitt- und Einstechschleifen fest etabliert. Es mangelt aber vielerorts am notwendigen schleiftechnischen Grundwissen, um diese beiden Verfahren mit allen damit verbundenen Vorteilen gegenüber anderen Zerspanungsarten effizient einsetzen zu können. In diesem Kapitel wird deshalb versucht, einige elementare Zusammenhänge aufzuzeigen und Einflüsse zwischen Stellgrössen und Ausgangsgrössen zu erklären. Weil sehr hohe Abtragsleistungen nur mittels hoher Schnittgeschwindigkeiten realisierbar sind, wird auch darauf eingegangen. Bei den Profilierverfahren dominieren heute das bahngesteuerte Abrichten mit Diamantspitzscheiben und das Profilieren mit Diamantrollen. Für Hochleistungsprozesse kommt ferner das CD-Profilieren (CD = Continuous Dressing) vermehrt zum Einsatz. Der für das Vollschnitt- und Einstechschleifen eingesetzte Kühlschmierstoff (KSS) muss eine hohe Schmierfähigkeit aufweisen. Was wäre da besser als reines, additiviertes Schleiföl? Ganz besonders haben sich Hydrocracköle im Viskositätsbereich von 15.0–18.5 cSt. bei 40 °C beim Vollschnitt- und beim Hochgeschwindigkeitsschleifen etabliert. Als Alternative können in Fällen, wo die Leistungsansprüche nicht speziell hoch sind, auch moderne, hochgeschmierte und additivierte Emulsionen Verwendung finden. Dies allerdings nur dort, wo die Schnittgeschwindigkeit 80 m/s nicht übersteigt. Wird mit Hochgeschwindigkeit gearbeitet (v_c > 90 m/s), kommt nur noch Schleiföl in Frage.

9 Aussenrund- und Innenrund-Schälschleifen

Aussenrund-Schälschleifen
Innenrund- Schälschleifen
Anwendungen

9.1 Allgemeines zum Aussen- und Innenrundschälschleifen

Die rasante Weiterentwicklung der Werkzeuge für das Zerspanen mit definierter Schneide – Schneidengeometrie, Beschichtungen, Hartstoffe, usw. – hat dazu geführt, dass sich einige Aussen- und Innenrundschleifprozesse durch das Hartdrehen substituieren liessen. Das hängt mit dem Bestreben zusammen, besonders in der Serienfertigung, die Taktzeiten zu reduzieren. Aufsätzen in der Fachpresse ist immer wieder zu entnehmen, wie viel schneller Teile, welche bislang geschliffen worden sind, durch Hartdrehen bearbeitet werden könnten. Aber ist das Schleifen denn tatsächlich dermassen langsam und leistungsschwach? Kann dem Hartdrehen schleiftechnisch nichts entgegengesetzt werden, um ebenfalls kürzere Bearbeitungszeiten zu erhalten?

9.2 Aussen- und Innenrund-Längsschleifen

Das Aussen- oder Innenrundschleifen wendet man seit Jahrzehnten für Rundteile an, – ob Wellen oder Bohrungen –, deren zu schleifende Zylinderpartien länger sind als die verwendete

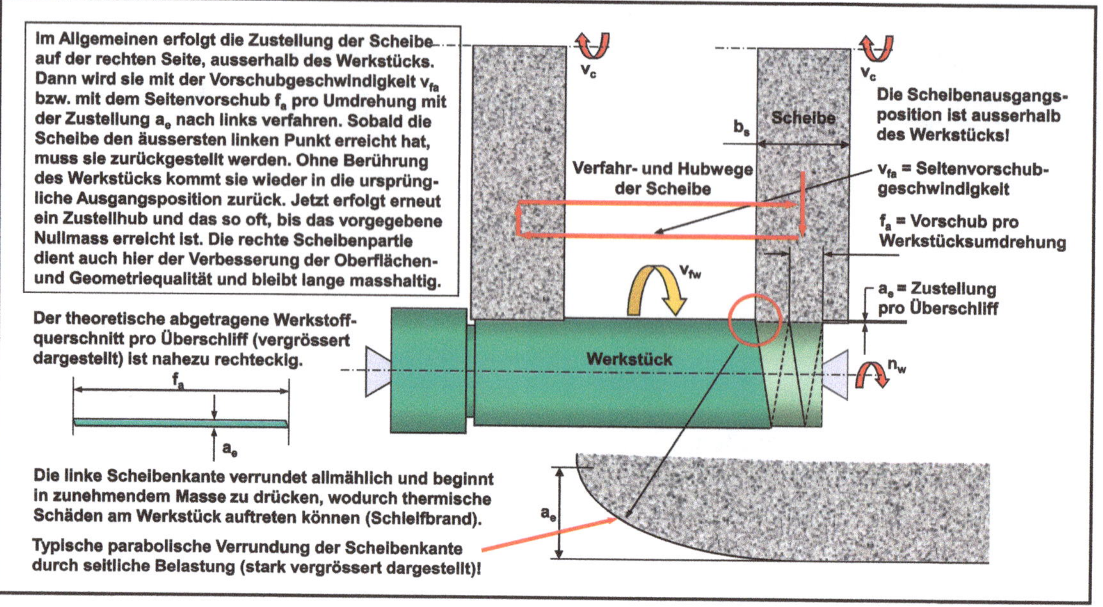

BILD 9.1 Aussenrund-Umfangs-Längsschleifen AUL (Schleifen von Wellen oder längeren Zylinderpartien)

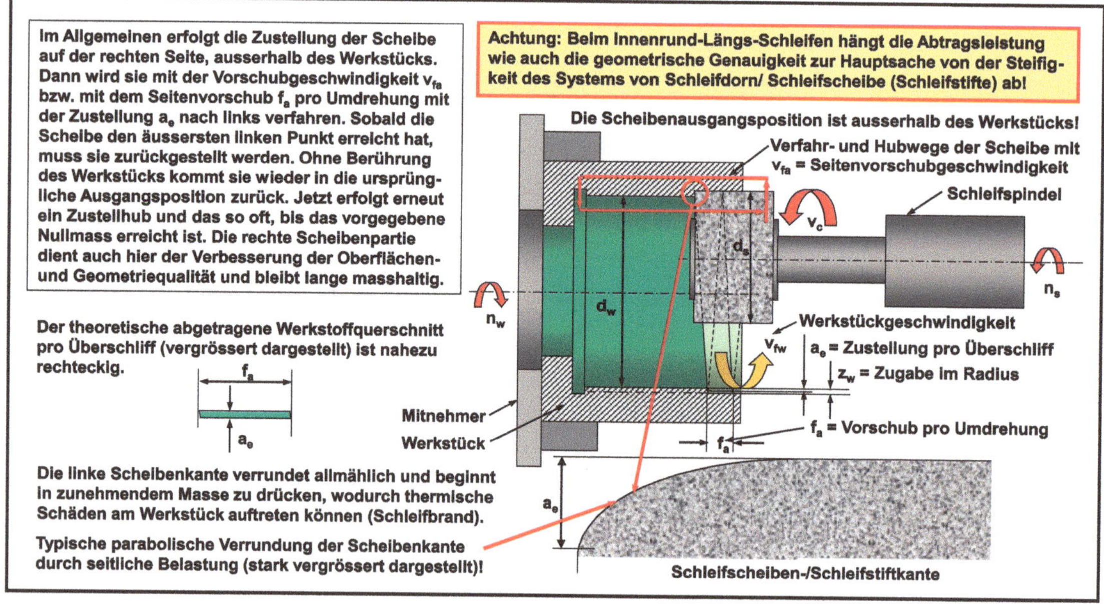

BILD 9.2 Innenrund-Umfangs-Längsschleifen IUL (Schleifen von breiten Passungen oder längeren Bohrungen)

Scheibenbreite. Man weiss aber auch, dass dies mit oftmals nicht geringen Problemen verbunden ist. Die gerade abgerichtete Scheibe verrundet an ihrer Arbeitskante parabolisch (siehe Bild 9.1 und 9.2), was zu ständig sich verändernden Druckkräften führt. Ferner kann nicht im Voraus bestimmt werden, wie gross die Schrupp- und die Schlichtzonen sind.

Das gilt in gleicher Weise für das Innenrundschleifen, wobei aber zu beachten ist, dass die Auswirkungen dort weit drastischer ausfallen können, weil das gesamte System, in der Mehrzahl aller Fälle, wesentlich weniger steif ist, als beim Aussenrundschleifen. Die Folge sind meist geometrische Form- und Lagefehler. Je länger und/oder kleiner eine Bohrung ist, desto grösser wird die Gefahr des Abdrängens der Schleifstifte.

Es kommt noch dazu, dass durch die laufende Veränderung der eigentlichen Arbeitszone an der Schleifscheibe, weder ein definiertes bezogenes Zeitspanvolumen Q'_w eingehalten werden kann, noch eine immer gleich gross bleibende Schlichtbreite an der Scheibe. Eigentlich recht unbefriedigend!

9.3 Schälschleifen – eine Alternative zum Hartdrehen

Am Anfang stand die Frage, ob es seitens des Schleifens nichts gibt, was man dem Hartdrehen entgegensetzen könnte? Es gibt eine realistische Möglichkeit, auch mit Schleifen extrem kurze Bearbeitungszeiten zu erreichen. Das Verfahren heisst „Schälschleifen"! Aber bevor hier dieses (bedingt) neuere Verfahren näher erläutert wird, müssen verschiedene Punkte geklärt sein. Das betrifft die spezifischen Unterschiede zwischen dem „normalen" Aussen- und Innenrund-Längsschleifen (AUL und IUL) und dem Schälschleifen. Schlaue Maschinenoperateure haben schon seit vielen Jahren einen kleinen, aber äusserst sinnvollen Trick beim Längsschleifen angewandt. Sie haben mit einem Korundstein, oder manchmal sogar mit einer alten Flachfeile, die Arbeitskante der Schleifscheibe „gebrochen". Das war logischerweise keine genaue oder gar reproduzierbare Formgebung, es wurde damit jedoch etwas erreicht, was dem parabolischen Verrunden der Scheibenkanten entgegen wirken konnte. Einerseits ergab sich so eine mehr oder weniger definierte Schleifzone – die angeschrägte Kante – und andererseits blieben die Normalkraft und die Schlichtzone, zumindest eine Zeit lang, konstant. Es soll nun nur keiner behaupten, diese Operateure hätten „schleiftechnisch überlegt" gehandelt. Nein, im Grunde genommen viel besser, sie haben diese Kantenkorrektur gefühlsmässig vorgenommen und damit voll ins „Schwarze" getroffen.

So wie heute das Schälschleifen verstanden wird, weicht es lediglich in einer Beziehung vom „Kantenbrechen" von Hand ab: Man hat wissenschaftlich untersucht [52, 53, 54], was an der Arbeitskante geschieht, hat Messungen und Berechnungen durchgeführt, und schlussendlich eine Schleifmethode präsentiert, die effektiver kaum sein könnte. Das zeigt die Dissertation von G. Hegener [52] beispielhaft. Allerdings muss, will man das Schälschleifen mit allen seinen Möglichkeiten nutzen, einiges darüber bekannt sein.

9.4 Aussenrund-Umfangs-Schälschleifen AUL(S)

Das Bild 9.3 zeigt, dass die Scheibenkante sehr genau in einem bestimmten Winkel anzuschrägen ist. Was in diesem Bereich pro Zeiteinheit abgetragen wird, entspricht dem bezogenen Zeitspanvolumen Q'_w. Somit ist nur diese Scheibenzone massgebend für den eigentlichen Leistungsschliff. Die restliche zylindrische Partie an der Schleifscheibe dient nun noch dem Druckabbau und der Oberflächenegalisierung. Im Gegensatz zur Schruppzone weist sie kaum oder allenfalls eine äusserst geringe Abnützung auf. Sie führt aber zu einer Oberflächenqualität, die man kaum erwarten würde, wenn man das bezogene Zeitspanvolumen Q'_w berechnet – und betrachtet. Die kurze aber definierte Schruppzone und die lange Egalisierzone ermöglichen das Vor- und Fertigschleifen eines Rundteils in einem einzigen Durchgang.

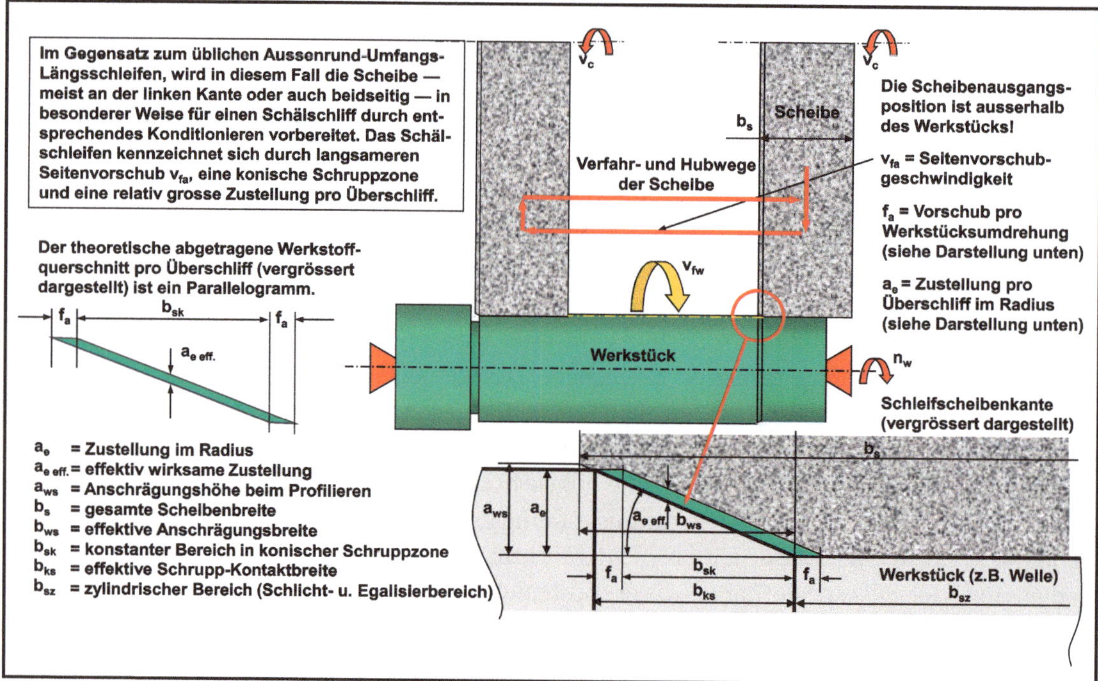

BILD 9.3 Aussenrund-Umfangs-Schälschleifen AUL(S); (Aussenrund-Längs-Leistungsschleifen von Wellen und Konturen)

Der Schrägungswinkel w_s muss, wie das Bild 9.4 zeigt, eine bestimmte Grösse aufweisen [54]. Die Kurven zeigen, dass Schrägungswinkel über 15° kaum sinnvoll sein können, denn sie verändern sich relativ schnell. Schon nach einem bezogenen Werkstoffabtrag V'_w von etwa 100 mm³/mm würde ein ursprünglicher 45°-Winkel gerade noch ungefähr 20° betragen. Nach einem V'_w von 500 mm³/mm wären es nicht mehr ganz 10°. Schaut man sich die Winkelveränderungen unterhalb von einer 15°-Vorgabe an, fällt auf, dass diese sich wesentlich langsamer in Richtung kleinerer Winkel bewegen. In der Praxis haben sich Winkel von 7–10° sehr gut bewährt. Interessant ist aber auch der Kurvenverlauf dieser kleinen Schrägungswinkel. Sie pendeln sich im Bereiche von etwa 5–6° quasistationär ein, was auf eine hohe Konstanz im Prozess hinweist. Die Schrägungshöhe a_{ws} richtet sich nach der vorhandenen Schleifzugabe am Werkstück. Sie ergibt zusammen mit dem gewählten Schrägungswinkel die Schrägungslänge b_{ws}.

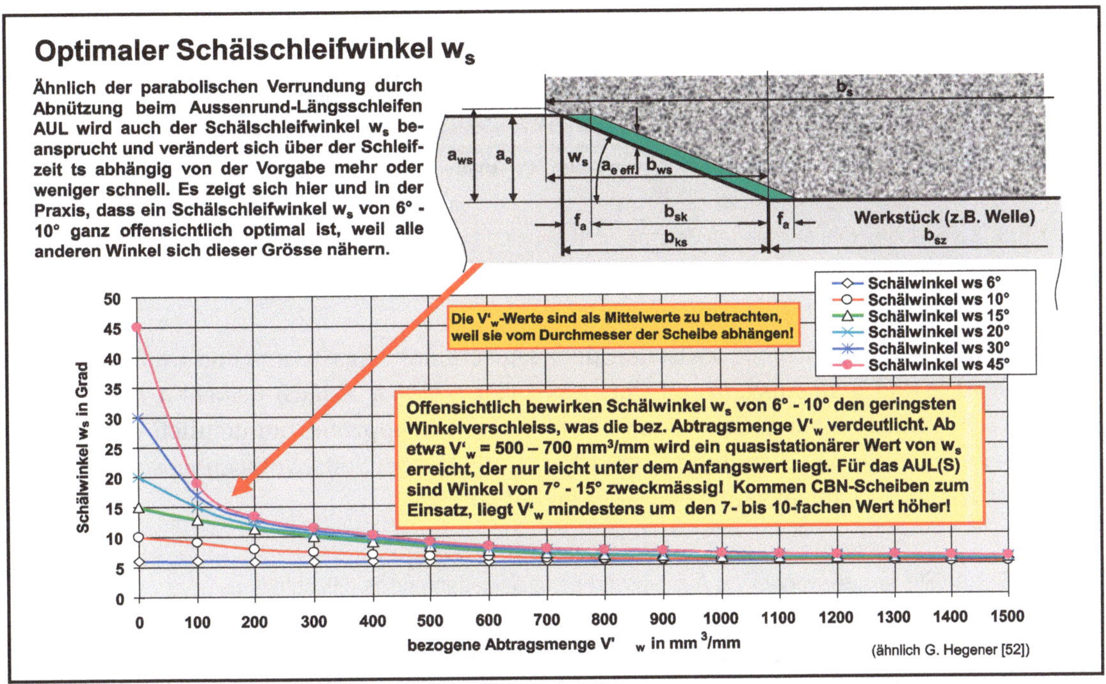

BILD 9.4 Der Winkel an der Schälkante der Scheibe beim Aussenrund-Umfangs-Schälschleifen AUL(S)

Es ist unbedingt zu beachten, dass beim Schälschleifen das bezogene Zeitspanvolumen Q'_w anders berechnet wird (siehe Formel in Bild 9.5), als man sich das gewohnt ist beim Aussenrundschleifen [52, 53, 54]. Interessant ist zudem der geometrisch definierte Abtragsquerschnitt, ein Parallelogramm.

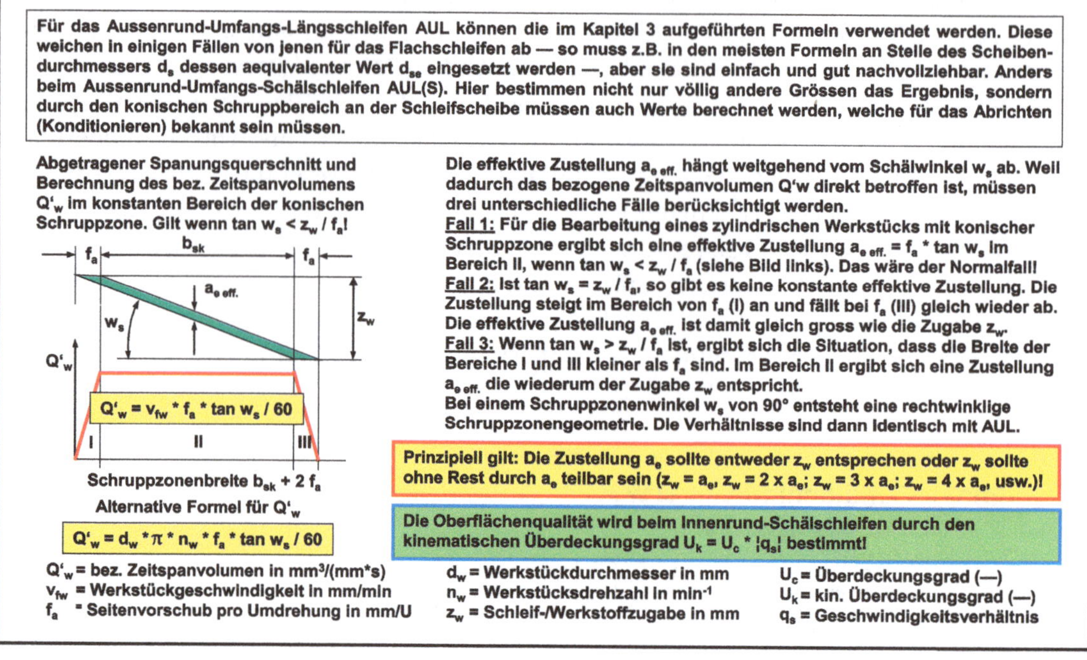

BILD 9.5 Berechnung des bezogenen Zeitspanvolumens Q'_w beim Aussenrund-Umfangs-Schälschleifen AUL(S)

Die wesentlichen Unterschiede zwischen dem konventionellen Aussenrund-Umfangs-Längsschleifen AUL und dem Aussenrund-Umfangs-Schälschleifen AUL(S) bestehen in der dabei erzeugten bzw. abgetragenen Querschnittsform in der Schruppzone, der deutlich voneinander abweichenden Grösse der Zustellung a_e pro Überschliff und der Seitenvorschubgeschwindigkeit v_{fa}. In der folgenden Tabelle sind diese Grössen aufgeführt:

TABELLE 9.1 Stellgrössenvergleiche Aussenrund-Längsschleifen und Schälschleifen

Verfahren	Abtragsquerschnitt	Zustellung beim Schruppen	Zustellung beim Schlichten	Seitenvorschubgeschwindigkeit beim Schruppen	Seitenvorschubgeschwindigkeit beim Schlichten
Aussenrund-Längsschleifen AUL	rechteckiger Querschnitt (flach)	0.01-0.03 mm pro Überschliff	0.001-0.005 mm pro Überschliff	> 3000 mm/min	< 1000 mm/min
Aussenrund-Schälschleifen AUL(S)	schräges Parallelogramm	> 0.05-0.50 mm pro Überschliff (gleich für das Schruppen und Schlichten)		< 1200 mm/min (gleich für das Schruppen und Schlichten)	

Es muss auffallen, dass beim Aussenrund-Schälschleifen AUL(S) weder die Zustellung noch die Seitenvorschubgeschwindigkeit für das Schruppen und Schlichten verändert werden. Im Gegensatz zum Aussenrund-Längsschleifen AUL spricht man deshalb auch von einer Schrupp- und einer Schlichtzone an der Schleifscheibe (siehe entsprechende Darstellung), obwohl es immer nur eine einzige Schleifscheibe ist und diese – soweit es die Wirkrautiefe R_{ts} betrifft – auch meist nicht absichtlich unterschiedlich konditioniert wird. Allerdings kann es von Vorteil sein, den Bereich des Schrägungswinkels mit einer geringeren Überdeckung U_d zu konditionieren, z. B. mit $U_d = 1.5–3$, und den Schlichtbereich, entsprechend der angestrebten Oberflächenqualität am Werkstück, mit $U_d = 8–10$.

Noch deutlicher zeigt sich diese Tatsache, wenn man schaut, wodurch sich die Oberflächenqualität bei diesen beiden Verfahren erzeugen lässt. Beim AUL ist es der Überdeckungsgrad U_c, d. h. die Anzahl Werkstückumdrehungen pro Durchlauf der aktiven Scheibenbreite (für das Schruppen 1.5–3), der die Rauheit bestimmt. Beim AUL(S) dagegen hat dieser Wert U_c so gut wie keine Bedeutung. Hier resultiert die erzeugbare Oberflächenqualität aus dem kinematischen Überdeckungsgrad U_k [54], welcher mit $U_k = U_c \cdot |q_s|$ definiert ist. Je höher U_k ist, desto geringer ist die Rautiefe Ra oder Rz. Interessant dabei dürfte sein, dass die Werkstückrauigkeit bei konstantem kinematischen Überdeckungsgrad U_k sich auch dann nicht verändert, wenn die Parameter U_c und/oder $|q_s|$ variiert werden. Anmerkung: $|q_s|$ bedeutet Absolutwert von q_s, also ohne Vorzeichen!

Das Aussenrund-Schälschleifen hat sich als Leistungs- und Hochleistungsschleifverfahren seit wenigen Jahren fest etabliert und dürfte in der Zukunft, zusammen mit beispielsweise schmalen CBN-Scheiben und mit hohen Schnittgeschwindigkeiten v_c, weiter an Bedeutung gewinnen.

9.5 Planungs- und Praxishinweise für das Aussenrund-Schälschleifen

Sehr oft gelingt das Aussenrund-Schälschleifen AUL(S) in der Anwendung nicht, weil wichtige Dinge unbeachtet bleiben. Man kann immer wieder feststellen, dass nach wie vor die Meinung verbreitet ist, das Schälschleifen sei lediglich ein ganz normales Aussenrund-Längsschleifen, lediglich mit vergrösserter Zustellung pro Überschliff. Das stimmt überhaupt nicht! Wenn die erzielbare zeitbezogene Abtragsleistung betrachtet wird, liesse sich das AUL(S) eher mit dem Vollschnittschleifen vergleichen. Bezogene Zeitspanvolumina Q'_w von 100 $mm^3/(mm \cdot s)$ und weit mehr sind durchaus erreichbar. Dabei muss aber auch bei nur einem einzigen Überschliff die Oberflächenqualität keineswegs schlecht sein. Und genau hier liegt der enorm grosse Unterschied. Mit der durch das Konditionieren vorgegebenen Schruppkante erfolgt der hohe Abtrag und mit der restlichen zylindrischen Partie der Scheibe wird geschlichtet und egalisiert.

Logisch, die Wahl der richtigen Scheibe ist nicht ganz einfach, muss sie doch in erster Linie der Abtragsleistung und der extrem hohen Belastung in der Schruppzone genügen. Deshalb kommen in zunehmendem Masse relativ grobkörnige CBN-Scheiben in harter keramischer Bindung zum Einsatz. Das sind nicht unbedingt die besten Voraussetzungen für hohe Ansprüche an die Oberflächenqualität am Werkstück, es sei denn, die Schrupp- und die Schlichtzone werden mit unterschiedlichen Überdeckungsgraden konditioniert (siehe vorheriger Punkt).

9.5.1 Wichtige Grössen und Zusammenhänge AUL(S)

Der Schälwinkel w_s – auch Schruppzonenwinkel genannt – darf nicht zu gross gewählt werden. Werte zwischen 6° und 10° haben sich in der Praxis recht gut bewährt. Dabei muss darauf geachtet werden, dass ein konstanter Bereich II (siehe Bild 9.5) entsteht. Andernfalls ergeben sich komplexe Verhältnisse, weil die effektive Zustellung $a_{e\ eff.}$ dann der Werkstoffzugabe z_w entspricht. Das würde auf eine Ähnlichkeit mit AUL hindeuten und die Abtragsleistung hätte wesentlich bescheidenere Grössenordnungen aufzuweisen.

Schälschleifen ist ein typischer Leistungsschleifprozess, weshalb auch die abzutragende Schleifzugabe z_w bestimmte Werte nicht unterschreiten darf. Als Richtgrössen gelten 0.05–0.5 mm im Radius.

Die Seitenvorschubgeschwindigkeit v_{fa}, bzw. der Seitenvorschub pro Umdrehung f_a, liegt deutlich tiefer (< 1000 mm/min), als beim AUL und es gibt keine Unterscheidung zwischen Schruppen und Schlichten, weil beides in einem Durchgang erfolgt.

Die Anzahl der Überschliffe $U_c = b_{sz}/f_a$ (Überdeckungsgrad), bezogen auf die Breite der zylindrischen Partie der Scheibe, beeinflusst die Werkstückrauheit. Je höher U_c ist, desto feiner wird die Oberfläche. Gleichzeitig ergibt sich aber beim AUL(S) ein so genannter kinematischer Überdeckungsgrad $U_k = U_c \cdot |q_s|$ [54]. Somit spielt also auch das Geschwindigkeitsverhältnis q_s, d. h. die Grössen v_c und v_{fw} (Schnitt- und Werkstückgeschwindigkeit), eine bedeutende Rolle, denn man erkennt, dass U_k letztendlich die Rauheit am Werkstück in Abhängigkeit von U_c und $|q_s|$ definitiv bestimmt. Dabei gilt: Je grösser der Wert von U_k ist – normalerweise > 1000 –, desto feiner wird die Werkstückoberfläche. Übliche Werte für U_k liegen bei 2'000–10'000! Zusammen mit hohen Schnittgeschwindigkeiten sind auf diese Weise Rauheiten zwischen Rz = 1.5–2.0 leicht erreichbar.

9.6 Anwendungshinweise und Beispiele (Schälschleifen)

Das Aussenrund-Umfangs-Schälschleifen AUL(S) wird seit einigen Jahren als effizientes „Aussenrund-Längsschleifen (AUL)“ mit grossem Erfolg eingesetzt. Weil sich die Eingriffsbedingungen

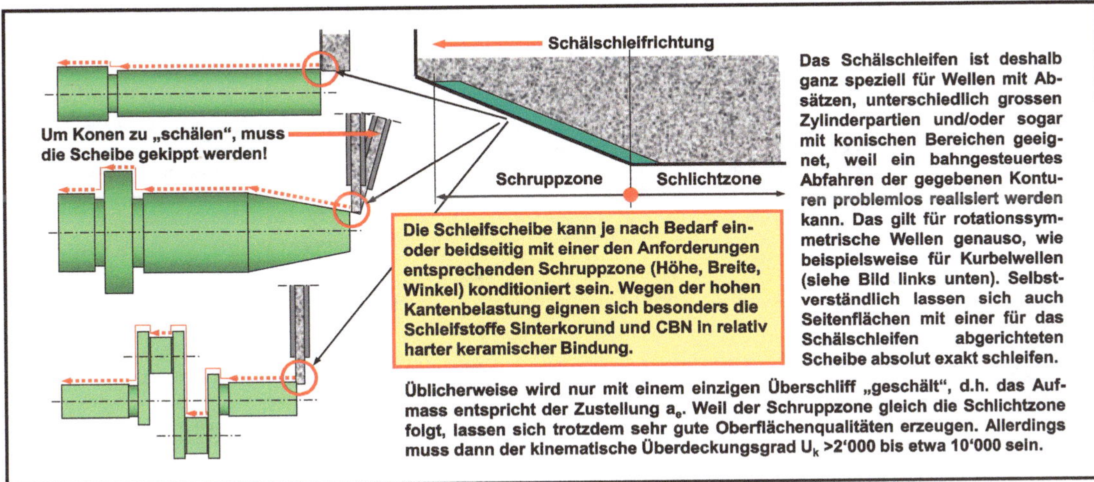

BILD 9.6 Anwendungsbeispiele für das Aussenrund-Schälschleifen

dieser beiden Schleifverfahren vor allem bezüglich der möglichen zeitbezogenen Abtragsleistung unterscheiden, kann man sich gut vorstellen, dass mit AUL(S) eine Substitution des Hartdrehens möglich ist. Die Vorteile liegen bei den hohen Abtragsleistungen, den erzielbaren Oberflächenqualitäten und den erzeugten Druckspannungen in der Werkstücksrandzone, sofern die Prozessparameter richtig gewählt und abgestimmt sind und der verwendete Kühlschmierstoff sowie dessen Menge und Druck zusammen mit der Zuführung (Düse) alle Anforderungen erfüllen. Die gezeigten Beispiele in Bild 9.6 sollen die Möglichkeiten andeuten und die Phantasie anregen. Wären alle Aussenrundschleifmaschinen so eingerichtet, dass die Schälkante in einem bestimmten Winkel definiert konditioniert werden könnte, wäre praktisch alles denkbar.

9.7 Innenrund-Umfangs-Schälschleifen IUL(S)

Rein vom schleiftechnischen Prinzip her, ist im Grunde genommen beim Innenrund-Schälschleifen [53] nahezu alles gleich, wie beim Aussenrund-Schälschleifen. Trotzdem werden dem Leser einige wichtige Dinge hier nochmals gezeigt, einfach ausgelegt und übertragen auf das Innenrund-Schälschleifen. Es betrifft dies die möglichen Formfehler durch die Scheibenbelastung und die Stellgrössen.

Wie Bild 9.8 zeigt, verhält es sich mit dem Schälwinkel, bezüglich seiner Grösse und der Anpassung (Abnützung), wenn er zu grossgewählt wurde, genau gleich, wie beim Aussenrund-Schälschleifen [53, 54].

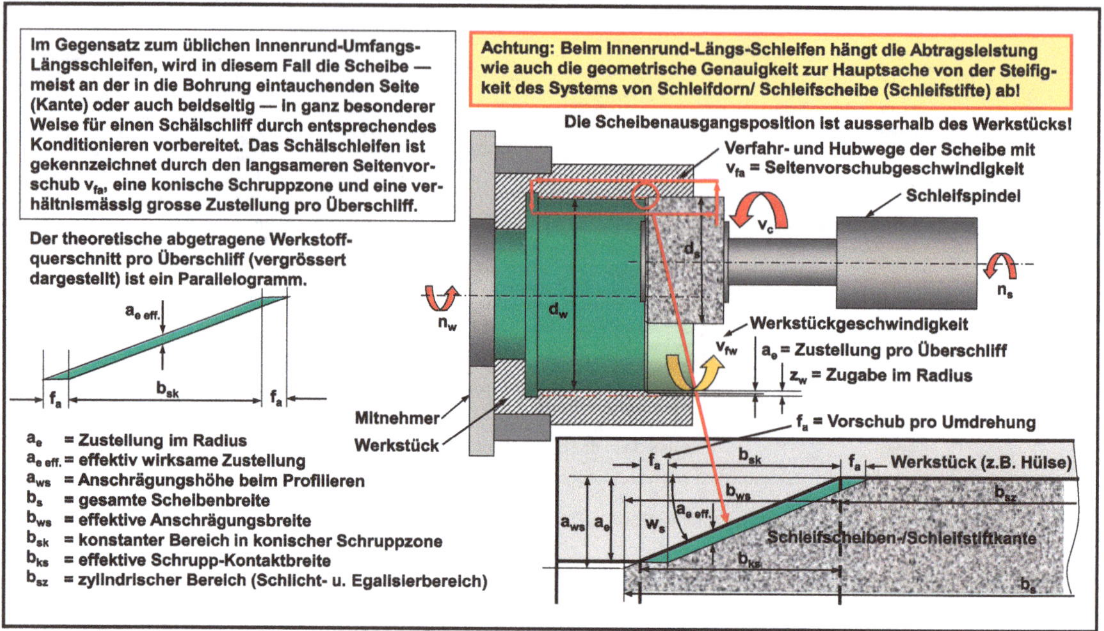

BILD 9.7 Innenrund-Umfangs-Schälschleifen IUL(S); (Schleifen von Bohrungen, Absätzen und Einstichen)

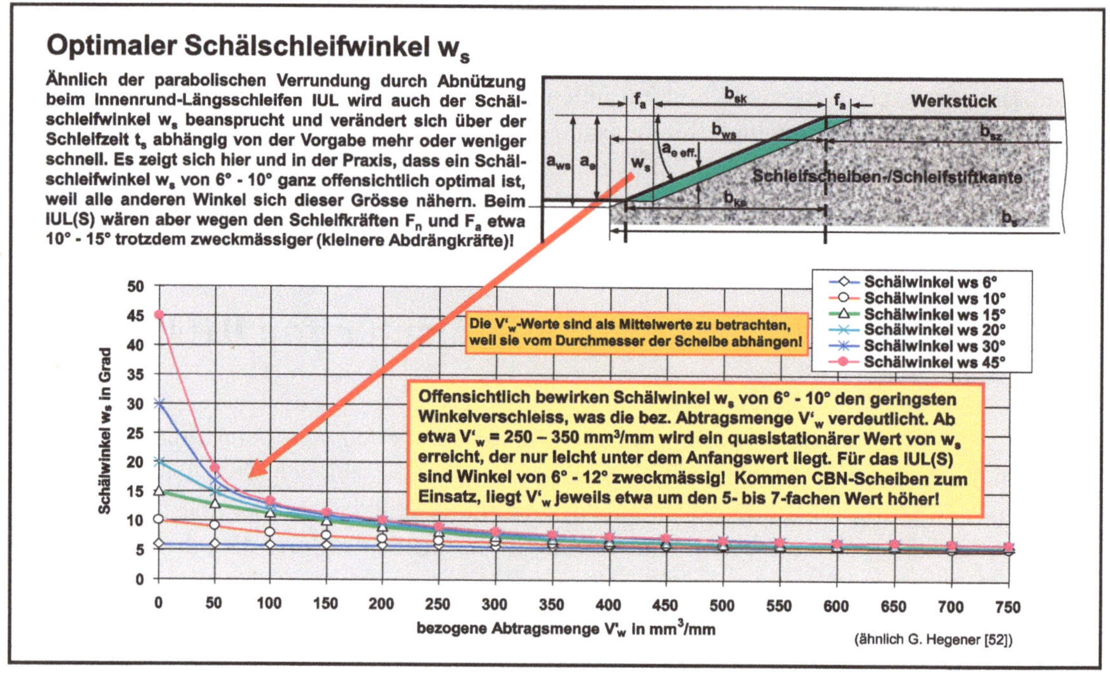

BILD 9.8 Der Winkel an der Schälkante der Scheibe beim Innenrund-Umfangs-Schälschleifen IUL(S)

Was sich hier deutlich macht, ist die wesentlich geringere bezogene Abtragsmenge V'_w, bei welcher sich der Schälwinkel durch Abnützung verändert (anpasst). Das ist auch logisch, denn man kann davon ausgehen, dass Schleifscheiben für das Innenrundschleifen mehrheitlich einen kleineren Durchmesser aufweisen, als Schleifscheiben für das Aussenrundschleifen.

Wie bereits erwähnt, hat die Systemsteifigkeit einen sehr grossen Einfluss auf die geometrische Qualität bzw. Genauigkeit der geschliffenen Bohrung. Dazu kommt noch das in der Praxis häufig angewandte Zustellen der Schleifstifte innerhalb der Bohrung, und zwar vorne und hinten. Aber noch nicht genug, auch die eingesetzten Anfunksteuerungen, welche den Schleifstift zuerst mit schnellem Vorschub zur Berührung mit der Innenseite der Bohrung bringen und erst auf Körperschall (Kontakt in Abhängigkeit des Aufmasses) die gewählte Zustellrate pro Überschliff sowie den Längsvorschub aktivieren, können sehr problematisch sein.

Sind die Steifigkeitsvoraussetzungen optimal (grössere Teile mit entsprechend grossen Bohrungen und grosse Scheibendurchmesser sowie entsprechend starke Schleifspindeln), kann es an und für sich noch recht gut funktionieren. Allerdings wird kaum zu vermeiden sein, dass die Scheibe beim Antouchieren eine „Macke“ abbekommt, welche bis zur nächsten Konditionierung sowohl das Schliffbild beeinflussen und für regeneratives Rattern verantwortlich sein kann. Beides ist aber unerwünscht!

Im Grunde genommen sollte der Scheiben-/Werkstückkontakt nur stirnseitig bei der Bohrungsöffnung erfolgen und die Schleifstifte immer ausserhalb der Bohrung zugestellt werden. Schon gar nicht hinten in den Bohrungen! Die modernen Steuerungen lassen es zu, den Prozessverlauf so zu programmieren, dass eine meanderartige Scheibenbewegung, ohne zu grossen Zeitverlust durch nicht schleifendes Ausfahren der Schleifstifte, realisierbar ist. Damit können Geometriefehler, wie sie beim Innenrundschleifen in unterschiedlichster Art und oft noch überlagert auftreten, eliminiert werden. Kann beispielsweise eine Bohrung, des Schleifaufmasses wegen, nicht in einem Durchgang „geschält“ werden, müssen unbedingt sowohl beim „normalen“ Innenrund-Längsschleifen als auch beim Innenrund-Schälschleifen mehrere Durchgänge eingeplant werden.

Wie sich die Belastung auf die Schleifscheibe- bzw. auf den Schleifstift bei mangelnder Systemsteifigkeit auswirken kann, zeigt beispielhaft Bild 9.9.

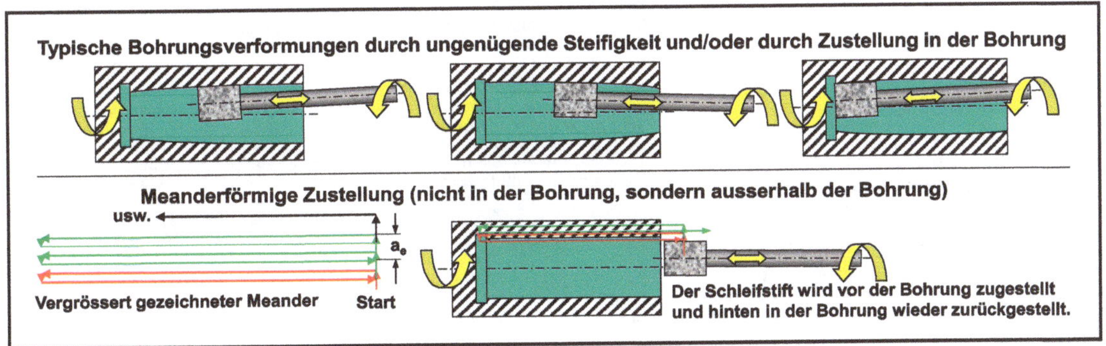

BILD 9.9 Geometrieverformungen infolge mangelnder Systemsteifigkeit

Die gezeigten Geometriefehler können beim Innenrund-Längsschleifen wie auch beim Innenrund-Schälschleifen aus Steifigkeitsgründen auftreten. Dabei ist aber zu beachten, dass mit einem gezielten Schälschleifen die Fehlertendenz abnimmt. Das hängt mit den eindeutig definierten Zerspanungsbedingungen und den geringeren Zerspanungskräften, vor allen der Normalkraft F_n, zusammen.

Zumal bei kleinen zu schleifenden Bohrungen meist schon die Schleifspindel einen geringen Durchmesser aufweist und die eingesetzten Schleifstifte dünne Schäfte haben, bietet sich das Schälschleifen in optimaler Weise als Problemlösung in der richtigen Richtung an. Werden die Schleifstiften dann auch noch mit Hartmetall- oder besser mit Keramikschäften bestückt (Ingenieurkeramik z. B. Siliziumkarbid SiC oder Siliziumnitrid Ai_3N_4), lassen sich sogar relativ tiefe Bohrungen genau bearbeiten. Sowohl Hartmetall als auch Ingenieurkeramiken weisen ein sehr hohes E-Modul auf, was zu einer weit geringeren Durchbiegung führt als dies bei Stahlschäften der Fall ist. Aus den erwähnten Steifigkeitsproblemen kann man ableiten, dass der Schleifkörper nicht zu lang gewählt werden darf. Günstige Durchmesser-/Längenverhältnisse sind 1 : 0.6 bis maximal 1 : 1.5 (2.0).

Auch hier findet man keinen grundsätzlichen Unterschied zum Aussenrund-Schälschleifen. Es ist höchstens nochmals zu bemerken, dass das bezogene Zeitspanvolumen Q'_w anders ausgerechnet wird, als dies beim „normalen" Innenrundschleifen der Fall ist [52, 53, 54]. Ferner dürften die Grössenordnungen des bezogenen Zeitspanvolumens Q'_w deutlich geringer ausfallen, als beim Aussenrundschleifen. Aber das liegt in der Natur der Sache!

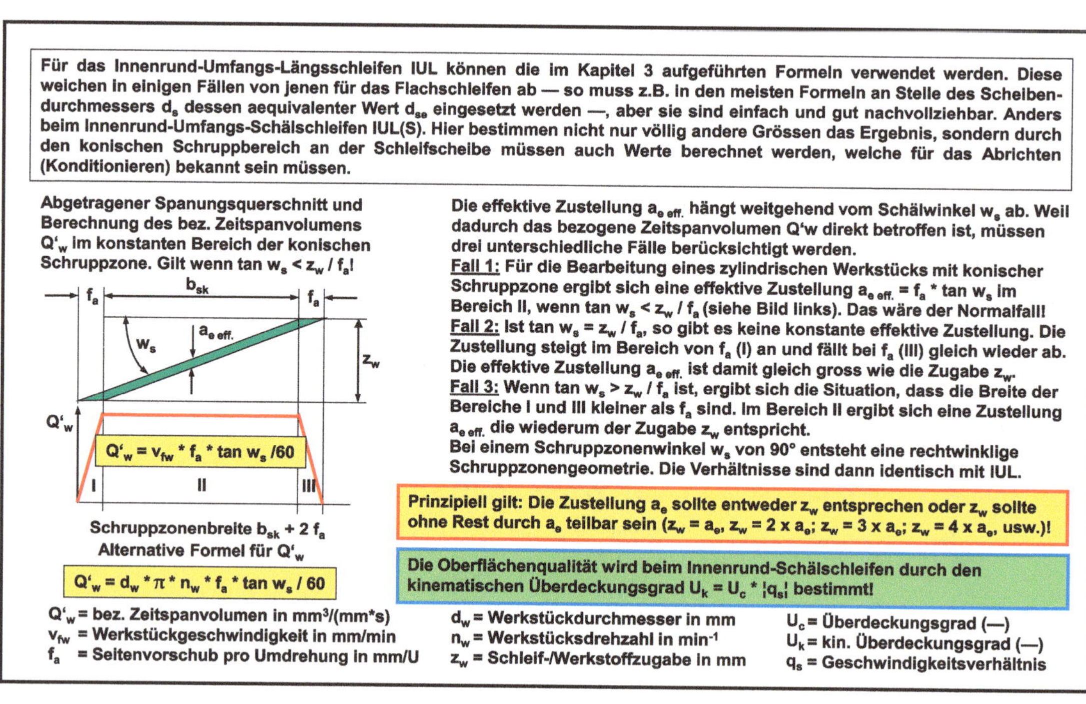

BILD 9.10 Berechnung des bezogenen Zeitspanvolumens Q'_w beim Innenrund-Umfangs-Schälschleifen IUL(S)

TABELLE 9.2 Stellgrössenvergleiche Innenrund-Längsschleifen und Schälschleifen

Verfahren	Abtrags-querschnitt	Zustellung beim Schruppen	Zustellung beim Schlichten	Seitenvorschub-geschwindigkeit beim Schruppen	Seitenvorschub-geschwindigkeit beim Schlichten
Innenrund-Längsschleifen IUL	rechteckiger Querschnitt (flach)	0.005–0.010 mm pro Überschliff	0.0005–0.001 mm pro Überschliff	> 1000 mm/min	< 300 mm/min
Innenrund-Schälschleifen IUL(S)	schräges Parallelo-gramm	> 0.02–0.20 mm pro Überschliff (gleich für das Schruppen und Schlichten)		< 500 mm/min (gleich für das Schruppen und Schlichten)	

Hier bestehen selbstverständlich grössere Unterschiede gegenüber den entsprechenden Werten der Stellgrössen beim Aussenrund-Längsschleifen AUL und dem Schälschleifen AUL(S). Aber es muss auch wieder auffallen, dass beim Innenrund-Schälschleifen IUL(S) weder die Zustellung noch die Seitenvorschubgeschwindigkeit für das Schruppen und Schlichten verändert werden. Im Gegensatz zum Innenrund-Längsschleifen IUL spricht man deshalb ebenfalls von einer Schrupp- und einer Schlichtzone an der Schleifscheibe (siehe entsprechende Darstellung), obwohl es immer nur eine einzige Schleifscheibe ist und diese – soweit es die Wirkrautiefe R_{ts} betrifft – auch meist nicht absichtlich unterschiedlich konditioniert wird. Allerdings kann es auch beim Innenrund-Schälschleifen von Vorteil sein, den Bereich des Schrägungswinkels mit einer geringeren Überdeckung U_d zu konditionieren, z. B. mit U_d = 1.5–3, und den Schlichtbereich, entsprechend der angestrebten Oberflächenqualität am Werkstück, mit U_d = 8–10.

9.8 Praxishinweise für das Innenrund-Schälschleifen

Sehr oft gelingt das Innenrund-Schälschleifen IUL(S) in der Anwendung nicht, weil wichtige Dinge unbeachtet bleiben. Man kann immer wieder feststellen, dass nach wie vor die Meinung verbreitet ist, das Schälschleifen IUL(S) sei lediglich ein ganz normales Innenrund-Längsschleifen, lediglich mit vergrösserter Zustellung pro Überschliff. Das stimmt überhaupt nicht! Wenn die erzielbare zeitbezogene Abtragsleistung betrachtet wird, liesse sich das IUL(S) eher mit dem Vollschnittschleifen vergleichen. Bezogene Zeitspanvolumina Q'_w von > 25 mm^3/(mm·s) und weit mehr sind erreichbar. Dabei muss aber auch bei nur einem einzigen Überschliff die Oberflächenqualität keineswegs schlecht sein. Und genau hier liegt der enorm grosse Unterschied. Mit der durch das Konditionieren vorgegebenen Schruppkante erfolgt der hohe Abtrag und mit der restlichen zylindrischen Partie der Scheibe wird geschlichtet und egalisiert. Logisch, die Wahl der richtigen Scheibe ist nicht ganz einfach, muss sie doch in erster Linie der Abtragsleistung und der extrem hohen Belastung in der Schruppzone genügen. Deshalb kommen in zunehmendem Masse relativ grobkörnige CBN-Scheiben in harter keramischer Bindung zum Einsatz. Das sind zwar nicht die besten Voraussetzungen für hohe Ansprüche an die Oberflächenqualität am Werkstück, vor allen dann nicht, wenn der gesamte Abtrag in einem einzigen Durchgang erfolgt, was meist der Fall ist.

9.8.1 Wichtige Grössen und Zusammenhänge IUL(S)

Der Schälwinkel w_s - auch Schruppzonenwinkel genannt - darf nicht zu gross gewählt werden. Genauso wie beim Aussenrund-Schälschleifen haben sich Werte zwischen 6° und 10° in der Praxis, der geringeren Abdrängkräfte wegen, recht gut bewährt. Dabei muss darauf geachtet werden, dass ein konstanter Bereich II (siehe Bild 9.10) entsteht. Andernfalls ergeben sich komplexe Verhältnisse, weil die effektive Zustellung $a_{e\ eff.}$ dann der Werkstoffzugabe z_w entspricht. Das würde auf eine Ähnlichkeit mit IUL hinweisen und die Abtragsleistung hätte wesentlich bescheidenere Grössenordnungen.

Auch das Innenrund-Schälschleifen gilt als typischer Leistungsschleifprozess. Trotzdem sollte darauf geachtet werden, dass die abzutragende Schleifzugabe z_w bestimmte Werte nicht unterschreitet. Als Richtgrössen gelten 0.05–0.3 mm im Radius (wenn grösser, sind mehrere Durchgänger erforderlich).

Die Seitenvorschubgeschwindigkeit v_{fa}, bzw. der Seitenvorschub pro Umdrehung f_a, liegt zweckmässigerweise deutlich tiefer (< 800 mm/min), als beim üblichen Innenrund-Längsschleifen IUL und es gibt dazu keine Unterscheidung zwischen dem Schruppen und dem Schlichten, weil beides in einem Durchgang erfolgt.

Die Anzahl der Überschliffe $U_c = b_{sz}/f_a$ (Überdeckungsgrad), bezogen auf die Breite der zylindrischen Partie der Scheibe beeinflusst, wie bereits weiter vorne erwähnt, die Werkstückrauheit. Je höher U_c ist, desto feiner wird die Oberfläche. Gleichzeitig ergibt sich aber beim IUL(S) ein so genannter kinematischer Überdeckungsgrad $U_k = U_c \cdot |q_s|$. Somit spielt also auch das Geschwindigkeitsverhältnis q_s [53, 54], d. h. die Grössen v_c und v_{fw} (Schnitt- und Werkstückgeschwindigkeit), eine bedeutende Rolle, denn man erkennt, dass U_k letztendlich die Rauheit am Werkstück in Abhängigkeit von U_c und $|q_s|$ definitiv bestimmt. Dabei gilt: Je grösser der Wert von U_k ist - normalerweise > 1000 -, desto feiner wird die Werkstücksoberfläche. Übliche Werte für U_k liegen auch hier bei 2'000–10'000! Zusammen mit hohen Schnittgeschwindigkeiten sind auf diese Weise Rauheiten zwischen Rz = 1.5–2.0 leicht erreichbar.

9.9 Schnittgeschwindigkeiten für das Schälschleifen

Es ist festzugehalten, dass sich das Innenrund-Schälschleifen IUL(S) vom Aussenrund-Schälschleifen AUL(S) lediglich durch geringere bezogene Zeitspanvolumina und meist auch durch die nach oben begrenzten Schnittgeschwindigkeiten unterscheidet. Alle anderen charakteristischen Merkmale des Schälschleifens gelten uneingeschränkt für beide Verfahren.

Wird die Frage nach der günstigsten Schnittgeschwindigkeit gestellt, kann diese nur so beantwortet werden: Möglichst hoch! Wäre diese Forderung problemlos umsetzbar, hätten die „Hartdreher" in manchen Fällen arge Probleme mit der Wirtschaftlichkeit ihrer Prozesse. Auf Aussenrundschleifmaschinen sind Schnittgeschwindigkeiten von 45 m/s bis 63 m/s längst üblich. Das sind aber nicht die Schnittgeschwindigkeiten, die wirklich etwas bringen. Man müsste schon auf 90 m/s oder höher gehen, um den Hochgeschwindigkeitseffekt mit dem Schälschleifen zu kombinieren. Die Schleifscheibendurchmesser liegen in etwa zwischen 350 und 500 mm. Für hohe und höchste Schnittgeschwindigkeiten wären somit keine extremen Drehzahlen erforderlich. Würde beispielsweise eine Welle mit 125 m/s (Scheibendurchmesser d_s = 400 mm ergibt eine Drehzahl n_s von 5'730 min^{-1}) in einem einzigen Durchgang auf Fertigmass „geschält", könnte ein solcher Schleifprozess durchaus mit dem Hardtrehen in einem Durchgang verglichen werden. Allerdings wäre beim Hartdrehen unter Umständen zu befürchten, dass die Werkstückrandzone Zugspannungen aufweisen könnte, was beim Schälschleifen kaum der Fall wäre.

Betrachtet man das Innenrundschleifen, sieht die Sache etwas anders aus. Hier sind hohe Schnittgeschwindigkeiten nur in jenen Fällen einsetzbar, bei welchen Hochfrequenzspindelantriebe zur Verfügung stehen. Besonders bei kleinen Bohrungen und/oder Schleifstiftdurchmessern gelangt man schon schnell in Drehzahlbereiche, die auch ans System statische und dynamische Ansprüche stellen. Angenommen, es müsse eine Bohrung mit Durchmesser 20 mm geschliffen werden, dann könnte ein maximaler Scheibendurchmesser d_s von etwa 14 mm zum Einsatz gelangen. Bei einer Schnittgeschwindigkeit v_c von 90 m/s müsste die Schleifspindel mit 120'000 min^{-1} drehen. Dieses Rechenbeispiel verdeutlicht, dass beim Innenrund-Schälschleifen die Nutzung hoher Schnittgeschwindigkeiten nicht unbedingt so einfach möglich ist. Trotzdem sollte man dort, wo Spindeldrehzahlen über etwa 80'000 min^{-1} gegeben sind, diese auch ausnützen. Es kommt neben den verkürzten Schleifzeiten, der geringeren Erwärmung und der deutlich besseren Geometrie- und Oberflächenqualitäten dazu, dass sich die Spindel- und Schleifstiftsteifigkeit stark verbessert. Mit anderen Worten: Der gesamte Prozess läuft wesentlich stabiler.

WICHTIG Mit hohen Schnittgeschwindigkeiten darf nur dann gearbeitet werden, wenn einerseits die verwendete Schleifscheibe dafür vom Hersteller zugelassen ist und andererseits alle Sicherheitsbedingungen, welche der Gesetzgeber für das Hochgeschwindigkeitsschleifen vorgibt, erfüllt sind!

9.10 Schleifscheiben für das Schälschleifen

Es ist bestimmt richtig, zuerst nochmals auf die Schleifscheibenbreite hinzuweisen, die beim Schälschleifen ganz allgemein wesentlich kleiner gewählt werden kann, als dies bei den „normalen“ Aussen- und Innenrund-Längsschleifverfahren der Fall ist. Das hängt mit der relativ kurzen Schrupp- bzw. Schälzone und der optimalen Überdeckung U_k längs der Schlichtzone zusammen.

Beim Schälschleifen haben sich keramisch gebundene CBN-Scheiben (CBN = kubisch kristallines Bornitrid) in Breiten von 6 bis etwa 12 mm mit grossem Erfolg bewährt. Sie sind gut profilierbar und müssen nach dem Konditionieren nicht zusätzlich geöffnet werden, wie metallisch gebundene Schleifscheiben. Alternativ dazu kann auch Sinterkorund in unterschiedlichen Kornzusammensetzungen Verwendung finden. Allerdings erreichen Sinterkorundscheiben nur einen Prozentsatz der Standmenge einer CBN-Scheibe. Das gilt für das Aussen- als auch für das Innenrundschleifen. Weil durch die gezielte Formgebung der Schleifscheibe ein geometrisch definierter Abspanquerschnitt (Bilder 9.4 und 9.8) vorgegeben wird, steigt die Scheibenstandmenge drastisch an und die Konditionierintervalle liegen beim Schälschleifen normalerweise bedeutend weiter auseinander, als beim „konventionellen“ Längsschleifen (AUL und IUL).

Die besondere Formgebung der Scheibe bestimmt die Leistungsfähigkeit und das Standverhalten beim Schälschleifen. Da die Kante im Übergang von der Schruppzone in die Schlichtzone einer extremen Beanspruchung ausgesetzt ist, muss sie scharf sein. Der Konditionierzyklus hat deshalb einem konkreten Ablaufschema zu folgen, damit die Kantenkörner dabei nicht weggerissen werden. Als Konditionierwerkzeuge können im Allgemeinen nur Diamantabrichtscheiben in Frage kommen. Diamantspitzscheiben mit kleinem Radius haben sich besonders gut bewährt. Die notwendigen Abrichtsequenzen hängen sowohl vom gefahrenen Q'_w als auch vom Scheibenverschleiss und den Genauigkeits- und Oberflächenansprüchen ab. Bei schmalen Schleifscheiben dauert der Konditionierprozess meist nur wenige Sekunden, weshalb ein öfteres Abrichten unter Umständen sinnvoll sein kann. Die Abtragstiefe an der Scheibe ist dabei relativ gering, so dass ein bis maximal zwei Durchgänge üblicherweise ausreichen.

Gegenüber dem Hartdrehen gibt es so gut wie keine Einschränkungen hinsichtlich des zu zerspanenden Werkstoffs. Auch Ingenieurkeramik lässt sich schälschleifen. Bei richtig gewählter Scheibenspezifikation, Prozessparametern und dem Einsatz eines dazu passenden Kühlschmierstoffs ist es völlig egal, welche Härte das Werkstück in der Randzone aufweist. Lassen sich auch noch hohe Schnittgeschwindigkeiten von 100–160 m/s AUL(S) bzw. 80–100 m/s IUL(S) anwenden, kann man über die „kurzen“ Bearbeitungszeiten nur staunen. Die verhältnismässig kleine Kontaktfläche zwischen der Scheibe und dem Werkstück verhindert thermische Randzonenschäden, auch bei höchsten zeitbezogenen Abtragsmengen. Das Schälschleifen kann deshalb, was die Verfahrensleistung betrifft, in vielen Fällen wirklich problemlos mit dem Hartrehen mithalten oder dieses sogar noch überbieten.

Ob es sich um das Aussenrund- oder das Innenrund-Schälschleifen handelt, spielt bezüglich der hohen Qualitäts- und Leistungsanforderungen an die Schleifscheibe keine Rolle. In beiden Fällen muss verfahrenstechnisches Wissen – vergleichbar mit modernen, definierten Schneiden – im „Werkzeug“ integriert sein. Die Scheibenhersteller haben deshalb ihre Produkte ganz speziell in dieser Richtung weiter entwickelt. Das gilt für konventionelle Schleifstoffe genauso wie für Sinterkorund und Sinterkorundmischungen sowie für den hochharten Schleifstoff CBN. Um unterschiedlichsten Anforderungen und/oder Problemstellungen gerecht werden zu können, findet man im Sortiment eines „modernen“ Scheibenherstellers bis zu 25 und mehr Variationen unterschiedlichster CBN-Scheiben. Dabei sind folgende Punkte von ausschlaggebender Bedeutung:

- CBN-Kornart – makro- oder mikrokristalline Kornstrukturen
- CBN-Korntype – unterschiedlichste Herstellervarianten bestimmen das Splitterverhalten und die Druckfestigkeit
- Kornmischungen – CBN und konventionelle Kornarten ermöglichen feinste Anpassungen an die Schleifaufgabe (hier sind der Variantenvielfalt so gut wie keine Grenzen gesetzt)
- Bindungen halten nicht nur die Körner fest, sondern zeigen gerade zusammen mit CBN dann ihren Einfluss auf das Verhalten der Schleifscheibe im jeweiligen Prozess, wenn der Scheibenhersteller seine neuesten Erkenntnisse über Mischungen, Brandtemperaturen, Härten und Porositäten in seine Produkte einfliessen lässt.

Hier zeigt sich unmissverständlich, was der Scheibenhersteller über die Schnittstellen zwischen der Scheibe und dem Prozess wissen muss, um Produkte für die Hochleistungsschleiftechnik – und dazu gehört ohne Zweifel das Schälschleifen eben auch – anbieten zu können.

Aber wie kommt ein Scheibenhersteller zu den Prozessdaten, die er zur Definition einer optimalen Schleifscheibe unbedingt benötigt? Anwender sind nur selten in der Lage, diesbezügliche Angaben zu machen oder sie glauben irrtümlicherweise, es würden dadurch „Firmengeheimnisse“ preisgegeben. Schleiftechnische Höchstleistungen unter besten Bedingungen sind heute, ohne eine vertrauenswürdige Zusammenarbeit zwischen dem Anwender, dem Scheibenhersteller und dem Kühlschmierstofflieferanten, kaum mehr möglich.

Die Erfahrungen bei Kunden haben immer wieder gelehrt, dass Anwender nur ungern bereit sind, sich auf konkrete Vorgabedaten (Stellgrössen) festzulegen. Auch wenn beispielsweise die Möglichkeit besteht, in einem weiten Bereich die Schnittgeschwindigkeit zu variieren, scheuen sich viele Anwender, dies selbst zu tun. Vielmehr erwarten sie optimierte Prozessparameter für ihre Schleifaufgaben vom Scheibenlieferanten. Das kann nicht der richtige Weg sein. Über die eigenen Schleifprozesse sollte man so viel wissen, dass eine Resultatbeurteilung und daraus folgend auch eine Optimierung – sofern machbar – erfolgen kann. Das setzt logischerweise sehr gute eigene schleiftechnische Kenntnisse voraus.

9.11 Kühlschmierstoffe für das Schälschleifen

Das Kühlen und Schmieren stellt auch beim Schälschleifen einen grossen Teil des Erfolges dar. Mit falscher und/oder ungenügender Kühlung lassen sich die enormen Vorteile des Schälschleifens niemals realisieren.

Die Entscheidung über den einsetzbaren Kühlschmierstoff hängt von der Art der Verschalung an der Schleifmaschine ab. Ältere Maschinen sind meist noch äusserst spartanisch gegen das Austreten von Kühlschmierstoffspritzern und die erzeugten Aerosole abgedeckt. Dabei kommt der Operateur somit „in den vollen Genuss" der Spritzer, des Dunstes und des Geruchs. Solche Situationen sollten eigentlich gar nicht mehr zulässig sein. Moderne Schleifmaschinen sind mehrheitlich mit Abdeckungen versehen, welche den Operateur vollumfänglich schützen. Hier können allerdings aber nur wasserbasierte Kühlschmierstoffe zum Einsatz gelangen. Plant man, mit einem Schleiföl zu arbeiten, was bekanntlich in den meisten Fällen die optimalste Lösung darstellen würde, ist nicht nur eine vollkommen dichte Abdeckung notwendig, sondern auch alle Sicherheitsvorkehrungen (Explosionsklappe, Ölnebelabsaugung mit Rückführung, Rauch- und Brandsensoren, automatische CO_2-Löscheinrichtung), wie sie vom Gesetzgeber vorgeschrieben werden, müssen uneingeschränkt vorhanden sein. Zudem bestehen konkrete Vorschriften über die noch zulässige Aerosolbelastung der Umgebungsluft.

Auf offenen Maschinen sollte eine mittel bis hoch geschmierte Emulsion, angereichert mit FM-, AW- und eventuell auch noch mit EP-Additiven Verwendung finden. Lösungen sind der zu geringen Schmierfähigkeit wegen ungeeignet. Die Kontaktbedingungen in der Schruppzone erfordern aber unbedingt eine ausreichende Schmierung. Weil wasserbasierte Kühlschmierstoffe über 80 m/s nicht mehr einsetzbar sind (Verprallung und Trennung der Wasser-/Ölphase, Aerosolbildung) und auf unabgedeckten Schleifmaschinen ohnehin mit solchen Schnittgeschwindigkeiten gar nicht gearbeitet werden darf, bleiben Emulsionen (Ölgehalt im Konzentrat ca. 35–45 %) die einzigen Kühlschmierstoffe. Sie gewähren bei ausreichender Menge auch eine gute Wärme- und Späneabfuhr.

Auf entsprechend verschalten Schleifmaschinen ist beim Schälschleifen eigentlich nur ein additiviertes Schleiföl zu empfehlen. Klar, man könnte selbstverständlich auch eine hoch geschmierte Emulsion, angereichert mit Additiven, einsetzen. Öl dominiert aber in jeder Beziehung, sei es nun die Wärmeentwicklung oder die erzielbare zeitbezogene Abtragsmenge, es ist und bleibt das beste Kühl- und Schmiermittel dort, wo dessen Einsatz realisierbar ist. Es werden Viskositäten ab etwa 8.5 bis 12.0 mm^2/s verwendet. Sind die Abtragsleistungen sehr hoch (Hochleistungsschleifen verbunden mit hoher Schnittgeschwindigkeit), sollte die Viskosität eher bei ca. 15–18 mm^2/mm liegen.

Ein Hinweis soll hier keinesfalls fehlen: Kommt eine CBN-Schleifscheibe zum Einsatz, darf auf keinen Fall eine Lösung oder eine nur sehr gering geschmierte, halbsynthetische Emulsion verwendet werden. Um CBN-Scheiben nicht der Hydrolyse (Zersetzung in Ammoniak und Borsäure) auszusetzen, muss der Kühlschmierstoff eine bestimmte Schmierfähigkeit unbedingt aufweisen.

Der beste Kühlschmierstoff hat wenig Wirkung, wenn er nicht mengenmässig abgestimmt auf die investierte Schleifleistung und mit einem, der Schnittgeschwindigkeit in etwa entsprechenden Druck (siehe Kapitel 7), über genau angepasste Düsen, der Kontaktstelle zugeführt wird. Das ist beim Schälschleifen besonders wichtig, denn die eigentliche Zerspanung findet an einer sehr schmalen Stelle statt. Diese Zone sollte deshalb mit einer separaten Düse mit KSS versorgt werden. Für die Schlichtzone reicht eine einfache, aber richtig konzipierte Flachdüse.

9.12 Anwendungsbeispiel AUL(S)

Von OTT [12] ist ein Prozess-Simulationsprogramm (läuft unter Excel® von Microsoft) erhältlich, mit welchem konventionelle Aussen- und Innenrundschleifprozesse (Einstech- und Längsschleifen) inklusive Schälschleifen im Voraus berechnet und danach optimiert werden können. Ein grosser Vorteil dieser Software besteht darin, dass bei der Planung, als auch später an der Maschine, alle Ein- und Ausgabewerte protokolliert werden. Das ist ja bekanntlich in vielen Fällen ein grosses Problem - man weiss oft nicht mehr, wie eine Schleifaufgabe geschliffen wurde.

Das folgende Beispiel soll die Effizienz des Schälschleifens verdeutlichen: Eine einsatzgehärtete Welle von 500 mm Länge mit Durchmesser 30.15 mm soll auf ∅ 30.00 - h6 durch Schälschleifen gefertigt werden. Die Oberflächenqualität wird mit Ra = 0.3–0.4 µm (Rauheitsklasse N4) angegeben. Die Aussenrundschleifmaschine ist vorschriftsgemäss abgedeckt (Öleinsatz möglich) und der Scheibenantrieb lässt Schnittgeschwindigkeiten bis 125 m/s zu. Um eine kurze Schleifzeit zu erhalten, wird angestrebt, in einem einzigen Durchgang fertig zu schleifen. Im PGS-Berechnungsmodul für das Aussen- und Innenrundschleifen (Bild 9.11) werden in der ersten Versuchsspalte (Bild 9.12) zuerst die Ausgangsgrössen so berechnet, als würde die Welle „konventionell" durch Aussenrund-Längsschleifen (AUL) bearbeitet. Dadurch sind realistische Vergleichsdaten verfügbar. In den anderen 3 Spalten wird die Werkstückdrehzahl n_w, die Seitenvorschubgeschwindigkeit v_{fa} und die Schnittgeschwindigkeit v_c für das Schälschleifen eingegeben (Bild 9.12). Die Schnittgeschwindigkeit v_c beträgt 125 m/st, da dies maschinenseitig möglich ist. Wegen dem Hinweis in Spalte 2 ganz unten (Bild 9.13), es könnte Schleifbrand auftreten, wird die Schmierfähigkeit (CL-Wert) des Schleiföls in den Spalten 3 und 4 auf 4.5 bzw. auf 5.5 (CL = 6.0 wäre das Optimum) erhöht. Darauf erfolgt der Hinweis: Keine Schleifbrandgefahr mehr!

Zu den Resultaten: Konventionell (AUL) würde sich eine reine Schleifzeit (Kontaktzeit) t_k von 10 Minuten bei gleichem Endresultat ergeben. Das bezogene Zeitspanvolumen Q'_w erreicht hier den Wert von 10.6 $mm^3/(mm \cdot s)$. Beim Schälschleifen liegt man um eine Zehnerpotenz höher, wobei aber die reine Schleifzeit nur noch eine (!) Minute beträgt. Selbstverständlich wird zum Schluss noch die grafische Auswertung (Bild 9.14) betrachtet. Dort lassen sich die wichtigsten Grössen aus den 4 Versuchsspalten miteinander vergleichen. Keine Frage, die Prozessparameter in der

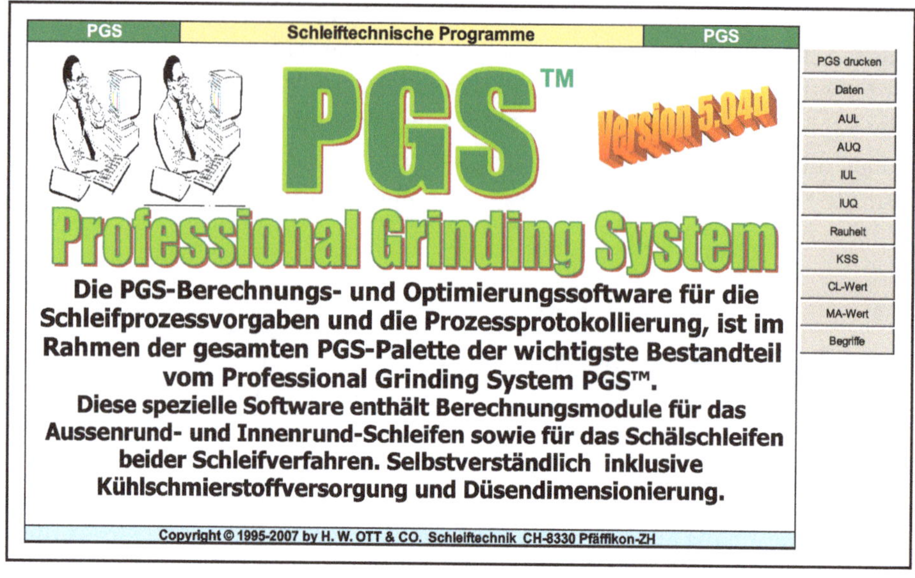

BILD 9.11 PGS-Modul für das Aussen- und Innenrundschleifen inkl. Schälschleifen [12]

PGS	Aussenrund-Umfangs-Längs-(Schäl-)schleifen				AUL-01	
Firma/Kunde/Anwender:		Datum:	27.06.2007	Kunden-Nr.:		
Eingabedaten (Stellgrössen und feste Vorgaben):	Bezeichnung	Versuch 1	Versuch 2	Versuch 3	Versuch 4	Einheit
Werkstückdurchmesser im Schleifbereich (roh/vorbearbeitet)	dw	30.150	30.150	30.150	30.150	[mm]
Schleiflänge effektiv (Länge der zu schleifenden Partie)	ls	500.00	500.00	500.00	500.00	[mm]
Werkstoffzugabe im Radius für das Schleifen (Aufmass)	zw	0.150	0.150	0.150	0.150	[mm]
Zustellung pro Überschliff (Achtung: Auf Radius bezogen!)	ae	0.0150	0.1500	0.1500	0.1500	[mm]
Zustellungsart: Alle Durchgänge = 0, einseitig = 1, beidseitig = 2	iu	0	0	0	0	[—]
Werkstückdrehzahl (Nenndrehzahl der Werkstückspindel)	nw	450.00	1250.00	1250.00	1250.00	[min^-1]
Seitenvorschub pro Umdrehung, wenn bekannt oder...	fa					[mm/U]
Seitenvorschubgeschwindigkeit	vfa	958.0	510.0	510.0	510.0	[mm/min]
Schälschleifwinkel an den Seitenkanten der Scheibe (ohne = 0)	ws		7.0	7.0	7.0	[Grad]
Schälschleifwinkel: Kein Winkel = 0, einseitig = 1, beidseitig = 2	iw		1	1	1	[—]
Schleifscheibenüberlauf links (über die effektive Schleiflänge)	lul	31	10	10	10	[mm]
Schleifscheibenüberlauf rechts (über die effektive Schleiflänge)	lur	1	1	1	1	[mm]
Schleifscheibendurchmesser (aktueller Durchmesser)	ds	398.00	398.00	398.00	398.00	[mm]
Schleifscheibenbreite (aktuelle Arbeits- bzw. Wirkbreite)	bs	30.00	8.00	8.00	8.00	[mm]
Schnittgeschwindigkeit der Scheibe (Umfangsgeschwindigkeit)	vc	45.00	125.00	125.00	125.00	[m/s]
KSS-Schmierfähigkeit 0-6.0 nach OTT (siehe CL-Wert)	CL	3.5	3.5	4.5	5.5	[—]
Zerspanbarkeits-Gruppe 0.10-8.00 nach OTT (siehe MA-Wert)	MA	4.00	4.00	4.00	4.00	[—]
Anzahl Ausfeuerhübe (sinnvollerweise geradzahlig ca. 8 - 12)	ia	7	0	0	0	[—]
Schleifleistung effektiv (gemessene oder abgelesene Werte)	Ps eff.					[kW]
—> Kontrolle von Werkstoffzugabe und gewähltem Zustellwert	Achtung:	—	—	—	—	[—]
Die folgenden 8 Ausgabewerte (Berechnungen) sind nur für das AUL-Schälschleifen mit Schrägungswinkel (ein- oder beidseitig) von Bedeutung:						
—> effektive Zustellung unter Berücksichtigung von ws	ae eff.	—	0.0501	0.0501	0.0501	[mm]
—> effektive (Schrupp-)Kontaktbreite unter Winkel ws	bks	—	1.222	1.222	1.222	[mm]
—> konstanter Bereich in der konischen Schruppzone	bsk	—	0.814	0.814	0.814	[mm]
—> Anschrägungshöhe bei Schälwinkel ws (für Profilierung)	aws	—	0.18	0.18	0.18	[mm]
—> eff. Anschrägungsbreite bei Schälwinkel (für Profilierung)	bws	—	1.47	1.47	1.47	[mm]
—> zylindrischer Scheibenbereich (Schlicht- und Ausfeuerzone)	bsz	—	6.53	6.53	6.53	[mm]
—> kinematischer Überdeckungsgrad (massgebend für Rauheit)	Uk	—	1020	1020	1020	[—]
—> Kontrolle von: fa und/oder vfa sowie von ws	Achtung:	—	—	—	—	[mm/U]
—> Kontrolle von: Werkstoffzugabe zw und Zustellung ae	Achtung:	—	—	—	—	[—]
Ist nur die Scheibendrehzahl ns bekannt, lässt sich die Schnittgeschwindigkeit vc berechne						
$v_c = d_s * ¶ * n_s / (1000 * 60)$ [m/s] Wichtig: ==> d_s in mm und n_s in min^{-1} einsetzen.						
Lizenz für: Meister Abrasives AG CH-8450 Andelfingen (Schweiz) — PGS-S/N 2005-2-1035					Version 5.04d/12.05.2007	
Copyright © 1995-2007 by H. W. OTT & CO. Schleiftechnik CH-8330 Pfäffikon-ZH						

BILD 9.12 Tabelle für die Eingabe der verschiedenen Prozesswerte

PGS	Aussenrund-Umfangs-Längs-(Schäl-)schleifen					AUL-02
Firma/Kunde/Anwender:		Datum:	27.06.2007	Kunden-Nr.:		
Ausgabedaten (Ausgangsgrössen):	**Bezeichnung**	**Versuch 1**	**Versuch 2**	**Versuch 3**	**Versuch 4**	**Einheit**
bezogenes Zeitspanvolumen (zeitbezogene Abtragsleistung)	Q'w / Q'w eff.	10.61	98.86	98.86	98.86	[mm^3/(mm*s)]
spez. Spanmenge nach OTT (Prozessoptimierungsgrösse)	Q'm	28.2	37.7	48.3	67.1	[mm^3/(mm*s*kW)]
Werkstückgeschwindigkeit	vfw	42'422	117'811	117'811	117'811	[mm/min]
Seitenvorschub pro Umdrehung	fa	2.129	0.408	0.408	0.408	[mm/U]
Seitenvorschubgeschwindigkeit	vfa	958.0	510.0	510.0	510.0	[mm/min]
Schleifscheibendrehzahl	ns	2159.4	5998.3	5998.3	5998.3	[min^-1]
Geschwindigkeitsverhältnis (qs = vc/vfw)	qs	64	64	64	64	[—]
Überdeckungsgrad der Scheibe bezogen auf Seitenvorschub	Uc	14.1	16.0	16.0	16.0	[—]
theor. mittlere Spandicke	hm	0.000236	0.000791	0.000791	0.000791	[mm]
spez. Schnittkraft	ks	35473	26524	20716	14908	[N/mm^2]
Kontaktlänge (Scheibe/Werkstück)	lk	0.65	1.18	1.18	1.18	[mm]
Eintritts-Sehnenlänge bis zur vollen Tiefe	se	0.65	2.04	2.04	2.04	[mm]
bez. Abtragsmenge pro mm Kontaktbreite	V'w	235.62	883.57	883.57	883.57	[mm^3/mm]
Abtragsmenge gesamt	Vw	7068.58	7068.58	7068.58	7068.58	[mm^3]
aequivalenter Scheibendurchmesser	dse	27.90	27.90	27.90	27.90	[mm]
gesamte Schleifleistung	Ps	0.801	3.203	2.502	1.800	[kW]
bez. Schleifleistung pro mm Kontaktbreite	P's	0.376	2.622	2.048	1.474	[kW/mm]
Kontaktleistung (Schleifleistung pro mm^2)	P"s	0.582	2.217	1.732	1.246	[kW/mm^2]
spez. Schleifenergie (erzeugte Wärmemenge)	Us	35.5	26.5	20.7	14.9	[J/mm^3]
bez. Tangentialkraft pro mm Kontaktbreite	F't	8.36	20.98	16.38	11.79	[N/mm]
Tangentialkraft	Ft	17.8	25.6	20.0	14.4	[N]
bez. Normalkraft pro mm Kontaktbreite	F'n	21.25	53.31	49.57	44.07	[N/mm]
Normalkraft	Fn	45.2	65.1	60.6	53.8	[N]
Axialkraft in Schleifrichtung (für normales AUL ca. +/- 25%)	Fa	1.02	8.00	7.44	6.61	[N]
Kontaktfläche (Scheibe/Werkstück)	Ak	1.38	1.44	1.44	1.44	[mm^2]
Arbeitsdruckkraft nach OTT (Scheibenbelastung in N/mm^2)	Fd	32.84	45.08	41.92	37.27	[N/mm^2]
Anzahl Überschliffe (Durchgänge und Leerhübe aufgerundet)	lc	18	1	1	1	[—]
Kontaktzeit (reine Schleifzeit) Tol. ca. +10%	tk	0:10:00	0:01:00	0:01:00	0:01:00	[h:mm:ss]
korrigierter MA-Wert für Ps eff.	MA korr.	siehe MA	siehe MA	siehe MA	siehe MA	[—]
Kühlschmierstoffbedarf bezogen auf die Kontaktbreite bk	Qk ca.	2.92	20.32	23.87	30.22	[l/(min)]
Beurteilung vom Geschwindigkeitsverhältnis qs	qs ist...	optimal	optimal	optimal	optimal	[—]
Thermische Randzonenschäden (Brand) => Beurteilung der Brandgefahr:		keine	Brand?	keine	keine	[—]
Lizenz für: Meister Abrasives AG CH-8450 Andelfingen (Schweiz) — PGS-S/N 2005-2-1035					Version 5.04d/12.05.2007	
Copyright © 1995-2007 by H. W. OTT & CO. Schleiftechnik CH-8330 Pfäffikon-ZH						

BILD 9.13 Tabelle der berechneten Prozesswerte inkl. Leistungsbedarf und Kräfte

Spalte 4 führen zu den besten Ergebnissen. Es sind erstaunliche Werte und wenn man eine solche Anwendung noch niemals gesehen hat, scheinen die Angaben direkt unglaubwürdig zu sein.

Die grafische Auswertung erlaubt eine schnelle Beurteilung oder einen Vergleich der in den vier Versuchspalten berechneten Schleifleistung P_s, der spezifischen Schleifenergie U_s, der Arbeitsdruckkraft F_d (nach OTT) und schlussendlich auch der spezifischen Spanmenge Q'_m (nach OTT). Will man Details dazu wissen, beispielsweise die Grössenordnungen der Schleifkräfte F_t und F_n oder ob in einer Spalte ein Hinweis auf Schleifbrand ausgegeben wurde, wird um eine Tabellenseite zurückgeschaltet. Das Zusammenspiel zwischen den Eingaben und den Ausgaben wird in idealer Weise durch diese grafische Auswertung ergänzt.

Dieses PGS-Modul ist, wie bereits erwähnt, sowohl für das konventionelle Aussen- und Innenrund- Längs- und Querschleifen (AUL, AUQ, IUL und IUQ) einsetzbar. Sobald man in der Eingabetabelle beim Aussenrund- oder Innenrund-Längsschleifen einen Wert für den Schälschleifwinkel einträgt, wird vom Programm selbständig erkannt, dass es um einen Schälschleifprozess geht. Jetzt werden im unteren Drittel der Eingabetabelle automatisch die für einen Schälschleifprozess wichtigen Zusatzdaten berechnet und ausgegeben. Diese beziehen sich in erster Linie auf den angeschrägten Schruppbereich und auf den so genannten kinematischen Überdeckungsgrad U_k, welcher die am Werkstück erzeugbare Oberflächenqualität massgeblich bestimmt.

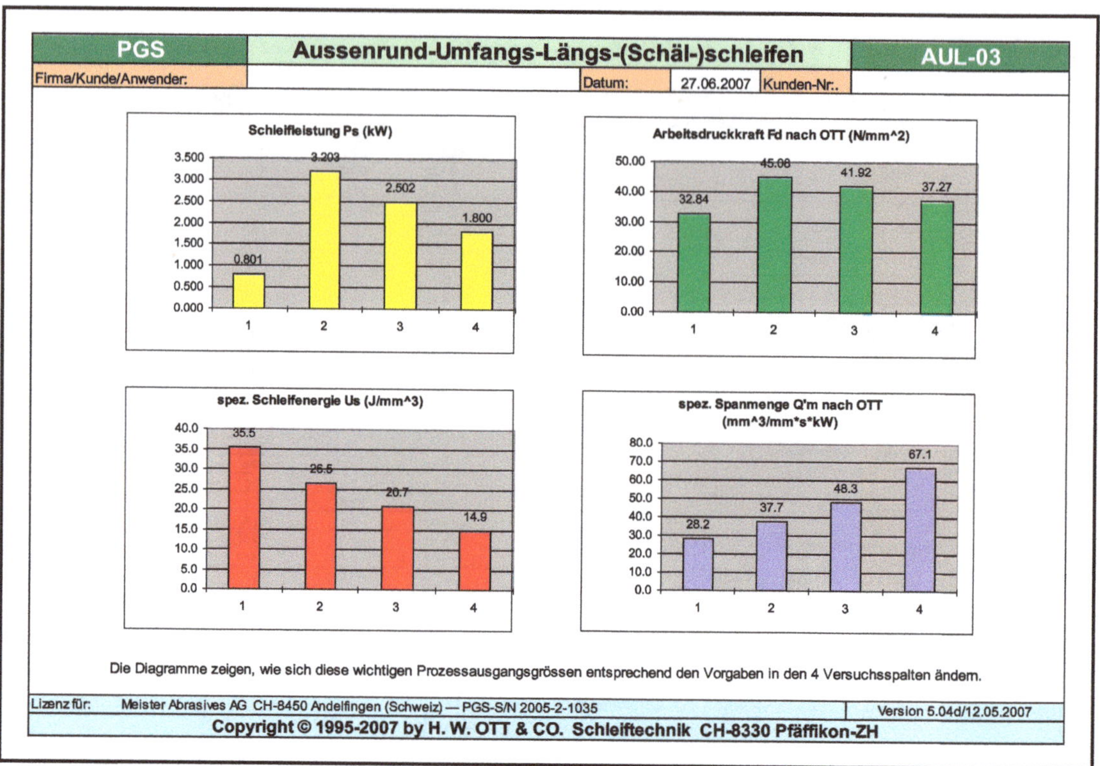

BILD 9.14 Grafische Auswertung der vier wichtigsten Prozessausgangsgrössen

Viele Eingaben werden durch selbständig erscheinende Kommentare unterstützt, sobald man den Mauszeiger auf die entsprechende Zelle setzt. Damit wird das Arbeiten ganz wesentlich erleichtert. Zudem erscheinen Fehlermeldungen, wenn unerlaubte Eingaben gemacht werden. Stehen einem solche schleiftechnischen Programme zur Verfügung, – es gibt selbstverständlich auch PGS-Module für alle Flachschleifverfahren –, lassen sich Schleifprozesse in kürzester Zeit planen und optimieren. Gerade beim Aussen- und Innenrund-Schälschleifen mit der komplexen Schruppzone (Schälwinkel w_s, Zustellung a_e, effektive Zustellung $a_{e\,eff.}$, Anschrägungshöhe a_{ws} und -breite b_{ws}, usw.) kann diese Software einen Prozessüberblick bieten, wie er mit andern Mittel kaum vorstellbar wäre. Besonders die Möglichkeit, in vier Versuchsspalten unterschiedliche Vorgaben zu testen, ist von spezieller Bedeutung. Im Gegensatz zu üblichen Versuchsmethoden, bei welchen im Allgemeinen nur jeweils eine Grösse verändert werden darf, weil man sonst die Übersicht über die Reaktionen der anderen Grössen völlig verlieren würde, können beliebig viele Eingabewerte in der daneben stehenden Spalte modifiziert werden. Die Ausgabetabelle ermöglicht, alle Auswirkungen auf andere Grössen durch einen Spaltenvergleich ohne weiteres zu erkennen.

9.13 Zusammenfassung von Kapitel 9

Es steht ausser Zweifel, das Schälschleifen ist wirklich eine echte Alternative zum Hartdrehen. Sowohl in Bezug auf die Leistungsfähigkeit (Wirtschaftlichkeit), als auch hinsichtlich der erzeugbaren Druckspannungen in der Werkstückrandzone, kann das Schälschleifen den Leistungs- bzw. Hochleistungsverfahren zugeordnet werden. Dabei spielt die Werkstoffhärte keine Rolle, weil nicht nur entsprechende Schleifstoffe verfügbar sind, sondern dazu noch raffinierte Kornkombinationen eine optimale Anpassung an praktisch jede Schleifaufgabe ermöglichen. Wird mit hohen Schnittgeschwindigkeiten geschliffen und kann ein additiviertes Schleiföl Verwendung finden, können - sofern letzteres richtig der Kontaktstelle zugeführt wird - enorme Abtragsleistungen in kürzesten Schleifzeiten und trotzdem mit besten Geometrie- und Oberflächenqualitäten realisiert werden.

10 Hochgeschwindigkeits-schleifen (HSG und HEDG)

Allgemeines zum Hochgeschwindigkeitsschleifen
Hochgeschwindigkeits- und Hochleistungsschleifen
Merkmale der Hochgeschwindigkeitstechnologie
Anforderungen an die Schleifmaschinen
Kühlschmierstoffe für das HS-Schleifen
Schleifscheiben für das HS-Schleifen
Schleifverfahren und Anwendungsmöglichkeiten
Vorteile und Zukunft des HS-Schleifens
Darstellung der wichtigsten HS-Merkmale
Wirtschaftliche Betrachtungen
Tendenzielles Verhalten der Kenngrössen
Planung und Vorbereitung eines HS-Prozesses
Anwendung der Leistungsschleifverfahren
Zusammenfassung

10.1 Allgemeines zum Hochgeschwindigkeitsschleifen

Die Zerspanung mit hohen Schnittgeschwindigkeiten setzt sich zunehmend in allen Bereichen durch. Neue Schneidstoffe einerseits und der deutliche Trend zur Trockenbearbeitung andererseits dürften wesentliche Gründe dafür sein. Aber noch andere Tatsachen machen die Hochgeschwindigkeitsbearbeitung auch wirtschaftlich interessant: Bedeutend grössere Abtragsleistungen, auch bei schwer zerspanbaren Werkstoffen, längere Werkzeugstandzeiten, bessere Oberflächenqualitäten, höhere geometrische Genauigkeit und verminderte Gefahr thermischer Schädigungen der Werkstückrandzone bei richtiger Anwendung.

Erstaunlicherweise hat sich in bestimmten Fertigungszweigen die Bearbeitung mit hohen Schnittgeschwindigkeiten schon seit Jahren voll durchgesetzt, so beispielsweise in der Kugellagerfertigung, in der Automobilindustrie, in der Zahnradfertigung und in den unter Preisdruck stehenden Zulieferwerken. Dagegen hat sich diese besondere Art der Zerspanung in der Kleinserienherstellung und im allgemeinen Einsatz bisher nur bedingt etablieren können. Die Gründe dafür mögen vielschichtig sein, gewiss ist aber, dass die einen ohne hohe Geschwindigkeiten in ihrer spanenden Fertigung keine Chance mehr hätten, zu Tiefstpreisen produzieren zu können, und die anderen von einer gewissen „Schwellenangst" beherrscht werden. Dafür ist aber Verständnis aufzubringen, denn die notwendigen Voraussetzungen, sowohl maschinenseitig wie auch verfahrenstechnisch, liegen auf einer anderen Ebene als in der herkömmlichen Zerspanung. Es werden auch spezielle Werkzeuge benötigt, und der gesamte Sicherheitsstandard muss höchsten Ansprüchen genügen.

Ein weiterer Punkt bezieht sich auf das Wissen über die Hochgeschwindigkeitstechnologie und deren Einsatz in der Praxis. Der Anwender wird, sofern er sich nicht selbst um die Zerspanung mit hohen Schnittgeschwindigkeiten bemüht, so ziemlich allein gelassen. Dies gilt weit weniger für die Verfahren mit definierter Schneide als vielmehr für das Schleifen. Deshalb wird hier versucht, in möglichst verständlicher Weise die wesentlichen Eigenheiten und die Vorteile des Hochgeschwindigkeitsschleifens (**HSG** = **H**igh **S**peed **G**rinding und **HEDG** = **H**igh **E**fficiency **D**eep **G**rinding [13]) gegenüber dem konventionellen Schleifen aufzuzeigen und zu erklären. Denn falsch verstandenes Hochgeschwindigkeitsschleifen – etwa nur durch die Erhöhung der Umfangsgeschwindigkeit der Schleifscheibe ohne gleichzeitige Erhöhung der Werkstückgeschwindigkeit – führt in allen Fällen zu enttäuschenden Ergebnissen. Und daraus resultiert oft vorschnell eine negative Beurteilung. Ferner haben viele Anwender mit der Vorstellung Mühe, dass bei hoher Schnittgeschwindigkeit die im Werkstück zurückbleibende Wärme wesentlich geringer sein kann als im konventionellen Bereich. Auch das soll hier erklärt werden.

10.2 Hochgeschwindigkeits- und konventionelles Schleifen

Zuerst sollten einige wichtige Dinge klargestellt werden: Damit man überhaupt die Vorteile hoher Schnittgeschwindigkeiten beim Schleifen richtig nutzen kann, muss die Schleifscheibe im Bereiche von deutlich über 80 m/s arbeiten. Die Grenze zwischen dem konventionellem Schleifen und dem Hochgeschwindigkeitsschleifen wurde in früheren Jahren mit etwa 60 m/s angegeben. Heute beweisen die gesammelten Erfahrungswerte, dass sich die hohe Effizienz dieses Verfahrens erst ab etwa 90 m/s einzustellen beginnt und Schnittgeschwindigkeiten ab 120 m/s bis ca. 180 m/s als „der optimale HSG-Geschwindigkeitsbereich" bezeichnet werden können. Die obere Schnittgeschwindigkeitsgrenze liegt gemäss einem vor wenigen Jahren durchgeführten Laborversuch derzeit bei ca. 610 m/s, also knapp unter der doppelten Schallgeschwindigkeit. Höhere Werte sind kaum realisierbar, weil selbst optimierte Scheibengrundkörper den enormen Radial- und Ringspannungen nicht mehr standhalten können. Es macht auch keinen Sinn, mit dermassen hohen Geschwindigkeiten schleifen zu wollen, weil sich keine wesentliche Effizienzsteigerung mehr zeigt. Aber nicht nur der Scheibengrundkörper, sondern auch die notwendige Bindungsfestigkeit stellt die Scheibenhersteller schon im HSG-Standardbereich vor grosse Herausforderungen. Aus diesen Gründen haben sich eben Schnittgeschwindigkeiten zwischen 120 m/s und etwa 180 m/s auch scheibenseitig als realisier- und beherrschbar erwiesen. Trotzdem wird in einigen seltenen Fällen und unter ganz besonderen Bedingungen mit bis zu 300 m/s geschliffen.

Doch weshalb müssen so grosse Unterschiede zwischen den altbekannten Schnittgeschwindigkeiten von 30–45 m/s und jenen des Hochgeschwindigkeitsschleifens liegen, um die Vorteile dieser Technologie tatsächlich auch nutzen zu können? Erstens läuft im konventionellen Bereich die Spanbildung in der Grenzschicht des Werkstücks anders ab, und zweitens stellen sich die für eine Hochgeschwindigkeitszerspanung notwendigen dynamischen Voraussetzungen, wie bereits erwähnt, erst ab etwa 90–120 m/s ein. Aufzeichnungen der investierten Schleifleistung P_s über der Schnittgeschwindigkeit v_c verdeutlichen, dass erst ab etwa 120 m/s der für das Hochgeschwindigkeitsschleifen typische degressive Anstieg des Leistungsbedarfs beobachtet werden kann. Früher ist man immer davon ausgegangen, die Zunahme der Schnittgeschwindigkeit einer Schleifscheibe müsse zwangsläufig zu einem progressiven Anstieg der dafür zu investierenden Antriebsleistung führen, weil das in den unteren Schnittgeschwindigkeitsbereichen (18–60 m/s) auch wirklich der Fall ist. Die Folge wäre eine kaum noch beherrschbare thermische Belastung der Werkstückrandzone. Aber eben, diese Meinung konnte nur deshalb zu Stande kommen, weil die Leistungskurve in den konventionellen Geschwindigkeitsbereichen einen solchen Trend tatsächlich zeigt. Dass diese Kurve mit ansteigender Schnittgeschwindigkeit nahezu plötzlich ihre Steilheit verliert und somit der Leistungsbedarf in keiner Weise die vermuteten extremen Grössenordnungen erreicht, wurde erst erkannt, nachdem man ganze Versuchsreihen und -messungen durchgeführt hatte.

Obwohl die zeitbezogene Abtragsleistung Q'_w keineswegs überwältigend ist, zeigt das folgende Bild drei ganz wichtige Dinge, die mit steigender Schnittgeschwindigkeit an Dominanz zunehmen. Die reine Leerlauf-Leistungsaufnahme (Lagerreibung, Aufrechterhaltung der Drehbewegung, usw.) steigt linear an. Im Allgemeinen nimmt man in der Praxis an, dass etwa 15 % der Nennleistung des Scheibenantriebs als Leerlaufleistung dem Prozess nicht zur Verfügung stehen. Der Leistungsbedarf bei Zuschaltung der Kühlung ergibt sich durch die notwendige Beschleunigung des Kühlschmierstoffs durch die Schleifscheibe. Im Kapitel 7 „Kühlschmierstoffzuführung“ ist das genau beschrieben. Meist entspricht die KSS-Strahlgeschwindigkeit nicht jener der Schleifscheibe. Daran ändern auch optimierte Düsen bei exakter Ausrichtung nichts. Alles, was die Scheibe an KSS-Menge in ihrer Randzone mitnehmen kann und was deshalb auf ihre Umfangsgeschwindigkeit beschleunigt werden muss, erfordert Leistung vom Scheibenantrieb. Wie die blaue Linie im obigen Diagramm verdeutlicht, steigt der Leistungsbedarf für die KSS-Beschleunigung ebenfalls linear an. Darüber liegt die Kurve (rot) vom Leistungsbedarf für den

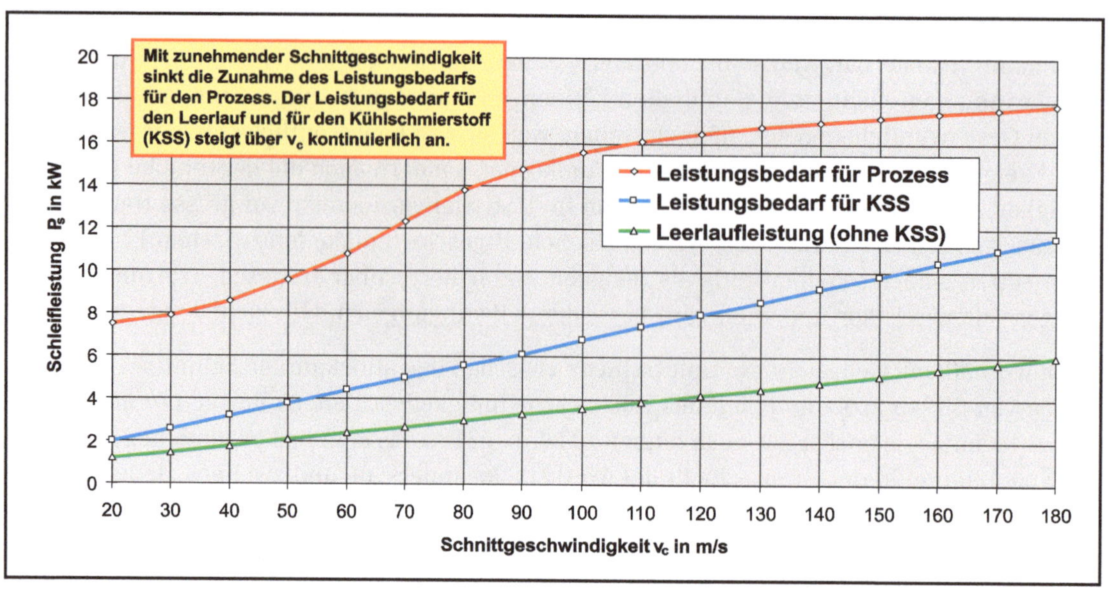

BILD 10.1 Tendenzielle Leistungszunahme P_s in Abhängigkeit von der Schnittgeschwindigkeit v_c = 20–180 m/s. Aufgezeichnete und interpolierte Daten eines AUQ-Schleifprozesses (Q'_w = 12.0 $mm^3/(mm \cdot s)$).

eigentlichen Prozess. Es kommt in der Physik nicht allzu oft vor, dass eine Leistungszunahme so verläuft. Auf dieses Phänomen wird weiter hinten noch genauer eingegangen. Hier sei vorweg eine kurze Begründung gegeben: Da bei zunehmender Schnittgeschwindigkeit die Anzahl der Kornschneiden ansteigt, die pro Zeiteinheit die Kontaktzone durchfahren, steigt logischerweise auch die erzeugte Reibungswärme drastisch an. Das führt zu einer Plastifizierung (duktiler Zustand) in der Kontakt- oder Spanungszone. Dies gilt etwa nicht nur für Stähle (siehe E-Modul-Abfall in Bild 10.2), sondern auch für andere Werkstoffe, wie beispielsweise Ingenieurkeramik.

Mit zunehmender Temperatur fällt der E-Modul ab. Diese Tatsache kann bei falschen Vorgaben zu thermischen Schäden in der Werkstücksrandzone führen oder aber sich im umgekehrten Fall günstig auf den Schleifprozess (Leistungsbedarf und Restwärme im Werkstück) auswirken.

Es ist gut nachvollziehbar, dass mit abfallendem E-Modul (Dehnung) der Werkstoff der Schleifscheibe weniger Widerstand entgegensetzt. Die zur Spanbildung benötigte Leistung steigt deshalb nicht mehr so an, wie dies bei tieferen Schnittgeschwindigkeiten der Fall ist. Aber Achtung! Die Werkstückgeschwindigkeit v_{fw} und die Spanungstiefe (Zustellung a_e) spielen dabei eine äusserst wichtige Rolle. Werden diese Grössen falsch gewählt, wird das Werkstück auch thermisch hoch belastet, wodurch eine steigende Brandtendenz besteht.

In diesem Zusammenhang zeigt sich wohl die wichtigste Eigenheit und gleichzeitig auch die grösste Tücke des Hochgeschwindigkeitsschleifens. Eine Erhöhung der Schnittgeschwindigkeit allein kann genau zum Gegenteil dessen führen, was eigentlich zu erwarten wäre. Durch das Heraufsetzen der Schnittgeschwindigkeit v_c werden die Einzelspandicken proportional kleiner,

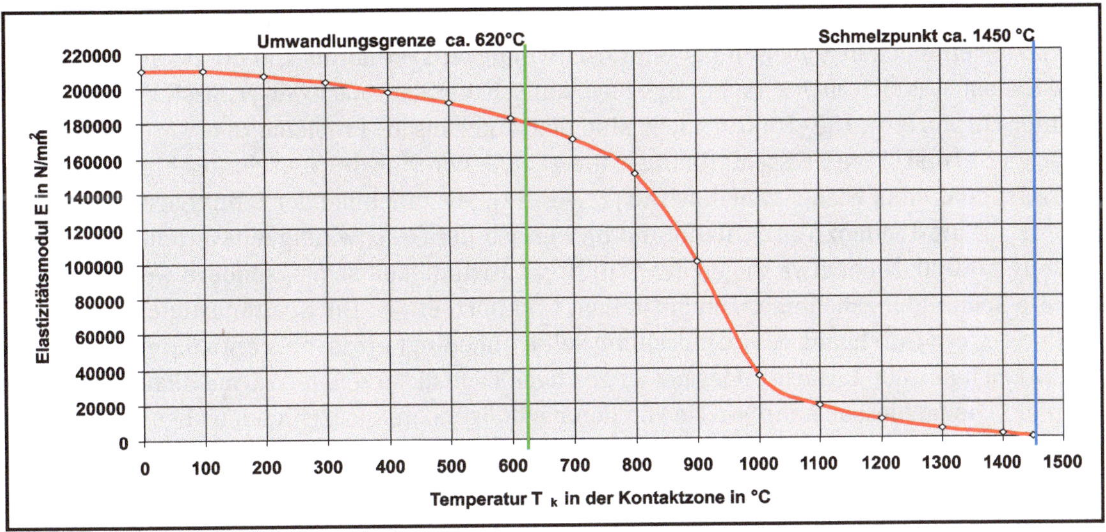

BILD 10.2 Elastizitätsmodul E von Stahl in Abhängigkeit der Temperatur in der Kontaktzone zwischen der Scheibe und dem Werkstück

wenn nicht parallel dazu auch die Werkstückgeschwindigkeit v_{fw} erhöht wird. Je dünner die Spandicke ist, – beim Schleifen spricht man bekanntlich von der theoretischen mittleren Spandicke h_m, – desto höher steigt die spezifische Schnittkraft k_s und zwar sogar überproportional. Damit erhöht sich logischerweise auch der Leistungsbedarf P_s, trotz unveränderter zeitbezogener Abtragsmenge. In der Formel zur Berechnung des bezogenen Zeitspanvolumens Q'_w erscheint nämlich die Grösse „Schnittgeschwindigkeit" nicht. Also hat sie auch keinen Einfluss auf die Abtragsleistung. Sie führt aber trotzdem zu einer teilweise extremen Zunahme des Leistungsbedarfs, weil ja neben der deutlich geringeren Spandicke eben auch noch mehr Schneiden pro Zeiteinheit im Kontaktbogen zwischen der Scheibe und dem Werkstück Reibung und Wärme erzeugen. Daraus resultiert der häufigste Fehler bei der Anwendung hoher Schnittgeschwindigkeiten beim Schleifen. Wurde nur die Schnittgeschwindigkeit erhöht, so reichen nicht einmal mehr Schwefelverbindungen als Hochdruckadditive im Kühlschmierstoff, um wenigstens noch Notlaufeigenschaften sicherzustellen. Die Schleifscheibe wird durch so genannte Kaltschweissungen (Aufbauschneiden) in kürzester Zeit zugeschmiert, die Werkstücksoberfläche reisst auf und zeigt meist auch deutliche Brandspuren. Zudem bleiben in der Randzone Zugspannungen zurück. Der Schleifprozess muss in einer solchen Situation zwangsläufig abgebrochen werden.

Ein Schleifprozess, der bei konventionellen Schnittgeschwindigkeiten durchaus akzeptabel vonstatten geht, wird deshalb mit grösster Sicherheit Probleme verursachen, wenn nur die Schnittgeschwindigkeit allein erhöht wird. Dabei sollten doch bessere Oberflächenqualitäten entstehen, weil ja, wie erwähnt, die Einzelspandicke abnimmt. Hier muss das Geschwindigkeitsverhältnis q_s und seine Grössenordnungen in Erinnerung gerufen werden. Will man gute Resultate beim Hochgeschwindigkeitsschleifen erhalten, muss unbedingt die Werkstückgeschwindigkeit nachgeführt werden, so weit dies maschinen- bzw. steuerungsseitig möglich ist. Zur Erinnerung: Beim konventionellen Schleifen gilt ein Geschwindigkeitsverhältnis von 60–80 als üblich und praktikabel, was sich auch zerspanungs-physikalisch durchaus nachweisen lässt. Wird eine Verhältniszahl von etwa 150–1000 erreicht, sind meist thermische Probleme zu erwarten. Oberhalb von ca. 1200 und bis zu Grössenordnungen um 42'000 (Bereiche des Vollschnittschleifens) nimmt diese Tendenz dann wieder allmählich ab [11, 48, 37]. Mit zunehmender Schnittgeschwindigkeit sinkt zwar die Tendenz von Schleifbrand im Bereich der Geschwindigkeitsverhältnisse q_s von etwa 150–1000. Nicht etwa wegen der Schnittgeschwindigkeit selbst, sondern weil sich völlig andere Spanbildungsbedingungen einstellen. Und noch etwas: Die Spanungstiefe bzw. die Zustellung a_e pro Durchgang oder Umdrehung sollte unbedingt grösser als etwa 0.5 mm sein. Das erklärt sich aus der Tatsache, dass bei zu geringer Tiefe die erzeugte Wärme nicht in die Zone vor der Scheibe fliessen kann, wo sie von den nachfolgenden Kornschneiden abgespant würde. Sie weicht folgedessen unter der Scheibe in die Tiefe des Werkstücks aus und kann dort thermischen Schaden anrichten. Dagegen kann nichts getan werden, nicht einmal mit übermässiger Kühlschmierstoffzuführung.

Durch eine stark erhöhte Werkstückgeschwindigkeit v_{fw} verbleibt die erzeugte Reibungs- und Spanungswärme nahezu vollständig in den abgetragenen Spänen und wird vom Kühlschmierstoff wegtransportiert. Ein Eindringen in die Werkstücksrandzone ist praktisch kaum noch möglich, weshalb thermische Randzonenschäden am Werkstück auch unter höchstem Leistungsbedarf und grössten Abtragsleistungen, nicht mehr zu befürchten sind. Man spricht deshalb immer wieder vom „Kaltschleifen“, obwohl dieser Ausdruck wenig zutreffend ist. Da die Werkstückgeschwindigkeit v_{fw} in der Formel für das bezogene Zeitspanvolumen Q'_w direktproportional eingeht, lässt sich eine deutliche Steigerung der Abtragsleistung erzielen, und das bei nicht proportional angestiegenem Leistungsbedarf P_s an der Schleifscheibe! Verschiebt man also die Werkstückgeschwindigkeit v_{fw} im selben Verhältnis wie die Schnittgeschwindigkeit v_c nach oben, und zwar unter gezielter Berücksichtigung der zerspanungs-physikalisch bedingten optimalen Bereiche, so ergibt sich ein wesentlich wirtschaftlicherer Schleifprozess. Weil die mögliche Abtragsmenge pro Zeiteinheit bedeutend höher ist, als bei konventionellen Verhältnissen, wird in den nächsten Jahren das Hochgeschwindigkeitsschleifen andere Zerspanungsverfahren in einigen Sparten verdrängen. Dafür dürften aber im Gegenzug beim herkömmlichen Schleifen Standardprozesse in gewissen Fällen durch Hochgeschwindigkeits-Trockenzerspanung mit definierter Schneide (Fräsen und Drehen) substituiert werden. Wirtschaftlich interessant ist aber nicht nur das bezogene Zeitspanvolumen Q'_w, welches in HEDG-Prozessen Grössenordnungen bis gegen 3000 $mm^3/mm \cdot s$ [13, 17] erreichen kann. Die Erfüllung hoher Genauigkeits- und Oberflächenqualitätsanforderungen sind normalerweise überhaupt kein Problem. Auch die extrem verkürzten Schleif- und Nebenzeiten, letztere wegen längeren Scheibenstandzeiten und weiter auseinander liegenden Konditionierungsintervallen [50], machen das Hochgeschwindigkeitsschleifen zu einem extrem effizienten Zerspanungsverfahren.

10.3 Hochgeschwindigkeits- und Hochleistungsschleifen

Beide Begriffe sind im Umlauf, wobei oft eine Verwirrung besteht, weil falsche Definitionen verwendet werden. Das Hochgeschwindigkeitsschleifen (HSG) setzt - wie der Name schon sagt - in jedem Fall eine hohe Schnittgeschwindigkeit der Schleifscheibe voraus. Diese liegt im Allgemeinen über 80 m/s und übersteigt 180 m/s nur in wenigen Anwendungen. Beim Hochleistungsschleifen (HEDG) liegt dagegen der Schwerpunkt in erster Linie bei hohen und höchsten Abtragsleistungen. Diese sind aber wiederum normalerweise nur in Kombination mit hoher Schnittgeschwindigkeit erzielbar. Daraus könnte man nun folgern, dass das eine ohne das andere im Grunde genommen gar nicht geht. Das ist aber nicht ganz so. Beim Hochgeschwindigkeitsschleifen muss die Abtragsmenge keineswegs „astronomische" Grössen ergeben. Meist löst man damit eine problematische Schleifaufgabe. Als typisches Beispiel kann das Fertigschleifen vorgefräster und dann gehärteter Schlitze in die Rotoren für Flügelzellenpumpen dienen. Hier hat sich die wesentlich bessere Stabilität der sehr dünnen Schleifscheibe bei hoher Drehzahl als optimale Lösung erwiesen. Und jetzt aufgepasst: Werden diese Schlitze in nicht vorgefräste aber durchgehärtete Rotoren im Vollschnittverfahren geschliffen, dann ist das eine typische Hochleistungsanwendung. Das bezogene Zeitspanvolumen Q'_w erreicht in solchen Fällen fast unglaubliche Grössenordnungen.

Schleift man mit hohen Schnittgeschwindigkeiten, ist darauf zu achten, dass das Geschwindigkeitsverhältnis q_s möglichst im Bereiche von etwa 80–150 liegt. Aus Gründen der auftretenden Vibrationen sollte ein q_s-Wert unterhalb von 45 vermieden werden. Es bestünde die Möglichkeit des regenerativen Ratterns. Liegt q_s zwischen 80 und 150 lassen sich Oberflächenqualitäten erzeugen, wie man sie vom konventionellen Schleifen kennt. Mit steigendem q_s hinterlässt die Schleifscheibe immer feinere Oberflächen auf dem Werkstück. Beim Hochleistungsschleifen (HEDG) [13] gelten Geschwindigkeitsverhältnisse, wie sie vom konventionellen Vollschnittschleifen (> 1200) bekannt sind. Die Oberflächenqualitäten sind von vornherein schon sehr gut, weil sich die Spuren der einzelnen Kornschneiden so schnell wieder treffen, dass deren Spitze gekappt wird. Es kann deshalb manchmal Probleme geben, wenn sich eine vorgegebene Rauheit einfach nicht erzeugen lässt, weil die Oberfläche wegen des hohen Geschwindigkeitsverhältnisses feiner wird.

10.4 Wärme in der Kontaktzone (Hochgeschwindigkeitsschleifen)

Viele Anwender haben Mühe mit der Vorstellung, dass trotz hoher Temperaturen in der Kontaktzone das Werkstück nur handwarm wird. Es gibt zwei Erklärungen für dieses Phänomen: Erstens nimmt der E-Modul – wie weiter vorne bereits erwähnt – in der Randzone bei fast allen Werkstoffen ab, allerdings in unterschiedlichen Temperaturbereichen und Grössenordnungen. Die dafür notwendige Wärme wird aber keineswegs allein durch Reibung an den Kornschneiden erzeugt, sondern stammt vielmehr von der Schergeschwindigkeit v_{c2} an der Spanwurzel. Sie nimmt beispielsweise bei einer Schnittgeschwindigkeit von 180 m/s eine Grösse von etwa 321 m/s an! Man bedenke aber, dass genau an dieser Stelle, also in der Scherebene, keine direkte Schmierung und Kühlung möglich ist, weil dieser Vorgang ja im Werkstoff selbst abläuft. Plant man einen Hochgeschwindigkeitsprozess korrekt und erhöht die Werkstückgeschwindigkeit möglichst proportional mit der Schnittgeschwindigkeit, kann tatsächlich die Wärmeeindringgeschwindigkeit überholt werden. Damit sind die Späne mehr als nur „heiss" und die zurückbleibende Oberfläche am Werkstück eben „kalt". Die Vorgabeparameter müssen beim Hochgeschwindigkeitsschleifen deshalb unbedingt so gewählt werden, dass der grösste Teil der in der Kontaktzone erzeugten Wärme durch die Späne abgeführt wird. Nochmals: Das funktioniert nur, wenn die Werkstückgeschwindigkeit v_{fw} auch erhöht wird!

10.5 Typische Merkmale der Hochgeschwindigkeitstechnologie

Am bedeutungsvollsten dürfte wohl das Verhalten der Schleifscheibe selbst sein. Vorausgesetzt, die Scheibe (Kornmaterial) und die Bindung lassen zusammen mit dem Scheibengrundkörper die angestrebte hohe Schnittgeschwindigkeit zu, so zeigen gerade konventionelle Schleifstoffe plötzlich überraschende Eigenschaften. Durch die erhöhte Bewegungsgeschwindigkeit gilt auf das einzelne Korn bezogen die physikalische Formel, welche besagt, dass sich die kinetische Energie in einem bewegten Körper im Quadrat der Geschwindigkeitszunahme erhöht. Auch wenn ein Schleifkorn oder sogar nur die daran befindlichen schneidenden Kornspitzen in bezug auf ihre Masse gering erscheinen mögen, so wird dieser Effekt trotzdem spürbar. Versuche, welche anfangs der 80er-Jahre durchgeführt wurden, haben ergeben, dass Schleifscheiben aus Edelkorund und mit entsprechender Bindung ab etwa 60–80 m/s aus Standzeitgründen für die Bearbeitung von HSS-Werkstücken überhaupt nicht mehr einsetzbar waren. Mit einer Schnittgeschwindigkeit von 125 m/s und einer speziellen keramischen, hochfesten Bindung erlangte man dann aber mit der gleichen Kornart eine erstaunliche Erhöhung der ursprünglichen Standzeit. Sie erreichte immerhin 30 % der Standzeit einer crushierbaren CBN-Schleifscheibe (CBN = kubisches Bornitrid), welche zweifellos zur Bearbeitung von HSS geeigneter ist. Dieser Effekt zeigt sich übrigens heute beim Einsatz von Sinterkorund-Scheiben und zusammen mit hohen Schnittgeschwindigkeiten in der Praxis ganz deutlich.

10.6 Anforderungen an Hochgeschwindigkeits-Schleifmaschinen

Dass das Hochgeschwindigkeitsschleifen auch Ansprüche an die Maschine stellt, dürfte selbstverständlich sein. Viele Schwierigkeiten treten aber schon bei ganz normalen Schleifmaschinen auf. Einmal lässt die Gesamtsteifigkeit des Systems unter Umständen einen Hochgeschwindigkeitsprozess gar nicht zu oder es sind die Stellgrössenbereiche, die in keiner Weise auf das Verfahren abgestimmt sind. Über die unbedingt notwendige Variationsmöglichkeit der Schnittgeschwindigkeit selbst, braucht man hier keine Worte zu verlieren. Es genügt, wenn auf jene Stellgrössen verwiesen wird, welche die Werkstückgeschwindigkeit festlegen. An Flachschleifmaschinen ist es die Tischgeschwindigkeit und an Rundschleifmaschinen die Drehzahl der Werkstückaufnahme und die Längsgeschwindigkeit für den Schälschliff. In beiden Fällen haben sich viele Schleifmaschinenhersteller auf die seit jeher üblichen oberen und unteren Grenzbereiche festgelegt. Möchte nun ein Anwender – Abdeckungen, Löscheinrichtung, Explosionsklappe und übrige Sicherheitsvorkehrungen vorausgesetzt – mit hohen Schnittgeschwindigkeiten arbeiten, sieht er sich unter Umständen vor das Problem gestellt, dass die korrekten Werte dieser Stellgrössen gar nicht oder nur zum Teil in den erforderlichen Bereichen verfügbar sind. Dann ist ein Schleifen mit hoher Geschwindigkeit der Schleifscheibe nur bedingt oder aber gar nicht möglich.

Der Gesetzgeber definiert für Schleifmaschinen, auf welchen das Hochgeschwindigkeitsverfahren grundsätzlich möglich ist, konkrete Sicherheitsstandards. Es ist zu empfehlen, diese Vorgaben einzuhalten, denn damit ist die Produktehaftung verbunden. Dabei handelt es sich bekanntlich um eine so genannte Kausalhaftung, bei welcher nicht der Geschädigte den ursächlichen Beweis zu führen hat, sondern sein Arbeitgeber und/oder der Maschinenhersteller. Wenn man einmal Schleifmaschinen gesehen hat, auf welchen Schleifscheiben durch eine Fehlmanipulation oder weil sie für die hohe Schnittgeschwindigkeit gar nicht zugelassen waren, eingesetzt wurden, wird einem klar, welche zerstörende Wucht in einem wegfliegenden Scheibensegment steckt. Aus diesem Grund verlangt der Gesetzgeber besonders starke Verschalungen, energiedämpfende Auffanggitter, bruchsicheres Panzerglas und spezielle Schutzhauben (Wandstärke, Grösse, Distanz zwischen Scheibe und Innenform).

Sind diese Voraussetzungen erfüllt, sollte an und für sich jeder seriös geplante Hochgeschwindigkeits-Schleifprozess erfolgreich durchzuführen sein.

- Leistungsstarke, steife und äusserst starre (schwingungsarme) Schleifmaschinenkonzepte
- Durchwegs höchste Sicherheitsvorkehrungen bezüglich des Schutzes des Operateurs (Maschinenbedienung)
- Vollkommene Verschalung des Arbeitsraumes (dicht)
- Maschine eingerichtet für Schleiföleinsatz (sehr wichtig)
- Einhaltung der Sicherheitsvorschriften hinsichtlich der Verpuffungs-, Brand- und/oder Explosionsgefahr (Ölnebelabsaugung, Explosionsklappe, automatische Feuerlöscheinrichtung, usw.)
- Intelligente Software für die modernen CNC-Steuerungen
- Sehr gutes schleiftechnisches Grundlagenwissen

BILD 10.3 Voraussetzungen für erfolgreiches Hochgeschwindigkeitsschleifen

10.7 Kühlschmierstoffe für das Hochgeschwindigkeitsschleifen

Erfolgreiches Hochgeschwindigkeitsschleifen ist nahezu ausnahmslos nur mit Schleifölen als Kühlschmierstoff möglich. In den untersten Schnittgeschwindigkeitsbereichen bis etwa 80 m/s mögen stabile hochgeschmierte, schaumarme Emulsionen mit hohem Mineralölgehalt im Konzentrat noch genügen. Darüber besteht aber mit Emulsionen die Gefahr, dass diese durch die grossen Verprallungsgeschwindigkeiten bereits wieder in ihre Öl- und Wasserbestandteile getrennt werden. Bekanntlich gibt es für Emulsionen eine Recycling-Methode, um das Öl wieder vom Wasser zu trennen, bei welcher die Emulsion mit hohem Druck an eine Prallwand gespritzt wird. Das Öl klebt an der Wand und läuft langsam nach unten in einen Auffangkanal. Das Wasser läuft ebenfalls so ab, nur hat der Emulgator seine Wirkung dabei verloren. In der Maschine und ausserhalb ist bei der Verwendung von Emulsionen zusammen mit hohen Schnittgeschwindigkeiten zu beobachten, wie sich die extreme Aerosolbildung innerhalb der Maschine und nach dem Öffnen der Schiebetüren auch ausserhalb verbreitet. In kürzester Zeit übersteigt der Öldunst die gesetzlich zulässige Höchstgrenze. Als Folge können Atembeschwerden bis zu Lungenschädigungen auftreten. Das sind dann mit an Sicherheit grenzender Wahrscheinlichkeit schon Fälle für den Arzt und einen Rechtsanwalt, der sich auf die Produktehaftpflicht spezialisiert hat.

Schleiföle zeigen diese Neigung nicht und haben sich in Viskositäten zwischen etwa 8.5 und 18.0 mm^2/s bei 40 °C bewährt. Aber auch Abweichungen von diesen Viskositätsbereichen trifft man in der Praxis an, und zwar nach oben wie nach unten. So sind Anwendungen bekannt, bei welchen mit Viskositäten von 24–36 mm^2/s bei 40 °C geschliffen wird. Das hängt mit der hohen Kontaktzonentemperatur zusammen, durch welche die Viskosität sofort stark abfällt. Wichtig sind deshalb die vom Kühlschmierstoffhersteller verwendeten Grundöle und die darin eingebrachten Additive, denn diese geben dem Kühlschmierstoff erst den eigentlichen Charakter. Reine Mineralöle haben sich im Allgemeinen ganz gut bewährt, aber auch Weissöle,

Syntheseöle, bedingt Bio-Öle (native Öle) und ganz besonders die mittels Wasserstoff veredelten Hydrocracköle können zum Einsatz gelangen. Was die polaren Wirkstoffe, d. h. die FM- und AW-Additive (natürliche und synthetische Öl- und Fettstoffe) betrifft, so gilt mit nur wenigen Einschränkungen: „Je mehr desto besser!“

Bei den EP-Additiven fehlen in den Schleifölen heute natürlich die Chlorverbindungen für die unteren Temperaturbereiche genauso wie in den wassermischbaren Kühlschmierstoffen. An deren Stelle werden seit einigen Jahren natürliche und synthetische Ester eingesetzt, die durchaus in der Lage sind, das „Chlorloch“ abzudecken. Die für das Hochgeschwindigkeitsschleifen besonders geeigneten Schleiföle enthalten als EP-Additive meist Phosphorverbindungen für die mittleren und Schwefelverbindungen für die höheren Temperaturbereiche. Öle, welche aktiven Schwefel enthalten, haben sich in vielen Fällen als weniger geeignet erwiesen, kann doch beim Auftreten hoher Temperaturen in der Kontaktzone dieser aktive Schwefel oxidieren (verbrennen) und so die thermischen Bedingungen zusätzlich negativ beeinflussen [11, 48, 17]. Bei dieser Gelegenheit muss einmal mehr auf die Tatsache hingewiesen werden, dass sich an keiner Schleifscheibe bzw. an keinem Schleifstoff so genannte Metallseifen als leicht abscherbare und dadurch reibungsvermindernde Schichten bilden können. Auf dem Werkstück wäre dies theoretisch möglich, aber an der Stelle, wo die eigentliche Wärme generiert wird, ist die Scherebene. Dorthin gelangt kein Kühlschmierstoff! Es gelten somit beim Schleifen ganz andere Bedingungen, als dies bei metallischen Werkzeugen mit definierter Schneide der Fall ist.

Sehr oft stellt die Kühlschmierstoffzufuhr ein grosses Problem dar. Abhängig von der gewählten Schnittgeschwindigkeit sind nicht nur hohe Drücke zur Kühlmittelbeschleunigung, sondern je nach Scheibenbreite auch entsprechend grosse Mengen pro Zeiteinheit notwendig. Es ist nicht sinnvoll, allein mit Hilfe des Pumpendruckes den extrem zähen Luftmantel [37] an der Schleifscheibe verdrängen bzw. durchbrechen zu wollen, damit der Kühlschmierstoff in die Kontaktzone gelangen kann. Dafür wären Pumpenaggregate einzusetzen, deren Leistungsbedarf zum Teil weit über 10 kW liegen würde. Man darf sich aber keiner Täuschung hingeben, in der Meinung, die zur Kühlschmierstoffbeschleunigung benötigte Leistung könnte dann vernachlässigt werden, wenn dies direkt über die Schleifscheibe erfolgt. Die Scheibe wird zwar nur gerade soviel Leistungsanteil zur Kühlschmierstoffbeschleunigung konsumieren, wie etwa der von ihr mittransportierten Menge entspricht. Das ist in jedem Falle weniger, als wenn dieselbe Geschwindigkeit durch Druckpotential über eine entsprechend grosse Pumpe erzeugt werden müsste. Abhängig von der gewählten Düsenbauart, kann der scheibenseitig aufzuwendende Leistungsanteil überraschende Grössenordnungen annehmen. Für Kammerdüsen gilt: Bei einem Pumpenzuführdruck von 3 bis 5 bar sollte man für Schnittgeschwindigkeiten ab etwa 60 m/s bis hinauf auf 180 m/s mindestens 20 % der verfügbaren Schleifleistung für die Kühlschmierstoffbeschleunigung reservieren. Kommen andere Düsenbauarten zum Einsatz, beispielsweise die von OTT [11, 48] konzipierten Formstrahldüsen, so kann sich der Leistungsbedarf noch weiter nach oben verschieben. Dieser Leistungsbedarf fällt im Kühlschmierstoff vollständig als zusätzliche Wärme an. Die Versorgungsbehälter sind deshalb entsprechend gross zu bemessen. Das bedeutet, dass der Kühlschmierstoffbehälter etwa das 10f-ache Volumen der pro Minute von allen im Kreislauf befindlichen Pumpen geförderten KSS-Menge betragen sollte. Sehr oft müssen Rückkühlgeräte zum Einsatz kommen, weil der Kühlschmierstoff während dem Durchlauf über 6–8 °C erwärmt wird. Zur Reinigung eignen sich z. B. Bandfilteranlagen unterschiedlicher Bauart und/oder Zentrifugen. Letztere sollten selbstreinigend sein und möglichst wenig Eigenwärme erzeugen [11, 48].

10.8 Schleifscheiben für das Hochgeschwindigkeitsschleifen

Die Scheibenhersteller sind heute in der Lage, mit speziellen Bindungen Scheiben aus normalen Kornwerkstoffen zu fertigen, die Schnittgeschwindigkeiten bis weit über 100 m/s aushalten. Hier hat sich das moderne Sinterkorund sehr gut etabliert, weil es vom kristallinen Aufbau her optimale Eigenschaften besitzt und durch die fast unbegrenzten Mischungsmöglichkeiten mit anderen Kornmaterialien und Korngrössen alle bisher bekannten Scheibenarten weit übertrifft. Der eigentliche Schleifbelag wird entweder in einem Arbeitsgang mit dem Scheibenträger (dicht gepresster Grundkörper aus feinem Korn mit harter Bindung) verpresst oder aber in Segmenten darauf aufgekittet. Mit letzterem Verfahren lässt sich die Scheibenausdehnung im dynamischen Zustand und die dadurch entstehende Ringspannung im Schleifbelag recht gut beherrschen. Alle Schleifscheiben aus herkömmlichen Kornmaterialien – das Sinterkorund besteht ja letztlich auch aus reinstem Al_2O_3 – weisen den Vorteil auf, dass sie sich auf verschiedene Arten konditionieren lassen. Dies geschieht heute meist mit Diamantprofilrollen und in zunehmendem Masse durch bahngesteuertes Abrichten mit einer Diamantspitzscheibe. Man kann damit nahezu beliebige Profile erzeugen und Korrekturen sind jederzeit und mit hoher Genauigkeit möglich. Grenzen setzen die Systemsteifigkeit, die inkrementelle Auflösung, die Ansteuerungsart und die verfügbare Software.

Besonders haben sich aber dort, wo mittlere bis grosse Serien anstehen, galvanisch oder keramisch gebundene CBN-Scheiben als dominantes Werkzeug erwiesen. Sie verfügen über ein gutes Preis-/Leistungsverhältnis und ganz allgemein ist CBN in der mono- und in der polykristallinen Form für das Hochgeschwindigkeitsschleifen in jeder Weise, schon wegen seiner Härte, bestens geeignet. Mit keramisch gebundenen CBN-Scheiben können Schnittgeschwindigkeiten bis gegen 180 m/s gefahren werden. Auch hier besteht der Scheibengrundkörper aus einem festen Stoff, beispielsweise aus dichtgepresstem Edelkorund oder aus einem anderen Werkstoff (armierter Kunststoff, Aluminium oder Stahl). Meist werden bei diesen Scheiben auch nur Segmente aufgekittet. Der Grundkörper lässt sich dann ebenfalls wieder verwenden. CBN kann als zweithärtester Stoff durch eine hohe Schnittgeschwindigkeit nur noch wenig an zusätzlicher dynamischer Härte gewinnen. Die bisher erzielten G-Werte von 12'000 bis über 15'000 lassen aber dennoch die Vermutung zu, dass die kinetische Energie doch noch zu einer

Steigerung der dynamischen Wirkhärte führt. Mit galvanisch belegten CBN-Stahlgrundkörpern, ohne zentrale Aufnahmebohrung zur Vermeidung von Ringspannungen, liessen sich übrigens bisher die höchsten Schnittgeschwindigkeiten von etwa 610 m/s erreichen. Dabei entstehen Schergeschwindigkeiten v_{c2} in der Spanwurzel von etwa 1090 m/s, was ungefähr der Geschwindigkeit einer Gewehrkugel entspricht.

Das Hochgeschwindigkeitsschleifen mit Diamant ist dagegen nur in ganz begrenztem Umfang möglich. Diamant zerfällt um 800 °C in sein Kohlenstoffgitter und verliert dadurch die extreme Härte. Da bei diesem Schleifverfahren hohe Temperaturen in der Kontaktzone und Wärmeblitze an den Kornspitzen in ausgeprägter Form auftreten, sollte man die Eignung von Diamant zusammen mit hohen Schnittgeschwindigkeiten sehr sorgfältig prüfen. Kommt noch dazu, dass Diamant ohnehin der härteste bekannte Stoff ist und deshalb - vergleichbar mit der Lichtgeschwindigkeit - auch durch höchste Schnittgeschwindigkeiten keine grössere dynamische Wirkhärte mehr erlangen kann.

10.9 Schleifverfahren und Anwendungsmöglichkeiten

Sind die maschinen- und steuerungsseitigen Voraussetzungen gegeben, gibt es kaum Einschränkungen in den Anwendungsmöglichkeiten. Sofern eine moderne Maschinensteuerung Umstellungen in kurzer Zeit zulässt, z. B. wenn sich wiederkehrende Bearbeitungsprozesse abspeichern lassen, können auch Einzelteile oder Kleinserien unter immer noch äusserst günstigen Bedingungen geschliffen werden. Die höchste Effizienz ist aber bei mittleren bis grossen Serien zu erwarten. Hier ist auch die Amortisation des gesamten notwendigen Aufwandes am ehesten sichergestellt.

Man hört immer wieder den Einwand, Hochgeschwindigkeitsschleifmaschinen seien extrem teuer und deshalb nur in ganz bestimmten Fertigungssektoren überhaupt vertretbar. Dies ist nicht richtig, denn im Grunde genommen bestimmt nicht der Maschinenpreis, ob ein Verfahren einsetzbar ist oder nicht, sondern allein dessen Leistungsfähigkeit. Es ist doch völlig egal, was eine derartige Maschine kostet, wenn sie sich in kürzester Zeit amortisieren lässt. Vielmehr liegt es an der falschen Ausrüstung oder am falschen Einsatz solcher Schleifmaschinen, wenn die Fertigung darauf teuer zu stehen kommt. Oft ist aber allein der Mangel an verfahrenstechnischen Kenntnissen der Grund. Zudem kann man ja auf den meisten Hochgeschwindigkeitsschleifmaschinen problemlos auch noch in herkömmlicher Weise fertigen. Sie erschliessen - flach oder aussenrund - also das gesamte Spektrum der schleiftechnischen Fertigung.

Das Bild 10.2 zeigt spezifische Schleifverfahren und - lediglich auszugsweise - darauf ausführbare Anwendungen, bei welchen das Hochgeschwindigkeitsverfahren zum Einsatz kommen kann.

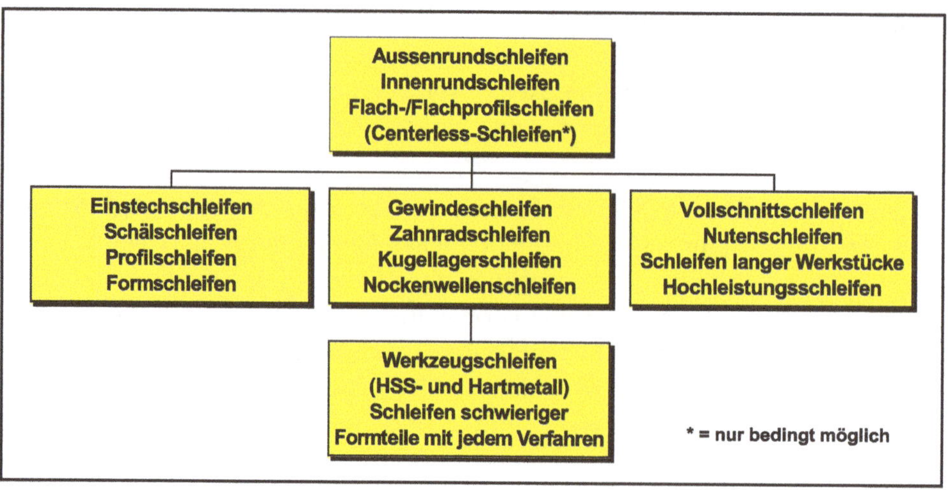

BILD 10.4 Schleifverfahren und Anwendungen für das Hochgeschwindigkeitsschleifen

10.10 Vorteile und Zukunft des Hochgeschwindigkeitsschleifens

Das Hochgeschwindigkeitsschleifen wird in den nächsten Jahren an Bedeutung gewinnen und ganz besonders dort Zerspanungsprozesse ablösen, wo schwerzerspanbare und/oder extrem harte Werkstoffe formgebend zu bearbeiten sind. Aber auch in der Standardfertigung wird sich dieses Verfahren durchsetzen und schon allein wegen seiner hohen Wirtschaftlichkeit vermehrt Anwendung finden. Benötigt werden dazu HSG-Maschinen, welche in einem vernünftigen Preisrahmen liegen, den Sicherheitsanforderungen genügen, bedienerfreundlich konzipiert sind und über verfahrenstechnische „Intelligenz“ in der Steuerung verfügen. Letztere muss den Operateur mit Hilfestellungen unterstützen und gleichzeitig den Prozess so überwachen können, dass aufgrund von Vorgabealgorithmen Optimierungen durch die Steuerung selbst möglich sind [11].

10.11 Darstellung der wichtigsten Hochgeschwindigkeits-Merkmale

Das Hochgeschwindigkeitsschleifen zeichnet sich durch ganz bestimmte Merkmale gegenüber den konventionellen Schleifverfahren aus.

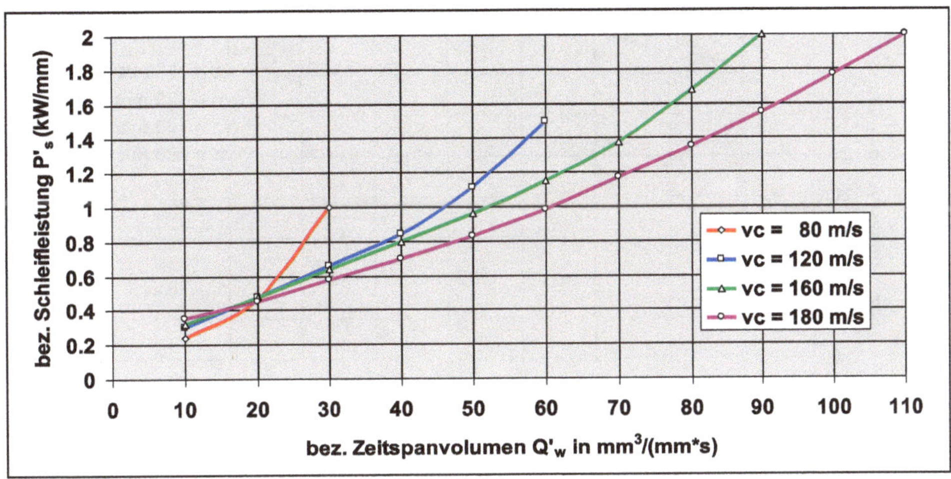

BILD 10.5 Bez. Schleifleistung P_s' in Abhängigkeit des bez. Zeitspanvolumens Q_w' bei verschiedenen Umfangsgeschwindigkeiten v_c (AUQ/AUL). Die Werte gelten bei Verwendung von additiviertem Schleiföl mit einer Viskosität von 18,5 cSt. bei 40 °C.

Mit zunehmender Schnittgeschwindigkeit lässt sich das bezogene Zeitspanvolumen bei degressivem Anstieg des Leistungsbedarfs steigern.

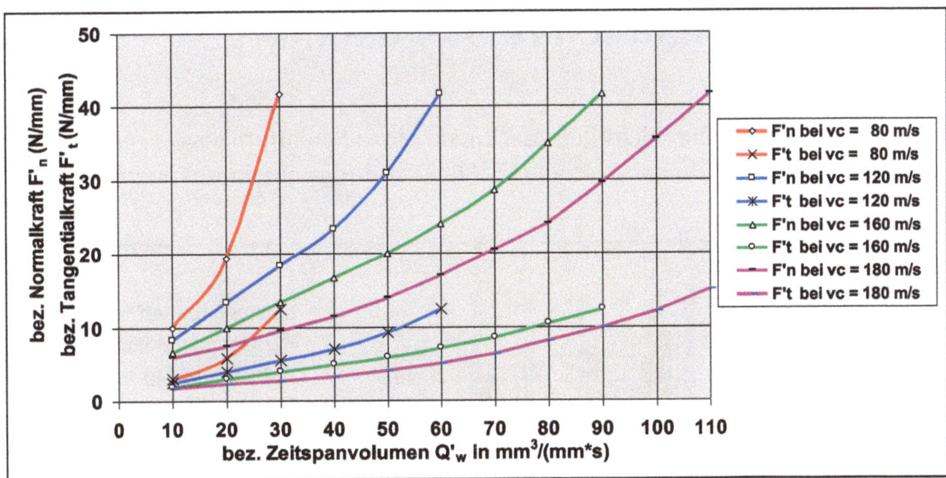

BILD 10.6 Bez. Schleifkräfte F_n' und F_t' in Abhängigkeit des bez. Zeitspanvolumens Q_w' bei verschiedenen Umfangsgeschwindigkeiten v_c (AUQ/AUL). Die Werte gelten bei Verwendung von additiviertem Schleiföl mit einer Viskosität von 18,5 cSt. bei 40 °C.

Als logische Folge der typischen Abhängigkeit des Leistungsbedarfs bei steigendem bezogenen Zeitspanvolumen präsentiert sich im Diagramm Bild 10.7 die für den Wärmehaushalt in der Kontaktzone wichtige spezifische Schleifenergie.

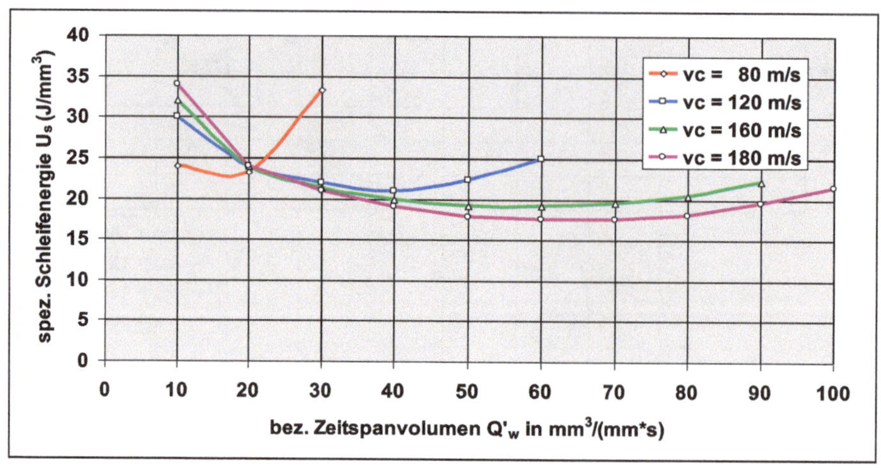

BILD 10.7 Spezifische Schleifenergie U_s in Abhängigkeit des bez. Zeitspanvolumens Q'_w bei verschiedenen Umfangsgeschwindigkeiten v_c (AUQ/AUL). Die Werte gelten bei Verwendung von additiviertem Schleifoel mit einer Viskosität von 18,5 cSt. bei 40 °C.

10.12 Hochgeschwindigkeitsschleifen wirtschaftlich relativ definiert

Es ist interessant, einmal alle wichtigen Merkmale eines Schleifprozesses relativ zu einander dargestellt, zu betrachten. Die Farbbalken sind den Schnittgeschwindigkeiten zugeordnet.

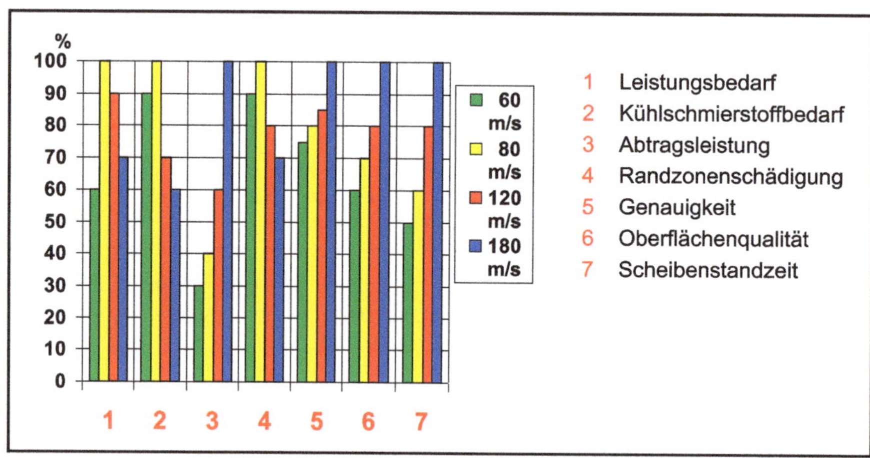

BILD 10.8 Hochgeschwindigkeitsschleifen wirtschaftlich relativ definiert

10.13 Vorteile des Hochgeschwindigkeitsschleifens

Wie sich die wichtigsten Kenngrössen in einem Hochgeschwindigkeitsschleifprozess tendenziell verhalten, zeigt die nachfolgende Prinzipdarstellungen für:

- Scheibenverschleiss
- Scheibenstandzeit
- Temperatur in der Werkstückrandzone
- Schleifkräfte
- Bezogenes Zeitspanvolumen
- Schleifzeit

Selbstverständlich interessieren auch die erzeugbaren Qualitäten und die Kosten, weil auch diese in die gesamten Wirtschaftlichkeitsüberlegungen mit einbezogen werden müssen. Deren tendenzielles Verhalten wird in Bild 10.8 ebenfalls in einer Prinzipdarstellung verdeutlicht. Es betrifft

- Oberflächenqualität (Rauheit)
- Geometriequalität (Genauigkeit)
- Schleifkosten pro Werkstück
- Späneanfall pro Zeiteinheit
- Maschinengestehungskosten
- Schleifscheibenkosten

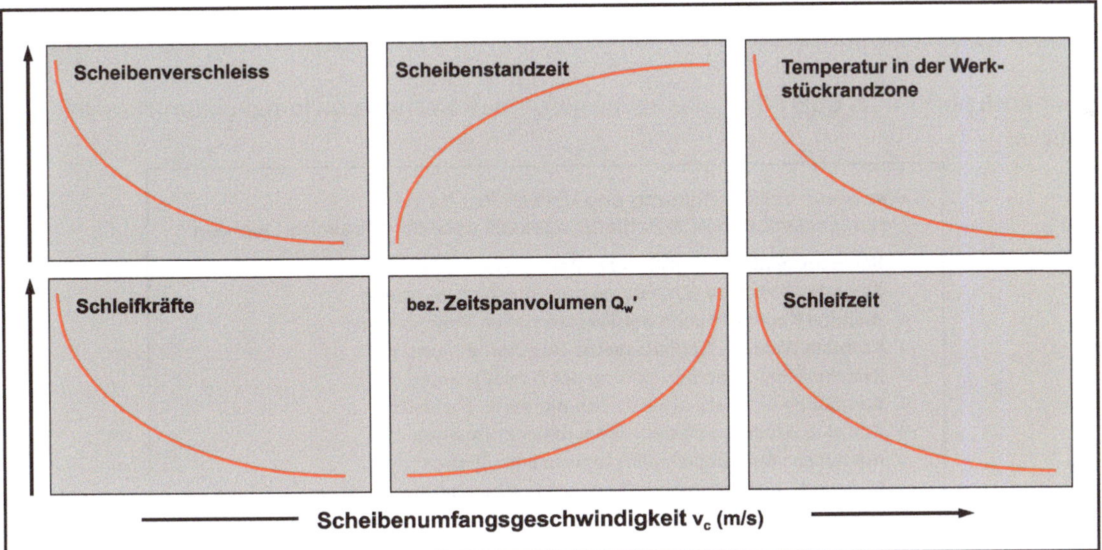

BILD 10.9 Verhalten wichtiger Kenngrössen beim Hochgeschwindigkeitsschleifen

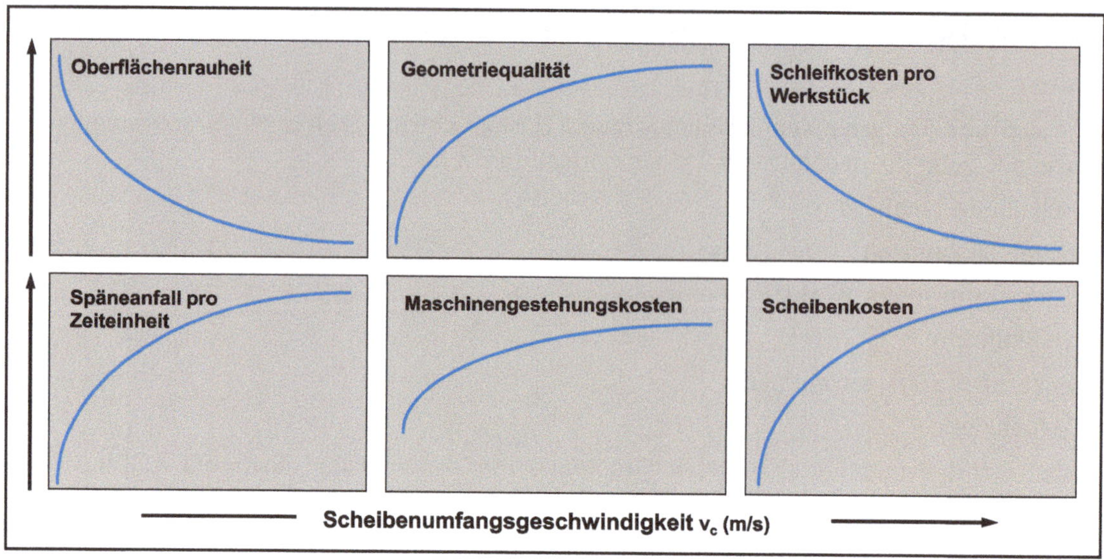

BILD 10.10 Verhalten der Qualitäts- und Kostentendenz

Die Kurvenformen sollen nur die Tendenz der verschiedenen Kriterien demonstrieren. In der Wirklichkeit sehen sie etwas anders aus.

10.14 Planung und Vorbereitung eines HSG-Prozesses

Hier noch eine kurze Checkliste, die helfen soll, einen Hochgeschwindigkeitsprozess durchzuführen.

Was muss bei der Planung und Vorbereitung eines Hochgeschwindigkeits-Schleifprozesses unbedingt beachtet werden?

- Schleifmaschine auf HSG-Verwendung überprüfen
- Sicherheitsaspekte (Einhaltung der Vorschriften) prüfen
- Richtige Kombinationen der verschiedenen Stellgrössen
- Korrekte Wahl der Schleifscheibe (Art, Aufbau, usw.)
- Zweckmässige Konditionierung der Schleifscheibe
- Sorgfältige Auswahl des Kühlschmierstoffs (Schleiföl)
- Korrekte Bestimmung der Kühlschmierstoffmenge
- Ausreichender Kühlschmierstoffdruck im System
- Optimierte Kühlschmierstoffzuführung (Düsenart)
- Richtiges Vorgehen bei der Prozessoptimierung

BILD 10.11 Checkliste für die Planung und Vorbereitung eines HSG-Prozesses

Nicht vergessen: Die beste Checkliste nützt wenig, wenn ein Manko bezüglich des schleiftechnischen Wissens besteht. Gerade das Hochgeschwindigkeitsschleifen setzt fundamentale Kenntnisse voraus.

10.15 Anwendungen der verschiedenen Leistungsverfahren

Beim Schleifen haben sich in den letzten Jahren die folgenden Verfahren, welche die Möglichkeit für besonders hohe Abtragsleistungen bieten, etabliert:

- Vollschnittschleifen (CDG) auf Standard-Flach-/Profil-Flachschleifmaschinen mit Schnittgeschwindigkeiten bis max. 80 m/s
- Hochgeschwindigkeitsschleifen (HSG) auf speziell dazu ausgerüsteten Flach-/Profil-Flachschleifmaschinen mit Schnittgeschwindigkeiten von 90 m/s bis 180 m/s (Standard heute 120–125 m/s)
- Hochleistungsschleifen (HEDG), eine Kombination von Vollschnitt- und Hochgeschwindigkeitsschleifen, auf speziell dazu ausgerüsteten Flach-/Profil-Flachschleifmaschinen.

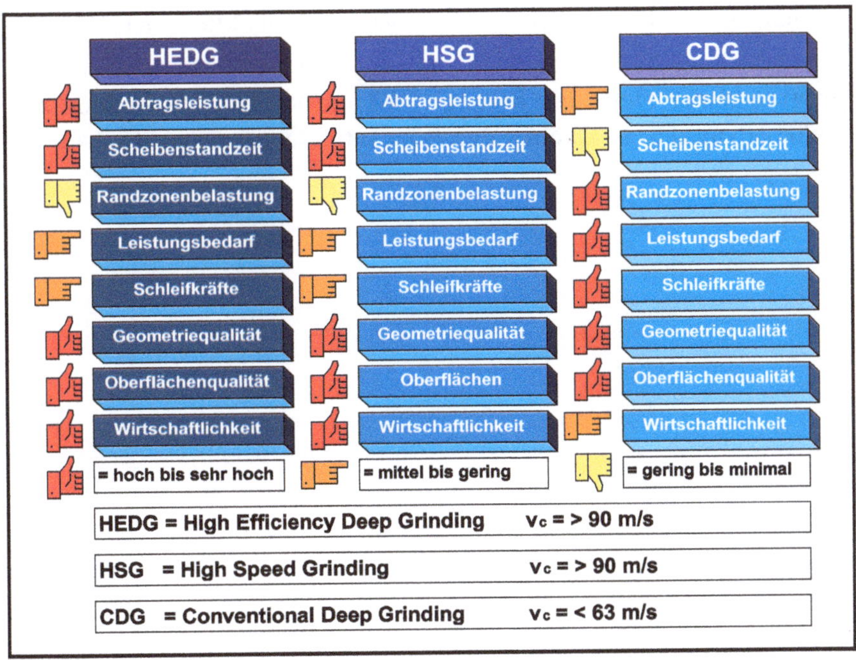

BILD 10.12 Vergleiche zwischen den verschiedenen Leistungsschleifverfahren (HEDG, HSG und CDG)

Hier aufzuführen wäre auch noch das Einstechschleifen, so wie es auf leistungsfähigen Aussenrundschleifmaschinen praktiziert werden kann. Es kommt aber nicht häufig zum Einsatz, weil sich als wesentlich effizientere Alternative das Schälschleifen (siehe Kapitel 9) anbietet.

10.16 Zusammenfassung von Kapitel 10

Das Kapitel 10 zeigt die wichtigsten Punkte, Voraussetzungen, Probleme und Hintergründe des Hochgeschwindigkeitsschleifens auf. Dabei wird nicht beansprucht, dieses Thema vollumfänglich abgehandelt zu haben. Man findet aber alle wichtigen Aspekte und kann sich so bestimmt ein Bild machen, wie, wann und wo ein Hochgeschwindigkeits-Schleifprozess überhaupt sinnvoll und durchführbar ist. Alle Kriterien sind erwähnt und jeweils kurz erklärt. Letztlich muss ein Anwender aber seine Erfahrungen selber sammeln. Bei geschicktem Vorgehen ergeben sich die besten Voraussetzungen für klassische Hochgeschwindigkeitsprozesse. Und eine Optimierung dürfte dann auch kaum ein Problem darstellen. Mehr als bei jedem anderen Schleifverfahren – das Hochgeschwindigkeitsschleifen ist schon etwas ganz Spezielles – muss immer daran erinnert werden, dass die Physik (Zerspanungsphysik) eine wichtige Rolle spielt und alles danach abläuft. Ist man sich dieser Spielregeln bewusst, kann eigentlich nicht viel schief gehen. Nur etwas ist von eminenter Bedeutung: Für geringe Abtragstiefen (kleine Zustellwerte und/oder kleine Profiltiefen) ist das Hochgeschwindigkeitsschleifen nicht geeignet.

Deshalb gilt grundsätzlich: Befindet sich zuwenig Werkstoff vor der Scheibe, ist Schleifbrand vorprogrammiert. Denn die erzeugte Wärme kann nicht in jene Zone fliessen, welche demnächst von den nachfolgenden Kornscheiden abgespant wird!

11 Wichtige Merkpunkte der Schleiftechnik

Praxisnahe Hinweise und Anregungen
für Schleifspezialisten und Operateure

11.1 Allgemeines zu den Merkpunkten

Während vieler Jahre machte ich Notizen zu den in der Praxis beobachteten Problemen und wie diese jeweils entstanden sind und gelöst wurden. Irgendwann begann ich, diese in mehr oder weniger geordneter Weise aufzuschreiben. Was dabei herauskam, ist nachfolgend aufgeführt.

Da es sich hier weitgehend um Tipps für den Praktiker handelt und Punkte angesprochen und erklärt werden, welche für unterschiedlichste Situationen nützlich sein können, sollte man diese einfach einmal lesen. Bestimmt sind Antworten auf Fragen zu finden, welche vielleicht seit längerer Zeit gesucht worden sind.

Das soll kein Ersatz für die anderen Kapitel in diesem Buche sein, sondern vielmehr eine „Hintergrund-Zusammenfassung“ davon. Lesen Sie bitte trotzdem auch die entsprechenden Kapitel genau, denn dort sind viele Erklärungen und vor allem auch Formeln zu finden.

11.2 Übersicht „Wichtige Merkpunkte der Schleiftechnik"

Die folgenden Themen werden angesprochen, erklärt und behandelt:

- 11.3 Zerspanung allgemein und schleiftechnisch 484
- 11.4 Einflussgrössen und ihre Zusammenhänge untereinander 486
- 11.5 Wichtige Hinweise zu Schleifscheiben und deren Einsatz 490
- 11.6 Konditionieren (Abrichten und Profilieren) 493
- 11.7 Kühlschmierstoffe (Lösungen, Emulsionen, Schleiföle) 498
- 11.8 Wartung von Kühlschmierstoffen 501
- 11.9 Filtersysteme und Kühlschmierstoff-Versorgungsanlagen 502
- 11.10 Kühlschmierstoffbemessung und -zuführung (Düsen) 504
- 11.11 Schwingungen, Vibrationen und der Ruck 506
- 11.12 Anfunk-Steuerungen – durch Kraft, Leistung oder AE 510
- 11.13 Oberflächenmessungen 511
- 11.14 Aufbauschneiden (Kaltschweissungen) 512
- 11.15 Schleifkommas – eine schlechte Oberflächenqualität 513
- 11.16 Schleifbrand oder thermischen Randzonenschädigung 516
- 11.17 Eigenspannungen in der geschliffenen Randzone 519
- 11.18 Verschiedenes 520
- 11.19 Zusammenfassung von Kapitel 11 522

Weitere wichtige verfahrensspezifische Hinweise sind in den Kapiteln 1 „Standard- Schleifverfahren" und 4 „Einflussgrössen und Zusammenhänge" aufgeführt.

11.3 Zerspanung allgemein und schleiftechnisch

1. Auch die schleiftechnische Zerspanung folgt, ungeachtet der so genannten „undefinierten" Schneidenform mit einem negativen Spanwinkel von etwa -45° bis -80°, grundsätzlich den Gesetzmässigkeiten der physikalischen Zerspanungslehre für definierte Schneiden. Einige Abläufe verhalten sich dabei allerdings anders, weshalb das Schleifen gewissermassen als „besondere Art der Zerspanung" bezeichnet werden könnte.

2. Von „undefinierten Schneiden“ zu reden, ist nicht ganz korrekt, denn nach dem Konditionieren (Abrichten und Profilieren) einer Schleifscheibe weist der grösste Prozentsatz der gebildeten Schneiden an jedem Korn in Drehrichtung der Scheibe und hat zudem – abhängig vom Splitterverhalten des jeweils eingesetzten Kornmaterials – in etwa denselben negativen Schneidenwinkel. Während dem Einsatz einer neu konditionierten Schleifscheibe bildet sich erst die effektive Schneidenform in Abhängigkeit der Einzelkornbelastung, aber immer hoch negativ und mehr oder weniger genau nach vorne gerichtet. Diese Tatsache kann damit begründet werden, dass die am Korn angreifenden Prozesskräfte das Korn bzw. seine einzelnen Spitzen solange auf Bruch belasten, bis sich die massgebende Kraftkomponente gedreht hat und keine Zugspannungen mehr am Korn, bzw. an der Kornschneide auftreten. Danach verhält sich die Kornschneide eine Zeit lang quasistationär, d. h. sie verschleisst nur noch belastungsabhängig durch Mikro- und/oder Makroabrieb. Ist der Verschleiss genügend weit fortgeschritten, erreicht die anstehende Druckkraft eine Grössenordnung, welche das Korn entweder zum Nachsplittern zwingt oder aber zum Ausbruch aus der Bindungsmatrix.
3. Aus Untersuchungen geht hervor, dass die Spanstauchung bei ca. 20 % liegt und sich auch während der Scheibenabnützung und der damit verbundenen Spanwinkelveränderung kaum nennenswert verändert. Die maximal gebildete Spanlänge kann somit die 0.8-fache Kontaktlänge aufweisen. Diese Tatsache ist wichtig, denn kleine Stauchfaktoren – bei definierten Schneiden liegen sie weit höher – weisen auf eine optimale Zerspanung hin. Beim Schleifen entstehen praktisch immer, nahezu ungeachtet des zerspanten Werkstoffs und der erzeugten Spanform (Fadenspäne, Wirrspäne, Wendelspäne, usw.), Fliessspäne, sogar bei Werkstoffen, welche als extrem spröd gelten, wie etwa Ingenieurkeramik. Die hohe erzeugte Wärme in der Scherzone, wo auch kein Kühlschmierstoff hingelangen kann, bewirkt dies. In der Scherzone wird der Werkstoff partiell duktil (dehnbar) oder zur Scheibe hin sogar plastifiziert bis verflüssigt.
4. Die beim Schleifen abgetragenen Späne haben unterschiedliche Längen, Spanformen und Querschnitte. Ursache dafür ist die wirksame mittlere Schneidenraumtiefe. Man kann mit guter Genauigkeit davon ausgehen, dass 1/3 aller wirksamen Schneiden lediglich reiben, 1/3 nur pflügen und das letzte Drittel schlussendlich spant. Auf andere Weise liessen sich die wesentlich grösseren Spandicken und -querschnitte, als sie rechnerisch, beispielsweise über die mittlere theoretische Spandicke h_m sein müssten, kaum erklären. Die „Arbeitsverteilung“ – 1/3, 1/3, 1/3 – scheint für das Schleifen ganz wesentlich zu sein. Würden nämlich die einen Kornschneiden nicht reiben und plastifizieren, könnten die andern gar nicht pflügen und aufwerfen. Der Werkstoffwiderstand wäre in nahezu allen Fällen zu gross und ohne aufgeworfene „Wülste“ könnten die effektiv spanenden Kornschneiden niemals jene Späne bilden, welche tatsächlich nachweisbar sind.

11.4 Einflussgrössen und ihre Zusammenhänge

1. Beim Gegenlauf- und beim Gleichlaufschleifen entstehen bei sonst absolut vergleichbaren Bedingungen (Vorgaben) unterschiedlich grosse Tangential- und Normalkräfte. Das hängt damit zusammen, dass im Gegenlauf die Spanbildung bei Null noch gar nicht beginnen kann, sondern zuerst Druck aufgebaut werden muss, damit die Kornschneide überhaupt eingreifen kann. Im Gleichlauf erfasst die Kornschneide den Werkstoff sofort, was zu einer geringeren Leistungsaufnahme und damit zu tieferen Schleifkräften führt. In der Praxis kann man im Allgemeinen nur beim Flach-Vollschnittschleifen die Schleifrichtung zum Werkstück, eben Gegen- (GGL) oder Gleichlauf (GLL), wählen.
2. Die Schleifleistung P_s nimmt, bei sonst gleichen Bedingungen, in Abhängigkeit der Schnittgeschwindigkeit v_c zuerst bis 80 m/s relativ steil ansteigend zu, flacht dann aber bis 180 m/s und mehr wieder ab. Das ist mit der erhöhten Plastifizierungstendenz in der Scherzone zu erklären. Dagegen steigen die Leerlaufleistung sowie die zur Kühlschmierstoffbeschleunigung benötigte Leistung etwa linear mit der Schnittgeschwindigkeitszunahme an. Weil beim Einsatz hoher Schnittgeschwindigkeiten ($v_c > 80$ m/s) eine grössere Wärmemenge erzeugt wird als beim konventionellen Schleifen, kann nur dann das HSG-Verfahren (HSG = High Speed Grinding) zur Anwendung gelangen, wenn ausreichend Werkstoff vor der Kornschneide liegt und die Späne den weitaus grössten Wärmeanteil übernehmen und abtransportieren. Gut abgestimmte HSG-Prozesse ergeben oftmals, trotz sehr grosser Abtragsleistungen, nur leicht erwärmte Werkstücksoberflächen bzw. -randzonen. Es macht also überhaupt keinen Sinn, kleine Zustelltiefen mit hohen Schnittgeschwindigkeiten abspanen zu wollen, weil praktisch immer thermische Schäden am Werkstück feststellbar wären.
3. Die Schleifleistung P_s nimmt nahezu linear zur Zunahme der Werkstückgeschwindigkeit v_{fw} zu. Dagegen steigt der Leistungsbedarf bei Erhöhung der Zustellung a_e im unteren, konventionellen Bereich zuerst steil an und flacht erst bei grossen Zustelltiefen wieder allmählich ab. Man sagt deshalb auch: Wird eine grössere zeitbezogene Abtragsleistung durch Erhöhung der Zustellung angestrebt, so liegt der dazu benötigte Leistungsbedarf im Schnitt etwa doppelt so hoch, als wenn man dasselbe über die Erhöhung der Werkstückgeschwindigkeit tun würde. Höhere Werkstückgeschwindigkeiten bewirken somit auch einen deutlich kleineren Wärmeanstieg als höhere Zustellwerte.
4. Das Geschwindigkeitsverhältnis $q_s = v_c/v_{fw}$ sollte beim konventionellen Schleifen etwa im Bereiche von 60–80 liegen. Unter günstigen Bedingungen kann sogar der Bereich von ca. 45–150 problemlos genutzt werden. Tiefere Werte können zu unerwünschtem regenerativem Rattern führen und höhere zu thermischen Randzonenschäden am Werkstück. Beim Vollschnittschleifen liegen die q_s-Werte etwa zwischen 1200 und 42'000. Es müssen aber unbedingt wirkliche Vollschnittbedingungen sein, weil andernfalls das Werkstück drastisch thermisch geschädigt würde. Eine Ausnahme bildet das Hochgeschwindigkeitsschleifen (HSG). Hier dürfen die sonst kritischen Bereiche zwischen etwa 120–1000 genutzt werden, ohne dass dadurch thermische Schäden mit grosser Wahrscheinlichkeit zu befürchten wären.

5. Sollen Ergebnisse der Schleifverfahren Flachschleifen, Aussenrundschleifen und/oder Innenrundschleifen miteinander verglichen werden, muss man beim Aussenrund- und beim Innenrundschleifen unbedingt als Scheibendurchmesser den aequivalenten Scheibendurchmesser d_{se} einsetzen, weil die Kontaktverhältnisse bei gleichen Abtragsbedingungen sehr unterschiedlich sind. Der aequivalente Scheibendurchmesser ergibt sich aus:

$$d_{se} = \frac{d_w \cdot d_s}{d_w \pm d_s} \quad [\text{mm}] \tag{11.1}$$

   Dabei wird unter dem Bruchstrich + für das Aussenrundschleifen und – für das Innenrundschleifen eingesetzt. In allen Formeln, welche d_{se} enthalten und für das Flachschleifen verwendet werden können, setzt man an Stelle von d_{se} direkt den aktuellen Scheibendurchmesser d_s dort ein.
6. Die wohl wichtigste Grösse ist das bezogene Zeitspanvolumen Q'_w, d. h. die pro Zeiteinheit und pro Millimeter Kontaktbreite abgetragene Werkstoffmenge. Beim Fein- und Schlichtschleifen erreicht Q'_w etwa 0.5–1.5 $mm^3/(mm \cdot s)$. Das Schruppschleifen weist Werte von ca. 3–15 $mm^3/(mm \cdot s)$ auf. Beim Vollschnitt-, Hochgeschwindigkeits- und Leistungsschleifen kann Q'_w bis 1000 $mm^3/(mm \cdot s)$ und mehr betragen.
7. Aus unzähligen Versuchsaufzeichnungen geht deutlich hervor, dass Q'_w-Werte unterhalb von etwa 1.0 $mm^3/(mm \cdot s)$ zu stark steigenden Normalkräften bei gleichzeitig sinkenden Tangentialkräften führen. Das hängt damit zusammen, dass bei abnehmender Zustelltiefe a_e die Schleifscheibe grundsätzlich immer mehr Mühe hat, überhaupt noch zu spanen und nicht nur zu drücken, reiben und quetschen. Ferner hat auch die Systemsteifigkeit etwas damit zu tun.
8. Am Ende eines Schleifprozesses wird üblicherweise ausgefeuert. Das ist richtig, nur dürfen nicht zu viele Ausfeuerhübe oder -umdrehungen dabei gewählt werden. Praxisrelevant sind 6–12 Hübe oder Umdrehungen ohne weitere Zustellung. Dabei sollte sich der prozessbedingte Druckaufbau nahezu eliminieren lassen und die Oberflächenqualität muss deutlich besser werden. Ferner müsste dann auch des vorgegebene „0-Mass" sehr genau erreichbar sein. Ist das nicht der Fall, so mangelt es im Allgemeinen an der Steifigkeit des gesamten Systems (Maschine/Werkstück/Aufnahme).
9. Die theoretische mittlere Spandicke h_m ist – wie der Name schon sagt – ein theoretisch errechenbarer Wert. Dabei geht man davon aus, dass nur eine einzige Kornschneide jeweils im Kontaktbogen einen Span bilden würde und rechnet, rein geometrisch und ohne Berücksichtigung der Spanstauchung, die mittlere Dicke eines solchen Spanes aus. Interessanterweise besteht, ungeachtet der theoretischen Betrachtung, ein direkter Zusammenhang mit der im Schleifprozess herrschenden spezifischen Schnittkraft k_s und der Belastung der Einzelschneide an der Schleifscheibe. Mit sinkender mittleren Spandicke h_m steigt die spezifische Schnittkraft k_s progressiv an. Dagegen besteht ein einigermassen linearer Zusammenhang mit der mittleren Spandicke h_m und der Einzelkornbelastung der Scheibe.

Steigende spez. Schnittkraft bedeutet gleichzeitig höherer Leistungsbedarf, was nicht unbedingt erwünscht sein muss. Dieser h_m-Einfluss auf die Schleifscheibe kann aber auch dazu genutzt werden, nicht optimal gewählte Schleifscheiben, bezüglich ihrer dynamischen Wirkhärte, in begrenztem Masse an die Gegebenheiten anzupassen. Wirkt die Scheibe zu weich, wird z. B. die Zustellung und/oder die Werkstückgeschwindigkeit so weit reduziert, dass die mittlere Spandicke h_m kleiner werden muss. Wirkt sie dagegen dynamisch zu hart, kann h_m vergrössert werden. Man erreicht denselben Effekt auch mit der Veränderung der Schnittgeschwindigkeit v_c. Durch eine höhere Schnittgeschwindigkeit ergeben sich dünnere Späne weil mehr Schneiden pro Zeiteinheit im Kontaktbereich wirksam sind. Die mittlere Spandicke verringert sich und die Scheibe wirkt härter. Umgekehrt wirkt sie weicher, wenn die Schnittgeschwindigkeit reduziert wird. Allerdings kann man nicht auf allen Maschinen die Schnittgeschwindigkeit regulieren oder wenn bereits die höchstmögliche Schnittgeschwindigkeit erreicht ist, lässt sich ebenfalls keine weitere Erhöhung zur h_m-Anpassung auf diese Weise realisieren.

10. Die Schnittkräfte F_t und F_n reagieren äusserst empfindlich auf die Schmierfähigkeit des eingesetzten Kühlschmierstoffs. Je höher die Schmierfähigkeit ist, ausgedrückt durch den CL-Wert nach OTT (Schmierindex), desto geringer ist die Reibung zwischen den Kornschneiden und dem Werkstück. Dadurch sinkt die Tangentialkraft F_t, was zu einem tieferen Leistungsbedarf und selbstverständlich zu geringerer Erwärmung führt. Allerdings verändert sich dabei das Verhältnis der Tangentialkraft F_t zur Normalkraft F_n. OTT hat diesen Zusammenhang bzw. diese KSS-Abhängigkeit (KSS = Kühlschmierstoff) schon 1972 entdeckt und publiziert. Dem Verhältnis von Umfangs- oder Tangentialkraft F_t zu F_n hat er die Bezeichnung „Schleiffaktor S_c" gegeben. Beim Trockenschleifen liegt S_c etwa bei 0.65–0.75. Ungeschmierte Lösungen ergeben ein S_c von ca. 0.50–0.55 und Emulsionen mit relativ wenig Ölanteil im Konzentrat (5 % - 15 %) um 0.45. Niedrig additivierte Schleiföle und hochgeschmierte Emulsionen erreichen ein S_c von bis zu 0.35–0.40 und hochadditivierte Schleiföle 0.25–0.30. Es besteht noch eine gewisse Abhängigkeit vom eingesetzten Kornmaterial, bezüglich der Grössenordnung von S_c. So kann S_c beim Einsatz von Schleiföl zusammen mit CBN (kubisches Bornitrid) bis auf Werte von 0.16–0.20 fallen. Ein S_c von 0.2 weist beispielsweise darauf hin, dass die Normalkraft F_n fünfmal grösser ist, als die wirkende Tangentialkraft F_t. Das bedeutet nun aber nicht einen extremen Schleifdruckanstieg, denn durch die geringere Reibleistung – Öl schmiert gut – ist die aufzuwendende Antriebsleistung an der Schleifspindel immer noch wesentlich geringer, als dies bei Einsatz von einer Emulsion oder gar von einer Lösung sein würde. Bekanntlich ergibt sich die Schleifleistung P_s aus $F_t \cdot v_c$, d. h. das Produkt aus Schnittgeschwindigkeit v_c und Tangentialkraft F_t bestimmt die aufzuwendende Schleifleistung P_s und damit aber auch die im Prozess erzeugte Wärmemenge.

11. Eine wichtige Grösse ist die spezifische Schleifenergie U_s. Sie sagt aus, welche Energie für den Abtrag von einem mm^3 benötigt wird (Einheit: J/mm^3). Man bringt im Allgemeinen U_s mit dem bezogenen Zeitspanvolumen Q'_w in Verbindung, weil dieser Zusammenhang in den meisten Schleifprozessen eine grosse Bedeutung hat. Die spez. Schleifenergie U_s

verhält sich aber keineswegs linear zum bez. Zeitspanvolumen Q'_w. Ihre Kurve zeigt über Q'_w aufgetragen unproportionale degressive Tendenz bei steigendem bez. Zeitspanvolumen Q'_w. Die Grösse von U_s kann zur Beurteilung von Schleifbrandtendenz dienen. Im Bereiche von geringen bez. Zeitspanvolumina (1.0–5.0 $mm^3/(mm \cdot s)$ liegt die kritische Brandgrenze bei einer spez. Schleifenergie U_s von ca. 65 J/mm^3. Darüber ist Brandgefahr angesagt und deutlich darunter Brandfreiheit. Erreicht dagegen das bez. Zeitspanvolumen Q'_w Werte zwischen 10–15 $mm^3/(mm \cdot s)$, so sinkt die Gefahrengrenze schon auf etwa 45 J/mm^3 ab. Über einem Q'_w von rund 30 $mm^3/(mm \cdot s)$ sind es dann nur noch knapp 40 J/mm^3 und danach verhält sich die Kurve ab etwa 50–60 $mm^3/(mm \cdot s)$ nahezu quasistationär zu Q'_w, d. h. bei hohen und höchsten bez. Zeitspanvolumina liegt die kritische Brandgrenze etwa zwischen 25 und 30 J/mm^3. Man merke sich: Je höher das bezogene Zeitspanvolumen Q'_w ansteigt, desto tiefer liegt die kritische Brandgrenze (Beginn einer thermischen Schädigung am Werkstück)! Diese Tendenz lässt sich aber durch geeignet gewählte Prozessparameter (Vorgaben) und/oder optimierte Kühlung problemlos beherrschen. Ferner ist eine thermische Schädigung der Werkstückrandzone, auch bei sehr hohem bez. Zeitspanvolumen Q'_w, beim Hochgeschwindigkeits- und beim Hochleistungsschleifen weniger kritisch, weil die Wärme durch die Späne abgeführt wird, sofern die Vorgaben korrekt sind.

12. Treten in einem Schleifprozess Brandprobleme – man sagt auch thermische Randzonenschäden – auf, so müssen zuerst einmal die Vorgabeparameter und die Kühlschmierstoffversorgung und -zuführung (Düsenform und -auslegung) überprüft und gegebenenfalls geändert werden. Meist kann man ja nicht einfach den vorhandenen Kühlschmierstoff durch einen stärker schmierenden ersetzen. Dagegen lässt sich zweifellos einiges über die Schnitt- und/oder über die Werkstückgeschwindigkeit verbessern. Reduzierte Schnittgeschwindigkeit führt zu einer etwas geringeren Leistungsaufnahme, was weniger Wärmeentwicklung bedeutet. Umgekehrt ergibt eine Erhöhung der Werkstückgeschwindigkeit zwar einen auch höheren Leistungsbedarf, aber die Späne werden dadurch dicker, die spezifische Schnittkraft sinkt und es kann mehr Wärme über die Späne abgeführt werden. Reduziert man die Zustellung a_e wird ebenfalls eine Reduktion der Wärmeentwicklung feststellbar sein, aber nur in bescheidenem Umfang (siehe auch Punkt 3). Um Schleifbrandprobleme weitgehend zu vermeiden, muss gut schmierendes Kühlmittel in ausreichender Menge und mit dem notwendigen Systemdruck über eine korrekt dimensionierte und sauber gefertigte Düse dem Prozess zugeführt werden.

11.5 Wichtige Hinweise zu Schleifscheiben und deren Einsatz

1. Schleifscheiben müssen immer bezüglich ihrer Spezifikation so gewählt werden, dass sie einerseits zugelassen sind für die höchste einstellbare Schnittgeschwindigkeit v_c und andererseits in der Art, Härte und Struktur (Porosität) mit der zu bewältigenden Schleifaufgabe übereinstimmen. Damit die Möglichkeit besteht, über die Schnittgeschwindigkeit - sofern diese regulierbar ist - die dynamische Scheibenwirkhärte noch besser anpassen zu können, sollte für eine Schleifmaschine mit einer höchsten Schnittgeschwindigkeit von beispielsweise 35 m/s, die Scheibe für 32 m/s gekauft werden. Man hat dadurch die sicherlich recht nützliche Möglichkeit, die dynamische Wirkhärte der Scheibe um nahezu 3 Härtegrade zu verändern. Die Erfahrung zeigt nämlich, dass eine Schnittgeschwindigkeitsänderung in diesem Bereich von etwa 3–4 m/s nach oben oder nach unten so wirkt, als wäre die Schleifscheibe hinsichtlich ihrer Grundspezifikation um einen Härtegrad härter oder weicher. Wird der Schnittgeschwindigkeitsbereich von 25–35 m/s genutzt, lässt sich eine dynamische Härtevariation von rund 3 Härtegraden somit ganz leicht erzielen. Ein solches Vorgehen bei der Bestimmung der Scheibenspezifikation erlaubt ferner, dieselbe Scheibe für andere Schleifaufgaben mit gutem Erfolg einzusetzen, zumal die dynamische Wirkhärte anpassbar ist.
2. Der Schleiffaktor S_c wurde 1972 von OTT als massgebende Prozessbeurteilungsgrösse beim Schleifen erkannt, definiert und festgelegt. Der Schleiffaktor S_c ergibt sich aus dem Verhältnis von Tangentialkraft F_t zur Normalkraft F_n, also $S_c = F_t/F_n$. Es spielt dabei keine Rolle, ob die bezogenen oder die effektiven Kräfte in die Formel eingesetzt werden. Der Schleiffaktor zeigt mit seinem Wert, wie auch mit seinen Veränderungen während eines Schleifprozesses nach oben oder unten, das Verhalten der Schleifscheibe. Seine Ausgangs- oder Grundgrösse hängt von der Scheibenspezifikation, den Konditionierbedingungen (Abrichten, Profilieren) und dem dazu eingesetzten Kühlschmierstoff ab. Sobald die Scheibe in Kontakt mit dem Werkstück gebracht wird, stellt sich der Schleiffaktor auf die gegebenen Bedingungen ein. Die Werte von S_c variieren etwa von 0.15 bis 0.75. Solange der zu zerspanende Werkstoff und der Kühlschmierstoff nicht verändert werden, sollte sich auch der Schleiffaktor, so wie er sich kurz nach Prozessbeginn eingestellt hat, nicht mehr stark verändern. Das gilt aber nur, wenn die Schleifscheibe selbstschärfend arbeitet, d. h. ihre Wirkrautiefe R_{ts} praktisch gleich bleibt. Für die Prozessbeurteilung ergibt sich deshalb:

   ⇒ **Ist die Scheibe zu hart, wird der Schleiffaktor S_c immer kleiner!**
   ⇒ **Ist die Scheibe zu weich, wird der Schleiffaktor S_c immer grösser!**
3. Man kann somit durch die Beobachtung der Veränderung der Leistungsaufnahme während dem Prozess, oder selbstverständlich noch besser über eine direkte S_c-Anzeige, das Wirkverhalten der Schleifscheibe sofort beurteilen und durch Änderung der massgebenden Stellgrössen dieses beeinflussen bzw. an die Prozessbedingungen anpassen. Würde die Schleifmaschine über eine eingebaute Kraftmesseinrichtung verfügen und deren Werte direkt in der Steue-

rung über die Software erfasst, könnte man sich einen gesteuerten, selbst optimierenden Prozessverlauf ganz gut vorstellen.

4. Jeder Schleifscheibenspezifikation, auch mit hochharten Schleifstoffen und unterschiedlichsten Bindungen, kann man eine ganz bestimmte Arbeitsdruckkraft F_d (nach OTT) zuordnen, bei welcher diese optimal arbeitet. Optimal bedeutet hier im selbstschärfenden Bereich. Wird die jeweilige Grösse der Arbeitsdruckkraft F_d durch die gewählten Prozessbedingungen gewährleistet, lässt sich die höchstmögliche Standzeit bei gleich bleibenden Resultaten erzielen. Das Unterschreiten von F_d führt zu einer fortlaufenden Abstumpfung der Kornschneiden, praktisch ohne Splitterung oder Kornausbruch. Ein Überschreiten fördert dagegen den Verschleiss der Scheibe (Standzeitverkürzung, schlechte Oberflächenqualität, usw.) und kann im ungünstigsten Fall den Zusammenbruch der Bindungsmatrix bewirken.

5. Eine Schleifscheibe passt sich weitgehend selbständig an die herrschenden Prozessbedingungen an, d. h. ihre Wirkrautiefe R_{ts} ändert sich in Abhängigkeit der jeweiligen Anforderungen. Gibt man beim Konditionieren durch die gewählten Einstellungen nicht genau die Wirkrautiefe vor, welche den Prozessbedingungen entspricht, wird sich jede Schleifscheibe nach einer bestimmten Abtragsmenge oder Einsatzdauer an ihrer Arbeitsumfläche rauheitsmässig so verändern, dass die Wirkrautiefe den Anforderungen entspricht. Das kann eine grössere oder aber auch eine feinere Wirkrautiefe R_{ts} bedeuten. Konventionelle Kornarten passen sich im Bereiche von einem bezogenem Abtragsvolumen V'_w von 400–600 mm^3/mm an und bleiben dann über längere Zeit quasistationär bezüglich ihr Wirkrautiefe. Selbstverständlich bleibt dabei die Scheibengeometrie nicht unbedingt innerhalb der vorgegebenen Toleranzen erhalten, weil keine Schleifscheibe, hinsichtlich ihrer Kornverteilung und Porosität absolut homogen ist. Bei hochharten Schleifstoffen, wie CBN und Diamant, erfolgt die Anpassung logischerweise langsamer – da spielt der G-Wert eine grosse Rolle –, aber auch hier verändert sich die Wirkrautiefe, wenn sie nicht schon beim Prozessbeginn den Anforderungen entsprochen hat. Übrigens: Notwendige Scheibenanpassung bedeutet in jedem Fall verkürzte Standzeit und kürzere Intervalle zwischen zwei Konditionierungen. Man sollte deshalb danach trachten, beim Konditionieren schon eine gute Abstimmung (R_{ts}-Vorgabe) zum Prozess zu erhalten.

5. Beim Vollschnittschleifen auf Flach- und Flachprofilschleifmaschinen kann es vorkommen, dass sich die Wirkrautiefe R_{ts} bei grösseren Zustelltiefen bereits im Eingriffssegment, d. h. bevor die Schleifscheibe erstmals die volle Schleiftiefe erreicht hat, laufend ändert und schlussendlich völlig anders ist, als nach der Konditionierung. Es gibt Fälle, bei welchen z. B. im Profilgrund eine ganz bestimmte Rautiefe (Ra, Rz) gefordert wird, diese aber wegen der selbständigen Wirkrautiefenanpassung der Scheibe gar nicht erreicht werden kann. Da nützen andere Konditioniervorgaben wenig, denn die Scheibe stellt sich immer wieder selbst ein. Lediglich ein geänderter Prozessablauf (Mehrstufenprozess) kann hier zum Ziel führen.

6. Die Selbstschärfung einer Schleifscheibe darf nicht mit Scheibenverschleiss verwechselt werden. Scheibenverschleiss tritt dann in erster Linie auf, wenn eine Überlastung vorliegt oder wenn die Schleifscheibe mit ihrer Spezifikation unpassend, meist zu weich, in Abhängigkeit der Prozessvorgaben gewählt wurde. Die Selbstschärfung ist dagegen Ausdruck für den

Gleichgewichtszustand zwischen der äusseren und der inneren Belastbarkeit der Scheibe. Nach dem Konditionieren stellt sich die Scheibe ab einer gewissen Abtragsmenge selbständig auf jene Wirkrautiefe ein, welche zu den Prozessbedingungen passt. In diesem Zustand arbeitet sie spanungstechnisch und wirtschaftlich optimal so lange weiter, bis eine erneute Konditionierung durchgeführt werden muss, weil die Geometrie (z. B. die Geradheit oder das Profil) „aus dem Ruder läuft“. Die Selbstschärfung kann gewissermassen als notwendiges Verhalten der Schleifscheibe angesehen werden, zumal es sich dabei lediglich um einen Kornverlust im Mikrobereich handelt. Es sind also im Allgemeinen nur Bruchteile von Tausendstelmillimetern oder bestenfalls von wenigen Hundertstelmillimeter (Kornkristallite = vorrangige Kornsplittergrenzen), welche durch die Selbstschärfung an den Kornspitzen absplittern und so eine gute Schneidfähigkeit über einen grösseren Zeitraum sicherstellen. Die Kornsplittergrösse unter Selbstschärfungsbedingungen hängt aber auch in starkem Masse von der Kristallitengrösse der eingesetzten Kornart ab. Tritt effektiver Scheibenverschleiss auf, so liegt dieser im Makrobereich, d. h. es handelt sich dann schon um Grössenordnungen von Kornsplittern, welche mehr oder weniger kurzfristig nicht nur die Form- oder Profilgenauigkeit der Scheibe in Frage stellen, sondern auch keine qualitativ gute Oberflächen am Werkstück hinterlassen. Neben einer eventuellen Änderung der Prozessvorgaben könnte hier am ehesten auch eine andere Kornart helfen, denn die Scheibenhärte bezieht sich ja auf die Bindungsmatrix und hat mit der Kornhärte (Widerstand gegen Splitterung) überhaupt nichts zu tun.

7. Mischkornscheiben sind schon seit vielen Jahrzehnten bekannt. Dem Hauptkorn wird ein gleiches aber um etwa zwei bis drei Grössenstufen kleiner gewähltes Korn beigemischt. Man erreicht damit eine bedeutend verbesserte Kantenhaltigkeit, ganz besonders beim Profilschleifen. Üblicherweise haben die kleineren Körner einen Volumenanteil von 15–30 % am gesamten Kornvolumen. Heute versteht man unter dem Begriff „Mischkornscheiben“ aber auch solche, welche nicht nur aus unterschiedlich grossen Körnern bestehen, sondern dazu auch noch verschiedene Kornarten beinhalten. Die Wahl der Kornarten und -grössen ist keineswegs einfach. Man will die Scheibe optimal auf eine ganz bestimmte Schleifaufgabe abstimmen und so gleichzeitig auch bei der Bearbeitung komplexer Legierungen (weich oder hart) möglichst geeignete Kornarten zum Einsatz bringen. Es werden in einigen Fällen, zur verbesserten Prozessanpassung, bereits Scheiben mit bis zu 6 verschiedenen Kornarten und -grössen für solche Zwecke heute hergestellt. Natürlich handelt es sich um Sonderschleifscheiben, aber ihre Leistungsfähigkeit ist auch entsprechend hoch (Auskunft darüber erteilt der Scheibenhersteller).

8. Sinterkorund, der jüngste Schleifstoff im Vergleich zu allen anderen konventionellen und hochharten Schleifstoffen, besteht als Einzelkorn aus Kristalliten, welche nur etwa zwischen 0.2 und 2.5 µm gross sind. Splittert ein solches Korn, so sind es immer kleinere oder grössere Kristallitbrocken, die dahinter sofort neue aggressive Schneiden freigeben. Man sagt deshalb auch: Eine Sinterkorundscheibe kann gar nicht stumpf werden! Das ist in der Praxis zwar nicht unbedingt so, denn es werden nur in seltenen Fällen, z. B. für das Innenrundschleifen, 100%ige Sinterkorundscheiben hergestellt bzw. eingesetzt. Im Allgemeinen beträgt der Sinter-

korundanteil in einer „echten“ Sinterkorundscheibe 30–50 %. Es sind aber längst Scheiben auf dem Markt, die nur 10–20 % Sinterkorund enthalten und trotzdem exzellente Eigenschaften aufweisen. Jetzt ist natürlich interessant zu wissen, aus was der Rest des notwendigen Gesamtkornvolumens besteht. Wird nur eine Kornart beigemischt, handelt es sich meistens entweder um weissen Edelkorund oder um Einkristallkorund, immer abhängig davon, was mit einer solchen Scheibe schlussendlich bearbeitet werden soll. Da Sinterkorund in einigen Fällen CBN verhältnismässig gut ersetzen kann (für Einzelteile, kleine Serien) und zudem wesentlich kostengünstiger ist, haben sich noch andere Kornarten in derartigen Scheiben als sehr zweckmässig erwiesen. Zur Bearbeitung von HSS-Stählen würde man beispielsweise etwa 30 % Sinterkorund, 50 % Einkristallkorund und 20 % Normalkorund zusammenmischen. Das soll aber nur als Beispiel verstanden werden, denn jeder Scheibenhersteller hat bekanntlich seine eigenen Rezepturen, über welche er sich ausschweigt. Wichtig ist zu wissen, dass auch auf dem Sektor „konventionelle Schleifscheiben“ in den letzten Jahren einiges in Bewegung geraten ist und heute viele Schleifscheiben äusserst komplexe Werkzeuge sind, welche keineswegs gegenüber Werkzeugen mit definierten Schneiden unterschätzt werden dürfen.

11.6 Konditionieren (Abrichten und Profilieren)

1. Man unterscheidet bekanntlich zwischen stehenden und drehenden Konditionierwerkzeugen. Bei ersteren handelt es sich um Ein- und Mehrkorndiamantwerkzeuge sowie um Diamantplatten (PKD, Fliesen) oder Diamantprismenwerkzeuge (MKD). Bei den drehenden Konditionierwerkzeugen sind es gehärtete Stahl- oder Hartmetallrollen (Crushieren) und Rollen mit einem galvanisch aufgebrachten, einem positiv oder negativ gestreuten bzw. einem handgesetzten Diamantbelag (Rolldiamantieren). Aber auch Diamantspitzscheiben für bahngesteuertes Profilieren und die kleinen Diamanttopfscheiben (oft mittels Druckluft angetrieben) gehören selbstverständlich zu den drehenden Konditionierwerkzeugen. Wie der Begriff „Profilieren“ schon andeutet, handelt es sich bei den drehenden Konditionierverfahren mehrheitlich um Werkzeuge zur wiederkehrenden Formgebung einer Schleifscheibe (erstellen eines Profils) in einem vom Rollentyp und dessen Herstellungsverfahren abhängigen Genauigkeitsbereich. Einkornabrichtwerkzeuge kommen heute nur noch auf älteren Maschinen und dort, wo bestenfalls sporadisch etwas einfach „geschliffen“ werden muss, zum Einsatz. Da sie sich durch Abnützung laufend in ihrer Wirkbreite verändern, ist es kaum möglich, über ein längeres Zeitintervall reproduzierbare Abrichtergebnisse zu erhalten. Das Einkornwerkzeug findet man jedoch noch als Profildiamant an Schablonenabrichtgeräten. Die Mehrkornwerkzeuge (Diamantigel, Diamantplatten, MKD-Abrichter) sind die meist verwendeten stehenden Konditionierwerkzeuge. Sie ändern ihre Wirkbreite über den Nutzungsbereich nicht und gewährleisten deshalb sehr gut reproduzierbare Wirkrautiefen

R_{ts} an der Scheibe. Wird dabei die Abrichtzustellung und der Überdeckungsgrad konstant gehalten, kann nicht nur gezielt eine bestimmte Rautiefe an der Scheibenarbeitsfläche erzeugt werden, sondern es lässt sich mit Variationen ein grosser Bereich an unterschiedlichsten Rautiefen von ganz fein bis extrem grob mühelos abdecken und auch reproduzieren.

2. Besondere Aufmerksamkeit gilt den neuesten Abrichtwerkzeugen, den so genannten MKD-Abrichtern. Sie weisen in Reihe (gerade oder über Eck) eingesetzt 2–4 lasergeschnittene Diamantprismen mit einem Querschnitt von 0.6 × 0.6 mm bzw. 0.8 × 0.8 mm auf und sind einige Millimeter lang. Gefasst werden sie in einem schlanken Flachhalter, ähnlich einer Diamantplatte (Fliese). Diese MKD-Abrichter sind nicht nur für konventionelle und für Sinterkorundscheiben optimal, sie können sogar beschränkt auch zum Abrichten von keramisch gebundenen CBN-Scheiben eingesetzt werden. Ein Vorbehalt ist allerdings zu beachten: Siliziumkarbid-Scheiben wirken äusserst aggressiv (verschleissend) gegen MKD-Abrichter. Setzt man solche für das Konditionieren von SiC-Scheiben ein, muss mit einer verkürzten Standzeit gerechnet werden. Vom Standpunkt der erzielbaren Konstanz der Wirkrautiefe R_{ts} sind jedoch keinerlei Einschränkungen zu erwarten. Die extrem feinen Diamantkanten erzeugen bei gleicher Überdeckung und Zustellung reproduzierbare Wirkrautiefen – von ganz fein bis extrem grob – in nie gekannter Qualität. Man darf diese Abrichtwerkzeuge ohne Zweifel als zukunftsweisend beim Scheibenkonditionieren bezeichnen. Wichtig ist dabei, dass die Anzahl der im Halter eingesetzten Diamantprismen auf den Schleifscheibendurchmesser abgestimmt ist. Hier geben die Lieferanten dieser Abrichtwerkzeuge gerne Hinweise dazu. Für sehr kleine Scheibendurchmesser sind sie allerdings kaum geeignet oder dann nur in Sonderfertigung (z. B. lediglich ein Diamantprisma im Halter).

3. Die Abrichtzustellwerte pro Durchgang liegen für konventionelle Schleifscheiben praktisch bei allen stehenden Werkzeugen etwa zwischen 0.002 mm (extrem fein) bis ca. 0.05 mm (extrem grob). Diese Werte gelten für konventionelle Schleifstoffe und im Wesentlichen für keramische Bindungen. Kunstharz- und Metallbindungen müssen ja bekanntlich nach dem Konditionieren geöffnet werden, damit sie überhaupt Spanräume vor den Kornschneiden erhalten. Deshalb ist in diesen Fällen der Abrichtbetrag und das nachträgliche Öffnen, mit einem weichen Korundstein, sorgfältig abzustimmen. Werden Sinterkorundscheiben abgerichtet, sind die „bewährten" grösseren Zustellwerte etwa um den Faktor 4–5 zu reduzieren. Andernfalls würde zu viel Sinterkorund aus der Scheibe gerissen und die Wirkrautiefe wäre zu gross. Zudem müsste mit einem unverhältnismässig grossen Verschleiss am teuren MKD-Abrichter und an der Schleifscheibe gerechnet werden. Die Kristallitengrösse von Sinterkorund liegt – wie bereits erwähnt – zwischen 0.0002 und 0.0025 mm, je nach Hersteller und Herstellverfahren. Auch bei geringen Zustellwerten weist jedes Korn eine unbekannte aber grosse Anzahl von neuen Kornschneiden auf, weil auch hierbei das Splittern entlang der Kristallitgrenzen erfolgt. Das ist der Grund, weshalb eine Sinterkorundscheibe im Grunde genommen niemals „abstumpfen" kann. Sie passt sich noch besser, als eine aus konventionellem Korn hergestellten Schleifscheibe, an die Prozessbedingungen mit ihrer eigenen Selbstschärfung an.

4. Bei gegebener Abrichtzustellung a_d, welche einerseits von der abzutragenden Werkstoffmenge und andererseits von der zu erzeugenden Oberflächenqualität am Werkstück abhängig ist, muss beim Einsatz von stehenden Konditionierwerkzeugen unbedingt der Überdeckungsgrad U_d beachtet werden. Der Überdeckungsgrad ist eine dimensionslose Zahl und gibt an, wie viele Scheibenumdrehungen erfolgen, bis das Abrichtwerkzeug einen Vorschubweg, welcher genau seiner effektiven Wirkbreite b_d entspricht, zurückgelegt hat. Die Zahl 1 würde beispielsweise bedeuten, dass nun das Abrichtwerkzeug beginnt, ein „Gewinde" auf die Scheibenarbeitsfläche zu schneiden. Also, $U_d = 1$ ist nicht zulässig, sondern U_d muss immer > 1 sein! Zum extremen Schruppen wird ein U_d von 2–3 eingestellt. Soll dagegen eine sehr gute Oberflächenqualität erzeugt werden, so liegt man mit einem Überdeckungsgrad U_d von 10–12 richtig. Entsprechend dem Überdeckungsgrad wird logischerweise auch die Zustellung a_d vorgegeben. Für das Schruppen sind das max. 0.05 mm pro Durchgang und beim Schlichten 0.002–0.005 mm. Will man eine ganz feine Scheibenrautiefe erzeugen, so darf a_d nicht über 0.001–0.002 mm liegen. Ganz wichtig: Abgerichtet wird nur immer in einer Richtung, d. h. das ausserhalb der Scheibe zugestellte Werkzeug darf keinesfalls ohne weitere Zustellung auf der eben erzeugten Scheibenarbeitsfläche zurück in die Ausgangsstellung gefahren werden. Man würde dadurch die eben erzeugte Wirkrautiefe an der Scheibe völlig und zudem unkontrolliert wieder abglätten. Weitere Hinweise zu den Zustellwerten siehe auch unter Punkt 11.4.3.

5. Die drehenden Konditionierwerkzeuge setzt man meist zum Profilieren ein. Im Wesentlichen wird unterschieden zwischen:

   - Crushierrollen aus hochgehärtetem Werkzeugstahl oder aus Hartmetall
   - Diamantrollen mit unterschiedlichen Arten des Diamantbelages und die
   - Diamantspitzscheiben mit metallischgebundenen Diamantkörnern.

   Korrekterweise muss man hier auch die mit Pressluft oder elektrisch angetriebenen Abrichtturbinen mit eingesetzten Diamanttopfscheiben erwähnen. Nachfolgend werden die verschiedenen Werkzeugarten noch genauer beschrieben.

6. Crushierrollen aus hochhartem Stahl oder aus Hartmetall (HM ergibt etwa die 10- bis 20-fache Standzeit gegenüber gehärtetem Spezial-Werkzeugstahl) werden in Kontakt mit der Scheibe gebracht und in diese hineingedrückt. Dadurch wird im Gleichlauf (Verhältnis 1:1), unter verhältnismässig hohem Druck von > 100 N/mm Scheiben- bzw. Profilbreite, das in die Rolle genau eingeschliffene Positivprofil exakt in die Scheibenarbeitsumfläche übertragen. Es kann die Rolle angetrieben werden und die Scheibe läuft durch Friktion mit oder umgekehrt. Bei diesem Verfahren lässt sich auch eine sehr grosse Wirkrautiefe erzeugen, abhängig von der Rollenzustellung pro Scheibenumdrehung (übliche Rollenzustellwerte reichen von etwa 0.003 bis 0.03 mm/Rollenumdrehung). Weil beim Crushieren aber mehrheitlich grössere Kornsplitter und/oder ganze Körner aus dem Bindungsverband gedrückt werden, wählt man die Scheibe um mindestens 3–4 Korngrössen feiner, als dies für eine Profilierung mittels Diamantrollen der Fall wäre. Die Scheibenhärte bleibt dabei

immer abgestimmt auf den jeweiligen Prozess. Mit steigender Scheibenhärte steigt selbstverständlich auch der Druckaufbau zwischen der Stahlrolle und der Schleifscheibe. Aus diesem Grund muss anschliessend an den Crushiervorgang ausgerollt werden. Das Ausrollen erfolgt ohne weitere Zustellung und bedeutet einerseits Druckabbau, wobei die Dauer bzw. die Anzahl Ausrollumdrehungen weitgehend von der gesamten Systemsteifigkeit abhängt. Andererseits erfolgt gleichzeitig eine geringfügige Verfeinerung der Scheibenoberfläche. Eine Hochdruckausspülung während dem Crushieren ist absolut unerlässlich (Spüldruck > 8.0 bar).

7. Werden drehende Diamantwerkzeuge zum Konditionieren eingesetzt, so kann man sich das als eigentlichen „Einschleifprozess“ vorstellen. Es drehen ja beide Seiten, sowohl die Scheibe als auch das Diamantwerkzeug. Trotzdem ist zu berücksichtigen, dass auch bei diesem Verfahren relativ hohe Drücke von bis zu 100 N pro Millimeter Scheiben- bzw. Profilbreite wirken können. Diese Tatsache erfordert deshalb genauso starre und steife Systeme maschinenseitig, wie beim Crushieren. Die Antriebsleistung rollenseitig liegt etwa zwischen 0.2 kW bis 0.5 kW. Dabei sollte eine Drehzahl bis ca. 8000 U/min stufenlos einstellbar sein. Bei den drehenden Diamantwerkzeugen ist – mit Ausnahme der Diamantspitz- und Diamanttopfscheiben – nicht ein Überdeckungsgrad von Bedeutung, sondern die Rollendrehrichtung zur Scheibe (Gleich- oder Gegenlauf) und das dabei herrschende Verhältnis von Rollengeschwindigkeit v_r zur Umfangsgeschwindigkeit v_{cd} der Schleifscheibe während dem Profilieren. Ein Wert von 0.8 bis 0.9 im Gleichlauf ergibt eine hohe Wirkrautiefe bei entsprechender Rollenzustellung pro Scheibenumdrehung. Stellt man auf -0.8 bis -0.9 im Gegenlauf um, d. h. es erfolgt lediglich eine Drehrichtungsänderung der Diamantrolle, sinkt die erreichbare Wirkrautiefe schon bei noch nicht reduzierter Zustellung auf weniger als die Hälfte ab. Diese Tatsache wird ausgenützt, um beim Schleifen von Profilen ins Volle zuerst eine griffig schleifende Scheibe zu erhalten (Profilierung im Gleichlauf). Danach schaltet man für ein erneutes Profilieren unmittelbar vor dem Erreichen des 0-Masses auf Gegenlauf um und erzeugt mit einem kurzzeitigen Touchieren der Scheibe jene Wirkrautiefe, welche für die feine Oberfläche am Ende des Schleifprozesses vorhanden sein muss. Das dauert lediglich etwa 2 bis 3 Sekunden. Während dem Werkstückwechsel kann dann die Scheibe wieder im Gleichlauf mit einer hohen Wirkrautiefe versehen werden. Auch beim Rolldiamantieren ist eine Hochdruckausspülung beidseitig der Rolle unbedingt notwendig (Reinigung, Kühlung von Rolle und Scheibe im Gleich- und Gegenlauf).

8. Diamantspitzscheiben werden vorwiegend beim bahngesteuerten Konditionieren verwendet. Meist ist eine Seite gerade und die andere weist eine Schräge von 10–15° auf. Abhängig vom Profilverlauf und der Profilform, läuft die gerade oder die schräge Seite voraus. Steuerungsseitig muss es möglich sein, die Diamantspitzscheibe mit konstanter Bahngeschwindigkeit über das gesamte Profil zu führen. Dadurch wird eine möglichst gleichmässige Wirkrahtiefe R_{ts} erreicht. Wäre die horizontale Vorschubgeschwindigkeit konstant, so wie beispielsweise beim bekannten Konditionieren von geraden Schleifscheiben, würde eine steile Profilflanke geradezu „rasend“ überfahren, was letztendlich zu einem nicht mehr exakt definierbaren

Profilverlauf und/oder einer unerwünschten Scheibenoberfläche führen würde. Im Gegensatz zu Diamantrollen, bei welchen das einmal eingebrachte Profil höchstenfalls nachgeschliffen aber nicht geändert werden kann, kann man mit Diamantspitzscheiben theoretisch beliebige Profilformen an der Scheibe erzeugen. Die Profilform wird über die Software der Steuerung vorgegeben, ist deshalb änderbar und - das ist ganz besonders wichtig - auch korrigierbar. Diamantspitzscheiben enthalten normalerweise metallischgebundene Diamanten. Das reicht von galvanischer Bindung (billigste Variante aber begrenzte Standzeit) bis zu anspruchvollen Sinterbindungen. In letzteren können die Diamantkörner (Grösse von der Problemstellung abhängig), ähnlich wie bei Diamantrollen, in einer definierten Belagsdicke und in einer den Ansprüchen genügenden Konzentration eingelagert sein. Die exklusivsten Spitzscheiben sind dagegen mit in geringen Abständen eingesetzten und geschliffenen MK-Diamanten bestückt. An der Spitze weisen sie einen Radius von etwa 0.2-0.5 mm auf. Die Standzeit solcher Diamantspitzscheiben ist, sofern sie sorgfältig behandelt und keiner Stossbelastung ausgesetzt werden, im Allgemeinen am längsten. Sie sind aber auch entsprechend teuer.

9. Mit den Abricht- oder Konditionierturbinen und den kleinen Diamanttopfscheiben werden hauptsächlich Innenrundschleifscheiben abgerichtet. Die Topfscheibe hat eine leichte Neigung zur Arbeitsfläche der Schleifscheibe, damit die Kante zum Einsatz kommt. Man stimmt üblicherweise die Neigung in Abhängigkeit der erwünschten Wirkrautiefe ab und achtet dabei gleichzeitig auf den Überdeckungsgrad. Da sich so eine kleine ringförmige Anflächung an der Topfscheibe ergibt, ist der Überdeckungsgrad von dieser Ringbreite (= Wirkbreite des Werkzeugs) und dem Abrichtvorschub abhängig. Hier gilt ebenfalls: Der Überdeckungsgrad muss immer grösser als 1 sein und sollte für feinste Scheibenoberflächen etwa 12 nicht übersteigen. Anhaltswerte für den Überdeckungsgrad: Für das Schruppen ca. 2-3 und für Schlichten 8-12.

10. Das so genannte CD-Abrichten und -Profilieren (CD = Continuous Dressing) zeichnet sich dadurch aus, dass eine Diamantprofilrolle während dem gesamten Schleifprozess in Kontakt mit der Scheibe bleibt und so für eine immer gleich bleibende Wirkrautiefe sorgt. Das Verfahren eignet sich für das Hochleistungsschleifen von mittleren bis grossen Serien. Der dabei auftretende Rollenverschleiss ist allerdings nicht zu unterschätzen, aber dafür sind die erzielbaren Abtragsleistungen erstaunlich hoch. Unbedingt beachten: Mitunter kann ein grosser Rollenverschleiss an den üblicherweise handgesetzten und deshalb auch sehr teuren Diamantwerkzeugen beobachtet werden. Die Ursache liegt bei ungeeigneter, meist zu grosser Rollenzustellung pro Scheibenumdrehung. Oftmals ist aber das bis auf ein Verhältnis von 1 : 1 Mitziehen der Rolle durch die Schleifscheibe (Friktion) im Gleichlauf der Grund dafür. Ein Verhältnis von 1 : 1 bedeutet ja „Crushieren"! Das hält keine Diamantrolle lange aus. Übrigens, das Mitreissen kann dann auftreten, wenn der Rollenantrieb zu wenig stabil ist, um die eingestellte Differenzgeschwindigkeit zur Scheibe für ein Verhältnis von z. B. 0.8 im Gleichlauf halten zu können. Zum Beispiel lässt sich dieses Problem lösen, indem auf Gegenlaufprofilierung umgestellt wird. Allerdings ist dann keine allzu grosse Wirkrautiefe mehr erzeugbar und die zeitbezogene Abtragsmenge erreicht kaum noch jene

Werte, wie sie mit Gleichlaufprofilierung möglich wären. Eine Alternative dazu besteht darin, dass der Profilrollenantrieb elektronisch „gebremst“ wird, d. h. eine einmal eingestellte Rollendrehzahl bleibt auch dann konstant erhalten, wenn die Scheibe die Rolle mit ihrer Umfangsgeschwindigkeit mitziehen möchte. Der gewollte „Schlupf“ zwischen Scheibe und Rolle bleibt so erhalten.

11.7 Kühlschmierstoffe (Lösungen, Emulsionen, Schleiföle, Additive)

1. In einem Schleifprozess werden etwa 90–92 % der investierten Schleifleistung in Wärme umgewandelt. Die Scherarbeit und die Spanumformung benötigen den Rest. Bei guter Abstimmung der zugeführten KSS-Menge (KSS = Kühlschmierstoff) ist es möglich, über die Späne und über den Kühlschmierstoff etwa 75 % der erzeugten Wärme abzuführen. Ein kleiner Prozentsatz geht an den Raum und ganz wenig wird von der Scheibe aufgenommen. Was übrig bleibt, muss das Werkstück ableiten können, ohne dabei in den Randzonen thermisch geschädigt zu werden. Steht zu wenig Kühlschmierstoff zur Verfügung und/oder er wird nicht gezielt an die Kontaktstelle zwischen Scheibe und Werkstück über geeignete Düsen zugeführt, können meist nur geringe zeitbezogene Abtragsleistungen erreicht werden oder es tritt Schleifbrand in irgend einer Form auf (sichtbare Verfärbung, Zugspannungen, Risse, Neuhärtung, Weichhaut, usw.). Es ist aber nicht nur die zugeführte KSS-Menge, welche thermische Schäden am Werkstück verhindern kann, sondern auch die Schmierfähigkeit des eingesetzten Kühlmittels und letztendlich dessen Wärmeaufnahme- und -leitfähigkeit. Deshalb ist die Art und Zusammensetzung bei der Wahl des Kühlschmierstoffs ganz besonders zu beachten. Mit der Schmierfähigkeit lässt sich die Reibleistung zwischen den Kornschneiden und dem zerspanten Werkstoff massgeblich reduzieren, wodurch die entstehende Wärmemenge ebenfalls sinkt. Hoch additivierte Emulsionen und Schleiföle sind – wo immer ihr Einsatz möglich ist – den ungeschmierten Lösungen vorzuziehen, weil sie diesen gegenüber grosse Vorteile, hinsichtlich der Schmierfähigkeit, aufweisen. Allerdings dürfen Schleiföle nur dann zum Einsatz gelangen, wenn maschinenseitig alle gesetzlich vorgeschriebenen Sicherheitsmassnahmen erfüllt werden können (Vollverschalung des Schleifraumes, Ölnebelabsaugung mit Rückführung, Explosionsklappe, automatische Löscheinrichtung, usw.). Obwohl Schleiföl in den meisten Fällen das optimalste Kühlmittel wäre, lässt es sich auf den meisten Schleifmaschinen wegen den nicht vorhandenen oder ungenügenden Sicherheitseinrichtungen gar nicht einsetzen.
2. Bei den für das Schleifen verwendbaren Kühlschmierstoffen (KSS) unterscheidet man zwischen den wasserbasierten und den nicht wasserbasierten Produkten. Wasserbasiert bedeutet in jedem Falle, dass ein Lösungs- oder Emulsionskonzentrat in ein mit Wasser gefülltes Becken (Tank) eingerührt oder mittels einer einstellbaren Mischdüse zusammen mit dem Wasser

in den noch leeren Tank eingefüllt wird. Das letztere Verfahren ist unbedingt wegen der Reproduzier- und genaueren Einstellbarkeit dem Einrühren von Konzentrat vorzuziehen. Nicht wasserbasiert sind alle Arten von Schleifölen. Sie werden so in den KSS-Behälter eingefüllt, wie sie vom Hersteller angeliefert werden.

3. Lösungen weisen normalerweise keine Schmierstoffe auf. Sie sind klar bis leicht milchig und breitflächig einsetzbar. Ausser einem Benetzungsmittel und einem Rostschutzinhibitor enthält eine reine organische Lösung normalerweise keine weiteren Zusatzstoffe. Deshalb sind Lösungen „pflegeleicht“ und weisen eine relativ hohe Stand- bzw. Gebrauchszeit auf. Voraussetzung ist aber, dass sie gut gewartet und vor verfahrensfremden Verschmutzungen geschützt werden. Müssen Lösungen wegen Austrag und/oder Verdunstung ergänzt werden, kann man problemlos Konzentrat einmischen (einrühren) bei gleichzeitiger Kontrolle mit dem Refraktometer.
4. Emulsionen enthalten etwa 15–80 % Öl im Konzentrat und dazu sehr oft auch noch Additive unterschiedlichster Art und Wirkung. Der Hersteller gibt auf seinen Datenblättern an, in welchem Verhältnis die Emulsion in Wasser angesetzt werden muss. An diese Werte sollte man sich unbedingt halten, denn eine zu hoch angesetzte Emulsion neigt zu schnellem Bakterien- und Pilzbefall und eine zu tief angesetzte kann „zerfallen“ und muss dann unweigerlich ausgetauscht werden. Emulsionen mit einem Ölgehalt bis etwa 30 % im Konzentrat werden als „halbsynthetisch“ bezeichnet. Mit höheren Ölanteilen nennt man sie reine Emulsionen. Die richtige Ansetzmischung wird mit einem Refraktometer überprüft und der pH-Wert mit einem speziellen Prüfstreifen. Frisch angesetzt liegt der pH-Wert etwa zwischen 9.0 und 9.3, sinkt dann aber nach 2–3 Wochen auf 8.5–8.9 ab. Während der Gebrauchsdauer einer Emulsion – bei pfleglicher Behandlung sind das 6–9 Monate oder mehr – muss diese in regelmässigen Abständen, vorzugsweise wöchentlich, auf das Mischungsverhältnis (Refraktometer) und auf den pH-Wert (Prüfstreifen) überprüft werden. Zudem sollte man in nicht allzu grossen Abständen eine Probe dem Kühlschmierstofflieferanten zustellen, damit dieser eine genaue Analyse durchführen kann. Nur der Hersteller kann prüfen, ob sich in einer Emulsion giftige oder gar krebserregende Stoffe gebildet haben. Müssen Emulsionen ergänzt werden, empfiehlt sich dies durch das Nachfüllen einer bereitgestellten fertigen Mischung (Stammemulsion) zu tun. Diese ist – wie der Name schon sagt – bereits angesetzt und weist eine deutlich höhere Konzentrierung auf. Über die Mischungsformel berechnet man die Menge, welche nachzufüllen ist, um wieder auf die ursprüngliche Konzentration und Füllmenge zu kommen. Man kann aber auch mit der Mischungsformel direkt berechnen, wie viel Konzentrat zusammen mit Wasser – immer zuerst das Wasser und dann das Konzentrat beimischen – nachzufüllen ist.
5. Schleiföle werden in den seltensten Fällen rein, d. h. ohne jede Additivierung eingesetzt. Sie sind weder auf Bakterien noch auf Pilze anfällig und weisen eine Standzeit – bei guter Behandlung – von mehreren Jahren auf. Die Palette der verschiedenen Additive reicht von Schmierverbesserern (FM-Additive) über Verschleissminderer (AW-Additive) bis zu den EP-Additiven, welche in unglaublich kurzer Zeit in der Lage sind, chemisch durch Wärme- und

Luftsauerstoffeinfluss eine leicht abscherbare und druckresistente Schicht auf Metallen zu bilden. Hochleistungsschleiföle enthalten alle Arten von Additiven, herstellerabhängig in unterschiedlichen Arten und Mengen. Wichtig ist dabei, dass keine Stoffe im Öl enthalten sind, welche giftig und/oder krebserregend sein könnten. Schleiföle gibt es in Viskositäten von etwa 2 bis 36 mm^2/s (cSt.) bei 40 °C. Je nach Schleifverfahren und -aufgabe bestimmt der Hersteller die optimalste Viskosität. Standardviskositäten liegen zwischen 8.5 und 12 mm^2/s bei 40 °C. In Leistungs- und Hochleistungsprozessen erweisen sich höhere Viskositäten oftmals als geeigneter, denn mit steigender Viskosität wird nicht nur der sich bildende Schmierfilm widerstandsfähiger, sondern auch die Reynold'sche Zahl Re sinkt, was nichts anderes bedeutet, als dass die ohnehin vorhandene Turbulenztendenz beim Austritt an der Düse den KSS-Strahl weniger aufreisst und so im äusseren Strahlbereich weniger Luft mitgenommen wird. Aber auch die Vernebelung und die Luftaufnahme nimmt deutlich ab und letztendlich wird die Verpuffungs- und Explosionsgefahr ebenfalls reduziert. Neue Öle sind die Polyalphaolefine (PAO's). Allerdings müssen sie in geeigneter Form additiviert werden, weil sie keine polaren Eigenschaften besitzen. Sie sind zwar teuer, verschmutzen aber nicht, nehmen keine Fremdöle auf und zeigen auch nach langer Gebrauchsdauer keine nennenswerten Alterungserscheinungen.

6. **Wichtige physikalische Tatsache:** Man hört immer wieder im Zusammenhang mit schleiftechnischen Problemen, die der Kühlung bzw. dem Kühlschmierstoff zugeordnet werden, dass es von Vorteil wäre, wenn ein wasserbasierter Kühlschmierstoff (Lösungen oder Emulsionen) eingesetzt würden. Dies, weil die spezifische Wärmekapazität c_w (J/kg · °C) von Wasser in etwa 2.5mal grösser ist, als diejenige von Ölen. Das bedeutet für wässrige Kühlmittel eine in diesem Umfange bessere Wärmeaufnahme und -ableitung, gegenüber den Schleifölen. Somit wäre auch die Gefahr von thermisch bedingten Zugspannungen in der geschliffenen Randzone des Werkstücks wesentlich geringer.

   In dieser Überlegung steckt aber ein gewaltiger Denkfehler!

   Da die Wärme ja in jedem Schleifprozess nahezu vollkommen durch Reibung erzeugt wird, ist mit geeigneten Mitteln für eine verringerte Wärmeentwicklung zu sorgen. Wasser führt aber nur die bereits erzeugte Wärme besser ab, als Öl. Man kann die ganze Sache aber auch von einer andern Seite betrachten und sagen: Die Wärme muss selbstverständlich zuerst vorhanden sein, bevor Wasser seine vorzügliche Wärmekapazität demonstrieren kann. Wasser ohne Zusätze (Additive) weist ja keine besonderen Eigenschaften zur Reibungsverminderung auf. Öl kann wegen der weitaus besseren Schmierwirkung die Reibung drastisch reduzieren. Dadurch wird von vornherein weniger Wärme zwischen der Scheibe und dem Werkstück erzeugt. Die Folge daraus ist ganz eindeutig „ein Pluspunkt" für Öle in der Schleiftechnik. Sie haben trotz der etwa 2.5-fach geringeren Wärmekapazität – im Ganzen gesehen – eine vorteilhaftere Kühlwirkung, auch wenn das im ersten Moment widersprüchlich erscheinen mag. Zudem besteht der bei wasserbasierten Kühlschmierstoffen oft beobachtete und absolut unerwünschte Abschreckeffekt der heissen Oberfläche (mögliche Ursache für später auftretende Schleifrisse) bei Ölen nicht.

Öle sind die besten Kühlschmierstoffe für das Schleifen, wobei ihre Zusammensetzung (Grundöl, Additive) und die Viskosität den jeweiligen Prozessbedingungen anzupassen sind.

11.8 Wartung von Kühlschmierstoffen

1. Bei Lösungen und Emulsionen ist schon bei der Erstbefüllung auf die vom Hersteller vorgegebene Konzentrierung zu achten. Dabei geht es um eine bestimmte Menge von Wasser (Becken- bzw. Tankinhalt), welcher ein Anteil an reinem Konzentrat (Anlieferungszustand) beizugeben ist. Achtung: Weder eine Unterkonzentrierung noch eine Überkonzentrierung – nach dem Motto „tu' Gutes" – ist sinnvoll. Eine Unterkonzentrierung ergibt nicht nur eine meist schlechtere Benetzung (Lösungen) oder eine unzureichende Schmierwirkung (Emulsionen), sondern kann zu einem „Auseinanderbrechen" des Emulgators führen. Mit einer Überkonzentrierung dagegen – kommt praktisch nur bei Emulsionen vor, weil überkonzentrierte Lösungen überhaupt keinen Sinn machen – erreicht man wohl einen etwas erhöhten Schmiereffekt, dafür steigt unverhältnismässig stark die Anfälligkeit der Emulsion auf Bakterien-, Hefe- und Pilzwachstum. Damit wird die Standzeit der Emulsion drastisch verkürzt!

   Bei der Neufüllung überwacht man die Konzentrierung bei wasserbasierten Kühlschmierstoffen mit dem Refraktometer. Der auf dem Produktdatenblatt immer aufgeführte Refraktometer-Umrechnungsfaktor muss dabei berücksichtigt werden. Er gibt die Lichtbrechnungsveränderung der Mischung in Bezug auf die Ableseskala an. Gleichzeitig sollte man aber auch den pH-Wert, zumindest durch das Prüfen mit einem pH-Wert-Papierstreifen, kontrollieren und zusammen mit dem abgelesenen Refraktometerwert und dem Einfüll- bzw. Prüfdatum aufschreiben. Nochmals: Besonders bei Lösungen, aber auch bei Emulsionen mit geringem Ölgehalt im Konzentrat, ist der Refraktometer-Ablesewert nicht identisch mit dem vom Hersteller vorgegebenen prozentualen Mischungsverhältnis. Damit nicht bei jeder Kontrolle eine erneute Multiplikation mit dem Refraktometer-Korrekturfaktor (siehe Datenblatt) notwendig ist, empfiehlt sich das Aufschreiben der entsprechenden Ablesung am Refraktometer.

   Emulsionen verändern sich während ihrer Einsatzdauer. Einerseits spielt die Verschmutzung eine nicht zu vernachlässigende Rolle und andererseits können Bakterien und Pilze, die sich auch bei guter Wartung allmählich entwickeln, dafür verantwortlich sein. Eine Emulsion hat unmittelbar nach dem Ansetzen einen pH-Wert von etwa 9.0–9.3. Nach 3–4 Wochen fällt dieser auf ca. 8.5–8.9 ab und kann, abhängig vom vorher erwähnten Verschmutzungsgrad und/oder von der Bakterien- und Pilzbildung, weiter absinken bis 8.0 und tiefer. In diesem Zustand macht eine Kontrolle mit dem Refraktometer kaum noch Sinn; sie wäre falsch. Nur noch ein Test mit dem „Säurekolben" kann genaue Angaben liefern. Zweckmässiger wäre aber in einem solchen Fall, eine Probe dem KSS-Lieferanten zur genauen Analyse zuzustellen.

Er kann dann feststellen, ob die Emulsion noch weiter tauglich ist oder ob ein Wechsel die bessere Lösung wäre. Lösungen haben bei pfleglicher Behandlung eine Standzeit von meist über 18–24 Monaten. Emulsionen erreichen dagegen nur eine Standzeit von 6–9 und bei guter Wartung sogar von etwa 12–15 Monaten. Schleiföle auf Mineralölbasis leiden logischerweise auch unter einer „schleichenden“ Verschmutzung, weisen aber den Vorteil auf, dass sie weder von Bakterien noch von Pilzen befallen werden können. Ihre Standzeit ist deshalb auch wesentlich länger, als jene von Emulsionen. Bei ihnen ist eher ein Problem des Austragens der darin enthaltenen Additive über die geschliffenen Teile und über die Späne ein Grund, eine regelmässige Überprüfung vorzunehmen. Das ist aber nicht mehr eine Sache des Anwenders, sondern des Schleiföllieferanten. Man überlässt ihm eine kleine Menge des verschmutzten Öls und er bestimmt dann, ob eine Feinfiltrierung (Reinigung) und/oder eine Aufadditivierung zweckmässig bzw. notwendig wäre.

Ein bekanntes Problem beim Einsatz von Emulsionen ist die Schaumbildung. Unerwünscht ist sie, weil die Kühlwirkung stark abfällt (Luftbläschen kühlen nicht, sie isolieren) und zudem kann der Abfluss gehemmt werden. Ferner sind auch Schwierigkeiten mit der Förderleistung der Pumpe(n) zu erwarten. Die Schaumbildung kann entweder durch eine Überkonzentrierung entstehen oder aber, was weit häufiger der Fall ist, durch Verwendung von zu „weichem“ Wasser. Die Wasserhärte, welche die meisten KSS-Hersteller für ihre Produkte empfehlen, liegt etwa zwischen 12 und 18 °dH (deutsche Härte). Es werden auf dem Markt einige Produkte (Emulsionskonzentrate) angeboten, welche speziell für weiches oder hartes Wasser entwickelt worden sind. Allerdings gilt das nicht durchgehend für alle Arten von Emulsionen. Eine Alternative dazu ist eine Aufhärtung bei weichem Wasser oder eine Entkalkung bei hartem Wasser. Diese muss jedoch in regelmässigen Abständen wiederholt werden, weil das zugemischte Additiv mit den Spänen ausgetragen wird. Zur Aufhärtung und zur Entkalkung gibt jeder KSS-Hersteller gerne Auskunft. Der Kalkgehalt im Brauchwasser lässt sich mittels Papierstreifen relativ gut selbst bestimmen. Es gibt übrigens auch solche für die Messung des pH-Wertes (Zustand einer Emulsion). Erhältlich sind diese Papierstreifen normalerweise bei allen Kühlschmierstofflieferanten. Will man genauere Angabe zur Brauchwasserhärte, genügt eine Anfrage bei den örtlichen Gemeinde- oder Wasserwerken.

11.9 Filtersysteme und Kühlschmierstoff-Versorgungsanlagen

1. Es gibt mindestens 10 verschiedene Filterverfahren, welche in der Schleiftechnik zur Anwendung gelangen. Am häufigsten verbreitet sind Band- und Hydrozyklonfilter sowie Zentrifugen. Bandfilter sind in der Anschaffung relativ günstig, verbrauchen aber während der gesamten Lebensdauer Filtervlies (Papierband). Sie weisen keine kontinuierliche Fil-

terfeinheit auf, denn durch die Sedimentierung der Spanpartikel auf dem Band steigt diese ständig an, bis ein Schwimmerschalter das Nachfahren von neuem Vlies bewirkt. Bandfilter sind für Lösungen und Emulsionen gleichermassen gut geeignet. Neuere Entwicklungen verfügen über ein Endlosband, welches kontinuierlich läuft und rückgereinigt wird. Diese Bandfilterart ist teuer, sie kann aber dafür auch grosse KSS-Mengen reinigen, weil meist auch noch eine Unterdruckabsaugung oder „Durchsaugung" integriert ist. Ferner hat der Hersteller oftmals bereits ein Rückkühlgerät, abgestimmt auf die maximale Durchlaufmenge, aufgebaut.

2. Hydrozyklonfilter basieren auf einem physikalischen Strömungseffekt und reinigen recht gut, so lange sie nicht überlastet werden. Einziges Verschleissteil ist die Unterlaufdüse, welche aber von den meisten Herstellern kostenlos ersetzt wird. Hydrozyklone sind Filter für wasserbasierte Kühlschmierstoffe und können nicht für Öle eingesetzt werden. Es ist also wichtig, diese Filter schon beim Kauf etwas grösser zu wählen, als eigentlich notwendig wäre. Damit bleibt die Filtrierungsqualität gesichert. Da Hydrozyklonfilter nur bei einem ganz bestimmten Einlaufdruck korrekt arbeiten, sollten sie mit einer separaten, abgestimmten Pumpe betrieben werden. Für die Versorgung der Schleifmaschine wird eine entsprechend dimensionierte KSS-Pumpe benötigt, welche im „Sauberwasserteil" der Anlage angeordnet ist. Auf diese Weise wird der Reinigungskreislauf vom Versorgungskreislauf getrennt und jede Seite ist problemlos auf die speziellen Druckbedürfnisse einstellbar.

3. Zentrifugen setzt man vorwiegend zur Reinigung von Schleifölen ein. Ihre hohe Beschleunigung kann bei Emulsionen die Trennung der Ölphase von der Wasserphase bewirken. Zentrifugen weisen eine gute Schmutzausscheidung auf. Sie sind teuer aber im Gebrauch sehr zuverlässig. Nur sollte man beim Kauf darauf achten, dass die Zentrifuge selbstreinigend arbeitet, d. h. die ausgetragenen Späne und das darin enthaltene Restöl fällt in einem separaten Behälter an.

4. Die Filterarten werden nach ihrem Abscheidegrad bzw. nach der Filterfeinheit klassiert. Anschwemmfilter können beispielsweise noch Partikel unterhalb von 3 μm ausfiltern, wogegen Zentrifugen Partikelgrössen zwischen 5–15 μm schaffen, Hydrozyklonfilter solche von 20–50 μm und Papierbandfilter solche von 30–70 μm. Erfahrungen, Tests und Langzeitmessungen haben interessanterweise gezeigt, dass eine Filterfeinheit von 60–70 μm im Allgemeinen ausreicht, um auch noch anspruchsvollere Oberflächenqualitäten voll zu beherrschen. Man geht hier von einer durchschnittlichen Sedimentierung auf dem Filtervlies aus (Papierfilter, Endlosbandfilter, usw.), welche ohne Zweifel zu einer besseren Filtrierung führt. Sobald aber das Band, eben wegen der Sedimentierung, nachgezogen werden muss, wird wieder nur diejenige Partikelgrösse zurückgehalten, die der Filterbandfeinheit entspricht. Deshalb sollte man immer die Abhängigkeit der gegebenen Filterfeinheit und ihrer Konstanz im Verhältnis zu der damit erzielbaren Oberflächenrauheit im Auge behalten. Werden beispielsweise Oberflächenqualitäten von $Ra < 0.3$ μm (N4) gefordert, müssen normalerweise Zentrifugen oder Tellerseparatoren zum Einsatz gelangen. Dies ganz besonders dann, wenn mit Schleiföl gekühlt wird. Oftmals stammen aber die vermeintlich durch ungenügende Reinigung zwischen

die Scheibe und das Werkstück gelangenden Kornsplitter und/oder Spanpartikel nicht allein von der Anlage, sondern fallen durch die Spülwirkung vom verschmutzten Innenraum der Schutzhaube auf die Scheibe und gelangen von dort in die Kontaktzone. Eine gute Innenreinigung der Schutzhaube mittels separat zugeführtem KSS über dünne, biegbare Kupferrohre sorgt bei diesbezüglichen Problemen für bleibende Abhilfe.

5. Noch ein wichtiger Hinweis: Kühlschmierstoff-Aufbereitungsanlagen dürfen niemals - etwa aus Kostengründen - zu klein dimensioniert werden. Der KSS-Behälter muss mindestens ein Volumen aufweisen, welches der 6–10-fachen Minutenleistung aller vorhandenen Pumpen (auch Hebepumpen) entspricht. Damit eine gute Konvektionskühlung möglich ist, soll der Tank möglichst flach und vom Boden um ca. 50–60 mm distanziert sein. Der Ansaugstutzen der Pumpen muss deutlich über dem Behälterboden liegen, damit kein sedimentierter Schmutz (kleine Spanpartikel) angesaugt werden kann. Erreicht der Kühlschmierstoff im Tank während dem Betrieb eine Temperatur von 28–32 °C, sollte man unbedingt eine Rückkühlung einsetzen. Besonders Emulsionen reagieren über 32 °C kritisch. Ihre Adsorptionseigenschaften (Haftung) lassen deutlich nach und es kommt zu thermischen Schäden am Werkstück. Erst nach einer Abkühlphase auf unter 28 °C kann wieder normal weiter geschliffen werden. Aber auch Lösungen und Schleiföle verlieren an Kühlwirkung, wenn deren Zuführtemperatur schon um oder über 30 °C liegt.
6. Eigentlich überflüssig zu erwähnen, dass die Zuleitung zur Maschine einen möglichst grossen Durchmesser und nur wenige Krümmungen aufweisen sollte. Jeder Fitting bedeutet Druckverlust genauso, wie die Höhendifferenz zwischen Pumpenstandort und Maschineneinspeisung. Nur dort, wo es aus technischen Gründen unumgänglich ist, sind Schläuche mit überdimensionierter Druckfestigkeit einzusetzen. Schlauchleitungen neigen dazu, Pumpenpulsationen zu übernehmen und sogar zu verstärken. Diese Pulsationen werden auf die Maschine übertragen und regen oftmals ganze Baugruppen (z. B. Schleifsupport, Schutzhabe, usw.) zum Schwingen an. Nicht selten sind die auf dem Werkstück sichtbaren Rattermarken auf diesen Umstand zurückzuführen.

11.10 Kühlschmierstoffbemessung und -zuführung (Düsen)

1. Gleich vorweg: Für die Bemessung der notwendigen Kühlmittelmenge hat man noch in den vergangnen 60er- und 70er-Jahren die Daumenregel angewandt, wonach pro Millimeter Scheibenbreite 1.0 l/min oder pro installiertem Kilowatt an der Schleifspindel 10 l/min einzusetzen seien. Klar, das bezog sich auf das ganz konventionelle Schleifen ohne besondere Leistungsansprüche und auf die mehrheitliche Verwendung von anorganischen Lösungen.

Diese Regel liess sich aber auch gut für leicht geschmierte Emulsionen gebrauchen, so wie sie ursprünglich vom Handel angeboten wurden (Ölgehalt im Konzentrat bis max. etwa 20–25 %). Und, man wird es kaum glauben, das hat sogar sehr gut funktioniert! Mit dem Wunsch nach höherer zeitbezogener Abtragsleistung durch das Einstech- und Vollschnittschleifen und dem Einsatz von höher geschmierten Emulsionen oder mineralischen Schleifölen musste man zwangsläufig die KSS-Bemessung neu überdenken und druck- wie mengenmässig den jeweiligen Erfordernissen genauer anpassen.

2. Der beste Kühlschmierstoff nützt wenig, wenn er nicht in ausreichender Menge und mit dem notwendigen Druck über eine dem Stand der Technik entsprechende Düse zur Wirkstelle geführt wird. OTT hat bereits 1976 gezeigt, unter welchen physikalischen Bedingungen eine äusserst wirksame Prozesskühlung erfolgen kann. Die so genannte Gleichlaufkühlung und -reinigung (von OTT konzipiert und publiziert) nützt einen strömungsphysikalischen Effekt aus, so dass bei richtiger Pumpenauslegung (Menge und Druck) und korrekter Düsenformgebung, eine Strahlhaftung über ein Segment von etwa 30–40° an der Schleifscheibe erfolgt. Wird der KSS-Strahl nicht direkt auf die Kontaktstelle ausgerichtet, sondern etwa 15–20° vor dieser tangential an die Scheibe geführt, kann sogar der an der Umfläche der Scheibe mitrotierende zähe Luftmantel, welcher üblicherweise das Einziehen von KSS in die Kontaktzone erschwert oder ganz verhindert, abgedrängt werden.

3. Die unter Punkt 2 erwähnten Gleichlaufbedingungen stellen sich ein, wenn die Strahlgeschwindigkeit die 0.6–1.0-fache Schnittgeschwindigkeit erreicht. Daher stammt der Begriff „Gleichlaufkühlung“. Um solche Strahlgeschwindigkeiten erzielen zu können, bedarf es eines bestimmten Systemdruckes. Für eine Strahlgeschwindigkeit von 35 m/s wäre somit ein KSS-Druck, unmittelbar vor oder in der Düse gemessen, von 3.5–6.6 bar notwendig. Bei höheren Schnittgeschwindigkeiten (über ca. 54–63 m/s) wird man kaum Pumpen einsetzen, welche bei grossen Fördermengen auch noch entsprechend hohe Drücke liefern, denn der Kostenaspekt spielt ja schlussendlich auch eine gewisse Rolle. Den Bereich bis etwa 8–12 bar kann man, zumindest bei wasserbasierten Kühlschmierstoffen, noch über die Pumpe realisieren. Um aber auch bei notwendigerweise höheren Strahlgeschwindigkeiten auf den Gleichlaufeffekt nicht verzichten zu müssen, lässt man den Kühlschmierstoff durch die Scheibe selbst auf ihre Umfangsgeschwindigkeit bringen. Es bedarf dazu besonderer Düsen, welche einerseits die Strahlform vorgeben und andererseits so konzipiert sind, dass die Scheibe zum Teil bis in die Düse hineinragt und dort die restliche KSS-Beschleunigung auf ihre Umfangsgeschwindigkeit bewirkt. Damit man eine Kontrolle über die Druckverhältnisse vor- oder besser in der Düse hat, sollte an geeigneter Stelle ein mit Glyzerin gedämpftes Manometer angebracht werden. Als Pumpen eignen sich für Lösungen und Emulsionen „billige“ ein- oder zweistufige Zentrifugalpumpen. Auch dünnflüssige Öle lassen sich damit noch zufrieden stellend fördern. Sind höher Druckpotenziale beim Einsatz von dickflüssigeren Schleifölen notwendig, kommen praktisch nur noch Schraubenspindelpumpen in Frage.

11.11 Schwingungen, Vibrationen und der Ruck

1. Ganz besonders bei Präzisionsschleifmaschinen wird ein hohes Mass an statischer Steifigkeit und dynamischer Stabilität verlangt. Das ist durchaus nachvollziehbar, denn ein Mangel an Steifigkeit führt zu Mass- und Geometriefehlern und Schwingungen meistens zu unschönen Oberflächen (Spuren im Schliffbild). Was dabei oft vergessen wird ist die Tatsache, dass Schwingungen auch die Standzeit der Schleifscheiben verkürzten. Man unterschätzt die Wirkung der Kraftspitzen von Schwingungen. Diese sind aber durchaus in der Lage, sofern die Schleifscheibe mit betroffen ist, die wirksamen Kornschneiden zu zertrümmern, was ein öfteres Konditionieren notwendig macht.

2. An erster Stelle steht logischerweise das Auswuchten der Schleifscheiben. Die möglichen Verfahren sind vielfältig und beginnen beim reinen statischen Auswuchten auf so genannten „Abrollböcken" ausserhalb der Maschine. Das darf bestenfalls als Vorwuchten toleriert werden. Beim Präzisionsschleifen kann man allein durch statisches Auswuchten den geforderten Ansprüchen, bezüglich der zulässigen Restunwucht, keineswegs gerecht werden.

3. Die auf der Maschine anwendbaren elektronischen Wuchtverfahren unterscheiden sich zur Hauptsache in deren Art der Anwendung. Für den Gewichtsausgleich dienen die verschiebbaren „Auswuchtgewichte", welche kreisförmig in einer Nute des Scheibenaufnahmeflansches angeordnet sind. Diese lassen sich so positionieren, dass die anstehende Unwucht bis auf zulässige Grössenordnungen minimiert werden kann. Das Auswuchten erfolgt so in einer Ebene, d. h. ein Gegenausgleich auf die anderen Komponenten, die sich hinter der Scheibe befinden (Spindel, Kupplungen, Riemenscheiben, Motoren, usw.) können nicht berücksichtigt werden. Ein beliebtes und viel verwendetes Verfahren für das Auswuchten von Hand in einer Ebene ist zweifellos das Stroboskopprinzip, welches die Stelle der grössten Unwucht mittels einem Blitz direkt anzeigt. Unumgänglich ist dabei, dass der Scheibenflansch eine ringförmig angeordnete Markierung aufweist, damit die vom Stroboskop gezeigte Stelle auch im Stillstand wieder gefunden wird. Man kann auch einen Papierring während dem Auswuchtvorgang auf den Flansch kleben, welcher in Segmenten von z. B. 15° mit Zahlen von 0–23 markiert ist. Der Einfachheit halber bringt der Praktiker oft auch nur Marken mit einem wasserresistenten Filzstift auf dem Flansch an. Das Verschieben der Ausgleichsgewichte erfordert aber schon einiges Fingerspitzengefühl und kann bei mangelnder Routine zeitintensiv sein. Besser sind jene, ebenfalls von Hand bedienbaren Verfahren, welche über eine Anzeige (Zeigergeräte oder Leuchtziffern) die grösste Unwuchtstelle kennzeichnen, etwa so, wie man das vom Auswuchten der Autoreifen kennt. Letzteres ist allerdings ein Auswuchten in zwei Ebenen! Da zum Wuchten die Scheibe zuerst hochgefahren werden muss, um die Unwucht überhaupt feststellen zu können, wird ein statisches Vorwuchten nach dem Aufziehen der Scheibe empfohlen und dann das dynamische Auswuchten – in einer Ebene – auf der Maschine. So wird verhindert, dass die Scheibe mit einer zu grossen Unwucht (Scheibenrohunwucht, Spiel der Scheibenbohrung zur Aufnahmezentrierung am

Flansch) schon beim ersten Hochfahren Kräften ausgesetzt wird, welche zum Bersten der Scheibe führen könnten. **Es gilt bei allen von Hand durchgeführten Auswuchtverfahren deshalb immer, grösste Vorsicht walten zu lassen! Auswuchten ist nicht ungefährlich! Zusätzlicher Hinweis: Wird für das Auswuchten ein Stroboskop eingesetzt, so erscheint die Scheibe bei richtig abgestimmter Blitzfolge zur Scheibendrehzahl als stillstehend. Man darf sich hier nicht täuschen lassen und etwa versuchen, die Scheibe anzufassen! Das könnte schwerste Verletzungen zur Folge haben!**

4. Selbstverständlich sind die moderneren, automatischen Auswuchtverfahren nicht nur wesentlich rationeller in ihrer Anwendung – die Wuchtung erfolgt immer wieder von neuem beim Hochfahren der Schleifscheibe –, sondern sie berücksichtigen auch die Wuchtveränderungen durch mögliche Inhomogenitäten bei abnehmendem Scheibendurchmesser. Zudem sind hier Verfahren auf dem Markt, welche in einer oder auch in zwei Ebenen arbeiten. Ein zwischenzeitlich sehr oft angewandtes Verfahren besteht im Einspritzen von Kühlschmierstoff in die am Umfang des Scheibenflansches eingebrachten Kammern. Diese sind regelmässig im Kreis angeordnet und nach aussen vertieft, so dass der eingespritzte Kühlschmierstoff durch die auf ihn wirkende Zentrifugalkraft in der Kammer verbleibt, bis die Scheibe wieder abgestellt wird (z. B. Scheiben- oder Werkstückwechsel). Ein anderes Verfahren arbeitet mit sich automatisch einstellenden Ausgleichsgewichten, die meist ganz vorne in der Schleifspindelnase platziert sind. Auch hierbei erfolgt immer wieder eine neue Auswuchtung nach jedem Scheibenstillstand. Bei beiden Verfahren erhält die Steuerelektronik die Signale, hinsichtlich der Unwuchtgrösse, über an zweckmässiger Stelle mit einem 90°-Versatz angebrachte Beschleunigungsaufnehmer. Die Wuchtqualität ist mehrheitlich an Zeigergeräten, welche entweder relativ (in %) oder absolut mit der Schwinggeschwindigkeit in mm/s skaliert sind, ablesbar.

5. Und jetzt kommt die einfachste Art, festzustellen, ob die Wuchtgüte bzw. die Auswuchtung der Scheibe, bereits höheren Ansprüchen genügt. Die menschliche Hand erkennt Schwingungen und Vibrationen sehr gut. Stützt man beispielsweise die fünf Finger einer Hand auf der Schutzhaube oder seitlich am Schleifsupport ab, kann man – vorausgesetzt, die Fingerkuppen sind nicht so lederhart wie bei einem Hufschmied – dann noch von ungenügender Auswuchtung sprechen, wenn eine Schwingung (Vibration) deutlich spürbar ist. Für anspruchsvolles Schleifen wird eine Schwinggeschwindigkeit < 0.11 mm/s vorausgesetzt. Und siehe da, die mittlere Spürbarkeitsgrenze der menschlichen Hand (Fingerspitzen) liegt normalerweise sehr genau bei diesem Wert. Wird also bei Berührung keine Vibration gespürt, liegt die Auswuchtung 100%ig im „grünen Bereich"!

6. Im Unterschied zu den möglicherweise durch eine Scheibenunwucht ausgelösten Schwingungen und/oder Vibrationen gibt es auch noch andere Störquellen an Schleifmaschinen. In erster Linie sind es Motoren, die Vibrationen auslösen können. Hier kann beobachtet werden, dass nicht unbedingt die Rotoren unwuchtig laufen müssen, sondern deren dazu gehörende Kühleinrichtungen (z. B. Fremdbelüftungen) oft die Ursache für Vibrationen sein können. Der Autor hat schon öfters festgestellt, dass Fremdbelüftungen, die ja meist auf den

Motoren platziert sind, Luftpulsationen erzeugen können, welche – liegt deren Pulsationsfrequenz ausgerechnet auf der Anregungsfrequenz eines Maschinenteils oder einer ganzen Baugruppe – in der Lage sind, regeneratives Rattern auszulösen. Man glaubt es kaum, aber geringste Vibrationen vermögen grosse und/oder schwere Körper zum Schwingen anzuregen, sofern die Anregungsfrequenz oder ihre harmonischen Oberschwingungen auf deren Resonanzfrequenz liegen.

7. Auch Getriebe, Rollenführungen und Riementriebe sind vielfach die Ursache für Vibrationen. Mechanische Bauteile können vibrieren, wenn sie wenig Masse haben und damit auch kaum eine Eigendämpfung aufweisen. Riementriebe geraten schnell in Schwingung und leiten diese auf andere Elemente über. Besonders kritisch sind in dieser Beziehung Zahnriementriebe.

8. Eine oft völlig unbeachtet gelassene Schwingungsquelle, mit erst noch hoher Impulskraft, stellt die Pulsation von Zentrifugalpumpen dar. Dieser Pumpentyp ist am weitesten verbreitet und in unterschiedlichsten Bauarten und Kombinationen im Einsatz. Grundsätzlich pulsiert aus konstruktiven Gründen jede Zentrifugalpumpe. Die Pulsationsstärke hängt dabei einerseits von der Bauweise des Pumpenrades – offen oder geschlossen – und andererseits von der Formgebung und Ausführung der gehäuseseitigen Ausleitung in den Druckstutzen ab. Der Pumpenhersteller kann viel „Gutes“ tun, wenn z. B. die Übergänge sachte ausgeformt sind und vor allem keine Kanten aufweisen. Der Autor hat vor vielen Jahren das Pulsieren von Zentrifugalpumpen im eigenen Betrieb als höchst problematische Schwingungsursache entdeckt und zusammen mit dem Pumpenhersteller nach Lösungen gesucht. Verschieden geformte Pumpenräder, offen und geschlossen haben eigentlich nur wenig Verbesserung gebracht, auch wenn deutliche Unterschiede festgestellt werden konnten. Die Lösung trat erst ein, als unmittelbar nach der Pumpe in die Steigleitung ein parabolisch geformter Hohlkörper als Pulsationsdämpfer eingesetzt worden war. Die ursprünglichen Pulsationsspitzen betrugen rund 2.5 bar – gemessen mit dem Speicher-Oszillografen – bei einem Pumpennenndruck von 3.5 bar. Nach dem Einbau des Pulsationsdämpfers waren es noch knapp 0.25 bar, eine Reduktion um eine ganze Zehnerpotenz! Wichtig ist aber auch noch die Auslegung der Zuleitung zwischen der Kühlmittelanlage und der Maschine. Man sollte grosse Querschnitte wählen und dort, wo die Zuleitung flexibel sein muss, äusserst stabile Schläuche – vorteilhafterweise mit Stahlgeflechtarmierung oder -hülle – einsetzen. Betrachtet man die Stelle und den Querschnitt, wo im Allgemeinen die KSS-Zuleitung befestigt wird, das ist meist an der Schutzhaube, reicht folgende Überlegung zur besser Vorstellung der möglichen Auswirkungen. Angenommen, der Zuleitungsquerschnitt entspricht einer 1″-Leitung, so ergibt sich eine Querschnittsfläche von 5.81 cm^2 auf welche z. B. im vorher genannten Fall 2.5 bar pulsierend wirkten. Das heisst, die Pulsationsstösse hatten die Grösse von $5.81 \cdot 2.5 = 14.52$ kp bzw. 142.5 N! Da der Systemdruck für die erwünsche Strahlgeschwindigkeit direkt an oder in der Düse anstehen muss, wurde somit die Schutzhaube, durch das mit sechs Schaufeln bestückte Laufrad, bei einer Drehzahl von 2700 min^{-1}, mit einer Frequenz von 270 Hz ($6 \cdot 2700/60 = 270$ Hz) mit Kraftimpulsen von 142.5 N konstant „geschüttelt“. Ferner führte auch noch das „Atmen“ des beweglichen Schlauchstücks

zwischen der Rohrleitung und dem Anschluss an der Schutzhaube zu einer zusätzlichen Pulsationsüberlagerung, erkennbar im stochastischen Schwingungsspektrum. Manchmal sucht man beim Auftreten von Schleifmarken im Schliffbild möglicherweise am falschen Ort!

9. Masse gilt physikalisch nach wie vor als bester Schwingungs- bzw. Vibrationsdämpfer. An Schleifmaschinen sollte deshalb mit „Gewicht“ nur dort gespart werden, wo man es verantworten kann. Alle jene Bauelemente, welche einen direkten Einfluss auf das Schliffbild ausüben, sofern sie in Schwingung geraten, dürfen bezüglich ihrer Masse ruhig „überdimensioniert“ sein.

10. Neueste Maschinenentwicklungen enthalten Beschleunigungssensoren an verschiedenen Stellen und signalisieren dem Operateur, wenn irgendwo unzulässige Schwingungen oder Vibrationen auftreten. Das führt dann schlussendlich auch zu vorbeugendem Maschinenunterhalt, wodurch oftmals grössere Maschinenschäden – sehr oft Lagerausfälle – frühzeitig erkannt und repariert werden können.

11. Mit den schnell reagierenden DC- und AC-Servomotoren, welche extrem hohe Beschleunigungsmomente kurzzeitig bis in den Überlastbereich erzeugen können, ist der physikalische „Ruck“ zu einem neuen Problem geworden. Geht man von kontinuierlicher bzw. konstanter Beschleunigung aus, so gilt im Maschinenbau eine Beschleunigung von Baugruppen (Motoren, Spindeln, Schlitten, Revolver, Werkzeugwechsler, usw.), welche grösser als etwa ¼ g, also über 2.5 m/s^2 liegt, als möglicherweise bereits stossauslösend. Ein Ruck hat man sich, stark vereinfacht ausgedrückt, wie ein momentaner Schlag auf das gesamte System vorzustellen. Er tritt normalerweise zweimal auf, am Beginn der Beschleunigung und am Schluss, wenn die angestrebte Geschwindigkeit oder Position erreicht ist. Die so ausgelöste Schockwelle ist, sofern sie während dem Eingriff von Werkzeug und Werkstück eintritt, meist als deutliche Marke in der Oberfläche sichtbar. Ein Ruck kann aber auch zum Aufschaukeln von Systemkomponenten führen, wodurch dann ein regeneratives Rattern möglich wird. Das entsprechende Oberflächenbild am Werkstück lässt den Nachweis darauf leicht erbringen. Nun, eine Beschleunigung von 2.5 m/s^2 wird heute als reine Zeitverschwendung taxiert. Aber es gibt ja zum Glück auch moderne Steuerungen, die sehr schnell rechnen können. Diese Tatsache nützt man aus, um mit Beschleunigungen von bis zu 5.0 m/s^2 und mehr (entspricht 0.5–1.0 g) ruckfrei zu arbeiten. Damit lassen sich sogar bei grossen bewegten Massen kurze Beschleunigungswege völlig ruckfrei realisieren. Rechnerisch ist die Beschleunigung relativ einfach zu beherrschen. Sie steigt von Null progressiv bis zum halben Beschleunigungsweg auf ihr Maximum an und geht dann auf der restlichen (halben) Wegstrecke degressiv wieder auf Null zurück. Da der Ruck mathematisch die 2. Ableitung der Geschwindigkeit v darstellt (Einheit: $m/(s^2 \cdot s)$) erlauben die schnellen Steuerungsrechner, dass längs der Beschleunigungs- oder Verzögerungsstrecke immer „am Limit“ gefahren werden kann, ohne dabei einen Ruck auszulösen. Logischerweise muss das Abbremsen, z. B. am Schluss einer Schlittenbewegung, in umgekehrter Weise, aber im gleichen Prinzip erfolgen.

11.12 Anfunk-Steuerungen – durch Kraft, Leistung oder AE

1. Es ist hinlänglich bekannt, dass besonders beim Aussen- und Innenrundschleifen der erste Kontakt der Schleifscheibe mit dem Werkstück über eine Anfunk-Steuerung erfolgt. Der Grund liegt einerseits bei den Schwankungen der Bearbeitungszugabe und eventuellen geometrischen Ungenauigkeiten (z. B. Rundheitsfehler) und andererseits bei der Zeiteinsparung. Man will möglichst schnell von der Scheibenausgangsposition (meist die Abrichtposition) zum Werkstück fahren. Diese Geschwindigkeit ist aber allemal grösser, als der Zustellvorschub für das eigentliche Schleifen. Deshalb wird angestrebt, möglichst wenig „Luft zu schleifen". Erst beim Kontakt mit dem Werkstück erfolgt die Umschaltung auf Schleifzustellvorschub. Dazu werden so genannte Anfunk-Steuerungen verwendet. Man unterscheidet dabei im Allgemeinen zwischen den nachfolgend aufgeführten Systemen. Der Kraft-Sensor, welcher die ansteigende Kraft zwischen der Schleifscheibe und dem Werkstück dedektiert und die Umschaltung auf Normalzustellung auslöst, ist scheiben- oder werkstückseitig angeordnet. Der Leistungs-Sensor, der den Leistungsanstieg scheiben- oder werkstückseitig detektiert, und auf diese Weise die Umschaltung auf Normalzustellung auslöst, erfolgt über die Motorsteuerungen. Die AE-Steuerung (AE = Acoustic Emission), welche auf die Schallveränderung beim Anfunken reagiert, ist die am meisten eingesetzte Methode für das dedektieren des ersten Kontakts zwischen der Schleifscheibe und dem Werkstück. Acoustic Emission wird unter dem nächsten Punkt ausführlich behandelt.
2. Man muss sich darüber im Klaren sein, dass ungeachtet des verwendeten Anfunk-Systems die Reaktionszeiten sowohl sensorseitig als auch steuerungsseitig von dominanter Bedeutung sind. Man überbrückt ja die Distanz zwischen Scheibe und Werkstück mit möglichst hoher Zustellgeschwindigkeit (Zeiteinsparung in der Serienfertigung). Die Reaktionszeit der Sensorelektronik und jene der Maschinen- bzw. Achsensteuerung spielen dabei eine wichtige Rolle. Nun, AE-Sensoren reagieren in weniger als 10 ms (Millisekunden), Maschinensteuerungen benötigen etwa 50 bis 200 ms. Bei letzteren geht es nicht nur um die Elektronik selbst, sondern massgeblich auch um das Abbremsen von Massen. Man muss sich nur vorstellen, dass ein Schleifsupport mit beispielsweise einem Gewicht von 250 kg einen Kraftstoss von 1'250 N bei einer Verzögerung von 5.0 m/s^2 erzeugt und dazu 0.063 Sekunden benötigt werden. Interessant ist nun der in dieser kurzen Zeit von 0.063 = 63 ms zurückgelegte Weg. Er beträgt genau 0.010 mm! In dieser sicherlich kurz erscheinender Zeitspanne schleift die Scheibe das Werkstück an. Diese Grössenordnung von 0.01 mm kann auch in den meisten Fällen toleriert werden. Ist die Reaktionszeit von Sensor und Steuerung (Elektronik und Achsenantrieb) länger, besteht die Gefahr, an der Scheibe und/oder am Werkstück eine so genannte „Macke" einzuschleifen. Diese wird sich möglicherweise bis zum Prozessende oder bis zur nächsten Konditionierung nicht wieder voll ausglätten lassen. Das ist über die Steifigkeit des gesamten Systems, welche bekanntlich nicht unbegrenzt hoch ist, nachweisbar. Die Scheibe als auch das Werkstück weichen an der Kontaktstelle bei jedem Durchgang oder jeder Drehung aus.

Die mittlere Steifigkeit zwischen Scheibe und Werkstück – ein nicht unbedingt dünnes Teil vorausgesetzt – liegt etwa bei 20–50 N/µm. Das heisst mit anderen Worten, dass eine angenommene Schleifnormalkraft F_n von 500 N eine etwa 0.01 mm grosse Auslenkung bewirkt und/oder praktisch eine gleich starke, konstante Auslenkung bis zum Ausfeuern hinterlässt.

3. Alle Arten von Anfunk-Steuerungen müssen demzufolge extrem schnell reagieren. Deshalb muss im Anwendungsfall immer wieder überprüft werden, ob die gesamte Reaktionszeit ausreichend kurz ist, um das Einschleifen von „Macken" beim Anfunkkontakt zu verhindern. Ergeben sich Probleme, so kann man mit der Schnellzustellung zurückfahren oder, sofern es sich um sehr heikle Teile und/oder grosse Ansprüche an die geometrische Genauigkeit handelt, die Scheibe ausserhalb des Werkstücks in Position bringen und dann erst in dieses einfahren.

11.13 Oberflächenrauheitsmessungen

1. Zu diesem Thema gibt es nicht nur haufenweise Literatur, sondern alle gängigen Messverfahren und deren Art der Ergebnisauswertungen sind längst Bestandteil der internationalen Normung. Hier soll deshalb nur auf einige Eigenheiten der verschiedenen Messmethoden aufmerksam gemacht werden. In der Schweiz hat man „vor urgrauer Zeit" anstelle des Ra-Wertes (Mittenrauheitswert), also der Höhe des Rechtecks des mittleren Rauheitsprofils, gemessen über eine festgelegte Messstrecke, die so genannten N-Klassen eingeführt. Es kann als gesichert angenommen werden, dass dahinter die Erkenntnisse aus der Praxis standen. Wenn nämlich der Ra-Wert mehrmals hintereinander und/oder von verschiedenen Personen an derselben Stelle gemessen wird, kommt nicht zweimal das gleiche Ergebnis heraus. Je nach zulässiger oder vorgeschriebener Rautiefe lassen sich statistisch die Streubereiche erfassen, welche bei mehreren Messungen auftreten. Werden diese mit den Ra-Bereichen, die den verschiedenen N-Klassen zugeordnet wurden verglichen, kann man nur noch über deren Deckungsgleichheit staunen. Der Verfasser hat, während seinen Beratungsarbeiten bei Kunden, auch in andern Ländern auf Werkstückzeichnungen des Öfteren die Rauheitsangaben in N-Klassen – logisch mit etwas Stolz – angetroffen. Sie machen wirklich Sinn!
2. Es gibt zwar Vergleichstabellen für Ra- und Rz-Werte, aber eine effektive Umrechnung ist nicht möglich. Der Rz-Wert – heute übrigens in der Schweiz und im Ausland am meisten verbreitet angewandt – ist der arithmetische Mittelwert, errechnet aus fünf aufeinander folgenden Einzelmessstrecken. Dadurch wird die unter Punkt 1 erwähnte Messstreuung beim Ra-Wert stark ausgeglichen, wodurch sich ein wesentlich verlässlicher Rauheitsmesswert ergibt. Weil viele Bauteile mit besserer Oberfläche eine längere Lebensdauer zeigen und moderne Werkzeugmaschinen in Kombination mit Hochleistungsschneidstoffen sehr genau arbeiten, kommt der Rauheitsmessung eine äusserst hohe Bedeutung zu.

11.14 Aufbauschneiden (Kaltschweissungen)

1. Die Entstehung von Kaltschweissungen bedingt einerseits hohe Kontakttemperaturen zwischen der Scheibe und dem Werkstück und andererseits einen hochduktilen, langspanenden Werkstoff. Zudem wird in den meisten Fällen auch noch ein zu gering geschmierter Kühlschmierstoff (KSS) eingesetzt, was die Haftung von Metallpartikeln an den Kornschneiden begünstigt. Typische, zu Kaltschweissungen neigende Werkstoffe, sind beispielsweise Weich- oder Reinaluminium, Titan sowie Titanlegierungen, Legierungen mit hohem Chrom- und/oder Nickelanteil, weiches Eisen und andere duktile Werkstoffe. Oftmals werden hochadditivierte Kühlschmierstoffe angewandt, die Phosphorverbindungen sowie aktiven und/oder inaktiven Schwefel enthalten, welche so genannte Metallseifen auf den Werkzeug- und Werkstückoberflächen bilden. Die Kontaktreibung wird dadurch stark reduziert, weil diese Schichten leicht abscherbar sind. Nur, beim Schleifen wirken diese reibungsmindernden Additive nicht gleich, wie beim Einsatz metallischer Werkzeuge mit definierten Schneiden. Es gibt nämlich keinen einzigen Schleifstoff, der eine chemische Verbindung mit Phosphor oder Schwefel eingehen würde. Zudem entstehen die hohen Temperaturen beim Schleifen zu etwa 85–90 % in der Scherebene, wo ohnehin kein KSS hingelangt. Aber auch beim Spanen mit definierter Schneide kommen in zunehmendem Masse mit Substraten (CBN und Diamant) beschichtete Werkzeuge zum Einsatz, wodurch ebenfalls keine Metallseifenbildung am Werkzeug mehr möglich ist. Diese Zusammenhänge zeigen auf, dass man Kaltschweissungen nur verhindern kann, wenn der Kühlschmierstoff hochpolare Additive enthält. Das sind im Allgemeinen Fettsäuren sowie native und synthetische Ester. Polar heisst gute Haftung bereits bei Raumtemperatur und an praktisch allen Materialien. An Werkstoffen genauso, wie an allen Schleifstoffen. Weil der haftende „Überzug" an den Kornschneiden in der Grössenordnung einer Molekülkette hochdruckfest und äusserst resistent ist, können Kaltschweissungen verhindert werden. Hat nämlich einmal die Spanbildung – unabhängig von der Spanform und -art – begonnen, ist danach keine Aufbauschneidenbildung (Kaltschweissung) mehr möglich. Das haben viele Untersuchungen eindeutig bewiesen und von dieser Tatsache profitiert das Schleifen ganz besonders. Schmiert eine Schleifscheibe zu, – wie der Praktiker zu sagen pflegt –, so hilft als Gegenmassnahme fast immer eine kräftige Erhöhung der Schmierfähigkeit des verwendeten Kühlmittels. Die Reibung wird reduziert, es entsteht weniger Wärme und die Metallpartikelhaftung ist nicht mehr möglich.

2. Eine andere Sache stellen die verschiedenen Arten von Metallbindungen dar. An ihnen können sich durch hohe Reibungsintensität auch Werkstoffpartikel festsetzen. Das sind dann aber keine Aufbauschneiden sondern wirkliche Kaltschweissungen. Wurde eine metallgebundene Schleifscheibe nach dem Konditionieren ungenügend geöffnet oder bleibt sie trotz abgenützter Kornschneiden zu lange im Einsatz, verringert sich das Spanaufnahmevermögen zusehends, wodurch der Reibkontakt zwischen der Bindung und dem Werkstück vergrössert wird. Als Folge davon bleiben Metallpartikel an der Bindung kleben (Kaltschweissungen),

welche schnell einen Abbruch des Schleifprozesses provozieren können. Weil sich die unbedingt zur Spanaufnahme notwendigen Hohlräume zwischen der Bindung und den Kornschneiden füllen, gibt es keinen Schneidenüberstand mehr und die Schleifscheibe neigt nur noch zum Drücken. Dadurch entstehen nicht nur Fehler geometrischer Art, sondern auch die Werkstückoberfläche zeigt unschöne Spuren und partieller Schleifbrand ist möglich. Hier würden hoch additivierte Kühlschmierstoffe (Phosphor und Schwefel) zweifellos ihre Wirkung (Metallseifenbildung) demonstrieren, nur nützt diese denkbar wenig, wenn die Metallbindung nicht rechtzeitig genügend tief mittels einem weichen Korundstein zurückgesetzt worden ist.

11.15 Schleifkommas – eine schlechte Oberflächenqualität

1. Neben Schleifbrand, welcher immer auf eine zu hohe Temperatur in der Kontaktzone zwischen der Scheibe und dem Werkstück hinweist und Aufbauschneiden (Kaltschweissungen), die aus herausgerissenen Metallpartikeln bestehen, ist ein eindeutiger Nachweis für die Herkunft von Schleifkommas oftmals nicht leicht auszumachen. Die Werkstückoberfläche sieht nicht nur unschön aus, sondern die Teile werden von der Endkontrolle in den meisten Fällen zurückgewiesen. Also, eine ernste Angelegenheit! Um keine Unklarheiten aufkommen zu lassen, sei darauf hingewiesen, dass es sich hier einerseits um keramische und metallische Bindungen sowie andererseits um konventionelle als auch um hochharte Kornarten handeln kann, an welchen Metallpartikel hängen bleiben und so unweigerlich zu einem Prozessabbruch führen. Die bekanntesten Ursachen sind unter den folgenden Punkten aufgeführt.
2. Die Scheibenspezifikation passt nicht zu den Prozessvorgaben und/oder zu den Geometrie- und Oberflächenqualitätsansprüchen. Die Scheibe wurde zu weich gewählt, wodurch unter Belastung ganze Körner oder Kornsplitter ausgebrochen werden. Da dies nur innerhalb der Kontaktzone geschehen kann, bilden sich auf der Werkstückoberfläche Schleifkommas. Die Schleifscheibe wird im Prozess überlastet, d. h. die Arbeitsdruckkraft ist zu hoch. Jeder Scheibenspezifikation kann eine Arbeitsdruckkraft F_d (nach OTT) zugeordnet werden, unter welcher sie optimal im Selbstschärfbereich arbeitet. Wird die maximal zulässige Arbeitsdruckkraft F_d überschritten, bricht die Bindungsmatrix zusammen, wobei sowohl Bindungspartikel als auch ganze Schleifkörner oder Kornsplitter freigegeben werden. Nach dem Motto „auch die keramische Bindung schleift mit“ darf man annehmen, dass einzelne Bindungsbruchstücke, genau wie Körner oder Kornsplitter, unterschiedlich tiefe Schleifkommas erzeugen können.

3. Wird die Schleifscheibe während dem Konditionieren (Abrichten) nicht mit Hochdruck ausgespült, werden ausgebrochene Kornsplitter zwischen der Bindung und den Kornschneiden eingeklemmt. Die Körner und Kornsplitter können dann durch die äussere Belastung bei der Spanbildung herausgedrückt werden – auch wieder genau im Kontaktbereich zwischen der Scheibe und dem Werkstück – und führen zwangsläufig zur Bildung von Schleifkommas. Solange dies allerdings noch innerhalb des abzutragenden Werkstoffs erfolgt, sind kaum Schäden durch Schleifkommas zu befürchten.
4. Im Zusammenhang mit den vorher erwähnten Ursachen muss man festhalten, dass das Vollschnitt- und das Aussen- und Innenrund-Schälschleifen diesbezüglich wichtige Ausnahmen darstellen. Wird nämlich beim Vollschnittschleifen in einem Durchgang auf 0-Mass geschliffen, so übertragen sich logischerweise Kornausbrüche auf die Werkstückoberfläche und hinterlassen Schleifkommas. Beim Aussen- und Innenrundschälschleifen gilt dasselbe, denn in nahezu allen Anwendungsfällen wird in einem einzigen Durchgang die gesamte Schleifzugabe (im Radius) abgetragen. Die dazu verwendeten Schleifscheiben weisen ja deshalb eine Schrupp- und eine Schlichtzone auf. Können sich hierbei Körner oder Kornsplitter nach dem Konditionieren aus der Scheibe lösen, sind ebenfalls Schleifkommas „vorprogrammiert".
5. Ist das Aufnahmevolumen des Kühlschmierstofftanks zu klein (siehe Kapitel 6) reicht die Zeit, bis der gleiche Kühlschmierstoff wieder zur Scheibe gelangt nicht aus, um noch „schwebende" Späne und Kornpartikel absetzen zu lassen. Sie befinden sich dann ständig im Umlauf und hinterlassen ihre Spuren auch auf dem Werkstück. Dabei ist zu beachten, dass wasserbasierte Kühlschmierstoffe ein schnelleres Absetzverhalten aufweisen, als Schleiföle. Im Allgemeinen gilt: Die nutzbare Tankgrösse soll mindestens die sechsfache Menge aller im Kreislauf befindlichen Minutenleistungen der Förderpumpen aufnehmen können. Empfohlen wäre aber die zehnfache Menge, ganz besonders bei Verwendung von Schleifölen.
6. Nicht selten befinden sich die Pumpenansaugstutzen zu nahe am Tankboden. Somit ist es möglich, dass abgesetztes Sediment, bestehend aus kleinsten Span- und Kornpartikeln, angesaugt und über die KSS-Düsen zur Kontaktstelle gelangen kann. Die Folge davon ist bekannt ...
7. Ein grosses Problem stellen die Filter selbst dar. Anschwemmfilter, Tellerseparatoren, Patronenfilter und (Korb-)Zentrifugen sind in der Lage, auch kleinste Partikel (Grössenordnung zum Teil < 10 µm) unterschiedlicher Dichte auszufiltern. Sie werden deshalb auch immer dann eingesetzt, wenn es um hohe Oberflächenansprüche am Werkstück geht. Trommelfilter, Hydrozyklone, Druck-/Vakuumfilter (Endlosbandfilter), Papierbandfilter und Tiefbettfilter (Bandfilter) liegen in Bezug auf die mögliche Filterfeinheit zwischen etwa 20 µm und 80 µm, zum Teil sogar noch grösser. Allerdings spielt bei einigen dieser Filterarten die Sedimentierung auf dem Filterband eine nicht zu vernachlässigende Rolle. Man nennt sie deshalb auch oft „Sägezahnfilter", weil ihre Filtercharakteristik unmittelbar nach dem Nachziehen des Bandes schlechter ist, als kurz vor dem nächsten notwendigen Nachziehen. Die End-

losbandfilter laufen zum Teil kontinuierlich und man kann sogar die Laufgeschwindigkeit variieren. Weil diese Filter aber üblicherweise unter Druck oder als Saugfilter arbeiten, ist nicht auszuschliessen, dass auch etwas gröbere Partikel (Späne und Kornsplitter) durch das Band gedrückt bzw. gesaugt werden und so, noch vor dem Absetzen auf dem Tankboden, wieder in den KSS-Kreislauf gelangen können. Die möglichen Folgen sind immer gleich: Körner oder Kornpartikel, welche zwischen die Scheibe und das Werkstück gelangen, hinterlassen meist auch Schleifkommas.

8. Eine oft völlig vernachlässigte Ursache für Schleifkommas ist die in der Schutzhaube haftende Masse aus Spänen und Scheibenabrieb (Körner und Kornsplitter). Durch die auf den Kühlschmierstoff wirkende Zentrifugalkraft, ausgeübt durch die Schleifscheibe, wird laufend „Schleifschlamm“ in die Schutzhaube geschleudert. Diese Masse haftet eine Zeit lang in der Schutzhaube und kann sogar über das Wochenende „zementieren“. Die ständige Benetzung löst wieder meist kleinere Bruchstücke, welche nach unten fallen. Der grösste Teil davon wird weggespült, weshalb man dieses Geschehen kaum beachtet. Fallen nun aber abgespülte Reste ausgerechnet im Bereich der Kontaktzone herunter, was besonders beim Aussenrundschleifen geschehen kann, weil dort die Bedingungen geradezu ideal sind, und gelangen zwischen die Scheibe und das Werkstück, treten mit absoluter Sicherheit immer wieder grössere oder auch kleinere Bereiche mit Schleifkommas an der Oberfläche des Werkstücks auf. Das muss keinesfalls in regelmässigen Abständen erfolgen. Einzige nutzbringende Abhilfe ist: Schutzhaube mit mehreren Zusatzdüsen innen konstant ausspülen!

9. Eine weitere Ursache kann, bei Verwendung von Schleiföl höherer Viskosität, (> 12 cSt. bzw. mm^2/s bei 40 °C) dessen Temperatur sein. Öle haben eine Temperatur-/Viskositätskennlinie, welche zeigt, wie sich die Viskosität über der Temperatur verändert. Wurde der Kühlschmierstofftank zu klein bemessen und steht keine Rückkühlung zur Verfügung, so ist es möglich, dass das Öl zu dünnflüssig zur Kontaktstelle gelangt und dort nicht mehr in der Lage ist, einen genügend resistenten Schmierfilm an den Kornschneiden zu bilden. Die Belastung an der Schleifscheibe steigt und die Tendenz zum Ausbruch von Körnern oder Kornsplittern auch. Diese Ursache sollte überprüft werden, wenn mit noch kaltem Schleiföl keine Schleifkommas auftreten, sondern erst nach einer gewissen Zeitspanne mit deutlich erwärmtem Öl.

10. Ein ähnliches Verhalten können übrigens auch mittel bis stark geschmierte Emulsionen aufweisen. Es ist bekannt, dass diese wasserbasierten Kühlschmierstoffe oberhalb einer Temperatur von etwa 35–38 °C ganz plötzlich die durch die enthaltenen Schmierkomponenten gewährleistete polare Wirkung verlieren. Man muss dann den Schleifprozess abbrechen und kann ihn erst wieder aufnehmen, wenn die Emulsion bis auf ca. 28 °C abgekühlt ist. In der Übergangsphase, welche zum Verlust der polaren Wirkung führt, steigt die Scheibenbelastung enorm an. Dies wiederum kann durchaus zu einem unkontrollierten Kornausbruch und/oder zu Aufbauschneiden führen. In der Folge selbstverständlich auch zur Bildung von schlechter Oberfläche, thermischer Randzonenschäden und – ganz klar – auch von Schleifkommas.

11.16 Schleifbrand oder thermische Randzonenschädigung

1. Schleifbrand gehört wohl zu den am häufigsten auftretenden Problemen beim Schleifen ganz allgemein. Tritt Schleifbrand auf – oder schleiftechnisch korrekter ausgedrückt – treten thermische Randzonenschäden am Werkstück auf, dann ist dies bekanntlich ein Hinweis auf eine zu hohe Temperatur in der Kontaktzone zwischen der Schleifscheibe und dem Werkstück. Dagegen steht die Tatsache, dass eine Fliessspanbildung mit derart negativen Kornschneiden gar nicht möglich wäre, wenn während der Spanbildung nicht hohe Temperaturen durch Reibung entstehen würden. Der Werkstoff wird praktisch in der Abtrennschicht plastifiziert bzw. nahezu verflüssigt. Die Abtrennschicht zwischen dem sich bildenden Span und der verbleibenden Werkstückoberfläche kann mit keinem Kühlmittel direkt geschmiert werden. Der einzige „Schmierfilm" ist der „verflüssigte" Werkstoff selbst. Um Missverständnisse zu vermeiden: Hier ist nicht die Rede von der Reibung an der Kornschneide, obwohl diese zur Plastifizierung führt. Wir reden von der Span-Trennschicht, welche unmittelbar bei der Spanbildung entsteht und von aussen mittels einem reibungsreduzierenden Kühlschmierstoff niemals zu erreichen ist.
2. Also, was tun? Nein, die Frage müsse eher heissen: „Was tut sich da eigentlich zwischen der Scheibe und dem Werkstück?" Es gibt nämlich keinen einzigen Menschen, der jemals die Spanbildung beim Schleifen hätte beobachten können. Es geht einfach nicht! Deshalb ist nur ein empirisches Vorgehen möglich, d. h. man beobachtet, stellt Vermutungen an und zieht letztendlich Schlüsse daraus. Diese Schlüsse werden in der Folge wieder zur Anwendung gebracht. Wird das angestrebte Ergebnis nicht erreicht, war die Grundüberlegung eindeutig falsch. Kommt dagegen ein nahe den Vorstellungen entsprechendes Ergebnis heraus, kann man durch zusätzliche Überlegungen (Parameteränderungen) eine Optimierung erreichen. Man weiss, dass zwischen der Scheibe und dem Werkstück sehr hohe Temperaturen entstehen. Sie sind einerseits vom zu schleifenden Werkstoff, der dazu gewählten Schleifscheibe und dem verwendeten Kühlschmierstoff abhängig. Andererseits spielen die Prozessvorgaben, eben die Wahl der Prozessparameter, eine gewichtige Rolle. Jetzt muss nur noch herausgefunden werden, welche Scheibe zu welchem Werkstoff passt, wie der Kühlschmierstoff geschmiert sein muss und wie sich die verschiedenen Stellgrössen gegenseitig beeinflussen (siehe Kapitel 4: „Einflussgrössen und ihre Zusammenhänge"), dann ist schon alles klar!
3. So einfach ist die Sache schon nicht, zumal ja das Schleifen zu den komplexesten spanabhebenden Bearbeitungsverfahren gezählt wird. Geht man der Reihe nach vor und betrachtet erst einmal die Voraussetzungen auf der Seite der Schleifscheibe, die zu beachten sind, um unterschiedlichste Werkstoffe in kleinen oder grossen Mengen abtragen zu können. Hier vorrangig: Für weiche Werkstoffe können praktisch alle konventionellen Schleifkornarten zum Einsatz gelangen (ausführlichere Angaben dazu siehe Kapitel 3: „Schleifstoffe und Schleifscheiben"). Gehärtete oder harte Werkstoffe bedingen normalerweise harte Kornarten.

Dabei ist auch deren Splitterfreudigkeit mit zu berücksichtigen. Da die Härtebezeichnung einer Schleifscheibe sich nicht auf die Kornhärte bezieht, sondern allein auf die Bindung, ist nun auch noch diese in Abhängigkeit der angestrebten, zeitbezogenen Abtragsmenge richtig zu definieren. Ist die Kontaktfläche zwischen der Scheibe und dem Werkstück klein, setzt man Härten von J bis etwa P ein (Härte-Skala nach FEPA). Handelt es sich dagegen beispielsweise um einen Vollschnittschliff (siehe dazu auch die Kapitel 2 und 10), sind die Härten E bis K zu empfehlen. Damit aber noch nicht genug: Die Schleifscheiben verfügen ja auch noch über eine Struktur. Das sind die Poren zwischen den Körnern und der Bindung. Nun gibt es eine einfach zu verstehende Vorgabe, welche besagt, dass - rein theoretisch betrachtet - unabhängig von der Grösse der Kontaktfläche, immer gleich viele Kornschneiden, bezogen auf einen Millimeter Kontaktbreite, im Einsatz sein sollten. Lassen wir einmal die konkrete Anzahl dieser, wie der Fachmann sagt, dynamischen Schneiden weg, weil sie ohnehin nicht bekannt sind, es sein denn, man zählt sie unter dem Mikroskop aus. Das tun aber normalerweise nur angehende Ingenieure, die eine entsprechende Versuchsaufgabe durchführen müssen. Nützlich für eine praktische Beurteilung ist und bleibt die Tatsache, dass für kleine Kontaktflächen dichte Strukturen und für grosse hochporöse mit grossen Abständen zwischen den Körnern einzusetzen sind. Weil die Strukturbezeichnungen nicht genormt sind (siehe Kapitel 3: „Schleifstoffe und Schleifscheiben“), muss hier mit einem Beispiel gearbeitet werden. Angenommen, der Scheibenhersteller verwendet den Zahlenbereich von 1–20, dürften seine Scheiben zwischen 1 und 10 allein durch unterschiedlich hohen Pressdruck und jene von 11–20 durch Zugabe von so genannten Porenbildnern, welche sich beim Brennen der Scheiben verflüchtigen, strukturiert sein.

4. Warum dieser lange „Vorlauf“, wenn es doch um Schleifbrand gehen soll? Alle unter den Punkten 2 und 3 erwähnten Zusammenhänge gehören zu den wichtigsten Ursachen von Schleifbrand und zwar immer dann, wenn eine falsche Wahl vorliegt. Schleifbrand ist meist dann vorprogrammiert, wenn ...

   a) die eingesetzte Kornart zu hart ist, das Korn nur stumpft und immer mehr Reibung (Wärme) erzeugt.

   b) die Bindung zu hart ist. Auch das ergibt schlussendlich eine stumpfe Scheibe und viel Reibung bzw. Wärme.

   c) die Porengrösse (Struktur) nicht abgestimmt ist auf die anfallende Spanmenge. Die Scheibe verstopft zusehends und die kontinuierlich ansteigende Reibung produziert zuviel Wärme.

   d) keine Änderung der vorgegebenen Prozessparameter, d. h. der Vorgabekombinationen (Schnittgeschwindigkeit, Werkstückgeschwindigkeit, Zustellung, Geschwindigkeitsverhältnis, Konditionierbedingungen, usw.), vorgenommen wird, um Schleifbrand sicher zu vermieden (siehe auch Kapitel 4: „Einflussgrössen und Zusammenhänge“ sowie Kapitel 10: „Hochgeschwindigkeitsschleifen“).

   e) die reibungsvermindernde Kühlung nicht verbessert wird (KSS-Art, Druck, Menge und Zuführung).

5. Wie eben unter Punkt „e)“ erwähnt, spielt selbstverständlich die Kühlung beim Schleifen eine dominante Rolle. Versuche, ohne Kühlung zu arbeiten und/oder grosse zeitbezogene Abtragsmengen mit Minimal- oder Mindermengenkühlung zu bewältigen, führen meist zu thermischen Problemen. Die Prozessvorgaben und vor allem die Kühlschmierstoffzuführung müssen schon optimal aufeinander abgestimmt sein, um ohne thermische Schädigungen der Werkstücksoberfläche trotzdem das Ziel erreichen zu können.

6. Es gilt ganz klar aus ökonomischen Gründen: **„So wenig Kühlschmierstoffeinsatz wie möglich, aber soviel wie notwendig!“** Das Schleifen ist bekanntlich bezüglich des Energiebedarfs extrem „hungrig“. Kommt noch dazu, dass von der investierten Gesamtleistung 92–95 % durch Reibung in Wärme übergehen. Was soll die Kühlung, einmal abgesehen vom verwendeten Kühlschmierstoff selbst, eigentlich bewirken? Ganz einfach, es geht einerseits um eine höchstmögliche Reduktion der Reibung ohne den Spanungsvorgang zu stören und andererseits um die Reinigung und Abspülung von Scheibe und Werkstück. Dabei sind folgende Punkte unbedingt zu beachten:

   a) Reine wasserbasierte Lösungen haben praktisch keine Schmierwirkung. Eine Reduktion der Reibung und damit der Wärmeentwicklung ist so gut wie gar nicht zu erwarten. Sie nehmen Wärme schnell auf, spülen und reinigen gut, aber sie können nur jene Wärme abführen, welche bereits entstanden ist.

   b) Emulsionen weisen nicht nur ein breites Einsatzspektrum auf, sondern sie sind nach wie vor mit etwa 75–80 % Anteil dominierend in der Schleiftechnik. Dies deshalb, weil sie mit den unterschiedlichen Ölanteilen im Konzentrat (etwa ab 15–80 %) schmiertechnisch sehr gut an die jeweiligen Bedürfnisse angepasst werden können und zudem meist auch FM-, AW- und EP-Additive enthalten. Das macht die Emulsionen zu den universellsten Kühlschmierstoffen überhaupt.

   c) Schleiföle sind im Vormarsch, besonders beim Leistungs-, Hochleistungs- und/oder beim Hochgeschwindigkeitsschleifen. Folgende Grund- bzw. Basisöle finden Verwendung: Esteröle, Mineralöl, Hydrocracköl oder vollsynthetisches Öl. Jede dieser Ölarten hat ihre besonderen Vorzüge und Eigenschaften. Deshalb kommen sie üblicherweise nicht rein, sondern als Mischungen zum Einsatz. Werden Esteröle zusammen mit ausgesuchten Additiven (FM-, AW- und EP-Additive) eingemischt, ist nicht nur die Schmierfähigkeit von vornherein sehr gut, sondern auch das polare Verhalten, d. h. eine gute Haftung an den Kornschneiden, gewährleistet. Eine Ausnahme bilden die PAO's (Polyalphaolefine – synthetisches Öl), weil sie selbst nahezu völlig unpolar sind und deshalb mittels Additiven kräftigt angereichert werden müssen. Die Additivierung erfüllt aber auch noch den Zweck, mit ihren Eigenschaften die Oxidationsgrenze der Öle – sie liegt etwa zwischen 240 °C und 350 °C – nach oben zu ergänzen. Auf diese Weise entstehen Kühlschmieröle mit absolut exzellenten, reibungsvermindernden Eigenschaften. Deshalb sind sie grundsätzlich die besten Kühlschmierstoffe! Jetzt kommt die Frage: „Aber ihre Wärmeleitfähigkeit ist doch etwa 2.5mal geringer, als diese von Wasser?“ Das stimmt, jedoch verhindert ein Schleiföl von vornherein durch die guten Schmiereigenschaften die Entstehung von hoher Wärme in der Kontaktzone. Diese Tatsache ergibt schlussendlich eine bessere „Kühlwirkung“, als dies wasserbasierte Kühlschmierstoffe (Lösungen und Emulsionen) bewirken könnten.

7. Abgesehen von der notwendigen Pumpenleistung in Abstimmung zur vorgegebenen Scheibenantriebsleistung und der höchstmöglichen Schnittgeschwindigkeit, muss auch das Tankvolumen ausreichend gross oder eine wirksame Rückkühlung vorhanden sein. In der Temperatur konstant ansteigender Kühlschmierstoff verliert in drastischer Weise seine Wirkung. Bei Emulsionen bricht ab etwa 35 °C bis 38 °C die Haftung an der Scheibe und am Werkstück ab, wodurch plötzlicher Schleifbrand auftreten kann. Schleiföle hingegen reagieren in dieser Beziehung mit ihrer Viskosität. Bei steigender Erwärmung sinkt die Viskosität, abhängig vom Viskositäts-Index VI, und die Schmierfilmdicke als auch die Ölhaftung geht zurück. Reist der Ölfilm auf, so ist Schleifbrand in den meisten Fällen „angesagt“. Öle sollten deshalb mit der höchsten Viskosität zum Einsatz gelangen, welche zu den Prozessbedingungen passen (siehe hierzu auch Kapitel 6: „Kühlschmierstoffe und Additive“).
8. Schleifbrand ist die Reaktion auf zu hohe Wärmeeinbringung in der Kontaktzone. Verhindern kann man Schleifbrand bzw. thermische Randzonenschäden, indem ganz offensichtlich gemachte Fehler eliminiert werden. Dazu gehören die Scheiben, der Kühlschmierstoff und logischerweise die Prozessparameter. „Schleifbrand muss nicht sein!“

11.17 Eigenspannungen in der geschliffenen Randzone

1. Unter dem Begriff „Eigenspannungen“ hat man sich eine Zug- oder Druckbelastung auf das Werkstück vorzustellen, und zwar im völligen Ruhezustand. Das bedeutet beispielsweise, dass das geschliffene Gewinde einer Schraube, bei welcher eine zu hohe Kontaktzonentemperatur geherrscht hat, die Schraube – noch nicht eingeschraubt – so mit einer Zugspannung belastet wird, wie wenn sie bereits eingeschraubt und angezogen wäre. Im Flugzeugbau gilt für beanspruchte Teile, aus Gewichtsgründen, die 1.3-fache Festigkeit auf Bruch. Würde eine wie oben erwähnte Schraube als Befestigungsteil eingesetzt, könnte möglicherweise die Sicherheit auf Bruch unter 1.0 fallen, weil zu der Zugeigenspannung jetzt noch das Anzugsmoment hinzu kommt.
2. Es sind Verfahren entwickelt worden, um solche Spannungszustände nach der Bearbeitung sicht- und messbar zu machen. Logischerweise werden diese Methoden nur bei Teilen angewandt, bei welchen sich der ganze Aufwand der Verwendung wegen rechtfertigt. Im Flugzeugbau werden alle kritischen Teile, die geschliffen worden sind, auf Spannungen untersucht. Im Automobilbau, z. B. bei Pleuelschrauben, beschränkt man sich im Allgemeinen auf Stichprobenprüfungen.

3. Wie erwähnt, kann die geschliffene Randzone eines Werkstücks dann Zugspannungen aufweisen, wenn die Temperaturbedingungen zu einer Randschichtumwandlung ausgereicht haben. Es können aber auch Druckspannungen auftreten, sofern die Zerspanungsbedingungen optimal abgelaufen sind. Druckspannungen würden dem Werkstück, im Gegensatz zu den Zugspannungen, eine höhere Festigkeit geben, zumal sie den metallurgischen „Zusammenhalt“ begünstigen.
4. Es stellt sich jetzt selbstverständlich die Frage, wie die sicherlich unerwünschten Zugspannungen reduziert oder sogar ganz vermieden werden können. Die Antwort ist ganz einfach: Sind alle Vorgabeparameter passend zur Schleifaufgabe und zum zu zerspanenden Werkstoff richtig gewählt, so können bei ausreichender Kühlung nahezu keine Zugspannungen auftreten. Ausreichende Kühlung soll - wie weiter vorne bereits erwähnt - einerseits das richtige Kühlmittel und andererseits eine korrekte Zuführung (Düse) zur Kontaktstelle beinhalten. Dabei gilt in Bezug auf die Menge und den Druck: „So wenig wie möglich, aber so viel wie notwendig!“
5. Hier sollte man sich unbedingt in Erinnerung rufen, dass ganz besonders die Schmierfähigkeit des eingesetzten Kühlmittels grossen Einfluss auf die Wärmeentwicklung ausübt. Für den gleichen zeitbezogenen Abtrag kann in einzelnen Fällen bis zu 50 % an Leistungsbedarf eingespart werden, wenn man von einer nur leicht geschmierten, halbsynthetischen Emulsion auf ein hoch additiviertes Schleiföl wechseln würde. Das entspricht enormen Energiemengen, welche nicht mehr in Wärme ins Werkstück, in die Späne und zurück in den Kühlschmierstoffkreislauf fliessen können. Aber es ist schon klar, auch wenn man gerne auf ein Schleiföl wechseln wollte, ist das in den meisten Fällen nicht möglich, weil die Maschine nicht dazu ausgestattet ist (vorgeschriebene Sicherheitseinrichtungen). Aber wie wäre es, an Stelle von Schleiföl eine hoch geschmierte Emulsion (Ölanteil im Konzentrat ca. 60–70 % und angereichert mit FM-, AW- und EP-Additiven) einzusetzen?

11.18 Verschiedenes (Merkpunkte)

1. Das Schleifen wird auch in Zukunft kaum von einem anderen spanenden Bearbeitungsverfahren verdrängt werden können. Obwohl das Hartdrehen in einigen Bereichen Schleifprozesse substituieren konnte, hat gerade das Hochgeschwindigkeits- und Hochleistungsschleifen zu neuen Einsatzmöglichkeiten und, bezüglich Konkurrenzfähigkeit zu anderen Leistungsabtragsverfahren mit definierter Schneide, kräftig zugelegt. Unter optimierten Bedingungen sind heute schleiftechnische Abtragsleistungen realisierbar, wie bei der Zerspanung mit definierten Schneiden (Fräsen, Drehen, usw.).
2. Es kommt dazu, dass die Entwicklungen auf dem Sektor der Kornwerkstoffe und den damit hergestellten Schleifscheiben in den vergangenen Jahren dazu geführt hat, dass die Beherr-

schung auch von anspruchsvollsten Schleifprozessen nicht nur wirtschaftlich, sondern auch wesentlich sicherer geworden ist. Logisch, das Schleifen ist und bleibt ein anspruchsvolles, leistungsintensives Bearbeitungsverfahren, aber es sind eben Dinge damit möglich und machbar, die auf andere Weise nur mit grossem Aufwand oder gar nicht realisierbar wären.

3. Die erzeugte Wärme spielt beim Schleifen eine dominierende Rolle. Einerseits ist sie notwendig, damit die hoch negativen Kornschneiden Fliessspäne bilden können und andererseits besteht natürlich immer wieder die Gefahr von thermischen Randzonenschäden am Werkstück. Mit optimierten Prozessparametern und die an die Erfordernisse angepasste Kühlschmierstoffart und -menge, kann das thermische Problem weitgehend beherrscht werden. Es wurden ja deshalb in der jüngsten Vergangenheit mehr neue Hochleistungskühlschmierstoffe für das Schleifen entwickelt, als in allen Jahrzehnten davor.

   Das Schleifen gilt aber auch als das „durstigste“ spanabhebende Bearbeitungsverfahren. Die Spanungsverfahren mit definierter Schneide laufen heute in einigen Sparten bereits trocken ab, d. h. es wird überhaupt kein Kühlschmierstoff mehr eingesetzt. Auch bei Anwendung der Minimalmengenkühlung kommen nur noch extrem kleine Kühlschmierstoffmengen zu Einsatz (reine Verlustkühlung). Dagegen nehmen die Ansprüche und auch die Verbrauchsmengen an KSS beim Schleifen stetig zu. Es scheint deshalb logisch zu sein, dass die Kühlschmierstoffhersteller weiterhin ihr Augenmerk auf das Schleifen richten werden oder sogar müssen, weil dort eben noch die grössten KSS-Mengen in Zukunft umzusetzen sind.

4. Und last but not least: Ganz allgemein wird heute verlangt, dass Schleifprozesse optimiert sein sollen, um mit höchstmöglicher Effizienz bzw. Wirtschaftlichkeit produzieren zu können. Nun, es stehen verschiedene Arten von Lösungen dazu zur Verfügung. Aber immer und in jedem Fall gilt die Voraussetzung, dass ausreichende Kenntnisse sowohl der physikalischen Zerspanungslehre als auch der schleiftechnischen Einflussgrössen und ihrer Zusammenhänge vorhanden sind und zur Anwendung gelangen. Der Seminarordner „Schleifen wie die Profis – Grundlagen der Schleiftechnik“ von Helmut W. Ott [11] hat hierzu in den vergangenen Jahren gute Dienste geleistet. Als Arbeitshilfe wurde er ja schliesslich genau auf diese Voraussetzungen abgestimmt. Man darf sich aber keineswegs der Illusion hingeben, das Schleifen sei eine „leichte Materie“, nur weil es die erste spanende Bearbeitungsmethode war, die von Menschen bereits in der Urzeit angewandt wurde. Ganz im Gegenteil, das Schleifen gehört zu den anspruchsvollsten Spanungsverfahren und fordert schon während der Prozessplanung ein gezieltes Vorgehen. Danach fährt man mit den gewählten Eingangsgrössen Versuche und kann dabei feststellen, ob einerseits die Zielvorgaben erreicht werden und andererseits durch die Steigerung einzelner Werte, noch eine Verbesserung (Optimierung) möglich wäre. Vielleicht muss man aber auch Eingeständnisse an die Realität, z. B. an das Maschinenverhalten und/oder an die maschinenseitigen Gegebenheiten (Leistung, Vorschubwerte, Steuerung, usw.), machen. Oder die eingesetzte Schleifscheibe ist nicht unbedingt geeignet für die vorgesehene Schleifaufgabe. Dann muss deren Spezifikation eben neu festgelegt werden. Das gilt ja auch für den vorhandenen Kühlschmierstoff (KSS), nur mit dem Unterschied, dass dieser nicht so einfach ausgewechselt werden kann. Unter Umständen sind deshalb entweder

Eingeständnisse an die Zielvorstellungen unumgänglich oder man muss sich entscheiden, den Kühlschmierstoff gegen ein besser geeignetes Produkt auszutauschen. Letzteres kann oftmals die richtigere Lösung sein, auch wenn damit ein nicht zu vernachlässigender Aufwand verbunden ist. Allerdings sind vor einem KSS-Wechsel zwei Dinge zu prüfen: Erstens, ob der vorhandene Filter auch für den neuen KSS geeignet ist und zweitens, – sollte man sich für ein Schleiföl entschliessen –, ob die Maschine mit allen vom Gesetzgeber vorgeschriebenen Sicherheitseinrichtungen ausgerüstet ist. Wenn dies nicht zutrifft, darf auf keinen Fall auf Öl gewechselt werden. Aber es gibt auch hoch geschmierte und mit allen Arten von Additiven angereicherte Emulsionen. Mit ihnen sind nahezu gleiche Abtragsleistungen erzielbar, wie mit Schleifölen.

5. Ein neues Phänomen zeigt sich in jenen Branchen, wo grosse Teileserien unter extrem kurzen Bearbeitungszeiten – man bedient sich heutzutage eher des Begriffs „Taktzeiten" – zu fertigen sind. Eine der typischsten Branchen ist die Automobilzulieferindustrie. Durch die übliche und meist sehr umfangreiche Maschinenverkettung, welche erst eine Komplettbearbeitung eines Teils ermöglicht, werden oftmals Taktzeiten, abgestimmt auf die Spanungsverfahren mit definierten Schneiden, vorgegeben, die für eventuell integrierte Schleifprozesse einfach zu kurz sind. Die Folge davon kann man dann in Form von thermischen Schäden am Werkstück, an geometrischen Fehlern, an Problemen mit der Rautiefe und an einem zu grossen Scheibenverschleiss beobachten und verfolgen. Lösungsansätze wären hier das Herausnehmen des Schleifprozesses aus der Maschinenverkettung oder aber, was nicht unbedingt auszuschliessen ist, eine ganz gezielte Prozessoptimierung. Das ist nicht immer einfach, weil meist damit ein Wechsel auf das Hochgeschwindigkeitsschleifen unumgänglich wäre, eine umfangreiche Verbesserung der gesamten Kühlungs- und Reinigungsbedingungen notwendig würde und sich möglicherweise die vorhandene Maschine dafür als ungeeignet erweisen könnte. Somit müsste eine den Anforderungen entsprechende Hochleistungsschleifmaschine eingesetzt werden.

11.19 Zusammenfassung von Kapitel 11

Dem Leser dieses Kapitels wird auffallen, dass viele Punkte verkürzte Angaben und Aussagen enthalten, welche weiter vorne in anderen Kapiteln bereits eingehend behandelt worden sind. Das ist beabsichtigt, denn wie am Anfang erwähnt, entstanden diese „Wichtigen Merkpunkte der Schleiftechnik" aufgrund von Beobachtungen in der Praxis. Es ist also im Grunde genommen eine Auflistung von unterschiedlichsten Schleifproblemen und deren Lösungsmöglichkeiten. Man könnte es auch so formulieren: Dieses Kapitel ist eine Kurzfassung, nicht des ganzen Buches, aber immerhin von einem Teil desselben, und dient der schnellen Findung von Lösungen für eine Vielzahl von bekannten Problemen, so wie sie in jeder schleiftechnischen Fertigung nur allzu oft anzutreffen sind. Findet man hier einen Lösungshinweis, kann dieser möglicherweise bereits zum Ziel führen. Andernfalls besteht aber auch die Gelegenheit, einen Hinweis als Grund für den vertiefenden „Genuss“ von weiterführenden Erklärungen in einem anderen Kapitel des Buches (siehe Inhalts- und Stichwortverzeichnis) zu betrachten.

Noch ein Tipp für „Schnellleser“: Das Kapitel 11 kann auch als Auffrischung des bereits bestehenden Fachwissens benützt werden. Man findet hier vielleicht zum einen oder andern Thema Angaben zu Lösungsansätzen, an welche im ersten Moment gar nicht gedacht wird.

12 Schlusswort des Autors

Die Zeit wird kommen, wenn eifriges Forschen über lange Zeiträume hinweg Dinge ans Licht bringt, die jetzt noch verborgen liegen.

Das Leben eines Menschen, auch wenn er es ganz dem Himmel widmete, reichte nicht aus, ein so weites Feld zu ergründen ...

Und so wird sich die Kenntnis davon nur über Generationen hinweg entfalten. Es wird aber auch eine Zeit kommen, wo unsere Nachfahren staunen, dass wir Dinge, die ihnen so einfach erscheinen, nicht wussten ...

Viele Entdeckungen aber sind künftigen Jahrhunderten vorbehalten, wenn wir längst vergessen sind.

Unser Universum wäre betrüblich unbedeutend, hätte es nicht jeder Generation neue Probleme zu bieten.

Die Natur gibt ihre Geheimnisse nicht ein für allemal preis.

Seneca, Naturales quaestiones, 7. Buch
1. Jahrhundert n. Chr.
Lucius Annaeus Seneca
Römischer Dichter und philosophischer Schriftsteller
(geb. um 4 v. Chr., gest. 65 n. Chr.)

Seit vielen Jahren befasste ich mich berufsbedingt mit der Herstellung und dem Verkauf von Schleifscheiben. In der Angebotspalette sind heute alle Arten von Schleifstoffen zusammen mit modernsten Bindungsrezepturen enthalten.

Als Lieferant war ich oftmals gezwungen, meine Kunden aufzusuchen, um mit ihnen direkt vor Ort ihre Probleme zu besprechen und nach Möglichkeit Lösungswege aufzuzeigen. Dabei dreht sich keineswegs alles nur um „meine" Schleifscheiben. Ganz im Gegenteil bin ich in zunehmendem Masse auch schleiftechnischer Berater geworden und Schleifscheibenlieferant. Auf diese Weise ergaben sich in vielen Fällen über die Jahre hinweg enge Beziehungen zu Kunden ganz allgemein, aber auch speziell zu den für die Produktion Verantwortlichen und zu Operateuren.

Heute wird es immer schwieriger, diese Kontakte weiter pflegen zu können. Rückschauend muss ich feststellen, dass sich vieles in der Produktion geändert hat. Die rigorosen Personaleinsparungen – jetzt spricht man nur noch vom absolut notwendigen Stellenabbau, um das Überleben der Firma zu retten – haben in einigen Bereichen zu echten „Mangelerscheinungen“ bezüglich der Personalbesetzung geführt.

Es wurden nicht nur „Alte“ ab 54 Jahren in den Vorruhestand geschickt, nein, man hat das mittlere Kader, die so genannten „Säulen des Betriebs“ vielerorts ganz einfach eliminiert. Das waren – man muss die Vergangenheitsform anwenden – die tüchtigen Meister und Vorarbeiter, welche sich für den Arbeitgeber ins Zeug legten, auch wenn es abends einmal später wurde. Sie betrachteten ihre Tätigkeit nicht allein als Arbeit, sondern sie identifizierten sich damit. Sogar privat bezahlte Aus- und Weiterbildung nahmen sie für ihren Arbeitgeber in Kauf.

Das grosse „Reinemachen“ in den Unternehmen begann in den frühen Neunzigerjahren. Allerdings von der falschen Überlegung ausgehend, dass moderne Maschinen ja genügend „intelligent“ seien und deshalb auch eine nur kurz angelernte Hilfskraft – sprich Operateur – den bereits eingerichteten oder laufenden Prozess überwachen und bedienen könne. Weshalb dann noch Geld für das mittlere Kader ausgeben?

Der angerichtete Schaden zeigt sich je länger je deutlicher. Die Leute mit dem zum grossen Teil selbst angeeigneten Wissen fehlen heute in weiten Bereichen. Auftretende Probleme können die Operateure oft nicht lösen, da ihnen eben das in langen Jahren erworbene Wissen und die Erfahrung fehlt. Dafür kann man sie bestimmt nicht verantwortlich machen. Sie wurden ja für die Maschinenbedienung eingestellt, nicht als schleiftechnische Spezialisten. Kann so etwas gut gehen, zumal das Schleifen zu den komplexesten Zerspanungsverfahren zählt und deshalb nur gut ausgebildete Fachleute den hohen Ansprüchen (Problemlösungen, Prozessoptimierungen, usw.) gerecht werden können?

Auch die mittlerweile weit verbreitete Meinung, man könne und dürfe die Zulieferer vermehrt für das gute Funktionieren und Gelingen der eigenen Prozesse einbinden oder sogar verantwortlich machen, wird kaum zum Erfolg führen. Die Fachleute der Lieferanten sind bestimmt versiert auf ihrem speziellen Gebiet, aber für umfangreiche „Hausaufgaben“ – und das meist ohne Entschädigung – sind sie nicht zuständig und ihre Begeisterung darüber hält sich in Grenzen. Die Preise werden ja von den Kunden immer mehr gedrückt, so dass kaum die Möglichkeit besteht, den „Service avant ou après vente“ darin wenigstens teilweise einzurechnen.

Ob letztlich alles so umgesetzt wird, wie man anlässlich einer schleiftechnischen Beratung dem Maschinenoperateur empfohlen hat, entscheidet heute sehr oft der für die Fertigung zuständige Manager in der oberen Chefetage. Selten darf dies ein Operateur von sich aus tun. Zudem stösst man als Berater noch auf ein zusätzliches, kaum lösbares Problem. Die Unterhaltung mit dem Operateur kann sich aus sprachlichen Gründen als äusserst schwierig erweisen. Ferner verstehen diese oft weder den Prozess selbst, noch die schleiftechnischen Zusammenhänge und haben grosse Mühe mit den üblichen Fachausdrücken.

Ich will gerecht sein: Das ist nicht etwa die Schuld der Operateure, sondern liegt daran, dass eben die Leute fehlen, welche früher die Gesprächspartner waren und auch für das Anlernen der Maschinenbediener verantwortlich zeichneten.

Wie wird das wohl weiter gehen?

Ich kann mir nur wünschen, dass mein Buch ganz besonders auch für jene „Schleifer“ ein Hilfsmittel und ein Leitfaden sein wird, welche sich mit ihrem eigenen Willen täglich bemühen, ungeachtet aller ihrer Probleme, gute Arbeit zu leisten. Mir sind in letzter Zeit sehr viele Menschen begegnet, deren Mut und Engagement einen in Staunen versetzt hat.

Und nun wünscht Ihnen der Verfasser gutes Gelingen!

Ihr Markus Meister

Anhang A Begriffe, Abkürzungen und Einheiten

Begriffe, Abkürzungen und Einheiten

A1 Begriffe, Abkürzungen und Einheiten

Begriffe der Schleiftechnik	Abkürzungen	Einheiten
Abrichtdrehzahl der Schleifscheibe	n_{sd}	min^{-1}
Abrichtumfangsgeschwindigkeit beim Abrichten	v_{cd}	m/s
Abrichtvorschub pro Scheibenumdrehung	s_d	mm/U
Abrichtvorschubgeschwindigkeit	v_{fd}	mm/min
Abrichtwerkzeugbreite (Wirkbreite)	b_d	mm
Abrichtzeit	t_d	min, s
Abricht-Zeitspanvolumen	Q_d	mm^3/s
Abrichtzustellgeschwindigkeit	v_{ad} oder v_{ft}	mm/min
Abrichtzustellung	a_d	mm
Abrichtzustellung pro Hub	a_d	mm/Hub
Abrichtzustellung pro Scheibenumdrehung	a_d	mm/U
Abrichtzustellweg	l_{ad}	mm
Abtragsmenge	V_w	mm^3
aequivalenter Scheibendurchmesser	d_{se}	mm
Anschrägungsbreite, effektiv (Schälschleifen)	b_{ws}	mm
Anschrägungshöhe (Schälschleifen)	a_{ws}	mm
Anzahl Abrichthübe	i_d	–
Anzahl Ausfeuerhübe	i_a	–

Begriffe der Schleiftechnik	Abkürzungen	Einheiten
Anzahl Überschliffe	i_c	–
Anzahl Werkstücke	i_w	–
Arbeitsdruckkraft (nach OTT)	F_d	N/mm^2
Ausflusszahl (aus Düse)	μ_k	–
Axialkraft	F_a	N
Bearbeitungsbreite (Werkstücksbreite)	b_w	mm
Bearbeitungslänge	l_s	mm
Bearbeitungszugabe	z_w	mm
Behälterinhalt (Volumen) für Kühlschmierstoff	V_k	l/min
bezogene Abtragsmenge	V'_w	mm^3/mm
bezogene Kühlschmierstoffmenge	Q'_k	$l/(mm \cdot min)$
bezogene Normalkraft	F'_n	N/mm
bezogene Schleifenergie	U''_s	J/mm^2
bezogene Schleifleistung	P'_s	kW/mm
bezogene Tangentialkraft	F'_t	N/mm
bezogenes Abricht-Zeitspanvolumen	Q'_d	$mm^3/(mm \cdot s)$
bezogenes Grenzzeitspanvolumen	$Q'_{w\ grenz}$	$mm^3/(mm \cdot s)$
bezogenes Zeitspanvolumen	Q'_w (alt Z')	$mm^3/(mm \cdot s)$
Diamantplattenbreite	w_b	mm
Diamantplatten-Wirkdicke	b_d	mm
Diamantwirkbreite	b_d	mm
Dichte (spezifisches Gewicht), allgemein	ρ	kg/m^3, kg/dm^3
Drehmoment, allgemein	Md	N/m
Düsenaustrittsquerschnitt	A_{kn}	mm^2
Düseninnendurchmesser (Runddüsen)	d_{kn}	mm
Düsenschlitzbreite (Flachschlitzdüsen)	b_{kn}	mm
Düsenschlitzhöhe (Flachschlitzdüsen)	s_{kn}	mm
Düsenübermass links (Flachschlitz- und Runddüsen)	b_{nl}	mm
Düsenübermass rechts (Flachschlitz- und Runddüsen)	b_{nr}	mm
Effektive Zustellung (Schälschleifen)	$a_{e\ eff.}$	mm
Eindringtiefe, Tiefe (allgemein)	z	mm
Eindringwinkel (Kornschneide)	α_{ec}	tan α_{ec} oder Grad
Eintauchtiefe, Nutentiefe	h_k	mm
Eintritts-Sehnenlänge, Eintittssegmentlänge (n.OTT)	s_e	mm
Elastizitätsmodul (E-Modul) von Schleifscheiben	E	N/mm^2
Elastizitätsmodul (E-Modul) von Werkstoffen	E	N/mm^2

Begriffe der Schleiftechnik	Abkürzungen	Einheiten
Feststoffgehalt des Füllgutes (Kühlschmierstoff-Filter)	Q_{kc}	g/l
Freiwinkel (definierte Schneide)	α	Grad
Gegenlauf (Zerspanungsrichtung)	GGL	-
Geschwindigkeitsverhältnis beim Einrollen	q_d	-
Geschwindigkeitsverhältnis beim Schleifen	q_s	-
Geschwindigkeitsziffer (Kühlschmierstoff-Düsen)	φ	-
Gleichlauf (Zerspanungsrichtung)	GLL	-
G-Wert, Verschleissverhältnis, Verschleissfaktor	G oder G_c	-
Keilwinkel (definierte Schneide)	β	Grad
kinematischer Überdeckungsgrad (Schälschleifen)	U_k	-
kinetische Energie, allgemein	W_k	J, Ws, Nm
Konstanter Bereich der Schruppzone (Schälschleifen)	b_{sk}	mm
Kontaktbreite, Schleifbreite	b_k	mm
Kontaktfläche zwischen Scheibe und Werkstück	A_k	mm^2
Kontaktlänge, Kontaktbogenlänge	l_k	mm
Kontaktleistung	P''_s	kW/mm^2
Kontaktwinkel	w_k	Grad
Kontaktwinkel (Scheibe/Werkstück)	α_k	Grad
Kontaktzeit (reine Schleifzeit)	t_k	min, s
Kontraktionszahl (Düsenaustrittsöffnung)	α	-
Konzentrierung (KSS Emulsionen und Lösungen)	K	%
Korngrösse nach FEPA-Norm	KG	mesh, µm
Kornkonzentration im Schleifbelag	KC	Karat, C-Klasse
Kornmaterial nach Herstellerbezeichnung	KM	-
Kraft, allgemein	F	N, kN
Kühlleistung des Rückkühlgerätes	P_{ce}	kcal/h oder W
Kühlschmierstoffdruck	p_k	bar
Kühlschmierstoffklasse (nach OTT)	CL	-
Kühlschmierstoffmenge	Q_k	l/min
Kühlschmierstoff-Strahlgeschwindigkeit	v_k	m/s
Kühlschmierstoff-Temperatur	T_{cl}	°C
Leistung, allgemein	P	W, kW
Leistungsaufwand für Kühlmittelbeschleunigung	P_{sk}	kW
MA-korr. (korrigierter MA-Wert gemäss Messung)	MA korr.	-
Masse, allgemein	m	kg
Materialzugabe für die Schleifbearbeitung	z_w	mm

Begriffe der Schleiftechnik	Abkürzungen	Einheiten
MA-Wert (Werkstoffzerspanbarkeitsklasse 1.0–8.0)	MA	-
Menge (Kühlschmierstoffmenge)	m	l
Menge, allgemein	Q	div. Einheiten
mittlere Schneidenraumtiefe	z_{cm}	mm
mittlere Spandicke (siehe mittlere theor. Spandicke)	h_m	mm
mittlere theoretische Spandicke	h_m	mm
mittlerer Werkstückdurchmesser	d_{wm}	mm
mittlerer Werkstückdurchmesser (AUL-Schälschleifen)	d_{wma}	mm
mittlerer Werkstückdurchmesser (IUL-Schälschleifen)	d_{wmi}	mm
MNIR-Maximum Normal Infeed Rate	$v_{fw\ in}$	mm/min
Nebenzeit	t_n	min
N-Klasse (Rauheitsklassifizierung)	NK	-
Normalkraft	F_n	N
Normal-Reaktionskraft	F_{nr}	N
pH-Wert (von Wasser oder Kühlschmierstoff)	pH	-
Plattenbreite (Diamantabrichtplatten)	w_b	mm
Porosität (Scheibenstruktur)	SS	-
Profilierzeit	t_d	min, s
Profiltiefe	h_p	mm
prozentualer Anteil Leistung im KSS	E_{cl}	%
Pumpenantriebsleistung (Motorenleistung)	P_k	kW
Pumpenwirkungsgrad (von KSS-Pumpe)	E_{cp}	%
Ra-Oberflächenrauheitswert	Ra	µm
Rattermarkenabstand	m_x	mm
Refraktometer-Korrekturfaktor (Brix)	$R_{korr.}$	%
Reibkraft	F_{sr}	N
Reibungskoeffizient, scheinbarer	μ_a	-
Reibungszahl, Reibungskoeffizient	μ	-
Resultierende Geschwindigkeit	v_{res}	m/s
resultierende Schleifkraft	F_c	N
resultierende Schleifkraft zwischen F_n und F_t	F_r oder F_{res}	N
Reynold'sche Zahl	Re	-
Rollendrehzahl (Profilrollen)	n_r	min^{-1}
Rollendurchmesser (Profilrollen)	d_r	mm
Rollenumfangsgeschwindigkeit (Profilrollen)	v_r	m/s
Rt-Oberflächenrauheitswert	Rt	µm

Begriffe der Schleiftechnik	Abkürzungen	Einheiten
Rz-Oberflächenrauheitswert	Rz	µm
Schälwinkel (Schälschleifen AUL(S) und IUL(S))	w_s	Grad
Scheibenaufnahmebohrung	d_{sa}	mm
Scheibenbindung	SB	–
Scheibendrehzahl	n_s	min^{-1}
Scheibendurchmesser	d_s	mm
Scheibenhärte nach NORTON-Skala	SH	–
Scheibenradius	r_s	mm
Scheibenumfangsgeschwindigkeit	v_c (alt v_s)	m/s
Scheibenverschleissvolumen	V_{sC}	mm^3
Schergeschwindigkeit	v_{cz}	m/s
Scherwinkel (definierte Schneide)	ϕ	Grad
Schleifbreite, Kontaktbreite	b_k	mm
Schleiffaktor (nach OTT)	S_c	–
Schleiflänge	l_s	mm
Schleiflänge pro Scheibenumdrehung	l'_s	mm/U
Schleifleistung	P_s	kW
Schleifleistung effektiv	$P_{s\,eff.}$	kW
Schleifscheibenbreite	b_s	mm
Schleifscheibendrehzahl	n_s	min^{-1}
Schleifscheibendurchmesser	d_s	mm
Schleifscheibenradius	r_s	mm
Schleifzeit gesamt	t_s	min, s
Schleifzugabe	z_w	mm
Schneidenraumtiefe	z_c	mm
Schnittgeschwindigkeit	v_c	m/s
Schruppkontaktbreite, effektiv (Schälschleifen)	b_{ks}	mm
Sehne (geometrische ganze Sehnenlänge)	s_e	mm
Seitenvorschub	f_a	mm/Hub, mm/U
Seitenvorschub pro Hub	f_a	mm/Hub
Seitenvorschub pro Umdrehung	f_a	mm/U
Seitenvorschubgeschwindigkeit	v_{fa}	mm/min
Selbstschärflänge (nach OTT)	l_c	mm
Selbstschärfung nach Anzahl Teilen	i_{sc}	–
Spangeschwindigkeit	v_{c1}	m/s
Spanlänge	l_{sc}	mm

Begriffe der Schleiftechnik	Abkürzungen	Einheiten
Spanwinkel (definierte und undefinierte Schneide)	γ	± Grad
spezifische Schleifenergie	U_s	J/mm^3
spezifische Schnittkraft	k_s	N/mm^2
spezifische Spanmenge (nach OTT)	Q'_m	mm^3/(mm · s · kW)
spezifische Wärmekapazität	c_w	J/(kg · °C)
spezifische Wärmekapazität des KSS	c_p	kJ/(kg · °K)
Stauchfaktor (definierte und undefinierte Schneide)	λ	–
Tangentialkraft, Umfangskraft	F_t	N
Tangential-Reaktionskraft	F_{tr}	N
Temperatur allgemein	T	°C
Temperatur in der Kontaktzone	T_k	°C
Temperaturdifferenz oder -zunahme (beim Kühlen)	d_t	°C
Temperaturdifferenz, allgemein	d_T	°C
theoretische mittlere Spandicke	h_m	mm
theoretischer Vorschub pro Schneide	f_g	mm
Überdeckungsgrad beim Konditionieren	U_d	–
Überdeckungsgrad der Scheibe (AUL und IUL)	U_c	–
Überlauf hinten	l_{uh}	mm
Überlauf links	l_{ul}	mm
Überlauf rechts	l_{uv}	mm
Überlauf vorne	l_{ur}	mm
Umfangsgeschwindigkeit	v_c (alt v_s)	m/s
Umfangsgeschwindigkeit von Diamantspitzscheiben	v_{ds}	m/s
Umfangskraft, Tangentialkraft	F_t	N
Volumenleistung (Leistung pro abgespantem mm^3)	P_s'''	W/mm^3
Wasserhärte (Kalziumgehalt)	dH	°dH
Werkstoffzerspanbarkeitsklasse (nach OTT)	MA	–
Werkstoffzugabe	z_w	mm
Werkstückdrehzahl	n_w	min^{-1}
Werkstückdurchmesser	d_w	mm
Werkstückgeschwindigkeit	v_{fw}	mm/min
Werkstücklänge	l_w	mm
Werkstückradius	r_w	mm
Werkstücksbreite	b_w	mm
Werkzeugwirkbreite (für Diamantabrichtwerkzeuge)	b_d	mm
Winkel zwischen F_n und F_t	w_r oder w_{res}	Grad

Begriffe der Schleiftechnik	Abkürzungen	Einheiten
Winkel, allgemein	α	Grad
Wirkrautiefe an der Schleifscheibe	R_{ts}	µm
Wirkungsgrad des Kühlgeräts (Rückkühler)	E_{ce}	%
Wirkungsgrad, allgemein	η	–
Zeitspanvolumen	Q_w	mm^3/s
Zerspanungsnormalkraft	F_{sn}	N
Zuführungswirkungsgrad beim Kühlen	E_{ca}	%
Zustellgeschwindigkeit	v_{fr}	mm/min
Zustellung	a_e	mm/Hub, mm/U
Zustellung pro Hub	a_e	mm/Hub
Zustellung pro Umdrehung (auf Radius bezogen)	a_e	mm/U
Zustellweg bis zur Werkstücksberührung	l_{fd}	mm
zylindrischer Bereich (Schälschleifen)	b_{sz}	mm

A2 Abkürzungen, Begriffe und Einheiten

Abkürzungen	Begriffe der Schleiftechnik	Einheiten
α	Winkel, allgemein	Grad
α	Freiwinkel (definierte Schneide)	Grad
α	Kontraktionszahl (Düsenaustrittsöffnung)	–
α_k	Kontaktwinkel (Scheibe/Werkstück)	Grad
α_{ec}	Eindringwinkel (Kornschneide)	tan α_{ec} oder Grad
a_d	Abrichtzustellung	mm
a_d	Abrichtzustellung pro Hub	mm/Hub
a_d	Abrichtzustellung pro Scheibenumdrehung	mm/U
a_e	Zustellung	mm/Hub, mm/U
a_e	Zustellung pro Hub	mm/Hub
a_e	Zustellung pro Umdrehung (auf Radius bezogen)	mm/U
$a_{e\ eff.}$	Effektive Zustellung (Schälschleifen)	mm
A_k	Kontaktfläche zwischen Scheibe und Werkstück	mm^2
A_{kn}	Düsenaustrittsquerschnitt	mm^2
a_{ws}	Anschrägungshöhe (Schälschleifen)	mm
β	Keilwinkel (definierte Schneide)	Grad
b_d	Abrichtwerkzeugbreite (Wirkbreite)	mm
b_d	Diamantplatten-Wirkdicke	mm
b_d	Diamantwirkbreite	mm
b_d	Werkzeugwirkbreite (für Diamantabrichtwerkzeuge)	mm
b_k	Kontaktbreite, Schleifbreite	mm
b_k	Schleifbreite, Kontaktbreite	mm
b_{kn}	Düsenschlitzbreite (Flachschlitzdüsen)	mm
b_{ks}	Schruppkontaktbreite, effektiv (Schälschleifen)	mm
b_{nl}	Düsenübermass links (Flachschlitz- und Runddüsen)	mm
b_{nr}	Düsenübermass rechts (Flachschlitz- und Runddüsen)	mm
b_s	Schleifscheibenbreite	mm
b_{sk}	Konstanter Bereich der Schruppzone (Schälschleifen)	mm
b_{sz}	zylindrischer Bereich (Schälschleifen)	mm
b_w	Bearbeitungsbreite (Werkstücksbreite)	mm
b_w	Werkstücksbreite	mm
b_{ws}	Anschrägungsbreite, effektiv (Schälschleifen)	mm
CL	Kühlschmierstoffklasse (nach OTT)	–
c_p	spezifische Wärmekapazität des KSS	kJ/(kg·K)

Abkürzungen	Begriffe der Schleiftechnik	Einheiten
c_w	spezifische Wärmekapazität	J/(kg · °C)
dH	Wasserhärte (Kalziumgehalt)	°dH
d_{kn}	Düseninnendurchmesser (Runddüsen)	mm
d_r	Rollendurchmesser (Profilrollen)	mm
d_s	Scheibendurchmesser	mm
d_s	Schleifscheibendurchmesser	mm
d_{sa}	Scheibenaufnahmebohrung	mm
d_{se}	aequivalenter Scheibendurchmesser	mm
d_T	Temperaturdifferenz, allgemein	°C
d_t	Temperaturdifferenz oder -zunahme (beim Kühlen)	°C
d_w	Werkstückdurchmesser	mm
d_{wm}	mittlerer Werkstückdurchmesser	mm
d_{wma}	mittlerer Werkstückdurchmesser (AUL-Schälschleifen)	mm
d_{wmi}	mittlerer Werkstückdurchmesser (IUL-Schälschleifen)	mm
E	Elastizitätsmodul (E-Modul) von Schleifscheiben	N/mm^2
E	Elastizitätsmodul (E-Modul) von Werkstoffen	N/mm^2
E_{ca}	Zuführungswirkungsgrad beim Kühlen	%
E_{ce}	Wirkungsgrad des Kühlgeräts (Rückkühler)	%
E_{cl}	prozentualer Anteil Leistung im KSS	%
E_{cp}	Pumpenwirkungsgrad (von KSS-Pumpe)	%
ϕ	Scherwinkel (definierte Schneide)	Grad
F	Kraft, allgemein	N, kN
F_a	Axialkraft	N
f_a	Seitenvorschub	mm/Hub, mm/U
f_a	Seitenvorschub pro Hub	mm/Hub
f_a	Seitenvorschub pro Umdrehung	mm/U
F_c	resultierende Schleifkraft	N
F_d	Arbeitsdruckkraft (nach OTT)	N/mm^2
f_g	theoretischer Vorschub pro Schneide	mm
F_n	Normalkraft	N
F'_n	bezogene Normalkraft	N/mm
F_{nr}	Normal-Reaktionskraft	N
F_r oder F_{res}	resultierende Schleifkraft zwischen F_n und F_t	N
F_{sr}	Reibkraft	N
F_{sn}	Zerspanungsnormalkraft	N
F_t	Tangentialkraft, Umfangskraft	N
F_t	Umfangskraft, Tangentialkraft	N

Abkürzungen	Begriffe der Schleiftechnik	Einheiten
F'_t	bezogene Tangentialkraft	N/mm
F_{tr}	Tangential-Reaktionskraft	N
γ	Spanwinkel (definierte und undefinierte Schneide)	± Grad
G oder G_c	G-Wert, Verschleissverhältnis, Verschleissfaktor	–
GGL	Gegenlauf (Zerspanungsrichtung)	–
GLL	Gleichlauf (Zerspanungsrichtung)	–
η	Wirkungsgrad, allgemein	–
h_k	Eintauchtiefe, Nutentiefe	mm
h_m	mittlere Spandicke (siehe mittlere theor. Spandicke)	mm
h_m	mittlere theoretische Spandicke	mm
h_m	theoretische mittlere Spandicke	mm
h_p	Profiltiefe	mm
i_a	Anzahl Ausfeuerhübe	–
i_c	Anzahl Überschliffe	–
i_d	Anzahl Abrichthübe	–
i_{sc}	Selbstschärfung nach Anzahl Teilen	–
i_w	Anzahl Werkstücke	–
φ	Geschwindigkeitsziffer (Kühlschmierstoff-Düsen)	–
K	Konzentrierung (KSS Emulsionen und Lösungen)	%
KC	Kornkonzentration im Schleifbelag	Karat, C-Klasse
KG	Korngrösse nach FEPA-Norm	mesh, µm
KM	Kornmaterial nach Herstellerbezeichnung	–
k_s	spezifische Schnittkraft	N/mm^2
λ	Stauchfaktor (definierte und undefinierte Schneide)	–
l_{ad}	Abrichtzustellweg	mm
l_c	Selbstschärflänge (nach OTT)	mm
l_{fd}	Zustellweg bis zur Werkstücksberührung	mm
l_k	Kontaktlänge, Kontaktbogenlänge	mm
l_s	Bearbeitungslänge	mm
l_s	Schleiflänge	mm
l'_s	Schleiflänge pro Scheibenumdrehung	mm/U
l_{sc}	Spanlänge	mm
l_{uh}	Überlauf hinten	mm
l_{ul}	Überlauf links	mm
l_{ur}	Überlauf vorne	mm
l_{uv}	Überlauf rechts	mm
l_w	Werkstücklänge	mm

Abkürzungen	Begriffe der Schleiftechnik	Einheiten
m	Reibungszahl, Reibungskoeffizient	-
μ_a	Reibungskoeffizient, scheinbarer	-
μ_k	Ausflusszahl (aus Düse)	-
MA	MA-Wert (Werkstoffzerspanbarkeitsklasse 1.0–8.0)	-
MA	Werkstoffzerspanbarkeitsklasse (nach OTT)	-
MA korr.	MA-korr. (korrigierter MA-Wert gemäss Messung)	-
m	Masse, allgemein	kg
m	Menge (Kühlschmierstoffmenge)	l
Md	Drehmoment, allgemein	N/m
m_x	Rattermarkenabstand	mm
NK	N-Klasse (Rauheitsklassifizierung)	-
n_r	Rollendrehzahl (Profilrollen)	min^{-1}
n_s	Scheibendrehzahl	min^{-1}
n_s	Schleifscheibendrehzahl	min^{-1}
n_{sd}	Abrichtdrehzahl der Schleifscheibe	min^{-1}
n_w	Werkstückdrehzahl	min^{-1}
P	Leistung, allgemein	W, kW
P_{ce}	Kühlleistung des Rückkühlgerätes	kcal/h oder W
pH	pH-Wert (von Wasser oder Kühlschmierstoff)	-
p_k	Kühlschmierstoffdruck	bar
P_k	Pumpenantriebsleistung (Motorenleistung)	kW
P_s	Schleifleistung	kW
P'_s	bezogene Schleifleistung	kW/mm
P''_s	Kontaktleistung	kW/mm^2
P'''_s	Volumenleistung (Leistung pro abgespantem mm^3)	W/mm^3
$P_{s\,eff.}$	Schleifleistung effektiv	kW
P_{sk}	Leistungsaufwand für Kühlmittelbeschleunigung	kW
q_d	Geschwindigkeitsverhältnis beim Einrollen	-
Q	Menge, allgemein	div. Einheiten
Q_d	Abricht-Zeitspanvolumen	mm^3/s
Q'_d	bezogenes Abricht-Zeitspanvolumen	$mm^3/(mm \cdot s)$
Q_k	Kühlschmierstoffmenge	l/min
Q'_k	bezogene Kühlschmierstoffmenge	l/mm · in
Q_{kc}	Feststoffgehalt des Füllgutes (Kühlschmierstoff-Filter)	g/l
Q'_m	spezifische Spanmenge (nach OTT)	$mm^3/(mm \cdot s \cdot kW)$
q_s	Geschwindigkeitsverhältnis beim Schleifen	-

Abkürzungen	Begriffe der Schleiftechnik	Einheiten
Q_w	Zeitspanvolumen	mm^3/s
Q'_w (alt Z')	bezogenes Zeitspanvolumen	$mm^3/(mm \cdot s)$
$Q'_{w\ grenz}$	bezogenes Grenzzeitspanvolumen	$mm^3/(mm \cdot s)$
ρ	Dichte (spezifisches Gewicht), allgemein	kg/m^3, kg/dm^3
Ra	Ra-Oberflächenrauheitswert	µm
Re	Reynold'sche Zahl	–
$R_{korr.}$	Refraktometer-Korrekturfaktor (Brix)	%
r_s	Scheibenradius	mm
r_s	Schleifscheibenradius	mm
Rt	Rt-Oberflächenrauheitswert	µm
R_{ts}	Wirkrautiefe an der Schleifscheibe	µm
r_w	Werkstückradius	mm
Rz	Rz-Oberflächenrauheitswert	µm
SB	Scheibenbindung	–
S_c	Schleiffaktor (nach OTT)	–
s_d	Abrichtvorschub pro Scheibenumdrehung	mm/U
s_e	Eintritts-Sehnenlänge, Eintittssegmentlänge (nach OTT)	mm
s_e	Sehne (geometrische ganze Sehnenlänge)	mm
SH	Scheibenhärte nach NORTON-Skala	–
s_{kn}	Düsenschlitzhöhe (Flachschlitzdüsen)	mm
SS	Porosität (Scheibenstruktur)	–
T	Temperatur allgemein	°C
T_{cl}	Kühlschmierstoff-Temperatur	°C
t_d	Abrichtzeit	min, s
t_d	Profilierzeit	min, s
t_k	Kontaktzeit (reine Schleifzeit)	min, s
T_k	Temperatur in der Kontaktzone	°C
t_n	Nebenzeit	min
t_s	Schleifzeit gesamt	min, s
U_c	Überdeckungsgrad der Scheibe (AUL und IUL)	–
U_d	Überdeckungsgrad beim Konditionieren	–
U_k	kinematischer Überdeckungsgrad (Schälschleifen)	–
U_s	spezifische Schleifenergie	J/mm^3
U''_s	bezogene Schleifenergie	J/mm^2
v_{ad} oder v_{ft}	Abrichtzustellgeschwindigkeit	mm/min
v_c	Schnittgeschwindigkeit	m/s

Abkürzungen	Begriffe der Schleiftechnik	Einheiten
v_c (alt v_s)	Umfangsgeschwindigkeit	m/s
v_c (alt v_s)	Scheibenumfangsgeschwindigkeit	m/s
v_{c1}	Spangeschwindigkeit	m/s
v_{cd}	Abrichtumfangsgeschwindigkeit beim Abrichten	m/s
v_{cz}	Schergeschwindigkeit	m/s
v_{ds}	Umfangsgeschwindigkeit von Diamantspitzscheiben	m/s
v_{fa}	Seitenvorschubgeschwindigkeit	mm/min
v_{fd}	Abrichtvorschubgeschwindigkeit	mm/min
v_{fr}	Zustellgeschwindigkeit	mm/min
v_{fw}	Werkstückgeschwindigkeit	mm/min
$v_{fw\ in}$	MNIR-Maximum Normal Infeed Rate	mm/min
V_k	Behälterinhalt (Volumen) für Kühlschmierstoff	l/min
v_k	Kühlschmierstoff-Strahlgeschwindigkeit	m/s
v_r	Rollenumfangsgeschwindigkeit (Profilrollen)	m/s
v_{res}	Resultierende Geschwindigkeit	m/s
V_{sC}	Scheibenverschleissvolumen	mm^3
V_w	Abtragsmenge	mm^3
V'_w	bezogene Abtragsmenge	mm^3/mm
w_b	Diamantplattenbreite	mm
w_b	Plattenbreite (Diamantabrichtplatten)	mm
W_k	kinetische Energie, allgemein	J, Ws, Nm
w_k	Kontaktwinkel	Grad
w_r oder w_{res}	Winkel zwischen F_n und F_t	Grad
w_s	Schälwinkel (Schälschleifen AUL(S) und IUL(S))	Grad
z	Eindringtiefe, Tiefe (allgemein)	mm
z_c	Schneidenraumtiefe	mm
z_{cm}	mittlere Schneidenraumtiefe	mm
z_w	Bearbeitungszugabe	mm
z_w	Materialzugabe für die Schleifbearbeitung	mm
z_w	Schleifzugabe	mm
z_w	Werkstoffzugabe	mm

Anhang B Mathematikformeln (Repetitorium)

Algebra
Formeln, Gleichungen
Konstanten
Formelumstellungen
(Auflösung nach einer Unbekannten)
Aussagekraft einer Formel

B1 Mathematikformeln (Repetitorium)

Zuerst muss eines klargestellt werden: Es geht hier keineswegs darum, den Lesern des Vademecums unterstellen zu wollen, dass sie nicht in der Lage wären, ohne zusätzlich Hilfe mathematische Formeln, in algebraischer Form ausgedrückt, verstehen und nötigenfalls richtig umstellen zu können. Es geht hier vielmehr darum, auch an jene Praktiker zu denken, die möglicherweise keine Gelegenheit hatten, so lange die „Schulbank zu drücken“, wie dies hierzulande üblich ist. Ferner gibt es erstklassige Berufsleute, welche eine Lehre oder nur eine Anlehre im Ausland machen durften und dabei gerademal die Grundrechenarten „verpasst“ bekamen, mehr nicht. Deshalb darf man nicht vergessen, gerade diesen für die Wirtschaft (sprich: Fertigung) so wichtigen Arbeitskräften zu zeigen, wie man sie und ihre Arbeit schätzt. Dazu gehört nach Ansicht des Autors aber auch die demonstrierten Bemühungen, gerade diesen Leuten so viel Hilfe und Unterstützung anzubieten, wie für das Verständnis der technischen Zusammenhänge der von ihnen ausgeführten Arbeiten unbedingt notwendig ist.

Die Schleiftechnik kann mit Fug und Recht als eines der anspruchsvollsten Zerspanungsverfahren bezeichnet werden. Ohne die Einflussgrössen und ihre Zusammenhänge zu kennen, dürfte es schwierig sein, einen Schleifprozess beherrschen zu können, vor allem gerade dann, wenn er noch nicht wie erwartet oder erwünscht abläuft. Hat man nur einmal flüchtig in dieses Buch reingeschaut, muss aufgefallen sein, dass darin sehr viele Formeln stehen. Sie sind zwar meist sehr ausführlich erklärt und hergeleitet und die darin benötigten Abkürzungen und deren Einheiten stehen in den meisten Fällen direkt dabei. Das hat in einigen Fällen zwangsläufig zu Wiederholungen geführt, aber man muss doch ehrlicherweise zugeben, es gibt nichts unangenehmeres in einem Fachbuch, als Formeln ohne Angabe der Einheiten der darin enthaltenen Begriffe bzw. ihrer Abkürzungen.

Weil oftmals eine Formel nicht unbedingt so gebraucht werden kann, wie sie in ihrer Grundform dasteht, sondern eine Umstellung – in der Mathematik nennt man das eine „Auflösung" – nach einer darin vorkommenden Grösse unumgänglich ist, wird hier nach einer kurzen Einführung in die Grundlagen der Mathematik anhand von schleiftechnischen Formeln gezeigt, wie solche Auflösungen nach den allgemein Regeln der Mathematik vorzunehmen sind.

B2 Wichtige Vereinbarungen in der Mathematik

Einige Hinweise zur Mathematik sind notwendig, damit man diese überhaupt verstehen kann:

1. Der Begriff „Mathematik" steht für alle Zusammenhänge, welche rechnerisch definiert werden können.
2. Die Mathematik besteht aus einem allgemeinen Teil und aus der so genannten „höheren Mathematik".
3. Um Formeln nutzen und/oder Umstellen zu können, wird in der Praxis nur der allgemeine Teil der Mathematik benötigt. Die höhere Mathematik ist der Wissenschaft vorbehalten und wird zur Hauptsache gebraucht, um komplizierte Zusammenhänge einigermassen verständlich zu erklären.
4. Die allgemeine Mathematik kann grundsätzlich in zwei Hauptgruppen aufgeteilt werden. Die eine Gruppe behandelt ausschliesslich das Rechnen mit abstrakten Zahlen. Die andere Gruppe – man nennt diese „Algebra" – dagegen enthält anstelle von Zahlen Buchstaben. Sie stehen in einer Formel stellvertretend für Zahlenwerte, die in den meisten Fällen unterschiedlichste Grössenordnungen annehmen können.
5. Der Begriff „Algebra" stammt ursprünglich aus dem Arabischen und bezeichnet ein „Teilgebiet" der Mathematik, im klassischen Sinne die Lehre von Lösungsmethoden „algebraischer Gleichungen".
6. Eine Formel ist eine mithilfe von Symbolen, Buchstaben (Formelzeichen) und mathematischen Verknüpfungszeichen in Form einer Gleichung dargestellte Gesetzmässigkeit.

7. Eine Formel und eine Gleichung ist prinzipiell dasselbe, wobei sich das Wort „Gleichung" – und damit auch der Begriff „Formel" – eigentlich selbst erklären. Gleichung bedeutet, dass auf beiden Seiten einer Formel „Gleichgewicht" bestehen muss. Klingt komisch, kommt aber der Sache recht nahe. Der links vom Gleichheitszeichen stehende Wert muss gleich gross (gleichgewichtig) sein, wie jener auf der rechten Seite.
8. Schreibt man beispielsweise mathematisch konventionell $3 + 7 = 10$ wird niemand behaupten, das sei nicht richtig. Man darf aber auch anstelle von dieser Schreibweise Buchstaben einsetzen $a + b = c$. Jetzt hat der Zahlenausdruck eine allgemeine Form angenommen: Es ist nun eine Formel! Diese darf auch als $c = a + b$ oder $c = b + a$ geschrieben werden. Sie ist in allen Varianten richtig. Die Buchstaben dürfen nun durch beliebige Zahlenwerte ersetzt werden. So könnte auch stehen: $c = 123 + 17$. Ausgerechnet ergibt das $c = 140$. Nicht 139 und auch nicht 141, sondern genau 140, weil beide Seiten „gleichgewichtig" sein müssen.
9. Die algebraische „Buchstaben-Schreibweise" weist zwei dominante Vorteile auf. Einerseits ist die Aussage $c = a + b$ immer richtig und andererseits kann man nun für a und b jeden erdenklichen Wert aus dem gesamten Zahlenbereich einsetzen und wird in jedem Fall – richtig zusammengezählt – einen „gleichgewichtigen" Wert c erhalten. So, das ist eine Formel!
10. Es lässt sich damit aber noch vielmehr anstellen. Aber dazu die Erklärungen etwas später. Soviel im Voraus: Formeln lassen sich nach einer darin vorkommenden Grösse auflösen. Das ist mit der Zahlenschreibweise nicht möglich. Deshalb spricht man ja auch bei Formeln von einer „allgemeinen" Darstellung eines mathematischen Zusammenhangs. Und die Art, wie das zu bewerkstelligen ist, erfolgt aufgrund von mathematischen Regel, welche einmal vereinbart wurden und weltweite Gültigkeit besitzen.
11. Die Mathematik basiert also im Grunde genommen aus festgelegten Vereinbarungen und diese gilt es zu kennen bzw. genau zu befolgen.

In der Schule hat man vielleicht die „Mathe" als eine hinterlistige Schikane betrachtet, weil wahrscheinlich der Lehrer nicht in der Lage war, die Zusammenhänge so zu vermitteln, dass man sogar an der Mathematik seinen Spass hätte haben können. Die Mathematik ist ein wichtiger Teil der Physik und die Physik bestimmt unser Leben sowie die Abläufe und Geschehnisse in der Natur. Sie wurde nicht etwa von den Menschen erfunden! Sie war schon da, als es noch keine Menschen gab. Allerdings war es der Mensch, welcher dank seiner angeborenen Neugierde schon immer versuchte, Zusammenhänge die ihn interessierten, zu ergründen. Solche Zusammenhänge kann man in mathematischen Formeln wieder erkennen. Das ist in einigen Fällen spannender als ein Krimi.

Ohne Mathematik und Formeln bzw. Gleichungen würden viele Dinge nicht funktionieren oder sie wären nicht zu erklären.

B3 Mathematische Grundbegriffe – die sieben Grundrechnungsarten

TABELLE B1 Die Grundrechnungsarten und ihre Nomenklatur

Rechnungsart	Beispiel	Zahl *a* heisst:	Zahl *b* heisst:	Ergebnis heisst:
Addition	$a + b = c$	Summand	Summand	Summe
Subtraktion	$a - b = c$	Minuend	Subtrahend	Differenz
Multiplikation	$a \cdot b = c$	Multiplikand	Multiplikator	Produkt
Division	$\frac{a}{b} = c$	Dividend	Divisor	Quotient
Potenzierung	$a^b = c$	Basis oder Grundzahl	Exponent oder Hochzahl	Potenz
Wurzelziehen	$\sqrt[b]{a} = c$	Radikand	Wurzelexponent	Wurzel
Logarithmieren	$\log_b a = c$	Numerus	Basis	Logarithmus

Es ist zu empfehlen, sich die wenigen Grundbegriffe zu merken und diese auch in der Aussprache oder in Diskussionen zu verwenden.

B4.0 Umstellung von einfachen Formeln (Gleichungen)

Nachfolgend werden die wichtigsten und meist gebrauchten algebraischen Formeln aufgelistet und ihre Umstellungen gezeigt. Dazu werden willkürlich gewählte Buchstaben in kleiner Schreibweise verwendet. Es könnte aber jeder Buchstabe des Alphabets sein, auch in Grosschrift. Für konkrete Formeln wählt man die vereinbarten oder manchmal sogar genormten Buchstabenabkürzungen. So gilt für die Geschwindigkeit der kleine Buchstabe v (international). Das v kommt vom französischen Wort „Vitesse“ (= Geschwindigkeit). Viel andere Abkürzungen stammen aus dem Englischen, wie beispielsweise das f für Vorschub. Hier hat das englische Wort „feed“ (= Vorschub) Pate gestanden. Steht somit irgendwo v_{fw}, dann heisst das Geschwindigkeit von Vorschub ins Werkstück. Letzteres, weil das w für Workpiece (= englisch Werkstück) steht. Nur, aussprechen tut man das so: „Vorschubgeschwindigkeit ins Werkstück oder des Werkstücks“. Man sollte deshalb sowohl den Begriff selbst wie auch seine korrekte Abkürzung kennen.

B4.1 Formelumstellung von Summen

$a = b + c$ $\qquad b = a - c$ $\qquad c = a - b$

Regel: Was auf der einen Seite addiert wird, wird bei einer Umstellung auf die andere Seite subtrahiert.

B4.2 Formelumstellung von Subtraktionen

$a = b - c$ $\qquad b = a + c$ $\qquad c = b - a$

Regel: Im Prinzip genau gleich wie bei Summen. Was auf der einen Seite subtrahiert wird, wird bei einer Umstellung auf die andere Seite addiert.

B4.3 Formelumstellung von Multiplikationen

$a = b \cdot c$ $\qquad b = \frac{a}{c}$ $\qquad c = \frac{a}{b}$

Regel: Was auf der einen Seite multipliziert wird, wird auf der andern Seite dividiert. Will man beispielsweise die mittlere Formel nach a auflösen, lässt man das a zuerst einmal allein stehen und nimmt den Divisor c als Multiplikator auf die linke Seite des Gleichheitszeichens, also $b \cdot c = a$. Allerdings wurde vereinbart, dass bei einer Formel auf der linken Seite immer der zu berechnende Wert steht und auf der rechten Seite die Werte der Lösung. Somit würde die Formel noch umgestellt und dann so aussehen: $a = b \cdot c$ (entspricht der links dargestellten Formel). Diese Schreibweise hat keinen Einfluss auf das Ergebnis, aber sie ist zweifellos besser lesbar.

B4.4 Formelumstellung von Divisionen

$a = \frac{b}{c}$ $\qquad b = a \cdot c$ $\qquad c = \frac{b}{a}$

Regel: Auch hier gelten dieselben Regeln, wie beim Multiplizieren, nur im umgekehrten Sinn. Was auf der einen Seite dividiert wird, wird bei einer Umstellung auf die andere Seite multipliziert. Wird wieder die mittlere Formel als Beispiel genommen und nach a aufgelöst, ergibt sich hier $a = b : c$, somit die links dargestellte Formel. Übrigens, normalerweise schreibt man dann, wenn es möglich ist und/oder der entsprechende Platzt zur Verfügung steht, die Formel mit einem Bruchstrich, so wie oben gezeigt. Innerhalb einer Zeile eines Schriftstücks, z. B. so wie dies hier der Fall ist, kann ein Doppelpunkt – wie früher in der Schule gelernt – oder auch ein Schrägstrich $a = b/c$ als Divisionszeichen gelten.

B4.5 Formelumstellung von einer Potenz und eines Produkts

$$a^2 = b \cdot c \qquad a = \sqrt{b \cdot c} \qquad a = \sqrt{b} \cdot \sqrt{c}$$

Jetzt wird es schon etwas komplizierter. Was auf der einen Seite potenziert wird, wird auf der anderen radiziert (Wurzel ziehen). Möchte man a in der Formel ganz links freistellen bzw. nach a auflösen – a^2 ist ja nicht unbedingt erwünscht –, so muss die rechte Formelseite als Ganzes unter das Wurzeldach gestellt werden. Jetzt herrscht wieder Gleichgewicht zwischen beiden Seiten. Das entspricht der mittlern Formel. In der Mathematik gilt aber auch, dass man, sofern es sich um ein Produkt oder einen Quotienten handelt, den Multiplikand *und* den Multiplikator, – man kann auch sagen „die beiden Faktoren" –, einzeln unter eine Wurzel stellen darf (siehe Formel ganz rechts). Die mittlere und die rechte Formel ergeben das absolut gleiche Ergebnis. Sollte die mittlere Formel nach b aufgelöst werden, müsste man sie so schreiben, wie ganz rechts gezeigt. Jetzt gelten die Regeln der Multiplikation: Der Wert c ist ein Faktor, wird somit zum Divisor, wenn er auf die linke Seite des Gleichheitszeichens herübergenommen wird. Die Auflösungsreihenfolge wäre demzufolge:

$$\frac{a}{\sqrt{c}} = \sqrt{b} \qquad \left[\frac{a}{\sqrt{c}}\right]^2 = b \qquad \frac{a^2}{\sqrt{c^2}} = b \qquad \frac{a^2}{c} = b$$

Die entgültige oder korrekte Schreibweise würde so aussehen:

$$b = \frac{a^2}{c}$$

Der ganze Ausdruck links vom Gleichheitszeichen wird quadriert. Weil man aber auch den Dividenden und den Divisor separat quadrieren darf (siehe 3. Formel von links), ergibt sich jetzt eine Schreibweise, die nicht richtig ist. Wird nämlich ein Wert unter einer „Quadratwurzel" quadriert, fällt sowohl das Wurzelzeichen als auch die Hochzahl 2 (Exponent) weg, weil sie sich gegenseitig aufheben. Es verbleibt somit die Formel ganz rechts, welche aber – wie erwähnt – korrekterweise „gedreht" wird, so dass sich die Schreibweise $b = a^2/c$ ergibt.

B4.6 Formelumstellung einer Potenz und eines Quotienten

$$a^2 = \frac{b}{c} \qquad a = \sqrt{\frac{b}{c}} \qquad a = \frac{\sqrt{b}}{\sqrt{c}}$$

Hier kann man bestimmt der Auflösungsreihenfolge schon besser folgen. Vom Prinzip her hat sich eigentlich nur wenig gegenüber B4.5 geändert. Es gilt wiederum, was links vom Gleichheitszeichen potenziert wird, wird rechts davon radiziert. Ferner dürfen der Dividend und der Divisor eines Quotienten unter einem Wurzeldach auch wie ganz rechts gezeigt geschrieben werden.

Das Ergebnis bleibt so immer noch richtig. Die Auflösung nach b sieht folgendermassen aus:

$a^2 \cdot c = b$ oder $a \cdot \sqrt{c} = \sqrt{b}$ und dann $\left[a \cdot \sqrt{c}\right]^2 = b$

Jetzt geht es aber noch weiter:

$a^2 \cdot \sqrt{c^2} = b$ $a^2 \cdot c = b$ und umgestellt $b = a^2 \cdot c$

Diese Auflösung wurde deshalb demonstriert, weil bei einem zu quadrierenden Produkt jeder Faktor einzeln quadriert werden darf. Und – das wurde oben bereits erwähnt – ein quadrierter Wurzelwert die Wurzel aufhebt.

Die Auflösungsverfahren von Additionen und Subtraktionen werden auch in den Formelumstellungen von Produkten, Divisionen oder Potenzen und Wurzeln in gleicher Weise angewendet, wie am Anfang erklärt.

B4.7 Formeln mit Produkten, Quotienten, Summen und Differenzen

Formeln sind nicht immer so einfach, wie hier beispielhaft gezeigt wurde. Viele Formeln bestehen aus Produkten, Quotienten, Summen und/oder Differenzen. Bevor ein solches Formelbeispiel nach einer Grösse aufgelöst wird, muss man die Regeln kennen, wie sie für „gemischte" Formeln unbedingt zu berücksichtigen sind:

Achtung: ⇨ Punkt geht vor Strich!

Was heisst das? In einer Berechnungsformel, die sowohl Multiplikationen, Divisionen, Summen und/oder Subtraktionen enthält, müssen – sofern keine Klammern gesetzt sind – diejenigen Operationen, die man mit einem „Punkt" darstellt (Multiplikationen und Divisionen) vor jenen mit einem „Strich" (Additionen und Subtraktionen) abgearbeitet werden. Sind jedoch Klammern gesetzt, heisst das, dass diese vorrangig aufzulösen sind, ungeachtet der Art von Rechenoperationen zwischen den Klammern. Sind mehrere Klammern ineinander verschachtelt, gilt die Reihenfolge „von innen nach aussen". Übrigens, Potenzen und Wurzeln gelten als „höherwertig" gegenüber Produkten und Quotienten, d. h. die Auflösungsreihenfolge wäre Wurzeln und/oder Potenzen, dann Produkte und/oder Quotienten und zuletzt Summen und/oder Differenzen.

Folgendes Beispiel soll nach d aufgelöst werden:

$$a = \frac{b \cdot c \cdot (d - e)}{f \cdot g}$$

Solche Formel sieht man sich zuerst einmal genau an, weil die Auflösungsreihenfolge eine wichtige Rolle spielt. In der Mathematik gilt ohne hin: „Zuerst ansehen, dann – sofern die Möglichkeit besteht – vereinfachen und schlussendlich die Rechnung lösen!"

Der erste Schritt zur Auflösung nach d dürfte so aussehen:

$$\frac{a \cdot f \cdot g}{b \cdot c} = d - e$$

Der Klammerausdruck (d – e) wird vorerst einmal freigestellt. Weil vor dem Wert e ein Minuszeichen steht, muss e auf der linken Formelseite jetzt addiert werden. Nun steht der Wert d allein:

$$\frac{a \cdot f \cdot g}{b \cdot c} + e = d \quad \text{und richtig dargestellt} \quad d = \frac{a \cdot f \cdot g}{b \cdot c} + e$$

Klammern muss man keine setzen, weil ohnehin die Multiplikationen und die Divisionen vor dem Dazuzählen von e erfolgen müssen.

Nun noch eine Auflösung nach dem Wert f, ausgehend von der Originalformel:

$$a \cdot f = \frac{b \cdot c \cdot (d - e)}{g} \quad \text{und dann} \quad f = \frac{b \cdot c \cdot (d - e)}{a \cdot g}$$

Und jetzt nochmals: Klammer zuerst ausrechnen und danach mit b und c multiplizieren. Nun den erhaltenen Wert entweder durch das Produkt von a und g dividieren oder erst einmal durch a dividieren und dann noch durch g. Beide Wege führen zum selben Ergebnis.

An einer der meist verwendeten Formel in der Schleiftechnik werden noch einige Auflösungen demonstriert. Es ist die Berechnung des bezogenen Zeitspanvolumens Q'_w für das Flachschleifen nach:

$$Q'_w = \frac{a_e \cdot v_{fw}}{60} \quad [\text{mm}^3/(\text{mm} \cdot \text{s})] \qquad (4.19)$$

Die Zustellung a_e betrage 0.02 mm pro Hub (Überschliff) und als zeitbezogene Abtragsleistung (bez. Zeitspanvolumen) Q'_w sind aus Gründen einer möglichst kurzen Schleifzeit t_k 10.0 $\text{mm}^3/(\text{mm} \cdot \text{s})$ vorgegeben. Nun soll die einzustellende Werkstück- oder Tischgeschwindigkeit v_{fw} berechnet werden. Wenn dieser Wert vorliegt, ist bei einer Schnitt- oder Umfangsgeschwindigkeit v_c der Schleifscheibe von 35 m/s das Geschwindigkeitsverhältnis q_s zu überprüfen. Es sollte unbedingt aus thermischen Gründen (siehe Kapitel 4 Punkt 4.8) optimalerweise zwischen 60 und 80 liegen. Also wird die Formel zuerst nach der Werkstückgeschwindigkeit v_{fw} aufgelöst:

$$v_{fw} = \frac{Q'_w \cdot 60}{a_e} = \frac{10 \cdot 60}{0.02} = 30'000 \text{ mm/min}$$

Um das Geschwindigkeitsverhältnis q_s zu berechnen wird die Formel 4.8 benützt:

$$q_s = \frac{v_c \cdot 1000 \cdot 60}{v_{fw}} \quad [-] \qquad (4.8)$$

Eine Umstellung ist nicht nötig.

$$q_s = \frac{35 \cdot 1000 \cdot 60}{30'000} = 70$$

Das Geschwindigkeit q_s liegt mit 70 im besten Bereich. Ist ausreichende Kühlung gewährleistet, wird keine thermische Randzonenschädigung zu befürchten sein. Zu den gewählten Prozessbedingungen muss jetzt nur noch die zum zu schleifenden Werkstoff und dem abzutragenden bezogenen Zeitspanvolumen Q'_w passende Schleifscheibe zum Einsatz gelangen.

Diese Berechnung ist absolut realistisch! Sie zeigt, wie einfach es ist, bekannte Formeln nicht nur anzuwenden, sondern auch nach darin enthaltenen Einzelwerten aufzulösen. Die meisten Formeln sind im Kapitel 4 „Einflussgrössen und ihre Zusammenhänge“ zu finden. Das dürfte in dieser Hinsicht bestimmt das wichtigste und auch interessanteste Kapitel im Vademecum sein. Der Leser ist deshalb angehalten, das Kapitel 4 ganz besonders dann zu konsultieren, wenn neue Schleifaufgaben geplant, laufende optimiert oder problematische korrigiert werden sollen.

Es gibt selbstverständlich noch viele mathematische Regeln, die hier nicht erwähnt wurden. Dafür wird eine Vielzahl gut zu verstehender Mathebücher angeboten. Dort könnte man z. B. lesen, dass ein Quadratwurzelausdruck nicht nur als $a = \sqrt{b}$ geschrieben werden kann, sondern auch so: $a = b^{0.5}$ oder $a = b^{1/2}$.

Und eine Drehzahl pro Minute wird nicht – wie früher – mit U/min angegeben. Das wird heute geschrieben als: n = 2'850 [min^{-1}].

Hoch –1 bedeutet mathematisch eben den so genannten Kehrwert ($1/x$) – hier würde es n/min heissen – oder einfacher ausgedrückt „pro“. In Worten: Für dieses Beispiel somit 2'850 Umdrehungen pro Minute.

Damit soll diese kleine Mathematikeinführung abgeschlossen werden. Sie erhebt ausdrücklich keinen Anspruch auf Vollständigkeit.

B5 Griechisches Alphabet

In der Physik und in der Mathematik werden für viele Begriffe griechische Buchstaben (grosse und kleine) verwendet. So benennt man beispielsweise die Winkel eines Dreiecks mit α (Alpha = a), β (Beta = b) – und jetzt aufgepasst, nicht etwa mit c, wie man annehmen dürfte, sondern mit γ (Gamma = g), wobei immer die gegenüberliegende Seite dann die a-, die b- bzw. die c-Seite (lateinische Buchstaben) ist. Oder der Wirkungsgrad, egal um welchen es sich handelt, wird international mit dem kleinen griechische η (Eta = h) bezeichnet. Auf die Aussprache des griechischen Buchstabens kann man sich also nicht unbedingt verlassen!

Übersicht des griechische Alphabets in nachstehender Reihenfolge in den Zellen:

- lateinischer Buchstabe gross und in Klammer klein
- Name des griechischen Buchstabens
- griechischer Grossbuchstabe
- griechischer Kleinbuchstabe

TABELLE B2 Griechisches Alphabet

A (a) *Alpha* A α	**B (b)** *Beta* B β	**C (c)** *Chi* X χ	**D (d)** *Delta* Δ δ
E (e) *Epsilon* E ε	**F (f)** *Phi* Φ ϕ	**G (g)** *Gamma* Γ γ	**H (h)** *Eta* H η
I (i) *Iota* I ι	**J (j)** *Phi (alternativ)* ϑ φ	**K (k)** *Kappa* K κ	**L (l)** *Lambda* Λ λ
M (m) *My* M μ	**N (n)** *Ny* N ν	**O (o)** *Omicron* O o	**P (p)** *Pi* Π π
Q (q) *Theta* Θ θ	**R (r)** *Rho* P ρ	**S (s)** *Sigma* Σ σ	**T (t)** *Tau* T τ
U (u) *Ypsilon* Y υ	**V (v)** – – –	**W (w)** *Omega* Ω ω	**X (x)** *Xi* Ξ ξ
Y (y) *Psi* Ψ ψ	**Z (z)** *Zeta* Z ζ		

B6 Zusammenfassung des Mathe-Repetitoriums

Ohne Mathematik würde wahrscheinlich gar nichts laufen. Man könnte Zusammenhänge nicht in schriftlicher Form schreiben oder erklären. Dabei ist doch die Mathematik vollständig aufgebaut auf Vereinbarungen, Regeln und festgelegten Zeichen. Als Teil der Physik ist die Mathematik für die Darstellung von Vorgängen jeder Art unverzichtbar. Oder – schon zur Genüge in diesem Buch erwähnt – sie zeigt mittels der vereinbarten Schreibweise Zusammenhänge auf, die man anders gar nicht beschreiben könnte.

Gerade die Schleiftechnik mit ihren zum Teil höchst komplexen Zusammenhängen liesse sich „formell" in keiner Weise darstellen. Logisch, mit Worten kann man vieles erklären, aber eine Formel sagt mehr „als tausend Worte"! Einerseits ist auf einen Blick zu erkennen, welche Grössen oder Werte für ein bestimmtes Ergebnis massgebend bzw. verantwortlich sind und andererseits ist leicht ersichtlich, wie sich diese Werte gegenseitig beeinflussen.

Die Schleiftechnik ist deshalb so komplex, weil man die Spanbildung nicht beobachten kann. Die meisten Zusammenhänge mussten somit empirisch ermittelt und mittels einer darauf basierenden Formel durch praktische Überprüfung auf die Richtigkeit bestätigt werden. Heute stehen so gut wie für alle Einflussgrössen und ihre Zusammenhänge untereinander Formeln zur Verfügung. Diese sind aber nicht nur als Erklärung für verschiedene Abläufe gedacht, sondern sie stellen ein äusserst wichtiges Arbeitsmittel dar. Man muss mit diesen Formeln arbeiten!

In manchen Fällen erweisen sich Formelumstellungen, oder wie der Mathematiker sagt, die Auflösung nach einer in der Formel enthaltenen Grösse, unumgänglich. Dies wiederum weist darauf hin, wie wichtig es ist, Formeln verstehen, analysieren und umstellen zu können. Es gilt deshalb:

„Learning by Doing!"

Dazu wünscht Ihnen der Autor ganz besonders viel Spass.

Anhang C
Quellenverzeichnis

Alle im Vademecum aufgeführten Quellen

[1] Kurrein, M.: Die Messung der Schleifkraft, Werkstattstechnik, Heft 20, 1917

[2] Krug, C.: Die Grundlagen des Schleifens, Zeitschrift des Vereins Deutscher Ingenieure, Nr. 32, August 1927

[3] Ernst, W.: Erhöhte Schnittgeschwindigkeit beim Aussenrund-Einstechschleifen und ihr Einfluss auf das Schleifergebnis und die Wirtschaftlichkeit, Dissertation, Fakultät für Maschinenwesen RWTH Aachen, 1965

[4] Fuchs, H.: Untersuchungen über den volumetrischen Aufbau keramisch gebundener Schleifkörper, unter besonderer Berücksichtigung der Struktur und deren Auswirkung auf das schleiftechnische Verhalten beim Aussenrund-Einstechschleifen, Dissertation, Fakultät für Maschinenbau und Elektrotechnik Technische Universität Carolo-Wilhelmina, 1967

[5] Merchant, E.: Forecast of Future of Production Engeneering. XXI CIRP General Assembly Warschau Sept. 1971

[6] Werner, G.: Kinematik und Mechanik des Schleifprozesses, Dissertation, Fakultät für Maschinenwesen RWTH Aachen, 1971

[7] König, W. u. Hölper, R.: Neue Entwicklungen und Tendenzen in der Schleiftechnik, Werkstoffbearbeitung durch Schleifen + Polieren, Heft 288, Haus der Technik, Vulkan-Verlag Dr. W. Classen

[8] Jahrbuch Schleifen, Honen, Läppen und Polieren, verschiedene Autoren, gegenwärtige aktuelle Ausgabe 63, VULKAN VERLAG GmbH, Essen

[9] Schwitz, E. W.: TRENN-KOMPENDIUM Band 1, ETF Edition Technischer Fachinformationen, Bergisch Gladbach, 1978

[10] Werner, P. G.: TRENN-KOMPENDIUM Band 2, ETF Edition Technischer Fachinformationen, Bergisch Gladbach, 1983

[11] Ott, Helmut W.: H. W. OTT & CO., Schleiftechnik CH-8330 Pfäffikon-ZH, „Schleifen wie die Profis – Grundlagen der Schleiftechnik“, Ausgabe 2008, Vertrieb im Selbstverlag

[12] Ott, Helmut W.: H. W. OTT & CO., Schleiftechnik CH-8330 Pfäffikon-ZH, „PGS Professional Grinding System – Programme zur Berechnung und Optimierung von Schleifprozessen“, 1985–2009

[13] Tawakoli, T., Dr.-Ing.: Hochleistungs-Flachschleifen, Dissertation, VDI-Verlag GmbH, Düsseldorf 1990

[14] Andrew, C., Hoves T. D., Pearce, T. R. A.: CREEP FEED GRINDING, Holt, Rinehart and Winston Ltd. 1985

[15] Gühring, K.: Hochleistungsschleifen, eine Methode zur Leistungssteigerung der Schleifverfahren durch hohe Schnittgeschwindigkeiten, Dissertation, Fakultät für Maschinenwesen RWTH Aachen, 1967

[16] Lang, G., Saljé, E.: Moderne Schleiftechnologie und Schleifmaschinen, VULKAN VERLAG GmbH, Essen, 1989

[17] Martin, K., Yegenoglu, K.: HSG-Technologie, Guehring Automation GmbH, Stetten a. k. M.-Frohnstetten, 1992

[18] Brandin, H.: Pendelschleifen und Tiefschleifen, Dissertation, Fakultät für Maschinenbau und Elektrotechnik Technische Universität Carolo-Wilhelmina, Braunschweig, 1978

[19] Schmitt, R.: Abrichten von Schleifscheiben mit diamantbestückten Rollen, Dissertation, Fakultät für Maschinenbau und Elektrotechnik Technische Universität Carolo-Wilhelmina, 1968

[20] Weinert, K.: Prüfung von Schleifscheiben für den Einsatz in der Grossserienfertigung, Vortrag-Publikation, Vortragsveröffentlichungen Nr. 410 (1980), Haus der Technik e. V., Vulkan-Verlag Dr. W. Classen Nachf. GmbH. & Co. KG, Essen

[21] Vits, R.: Technologische Aspekte der Kühlschmierung beim Schleifen, Dissertation, Fakultät für Maschinenwesen RWTH Aachen, 1985

[22] König, W.: Fertigungsverfahren Band 2, Schleifen, Honen, Läppen, Studium und Praxis, 2. Auflage, VDI-Verlag GmbH, Düsseldorf 1989

[23] Scheidemann, H.: Einfluss durch Abrichten mit zylindrischen und profilierten Diamantrollen ..., Dissertation, Fakultät für Maschinenbau und Elektrotechnik Technische Universität Carolo-Wilhelmina, 1967

[24] Weck, M.: Werkzeugmaschinen Band 3, VDI-Verlag 1982

[25] Weinert, K.: Die zeitliche Änderung des Scheibezustandes beim Aussenrundschleifen, Dissertation, Fakultät für Maschinenbau und Elektrotechnik Technische Universität Carolo-Wilhelmina, 1976

[26] Peters, J.; Snoeys. R.: The E-Moduls, A Suitable Characteristics of Grinding Wheels, CIRP Publication MC 90 (1965)

[27] Klocke, M.: Einfluss des Gefüges von Edelkorundschleifscheiben auf ihre Werkstoffkennwerte und das Schleifverhalten, Produktionstechnik-Berlin, Forschungsberichte für die Praxis, Bd. 52., Herausgeber: Prof. Dr.-Ing. Dr. h. c. G. Spur, Carl Hanser Verlag, München 1986

[28] Div. Autoren: Tabellenbuch für Metalltechnik, 10. Auflage (2003), Handwerk und Technik – Hamburg

[29] Div. Autoren: Technische Formeln für die Praxis, 26. Auflage (1987), VEB Fachbuchverlag – Leipzig

[30] Cebalo, R.; Prof. Ph. D., FSB Zagreb, I Lucica 5, 10000 Zagreb: Duboko Brusenje, ISBN 86-03-00069-7, Skolska knjiga, Zagreb 1990

[31] Kronenberg, Max: Grundzüge der Zerspanungslehre, erster Band (1954), Springer-Verlag Berlin/Göttingen/Heidelberg

[32] Ott, Helmut W.: Schleiftechnische Zerspanung, Seminar für Verfahrens-Ingenieure und -Techniker der Firma TYROLIT, A-6130 Schwaz, 1977

[33] Grof, H. E.: Beitrag zur Klärung des Trennvorganges beim Schleifen von Metallen, Dissertation, TU München 1977

[34] Grof H. E.: Publikation „Theorie zur Spanbildung beim Schleifen von 100 Cr 6 mit 60 m/s Schnittgeschwindigkeit“, ZwF 70 (1975) Heft 8

[35] Tawakoli T.: Hochleistungs-Flachschleifen, Dissertation, Universität Bremen, 1990

[36] Tawakoli T.: Hochleistungsschleifen, Buchpublikation der Dissertation, VDI Verlag 1990, ISBN 3-18-401062-7

[37] Gühring K.: Hochleistungsschleifen – Eine Methode zur Leistungssteigerung der Schleifverfahren durch hohe Schnittgeschwindigkeiten, Dissertation, Fakultät für Maschinenwesen RWTH Aachen, 1967

[38] Werner, G.: Kinematik und Mechanik des Schleifprozesses, Dissertation, Fakultät für Maschinenwesen RWTH Aachen, 1971

[39] Maslov, J. N.: Teorie Brouseni Kovu, SNTL Nakladatelstvi Technicke Literatury, Praha 1979

[40] DIN Deutsches Institut für Normung e. V.: Werkzeugnormen Schleifwerkzeuge, Taschenbuch 108, 1. Auflage, Beuth Verlag GmbH, Berlin/Köln, 1977

[41] DIN Deutsches Institut für Normung e. V.: Schleifen mit rotierendem Werkzeug, DIN 8589, Beuth Verlag GmbH, Berlin 30, Januar 1984

[42] Stahlschlüssel-Taschenbuch: Wissenswertes über Stähle, 16. Auflage 1992, Verlag Stahlschlüssel Wegst GmbH, D-7142 Marbach/N.

[43] Stark, C.: Technologische Prüfung von keramisch gebundenen Schleifscheiben, Publikation, o. Prof. Dr.-Ing. Dr. h. c. G. Spur, TU-Berlin, Industrie Anzeiger Nr. 93/23.11.1983

[44] Merck KGaA, Chemische-Werke, D-64271 Darmstadt

[45] Mang, T.: Wassermischbare Kühlschmierstoffe für die Zerspanung, Kontakt & Studium, Band 61, 1980, Herausgeber Prof. Dr.-Ing. Wilfried J. Bartz

[46] Baumgärtner, M.: Umweltfreundliches Flachprofilschleifen ..., Tagungsband Schleiftechnisches Kolloquium 18./19. Mai 2000, Aachen

[47] Mertens, U., Pauen, F.: Schleifen von Nocken- und Kurbelwellen, Eröffnungsseminar SAINR-GOBAIN TECHNOLOGY CENTER, 11.10.2001

[48] Ott, H. W.: Richtig gekühlt ist halb geschliffen – eine eher physikalische Betrachtung (Seiten 7-1 ff.), Moderne Schleiftechnologie, 4. Seminar 25.04.2002, Villingen-Schwenningen, Herausgeber Prof. Dr.-Ing. T. Tawakoli

[49] Brinksmeier, E., Heinzel, C., Wittmann, M.: Strömungsvisualisierung in Kühlschmierstoffdüsen und deren Einfluss auf den ..., Moderne Schleiftechnologie 3. Seminar am 13.04.2000 in Villingen-Schwenningen

[50] Tomoyasu Imai, Kazuhiko Sugita und Kunihiko Unno: CBN-Kontur- statt Einstechschleifen, Toyota Machine Works Ltd., Kariya (Japan), Werkstatt und Betrieb 1995/5, Carl Hanser Verlag München

[51] Averkamp, Th. J.: Überwachung und Regelung des Abricht- und Schleifprozesses beim Aussenrund-Einstechschleifen, Dissertation, Fakultät für Maschinenwesen RWTH Aachen, 1982

[52] Hegener, G.: Technologische Grundlagen des Hochleistungs-Aussenrund-Formschleifens, Dissertation, RWTH Aachen, 1999

[53] Weinert, K.; Finke, M.: Bohrungsbearbeitung in einem Überschliff durch Innenrund-Längsschleifen, Aufsatz im Jahrbuch Schleifen, Honen, Läppen und Polieren, 60. Ausgabe, Herausgeber: H.-W. Hoffmeister/H.-K. Tönshoff, Vulkan-Verlag Essen, 2002

[54] Klocke, F. und Hegener, G.: Hochleistungs-Aussenrund-Formschleifen: Flexible Schleifbearbeitung auf hohem Produktivitäts- und Qualitätsniveau, Jahrbuch Schleifen, Honen, Läppen und Polieren, 59. Ausgabe, Vulkan-Verlag, Essen, 2000

[55] WST Winterthur Schleiftechnik AG bzw. Rappold Winterthur Technologie GmbH, Prospekt „Spezifikationsbereich von NanoWin-Schleifscheiben“, CH-8411 Winterthur und A-9500 Villach

WICHTIG Es besteht kein Anspruch auf Vollständigkeit in Bezug auf die genannten Fachbücher, Dissertationen und sonstigen Arbeiten. Ferner können sich auch die aufgeführten Autoren und/oder die Herausgeber und deren Anschrift neuerer Versionen zwischenzeitlich geändert haben. Es gibt z. B. noch wesentlich mehr höchst interessante Dissertationen, ganz besonders von deutschen Hochschulinstituten. Es sind zwar meistens „Mosaiksteine“ im Gesamtbild der Schleiftechnologie, aber man findet darin immer wieder spezielle Arbeiten zu unterschiedlichsten Belangen der Schleiftechnik. Dissertationen sind übrigens bei den verschiedenen Hochschulen erhältlich oder man kann sie ausleihen von der ETH-Bibliothek in Zürich. Man kann auch im Internet nach Dissertationen suchen und diese sogar direkt bestellen. Entweder gibt man das jeweilige Hochschulinstitut ein oder einen der gesuchten Dissertation entsprechenden Namen oder sogar deren Titel.

Index

A

Abrichtplatten (Diamant-Fliesen®) *264, 265*
Abricht-Zeitspanvolumen Q_d *259*
Abrichtzustellung a_d *257*
Abtragsvolumen *158*
– bezogenes *158*
Additive *295*
Additive für Kühlschmierstoffe *325*
Algebra *543*
Allgemeines
– Einflussgrössen und Zusammenhänge *123*
Allgemeines und Historisches über das Vollschnittschleifen *415*
Allgemeines zu den Merkpunkten *483*
Allgemeines zu den Schleifverfahren *1*
Allgemeines (Zug- und Druckspannungen) *62*
Allgemeines zum Aussen- und Innenrundschälschleifen *439*
Allgemeines zum Hochgeschwindigkeitsschleifen *463*
Allgemeines zum Konditionieren *245*
allgemeine Vorgaben für Einstechprozesse *215*
Anforderungen an Hochgeschwindigkeits-Schleifmaschinen *471*
Anfunksteuerungen *5*
Anfunk-Steuerungen – durch Kraft, Leistung oder AE *510*
Anhang B *543*
Anhang C *555, 557*
Anlagen *295*
Anordnung und Arbeitsrichtung stehender Abrichtwerkzeuge *266*
Anpassung der Wirkrautiefe R_{ts} an die Scheibenbelastung *105, 107*
Anschwemmfilter, automatisch *347*
Anwendungen, Abtragsleistungen und G-Werte *93*
Anwendungen der verschiedenen Leistungsverfahren *481*
Anwendungsbeispiel AUL(S) *457*
Anwendungshinweise und Beispiele (Schälschleifen) *446*
Arbeitsdruckkraft F_d *103*
Arbeitsdruckkraft F_d nach OTT *102*
Aufbauschneiden (Kaltschweissungen) *512*
Auflösung nach einer Unbekannten *543*
Ausflusszahl μ *367*
Aussagekraft einer Formel *543*
Aussenrund-Schrägeinstechschleifen *8*
Aussenrund-Umfangs-Längsschleifen AUL *6*
Aussenrund-Umfangs-Querschleifen AUQ *7*
Aussenrund-Umfangs-Querschleifen AUQ (Einstechschleifen) *223*
Aussenrund-Umfangs-Schälschleifen AUL(S) *6, 442*
Aussenrund- und Innenrund-Schälschleifen *439*
Aussen- und Innenrund-Längsschleifen *439*
Aussen- und Innenrund-Schälschleifen
– bezogenes Zeitspanvolumen *151*
Auswuchten von Schleifscheiben *113*
automatisch arbeitende Auswuchtsysteme *115*
AW-Additive *327*

B

Bandfilter (Filtervlies), automatisch *347*
Bandschleifen (Durchlaufschleifen) *14*
Bearbeitungszugabe *131*
Beispiel
- Mineralölhaltige Emulsion (Ablesung siehe Bild 6.10 rechts) *317*

Beispiele von verschiedenen Düsenbauarten *409*
Berechnung der Düsenaustrittsquerschnittfläche A_{kn} *383*
Berechnungsbeispiele
- wichtige Bemerkungen *236*

Berechnung vom notwendigen Pumpendruck p_k *371, 373*
Besonderheiten beim Vollschnittschleifen *427*
Bestimmung und Überprüfung der KSS-Konzentrierung *314*
bezogenes Abtragsvolumen *158*
bezogene Schleifleistung *201*
bezogenes Grenzzeitspanvolumen *152*
bezogenes Zeitspanvolumen (allgemein) *139*
bezogenes Zeitspanvolumen – „Aussen- und Innenrund-Schälschleifen“ *151*
bezogenes Zeitspanvolumen – „Seiten-Längsschleifen“ *149*
bezogenes Zeitspanvolumen – „Tauchschleifen“ *142*
bezogene Wärmemenge *211*
Bindungen *70*
Bindungen, Scheibenhärte, Strukturen (Porosität) *87*
BORAZON *76*
Brandtemperaturen *70*
Brechen, Sieben und Korngrössen *83*
Brennen von Schleifscheiben mit keramischen Bindungen *108*

C

CBN *76*
CBN-Schleifscheiben *77*
CL-Wert *381*
Continuous Dressing (CD-Konditionieren mit Diamantrollen) *290*

D

Darstellung der wichtigsten Hochgeschwindigkeits-Merkmale *476*
Das statische Auswuchten *113*
Diamant-Abricht- bzw. Profilrollen *282*
Diamant-Abrichtleiste mit galvanischer Bindung *270*
Diamant-Block handgesetzt oder galvanisch belegt *271*
Diamant – der härteste und edelste Stoff *80*
Diamant-Igel *267*
Diamant-Topfscheiben mit Druckluftantrieb *275*
Die dynamischen Auswuchtverfahren *114*
Die ideale Schleifrichtung beim Vollschnittschleifen *418*
Dimensionierung der notwendigen KSS-Menge *377*
Dralltendenz *367*
Drehende Konditionierverfahren *272*
Dreh-Umfangs-Längsschleifen DUL *12*
Dreh-Umfangs-Querschleifen DUQ *12*
Druckkraftaufbau beim Gegenlauf- und beim Gleichlaufschleifen *30*
Druck- und Pumpenleistungsberechnungen *403*
Druck/Vakuumfilter *347*
durch Schleifen erzeugte Eigenspannungen *64*
Düsenausflussbeiwert *372*
Dynamik *19*

E

Edelkorund *71*
Edelkorund rosa *72*
Eigenspannungen in der geschliffenen Randzone *519*
Eine wichtige Ergänzung zum Sicherheitsdatenblatt *342*
Einfluss der KSS-Art und Schmierwirkung auf die Scheibe *332*
Einfluss der Schnittgeschwindigkeit v_c *425*
Einflussgrössen *123*
- primäre *124*
- sekundäre *125*
- und ihre Zusammenhänge *123*
- Zusammenhänge *126*

Einflussgrössen und ihre Zusammenhänge *420, 486*
Einflussgrössen und Zusammenhänge
- Allgemeines *123*
Einkornabrichtwerkzeuge *260*
Einkristallkorund *72*
Einleitung *XV*
Einstechgeschwindigkeit *134*
Einstechprozesse
- allgemeine Vorgaben *215*
Einstechschleifen *217, 223, 229*
Eintrittssehnenlänge *172*
E-Modul-Abfall *466*
E-Modul (Dehnung) *466*
E-Modul-Messung *111*
Entwicklung der Schleifscheiben *69*
EP-Additive *327*

F

Filter *295*
Filterfeinheit *350*
Filtersysteme und Kühlschmierstoff-Versorgungsanlagen *502*
Filter und Kühlschmierstoffversorgungsanlagen *344*
Flachschlitzdüsen (Freistrahldüsen) *389*
Fliessspäne *55*
FM-Additive *327*
Formdüsen (Freistrahldüsen) *389*
Formeln
- erkennen und ableiten *238*
Formeln, Gleichungen *543*
Formeln mit Produkten, Quotienten, Summen und Differenzen *549*
Formelumstellungen *543*
Formelumstellung von Divisionen *547*
Formelumstellung von einer Potenz und eines Produkts *548*
Formelumstellung von Multiplikationen *547*
Formelumstellung von Subtraktionen *547*
Formelumstellung von Summen *547*
Formstrahldüse nach OTT *379*
Freiwinkel α *33*

G

Gegenlaufdüsen *390*
Gegenlaufreinigung *396*
Gegenlaufschleifen (GGL) *27*
Gemeinsamkeiten der verschiedenen Schleifmaschinenarten *3*
Geschliffene Formdiamantwerkzeuge *263*
Geschwindigkeitsverhältnis *132*
Gleichlauf-Kühlschmierstoffzuführung nach OTT *381*
Gleichlaufkühlung *389*
Gleichlaufkühlung und Reinigung *384*
Gleichlaufschleifen (GLL) *29*
Grenzzeitspanvolumen
- bezogenes *152*
Griechisches Alphabet *551*
Grössenabstufungen von Kühlmittel-Versorgungsanlagen *354*
Grünling *108*
G-Wert *93*

H

Halbsynthetische und echte Emulsionen *306*
Härtebezeichnungen *103*
Härtemessung von keramisch gebundenen Schleifscheiben *110*
Hinweise auf dem KSS-Sicherheitsdatenblatt *341*
Hochgeschwindigkeitsschleifen (HSG und HEDG) *463*
Hochgeschwindigkeitsschleifen wirtschaftlich relativ definiert *478*
Hochgeschwindigkeits- und Hochleistungsschleifen *469*
Hochgeschwindigkeits- und konventionelles Schleifen *464*
Hydrolyse *79*
Hydrozyklon, automatisch *346*

I

Industriediamant *81*
Innenrund-Umfangs-Längsschleifen IUL *8*
Innenrund-Umfangs-Querschleifen IUQ *9*

Innenrund-Umfangs-Querschleifen IUQ (Einstechschleifen) *229*
Innenrund-Umfangs-Schälschleifen IUL(S) *9, 447*
Ist-Zustand des Vollschnittschleifens und Zukunftsaussichten *436*

K

Kalibrierlänge *388*
Kammer- oder Schuhdüse *394*
Kammer- oder Schuhdüsen *390*
Kapitel 4 *123*
– Zusammenfassung *243*
keramischen Bindungen *70*
Kinematik *19*
Kinematik, Dynamik und Zerspanungslehre *19*
Kleine Crushierscheiben (Stahl und CVD-Verfahren) *279*
Konditionieren (Abrichten, Profilieren) *245*
Konditionieren (Abrichten und Profilieren) *493*
Konditionierwerkzeuge (Übersicht) *247*
Konstanten *543*
Kontaktbreite *171*
Kontaktfläche *171*
Kontaktlänge *160*
Kontaktleistung *204*
Kontaktwinkel *162*
Konzentration von CBN und Diamant im Schleifbelag *92*
Konzentration von Schleifscheiben *92*
Korbzentrifuge, manuell *346*
Korngrössenmischungen *70*
Korngrössen nach FEPA-Normung *85*
Korngrössentoleranz *70*
Korngrössenverteilung *71*
Kornhärten der wichtigsten Schleifstoffe *83*
Kratzförderer, automatisch *347*
KSS-Strahl *366*
KSS-Strahlgeschwindigkeit v_k *370*
KSS-Strahlhaftung *389*
kubische Bornitrid *76*
Kubisches Bornitrid (CBN) *76*
Kugelspäne *57*
Kühlschmierstoffbemessung und Zuführung (Düsen) *504*
Kühlschmierstoffe *295*
Kühlschmierstoffe für das Hochgeschwindigkeitsschleifen *472*
Kühlschmierstoffe für das Schälschleifen *456*
Kühlschmierstoffe (KSS) für das Vollschnittschleifen *435*
Kühlschmierstoffe (KSS) für die Schleiftechnik *302*
Kühlschmierstoffe (Lösungen, Emulsionen, Schleiföle, Additive) *498*
Kühlschmierstoffzuführung (Düsen) *363*
Kühlschmierstoffzuführung zur Schleifscheibe *384*

L

laminar *366*
laminare Strahlführung *388*
Leistungsbedarf
– relativer, in Abhängigkeit des verwendeten KSS *213*
Leistungsbedarf und Anstieg der Normalkraft F_n *381*
Leitungsgrösse in Abhängigkeit der Durchflussmenge *401*
Leseleitfaden *XXV*
Luftmantel *391*

M

Magnetabscheider, automatisch *347*
Mathematikformeln *543*
Mathematikformeln (Repetitorium) *543*
Mathematische Grundbegriffe – die sieben Grundrechnungsarten *546*
Maximum Normal Infeed Rate (MNIR) *164*
Mehrkorndiamantwerkzeuge *263*
Mikro- und Makroausbruch der Schleifkörner *100*
Mindermengenkühlung (MMMK) *359*
Minimalmengenkühlung (MMK) *359*
Minimalmengen- und Mindermengenkühlung *359*
Mischkornscheiben *70*
MKD-Platten mit monokristallinen Diamantprismen *268*

MNIR *Siehe* Maximum Normal Infeed Rate (MNIR)

N

Nachfüllmischungen *318*
Naturdiamant *80*
Normalkorund *71*

O

Oberflächenqualität beim Vollschnittschleifen *433*
Oberflächenrauheitsmessungen *511*

P

PAO's = synthetische Öle *324*
Patronenfilter, manuell *347*
PGS-Berechnungsmodul *457*
PKD-Abrichtwerkzeuge *268*
Plan-Seiten-Längsschleifen PSL *9*
Plan-Umfangs-Längsschleifen PUL *10*
Plan-Umfangs-Querschleifen PUQ *11*
Plan-Umfangs-Querschleifen PUQ (Einstechschleifen) *217*
Planungs- und Praxishinweise für das Aussenrund-Schälschleifen *445*
Planung und Vorbereitung eines HSG-Prozesses *480*
Polyalphaolefine *324*
Praktische Anlagen- und Düsendimensionierung *406*
Praxishinweise für das Innenrund-Schälschleifen *451*
Präzisionsschleiftechnik *1*
Präzisions-Schleifverfahren *4*
primäre Einflussgrössen *124*
Prinzipdarstellung Crushieren und Rolldiamantieren *276*
prinzipielle Darstellung von Zug- und Druckspannungen *66*
Profilieren mit Diamantspitzscheiben (Diamantformrollen) *288*
Profilierverfahren für Vollschnittschleifscheiben *434*
Prozess-Berechnungsbeispiele von PUQ, AUQ und IUQ *215*
pseudolaminar *367*
Pulsieren von Zentrifugalpumpen *402*
Pumpenantriebsleistung P_k *376*
Pumpendimensionierung *374*

Q

Quellenverzeichnis *555*, *557*

R

Rattermarken *168*
Rautiefenwerte (unterschiedliche Messmethoden) *249*
Reibpartner - die prinzipiellen Reibungsarten *331*
Reinigungsdüsen *390*
relativer Leistungsbedarf in Abhängigkeit des verwendeten KSS *213*
Resümee über die KSS-Schmierfähigkeit und die Auswirkungen *335*
Resümee über die Kühlschmierstoffe *343*
Reynold'sche Zahl Re *368*
Rohrdüsen (Rundstrahl) *385*
Rollenzustellung, Zustellgeschwindigkeit und Zeitspanvolumen *273*
Rückkühlung der Kühlschmierstoffe *356*
Runddüsen (Freistrahldüsen) *389*

S

Saugbandfilter mit selbstreinigendem Filtertuch und/oder Gitter (endlos) *347*
Schälschleifen - eine Alternative zum Hartdrehen *441*
Scheibenantriebsmotor *2*
Scheibenbilder *117*
Scheibenbindungen *69*
Scheibenbrand *108*
Scheibenspezifikation *97*
Scheibenumdrehung
- Schleifweg *167*

Schergeschwindigkeit v_{c2} *34*
- Hochgeschwindigkeitsschleifen *36*
- konventionell bis ca. v_c = 80 m/s *34*

Scherwinkel ϕ *32*

Schlauchleitungen in der Kühlschmierstoffzuführung *401*
Schleichgangschleifen *11*
Schleifbrand oder thermische Randzonenschädigung *516*
Schleifen der Nocken von Nockenwellen *15*
Schleifenergie
- spezifische *207*
Schleiffaktor S_c *381*
Schleiffaktor (nach OTT) *192*
Schleifkommas – eine schlechte Oberflächenqualität *513*
Schleifkräfte
- bezogene Werte *185*
Schleifleistung *196*
- bezogene *201*
Schleifmaschinen *1*
Schleifölviskositäten für das Schleifen *332*
Schleifscheiben *69, 73*
Schleifscheiben für das Hochgeschwindigkeitsschleifen *474*
Schleifscheiben für das Schälschleifen *454*
Schleifscheiben für das Vollschnittschleifen *430*
Schleifscheibenhersteller *69*
Schleifschlamm *55*
Schleifspäne *55*
Schleifstoffe *69*
Schleifstoffe allgemein *70*
Schleifstoffe – Kornarten und deren Herstellung *71*
Schleifstoffe und deren Anwendungsschwerpunkte *97*
Schleifstoffe und Empfehlungen für die KSS-Schmierfähigkeit *339*
Schleifverfahren und Anwendungsmöglichkeiten *475*
Schleifweg pro Scheibenumdrehung *167*
Schleifzeitberechnungen *211*
Schleifzugabe *131*
Schlusswort des Autors *525*
Schmierfähigkeit (Schmierindex) (nach OTT) *194*
Schmierindex *194*
Schmier, Verschleissschutz- und EP-Additive *329*
Schneidengeometrie *21*
Schneid- und Schleiföle *322*
Schnittgeschwindigkeit *126*
Schnittgeschwindigkeiten für das Schälschleifen *453*
Schnittkraft
- spezifische *181*
Schwingungen, Vibrationen und der Ruck *506*
Seeger-Kegel *108*
Seiten-Längsschleifen
- bezogenes Zeitspanvolumen *149*
Seitenvorschubgeschwindigkeit *136*
Seitenvorschub pro Werkstückumdrehung *135*
sekundäre Einflussgrössen *125*
Siliziumkarbidarten (grün und dunkel) *74, 75*
Siliziumkarbid (SiC) *74*
Sinterkorund *73*
Sonstige Additive (Inhibitoren) *329*
Spanbildung *39*
Spanbildungskinematik *26*
Spanbildung, Spanformen und Spanquerschnitte *39*
Spandicke
- theoretische mittlere *154*
Spanformen und Spanquerschnitte *40*
Spanmenge
- spezifische *214*
Spanstauchung *56*
Spanwinkel γ *32*
Spanwinkel, Scherwinkel und der Stauchfaktor *32*
spezifische Schleifenergie *207*
spezifische Schnittkraft *181*
spezifische Spanmenge *214*
spezifische Spanmenge Q_m *422*
Spitzenlos-Schleifen (Centerless-Schleifen) *13*
Stahl- oder Hartmetallprofilrollen (Crushierrollen) *277*
Standard-Schleifverfahren *4*
Stand der Technik (KSS-Zuführung) *363*
Stand der Technik – Kühlschmierstoffe, Additive, Filter und Anlagen *295*
Statische und dynamische Härtewirkung der Schleifscheiben *111*

Stauchfaktor λ 33
Stehende Konditionierverfahren – Auswirkung auf die Scheibe 256
Steigleitungen, Fittings, Verschraubungen, Ventile, usw. 405
Stirnschleifen (Fall 2) 26
Strahlgeschwindigkeit v_k 372
Strahlkalibrierung 385, 388
Strahlleitstufe 391
Stroboskope 114
Strömungslehre 366
synthetischer Diamant 80
Systemsteifigkeit 116

T

Tauchschleifen 13
– bezogenes Zeitspanvolumen 142
Tellerseparator, automatisch 346
Tellerseparator, manuell 346
theoretische mittlere Spandicke 154
Tiefschleifen 415
Trockenbearbeitung (Hartdrehen versus Schleifen) 299
Trommelfilter, automatisch 347
Tücken des Vollschnittschleifens 428
turbulent 366
Typische Merkmale der Hochgeschwindigkeitstechnologie 470

U

Überdeckungsgrad beim Aussen- und Innenrundschleifen 137
Überdeckungsgrad U_d 255
Übersicht der wichtigsten Arten von Kühlschmierstoffdüsen 389
Umfangsgeschwindigkeit 126
Umfangsschleifen (Fall 1) 26
Umstellung von einfachen Formeln (Gleichungen) 546
Ungeschmierte und geschmierte vollsynthetische Lösungen 304

V

Verhalten der Schleifkräfte in Abhängigkeit der Schmierwirkung 59
Verschiedenes (Merkpunkte) 520
Verwirbelungen 367
Vollschnittschleifen 415
Vollschnittschleifmaschinen 417
Vorschubgeschwindigkeit 129
Vorteile des Hochgeschwindigkeitsschleifens 479
Vorteile und Zukunft des Hochgeschwindigkeitsschleifens 476
Vorwort XIII
Vorwuchten 113

W

Wärmeentstehung und Wärmeableitung 51
Wärme in der Kontaktzone (Hochgeschwindigkeitsschleifen) 470
Wärmemenge
– bezogene 211
Wärmeverlauf beim Gegenlauf- und beim Gleichlaufschleifen 31
Wärmeverteilung in der Kontaktzone 47
Wartung von Kühlschmierstoffen 501
was man aus Formeln erkennen und ableiten kann 238
Wasserqualität, Ansetzkonzentrationen und Messmethoden 309
Werkstoffe und die dazu geeigneten Kühlschmierstoffarten 339
Werkstoffzugabe 131
Werkstückgeschwindigkeit 129
wichtige Bemerkung zu den Berechnungsbeispielen 236
Wichtige Grössen und Zusammenhänge AUL(S) 446
Wichtige Grössen und Zusammenhänge IUL(S) 452
Wichtige Hinweise zur Kühlschmierstoffzuleitung 400
Wichtige Hinweise zu Schleifscheiben und deren Einsatz 490

Wichtige Merkpunkte der Schleiftechnik *483, 484*
Wichtige Vereinbarungen in der Mathematik *544*
Wie erhöht man die KSS-Standzeit *340*
Wirkbahnen beim Gegenlaufschleifen (GGL) *28*
Wirkbahnen beim Gleichlaufschleifen (GLL) *29*
Wirkbreite b_d von stehenden Abrichtwerkzeugen *251, 253*
Wirkende Kräfte am Schleifkorn (zweidimensional) *57*
Wirkrautiefe R_{ts} *105*
Wirkrautiefe Rts *248*
Wo eignen sich die verschiedenen Kühlschmierstoffe? *336*

Z

Zeitspanvolumen *138*
– bezogenes, allgemein *139*
Zentrale Kühlmittel-Versorgungsanlagen *355*
Zerspanbarkeitsklassen MA (nach OTT) *179*
Zerspan- bzw. Schnittgeschwindigkeiten *60*
Zerspanung allgemein und schleiftechnisch *484*
Zug- oder Druckspannungen – und was bewirken sie? *63*
Zug- und Druckspannungen in der Werkstücksrandzone *62*
Zusammenfassung des Mathe-Repetitoriums *553*
Zusammenfassung von Kapitel 1 *16*
Zusammenfassung von Kapitel 2 *68*
Zusammenfassung von Kapitel 3 *116*
Zusammenfassung von Kapitel 4 *243*
Zusammenfassung von Kapitel 5 *292*
Zusammenfassung von Kapitel 6 *361*
Zusammenfassung von Kapitel 7 *412*
Zusammenfassung von Kapitel 8 *438*
Zusammenfassung von Kapitel 9 *461*
Zusammenfassung von Kapitel 10 *482*
Zusammenhänge unter den Einflussgrössen *126*
Zustellgeschwindigkeit *134*
Zustellung *134*
Zu welchen Schleifkornarten welche Kühlschmierstoffe? *338*
Zweistrahldüse *393*